U0185337

高等数理统计教程

A Course in Advanced Mathematical Statistics

韦博成 编著

中国教育出版传媒集团

高等教育出版社·北京

内容提要

本书全面系统地介绍了数理统计的原理、方法及其应用。全书共分八章,涵盖了高等数理统计的主要内容,包括常见的统计分布,充分统计量和信息函数,点估计的基本理论和方法,假设检验的理论、方法及其应用,区间估计及其应用,Bayes统计推断的基本概念和方法。读者掌握本书内容即可比较顺利地理解其他学科中用到的统计方法。

本书可作为高等学校统计学类专业高年级及研究生教材,以及经济金融、工程技术、生物医学等专业研究生的教学参考书,也可供相关专业的教师和科技人员参考。

图书在版编目(CIP)数据

高等数理统计教程 / 韦博成编著. -- 北京:高等教育出版社,2022.10
ISBN 978-7-04-058861-3

Ⅰ.①高… Ⅱ.①韦… Ⅲ.①数理统计 - 高等学校 - 教材 Ⅳ.①O212

中国版本图书馆 CIP 数据核字(2022)第 106068 号

Gaodeng Shuli Tongji Jiaocheng

| 策划编辑 | 张晓丽 | 责任编辑 | 张晓丽 | 封面设计 | 李卫青 | 版式设计 | 张 杰 |
| 责任绘图 | 杨伟露 | 责任校对 | 窦丽娜 | 责任印制 | 存 怡 | | |

出版发行	高等教育出版社	网　　址	http://www.hep.edu.cn
社　　址	北京市西城区德外大街4号		http://www.hep.com.cn
邮政编码	100120	网上订购	http://www.hepmall.com.cn
印　　刷	北京市艺辉印刷有限公司		http://www.hepmall.com
开　　本	787mm×960mm 1/16		http://www.hepmall.cn
印　　张	29.25		
字　　数	560 千字	版　　次	2022年10月第1版
购书热线	010-58581118	印　　次	2022年10月第1次印刷
咨询电话	400-810-0598	定　　价	58.00 元

本书如有缺页、倒页、脱页等质量问题,请到所购图书销售部门联系调换
版权所有　侵权必究
物料号　58861-00

前　言

本书为《参数统计教程》(高等教育出版社) 的修订本, 此次更名为《高等数理统计教程》, 因为它更加符合全书的内容。书中比较全面系统地介绍了数理统计的基本原理、基本方法及其应用, 共分八章, 包罗了高等数理统计的主要内容。事实上, 数理统计通常可归纳为三个方面: 统计分布、参数估计和假设检验。本书前两章比较详细地介绍了统计分布方面的问题; 后六章则专注于比较深入系统地介绍参数估计和假设检验的理论和方法, 这是统计推断理论的核心和主体。本书适合统计学相关专业本科高年级和研究生作为教材使用。

本次修订主要体现在两个方面: 第一, 增加了较多的实际应用案例。这些应用包括: 日常生活、社会调查、生物医学试验、生产过程的数据分析、质量管理等, 希望更多地反映统计方法在社会、经济和科技等各方面的应用价值。第二, 对不少章节进行了完善、扩充和改写。第六、七、八章都有不少修改。

本书定位为 "中等水平、便于阅读、内容充实、有一定特色" 的教材。希望在合适的起点上, 对数理统计的基本理论和方法有比较清楚、深入的阐述; 对数理统计的实际背景和应用价值有明确的介绍。特别, 本书各章都有一些文献中较为少见、但有特色的内容。第一章介绍非中心 Γ 分布、带有多余参数的指数族分布等内容。第二章详细介绍分布族的信息函数, 同时还介绍了 Basu 定理、Kullback-Leibler 信息等内容。第三章介绍常用的点估计方法, 也介绍了不变原理、子集参数的似然等内容, 同时配备了比较丰富的例题与习题。第四章以比较初等的方法系统地介绍同变估计及其求解方法。第五章介绍点估计的基本性质, 同时也介绍了广义 C-R 型不等式、Bh 不等式等内容。第六章参数假设检验的篇幅最大 (与点估计的 3 章相当), 内容也最丰富。该章有较多应用方面的例题与习题; 特别介绍了等价性检验的广泛应用、拟合优度检验对于 Mendel 基因遗传学说的贡献。另外, 本章还比较详细地介绍了子集参数的似然比检验以及有广泛应用价值的 score 检验和 Wald 检验。第七章介绍常用的区间估计方法及其应用, 也介绍了单调似然比分布族参数的区间估计的理论和方法。第八章以较大的篇幅介绍 Bayes 统计推断的基本概念和方法、介绍了参数估计与假设检验的 Bayes 方法, 同时还比较详细地阐述和论证了 HPD 可信域的基本性质和求解方法。因此本书是一本有鲜明特色的数理统计教材。

本书在写作过程中得到高等教育出版社的关心与帮助, 特别要感谢高等教育理科出版事业部数学与统计学分社的同志, 他们对本书的写作、审定与出版都给予了大力的支持与帮助; 特别要感谢张晓丽老师, 她对全书进行了认真细致的编辑加工与校阅, 显著提高了书稿的质量, 特此表示衷心的感谢!

衷心感谢华东师范大学王静龙教授对书稿的精心审阅和大力推荐! 王教授对书稿提出了许多非常宝贵的修改意见, 促使笔者对本书进行了进一步的完善与修订, 特此对王教授致以最诚挚的谢意!

另外, 在本书写作过程中, 笔者参考了国内外许多图书资料, 受益匪浅, 一并对这些作者表示衷心的感谢! 由于笔者水平有限, 难免有不妥之处, 恳请同行专家和广大读者提出批评和建议。

韦博成

2022 年 6 月

目　　录

第一章

统计分布基础

对于一个随机变量, 其分布函数完全描述了它的概率结构. 但在实际问题中, 分布函数常常是未知的. 数理统计的中心任务, 就是通过样本观测值, 对总体的分布函数以及由此产生的问题进行合理的推断. 统计问题的基本提法是: 给定样本 $X_1, \cdots, X_n$, 大多情形为独立同分布 (即 i.i.d.) 样本, 这时 X_1 服从未知分布 $F(x_1)$ 或 $F_\theta(x_1)$, θ 未知; 如 X_1 服从正态分布 $N(\mu, \sigma^2)$, $\theta = (\mu, \sigma^2)$, 或 Poisson (泊松) 分布 $P(\lambda)$ 等. 从样本 $X = (X_1, \cdots, X_n)$ 出发, 对未知分布 $F(x_1)$ 或 $F_\theta(x_1)$ 进行统计推断 (诸如参数估计、假设检验、回归分析等). 因此, 随机变量及其分布函数, 既是统计推断的目的, 也是统计推断的基础. 一切统计问题都离不开随机变量及其分布, 熟练掌握这方面的知识, 对学好数理统计并应用于实践是非常必要和有益的, 读者必须十分熟悉. 关于概率论的基础知识, 读者可参见王梓坤 (1976), 李贤平 (2010) 以及严士健, 刘秀芳 (2003).

本章 1.1 节回顾分布函数的基本性质; 1.2 节、1.3 节分别介绍常见的离散型分布和连续型分布; 1.4 节介绍一元非中心 Γ 分布及其有关分布; 1.5 节介绍指数族分布以及带有多余参数的指数族分布; 1.6 节介绍次序统计量的分布, 并特别介绍均匀分布和指数分布次序统计量的性质. 关于常见的统计分布, 可参见方开泰, 许建伦 (2016), Zacks (1981), 茆诗松等 (2007).

1.1 随机变量及其分布函数

1.1.1 分布函数与分布密度

给定 n 维随机变量 X, 其相应的概率空间记为 $X \sim (\mathcal{X}, \mathcal{B}_X, P)$, 其中 $\mathcal{X}$ 表示 $\mathbf{R}^n$ 上 X 的样本空间, $X \in \mathcal{X}$; $\mathcal{B}_X$ 表示 $\mathbf{R}^n$ 上的 Borel (博雷尔) 域; P 表示 $\mathcal{B}_X$ 上对应于 X 的概率测度, 即对 $A \in \mathcal{B}_X$, $P(A) = P(X \in A)$ 表示 X 属于 A 的概率. 概率测度 P 也常表示为 P_θ, P_X 或 P_θ^X.

今设 $X \in \mathbf{R}$, 则一元分布函数定义为

$$F(x) = P(X \leqslant x) = P\{X \in (-\infty, x]\}.$$

熟知, 分布函数 $F(x)$ 为定义在 $(-\infty, +\infty)$ 上的非降、右连续函数, 且有 $F(-\infty) = 0$, $F(+\infty) = 1$. 并且满足 $F(x+0) = F(x)$, $F(x-0) = P(X < x)$, $P(X = x) = F(x) - F(x-0)$; 若 x 为$F(x)$ 的连续点, 则 $P(X = x) = 0$. 另外, 单调函数 $F(x)$ 可扩张为 $\mathbf{R}$ 上的测度 $F(\cdot)$, 且有 $F(A) = P(A)$ (见王梓坤 (1976)).

分布函数通常可分为绝对连续型、离散型和奇异型. 若存在密度函数 $f(x)$, 使 $F(x) = \int_{-\infty}^{x} f(y)\mathrm{d}y$, $F'(x) = f(x)$, 则称 $F(x)$ 为绝对连续型, 且有 $P(X \in A) = \int_A f(y)\mathrm{d}y$. 若 $F(x)$ 连续但不存在密度函数, 则称 $F(x)$ 为奇异型; 实际中很少见到奇异型分布. 若随机变量 X 取有限或可数个值, 则其分布函数为离散型; 这时 $P(X = x_k) = p_k \overset{\triangle}{=} f(x_k)$, $k = 0, \pm 1, \pm 2, \cdots$, $\sum_k p_k = 1$. 例如 Poisson 分布: $P(X = k) \overset{\triangle}{=} f(x_k) = \mathrm{e}^{-\lambda} \cdot \lambda^k / k! = p_k$ $(k = 0, 1, 2, \cdots)$. 退化分布是离散型分布的一个重要特例, 这时 $P(X = 0) = 1$ 或 $P(X = a) = 1$, 其分布函数为

$$F(x) \overset{\triangle}{=} \Delta(x) = \begin{cases} 1, & x \geqslant 0, \\ 0, & x < 0, \end{cases}$$

或 $F(x) = \Delta(x - a) = I\{x \geqslant a\}$, 其中 $I\{x \geqslant a\}$ 为示性函数. 对于一个集合 A, 示性函数 $I_A(x) \overset{\triangle}{=} I\{A\}$ 定义为

$$I_A(x) = I\{A\} = \begin{cases} 1, & x \in A, \\ 0, & x \overline{\in} A. \end{cases}$$

因此, 一般情形下离散型分布的分布函数可表示为

$$F(x) = \sum_k p_k \Delta(x - x_k) = \sum_k p_k I\{x_k \leqslant x\} = \sum_{x_k \leqslant x} p_k = \sum_{x_k \leqslant x} f(x_k). \tag{1.1.1}$$

离散型分布的分布函数亦可表示为积分形式, 今简要介绍 Lebesgue-Stieltjes (勒贝格–斯蒂尔切斯) 积分如下 (可参见 Cramer (1946) 第七章和第九章; Rao (1973) 第二章).

以下仅介绍 $\mathbf{R}$ 上的积分, $\mathbf{R}^n$ 上的积分完全类似. 给定 $\mathbf{R}$ 上的有界函数 $g(x)$ 和有限测度 $\mu(\cdot)$, 将一个有穷或无穷区间 $[a, b]$ 划分为有限个互不相交的可测集 Δx_i $(i = 1, \cdots, n)$ 之和. 对于任一 "划分", 记 $S_m = \sum_{i=1}^{n} m_i \mu(\Delta x_i)$ 和 $S_M = \sum_{i=1}^{n} M_i \mu(\Delta x_i)$, 其中 $\mu(\Delta x_i)$ 为 Δx_i 的测度, m_i 和 M_i 分别为 $g(x)$ 在 Δx_i 上的下确界与上确界. 若 $\max_{1 \leqslant i \leqslant n} \{\mu(\Delta x_i)\} \to 0$ 时, S_m 和 S_M 的极限存在且相等,

则其极限称为函数 $g(x)$ 在区间 $[a, b]$ 上关于测度 $\mu(\cdot)$ 的 Lebesgue-Stieltjes 积分,并记为 $\int_a^b g(x)\mathrm{d}\mu(x)$ 或 $\int_a^b g(x)\mu(\mathrm{d}x)$. 以下介绍与分布函数有关的两种情况.

(1) 若 $\mu(\cdot)$ 为 Lebesgue 测度, Δx_i 为区间, 则 $\mu(\Delta x_i)$ 为 Δx_i 的区间长度; $\int_a^b g(x)\mathrm{d}\mu(x) = \int_a^b g(x)\mathrm{d}x$. 因此若 $F(x)$ 为绝对连续型分布函数, 存在密度函数 $f(x)$, 则有

$$F(x) = \int_{-\infty}^x f(y)\mathrm{d}y = \int_{-\infty}^x f(y)\mathrm{d}\mu(y). \tag{1.1.2}$$

(2) 若 $\mu(\cdot)$ 为计数测度. 设点列 $\{x_k\}$ 有可数个值 $x_1, x_2, \cdots, x_k, \cdots$, 计数测度 $\mu(A)$ 表示 A 所包含点列 $\{x_k\}$ 中点的个数. 因此对区间 $\Delta x_i \to 0$, 若 Δx_i 中包含 $\{x_k\}$ 中的一个点, 则 $\mu(\Delta x_i) = 1$; 若 Δx_i 不包含 $\{x_k\}$ 中的点, 则 $\mu(\Delta x_i) = 0$. 对于定义在点列 $\{x_k\}$ 上的函数 $g(x)$, 则由 Lebesgue-Stieltjes 积分的定义可知 $\int_a^b g(x)\mathrm{d}\mu(x) = \sum_{x_k \in [a,b]} g(x_k)$. 特别, 对于离散型分布的分布函数 $F(x)$, 由 (1.1.1) 式可知, 若在点列 $\{x_k\}$ 上定义计数测度以及 $f(x_k) = p_k = P(X = x_k)$, 则有

$$F(x) = \sum_{x_k \leqslant x} f(x_k) = \int_{-\infty}^x f(y)\mathrm{d}\mu(y). \tag{1.1.3}$$

比较 (1.1.2) 式和 (1.1.3) 式, 通常把 $P(X = x_k) = p_k = f(x_k)$ 称为离散型分布的概率密度. 例如 Poisson 分布的密度函数为 $f(x_k) = \mathrm{e}^{-\lambda} \cdot \lambda^k / k!$.

因此对于绝对连续型分布和离散型分布, 一个函数的积分, 即数学期望可表示为

$$\mathrm{E}[\phi(X)] = \int \phi(x)f(x)\mathrm{d}\mu(x) = \int \phi(x)\mathrm{d}F(x),$$

其中 $\mathrm{d}F(x) = f(x)\mathrm{d}\mu(x)$.

特别地, 概率 $P(A)$ 可表示为

$$P(A) = \int_{\mathcal{X}} I_A(x)f(x)\mathrm{d}\mu(x) = \int_A f(x)\mathrm{d}\mu(x) = \int_A \mathrm{d}F(x).$$

另外, Lebesgue-Stieltjes 积分可推广到 n 维空间, 可参见 Cramer (1946) 第九章. 特别, 若 $\mu(\cdot)$ 就取为概率测度 $P(\cdot)$, 则有 $P(A) = \int_{\mathcal{X}} I_A(x)\mathrm{d}P(x) = \int_A \mathrm{d}P(x)$; 也有 $\mathrm{E}[\phi(X)] = \int_{\mathcal{X}} \phi(x)\mathrm{d}P(x)$.

1.1.2 分位数

在理论与实际问题中, 经常要知道分布函数 $F(x)$ 的反函数的值, 即 $F^{-1}(p)$ 的值, 其中 $0 < p < 1$ (如 $p = 0.05$, $p = 0.95$ 等), 通常称其为分位数或分位点. 由于 $F(x)$ 非降, 不一定连续, 因此 $F^{-1}(p)$ 的值可能不存在或不唯一. 以下定义保证了分位数的存在性和唯一性.

定义 1.1.1　分布函数 $F(x)$ 的 p **分位数**或 p **分位点**, 定义为 $x_p = \inf\{x : F(x) \geqslant p\}$.

由下确界的定义可知, x_p 为 $F(x) \geqslant p$ 的 x 中最小的, 因此必存在且唯一. 分位数在后文中经常用到, 它有以下基本性质.

定理 1.1.1　设 x_p 为分布函数 $F(x)$ 的 p 分位数, 则有

(1) $F(x_p - 0) \leqslant p \leqslant F(x_p)$; 若 x_p 为 $F(x)$ 的连续点, 则 $F(x_p) = p$.

(2) 若 $Y = \sigma X + \mu$, 则有 $y_p = \sigma x_p + \mu$, 其中 $\sigma > 0$, $\mu \in \mathbf{R}$, y_p 和 x_p 分别是 Y 和 X 的分布函数的 p 分位数.

证明　(1) 由定义可知 $F(x_p) \geqslant p$; 今证 $F(x_p - 0) \leqslant p$. 设 $x' < x_p$, 则必有 $F(x') < p$, 因为 x_p 为 $F(x) \geqslant p$ 的 x 中最小的; 令这些 $x' \to x_p$, 则由 $F(x') < p$ 可知其左极限 $F(x_p - 0) \leqslant p$, 因此 (1) 的不等式成立. 若 x_p 为 $F(x)$ 的连续点, 则有 $F(x_p - 0) = F(x_p) = p$.

(2) 今记 X 和 Y 的分布函数为 $X \sim F(x)$, $Y \sim G(y)$, 则有 $G(y) = F\left(\dfrac{y - \mu}{\sigma}\right)$. 又由分位数的定义可得

$$
\begin{aligned}
y_p &= \inf\{y : G(y) \geqslant p\} = \inf\left\{y : F\left(\frac{y - \mu}{\sigma}\right) \geqslant p\right\} \\
&= \inf\{\sigma x + \mu : F(x) \geqslant p\} = \sigma \inf\{x : F(x) \geqslant p\} + \mu \\
&= \sigma x_p + \mu.
\end{aligned}
$$

这个定理给出了分位数的基本性质, 在有关问题中经常用到.

例 1.1.1　由 χ^2 分布的分位数表示 Γ 分布 $\Gamma(\lambda, k)$ 和指数分布 $E(\lambda)$ 的分位数 (有关分布见 1.3 节).

解　由 Γ 分布的性质可知, 若 $X \sim \Gamma(\lambda, k)$, 则 $Y = 2\lambda X \sim \chi^2(2k)$. 因此由定理 1.1.1 可得 $\chi^2(2k, p) = 2\lambda x_p$, 其中 $\chi^2(2k, p)$ 为 χ^2 分布 $\chi^2(2k)$ 的 p 分位数. 所以 Γ 分布的 p 分位数为 $x_p = \chi^2(2k, p)/2\lambda$. 特别, 若 X 服从指数分布 $E(\lambda)$, 这相当于 Γ 分布 $\Gamma(\lambda, k)$ 中 $k = 1$, 因此指数分布的 p 分位数为 $x_p = \chi^2(2, p)/2\lambda$.

例 1.1.2　对于 F 分布, 记 $X \sim F(n, m)$, 则 $Y = X^{-1} \sim F(m, n)$, 其分位数记为 $x_\alpha = F(n, m; \alpha)$, $y_\beta = F(m, n; \beta)$, 则有 $F(n, m; \alpha) = [F(m, n; 1 - \alpha)]^{-1}$.

证明　由 F 分布的性质可知 $Y = X^{-1} \sim F(m, n)$, 由于 F 分布的分布函数连续, 有

$$
\begin{aligned}
P\{X \leqslant x_\alpha\} = \alpha &\Longleftrightarrow P\{X^{-1} \geqslant x_\alpha^{-1}\} = \alpha \\
&\Longleftrightarrow 1 - P\{X^{-1} \leqslant x_\alpha^{-1}\} = \alpha
\end{aligned}
$$

$$\Longleftrightarrow P\{X^{-1} \leqslant x_\alpha^{-1}\} = 1 - \alpha$$
$$\Longleftrightarrow P\{Y \leqslant x_\alpha^{-1}\} = 1 - \alpha$$
$$\Longleftrightarrow y_{1-\alpha} = x_\alpha^{-1}$$
$$\Longleftrightarrow F(m, n; 1 - \alpha) = [F(n, m; \alpha)]^{-1}.$$

所以有 $F(n, m; \alpha) = [F(m, n; 1 - \alpha)]^{-1}$. ▌

常用的分位数有 $x_{0.05}$, $x_{0.1}$, $x_{0.5}$, $x_{0.9}$, $x_{0.95}$ 等. $x_{0.5}$ 通常称为中位数, 它有以下重要性质.

定理 1.1.2 函数 $g(c) = \mathrm{E}(|X - c|)$ 在中位数 $c = x_{0.5}$ 时达到最小值.

证明 设 X 的分布函数为 $F(X)$, 若 $c < x_{0.5}$, 则

$$
\begin{aligned}
g(c) &= \int_{-\infty}^{+\infty} |x - c| \mathrm{d}F(x) \\
&= \int_{(-\infty, c)} (c - x) \mathrm{d}F(x) + \left(\int_{[c, x_{0.5})} + \int_{[x_{0.5}, +\infty)} \right) (x - c) \mathrm{d}F(x) \\
&= \int_{(-\infty, c)} [(x_{0.5} - x) - (x_{0.5} - c)] \, \mathrm{d}F(x) + \\
&\quad \int_{[x_{0.5}, +\infty)} (x - x_{0.5} + x_{0.5} - c) \mathrm{d}F(x) + \\
&\quad \int_{[c, x_{0.5})} [(x_{0.5} - x) + 2(x - c) - (x_{0.5} - c)] \mathrm{d}F(x) \\
&= \int_{-\infty}^{+\infty} |x - x_{0.5}| \mathrm{d}F(x) + 2 \int_{[c, x_{0.5})} (x - c) \mathrm{d}F(x) + \\
&\quad (x_{0.5} - c) \left[P\{X \geqslant x_{0.5}\} - P\{X < x_{0.5}\} \right].
\end{aligned}
$$

由 $c < x_{0.5}$ 及 $x_{0.5}$ 的定义知 $P\{X \geqslant x_{0.5}\} \geqslant 0.5$ 和 $P\{X < x_{0.5}\} = F(x_{0.5} - 0) \leqslant 0.5$, 从而 $g(c) \geqslant \mathrm{E}(|X - x_{0.5}|)$. 反之, 若 $c > x_{0.5}$, 则

$$
\begin{aligned}
g(c) &= \int_{-\infty}^{+\infty} |x - c| \mathrm{d}F(x) \\
&= \left(\int_{(-\infty, x_{0.5}]} + \int_{(x_{0.5}, c]} \right) (c - x) \mathrm{d}F(x) + \int_{(c, +\infty)} (x - c) \mathrm{d}F(x) \\
&= \int_{(-\infty, x_{0.5}]} [(x_{0.5} - x) + (c - x_{0.5})] \, \mathrm{d}F(x) + \\
&\quad \int_{(c, +\infty)} [(x - x_{0.5}) - (c - x_{0.5})] \mathrm{d}F(x) +
\end{aligned}
$$

$$\int_{(x_{0.5},c]}[(x-x_{0.5})+2(c-x)-(c-x_{0.5})]\mathrm{d}F(x)$$

$$=\int_{-\infty}^{+\infty}|x-x_{0.5}|\mathrm{d}F(x)+2\int_{(x_{0.5},c]}(c-x)\mathrm{d}F(x)+$$

$$(c-x_{0.5})\left[P\{X\leqslant x_{0.5}\}-P\{X>x_{0.5}\}\right].$$

由 $c>x_{0.5}$ 及 $x_{0.5}$ 的定义知 $P\{X\leqslant x_{0.5}\}\geqslant 0.5$ 和 $P\{X>x_{0.5}\}\leqslant 0.5$, 从而 $g(c)\geqslant \mathrm{E}(|X-x_{0.5}|)$. 总之, 对于任何 c, $g(c)\geqslant g(x_{0.5})$, 且当 $c=x_{0.5}$ 时等号成立. ∎

1.1.3 特征函数和数字特征

分布函数虽然完全描述了一个随机变量的概率结构, 但也存在一些不能令人满意的地方. 比如, 只能保证分布函数是单调非降、有界、右连续的, 而不能保证它是一致连续和绝对连续的. 因此分布函数的分析性质并不完美, 通常引进其他工具作为对分布函数的有益补充.

随机变量 X 的数学期望或均值为 $\mathrm{E}(X)=\mu$, 方差为 $\mathrm{Var}(X)=\sigma^2$, 而 σ 通常称为均方差或标准差. 矩母函数和特征函数分别定义为 $M(t)=\mathrm{E}(\mathrm{e}^{tX})$ 和 $\varphi(t)=\mathrm{E}(\mathrm{e}^{\mathrm{i}tX})=M(\mathrm{i}t)$. 特征函数是分析研究许多概率分布问题的有力工具, 以下两小节所列举的常见分布的性质, 有不少可应用特征函数加以证明. 事实上, 它与分布的密度函数有一一对应的关系

$$\varphi(t)=\mathrm{E}(\mathrm{e}^{\mathrm{i}tX})=\int_{-\infty}^{+\infty}\mathrm{e}^{\mathrm{i}tx}f(x)\mathrm{d}x,\quad f(x)=\frac{1}{2\pi}\int_{-\infty}^{+\infty}\mathrm{e}^{-\mathrm{i}tx}\varphi(t)\mathrm{d}t.$$

所以特征函数 $\varphi(t)$ 就是密度函数 $f(x)$ 的 Fourier (傅里叶) 变换, $f(x)$ 就是 $\varphi(t)$ 的逆变换. 常用的性质有

(1) $M^{(k)}(0)=\mathrm{E}(X^k)\stackrel{\triangle}{=}a_k$, $\varphi^{(k)}(0)=\mathrm{i}^k a_k$, $\mathrm{E}(X^k)=\mathrm{i}^{-k}\varphi^{(k)}(0)$;

(2) $\varphi(t)=1+\sum_{k=1}^{\infty}a_k\frac{(\mathrm{i}t)^k}{k!}$, $M(t)=1+\sum_{k=1}^{\infty}a_k\frac{t^k}{k!}$;

(3) 给定随机向量 $\xi=(\xi_1,\cdots,\xi_n)$, 其分量 $\xi_1,\cdots,\xi_n$ 相互独立的充要条件为

$$\varphi_\xi(t_1,\cdots,t_n)=\varphi_{\xi_1}(t_1)\varphi_{\xi_2}(t_2)\cdots\varphi_{\xi_n}(t_n).$$

由性质 (2) 可知, 特征函数和矩母函数的 Taylor (泰勒) 展开式的系数为随机变量 X 的各阶矩. 近年来, 特征函数对数的 Taylor 展开式的系数也经常用到, 今介绍如下.

定义 1.1.2 $\log\varphi(t)$ 的 Taylor 展开式的系数称为累积量 (cumulant), 若

$$\log\varphi(t)=\sum_{r=1}^{\infty}\mathcal{K}_r\frac{(\mathrm{i}t)^r}{r!},$$

则系数 $\mathcal{K}_r$ 称为 r 阶累积量或半不变量.

随机变量 X 的累积量 $\mathcal{K}_r$ 与其各阶矩 a_k 有密切的关系. 其常用性质有

(1) 累积量与各阶矩可互相表示. 其前三阶矩的关系为

$\mathcal{K}_1 = a_1$, $\mathcal{K}_2 = m_2 = \mathrm{E}[X - \mathrm{E}(X)]^2$, $\mathcal{K}_3 = a_3 - 3a_1a_2 + 2a_1^3$;

$a_1 = \mathcal{K}_1$, $a_2 = \mathcal{K}_2 + \mathcal{K}_1^2$, $a_3 = \mathcal{K}_3 + 3\mathcal{K}_1\mathcal{K}_2 + \mathcal{K}_1^3$;

(2) 若 X, Y 独立, 则有 $\mathcal{K}_r(X + Y) = \mathcal{K}_r(X) + \mathcal{K}_r(Y)$;

(3) $\mathcal{K}_r(X + C) = \mathcal{K}_r(X)$ $(r > 1)$, 其中 C 为任意常数.

以下数字特征也是统计学中常见的.

随机变量 X 的三阶中心矩与四阶中心矩分别反映了密度函数的偏度与峰度. 其定义如下:

偏度系数 $\gamma_1 \overset{\text{def}}{=} \alpha_3/\sigma^3$; 峰度系数 $\gamma_2 \overset{\text{def}}{=} \alpha_4/\sigma^4 - 3$, 其中 $\alpha_k = \mathrm{E}[X - \mathrm{E}(X)]^k$, $\sigma^2 = \mathrm{Var}(X)$. 容易验证, 若 X 为正态分布, 则有 $\gamma_1 = 0$, $\gamma_2 = 0$. 因此正态分布可作为偏度与峰度的比较标准. 另外, 密度函数的峰值称为众数 (mode).

以下与条件期望有关的公式非常重要, 今后将多次用到.

$$\mathrm{E}(X) = \mathrm{E}_T[\mathrm{E}(X|T)]; \tag{1.1.4}$$

$$\mathrm{Var}(X) = \mathrm{E}_T[\mathrm{Var}(X|T)] + \mathrm{Var}_T[\mathrm{E}(X|T)]. \tag{1.1.5}$$

另外, 若 $X = (X_1, \cdots, X_n)^{\mathrm{T}}$, $Y = (Y_1, \cdots, Y_m)^{\mathrm{T}}$ 为随机向量, 则其期望与方差定义为

$$\mathrm{E}(X) = (\mathrm{E}(X_1), \cdots, \mathrm{E}(X_n))^{\mathrm{T}}, \ \mathrm{Cov}(X, Y) = (\sigma_{ij})_{n \times m}, \ \mathrm{Var}(X) = \mathrm{Cov}(X, X)_{n \times n},$$

其中 $\sigma_{ij} = \mathrm{Cov}(X_i, Y_j)$. 随机向量的期望与方差的常用公式有

(1) $\mathrm{Cov}(X, Y) = \mathrm{E}[(X - \mathrm{E}(X))(Y - \mathrm{E}(Y))^{\mathrm{T}}] = \mathrm{E}(XY^{\mathrm{T}}) - (\mathrm{E}(X))(\mathrm{E}(Y))^{\mathrm{T}}$;

$\mathrm{Var}(X) = \mathrm{E}(XX^{\mathrm{T}}) - (\mathrm{E}(X))(\mathrm{E}(X))^{\mathrm{T}}$;

(2) $\mathrm{Cov}(AX, BY) = A\mathrm{Cov}(X, Y)B^{\mathrm{T}}$;

(3) $\mathrm{E}(\|X\|^2) = \|\mathrm{E}(X)\|^2 + \mathrm{tr}[\mathrm{Var}(X)]$; $\tag{1.1.6}$

(4) 设 $X = \begin{pmatrix} X_1 \\ X_2 \end{pmatrix}$, 则 $\mathrm{Var}(X) = \begin{pmatrix} \mathrm{Var}(X_1) & \mathrm{Cov}(X_1, X_2) \\ \mathrm{Cov}(X_2, X_1) & \mathrm{Var}(X_2) \end{pmatrix}$.

1.1.4 经验分布函数

经验分布函数是分布函数很好的近似. 考虑独立同分布的样本 $X_1, \cdots, X_n$, 这时 X_1 服从未知分布 $F(x) = P(X_1 \leqslant x)$. 给定 x, 记 ν_n 表示 $X_1, \cdots, X_n$ 中小于等于 x 的个数. 易见, 概率 $F(x) = P(X_1 \leqslant x)$ 可用频率 ν_n/n 来逼近.

定义 1.1.3 给定独立同分布的样本 $X_1, \cdots, X_n$ 和 x, **经验分布函数**定义为 $F_n(x) = n^{-1}\nu_n$.

由定义可知 $F_n(x)$ 为单调、非降、右连续的, 且有 $F_n(-\infty) = 0$, $F_n(+\infty) = 1$; 特别, 经验分布函数可由示性函数表示为

$$F_n(x) = n^{-1}\sum_{i=1}^{n} I\{X_i \leqslant x\} \stackrel{\triangle}{=} n^{-1}\sum_{i=1}^{n} Y_i, \tag{1.1.7}$$

其中 $Y_1, \cdots, Y_n$ 为独立同分布, 取 $0, 1$ 两个值的随机变量, 即

$$Y_i = I\{X_i \leqslant x\} = \begin{cases} 1, & X_i \leqslant x, \\ 0, & X_i > x, \end{cases} \qquad i = 1, \cdots, n.$$

这时有 $P(Y_i = 1) = P\{X_i \leqslant x\} = F(x)$, $P(Y_i = 0) = P\{X_i > x\} = 1 - F(x)$. 并且有

$$\mathrm{E}(Y_i) = F(x), \quad \mathrm{Var}(Y_i) = F(x)[1 - F(x)].$$

定理 1.1.3 若 $X_1, \cdots, X_n$ 为 i.i.d. 样本, $X_1 \sim F(x)$, 则 $\forall x$ 有

(1) $F_n(x) \to F(x)$ (a.e.);

(2) $\sqrt{n}[F_n(x) - F(x)] \stackrel{L}{\longrightarrow} N(0, F(x)[1 - F(x)])$;

其中 (a.e.) 表示几乎处处收敛, $\stackrel{L}{\longrightarrow}$ 表示依分布收敛.

证明 (1) 由 (1.1.7) 式, $F_n(x) = n^{-1}\sum\limits_{i=1}^{n} Y_i$. 根据强大数定律有 $n^{-1}\sum\limits_{i=1}^{n}[Y_i - \mathrm{E}(Y_i)] \to 0$ (a.e.), 即 $n^{-1}\sum\limits_{i=1}^{n} Y_i = F_n(x) \to \mathrm{E}(Y_1) = F(x)$ (a.e.).

(2) 由中心极限定理有

$$\frac{\sum\limits_{i=1}^{n}[Y_i - \mathrm{E}(Y_i)]}{\sqrt{\sum\limits_{i=1}^{n}\mathrm{Var}(Y_i)}} \stackrel{L}{\longrightarrow} N(0, 1),$$

$$\frac{nF_n(x) - nF(x)}{\sqrt{nF(x)[1 - F(x)]}} \stackrel{L}{\longrightarrow} N(0, 1),$$

$$\sqrt{n}[F_n(x) - F(x)] \stackrel{L}{\longrightarrow} N(0, F(x)[1 - F(x)]).$$

这个定理表明, 经验分布函数是样本分布函数很好的近似. 更深入的讨论可参见陈希孺 (1981, 2009).

1.2 常见的离散型分布

本节介绍若干常见的离散型分布, 其分布函数与密度函数的关系可参见 (1.1.3) 式.

1. 单点分布 (退化分布)

即 X 以概率为 1 取常数 a: $P(X = a) = 1$. 其分布函数为 $F(x) = I\{x \geqslant a\}$.

2. 离散均匀分布 $X \sim U(m)$

即 X 等可能性地取 $1, \cdots, m$ 之中的任何一个值: $P(X = i) = 1/m$, $i = 1, \cdots, m$; 这相当于从有标号 $1, \cdots, m$ 的 m 个球中任取一个球. 其密度函数为 $p(x, m) = 1/m I\{1 \leqslant x \leqslant m\}$, 但 x 取正整数. X 的期望与方差分别为

$$\mathrm{E}(X) = \frac{m + 1}{2}, \quad \mathrm{Var}(X) = \frac{m^2 - 1}{12}.$$

3. 两点分布 $X \sim b(1, \theta)$

即 X 仅取 0, 1 两个值: $P(X = 1) = \theta$, $P(X = 0) = 1 - \theta$. 实际问题中, 常用 $X = 1$ 表示某事件 A 成功、发生, 或某产品为次品等情形; $X = 0$ 表示某事件 A 失败、不发生, 或某产品为正品等情形. X 的密度函数为 $p(x, \theta) = \theta^x (1 - \theta)^{1-x}$, $x = 0, 1$. 该式可化为指数形式:

$$p(x, \theta) = \exp\{x \log \theta + (1 - x) \log(1 - \theta)\} = \exp\left\{x \log \frac{\theta}{1 - \theta} + \log(1 - \theta)\right\},$$

其中 $\log \dfrac{\theta}{1 - \theta}$ 常记为 $\mathrm{logit}(\theta)$, 它表示成功概率与失败概率之比的对数. 易见 $0 < \theta < 1$ 时有 $-\infty < \mathrm{logit}(\theta) < +\infty$, 其变化范围为整个数轴, 应用上比较方便.

两点分布的特征函数为 $\varphi(t) = (1 - \theta) + \theta e^{it}$, 并且有 $\mathrm{E}(X) = \theta$, $\mathrm{Var}(X) = \theta(1 - \theta)$.

4. 二项分布 $X \sim b(n, \theta)$

X 表示 n 次相互独立的试验中事件 A 发生 (或成功) 的次数, 而事件 A 发生的概率为 $P(A) = \theta$. 因此 $P(X = i) = \binom{n}{i} \theta^i (1 - \theta)^{n-i}$, 并记为 $b(i|n, \theta)$. X 的密度函数为

$$p(x, \theta) = \binom{n}{x} \theta^x (1 - \theta)^{n-x}, \quad x = 0, 1, \cdots, n.$$

二项分布有以下主要性质:

(1) 重要分解. 二项分布 X 可表示为独立同分布的两点分布 $X_1, \cdots, X_n$ 之和. 即

$$X = \sum_{i=1}^{n} X_i; \quad X_i = \begin{cases} 1, & \text{第 } i \text{ 次试验 } A \text{ 发生,} \\ 0, & \text{第 } i \text{ 次试验 } A \text{ 不发生,} \end{cases}$$

其中 $X_1 \sim b(1,\theta)$ 为两点分布.

由此分解式可推出二项分布的许多基本性质, 例如

(2) $\mathrm{E}(X) = n\theta$, $\mathrm{Var}(X) = n\theta(1-\theta)$.

(3) 特征函数 $\varphi(t) = [(1-\theta) + \theta \mathrm{e}^{it}]^n$.

(4) 可加性, 即若 $X_i \sim b(n_i,\theta)$, $i = 1, 2$, 且独立, 则 $X_1 + X_2 \sim b(n_1+n_2,\theta)$.

(5) $(X - n\theta)/\sqrt{n\theta(1-\theta)}$ 的渐近分布为标准正态分布 $N(0,1)$ (当 $n \to +\infty$ 时).

以下介绍二项分布的分布函数 $F(x)$ 的计算公式, $F(x) = P(X \leqslant x) = \sum_{k=0}^{[x]} b(k|n,\theta)$, 其中 $[x]$ 表示 x 的整数部分. 今记

$$B(i|n,\theta) = \sum_{k=0}^{i} b(k|n,\theta) = F(i) = P(X \leqslant i).$$

$F(i)$ 与不完全 β 函数有密切关系. 今简要介绍如下.

熟知, β 函数定义为 $\beta(p,q) = \int_0^1 x^{p-1}(1-x)^{q-1}\mathrm{d}x = \beta(q,p)$; 它可由 Γ 函数表示为 $\beta(p,q) = \Gamma(p)\Gamma(q)/\Gamma(p+q)$, 其中 Γ 函数为 $\Gamma(p) = \int_0^{+\infty} \mathrm{e}^{-x}x^{p-1}\mathrm{d}x$. 不完全 β 函数定义为

$$I_\xi(p,q) = \beta^{-1}(p,q) \int_0^\xi x^{p-1}(1-x)^{q-1}\mathrm{d}x. \tag{1.2.1}$$

不完全 β 函数 $I_\xi(p,q)$ 有以下主要性质 (见习题):

(1) $I_\xi(p,q) + I_{1-\xi}(q,p) = 1$; \hfill (1.2.2)

(2) $\sum_{j=i}^{n} b(j|n,\theta) = I_\theta(i, n-i+1)$; \hfill (1.2.3)

(3) $B(i|n,\theta) = F(i) = 1 - I_\theta(i+1, n-i) = I_{1-\theta}(n-i, i+1)$. \hfill (1.2.4)

(1.2.4) 式可表示为 $F(i) = P_\theta(X \leqslant i) = P(Z > \theta)$, 其中 Z 服从 β 分布 $BE(i+1, n-i)$ (见 1.3 节连续型分布).

5. 几何分布 $X \sim g(i|\theta)$ 或 $X \sim G(\theta)$

X 表示首次成功所需试验次数. 因此有

$$P(X = i) \stackrel{\triangle}{=} g(i|\theta) = \theta(1-\theta)^{i-1}, \quad i = 1, 2, \cdots.$$

直接计算可知

(1) 特征函数 $\varphi(t) = \theta e^{it}(1-e^{it}q)^{-1}$, $q = 1-\theta$; 并且有 $E(X) = \theta^{-1}$, $Var(X) = (1-\theta)\theta^{-2}$.

(2) 几何分布有无记忆性, 即 $P(X > n+m | X > n) = P(X > m)$.

6. Pascal (帕斯卡) 分布 $X \sim PA(r, \theta)$

X 表示取得 r 次成功所需试验次数, 易见 $r = 1$ 时, $PA(1, \theta)$ 即为几何分布 $G(\theta)$. 并且有

$$P(X = i) \triangleq pa(i|r, \theta) = \binom{i-1}{r-1}\theta^r(1-\theta)^{i-r}, \quad i \geqslant r.$$

Pascal 分布有以下基本性质:

(1) $X = \sum_{k=1}^{r} X_k$, 其中 $X_1, \cdots, X_r$ 为 i.i.d. 样本, X_k 为第 $k-1$ 次成功到第 k 次成功所经历的试验次数, 因此 $X_k \sim PA(1, \theta) \sim G(\theta)$ 为几何分布;

(2) $E(X) = r\theta^{-1}$, $Var(X) = r(1-\theta)\theta^{-2}$;

(3) 可加性 (包括几何分布). 即若 $X_i \sim PA(r_i, \theta)$, $i = 1, 2$ 且独立, 则有 $X_1 + X_2 \sim PA(r_1 + r_2, \theta)$.

7. 负二项分布 $X \sim NB(r, \theta)$

若 $Y \sim PA(r, \theta)$, 则称 $X = Y - r$ 服从负二项分布 $NB(r, \theta)$. X 表示 r 次成功所经历失败的次数.

$$P(X = i) \triangleq nb(i|r, \theta) = \binom{r+i-1}{i}\theta^r(1-\theta)^i, \quad i = 0, 1, 2, \cdots.$$

以上概率为 $\theta^r(1-q)^{-r}$ 展开式中 q 的第 i 项系数, $q = 1-\theta$, 因此称为负二项分布. 它有以下基本性质:

(1) $X \sim NB(1, \theta)$, 则 $X+1 \sim G(\theta)$;

(2) $X = \sum_{k=1}^{r} X_k$, 其中 $X_1, \cdots, X_r$ 为 i.i.d. 样本, $X_1 \sim NB(1, \theta)$;

(3) 特征函数 $\varphi(t) = \theta^r(1-e^{it}q)^{-r}$, $q = 1-\theta$; 并且有

$$E(X) = r\theta^{-1}(1-\theta) \stackrel{\text{def}}{=} \mu, \quad Var(X) = r\theta^{-2}(1-\theta) = \mu + r^{-1}\mu^2;$$

(4) 可加性. 即若 $X_i \sim NB(r_i, \theta)$, $i = 1, 2$ 且独立, 则 $X_1 + X_2 \sim NB(r_1 + r_2, \theta)$;

(5) $P(X \leqslant i) = NB(i|r, \theta) = I_\theta(r, i+1)$ (其证明类似于 (1.2.3) 式).

8. 超几何分布 $X \sim HG(n, N, M)$

N 件产品中有 M 件次品, 不放回抽取 n 件产品, X 表示次品数. 因此有

$$P(X = i) \triangleq h(i|n; N, M) = \binom{M}{i}\frac{\binom{N-M}{n-i}}{\binom{N}{n}}.$$

它有以下基本性质:

(1) $E(X) = n\dfrac{M}{N}$, $Var(X) = n\dfrac{M}{N}\dfrac{N-M}{N}\dfrac{N-n}{N-1}$;

(2) 若 n/N 很小, 则 $P(X = i) \approx b(i|n, N^{-1}M)$, 即可化为次品率 M/N 不变的有放回的抽样.

关于超几何分布的特征函数, 可参见方开泰, 许建伦 (2016) 的 (2.46) 式及那里的说明.

9. Poisson 分布 $X \sim P(\lambda)$

$P(X = i) \overset{\triangle}{=} p(i|\lambda) = \mathrm{e}^{-\lambda}\lambda^i/i!$, 或其密度函数为 $p(x, \lambda) = \mathrm{e}^{-\lambda}\lambda^x/x!$, $x = 0, 1, 2, \cdots$. 它有以下基本性质:

(1) 特征函数 $\varphi(t) = \mathrm{e}^{-\lambda(1-\mathrm{e}^{\mathrm{i}t})}$, $E(X) = \lambda$, $Var(X) = \lambda = E(X)$.

(2) 分布函数 $F(i) = P(X \leqslant i)$ 可由不完全 Γ 函数 $\Gamma(\lambda, i+1)$ 表示为

$$P(X \leqslant i) = \frac{\int_\lambda^\infty \mathrm{e}^{-x}x^i\mathrm{d}x}{\Gamma(i+1)} = P(Z > \lambda) \overset{\triangle}{=} \Gamma(\lambda, i+1). \tag{1.2.5}$$

其中 Z 服从 Γ 分布 $\Gamma(1, i+1)$ (见后面的连续型分布, 其证明类似于 (1.2.3) 式).

(3) 若 $x < \lambda$, 则密度函数 $p(x, \lambda) = P(X = x)$ 为 x 的增函数; 若 $x > \lambda$, 则为 x 的减函数.

(4) 可加性. 即若 $X_i \sim P(\lambda_i)$, $i = 1, 2$ 且独立, 则 $X_1 + X_2 \sim P(\lambda_1 + \lambda_2)$.

(5) 条件分布. 若 $X_i \sim P(\lambda_i)$, $i = 1, 2$ 且独立, 则 $(X_i|X_1 + X_2 = k)$ 服从二项分布 $b(k, \theta_i)$, 其中 $\theta_i = \lambda_i/(\lambda_1 + \lambda_2)$, $i = 1, 2$.

(6) 当 $\lambda \to +\infty$ 时, $(X - \lambda)/\sqrt{\lambda}$ 的渐近分布为标准正态分布 $N(0, 1)$.

证明   以下计算 $(X - \lambda)/\sqrt{\lambda}$ 的特征函数及其渐近性质:

$$\begin{aligned}
\varphi(t) &= E(\mathrm{e}^{\mathrm{i}\frac{X-\lambda}{\sqrt{\lambda}}t}) = \mathrm{e}^{-\mathrm{i}t\sqrt{\lambda}} \cdot E(\mathrm{e}^{\mathrm{i}Xt/\sqrt{\lambda}}) \\
&= \exp\{-\mathrm{i}t\sqrt{\lambda}\} \cdot \exp\{\lambda(\mathrm{e}^{\mathrm{i}t/\sqrt{\lambda}} - 1)\} \\
&= \exp\{\lambda(\mathrm{e}^{\mathrm{i}t/\sqrt{\lambda}} - 1) - \mathrm{i}t\sqrt{\lambda}\} \\
&= \exp\left\{\lambda\left[1 + \frac{\mathrm{i}t}{\sqrt{\lambda}} + \frac{(\mathrm{i}t)^2}{2\lambda} + o\left(\frac{1}{\lambda}\right)\right] - \lambda - \mathrm{i}t\sqrt{\lambda}\right\} \\
&= \exp\left\{-\frac{1}{2}t^2 + o(1)\right\}.
\end{aligned}$$

其中当 $\lambda \longrightarrow +\infty$ 时, $o(1) \longrightarrow 0$. 所以 $\varphi(t) \longrightarrow \exp\{-t^2/2\}$. 而 $\exp\{-t^2/2\}$ 是标准正态分布 $N(0, 1)$ 的特征函数, 由唯一性知 $(X - \lambda)/\sqrt{\lambda}$ 的渐近分布为 $N(0, 1)$ (当 $\lambda \longrightarrow +\infty$ 时). ∎

10. 多点分布 $X = (X_1, \cdots, X_k)^{\mathrm{T}} \sim MN(1, \pi)$, $\pi = (\pi_1, \cdots, \pi_k)^{\mathrm{T}}$; X 和 π 为 k 维向量

假设有 k 个事件 $A_1, A_2, \cdots, A_k$ 为样本空间的一个划分, 即这 k 个事件两两不相容, $P(A_i) = \pi_i$, $i = 1, \cdots, k$ 且有 $\sum_{i=1}^{k} \pi_i = 1$. X 满足

$$X_i = \begin{cases} 1, & \text{试验中 } A_i \text{ 出现,} \\ 0, & \text{试验中 } A_i \text{ 不出现;} \end{cases} \qquad \sum_{i=1}^{k} X_i = 1.$$

易见, 若 $k = 2$, 则 X 即为两点分布: $A_1 = A$, $A_2 = \overline{A}$. 多点分布有以下基本性质:

(1) 密度函数 $p(x_1, x_2, \cdots, x_k) = \pi_1^{x_1} \pi_2^{x_2} \cdots \pi_k^{x_k}$, $x_1, \cdots, x_k$ 中只有一个为 1, 其他为 0;

(2) $X_i \sim b(1, \pi_i)$, $\mathrm{E}(X_i) = \pi_i$, $i = 1, \cdots, k$, 且有

$$\mathrm{Cov}(X_i, X_j) = \begin{cases} \pi_i(1 - \pi_i), & i = j, \\ -\pi_i \pi_j, & i \neq j; \end{cases}$$

(3) 期望与方差的向量形式为

$$\mathrm{E}(X) = \pi, \quad \mathrm{Var}(X) = \mathrm{diag}(\pi) - \pi \pi^{\mathrm{T}}. \tag{1.2.6}$$

其中 $\mathrm{diag}(\pi) = \mathrm{diag}(\pi_1, \cdots, \pi_k)$ 为 k 阶对角矩阵.

11. 多项分布 $X = (X_1, \cdots, X_k)^{\mathrm{T}} \sim MN(n, \pi)$

条件及符号与多点分布相同, 但 X_i 表示 n 次试验中 A_i 出现的次数 $(i = 1, \cdots, k)$, 因此有

$$P(X_1 = j_1, \cdots, X_k = j_k) = \frac{n!}{j_1! \cdots j_k!} \pi_1^{j_1} \cdots \pi_k^{j_k}, \qquad j_1 + \cdots + j_k = n.$$

易见, 若 $k = 2$, 则 X 即为二项分布 $b(n, \pi_1)$; $\pi_2 = 1 - \pi_1$; 若 $n = 1$, 则 X 为多点分布 $MN(1, \pi)$. 多项分布有以下基本性质:

(1) 其密度函数可表示为

$$p(x, \pi) = \frac{n!}{x_1! \cdots x_k!} \pi_1^{x_1} \cdots \pi_k^{x_k}, \quad \sum_{i=1}^{k} x_i = n.$$

(2) 重要分解. 多项分布 $X = (X_1, \cdots, X_k)^{\mathrm{T}}$ 可表示为独立同分布的多点分布之和. 即

$$X = \sum_{m=1}^{n} X^m, \quad X^m = (X_1^m, \cdots, X_i^m, \cdots, X_k^m)^{\mathrm{T}}. \tag{1.2.7}$$

其中 $X^1, \cdots, X^m, \cdots, X^n$ 为独立同分布的多点分布, $X^1 \sim MN(1, \pi)$, 且有

$$X_i = \sum_{m=1}^{n} X_i^m, \quad X_i^m = \begin{cases} 1, & \text{第 } m \text{ 次试验 } A_i \text{ 出现,} \\ 0, & \text{第 } m \text{ 次试验 } A_i \text{ 不出现,} \end{cases}$$

也有 $X_i \sim b(n, \pi_i)$; $X_i^m \sim b(1, \pi_i)$; $i = 1, \cdots, k$, $m = 1, \cdots, n$.

(3) $\mathrm{E}(X) = n\pi$, $\mathrm{Var}(X) = n[\operatorname{diag}(\pi) - \pi\pi^{\mathrm{T}}]$. 因为 $X = \sum\limits_{m=1}^{n} X^m$, $X^m \sim MN(1, \pi)$.

(4) 特征函数为

$$\varphi(t) = \mathrm{E}[\mathrm{e}^{\mathrm{i}X^{\mathrm{T}}t}] = \mathrm{E}[\mathrm{e}^{\mathrm{i}\sum\limits_{j=1}^{k} X_j t_j}] = [\pi_1 \mathrm{e}^{\mathrm{i}t_1} + \cdots + \pi_k \mathrm{e}^{\mathrm{i}t_k}]^n.$$

(5) 条件分布 (与 Poisson 分布的关系).

若 $X_i \sim P(\lambda_i)$, $i = 1, \cdots, k$ 相互独立, 则 $\{(X_1, \cdots, X_k)^{\mathrm{T}} | X_1 + \cdots + X_k = n\} \sim MN(n, \pi)$, 其中 $\pi = (\pi_1, \cdots, \pi_k)^{\mathrm{T}}$, $\pi_i = \lambda_i / \sum\limits_{j=1}^{k} \lambda_j$, $i = 1, \cdots, k$.

证明   由于 X_i, $i = 1, \cdots, k$ 相互独立, 根据 Poisson 分布的可加性可得

$$P\{(X_1 = x_1, \cdots, X_k = x_k) | X_1 + \cdots + X_k = n\}$$

$$= P\left\{X_1 = x_1, \cdots, X_k = x_k, \sum_{i=1}^{k} x_i = n\right\} \bigg/ P\{X_1 + \cdots + X_k = n\}$$

$$= \left[\mathrm{e}^{-\lambda_1}\frac{\lambda_1^{x_1}}{x_1!} \cdots \mathrm{e}^{-\lambda_k}\frac{\lambda_k^{x_k}}{x_k!}\right] \bigg/ \left[\mathrm{e}^{-\sum\limits_{i=1}^{k}\lambda_i}\frac{\left(\sum\limits_{i=1}^{k}\lambda_i\right)^n}{n!}\right]$$

$$= \frac{n!}{x_1! \cdots x_k!}\left(\frac{\lambda_1}{\sum\limits_{i=1}^{k}\lambda_i}\right)^{x_1} \cdots \left(\frac{\lambda_k}{\sum\limits_{i=1}^{k}\lambda_i}\right)^{x_k} \qquad (\text{其中} \sum_{i=1}^{k} x_i = n).$$

所以 $\{(X_1, \cdots, X_k)^{\mathrm{T}} | X_1 + \cdots + X_k = n\}$ 服从多项分布 $MN(n, \pi)$, 其中 $\pi = (\pi_1, \cdots, \pi_k)^{\mathrm{T}}$, 而 $\pi_i = \lambda_i / \sum\limits_{j=1}^{k} \lambda_j$, $i = 1, \cdots, k$. ∎

表 1.2.1 列出了常见的离散型分布 (可参见方开泰, 许建伦 (2016); Zacks (1981); 茆诗松等 (2007); Shao (1998)).

表 1.2.1   常见的离散型分布

离散均匀分布	密度函数	$1/m$, $x = 1, \cdots, m$
	特征函数	$\sum\limits_{k=1}^{m} \mathrm{e}^{\mathrm{i}kt}/m = \mathrm{e}^{\mathrm{i}t}(1 - \mathrm{e}^{\mathrm{i}mt})/[m(1 - \mathrm{e}^{\mathrm{i}t})]$
$U(m)$	期望	$(m+1)/2$
	方差	$(m^2 - 1)/12$

两点分布	密度函数	$\theta^x(1-\theta)^{1-x}$, $x=0,1$
	特征函数	$(1-\theta)+\theta e^{it}$
$b(1,\theta)$	期望	θ
	方差	$\theta(1-\theta)$
二项分布	密度函数	$\binom{n}{x}\theta^x(1-\theta)^{n-x}$, $x=0,1,\cdots,n$
	特征函数	$[(1-\theta)+\theta e^{it}]^n$
$b(n,\theta)$	期望	$n\theta$
	方差	$n\theta(1-\theta)$
几何分布	密度函数	$\theta(1-\theta)^{x-1}$, $x=1,2,\cdots$
	特征函数	$\theta e^{it}[1-e^{it}(1-\theta)]^{-1}$
$G(\theta)$	期望	θ^{-1}
	方差	$(1-\theta)\theta^{-2}$
Pascal 分布	密度函数	$\binom{x-1}{r-1}\theta^r(1-\theta)^{x-r}$, $x\geqslant r$
	特征函数	$\{\theta e^{it}[1-e^{it}(1-\theta)]^{-1}\}^r$
$PA(r,\theta)$	期望	$r\theta^{-1}$
	方差	$r(1-\theta)\theta^{-2}$
负二项分布	密度函数	$\binom{r+x-1}{x}\theta^r(1-\theta)^x$, $x=0,\ 1,\ 2,\ \cdots$
	特征函数	$\theta^r[1-e^{it}(1-\theta)]^{-r}$
$NB(r,\theta)$	期望	$r\theta^{-1}(1-\theta)$
	方差	$r\theta^{-2}(1-\theta)$
超几何分布	密度函数	$\binom{M}{x}\binom{N-M}{n-x}\Big/\binom{N}{n}$, $\max(0,M+n-N)\leqslant x\leqslant \min(n,M)$
$HG(n,N,M)$	期望	$n\dfrac{M}{N}$
	方差	$n\dfrac{M}{N}\dfrac{N-M}{N}\dfrac{N-n}{N-1}$
Poisson 分布	密度函数	$e^{-\lambda}\dfrac{\lambda^x}{x!}$, $x=0,\ 1,\ 2,\ \cdots$
	特征函数	$\exp\{-\lambda(1-e^{it})\}$
$P(\lambda)$	期望	λ
	方差	λ
多点分布	密度函数	$\pi_1^{x_1}\pi_2^{x_2}\cdots\pi_k^{x_k}$, $\sum\limits_{i=1}^{k}x_i=1$
	特征函数	$\pi_1 e^{it_1}+\cdots+\pi_k e^{it_k}$
$MN(1,\pi)$	期望	π
	方差	$\mathrm{diag}(\pi)-\pi\pi^{\mathrm{T}}$

多项分布	密度函数	$\dfrac{n!}{x_1!\cdots x_k!}\pi_1^{x_1}\cdots\pi_k^{x_k},\quad \sum\limits_{i=1}^{k}x_i=n$
	特征函数	$[\pi_1\mathrm{e}^{\mathrm{i}t_1}+\cdots+\pi_k\mathrm{e}^{\mathrm{i}t_k}]^n$
$MN(n,\pi)$	期望	$n\pi$
	方差	$n[\mathrm{diag}(\pi)-\pi\pi^{\mathrm{T}}]$

1.3 常见的连续型分布

本节介绍若干常见的连续型分布, 其分布函数与密度函数的关系可参见 (1.1.2) 式.

1. 均匀分布 $X\sim R(\theta_1,\theta_2)$

其密度函数和分布函数分别为

$$f(x,\theta_1,\theta_2)=\frac{1}{\theta_2-\theta_1}I\{\theta_1\leqslant x\leqslant\theta_2\}=\begin{cases}\dfrac{1}{\theta_2-\theta_1}, & \theta_1\leqslant x\leqslant\theta_2,\\[2mm] 0, & \text{其他};\end{cases}$$

$$F(x,\theta_1,\theta_2)=\begin{cases}0, & x<\theta_1,\\[2mm]\dfrac{x-\theta_1}{\theta_2-\theta_1}, & \theta_1\leqslant x<\theta_2,\\[2mm] 1, & x\geqslant\theta_2.\end{cases}$$

标准均匀分布为 $X\sim R(0,1)$, 这时 $f(x)=I\{0\leqslant x\leqslant 1\}$. 另一种常见的形式为 $X\sim R(\mu,\mu+\sigma)$, 其中 μ 为位置参数, σ 为尺度参数; $f(x)=\sigma^{-1}I\{0\leqslant\dfrac{x-\mu}{\sigma}\leqslant 1\}$.

均匀分布有以下基本性质:

(1) $\mathrm{E}(X)=(\theta_1+\theta_2)/2=\mu+\sigma/2$; $\mathrm{Var}(X)=(\theta_2-\theta_1)^2/12=\sigma^2/12$;

(2) $R(\theta_1,\theta_2)=\theta_1+(\theta_2-\theta_1)R(0,1)$, 即若 $Y\sim R(0,1)$, 则 $X=\theta_1+(\theta_2-\theta_1)Y\sim R(\theta_1,\theta_2)$; 反之, 若 $X\sim R(\theta_1,\theta_2)$, 则 $(X-\theta_1)/(\theta_2-\theta_1)=Y\sim R(0,1)$;

(3) 若 $X\sim F(x)$ 为连续型分布函数, 则 $Y=F(X)\sim R(0,1)$; 反之, 若 $Y\sim R(0,1)$, 则 $X=F^{-1}(Y)\sim F(x)$; $Z=F^{-1}(1-Y)\sim F(z)$. 最后一式可证明如下:

$$P(Z\leqslant z)=P(F^{-1}(1-Y)\leqslant z)=P(1-Y\leqslant F(z))=F(z).$$

上式成立是因为由 $Y\sim R(0,1)$ 可知 $1-Y$ 也服从均匀分布 $R(0,1)$.

以上性质有广泛的应用. 例如, 若 $X\sim F(x)$, $X_1,\cdots,X_n$ 为其 i.i.d. 样本, 取次序统计量 $X_{(1)}\leqslant X_{(2)}\leqslant\cdots\leqslant X_{(n)}$, 则 $Y_{(1)}=F(X_{(1)}),Y_{(2)}=F(X_{(2)}),\cdots,$

$Y_{(n)} = F(X_{(n)})$ 为均匀分布 $R(0,1)$ 的次序统计量, 这些次序统计量有很好的性质, 见 1.6 节.

另外, 根据以上性质可由均匀分布 $R(0,1)$ 的随机数产生随机变量 $X \sim F(x)$ 的随机数, 因为若取 $Y \sim R(0,1)$, 则有 $X = F^{-1}(Y) \sim F(x)$.

例 1.3.1 均匀分布与指数分布 (见下文 2).

(1) 设 Y 服从均匀分布 $R(0,1)$, 则 $X = -\lambda^{-1}\log(1-Y)$ 以及 $X' = -\lambda^{-1}\log(Y)$ 都服从指数分布 $E(\lambda)$, 即 $F(x) = (1 - \mathrm{e}^{-\lambda x})I\{x \geqslant 0\}$.

(2) 设 $X_1, \cdots, X_n$ 为独立同分布的样本, 且 X_1 服从均匀分布 $R(0,\theta)$, 则 $T = -2\sum_{i=1}^{n} \log(X_i/\theta)$ 服从 $\chi^2(2n)$;

证明 (1) 指数分布 $X \sim E(\lambda)$ 的分布函数为 $F(x) = (1 - \mathrm{e}^{-\lambda x})I\{x \geqslant 0\}$, 求其反函数: $y = 1 - \mathrm{e}^{-\lambda x}$, $x = -\lambda^{-1}\log(1-y) = F^{-1}(y)$, $0 < y < 1$. 故由以上性质 (3), 若 $Y \sim R(0,1)$, 则 $X = F^{-1}(Y) = -\lambda^{-1}\log(1-Y) \sim E(\lambda)$ 为指数分布. 同时也有 $X' = F^{-1}(1-Y) = -\lambda^{-1}\log(Y) \sim E(\lambda)$. 因此, 由 $Y \sim R(0,1)$ 的随机数可产生指数分布 $X \sim E(\lambda)$ 的随机数. 特别, 由 $X = -\log(Y)$ 可产生 $X \sim E(1)$ 的随机数 (一般来讲, 常见连续型分布的随机数皆可由均匀分布 $R(0,1)$ 的随机数产生).

(2) 由假设可知 X_1/θ 服从均匀分布 $R(0,1)$, 因而由 (1) 可知 $-\log(X_1/\theta)$ 服从指数分布 $E(1)$, 即 Γ 分布 $\Gamma(1,1)$ (见下文 9), 因此有 $-2\log(X_1/\theta) \sim \chi^2(2)$. 再由 χ^2 分布的可加性即可得到 $T = -2\sum_{i=1}^{n} \log(X_i/\theta) \sim \chi^2(2n)$. ∎

2. 指数分布 $X \sim E(\lambda)$

其密度函数和分布函数分别为

$$f(x,\lambda) = \lambda \mathrm{e}^{-\lambda x} I\{x \geqslant 0\} = \begin{cases} \lambda \mathrm{e}^{-\lambda x}, & x \geqslant 0, \\ 0, & x < 0; \end{cases} \quad F(x,\lambda) = (1 - \mathrm{e}^{-\lambda x})I\{x \geqslant 0\}.$$

指数分布有若干常见的形式. $\lambda = 1$ 时为标准分布: $X \sim E(1)$, 其密度函数为 $f(x) = \mathrm{e}^{-x}I\{x \geqslant 0\}$; 记 $\lambda = \sigma^{-1}$, 则 σ 为尺度参数, 这时有 $f(x) = \sigma^{-1}\mathrm{e}^{-x/\sigma}I\{x \geqslant 0\}$.

指数分布有以下基本性质:

(1) $\mathrm{E}(X) = \lambda^{-1} = \sigma$, $\mathrm{Var}(X) = \lambda^{-2} = \sigma^2$;

(2) 若 $Y \sim R(0,1)$, 则 $X = -\log(1-Y) \sim E(1)$, $X' = -\log(Y) \sim E(1)$ (例 1.3.1 中 $\lambda = 1$);

(3) 无记忆性: $P(X > s + t | X > s) = P(X > t)$;

(4) 与 Poisson 分布的关系. 设 $X_t = (0,t)$ 时间内的故障数 (或电话数), 通

常 X_t 服从 Poisson 分布 $P(\lambda t)$, 则首次故障 (或电话) 出现的时间 $Y \sim E(\lambda)$. 因为 $P(Y > t) = P(X_t = 0) = \mathrm{e}^{-\lambda t}$, $t \geqslant 0$. 故 $P(Y \leqslant t) = 1 - \mathrm{e}^{-\lambda t} = F(t) \sim E(\lambda)$.

3. 带有位置参数的指数分布 $X \sim E(\lambda, \mu)$ 或 $X \sim \mu + E(\lambda)$, $\lambda = \sigma^{-1}$

若 $X \sim E(1) \sim \mathrm{e}^{-x} I\{x \geqslant 0\}$, 则 $Y = \sigma X + \mu$ 服从带有位置尺度参数的指数分布, 其密度函数为

$$f(x; \lambda, \mu) = \frac{1}{\sigma} \mathrm{e}^{-\frac{x-\mu}{\sigma}} I\{x \geqslant \mu\}, \quad \lambda = \sigma^{-1}. \tag{1.3.1}$$

其中 μ 为位置参数; $\sigma = \lambda^{-1}$ 为尺度参数. 当 $\mu = 0$ 时, $X \sim E(\lambda)$; 特别, 当 $\sigma = 1$ 时, $X \sim \mu + E(1) \sim E(1, \mu)$, 其密度函数为 $f(x) = \mathrm{e}^{-(x-\mu)} I\{x \geqslant \mu\}$.

对于分布 $X \sim E(\lambda, \mu)$, $\lambda = \sigma^{-1}$, 其期望和方差分别为

$$\mathrm{E}(X) = \mu + \sigma = \mu + \lambda^{-1}, \quad \mathrm{Var}(X) = \sigma^2 = \lambda^{-2}.$$

4. 位置尺度参数分布族 $X \sim P_{(\mu,\sigma)}$ 或 $X \sim \sigma^{-1} f\left(\dfrac{x-\mu}{\sigma}\right)$

如果 X 的密度函数可表示为 $\sigma^{-1} f\left(\dfrac{x-\mu}{\sigma}\right)$, 则称 X 服从位置尺度参数分布, 其中 $f(x)$ 为某一密度函数. 若 $\sigma = 1$, 即 $X \sim f(x-\mu)$, 则称 X 服从位置参数分布; 若 $\mu = 0$, 即 $X \sim \sigma^{-1} f\left(\dfrac{x}{\sigma}\right)$, 则称 X 服从尺度参数分布; 若 $\mu = 0$, $\sigma = 1$, 即 $X \sim f(x)$, 则称 X 服从标准分布. 易见, 正态分布 (见下文 5) $X \sim N(\mu, \sigma^2)$、均匀分布 $R(\mu, \mu + \sigma)$、指数分布 $E(\sigma^{-1}, \mu)$ 等都是位置尺度参数分布族.

容易验证, 若 $X \sim P_{(\mu,\sigma)}$, 则 $Y = \dfrac{X - \mu}{\sigma}$ 服从标准分布 $P_{(0,1)}$; 反之, 若 $X \sim P_{(0,1)}$, 则 $Y = \sigma X + \mu$ 服从一般位置尺度参数分布 $P_{(\mu,\sigma)}$. 这些转换关系都是经常用到的.

以上定义可推广到更一般的情形. 如果样本 $X = (X_1, \cdots, X_n)^{\mathrm{T}}$ 的密度函数可表示为以下形式:

$$X \sim \frac{1}{\sigma^n} f\left(\frac{x - \mu \mathbf{1}}{\sigma}\right) = \frac{1}{\sigma^n} f\left(\frac{x_1 - \mu}{\sigma}, \cdots, \frac{x_n - \mu}{\sigma}\right),$$

则称它服从位置尺度参数分布. 其中 $\mathbf{1} = (1, \cdots, 1)^{\mathrm{T}}$. 类似地, 若 $X \sim P_{(\mu,\sigma)}$, 则 $Y = \dfrac{X - \mu \mathbf{1}}{\sigma}$ 服从标准分布 $P_{(0,1)}$; 反之, 若 $X \sim P_{(0,1)}$, 则 $Y = \sigma X + \mu \mathbf{1}$ 服从一般位置尺度参数分布 $P_{(\mu,\sigma)}$.

5. 正态分布 $X \sim N(\mu, \sigma^2)$

其密度函数为

$$f(x; \mu, \sigma^2) = \frac{1}{\sigma\sqrt{2\pi}} \mathrm{e}^{-\frac{1}{2\sigma^2}(x-\mu)^2}.$$

正态分布是概率统计中最为常见的分布, 又称 Gauss (高斯) 分布. $\mu = 0$, $\sigma = 1$ 时为标准正态分布, 其密度函数和分布函数常分别记为 $\varphi(x)$ 和 $\varPhi(x)$.

正态分布的常用性质有:

(1) 特征函数 $\phi(t) = \mathrm{e}^{\mathrm{i}\mu t - \sigma^2 t^2/2}$, 并且有

$$\mathrm{E}(X) = \mu, \quad \mathrm{Var}(X) = \sigma^2, \quad \mathrm{E}[(X-\mu)^3] = 0, \quad \mathrm{E}[(X-\mu)^4] = 3\sigma^4.$$

因此正态分布的偏度系数 $\gamma_1 = 0$, 峰度系数 $\gamma_2 = 0$.

(2) $\varphi(x) = \varphi(-x)$; $\varPhi(x) = 1 - \varPhi(-x)$. 特别, 若记标准正态分布的 α 分位数为 z_α, 则有 $z_{1-\alpha} = -z_\alpha$. 另外若 $X \sim N(\mu, \sigma^2)$, 则 X 的 α 分位数为 $x_\alpha = \mu + \sigma z_\alpha$.

(3) 任意个正态分布的线性组合仍然服从正态分布.

(4) 若 $X_1, \cdots, X_n$ 为独立同分布的标准正态分布, 则其平方和服从 $\chi^2(n)$ 分布 (见下文 9 的性质 (4)); $S^2 = \sum\limits_{i=1}^{n}(X_i - \overline{X})^2$ 服从 $\chi^2(n-1)$ 分布, 且与 $\overline{X} = \sum\limits_{i=1}^{n} X_i/n$ 独立. 同时, 若 $X_1, \cdots, X_n$ 独立同分布, 且 $X_1 \sim N(\mu, \sigma^2)$, 则 S^2/σ^2 服从 $\chi^2(n-1)$ 分布, 且与 $\overline{X}$ 独立.

证明 对向量 $X = (X_1, \cdots, X_n)^{\mathrm{T}}$ 做正交变换 $Y = \varGamma X$, 其中 $Y = (Y_1, \cdots, Y_n)^{\mathrm{T}}$, $\varGamma$ 为正交矩阵, 但其第一行取为 $(1, \cdots, 1)/\sqrt{n}$. 这时 $Y_1 = \sqrt{n}\overline{X}$, $\mathrm{Var}(Y) = \varGamma \mathrm{Var}(X)\varGamma^{\mathrm{T}} = \varGamma I_n \varGamma^{\mathrm{T}} = I_n$, 为单位矩阵. 因此 $Y_1, \cdots, Y_n$ 仍为独立同分布的标准正态分布. 由于 $Y^{\mathrm{T}}Y = X^{\mathrm{T}}\varGamma^{\mathrm{T}}\varGamma X = X^{\mathrm{T}}X$, 即 $\sum\limits_{i=1}^{n} X_i^2 = \sum\limits_{i=1}^{n} Y_i^2$, 因此有

$$S^2 = \sum_{i=1}^{n}(X_i - \overline{X})^2 = \sum_{i=1}^{n} X_i^2 - n\overline{X}^2 = \sum_{i=1}^{n} Y_i^2 - Y_1^2 = \sum_{i=2}^{n} Y_i^2.$$

所以 $S^2 \sim \chi^2(n-1)$; 同时, 由于 $Y_1 = \sqrt{n}\overline{X}$ 与 $Y_2, \cdots, Y_n$ 独立, 因此 $S^2 = \sum\limits_{i=2}^{n} Y_i^2$ 与 $\overline{X}$ 独立.

6. 对数正态分布 $X \sim LN(\mu, \sigma^2)$

若 $\log X = Y \sim N(\mu, \sigma^2)$, $X > 0$, 则称 X 服从对数正态分布. 其密度函数为

$$f(x; \mu, \sigma^2) = \frac{1}{x\sigma\sqrt{2\pi}} \mathrm{e}^{-\frac{1}{2\sigma^2}(\log x - \mu)^2} I\{x > 0\}.$$

注意对数正态分布与正态分布的不同点: 对数正态分布的密度函数曲线是偏态的, 而且其取值范围仅限于 $x > 0$; 其期望和方差分别为

$$\mathrm{E}(X) = \mathrm{e}^{\mu + \frac{1}{2}\sigma^2}, \quad \mathrm{Var}(X) = \mathrm{e}^{2\mu + \sigma^2}(\mathrm{e}^{\sigma^2} - 1).$$

7. t 分布 $X \sim t(n)$

若 $X = Y/\sqrt{Z/n}$, $Y \sim N(0,1)$, $Z \sim \chi^2(n)$ 且独立, 则 X 服从 t 分布 $t(n)$. 其密度函数可表示为

$$f(x,n) = \frac{\Gamma[(n+1)/2]}{\sqrt{n\pi}\Gamma(n/2)} \left[1 + \frac{x^2}{n}\right]^{-(n+1)/2}.$$

t 分布为对称分布, 其期望和方差分别为 $\mathrm{E}(X) = 0$, $\mathrm{Var}(X) = n/(n-2)$ $(n > 2)$; 且有 $X^2 \sim F(1,n)$. 另外, 当 $n \to +\infty$ 时, $t(n) \to N(0,1)$.

8. F 分布 $X \sim F(n,m)$

若 $X = \dfrac{Y/n}{Z/m}$, $Y \sim \chi^2(n)$, $Z \sim \chi^2(m)$ 且独立, 则 X 服从 F 分布 $F(n,m)$. 其期望与自由度 n 无关: $\mathrm{E}(X) = m/(m-2)$ $(m > 2)$. 另外其分位数有关系: $F_\alpha(n,m) = [F_{1-\alpha}(m,n)]^{-1}$.

9. Γ 分布 $X \sim \Gamma(\lambda,\nu)$ 或 $GA(\lambda,\nu)$

其密度函数为

$$f(x) = f(x;\lambda,\nu) = \frac{\lambda^\nu}{\Gamma(\nu)} \mathrm{e}^{-\lambda x} x^{\nu-1} I\{x \geqslant 0\}, \ \lambda > 0, \ \nu > 0.$$

这是特别重要的分布之一, 其中 $\lambda^{-1} = \sigma$ 为尺度参数, ν 为自由度, 也是形状参数. 易见, $\Gamma(\lambda,1)$, 即 $\nu = 1$ 时 Γ 分布为指数分布 $E(\lambda)$.

Γ 分布有以下基本性质:

(1) Γ 分布的特征函数以及期望和方差分别为

$$\varphi(t) = \left(1 - \frac{\mathrm{i}t}{\lambda}\right)^{-\nu}, \ \ \mathrm{E}(X) = \frac{\nu}{\lambda} \overset{\triangle}{=} \mu, \ \ \mathrm{Var}(X) = \frac{\nu}{\lambda^2} = \nu^{-1}\mu^2,$$

$$\mathrm{E}(X^{-1}) = \frac{\lambda}{\nu - 1} \ (\nu > 1); \ \ \mathrm{E}(X^{-2}) = \frac{\lambda^2}{(\nu-1)(\nu-2)} \ (\nu > 2). \tag{1.3.2}$$

(2) $\lambda = 1/2$, $\nu = n/2$ 时 Γ 分布为 χ^2 分布, 即 $\Gamma\left(\dfrac{1}{2},\dfrac{n}{2}\right) = \chi^2(n)$. 因此 $X \sim \chi^2(n)$ 分布的特征函数以及期望和方差分别为

$$\varphi(t) = (1 - 2\mathrm{i}t)^{-\frac{n}{2}}, \ \mathrm{E}(X) = n, \ \mathrm{Var}(X) = 2n;$$

$$\mathrm{E}(X^{-1}) = \frac{1}{n-2} \ (n > 2); \ \ \mathrm{E}(X^{-2}) = \frac{1}{(n-2)(n-4)} \ (n > 4). \tag{1.3.3}$$

特别, 若 $X \sim \Gamma(\lambda,\nu)$, 则 $2\lambda X \sim \Gamma\left(\dfrac{1}{2},\nu\right) = \chi^2(2\nu)$; 若 $X \sim E(\lambda)$, 则 $2\lambda X \sim \Gamma\left(\dfrac{1}{2},1\right) = \chi^2(2)$.

(3) $\Gamma(\lambda,\nu)$ 及 $\chi^2(n)$ 均有可加性. 若 $X_i \sim \Gamma(\lambda,\nu_i)$ $(i = 1,\cdots,n)$ 且独立, 则 $\sum\limits_{i=1}^{n} X_i \sim \Gamma(\lambda,\nu)$, 其中 $\nu = \sum\limits_{i=1}^{n} \nu_i$. 若 $X_i \sim \chi^2(p_i)$ $(i = 1,\cdots,n)$ 且独立, 则 $\sum\limits_{i=1}^{n} X_i \sim \chi^2(p)$, 其中 $p = \sum\limits_{i=1}^{n} p_i$. 特别, 指数分布也有可加性: 若 $X_1,\cdots,X_n$ 为 i.i.d. 样本, $X_1 \sim E(\lambda)$, 则有 $T = \sum\limits_{i=1}^{n} X_i \sim \Gamma(\lambda,n)$; $2\lambda T \sim \chi^2(2n)$ (可应用特征函数来加以证明, 见习题).

(4) 若 $X \sim N(0,1)$, 则 $T = X^2 \sim \Gamma\left(\dfrac{1}{2},\dfrac{1}{2}\right) = \chi^2(1)$. 进而由可加性可知, 若 $X_1,\cdots,X_n$ 为独立同分布的, 服从标准正态分布, 则其平方和服从 $\chi^2(n)$ 分布, $\sum\limits_{i=1}^{n} X_i^2 \sim \chi^2(n)$.

(5) 若 $X \sim \chi^2(n)$, 则当 $n \to +\infty$ 时, $(X - n)/\sqrt{2n}$ 的渐近分布为标准正态分布 $N(0,1)$.

证明 由标准正态分布与 χ^2 分布的关系可知, X 可表示为 $X = \sum\limits_{i=1}^{n} Y_i^2$, 其中 $Y_1,\cdots,Y_n$ 为 i.i.d. 样本. 且 $Y_1 \sim N(0,1)$, $Y_i^2 \sim \chi^2(1)$; $\mathrm{E}(Y_i^2) = 1$, $\mathrm{Var}(Y_i^2) = 2$, 根据中心极限定理可得

$$\frac{\sum\limits_{i=1}^{n} Y_i^2 - \sum\limits_{i=1}^{n} \mathrm{E}(Y_i^2)}{\sqrt{\sum\limits_{i=1}^{n} \mathrm{Var}(Y_i^2)}} \xrightarrow{L} N(0,1).$$

所以有 $(X - n)/\sqrt{2n} \xrightarrow{L} N(0,1)$ $(n \longrightarrow +\infty)$. (注: 以上结论亦可通过计算特征函数来加以证明.)

10. β 分布 $X \sim BE(p,q)$

其密度函数为

$$f(x;p,q) = \beta(p,q)^{-1} x^{p-1}(1-x)^{q-1} I\{0 \leqslant x \leqslant 1\}, \quad p > 0,\ q > 0.$$

β 分布是定义在 $[0,1]$ 区间上的连续型分布, 它可用来刻画比例型的数据. β 分布有以下基本性质:

(1) 若 $X \sim BE(p,q)$, 则 $Y = 1 - X \sim BE(q,p)$; 标准均匀分布也是 β 分布: 若 $X \sim BE(1,1)$, 则 $X \sim R(0,1)$, $1 - X \sim R(0,1)$.

(2) β 分布的期望和方差分别为

$$\mathrm{E}(X) = \frac{p}{p+q}, \quad \mathrm{Var}(X) = \frac{pq}{(p+q)^2(p+q+1)}.$$

定理 1.3.1 若 $X \sim \Gamma(\lambda, \nu_1)$, $Y \sim \Gamma(\lambda, \nu_2)$ 且独立, 则

$$U = \frac{X}{X+Y} \sim BE(\nu_1, \nu_2), \quad U' = \frac{Y}{X+Y} \sim BE(\nu_2, \nu_1). \tag{1.3.4}$$

且 U, U' 与 $V = X + Y \sim \Gamma(\lambda, \nu_1 + \nu_2)$ 独立.

证明 作变换 $(X, Y) \to (U, V)$, 则有

$$\begin{cases} u = \dfrac{x}{x+y}, \\ v = x+y \end{cases} \implies \begin{cases} x = uv, & v \geqslant 0, \\ y = v(1-u), & 0 \leqslant u \leqslant 1. \end{cases}$$

$$J = \frac{\partial(x,y)}{\partial(u,v)} = \begin{vmatrix} v & u \\ -v & 1-u \end{vmatrix} = v. \text{ 从而}$$

$$\begin{aligned} f(u,v) &= f_X(x)f_Y(y)|J| = f_X(uv)f_Y(v(1-u))v \\ &= Ce^{-\lambda(uv)}(uv)^{\nu_1-1}e^{-\lambda[v(1-u)]}[v(1-u)]^{\nu_2-1}vI\{v \geqslant 0\}I\{0 \leqslant u \leqslant 1\} \\ &= Cu^{\nu_1-1}(1-u)^{\nu_2-1}I\{0 \leqslant u \leqslant 1\} \cdot e^{-\lambda v}v^{\nu_1+\nu_2-1}I\{v \geqslant 0\} \\ &= BE(u; \nu_1, \nu_2)\Gamma(v; \lambda, \nu_1+\nu_2). \end{aligned}$$

故 $U \sim BE(\nu_1, \nu_2)$, $V \sim \Gamma(\lambda, \nu_1+\nu_2)$ 且独立; 也有 $U' \sim BE(\nu_2, \nu_1)$. ∎

这个定理有广泛的应用, 以下推论是其中一部分:

推论 1 若 $X \sim \chi^2(n) = \Gamma\left(\frac{1}{2}, \frac{n}{2}\right)$, $Y \sim \chi^2(m) = \Gamma\left(\frac{1}{2}, \frac{m}{2}\right)$ 且独立, 则

$$B = \frac{X}{X+Y} \sim BE\left(\frac{n}{2}, \frac{m}{2}\right), \quad B' = \frac{Y}{X+Y} \sim BE\left(\frac{m}{2}, \frac{n}{2}\right).$$

推论 2 若 $B \sim BE\left(\frac{n}{2}, \frac{m}{2}\right)$, $B' = 1 - B$, 则 $F = \dfrac{mB}{n(1-B)} = \dfrac{B/n}{B'/m} \sim F(n,m)$; 反之, 若 $F \sim F(n,m)$, 则 $B = \dfrac{F}{F+m/n} \sim BE\left(\frac{n}{2}, \frac{m}{2}\right)$ (关于 F 分布, 见上文 8).

推论 3 若 $X_1, \cdots, X_n, X_{n+1}, \cdots, X_{n+m}$ 为 i.i.d. 样本且 $X_1 \sim N(0, \sigma^2)$, 则有

$$\frac{\sum\limits_{i=1}^{n} X_i^2}{\sum\limits_{i=1}^{n+m} X_i^2} \sim BE\left(\frac{n}{2}, \frac{m}{2}\right).$$

11. Laplace (拉普拉斯) 分布 $X \sim LA(\mu, \sigma)$

其密度函数为

$$f(x; \mu, \sigma) = \frac{1}{2\sigma} \mathrm{e}^{-|\frac{x-\mu}{\sigma}|}.$$

其特征函数为 $\varphi(t) = \mathrm{e}^{\mathrm{i}\mu t}(1 + \sigma^2 t^2)^{-1}$, 且有 $\mathrm{E}(X) = \mu$, $\mathrm{Var}(X) = 2\sigma^2$. 当 $\mu = 0$ 时有 $\sigma^{-1} = 2f(0)$; 并且 $|X| \sim E(\sigma^{-1})$.

12. Cauchy (柯西) 分布 $X \sim CA(\mu, \sigma)$

其密度函数为

$$f(x; \mu, \sigma) = \frac{1}{\pi} \frac{\sigma}{\sigma^2 + (x-\mu)^2}.$$

其特征函数为 $\varphi(t) = \mathrm{e}^{\mathrm{i}\mu t - \sigma|t|}$, Cauchy 分布的特点是各阶矩都不存在. 另外, 直接验证可知, 若 X_1, X_2 独立同分布于 $N(0,1)$, 则 $Y = X_1/|X_2| \sim CA(0,1)$.

13. Pareto (帕雷托) 分布 $X \sim PR(\alpha, \theta)$

其密度函数为

$$f(x; \alpha, \theta) = \alpha \theta^\alpha x^{-(\alpha+1)} I\{x \geqslant \theta\}, \quad \alpha > 0, \ \theta > 0.$$

其期望和方差分别为

$$\mathrm{E}(X) = \frac{\alpha\theta}{\alpha - 1} \ (\alpha > 1), \quad \mathrm{Var}(X) = \frac{\alpha\theta^2}{(\alpha-1)^2(\alpha-2)} \ (\alpha > 2).$$

另外, 若 $X \sim PR(\alpha, \theta)$, 则有 $Y = \log X \sim E(\alpha, \log \theta)$.

14. 幂函数分布 $X \sim PF(c, \theta)$

其密度函数为

$$f(x; c, \theta) = \frac{cx^{c-1}}{\theta^c} I\{0 \leqslant x \leqslant \theta\} = \frac{c}{\theta} \left(\frac{x}{\theta}\right)^{c-1} I\left\{0 \leqslant \frac{x}{\theta} \leqslant 1\right\}, \quad c > 0, \ \theta > 0.$$

当 $c = 1$ 时, $X \sim R(0, \theta)$; 当 $\theta = 1$ 时, $f(x) = cx^{c-1} I\{0 \leqslant x \leqslant 1\}$ 为 $BE(c, 1)$. 另有

$$\mathrm{E}(X) = \frac{c\theta}{c+1}, \quad \mathrm{Var}(X) = \frac{c\theta^2}{(c+1)^2(c+2)}.$$

15. Weibull (韦布尔) 分布 $X \sim W(\lambda, \alpha)$, $\alpha > 0$

若 $Y \sim E(\lambda)$, 则 $X = Y^{\frac{1}{\alpha}}$ 服从 Weibull 分布 $W(\lambda, \alpha)$. 由于 $y = x^\alpha$, $\mathrm{d}y/\mathrm{d}x = \alpha x^{\alpha-1}$, $Y \sim \lambda \mathrm{e}^{-\lambda y} I\{y \geqslant 0\}$, 因此 Weibull 分布的密度函数和分布函数分别为

$$f(x; \lambda, \alpha) = \lambda \mathrm{e}^{-\lambda x^\alpha} \alpha x^{\alpha-1} I\{x \geqslant 0\}; \quad F(x) = (1 - \mathrm{e}^{-\lambda x^\alpha}) I\{x \geqslant 0\}.$$

其中 $\sigma = \lambda^{-1}$ 为尺度参数, α 为形状参数. $\lambda = 1$ 时为标准 Weibull 分布: $W(1, \alpha) \sim f(x, \alpha) = \alpha x^{\alpha-1} \mathrm{e}^{-x^\alpha} I\{x \geqslant 0\}$. 另外, 若 $\alpha = 1$, Weibull 分布化为指数分布 $E(\lambda)$; 若 $\alpha = 2$, 称为 Rayleigh (瑞利) 分布: $f(x, \lambda) = 2\lambda x \mathrm{e}^{-\lambda x^2} I\{x \geqslant 0\}$.

16. 极值分布 $X \sim EV(\lambda, \alpha)$

若 $Y \sim W(\lambda, \alpha)$, 则 $X = -\log Y$ 服从极值分布 $EV(\lambda, \alpha)$. 由于 $y = \mathrm{e}^{-x}$, $\mathrm{d}y/\mathrm{d}x = -\mathrm{e}^{-x}$, $f(y) = \lambda \alpha y^{\alpha-1} \mathrm{e}^{-\lambda y^{\alpha}} I\{y \geqslant 0\}$, 因此极值分布的密度函数和分布函数分别为

$$f(x; \lambda, \alpha) = \lambda\alpha \exp\{-\lambda \mathrm{e}^{-\alpha x} - \alpha x\}; \quad F(x) = \exp\{-\lambda \mathrm{e}^{-\alpha x}\}.$$

$\lambda = 1, \alpha = 1$ 时为标准极值分布: $f(x) = \exp\{-\mathrm{e}^{-x} - x\}; \quad F(x) = \exp\{-\mathrm{e}^{-x}\}.$

17. 寿命分布与生存函数

在生物医学统计和可靠性问题中经常要考虑寿命分布. 设 ξ 为某生物或产品的寿命 $(\xi \geqslant 0)$, $S(t) = P\{\xi > t\}$ 表示寿命大于 t 的概率 $(t \geqslant 0)$, $S(t) = 1 - F(t) \triangleq \overline{F}(t)$ 称为生存函数 (survival function); $h(t) = f(t)/S(t) = -S'(t)/S(t)$ 称为危险率函数 (hazard function). 生物统计中经常用 $h(t)$ 和 $S(t) = \overline{F}(t)$ 代替 $f(t)$ 和 $F(t)$ 进行统计分析; 它们有以下基本性质:

(1) $h(t)$ 表示寿命 ξ 大于 t, 但不超过 $t + \Delta t$ 的相对概率, 或危险率:

$$h(t) = \lim_{\Delta t \to 0} \frac{P\{t < \xi \leqslant t + \Delta t | \xi > t\}}{\Delta t}.$$

(2) 危险率函数 $h(t)$ 与密度函数 $f(t)$ 有以下一一对应的关系:

$$h(t) = f(t)/S(t); \quad f(t) = h(t)\mathrm{e}^{-H(t)}, \quad H(t) = \int_0^t h(x)\mathrm{d}x.$$

(3) 寿命分布的类型依赖于危险率函数的类型, 常见的类型有:

若 $h(t) = \lambda$ (常数速度), 则 $\xi \sim$ 指数分布 $f(t) = \lambda \mathrm{e}^{-\lambda t}$;

若 $h(t) = \lambda \alpha t^{\alpha-1}$ (多项式速度), 则 $\xi \sim$ Weibull 分布 $f(t) = \lambda\alpha t^{\alpha-1} \mathrm{e}^{-\lambda t^{\alpha}}$;

若 $h(t) = \lambda \alpha \mathrm{e}^{-\alpha t}$ (负指数速度), 则 $\xi \sim$ 极值分布 $f(t) = \lambda\alpha \exp\{-\lambda(1 - \mathrm{e}^{-\alpha t}) - \alpha t\}$.

18. 多元正态分布 $X \sim N(\mu, \Sigma)$

设 X 为 n 维随机向量, 若 $\Sigma > 0$, 则 $X \sim N(\mu, \Sigma)$ 的密度函数为

$$f(x) = \left(\frac{1}{\sqrt{2\pi}}\right)^n |\Sigma|^{-\frac{1}{2}} \exp\left\{-\frac{1}{2}(x-\mu)^{\mathrm{T}} \Sigma^{-1} (x-\mu)\right\}. \tag{1.3.5}$$

若 $\Sigma \geqslant 0$, 则 $X \sim N(\mu, \Sigma)$ 的特征函数定义为

$$\varphi(t) = \mathrm{E}(\mathrm{e}^{\mathrm{i}X^{\mathrm{T}}t}) = \mathrm{E}(\mathrm{e}^{\mathrm{i}X_1 t_1 + \cdots + \mathrm{i}X_n t_n}) = \mathrm{e}^{\mathrm{i}\mu^{\mathrm{T}}t - \frac{1}{2}t^{\mathrm{T}}\Sigma t}. \tag{1.3.6}$$

熟知 $\mathrm{E}(X) = \mu$, $\mathrm{Var}(X) = \Sigma$, 因此多元正态分布的性质由其前二阶矩 μ, Σ 完全决定.

以下基本性质大多可由其特征函数推出:

(1) $\mathrm{E}(X) = \mu$, $\mathrm{Var}(X) = \Sigma = (\sigma_{ij})$; 若记 $\widetilde{X} = X - \mu$, 则

$$\mathrm{E}(\widetilde{X_i}\widetilde{X_j}\widetilde{X_k}) = 0; \quad \mathrm{E}(\widetilde{X_i}\widetilde{X_j}\widetilde{X_k}\widetilde{X_l}) = \sigma_{ij}\sigma_{kl} + \sigma_{ik}\sigma_{jl} + \sigma_{il}\sigma_{kj}.$$

(2) $Y = AX + b \sim N(A\mu + b, A\Sigma A^{\mathrm{T}})$, 特别, 有 $\Sigma^{-1/2}(X - \mu) \sim N(0, I_n)$.

(3) X 服从多元正态分布的充要条件是对任意 n 维向量 a, $a^{\mathrm{T}}X$ 服从一元正态分布.

(4) 设 $X = \begin{pmatrix} X_1 \\ X_2 \end{pmatrix}$, $\mu = \begin{pmatrix} \mu_1 \\ \mu_2 \end{pmatrix}$, $\Sigma = \begin{pmatrix} \Sigma_{11} & \Sigma_{12} \\ \Sigma_{21} & \Sigma_{22} \end{pmatrix}$, $t = \begin{pmatrix} t_1 \\ t_2 \end{pmatrix}$, 则由 (1.3.6) 式可知, X 的特征函数可表示为

$$\varphi_X(t) = \exp\{\mathrm{i}\mu_1^{\mathrm{T}}t_1 + \mathrm{i}\mu_2^{\mathrm{T}}t_2 - \tfrac{1}{2}t_1^{\mathrm{T}}\Sigma_{11}t_1 - \tfrac{1}{2}t_2^{\mathrm{T}}\Sigma_{22}t_2 - t_1^{\mathrm{T}}\Sigma_{12}t_2\}.$$

若令 $t_2 = 0$, 则有 $\varphi_{X_1}(t_1) = \exp\{\mathrm{i}\mu_1^{\mathrm{T}}t_1 - \tfrac{1}{2}t_1^{\mathrm{T}}\Sigma_{11}t_1\}$, 因此 $X_1 \sim N(\mu_1, \Sigma_{11})$; 同理 $X_2 \sim N(\mu_2, \Sigma_{22})$; 即 X 的边缘分布仍然为正态分布. 另外, 由上式可知,

$$\varphi_X(t) = \varphi_{(X_1, X_2)}(t_1, t_2) = \varphi_{X_1}(t_1)\varphi_{X_2}(t_2)\mathrm{e}^{-t_1^{\mathrm{T}}\Sigma_{12}t_2}.$$

因此 X_1, X_2 独立的充要条件为 $\Sigma_{12} = \mathrm{Cov}(X_1, X_2) = 0$, 即 X_1, X_2 不相关. 特别, $Y = AX$ 与 $Z = BX$ 独立的充要条件为 $\mathrm{Cov}(Y, Z) = A\Sigma B^{\mathrm{T}} = 0$.

(5) X_1 与 $Z = X_2 - \Sigma_{21}\Sigma_{11}^{-1}X_1$ 独立; X_2 与 $W = X_1 - \Sigma_{12}\Sigma_{22}^{-1}X_2$ 独立; 且有

$$\mathrm{E}(Z) = \mu_2 - \Sigma_{21}\Sigma_{11}^{-1}\mu_1, \quad \mathrm{Var}(Z) \stackrel{\triangle}{=} \Sigma_{22\cdot1} = \Sigma_{22} - \Sigma_{21}\Sigma_{11}^{-1}\Sigma_{12}.$$

这是因为 $\mathrm{Cov}(X_1, Z) = \mathrm{Cov}(X_1, X_2 - \Sigma_{21}\Sigma_{11}^{-1}X_1) = \Sigma_{12} - \Sigma_{11}(\Sigma_{21}\Sigma_{11}^{-1})^{\mathrm{T}} = 0$, 所以 X_1, Z 独立.

(6) 条件分布 $X_2|X_1$, $X_1|X_2$ 为正态, 且有

$$\mathrm{E}(X_2|X_1) = \mu_2 + \Sigma_{21}\Sigma_{11}^{-1}(X_1 - \mu_1), \tag{1.3.7}$$

$$\mathrm{Var}(X_2|X_1) = \Sigma_{22\cdot1} = \Sigma_{22} - \Sigma_{21}\Sigma_{11}^{-1}\Sigma_{12} = \mathrm{Var}(Z). \tag{1.3.8}$$

并且 X_1 与 $X_2 - \mathrm{E}(X_2|X_1)$ 独立; X_2 与 $X_1 - \mathrm{E}(X_1|X_2)$ 独立.

为了介绍退化多元正态分布的一个基本性质, 首先简要介绍一下对称矩阵的谱分解. 设 Σ 为 $n \times n$ 对称矩阵, 其秩为 r, 即 $\mathrm{rk}(\Sigma) = r$. 则必存在正交矩阵 Γ, 使得 $\Gamma^{\mathrm{T}}\Sigma\Gamma = \mathrm{diag}(\Lambda, 0) = C$, 其中 $\Lambda = \mathrm{diag}(\lambda_1, \cdots, \lambda_r)$, 它的各分量为 Σ 的非零特征根, 其相应的特征向量记为 $\Gamma_1 = (\gamma_1, \cdots, \gamma_r)^{\mathrm{T}}$, 并记 $\Gamma = (\Gamma_1, \Gamma_2)^{\mathrm{T}}$. 则 Σ 的谱分解可表示为

$$\Sigma = \Gamma C \Gamma^{\mathrm{T}} = \Gamma_1 \Lambda \Gamma_1^{\mathrm{T}} = \sum_{i=1}^{r} \lambda_i \gamma_i \gamma_i^{\mathrm{T}}. \tag{1.3.9}$$

定理 1.3.2 若 $Y \sim N(\mu, \Sigma)$ 为退化多元正态分布, 即 $\mathrm{rk}(\Sigma) = r < n$, 并设 Σ 的谱分解如 (1.3.9) 式所示. 则 Y 可表示为 $Y = \mu + \Gamma_1 Z_1 + \Gamma_2 Z_2 \sim \mu + BW$, 其中 Z_1 服从非退化正态分布 $N(0, \Lambda)$; Z_2 服从退化分布 $P(Z_2 = 0) = 1$; $W \sim N(0, I_r)$, $B = \Gamma_1 \Lambda^{\frac{1}{2}}$.

证明 作变换 $\Gamma^{\mathrm{T}}(Y - \mu) = Z = (Z_1^{\mathrm{T}}, Z_2^{\mathrm{T}})^{\mathrm{T}}$, 则有 $Y - \mu = \Gamma Z = \Gamma_1 Z_1 + \Gamma_2 Z_2$, $Y = \mu + \Gamma_1 Z_1 + \Gamma_2 Z_2$. 而由 (1.3.9) 式可知, Z 的分布为 $N(0, \Gamma^{\mathrm{T}} \Sigma \Gamma) = N(0, C)$, 即

$$Z = \begin{pmatrix} Z_1 \\ Z_2 \end{pmatrix} \sim N\left(\begin{pmatrix} 0 \\ 0 \end{pmatrix}, \begin{pmatrix} \Lambda & 0 \\ 0 & 0 \end{pmatrix} \right).$$

因此 $Z_1 \sim N(0, \Lambda)$, Z_2 服从退化分布 $P(Z_2 = 0) = 1$. 而 $\Gamma_1 Z_1 = \Gamma_1 \Lambda^{\frac{1}{2}} \Lambda^{-\frac{1}{2}} Z_1 = BW$, 其中 $B = \Gamma_1 \Lambda^{\frac{1}{2}}$, $W = \Lambda^{-\frac{1}{2}} Z_1 \sim N(0, I_r)$. ∎

表 1.3.1 列出了常见的连续型分布 (可参见方开泰, 许建伦 (2016); Zacks (1981); 茆诗松等 (2007); Shao (1998)).

表 1.3.1　常见的连续型分布

均匀分布	密度函数	$\dfrac{1}{\theta_2 - \theta_1} I\{\theta_1 \leqslant x \leqslant \theta_2\}$
	特征函数	$(e^{i\theta_2 t} - e^{i\theta_1 t})/[i(\theta_2 - \theta_1)t]$
$R(\theta_1, \theta_2)$	期望	$(\theta_1 + \theta_2)/2$
	方差	$(\theta_2 - \theta_1)^2/12$
正态分布	密度函数	$\dfrac{1}{\sigma\sqrt{2\pi}} \exp\left\{ -\dfrac{1}{2\sigma^2}(x - \mu)^2 \right\}$
	特征函数	$\exp\left\{ i\mu t - \dfrac{1}{2}\sigma^2 t^2 \right\}$
$N(\mu, \sigma^2)$	期望	μ
	方差	σ^2
对数正态分布	密度函数	$\dfrac{1}{x\sigma\sqrt{2\pi}} \exp\left\{ -\dfrac{1}{2\sigma^2}(\log x - \mu)^2 \right\} I\{x > 0\}$
$LN(\mu, \sigma^2)$	期望	$\exp\left\{ \mu + \dfrac{1}{2}\sigma^2 \right\}$
	方差	$\exp\{2\mu + \sigma^2\}(e^{\sigma^2} - 1)$
t 分布	密度函数	$\dfrac{\Gamma[(n+1)/2]}{\sqrt{n\pi}\,\Gamma(n/2)}(1 + x^2/n)^{-(n+1)/2}$
$t(n)$	期望	$0, \quad n > 1$
	方差	$n/(n - 2), \quad n > 2$
F 分布	密度函数	$\dfrac{n^{n/2}m^{m/2}\Gamma[(n+m)/2]x^{n/2-1}}{\Gamma(n/2)\Gamma(m/2)(m + nx)^{(n+m)/2}} I\{x > 0\}$
$F(n, m)$	期望	$m/(m - 2), \quad m > 2$
	方差	$2m^2(n + m - 2)/[n(m - 2)^2(m - 4)], \quad m > 4$

指数分布	密度函数	$\lambda e^{-\lambda x} I\{x \geqslant 0\}$
	特征函数	$(1 - it/\lambda)^{-1}$
$E(\lambda)$	期望	λ^{-1}
	方差	λ^{-2}
带有位置参数的指数分布	密度函数	$\lambda e^{-\lambda(x-\mu)} I\{x \geqslant \mu\}$
	特征函数	$e^{i\mu t}(1 - it/\lambda)^{-1}$
$E(\lambda, \mu)$	期望	$\mu + \lambda^{-1}$
	方差	λ^{-2}
Γ 分布	密度函数	$\dfrac{\lambda^{\nu}}{\Gamma(\nu)} e^{-\lambda x} x^{\nu-1} I\{x \geqslant 0\}, \lambda > 0, \nu > 0$
	特征函数	$(1 - it/\lambda)^{-\nu}$
$\Gamma(\lambda, \nu)$	期望	ν/λ
	方差	ν/λ^2
χ^2 分布	密度函数	$\dfrac{1}{\Gamma(n/2)2^{n/2}} x^{n/2-1} e^{-x/2} I\{x \geqslant 0\}$
	特征函数	$(1 - 2it)^{-\frac{n}{2}}$
$\chi^2(n)$	期望	n
	方差	$2n$
β 分布	密度函数	$\beta(p,q)^{-1} x^{p-1}(1-x)^{q-1} I\{0 \leqslant x \leqslant 1\}, p > 0, q > 0$
$BE(p,q)$	期望	$\dfrac{p}{p+q}$
	方差	$\dfrac{pq}{(p+q)^2(p+q+1)}$
Laplace 分布	密度函数	$\dfrac{1}{2\sigma} e^{-\left|\frac{x-\mu}{\sigma}\right|}$
	特征函数	$e^{i\mu t}(1 + \sigma^2 t^2)^{-1}$
$LA(\mu, \sigma)$	期望	μ
	方差	$2\sigma^2$
Cauchy 分布	密度函数	$\dfrac{1}{\pi} \dfrac{\sigma}{\sigma^2 + (x-\mu)^2}$
	特征函数	$\exp\{i\mu t - \sigma|t|\}$
$CA(\mu, \sigma)$	期望	不存在
	方差	不存在
Pareto 分布	密度函数	$\alpha\theta^{\alpha} x^{-(\alpha+1)} I\{x \geqslant \theta\}$
$PR(\alpha, \theta)$	期望	$\dfrac{\alpha}{\alpha-1}\theta, \ \alpha > 1$
	方差	$\dfrac{\alpha}{(\alpha-1)^2(\alpha-2)}\theta^2, \ \alpha > 2$

幂函数分布	密度函数	$cx^{c-1}\theta^{-c}I\{0 \leqslant x \leqslant \theta\}$
$PF(c,\theta)$	期望	$\dfrac{c}{c+1}\theta$
	方差	$\dfrac{c}{(c+1)^2(c+2)}\theta^2$
Weibull 分布	密度函数	$\lambda e^{-\lambda x^\alpha}\alpha x^{\alpha-1}I\{x \geqslant 0\}$
$W(\lambda,\alpha)$	期望	$\lambda^{-1/\alpha}\Gamma(\alpha^{-1}+1)$
	方差	$\lambda^{-2/\alpha}[\Gamma(2\alpha^{-1}+1)-\Gamma(\alpha^{-1}+1)]^2$
多元正态分布	密度函数	$(\sqrt{2\pi})^{-n}\lvert\Sigma\rvert^{-\frac{1}{2}}\exp\left\{-\dfrac{1}{2}(x-\mu)^{\mathrm{T}}\Sigma^{-1}(x-\mu)\right\}$
	特征函数	$\exp\left\{\mathrm{i}\mu^{\mathrm{T}}t-\dfrac{1}{2}t^{\mathrm{T}}\Sigma t\right\}$
$N(\mu,\Sigma)$	期望	μ
	方差	Σ

1.4 一元非中心 Γ 分布及其有关分布

本节主要介绍非中心 Γ 分布, 它是中心 Γ 分布的 Poisson 加权和. 由非中心 Γ 分布可进一步得到非中心 χ^2 分布、非中心 F 分布以及非中心 t 分布 (见张尧庭, 方开泰 (2019)).

1.4.1　非中心 Γ 分布和非中心 χ^2 分布

定义 1.4.1　非中心 Γ 分布 $X \sim \Gamma(\lambda,\nu;\delta)$ 的密度函数定义为

$$\gamma(x;\ \lambda,\nu,\delta) \triangleq \int_0^\infty \gamma(x;\ \lambda,\nu+j)p(j,\delta/2)\mathrm{d}\mu(j) = \sum_{j=0}^\infty \gamma(x;\ \lambda,\nu+j)e^{-\delta/2}\frac{(\delta/2)^j}{j!}.$$

$$(1.4.1)$$

其中 $\gamma(x;\ \lambda,\nu+j)$ 为中心 Γ 分布 $\Gamma(\lambda,\nu+j)$ 的密度函数, $p(j,\delta/2)$ 为 Poisson 分布 $J \sim P(\delta/2)$ 的概率密度; $\mathrm{d}\mu(j)$ 为计数测度. 特别, $\Gamma(1/2,n/2;\delta)$ 称为**非中心 χ^2 分布**, 记为 $\chi^2(n,\delta)$, 即 $\chi^2(n,\delta) = \Gamma(1/2,n/2;\delta)$.

(1.4.1) 式表明, 非中心 Γ 分布是中心 Γ 分布的 Poisson 加权和. 在 $X \sim \Gamma(\lambda,\nu;\delta)$ 中, δ 称为非中心参数. 由定义 (1.4.1) 式可知, 若 $\delta = 0$, 则非中心 Γ 分布 $X \sim \Gamma(\lambda,\nu;\delta)$ 化为中心 Γ 分布, 即 $\Gamma(\lambda,\nu;0) = \Gamma(\lambda,\nu)$.

非中心 Γ 分布和非中心 χ^2 分布有以下基本性质:

(1) $\int_0^\infty \gamma(x;\lambda,\nu,\delta)\mathrm{d}\mu(x) = 1$, 即 $\gamma(x;\ \lambda,\nu,\delta)$ 为密度函数.

证明 由定义 (1.4.1) 式可知,

$$\int_0^\infty \gamma(x;\lambda,\nu,\delta)\mathrm{d}\mu(x) = \int_0^\infty \int_0^\infty \gamma(x;\lambda,\nu+j)p(j,\delta/2)\mathrm{d}\mu(j)\mathrm{d}\mu(x)$$

$$= \int_0^\infty \sum_{j=0}^\infty \frac{\lambda^{\nu+j}}{\Gamma(\nu+j)}\mathrm{e}^{-\lambda x}x^{\nu+j-1}\mathrm{e}^{-\delta/2}\frac{(\delta/2)^j}{j!}\mathrm{d}x$$

$$= \int_0^\infty \sum_{j=0}^\infty c(x)a_j x^j \mathrm{d}x.$$

其中 $c(x)$ 与 j 无关, $a_j = \dfrac{\lambda^j(\delta/2)^j}{(\nu+j-1)!j!}$. 易证: $\dfrac{a_{j+1}}{a_j} \to 0$ $(j \to +\infty)$, 因此以上幂级数绝对收敛, 可逐项积分:

$$\int_0^\infty \gamma(x;\lambda,\nu,\delta)\mathrm{d}\mu(x) = \sum_{j=0}^\infty \int_0^\infty \gamma(x;\lambda,\nu+j)p(j,\delta/2)\mathrm{d}x$$

$$= \sum_{j=0}^\infty \left[\mathrm{e}^{-\delta/2}\frac{(\delta/2)^j}{j!}\int_0^\infty \gamma(x;\lambda,\nu+j)\mathrm{d}x\right]$$

$$= \sum_{j=0}^\infty \left[\mathrm{e}^{-\delta/2}\frac{(\delta/2)^j}{j!}\cdot 1\right] = 1.$$ ∎

(2) 在 $X \sim \Gamma(\lambda,\nu;\delta)$ 中, X 可视为联合分布 (X,J) 中 X 的边缘分布, 其中

$$J \sim P(\delta/2), \quad X|J \sim \Gamma(\lambda,\nu+J). \tag{1.4.2}$$

对于 $X \sim \chi^2(n,\delta)$, X 可视为 (X,J) 中 X 的边缘分布, 其中

$$J \sim P(\delta/2), \quad X|J \sim \chi^2(n+2J). \tag{1.4.3}$$

证明 记 $g(x,j) = \gamma(x;\lambda,\nu+j)p(j,\delta/2)$, 则由性质 (1) 可知 $\int_0^\infty \int_0^\infty g(x,j) \cdot \mathrm{d}\mu(x)\mathrm{d}\mu(j) = 1$, 因此 $(X,J) \sim g(x,j)$. 由假设 $J \sim P(\delta/2) \sim p(j,\delta/2)$, 因此 $X|J \sim g(x,j)/p(j,\delta/2) = \gamma(x;\lambda,\nu+j)$; 由此可得 (1.4.2) 式. 又由定义 (1.4.1) 式可知 $X \sim \int g(x,j)\mathrm{d}\mu(j) = \gamma(x;\lambda,\nu,\delta)$. 对于 $X \sim \chi^2(n,\delta) = \Gamma\left(\dfrac{1}{2},\dfrac{n}{2};\delta\right)$, 则有 $X|J \sim \Gamma(1/2, n/2+J) = \Gamma(1/2, (n+2J)/2) = \chi^2(n+2J)$. ∎

(3) 非中心 Γ 分布和非中心 χ^2 分布的期望和方差可分别表示为

$$\mathrm{E}(X) = \frac{\nu+\delta/2}{\lambda}, \quad \mathrm{Var}(X) = \frac{\nu+\delta}{\lambda^2};$$

$$\mathrm{E}[\chi^2(n,\delta)] = n+\delta, \quad \mathrm{Var}[\chi^2(n,\delta)] = 2(n+2\delta).$$

证明　以下仅对非中心 Γ 分布加以证明. 由于 $X|J \sim \Gamma(\lambda, \nu+J)$, 从而应用 (1.1.4) 式和 (1.1.5) 式有

$$\mathrm{E}(X) = \mathrm{E}_J[\mathrm{E}(X|J)] = \mathrm{E}_J\left(\frac{\nu+J}{\lambda}\right) = \frac{\nu+\delta/2}{\lambda};$$

$$\mathrm{Var}(X) = \mathrm{E}_J[\mathrm{Var}(X|J)] + \mathrm{Var}_J[\mathrm{E}(X|J)]$$

$$= \mathrm{E}_J\left(\frac{\nu+J}{\lambda^2}\right) + \mathrm{Var}_J\left(\frac{\nu+J}{\lambda}\right)$$

$$= \frac{\nu+\delta/2}{\lambda^2} + \frac{\delta/2}{\lambda^2} = \frac{\nu+\delta}{\lambda^2}.$$

(4) 非中心 Γ 分布和非中心 χ^2 分布的特征函数分别为

$$\varphi(t) = \left(1 - \frac{\mathrm{i}t}{\lambda}\right)^{-\nu} \exp\left\{\frac{\mathrm{i}t\delta/2}{\lambda - \mathrm{i}t}\right\};$$

$$\varphi(t) = (1 - 2\mathrm{i}t)^{-n/2} \exp\left\{\frac{\mathrm{i}t\delta}{1 - 2\mathrm{i}t}\right\}.$$

证明　根据 $X|J \sim \Gamma(\lambda, \nu+J)$ 以及中心 Γ 分布的特征函数可得

$$\varphi(t) = \mathrm{E}(\mathrm{e}^{\mathrm{i}Xt}) = \mathrm{E}_J[\mathrm{E}(\mathrm{e}^{\mathrm{i}Xt}|J)]$$

$$= \mathrm{E}_J\left[\left(1 - \frac{\mathrm{i}t}{\lambda}\right)^{-(\nu+J)}\right]$$

$$= \sum_{j=0}^{\infty} \left(1 - \frac{\mathrm{i}t}{\lambda}\right)^{-(\nu+j)} \mathrm{e}^{-\delta/2} \frac{(\delta/2)^j}{j!}$$

$$= \left(1 - \frac{\mathrm{i}t}{\lambda}\right)^{-\nu} \mathrm{e}^{-\delta/2} \sum_{j=0}^{\infty} \left(1 - \frac{\mathrm{i}t}{\lambda}\right)^{-j} \frac{(\delta/2)^j}{j!}.$$

由此即可得到以上第一式, 并可推出第二式.

(5) 非中心 Γ 分布和非中心 χ^2 分布都有可加性, 即若 $X_i \sim \Gamma(\lambda, \nu_i; \delta_i)$ $(i = 1, \cdots, n)$ 且独立, 则 $\sum\limits_{i=1}^{n} X_i \sim \Gamma(\lambda, \nu; \delta)$, $\nu = \sum\limits_{i=1}^{n} \nu_i$, $\delta = \sum\limits_{i=1}^{n} \delta_i$.

(6) 若 $X \sim N(\mu, 1)$, 则 $X^2 \sim \chi^2(1, \delta)$, $\delta = \mu^2$. 若 $X_i \sim N(\mu_i, 1)$ $(i = 1, \cdots, n)$ 且独立, 则 $\sum\limits_{i=1}^{n} X_i^2 \sim \chi^2(n, \delta)$, $\delta = \sum\limits_{i=1}^{n} \mu_i^2$; 因此, 若 $X_i \sim N(\mu_i, \sigma^2)$ $(i = 1, \cdots, n)$ 且独立, 则 $\sum\limits_{i=1}^{n} X_i^2/\sigma^2 \sim \chi^2(n, \delta)$, $\delta = \sum\limits_{i=1}^{n} \mu_i^2/\sigma^2$.

(7) 若 $X \sim N(\mu, \sigma^2 I_n)$, 则 $X^{\mathrm{T}}X/\sigma^2 \sim \chi^2(n, \delta)$, $\delta = \mu^{\mathrm{T}}\mu/\sigma^2$; 若 $X \sim N(\mu, \Sigma)$, 则 $(X-\mu)^{\mathrm{T}}\Sigma^{-1}(X-\mu) \sim \chi^2(n)$, $X^{\mathrm{T}}\Sigma^{-1}X \sim \chi^2(n, \delta)$, $\delta = \mu^{\mathrm{T}}\Sigma^{-1}\mu$.

(8) 设 X 服从非中心 χ^2 分布 $\chi^2(n,\delta)$，则当 $n \to +\infty$ 时，$\dfrac{[X-(n+\delta)]}{\sqrt{2(n+2\delta)}}$ 的渐近分布为标准正态分布 $N(0,1)$.

注 非中心 Γ 分布的定义有几种，但最后都殊途同归于相同的特征函数，因而各种定义相互等价；以上性质都可应用特征函数加以证明 (见习题). 另外，非中心 χ^2 分布也可以从性质 (6) 出发加以定义，最后特征函数都一样.

1.4.2 非中心 F 分布和非中心 t 分布

由前节定义的非中心 χ^2 分布可导出非中心 F 分布和非中心 t 分布.

若 $X = (X_1/n_1)/(X_2/n_2)$，$X_1 \sim \chi^2(n_1,\delta)$，$X_2 \sim \chi^2(n_2)$ 且独立，则 X 服从非中心 F 分布 $F(n_1,n_2;\delta)$. 即

$$F(n_1,n_2;\delta) = \frac{\chi^2(n_1,\delta)/n_1}{\chi^2(n_2)/n_2}.$$

非中心 F 分布有以下基本性质:

(1) 若 $X \sim F(n_1,n_2;\delta)$，则 X 可视为 $Y=(X,J)$ 中 X 的边缘分布，其中 $J \sim P(\delta/2)$ 且 $X|J \sim F(n_1+2J,n_2)\dfrac{n_1+2J}{n_1}$，即 $\dfrac{n_1}{n_1+2j}X|J=j \sim F(n_1+2j,n_2)$.

证明 若 $X_1 \sim \chi^2(n_1,\delta)$，则 X_1 可视为 $Y_1=(X_1,J)$ 中 X_1 的边缘分布. 其中，$J \sim P(\delta/2)$，$X_1|J \sim \chi^2(n_1+2J)$，因此

$$X|J = \frac{X_1/n_1}{X_2/n_2}\bigg|J = \frac{X_1/(n_1+2J)}{X_2/n_2}\frac{n_1+2J}{n_1}\bigg|J$$
$$\sim F(n_1+2J,\ n_2)\frac{n_1+2J}{n_1}.$$

(2) 若 $X \sim F(n_1,n_2;\delta)$，则有 $E(X) = \dfrac{n_1+\delta}{n_1}\dfrac{n_2}{n_2-2}$ (与 n_1,n_2,δ 都有关).

证明 由以上性质 (1) 可得

$$E(X) = E_J[E(X|J)]$$
$$= E_J\left\{E\left[F(n_1+2J,n_2)\frac{n_1+2J}{n_1}\bigg|J\right]\right\}$$
$$= E_J\left(\frac{n_2}{n_2-2}\frac{n_1+2J}{n_1}\right)$$
$$= \frac{n_2}{n_2-2}\frac{n_1+\delta}{n_1}.$$

(3) $F(n_1, n_2; \delta)$ 的分布函数和密度函数分别为

$$F(x; n_1, n_2, \delta) = \sum_{j=0}^{\infty} \mathrm{e}^{-\delta/2} \frac{(\delta/2)^j}{j!} F\left(\frac{n_1}{n_1 + 2j} x;\ n_1 + 2j, n_2\right),$$

$$f(x; n_1, n_2, \delta) = \sum_{j=0}^{\infty} \mathrm{e}^{-\delta/2} \frac{(\delta/2)^j}{j!} f\left(\frac{n_1}{n_1 + 2j} x;\ n_1 + 2j, n_2\right) \frac{n_1}{n_1 + 2j}.$$

证明　仍用性质 (1),

$$F(x; n_1, n_2, \delta) = P(X \leqslant x) = \sum_{j=0}^{\infty} P(X \leqslant x; J = j)$$

$$= \sum_{j=0}^{\infty} P(J = j) P(X \leqslant x | J = j)$$

$$= \sum_{j=0}^{\infty} P(J = j) P\left(\frac{n_1 X}{n_1 + 2j} \leqslant \frac{n_1 x}{n_1 + 2j} \bigg| J = j\right)$$

$$= \sum_{j=0}^{\infty} \mathrm{e}^{-\delta/2} \frac{(\delta/2)^j}{j!} F\left(\frac{n_1 x}{n_1 + 2j};\ n_1 + 2j, n_2\right),$$

此即第一式; 对 $F(x; n_1, n_2, \delta)$ 求导可得到第二式. ▌

以下简单介绍非中心 t 分布. 若 $Y \sim N(\mu, 1)$, $Z \sim \chi^2(n)$ 且独立, 则 $T = Y/\sqrt{Z/n}$ 服从非中心 t 分布 $t(n, \delta)$, $\delta = \mu^2$. 因此, 若 $T = (X + a)/\sqrt{Z/n}$, $X \sim N(0, 1)$ 且与 Z 独立, a 为常数, 则 T 服从非中心 t 分布. 另外, 若 $\delta = 0$, 则 $t(n, 0)$ 为中心 t 分布 $t(n)$; 并且有 $T^2 \sim F(1, n; \delta)$, $\delta = \mu^2$. 进一步讨论见方开泰, 许建伦 (2016).

1.5 指数族分布

顾名思义, 指数族分布是以指数形式表示的一族分布. 许多常见的分布, 诸如 Poisson 分布、二项分布、正态分布、Γ 分布等, 都可统一在指数族分布的模式中. 指数族分布反映了这类分布的共同特性; 因此, 下面导出的指数族分布的性质, 对它的每一个成员都适用.

1.5.1　基本定义

定义 1.5.1　$X \sim f(x, \theta)$, $\theta \in \Theta$ 称为**指数族分布**, 是指其密度函数可表示为

$$f(x, \theta) = h(x) \exp\{Q^{\mathrm{T}}(\theta) T(x) - b(\theta)\} = \exp\{Q^{\mathrm{T}}(\theta) T(x) - b(\theta) - c(x)\}, \quad (1.5.1)$$

其中, $h(x) = \mathrm{e}^{-c(x)}$ 为非负可测函数; $Q(\theta) = (Q_1(\theta), \cdots, Q_k(\theta))^{\mathrm{T}}$, $\theta = (\theta_1, \cdots, \theta_p)^{\mathrm{T}}$, $T(x) = (T_1(x), \cdots, T_k(x))^{\mathrm{T}}$, $T_i(x)$ 为可测函数 $(i = 1, \cdots, k)$; $b(\theta)$ 称为势函数. 若 $1, Q_1(\theta), \cdots, Q_k(\theta)$ 及 $1, T_1(x), \cdots, T_k(x)$ 分别线性无关, 则称指数族为极小、满秩的.

易见, 若有线性相关, 则某些项可以合并. 比如若 $Q_2 = 2Q_1$, 则 $Q_1 T_1 + Q_2 T_2 = Q_1(T_1 + 2T_2) = Q_1 \widetilde{T_1}$; 因此定义中可减少一项. 通常都假定指数族为极小、满秩的. 以下列举若干常见的指数族分布.

例 1.5.1 正态分布 $X \sim N(\mu, \sigma^2)$, $\theta = (\mu, \sigma^2)$.

$$f(x, \theta) = \exp\left\{-\frac{1}{2\sigma^2}x^2 + \frac{\mu}{\sigma^2}x - \frac{\mu^2}{2\sigma^2} - \log\sqrt{2\pi\sigma^2}\right\},$$

其中 $T_1(x) = x^2$, $Q_1(\theta) = -1/(2\sigma^2)$, $T_2(x) = x$, $Q_2(\theta) = \mu/\sigma^2$, $b(\theta) = \dfrac{\mu^2}{2\sigma^2} + \log\sqrt{2\pi\sigma^2}$.

如果 $X = (X_1, \cdots, X_n)$, 其分量独立同分布, 且 $X_1 \sim N(\mu, \sigma^2)$, 则有

$$f(x, \theta) = \exp\left\{\sum_{i=1}^{n}\left(-\frac{1}{2\sigma^2}x_i^2 + \frac{\mu}{\sigma^2}x_i - \frac{\mu^2}{2\sigma^2} - \log\sqrt{2\pi\sigma^2}\right)\right\},$$

这时 $T_1(x) = \sum\limits_{i=1}^{n} x_i^2$, $T_2(x) = \sum\limits_{i=1}^{n} x_i$, 下面的例子也有类似的情况, 不再重复.

例 1.5.2 二项分布 $X \sim b(n, \theta)$.

$$f(x, \theta) = \binom{n}{x}\theta^x(1-\theta)^{n-x} = \exp\left\{x\log\frac{\theta}{1-\theta} + n\log(1-\theta) + \log\binom{n}{x}\right\},$$

其中 $T_1(x) = x$, $Q_1(\theta) = \log\dfrac{\theta}{1-\theta} = \mathrm{logit}(\theta)$, $b(\theta) = -n\log(1-\theta)$, $c(x) = -\log\binom{n}{x}$.

例 1.5.3 Poisson 分布 $X \sim P(\lambda)$.

$$f(x, \lambda) = \frac{\lambda^x}{x!}\mathrm{e}^{-\lambda} = \frac{1}{x!}\exp\{x\log\lambda - \lambda\},$$

其中 $T_1(x) = x$, $Q_1(\theta) = \log\lambda$, $h(x) = 1/x!$, $b(\theta) = \lambda$.

例 1.5.4 Γ 分布 $X \sim \Gamma(\lambda, \nu)$, $\theta = (\lambda, \nu)$.

$$
\begin{aligned}
f(x, \theta) &= \frac{\lambda^\nu}{\Gamma(\nu)}x^{\nu-1}\mathrm{e}^{-\lambda x}I\{x > 0\} \\
&= \exp\{-\lambda x + (\nu-1)\log x + \nu\log\lambda - \log\Gamma(\nu)\}I\{x > 0\},
\end{aligned}
$$

其中 $T_1(x) = x$, $Q_1(\theta) = -\lambda$, $T_2(x) = \log x$, $Q_2(\theta) = \nu - 1$, $b(\theta) = \log \Gamma(\nu) - \nu \log \lambda$.

例 1.5.5 β 分布 $X \sim BE(p, q)$, $\theta = (p, q)$.

$$
\begin{aligned}
f(x, \theta) &= \beta(p, q)^{-1} x^{p-1} (1-x)^{q-1} I\{0 \leqslant x \leqslant 1\} \\
&= \exp\{(p-1)\log x + (q-1)\log(1-x) - \log\beta(p,q) + \log I\{0 \leqslant x \leqslant 1\}\} \\
&= \exp\{p\log x + q\log(1-x) - \log x(1-x) + \log I\{0 \leqslant x \leqslant 1\} - \log\beta(p,q)\},
\end{aligned}
$$

其中 $T_1(x) = \log x$, $Q_1(\theta) = p$, $T_2(x) = \log(1-x)$, $Q_2(\theta) = q$, $b(\theta) = \log\beta(p,q)$, $c(x) = \log x(1-x) - \log I\{0 \leqslant x \leqslant 1\}$.

例 1.5.6 Rayleigh 分布.

$$
f(x, \lambda) = 2\lambda x e^{-\lambda x^2} I\{x \geqslant 0\} = 2x I\{x \geqslant 0\} \exp\{-\lambda x^2 + \log\lambda\},
$$

其中 $T_1(x) = x^2$, $Q_1(\theta) = -\lambda$, $h(x) = 2xI\{x \geqslant 0\}$, $b(\theta) = -\log\lambda$.

例 1.5.7 指数分布 $E(\lambda)$.

$$
f(x, \lambda) = \lambda e^{-\lambda x} I\{x \geqslant 0\} = I\{x \geqslant 0\} \exp\{-\lambda x + \log\lambda\},
$$

其中 $T_1(x) = x$, $Q_1(\theta) = -\lambda$, $h(x) = I\{x \geqslant 0\}$, $b(\theta) = -\log\lambda$.

但是, 带有位置参数的指数分布 $E(\lambda, \mu)$, $E(1, \mu)$ 不是指数族分布. 例如 $E(\lambda, \mu)$, $\theta = (\lambda, \mu)$, 其密度函数为

$$
f(x, \theta) = \lambda e^{-\lambda(x-\mu)} I\{x \geqslant \mu\} = \exp\{-\lambda x + \lambda\mu + \log\lambda\} I\{x \geqslant \mu\},
$$

其中 $I\{x \geqslant \mu\}$ 与 x, μ 都有关, 因而不符合定义 (1.5.1) 式的形式.

以下介绍一个判别指数族分布的简单的必要条件.

定义 1.5.2 若 $X \sim f(x, \theta)$, $\theta \in \Theta$, 则其**支撑集** (support set) 定义为 $S_\theta = \{x: f(x, \theta) > 0\}$. 若 S_θ 与 θ 无关, 则称该分布族有共同的支撑集.

易见, 分布族的支撑集 S_θ 可能与参数 θ 有关, 如均匀分布 $X \sim R(0, \theta)$: $S_\theta = [0, \theta]$; 带有位置参数的指数分布 $X \sim E(\lambda, \mu): S_\theta = [\mu, \infty)$ 等. 但是由定义 (1.5.1) 式可知, 指数族分布有共同的支撑集 $S_\theta = \{x: h(x) > 0\}$, 与参数 θ 无关. 因此可得以下重要推论:

推论 一个分布族为指数族的必要条件是它有共同的支撑集.

由此可知, 均匀分布 $R(0,\theta)$, 带有位置参数的指数分布 $E(\lambda,\mu)$, $E(1,\mu)$ 都不可能是指数族分布. 同理, 双参数的 Pareto 分布以及幂函数分布都不是指数族分布. 值得注意的是: 今后我们得到的许多有关指数族分布的结果, 对于均匀分布以及带有位置参数的指数分布等这些分布就不一定成立.

小结 常见的指数族分布有正态分布、二项分布、多项分布、Poisson 分布、单参数的负二项分布和 Pascal 分布、β 分布、Γ 分布、对数正态分布、Rayleigh 分布、逆 Gauss 分布等.

常见的非指数族分布有均匀分布、带有位置参数的指数分布 $E(\lambda,\mu)$、$E(1,\mu)$、双参数的 Pareto 分布和幂函数分布、极值分布、Weibull 分布、超几何分布、Cauchy 分布、Laplace 分布等.

1.5.2 自然形式的指数族

在指数族的定义 (1.5.1) 式中, 很自然地可以考虑把参数函数 $Q(\theta)$ 的各分量直接看成参数来确定密度函数. 这时有

$$f(x,\theta) = h(x)\exp\left\{\sum_{i=1}^{k} Q_i(\theta)T_i(x) - b(\theta)\right\} = h(x)\exp\left\{\sum_{i=1}^{k} \widetilde{\theta}_i T_i - \widetilde{b}(\widetilde{\theta})\right\}.$$

其中密度函数的主体就是 $\widetilde{\theta}$ 与 $T(x)$ 的线性组合, 因而应当有良好的性质. 其正式定义如下:

定义 1.5.3 若 $X \sim f(x,\theta)$, $\theta \in \Theta$, 其密度函数可表示为

$$f(x,\theta) = h(x)\exp\{\theta^{\mathrm{T}}T(x) - b(\theta)\}, \tag{1.5.2}$$

其中 $\theta = (\theta_1,\cdots,\theta_k)^{\mathrm{T}}$, $T(x) = (T_1(x),\cdots,T_k(x))^{\mathrm{T}}$, 则称其为**自然形式的指数族**; 若 $1, T_1(x),\cdots,T_k(x)$ 线性无关, 则称指数族为极小、满秩的; 又称

$$\Theta = \left\{\theta : \int h(x)\mathrm{e}^{\theta^{\mathrm{T}}T(x)}\mathrm{d}\mu(x) < +\infty\right\} \subset \mathbf{R}^k \tag{1.5.3}$$

为分布族的自然参数空间.

根据以上定义, 由于 $\int f(x,\theta)\mathrm{d}\mu(x) = 1$, 因此 $\theta \in \Theta$ 等价于

$$\mathrm{e}^{b(\theta)} = \int h(x)\mathrm{e}^{\theta^{\mathrm{T}}T(x)}\mathrm{d}\mu(x) < +\infty \quad \text{或} \quad b(\theta) = \log\left[\int h(x)\mathrm{e}^{\theta^{\mathrm{T}}T(x)}\mathrm{d}\mu(x)\right] < +\infty. \tag{1.5.4}$$

另外, 在定义 (1.5.2) 式中, 若令 $T_i(x) = y_i$, 则可得到更简单的指数族

$$Y \sim f(y,\theta) = h(y)\exp\{\theta^{\mathrm{T}}y - b(\theta)\}. \tag{1.5.5}$$

由以上定义以及表达式 (1.5.2) 和 (1.5.5) 可知, 自然形式的指数族的密度函数的主体部分就是参数 θ 与统计量 $T(x)$ 的线性组合, 因而可以预期, 它应当有良好的性质.

定理 1.5.1   自然参数空间 Θ 必然是 $\mathbf{R}^k$ 上的凸集, 势函数 $b(\theta)$ 为 Θ 上的严凸函数.

证明   为证 Θ 为凸集, 对 $\theta_{(1)}$, $\theta_{(2)} \in \Theta$, $0 < \lambda < 1$, 要证 $\lambda\theta_{(1)} + (1-\lambda)\theta_{(2)} \in \Theta$, 即

$$a = \int h(x) \exp\left\{ \left[\lambda\theta_{(1)} + (1-\lambda)\theta_{(2)}\right]^{\mathrm{T}} T(x) \right\} \mathrm{d}\mu(x) < +\infty.$$

而 a 可表示为

$$a = \int \left[h(x) \exp\{\theta_{(1)}^{\mathrm{T}} T(x)\} \right]^{\lambda} \left[h(x) \exp\{\theta_{(2)}^{\mathrm{T}} T(x)\} \right]^{1-\lambda} \mathrm{d}\mu(x).$$

根据 Hölder (赫尔德) 不等式以及 (1.5.3) 式有

$$a \leqslant \left[\int h(x) \exp\{\theta_{(1)}^{\mathrm{T}} T(x)\} \mathrm{d}\mu(x) \right]^{\lambda} \left[\int h(x) \exp\{\theta_{(2)}^{\mathrm{T}} T(x)\} \mathrm{d}\mu(x) \right]^{1-\lambda} < +\infty.$$

要证 $b(\theta)$ 为 Θ 上的凸函数, 即要证

$$b(\lambda\theta_{(1)} + (1-\lambda)\theta_{(2)}) \leqslant \lambda b(\theta_{(1)}) + (1-\lambda)b(\theta_{(2)})$$

由 (1.5.4) 式可知

$$\begin{aligned}
&b(\lambda\theta_{(1)} + (1-\lambda)\theta_{(2)}) \\
&= \log\left\{ \int h(x) \exp\{[\lambda\theta_{(1)} + (1-\lambda)\theta_{(2)}]^{\mathrm{T}} T(x)\} \mathrm{d}\mu(x) \right\} \\
&= \log\left\{ \int \left[h(x) \exp\{\theta_{(1)}^{\mathrm{T}} T(x)\} \right]^{\lambda} \left[h(x) \exp\{\theta_{(2)}^{\mathrm{T}} T(x)\} \right]^{1-\lambda} \mathrm{d}\mu(x) \right\}.
\end{aligned}$$

根据 Hölder 不等式, 上式可化为

$$\begin{aligned}
&b(\lambda\theta_{(1)} + (1-\lambda)\theta_{(2)}) \\
&\leqslant \log\left\{ \left[\int h(x) \exp\{\theta_{(1)}^{\mathrm{T}} T(x)\} \mathrm{d}\mu(x) \right]^{\lambda} \left[\int h(x) \exp\{\theta_{(2)}^{\mathrm{T}} T(x)\} \mathrm{d}\mu(x) \right]^{1-\lambda} \right\} \\
&= \lambda \log\left[\int h(x) \exp\{\theta_{(1)}^{\mathrm{T}} T(x)\} \mathrm{d}\mu(x) \right] + (1-\lambda) \log\left[\int h(x) \exp\{\theta_{(2)}^{\mathrm{T}} T(x)\} \mathrm{d}\mu(x) \right] \\
&= \lambda b(\theta_{(1)}) + (1-\lambda)b(\theta_{(2)}).
\end{aligned}$$
∎

定理 1.5.2   若 $g(x)$ 在 $\mathcal{X}$ 上可测, 且 $G(\theta) = \int g(x) \mathrm{e}^{\theta^{\mathrm{T}} T(x)} \mathrm{d}\mu(x)$ 存在, 则 $G(\theta)$ 在 Θ 的内部解析. 特别, $b(\theta)$ 在 Θ 的内部解析.

(这个定理实际上就是 Laplace 变换的解析性质, 其证明可参见陈希孺 (1981).)

自然形式的指数族的其他性质:

(1) 若 $X \sim f(x,\theta) = h(x) \exp\{\theta^{\mathrm{T}} x - b(\theta)\}$, 则其特征函数由势函数 $b(\theta)$ 确定:

$$\varphi(t) = \exp\{b(\theta + \mathrm{i}t) - b(\theta)\}. \tag{1.5.6}$$

证明
$$\begin{aligned}
\varphi(t) = \mathrm{E}\left(\mathrm{e}^{\mathrm{i}t^{\mathrm{T}} X}\right) &= \int \mathrm{e}^{\mathrm{i}t^{\mathrm{T}} x} h(x) \exp\{\theta^{\mathrm{T}} x - b(\theta)\} \mathrm{d}\mu(x) \\
&= \int h(x) \exp\{(\theta + \mathrm{i}t)^{\mathrm{T}} x - b(\theta)\} \mathrm{d}\mu(x) \\
&= \int h(x) \exp\{(\theta + \mathrm{i}t)^{\mathrm{T}} x - b(\theta + \mathrm{i}t) + b(\theta + \mathrm{i}t) - b(\theta)\} \mathrm{d}\mu(x) \\
&= \exp\{b(\theta + \mathrm{i}t) - b(\theta)\}.
\end{aligned}$$ ∎

(2) 若 $X \sim f(x,\theta) = h(x) \exp\{\theta^{\mathrm{T}} T(x) - b(\theta)\}$, 则 $T = T(X)$ 亦服从指数族分布:

$$T = T(X) \sim f(t,\theta) = h^*(t) \exp\{\theta^{\mathrm{T}} t - b(\theta)\}. \tag{1.5.7}$$

证明 $T = T(X)$ 的特征函数为

$$\begin{aligned}
\varphi_T(s) = \mathrm{E}[\exp\{\mathrm{i}s^{\mathrm{T}} T(X)\}] &= \int h(x) \exp\{\mathrm{i}s^{\mathrm{T}} T(x) + \theta^{\mathrm{T}} T(x) - b(\theta)\} \mathrm{d}\mu(x) \\
&= \int h(x) \exp\{(\theta + \mathrm{i}s)^{\mathrm{T}} T(x) - b(\theta + \mathrm{i}s) + b(\theta + \mathrm{i}s) - b(\theta)\} \mathrm{d}\mu(x) \\
&= \exp\{b(\theta + \mathrm{i}s) - b(\theta)\}.
\end{aligned}$$

由 (1.5.6) 式及唯一性可知, $T = T(X)$ 服从指数族分布, 且有 $f(t,\theta) = h^*(t) \exp\{\theta^{\mathrm{T}} t - b(\theta)\}$. ∎

(3) 若 $X \sim f(x,\theta) = h(x) \exp\{\theta^{\mathrm{T}} T(x) - b(\theta)\}$, 则有

$$\mathrm{E}[T_i(X)] = \frac{\partial b(\theta)}{\partial \theta_i}, \quad \mathrm{E}[T(X)] = \dot{b}(\theta)_{k \times 1}; \tag{1.5.8}$$

$$\mathrm{Var}[T(X)] = \ddot{b}(\theta) = \left(\frac{\partial^2 b}{\partial \theta_i \partial \theta_j}\right)_{k \times k}; \tag{1.5.9}$$

$$\mathrm{E}\{[T_i - \mathrm{E}(T_i)][T_j - \mathrm{E}(T_j)][T_k - \mathrm{E}(T_k)]\} = \frac{\partial^3 b}{\partial \theta_i \partial \theta_j \partial \theta_k}. \tag{1.5.10}$$

证明 由 $\int h(x) \exp\{\theta^{\mathrm{T}} T(x) - b(\theta)\} \mathrm{d}\mu(x) = 1$, 该式对 θ_i 求导可得

$$\int h(x) \exp\{\theta^{\mathrm{T}} T(x) - b(\theta)\} \left[T_i(x) - \frac{\partial b(\theta)}{\partial \theta_i}\right] \mathrm{d}\mu(x) = 0;$$

因而得到 $\mathrm{E}[T_i(X)] = \partial b(\theta)/\partial \theta_i$; 继续再求导, 可得 $\mathrm{Var}[T(X)]$ 以及 X 的各阶中心矩. ∎

由以上结果可知, $T(X)$ 的各阶中心矩均由势函数 $b(\theta)$ 决定.

推论 若 $Y \sim f(y, \theta) = h(y) \exp\{\theta^{\mathrm{T}} y - b(\theta)\}$, 则有

$$E(Y) = \mu = \dot{b}(\theta), \quad \text{Var}(Y) = \ddot{b}(\theta). \tag{1.5.11}$$

1.5.3　带有多余参数的指数族

指数族有若干发展与推广, 以下介绍两种常用的带有多余参数的指数族.

1. 带有尺度参数的指数族

其密度函数可表示为

$$Y \sim f(y; \theta, \sigma) = \exp\left\{\frac{\theta^{\mathrm{T}} y - b(\theta) - c(y, \sigma)}{\sigma^2}\right\}. \tag{1.5.12}$$

或

$$f(y; \theta, \sigma) = \exp\left\{\phi\left[\theta^{\mathrm{T}} y - b(\theta) - c(y, \phi)\right]\right\}, \quad \phi = \sigma^{-2}.$$

其中 y, θ 同为 k 维向量, θ 为有兴趣参数, σ 或 ϕ 常被视为多余参数, σ 是尺度参数. 该分布族常记为 $Y \sim ED(\theta, \sigma^2)$.

例 1.5.8 正态分布 $Y \sim N(\mu, \sigma^2)$, 其密度函数可表示为

$$f(y; \mu, \sigma) = \exp\left\{\frac{y\mu - \frac{1}{2}y^2 - \frac{1}{2}\mu^2 - \frac{\sigma^2}{2}\log(2\pi\sigma^2)}{\sigma^2}\right\}.$$

若取 $\theta_1 = \mu/\sigma^2$, $T_1 = y$, $\theta_2 = \sigma^{-2}$, $T_2 = -y^2/2$, 则为一般的指数分布族. 但是若把 σ^2 视为多余参数, 取 $\theta_1 = \mu$, $y_1 = y$, $b(\theta) = \mu^2/2 = \theta_1^2/2$, $c(y, \sigma) = \frac{1}{2}y^2 + \frac{\sigma^2}{2}\log(2\pi\sigma^2)$, 则为 (1.5.12) 式所定义的带有尺度参数的指数族.

例 1.5.9 Γ 分布 $Y \sim \Gamma(\lambda, \nu)$, 其中 $\mu = E(Y) = \nu/\lambda$, $\lambda = \nu/\mu$. 其密度函数为

$$Y \sim f(y; \mu, \nu) = \frac{(\nu/\mu)^\nu}{\Gamma(\nu)} y^{\nu-1} e^{-\frac{\nu}{\mu} y}, \quad y > 0.$$

该式可改写为

$$f(y; \mu, \nu) = \exp\left\{\nu\left[y(-\mu^{-1}) - \log\mu + \log y - \nu^{-1}\log y + \log\nu - \nu^{-1}\log\Gamma(\nu)\right]\right\}.$$

若把 $\nu = \phi = \sigma^{-2}$ 视为多余参数, 对比 (1.5.12) 式, 可取 $\theta_1 = -\mu^{-1}$, $y_1 = y$; $b(\theta) = \log\mu = -\log(-\theta_1)$; $c(y, \sigma) = -\log y + \nu^{-1}\log y - \log\nu + \nu^{-1}\log\Gamma(\nu)$. 因此 Γ 分布为由 (1.5.12) 式所定义的带有尺度参数的指数族.

例 1.5.10 逆 Gauss 分布 $Y \sim IG(\mu, \sigma^2)$. 其密度函数为

$$f(y; \mu, \sigma^2) = \frac{1}{\sqrt{2\pi\sigma^2 y^3}} \exp\left\{ -\frac{(y-\mu)^2}{2\sigma^2\mu^2 y} \right\}.$$

该式可改写为

$$f(y; \mu, \sigma^2) = \exp\left\{ \frac{-y\mu^{-2}/2 + \mu^{-1} - y^{-1}/2 - \dfrac{\sigma^2}{2}\log(2\pi\sigma^2 y^3)}{\sigma^2} \right\}.$$

若把 σ^2 视为多余参数, 对比 (1.5.12) 式, 取 $\theta_1 = -(2\mu^2)^{-1}$, $y_1 = y$; $b(\theta) = -\mu^{-1} = -(-2\theta_1)^{\frac{1}{2}}$; $c(y, \sigma) = (2y)^{-1} + \frac{\sigma^2}{2}\log(2\pi\sigma^2 y^3)$. 则逆 Gauss 分布为带有尺度参数的指数族.

带有尺度参数的指数族 $Y \sim ED(\theta, \sigma^2)$ 有以下性质:

(1) 特征函数为 $\varphi(t) = \mathrm{E}(\mathrm{e}^{\mathrm{i}Y^\mathrm{T}t}) = \exp\left\{ \phi\left[b\left(\theta + \frac{\mathrm{i}t}{\phi}\right) - b(\theta) \right] \right\}$, $\phi = \sigma^{-2}$, 特别, 有

$$\mathrm{E}(Y) = \dot{b}(\theta) = \mu, \quad \mathrm{Var}(Y) = \sigma^2\ddot{b}(\theta) = \sigma^2 V; \tag{1.5.13}$$

对 Γ 分布, $\mathrm{Var}(Y) = \sigma^2\mu^2$; 对逆 Gauss 分布, $\mathrm{Var}(Y) = \sigma^2\mu^3$ (对 Poisson 分布, $\mathrm{Var}(Y) = \mu$). 特征函数的推导与 (1.5.6) 式类似, 见 (3).

(2) 令 $e = Y - \mu = (e_1, \cdots, e_k)^\mathrm{T}$, 则可求出其特征函数, 从而有

$$\mathrm{E}(e_i) = 0; \ \mathrm{E}(e_i e_j) = \sigma^2 V_{ij}, \ V = (V_{ij}) = \ddot{b}(\theta);$$

$$\mathrm{E}(e_i e_j e_k) = \sigma^4 S_{ijk}; \quad \mathrm{E}(e_i e_j e_k e_l) = \sigma^4(V_{ij}V_{kl} + V_{ik}V_{jl} + V_{il}V_{kj}) + \sigma^6\Delta_{ijkl},$$

$$S_{ijk} = \frac{\partial^3 b(\theta)}{\partial\theta_i\partial\theta_j\partial\theta_k}; \quad \Delta_{ijkl} = \frac{\partial^4 b(\theta)}{\partial\theta_i\partial\theta_j\partial\theta_k\partial\theta_l}.$$

(3) 若 $Y_1, \cdots, Y_n$ 独立同分布, $Y_1 \sim ED(\theta, \sigma^2)$, 则样本均值也服从带有尺度参数的指数族分布, 即 $\overline{Y} = n^{-1}\sum_{i=1}^n Y_i \sim ED(\theta, \sigma^2/n)$.

证明 首先计算 Y_1 的特征函数

$$\varphi_{Y_1}(t) = \mathrm{E}(\mathrm{e}^{\mathrm{i}t^\mathrm{T}Y_1}) = \int_{\mathbf{R}^p} \mathrm{e}^{\mathrm{i}t^\mathrm{T}y_1} \cdot f(y_1; \theta, \phi)\mathrm{d}\mu(y_1)$$

$$= \int_{\mathbf{R}^p} \exp\{\phi[(\theta + \mathrm{i}t/\phi)^\mathrm{T}y_1 - b(\theta + \mathrm{i}t/\phi) - c(y_1, \phi)]\} \times$$
$$\exp\{\phi[b(\theta + \mathrm{i}t/\phi) - b(\theta)]\}\mathrm{d}\mu(y_1)$$

$$= \exp\{\phi[b(\theta + \mathrm{i}t/\phi) - b(\theta)]\},$$

其中 p 为 Y_1 的维数. 由此可得 $\overline{Y} = n^{-1} \sum\limits_{k=1}^{n} Y_k$ 的特征函数为

$$
\begin{aligned}
\varphi_{\overline{Y}}(t) = \mathrm{E}(\mathrm{e}^{\mathrm{i}t^{\mathrm{T}}\overline{Y}}) &= \prod_{k=1}^{n} \mathrm{E}(\mathrm{e}^{\mathrm{i}t^{\mathrm{T}}Y_k/n}) \\
&= \prod_{k=1}^{n} \exp\left\{ \phi\left[b\left(\theta + \frac{\mathrm{i}t}{n\phi}\right) - b(\theta) \right] \right\} \\
&= \exp\left\{ n\phi\left[b\left(\theta + \frac{\mathrm{i}t}{n\phi}\right) - b(\theta) \right] \right\}.
\end{aligned}
$$

由唯一性知 $\overline{Y}$ 服从指数族分布 $ED(\theta, \sigma^2/n)$.

2. 子集参数情形

对于指数族分布 (1.5.2), 有时需要把参数分为两部分: 一部分为有兴趣参数, 另一部分为多余参数. 这时密度函数可表示为

$$
X \sim f(x; \theta, \varphi) = h(x) \exp\left\{ \sum_{i=1}^{m} \theta_i U_i(x) + \sum_{j=1}^{l} \varphi_j T_j(x) - b(\theta, \varphi) \right\}. \qquad (1.5.14)
$$

其中 $\theta = (\theta_1, \cdots, \theta_m)^{\mathrm{T}}$ 为有兴趣参数, $\varphi = (\varphi_1, \cdots, \varphi_l)^{\mathrm{T}}$ 为多余参数, $U = (U_1(x), \cdots, U_m(x))^{\mathrm{T}}$, $T = (T_1(x), \cdots, T_l(x))^{\mathrm{T}}$.

定理 1.5.3 在以上假设下, (U, T) 的联合分布为

$$
p(u, t; \theta, \varphi) = h^*(u, t) \exp\left\{ \sum_{i=1}^{m} \theta_i u_i + \sum_{j=1}^{l} \varphi_j t_j - b(\theta, \varphi) \right\};
$$

U 和 T 的边缘分布分别为

$$
p(u; \theta, \varphi) = h_{\varphi}(u) \exp\left\{ \sum_{i=1}^{m} \theta_i u_i - b(\theta, \varphi) \right\},
$$

$$
p(t; \theta, \varphi) = h_{\theta}(t) \exp\left\{ \sum_{j=1}^{l} \varphi_j t_j - b(\theta, \varphi) \right\};
$$

条件分布 $U|T$ 仅与有兴趣参数 θ 有关, 与多余参数 φ 无关; 其分布为

$$
p(u|t; \theta, \varphi) = h^*(u, t) \exp\left\{ \sum_{i=1}^{m} \theta_i u_i - b_t^*(\theta) \right\}. \qquad (1.5.15)
$$

证明 (U, T) 的联合分布可由前面性质 (2), 即 (1.5.7) 式得到; 联合分布积分即得边缘分布:

$$
\begin{aligned}
p(t; \theta, \varphi) &= \int p(u, t; \theta, \varphi) \mathrm{d}u \\
&= \int h^*(u, t) \exp\left\{\sum_{i=1}^{m} \theta_i u_i\right\} \mathrm{d}u \cdot \exp\left\{\sum_{j=1}^{l} \varphi_j t_j - b(\theta, \varphi)\right\} \\
&\triangleq h_\theta(t) \exp\left\{\sum_{j=1}^{l} \varphi_j t_j - b(\theta, \varphi)\right\}.
\end{aligned}
$$

由此可得条件分布为

$$
\begin{aligned}
U|T \sim p(u|t; \theta, \varphi) &= \frac{p(u, t; \theta, \varphi)}{p(t; \theta, \varphi)} = \frac{h^*(u, t)}{h_\theta(t)} \exp\left\{\sum_{i=1}^{m} \theta_i u_i\right\} \\
&= h^*(u, t) \exp\left\{\sum_{i=1}^{m} \theta_i u_i - b_t^*(\theta)\right\} \qquad (b_t^*(\theta) \triangleq \log h_\theta(t)).
\end{aligned}
$$
∎

1.6 次序统计量的分布

次序统计量是统计学的基本统计量之一, 在参数统计与非参数统计中都有广泛的应用. 本节首先介绍次序统计量的基本性质, 然后分别介绍均匀分布和指数分布的次序统计量.

给定样本 $X_1, \cdots, X_n$, 若按大小重新排序, 其次序统计量定义为 $X_{(1)} \leqslant X_{(2)} \leqslant \cdots \leqslant X_{(n)}$ 或记为 $Y_1 \leqslant Y_2 \leqslant \cdots \leqslant Y_n$ $(Y_i = X_{(i)})$. 特别, $X_{(1)} = \min\limits_{1 \leqslant i \leqslant n} \{X_i\}$, $X_{(n)} = \max\limits_{1 \leqslant i \leqslant n} \{X_i\}$, $R = X_{(n)} - X_{(1)}$ 称为极差. 通常假定 $X_1, \cdots, X_n$ 为 i.i.d. 样本, 且 $X_1 \sim f(x)$ 为绝对连续型分布, 因此有 $P(X_{(i)} = X_{(j)}) = 0$, $i \neq j$; $P(X_{(1)} < X_{(2)} < \cdots < X_{(n)}) = 1$. 下面将在此假定下推导次序统计量的基本分布.

1.6.1 基本分布

记 $Y = (Y_1, \cdots, Y_n)^{\mathrm{T}} = (X_{(1)}, \cdots, X_{(n)})^{\mathrm{T}}$, $Y_i = X_{(i)} \sim f_{(i)}(y)$, $Y \sim f(y_1, y_2, \cdots, y_n)$.

1. $Y_i = X_{(i)}$ 的密度函数

$$
f_{(i)}(y) = \frac{n!}{(i-1)!(n-i)!} f(y)[F(y)]^{i-1}[1 - F(y)]^{n-i}. \tag{1.6.1}
$$

其分布函数可由不完全 β 函数表示为 $F_{(i)}(y) = I_{F(y)}(i, n-i+1)$.

证明 考虑 $Y_i = X_{(i)}$ 落在微小区间 $(y, y + \mathrm{d}y]$ 中的概率, 这可表示为

$$P\{y < Y_i \leqslant y + \mathrm{d}y\} = F_{(i)}(y + \mathrm{d}y) - F_{(i)}(y) = f_{(i)}(y)\mathrm{d}y + o(\mathrm{d}y);$$

另一方面, 由 $X_{(i)}$ 的定义可得: $P\{y < Y_i \leqslant y + \mathrm{d}y\} = P\{X_1, \cdots, X_n$ 中有 $i - 1$ 个在 $(-\infty, y]$ 中; 有一个在 $(y, y + \mathrm{d}y]$ 中; 有 $n - i$ 个在 $(y + \mathrm{d}y, +\infty)$ 内$\} + P\{$其他情形$\} = P_1 + P_2$, 其中 P_1, P_2 分别表示和式中的第一、第二项. $\{$其他情形$\}$包括诸如 $\{$在 $X_1, \cdots, X_n$ 中有 $i - 2$ 个在 $(-\infty, y]$ 中; 有 2 个在 $(y, y + \mathrm{d}y]$ 中; 有 $n - i$ 个在 $(y + \mathrm{d}y, +\infty)$ 内$\}$ 等情形. 显然, 对连续型分布有 $P_2 = o(\mathrm{d}y)$, 因而 $P\{y < Y_i \leqslant y + \mathrm{d}y\} = P_1 + o(\mathrm{d}y)$. 而 P_1 可由多项分布得到:

$$P_1 = \frac{n!}{(i-1)!(n-i)!}[F(y)]^{i-1}[f(y)\mathrm{d}y][1 - F(y)]^{n-i}.$$

比较以上结果, 并令 $\mathrm{d}y \to 0$ 可得

$$f_{(i)}(y) = \frac{n!}{(i-1)!(n-i)!}f(y)[F(y)]^{i-1}[1 - F(y)]^{n-i}.$$

由 $F_{(i)}(y) = \int_{-\infty}^{y} f_{(i)}(t)\mathrm{d}t$ 即得 $F_{(i)}(y) = I_{F(y)}(i, n - i + 1)$. ∎

推论 1 最小值和最大值的密度函数分别为

$$f_{(1)}(y) = nf(y)[1 - F(y)]^{n-1}, \tag{1.6.2}$$

$$f_{(n)}(y) = nF^{n-1}(y)f(y). \tag{1.6.3}$$

推论 2 若 $X_1 \sim R(0, 1)$, 则 $X_{(i)}$ 服从 β 分布:

$$X_{(i)} \sim BE(i, n - i + 1). \tag{1.6.4}$$

2. $(X_{(i)}, X_{(j)}) = (Y, Z)$ $(i < j)$ 的联合分布

$$f(y, z) = \frac{n!}{(i-1)!(j-i-1)!(n-j)!}f(y)f(z)[F(y)]^{i-1} \cdot$$
$$[F(z) - F(y)]^{j-i-1}[1 - F(z)]^{n-j}I\{y < z\}. \tag{1.6.5}$$

证明 仍然沿用上面的方法. 考虑 $X_{(i)}, X_{(j)}$ 落在微小矩形 $\{(y, y+\mathrm{d}y]; (z, z+\mathrm{d}z]\}$ 中的概率, 这可表示为

$$P\{y < X_{(i)} \leqslant y + \mathrm{d}y, \ z < X_{(j)} \leqslant z + \mathrm{d}z\} = f(y, z)\mathrm{d}y\mathrm{d}z + o(\rho) \qquad (\rho = \sqrt{\mathrm{d}y^2 + \mathrm{d}z^2}).$$

另一方面, 以上概率也可表示为 $P\{X_1, \cdots, X_n$ 中有 $i - 1$ 个在 $(-\infty, y]$ 中, 有 1 个在 $(y, y + \mathrm{d}y]$ 中, 有 $j - i - 1$ 个在 $(y + \mathrm{d}y, z]$ 中, 有 1 个在 $(z, z + \mathrm{d}z]$ 中, 有

$n - j$ 个在 $(z + \mathrm{d}z, +\infty)$ 内$\}$ + $P\{$其他情形$\}$. 这一概率可由多项分布得到:

$$\frac{n!}{(i-1)!(j-i-1)!(n-j)!}[F(y)]^{i-1}[f(y)\mathrm{d}y] \cdot$$
$$[F(z) - F(y)]^{j-i-1}[f(z)\mathrm{d}z][1 - F(z)]^{n-j} + o(\rho), \quad y < z.$$

比较以上结果, 并令 $\rho \to 0$, 即可得到 (1.6.5) 式.

推论 1 $X_{(1)}$ 和 $X_{(n)}$ 的联合分布密度函数为

$$f(y, z) = n(n-1)f(y)f(z)[F(z) - F(y)]^{n-2}I\{y < z\}. \tag{1.6.6}$$

推论 2 极差 $R = X_{(n)} - X_{(1)}$ 的分布为

$$h(r) = n(n-1)\int_{-\infty}^{\infty} f(t)f(t+r)[F(t+r) - F(t)]^{n-2}\mathrm{d}t, \quad r > 0. \tag{1.6.7}$$

证明 由于 $(X_{(i)}, X_{(j)}) = (Y, Z)$ 的分布已知, 可做变换 $R = X_{(n)} - X_{(1)} = Z - Y$, $T = X_{(1)} = Y$, 则 $Z = T + R$, $Y = T$, 变换的 Jacobi (雅可比) 行列式为 $J = 1$. 由 (1.6.6) 式可得

$$f(t, r) = n(n-1)f(t)f(t+r)[F(t+r) - F(t)]^{n-2}, \quad r > 0.$$

上式对 t 积分, 即得 (1.6.7) 式.

3. 前 r 个次序统计量 $X_{(1)}, \cdots, X_{(r)}$ 的联合分布

$$f(y_1, \cdots, y_r) = \frac{n!}{(n-r)!}f(y_1)\cdots f(y_r)[1 - F(y_r)]^{n-r}I\{y_1 < \cdots < y_r\}. \tag{1.6.8}$$

特别, $X_{(1)}, \cdots, X_{(n)}$ 的联合分布为

$$f(y_1, \cdots, y_n) = n!f(y_1)\cdots f(y_n)I\{y_1 < y_2 < \cdots < y_n\}. \tag{1.6.9}$$

证明 这时在 $X_1, \cdots, X_n$ 中, 有 $n - r$ 个在 $(y_r + \mathrm{d}y_r, +\infty)$ 内, 其他小区间各有 1 个, 因此有

$$P\{y_i < X_{(i)} \leqslant y_i + \mathrm{d}y_i, i = 1, \cdots, r\}$$
$$= f(y_1, \cdots, y_r)\mathrm{d}y_1 \cdots \mathrm{d}y_r + o(\rho)$$
$$= \frac{n!}{1! \cdots 1!(n-r)!} \cdot f(y_1)\mathrm{d}y_1 \cdots f(y_r)\mathrm{d}y_r \cdot [1 - F(y_r)]^{n-r},$$

由此即可得到 (1.6.8) 式.

1.6.2 均匀分布的次序统计量

若 $X \sim F(x)$ 为连续型分布, 则 $U = F(X) \sim R(0,1)$. 因此若 $X_{(1)} < \cdots < X_{(n)}$, 则 $U_{(1)} = F(X_{(1)}) < \cdots < U_{(n)} = F(X_{(n)})$ 为均匀分布 $R(0,1)$ 的次序统计量. 因此, 考虑 $R(0,1)$ 的次序统计量, 对一般分布 $F(x)$ 亦有一定意义.

由 (1.6.9) 式可知, 若 $U \sim R(0,1), U_{(1)} \leqslant \cdots \leqslant U_{(n)}$, 则 $(U_{(1)}, \cdots, U_{(n)})$ 的联合分布为

$$f(u_1, \cdots, u_n) = n!I\{0 < u_1 < u_2 < \cdots < u_n < 1\}. \tag{1.6.10}$$

定理 1.6.1 均匀分布 $R(0,1)$ 的次序统计量有以下性质:

(1) $U_{(k)} \sim BE(k, n-k+1)$;

(2) $U_{(i+k)} - U_{(i)} \sim BE(k, n-k+1)$ 与 i 无关; $\qquad$ (1.6.11)

(3) $R = U_{(n)} - U_{(1)} \sim BE(n-1, 2)$.

证明 性质 (1) 即为 (1.6.4) 式, 性质 (3) 可由性质 (2) 导出, 下面主要证明性质 (2). 为此, 做变换

$$\begin{cases} Z_1 = U_{(1)}, \\ Z_2 = U_{(2)} - U_{(1)}, \\ Z_3 = U_{(3)} - U_{(2)}, \implies \\ \cdots\cdots\cdots\cdots \\ Z_n = U_{(n)} - U_{(n-1)} \end{cases} \begin{cases} U_{(1)} = Z_1, \\ U_{(2)} = Z_1 + Z_2, \\ U_{(3)} = Z_1 + Z_2 + Z_3, \implies |J| = 1. \\ \cdots\cdots\cdots\cdots \\ U_{(n)} = Z_1 + Z_2 + \cdots + Z_n \end{cases}$$

其中 J 为变换的 Jacobi 行列式; 由 (1.6.10) 式, $U_{(1)}, \cdots, U_{(n)}$ 的联合分布可表示为

$$f(u_1, \cdots, u_n) = n!I\{0 < u_1 < u_2 < \cdots < u_n < 1\}$$
$$= n!I\{0 < u_i - u_{i-1} < 1, \ i = 2, \cdots, n; \ 0 < u_1 < 1, \ 0 < u_n < 1\}.$$

因而 $Z_1, Z_2, \cdots, Z_n$ 的联合分布为

$$f(z_1, \cdots, z_n) = f(u_1, \cdots, u_n)|J| = n!I\left\{0 < z_i < 1, i = 1, \cdots, n; \ 0 < \sum_{i=1}^{n} z_i \leqslant 1\right\}.$$

该分布的特点是对一切 z_i 对称, 各向同性. 因而对任意 k 个分量的积分值相同, 得到的边缘分布也相同. 由对称性可推出:

(1) 一切 Z_i 同分布, 且与 $Z_1 = U_{(1)}$ 同分布, 即 $Z_i \sim BE(1, n)$.

(2) 任意 k 个 $Z_{i1}, \cdots, Z_{ik}$ 同分布, 且与 $(Z_1, \cdots, Z_k)$ 同分布. 因而 $Z_{i1} + \cdots + Z_{ik}$ 与 $Z_1 + \cdots + Z_k = U_{(k)}$ 同分布, 而 $U_{(k)} \sim BE(k, n-k+1)$.

(3) $U_{(i+k)} - U_{(i)} = (Z_1 + \cdots + Z_{i+k}) - (Z_1 + \cdots + Z_i) = Z_{i+1} + \cdots + Z_{i+k}$, 该式也与 $Z_1 + \cdots + Z_k = U_{(k)}$ 同分布, 因此 $U_{(i+k)} - U_{(i)} \sim BE(k, n-k+1)$. ∎

定理 1.6.2 设 $U \sim R(0,1)$, 记

$$Y_1 = \frac{U_{(1)}}{U_{(2)}}, \cdots, Y_k = \frac{U_{(k)}}{U_{(k+1)}}, \cdots, Y_{n-1} = \frac{U_{(n-1)}}{U_{(n)}}, \ Y_n = U_{(n)},$$

则 $Y_1, \cdots, Y_k, \cdots, Y_n$ 独立, 且有

$$Y_k \sim BE(k,1) \sim k y^{k-1} I\{0 \leqslant y \leqslant 1\}, \ k = 1, \cdots, n.$$

证明 由
$$\begin{cases} Y_1 = U_{(1)}/U_{(2)}, \\ \cdots\cdots\cdots\cdots \\ Y_{n-1} = U_{(n-1)}/U_{(n)}, \\ Y_n = U_{(n)}, \end{cases}$$
可得
$$\begin{cases} U_{(1)} = Y_1 Y_2 \cdots Y_n, \\ \cdots\cdots\cdots\cdots \\ U_{(n-1)} = Y_{n-1} Y_n, \\ U_{(n)} = Y_n. \end{cases}$$

所以变换的 Jacobi 行列式为

$$J = \frac{\partial(u_1, \cdots, u_n)}{\partial(y_1, \cdots, y_n)^{\mathrm{T}}} = \prod_{k=1}^{n} y_k^{k-1}.$$

由于 $(U_{(1)}, \cdots, U_{(n)})$ 的密度函数为

$$f(u_1, \cdots, u_n) = n! I\{0 \leqslant u_1 < u_2 < \cdots < u_n \leqslant 1\},$$

所以有

$$\begin{aligned} f(y_1, \cdots, y_n) &= f(u_1, \cdots, u_n) \cdot |J| \\ &= n! \prod_{k=1}^{n} y_k^{k-1} I\{0 < y_k < 1, \ k = 1, 2, \cdots, n\} \\ &= \prod_{k=1}^{n} k y_k^{k-1} I\{0 < y_k < 1\}. \end{aligned}$$

由此可知 $Y_1, \cdots, Y_n$ 独立, 且有 $Y_k \sim BE(k,1)$. ∎

1.6.3 指数分布的次序统计量

设 $X_1, \cdots, X_n$ 为 i.i.d. 样本, X_1 服从指数分布 $\mu + \Gamma(1/\sigma, 1)$, $\lambda = 1/\sigma$, 其密度函数和分布函数分别为

$$X_1 \sim f(x_1) = \frac{1}{\sigma} \mathrm{e}^{-\frac{x_1-\mu}{\sigma}} I\{x_1 \geqslant \mu\}, \ \ F(x_1) = \left(1 - \mathrm{e}^{-\frac{x_1-\mu}{\sigma}}\right) I\{x_1 \geqslant \mu\}. \quad (1.6.12)$$

为了推导与指数分布的次序统计量有关的分布, 首先导出其前 r 个次序统计量的分布. 记 $(X_{(1)}, \cdots, X_{(r)}) = (Y_1, \cdots, Y_r)$, $r \leqslant n$, 则应用公式 (1.6.8) 可得

$(Y_1, \cdots, Y_r)$ 的密度函数为

$$f(y_1, \cdots, y_r) = \frac{n!}{(n-r)!} \left[\prod_{i=1}^{r} f(y_i) \right] [1 - F(y_r)]^{n-r} I\{y_1 < \cdots < y_r\}$$

$$= \frac{n!}{(n-r)!} \left(\prod_{i=1}^{r} \frac{1}{\sigma} e^{-\frac{y_i - \mu}{\sigma}} I\{y_i \geqslant \mu\} \right) \left(e^{-\frac{y_r - \mu}{\sigma}} \right)^{n-r} \cdot$$

$$I\{y_r \geqslant \mu\} I\{y_1 < \cdots < y_r\}.$$

由于 $Y_i = X_{(i)}$ 为次序统计量, 因此有 $\prod_{i=1}^{r} I\{y_i \geqslant \mu\} = I\{y_1 \geqslant \mu\}$, 上式经过化简可得

$$f(y_1, \cdots, y_r) = \frac{n!}{(n-r)!} \frac{1}{\sigma^r} \exp\left\{ -\frac{1}{\sigma} \left[\sum_{i=1}^{r} y_i + (n-r)y_r - n\mu \right] \right\} \cdot$$

$$I\{y_1 \geqslant \mu\} I\{y_1 < \cdots < y_r\}. \tag{1.6.13}$$

注意, 由该式可知, Y_1 与 $T_{n,r} = \sum_{i=1}^{r} Y_i + (n-r)Y_r$ 是两个重要的统计量.

定理 1.6.3 设 $X_1, \cdots, X_n$ 为 i.i.d. 样本, X_1 服从由 (1.6.12) 式给定的指数分布. 令

$$S_1 = \sum_{i=1}^{r} [X_{(i)} - X_{(1)}] + (n-r)[X_{(r)} - X_{(1)}] = \sum_{i=1}^{r} X_{(i)} + (n-r)X_{(r)} - nX_{(1)}. \tag{1.6.14}$$

$$S = \sum_{i=1}^{n} [X_{(i)} - X_{(1)}] = \sum_{i=1}^{n} X_{(i)} - nX_{(1)} = \sum_{i=1}^{n} X_i - nX_{(1)}. \tag{1.6.15}$$

则 $X_{(1)}$ 与 S_1, S 独立, 且有

$$X_{(1)} \sim \mu + \Gamma\left(\frac{n}{\sigma}, \ 1 \right); \quad S_1 \sim \Gamma\left(\frac{1}{\sigma}, \ r-1 \right); \quad S \sim \Gamma\left(\frac{1}{\sigma}, \ n-1 \right). \tag{1.6.16}$$

特别, 若 $X_1 \sim \Gamma(1/\sigma, \ 1)$, 即 $\mu = 0$, 则 $X_{(1)} \sim \Gamma(n/\sigma, \ 1)$, (1.6.16) 式的其他结论都成立. 并且有

$$f(y_1, \cdots, y_r) = \frac{n!}{(n-r)!} \frac{1}{\sigma^r} \exp\left\{ -\frac{1}{\sigma} \left[\sum_{i=1}^{r} y_i + (n-r)y_r \right] \right\} \cdot$$

$$I\{y_1 \geqslant 0\} I\{y_1 < \cdots < y_r\}. \tag{1.6.17}$$

其中

$$T_{n,r} = \sum_{i=1}^{r} X_{(i)} + (n-r)X_{(r)} \sim \Gamma\left(\frac{1}{\sigma}, \ r \right). \tag{1.6.18}$$

证明 易见, 当 $r = n$ 时, $S_1 = S$, 因此只需证明 S_1 的有关结果即可. 根据 $Y_1, \cdots, Y_r$ 的分布 (1.6.13) 式, 可做变换

$$\begin{cases} Z_1 = nX_{(1)} = nY_1, \\ Z_2 = (n-1)[X_{(2)} - X_{(1)}] = (n-1)(Y_2 - Y_1), \\ \cdots\cdots\cdots\cdots \\ Z_r = (n-r+1)[X_{(r)} - X_{(r-1)}] = (n-r+1)(Y_r - Y_{r-1}) \end{cases}$$

$$\Longrightarrow \begin{cases} Y_1 = \dfrac{Z_1}{n}, \\ Y_2 = \dfrac{Z_1}{n} + \dfrac{Z_2}{n-1}, \\ \cdots\cdots\cdots\cdots \\ Y_r = \dfrac{Z_1}{n} + \dfrac{Z_2}{n-1} + \cdots + \dfrac{Z_r}{n-r+1}, \end{cases}$$

$$J = \frac{\partial(y_1, \cdots, y_r)}{\partial(z_1, \cdots, z_r)} = \frac{1}{n}\frac{1}{n-1}\cdots\frac{1}{n-r+1} = \frac{(n-r)!}{n!}.$$

根据以上变换关系式, 特别, 有

$$Z_1 + Z_2 + \cdots + Z_r = Y_1 + Y_2 + \cdots + Y_r + (n-r)Y_r = T_{n,r}, \tag{1.6.19}$$

$$Z_2 + \cdots + Z_r = Y_1 + \cdots + Y_r + (n-r)Y_r - nY_1 = T_{n,r} - nY_1 = S_1$$

(注意, 恒有 $Y_i = X_{(i)}$). 因此可得 $Z_1, Z_2, \cdots, Z_r$ 的分布

$$f(z_1, \cdots, z_r)$$
$$= |J|f(y_1, \cdots, y_r)$$
$$= \frac{(n-r)!}{n!}\frac{n!}{(n-r)!}\frac{1}{\sigma^r}\exp\left\{-\frac{1}{\sigma}\left[\sum_{i=1}^r y_i + (n-r)y_r - n\mu\right]\right\}\cdot$$
$$I\{y_1 \geqslant \mu\}I\{y_1 < \cdots < y_r\}$$
$$= \frac{1}{\sigma^r}\exp\left\{-\frac{1}{\sigma}(z_1 + z_2 + \cdots + z_r - n\mu)\right\}I\left\{\frac{z_1}{n} \geqslant \mu\right\}I\{z_i \geqslant 0, i = 2, \cdots, r\}$$
$$= \left[\frac{1}{\sigma}\exp\left\{-\frac{1}{\sigma}(z_1 - n\mu)\right\}I\{z_1 \geqslant n\mu\}\right]\left[\prod_{i=2}^r \frac{1}{\sigma}e^{-\frac{1}{\sigma}z_i}I\{z_i \geqslant 0\}\right].$$

这一表达式说明 $Z_1, Z_2, \cdots, Z_r$ 独立, 且有

$$Z_1 = nY_1 \sim n\mu + \Gamma\left(\frac{1}{\sigma}, 1\right) \Longrightarrow Y_1 = X_{(1)} \sim \mu + \Gamma\left(\frac{n}{\sigma}, 1\right). \tag{1.6.20}$$

同时有 $Z_2, \cdots, Z_r$ 独立同分布, $Z_2 \sim \Gamma(1/\sigma, 1)$, 因此

$$S_1 = Z_2 + \cdots + Z_r \sim \Gamma\left(\frac{1}{\sigma}, r-1\right).$$

当 $r = n$ 时有 $S \sim \Gamma(1/\sigma,\ n-1)$.

特别, 若 $X_1 \sim \Gamma(1/\sigma,\ 1)$, 即 $\mu = 0$, 则由 (1.6.20) 式可知 $X_{(1)} \sim \Gamma(n/\sigma,\ 1)$. 这时也有 $Z_1 \sim \Gamma(1/\sigma,\ 1)$, 与 $Z_2, \cdots, Z_r$ 独立同分布, 因此由 (1.6.19) 式可得 $T_{n,r} = \sum\limits_{i=1}^{r} X_{(i)} + (n-r)X_{(r)} = Z_1 + Z_2 + \cdots + Z_r \sim \Gamma(1/\sigma,\ r)$, 因此 (1.6.18) 式成立. ∎

注 在可靠性统计和生存分析等问题中, $S_1 = T_{n,r} - nX_{(1)}$, 其中 $T_{n,r} = \sum\limits_{i=1}^{r} X_{(i)} + (n-r)X_{(r)}$ 通常表示 "总寿命".

推论 $X_{(1)},\ X_{(2)} - X_{(1)},\ \cdots,\ X_{(n)} - X_{(n-1)}$ 相互独立, 并且 $X_{(i)}$ 与 $X_{(i+k)} - X_{(i)}$ 独立, 对任意的 $i,\ k$ 都成立.

证明 由以上变换可知 $Z_i = (n-i+1)[X_{(i)} - X_{(i-1)}]$, $i = 2, 3, \cdots, n$, $Z_1 = nX_{(1)}$, 由于 $Z_1, \cdots, Z_n$ 相互独立, 因此 $X_{(1)},\ X_{(2)} - X_{(1)},\ \cdots,\ X_{(n)} - X_{(n-1)}$ 相互独立. 记 $W_i = X_{(i)} - X_{(i-1)}$, $i = 2, 3, \cdots, n$, $W_1 = X_{(1)}$, 则 $W_1, \cdots, W_n$ 相互独立; 又因 $X_{(i)} = \sum\limits_{j=1}^{i} W_j$, $X_{(i+k)} - X_{(i)} = \sum\limits_{j=i+1}^{i+k} W_j$, 所以对任意的 $i,\ k$, $X_{(i)}$ 与 $X_{(i+k)} - X_{(i)}$ 独立. ∎

习题一

1. 设 x_p 为 $F(x)$ 的 p 分位数, 如定义 1.1.1 所述. 证明:

(1) $F(x') < p$ 的充要条件为 $x' < x_p$; $F(x') \geqslant p$ 的充要条件为 $x' \geqslant x_p$. 是否有 "$F(x') > p$ 的充要条件为 $x' > x_p$"?

(2) 若 $F(x' - 0) > p$, 则 $x' > x_p$.

2. 设随机变量 X 和 Y 的 p 分位数分别为 x_p 和 y_p, 证明:

(1) 若 X 服从 Pascal 分布 $PA(r, \theta)$, Y 服从负二项分布 $NB(r, \theta)$, 则 $x_p = y_p + r$;

(2) 若 X 服从极值分布 $EV(\lambda, \alpha)$, 则 $x_p = (1/\alpha)(\log \lambda - \log \log p^{-1})$.

★3. 设 α 分位函数定义为

$$\rho_\alpha(t) = (\alpha - I\{t < 0\})t = |t|[\alpha I\{t > 0\} + (1-\alpha)I\{t < 0\}],\ 0 < \alpha < 1,\ t \in \mathbf{R}.$$

(1) 设随机变量 X 的密度函数为 $f(x; \alpha, \theta) = \alpha(1-\alpha)\exp\{-\rho_\alpha(x - \theta)\}$, 证明: X 的 α 分位数为 θ;

(2) 设 Y 为连续型随机变量, $g(\mu) = \mathrm{E}[\rho_\alpha(Y - \mu)]$ 关于一切 μ 存在, 证明: 当 $\mu = y_\alpha$ 时 $g(\mu)$ 达到最小, 其中 y_α 为 Y 的 α 分位数.

4. 设 $T(X)$ 为随机变量 X 的可测函数, $\mathrm{E}[T(X) - \theta]^2$ 在 $\theta \in [a, b]$ 上存在, 令

$$S(x) = \begin{cases} a, & T(x) < a, \\ T(x), & a \leqslant T(x) \leqslant b, \\ b, & T(x) > b, \end{cases}$$

证明: $\mathrm{E}[S(X) - \theta]^2 \leqslant \mathrm{E}[T(X) - \theta]^2$.

5. 称随机变量 X 的分布关于某一点 ξ_0 对称, 若其密度函数 $f(x)$ 满足 $f(\xi_0 + x) = f(\xi_0 - x)$. 证明:

(1) X 的分布关于 ξ_0 对称的充要条件为 $X - \xi_0$ 的分布关于原点对称, X 的分布关于原点对称的充要条件为 X 与 $-X$ 同分布;

(2) $\mathrm{E}(X) = \xi_0$; $\mathrm{E}(X - \xi_0)^{2k-1} = 0$, 其中 k 为正整数;

(3) 设 $X_1, \cdots, X_n$ 为 i.i.d. 样本, X_1 服从某一对称分布, 则其样本均值 $\overline{X} = n^{-1} \sum_{i=1}^{n} X_i$ 与样本方差 $S^2 = (n-1)^{-1} \sum_{i=1}^{n} (X_i - \overline{X})^2$ 不相关, 即 $\mathrm{Cov}(\overline{X}, S^2) = 0$.

6. 设随机变量 X 的 r 阶累积量为 $\mathcal{K}_r$, 证明:

(1) 若 X, Y 独立, 则有 $\mathcal{K}_r(X + Y) = \mathcal{K}_r(X) + \mathcal{K}_r(Y)$;

(2) $\mathcal{K}_r(X + C) = \mathcal{K}_r(X)$, $r > 1$.

7. 设 ξ 为连续型正值随机变量, 其分布函数为 $F(t)$, $F'(t) = f(t)$, 记 $h(t) = f(t)/[1 - F(t)]$, 通常称 $h(t)$ 为危险率函数. 证明:

(1) $h(t)$ 表示 ξ 大于 t, 但不超过 $t + \Delta t$ 的相对概率或危险率:

$$h(t) = \lim_{\Delta t \to 0} \frac{P\{t < \xi \leqslant t + \Delta t | \xi > t\}}{\Delta t};$$

(2) 危险率函数 $h(t)$ 与密度函数 $f(t)$ 有以下一一对应的关系:

$$f(t) = h(t)\mathrm{e}^{-H(t)}, \qquad H(t) = \int_0^t h(x)\mathrm{d}x.$$

8. 设随机变量 X 服从 Poisson 分布 $P(\lambda)$, 并已知事件 $\{X = 0\}$ 不可能发生, 求此时 X 的分布 (截尾 Poisson 分布) 及其期望和方差.

9. (1) 设 T 的期望和方差分别为 1 和 τ, $(N|T = t)$ 服从 Poisson 分布 $P(\lambda t)$, 求 N 的期望与方差;

(2) 设 N 服从 Poisson 分布 $P(\lambda)$, $(X|N = n)$ 服从二项分布 $b(n, \theta)$, 证明: X 服从 Poisson 分布 $P(\lambda \theta)$.

10. 设 T 服从 Γ 分布 $\Gamma(\lambda, \nu)$, $(X|T = t)$ 服从 Poisson 分布 $P(t)$. 证明: X 服从负二项分布 $NB(\nu, \theta)$, 其中 $\theta = \lambda/(1 + \lambda)$; 而 $(T|X = x)$ 服从 Γ 分布 $\Gamma(\lambda + 1, x + \nu)$.

(提示: 用特征函数证 $X \sim NB(\nu, \theta)$.)

★11. 设 X 服从二项分布, $P(X = i) = b(i|n, \theta)$. 证明其分布函数 $F(i) = P(X \leqslant i)$ 与不完全 β 函数 (见 (1.2.1) 式) 有以下关系:

$$\sum_{j=i}^{n} b(j|n, \theta) = I_\theta(i, n - i + 1);$$

$$F(i) = 1 - I_\theta(i+1, n-i) = I_{1-\theta}(n-i, i+1).$$

(提示: 对第一式, 令左端 $=f_1(\theta)$, 右端 $=f_2(\theta)$, $f(\theta) = f_1(\theta) - f_2(\theta)$, 易得 $f'(\theta) = 0$, 从而 $f(\theta) = 0$; 第 12, 13 题的证明类似.)

★12. 若 X 服从负二项分布 $NB(r, \theta)$, 证明: 其分布函数 $F(i) = P(X \leqslant i)$ 可由不完全 β 函数表示为 $I_\theta(r, i+1)$.

★13. 设 X 服从 Poisson 分布 $P(\lambda)$, 证明: 其分布函数 $F(i) = P(X \leqslant i)$ 可由不完全 Γ 函数 $\Gamma(\lambda, i+1)$ 表示为

$$F(i) = \sum_{k=0}^{i} \mathrm{e}^{-\lambda} \frac{\lambda^k}{k!} = \frac{\int_\lambda^\infty \mathrm{e}^{-x} x^i \mathrm{d}x}{\Gamma(i+1)} \triangleq \Gamma(\lambda, i+1).$$

14. 设 X_i 服从 Poisson 分布 $X_i \sim P(\lambda_i)$, $i = 1, 2$ 且相互独立, 证明:

(1) 若 $x < \lambda$, 则密度函数 $p(x, \lambda) = P(X = x)$ 为 x 的增函数; 若 $x > \lambda$, 则为 x 的减函数;

(2) $X_1 + X_2 \sim P(\lambda_1 + \lambda_2)$;

(3) $(X_i | X_1 + X_2 = k)$ 服从二项分布 $b(k, \theta_i)$, 其中 $\theta_i = \lambda_i / (\lambda_1 + \lambda_2)$, $i = 1, 2$.

15. 证明: $\Gamma(\lambda, \nu)$ 及 $\chi^2(n)$ 均有可加性. 若 $X_i \sim \Gamma(\lambda, \nu_i)$ $(i = 1, \cdots, n)$ 且独立, 则 $\sum_{i=1}^{n} X_i \sim \Gamma(\lambda, \nu)$, 其中 $\nu = \sum_{i=1}^{n} \nu_i$. 特别, 指数分布也有可加性: 若 $X_1, \cdots, X_n$ 为 i.i.d. 样本, $X_1 \sim E(\lambda)$, 则有 $T = \sum_{i=1}^{n} X_i \sim \Gamma(\lambda, n)$; $2\lambda T \sim \chi^2(2n)$.

★16. 设 X 的分布函数为 $F(x)$, 令 $H(x, \gamma) = F(x-0) + \gamma\{F(x) - F(x-0)\}$, $0 < \gamma < 1$. 设 $U \sim R(0, 1)$, 且与 X 独立. 证明: $Y = H(X, U) \sim R(0, 1)$.

(提示: 可证 $P\{H(X, U) \leqslant p\} = p$, 且有 $H(x_p, \gamma_p) = p$, 其中 x_p 为 X 的 p 分位数, $\gamma_p = (p - F(x_p - 0))/(F(x_p) - F(x_p - 0))$; 而且 $H(x, \gamma)$ 为 x 的增函数.)

★17. 设 $\Phi(x)$ 为标准正态分布的分布函数, 证明:

(1) 若 $X \sim N(\mu, \sigma^2)$, 则 $\mathrm{E}[\Phi(X)] = \Phi\left(\dfrac{\mu}{\sqrt{1 + \sigma^2}}\right)$;

(提示: 把 $\mathrm{E}[\Phi(X)]$ 表示为二重积分; 或令 $I(\mu) = \mathrm{E}[\Phi(X)]$, 在积分号下对 μ 求导, 再对 μ 积分; (2) 和 (3) 类似.)

(2) 若 $X \sim [\chi^2(1)]^{1/2}$, 则 $\mathrm{E}[\Phi(X)] = 3/4$;

(3) 若 $X \sim N(0, 1)$, 则相关系数 $\rho(X, \Phi(X)) = \sqrt{3/\pi}$.

18. 设 $X_1, \cdots, X_n$ 为 i.i.d. 样本, 若 $X_1 \sim N(\mu, 1)$, 其样本均值 $\overline{X} = n^{-1} \sum_{i=1}^{n} X_i$, $\Phi(x)$ 为标准正态分布的分布函数. 求 α, 使 $\mathrm{E}[\Phi(\alpha \overline{X})] = \Phi(\mu)$.

19. 设 X_1, X_2, X_3 为 i.i.d. 样本, 且 $X_1 \sim E(\lambda)$.

(1) 令 $Y_1 = X_1 + X_2 + X_3$, $Y_2 = \dfrac{X_1}{X_1 + X_2}$, $Y_3 = \dfrac{X_1 + X_2}{X_1 + X_2 + X_3}$, 求 (Y_1, Y_2, Y_3) 的联合密度函数, 并判断 Y_1, Y_2, Y_3 是否独立;

(2) 令 $Z_1 = X_1 / Y_1$, $Z_2 = X_2 / Y_1$, 求 (Z_1, Z_2) 的联合密度函数.

20. (1) 设 $X \sim \Gamma(1, \alpha_1)$, $Y \sim \Gamma(1, \alpha_2)$, 且 X 与 Y 独立. 证明: $X + Y$ 与 X/Y 独立;

(2) 设 X_1, X_2 独立同分布, $X_1 \sim BE(n, 1)$, 令 $Y = X_{(1)}/X_{(2)}$, $Z = X_{(2)}$, 证明: Y 与 Z 独立.

★21. 设 $X_1, \cdots, X_m$ 独立, $X_i \sim \chi^2(n_i)$, $i = 1, \cdots, m$. 令

$$U_1 = \frac{X_1}{X_1 + X_2}, U_2 = \frac{X_1 + X_2}{X_1 + X_2 + X_3}, \cdots, U_{m-1} = \frac{X_1 + \cdots + X_{m-1}}{X_1 + \cdots + X_m}.$$

证明: $U_1, \cdots, U_{m-1}$ 相互独立, 且 $U_i \sim BE\left(\dfrac{n_1 + \cdots + n_i}{2}, \dfrac{n_{i+1}}{2}\right)$, $i = 1, \cdots, m-1$.

(提示: 令 $U_m = X_1 + \cdots + X_m$, 作变换 $X_1 = U_1 \cdots U_m$, $X_2 = U_2 \cdots U_m - U_1 \cdots U_m$, $\cdots$, $X_m = U_m - U_{m-1} U_m$.)

22. 设 $X_1, \cdots, X_4$ 为 i.i.d. 样本, 若 $X_1 \sim N(0, \sigma^2)$, 证明:

$$Z = \frac{X_1^2 + X_2^2}{X_1^2 + X_2^2 + X_3^2 + X_4^2} \sim R(0, 1).$$

23. 设 $X_1, \cdots, X_n$ 为 i.i.d. 样本.

(1) 设 X_1 服从 β 分布 $BE(\theta, 1)$, 证明: $T = -2\theta \sum\limits_{i=1}^{n} \log X_i \sim \chi^2(2n)$;

(2) 设 X_1 服从 Weibull 分布, 即 $f(x_1) = \alpha \lambda x_1^{\alpha - 1} \exp\{-\lambda x_1^{\alpha}\} I\{x_1 \geqslant 0\}$, 证明:

$$T = 2\lambda \sum_{i=1}^{n} X_i^{\alpha} \sim \chi^2(2n).$$

24. 设 $X_1, \cdots, X_n$ 为 i.i.d. 样本, X_1 服从 Pareto 分布 $PR(\alpha, \theta)$, 即 X_1 的密度函数为 $f(x_1) = \alpha \theta^{\alpha} x_1^{-(\alpha+1)} I\{x_1 \geqslant \theta\}$, 令 $T = \prod\limits_{i=1}^{n} X_i$, 证明:

(1) $2\alpha(\log T - n \log \theta) \sim \chi^2(2n)$;

(2) $X_{(1)} \sim PR(n\alpha, \theta)$.

25. (1) 若 X_1, X_2 独立同分布, 且 $X_1 \sim N(0, 1)$, 证明: $Y = \dfrac{X_1}{|X_2|} \sim CA(0, 1)$;

(2) 设 $X_1, \cdots, X_n$ 为 i.i.d. 样本, 且 $X_1 \sim CA(0, 1)$, 证明: $\overline{X} = \dfrac{1}{n} \sum\limits_{i=1}^{n} X_i$ 与 X_1 同分布.

★26. 设 $X_2 \sim N(\mu_2, V_2)$, $X_1 | X_2 \sim N(AX_2, B)$; 证明: $X_1 \sim N(A\mu_2, B + AV_2 A^{\mathrm{T}})$;

$$\begin{pmatrix} X_1 \\ X_2 \end{pmatrix} \sim N\left(\begin{pmatrix} A\mu_2 \\ \mu_2 \end{pmatrix}, \begin{pmatrix} B + AV_2 A^{\mathrm{T}} & AV_2 \\ V_2 A^{\mathrm{T}} & V_2 \end{pmatrix}\right).$$

(提示: 应用条件期望公式计算特征函数.)

27. 证明: 非中心 Γ 分布和非中心 χ^2 分布都有可加性, 即若 $X_i \sim \Gamma(\lambda, \nu_i; \delta_i)$ ($i = 1, \cdots, n$) 且独立, 则有 $\sum\limits_{i=1}^{n} X_i \sim \Gamma(\lambda, \nu; \delta)$. $\nu = \sum\limits_{i=1}^{n} \nu_i$, $\delta = \sum\limits_{i=1}^{n} \delta_i$.

28. 设 $X \sim N(\mu, 1)$, 求 X^2 的特征函数, 并证明它服从非中心 χ^2 分布 $X^2 \sim \chi^2(1, \delta)$, $\delta = \mu^2$. 若 $X_i \sim N(\mu_i, \sigma^2)$ ($i = 1, \cdots, n$) 且独立, 则 $\sum\limits_{i=1}^{n} X_i^2 / \sigma^2 \sim \chi^2(n, \delta)$, $\delta = \sum\limits_{i=1}^{n} \mu_i^2 / \sigma^2$.

29. 设 X 服从非中心 χ^2 分布 $\chi^2(n, \delta)$. 证明: 当 $n \to +\infty$ 时, $[X - (n+\delta)]/\sqrt{2(n+2\delta)}$ 的渐近分布为标准正态分布 $N(0, 1)$.

★30. 设 $X_1 \sim P(\lambda x)$, $X_2 \sim P(\delta/2)$, 二者都服从 Poisson 分布. 证明: $P(X_1 - X_2 \geqslant \nu) = \Gamma(x; \lambda, \nu, \delta)$ 为非中心 Γ 分布 $\Gamma(\lambda, \nu; \delta)$ 的分布函数.

(提示: 应用关于 X_2 的全概率公式及第 13 题的结果.)

★31. 设 $X \sim \chi^2(n)$, $Y = X/\delta$, $0 < \delta < 1$. 利用特征函数的展开证明: Y 可视为 (Y, J) 中 Y 的边缘分布, 其中 $J \sim NB(\delta, n/2)$, $Y|J \sim \chi^2(n + 2J)$.

32. 证明: (1) 设 X 服从负二项分布 $NB(r, \theta)$. 若 r 已知, θ 未知, 则为指数族; 若 r, θ 都未知, 则负二项分布不是指数族;

(2) 设 X 服从 Laplace 分布 $LA(\mu, \sigma)$, 若 μ, σ 都未知, 则 $LA(\mu, \sigma)$ 不是指数族; 若 μ 为常数, σ 未知, 则 $LA(\mu, \sigma)$ 为指数族.

33. 设 $X_1, \cdots, X_n$ 为 i.i.d. 样本, X_1 的密度函数 $f(x)$ 关于某一点 ξ_0 对称, 即 $f(\xi_0 + x) = f(\xi_0 - x)$. 设其第 i 个次序统计量的密度函数为 $g_{(i)}(y)$, 证明: $g_{(i)}(\xi_0 + y) = g_{(n-i+1)}(\xi_0 - y)$, 对任意的 y 及 $i = 1, \cdots, n$ 都成立.

34. 设 $X_1, \cdots, X_n$ 为 i.i.d. 样本, X_1 服从指数分布 $E(1)$. 证明: $Y = X_{(n)} - \log n$ 收敛到标准极值分布 $f(y) = \exp\{-e^{-y} - y\}$.

35. 设 $X_1^i, \cdots, X_n^i$ 为 i.i.d. 样本, $X_1^i \sim R(0, 1)$, $i = 1, \cdots, k$, 且各组间也独立. 设 $X_{(n)}^i = Y_{in}$ 为第 i 组的最大值, $V = \prod_{i=1}^{k} Y_{in}$. 证明: V 的密度函数为

$$g(v) = \frac{n^k}{\Gamma(k)} v^{n-1} (-\log v)^{k-1} I\{0 \leqslant v \leqslant 1\}.$$

(提示: 先求 $U = -\log V$ 的密度函数.)

★36. 设 $X_1, \cdots, X_n$ 为 i.i.d. 样本, 且 X_1 服从均匀分布 $R(0, 1)$.

(1) 证明: $\left(\dfrac{X_{(1)}}{X_{(r+1)}}, \cdots, \dfrac{X_{(r)}}{X_{(r+1)}} \right)$ 与 $(X_{(r+1)}, \cdots, X_{(n)})$ 独立, $r = 1, \cdots, n-1$;

(2) 利用 (1) 来证明 $X_{(n)}, \dfrac{X_{(n)}}{X_{(n-1)}}, \dfrac{X_{(n-1)}}{X_{(n-2)}}, \cdots, \dfrac{X_{(2)}}{X_{(1)}}$ 独立. (提示: 在 (1) 中求联合分布.)

37. 设 $X_1, \cdots, X_n$ 为 i.i.d. 样本, 且 X_1 服从 (σ, μ) 上的均匀分布, $-\infty < \sigma < \mu < +\infty$. 证明: $X_{(1)}|X_{(n)} = x$ 与 $Y_{(1)}$ 同分布, 其中 $X_{(1)}, \cdots, X_{(n)}$ 是 $X_1, \cdots, X_n$ 的次序统计量; $Y_1, \cdots, Y_{n-1}$ 为 i.i.d. 样本, 且 Y_1 服从 (σ, x) 上的均匀分布; $Y_{(1)}, \cdots, Y_{(n-1)}$ 是 $Y_1, \cdots, Y_{n-1}$ 的次序统计量.

38. 设 $X_1, \cdots, X_n$ 为 i.i.d. 样本, 且 $X_1 \sim \mu + \Gamma(1/\sigma, 1)$.

(1) 证明: $e^{-X_1/\sigma} \sim R(0, e^{-\mu/\sigma})$;

(2) 求 $\dfrac{X_{(1)} - \mu}{S}$ 的分布, 其中 $X_{(1)}$ 为次序统计量中最小的, $S = \sum_{i=1}^{n} X_{(i)} - nX_{(1)}$.

第二章
充分统计量与样本信息

　　统计推断都是从样本出发, 推断总体的性质 (如参数估计、假设检验等), 且经常可以归结为参数模型, 如正态分布 $N(\mu, \sigma^2)$, Poisson 分布 $P(\lambda)$ 等. 一种常见的情况是: 假设样本 $X = (X_1, \cdots, X_n)^{\mathrm{T}}$ 的分量独立同分布, 且 $X_1 \sim f(x_1, \theta)$, 并以此样本来推断参数 θ 的性质, 从而了解总体的性质. 在具体的推断过程中, 都是通过统计量 $T = T(X_1, \cdots, X_n) = (T_1(X), \cdots, T_k(X))^{\mathrm{T}}$; $k \leqslant n$ 来进行的. 通俗地讲, 统计量 $T = T(X)$ 是对样本 X 的一个 "加工" 或压缩 (其维数由 n 降为 k), 其目的是为了 "去粗取精", 使之形式更加简单, 使用更加方便. 例如, 样本均值与样本方差 $\overline{X} = n^{-1} \sum\limits_{i=1}^{n} X_i = T_1$, $S^2 = n^{-1} \sum\limits_{i=1}^{n} (X_i - \overline{X})^2 = T_2$, $T = (T_1, T_2)$; 这是经常用到的统计量, 是一个 2 维向量, 而通常样本容量 n 要大得多. 自然要问, 通过压缩或降维以后的统计量 $T(X)$ 来推断总体与通过原有样本 X 来推断总体, 其效果是否一样? 即是否会损失有用的信息? 如果效果一样, 信息未受到任何损失, 则该统计量就称为充分统计量. 充分统计量是 Fisher 于 1922 年提出来的, 这是统计学中非常重要的基本概念之一, 因为它不损失信息地把 n 维样本简化为 k 维统计量 (通常 k 比 n 小很多), 在此基础上进行统计推断要简单方便得多. 因此, 今后各章介绍的统计推断方法都是从充分统计量出发的. 本章主要介绍这方面的内容, 2.1 节介绍充分统计量的定义及其判别法, 即因子分解定理; 同时还介绍极小充分统计量及其判别法; 2.2 节介绍与充分统计量有密切关系的完备性以及完备充分统计量的重要性质; 2.3 节介绍分布族的信息函数的定义与性质, 这也是与充分统计量有密切关系的基本概念, 充分统计量就意味着从原有样本转换为该统计量没有任何信息损失. 有关本章内容, 可参见陈希孺 (1981, 2009), 茆诗松等 (2007), Lehmann (1986), Zacks (1981) 等.

2.1 充分统计量

2.1.1 充分统计量的定义

下面首先介绍统计量, 然后再介绍充分统计量.

给定样本 $X_1, \cdots, X_n$, 记为 $X = (X_1, \cdots, X_n)^{\mathrm{T}} \in \mathbf{R}^n$, X 的观测值为 $x = (x_1, \cdots, x_n)^{\mathrm{T}} \in \mathbf{R}^n$. X 为随机向量, 通常表示为 $X \sim (\mathcal{X}, \mathcal{B}_X, P_\theta^X)$; $\theta \in \Theta$. 其中 $\mathcal{X}$ 为样本空间; Θ 为参数空间; P_θ^X 为 Borel 域 $\mathcal{B}_X$ 上的概率测度: 对 $A \in \mathcal{B}_X$, 则 $P_\theta^X(A)$ 表示事件 A 发生的概率. 样本 X 的分布函数和密度函数记为 $F(x, \theta)$ 和 $f(x, \theta)$, 因而样本分布也常记为 $X \sim F(x, \theta)$; $\theta \in \Theta$ 或 $X \sim f(x, \theta)$; $\theta \in \Theta$. 若把 $f(x, \theta)$ 看成参数 θ 的函数, 则称其为 X 关于参数 θ 的似然函数.

今考虑样本 $X = (X_1, \cdots, X_n)^{\mathrm{T}}$ 的函数 $T = T(X) = (T_1(X), \cdots, T_k(X))^{\mathrm{T}} \in \mathbf{R}^k$, $k \leqslant n$, 其观测值为 $t = T(x)$, 可设 $x \in \mathcal{X}$ 时, $T(x) = t \in \mathcal{T}$. 与 X 类似, 随机向量 $T = T(X)$ 也可表示为 $T \sim (\mathcal{T}, \mathcal{B}_T, P_\theta^{\mathrm{T}})$, $\theta \in \Theta$, 其中 $\mathcal{B}_T$ 为 $\mathcal{T}$ 上的 Borel 域, P_θ^{T} 的定义如下:

定义 2.1.1 $T = T(X)$ 称为 X 的一个**统计量**. 若 $t = T(x)$ 为 $\mathcal{X} \to \mathcal{T}$ 上的可测函数, 即若 $B \in \mathcal{B}_T$, 必有 $T^{-1}(B) \in \mathcal{B}_X$. $T = T(X)$ 的导出测度 $P_\theta^{\mathrm{T}}(\cdot)$ 定义为 $P_\theta^{\mathrm{T}}(B) \triangleq P_\theta^X(T^{-1}(B))$.

以上导出测度 $P_\theta^{\mathrm{T}}(\cdot)$ 的定义可等价地表示为

$$\int_B \mathrm{d}P_\theta^T(t) \triangleq \int_{T^{-1}(B)} \mathrm{d}P_\theta^X(x); \quad \text{或} \quad \int_{\mathcal{T}} I_B(t)\mathrm{d}P_\theta^T(t) = \int_{\mathcal{X}} I_{T^{-1}(B)}(x)\mathrm{d}P_\theta^X(x),$$

$$(2.1.1)$$

其中 $I_B(t)$ 和 $I_{T^{-1}(B)}(x)$ 为示性函数; 易见上式对示性函数的线性组合, 即简单函数也成立:

$$\int_{\mathcal{T}} \sum_{i=1}^n a_i I_{B_i}(t)\mathrm{d}P_\theta^T(t) = \int_{\mathcal{X}} \sum_{i=1}^n a_i I_{T^{-1}(B_i)}(x)\mathrm{d}P_\theta^X(x)$$

由于可测函数可表示为简单函数的极限, 因此在一定条件下对可测函数 $m(t)$ 有

$$\int_{\mathcal{T}} m(t)\mathrm{d}P_\theta^T(t) = \int_{\mathcal{X}} m(T(x))\mathrm{d}P_\theta^X(x); \quad \int_{\mathcal{B}} m(t)\mathrm{d}P_\theta^T(t) = \int_{T^{-1}(B)} m(T(x))\mathrm{d}P_\theta^X(x),$$

$$(2.1.2)$$

下面介绍充分统计量的定义. 首先从直观上了解其含意. 给定样本 $X = (X_1, \cdots, X_n)^{\mathrm{T}}$ 和统计量 $T = T(X) = (T_1(X), \cdots, T_k(X))^{\mathrm{T}}$, 统计量 $T = T(X)$

是对样本 X 的一个加工或压缩. 通俗地讲, X 所包含关于参数 θ 的信息 $=$ $T(X)$ 包含关于参数 θ 的信息 $+$ $T(X)$ 已知后 X 还包含关于参数 θ 的信息. 若 $T = T(X)$ 为充分统计量, 则后者应当为零, 即 $T(X)$ 已知后, X 不再包含关于 θ 的信息. 严格来讲, 就是 $T(X)$ 已知后, X 的条件分布不再与 θ 有关. 因此可引出以下定义.

定义 2.1.2 给定 $X \sim (\mathcal{X}, \mathcal{B}_X, P_\theta^X), \theta \in \Theta, T = T(X)$ 称为**充分统计量**, 若条件概率 $P_\theta^X(A|T(X) = t) \triangleq P_\theta^X(A|t)$ 与 θ 无关, 即条件分布 $F(x|t; \theta)$ 或条件密度 $f(x|t; \theta)$ 与 θ 无关.

易见, 若 $P_\theta^X(A|t)$ 与 θ 无关, 则 $T(X)$ 已知后, $X|T$ 不再包含关于 θ 的信息, 因而 $T = T(X)$ 包含了与 X 一样多的关于参数 θ 的信息. 反之, 若 $f(x|t; \theta)$ 与 θ 有关, 则 $\int f(x|t; \theta) \mathrm{d}\mu(x) = 1$ 就是关于 θ 的一个约束条件, 一个关于 θ 的信息.

易见, X 本身即为充分统计量, 因此充分统计量必然存在. 判别与导出充分统计量的方法通常有两种: 一是直接根据定义判别 $X|T$ 的条件分布是否与参数 θ 无关; 二是应用下面即将证明的因子分解定理. 本小节简要介绍直接判别法, 下一小节专门介绍因子分解定理, 它在统计学中有极其广泛的应用.

以下引理给出了 $X|T$ 的条件分布的一个比较简明的表达式, 应用时比较方便. 为了明确起见, 今记 X 和 $T(X)$ 的密度函数为 $X = (X_1, \cdots, X_n)^{\mathrm{T}} \sim f(x_1, \cdots, x_n; \theta) = f(x; \theta); T = T(X) = (T_1(X), \cdots, T_k(X))^{\mathrm{T}} \sim f(t_1, \cdots, t_k; \theta) = f(t; \theta)$. 其联合分布记为 $(X, T(X)) = (X_1, \cdots, X_n; T_1, \cdots, T_k)^{\mathrm{T}} \sim f(x_1, \cdots, x_n, t_1, \cdots, t_k; \theta) = f(x, t; \theta)$; 条件分布记为

$$(X|T(X) = t) \sim f(x_1, \cdots, x_n|t_1, \cdots, t_k; \theta) = f(x|t; \theta).$$

引理 2.1.1 给定 $X \sim f(x, \theta), T = T(X)$, 则 X 和 $T(X)$ 的联合分布以及条件分布可表示为

$$f(x_1, \cdots, x_n, t_1, \cdots, t_k; \theta) = f(x_1, \cdots, x_n; \theta) I\{x : T(x) = t\}; \tag{2.1.3}$$

$$f(x_1, \cdots, x_n|t; \theta) = \frac{f(x_1, \cdots, x_n; \theta) I\{x : T(x) = t\}}{f(t_1, \cdots, t_k; \theta)}. \tag{2.1.4}$$

证明 记 (X, T) 的取值为 $(X, T) = (x, t) = (x_1, \cdots, x_n, t_1, \cdots, t_k)$, 由于

$$f(x_1, \cdots, x_n, t_1, \cdots, t_k; \theta) = f(x_1, \cdots, x_n; \theta) f(t_1, \cdots, t_k|x_1, \cdots, x_n; \theta),$$

即 $f(x, t; \theta) = f(x; \theta) f(t|x; \theta)$. 而 $f(t|x; \theta)$ 为退化分布, 即当 $X = x$ 时, $T(X)|X = x$ 退化; 这是因为当 $X_1 = x_1, \cdots, X_n = x_n$ 给定时, 则有 $T(x_1, \cdots, x_n) = t$, 因而

$T(\cdot)|X$ 就确定了; 即 $P\{T(X) = t|X = x\} = 1$, $P\{T(X) \neq t|X = x\} = 0$; 或

$$f(t|x_1,\cdots,x_n;\theta) = \begin{cases} 1, & T(x) = t, \\ 0, & T(x) \neq t \end{cases} = I\{x : T(x) = t\}.$$

因而 $f(x,t;\theta) = f(x;\theta)I\{x : T(x) = t\}$; 此即 (2.1.3) 式. 由 (2.1.3) 式即可得 (2.1.4) 式. ∎

以下举两个例子, 说明判别充分统计量的直接方法.

例 2.1.1   设 $X_1,\cdots,X_n$ 为 i.i.d. 样本, $X_1 \sim$ Poisson 分布 $P(\lambda)$, $T = \sum\limits_{i=1}^{n} X_i$, 则

(1) T 为充分统计量;

(2) 若 $n = 2$, 则 $X_1 + 2X_2$ 不是充分统计量.

证明   (1) $X_i \sim \mathrm{e}^{-\lambda}\lambda^{x_i}/x_i!$, 由 Poisson 分布的可加性, $T \sim \mathrm{e}^{-n\lambda}(n\lambda)^t/t!$. 由 (2.1.4) 式可得

$$
\begin{aligned}
f(x|t;\theta) &= \frac{\prod\limits_{i=1}^{n}\left[\dfrac{\lambda^{x_i}}{x_i!}\mathrm{e}^{-\lambda}\right] I\left\{x : \sum\limits_{i=1}^{n} x_i = t\right\}}{\dfrac{(n\lambda)^t}{t!}\mathrm{e}^{-n\lambda}} \\
&= \frac{\mathrm{e}^{-n\lambda}\lambda^{\sum\limits_{i=1}^{n} x_i} I\left\{x : \sum\limits_{i=1}^{n} x_i = t\right\}}{\prod\limits_{i=1}^{n} x_i!} \cdot \frac{1}{\mathrm{e}^{-n\lambda}\dfrac{(n\lambda)^t}{t!}} = \frac{t! I\left\{x : \sum\limits_{i=1}^{n} x_i = t\right\}}{n^t \prod\limits_{i=1}^{n} x_i!}.
\end{aligned}
$$

该式与参数 λ 无关, 因此 T 为充分统计量.

(2) 为证 $X_1 + 2X_2$ 不是充分统计量, 只需举一反例, 说明条件概率与 λ 有关即可.

$$
\begin{aligned}
&P(X_1 = 0, X_2 = 1|X_1 + 2X_2 = 2) \\
&= \frac{P(X_1 = 0, X_2 = 1;\ X_1 + 2X_2 = 2)}{P(X_1 = 0, X_2 = 1) + P(X_1 = 2, X_2 = 0)} \\
&= \left(1 + \frac{\lambda}{2}\right)^{-1}.
\end{aligned}
$$

该式与参数 λ 有关, 所以 $X_1 + 2X_2$ 不是充分统计量. ∎

例 2.1.2   设 $X_1,\cdots,X_n$ 为 i.i.d. 样本, $X_1 \sim$ 均匀分布 $R(0,\theta)$, 则 $T = X_{(n)}$ 为充分统计量.

证明 仍然应用 (2.1.4) 式. 由假设可知:

$$f(x,\theta) = \prod_{i=1}^{n}\left[\frac{1}{\theta}I\{0 \leqslant x_i \leqslant \theta\}\right] = \frac{1}{\theta^n}I\{0 \leqslant x_{(n)} \leqslant \theta\}I\{x_{(1)} \geqslant 0\}.$$

当 $T = X_{(n)}$ 时, $X_{(n)}/\theta \sim BE(n,1)$, 因此

$$T \sim f(t,\theta) = n\left(\frac{t}{\theta}\right)^{n-1}\frac{1}{\theta}I\{0 \leqslant t \leqslant \theta\} = n\frac{t^{n-1}}{\theta^n}I\{0 \leqslant t \leqslant \theta\}.$$

以上两式代入 (2.1.4) 式可得

$$
\begin{aligned}
f(x|t;\theta) &= \frac{f(x;\theta)I\{x : T(x) = t\}}{f(t;\theta)} \\
&= \frac{\theta^{-n}I\{0 \leqslant x_{(n)} \leqslant \theta\}I\{x_{(1)} \geqslant 0\}I\{x : x_{(n)} = t\}}{n\theta^{-n}t^{n-1}I\{0 \leqslant t \leqslant \theta\}} \\
&= \frac{1}{n}\frac{1}{t^{n-1}}I\{x_{(1)} \geqslant 0\}I\{x : x_{(n)} = t\}.
\end{aligned}
$$

该式与参数 θ 无关, 因此 $T = X_{(n)}$ 为充分统计量. ∎

2.1.2 因子分解定理

因子分解定理可简单方便地求出充分统计量, 用途极广. 其严格证明比较复杂, 可参见陈希孺 (1981). 以下的推导和证明是一种比较简单的情况.

设统计量 $T = T(X) = (T_1(X),\cdots,T_k(X))^{\mathrm{T}}, k < n$, 今补充一个辅助统计量 $W = W(X) = (W_{k+1}(X),\cdots,W_n(X))^{\mathrm{T}}$ 使 $X \longleftrightarrow Z = (T,W)$ 为一一对应 (W 显然不唯一). 例如, 若 $T = \overline{X}$, 可取 $W = (X_2,\cdots,X_n)$, $Z = (\overline{X}, X_2,\cdots,X_n)^{\mathrm{T}}$; 则显然 X 与 $Z = (T,W)$ 一一对应. 假设 X 与 $Z = (T,W)$ 之间变换的 Jacobi 行列式不等于零, 即 $\left|\dfrac{\partial X}{\partial Z}\right| = \left|\dfrac{\partial(x_1,\cdots,x_n)}{\partial(t_1,\cdots,t_k,w_{k+1},\cdots,w_n)}\right| \neq 0$, 记 $(T(X),W(X)) = Z(X) \longleftrightarrow X = X(Z) = X(T,W)$. 变量之间的函数关系记为 $z = Z(x) = (T(x),W(x))$; $x = X(z) = X(t,w)$. 由此可得到 X 和 Z 的密度函数之间的关系, 记 $X \sim f(x;\theta)$, $Z = (T,W) \sim p(t,w;\theta)$, 则有

$$f(x;\theta) = p(T(x),W(x);\theta)\left|\frac{\partial(t,w)}{\partial x}\right|; \tag{2.1.5}$$

$$p(t,w;\theta) = f(X(t,w);\theta)\left|\frac{\partial x}{\partial(t,w)}\right|. \tag{2.1.6}$$

下面把辅助统计量 $W = W(X)$ 应用于充分统计量的研究. 直观上来看, T 为充分统计量, 即 $X|T$ 的分布与 θ 无关. 而 $X|T$ 的分布与 θ 无关应等价于 $Z|T$ 的分布与 θ 无关, 即 $(T,W)|T$ 的分布与 θ 无关, 也等价于 $W|T$ 的分布与 θ 无关. 因此有以下引理:

引理 2.1.2　在上述条件下, $T(X)$ 为充分统计量的充要条件是 $p(w|t;\theta)$ 与 θ 无关.

证明　由 (2.1.4) 和 (2.1.5) 式可得

$$
\begin{aligned}
f(x|t;\theta) &= \frac{f(x;\theta)I\{x:T(x)=t\}}{f(t;\theta)} \\
&= \frac{p(T(x),W(x);\theta)I\{x:T(x)=t\}}{f(T(x);\theta)}\left|\frac{\partial(t,w)}{\partial x}\right| \\
&= p(W(x)|T(x);\theta)I\{x:T(x)=t\}|\partial(t,w)/\partial x|.
\end{aligned}
$$

因而 $f(x|t;\theta)$ 与 θ 无关的充要条件是 $p(W(x)|T(x);\theta)$ 与 θ 无关, 即 $p(w|t;\theta)$ 与 θ 无关. ▌

定理 2.1.1 (因子分解定理)　$T=T(X)$ 为充分统计量的充要条件是 $f(x;\theta)$ 可分解为

$$f(x;\theta)=h(x)g(T(x);\theta), \tag{2.1.7}$$

其中 $h(x)$ 和 $g(t;\theta)$ 都是非负可测函数. 特别, 若 $T=T(X)$ 为充分统计量, 则上式 $g(t;\theta)$ 可取为 T 的密度函数, 但反之不需要.

证明　为应用引理 2.1.2, 取 W 使 $Z=(T,W)$ 与 X 一一对应, 并设 $Z=(T,W)\sim p(t,w;\theta)$.

必要性. 若 $T(X)$ 为充分统计量, 要证 (2.1.7) 成立. 由 (2.1.5) 式可得

$$
\begin{aligned}
f(x;\theta) &= p(T(x),W(x);\theta)\left|\frac{\partial(t,w)}{\partial x}\right| \\
&= p(T(x);\theta)p(W(x)|T(x);\theta)\left|\frac{\partial(t,w)}{\partial x}\right| \\
&= g(T(x);\theta)h(x),
\end{aligned}
$$

其中 $g(T(x);\theta)=p(T(x);\theta)$ 为 $T=T(x)$ 的密度函数,

$$h(x)=p(W(x)|T(x);\theta)\left|\frac{\partial(t,w)}{\partial x}\right|.$$

由于 $T(X)$ 为充分统计量, 由引理 2.1.2 可知, $p(W(x)|T(x);\theta)$ 与 θ 无关, 因此 $h(x)$ 与 θ 无关, (2.1.7) 成立.

充分性. 若 $f(x;\theta)=g(T(x);\theta)h(x)$, $g(t;\theta)$ 不一定为 $T(X)$ 的密度函数, 要证 $T(X)$ 为充分统计量. 由引理 2.1.2, 只需证明 $p(w|t;\theta)$ 与 θ 无关即可. 由 (2.1.6) 式和 (2.1.7) 式可得

$$p(t,w;\theta)=f(x;\theta)\left|\frac{\partial x}{\partial(t,w)}\right|=g(T(x);\theta)h(x)|J|,$$

其中 $|J| = |\partial x / \partial (t, w)|$, 因此条件密度 $p(w|t;\theta)$ 可表示为

$$
\begin{aligned}
p(w|t;\theta) &= \frac{p(t,w;\theta)}{\displaystyle\int p(t,w;\theta)\mathrm{d}w} \\
&= \frac{g(t;\theta)h(X(t,w))|J|}{\displaystyle\int g(t;\theta)h(X(t,w))|J|\mathrm{d}w} \\
&= \frac{h(X(t,w))|J|}{\displaystyle\int h(X(t,w))|J|\mathrm{d}w}.
\end{aligned}
$$

该式与 θ 无关, 由引理 2.1.2 知 $T = T(X)$ 为充分统计量. ∎

(2.1.7) 式表示: 若 $T(X)$ 为充分统计量, 则 X 的分布 $f(x;\theta)$ 仅通过 $T(X)$ 的分布依赖于 θ.

推论 (1) X 本身为充分统计量.

(2) 若 $T(X)$ 为充分统计量, 并且为统计量 $S(X)$ 的可测函数, 即 $T(X) = \varphi(S(X))$, 则 $S(X)$ 为充分统计量.

注意, 充分统计量的可测函数不一定是充分统计量. 例如, X 为充分统计量, 但其可测函数显然不一定是充分统计量.

因子分解定理是判别与推导充分统计量的有力工具, 有非常广泛的应用. 下面举例予以说明.

例 2.1.3 设 $X_1, \cdots, X_n$ 为 i.i.d. 样本, $X_1 \sim b(1,\theta)$ 或 $X_1 \sim P(\lambda)$, 求充分统计量.

解 对二项分布, $X = (X_1, \cdots, X_n)^{\mathrm{T}}$ 的密度函数为

$$
\begin{aligned}
f(x,\theta) &= \prod_{i=1}^{n} \theta^{x_i}(1-\theta)^{1-x_i} \\
&= \theta^{\sum\limits_{i=1}^{n} x_i}(1-\theta)^{n-\sum\limits_{i=1}^{n} x_i} \\
&= g(T(x),\theta)\cdot 1.
\end{aligned}
$$

因此 $T = \sum\limits_{i=1}^{n} X_i$ 为充分统计量. Poisson 分布类似, $T = \sum\limits_{i=1}^{n} X_i$ 也是充分统计量.

例 2.1.4 设 $X_1, \cdots, X_n$ 为 i.i.d. 样本, $X_1 \sim f(x_1, \theta)$, 则 $X_{(1)}, \cdots, X_{(n)}$ 为充分统计量.

解 $X = (X_1, \cdots, X_n)^{\mathrm{T}}$ 的密度函数为

$$f(x_1, \cdots, x_n; \theta) = \prod_{i=1}^{n} f(x_i; \theta) = \prod_{i=1}^{n} f(x_{(i)}; \theta)$$
$$= g(x_{(1)}, \cdots, x_{(n)}; \theta) \cdot 1.$$

由因子分解定理, $X_{(1)}, \cdots, X_{(n)}$ 为充分统计量.

例 2.1.5   设 $X_1, \cdots, X_n$ 为 i.i.d. 样本, $X_1 \sim N(\mu, \sigma^2)$, 求充分统计量.

解 $X = (X_1, \cdots, X_n)^{\mathrm{T}}$ 的密度函数为

$$f(x, \theta) = \left(\frac{1}{\sqrt{2\pi}\sigma} \right)^n \exp \left\{ -\frac{1}{2\sigma^2} \left[\sum_{i=1}^{n} x_i^2 - 2\mu \sum_{i=1}^{n} x_i + n\mu^2 \right] \right\}.$$

(1) 若 σ 已知, 则 $T = \sum\limits_{i=1}^{n} X_i$ 或 $\overline{X}$ 为充分统计量;

(2) 若 σ 未知 (μ 已知或未知都一样), 则 $T = \left(\sum\limits_{i=1}^{n} X_i, \sum\limits_{i=1}^{n} X_i^2 \right)$ 为充分统计量. 或等价地 (根据推论), 可取 $T_1 = (\overline{X}, S^2)$ 为充分统计量, 其中 $\overline{X} = n^{-1} \sum\limits_{i=1}^{n} X_i, S^2 = n^{-1} \sum\limits_{i=1}^{n} (X_i - \overline{X})^2$.

例 2.1.6   设 $X_1, \cdots, X_n$ 为 i.i.d. 样本, $X_1 \sim R(\theta_1, \theta_2)$, 求充分统计量.

解 $X = (X_1, \cdots, X_n)^{\mathrm{T}}$ 的密度函数为

$$f(x, \theta_1, \theta_2) = \prod_{i=1}^{n} \frac{1}{\theta_2 - \theta_1} I\{\theta_1 \leqslant x_i \leqslant \theta_2\}$$
$$= \frac{1}{(\theta_2 - \theta_1)^n} I\{\theta_1 \leqslant x_{(1)} \leqslant x_{(n)} \leqslant \theta_2\}$$
$$= \frac{1}{(\theta_2 - \theta_1)^n} I\{\theta_1 \leqslant x_{(1)}\} I\{x_{(n)} \leqslant \theta_2\}. \tag{2.1.8}$$

因此 $T = (X_{(1)}, X_{(n)})$ 为充分统计量. 若 θ_1 已知, 则 $X_{(n)}$ 为充分统计量; 特别 对 $X_1 \sim R(0, \theta)$, $X_{(n)}$ 为充分统计量; 若 θ_2 已知, 则 $X_{(1)}$ 为充分统计量.

例 2.1.7   设 $X_1, \cdots, X_n$ 为 i.i.d. 样本, (1) $X_1 \sim \mu + E(1)$; (2) $X_1 \sim \mu + E(\lambda)$, 求充分统计量.

解   (1) 对 $X_1 \sim \mu + E(1)$, $X = (X_1, \cdots, X_n)^{\mathrm{T}}$ 的密度函数为

$$f(x; \mu) = \prod_{i=1}^{n} \mathrm{e}^{-(x_i - \mu)} I\{x_i \geqslant \mu\}$$
$$= \mathrm{e}^{-n\overline{x}} \mathrm{e}^{n\mu} I\{x_{(1)} \geqslant \mu\} = h(x) g(x_{(1)}, \mu).$$

注意, 此处用到了 $\prod\limits_{i=1}^{n} I\{x_i \geqslant \mu\} = I\{x_{(1)} \geqslant \mu\}$. 因此 $T = X_{(1)}$ 为充分统计量.

(2) 对 $X_1 \sim \mu + E(\lambda)$, $X = (X_1, \cdots, X_n)^{\mathrm{T}}$ 的密度函数为

$$f(x; \lambda, \mu) = \prod_{i=1}^{n} \lambda e^{-\lambda(x_i-\mu)} I\{x_i \geqslant \mu\} = \lambda^n e^{-\lambda n \overline{x}} e^{n\lambda\mu} I\{x_{(1)} \geqslant \mu\}. \qquad (2.1.9)$$

该式仅包含 $x_{(1)}, \overline{x}$, 因此 $T_1 = (X_{(1)}, \overline{X})$ 为充分统计量. 或等价地 (根据推论), 可取 $T_1' = (X_{(1)}, \sum\limits_{i=1}^{n} X_i)$ 或 $T = (X_{(1)}, S)$, $S = \sum\limits_{i=1}^{n}(X_i - X_{(1)}) = \sum\limits_{i=1}^{n} X_i - nX_{(1)}$ 为充分统计量, 因为 T_1, T_1', T 都是一一对应的, 互为函数.

注意, 对于指数分布 $X_1 \sim \mu + E(\lambda)$, $T = (X_{(1)}, S)$ 为最常用的充分统计量. 由定理 1.6.2 可知, $X_{(1)} \sim \mu + \Gamma(n\lambda, 1)$, $S \sim \Gamma(\lambda, n-1)$ 且相互独立.

例 2.1.8 截尾指数分布. 设 $X_1, \cdots, X_n$ 为 i.i.d. 样本, $X_1 \sim \mu + \Gamma(\lambda, 1)$; 只观察到前 r 个统计量 $(X_{(1)}, \cdots, X_{(r)}) = (Y_1, \cdots, Y_r)$, 求充分统计量.

解 $(Y_1, \cdots, Y_r)$ 的联合分布在第一章已经求出, 由 (1.6.13) 式可得

$$f(y_1, \cdots, y_r) = \frac{n!}{(n-r)!} \lambda^r \exp\left\{-\lambda\left[\sum_{i=1}^{r} y_i + (n-r)y_r - n\mu\right]\right\} I\{y_1 \geqslant \mu\}.$$

因此 $T_1 = (X_{(1)}, T_{n,r})$ 为充分统计量, 其中 $T_{n,r} = \sum\limits_{i=1}^{r} X_{(i)} + (n-r)X_{(r)}$. 应用上经常取其等价形式 $T = (X_{(1)}, S_1)$, 其中 $S_1 = T_{n,r} - nX_{(1)}$. 显然 T_1 与 T 一一对应.

注意, 由定理 1.6.2 可知, $X_{(1)}$ 与 S_1 独立, 且有 $X_{(1)} \sim \mu + \Gamma(n\lambda, 1)$, $S_1 \sim \Gamma(\lambda, r-1)$.

例 2.1.9 设 $X_1, \cdots, X_n$ 为 i.i.d. 样本, (1) Γ 分布: $X_1 \sim \Gamma(\lambda, p)$; (2) β 分布: $X_1 \sim BE(p, q)$, 求充分统计量.

解 (1) $X = (X_1, \cdots, X_n)^{\mathrm{T}}$ 的密度函数为

$$f(x; \lambda, p) = \prod_{i=1}^{n} \frac{\lambda^p}{\Gamma(p)} e^{-\lambda x_i} x_i^{p-1} I\{x_i \geqslant 0\}$$

$$= \frac{\lambda^{np}}{[\Gamma(p)]^n} e^{-\lambda \sum\limits_{i=1}^{n} x_i} \left(\prod_{i=1}^{n} x_i\right)^{p-1} I\{x_{(1)} \geqslant 0\},$$

由因子分解定理可知 $T = \left(\sum\limits_{i=1}^{n} X_i, \prod\limits_{i=1}^{n} X_i\right)$ 是充分统计量.

(2) $X = (X_1, \cdots, X_n)^{\mathrm{T}}$ 的密度函数为

$$f(x; p, q) = \prod_{i=1}^{n} \beta(p, q)^{-1} x_i^{p-1} (1 - x_i)^{q-1} I\{0 \leqslant x_i \leqslant 1\}$$

$$= \left(\prod_{i=1}^{n} x_i \right)^{p-1} \left[\prod_{i=1}^{n} (1 - x_i) \right]^{q-1} \prod_{i=1}^{n} \beta(p, q)^{-1} I\{0 \leqslant x_i \leqslant 1\},$$

由因子分解定理可知 $T = \left(\prod\limits_{i=1}^{n} X_i, \ \prod\limits_{i=1}^{n} (1 - X_i) \right)$ 是充分统计量.

例 2.1.10 二元正态分布. 设 $(X_1, Y_1), \cdots, (X_n, Y_n)$ 为 i.i.d. 样本, $(X_1, Y_1) \sim N(\mu_1, \mu_2, \sigma_1^2, \sigma_2^2, \rho)$, $\theta = (\mu_1, \mu_2, \sigma_1^2, \sigma_2^2, \rho)$; 求充分统计量.

解 二元正态分布的密度函数可表示为

$$f(x, y, \theta)$$
$$= \left(\frac{1}{2\pi\sigma_1\sigma_2\sqrt{1 - \rho^2}} \right)^n \cdot$$
$$\exp\left\{ \frac{-1}{2(1 - \rho^2)} \sum_{i=1}^{n} \left[\left(\frac{x_i - \mu_1}{\sigma_1} \right)^2 - 2\rho \left(\frac{x_i - \mu_1}{\sigma_1} \right) \left(\frac{y_i - \mu_2}{\sigma_2} \right) + \left(\frac{y_i - \mu_2}{\sigma_2} \right)^2 \right] \right\}$$
$$= C_\theta \exp\left\{ \frac{-1}{2(1 - \rho^2)} \left[\frac{1}{\sigma_1^2} \left(\sum_{i=1}^{n} (x_i - \overline{x})^2 + n(\overline{x} - \mu_1)^2 \right) - \right. \right.$$
$$\frac{2\rho}{\sigma_1\sigma_2} \left(\sum_{i=1}^{n} (x_i - \overline{x})(y_i - \overline{y}) + n(\overline{x} - \mu_1)(\overline{y} - \mu_2) \right) +$$
$$\left. \left. \frac{1}{\sigma_2^2} \left(\sum_{i=1}^{n} (y_i - \overline{y})^2 + n(\overline{y} - \mu_2)^2 \right) \right] \right\}. \tag{2.1.10}$$

因而充分统计量为 $T = (\overline{X}, \ \overline{Y}, \ S(X), \ S(Y), \ S(X, Y))$, 其中 $S(X) = \sum\limits_{i=1}^{n} (X_i - \overline{X})^2$, $S(Y) = \sum\limits_{j=1}^{n} (Y_j - \overline{Y})^2$, $S(X, Y) = \sum\limits_{i=1}^{n} (X_i - \overline{X})(Y_i - \overline{Y})$. 另外,

若 ρ 未知, 则不管 $\mu_1, \mu_2, \sigma_1^2, \sigma_2^2$ 是否已知, 都以 T 为充分统计量;

若 $\rho = 0$, 则充分统计量为 $(\overline{X}, \ \overline{Y}, \ S(X), \ S(Y))$;

若 ρ, σ_1, σ_2 已知, 则充分统计量为 $(\overline{X}, \ \overline{Y})$.

指数族分布有很好的统计性质, 由因子分解定理可以直接得到以下重要定理.

定理 2.1.2 对于指数族分布

(1) 若 $X \sim f(x, \theta) = h(x)\mathrm{e}^{Q^{\mathrm{T}}(\theta)T(x) - b(\theta)}$, 则 $T(X) = (T_1(X), \cdots, T_k(X))^{\mathrm{T}}$ 为充分统计量.

(2) 若 $X_1, \cdots, X_n$ 为 i.i.d. 样本, $X_1 \sim$ 指数族分布 $h(x_1) \mathrm{e}^{Q^{\mathrm{T}}(\theta) T(x_1) - b(\theta)}$, $X = (X_1, \cdots, X_n)^{\mathrm{T}}$ 服从指数族分布

$$X = (X_1, \cdots, X_n)^{\mathrm{T}} \sim \left[\prod_{i=1}^{n} h(x_i) \right] \mathrm{e}^{Q^{\mathrm{T}}(\theta) \sum\limits_{i=1}^{n} T(x_i) - nb(\theta)},$$

则此时相应的充分统计量为

$$T = T(X) = \sum_{i=1}^{n} T(X_i) = \left(\sum_{i=1}^{n} T_1(X_i), \cdots, \sum_{i=1}^{n} T_k(X_i) \right)^{\mathrm{T}}.$$

注 以上定理有广泛的应用, 其结果适用于指数族分布的每一个成员, 诸如: 二项分布、Poisson 分布、正态分布、Γ 分布、β 分布等. 例如对于 Γ 分布: 若 $X_1, \cdots, X_n$ 为 i.i.d. 样本, $X_1 \sim \Gamma(\lambda, \nu)$. 由于

$$f(x_1, \lambda, \nu) = \exp\left[-\lambda x_1 + (\nu - 1) \ln x_1 + \nu \ln \lambda - \ln \Gamma(\nu) \right] \quad (x_1 > 0).$$

其中 $Q^{\mathrm{T}}(\theta) = (-\lambda, \ \nu - 1)$, $T(x_1) = (x_1, \ \ln x_1)^{\mathrm{T}}$, 因此充分统计量为

$$T = T(X) = \left(\sum_{i=1}^{n} X_i, \ \sum_{i=1}^{n} \ln X_i \right) = \left(\sum_{i=1}^{n} X_i, \ \ln \prod_{i=1}^{n} X_i \right),$$

或等价地为 $\widetilde{T}(X) = \left(\sum\limits_{i=1}^{n} X_i, \ \prod\limits_{i=1}^{n} X_i \right)$. 这与例 2.1.9 的结果一致.

2.1.3 极小充分统计量

给定样本 $X = (X_1, \cdots, X_n)^{\mathrm{T}}$, 充分统计量 $T = T(X)$ 是样本的一个 "加工", 在加工以后, 信息没有损失; 这是统计推断中对统计量的基本要求. 进一步, 还希望这种 "加工" 越 "精致" 越好, 即在不损失信息的前提下, 所用的统计量越少越好、越简单越好. 这就是极小充分统计量的涵义.

首先从直观上说明一下统计量的大小概念. 设 $T = T(X) = (T_1, \cdots, T_k)^{\mathrm{T}}$ ($k < n$), 它是样本 $X = (X_1, \cdots, X_n)^{\mathrm{T}}$ 的函数, 也是对样本的一个 "加工或压缩", 可认为原来的 X 大, "加工" 以后的 $T(X)$ 小. 例如 $T = \overline{X} = n^{-1} \sum\limits_{i=1}^{n} X_i$, 可认为 $X = (X_1, \cdots, X_n)^{\mathrm{T}}$ 大, $\overline{X}$ 小. 对一般情况, 给定两个统计量 $T = T(X)$, $T^* = T^*(X)$, 若 $T^*(X)$ 为 $T(X)$ 的一个 "加工", 即 $T^*(X) = \varphi(T(X))$, 则可认为 T 大, T^* 小. 这也可从函数映射观点来了解其大意. 设 $t = T(x) \in \mathcal{T}$, $t^* = T^*(x) \in \mathcal{T}^*$, 对函数 $t^* = \varphi(t)$, 记 $\varphi^{-1}(t^*) = A(t^*) \subset \mathcal{T}$, 则 $\mathcal{T} = \bigcup\limits_{t^* \in \mathcal{T}^*} A(t^*)$; 因此直观上可认为 $\mathcal{T}$ 大, $\mathcal{T}^*$ 小. 本节介绍的极小充分统计量, 以及第四章介绍的最大不变量都按上述意义来理解.

定义 2.1.3 称 $T^* = T^*(X)$ 为**极小充分统计量**, 若 $T^* = T^*(X)$ 为充分统计量, 并且对任一充分统计量 $T = T(X)$, 都存在 $\varphi(\cdot)$, 使 $T^*(X) = \varphi(T(X))$.

由以上定义可知, 极小充分统计量 $T^*(X)$ 是其他充分统计量 $T(X)$ 的一个"加工", 因而 $T^*(X)$ 小, $T(X)$ 大. 如果充分统计量 $S(X)$ 是 $T^*(X)$ 的一个"加工", 即 $S(X) = h(T^*(X))$, 因而 $S(X) = h(\varphi(T(X))) = \psi(T(X))$, $\psi(\cdot) = h(\varphi(\cdot))$, 所以 $S(X)$ 也是极小充分统计量.

推论 若充分统计量 $S(X)$ 是极小充分统计量 $T^*(X)$ 的函数, 即 $S(X) = h(T^*(X))$, 则 $S(X)$ 也是极小充分统计量.

以下给出判别、求解极小充分统计量的方法.

引理 2.1.3 (1) 设 $T = T(X)$ 和 $T^* = T^*(X)$ 为统计量, 若由 $T(x_1) = T(x_2)$ 可推出

$$T^*(x_1) = T^*(x_2), \quad x_1, x_2 \in \mathcal{X}, \tag{2.1.11}$$

则必存在 $\varphi(\cdot)$, 使 $T^*(X) = \varphi(T(X))$;

(2) $T^* = T^*(X)$ 为极小充分统计量的充要条件是: $T^*(X)$ 为充分统计量, 且对任何充分统计量 $T = T(X)$ 有: 由 $T(x_1) = T(x_2)$ 可推出 $T^*(x_1) = T^*(x_2)$, x_1, $x_2 \in \mathcal{X}$.

证明 (1) 定义映射 $\varphi(\cdot)$ 使得 $\varphi : T(x) \mapsto T^*(x), \forall x \in \mathcal{X}$, 则 $\varphi(\cdot)$ 确实是一个函数, 因为 (2.1.11) 式保证了: 对任意的 $T^*(x_1) \neq T^*(x_2)$, 都有 $T(x_1) \neq T(x_2)$ (即在以上定义的映射 $t^* = \varphi(t)$ 中, 不会出现一个 t 映到两个不同的 t^* 的情况).

(2) 由 (1) 可得 $T^*(X) = \varphi(T(X))$, 由定义可知 $T^*(X)$ 为极小充分统计量. ∎

定理 2.1.3 设 $X = (X_1, \cdots, X_n)^{\mathrm{T}} \sim f(x, \theta)$, $\theta \in \Theta$, $x \in \mathcal{X}$, 对任何 $x, y \in \mathcal{X}$, 若似然比 $f(x, \theta)/f(y, \theta)$ 与 θ 无关的充要条件为 $T^*(x) = T^*(y)$, 且 $T^* = T^*(X)$ 为充分统计量, 则 $T^* = T^*(X)$ 必为极小充分统计量.

证明 设 $T = T(X)$ 为充分统计量, 要证 $T^*(X)$ 为 $T(X)$ 的函数, 由引理 2.1.3, 只需证明: 由 $T(x_1) = T(x_2)$ 可推出 $T^*(x_1) = T^*(x_2)$, $x_1, x_2 \in \mathcal{X}$. 今假设 $T(x_1) = T(x_2)$, $x_1, x_2 \in \mathcal{X}$, 由充分统计量的因子分解定理可得

$$\frac{f(x_1, \theta)}{f(x_2, \theta)} = \frac{g(T(x_1), \theta)h(x_1)}{g(T(x_2), \theta)h(x_2)} = \frac{h(x_1)}{h(x_2)}.$$

该式与 θ 无关. 由假设条件, 上式与 θ 无关的充要条件是 $T^*(x_1) = T^*(x_2)$. 因而我们证明了: 由 $T(x_1) = T(x_2)$ 可推出 $T^*(x_1) = T^*(x_2)$, $x_1, x_2 \in \mathcal{X}$. 由引理 2.1.3, 必存在 $\varphi(\cdot)$, 使 $T^*(x) = \varphi(T(x))$, 因而 $T^*(X)$ 为极小充分统计量. ∎

从下面的例子可以看到, 由该定理经常可以很方便地导出极小充分统计量.

例 2.1.11　设 $X_1, \cdots, X_n$ 为 i.i.d. 样本, $X_1 \sim N(\theta, 1)$, 求极小充分统计量.

解　$X = (X_1, \cdots, X_n)^{\mathrm{T}}$ 的密度函数为

$$X \sim f(x, \theta) = \left(\frac{1}{\sqrt{2\pi}}\right)^n \exp\left\{-\frac{1}{2}\sum_{i=1}^n (x_i - \theta)^2\right\},$$

$$\frac{f(x, \theta)}{f(y, \theta)} = \exp\left\{-\frac{1}{2}\sum_{i=1}^n (x_i^2 - y_i^2)\right\} \exp\{n(\overline{x} - \overline{y})\theta\}.$$

似然比与 θ 无关的充要条件是 $\overline{x} = \overline{y}$, 因此 $T^* = \overline{X}$ 为极小充分统计量.

例 2.1.12　设 $X_1, \cdots, X_n$ 为 i.i.d. 样本, (1) Γ 分布: $X_1 \sim \Gamma(\lambda, p)$; (2) β 分布: $X_1 \sim BE(p, q)$, 求极小充分统计量.

解　(1) 对于 Γ 分布 $X_1 \sim \Gamma(\lambda, p)$, $X = (X_1, \cdots, X_n)^{\mathrm{T}}$ 的密度函数为

$$f(x, \theta) = \prod_{i=1}^n \left[\frac{\lambda^\nu}{\Gamma(\nu)} x_i^{\nu-1} \mathrm{e}^{-\lambda x_i} I\{x_i \geqslant 0\}\right]$$

$$= \left[\frac{\lambda^\nu}{\Gamma(\nu)}\right]^n \left(\prod_{i=1}^n x_i\right)^{\nu-1} \exp\left\{-\lambda \sum_{i=1}^n x_i\right\} I\{x_{(1)} \geqslant 0\}.$$

$$\frac{f(x, \theta)}{f(y, \theta)} = \left(\frac{\prod\limits_{i=1}^n x_i}{\prod\limits_{i=1}^n y_i}\right)^{\nu-1} \exp\left\{-\lambda\left[\sum_{i=1}^n x_i - \sum_{i=1}^n y_i\right]\right\} \frac{I\{x_{(1)} \geqslant 0\}}{I\{y_{(1)} \geqslant 0\}}.$$

似然比与 θ 无关的充要条件是 $\prod\limits_{i=1}^n x_i = \prod\limits_{i=1}^n y_i$, $\sum\limits_{i=1}^n x_i = \sum\limits_{i=1}^n y_i$. 因此 $T^* = \left(\prod\limits_{i=1}^n X_i, \sum\limits_{i=1}^n X_i\right)$ 为极小充分统计量.

(2) 对于 β 分布: $X_1 \sim BE(p, q)$, $X = (X_1, \cdots, X_n)^{\mathrm{T}}$ 的密度函数为

$$f(x; a) = \prod_{i=1}^n \frac{1}{\beta(p, q)} x_i^{p-1}(1-x_i)^{q-1}$$

$$= [\beta(p, q)]^{-n} \cdot \left(\prod_{i=1}^n x_i\right)^{p-1} \left(\prod_{i=1}^n (1-x_i)\right)^{q-1},$$

由因子分解定理知 $T(X) = (T_1(X), T_2(X)) = \left(\prod\limits_{i=1}^n X_i, \prod\limits_{i=1}^n (1-X_i)\right)$ 是充分统计量.

其似然比为

$$\frac{f(x;p,q)}{f(y;p,q)} = \left(\frac{\prod\limits_{i=1}^{n} x_i}{\prod\limits_{i=1}^{n} y_i}\right)^{p-1} \left(\frac{\prod\limits_{i=1}^{n}(1-x_i)}{\prod\limits_{i=1}^{n}(1-y_i)}\right)^{q-1}$$

$$= \left(\frac{T_1(x)}{T_1(y)}\right)^{p-1} \left(\frac{T_2(x)}{T_2(y)}\right)^{q-1},$$

似然比与 (p,q) 无关等价于 $T(x) = T(y)$, 所以 $T(X) = (T_1(X),\ T_2(X)) = \left(\prod\limits_{i=1}^{n} X_i,\ \prod\limits_{i=1}^{n}(1-X_i)\right)$ 为极小充分统计量.

例 2.1.13 指数族分布. 设 $X_1, \cdots, X_n$ 为 i.i.d. 样本,

$$X_1 \sim h(x_1) \exp\{Q^{\mathrm{T}}(\theta)T(x_1) - b(\theta)\},$$

求极小充分统计量.

解 $X = (X_1, \cdots, X_n)^{\mathrm{T}}$ 的密度函数为

$$f(x,\theta) = \left[\prod_{i=1}^{n} h(x_i)\right] \exp\left\{Q^{\mathrm{T}}(\theta) \sum_{i=1}^{n} T(x_i) - nb(\theta)\right\},$$

$$\frac{f(x,\theta)}{f(y,\theta)} = \left[\prod_{i=1}^{n} \frac{h(x_i)}{h(y_i)}\right] \exp\left\{Q^{\mathrm{T}}(\theta)\left[\sum_{i=1}^{n} T(x_i) - \sum_{i=1}^{n} T(y_i)\right]\right\}.$$

似然比与 θ 无关的充要条件是 $\sum\limits_{i=1}^{n} T(x_i) = \sum\limits_{i=1}^{n} T(y_i)$. 因此 $T^* = \sum\limits_{i=1}^{n} T(X_i)$ 为极小充分统计量.

注 以上结果适用于指数族分布的每一个成员, 诸如: 二项分布、Poisson 分布、正态分布、Γ 分布、β 分布等. 以下两个例子则不属于指数族分布.

例 2.1.14 设 $X_1, \cdots, X_n$ 为 i.i.d. 样本, $X_1 \sim$ 指数分布 $\mu + \Gamma(\lambda, 1)$, 求极小充分统计量.

解 $X = (X_1, \cdots, X_n)^{\mathrm{T}}$ 的密度函数为

$$f(x,\lambda,\mu) = \prod_{i=1}^{n} \lambda \exp\{-\lambda(x_i - \mu)\} I\{x_i \geqslant \mu\}$$

$$= \lambda^n \exp\left\{-\lambda \sum_{i=1}^{n} x_i\right\} \mathrm{e}^{n\lambda\mu} I\{x_{(1)} \geqslant \mu\}.$$

$$\frac{f(x,\lambda,\mu)}{f(y,\lambda,\mu)} = \exp\left\{-\lambda\left[\sum_{i=1}^{n}x_i - \sum_{i=1}^{n}y_i\right]\right\}\frac{I\{x_{(1)} \geqslant \mu\}}{I\{y_{(1)} \geqslant \mu\}}.$$

似然比与 (λ,μ) 无关的充要条件是 $\sum\limits_{i=1}^{n}x_i = \sum\limits_{i=1}^{n}y_i$, $x_{(1)} = y_{(1)}$. 因此 $T^* = \left(X_{(1)}, \sum\limits_{i=1}^{n}X_i\right)$ 为极小充分统计量, 或等价地, $\widetilde{T}^* = (X_{(1)}, S)$ 为极小充分统计量, $S = \sum\limits_{i=1}^{n}X_i - nX_{(1)}$.

例 2.1.15 设 $X_1, \cdots, X_n$ 为 i.i.d. 样本, $X_1 \sim R(\theta_1, \theta_2)$, 求极小充分统计量.

解 $X = (X_1, \cdots, X_n)^{\mathrm{T}}$ 的密度函数为

$$f(x,\theta) = \left(\frac{1}{\theta_2 - \theta_1}\right)^n I\{\theta_1 \leqslant x_{(1)}\}I\{x_{(n)} \leqslant \theta_2\},$$

$$\frac{f(x,\theta)}{f(y,\theta)} = \frac{I\{\theta_1 \leqslant x_{(1)}\}I\{x_{(n)} \leqslant \theta_2\}}{I\{\theta_1 \leqslant y_{(1)}\}I\{y_{(n)} \leqslant \theta_2\}}.$$

似然比与 θ 无关的充要条件是 $x_{(1)} = y_{(1)}$, $x_{(n)} = y_{(n)}$. 因此 $T^* = (X_{(1)}, X_{(n)})$ 为极小充分统计量.

2.2 统计量的完备性

统计量或分布族的完备性与可测函数的数学期望, 即积分有关, 它关心一个很现实的问题, 即设 $X \sim \mathcal{F} = \{f(x,\theta), \theta \in \Theta\}$, 若 $\mathrm{E}_\theta[h_1(X)] = \mathrm{E}_\theta[h_2(X)]$, 是否有 $h_1(x) = h_2(x)$? 或等价地, 若 $\varphi(\theta) = \mathrm{E}_\theta[h(X)] = 0$, 是否有 $h(x) = 0$? 其中 $h(X) = h_1(X) - h_2(X)$, $h(x) = h_1(x) - h_2(x)$. 这个问题与积分变换有关, 事实上 $\mathrm{E}_\theta[h(X)]$ 可表示为一个积分变换:

$$\mathrm{E}_\theta[h(X)] = \int h(x)f(x,\theta)\mathrm{d}x = \varphi(\theta), \quad \theta \in \Theta.$$

统计量或分布族的完备性实际上就是积分变换的唯一性. 即若上述积分变换 $\varphi(\theta) = 0$, $\forall\, \theta \in \Theta$, 是否有 $h(x) = 0$ (a.e. P_θ)? 或等价地, 若 $\varphi_1(\theta) = \mathrm{E}_\theta[h_1(X)] = \mathrm{E}_\theta[h_2(X)] = \varphi_2(\theta)$, $\forall\, \theta \in \Theta$, 是否有 $h_1(x) = h_2(x)$ (a.e. P_θ)? 注意, 以上结论不一定成立, 例如 $X \sim N(0, \sigma^2)$, $\mathrm{E}_\sigma(X) = 0, \forall\, \sigma$ 成立, 但 $h(x) = x \neq 0$ (a.e.).

下面首先介绍分布族的完备性与统计量的完备性, 然后讨论指数族统计量的完备性, 最后介绍 Basu 定理, 该定理揭示了完备充分统计量的重要性质.

2.2.1 分布族的完备性

假设 $X \sim \{(\mathcal{X}, \mathcal{B}_X, P_\theta^X), \theta \in \Theta\} \stackrel{\triangle}{=} \mathcal{F}$, 或直接表示为 $\mathcal{F} = \{f(x, \theta), \theta \in \Theta\}$, 其中 $F'(x, \theta) = f(x, \theta)$.

定义 2.2.1 设 $X \sim \mathcal{F} = \{f(x, \theta), \theta \in \Theta\}$, 称分布族 $\mathcal{F}$ 为**完备的**, 若对任何可测函数 $h(x)$, 由 $\varphi(\theta) = \mathrm{E}_\theta[h(X)] = \int h(x)\mathrm{d}F_\theta(x) = 0$ 对任何 $\theta \in \Theta$ 成立, 可推出 $h(x) = 0$ (a.e. P_θ). 或等价地, 由 $\mathrm{E}_\theta[h_1(X)] = \mathrm{E}_\theta[h_2(X)]$ 对任何 $\theta \in \Theta$ 成立, 可推出 $h_1(x) = h_2(x)$ (a.e. P_θ).

完备性在一定意义上相当于积分变换的唯一性. $\varphi(\theta) = \int h(x)\mathrm{d}F_\theta(x) = \mathrm{E}_\theta[h(X)]$ 相当于 $h(x) \mapsto \varphi(\theta)$, 若由 $\varphi(\theta) = 0$ 可推出 $h(x) = 0$, 即通常积分变换的唯一性. 因此可由常用积分变换的唯一性来判别分布族的完备性. 常用的积分变换有 Fourier 变换: $f(x) \mapsto \varphi(t) = \int_{-\infty}^\infty \mathrm{e}^{\mathrm{i}xt} f(x)\mathrm{d}\mu(x)$, 即特征函数, 它在 $t \in (-\infty, \infty)$ 上都存在且有唯一性, 即由 $\varphi(t) = 0$ 可推出 $f(x) = 0$. 另外还有 Laplace 变换: $f(x) \mapsto \psi(s) = \int_{-\infty}^\infty \mathrm{e}^{-sx} f(x)\mathrm{d}\mu(x)$, 即矩母函数, 该式在 $s = 0$ 处存在, 若至少在 $s = 0$ 的某个邻域 (开集) 内有定义, 则也有唯一性. 下面举例予以说明:

例 2.2.1 Γ 分布族 $\mathcal{F} = \{\Gamma(\lambda, \nu)\}$ 的完备性.

解 若有

$$\varphi(\lambda, \nu) = \int_0^\infty h(x)\frac{\lambda^\nu}{\Gamma(\nu)} \mathrm{e}^{-\lambda x} x^{\nu-1}\mathrm{d}x = 0, \quad \forall (\lambda, \nu),$$

则对任何 (λ, ν) 有 $\int_0^\infty h(x)x^{\nu-1}\mathrm{e}^{-\lambda x}\mathrm{d}x = 0$; 该式左端可视为 $h(x)x^{\nu-1}$ 的 Laplace 变换, 因此由 Laplace 变换的唯一性, 可以推出 $h(x)x^{\nu-1} = 0$ (a.e.), $x^{\nu-1}$ 不为零, 即得 $h(x) = 0$ (a.e.). 类似地, 分布族 $\mathcal{F}_0 = \{\Gamma(\lambda, \nu_0)\}$ 亦完备.

例 2.2.2 正态分布族 $\mathcal{F} = \{N(\mu, \sigma^2)\}$ 的完备性.

解 (1) $\mathcal{F}_1 = \{N(\mu, 1), \mu \in (-\infty, +\infty)\}$ 完备. 因为对任何 μ, 由

$$\mathrm{E}_\mu[h(X)] = \int_{-\infty}^\infty h(x)\frac{1}{\sqrt{2\pi}}\exp\left\{-\frac{1}{2}(x - \mu)^2\right\}\mathrm{d}x = 0,$$

可以推得

$$\varphi(\mu) = \int_{-\infty}^\infty h(x)\mathrm{e}^{-\frac{1}{2}x^2}\mathrm{e}^{x\mu}\mathrm{d}x = 0.$$

由 Laplace 变换唯一性可知: $h(x)\mathrm{e}^{-\frac{1}{2}x^2} = 0$ (a.e.), 即可得 $h(x) = 0$ (a.e.).

(2) $\mathcal{F}_2 = \{N(\mu, \sigma_0), \mu \in (-\infty, +\infty)\}$ 完备. 与 (1) 类似.

(3) $\mathcal{F}_3 = \{N(0,\ \sigma^2),\ \sigma^2 > 0\}$ 不完备. 因为 $h(x) = x$, $\mathrm{E}_\sigma[h(X)] = 0$, 但 $h(x) \neq 0$ (a.e.).

(4) $\mathcal{F}_4 = \{N(\mu_0,\ \sigma^2),\ \sigma^2 > 0\}$ 不完备. 与 (3) 类似.

(5) $\mathcal{F} = \{N(\mu,\ \sigma^2),\ \forall\, \mu, \sigma\}$ 完备. 因为若对任何 (μ, σ) 有 $\int h(x)\varphi_{\mu,\sigma}(x)\mathrm{d}x = 0$, 其中 $\varphi_{\mu,\sigma}(x)$ 为正态分布 $N(\mu,\ \sigma^2)$ 的密度函数, 必有 $\int h(x)\varphi_{\mu,1}(x)\mathrm{d}x = 0$, $\forall\, \mu$, 由 (1) 知 $h(x) = 0$ (a.e.).

推论　若 $\mathcal{F} = \{f(x,\theta), \theta \in \Theta\}$ 完备, $\Theta' \supset \Theta$, 则 $\mathcal{F}' = \{f(x,\theta), \theta \in \Theta'\}$ 也完备. 但是反之不一定成立.

因为若对任何 $\theta \in \Theta$, 由 $\varphi(\theta) = \mathrm{E}_\theta[h(X)] = 0$, 可推出 $h(x) = 0$ (a.e.), 则对 $\varphi(\theta) = 0$, $\forall\, \theta \in \Theta' \supset \Theta$, 当然有 $h(x) = 0$ (a.e.) (直观上, 越多的 $\theta \in \Theta'$ 使 $\mathrm{E}_\theta[h(X)] = \varphi(\theta) = 0$, 越容易有 $h(x) = 0$). 另外, 在例 2.2.2 中, $\mathcal{F} \supset \mathcal{F}_4$, $\mathcal{F}$ 完备 但 $\mathcal{F}_4$ 不完备, 因此以上结论反之不一定成立.

例 2.2.3　β 分布族 $\mathcal{F} = \{BE(a,b) : a > 0,\ b > 0\}$ 的完备性.

解　对任意的 $b = b_0 > 0$ 和可测函数 $h(x)$, 若

$$
\begin{aligned}
\mathrm{E}_a[h(X)] &= \int_0^1 h(x)\frac{1}{\beta(a,\ b_0)}x^{a-1}(1-x)^{b_0-1}\mathrm{d}x \\
&= \int_\infty^0 h(\mathrm{e}^{-t})\frac{-1}{\beta(a, b_0)}(1-\mathrm{e}^{-t})^{b_0-1}\mathrm{e}^{-at}\mathrm{d}t \\
&= \int_0^\infty \frac{1}{\beta(a, b_0)}h(\mathrm{e}^{-t})(1-\mathrm{e}^{-t})^{b_0-1}\mathrm{e}^{-at}\mathrm{d}t = 0,
\end{aligned}
$$

其中第二个等式用到了变换 $t = -\log x$, 即 $x = \mathrm{e}^{-t}$, 则

$$
\int_0^\infty h(\mathrm{e}^{-t})(1-\mathrm{e}^{-t})^{b_0-1}\mathrm{e}^{-at}\mathrm{d}t = 0.
$$

由 Laplace 变换的唯一性可知 $h(\mathrm{e}^{-t})(1-\mathrm{e}^{-t})^{b_0-1} = 0$, $0 < t < \infty$ (a.e.), 由此可得 $h(x)\,(1-x)^{b_0-1} = 0$, $0 < x < 1$ (a.e.), 从而有 $h(x) = 0$, $0 < x < 1$ (a.e.). 因此分布族 $\mathcal{F}_0 = \{BE(a,b_0) : a > 0$ 任意, $b_0 > 0$ 已知$\}$ 完备, 而 $\mathcal{F} = \{BE(a,b) : a > 0, b > 0\}$ 的参数空间包含 $\mathcal{F}_0$ 的参数空间, 即 $\mathcal{F} \supset \mathcal{F}_0$, 因此由以上推论可知 β 分布族完备.

以下介绍判别完备性的其他方法.

例 2.2.4　二项分布族 $\mathcal{F} = \{b(n,\theta),\ \theta \in (0,1)\}$ 的完备性.

解　若对任何 θ 有 $\varphi(\theta) = \mathrm{E}_\theta[h(X)] = 0$, 即

$$
\varphi(\theta) = \sum_{x=0}^n h(x)\binom{n}{x}\theta^x(1-\theta)^{n-x} = 0.
$$

由此可推出

$$\sum_{x=0}^{n} h(x) \binom{n}{x} \left(\frac{\theta}{1-\theta} \right)^x = 0,$$

该式为 $y = \dfrac{\theta}{1-\theta}$ 的 n 次多项式, 它对一切 $y > 0$ 为零, 则其系数必为零, 即 $h(x) \binom{n}{x} = 0$, 所以 $h(x) = 0$, $x = 0, 1, \cdots, n$.

例 2.2.5 均匀分布族 $\mathcal{F} = \{R(0, \theta), \theta > 0\}$ 的完备性.

解 若对任何 θ 有

$$E_\theta[h(X)] = \int_0^\theta h(x)\theta^{-1}\mathrm{d}x = 0,$$

则有 $\varphi(\theta) = \int_0^\theta h(x)\mathrm{d}x = 0$. 由于 $h(x)$ 可测, 其不连续点为零测集. 在 $h(x)$ 的连续点处, $\varphi(\theta)$ 可导, 因此对任何 $h(x)$ 的连续点 θ 处有 $\varphi'(\theta) = h(\theta) = 0$, 即 $h(\theta) = 0$, $\forall \theta$ (a.e.), 因此有 $h(x) = 0$ (a.e.).

例 2.2.6 位置参数指数分布族 $\mathcal{F} = \{E(1, \mu), \forall \mu\}$ 的完备性.

解 若对任何 μ 有

$$E_\mu[h(X)] = \int_\mu^\infty h(x)\mathrm{e}^{-(x-\mu)}\mathrm{d}x = 0,$$

则有 $\varphi(\mu) = \int_\mu^\infty h(x)\mathrm{e}^{-x}\mathrm{d}x = 0$, $\forall \mu$. $\varphi(\mu)$ 在 $h(x)$ 的连续点处对 μ 求导可得 $\varphi'(\mu) = -h(\mu)\mathrm{e}^{-\mu} = 0$, 因此有 $h(x) = 0$ (a.e.).

推论 $\{\mu + \Gamma(\lambda, 1)\}$ 完备.

这是因为 $\{\mu + \Gamma(\lambda, 1)\} \supset \{\mu + \Gamma(1, 1)\}$.

2.2.2 统计量的完备性

统计量的完备性与分布族的完备性有显著差异, 下面是一个例子.

例 2.2.7 设 $X_1, \cdots, X_n$ 独立同分布, $X_1 \sim f(x_1, \theta)$ 且 $E(X_1)$ 存在, 则分布族 $X = (X_1, \cdots, X_n)^{\mathrm{T}} \sim \left\{ f(x, \theta) = \prod_{i=1}^n f(x_i, \theta), \theta \in \Theta \right\}$ 在任何情况下都不完备.

证明 若取 $h(x) = x_1 - x_2$, 则 $E_\theta[h(X)] = 0$, 但 $h(x)$ 显然不为零. ∎

由此可见, 对最常见的独立同分布样本 $X_1, \cdots, X_n$ 而言, 其分布族都是不完备的. 但是并不排除该分布族中有完备的统计量. 例如, 在例 2.2.6 中, 若 $X_1 \sim N(\mu, \sigma_0)$, 则对应于 X_1 或 $\overline{X}$ 的分布族完备 (见例 2.2.2). 由于统计量才是统计推断的出发点, 因此讨论统计量的完备性更有实际意义. 所谓统计量的完备性, 即它所对应分布族的完备性.

定义 2.2.2 设 $X \sim \mathcal{F}_X = \{f(x, \theta), \theta \in \Theta\}$, 统计量 $T = T(X)$ 对应的分布族为 $T \sim \mathcal{F}_T = \{g(t, \theta), \theta \in \Theta\}$, 若分布族 $\mathcal{F}_T$ 完备, 则称 $T = T(X)$ 为完备的统计量. 即由 $\mathrm{E}_\theta[h(T)] = 0$ 对任何 θ 成立, 可推出 $h(t) = 0$ (a.e. P_θ^T).

例 2.2.8 $X \sim N(0, \sigma^2)$, $\mathcal{F}_X = \{N(0, \sigma^2)\}$ 不完备 (见例 2.2.2), 但是 $T = T(X) = X^2$ 完备.

证明 由于 $X^2/\sigma^2 \sim \chi^2(1)$, 因此有

$$T \sim C \cdot \left(\frac{t}{\sigma^2}\right)^{-1/2} \mathrm{e}^{-\frac{t}{2\sigma^2}} \, (t > 0).$$

若 $\mathrm{E}_\sigma[h(T)] = 0$, 则有 $\int_0^\infty h(t) t^{-1/2} \mathrm{e}^{-t/(2\sigma^2)} \mathrm{d}t = 0$, 取 $s = 1/(2\sigma^2)$, 则由 Laplace 变换唯一性有 $h(t) t^{-1/2} = 0$, 即 $h(t) = 0$ (a.e. P_σ^T), 因此 $T = X^2$ 完备. ∎

例 2.2.9 $X_1, \cdots, X_n$ 独立同分布, $X_1 \sim N(\mu, \sigma^2)$, 则 $\{(X_1, \cdots, X_n)\}$ 不完备 (见例 2.2.7). 但是 $\overline{X} \sim N(\mu, \sigma^2/n)$ 完备 (见例 2.2.2). $S = \sum\limits_{i=1}^n (X_i - \overline{X})^2 \sim \{\sigma^2 \chi^2(n-1)\}$ 完备 (类似于例 2.2.8). 同时, $T = (\overline{X}, S)$ 也是完备充分统计量 (类似于以下例 2.2.10).

由定义及以上例题可知, 统计量的完备性有以下性质:

定理 2.2.1 假设 $T = T(X)$ 和 $S = S(X)$ 为给定的统计量,
(1) 若 $T = T(X)$ 完备, 则 $S(X) = \psi(T(X))$ 完备, 但反之不真;
(2) 若 (S, T) 完备, 则 T 完备, 但反之不真.

证明 (1) 对任意的 $h(s)$, 若有 $\mathrm{E}_\theta[h(S(X))] = 0$, $\forall\, \theta$, 即 $\mathrm{E}_\theta[h(\psi(T(X)))] = 0$, $\forall\, \theta$. 令 $\tilde{h}(\cdot) = h(\psi(\cdot))$, 则有 $\mathrm{E}_\theta[\tilde{h}(T)] = 0$, $\forall\, \theta$. 由 $T = T(X)$ 的完备性知 $\tilde{h}(\cdot) = 0$, 从而 $h(\psi(\cdot)) = 0$, 即 $h(s) = 0$, 故 $S(X)$ 完备. 但反之不真, 设 $X \sim N(0, \sigma^2)$, 若取 $T(X) = X$, $S(X) = (T(X))^2 = X^2$, 则 $S(X)$ 完备, 而 $T(X)$ 不完备 (见例 2.2.7.).

(2) 设 (S, T) 的联合密度函数为 $f(s, t)$, 则 T 的边缘密度函数为 $g(t) = \int_{-\infty}^{+\infty} f(s, t) \mathrm{d}s$. 若 $\mathrm{E}[h(T)] = \int_{-\infty}^{+\infty} h(t) g(t) \mathrm{d}t = 0$, 则有

$$\int_{-\infty}^{+\infty} \int_{-\infty}^{+\infty} h(t) f(s, t) \mathrm{d}s \, \mathrm{d}t = 0.$$

记 $\tilde{h}(s, t) = h(t)$, 则由 (S, T) 的完备性知 $\tilde{h}(s, t) = 0$, 从而 $h(t) = 0$, 故 T 也完备. 但反之不真, 仍考虑正态分布. 设 X_1, X_2 为 i.i.d. 的, $X_1 \sim N(\mu, \sigma^2)$, 则 X_1 完备, 但 (X_1, X_2) 不完备, 因为若取 $h(X_1, X_2) = X_1 - X_2$, 显然有 $\mathrm{E}[h(X_1, X_2)] = 0$, 但是 $h(X_1, X_2) = X_1 - X_2 \neq 0$. ∎

例 2.2.10 $X_1, \cdots, X_n$ 独立同分布, $X_1 \sim \mu + \Gamma(\lambda, 1)$, 则 $T = (X_{(1)}, S)$ 完备, 因而 T 为完备的极小充分统计量.

证明   记 $T = (Y, S) = (X_{(1)}, S)$, 则 Y, S 独立, 且有

$$Y = X_{(1)} \sim \mu + \Gamma(n\lambda, 1) \sim n\lambda \mathrm{e}^{-n\lambda(y-\mu)} I\{y \geqslant \mu\},$$

$$S \sim \Gamma(\lambda, n-1) \sim \frac{\lambda^{n-1}}{\Gamma(n-1)} \mathrm{e}^{-\lambda s} s^{n-2} I\{s \geqslant 0\}.$$

若 $\mathrm{E}[h(Y, S)] = 0$, 则有

$$\int_0^\infty \int_\mu^\infty h(y, s) \mathrm{e}^{-n\lambda y} \mathrm{e}^{-\lambda s} s^{n-2} \mathrm{d}y \mathrm{d}s = 0, \quad \forall \, \lambda, \, \mu.$$

该式等价于

$$\int_\mu^\infty \left[\int_0^\infty h(y, s) s^{n-2} \mathrm{e}^{-\lambda s} \mathrm{d}s \right] \mathrm{e}^{-n\lambda y} \mathrm{d}y = 0, \quad \forall \, \lambda, \, \mu.$$

该式在 $h(y, s)$ 中 y 的连续点处对 μ 求导可得

$$-\left[\int_0^\infty h(\mu, s) s^{n-2} \mathrm{e}^{-\lambda s} \mathrm{d}s \right] \mathrm{e}^{-n\lambda\mu} = 0, \quad \forall \lambda, \, \mu.$$

由此可得

$$\int_0^\infty h(\mu, s) s^{n-2} \mathrm{e}^{-\lambda s} \mathrm{d}s = 0, \quad \forall \, \lambda, \, \mu.$$

由 Laplace 变换唯一性知 $h(\mu, s) = 0$ (a.e.), 即得 $h(y, s) = 0$ (a.e.), 因此 $T = (X_{(1)}, S)$ 为完备的极小充分统计量. ∎

例 2.2.11 $X_1, \cdots, X_n$ 独立同分布, $X_1 \sim R(0, \theta)$, 则 $X_{(n)}$ 为完备的极小充分统计量.

证明 $X_{(n)}/\theta \sim BE(n, 1)$, 故有

$$X_{(n)} \sim f(t, \theta) = n \left(\frac{t}{\theta} \right)^{n-1} \theta^{-1} I\{0 \leqslant t \leqslant \theta\}.$$

若 $\mathrm{E}_\theta[h(T)] = 0$, 则 $\int_0^\theta h(t) t^{n-1} \mathrm{d}t = 0$, 该式在 $h(t)$ 的连续点处对 θ 求导可得 $h(\theta)\theta^{n-1} = 0$, 所以 $h(\theta) = 0$, 即 $h(t) = 0$ (a.e.), 因此 $T = X_{(n)}$ 为完备的极小充分统计量. ∎

注   若 $X_1, \cdots, X_n$ 独立同分布, $X_1 \sim R(\theta_1, \theta_2)$, 则 $T = (X_{(1)}, X_{(n)})$ 为完备的极小充分统计量, 证明详见陈希孺 (1981, p.78).

定理 2.2.2 给定分布族 $X \sim \mathcal{F} = \{f(x,\theta), \theta \in \Theta\}$.

(1) 当极小充分统计量存在时, 完备的充分统计量一定是极小充分统计量;

(2) 当完备的充分统计量存在时, 极小充分统计量一定是完备的充分统计量.

证明 (1) 设 $U(X)$ 是完备充分统计量, $T(X)$ 是极小充分统计量, 要证 $U(X)$ 是极小充分统计量. 对任一充分统计量 $S(X)$, 存在一函数 $h(\cdot)$ 使得 $T(X) = h(S(X))$. 令 $\varphi(u) = u - \mathrm{E}_\theta(U(X)|T(X))$, 则 $\varphi(u)$ 是 u 的函数. 因为 $\mathrm{E}_\theta[\varphi(U)] = E_\theta(U(X)) - E_\theta(U(X)) = 0$, 所以由 $U(X)$ 的完备性知 $\varphi(u) = 0$, 从而 $U(X) = \mathrm{E}_\theta(U(X)|T(X)) = g(T(X)) = g(h(S(X)))$, 因此 $U(X)$ 也是极小充分统计量.

(2) 设 $S(X)$ 是极小充分统计量, $T(X)$ 是完备充分统计量, 要证 $S(X)$ 是完备充分统计量. 由定义可知, 存在一函数 $\psi(\cdot)$ 使得 $S(X) = \psi(T(X))$. 由于 $T(X)$ 是完备充分统计量, 根据定理 2.2.1 的结论 (1) 可知, $S(X)$ 是完备充分统计量. ∎

注 极小充分统计量不一定是完备的充分统计量. 以下是一个反例.

例 2.2.12 $X_1, \cdots, X_n$ 独立同分布, $X_1 \sim R\left(\theta - \dfrac{1}{2}, \theta + \dfrac{1}{2}\right)$, 则 $T = (X_{(1)}, X_{(n)})$ 为极小充分统计量, 但不完备.

证明 参见例 2.1.15, 与那里的推导类似, 可以证明, $T = (X_{(1)}, X_{(n)})$ 为极小充分统计量. 根据均匀分布的性质有

$$Y_i = \frac{X_i - \left(\theta - \dfrac{1}{2}\right)}{\left(\theta + \dfrac{1}{2}\right) - \left(\theta - \dfrac{1}{2}\right)} = X_i - \left(\theta - \frac{1}{2}\right) \sim R(0,1).$$

则由第一章的定理可知

$$Y_{(n)} - Y_{(1)} = X_{(n)} - X_{(1)} \sim BE(n-1, 2).$$

因此 $\mathrm{E}_\theta[X_{(n)} - X_{(1)}] = (n-1)/(n+1)$ 对任何 θ 成立, 即 $\mathrm{E}_\theta[X_{(n)} - X_{(1)} - (n-1)/(n+1)] = 0$, 但显然 $X_{(n)} - X_{(1)} - (n-1)/(n+1) \neq 0$, 因此 $T = (X_{(1)}, X_{(n)})$ 不完备. (直观上看, 对于 $X_1 \sim R(\theta_1, \theta_2)$, 由 (θ_1, θ_2) 转变为 $\left(\theta - \dfrac{1}{2}, \theta + \dfrac{1}{2}\right)$, 相当于参数空间由二维退化为一维, 因而使 $\mathrm{E}_{(\theta_1, \theta_2)}[h(T)] = 0$ 的参数 (θ_1, θ_2) "不够多", 所以不足以使 $h(t) = 0$. 后面例 2.2.15 的情况也类似.) ∎

另外, 可以证明, 次序统计量 $X_{(1)}, \cdots, X_{(n)}$ 为完备的充分统计量, 详见陈希孺 (1981, p.82).

2.2.3　指数族分布统计量的完备性

定理 2.2.3　设 $X \sim f(x,\theta) = h(x)\exp\{\theta^{\mathrm{T}}T(x) - b(\theta)\}$, $\theta \in \Theta$, 假设 Θ 有内点 (即 $\Theta \subset \mathbf{R}^k, \Theta$ 亦为 k 维集合), 则

(1) $T = T(X) = (T_1(X), \cdots, T_k(X))^{\mathrm{T}}$ 为完备的极小充分统计量;

(2) 若 $X_1, \cdots, X_n$ 为其 n 个独立同分布的样本, 则

$$T(X) = \left(\sum_{i=1}^{n} T_1(X_i), \cdots, \sum_{i=1}^{n} T_k(X_i)\right)^{\mathrm{T}}$$

为完备的极小充分统计量.

证明　只证明 (1) 即可. 不妨设内点 $\theta_0 = 0$, 否则可变换到 $\tilde{\theta} = \theta - \theta_0$, 则 $\tilde{\theta} = 0$ 为内点. 由第一章的定理可知,

$$T(X) \sim h^*(t)\exp\{\theta^{\mathrm{T}}t - b(\theta)\}.$$

若 $\mathrm{E}_\theta[g(T)] = 0$, $\forall\, \theta$, 则有

$$\int g(t)h^*(t)\exp\{\theta^{\mathrm{T}}t - b(\theta)\}\mathrm{d}\mu(t) = 0, \quad \forall\, \theta.$$

因此有

$$\varphi(\theta) = \int g(t)h^*(t)\mathrm{e}^{\theta^{\mathrm{T}}t}\mathrm{d}\mu(t) = 0, \quad \forall\, \theta.$$

上式在包含 $\theta = 0$ 的某开集内成立, 因而由 Laplace 变换唯一性知 $g(t)h^*(t) = 0$ (a.e.), 显然 $h^*(t) \neq 0$, 所以必有 $g(t) = 0$ (a.e.), 因此 $T(X)$ 为完备的极小充分统计量. ∎

注　由以上定理可推出许多常见分布, 如正态分布、二项分布、Poisson 分布、Γ 分布、β 分布等情形的完备的极小充分统计量.

例 2.2.13　设 $X_1, \cdots, X_n$ 为相互独立的样本, X_1 服从 Laplace 分布 $f(x_1, \theta) = \dfrac{1}{2\theta}\exp\{-|x_1|/\theta\}$, 求完备的极小充分统计量.

解　$X = (X_1, \cdots, X_n)^{\mathrm{T}}$ 的密度函数为

$$f(x;\theta) = \frac{1}{2^n}\theta^{-n}\exp\left\{-\frac{\sum\limits_{i=1}^{n}|x_i|}{\theta}\right\},$$

由因子分解定理知 $T = \sum\limits_{i=1}^{n} |X_i|$ 是充分统计量. 同时上式可记为 $T_1(x) = \sum\limits_{i=1}^{n} |x_i|$, $Q_1(\theta) = -1/\theta$, 因此 $X \sim f(x; \theta)$ 为指数族分布, $T = \sum\limits_{i=1}^{n} |X_i|$ 是完备的极小充分统计量.

例 2.2.14 设 $X_1, \cdots, X_n$ 为相互独立的样本, 且 $X_j \sim N(0, \sigma^2)$, $\forall j \neq i$; $X_i \sim N(0, \omega^{-1}\sigma^2)$. 求完备的极小充分统计量, 其中 $\omega > 0$, σ^2 都是未知参数.

解 $X = (X_1, \cdots, X_n)^{\mathrm{T}}$ 的联合分布可表示为

$$f(x, \theta) = \left(\frac{1}{\sqrt{2\pi\sigma^2}}\right)^{n-1} \exp\left\{-\frac{1}{2\sigma^2}\sum_{j \neq i} x_j^2\right\} \frac{\sqrt{\omega}}{\sqrt{2\pi\sigma^2}} \exp\left\{-\frac{\omega}{2\sigma^2}x_i^2\right\}$$

$$= \exp\left\{-\frac{1}{2\sigma^2}\sum_{j \neq i} x_j^2 - \frac{\omega}{2\sigma^2}x_i^2 - \frac{n}{2}\log(2\pi\sigma^2) + \frac{1}{2}\log\omega\right\},$$

该式对应于指数族分布, 则有 $T_1(x) = \sum\limits_{j \neq i} x_j^2$, $Q_1(\theta) = -1/(2\sigma^2)$; $T_2(x) = x_i^2$, $Q_2(\theta) = -\omega/(2\sigma^2)$; $b(\theta) = n\log\sqrt{2\pi\sigma^2} - \log\sqrt{\omega}$. 因此, $\left(\sum\limits_{j \neq i} X_j^2, X_i^2\right)$ 为完备的极小充分统计量.

以下是不符合定理 2.2.3 所列条件的一个反例.

例 2.2.15 设 $(X_1, Y_1), \cdots, (X_n, Y_n)$ 独立同分布, $(X_1, Y_1) \sim N(\mu_1, \mu_2, \sigma_1^2, \sigma_2^2)$ (即 $\rho = 0$), 可化为指数族:

$$\theta_1 = -\frac{1}{2\sigma_1^2}, \quad \theta_2 = \frac{n\mu_1}{\sigma_1^2}, \quad \theta_3 = -\frac{1}{2\sigma_2^2}, \quad \theta_4 = \frac{n\mu_2}{\sigma_2^2};$$

$$T_1 = T(X), \quad T_2 = \overline{X}, \quad T_3 = T(Y), \quad T_4 = \overline{Y}.$$

其中 $T(X) = \sum\limits_{i=1}^{n} X_i^2$, $T(Y) = \sum\limits_{i=1}^{n} Y_i^2$. 因此 $T = (T(X), \overline{X}, T(Y), \overline{Y})$ 为完备的极小充分统计量. 但是若 $(X_1, Y_1) \sim N(\mu, \mu, \sigma_1^2, \sigma_2^2)$, 即 $\mu_1 = \mu_2$, 则 T 仍然为极小充分统计量, 但不是完备的统计量. 因为对任何 μ, $\mathrm{E}_\theta(\overline{X} - \overline{Y}) = 0$, 而显然 $\overline{X} - \overline{Y} \neq 0$. 这一结果与定理 2.2.1 并不矛盾. 因为当 $\mu_1 = \mu_2$ 时, 参数空间 Θ 退化为 3 维, 无内点.

2.2.4 Basu 定理

完备充分统计量与独立性有密切关系, 表现为以下 Basu (巴苏) 定理, 先介绍一个常用概念.

定义 2.2.3 设 $X \sim \{f(x,\theta),\ \theta \in \Theta\}$, 若统计量 $A = A(X)$ 的分布与 θ 无关, 则称 $A(X)$ 为**辅助统计量** (ancillary statistics) (即 $A(X)$ 中不包含关于 θ 的信息).

例 2.2.16 设 $X_1, \cdots, X_n$ 独立同分布, $X_1 \sim N(\theta, 1)$, 则 $S = \sum\limits_{i=1}^{n} (X_i - \overline{X})^2$ 为辅助统计量, 因为 $S \sim \chi^2(n-1)$ 与 θ 无关. $T = X_{(n)} - X_{(1)}$ 亦为辅助统计量, 因为 $T = (X_{(n)} - \theta) - (X_{(1)} - \theta) = Y_{(n)} - Y_{(1)}$, 而 $Y_i = X_i - \theta \sim N(0, 1)$, 其分布与 θ 无关.

定理 2.2.4 (Basu 定理) 设 $X \sim \{f(x,\theta), \theta \in \Theta\}$, $T = T(X)$ 为完备充分统计量, $A = A(X)$ 为辅助统计量, 则 $T(X)$ 与 $A(X)$ 独立.

证明 为证 $T(X)$ 与 $A(X)$ 独立, 只需证

$$P_\theta\{A(X) \in B | T(X) = t\} = P_\theta\{A(X) \in B\}, \quad \forall\, B. \qquad (2.2.1)$$

首先注意, (2.2.1) 式与 θ 无关. 因为在左端: $T(X)$ 为充分统计量, 因而 $X|T$ 分布与 θ 无关, 所以左端概率与 θ 无关; 而由辅助统计量的定义可知, 右端也与 θ 无关. 易见 (2.2.1) 式等价于

$$P_\theta\{X \in A^{-1}(B) | T(X) = t\} = P_\theta^X\{X \in A^{-1}(B)\}. \qquad (2.2.2)$$

若记 $C = A^{-1}(B) = \{X : A(X) \in B\}$, 则 (2.2.2) 式可表示为

$$P_\theta\{X \in C | T(X) = t\} = P_\theta^X(C). \qquad (2.2.3)$$

记该式右端 $P_\theta^X(C) = \alpha$, 它与 θ 无关. 因此要证 (2.2.3) 式, 即相当于要证

$$E_\theta\{I_C(X) | T(X) = t\} = \alpha. \qquad (2.2.4)$$

为此可应用 $T = T(X)$ 的完备性, 记 $h(t) = E_\theta\{I_C(X) | T(X) = t\} - \alpha$. 要证 (2.2.4) 式, 即相当于要证 $h(t) = 0$. 为此, 可计算其期望

$$E_\theta[h(T)] = E_\theta\{E_\theta[I_C(X)|T]\} - \alpha$$
$$= E_\theta\{I_C(X)\} - \alpha = P_\theta^X(C) - \alpha = 0.$$

由于 $T = T(X)$ 为完备充分统计量, 由 $E_\theta[h(T)] = 0$, 可推出 $h(t) = 0$ (a.e.), 因而 (2.2.4) 式成立, 从而 (2.2.1) 式成立. 因此 $T(X)$ 与 $A(X)$ 独立. ∎

例 2.2.17 设 $X_1, \cdots, X_n$ 独立同分布, $X_1 \sim N(\mu, \sigma^2)$, 则

(1) $\overline{X}$ 与统计量 $S_1 = n^{-1} \sum\limits_{i=1}^{n} (X_i - \overline{X})^2$, $S_2 = n^{-1} \sum\limits_{i=1}^{n} |X_i - \overline{X}|$, $S_3 = X_{(n)} - X_{(1)}$, $S_4 = |X_{(i)} - X_{(j)}|$ 独立.

(2) 若 $g(x_1, \cdots, x_n)$ 满足平移不变性, 即 $g(x_1+c, \cdots, x_n+c) = g(x_1, \cdots, x_n)$, 则 $\overline{X}$ 与 $g(X_1, \cdots, X_n)$ 独立.

证明 任意固定 $\sigma = \sigma_0$, 则 $\overline{X}$ 为完备充分统计量. 令 $Y_i = X_i - \mu$, $i = 1, \cdots, n$, 则 $Y_i \sim N(0, \sigma_0^2)$, 其分布与 μ 无关.

(1) $S_1 = n^{-1} \sum\limits_{i=1}^{n} (Y_i - \overline{Y})^2$, $S_2 = n^{-1} \sum\limits_{i=1}^{n} |Y_i - \overline{Y}|$, $S_3 = Y_{(n)} - Y_{(1)}$, $S_4 = |Y_{(i)} - Y_{(j)}|$ 都是辅助统计量, 因而与完备充分统计量 $\overline{X}$ 独立.

(2) 由平移不变性, $g(X_1, \cdots, X_n) = g(X_1 - \mu, \cdots, X_n - \mu) = g(Y_1, \cdots, Y_n)$, 因而其分布与 μ 无关, 为辅助统计量, 所以与 $\overline{X}$ 独立.

以上独立性对任意的 $X_1 \sim N(\mu, \sigma_0^2)$ 成立, 因此对 $X_1 \sim N(\mu, \sigma^2)$ 也成立. ∎

例 2.2.18 设 $X_1, \cdots, X_n$ 独立同分布, $X_1 \sim \mu + \Gamma(\lambda, 1)$, 则对任意的 i, j, $X_{(1)}$ 与 $X_{(i)} - X_{(j)}$, $X_i - X_j$ 独立; 也与 $S_1 = \sum\limits_{i=1}^{r} (X_{(i)} - X_{(1)}) + (n-r)[X_{(r)} - X_{(1)}]$ 独立.

证明 对任何固定的 $\lambda = \lambda_0$, $X_{(1)}$ 为完备充分统计量. 若记 $Y_i = X_i - \mu$, $i = 1, \cdots, n$, 则 $Y_i \sim \Gamma(\lambda_0, 1)$, 其分布与 μ 无关, 因而 $X_i - X_j = Y_i - Y_j$, $X_{(i)} - X_{(j)} = Y_{(i)} - Y_{(j)}$ 的分布也与 μ 无关, 都是辅助统计量, 因此可以得到以上结论. ∎

例 2.2.19 设 $X_1, \cdots, X_n$ 独立同分布, $X_1 \sim R(0, \theta)$, 则对任意的 i, j, $X_{(n)}$ 与 $X_{(i)}/X_{(j)}$, X_i/X_j 独立.

证明 若记 $Y_i = X_i/\theta$, 则其分布与 θ 无关, 因而 $X_i/X_j = Y_i/Y_j$ 的分布与 θ 无关, 都是辅助统计量, 由此可以得到以上结论. ∎

例 2.2.20 若 $X_1 \sim R(\theta_1, \theta_2)$, $-\infty < \theta_1 < \theta_2 < +\infty$, 则 $(X_{(i)} - X_{(1)})/(X_{(n)} - X_{(1)})$ $(i = 2, \cdots, n-1)$ 与 $(X_{(1)}, X_{(n)})$ 独立.

证明 令 $Y_i = (X_i - \theta_1)/(\theta_2 - \theta_1)$, 则 $Y_i \sim R(0, 1)$, 从而 $Y_{(1)}, \cdots, Y_{(n)}$ 是 $R(0, 1)$ 上的次序统计量, 由均匀分布次序统计量的性质可知

$$Y_{(i)} - Y_{(1)} \sim BE(i-1, n-i+2), \quad Y_{(n)} - Y_{(1)} \sim BE(n-1, 2).$$

因此 $(Y_{(i)} - Y_{(1)})/(Y_{(n)} - Y_{(1)})$ 的分布与 θ_1, θ_2 无关. 而

$$\frac{Y_{(i)} - Y_{(1)}}{Y_{(n)} - Y_{(1)}} = \frac{\dfrac{X_{(i)} - \theta_1}{\theta_2 - \theta_1} - \dfrac{X_{(1)} - \theta_1}{\theta_2 - \theta_1}}{\dfrac{X_{(n)} - \theta_1}{\theta_2 - \theta_1} - \dfrac{X_{(1)} - \theta_1}{\theta_2 - \theta_1}} = \frac{X_{(i)} - X_{(1)}}{X_{(n)} - X_{(1)}},$$

所以 $[X_{(i)} - X_{(1)}]/[X_{(n)} - X_{(1)}]$ 的分布也与 θ_1, θ_2 无关, 从而是辅助统计量. 又已知 $(X_{(1)}, X_{(n)})$ 是完备的充分统计量, 所以由 Basu 定理知 $[X_{(i)} - X_{(1)}]/[X_{(n)} - X_{(1)}]$, $i = 2, 3, \cdots, n - 1$ 与 $(X_{(1)}, X_{(n)})$ 独立.   ∎

注   Basu 定理在统计中有广泛应用. 对于完备的充分统计量, 今后可根据 Basu 定理得到与之独立的许多统计量, 这在参数估计、假设检验等问题中经常出现. 比较常见的情形之一就是求条件概率或条件期望 (因为不少最优解常与之有关). 例如欲求条件期望 $\mathrm{E}_\theta[W(X)|T(X)]$, 如果 $T(X)$ 为完备的充分统计量, 而 $W(X)$ 为辅助统计量, 即其分布与 θ 无关 (或者经过转换可化为这种情形). 则由于 $W(X)$ 与 $T(X)$ 独立, 上述条件期望即可简化为无条件期望 $\mathrm{E}_\theta[W(X)|T(X)] = \mathrm{E}_\theta[W(X)]$.

2.3 分布族的信息函数

分布族的信息函数是与充分统计量有紧密联系的概念. 设 $X = (X_1, \cdots, X_n)^\mathrm{T} \sim \{f(x, \theta), \theta \in \Theta\}$, 若 $T = T(X)$ 为充分统计量, 则用 $T(X)$ 代替原有样本 X 作统计推断不应该有信息损失. 自然要问, 何谓信息? 如何严格加以定义, 并使之符合通常统计推断的直观意义? 诸如: 样本 X 与充分统计量 $T(X)$ 的 "信息" 应该相等; $(X_1, \cdots, X_n)^\mathrm{T}$ 的信息应为各分量 $X_1, \cdots, X_n$ 所含 "信息" 之和, 等等. 事实上, 符合若干直观意义的 "信息" 的定义并不唯一, 通常有三种: (1) Fisher (费希尔) 信息, 这是统计学上应用最广泛的 "信息"; (2) Kullback-Leibler (库尔贝克–莱布勒) 信息 (亦称 K–L 距离), 它在统计中应用相对较少; (3) Shannon (香农) 信息 (由熵导出), 这是通讯中广泛应用的 "信息". 本节主要介绍 Fisher 信息, 同时也简要介绍一下 Kullback-Leibler 信息.

2.3.1   Fisher 信息

首先提出一组正则条件, 这是定义 Fisher 信息所必需的, 也是通常研究统计问题所必需的, 这些条件对于许多常见情形都能满足. 当然也有 "非正则" 的情形, 届时再予以说明.

定义 2.3.1   设 $X \sim \mathcal{F} = \{f(x, \theta), \theta \in \Theta\}$, 若分布族满足以下条件, 则称为**正则分布族** (也称为 Cramer-Rao 正则分布族或简称为 C-R 分布族):

(1) 设 $\theta = (\theta_1, \cdots, \theta_k)^\mathrm{T} \in \Theta$, Θ 为 $\mathbf{R}^k$ 上的开集; 若 $\theta \neq \theta'$, 则必有 $\mu\{x: f(x, \theta) \neq f(x, \theta')\} > 0$ (即 $\mathcal{F}$ 是可识别的, 不同的 θ 对应于不同的分布);

(2) 分布族的对数似然记为 $L(\theta) = L(\theta, x) = \log f(x, \theta)$, $L(\theta, x)$ 关于 θ 存

在二阶以上的导数, 其前二阶导数记为 $\dot{L}(\theta)$ 和 $\ddot{L}(\theta)$, 其分量为 $\partial L(\theta,x)/\partial\theta_i$ 和 $\partial^2 L(\theta,x)/\partial\theta_i\partial\theta_j$, $i,j=1,\cdots,k$.

(3) 记 $\dot{L}(\theta)=S(x,\theta)=(S_1(x,\theta),\cdots,S_k(x,\theta))^{\mathrm{T}}$, $S_i(x,\theta)=\partial L(\theta,x)/\partial\theta_i$. $S(x,\theta)$ 称为得分函数 (score 函数), 假定它在 Θ 上存在前二阶矩, 即 $\mathrm{E}_\theta[(\partial L/\partial\theta_i)\cdot(\partial L/\partial\theta_j)]$ 在 Θ 上存在, $i,j=1,\cdots,k$.

(4) $\mathcal{F}=\{f(x,\theta),\theta\in\Theta\}$ 有共同支撑, 即 $S_\theta=\{x:f(x,\theta)>0\}$ 与 θ 无关.

(5) $f(x,\theta)$ 关于 x 的积分和关于 θ 求导可交换次序, 即关于 θ 可在积分号下求导数.

定义 2.3.2 (Fisher 信息) 若 $X\sim\{f(x,\theta),\theta\in\Theta\}$ 为正则分布族, 则

$$I_{ij}(\theta)=\mathrm{E}_\theta\left[\frac{\partial L(\theta,X)}{\partial\theta_i}\frac{\partial L(\theta,X)}{\partial\theta_j}\right],\qquad I(\theta)=(I_{ij}(\theta))_{k\times k}$$

分别称为分布族关于参数 θ 的 Fisher 信息函数和 Fisher 信息矩阵. 若 $T=T(X)\sim\{g(t,\theta),\theta\in\Theta\}$ 为正则分布族, $L(\theta,t)=\log g(t,\theta)$, 则 $T(X)$ 关于参数 θ 的 Fisher 信息定义为

$$I_{Tij}(\theta)=\mathrm{E}_\theta\left[\frac{\partial L(\theta,T)}{\partial\theta_i}\frac{\partial L(\theta,T)}{\partial\theta_j}\right],\qquad I_T(\theta)=(I_{Tij}(\theta)).$$

Fisher 信息有许多良好的性质, 与通常统计推断的直观意义相吻合. 以下首先介绍其基本性质, 然后证明一个重要定理.

(1) 得分函数满足 $\mathrm{E}_\theta[\dot{L}(\theta,X)]=\mathrm{E}_\theta[S(X,\theta)]=0$, 并且有

$$I(\theta)=\mathrm{Var}_\theta[S(X,\theta)]=\mathrm{E}_\theta[S(X,\theta)S^{\mathrm{T}}(X,\theta)]=\mathrm{E}_\theta[\dot{L}(\theta,X)\dot{L}^{\mathrm{T}}(\theta,X)]. \qquad (2.3.1)$$

证明 对于正则分布族, $f(x,\theta)$ 关于 x 的积分和关于 θ 求导可交换次序, 因此有

$$\mathrm{E}_\theta[S_i(X,\theta)]=\mathrm{E}_\theta\left[\frac{\partial L(\theta,X)}{\partial\theta_i}\right]=\int\frac{\partial\log f(x,\theta)}{\partial\theta_i}\cdot f(x,\theta)\mathrm{d}\mu(x)$$

$$=\int\frac{\partial f(x,\theta)}{\partial\theta_i}\frac{1}{f(x,\theta)}\cdot f(x,\theta)\mathrm{d}\mu(x)=\frac{\partial}{\partial\theta_i}\int f(x,\theta)\mathrm{d}\mu(x)=0.$$

因而由 Fisher 信息的定义有

$$\mathrm{Cov}(S_i,S_j)=\mathrm{E}_\theta(S_iS_j)=\mathrm{E}_\theta\left[\frac{\partial L}{\partial\theta_i}\frac{\partial L}{\partial\theta_j}\right]=I_{ij}(\theta).$$

以上公式的矩阵形式为 $I(\theta)=\mathrm{Var}_\theta(S)=\mathrm{E}_\theta(SS^{\mathrm{T}})=\mathrm{E}_\theta(\dot{L}\dot{L}^{\mathrm{T}})$, 即 $(2.3.1)$ 式. ∎

(2) $I_{ij}(\theta)=\mathrm{E}_\theta\left[-\dfrac{\partial^2 L}{\partial\theta_i\partial\theta_j}\right]$, 即 $I(\theta)=\mathrm{E}_\theta[-\ddot{L}(\theta,X)]$.

证明 直接求导, 并取期望可得

$$\frac{\partial L}{\partial \theta_i} = \frac{\partial \log f(x,\theta)}{\partial \theta_i} = \frac{1}{f(x,\theta)} \cdot \frac{\partial f(x,\theta)}{\partial \theta_i} = \frac{1}{f} \cdot \frac{\partial f}{\partial \theta_i};$$

$$\frac{\partial^2 L}{\partial \theta_i \partial \theta_j} = -\frac{1}{f^2} \frac{\partial f}{\partial \theta_i} \frac{\partial f}{\partial \theta_j} + \frac{1}{f} \frac{\partial^2 f}{\partial \theta_i \partial \theta_j} = -\frac{\partial L}{\partial \theta_i} \frac{\partial L}{\partial \theta_j} + \frac{1}{f} \frac{\partial^2 f}{\partial \theta_i \partial \theta_j};$$

$$E_\theta \left[-\frac{\partial^2 L}{\partial \theta_i \partial \theta_j} \right] = E_\theta \left[\frac{\partial L}{\partial \theta_i} \frac{\partial L}{\partial \theta_j} \right] - \int \frac{1}{f} \frac{\partial^2 f}{\partial \theta_i \partial \theta_j} f(x,\theta) \mathrm{d}\mu(x)$$

$$= I_{ij}(\theta) - \frac{\partial^2}{\partial \theta_i \partial \theta_j} \int f(x,\theta) \mathrm{d}\mu(x) = I_{ij}(\theta). \qquad\blacksquare$$

(3) 若 $X_1, \cdots, X_n$ 独立, $X = (X_1, \cdots, X_n)^\mathrm{T}$, 则 $I_X(\theta) = \sum\limits_{i=1}^{n} I_{X_i}(\theta)$, 特别, 若 $X_1, \cdots, X_n$ 独立同分布, 则 $I_X(\theta) = n I_{X_1}(\theta)$.

证明 由 $X \sim f(x,\theta) = \prod\limits_{i=1}^{n} f(x_i,\theta)$ 可得

$$L(\theta, X) = \sum_{i=1}^{n} L(\theta, X_i), \qquad S(X,\theta) = \sum_{i=1}^{n} S(X_i,\theta).$$

因而由独立性可得 $\mathrm{Var}[S(X,\theta)] = \sum\limits_{i=1}^{n} \mathrm{Var}[S(X_i,\theta)]$, 即 $I_X(\theta) = \sum\limits_{i=1}^{n} I_{X_i}(\theta)$. $\qquad\blacksquare$

(4) 设 $T = T(X) \sim g(t,\theta)$, 则有

① $I_T(\theta) = 0$ 的充要条件是 $T(X)$ 为辅助统计量;

② 若 $T(X)$ 为充分统计量, 则 $I_T(\theta) = I_X(\theta)$.

证明 ① 由以上性质 (1) 可得

$$I_T(\theta) = \mathrm{Var}\left[S(T,\theta)\right] = \mathrm{Var}\left[\frac{\partial \log g(T,\theta)}{\partial \theta}\right],$$

$$I_T(\theta) = 0 \Longleftrightarrow E_\theta \left\{ \left[\frac{\partial \log g(T,\theta)}{\partial \theta}\right] \left[\frac{\partial \log g(T,\theta)}{\partial \theta}\right]^\mathrm{T} \right\} = 0$$

$$\Longleftrightarrow \frac{\partial \log g(t,\theta)}{\partial \theta} = 0 \Longleftrightarrow \log g(t,\theta) = c(t).$$

其中 $c(t)$ 为与 θ 无关的常数, 因此 T 的密度函数 $g(t,\theta)$ 与 θ 无关, 所以 $T = T(X)$ 为辅助统计量.

② 若 $T = T(X)$ 为充分统计量, 则由因子分解定理可得 $f(x,\theta) = g(T(x), \theta)h(x)$, 因此有 $\log f(x,\theta) = \log g(T(x),\theta) + \log h(x)$. 该式对 θ 求导得到

$$\frac{\partial \log f(x,\theta)}{\partial \theta} = \frac{\partial \log g(T(x),\theta)}{\partial \theta},$$

即 $\dot{L}(\theta, X) = \dot{L}(\theta, T)$. 故由 (2.3.1) 式可得 $I_X(\theta) = I_T(\theta)$. ▮

(5) 设 $\theta = \theta(\varphi)$ 为参数变换, φ 为 q 维参数, 则分布族关于参数 φ 的 Fisher 信息矩阵可表示为

$$I(\varphi) = \left(\frac{\partial \theta}{\partial \varphi^{\mathrm{T}}}\right)^{\mathrm{T}} I(\theta) \left(\frac{\partial \theta}{\partial \varphi^{\mathrm{T}}}\right), \qquad (2.3.2)$$

其中 $\partial \theta / \partial \varphi^{\mathrm{T}} = (\partial \theta_i / \partial \varphi_j)_{k \times q}$ 为 $k \times q$ 矩阵. (2.3.2) 式的分量形式为

$$I_{ab}(\varphi) = \sum_{i,j=1}^{k} I_{ij}(\theta) \frac{\partial \theta_i}{\partial \varphi_a} \frac{\partial \theta_j}{\partial \varphi_b} \quad (i,j=1,\cdots,k; \ a,b=1,\cdots,q).$$

证明 由定义可得

$$I_{ab}(\varphi) = \mathrm{E}_\varphi \left[\frac{\partial L}{\partial \varphi_a} \frac{\partial L}{\partial \varphi_b}\right] = \mathrm{E}_\theta \left[\left(\sum_{i=1}^{k} \frac{\partial L}{\partial \theta_i} \frac{\partial \theta_i}{\partial \varphi_a}\right) \left(\sum_{j=1}^{k} \frac{\partial L}{\partial \theta_j} \frac{\partial \theta_j}{\partial \varphi_b}\right)\right]$$

$$= \sum_{i,j=1}^{k} \mathrm{E}_\theta \left[\frac{\partial L}{\partial \theta_i} \frac{\partial L}{\partial \theta_j}\right] \frac{\partial \theta_i}{\partial \varphi_a} \frac{\partial \theta_j}{\partial \varphi_b} = \sum_{i,j=1}^{k} I_{ij}(\theta) \frac{\partial \theta_i}{\partial \varphi_a} \frac{\partial \theta_j}{\partial \varphi_b} \ ▮$$

上面介绍了 Fisher 信息的若干基本性质. 特别是性质 (3) 和性质 (4), 指出了 Fisher 信息的基本统计意义, 但是还不完全. 下面定理 2.3.1 将要进一步证明: 对于任何统计量 $T = T(X)$ 都有 $I_T(\theta) \leqslant I_X(\theta)$, 而且等式成立的充要条件是 $T = T(X)$ 为充分统计量; 这就更加完整地揭示了充分统计量与 Fisher 信息之间的内在联系. 为了证明这一定理, 需要用到得分函数的条件期望的性质. 所以下面首先简要介绍条件期望的一个等价定义, 关于条件期望进一步的内容可参见陈希孺 (1981, p.25-43).

设 $X \sim (\mathcal{X}, \mathcal{B}_X, P^X)$, $T = T(X)$ 为统计量, 则有 $T \sim (\mathcal{T}, \mathcal{B}_T, P^T)$, 其导出测度为 $P^T(B) = P^X(T^{-1}(B)) = P^X(A)$. 给定可测函数 $\varphi(x)$, 其条件期望 $\mathrm{E}[\varphi(X)|T(X) = t]$ 应为 t 的函数 $m(t)$, 并且应当满足条件期望的基本性质 (见第一章 (1.1.4) 式):

$$\mathrm{E}[m(T)] = \mathrm{E}\{\mathrm{E}[\varphi(X)|T]\} = \mathrm{E}[\varphi(X)].$$

其积分形式为

$$\int_{\mathcal{T}} m(t) \mathrm{d} P^T(t) = \int_{\mathcal{X}} \varphi(x) \mathrm{d} P^X(x). \qquad (2.3.3)$$

该式就是条件期望等价定义的出发点, 具体表述如下:

可测函数 $\varphi(x)$ 的条件期望 $\mathrm{E}[\varphi(X)|T(X) = t]$ 定义为 $\mathcal{T}$ 上的 $\mathcal{B}_T$ 可测函数 $m(t)$, 它满足

$$\int_B m(t) \mathrm{d} P^T(t) = \int_{T^{-1}(B)} \varphi(x) \mathrm{d} P^X(x), \ \forall B \in \mathcal{B}_T. \qquad (2.3.4)$$

在这个定义中, 若令 $B = \mathcal{T}$, 就是 (2.3.3) 式, 因此 (2.3.4) 式比 (2.3.3) 式更具有一般性, 要求也更高一些. 根据 (2.3.4) 式, 可以进一步定义条件概率和条件分布. 条件概率定义为 $P(A|T(X) = t) = \mathrm{E}\{I_A(X)|T(X) = t\}$; 条件分布定义为 $F(x|t) = P\{(-\infty, x]|T(X) = t\}$. 可以证明: 在一定正则条件下, $m(t)$ 必存在; 以上定义的条件概率、条件分布具有与经典定义一样的性质, 详见陈希孺 (1981).

对于本节考虑的正则分布族, 设 $X \sim \{f(x, \theta), \theta \in \Theta\}$, $T = T(X)$ 为统计量, $T \sim \{g(t, \theta), \theta \in \Theta\}$. 则 X 与 $T(X)$ 的得分函数有以下关系:

引理 2.3.1 在以上条件下, 统计量 $T(X)$ 的得分函数可表示为 X 的得分函数的条件期望

$$\frac{\partial}{\partial \theta} \log g(t; \theta) = \mathrm{E}_\theta \left\{ \frac{\partial}{\partial \theta} \log f(X, \theta) \middle| T(X) = t \right\}. \tag{2.3.5}$$

该式等价于 $S_T(T, \theta) = \mathrm{E}_\theta\{S_X(X, \theta)|T\}$, 亦可简记为 $S_T = \mathrm{E}_\theta\{S_X|T\}$.

证明 今应用 (2.3.4) 式来证明 (2.3.5) 式, 为此记

$$\frac{\partial}{\partial \theta} \log g(t; \theta) = m(t), \qquad \frac{\partial}{\partial \theta} \log f(x; \theta) = \varphi(x).$$

要证这两式满足 (2.3.4) 式, 等价于要证

$$\int_B \frac{\partial}{\partial \theta} \log g(t, \theta) \mathrm{d}P_\theta^T(t) = \int_{T^{-1}(B)} \frac{\partial}{\partial \theta} \log f(x, \theta) \mathrm{d}P_\theta^X(x). \tag{2.3.6}$$

等价于要证

$$\int_B \frac{\partial g(t, \theta)}{\partial \theta} \frac{1}{g(t, \theta)} g(t, \theta) \mathrm{d}\mu(t) = \int_{T^{-1}(B)} \frac{\partial f(x, \theta)}{\partial \theta} \frac{1}{f(x, \theta)} f(x, \theta) \mathrm{d}\mu(x).$$

等价于要证

$$\frac{\partial}{\partial \theta} \int_B g(t, \theta) \mathrm{d}\mu(t) = \frac{\partial}{\partial \theta} \int_{T^{-1}(B)} f(x, \theta) \mathrm{d}\mu(x).$$

即要证

$$\frac{\partial}{\partial \theta} P_\theta^T(B) = \frac{\partial}{\partial \theta} P_\theta^X(T^{-1}(B)).$$

而由 $P_\theta^T(B)$ 的定义可知 $P_\theta^T(B) = P_\theta^X(T^{-1}(B))$, 由此倒推即可得到 (2.3.6) 式, 因此 (2.3.5) 式成立. ∎

定理 2.3.1 设 $X \sim \{f(x; \theta), \theta \in \Theta\}$, $T = T(X) \sim g(t; \theta)$ 都是正则分布族, 则有

(1) X 与 $T(X)$ 的 Fisher 信息之差 (即以 $T(X)$ 代替 X 的信息损失) 可表示为

$$I_X(\theta) - I_T(\theta) = \mathrm{E}_\theta\left\{\mathrm{Var}_\theta\left[\frac{\partial}{\partial\theta}L(\theta, X)\Big|T\right]\right\} = \mathrm{E}_\theta\{\mathrm{Var}_\theta[S_X(X,\theta)|T]\}$$
$$= \mathrm{Var}_\theta[S_X(X,\theta) - S_T(T(X),\theta)]$$
$$= \mathrm{E}_\theta[(S_X - S_T)(S_X - S_T)^{\mathrm{T}}].$$

(2) $I_X(\theta) \geqslant I_T(\theta)$, 且等号成立的充要条件为 $T(X)$ 为充分统计量.

证明 (1) 根据公式 (2.3.1) 以及第一章 (1.1.5) 式可得

$$I_X(\theta) = \mathrm{Var}\left\{\frac{\partial L(\theta, X)}{\partial\theta}\right\} = \mathrm{Var}[S_X(X,\theta)]$$
$$= \mathrm{E}_\theta\{\mathrm{Var}_\theta[S_X(X,\theta)|T]\} + \mathrm{Var}_\theta\{\mathrm{E}_\theta[S_X(X,\theta)|T]\}.$$

由引理 2.3.1 知 $\mathrm{E}_\theta[S_X(X,\theta)|T] = S_T(T,\theta)$, 因此上式第二项 $= \mathrm{Var}_\theta\{S_T(T,\theta)\} = I_T(\theta)$, 代入以上 $I_X(\theta)$ 的表达式, 即可以推出 (1) 的第一式. 亦可推出 $I_X(\theta) \geqslant I_T(\theta)$. 再证 (1) 的第二、三式. 根据 Fisher 信息的定义, 以上 (1) 的第三式可表示为

$$\mathrm{E}_\theta[(S_X - S_T)(S_X - S_T)^{\mathrm{T}}]$$
$$= \mathrm{E}_\theta[S_X S_X^{\mathrm{T}} - S_X S_T^{\mathrm{T}} - S_T S_X^{\mathrm{T}} + S_T S_T^{\mathrm{T}}]$$
$$= I_X(\theta) + I_T(\theta) - \mathrm{E}_\theta(S_X S_T^{\mathrm{T}}) - \mathrm{E}_\theta(S_T S_X^{\mathrm{T}}).$$

而由引理 2.3.1 可得

$$\mathrm{E}_\theta(S_X S_T^{\mathrm{T}}) = \mathrm{E}_\theta\{\mathrm{E}_\theta[S_X S_T^{\mathrm{T}}|T]\} = \mathrm{E}_\theta\{\mathrm{E}_\theta(S_X|T)S_T^{\mathrm{T}}\} = \mathrm{E}_\theta(S_T S_T^{\mathrm{T}}) = I_T(\theta).$$

同理 $\mathrm{E}_\theta(S_T S_X^{\mathrm{T}}) = I_T(\theta)$. 因此有 $\mathrm{E}_\theta[(S_X - S_T)(S_X - S_T)^{\mathrm{T}}] = I_X(\theta) - I_T(\theta)$. 由此即得第二、三式.

(2) 上面已证明 $I_X(\theta) \geqslant I_T(\theta)$. 若 $T = T(X)$ 为充分统计量, 则由性质 (4) 可知 $I_T(\theta) = I_X(\theta)$. 反之, 若 $I_X(\theta) = I_T(\theta)$, 要证 $T(X)$ 为充分统计量. 由 (1) 第二式有 $S_X(X,\theta) = S_T(T,\theta)$, 即

$$\frac{\partial \log f(x,\theta)}{\partial\theta} = \frac{\partial \log g(t,\theta)}{\partial\theta},$$

该式两端关于 θ 积分可得

$$\log f(x,\theta) = \log g(t,\theta) + c(x),$$

其中 $c(x)$ 为与 θ 无关的积分常数, 所以有 $f(x,\theta) = g(t(x),\theta)\mathrm{e}^{c(x)}$. 因此由因子分解定理可知, $T = T(X)$ 为充分统计量. ∎

以上定理和性质表明, 无论从 Fisher 信息观点来了解充分统计量或者从充分统计量的观点来理解 Fisher 信息都是合理的. 下面看一些例子:

例 2.3.1 设 $X \sim N(\mu, \sigma^2)$ 为正态分布. 求 X 关于 $\theta = (\mu, \sigma^2)$ 以及 $\theta' = (\mu, \sigma)$ 的 Fisher 信息.

解 由定义可得

$$L(\mu, \sigma^2) = -\frac{1}{2}\log(2\pi\sigma^2) - \frac{1}{2\sigma^2}(x-\mu)^2,$$

$$\frac{\partial L}{\partial \mu} = \frac{1}{\sigma^2}(x-\mu), \qquad \frac{\partial L}{\partial \sigma^2} = -\frac{1}{2\sigma^2} + \frac{1}{2\sigma^4}(x-\mu)^2;$$

$$\mathrm{Var}\left(\frac{\partial L}{\partial \mu}\right) = \frac{1}{\sigma^2}, \quad \mathrm{Var}\left(\frac{\partial L}{\partial \sigma^2}\right) = \frac{1}{2\sigma^4}, \quad \mathrm{Cov}\left(\frac{\partial L}{\partial \mu}, \frac{\partial L}{\partial \sigma^2}\right) = 0.$$

$$I(\mu, \sigma^2) = \begin{pmatrix} 1/\sigma^2 & 0 \\ 0 & 1/2\sigma^4 \end{pmatrix}.$$

若 $X_1, \cdots, X_n$ 独立同分布, $X_1 \sim N(\mu, \sigma^2)$, 则有

$$I_X(\mu, \sigma^2) = \begin{pmatrix} n/\sigma^2 & 0 \\ 0 & n/2\sigma^4 \end{pmatrix}.$$

若取参数为 $\theta' = (\mu, \sigma)$, 通过类似的计算可得

$$I_X(\mu, \sigma) = \begin{pmatrix} n/\sigma^2 & 0 \\ 0 & 2n/\sigma^2 \end{pmatrix}.$$

例 2.3.2 设 $X \sim b(1, \theta)$ 为二项分布, 求 X 关于 θ 的 Fisher 信息.

解 由定义可得

$$X \sim f(x, \theta) = \theta^x(1-\theta)^{1-x};$$

$$L(\theta, x) = x\log\theta + (1-x)\log(1-\theta);$$

$$\frac{\partial L}{\partial \theta} = \frac{x}{\theta} - \frac{1-x}{1-\theta} = \frac{x-\theta}{\theta(1-\theta)};$$

$$I(\theta) = \mathrm{Var}\left(\frac{\partial L}{\partial \theta}\right) = \frac{1}{\theta(1-\theta)}.$$

若 $X = (X_1, \cdots, X_n)^{\mathrm{T}}$ 各分量独立同分布, $X_1 \sim b(1, \theta)$, 则 $I_X(\theta) = n[\theta(1-\theta)]^{-1}$. 类似地, 若 $X \sim b(n, \theta)$, 也有 $I_X(\theta) = n[\theta(1-\theta)]^{-1}$.

例 2.3.3 设 X 服从位置尺度参数分布族 $X \sim \dfrac{1}{\sigma} f\left(\dfrac{x-\mu}{\sigma}\right)$, $\theta = (\mu, \sigma)$. 证明: 若 σ 已知, 则 $I_X(\mu) = a$; 若 μ 已知, 则 $I_X(\sigma) = \sigma^{-2} b$; 若 μ, σ 都未知, 则 $I_X(\mu, \sigma) = \sigma^{-2} A$, 其中 a, b 为与参数 θ 无关的常数, A 为与参数 θ 无关的矩阵.

证明 记 $Y = \dfrac{X - \mu}{\sigma}$, 则 Y 服从标准分布 $P_{(0,1)}$ (见第一章), 其分布与参数 $\theta = (\mu, \sigma)$ 无关. 由定义可得

$$L(\theta, x) = \log f(y) - \log \sigma; \quad y = \frac{x - \mu}{\sigma}.$$

$$\frac{\partial L}{\partial \mu} = -\frac{1}{\sigma} \frac{f'(y)}{f(y)}, \quad \frac{\partial L}{\partial \sigma} = -\frac{1}{\sigma}\left[\frac{f'(y)}{f(y)} y + 1\right].$$

由于 $Y \sim P_{(0,1)}$, 因此所有涉及 Y 的期望、方差都与参数 θ 无关. 所以若 σ 已知, 则有 $I_X(\mu) = \mathrm{Var}[\partial L/\partial \mu] = a$; 若 μ 已知, 则有 $I_X(\sigma) = \mathrm{Var}[\partial L/\partial \sigma] = \sigma^{-2} b$; 若 μ, σ 都未知, 则 $I_X(\mu, \sigma) = \mathrm{Var}[(\partial L/\partial \mu, \ \partial L/\partial \sigma)^{\mathrm{T}}] = \sigma^{-2} A$. 这些结果可进一步推广到独立同分布的样本以及更一般的样本. ∎

例 2.3.4 设 $Y \sim$ 多元正态分布 $N(\theta, I_n)$, 其中 I_n 为 n 阶单位矩阵.

(1) 求 Y 关于 θ 的 Fisher 信息矩阵;

(2) 设 $\theta = g(\beta)$, 即 $Y \sim N(g(\beta), I_n)$, 求 Y 关于 β 的 Fisher 信息矩阵.

解 (1) 设 $Y = (y_1, \cdots, y_n)^{\mathrm{T}}$, $\theta = (\theta_1, \cdots, \theta_n)^{\mathrm{T}}$, 则

$$Y \sim f(y, \theta) = \left(\frac{1}{\sqrt{2\pi}}\right)^n \exp\left\{-\frac{1}{2}\sum_{i=1}^n (y_i - \theta_i)^2\right\},$$

$$L(\theta, y) = -\frac{1}{2}\sum_{i=1}^n (y_i - \theta_i)^2 - \frac{n}{2}\log(2\pi), \quad \frac{\partial L}{\partial \theta_i} = y_i - \theta_i,$$

$$I_{ij}(\theta) = \mathrm{E}_\theta\left[\frac{\partial L}{\partial \theta_i}\frac{\partial L}{\partial \theta_j}\right] = \mathrm{E}_\theta[(y_i - \theta_i)(y_j - \theta_j)]$$

$$= \mathrm{Cov}(y_i, y_j) = \delta_{ij} = \begin{cases} 0, & i \neq j, \\ 1, & i = j. \end{cases}$$

所以 $I(\theta) = I_n$ 为单位矩阵.

(2) 记 $G = \partial g(\beta)/\partial \beta^{\mathrm{T}}$, 由变换公式 (2.3.2) 可得

$$I(\beta) = \left(\frac{\partial \theta}{\partial \beta^{\mathrm{T}}}\right)^{\mathrm{T}} I(\theta) \left(\frac{\partial \theta}{\partial \beta^{\mathrm{T}}}\right) = \left(\frac{\partial g}{\partial \beta^{\mathrm{T}}}\right)^{\mathrm{T}} \left(\frac{\partial g}{\partial \beta^{\mathrm{T}}}\right) = G^{\mathrm{T}} G.$$

例 2.3.5 指数族分布 $X \sim f(x, \theta) = h(x) \exp\{\theta^{\mathrm{T}} T(x) - b(\theta)\}$.

(1) 求 X 关于 θ 的 Fisher 信息矩阵;

(2) 记 $\eta = \mathrm{E}_\theta[T(X)]$, 求 X 关于 η 的 Fisher 信息矩阵.

解 (1) 其对数似然函数及其导数可表示为

$$L(\theta, x) = \theta^{\mathrm{T}} T(x) - b(\theta) + \log h(x),$$

$$\frac{\partial L}{\partial \theta_i} = T_i(x) - \frac{\partial b(\theta)}{\partial \theta_i} = T_i(X) - \mathrm{E}[T_i(X)].$$

因此由 Fisher 信息的定义以及指数族分布的性质可得

$$I_{ij}(\theta) = \mathrm{E}_\theta\left[\frac{\partial L}{\partial \theta_i}\frac{\partial L}{\partial \theta_j}\right] = \mathrm{E}_\theta[(T_i - \mathrm{E}(T_i))(T_j - \mathrm{E}(Y_j))]$$

$$= \mathrm{Cov}(T_i, T_j) = \frac{\partial^2 b(\theta)}{\partial \theta_i \partial \theta_j}.$$

因此 $I(\theta) = \ddot{b}(\theta) = \mathrm{Var}_\theta[T(X)]$.

(2) 根据指数族分布的性质以及变换公式 (2.3.2) 可得

$$\eta = \mathrm{E}_\theta[T(X)] = \dot{b}(\theta), \qquad \frac{\partial \eta}{\partial \theta^{\mathrm{T}}} = \ddot{b}(\theta), \qquad \frac{\partial \theta}{\partial \eta^{\mathrm{T}}} = [\ddot{b}(\theta)]^{-1},$$

$$I(\eta) = \left(\frac{\partial \theta}{\partial \eta^{\mathrm{T}}}\right)^{\mathrm{T}} I(\theta)\left(\frac{\partial \theta}{\partial \eta^{\mathrm{T}}}\right) = [\ddot{b}(\theta)]^{-1}\ddot{b}(\theta)[\ddot{b}(\theta)]^{-1} = [\ddot{b}(\theta)]^{-1}; \quad \theta = \dot{b}^{-1}(\eta).$$

2.3.2 Kullback-Leibler 信息 (K–L 距离) 和 Jensen 不等式

Kullback-Leibler 信息反映了两个密度函数之间的差异, 是一种 "互信息", 它具有信息和距离的某些性质, 也称为 Kullback-Leibler 距离 (简称为 K–L 距离), 下面将摘要予以介绍. 另外, 本小节介绍的 Jensen (延森) 不等式在文献中经常用到.

定义 2.3.3 密度函数 $f(x)$ 与 $g(x)$ 之间的 Kullback-Leibler 信息定义为

$$K(f, g) \stackrel{\triangle}{=} \mathrm{E}_f\left\{\log\frac{f(X)}{g(X)}\right\} = \mathrm{E}_f[L_f(X) - L_g(X)],$$

其中 E_f 表示对 $f(x)$ 求期望 (积分). 特别地, 若 $X \sim \{f(x, \theta), \theta \in \Theta\}, \theta, \varphi \in \Theta$, 则 Kullback-Leibler 信息定义为

$$K(\theta, \varphi) \stackrel{\triangle}{=} \mathrm{E}_\theta\left\{\log\frac{f(X, \theta)}{f(X, \varphi)}\right\} = \mathrm{E}_\theta[L(\theta, X) - L(\varphi, X)], \tag{2.3.7}$$

其中 E_θ 表示对 $f(x, \theta)$ 求期望. 对于统计量 $T = T(X) \sim g(t, \theta)$, 其 Kullback-Leibler 信息定义为

$$K_T(\theta, \varphi) \stackrel{\triangle}{=} \mathrm{E}_\theta\left\{\log\frac{g(T, \theta)}{g(T, \varphi)}\right\}.$$

注意, 一般 $K(f,g) \neq K(g,f)$. 以下主要讨论参数分布族.

例 2.3.6 设 $X \sim$ 多元正态分布 $N(\theta, I_n)$, 其中 I_n 为 n 阶单位矩阵, 求 $K(\theta, \varphi)$.

解 设 $X = (X_1, \cdots, X_n)^{\mathrm{T}}$, $\theta = (\theta_1, \cdots, \theta_n)^{\mathrm{T}}$, $\varphi = (\varphi_1, \cdots, \varphi_n)^{\mathrm{T}}$, 则

$$X \sim f(x, \theta) = \left(\frac{1}{\sqrt{2\pi}}\right)^n \exp\left\{-\frac{1}{2}\sum_{i=1}^n (x_i - \theta_i)^2\right\},$$

$$L(\theta, x) = -\frac{1}{2}\sum_{i=1}^n (x_i - \theta_i)^2 - \frac{n}{2}\log(2\pi), \quad L(\varphi, x) = -\frac{1}{2}\sum_{i=1}^n (x_i - \varphi_i)^2 - \frac{n}{2}\log(2\pi),$$

由于 $X \sim N(\theta, I_n)$, 因此有 $\mathrm{E}_\theta(X_i - \theta_i)^2 = 1$. 由于 $\mathrm{E}_\theta(X_i - \theta_i) = 0$, 因此

$$\mathrm{E}_\theta(X_i - \varphi_i)^2 = \mathrm{E}_\theta(X_i - \theta_i + \theta_i - \varphi_i)^2 = 1 + (\theta_i - \varphi_i)^2,$$

$$\begin{aligned}
K(\theta, \varphi) &= \mathrm{E}_\theta[L(\theta, X) - L(\varphi, X)] \\
&= -\frac{1}{2}\mathrm{E}_\theta\left\{\sum_{i=1}^n (X_i - \theta_i)^2 - \sum_{i=1}^n (X_i - \varphi_i)^2\right\} \\
&= \frac{1}{2}\sum_{i=1}^n (\theta_i - \varphi_i)^2 = \frac{1}{2}(\theta - \varphi)^{\mathrm{T}}(\theta - \varphi).
\end{aligned}$$

例 2.3.7 对指数族分布 $X \sim h(x)\exp\{\theta^{\mathrm{T}}T(x) - b(\theta)\}$, 求 $K(\theta, \varphi)$.

解 根据以上定义及指数族分布的性质有

$$K(\theta, \varphi) = \mathrm{E}_\theta[L(\theta, X) - L(\varphi, X)],$$

$$L(\theta, x) = \theta^{\mathrm{T}}T(x) - b(\theta) + \log h(x),$$

$$\begin{aligned}
K(\theta, \varphi) &= \mathrm{E}_\theta\{(\theta - \varphi)^{\mathrm{T}}T(X) - [b(\theta) - b(\varphi)]\} \\
&= (\theta - \varphi)^{\mathrm{T}}\dot{b}(\theta) - [b(\theta) - b(\varphi)].
\end{aligned}$$

为证明 K–L 距离的性质, 首先介绍三个引理. 事实上, 引理 2.3.2 的 Jensen 不等式以及引理 2.3.3 的信息不等式, 它们本身在统计中都有非常广泛的应用.

引理 2.3.2 (Jensen 不等式) 若 $f(x)$ 为凸函数, 并假定有关的期望存在, 则有

$$\mathrm{E}[f(X)] \geqslant f(\mathrm{E}(X)).$$

若 $f(x)$ 严凸, 则以上不等式中等号成立的充要条件为 X 服从退化分布.

证明   由 $f(x)$ 的凸性可知, $\forall x_0$, 存在常向量 c, 使得对任意的 x, 有

$$f(x) \geqslant f(x_0) + c^{\mathrm{T}}(x - x_0).$$

特别取 $x_0 = \mathrm{E}(X)$, 则有

$$f(X) \geqslant f(\mathrm{E}(X)) + c^{\mathrm{T}}(X - \mathrm{E}(X)).$$

两边求期望即得 $\mathrm{E}[f(X)] \geqslant f(\mathrm{E}(X))$. 若 $f(x)$ 严凸, 则 $\forall x \neq x_0$ (即 $X \neq \mathrm{E}(X)$), 以上两个不等式中严格不等号成立. 因此当且仅当 $X = \mathrm{E}(X)$ (a.e.) 时, 等号才能成立. 所以不等式中等号成立的充要条件为 X 服从退化分布. ∎

推论 1   取 $f(x) = x^{-1}$ 或 $f(x) = -\log x$, 则有

$$\mathrm{E}(Y^{-1}) \geqslant (\mathrm{E}(Y))^{-1},$$

$$\mathrm{E}[-\log Y] \geqslant -\log(\mathrm{E}(Y)). \tag{2.3.8}$$

推论 2 (条件 Jensen 不等式)   以上结果用于 $X|T$ 的条件分布, 则有

$$\mathrm{E}[f(X)|T] \geqslant f(\mathrm{E}(X|T)).$$

若 $f(x)$ 严凸, 则等式成立的充要条件为 $X|T$ 服从退化分布, 即 $X = \varphi(T)$ (a.e.). 特别有

$$\mathrm{E}[(-\log Y)|T] \geqslant -\log[\mathrm{E}(Y|T)], \tag{2.3.9}$$

等式成立的充要条件为 $Y = \varphi(T)$ (a.e.).

引理 2.3.3 (信息不等式)   对密度函数 $f(x)$, $g(x)$, 假定有关的期望存在, 则有

$$\int [\log f(x)]f(x)\mathrm{d}\mu(x) \geqslant \int [\log g(x)]f(x)\mathrm{d}\mu(x). \tag{2.3.10}$$

该不等式中, 当且仅当 $f(x) = g(x)$ (a.e.) 时等式成立. 特别有

$$\int [\log f(x,\theta)]f(x,\theta)\mathrm{d}\mu(x) \geqslant \int [\log f(x,\varphi)]f(x,\theta)\mathrm{d}\mu(x), \tag{2.3.11}$$

当且仅当 $\theta = \varphi$ 时等式成立. 另外, 该式等价于 $\mathrm{E}_\theta[L(\theta,X)] \geqslant \mathrm{E}_\theta[L(\varphi,X)]$.

证明   要证 (2.3.10) 式, 只需证

$$\int \log\left[\frac{f(x)}{g(x)}\right] f(x)\mathrm{d}\mu(x) \geqslant 0,$$

该式等价于

$$-\int \log\left[\frac{g(x)}{f(x)}\right] f(x)\mathrm{d}\mu(x) \geqslant 0. \tag{2.3.12}$$

记 $Y = g(X)/f(X)$, 则由 (2.3.8) 式有

$$\mathrm{E}_f[-\log Y] \geqslant -\log[\mathrm{E}_f Y] = -\log\left[\int \frac{g(x)}{f(x)} f(x)\mathrm{d}\mu(x)\right] = -\log 1 = 0.$$

此即 (2.3.12) 式, 该式倒推即得 (2.3.10) 式. 上式等式成立的充要条件是 $Y = g(X)/f(X)$ 服从退化分布, 即 $g(x)/f(x) = c$, $g(x) = cf(x)$ (a.e.), 因此必有 $c = 1$, 即 $g(x) = f(x)$ (a.e.). 另外, 由 (2.3.10) 式即得 (2.3.11) 式. ∎

Kullback-Leibler 信息有以下类似于距离或信息的基本性质:

(1) $K(\theta, \varphi) \geqslant 0$, 当且仅当 $\theta = \varphi$ 时 $K(\theta, \varphi) = 0$;

(2) 若 $X_1, \cdots, X_n$ 独立, $X = (X_1, \cdots, X_n)^{\mathrm{T}}$, 则有

$$K_X(\theta, \varphi) = \sum_{i=1}^{n} K_{X_i}(\theta, \varphi);$$

(3) 若 $T = T(X)$ 为辅助统计量, 则 $K_T(\theta, \varphi) = 0$; 若 $T = T(X)$ 为充分统计量, 则 $K_T(\theta, \varphi) = K_X(\theta, \varphi)$.

证明 (1) 由定义 2.3.3 以及信息不等式 (2.3.11) 有

$$\begin{aligned}
K(\theta, \varphi) &= \mathrm{E}_\theta[L(\theta, X) - L(\varphi, X)] \\
&= \mathrm{E}_\theta[L(\theta, X)] - \mathrm{E}_\theta[L(\varphi, X)] \geqslant 0.
\end{aligned}$$

而且等号成立的充要条件为 $\theta = \varphi$.

(2) 直接由定义可得

$$K_X(\theta, \varphi) = \mathrm{E}_\theta\left[\log \frac{\prod\limits_{i=1}^{n} f(X_i, \theta)}{\prod\limits_{i=1}^{n} f(X_i, \varphi)}\right] = \sum_{i=1}^{n} K_{X_i}(\theta, \varphi).$$

(3) 若 $T = T(X)$ 为辅助统计量, 则其分布与参数 θ 和 φ 无关, 显然有 $K_T(\theta, \varphi) = 0$. 若 $T = T(X)$ 为充分统计量, 则由因子分解定理可得

$$K_X(\theta, \varphi) = \mathrm{E}_\theta\left\{\log \frac{f(X, \theta)}{f(X, \varphi)}\right\} = \mathrm{E}_\theta\left\{\log \frac{g(T(X), \theta)h(X)}{g(T(X), \varphi)h(X)}\right\} = K_T(\theta, \varphi). \quad ∎$$

上面介绍的 3 个性质中, (1) 反映了距离的性质; 而 (2) 和 (3) 反映了信息的统计意义, 这与 Fisher 信息十分相似. 以下定理 2.3.2 将要进一步证明: 对于任何统计量 $T = T(X)$ 都有 $K_X(\theta, \varphi) \geqslant K_T(\theta, \varphi)$, 而且等式成立的充要条件是 $T = T(X)$ 为充分统计量. 这与 Fisher 信息的性质十分相似. 为了证明这一定理, 也需要类似于引理 2.3.1 与条件期望有关的一个引理.

引理 2.3.4   设 $X \sim f(x, \theta)$, $T(X) \sim g(t; \theta)$ 为正则分布族, 假定有关的期望存在, 则有

$$\frac{g(t, \varphi)}{g(t, \theta)} = \mathrm{E}_\theta \left\{ \frac{f(X, \varphi)}{f(X, \theta)} \middle| T(X) = t \right\}. \qquad (2.3.13)$$

证明   可根据条件期望的定义 (2.3.4) 式加以证明. 记

$$\frac{g(t, \varphi)}{g(t, \theta)} = m(t), \quad \frac{f(x, \varphi)}{f(x, \theta)} = \psi(x).$$

要证 (2.3.13) 式, 即要证 $m(t) = \mathrm{E}_\theta \{\psi(X)|T(X) = t\}$. 由条件期望的定义 (2.3.4) 式, 等价于要证

$$\int_B m(t) \mathrm{d}P_\theta^T(t) = \int_{T^{-1}(B)} \psi(x) \mathrm{d}P_\theta^X(x). \qquad (2.3.14)$$

根据以上定义, 等价于要证

$$\int_B \frac{g(t, \varphi)}{g(t, \theta)}) g(t, \theta) \mathrm{d}\mu(t) = \int_{T^{-1}(B)} \frac{f(x, \varphi)}{f(x, \theta)} f(x, \theta) \mathrm{d}\mu(x).$$

等价于要证

$$\int_B g(t, \varphi) \mathrm{d}\mu(t) = \int_{T^{-1}(B)} f(x, \varphi) \mathrm{d}\mu(x).$$

该式相当于 $P_\varphi^T(B) = P_\varphi^X(T^{-1}(B))$. 而由 $P_\varphi^T(B)$ 定义可知上式相等; 逐步倒推, 即可得到 (2.3.14) 式, 因此 (2.3.13) 式成立. ∎

定理 2.3.2   设 $X \sim \{f(x; \theta), \ \theta \in \Theta\}$, $T = T(X) \sim g(t; \theta)$ 都是正则分布族, 则有

$$K_X(\theta, \varphi) \geqslant K_T(\theta, \varphi).$$

且等式成立的充要条件是 $T = T(X)$ 为充分统计量.

证明   记 $Y = f(X, \varphi)/f(X, \theta)$, 则有

$$K_X(\theta, \varphi) = \mathrm{E}_\theta \left\{ -\log \frac{f(X, \varphi)}{f(X, \theta)} \right\} = \mathrm{E}_\theta \{-\log Y\}.$$

应用条件期望, 上式可表示为

$$K_X(\theta, \varphi) = \mathrm{E}_\theta \{\mathrm{E}_\theta [(-\log Y)|T]\}. \qquad (2.3.15)$$

对 $-\log Y$ 应用条件 Jensen 不等式 (见 (2.3.9) 式) 得

$$\mathrm{E}_\theta [(-\log Y)|T] \geqslant -\log [\mathrm{E}_\theta (Y|T)].$$

代入 (2.3.15) 式, 并应用引理 2.3.4 的 (2.3.13) 式可得

$$K_X(\theta,\varphi) \geqslant \mathrm{E}_\theta \left\{ -\log \left[\mathrm{E}_\theta \left(\frac{f(X,\varphi)}{f(X,\theta)} \middle| T \right) \right] \right\}$$
$$= \mathrm{E}_\theta \left\{ -\log \left(\frac{g(T,\varphi)}{g(T,\theta)} \right) \right\} = K_T(\theta,\varphi).$$

若以上等式成立, 则由引理 2.3.2 的推论 2 可知 $Y|T = [f(X,\varphi)/f(X,\theta)]|T$ 服从退化分布, 即

$$\frac{f(x,\varphi)}{f(x,\theta)} = a(t,\theta,\varphi),$$

该式仅与 t 有关. 而对任意的 $\varphi = \varphi_0$, 记 $a^{-1}(t,\theta,\varphi_0) = g(t,\theta)$, $h(x) = f(x,\varphi_0)$ 可得

$$f(x,\theta) = g(t,\theta)h(x).$$

由因子分解定理知 T 为充分统计量.

反之, 若 T 为充分统计量, 由前面的性质 (3) 知 $K_T(\theta,\varphi) = K_X(\theta,\varphi)$. ∎

习题二

1. 设 $X_1,\cdots,X_n$ 为 i.i.d. 样本, $X_1 \sim \Gamma(\lambda,p)$, p 已知. 根据定义直接证明 $T = \sum\limits_{i=1}^n X_i$ 是充分统计量.

2. 设 $X_1,\cdots,X_n$ 为 i.i.d. 样本, $X_1 \sim \mu + \Gamma(\lambda,1)$. 试用定义直接证明:

(1) 当 $\mu = 0$ 时, $T_1 = \sum\limits_{i=1}^n X_i$ 是充分统计量;

(2) 当 $\lambda = 1$ 时, $T_2 = X_{(1)}$ 是充分统计量, 但 T_1 不是充分统计量;

(3) 当 μ, λ 都未知时, $T_3 = (T_2, T_1)$ 是充分统计量.

3. 设 $X_1,\cdots,X_n$ 为 i.i.d. 样本, X_1 服从以下分布, 求相应的充分统计量:

(1) 负二项分布: $X_1 \sim NB(r,\theta)$, r 已知;

(2) 离散均匀分布: $X_1 \sim U(m)$, m 未知;

(3) 对数正态分布: $X_1 \sim LN(\mu,\sigma^2)$;

(4) Rayleigh 分布: $X_1 \sim W(\lambda,2)$.

4. 设 $X_1,\cdots,X_n$ 为 i.i.d. 样本, X_1 服从以下分布, 求相应的极小充分统计量:

(1) 正态分布: $X_1 \sim N(\mu,\sigma^2)$;

(2) Pareto 分布: $X_1 \sim PR(\alpha,\theta)$;

(3) 幂函数分布: $X_1 \sim PF(\theta,c)$.

5. 设 $X_1,\cdots,X_n$ 为 i.i.d. 样本, $X_1 \sim f(x_1;\theta) = \exp\left\{ -\left(\frac{x_1-\mu}{\sigma}\right)^4 - \xi(\theta) \right\}$, 其中 $\theta = (\mu,\sigma) \in \Theta = \mathbf{R} \times (0,+\infty)$. 试证: $f(x;\theta) = \prod\limits_{i=1}^n f(x_i;\theta)$ 为指数分布族, 并求极小充分统计量.

6. 设 $X_1, \cdots, X_n$ 为相互独立的样本, $X_i \sim N(\alpha + \beta m_i, \sigma^2)$, 其中 $0 < \sigma < +\infty$, $-\infty < \alpha, \beta < +\infty$ 是未知参数. $m_i, i = 1, \cdots, n$ 是已知常数. 试求其极小充分统计量.

7. 设 $X_1, \cdots, X_n$ 为 i.i.d. 样本,

$$X_1 \sim f(x_1; \theta) = h(x_1) I\{\theta_1 \leqslant x_1 \leqslant \theta_2\} \sum_{i=3}^{k} \exp\{\theta_i T_i(x_1) - b(\theta_i)\},$$

其中 $T_i(x)$ 为可测函数 $(i = 3, \cdots, k)$, $-\infty < \theta_1 < \theta_2 < +\infty$. 求其极小充分统计量.

8. 设 $X_1, \cdots, X_n$ 为 i.i.d. 样本, $X_1 \sim N(\mu, \sigma^2)$, 证明: $\{(X_1, \cdots, X_n)\}$ 不完备; 但是 $Y = \overline{X} \sim N(\mu, \sigma^2/n)$ 完备; $S = \sum_{i=1}^{n}(X_i - \overline{X})^2 \sim \{\sigma^2 \chi^2(n-1)\}$ 完备. 同时, $T = (Y, S)$ 是完备的充分统计量.

9. 设 $X_1, \cdots, X_n$ 为 i.i.d. 样本, 当 X_1 服从以下分布时, 求相应的完备充分统计量:

(1) $X_1 \sim f(x_1, \theta) = 2x_1\theta^{-2} I\{0 \leqslant x_1 \leqslant \theta\}$;

(2) $X_1 \sim f(x_1, \theta) = \theta x_1^{-2} I\{x_1 \geqslant \theta\}$;

(3) $X_1 \sim f(x_1, \theta) = 2\theta^{-1} x_1 e^{-x_1^2/\theta} I\{x_1 > 0\}$.

10. 设 $X_1, \cdots, X_n$ 为 i.i.d. 样本, X_1 服从 Pareto 分布 $f(x_1; \alpha, \theta) = \alpha\theta^\alpha x_1^{-(\alpha+1)} I\{x_1 \geqslant \theta\}$, 在以下情形下, 求相应的完备充分统计量:

(1) θ 已知但 α 未知;

(2) α 已知但 θ 未知;

(3) θ 和 α 都未知.

11. (1) 设 $f(x; \theta) = C(\theta)\phi(x) I\{\theta_1 \leqslant x \leqslant \theta_2\}$, 其中 $\theta = (\theta_1, \theta_2) \in \mathbf{R}^2$ 是未知参数, $C(\theta) = [\int_{\theta_1}^{\theta_2} \phi(x)dx]^{-1} < +\infty$ 为正则化因子. 若 $X_1, \cdots, X_n$ 是来自 $f(x; \theta)$ 的 i.i.d. 样本. 求其极小充分统计量; 若 θ_1 (或 θ_2) 已知, 证明相应极小充分统计量的完备性.

(2) 设 $g(x; \theta) = D(\theta)\psi(x) I\{x \geqslant \theta\}$, $\forall \theta \in \mathbf{R}$, 其中 $D(\theta) = [\int_{\theta}^{+\infty} \psi(x)dx]^{-1} < +\infty$ 为正则化因子. 若 $X_1, \cdots, X_n$ 是来自 $g(x; \theta)$ 的 i.i.d. 样本. 求极小充分统计量, 并证明其完备性.

12. 证明分布族或统计量的完备性有以下性质:

(1) 若 $\mathcal{F}_X$ 完备, 则 $\mathcal{F}_T$ 完备, 但反之不真, 其中 $\mathcal{F}_X$ 和 $\mathcal{F}_T$ 分别为 X 和 $T = T(X)$ 的分布族;

(2) 若 S, T 完备且独立, 则 (S, T) 完备.

13. 设 $X_1, X_2, \cdots, X_n$ 为相互独立的样本, $X_j \sim N(0, \sigma^2)$, $\forall j \neq i$, $X_i \sim N(\gamma, \sigma^2)$. 求完备的极小充分统计量, 其中 $\gamma \in \mathbf{R}$, σ^2 都是未知参数.

14. 设 $X_1, X_2, \cdots, X_n$ 为相互独立的样本, $X_j \sim N(0, \sigma^2)$, $\forall j \neq 1, n$, 而 $X_1 \sim N(\gamma, \sigma^2)$, $X_n \sim N(0, \omega^{-1}\sigma^2)$. 求该分布族完备的极小充分统计量, 其中 $\gamma \in \mathbf{R}$, $\omega > 0$, σ^2 都是未知参数.

★15. (1) 试证 Poisson 分布族 $\{P(\lambda) : \lambda \in (0, +\infty)\}$ 的完备性;

(提示: 利用函数项级数的性质.)

(2) 设 $X_1, \cdots, X_n$ 独立, $X_i \sim P(\alpha_i\lambda)$, $\alpha_i > 0$ $(i = 1, \cdots, n)$ 已知, 求完备的极小充分统计量.

16. 设 $X_1, \cdots, X_n$ 为 i.i.d. 样本, $X_1 \sim N(\theta, \theta^2)$, $\theta > 0$, 求极小充分统计量, 并判别其完备性.

★17. 设 $(X_1, Y_1), \cdots, (X_n, Y_n)$ 为 i.i.d. 样本, $(X_1, Y_1) \sim N(0, 0;\ 1, 1;\ \theta)$, 其中 $\theta = \text{Cov}(X_1, Y_1)$, $-1 < \theta < 1$.

(1) 求极小充分统计量, 并判别其完备性;

(2) 证明: $T_1 = \sum\limits_{i=1}^{n} X_i{}^2$ 和 $T_2 = \sum\limits_{i=1}^{n} Y_i{}^2$ 都是辅助统计量, 但 (T_1, T_2) 不是辅助统计量.

18. 设 $X_1, \cdots, X_n$ 为 i.i.d. 样本, $Y_1, \cdots, Y_m$ 为 i.i.d. 样本, 且两总体独立. 在以下情形下, 求相应的完备充分统计量:

(1) $X_1 \sim \mu_1 + \Gamma(\sigma_1{}^{-1}, 1)$, $Y_1 \sim \mu_2 + \Gamma(\sigma_2{}^{-1}, 1)$;

(2) $X_1 \sim R(0, \theta_1)$, $Y_1 \sim R(0, \theta_2)$;

(3) $X_1 \sim N(\mu, \sigma_1{}^2)$, $Y_1 \sim N(\mu, \sigma_2{}^2)$, 但 $\sigma_1{}^2/\sigma_2{}^2 = \rho$ 已知.

★19. 设 $X_1, \cdots, X_n$ 为 i.i.d. 样本, $X_1 \sim R(0, \theta)$, 若参数空间为 $\Theta = [a, +\infty)$ $(a > 0)$, 证明: $T = X_{(n)}$ 是极小充分统计量, 但不是完备的充分统计量.

(提示: 取 $h(t) = \left(\dfrac{1}{a^n} - \dfrac{(n+1)t}{na^{n+1}} \right) I\{0 \leqslant t < a\}$, 然后证 $E_\theta[h(T)] = 0$.)

★20. 设 $X_1, \cdots, X_n$ 为 i.i.d. 样本, $X_1 \sim R(\theta, 3\theta)$, $-\infty < \theta < +\infty$. 证明: $T = (X_{(1)}, X_{(n)})$ 是极小充分统计量, 但不是完备的充分统计量.

(提示: 证明 $Z = X_{(1)}/X_{(n)}$ 的分布与 θ 无关.)

21. 设 $X_1, \cdots, X_n$ 为 i.i.d. 样本, 证明以下独立性:

(1) 若 $X_1 \sim \Gamma(\lambda, \nu)$, λ, ν 在参数空间中任意, 则 $T = \sum\limits_{i=1}^{n} X_i$ 与 $\sum\limits_{i=1}^{n} [\log X_i - \log X_{(1)}]$ 独立;

(2) 若 $X_1 \sim \mu + \Gamma(\lambda, 1)$, 则 $Z_i^* = \dfrac{X_{(n)} - X_{(i)}}{X_{(n)} - X_{(n-1)}}$, $i = 1, \cdots, n-2$ 与 $\left(X_{(1)}, \sum\limits_{i=1}^{n} (X_i - X_{(1)}) \right)$ 独立.

22. 设 $X_1, \cdots, X_n$ 为 i.i.d. 样本, $S^2 = \sum\limits_{i=1}^{n} (X_i - \overline{X})^2/(n-1)$, $T = \sum\limits_{i=1}^{n} X_i{}^2$. 证明:

(1) 若 $X_1 \sim N(0, \sigma^2)$, 则 $W(X) = n^{\frac{1}{2}} \overline{X}/S$ 与 T 独立;

(2) 若 $X_1 \sim N(\mu, \sigma^2)$, 则 $(\overline{X}, S)$ 与 $|\overline{X} - M_e|/S$ 独立, 其中 M_e 为样本中位数.

23. 设 $X_1, \cdots, X_n$ 为 i.i.d. 样本, $X_1 \sim N(\mu_1, \sigma_1{}^2)$; $Y_1, \cdots, Y_m$ 为 i.i.d. 样本, $Y_1 \sim N(\mu_2, \sigma_2{}^2)$, 且两总体独立. 记 $T = \left(\sum\limits_{i=1}^{n} X_i{}^2 + \sum\limits_{j=1}^{m} Y_j{}^2,\ \overline{X},\ \overline{Y} \right)$. 当 $\sigma_1 = \sigma_2$ 时, 证明:

(1) $F(X, Y) = \dfrac{\left[\sum\limits_{j=1}^{m} (Y_j - \overline{Y})^2/(m-1) \right]}{\left[\sum\limits_{i=1}^{n} (X_i - \overline{X})^2/(n-1) \right]}$ 与 T 独立;

(2) $W(X, Y) = \dfrac{F(X, Y)}{F(X, Y) + \dfrac{n-1}{m-1}}$ 与 T 独立.

24. 设 $X_1, \cdots, X_n$ 为 i.i.d. 样本, $X_1 \sim f(x_1; \theta) = \dfrac{1}{\sigma} g\left(\dfrac{x_1 - \mu}{\sigma}\right)$ (位置尺度参数族), 其中 $g(x) > 0$ 且 $g'(x)$ 存在 $(\forall x \in \mathbf{R})$, $\theta = (\mu, \sigma) \in \mathbf{R} \times (0, +\infty)$. 证明: 其 Fisher 信息矩阵为

$$I(\theta) = \frac{n}{\sigma^2} \begin{pmatrix} \displaystyle\int \frac{[g'(x)]^2}{g(x)} \mathrm{d}x & \displaystyle\int x \frac{[g'(x)]^2}{g(x)} \mathrm{d}x \\ \displaystyle\int x \frac{[g'(x)]^2}{g(x)} \mathrm{d}x & \displaystyle\int \frac{[xg'(x) + g(x)]^2}{g(x)} \mathrm{d}x \end{pmatrix}.$$

25. 设 $X_1, \cdots, X_n$ 为 i.i.d. 样本, $X_1 \sim$ Poisson 分布 $P(\lambda)$.

(1) 求样本关于参数 λ 和 λ^{-1} 的 Fisher 信息;

(2) 求 $\eta = g(\lambda)$, 使 $I(\eta)$ 与参数无关.

26. 设 $X_1, X_2, \cdots, X_n$ 为相互独立的样本, 在下列情形下求样本关于相应参数的 Fisher 信息矩阵:

(1) $X_j \sim P(\lambda)$, $\forall j \neq i$, 而 $X_i \sim P(\gamma\lambda)$;

(2) $X_j \sim \Gamma(1/\sigma, \ 1)$, $\forall j \neq i$, 而 $X_i \sim \Gamma(\gamma/\sigma, \ 1)$.

其中 $\gamma > 0$, $\lambda > 0$, $\sigma > 0$ 都是未知参数.

27. 设 $X_1, X_2, \cdots, X_n$ 为相互独立的样本, 在下列情形下求样本关于相应参数的 Fisher 信息矩阵:

(1) $X_j \sim N(0, \sigma^2)$, $\forall j \neq i$, 而 $X_i \sim N(0, \ \omega^{-1}\sigma^2)$;

(2) $X_j \sim N(0, \sigma^2)$, $\forall j \neq i$, 而 $X_i \sim N(\gamma, \ \sigma^2)$;

(3) $X_j \sim N(0, \sigma^2)$, $\forall j \neq 1, n$, 而 $X_1 \sim N(\gamma, \sigma^2)$; $X_n \sim N(0, \omega^{-1}\sigma^2)$.

其中 $\gamma \in \mathbf{R}$, $\omega > 0$, σ^2 都是未知参数.

28. 对 Γ 分布 $X \sim \Gamma(\theta, \ p)$, 其中 p 已知, 求 Kullback-Leibler 信息 $K(\theta, \varphi)$.

29. 设 $X \sim f(x, \theta)$, $\theta \in \Theta$, $T = T(X) \sim g(t, \theta)$ 和 $W = W(X) \sim h(w, \theta)$ 都是正则分布族, 且 $T = T(X)$ 与 $W = W(X)$ 相互独立, 则有

(1) Fisher 信息 $I_{(T \ W)}(\theta) = I_T(\theta) + I_W(\theta)$;

(2) Kullback-Leibler 信息 $K_{(T \ W)}(\theta, \ \varphi) = K_T(\theta, \ \varphi) + K_W(\theta, \ \varphi)$.

★30. 设 $X \sim f(x, \theta)$, $\theta \in \Theta$, 假设 $\int_{-\infty}^{\infty} f(x, \theta) \mathrm{d}x = 1$ 和 $\mathrm{E}(X) = a(\theta)$ 可在积分号下关于 θ 求导数, 并记为 $\dot{a}(\theta)$; 又记 $\mathrm{Var}(X) = \sigma^2(\theta)$. 证明: 其 Fisher 信息 $I(\theta)$ 满足不等式 $I(\theta) \geqslant \dot{a}^2(\theta)/\sigma^2(\theta)$; 并且等号成立的充要条件为 X 服从指数族分布, 即 $f(x, \theta) = h(x) \exp\{xQ(\theta) - b(\theta)\}$.

(提示: 利用 Schwarz (施瓦茨) 不等式和得分函数 $S(\theta, x)$ 与密度函数 $f(x, \theta)$ 的关系, 即 $S(\theta, x) = \partial \log f(x, \theta)/\partial\theta$.)

第三章

点估计基本方法

统计推断就是通过样本 $X = (X_1, \cdots, X_n)^{\mathrm{T}}$ 对总体的分布函数或与分布函数有关的量 (诸如均值、方差等) 进行推断. 通常假定分布函数 (或密度函数) 形式已知, 但含有未知参数, 如正态分布 $N(\mu, \sigma^2)$、Poisson 分布 $P(\lambda)$、指数分布 $E(\lambda, \mu)$, 等等 (表 1.2.1 和表 1.3.1 的分布都取决于参数). 一种常见的情况是: 假设样本 $X = (X_1, \cdots, X_n)^{\mathrm{T}}$ 的分量独立同分布, 且 $X_1 \sim f(x_1, \theta)$, 或 $X_1 \sim F(x_1, \theta)$, $\theta \in \Theta$. 这时就转化为对未知参数 θ 或其函数 $g(\theta)$ 进行推断. 诸如要推断的 $g(\theta)$ 为均值 $\mu(\theta) = \mathrm{E}_\theta(X_1)$, 方差 $\sigma^2(\theta) = \mathrm{Var}_\theta(X_1)$, 概率 $p(\theta) = P_\theta(X_1 \geqslant \xi_0)$ (ξ_0 已知), 分位数 $x_p(\theta) = F_\theta^{-1}(p)$ (p 已知), 等等. 统计推断通常可归纳为三个方面, 即统计分布、参数估计和假设检验 (茆诗松等 (2006)). 本书前两章已经比较详细地介绍了统计分布方面的问题, 而参数估计和假设检验则是统计推断理论的核心和主体. 本书下面 6 章就专注于比较深入系统地介绍参数估计和假设检验的理论和方法, 以便为读者打下更加坚实的统计学基础. 假设检验的理论和方法将在第六章予以介绍, 而参数估计又可分为点估计和区间估计两种, 由于区间估计与假设检验有密切关系, 我们将在第七章介绍区间估计. 而在第三、四、五章系统介绍点估计及其相关问题. 第八章则介绍参数估计和假设检验的 Bayes 方法. 有关本章内容, 可参见陈希孺 (1981, 2009), 茆诗松等 (2019, 2007), Lehmann, Casella (1998), Shao (1998), Zacks (1981).

本章首先介绍点估计的基本理论和方法. 顾名思义, 点估计即对未知参数 θ 或其函数 $g(\theta)$, 按照某种优化准则构造一个统计量 $\hat{g}(X)$, 当有了样本观测值 $x = (x_1, \cdots, x_n)^{\mathrm{T}}$ 时, 就用 $\hat{g}(x)$ 作为对未知量 $g(\theta)$ 的估计. 先看一个例子.

例 3.0.1 考虑某种砖块的强度 X, 工程上要求 99% 的砖块的强度大于 ξ_0 (例如 $\xi_0 = 120$), 即 $P(X \geqslant \xi_0) \geqslant 0.99$. 为了对厂家生产砖块的质量进行检查, 可通过抽样砖块的强度 $X_1, X_2, \cdots, X_n$ 进行推断 (可假定某种砖块的强度 X 服从对数正态分布: $X \sim LN(\mu, \sigma^2)$).

解 以下先进行一些初步分析, 更深入的讨论见后文 (例 3.2.11, 例 3.3.11 等). 今记概率 $p = P(X \geqslant \xi_0)$, 可通过样本 $X_1, X_2, \cdots, X_n$ 来估计概率 p, 看它

是否接近 99%. 假定 X 服从对数正态分布, 可设 $Y_i = \log X_i$, $i = 1, \cdots, n$. 则 $p = P(X_1 \geqslant \xi_0) = P(Y_1 \geqslant \log \xi_0)$, 记 $\log \xi_0 = \eta_0$. 由于 $Y_1 = \log X_1$ 服从正态分布 $N(\mu, \sigma^2)$, 因此有

$$p = P(Y_1 \geqslant \eta_0) = P\left(\frac{Y_1 - \mu}{\sigma} \geqslant \frac{\eta_0 - \mu}{\sigma}\right) = \Phi\left(\frac{\mu - \eta_0}{\sigma}\right).$$

其中 $\Phi(\cdot)$ 为标准正态分布的分布函数. μ 和 σ^2 是正态分布的期望和方差, 为未知参数, 但是很容易得到它们的估计 (见本章后面的讨论), 例如可取 $\widehat{\mu} = \overline{Y} = \left(\sum_{i=1}^{n} Y_i\right) / n$, $\widehat{\sigma}^2 = S_n^2 = \sum_{i=1}^{n}(Y_i - \overline{Y})^2 / (n-1)$, 因此概率 p 的估计可取为

$$\widehat{p} = \Phi\left(\frac{\widehat{\mu} - \eta_0}{\widehat{\sigma}}\right), \qquad \widehat{\mu} = \overline{Y}, \quad \widehat{\sigma} = S_n.$$

因此可根据给定样本计算出 $\widehat{p}$, 如果 $\widehat{p} \geqslant 0.99$, 则认为这批砖合格.

　　类似于以上实例的问题很多, 因此参数估计是参数统计推断的重要组成部分. 本章 3.1 节首先介绍统计判决函数, 这是分析研究统计问题常用的基本观点, 可应用于许多统计问题; 然后于 3.2—3.4 节介绍基本的点估计方法, 其中包括一致最小风险无偏估计 (UMRUE)、最大似然估计 (MLE) 以及矩方程估计 (MEE); 对于最大似然估计, 还介绍了不变原理以及子集参数的似然等内容. 此后, 第四章将进一步介绍最优同变估计 (MREE), 第八章介绍 Bayes 估计.

3.1 统计判决函数

　　统计判决函数理论是 Wald (瓦尔德) 于 1950 年提出来的, 其最初的目的是想建立一套完整的理论, 把各种形式的统计问题都归结到该理论中, 在统计判决的观点下, 应用最优化方法进行统一处理. 虽然与其预期的目标有相当距离, 但是, 统计判决函数的观点已经渗透到统计学的许多领域, 对统计学的发展产生了相当大的影响. 因此, 统计判决的基本内容是学习数理统计的读者所必须掌握的.

3.1.1　统计判决三要素

1. 样本空间和分布族

　　即 $X \sim \{(\mathcal{X}, \mathcal{B}_X, P_\theta^X), \theta \in \Theta\}$, 或 $X \sim \{f(x, \theta), \theta \in \Theta\}$. 这是讨论统计问题的基本空间, 前两章已多次用到.

2. 判决空间和判决函数

　　记 $(\mathcal{D}, \mathcal{B}_D)$, 其中 $\mathcal{D}$ 称为判决空间, $\mathcal{B}_D$ 是 $\mathcal{D}$ 上的 Borel 域 (今后很少用到). 任一 $d \in \mathcal{D}$ 称为一个判决, 表示统计问题的一个解. 通常 d 总是样本 $X = x$ 的函

数 $d = \delta(x)$, 称为统计判决函数, 简称判决函数. 严格来讲, 统计判决函数 $\delta(x)$ 应该定义为 $\mathcal{X} \to \mathcal{D}$ 上的可测函数; $\delta(X)$ 则是一个统计量. 例如: 假定 $X_1, \cdots, X_n$ 为 i.i.d. 样本, $X_1 \sim N(\theta, 1)$. 则可考虑以下问题:

(1) θ 的点估计问题. 这时判决 d 就是数轴上的一个点, 判决空间为 $\mathcal{D} = (-\infty, +\infty)$, $d \in \mathcal{D}$. 通常 d 总是样本 $X = x$ 的函数 $d = \delta(x)$, 即统计判决函数, 例如可取 $d = \delta(x) = \overline{x}$ 等. 至于统计判决函数 $\delta(x)$ 的优劣问题, 可参见下一小节.

(2) θ 的区间估计问题. 这时判决 d 就是一个区间 $d = [a_1, a_2]$, 判决空间 $\mathcal{D}$ 为集合: $\{[a_1, a_2] : a_1, a_2 \in (-\infty, +\infty)\}$. 统计判决函数为 $\delta(x) = [a_1(x), a_2(x)]$, 例如可取 $\delta(x) = [\overline{x} - t_{1-\alpha/2}(n)/\sqrt{n}, \ \overline{x} + t_{1-\alpha/2}(n)/\sqrt{n}]$, 其中 $t_{1-\alpha/2}(n)$ 为 t 分布 $t(n)$ 的 $1 - \alpha/2$ 分位数.

(3) 假设检验问题. $H_0 : \theta \in \Theta_0 \longleftrightarrow H_1 : \theta \in \Theta_1$. 这时判决空间由两个点组成, 即 $\mathcal{D} = (d_0, d_1)$, 其中判决 d_0 表示 H_0 成立, 判决 d_1 表示 H_0 不成立. 亦可取 $\mathcal{D} = (0, 1)$, 其中判决 $d = 0$ 表示 H_0 成立, 判决 $d = 1$ 表示 H_0 不成立.

3. 损失函数和风险函数

损失函数为定义在 $\Theta \times \mathcal{D}$ 的正值函数 $L(\theta, d) : \Theta \times \mathcal{D} \mapsto \mathbf{R}^1$, 它表示在参数 θ 下, 采取判决 d 时给统计问题带来的损失. 例如, 对于 θ 的点估计, 常用的损失函数有 $L_2(\theta, d) = (d - \theta)^2$, $L_1(\theta, d) = |d - \theta|$ 等. 损失函数的选取依赖于理论与实际问题的需要, 但通常都要求 $L(\theta, d)$ 为 d 的凸函数 (通常称为凸损失). 在统计推断中, 当然希望损失 $L(\theta, d)$ 尽量小. 对于统计判决函数 $\delta(x)$, 其相应的损失函数为 $L(\theta, \delta(x))$. 由于 $L(\theta, \delta(X))$ 为统计量, 带有随机性, 不便于比较损失的大小. 因此很自然地取其期望作为比较标准, 由此引出以下定义:

定义 3.1.1 给定统计判决函数 $\delta(x)$ 和损失函数 $L(\theta, d)$, 相应的**风险函数**定义为

$$R(\theta, \delta) = \mathrm{E}_\theta[L(\theta, \delta(X))] = \int_{\mathcal{X}} L(\theta, \delta(x)) \mathrm{d} P_\theta^X(x).$$

$R(\theta, \delta)$ 表示采取判决 $\delta(x)$ 时, 给统计问题带来的平均损失.

例如在估计问题中, 用 $\delta(X)$ 估计 $g(\theta)$. 若取均方损失 $L(\theta, d) = (d - g(\theta))^2$, 则其相应的风险函数为 $R(\theta, \delta) = \mathrm{E}_\theta[\delta(X) - g(\theta)]^2$, 即为均方误差; 若取绝对损失 $L(\theta, d) = |d - g(\theta)|$, 则其相应的风险函数为 $R(\theta, \delta) = \mathrm{E}_\theta|\delta(X) - g(\theta)|$, 即为平均绝对误差.

根据统计判决观点, 统计推断所追求的目标就是对于给定的损失函数 $L(\theta, d)$, 希望求出统计判决函数 $\delta(x)$, 使其风险函数 $R(\theta, \delta)$ 尽可能小. 显然这一目标是很合理的.

例 3.1.1 设 $X_1, \cdots, X_n$ 为 i.i.d. 样本, $X_1 \sim N(\mu, \sigma^2)$, 要估计 σ^2, 这时 $\mathcal{D} = (0, +\infty)$. 今取均方损失 $L(\theta, d) = (d - \sigma^2)^2$, 并考虑 σ^2 的估计及其相应的风险函数. 若取 $\delta_1(X) = (n-1)^{-1} \sum\limits_{i=1}^{n} (X_i - \overline{X})^2$, 由于 $(n-1)\delta_1(X) \sim \sigma^2 \chi^2(n-1)$, 则有

$$R(\theta, \delta_1) = \mathrm{E}_\theta[\delta_1(X) - \sigma^2]^2 = \frac{2\sigma^4}{n-1};$$

若取 $\delta_2(X) = (n+1)^{-1} \sum\limits_{i=1}^{n} (X_i - \overline{X})^2$, 则有

$$R(\theta, \delta_2) = \mathrm{E}_\theta[\delta_2(X) - \sigma^2]^2 = \frac{2\sigma^4}{n+1} < R(\theta, \delta_1).$$

以上结果说明, 对任意的 $\theta = (\mu, \sigma^2)$, $\delta_2(X)$ 一致地优于 $\delta_1(X)$.

3.1.2　统计判决函数的优良性准则

对于分布族 $X \sim (\mathcal{X}, \mathcal{B}_X, P_\theta^X)$, $\theta \in \Theta$, 给定一个统计问题以后, 即可确定判决空间 $(\mathcal{D}, \mathcal{B}_D)$, 同时选取一个合适的损失函数 $L(\theta, d)$. 这时, 就可以根据风险函数 $R(\theta, \delta)$ 的大小来判断一个判决函数 $\delta(x)$ 的优良性. 具体来讲, 可按照实际需要与可能分为以下几种情形.

1. 一致最优性

定义 3.1.2 若存在 $\delta^*(x)$ 使 $R(\theta, \delta^*) \leqslant R(\theta, \delta)$ 对一切 $\theta \in \Theta$ 成立, 则称 $\delta^*(x)$ **一致优于或等同于** $\delta(x)$. 若至少存在一个 $\theta \in \Theta$, 使 $R(\theta, \delta^*) < R(\theta, \delta)$, 则称 $\delta^*(x)$ 一致优于 $\delta(x)$.

显然, 若 $\delta^*(x)$ 一致优于 $\delta(x)$, 则不必再考虑 $\delta(x)$. 我们的目标就是设法在判决空间 $\mathcal{D}$ 中求最优的判决函数. 以下容许性的定义与一致最优性有密切关系.

定义 3.1.3 (容许性) 给定 $L(\theta, d)$, 对于判决 $\delta(x)$, 若存在 $\delta'(x)$ 一致优于 $\delta(x)$, 则称 $\delta(x)$ 为不容许的 (因为 $\delta'(x)$ 一致地比 $\delta(x)$ 好), 若不存在这样的 $\delta'(x)$, 则称 $\delta(x)$ 为容许的 (即不存在一致比 $\delta(x)$ 好的判决).

在许多问题中, 要想在原有判决空间 $\mathcal{D}$ 以及参数空间 Θ 中求解一致最优的或容许的判决函数往往是困难的, 甚至是不可能的. 通常可放宽条件, 在一定范围内求最优解. 这实际上包含两个方面: 即对判决空间的性状加以限制, 或者对参数空间的性状加以限制.

(1) 判决空间. 限制判决函数 $\delta(x)$ 的范围, 使 $\Delta = \{\delta(x): \text{满足一定条件}\} \subset \mathcal{D}$, 然后在 Δ 中求风险函数最小的 $\delta(x)$. 例如可取 $\Delta_1 = \{\delta(x): g(\theta)$ 的无偏估计$\}$ (见 3.2 节); 或者取 $\Delta_2 = \{\delta(x): g(\theta)$ 的同变估计$\}$ (见第四章) 等. 而显然有 $\mathcal{D} = \{g(\theta)$ 的所有估计$\} \supset \Delta_1$ 或 Δ_2.

(2) 参数空间. 对判决函数 $\delta(x)$ 在参数空间 Θ 中的性状进行一定限制. 这有以下两种常见的情形.

2. Minimax 准则 (最大最小准则)

定义 3.1.4 设 $\delta(x)$ 的风险函数为 $R(\theta, \delta)$, 它关于 θ 的最大风险为 $M(\delta) = \max\limits_{\theta \in \Theta} R(\theta, \delta)$. 若对一切 $\delta(x)$ 有 $M(\delta^*) \leqslant M(\delta)$, 则称 $\delta^*(x)$ 为统计问题关于损失函数 $L(\theta, d)$ 的 Minimax 解 (即先关于 θ 对 $R(\theta, \delta)$ 求最大, 再关于 $\delta(x)$ 对 $M(\delta)$ 求最小).

易见, Minimax 准则是比较保守的, 它使风险函数 $R(\theta, \delta)$ 先在参数空间 Θ 中关于 θ 求最大, 然后再在判决空间中关于 $\delta(x)$ 求最小, 因而这个解不一定最好. 以下 Bayes (贝叶斯) 解是使风险函数 $R(\theta, \delta)$ 先在参数空间 Θ 中关于 θ 求加权平均, 然后再在判决空间中关于 $\delta(x)$ 求最小, 因而更合理.

3. Bayes 准则

定义 3.1.5 若 θ 有分布 $\theta \sim \pi(\theta)$, 记

$$R_\pi(\delta) = \int_\Theta R(\theta, \delta)\pi(\theta)\mathrm{d}\theta,$$

$R_\pi(\delta)$ 称为 Bayes 风险. 若存在 $\delta^*(x)$, 对一切 δ 有 $R_\pi(\delta^*) \leqslant R_\pi(\delta)$, 则称 $\delta^*(x)$ 为统计问题关于损失函数 $L(\theta, d)$ 和分布 $\pi(\theta)$ 的 Bayes 解.

Minimax 解和 Bayes 解都在某种程度上反映了判决函数在参数空间上的整体性质. 关于 Bayes 统计, 本书第八章将有更详细的介绍. 从统计判决的观点来看, 根据 Bayes 风险最小准则求解显然是合理的. 事实上, 关于 Bayes 统计的争论近年来已经越来越少.

3.1.3 Rao-Blackwell 定理

由第二章的讨论可知, 充分统计量可以不损失信息地把 n 维样本简化为维数很小的统计量, 以此为基础进行统计推断比直接从样本出发要简单方便得多. 因此, 统计推断方法一般都应当从充分统计量出发, 通常称为充分性原则. 以下 Rao-Blackwell (拉奥 – 布莱克韦尔) 定理也印证了这一点, 该定理说明: 统计推断中的最优解通常都是充分统计量的函数. 这个定理可用于一切统计判决问题, 并不限于参数估计, 对于假设检验以及其他统计问题都是适用的.

定理 3.1.1 (Rao-Blackwell) 对于分布族 $X \sim (\mathcal{X}, \mathcal{B}_X, P_\theta^X)$, $\theta \in \Theta$, 若 $L(\theta, d)$ 为统计判决问题的凸损失函数, $T = T(X)$ 为充分统计量, $\delta(x)$ 为任一统计判决函数, 则

$$\delta^*(x) = \mathrm{E}_\theta[\delta(X)|T = T(x)]$$

必优于或等同于 $\delta(x)$. 若 $L(\theta, d)$ 为 d 的严凸函数, 则 $\delta^*(x)$ 一致优于 $\delta(x)$, 而 $\delta^*(x)$ 等同于 $\delta(x)$ 的充要条件为 $\delta(x)$ 是充分统计量 $T(x)$ 的函数, 即 $\delta(x) = h(T(x))$.

证明   首先, 由于 $T(X)$ 为充分统计量, 因而 $X|T$ 的分布与 θ 无关, 所以 $\delta^*(X)$ 为统计量, 且为充分统计量的函数. 以下应用条件 Jensen 不等式 (引理 2.3.2 的推论 2) 证明该定理. 由定义可得

$$R(\theta, \delta^*) = \mathrm{E}_\theta[L(\theta, \delta^*)] = \mathrm{E}_\theta[L(\theta, \mathrm{E}_\theta(\delta(X)|T))].$$

而风险函数 $R(\theta, \delta)$ 可表示为

$$R(\theta, \delta) = \mathrm{E}_\theta[L(\theta, \delta(X))] = \mathrm{E}_\theta\{\mathrm{E}_\theta[L(\theta, \delta(X))|T]\}.$$

由条件 Jensen 不等式 $\mathrm{E}[f(X)|T] \geqslant f[\mathrm{E}(X|T)]$ 可得

$$\mathrm{E}_\theta[L(\theta, \delta(X))|T] \geqslant L(\theta, \mathrm{E}_\theta(\delta(X)|T)),$$

因此有

$$R(\theta, \delta) \geqslant \mathrm{E}_\theta[L(\theta, \mathrm{E}_\theta(\delta(X)|T))] = \mathrm{E}_\theta[L(\theta, \delta^*)] = R(\theta, \delta^*).$$

另外, 由引理 2.3.2 的推论 2 可知, 若 $L(\theta, d)$ 为 d 的严凸函数, 则以上等式成立的充要条件为 $\delta(X)|T$ 的分布退化, 即 $\delta(X) = h(T)$. ∎

注   Rao-Blackwell 定理应用非常广泛, 它说明, 对任一统计判决, 关于充分统计量取条件期望以后可能会更优. 许多统计判决问题的最优解都可由条件期望来表示. 而且, 这个定理不仅适用于参数估计问题, 对于假设检验等问题也同样适用, 可参见第六章.

3.2 无偏估计及其 UMRUE 和 UMVUE

给定样本 $X_1, \cdots, X_n$, 通常记 $X = (X_1, \cdots, X_n)^{\mathrm{T}} \sim f(x, \theta)$, $\theta \in \Theta$. 要估计未知参数 θ 或者它的一个函数 $g(\theta)$, 并给定凸损失函数 $L(\theta, d)$. 以下记 θ 的估计为 $\hat{\theta}(X)$ 或 $\delta(X)$, 记 $g(\theta)$ 的估计为 $\hat{g}(X)$ 或 $\delta(X)$. 本节把 $\hat{g}(X)$ 的范围由 $\mathcal{D} = \{g(\theta)$ 的一切估计$\}$ 缩小为

$$\Delta = \{g(\theta) \text{ 的一切无偏估计}\} = \{\hat{g}(X) : \mathrm{E}_\theta[\hat{g}(X)] = g(\theta)\}.$$

3.2.1 基本定义

定义 3.2.1 若 $g(\theta)$ 的估计为 $\widehat{g}(X)$, 则称

$$\mathrm{E}_\theta[\widehat{g}(X) - g(\theta)] = \mathrm{bias}[\widehat{g}(X)]$$

为 $\widehat{g}(X)$ 的**偏差**. 若对一切 θ, $\mathrm{bias}[\widehat{g}(X)] = 0$, 则称 $\widehat{g}(X)$ 为 $g(\theta)$ 的**无偏估计** (UE), 即

$$\mathrm{E}_\theta[\widehat{g}(X)] = g(\theta), \quad \forall\, \theta \in \Theta.$$

例 3.2.1 若 $X_1, \cdots, X_n$ 独立同分布, 且 $X_1 \sim (\mu, \sigma^2)$, 即 $\mathrm{E}(X_1) = \mu$, $\mathrm{Var}(X_1) = \sigma^2$, 假定它们存在, 则 $\overline{X}$ 和 $S^2 = (n-1)^{-1} \sum\limits_{i=1}^{n} (X_i - \overline{X})^2$ 为 μ 和 σ^2 的无偏估计 (对任何分布都成立).

证明 主要证 $\mathrm{E}(S^2) = \sigma^2$. 令 $Y_i = X_i - \mu$, 则有

$$Y_i \sim (0, \sigma^2), \quad S^2 = \frac{1}{n-1} \sum_{i=1}^{n} (Y_i - \overline{Y})^2.$$

由独立同分布假设可得

$$\mathrm{E}(S^2) = \frac{n}{n-1} \mathrm{E}(X_1 - \overline{X})^2 = \frac{n}{n-1} \mathrm{E}(Y_1 - \overline{Y})^2 = \frac{n}{n-1} \mathrm{E}(Y_1^2 - 2Y_1\overline{Y} + \overline{Y}^2).$$

再由独立性可得

$$\mathrm{E}(S^2) = \frac{n}{n-1} \left[\sigma^2 - \frac{2}{n}\sigma^2 + \frac{1}{n^2} E\left(\sum_{i=1}^{n} Y_i \right)^2 \right] = \frac{n}{n-1} \left(\sigma^2 - \frac{2}{n}\sigma^2 + \frac{\sigma^2}{n} \right) = \sigma^2.$$∎

以下考虑与损失函数和风险函数有关的问题. 设 $\widehat{g}(X)$ 为 $g(\theta)$ 的估计, 通常假定损失函数 $L(\theta, d)$ 为 d 的凸函数, 则 $R(\theta, \widehat{g}) = \mathrm{E}_\theta[L(\theta, \widehat{g}(X))]$. 特别, 若 $L(\theta, d) = (d - g(\theta))^2$, 其风险函数即为均方误差, 记为 MSE, 这时有

$$\begin{aligned}
R(\theta, \widehat{g}) = MSE(\widehat{g}(X)) &= \mathrm{E}_\theta[\widehat{g}(X) - g(\theta)]^2 \\
&= \mathrm{E}_\theta[\widehat{g}(X) - \mathrm{E}(\widehat{g}(X)) + \mathrm{E}(\widehat{g}(X)) - g(\theta)]^2 \\
&= \mathrm{E}_\theta[\widehat{g}(X) - \mathrm{E}(\widehat{g}(X))]^2 + [\mathrm{E}(\widehat{g}(X)) - g(\theta)]^2 \\
&= \mathrm{Var}_\theta(\widehat{g}(X)) + [\mathrm{bias}(\widehat{g}(X))]^2.
\end{aligned}$$

即估计量的均方误差 = 方差 + 偏差^2. 对于无偏估计类 Δ, 则 MSE = 方差, 因而估计量的均方误差 MSE 最小的充要条件为方差最小.

定义 3.2.2 对于一般凸损失函数 $L(\theta, d)$, 若存在 $g(\theta)$ 的无偏估计 $\widehat{g}(X)$, 使得对任何其他无偏估计 $\widetilde{g}(X)$ 有

$$R(\theta, \widehat{g}(X)) \leqslant R(\theta, \widetilde{g}(X)), \quad \forall\, \theta \in \Theta.$$

则称 $\widehat{g}(X)$ 为 $g(\theta)$ 的**一致最小风险无偏估计** (UMRUE). 对于均方误差, 若

$$\mathrm{Var}_\theta[\widehat{g}(X)] \leqslant \mathrm{Var}_\theta[\widetilde{g}(X)], \quad \forall\, \theta \in \Theta.$$

则称 $\widehat{g}(X)$ 为 $g(\theta)$ 的**一致最小方差无偏估计** (UMVUE).

注 给定分布族, 无偏估计不一定存在.

例 3.2.2 设 $X \sim b(n, \theta)$, 则 $g(\theta) = \theta^{-1}$ 不存在无偏估计.

解 若 $\mathrm{E}_\theta[\widehat{g}(X)] = \theta^{-1}$, $\forall\, \theta \in (0, 1)$, 则有

$$\mathrm{E}[\widehat{g}(X)] = \sum_{x=0}^{n} \widehat{g}(x) \binom{n}{x} \theta^x (1-\theta)^{n-x} = \theta^{-1}, \quad \forall\, \theta \in (0, 1).$$

令 $\theta \to 0$, 则上式右端 $\to \infty$, 而左端 $\to \widehat{g}(0)$ 有穷, 等号不成立, 故不存在无偏估计.

其他如, $X_1, \cdots, X_n$ 独立同分布, $X_1 \sim N(\theta, \sigma^2)$, $g(\theta) = |\theta|$ 也不存在无偏估计.

3.2.2 Lehmann-Scheffe 定理

以下考虑如何求解一致最小风险无偏估计 (UMRUE) 或一致最小方差无偏估计 (UMVUE). 统计推断 (无论是参数估计、假设检验或其他统计问题) 的一个基本思想就是尽量从充分统计量出发. 因为用充分统计量代替原有样本不损失任何信息, 而且通常比原有样本简单, 比非充分统计量性能好, 以下例题说明了这一点.

例 3.2.3 设 $X_1, \cdots, X_n$ 为独立同分布样本, $X_1 \sim R(0, \theta)$, 求 θ 的无偏估计.

解 由于 $\mathrm{E}(\overline{X}) = \theta/2$, 故可取 $\widehat{g}_1(X) = 2\overline{X}$, 这是一个无偏估计. 这时 $\overline{X}$ 不是充分统计量, 其均方误差为 $\mathrm{Var}(\widehat{g}_1) = \theta^2/3n$.

另外也可从充分统计量 $X_{(n)}$ 出发, 由于

$$\frac{X_{(n)}}{\theta} \sim BE(n, 1), \quad \mathrm{E}(X_{(n)}) = \frac{n}{n+1}\theta.$$

因此可取 $\widehat{g}_2(X) = \dfrac{n+1}{n} X_{(n)}$ 为无偏估计. 其均方误差为

$$MSE(\widehat{g}_2) = \mathrm{Var}(\widehat{g}_2) = \frac{\theta^2}{n(n+2)} < \frac{\theta^2}{3n} = \mathrm{Var}(\widehat{g}_1) = MSE(\widehat{g}_1).$$

即基于充分统计量的无偏估计 $\widehat{g}_2(X)$ 一致优于 $\widehat{g}_1(X)$.

上面的例子反映了一个一般的规律. 即基于充分统计量的统计推断通常要优于基于非充分统计量的统计推断. 以下从完备充分统计量出发, 通过两个引理逐步导出本节的主要定理, 即若 $T(X)$ 为完备充分统计量, 只要 $\varphi(T)$ 为 $g(\theta)$ 的无偏估计, 则它必为一致最小风险无偏估计.

引理 3.2.1 (唯一性)　设 $T = T(X)$ 为完备统计量 (不必为充分统计量), 若 $\varphi_1(T(X))$ 和 $\varphi_2(T(X))$ 皆为 $g(\theta)$ 的无偏估计, 则必有 $\varphi_1(T(X)) = \varphi_2(T(X))$ (a.e.). 即若 $g(\theta)$ 的无偏估计存在, 且为 $T(X)$ 的函数, 则必唯一 (a.e.).

证明　由假设条件可得

$$\mathrm{E}_\theta[\varphi_1(T(X)) - \varphi_2(T(X))] = g(\theta) - g(\theta) = 0, \ \forall\, \theta \in \Theta.$$

因此由完备性定义有 $\varphi_1(T(X)) = \varphi_2(T(X))$ (a.e.).　∎

注　以上证明中用到了 $\mathrm{E}_\theta[\varphi_1(T(X))] = g(\theta)$ 对任一 $\theta \in \Theta$ 都成立, 即 $\varphi_1(T(X)$ 在 Θ 上 "处处无偏". 这也是无偏性的定义中所要求的.

引理 3.2.2 (最优性)　设 $\widetilde{g}(X)$ 为 $g(\theta)$ 的无偏估计, 损失函数 $L(\theta, d)$ 为凸函数, 风险函数为 $R(\theta, \delta)$. 设 $T = T(X)$ 为充分统计量 (不必为完备的), 令

$$\widehat{g}(X) = \mathrm{E}_\theta[\widetilde{g}(X)|T] = \varphi(T(X)),$$

则 $\widehat{g}(X)$ 亦为 $g(\theta)$ 的无偏估计, 且 $\widehat{g}(X)$ 优于或等同于 $\widetilde{g}(X)$, 即

$$R(\theta, \widehat{g}) \leqslant R(\theta, \widetilde{g}), \ \forall\, \theta \in \Theta.$$

若 $L(\theta, d)$ 严凸, 则上式等号成立的充要条件是: $\widetilde{g}(X)$ 为 $T(X)$ 的函数, 即 $\widetilde{g}(X) = h(T(X))$.

证明　由假设条件可知

$$\mathrm{E}_\theta[\widehat{g}(X)] = \mathrm{E}_\theta\left\{\mathrm{E}_\theta[\widetilde{g}(X)|T]\right\} = \mathrm{E}_\theta(\widetilde{g}(X)) = g(\theta).$$

因此, $\widehat{g}(X)$ 为 $g(\theta)$ 的无偏估计, 又由定理 3.1.1 (即 Rao-Blackwell 定理) 知其他结论成立.　∎

推论　条件同上, 若 $L(\theta, d) = (d - g(\theta))^2$, 则有

$$\mathrm{Var}(\widehat{g}) \leqslant \mathrm{Var}_\theta(\widetilde{g}), \ \forall\, \theta \in \Theta.$$

且等式成立的充要条件是 $\widetilde{g}(X) = h(T(X))$.

定理 3.2.1 (Lehmann-Scheffe (莱曼–谢费))　给定样本 $X_1, \cdots, X_n$, 设 $X = (X_1, \cdots, X_n)^{\mathrm{T}} \sim f(x, \theta)$, $\theta \in \Theta$. 考虑 $g(\theta)$ 的无偏估计, 损失函数 $L(\theta, d)$ 为凸函数, $T = T(X)$ 为完备的充分统计量. 则有

(1) 设 $\widehat{g}(X)$ 为 $g(\theta)$ 的无偏估计, 且 $\widehat{g}(X)$ 为 $T(X)$ 的函数, 即 $\widehat{g}(X) = h(T(X))$, 则 $\widehat{g}(X)$ 必为 $g(\theta)$ 的一致最小风险无偏估计.

(2) 设 $\widetilde{g}(X)$ 为 $g(\theta)$ 的无偏估计, 则 $\widehat{g}(X) = \mathrm{E}_{\theta}[\widetilde{g}(X)|T]$ 为 $g(\theta)$ 的一致最小风险无偏估计.

(3) 若 $L(\theta, d)$ 为严凸, 且 $g(\theta)$ 的一致最小风险无偏估计存在, 则必为 $T = T(X)$ 的函数.

证明　(1) 任给 $g(\theta)$ 的无偏估计 $\widetilde{g}(X)$, 要证

$$R(\theta, \widehat{g}) \leqslant R(\theta, \widetilde{g}), \ \forall \, \theta, \ \widetilde{g}.$$

令

$$g^*(X) = \mathrm{E}_{\theta}[\widetilde{g}(X)|T] = \psi(T(X)).$$

则由引理 3.2.2 知, $g^*(X)$ 无偏, 且优于 $\widetilde{g}(X)$, 即 $R(\theta, g^*) \leqslant R(\theta, \widetilde{g})$, $\forall \, \theta$, 又因 $\widehat{g}(X)$ 和 $g^*(X)$ 皆为 $g(\theta)$ 的无偏估计, 且为 $T(X)$ 的函数, 所以由引理 3.2.1 可知, $\widehat{g}(X) = g^*(X)$ (a.e.), 从而有

$$R(\theta, \widehat{g}) = R(\theta, g^*) \leqslant R(\theta, \widetilde{g}), \quad \forall \, \theta, \ \widetilde{g}.$$

(2) 由定义 $\widehat{g}(X) = \mathrm{E}_{\theta}[\widetilde{g}(X)|T]$ 为 T 的函数, 又由于

$$\mathrm{E}_{\theta}[\widehat{g}(X)] = \mathrm{E}_{\theta}\{\mathrm{E}_{\theta}[\widetilde{g}(X)|T]\} = \mathrm{E}_{\theta}(\widetilde{g}(X)) = g(\theta),$$

因此 $\widehat{g}(X)$ 为 $g(\theta)$ 的无偏估计, 所以由 (1) 可知 $\widehat{g}(X)$ 为 $g(\theta)$ 的一致最小风险无偏估计.

(3) 设 $g(\theta)$ 的一致最小风险无偏估计存在, 记为 $\widehat{g}(X)$, 要证 $\widehat{g}(X)$ 为 $T(X)$ 的函数, 为此令

$$g^*(x) = \psi(T(x)) = \mathrm{E}_{\theta}[\widehat{g}(X)|T = T(x)],$$

则由 Rao-Blackwell 定理知

$$R(\theta, g^*) = R(\theta, \mathrm{E}_{\theta}(\widehat{g}|T)) \leqslant R(\theta, \widehat{g}).$$

又由于 $\widehat{g}(X)$ 为 $g(\theta)$ 的一致最小风险无偏估计, 所以有 $R(\theta, \widehat{g}) \leqslant R(\theta, g^*)$. 因此以上等式成立. 由于 $L(\theta, d)$ 为严凸, 因而 $\widehat{g}(X)|T$ 为退化分布, 即 $\widehat{g}(X) = h(T(X))$.

推论 对于 L_2 损失函数 $L_2(\theta, d) = (d - g(\theta))^2$, 以上 (1)—(3) 都成立, 且称一致最小风险无偏估计为一致最小方差无偏估计 (这时 $R(\theta, \widehat{g}) = \mathrm{Var}_\theta[\widehat{g}(X)]$). 对于 L_1 损失函数 $L_1(\theta, d) = |d - g(\theta)|$, 以上 (1)—(2) 成立.

3.2.3 例题

以下通过若干例题, 说明如何根据 Lehmann-Scheffe 定理在各种常见的分布族中求解 $g(\theta)$ 的一致最小风险无偏估计. 当然, 其前提是假设完备充分统计量存在, 以及一致最小风险无偏估计存在. 根据 Lehmann-Scheffe 定理, 求解 $g(\theta)$ 的 UMRUE 有两种方法:

(1) 直接方法. 即找一个完备充分统计量 $T(X)$ 的函数 $\varphi(T)$ 使 $\mathrm{E}_\theta[\varphi(T(X))] = g(\theta)$, 则 $\widehat{g}(X) = \varphi(T(X))$ 为 $g(\theta)$ 的 UMRUE.

(2) 条件期望法. 即取一个完备充分统计量 $T(X)$ 以及 $g(\theta)$ 的某一个无偏估计 $\widetilde{g}(X)$, 则 $\widehat{g}(X) = \mathrm{E}_\theta[\widetilde{g}(X)|T]$ 为 $g(\theta)$ 的 UMRUE. 这时, 关键问题就是求条件期望, 通常比较麻烦.

1. 直接方法

例 3.2.4 设 $X_1, \cdots, X_n$ 独立同分布. (1) $X_1 \sim b(1, \theta)$; (2) $X_1 \sim P(\lambda)$; (3) $X_1 \sim N(\mu, 1)$; 则 $\overline{X}$ 为完备充分统计量, 容易验证, 它分别为 θ, λ 和 μ 的 UMRUE.

例 3.2.5 设 $X_1, \cdots, X_n$ 独立同分布, $X_1 \sim R(0, \theta)$. (1) 求 θ 和 θ^{-1} 的 UMRUE; (2) 求 $g(\theta)$ 的 UMRUE, 其中 $g(\theta)$ 为可导函数.

解 (1) $X_{(n)}$ 为完备充分统计量, 且

$$\frac{X_{(n)}}{\theta} \sim BE(n, 1), \quad \mathrm{E}_\theta(X_{(n)}) = \frac{n}{n+1}\theta,$$

因此 $\widehat{\theta} = \dfrac{n+1}{n} X_{(n)}$ 为 θ 的 UMRUE. 另外经直接计算可得

$$\mathrm{E}_\theta[X_{(n)}^{-1}] = \frac{n}{n-1}\theta^{-1}.$$

因此 $\widehat{\theta^{-1}} = \dfrac{n-1}{n} X_{(n)}^{-1}$ 为 θ^{-1} 的 UMRUE.

(2) $Y = X_{(n)}$ 的密度函数为 $p(y, \theta) = n\theta^{-n} y^{n-1} I\{0 \leqslant y \leqslant \theta\}$. 设 $g(\theta)$ 的 UMRUE 为 $h(Y)$, 则由 $\mathrm{E}_\theta[h(Y)] = g(\theta)$ 可得

$$\int_0^\theta n\theta^{-n} y^{n-1} h(y)\mathrm{d}y = g(\theta), \quad \forall\, \theta,$$

即

$$n\int_0^\theta y^{n-1} h(y)\mathrm{d}y = \theta^n g(\theta), \quad \forall\, \theta.$$

该式两边对 θ 求导可得

$$n\theta^{n-1}h(\theta) = \theta^n g'(\theta) + n\theta^{n-1}g(\theta),$$

即 $h(\theta) = g(\theta) + n^{-1}\theta g'(\theta)$, 因此有 $h(Y) = g(Y) + n^{-1}Yg'(Y)$.

例 3.2.6 设 $X_1, \cdots, X_n$ 独立同分布, $X_1 \sim b(1, \theta)$, 求 $\sigma^2(\theta) = \theta(1-\theta)$ 的 UMRUE.

解 完备充分统计量为 $T = \sum\limits_{i=1}^{n} X_i \sim b(n, \theta)$, 要寻找 $\varphi(T)$ 使 $\mathrm{E}_\theta[\varphi(T)] = \theta(1-\theta)$. 由于 $\theta(1-\theta)$ 为 θ 的二次式, 可令 $\varphi(T) = \alpha T + \beta T^2$, 用待定系数法求出 α, β 使

$$\mathrm{E}_\theta[\varphi(T)] = \alpha\mathrm{E}_\theta(T) + \beta\mathrm{E}_\theta(T^2) = \theta(1-\theta).$$

而由 $T \sim b(n, \theta)$ 可得

$$\mathrm{E}_\theta(T) = n\theta, \quad \mathrm{E}_\theta(T^2) = \mathrm{Var}_\theta(T) + (\mathrm{E}_\theta(T))^2 = n\theta(1-\theta) + n^2\theta^2.$$

代入比较得 $\alpha = (n-1)^{-1}$, $\beta = -n^{-1}(n-1)^{-1}$, 因此 σ^2 的 UMRUE 为

$$\widehat{\sigma^2} = \frac{1}{n(n-1)}(nT - T^2).$$

例 3.2.7 设 $X_1, \cdots, X_n$ 相互独立, $X_j \sim N(0, \sigma^2)$, 一切 $j \neq i$. 求相应参数的 UMRUE: (1) 若 $X_i \sim N(\gamma, \sigma^2)$; (2) 若 $X_i \sim N(0, \omega\sigma^2)$ $(n > 3)$. 其中 $\gamma \in \mathbf{R}$, $\omega > 0$, σ^2 都是未知参数.

解 (1) 根据例 2.2.14, 情形 (1) 的完备充分统计量为 (T, X_i), 其中 $T = \sum\limits_{j=1}^{n} X_j^2$. 而由假设可知, $\mathrm{E}(X_i) = \gamma$, 故有 $\hat{\gamma} = X_i$. 而 $\mathrm{E}(T - X_i^2) = \mathrm{E}(T_1) = (n-1)\sigma^2$, 其中 $T_1 = \sum\limits_{j \neq i} X_j^2 \sim \sigma^2\chi^2(n-1)$; 因此 $\widehat{\sigma^2} = (n-1)^{-1}T_1$.

(2) 与例 2.2.14 类似, 情形 (2) 的完备充分统计量为 (T_1, X_i^2), 其中 $T_1 = \sum\limits_{j \neq i} X_j^2 \sim \sigma^2\chi^2(n-1)$. 因此有 $\mathrm{E}(T_1) = (n-1)\sigma^2$, 所以 $\widehat{\sigma^2} = (n-1)^{-1}T_1$. 又由假设可知 $\mathrm{E}(X_i^2) = \omega\sigma^2$, 为了得到 ω 的 UMRUE, 必须消去参数 σ^2. 由 χ^2 分布的公式 (见第一章) 可得 $\mathrm{E}(T_1/\sigma^2)^{-1} = (n-3)^{-1}$, $\mathrm{E}[(n-3)T_1^{-1}] = \sigma^{-2}$, 由于 X_i 与 T_1 相互独立, 因此有 $\mathrm{E}[X_i^2(n-3)T_1^{-1}] = [\mathrm{E}(X_i^2)] \cdot \mathrm{E}[(n-3)T_1^{-1}] = \omega$; 由此可得 ω 的 UMRUE 为 $\hat{\omega} = (n-3)X_i^2/T_1$.

例 3.2.8 设 $X_1, \cdots, X_n$ 独立同分布, $X_1 \sim N(\mu, \sigma^2)$, 求以下各参数的 UMRUE:

(1) μ, σ^2; (2) μ^2, μ^3; (3) σ, σ^k, μ/σ $(n > 2)$; (4) $x_p(\theta) = F^{-1}(p)$, 即 p 分位数 $(p < 1)$.

解 正态分布的完备充分统计量为

$$T = (\overline{X}, S^2), \quad S^2 = \frac{1}{n-1}\sum_{i=1}^{n}(X_i - \overline{X})^2.$$

(1) 经直接计算可得 $\hat{\mu} = \overline{X}$, $\widehat{\sigma^2} = S^2$;

(2) μ^2, μ^3 的估计应与 $\overline{X}^2$ 和 $\overline{X}^3$ 有关. 为简化计算, 可做变换 $Y_i = X_i - \mu$, 则有

$$Y_i \sim N(0, \sigma^2), \quad \overline{X} = \overline{Y} + \mu, \quad \overline{Y} \sim N(0, \sigma^2/n).$$

$$\mathrm{E}(\overline{X}^2) = \mathrm{E}(\overline{Y}^2 + 2\overline{Y}\mu + \mu^2) = \frac{\sigma^2}{n} + \mu^2.$$

而 $\mathrm{E}(n^{-1}S^2) = n^{-1}\sigma^2$, 故有

$$\mathrm{E}\left[\overline{X}^2 - \frac{S^2}{n}\right] = \frac{\sigma^2}{n} + \mu^2 - \frac{\sigma^2}{n} = \mu^2.$$

故 $\widehat{\mu^2} = \overline{X}^2 - n^{-1}S^2$. 类似的可得

$$\mathrm{E}(\overline{X}^3) = \mathrm{E}(\overline{Y} + \mu)^3 = \mathrm{E}[\overline{Y}^3 + 3\overline{Y}^2\mu + 3\overline{Y}\mu^2 + \mu^3]$$

$$= 3 \cdot \frac{\sigma^2}{n}\mu + \mu^3.$$

S^2, $\overline{X}$ 独立, 因而 $\mathrm{E}[\overline{X}^3 - 3n^{-1}(S^2\overline{X})] = \mu^3$, 所以

$$\widehat{\mu^3} = \overline{X}^3 - \frac{3}{n}S^2\overline{X}.$$

(3) 注意, 由 $\mathrm{E}(S^2) = \sigma^2$ 不能得到 $\mathrm{E}(S) = \sigma$, 需要另行计算. 由于

$$(n-1)\frac{S^2}{\sigma^2} \sim \chi^2(n-1) \sim \Gamma\left(\frac{1}{2}, \frac{n-1}{2}\right).$$

利用 Γ 积分直接计算 S^k 的期望 (k 满足 $n+k-1 > 0$ 即可) 可得

$$E\left[(n-1)\frac{S^2}{\sigma^2}\right]^{\frac{k}{2}} = \frac{\Gamma\left(\dfrac{n+k-1}{2}\right)}{\Gamma\left(\dfrac{n-1}{2}\right)}2^{\frac{k}{2}} \triangleq A_{n-1,k}^{-1}.$$

因此可得 σ^k 的 UMRUE 为

$$\widehat{\sigma^k} = A_{n-1,k}(\sqrt{n-1}\,S)^k = \frac{\Gamma\left(\dfrac{n-1}{2}\right)}{\Gamma\left(\dfrac{n+k-1}{2}\right)}2^{-\frac{k}{2}}(\sqrt{n-1}\,S)^k.$$

特别有 $\widehat{\sigma^2} = S^2$, $\hat{\sigma} = A_{n-1,1}(\sqrt{n-1}\,S)$, $\widehat{\sigma^{-1}} = A_{n-1,-1}(\sqrt{n-1}\,S)^{-1}$. 因此有

$$\hat{\sigma} = K(n)S = \sqrt{\frac{n-1}{2}}\frac{\Gamma\left(\dfrac{n-1}{2}\right)}{\Gamma\left(\dfrac{n}{2}\right)}S.$$

$$\widehat{\sigma^{-1}} = \sqrt{\frac{2}{n-1}} \frac{\Gamma\left(\dfrac{n-1}{2}\right)}{\Gamma\left(\dfrac{n-2}{2}\right)} S^{-1} = \frac{n-2}{n-1} K(n) S^{-1}.$$

因此 μ/σ (通常称为信噪比) 的 UMRUE 为

$$\widehat{\mu/\sigma} = \frac{n-2}{n-1} K(n) \overline{X} S^{-1}.$$

(4) 由 p 分位数的定义有

$$p = P_{(\mu,\sigma^2)}(X_1 \leqslant x_p) = P_{(\mu,\sigma^2)}\left(\frac{X_1-\mu}{\sigma} \leqslant \frac{x_p-\mu}{\sigma}\right) = \Phi\left(\frac{x_p-\mu}{\sigma}\right) = p.$$

因此有 $(x_p-\mu)/\sigma = z_p$, 其中 z_p 为标准正态分布 $\Phi(x)$ 的 p 分位数, 为已知, 因此有线性关系 $x_p = \mu + \sigma z_p$. 从而有 $\widehat{x}_p = \widehat{\mu} + \widehat{\sigma} z_p$, 因为 $\mathrm{E}(\widehat{x}_p) = \mathrm{E}(\widehat{\mu} + \widehat{\sigma} z_p) = \mu + \sigma z_p$. 最后得

$$\widehat{x}_p = \overline{X} + K(n) S z_p.$$

例 3.2.9 设 $X_1, \cdots, X_n$ 独立同分布, $X_1 \sim \mu + \Gamma(\lambda, 1)$, 求以下各参数的 UMRUE: (1) μ; (2) λ, λ^{-1}; (3) $\lambda\mu$; (4) λ^2; (5) μ/λ.

解 完备充分统计量为 $T = (X_{(1)}, S)$, 其中 $S = \sum\limits_{i=1}^{n}(X_i - X_{(1)})$ 且 $X_{(1)}$ 与 S 独立. 由第一章的公式有

$$X_{(1)} \sim \mu + \Gamma(n\lambda, 1), \quad S \sim \Gamma(\lambda, n-1);$$

$$\mathrm{E}(X_{(1)}) = \mu + \frac{1}{n\lambda}, \quad \mathrm{E}(S) = \frac{n-1}{\lambda}, \quad \mathrm{E}(S^{-1}) = \frac{\lambda}{n-2}.$$

(1) 因为 $\mathrm{E}\left[X_{(1)} - \dfrac{S}{n(n-1)}\right] = \mu$, 故有 $\widehat{\mu} = X_{(1)} - \dfrac{S}{n(n-1)}$.

(2) $\widehat{\lambda} = (n-2)S^{-1}$, $\widehat{\lambda^{-1}} = (n-1)^{-1}S$.

(3) 由独立性以及以上公式可得

$$\mathrm{E}[X_{(1)}S^{-1}] = \mathrm{E}[X_{(1)}]\mathrm{E}[S^{-1}] = \left(\mu + \frac{1}{n\lambda}\right)\frac{\lambda}{n-2} = \frac{\lambda\mu}{n-2} + \frac{1}{n(n-2)}.$$

因此 $\widehat{\lambda\mu} = (n-2)X_{(1)}S^{-1} - n^{-1}$.

(4) $\mathrm{E}(S^{-2}) = \dfrac{\lambda^2}{(n-2)(n-3)}$, 故有 $\widehat{\lambda^2} = (n-2)(n-3)S^{-2}$.

(5) 由独立性以及以上公式可得

$$\mathrm{E}[X_{(1)}S] = \left(\mu + \frac{1}{n\lambda}\right)\frac{n-1}{\lambda} = (n-1)\frac{\mu}{\lambda} + \frac{n-1}{n\lambda^2},$$

$$E[(n-1)^{-1}X_{(1)}S] = \frac{\mu}{\lambda} + \frac{1}{n\lambda^2}.$$

而

$$E(S^2) = \frac{n(n-1)}{\lambda^2}, \quad E\left[\frac{S^2}{n^2(n-1)}\right] = \frac{1}{n\lambda^2}, \quad E\left[\frac{X_{(1)}S}{n-1} - \frac{S^2}{n^2(n-1)}\right] = \frac{\mu}{\lambda}.$$

所以最后可得

$$\widehat{\mu/\lambda} = \frac{1}{n-1}\left[X_{(1)}S - \frac{S^2}{n^2}\right].$$

2. 条件期望法

有些估计问题, 很难用上述直接法求解, 下面是一些例子.

例 3.2.10 设 $X_1, \cdots, X_n$ 独立同分布, $X_1 \sim P(\lambda)$. 求以下 μ_k 的 UMRUE:

$$\mu_k = P(X_1 = k) = e^{-\lambda}\frac{\lambda^k}{k!}.$$

(μ_k 可理解为 $(0, t)$ 时间内有 k 个故障 (或电话呼叫) 的概率, μ_0 则表示无故障的概率.)

解 完备充分统计量为 $T = \sum_{i=1}^{n} X_i \sim P(n\lambda)$, 易见, 由于 $e^{-\lambda}$ 的存在, 很难求一个函数 $\varphi(T)$, 使得 $E_\lambda[\varphi(T)] = e^{-\lambda}\frac{\lambda^k}{k!}$ (即使 $k = 0$). 但是可设法先求 μ_k 的某一个无偏估计 $\widetilde{\mu}_k$, 则由定理 3.2.1 知, $\widehat{\mu}_k = E(\widetilde{\mu}_k|T)$ 为 μ_k 的 UMRUE. 为此, 取

$$\widetilde{\mu}_k = I\{X = (X_1, \cdots, X_n)^{\mathrm{T}} : X_1 = k\}, \quad I\{\cdot\} \text{为示性函数}.$$

显然有

$$E_\lambda(\widetilde{\mu}_k) = E_\lambda[I\{X : X_1 = k\}] = P_\lambda(X_1 = k) = \mu_k.$$

即 $\widetilde{\mu}_k$ 为 μ_k 的一个无偏估计, 因而 $\widehat{\mu}_k = E(\widetilde{\mu}_k|T)$ 为 μ_k 的 UMRUE. 剩下的问题就是求条件期望或条件概率:

$$\widehat{\mu}_k = E\{I(X_1 = k)|T\} = P\left\{X_1 = k \middle| \sum_{i=1}^{n} X_i = T\right\}.$$

由 Poisson 分布与二项分布的关系即可求出以上条件概率, 下面直接计算这一概

率. 易见当 $T < k$ 时, $\widehat{\mu}_k = 0$; 当 $T \geqslant k$ 时则有

$$
\begin{aligned}
\widehat{\mu}_k &= \frac{P(X_1 = k, \sum\limits_{i=1}^{n} X_i = T)}{P(X_1 + \cdots + X_n = T)} \\
&= \frac{P(X_1 = k) P\left(\sum\limits_{i=2}^{n} X_i = T - k\right)}{P\left(\sum\limits_{i=1}^{n} X_i = T\right)} \\
&= e^{-\lambda} \frac{\lambda^k}{k!} \cdot e^{-(n-1)\lambda} \frac{[(n-1)\lambda]^{T-k}}{(T-k)!} \div \left[e^{-n\lambda} \frac{(n\lambda)^T}{T!}\right] \\
&= \frac{T!}{k!(T-k)!} \left(\frac{1}{n}\right)^k \left(1 - \frac{1}{n}\right)^{T-k} = b\left(k;\ T,\ n^{-1}\right), \quad T \geqslant k.
\end{aligned}
$$

所以 μ_k 的 UMRUE 为 $\widehat{\mu}_k = b\left(k;\ T,\ n^{-1}\right),\ T \geqslant k$. 特别, $k = 0$, 即无故障的概率 μ_0 的 UMRUE 为 $\widehat{\mu}_0 = \left(1 - \dfrac{1}{n}\right)^T$.

例 3.2.11 设 $X_1, \cdots, X_n$ 独立同分布, $X_1 \sim N(\mu, 1)$. 求 $p = P(X_1 \leqslant \xi)$ (ξ 已知) 的 UMRUE.

解 完备充分统计量为 $\overline{X}$, 但是要求 $\varphi(\overline{X})$ 使 $\mathrm{E}[\varphi(\overline{X})] = P(X_1 \leqslant \xi)$ 很困难, 因此可采用条件期望法. 为此, 取

$$
\tilde{p} = \tilde{p}(X) = I\{(X_1, \cdots, X_n) : X_1 \leqslant \xi\} = I\{X_1 \leqslant \xi\}.
$$

则有 $\mathrm{E}[\tilde{p}(X)] = \mathrm{E}\{I(X_1 \leqslant \xi)\} = P(X_1 \leqslant \xi) = p$. 所以 $\tilde{p}(X)$ 为 p 的无偏估计, 因而 p 的 UMRUE 可表示为

$$
\widehat{p}(\overline{X}) = \mathrm{E}(\tilde{p}(X)|\overline{X}) = P(X_1 \leqslant \xi|\overline{X}).
$$

以下根据 Basu 定理求此条件概率. 以上条件概率可表示为

$$
\widehat{p}(\overline{x}) = P(X_1 \leqslant \xi|\overline{X} = \overline{x}) = P(X_1 - \overline{X} \leqslant \xi - \overline{x}|\overline{X} = \overline{x}).
$$

$\overline{X}$ 为完备充分统计量, $X_1 - \overline{X}$ 的分布与 μ 无关: $X_1 - \overline{X} \sim N\left(0, \dfrac{n-1}{n}\right)$, 因而为辅助统计量, 所以由 Basu 定理可知, $X_1 - \overline{X}$ 与 $\overline{X}$ 独立, 从而以上条件概率可化为无条件概率

$$
\begin{aligned}
\widehat{p}(\overline{x}) &= P(X_1 - \overline{X} \leqslant \xi - \overline{x}) \\
&= P\left(\sqrt{\frac{n}{n-1}}(X_1 - \overline{x}) \leqslant \sqrt{\frac{n}{n-1}}(\xi - \overline{x})\right) \\
&= \Phi\left(\sqrt{\frac{n}{n-1}}(\xi - \overline{x})\right).
\end{aligned}
$$

其中 $\varPhi(\cdot)$ 为标准正态分布的分布函数. 所以 p 的 UMRUE 为

$$\widehat{p} = \varPhi(\sqrt{n(n-1)^{-1}}(\xi - \overline{X})).$$

例 3.2.12 设 $X_1, \cdots, X_n$ 独立同分布, $X_1 \sim \varGamma(\lambda, 1)$ 指数分布, 求 $p = P(X_1 \leqslant \xi)$ 的 UMRUE (若 X_1 表示寿命分布, 则 p 为寿命小于等于 ξ 的概率).

解 完备充分统计量为 $T = \sum\limits_{i=1}^{n} X_i \sim \varGamma(\lambda, n)$, 类似于前面的例子, 取 $\tilde{p} = \tilde{p}(X) = I\{X_1 \leqslant \xi\}$, 则有

$$\mathrm{E}[\tilde{p}(X)] = \mathrm{E}\{I(X_1 \leqslant \xi)\} = P(X_1 \leqslant \xi) = p,$$

因此 $\tilde{p}(X)$ 为 p 的无偏估计, 并且 $\widehat{p}(X) = \mathrm{E}\{\tilde{p}(X)|T\}$ 为 p 的 UMRUE. 以下根据 Basu 定理求条件概率 $\widehat{p}(t) = \mathrm{E}(\tilde{p} \,|T = t) = P(X_1 \leqslant \xi | T = t)$. 易见, 若 $T = \sum\limits_{i=1}^{n} X_i < \xi$, 则必有 $X_1 < \xi$, 因而 $\widehat{p} = 1$; 以下考虑 $T \geqslant \xi$ 的情形, 这时有

$$\widehat{p}(t) = P(X_1 \leqslant \xi | T = t) = P\left(\frac{X_1}{T} \leqslant \frac{\xi}{t} \middle| T = t\right).$$

T 为完备充分统计量, 而

$$\frac{X_1}{T} = \frac{\lambda X_1}{\lambda T} \sim \frac{\varGamma(1,1)}{\varGamma(1,n)}.$$

其分布与 λ 无关, 因而为辅助统计量, 所以由 Basu 定理可知, X_1/T 与 T 独立. 事实上, X_1/T 服从 β 分布. 因为

$$\frac{X_1}{T} = \frac{X_1}{X_1 + X_2'}, \ X_1 \sim \varGamma(\lambda, 1), \ X_2' = X_2 + \cdots + X_n \sim \varGamma(\lambda, n-1).$$

由第一章 β 分布定理知 $X_1/T \sim BE(1, n-1)$. 因此上面条件概率的表达式可以化为无条件概率

$$\widehat{p}(t) = P\left(\frac{X_1}{T} \leqslant \frac{\xi}{t}\right).$$

该式可直接应用 β 分布积分得到

$$\widehat{p}(t) = \int_0^{\xi/t} \beta(y; 1, n-1)\mathrm{d}y = \int_0^{\xi/t} (n-1)(1-y)^{n-2}\mathrm{d}y = 1 - (1 - \xi/t)^{n-1}, \ \xi \leqslant t.$$

综合以上结果, $p = P(X_1 \leqslant \xi)$ 的 UMRUE 可表示为

$$\widehat{p}(X) = 1 - [(1 - \xi/T)^+]^{n-1}, \quad \text{其中} \ a^+ = \begin{cases} a, & a \geqslant 0, \\ 0, & a < 0. \end{cases}$$

3.3 最大似然估计

最大似然估计 (MLE) 是统计学中最为重要、应用最为广泛的估计方法之一. 虽然 Gauss 曾经提出过, 但主要还是 Fisher 的杰出贡献和大力提倡, 使之得到广泛的应用和深入的研究. 本节介绍最大似然估计的原理、方法及基本算法.

3.3.1 定义与例题

设 $X \sim f(x; \theta)$, $\theta \in \Theta$. 最大似然估计在直观上可作如下解释. 在观测过程中, 若抽样能抽到 $X = x$, 则说明此 x 出现的可能性最大, 其相应的 θ 应最接近真参数. 因此, 当 X 取值 x 时, 真参数 θ 的估计应取 θ_x, 它使 $X = x$ 出现的可能性最大, 即 θ_x 使 $f(x, \theta_x)$ 最大:

$$f(x, \theta_x) = \max_{\theta \in \Theta} f(x, \theta).$$

定义 3.3.1 设 $X \sim f(x; \theta)$, $\theta \in \Theta$, 把 $f(x; \theta)$ 视为 θ 的函数, 则称它为 X 关于 θ 的似然函数, $L(\theta, x) = \log f(x; \theta) = L(\theta)$ 称为对数似然函数. 若 $\widehat{\theta}(x)$ 满足

$$f(x, \widehat{\theta}(x)) = \max_{\theta \in \Theta} f(x; \theta),$$

则称 $\widehat{\theta}(x)$ 为 θ 的**最大似然估计** (MLE).

注 (1) 若 $c(x) > 0$, 则使 $f(x; \theta)$ 最大的充要条件是使 $c(x)f(x; \theta)$ 最大. 因为 $c(x)$ 与 θ 无关, 因而 $c(x)f(x; \theta)$ 也称为似然函数, 即似然函数可允许相差一个与 θ 无关的 "正的常数".

(2) 若分布族 $\{f(x; \theta), \theta \in \Theta\}$ 有共同支撑, 则使 $f(x; \theta)$ 最大的充要条件是使 $L(\theta; x) = \log f(x; \theta)$ 最大, 通常求最大似然估计都从 $L(\theta, x) = L(\theta)$ 出发.

(3) 似然方程

$$\frac{\partial L(\theta; x)}{\partial \theta} = \frac{\partial \log f(x; \theta)}{\partial \theta} = 0$$

为求解最大似然估计的必要条件 (方程的解可能是极小值, 也可能出现多峰情形). 但满足上式的解, 也是 θ 的一种估计. 对常见分布族, 很少出现多峰情形.

(4) 若最大似然估计存在, 则它必为充分统计量的函数, 因为由因子分解定理有

$$f(x; \theta) = g(T(x); \theta)h(x).$$

θ 使该式达到极大的充要条件是使 $g(T(x); \theta)$ 达到极大, 而由后者必有 $\widehat{\theta} = \widehat{\theta}(T(x))$. 这一性质说明, 最大似然估与充分性原则是一致的.

以下通过若干例题说明求解最大似然估计的基本方法.

例 3.3.1 二项分布的最大似然估计

(1) 设 X 服从二项分布 $X \sim b(n, p)$, 求 p 的最大似然估计;

(2) 设 $X_1, \cdots, X_n, X_1$ 服从两点分布 $b(1, p)$, 求 p 的最大似然估计;

(3) 应用 (鱼塘数据): 为了估计某鱼塘中鱼的数量 N, 先捕出 $m = 500$ 条鱼, 做上记号后放回鱼塘. 待这些鱼在鱼塘中与其他鱼充分混合后, 再次捕出 $n = 1000$ 条鱼, 发现其中有 $x = 100$ 条鱼是做过记号的. 试求 N 的最大似然估计.

解 (1) 设 X 服从二项分布 $X \sim b(n, p)$, 相应的密度函数和对数似然函数分别为

$$f(x, p) = \binom{n}{x} p^x (1-p)^{n-x}, \quad x = 0, 1, \cdots, n.$$

$$L(p) = x \log p + (n-x) \log(1-p) + \log \binom{n}{x}.$$

由 $\partial L(p)/\partial p = x/p - (n-x)/(1-p) = 0$ 可得 $p = x/n$. 所以 p 的最大似然估计为 $\widehat{p} = X/n$.

(2) 两点分布做 n 次观察, 汇总起来就得到二项分布, 因此 (1) 与 (2) 在统计推断方面基本上是等价的. 事实上 $X = (X_1, \cdots, X_n)$ 的密度函数与 (1) 只相差一个常数:

$$f(x, p) = \prod_{i=1}^{n} p^{x_i} (1-p)^{1-x_i} = p^t (1-p)^{n-t},$$

其中 $t = \sum_{i=1}^{n} x_i$, $T = \sum_{i=1}^{n} X_i$ 为充分统计量, 且有 $T \sim b(n, p)$, 所以 p 的最大似然估计为 $\widehat{p} = T/n$.

(3) 在鱼塘中, 做过记号的鱼在鱼塘中所占的比例为 $p = m/N$, 这就是再次捕鱼时, 能够捕到有记号鱼的概率. 第二次捕鱼时, 捕出的 $n = 1000$ 条鱼中有 $x = 100$ 条鱼做过记号, 而能捕出有记号鱼的概率为 $p = m/N$. 因此可化为一个二项分布的参数估计问题: 在 $n = 1000$ 次试验中成功 $X = x = 100$ 次, 成功的概率为 p, 即 $X \sim b(1000, p)$, 由此可估计出参数 $\widehat{p} = m/\widehat{N}$, 从而得到 N 的估计. 由 (1) 可得 $\widehat{p} = X/n$, 即 $m/\widehat{N} = X/n$, $\widehat{N} = nmX^{-1}$. 其中 $n = 1000$, $m = 500$, $X = x = 100$, 由此可得 $N = 5000$.

例 3.3.2 Poisson 分布的最大似然估计: 设 $X_1, \cdots, X_n$ 独立同分布.

(1) $X_1 \sim P(\lambda)$, 求参数 λ 的最大似然估计;

(2) 应用 (白细胞数据): 人体每个细胞单位所含白细胞的个数近似服从 Poisson 分布 (可参见例 6.7.8). 在一次试验中, 观测了共 1008 个细胞单位, 并测试每

个细胞单位所含白细胞的个数, 数据如下. 试求人体每个细胞单位所含白细胞的个数的平均值.

k	0	1	2	3	4	5	6	7	8	9	10	11	总数
n_k	64	171	239	220	155	83	46	20	6	3	0	1	1008

其中 k 表示细胞单位含白细胞的个数, n_k 表示 1008 个观测单位中, 含 k 个白细胞的细胞单位的个数.

解 (1) 对于 Poisson 分布, $X_1 \sim f(x_1, \lambda) = \mathrm{e}^{-\lambda} \lambda^{x_1}/(x_1!)$. $X = (X_1, \cdots, X_n) \sim \prod\limits_{i=1}^{n} \mathrm{e}^{-\lambda} \lambda^{x_i}/(x_i!)$, 其对数似然函数为

$$L(\lambda) = -n\lambda + \log \lambda \sum_{i=1}^{n} x_i - \sum_{i=1}^{n} \log(x_i!),$$

由 $\partial L(\lambda)/\partial \lambda = -n + \sum\limits_{i=1}^{n} x_i/\lambda = 0$ 可得 $\lambda = \sum\limits_{i=1}^{n} x_i/n$, 因此 λ 的最大似然估计为 $\widehat{\lambda} = \overline{X}$.

(2) 在以上有关白细胞的数据表中, 相当于观测了 $X_1, X_2, \cdots, X_{1008}$ 个独立同分布样本, X_i 表示第 i 个细胞单位含有白细胞的个数, 它们都服从 Poisson 分布. 例如, $X_1, X_2, \cdots, X_{64}$ 取值为 0, $X_{65}, \cdots, X_{235}$ 取值为 1, X_{1008} 取值为 11, 等等. 对于 Poisson 分布, 由于期望 $\mathrm{E}(X_1) = \lambda$, 因此可取 λ 的最大似然估计 $\widehat{\lambda} = \overline{X}$ 作为人体每个细胞单位所含白细胞的个数的平均值, 即

$$\widehat{\lambda} = \overline{X} = \frac{1}{1008}(64 \times 0 + 171 \times 1 + 239 \times 2 + \cdots + 1 \times 11) = 2.82.$$

注 对于 Poisson 分布, 由于 X_i 的期望和方差都等于 λ, 因此亦可取样本方差作为 λ 的估计, 这时

$$S^2 = \frac{1}{1008}[64 \times (0 - 2.82)^2 + 171 \times (1 - 2.82)^2 + \cdots + 1 \times (11 - 2.82)^2)] = 2.99.$$

样本方差 2.99 与样本均值 2.82 很接近, 这说明, 本例白细胞数据用 Poisson 分布来拟合是合理的. 进一步的讨论可参见第六章的拟合优度检验及实例.

例 3.3.3 正态分布的最大似然估计.

(1) 设 $X_1, \cdots, X_n$ 独立同分布, $X_1 \sim N(\mu, \sigma^2)$, 求 μ, σ^2 的最大似然估计;

(2) 应用 (一元线性回归模型): 记 $X_i = a + bu_i + e_i$ $(i = 1, \cdots, n)$, 其中 (X_i, u_i) 为已知的观测值, e_i 为随机误差, $e_1, \cdots, e_n$ 为独立同分布的正态变量, $e_1 \sim N(0, \sigma^2)$. 这就是通常的一元线性回归模型, a, b 为未知的回归系数. 求 a, b, σ^2 的最大似然估计.

解 (1) 相应的密度函数和对数似然函数分别为

$$f(x; \mu, \sigma^2) = \left(\frac{1}{\sqrt{2\pi}\sigma}\right)^n \exp\left\{-\frac{1}{2\sigma^2}\left[\sum_{i=1}^n (x_i - \overline{x})^2 + n(\overline{x} - \mu)^2\right]\right\};$$

$$L(\mu, \sigma^2) = -\frac{n}{2}\log(2\pi\sigma^2) - \frac{1}{2\sigma^2}\sum_{i=1}^n \left[(x_i - \overline{x})^2 + n(\overline{x} - \mu)^2\right].$$

可分两步来求 μ, σ^2 的最大似然估计.

① 对任何 σ, 由上式可知, $\widehat{\mu} = \overline{x}$ 时, 指数部分方括号内的值最小, 因而 $f(x; \mu, \sigma^2)$ 最大;

② 对 $L(\widehat{\mu}, \sigma^2)$ 求导可得

$$\frac{\partial L(\widehat{\mu}, \sigma^2)}{\partial \sigma^2} = -\frac{n}{2\sigma^2} + \frac{1}{2\sigma^4}\sum_{i=1}^n (x_i - \overline{x})^2 = 0; \quad \widehat{\sigma^2} = \frac{1}{n}\sum_{i=1}^n (x_i - \overline{x})^2.$$

由于以上 σ^2 的似然方程有唯一解, 直接验证可知 $L(\widehat{\mu}, \sigma^2)$ 关于 σ^2 的二阶导数在 $\widehat{\sigma^2}$ 处小于零, 因此 $\widehat{\sigma^2}$ 为 $L(\widehat{\mu}, \sigma^2)$ 的唯一的极大值点, 所以有

$$L(\widehat{\mu}, \widehat{\sigma^2}) \geqslant L(\widehat{\mu}, \sigma^2), \quad \forall \sigma.$$

又由 ①, 对任何 σ 有

$$L(\widehat{\mu}, \sigma^2) \geqslant L(\mu, \sigma^2), \quad \forall \mu.$$

因此

$$L(\widehat{\mu}, \widehat{\sigma^2}) \geqslant L(\mu, \sigma^2), \quad \forall (\mu, \sigma).$$

因此 μ, σ^2 的最大似然估计为 $\widehat{\mu} = \overline{X}$ 和 $\widehat{\sigma^2} = S^2 = n^{-1}\sum_{i=1}^n (X_i - \overline{X})^2$.

(2) 记 $\mu_i = a + bu_i$, $X_i = \mu_i + e_i$, 由于 $e_1, \cdots, e_n$ 为独立同分布的正态变量, $e_1 \sim N(0, \sigma^2)$, 因此 $X_1, \cdots, X_n$ 相互独立, 且有 $X_i \sim N(\mu_i, \sigma^2)$ $(i = 1, \cdots, n)$. 这时, 相应的密度函数和对数似然函数分别为

$$f(x; a, b, \sigma^2) = \left(\frac{1}{\sqrt{2\pi}\sigma}\right)^n \exp\left\{-\frac{1}{2\sigma^2}\left[\sum_{i=1}^n (x_i - a - bu_i)^2\right]\right\};$$

$$L(a, b, \sigma^2) = -\frac{n}{2}\log(2\pi\sigma^2) - \frac{1}{2\sigma^2}\sum_{i=1}^n (x_i - a - bu_i)^2.$$

今记 $R = \sum_{i=1}^n (x_i - a - bu_i)^2$. 对任何 σ, 由上式可知, 为求估计量 $\widehat{a}$, $\widehat{b}$, 使 $L(a, b, \sigma^2)$ 最大, 等价于使平方和 R 最小; 对 R 求导可得 (记 $\overline{u} = n^{-1}\sum_{i=1}^n u_i$)

$$\frac{\partial R}{\partial a} = -2\sum_{i=1}^n (x_i - a - bu_i) = 0 \Rightarrow n\overline{x} - na - nb\overline{u} = 0 \Rightarrow a = \overline{x} - b\overline{u};$$

$$\frac{\partial R}{\partial b} = -2\sum_{i=1}^{n}(x_i - a - bu_i)u_i = 0 \Rightarrow \sum_{i=1}^{n}x_iu_i - na\overline{u} - b\sum_{i=1}^{n}u_i^2 = 0.$$

把 $a = \overline{x} - b\overline{u}$ 代入上式可得

$$\sum_{i=1}^{n}x_iu_i - n\overline{x}\overline{u} + bn\overline{u}^2 - b\sum_{i=1}^{n}u_i^2 = 0.$$

应用常见的恒等式

$$Q_{xu} = \sum_{i=1}^{n}(x_i - \overline{x})(u_i - \overline{u}) = \sum_{i=1}^{n}x_iu_i - n\overline{x}\overline{u}; \quad Q_{uu} = \sum_{i=1}^{n}(u_i - \overline{u})^2 = \sum_{i=1}^{n}u_i^2 - n\overline{u}^2.$$

代入上式可得 $Q_{xu} = bQ_{uu}$, $b = Q_{xu}/Q_{uu}$. 由此可得 a, b 的最大似然估计为

$$\widehat{b} = \frac{Q_{Xu}}{Q_{uu}}, \quad \widehat{a} = \overline{X} - \widehat{b}\overline{u}.$$

σ^2 的最大似然估计的解法与 (1) 完全类似, 对数似然函数 $L(\widehat{a}, \widehat{b}, \sigma^2)$ 对 σ^2 求导可得

$$\frac{\partial L(\widehat{a}, \widehat{b}, \sigma^2)}{\partial \sigma^2} = -\frac{n}{2\sigma^2} + \frac{1}{2\sigma^4}\sum_{i=1}^{n}(x_i - \widehat{a} - \widehat{b}u_i)^2 = 0;$$

$$\sigma^2 = \frac{1}{n}\sum_{i=1}^{n}(x_i - \widehat{a} - \widehat{b}u_i)^2.$$

因此 σ^2 的最大似然估计为 $\widehat{\sigma^2} = n^{-1}\sum_{i=1}^{n}(X_i - \widehat{a} - \widehat{b}u_i)^2$.

注 在问题 (2) 中, 求解回归系数 a, b 的最大似然估计等价于使平方和 $R = \sum_{i=1}^{n}(x_i - a - bu_i)^2$ 达到最小, 因此通常也称相应的估计量为最小二乘估计. 所以在一元线性回归模型中, 回归系数的最小二乘估计就是最大似然估计. 同时也说明, 参数估计方法 (以及后文要介绍的假设检验方法) 是回归分析重要的理论基础.

例 3.3.4 均匀分布的最大似然估计: 设 $X_1, \cdots, X_n$ 独立同分布

(1) $X_1 \sim R(0, \theta)$; (2) $X_1 \sim R(\theta, 3\theta)$; (3) $X_1 \sim R(\theta, \theta + 1)$; (4) $X_1 \sim R(\mu - \sigma/2, \mu + \sigma/2)$. 求相应参数的最大似然估计.

解 先看一般情形, 若 $X_1 \sim R(a, b), a < b$, 则有

$$f(x; a, b) = \prod_{i=1}^{n}\frac{1}{b-a}I\{a \leqslant x_i \leqslant b\} = \frac{1}{(b-a)^n}I\{a \leqslant x_{(1)}\}I\{x_{(n)} \leqslant b\}.$$

(1) 相应的密度函数为 $f(x;\theta) = \theta^{-n} I\{x_{(1)} \geqslant 0\} I\{x_{(n)} \leqslant \theta\}$, 考虑其最大值. 当 $X = x = (x_1, \cdots, x_n)^{\mathrm{T}}$ 时, θ 越小, 则 θ^{-n} 越大, 因而 $f(x;\theta)$ 越大. 但由以上表达式可知, 恒有 $\theta \geqslant x_{(n)}$, 因此 $\theta = x_{(n)}$ 时, θ 最小, θ^{-n} 最大, 从而 $f(x;\theta)$ 最大. 因此 $\widehat{\theta} = X_{(n)}$ 为 θ 的最大似然估计.

(2) 相应的密度函数为

$$f(x;\theta) = \left(\frac{1}{2\theta}\right)^n I\{\theta \leqslant x_{(1)} \leqslant x_{(n)} \leqslant 3\theta\} = \left(\frac{1}{2\theta}\right)^n I\left\{\frac{x_{(n)}}{3} \leqslant \theta \leqslant x_{(1)}\right\}.$$

由以上表达式可知, 要使 $f(x;\theta)$ 尽量大则应使 θ 尽量小, 而 $\theta \geqslant x_{(n)}/3$, 因此 $\theta = x_{(n)}/3$ 时, $f(x;\theta)$ 最大, 即 $\widehat{\theta} = X_{(n)}/3$.

(3) 相应的密度函数为

$$f(x;\theta) = I\{\theta \leqslant x_{(1)} \leqslant x_{(n)} \leqslant \theta+1\} = I\{x_{(n)} - 1 \leqslant \theta \leqslant x_{(1)}\}.$$

$f(x;\theta)$ 仅取 0 或 1 两个值, 取 1 时最大. 因此, $\theta \in [X_{(n)} - 1, X_{(1)}]$ 时都可视为 θ 的最大似然估计; 所以解不唯一 (下一章可求出唯一的最优同变估计).

(4) 相应的密度函数为

$$f(x;\theta) = \frac{1}{\sigma^n} I\left\{\mu - \frac{\sigma}{2} \leqslant x_{(1)} \leqslant x_{(n)} \leqslant \mu + \frac{\sigma}{2}\right\}.$$

要使 $f(x;\theta)$ 尽量大, 则应使 σ 尽量小, 但是由以上表达式可知, σ 应满足关系: (a) $\mu - x_{(1)} \leqslant \sigma/2$, 取其最小为 $\sigma/2 = \mu - x_{(1)}$; (b) $x_{(n)} - \mu \leqslant \sigma/2$, 取其最小为 $\sigma/2 = x_{(n)} - \mu$. 综合 (a) 和 (b) 可知, μ, σ 应满足联立方程

$$\mu - \frac{\sigma}{2} = x_{(1)}, \quad \mu + \frac{\sigma}{2} = x_{(n)}.$$

求解即得

$$\widehat{\mu} = \frac{1}{2}\{X_{(1)} + X_{(n)}\}, \quad \widehat{\sigma} = X_{(n)} - X_{(1)}.$$

例 3.3.5 指数分布的最大似然估计: 设 $X_1, \cdots, X_n$ 独立同分布

(1) $X_1 \sim \Gamma(\lambda, 1)$; (2) $X_1 \sim \mu + \Gamma(1, 1)$; (3) $X_1 \sim \mu + \Gamma(\lambda, 1)$.

(4) 应用 (截尾数据): 在可靠性、生存分析等问题中, 由于各种客观原因, 有时不能观测到完全的数据. 其中比较常见的有定时截尾数据和定数截尾数据. 今设 $X_1, \cdots, X_n$ 独立同分布, $X_1 \sim \Gamma(\sigma^{-1}, 1)$ 表示某器件的寿命. (a) 若只观测到前 r 个寿终数据, 称为定数截尾数据; (b) 若只观测到寿命小于 x_0 的寿终数据, 共有 r 个, 称为定时截尾数据. 求平均寿命 σ 的最大似然估计.

解 (1) 相应的密度函数和对数似然函数分别为

$$f(x;\lambda) = \lambda^n \mathrm{e}^{-\lambda \sum\limits_{i=1}^{n} x_i} I\{x_{(1)} \geqslant 0\};$$

$$L(\lambda, x) = n \log \lambda - \lambda \sum_{i=1}^{n} x_i.$$

由 $\partial L/\partial \lambda = 0$ 可得 $\widehat{\lambda} = \overline{X}^{-1}$ (注: 若 $X_1 \sim \Gamma(1/\sigma, 1)$, 则 $\widehat{\sigma} = \overline{X}$).

(2) 相应的密度函数为

$$f(x; \mu) = \mathrm{e}^{-\sum_{i=1}^{n}(x_i - \mu)} I\{x_{(1)} \geqslant \mu\} = \mathrm{e}^{n\mu}\mathrm{e}^{-\sum_{i=1}^{n} x_i} I\{x_{(1)} \geqslant \mu\}.$$

要使 $f(x; \mu)$ 尽量大, 则应使 $\mathrm{e}^{n\mu}$ 尽量大, 即要求 μ 尽量大, 但是 $\mu \leqslant x_{(1)}$, 因此当 $\mu = x_{(1)}$ 时 μ 最大, 因而 $f(x; \mu)$ 最大, 所以有 $\widehat{\mu} = X_{(1)}$.

(3) 相应的密度函数为

$$f(x; \lambda, \mu) = \prod_{i=1}^{n} [\lambda \mathrm{e}^{-\lambda(x_i - \mu)} I\{x_i \geqslant \mu\}] = \lambda^n \mathrm{e}^{-\lambda \sum_{i=1}^{n} x_i} \mathrm{e}^{n\lambda\mu} I\{x_{(1)} \geqslant \mu\}.$$

(a) 对任何固定的 λ, 要使 $f(x; \lambda, \mu)$ 尽量大, 则应使 $\mathrm{e}^{n\lambda\mu}$ 尽量大, 即要使 μ 尽量大, 但是 $\mu \leqslant x_{(1)}$, 因此当 $\mu = x_{(1)}$ 时 μ 最大, 从而 $\mathrm{e}^{n\lambda\mu}$ 最大, 即 $f(x; \lambda, \mu)$ 最大, 所以有 $\widehat{\mu} = X_{(1)}$;

(b) 把 $\widehat{\mu} = x_{(1)}$ 代入 $f(x; \lambda, \mu)$ 的表达式可得

$$f(x; \lambda, \widehat{\mu}) = \lambda^n \mathrm{e}^{-\lambda \sum_{i=1}^{n} x_i} \mathrm{e}^{n\lambda x_{(1)}};$$

$$L(\lambda, \widehat{\mu}; x) = n \log \lambda - \lambda \sum_{i=1}^{n} (x_i - x_{(1)}).$$

由 $\partial L/\partial \lambda = 0$ 可得

$$\widehat{\lambda} = \frac{n}{S}, \quad S = \sum_{i=1}^{n} (X_i - X_{(1)});$$

因此对任何 (λ, μ), 有

$$f(x; \widehat{\lambda}, \widehat{\mu}) \geqslant f(x; \lambda, \widehat{\mu}) \geqslant f(x; \lambda, \mu).$$

所以, 以上 $\widehat{\lambda}$, $\widehat{\mu}$ 为 λ, μ 的最大似然估计.

(4) (a) 定数截尾数据. 这时观测值就是前 r 个次序统计量 $X_{(1)}, \cdots, X_{(r)}$, 记 $Y_i = X_{(i)}$, $i = 1 \cdots, r$, 则相应的密度函数和对数似然函数分别为 (见第一章 (1.6.17) 式)

$$f(y_1, \cdots, y_r) = \frac{n!}{(n-r)!} \frac{1}{\sigma^r} \exp\left\{-\frac{1}{\sigma}\left[\sum_{i=1}^{r} y_i + (n-r)y_r\right]\right\} \cdot$$
$$I\{y_1 \geqslant 0\} I\{y_1 < \cdots < y_r\}.$$

$$L(\sigma;y) = -r\log\sigma - \frac{1}{\sigma}\left[\sum_{i=1}^{r}y_i + (n-r)y_r\right] +$$
$$\log\left\{\frac{n!}{(n-r)!}I\{y_1 \geqslant 0\}I\{y_1 < \cdots < y_r\}\right\}.$$

由 $\partial L/\partial\sigma = 0$ 可得

$$\widehat{\sigma} = \frac{T_{n,r}}{r}, \quad T_{n,r} = \sum_{i=1}^{r}Y_i + (n-r)Y_r.$$

且有 $T_{n,r} = \sum\limits_{i=1}^{r}X_{(i)} + (n-r)X_{(r)} \sim \Gamma\left(\frac{1}{\sigma}, r\right)$.

(b) 定时截尾数据. 首先要导出观测值的密度函数, 这与第一章 (1.6.8) 式的推导类似. 但是需要考虑定时截尾这一特点, 即观测值中有 r 个寿命小于或等于 x_0, 但不必考虑次序, $n-r$ 个寿命大于 x_0. 这时在 $X_1, \cdots, X_n$ 中, 有 $n-r$ 个在 $(x_0, +\infty)$, 其他小区间各有一个, 因此有

$$P\{y_i < Y_i \leqslant y_i + \mathrm{d}y_i, i = 1, \cdots, r\} \qquad (Y_i = X_i)$$
$$= f(y_1, \cdots, y_r)\mathrm{d}y_1 \cdots \mathrm{d}y_r + o(\rho)$$
$$= \frac{n!}{1! \cdots 1!(n-r)!} \cdot f(y_1)\mathrm{d}y_1 \cdots f(y_r)\mathrm{d}y_r \cdot [1 - F(x_0)]^{n-r},$$
$$f(y_1, \cdots, y_r) = \frac{n!}{(n-r)!}f(y_1) \cdots f(y_r)[1 - F(x_0)]^{n-r}.$$

把指数分布的表达式代入上式可得

$$f(y_1, \cdots, y_r) = \frac{n!}{(n-r)!}\frac{1}{\sigma^r}\exp\left\{-\frac{1}{\sigma}\left[\sum_{i=1}^{r}y_i + (n-r)x_0\right]\right\}I\{y_1 \geqslant 0\}.$$

$$L(\sigma;y) = -r\log\sigma - \frac{1}{\sigma}\left[\sum_{i=1}^{r}y_i + (n-r)x_0\right] + \log\left\{\frac{n!}{(n-r)!}I\{y_1 \geqslant 0\}\right\}.$$

由 $\partial L/\partial\sigma = 0$ 可得

$$\widehat{\sigma} = \frac{T'_{n,r}}{r}, \quad T'_{n,r} = \sum_{i=1}^{r}X_i + (n-r)x_0.$$

且有 $T'_{n,r} - (n-r)x_0 = \sum\limits_{i=1}^{r}X_i \sim \Gamma\left(\frac{1}{\sigma}, r\right)$.

例 3.3.6 多项分布 $N = (N_1, \cdots, N_k)^{\mathrm{T}} \sim MN(n, \pi)$, 其中 $\sum\limits_{i=1}^{k}N_i = n$, $\pi = (\pi_1, \cdots, \pi_k)^{\mathrm{T}}, \sum\limits_{i=1}^{k}\pi_i = 1$, 求 π 的最大似然估计.

解 相应的密度函数和对数似然函数分别为

$$N \sim p(n_1, \cdots, n_k; \pi) = \frac{n!}{n_1! \cdots n_k!} \pi_1^{n_1} \cdots \pi_k^{n_k},$$

$$L(\pi) = \sum_{i=1}^{k} n_i \log \pi_i + \log(n!) - \log(n_1! \cdots n_k!).$$

因为有约束条件 $\sum_{i=1}^{k} \pi_i = 1$, 可用 Lagrange (拉格朗日) 乘子法, 令

$$L_A(\pi, \lambda) = \sum_{i=1}^{k} n_i \log \pi_i - \lambda \left(\sum_{i=1}^{k} \pi_i - 1 \right);$$

$$\frac{\partial L_A}{\partial \lambda} = -\sum_{i=1}^{k} \pi_i + 1 = 0, \qquad \sum_{i=1}^{k} \pi_i = 1,$$

$$\frac{\partial L_A}{\partial \pi_i} = \frac{n_i}{\pi_i} - \lambda = 0, \qquad \pi_i = \frac{n_i}{\lambda}.$$

约束条件 $\sum_{i=1}^{k} \pi_i = 1$ 代入上式可得 $\sum_{i=1}^{k} (n_i/\lambda) = 1$, $\lambda = \sum_{i=1}^{k} n_i = n$, 因此有 $\pi_i = n_i/n$. 即 π 的最大似然估计为

$$\widehat{\pi}_i = \frac{N_i}{n}, \quad i = 1, \cdots, k.$$

例 3.3.7 Laplace 分布. 设 $X_1, \cdots, X_n$ 独立同分布, $X_1 \sim LA(\mu, \sigma)$, 求 μ, σ 的最大似然估计.

解 相应的密度函数为

$$f(x; \mu, \sigma) = \left(\frac{1}{2\sigma} \right)^n \exp \left\{ -\frac{1}{\sigma} \sum_{i=1}^{n} |x_i - \mu| \right\}.$$

对任何 $\sigma > 0$, 求 μ 使 $f(x; \mu, \sigma)$ 最大, 等价于求 μ 使 $\sum_{i=1}^{n} |x_i - \mu|$ 最小. 以下求 $\varphi(\mu) = \sum_{i=1}^{n} |x_i - \mu|$ 的最小值点, 为此, 把 $\varphi(\mu)$ 改写为以下形式并设法去掉绝对值号

$$\varphi(\mu) = \sum_{i=1}^{n} |x_{(i)} - \mu| = \sum_{i=1}^{n} |\mu - x_{(i)}|.$$

当观测值 $X = x = (x_1, \cdots, x_n)^{\mathrm{T}}$ 确定后, 考虑 μ 从 $-\infty$ 到 $+\infty$ 变化时 $\varphi(\mu)$ 何时能达到最小值. 若 $\mu \in (-\infty, x_{(1)})$, 则

$$\varphi(\mu) = \sum_{i=1}^{n} (x_{(i)} - \mu) = \sum_{i=1}^{n} x_{(i)} - n\mu$$

为 μ 的线性减函数. 同理, 若 $\mu \in (x_{(n)}, +\infty)$, 则

$$\varphi(\mu) = \sum_{i=1}^{n} (\mu - x_{(i)}) = n\mu - \sum_{i=1}^{n} x_{(i)}$$

为 μ 的线性增函数. 再考虑 $\mu \in [x_{(1)}, x_{(n)}]$ 时 $\varphi(\mu)$ 的变化情况, 可参见图 3.3.1. 若 $\mu \in [x_{(k)}, x_{(k+1)})$ $(k = 1, \cdots, n-1)$, 则有

$$\begin{aligned}
\varphi(\mu) &= \sum_{i=1}^{k} [\mu - x_{(i)}] + \sum_{i=k+1}^{n} [x_{(i)} - \mu] \\
&= k\mu - \sum_{i=1}^{k} x_{(i)} + \sum_{i=k+1}^{n} x_{(i)} - (n-k)\mu \\
&= (2k-n)\mu - \sum_{i=1}^{k} x_{(i)} + \sum_{i=k+1}^{n} x_{(i)}.
\end{aligned}$$

由上式可知, $\varphi(\mu)$ 为 μ 的连续线性函数, 当 $2k - n < 0$ 时, 在区间 $[x_{(k)}, x_{(k+1)})$ 上斜率为负; 当 $2k - n \geqslant 0$ 时, 在区间 $[x_{(k)}, x_{(k+1)})$ 上斜率为正:

$$\varphi'(\mu) = \begin{cases} < 0, & k < \dfrac{n}{2}, \\[2mm] \geqslant 0, & k \geqslant \dfrac{n}{2}, \end{cases} \quad \mu \in [x_{(k)}, x_{(k+1)}), \ k = 1, 2, \cdots, n-1.$$

因此当 μ 从 $-\infty$ 到 $+\infty$ 时, $\varphi'(\mu)$ 由负到正, $\varphi(\mu)$ 由减到增, 以下分 n 为偶数、奇数来讨论.

① $n = 2l$ 为偶数 (见图 3.3.1 (b)), 则 $k = l$ 时 $\varphi'(\mu)$ 在 $[x_{(l)}, x_{(l+1)})$ 上为零, $\varphi(\mu)$ 在 $x_{(l)}$ 左侧递减, 在 $x_{(l+1)}$ 右侧递增, $\varphi(\mu)$ 在 $(x_{(l)}, x_{(l+1)})$ 上都达到最小值, 所以最小值点不唯一; 一般 $\hat{\mu}$ 可取样本中位数

$$\hat{\mu} = \frac{X_{(l)} + X_{(l+1)}}{2} = M_e,$$

② $n = 2l + 1$ 为奇数 (见图 3.3.1 (a)), 则对任何 μ, $\varphi'(\mu) \neq 0$, 在 $[x_{(l)}, x_{(l+1)})$ 上 $\varphi'(\mu) = 2l - n = -1 < 0$, 在 $[x_{(l+1)}, x_{(l+2)})$ 上 $\varphi'(\mu) = (2l+2) - n = 1 > 0$, $\mu = x_{(l+1)}$ 时 $\varphi(\mu)$ 达到最小值, 故 $\hat{\mu} = X_{(l+1)}$. 综合 ① ② 两种情形, μ 的最大似然估计都是样本中位数 M_e:

$$\hat{\mu} = M_e \triangleq \begin{cases} X_{(l+1)}, & n = 2l+1, \\[3mm] \dfrac{X_{(l)} + X_{(l+1)}}{2}, & n = 2l. \end{cases}$$

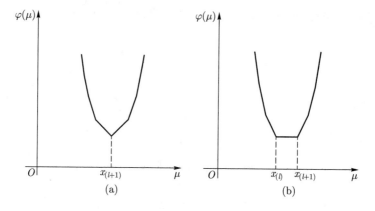

图 3.3.1　Laplace 分布 MLE 的确定

为求 σ 的最大似然估计, 把 $\widehat{\mu} = M_e$ 代入密度函数和对数似然函数可得

$$f(x; \widehat{\mu}, \sigma) = \left(\frac{1}{2\sigma}\right)^n \exp\left\{-\frac{1}{\sigma}\sum_{i=1}^n |x_i - \widehat{\mu}|\right\},$$

$$L(\sigma, \widehat{\mu}) = -n\log(2\sigma) - \frac{1}{\sigma}\sum_{i=1}^n |x_i - \widehat{\mu}|, \quad \frac{\partial L}{\partial \sigma} = -\frac{n}{\sigma} + \frac{1}{\sigma^2}\sum_{i=1}^n |x_i - \widehat{\mu}|.$$

故根据例 3.3.1 和例 3.3.3 的论证可知 σ 的最大似然估计为

$$\widehat{\sigma} = \frac{1}{n}\sum_{i=1}^n |X_i - \widehat{\mu}| = \frac{1}{n}\sum_{i=1}^n |X_i - M_e|.$$

3.3.2　指数族分布的最大似然估计

指数族分布的密度函数为

$$X \sim f(x; \theta) = h(x)\exp\{\theta^{\mathrm{T}} T(x) - b(\theta)\}. \tag{3.3.1}$$

若 $X = (X_1, \cdots, X_n)$, 其分量为其独立同分布的样本, 则密度函数为

$$f(x; \theta) = \prod_{i=1}^n h(x_i)\exp\left\{\theta^{\mathrm{T}}\sum_{i=1}^n T(x_i) - nb(\theta)\right\},$$

仍然为指数族, 因此以下定理对两种情形都适用.

定理 3.3.1　对于指数族分布 (3.3.1) 式, θ 的似然方程可表示为

$$T(X) = \mathrm{E}_\theta[T(X)]. \tag{3.3.2}$$

或简记为 $T_i = \mathrm{E}_\theta(T_i)$, 且有 $\mathrm{E}_\theta[T(X)] = \dot{b}(\theta)$. 若方程 (3.3.2) 在 Θ 内部有解, 则解必唯一, 且为 θ 的最大似然估计.

证明 由 (3.3.1) 式可知, 相应的对数似然函数为 $L(\theta) = \theta^{\mathrm{T}} T(x) - b(\theta) + \log h(x)$, 因此有

$$\frac{\partial L}{\partial \theta_i} = T_i(x) - \frac{\partial b}{\partial \theta_i} = 0. \tag{3.3.3}$$

由于 $\mathrm{E}_\theta[T(X)] = \dot{b}(\theta)$, 故 (3.3.3) 式即为 $T_i(X) = \mathrm{E}_\theta(T_i(X))$, 由此即可推出 (3.3.2) 式. 又若 $\hat{\theta}$ 满足 (3.3.2) 式, 且在 Θ 内部, 则有 $\dot{L}(\hat{\theta}) = 0$. 另外由 (3.3.3) 式有

$$\frac{\partial^2 L}{\partial \theta_i \partial \theta_j} = -\frac{\partial^2 b(\theta)}{\partial \theta_i \partial \theta_j}.$$

即 $\ddot{L}(\theta) = -\ddot{b}(\theta)$, 由指数族分布的性质可知 $\ddot{b}(\theta)$ 在 Θ 内部正定, 从而 $\ddot{L}(\theta)$ 在 Θ 内部负定, 因此 $\hat{\theta}$ 为 $L(\theta)$ 在 Θ 上唯一的最大值点. ∎

注 若 $\dot{L}(\theta) = 0$ 的解在 Θ 边界上, 则问题通常比较复杂.

定理 3.3.2 若 X 的分布为以下曲指数族

$$X \sim f(x; \theta(\beta)) = h(x) \exp\left\{\theta^{\mathrm{T}}(\beta) T(x) - b(\theta(\beta))\right\},$$

其中 $\theta = (\theta_1, \cdots, \theta_k)^{\mathrm{T}}$, $\beta = (\beta_1, \cdots, \beta_p)^{\mathrm{T}}$, $p \leqslant k$, $\beta \in \mathcal{B}$; 且 β 的定义域满足 $\{\theta : \theta = \theta(\beta), \beta \in \mathcal{B}\} = \Theta_1 \subset \Theta$. 若 $\hat{\beta}$ 满足方程

$$T(X) = \mathrm{E}_\beta[T(X)]. \tag{3.3.4}$$

且 $\theta(\hat{\beta})$ 为 Θ 的内点, 则 $\hat{\beta}$ 为 β 的最大似然估计, 其中 $\mathrm{E}_\beta[T(X)] = \dot{b}(\theta(\beta))$.

证明 仍记指数族分布 (3.3.1) 的对数似然函数为 $L(\theta)$, 并记 $\tilde{L}(\beta) = L(\theta(\beta))$, $\theta(\hat{\beta}) = \hat{\theta}$, 要证

$$\tilde{L}(\hat{\beta}) \geqslant \tilde{L}(\beta), \quad \forall\, \beta \in \mathcal{B}.$$

由于 $\hat{\beta}$ 满足方程 (3.3.4), 因此 $\hat{\theta} = \theta(\hat{\beta})$ 亦满足方程 (3.3.4). 由定理 3.3.1 知 $\hat{\theta}$ 为 θ 的最大似然估计, 即

$$L(\hat{\theta}) \geqslant L(\theta), \quad \forall\, \theta \in \Theta.$$

因此有

$$\tilde{L}(\hat{\beta}) = L(\theta(\hat{\beta})) \geqslant L(\theta), \quad \forall\, \theta \in \Theta.$$

而对任一 $\beta \in \mathcal{B}$, 因为 $\theta(\beta) \in \Theta_1 \subset \Theta$, 所以必有

$$\tilde{L}(\hat{\beta}) \geqslant L(\theta(\beta)) = \tilde{L}(\beta), \quad \forall\, \beta \in \mathcal{B}.$$

所以 $\hat{\beta}$ 为 β 的最大似然估计. ∎

注　(3.3.4) 式是求解 $\widehat{\beta}$ 的充分条件, 并非关于 β 的似然方程, 其似然方程为

$$\frac{\partial \tilde{L}(\beta)}{\partial \beta_a} = 0, \quad \text{即} \quad \sum_{i=1}^{k} \frac{\partial \theta_i}{\partial \beta_a} \left[T_i(x) - \frac{\partial b}{\partial \theta_i} \right] = 0, \quad a = 1, \cdots, p.$$

例 3.3.8　设 $(X_1, Y_1), \cdots, (X_n, Y_n)$ 独立同分布, $(X_1, Y_1) \sim$ 二元正态分布 $N(0, 0, \sigma^2, \sigma^2, \rho)$, 求 σ^2, ρ 的最大似然估计.

解　样本的联合密度函数为

$$f(x, y) = \left(\frac{1}{2\pi\sigma^2 \sqrt{1-\rho^2}} \right)^n \exp \left\{ -\frac{1}{2\sigma^2(1-\rho^2)} \left[\sum_{i=1}^{n} (x_i^2 + y_i^2) - 2\rho \sum_{i=1}^{n} x_i y_i \right] \right\}.$$

这可视为指数族分布, 其中

$$T_1 = \sum_{i=1}^{n} (X_i^2 + Y_i^2), \quad \theta_1 = -\frac{1}{2\sigma^2(1-\rho^2)} = \theta_1(\beta).$$

$$T_2 = \sum_{i=1}^{n} X_i Y_i, \quad \theta_2 = \frac{\rho}{\sigma^2(1-\rho^2)} = \theta_2(\beta).$$

其中 $\beta = (\sigma^2, \rho)$. 由定理 3.3.2, 可通过方程 $\mathrm{E}_\beta(T_1) = T_1$ 和 $\mathrm{E}_\beta(T_2) = T_2$ 来求 $\widehat{\sigma^2}$, $\widehat{\rho}$, 即

$$\sum_{i=1}^{n} (X_i^2 + Y_i^2) = E\left[\sum_{i=1}^{n} (X_i^2 + Y_i^2) \right] = 2n\sigma^2,$$

$$\sum_{i=1}^{n} (X_i Y_i) = E\left[\sum_{i=1}^{n} (X_i Y_i) \right] = n\rho\sigma^2.$$

由此可得

$$\widehat{\sigma^2} = \frac{1}{2n} \sum_{i=1}^{n} (X_i^2 + Y_i^2), \quad \widehat{\rho} = \frac{2 \sum\limits_{i=1}^{n} (X_i Y_i)}{\sum\limits_{i=1}^{n} (X_i^2 + Y_i^2)}.$$

注　类似地, 可求分布 $N(\mu_1, \mu_2, \sigma_1^2, \sigma_2^2, \rho)$ 中参数的最大似然估计.

例 3.3.9　含参数的多项分布. 设 $N = (N_1, N_2, N_3)^{\mathrm{T}} \sim MN(n, \pi)$, 其中 $\pi = (\pi_1, \pi_2, \pi_3)^{\mathrm{T}}$, $\pi_1 = \beta^2$, $\pi_2 = 2\beta(1-\beta)$, $\pi_3 = (1-\beta)^2$, 求 β 的最大似然估计.

解　相应的密度函数为

$$
\begin{aligned}
p(n_1, n_2, n_3; \beta) &= \frac{n!}{n_1! n_2! n_3!} \pi_1^{n_1} \pi_1^{n_2} \pi_3^{n_3} \\
&= h(n_1, n_2, n_3) \left(\beta^2 \right)^{n_1} \left[2\beta(1-\beta) \right]^{n_2} (1-\beta)^{2n_3} \\
&= h(n_1, n_2, n_3) \exp \left\{ (2n_1 + n_2) \log \frac{\beta}{1-\beta} + (2n) \log(1-\beta) \right\},
\end{aligned}
$$

为指数族分布, 其中 $T(x) = 2n_1 + n_2$, $\theta = \log \dfrac{\beta}{1-\beta}$. 由于 $N_1 \sim b(n, \pi_1)$, $N_2 \sim b(n, \pi_2)$, 因此 $\widehat{\beta}$ 满足以下方程:

$$2N_1 + N_2 = \mathrm{E}(2N_1 + N_2) = 2n\pi_1 + n\pi_2,$$

β 代入以上方程可得

$$2N_1 + N_2 = 2n\beta^2 + n \cdot 2\beta(1-\beta).$$

由此可得 β 的最大似然估计为 $\widehat{\beta} = (2N_1 + N_2)/2n$.

3.3.3 不变原理

设 $X \sim f(x; \theta)$, $\theta \in \Theta$. 本小节的目的在于说明如何求解一个参数 θ 的函数 $\psi = g(\theta)$ 的最大似然估计. 主要证明: 在合理的意义下, 若 θ 的最大似然估计为 $\widehat{\theta}$, 则 ψ 的最大似然估计为 $\widehat{\psi} = g(\widehat{\theta})$. 由 3.2 节的讨论可知, 对一致最小风险无偏估计, 若 S^2 为 σ^2 的一致最小风险无偏估计, 则一般 S 不是 σ 的一致最小风险无偏估计. 因为 $\mathrm{E}(S^2) = \sigma^2$, 一般没有 $\mathrm{E}(S) = \sigma$ (见前面的例子). 但对最大似然估计, 若 S^2 为 σ^2 的最大似然估计, 则 S 为 σ 的最大似然估计; 若 λ 的最大似然估计为 $\overline{X}^{-1}$, 而 $\sigma = \lambda^{-1}$, 则必有 $\widehat{\sigma} = \overline{X}$. 下面根据最大似然估计的原理加以详细说明.

今记 $L(\theta) = \log f(x; \theta)$, $\theta = (\theta_1, \cdots, \theta_k)^{\mathrm{T}}$, $\psi = g(\theta)$, $\psi = (\psi_1, \cdots, \psi_r)^{\mathrm{T}}$, $r \leqslant k$. 当 $\theta \in \Theta$ 时, $\psi \in \Omega$. 注意, 通常 ψ 的定义域可能比 Θ 小, 例如 $\psi = g(\theta) = \theta^2$, 则 $\theta \in (-\infty, +\infty)$, 而 $\psi \in [0, +\infty)$. 为了说明 ψ 和 θ 的最大似然估计之间的关系, 首先必须定义分布族关于参数 ψ 的似然 (称为导出似然) 及其最大似然估计.

定义 3.3.2 设 $X \sim f(x; \theta)$, $\theta \in \Theta$. 对于 $L(\theta)$, $\theta \in \Theta$, 以及 $\psi = g(\theta) \in \Omega$, 今记 $g^{-1}(\psi) = \{\theta : g(\theta) = \psi\}$, 则 X 关于参数 ψ 的导出似然定义为

$$L^*(\psi) = \max_{\{\theta : g(\theta) = \psi\}} L(\theta) = \max_{\theta \in g^{-1}(\psi)} L(\theta).$$

ψ 的最大似然估计定义为 $\widehat{\psi}$, 它满足

$$L^*(\widehat{\psi}) = \max_{\psi \in \Omega} L^*(\psi).$$

这个定义可作如下理解. 在空间 Ω 上的一个点 ψ, 它可能对应于 Θ 上许多点, 即 $\{\theta : g(\theta) = \psi\}$, 因此必须先对此求最大, 然后再在 Ω 上求最大; 这样才能保证 $L^*(\widehat{\psi})$ 为全局最大, 以保持 $L^*(\widehat{\psi})$ 与 $L(\widehat{\theta})$ 的一致性 (即都是全局最大值).

定理 3.3.3 设 $X \sim f(x; \theta)$, $\theta \in \Theta$. 若 θ 的最大似然估计为 $\widehat{\theta}$, 则 $\psi = g(\theta)$ 关于导出似然的最大似然估计为 $\widehat{\psi} = g(\widehat{\theta})$.

证明 今记 $g(\widehat{\theta}) = \widehat{\psi}$, 根据定义 3.3.2, 我们将证明

$$L^*(\widehat{\psi}) \geqslant L^*(\psi), \quad \forall \, \psi \in \Omega. \tag{3.3.5}$$

注意: $L^*(\psi) = \max\limits_{\{\theta : g(\theta) = \psi\}} L(\theta)$, 由 $L^*(\psi)$ 定义可知

$$L^*(\widehat{\psi}) = \max\limits_{\{\theta : g(\theta) = \widehat{\psi}\}} L(\theta).$$

由于 $g(\widehat{\theta}) = \widehat{\psi}$, 因此, $\widehat{\theta} \in \{\theta : g(\theta) = \widehat{\psi}\}$. 所以由 $L^*(\widehat{\psi})$ 的定义可得

$$L^*(\widehat{\psi}) \geqslant L(\widehat{\theta}) = \max_{\theta \in \Theta} L(\theta) \geqslant \max\limits_{\{\theta : g(\theta) = \psi\}} L(\theta) = L^*(\psi), \quad \forall \, \psi.$$

因此 (3.3.5) 式成立, 定理得证. ▮

例 3.3.10 对数正态分布. 若 $X_1, \cdots, X_n$ 独立同分布, $X_1 \sim LN(\mu, \sigma^2)$, $i = 1, 2, \cdots, n$. 求 μ, σ^2 以及 $a = \mathrm{E}(X_1)$, $\tau^2 = \mathrm{Var}(X_1)$ 的最大似然估计.

解 令 $Y_i = \log X_i$, 则 $Y_i \sim N(\mu, \sigma^2)$, $i = 1, \cdots, n$. 由正态分布的最大似然估计可得

$$\widehat{\mu} = \overline{Y}, \quad \widehat{\sigma^2} = S_Y^2 = \frac{1}{n} \sum_{i=1}^{n} (Y_i - \overline{Y})$$

而 $a = \mathrm{E}(X_1) = \mathrm{e}^{\mu + \sigma^2/2}$, $\tau^2 = \mathrm{Var}(X_1) = a^2(\mathrm{e}^{\sigma^2} - 1)$. 由不变原理可得

$$\widehat{a} = \exp\left\{\widehat{\mu} + \frac{\widehat{\sigma^2}}{2}\right\}, \quad \widehat{\tau^2} = \widehat{a}^2[\exp(\widehat{\sigma^2}) - 1].$$

(注意, 很难得到对数正态分布的一致最小风险无偏估计).

例 3.3.11 设 $X_1, \cdots, X_n$ 独立同分布, $X_1 \sim N(\mu, \sigma^2)$, $P(X_1 \leqslant x_p) = p$. (1) 若 p 已知, 求 x_p 的最大似然估计; (2) 若 x_p 已知, 求 p 的最大似然估计.

解 由例 3.3.1 可知 $\widehat{\mu} = \overline{X}, \widehat{\sigma^2} = S^2$; 由不变原理得 $\widehat{\sigma} = S$. 设标准正态分布的分布函数为 $\Phi(\cdot)$, 则有

$$P(X_1 \leqslant x_p) = P\left(\frac{X_1 - \mu}{\sigma} \leqslant \frac{x_p - \mu}{\sigma}\right) = p.$$

$$\Phi\left(\frac{x_p - \mu}{\sigma}\right) = p, \quad \frac{x_p - \mu}{\sigma} = z_p.$$

其中 z_p 为 $\Phi(\cdot)$ 的 p 分位数, 为已知. 因此 $x_p = \mu + \sigma z_p$, 由不变原理得

$$\widehat{x_p} = \widehat{\mu} + \widehat{\sigma} z_p, \quad \widehat{p} = \Phi\left(\frac{x_p - \widehat{\mu}}{\widehat{\sigma}}\right).$$

(本例求解方法比例 3.2.11 简单, 但性能不比一致最小风险无偏估计差, 见第五章.)

3.3.4 子集参数的似然

在前面的例子中, 参数 θ 经常有好几个分量, 如 $\theta = (\theta_1, \theta_2)$. 为求 θ 的最大似然估计, 可固定一个分量, 如 θ_1, 先求参数 θ_2 的最大似然估计, 然后再求 θ_1 的最大似然估计 (例如可参见例 3.3.3、例 3.3.5、例 3.3.7 等). 下面根据最大似然估计的原理讨论一般情形下子集参数的似然函数和最大似然估计.

假设 $X \sim f(x; \theta)$, $\theta = (\theta_1, \theta_2) \in \Theta = \Theta_1 \otimes \Theta_2$, 其中 θ_1 为 k_1 维, θ_2 为 k_2 维, θ 为 $k = k_1 + k_2$ 维. 其对数似然函数记为

$$L(\theta) = L(\theta_1, \theta_2) = \log f(x; \theta_1, \theta_2).$$

定义 3.3.3 在以上条件下, 设 θ_1 任意固定时, $L(\theta_1, \theta_2)$ 中 θ_2 的最大似然估计为 $\tilde{\theta}_2(\theta_1)$, 即

$$L(\theta_1, \tilde{\theta}_2(\theta_1)) = \max_{\theta_2 \in \Theta_2} L(\theta_1, \theta_2) \overset{\triangle}{=} L_p(\theta_1). \tag{3.3.6}$$

则称 $L_p(\theta_1) = L(\theta_1, \tilde{\theta}_2(\theta_1))$ 为子集参数 θ_1 的截面似然 (profile likelihood. 注意, $\tilde{\theta}_2$ 应与 θ_1 有关).

例 3.3.12 设 $X_1, \cdots, X_n$ 独立同分布, $X_1 \sim N(\mu, \sigma^2)$, $\theta = (\mu, \sigma^2)$. 分别固定 σ 和 μ, 求 $\theta = (\mu, \sigma^2)$ 的最大似然估计.

解 若固定 σ, 则可得 $\hat{\mu} = \overline{X}$, 此估计与 σ 无关 (见例 3.3.1), 再得到

$$\widehat{\sigma^2} = \frac{1}{n} \sum_{i=1}^{n} (X_i - \overline{X})^2.$$

若固定 μ, 先求 σ^2 的最大似然估计, 则与 μ 有关.

$$L(\mu, \sigma^2) = -\frac{n}{2} \log(2\pi\sigma^2) - \frac{1}{2\sigma^2} \sum_{i=1}^{n} (x_i - \mu)^2. \tag{3.3.7}$$

由 $\partial L / \partial \sigma^2 = 0$ 可得

$$\widetilde{\sigma^2}(\mu) = \frac{1}{n} \sum_{i=1}^{n} (X_i - \mu)^2.$$

该式与 μ 有关, 代入 (3.3.7) 式可得

$$L_p(\mu) = L(\mu, \widetilde{\sigma^2}(\mu)) = -\frac{n}{2} \log(2\pi) - \frac{n}{2} \log \left[\frac{1}{n} \sum_{i=1}^{n} (x_i - \mu)^2 \right] - \frac{n}{2}.$$

为求 μ 的最大似然估计, 上式对 μ 求导得 $\hat{\mu} = \overline{X}$. 把 $\hat{\mu} = \overline{X}$ 代入 $\widetilde{\sigma^2}(\mu)$ 即得 σ^2 的最大似然估计:

$$\widehat{\sigma^2} = \widetilde{\sigma^2}(\overline{X}) = \frac{1}{n} \sum_{i=1}^{n} (X_i - \overline{X})^2.$$

以上例题说明, 两种方法的结果相同, 对于一般情形, 有如下定理:

定理 3.3.4 设 $L(\theta)$ 在 Θ 上的最大似然估计 $\widehat{\theta} = (\widehat{\theta}_1, \widehat{\theta}_2)$ 存在且唯一, $L_p(\theta_1) = L(\theta_1, \tilde{\theta}_2(\theta_1))$ 中 θ_1 的最大似然估计为 $\widehat{\theta}_1^*$, 即 $\widehat{\theta}_1^*$ 满足

$$L_p(\widehat{\theta}_1^*) = \max_{\theta_1 \in \Theta_1} L_p(\theta_1) = \max_{\theta_1 \in \Theta_1} L(\theta_1, \tilde{\theta}_2(\theta_1)). \tag{3.3.8}$$

又记 $\widehat{\theta}_2^* = \tilde{\theta}_2(\widehat{\theta}_1^*)$, $\widehat{\theta}^* = (\widehat{\theta}_1^*, \widehat{\theta}_2^*)$, 则有

(1) $\widehat{\theta} = (\widehat{\theta}_1, \widehat{\theta}_2) = (\widehat{\theta}_1^*, \widehat{\theta}_2^*) = \widehat{\theta}^*$; (2) $\tilde{\theta}_2(\widehat{\theta}_1) = \widehat{\theta}_2$.

证明 (1) 以下证明

$$L(\widehat{\theta}) \geqslant L(\widehat{\theta}^*), \text{ 且 } L(\widehat{\theta}^*) \geqslant L(\widehat{\theta}).$$

则由唯一性知 $\widehat{\theta}^* = \widehat{\theta}$. 由于 $\widehat{\theta}$ 为最大似然估计, 显然有 $L(\widehat{\theta}) \geqslant L(\widehat{\theta}^*)$, 今证其反面.

由 $\widehat{\theta}_1^*$ 的定义 (3.3.8) 式知

$$L_p(\widehat{\theta}_1^*) \geqslant L_p(\theta_1), \quad \forall \theta_1.$$

由 (3.3.6) 式可知上式等价于

$$L(\widehat{\theta}_1^*, \tilde{\theta}_2(\widehat{\theta}_1^*)) = L(\widehat{\theta}_1^*, \widehat{\theta}_2^*) \geqslant L(\theta_1, \tilde{\theta}_2(\theta_1)), \forall \theta_1. \tag{3.3.9}$$

又由 $\tilde{\theta}_2(\theta_1)$ 的定义知, 对任意固定的 θ_1, 以及任意的 θ_2, 有

$$L(\theta_1, \tilde{\theta}_2(\theta_1)) \geqslant L(\theta_1, \theta_2), \quad \forall \theta_2 \ (\theta_1 \text{任意固定}).$$

代入上面 (3.3.9) 式有

$$L(\widehat{\theta}_1^*, \widehat{\theta}_2^*) \geqslant L(\theta_1, \theta_2), \quad \forall \theta_1, \forall \theta_2.$$

因此有 $L(\widehat{\theta}_1^*, \widehat{\theta}_2^*) \geqslant L(\widehat{\theta}_1, \widehat{\theta}_2)$. 综上所述, 由最大似然估计的唯一性有 $\widehat{\theta}^* = \widehat{\theta}$.

(2) 由 (1) 以及 $\tilde{\theta}_2(\theta_1)$ 的定义知, $\widehat{\theta}_2 = \widehat{\theta}_2^* = \tilde{\theta}_2(\widehat{\theta}_1^*) = \tilde{\theta}_2(\widehat{\theta}_1)$. ∎

注 本小节内容可归纳为以下两点:

(1) 若所讨论的问题只对某一个参数 θ_1 感兴趣, θ_2 看作多余参数, 则可考虑截面似然 $L_p(\theta_1) = L(\theta_1, \tilde{\theta}_2(\theta_1))$. 这在假设检验、区间估计等问题中都很有用.

(2) 求参数 $\theta = (\theta_1, \theta_2)$ 的最大似然估计可以直接求解; 也可考虑应用截面似然. 即先固定 θ_1, 求出 θ_2 的最大似然估计 $\tilde{\theta}_2(\theta_1)$, 再代入到 $L_p(\theta_1)$, 求 θ_1 的最大似然估计 $\widehat{\theta}_1^*$, 然后再代入 $\tilde{\theta}_2(\theta_1)$ 得到 θ_2 的最大似然估计 $\widehat{\theta}_2^* = \tilde{\theta}_2(\widehat{\theta}_1^*)$. 事实上, 这一方法在前面例题中已多次用到.

3.3.5 最大似然估计的迭代算法

通常的数值计算大多需要使用迭代算法. 以下介绍最大似然估计的常用迭代算法. 事实上, 这也就是非线性规划中求解函数最大值 (或最小值) 最典型的基本算法, 即 Gauss-Newton (牛顿) 迭代法.

1. Gauss-Newton 迭代法

设 $X \sim f(x, \theta)$, $L(\theta) = \log f(x, \theta)$, $\theta \in \Theta$. 则最大似然估计 $\widehat{\theta} = \widehat{\theta}(X)$ 满足以下必要条件 (一般函数的最大值或最小值亦然)

$$\dot{L}(\widehat{\theta}) = 0, \quad \dot{L}(\theta) = \left(\frac{\partial L}{\partial \theta_1}, \cdots, \frac{\partial L}{\partial \theta_p} \right)^{\mathrm{T}}.$$

在某点 θ^0 处展开可得

$$\dot{L}(\widehat{\theta}) = \dot{L}(\theta^0) + \ddot{L}(\theta^0)(\widehat{\theta} - \theta^0) + o(|\widehat{\theta} - \theta^0|);$$

$$\widehat{\theta} = \theta^0 + [-\ddot{L}(\theta^0)]^{-1}[\dot{L}(\theta^0)] + \text{余项}.$$

因此可视 θ^0 为初值, 设计以下迭代公式:

$$\theta^1 = \theta^0 + [-\ddot{L}(\theta^0)]^{-1}[\dot{L}(\theta^0)],$$

$$\theta^2 = \theta^1 + [-\ddot{L}(\theta^1)]^{-1}[\dot{L}(\theta^1)],$$

$$\cdots$$

$$\theta^{i+1} = \theta^i + D(\theta^i), \quad \text{其中} \quad D(\theta) = [-\ddot{L}(\theta)]^{-1}[\dot{L}(\theta)],$$

$$\cdots$$

直到 $\|\theta^{i+1} - \theta^i\|^2 \leqslant \delta$, δ 为预定的充分小的正数, 如 $\delta = 10^{-8}$ 等, 则取 θ^{i+1} 作为最大似然估计 $\widehat{\theta}$ 的近似值.

Gauss-Newton 迭代法有以下几个显著特点:

(1) 在一定正则条件下, 当 $i \to \infty$ 时, θ^{i+1} 收敛到最大似然估计 $\widehat{\theta}$.

(2) 迭代过程强烈依赖于初值, 初值选取得当, 迭代收敛快; 反之则收敛慢, 甚至发散.

(3) 迭代过程中, 正定矩阵 $[-\ddot{L}(\theta)]$ 常可用 Fisher 信息矩阵 $J(\theta) = \mathrm{E}_\theta[-\ddot{L}(\theta)]$ 代替, 不影响收敛性. 另外, $-\ddot{L}(\theta)$ 亦可用 $-\ddot{L}(\theta) + cI$ 或 $J(\theta) + cI$ 代替 (其中 I 为单位矩阵, c 为合适的常数), 迭代收敛过程类似.

2. 改进的 Gauss-Newton 迭代法

改进的 Gauss-Newton 迭代法的基本想法是希望 $L(\theta^i)$ 能尽快地向 $L(\theta)$ 的最大值 $L(\widehat{\theta})$ 逼近. 直观上, 应当要求 $L(\theta^i) \leqslant L(\theta^{i+1}) \leqslant \cdots$ 逐步增加, 直至 $L(\widehat{\theta})$.

但是上述普通的 Gauss-Newton 迭代法不一定具有单调递增性, 即以下不等式不一定成立:

$$L(\theta^{i+1}) = L(\theta^i + D(\theta^i)) \geqslant L(\theta^i), \quad D(\theta) = [-\ddot{L}(\theta)]^{-1}[\dot{L}(\theta)].$$

在改进的 Gauss-Newton 迭代算法中, 改取 $\tilde{\theta}^{i+1} = \theta^i + \lambda_i D(\theta^i)$ (取适当的 λ_i) 使得 $L(\tilde{\theta}^{i+1}) \geqslant L(\theta^i)$ 恒成立, 即 $L(\tilde{\theta}^{i+1})$ 保持递增性. 以下引理说明, 存在 λ_i, 使这一递增性恒成立.

引理 3.3.1 若 $-\ddot{L}(\theta) > 0$ (即正定), $\dot{L}(\theta) \neq 0$, $D(\theta) = [-\ddot{L}(\theta)]^{-1}[\dot{L}(\theta)]$, 则必存在 $\lambda > 0$, 使得当 $\tilde{\theta} = \theta + \lambda D(\theta)$ 时有 $L(\tilde{\theta}) = L(\theta + \lambda D(\theta)) > L(\theta)$.

证明 令 $q(\lambda) = L(\theta + \lambda D(\theta))$, 则由微分公式有

$$L(\tilde{\theta}) - L(\theta) = q(\lambda) - q(0) = \dot{q}(0)\lambda + \alpha\lambda = [\dot{q}(0) + \alpha]\lambda, \tag{3.3.10}$$

其中当 $\lambda \to 0$ 时, $\alpha \to 0$. 为求 $q(\lambda)$ 的导数, 把向量 $\theta + \lambda D(\theta)$ 和 $D(\theta)$ 的第 r 个分量用其下标表示, 则 $\dot{q}(0)$ 可表示为

$$\dot{q}(0) = \sum_{r=1}^{k} \left[\frac{\partial L}{\partial \theta_r} \frac{\mathrm{d}(\theta + \lambda D(\theta))_r}{\mathrm{d}\lambda} \right]_{\lambda=0} = \sum_{r=1}^{k} \frac{\partial L}{\partial \theta_r} D_r(\theta)$$
$$= [\dot{L}(\theta)]^{\mathrm{T}} D(\theta) = [\dot{L}(\theta)]^{\mathrm{T}}[-\ddot{L}(\theta)]^{-1}[\dot{L}(\theta)] > 0.$$

因此当 λ 充分小时必有 $\dot{q}(0) + \alpha > 0$, 由 (3.3.10) 式可得

$$L(\tilde{\theta}) - L(\theta) = [\dot{q}(0) + \alpha]\lambda > 0.$$

即 $L(\tilde{\theta}) = L(\theta + \lambda D(\theta)) > L(\theta)$, 证毕. ∎

推论 在以上引理中, 若取 $D(\theta) = A(\theta)\dot{L}(\theta)$, 其中 $A(\theta)$ 为正定矩阵, 则也存在 $\lambda > 0$, 使得 $L(\tilde{\theta}) > L(\theta)$ 成立; 特别, 取 $D(\theta) = J^{-1}(\theta)\dot{L}(\theta)$, 上式亦成立.

由引理 3.3.1 可得以下改进的 Gauss-Newton 算法:

① 取初值 θ^0, 计算 $D_0 = D(\theta^0)$, 其中 $D(\theta) = [-\ddot{L}(\theta)]^{-1}[\dot{L}(\theta)]$, 取 λ_0 使

$$L(\theta^0 + \lambda_0 D_0) = \max_{0 < \lambda \leqslant 1} L(\theta^0 + \lambda D_0) > L(\theta^0).$$

由引理 3.3.1, 这样的 λ_0 必存在.

② 取 $\theta^1 = \theta^0 + \lambda_0 D_0$, 计算 $D_1 = D(\theta^1)$, 取 λ_1 使

$$L(\theta^1 + \lambda_1 D_1) = \max_{0 < \lambda \leqslant 1} L(\theta^1 + \lambda D_1) > L(\theta^1).$$

③ 取 $\theta^2 = \theta^1 + \lambda_1 D_1$, 计算 $D_2 = D(\theta^2)$, 求 λ_2.

······

继续以上步骤, 则必有

$$L(\theta^0) < L(\theta^1) < L(\theta^2) < \cdots < L(\theta^i) < L(\theta^{i+1}) < \cdots$$

直到 $\|\theta^{i+1} - \theta^i\|^2 \leqslant \delta$, δ 为预定的充分小的正数, 如 $\delta = 10^{-8}$, 则可认为迭代收敛, 并取 θ^{i+1} 为最大似然估计 $\widehat{\theta}$ 的近似值.

例 3.3.13 $X_1, \cdots, X_n$ 独立同分布, X_1 服从 Weibull 分布 $W(\lambda, \alpha)$, 即

$$f(x_1; \ \lambda, \alpha) = \lambda \alpha x_1^{\alpha-1} \exp\{-\lambda x_1^\alpha\} I\{x_1 \geqslant 0\}.$$

表 3.3.1 为 Zacks(1981) 提供的 $n = 50$ 的模拟样本, 其真参数为 $\alpha = 1.750$, $\lambda = 1.000$. 今应用 Gauss-Newton 迭代法 (GN) 和改进的 Gauss-Newton 迭代法 (MGN) 计算参数的最大似然估计. 取初值为 $\alpha = 1.000$, $\lambda = 2.000$, 其结果见表 3.3.2. 由计算结果可知, 改进的 Gauss-Newton 迭代法比较快, 但是最后结果相同. 从计算结果看, α 的值 1.7361 比较好; 而 λ 的值 0.9176 不够理想, 与真值有一定差距.

表 3.3.1　Weibull 分布模拟样本数据

0.5869	0.7621	1.3047	0.1351	0.9489
0.2911	0.6389	1.4782	1.0519	0.2067
0.9297	2.2123	1.3733	0.5586	0.4861
1.1106	0.2530	0.3500	0.1816	0.7592
1.2564	1.3576	0.4818	1.0562	1.2591
1.3887	0.6309	1.3145	0.2245	2.6002
1.8924	0.8691	0.9061	1.3694	0.5398
0.2824	0.5739	0.6353	1.4003	0.6846
0.4412	0.6423	1.5683	1.7188	0.5114
1.5654	1.6813	0.4117	0.3668	1.4404

表 3.3.2　Weibull 分布数据的 Gauss-Newton 迭代法

i	Zacks 方法		GN 法		MGN 法	
	α_i	λ_i	α_i	λ_i	α_i	λ_i
1	2.9727	0.5373	1.4486	0.0772	1.2447	0.9512
2	1.4491	0.9452	2.2011	0.1474	1.6298	0.9654
3	2.2542	0.7342	2.3703	0.2652	1.7307	0.9182
4	1.6939	0.8866	2.0007	0.4489	1.7361	0.9176

i	Zacks 方法		GN 法		MGN 法	
	α_i	λ_i	α_i	λ_i	α_i	λ_i
5	2.0265	0.7979	1.8638	0.6701	1.7361	0.9176
6	1.8067	0.8573	1.7616	0.8479		
7	1.9427	0.8209	1.7382	0.9119		
8	1.8549	0.8446	1.7361	0.9176		
9	1.9101	0.8297	1.7361	0.9176		
10	1.8748	0.8392				

3.4 矩方程估计

矩估计是很古老的方法, 其理论基础就是独立同分布情形下的大数定律, 即观测值的样本平均趋向于总体平均. 今具体叙述如下:

设 $X_1, \cdots, X_n$ 独立同分布, $X_1 \sim f(x_1; \theta)$, $\theta \in \Theta$. 为叙述方便, 引入以下记号:

总体原点矩: $\mu_j = \mathrm{E}(X_1)^j$, 其中 $\mu_1 = \mathrm{E}(X_1)$;

总体中心矩: $\alpha_j = \mathrm{E}(X_1 - \mu_1)^j$, 其中 $\alpha_2 = \mathrm{Var}(X_1) = \sigma^2$;

样本原点矩: $a_j = n^{-1} \sum\limits_{i=1}^{n} X_i^j$, 其中 $a_1 = \overline{X}$;

样本中心矩: $m_j = n^{-1} \sum\limits_{i=1}^{n} (X_i - \overline{X})^j$, 其中 $m_2 = n^{-1} \sum\limits_{i=1}^{n} (X_i - \overline{X})^2$.

根据独立同分布随机变量序列的大数定律 (见李贤平 (2010); 严士健, 刘秀芳 (2003)), 当 $n \to +\infty$ 时, a_j 以概率收敛 (几乎处处收敛) 到 μ_j; 类似地, 也有 m_j 以概率收敛 (几乎处处收敛) 到 α_j. 因此很自然地可以引入以下矩估计:

$$\widehat{\mu}_j = a_j = \frac{1}{n} \sum_{i=1}^{n} X_i^j, \quad \widehat{\alpha}_j = m_j = \frac{1}{n} \sum_{i=1}^{n} (X_i - \overline{X})^j.$$

特别地, 经常用到的期望和方差的矩估计为

$$\widehat{\mu} = \widehat{\mu_1} = \frac{1}{n} \sum_{i=1}^{n} X_i = \overline{X}, \quad \widehat{\sigma^2} = \widehat{\alpha_2} = m_2 = \frac{1}{n} \sum_{i=1}^{n} (X_i - \overline{X})^2.$$

另外, 偏度系数 $\gamma_1 = \alpha_3/\sigma^3$ 和峰度系数 $\gamma_2 = \alpha_4/\sigma^4 - 3$ 的矩估计可直接表示为

$$\widehat{\gamma}_1 = \frac{m_3}{\widehat{\sigma}^3}, \quad \widehat{\gamma}_2 = \frac{m_4}{\widehat{\sigma}^4} - 3, \quad \widehat{\sigma^2} = S^2 = \frac{1}{n} \sum_{i=1}^{n} (X_i - \overline{X})^2.$$

　　根据矩估计的定义可知, a_j 是 μ_j 的无偏估计 (m_j 不一定无偏), 并且 a_j、m_j 都是 μ_j、α_j 的相合估计且有渐近正态性 (相合, 即以概率收敛或几乎处处收敛, 见第五章).

　　矩估计还可进一步推广到矩方程估计. 一般来说, 参数 θ 或其函数 $g(\theta)$ 与总体原点矩和中心矩可能会有一定关系, 例如可表示为 $g(\theta) = G(\mu_1, \cdots, \mu_k; \alpha_1, \cdots, \alpha_l)$, 则可通过把总体原点矩和中心矩替换为样本原点矩和样本中心矩进行估计, 就称为矩方程估计. 这时 $g(\theta)$ 的矩估计为 $\widehat{g}(X) = G(a_1, \cdots, a_k; m_1, \cdots, m_l)$, 以下为若干例子.

　　例 3.4.1　Laplace 分布. 设 $X_1, \cdots, X_n$ 独立同分布, $X_1 \sim LA(\mu, \sigma)$, 求 μ, σ^2 的矩估计.

　　解　由第一章的公式可知 $\mu_1 = \mathrm{E}(X_1) = \mu$,　$\alpha_2 = \mathrm{Var}(X_1) = 2\sigma^2$, 因此可得 $\widehat{\mu} = a_1 = \overline{X}$, $\widehat{\sigma^2} = 2^{-1} m_2 = (2n)^{-1} \sum\limits_{i=1}^{n} (X_i - \overline{X})^2$. 这一结果与最大似然估计有较大差别 (见例 3.3.7).

　　例 3.4.2　$X_1, \cdots, X_n$ 独立同分布, $X_1 \sim \Gamma$ 分布　$\Gamma(\lambda, \nu)$, 求 λ, ν 的矩估计 (或称矩方程估计).

　　解　由 Γ 分布的性质, 可得以下方程

$$\mu_1 = \mathrm{E}(X_1) = \frac{\nu}{\lambda},　\alpha_2 = \mathrm{Var}(X_1) = \frac{\nu}{\lambda^2}.$$

则通过把总体原点矩、中心矩替换为样本原点矩、中心矩可得

$$\widehat{\mu}_1 = a_1 = \overline{X} = \frac{\widehat{\nu}}{\widehat{\lambda}},　\widehat{\alpha}_2 = m_2 = S^2 = \frac{1}{n} \sum_{i=1}^{n} (X_i - \overline{X})^2 = \frac{\widehat{\nu}}{\widehat{\lambda}^2}.$$

解方程即得 λ, ν 的矩方程估计

$$\widehat{\lambda} = \frac{\overline{X}}{S^2},　\widehat{\nu} = \frac{\overline{X}^2}{S^2}.$$

　　注　对于 Γ 分布 $\Gamma(\lambda, \nu)$, 其一致最小风险无偏估计和最大似然估计都不易求出, 因为其完备充分统计量 $\left(\sum\limits_{i=1}^{n} X_i, \prod\limits_{i=1}^{n} X_i \right)$ 在应用上不太方便.

　　例 3.4.3　设 $(X_1, Y_1), \cdots, (X_n, Y_n)$ 独立同分布, 求其总体相关系数 ρ 的矩估计, 其中

$$\rho = \frac{\mathrm{Cov}(X_1, Y_1)}{\sqrt{\mathrm{Var}(X_1)\mathrm{Var}(Y_1)}}.$$

解 根据矩估计的替换原则可得

$$\widehat{\rho} = \frac{\sum\limits_{i=1}^{n}(X_i - \overline{X})(Y_i - \overline{Y})}{\sqrt{\sum\limits_{i=1}^{n}(X_i - \overline{X})^2 \sum\limits_{j=1}^{n}(Y_j - \overline{Y})^2}}.$$

注意, 矩估计有时不一定需要知道总体的分布, 以上就是一个例子. 另外, 矩估计有某些不确定性; 例如, 若 $X_1, \cdots, X_n$ 独立同分布, $X_1 \sim P(\lambda)$ 为 Poisson 分布, 由于 $\mathrm{E}(X_1)$ 和 $\mathrm{Var}(X_1)$ 都等于 λ, 则可取 $\widehat{\lambda} = \overline{X}$ 以及 $\widehat{\lambda} = S^2$. 又如, 若 $X_1, \cdots, X_n$ 独立同分布, $X_1 \sim N(\mu, 1)$, 则由 $\mathrm{E}(X_1^2) = (\mathrm{E}(X_1))^2 + \mathrm{Var}(X_1)$ 有 $\mu_2 = \mu_1^2 + 1$. 因此 μ_2 可以有以下两种矩估计

$$\widehat{\mu}_2 = \frac{1}{n}\sum_{i=1}^{n}X_i^2, \quad \tilde{\mu}_2 = \overline{X}^2 + 1.$$

例 3.4.4 $X_1, \cdots, X_n$ 独立同分布, $X_1 \sim R(\theta_1, \theta_2)$, 求 θ_1, θ_2 的矩方程估计.

解 由均匀分布的性质, 可得以下方程

$$\mu_1 = \mathrm{E}(X_1) = \frac{\theta_1 + \theta_2}{2}, \quad \alpha_2 = \mathrm{Var}(X_1) = \frac{(\theta_2 - \theta_1)^2}{12}.$$

因此

$$a_1 = \overline{X} = \frac{\widehat{\theta}_1 + \widehat{\theta}_2}{2}, \quad m_2 = S^2 = \frac{(\widehat{\theta}_2 - \widehat{\theta}_1)^2}{12}$$

其中 $S^2 = n^{-1}\sum_{i=1}^{n}(X_i - \overline{X})^2$, 联立求解以上方程得

$$\widehat{\theta}_1 = \overline{X} - \sqrt{3}S, \quad \widehat{\theta}_2 = \overline{X} + \sqrt{3}S.$$

这一结果与一致最小风险无偏估计以及最大似然估计都很不一样.

例 3.4.5 (续例 3.3.1) 鱼塘数据的矩估计方法. 本例亦可根据超几何分布的矩估计来估计鱼塘中鱼的数量 N. 在鱼塘中, 有 $m = 500$ 条做过记号的, $N - m$ 条没做过记号的, 再次捕出的 n 条鱼中有 $X = x = 100$ 条鱼做过记号的, $n - x$ 条没做过记号的. 因此 X 服从超几何分布 $X \sim HG(n, N, m)$, 即

$$X \sim \frac{\binom{m}{x}\binom{N-m}{n-x}}{\binom{N}{n}}.$$

由表 1.2.1 可知 $\mu = \mathrm{E}(X) = nm/N$, 其矩估计为 $\widehat{\mu} = \overline{X}$. 而在本例中, 观测值只有一个 $X = x = 100$, 因此有 $\widehat{\mu} = nm/\widehat{N} = \overline{X} = X$, $\widehat{N} = nmX^{-1}$. 这个结果与前面例 3.3.1 的结果一致, 都是实际数据的估计.

习题三

1. 设 $X_1, \cdots, X_n$ 为 i.i.d. 样本, 当 X_1 服从以下分布时, 求参数 θ 的 UMRUE, 其中 $\theta > 0$.

(1) $X_1 \sim$ Rayleigh 分布 $f(x_1, \theta) = 2\theta^{-1} x_1 e^{-x_1^2/\theta} I\{x_1 > 0\}$;

(2) $X_1 \sim f(x_1, \theta) = 2x_1 \theta^{-2} I\{0 \leqslant x_1 \leqslant \theta\}$;

(3) $X_1 \sim f(x_1, \theta) = \theta x_1^{-2} I\{x_1 \geqslant \theta\}$.

2. 设 $X_1, \cdots, X_n$ 为 i.i.d. 样本, X_1 服从 Poisson 分布 $P(\lambda)$, 求 λ^2 的 UMRUE.

3. 设 $X_1, \cdots, X_n$ 为 i.i.d. 样本,

(1) $X_1 \sim R(\mu - \sigma/2, \ \mu + \sigma/2)$, 求 μ 和 σ 的 UMRUE;

(2) $X_1 \sim R(\theta_1, \theta_2)$, 求 X_1 的均值 $(\theta_1 + \theta_2)/2$ 的 UMRUE.

4. 设 $X_1, \cdots, X_n$ 为 i.i.d. 样本, X_1 服从 Γ 分布 $\Gamma(\lambda, \nu)$, ν 为已知, 求 λ, λ^{-1}, λ^2 的 UMRUE.

5. 设 $X_1, \cdots, X_n$ 为 i.i.d. 样本, X_1 服从 Laplace 分布, 即 $X_1 \sim LA(0, \sigma) \sim \dfrac{1}{2\sigma} e^{-\frac{|x|}{\sigma}}$, 其中 $\sigma > 0$, 求 σ, σ^{-1}, σ^r 的 UMRUE.

6. 设 $X_1, \cdots, X_n$ 为 i.i.d. 样本, X_1 服从指数分布 $\mu + \Gamma(1/\sigma, 1)$, 求 μ, σ, σ^2 的 UMRUE.

7. 设 X 服从截尾二项分布, 其密度函数为 $p(x, \theta) = C(\theta) \dbinom{n}{x} \theta^x (1 - \theta)^{n-x}$, $C(\theta) = [1 - (1 - \theta)^n]^{-1}$, $x = 1, 2, \cdots, n$.

(1) 证明: $T = X$ 关于 θ 为完备的充分统计量;

(2) 求 $\dfrac{\theta}{1 - (1 - \theta)^n}$ 的 UMRUE.

8. 设 $X_1, \cdots, X_n$ 为 i.i.d. 样本, X_1 服从两点分布, 即 $P(X_1 = 1) = \theta$, $0 < \theta < 1$.

(1) 求 $a = \theta^m$ 的 UMRUE, 其中 $m \leqslant n$, m 为正数;

(2) 求 $b = P(X_1 + X_2 + \cdots + X_m = k)$ 的 UMRUE, 其中 $0 \leqslant m \leqslant n$, $0 \leqslant k \leqslant m$;

(3) 求 $c = P(X_1 + X_2 + \cdots + X_{n-1} > X_n)$ 的 UMRUE.

9. 设 $X_1, \cdots, X_n$ 为 i.i.d. 样本, X_1 服从指数分布 $\Gamma(\lambda, 1)$, 求 $e^{-\lambda}$ 的 UMRUE.

10. 设 $X_1, \cdots, X_n$ 为 i.i.d. 样本, X_1 服从几何分布, 即 $P(X_1 = x_1) = \theta(1 - \theta)^{x_1 - 1}$, $0 < \theta < 1$, $x_1 = 1, \ 2, \ \cdots$.

(1) 求 θ^{-1}, θ^{-2} 的 UMRUE;

(2) 求 θ 的 UMRUE.

11. 设 $X_1, \cdots, X_n$ 相互独立, $X_j \sim N(0, \sigma^2), \forall j \neq 1, n$, 而 $X_1 \sim N(\gamma, \sigma^2)$, $X_n \sim N(0, \omega\sigma^2)$. 求参数 γ, ω, σ^2 的 UMRUE.

12. 设 $X_1, \cdots, X_n$ 相互独立, $X_j \sim \Gamma(1/\sigma, 1)$, $\forall j \neq i$, 而 $X_i \sim \Gamma(1/\gamma\sigma, \ 1)$, $\gamma > 0$, 求 γ, σ 的 UMRUE.

★13. 设 $X_1, \cdots, X_n$ 为 i.i.d. 样本, X_1 服从 Pareto 分布 $PR(\alpha, \theta)$, 即 X_1 的密度函数为 $f(x_1; \alpha, \theta) = \alpha \theta^\alpha x_1^{-(\alpha+1)} I\{x_1 \geqslant \theta\}$,

(1) 若 θ 已知, 求 α 的 UMRUE;

(2) 若 α 已知, 求 θ 的 UMRUE;

(3) 若 α, θ 都未知, 求 α 和 θ 的 UMRUE.

(提示: 作变换 $Y_i = \log X_i$, $i = 1, 2, \cdots, n$, 并利用指数分布的性质.)

14. 设 $X_1, \cdots, X_n$ 为 i.i.d. 样本, $g(\cdot)$ 为 $(0, +\infty)$ 上的可微函数.

(1) $X_1 \sim \mu + \Gamma(1, 1)$, 求 $g(\mu)$ 的 UMRUE, 并由此求 μ^{-1}, μ^{-2} 的 UMRUE;

(2) $X_1 \sim \dfrac{2x_1}{\theta^2} I\{0 \leqslant x_1 \leqslant \theta\}$, 求 $g(\theta)$ 的 UMRUE, 并由此求 θ, θ^{-1} 的 UMRUE;

(3) $X_1 \sim \dfrac{\theta}{x_1^2} I\{x_1 \geqslant \theta\}$, 求 $g(\theta)$ 的 UMRUE, 并由此求 θ, θ^{-1} 的 UMRUE.

(提示: 参见例 3.2.5.)

★15. 设 $X_1, \cdots, X_n$ 为 i.i.d. 样本, $X_1 \sim N(\mu, 1)$, $-\infty < \mu < \infty$, $\Phi(x)$ 是标准正态分布的分布函数. 求 $\lambda(n)$, 使 $\Phi(\lambda(n)\overline{X})$ 为 $\Phi(\mu)$ 的 UMRUE. 并由此求 $P_\mu(X_1 < a)$ 的 UMRUE, 其中 a 为给定常数.

(提示: 利用第一章习题 18 的结果.)

★16. 设 $X_1, \cdots, X_n$ 为 i.i.d. 样本, X_1 服从幂级数分布, 即 $P(X_1 = x_1) = \nu(x_1)\theta^{x_1}/c(\theta)$, $x_1 = 0, 1, 2 \cdots$, 其中 $\nu(x_1)$ 为正则化系数, 是已知的, $\theta > 0$ 为未知参数. 求 $\theta^r/[c(\theta)]^p$ 的 UMRUE.

(提示: 记 $P(T = t) = \nu_n(t)\theta^t/[c(\theta)]^n$, 其中 $T = \sum\limits_{i=1}^{n} X_i$, $\nu_n(t)$ 是正则化系数. 由 $\sum\limits_{t=0}^{\infty} P(T = t) = 1$ 可得 $[c(\theta)]^n = \sum\limits_{t=0}^{\infty} \nu_n(t)\theta^t$, 利用此级数展开式.)

17. 设 $(X_1, Y_1), \cdots, (X_n, Y_n)$ 为 i.i.d. 样本, (X_1, Y_1) 的密度函数为

$$f(x_1, y_1) = (\pi\gamma^2)^{-1} I\{\sqrt{x_1^2 + y_1^2} \leqslant \gamma\},$$

其中 $(x_1, y_1) \in \mathbf{R}^2$, $\gamma \in (0, \infty)$.

(1) 求关于 γ 的完备的充分统计量; (2) 求 γ 的 UMRUE.

(提示: 作变换 $x_i = r_i \cos \phi_i$, $y_i = r_i \sin \phi_i$, $i = 1, 2, \cdots, n$.)

18. 设 $X_1, \cdots, X_m$ 为 i.i.d. 样本, $X_1 \sim \mu_x + E(\sigma_x^{-1}) \sim \sigma_x^{-1} \exp\left\{-\dfrac{x_1 - \mu_x}{\sigma_x}\right\} I\{x_1 > \mu_x\}$; $Y_1, \cdots, Y_n$ 为 i.i.d. 样本, $Y_1 \sim \mu_y + E(\sigma_y^{-1})$; 其中 $\sigma_x > 0$, $\sigma_y > 0$, 且 X_i, Y_j 相互独立, $i = 1, \cdots, m$, $j = 1, \cdots, n$.

(1) 求 $\mu_x - \mu_y$ 和 σ_x/σ_y 的 UMRUE;

(2) 当 $\sigma_x = \sigma_y$ 时, 求 σ_x 和 $\dfrac{\mu_x - \mu_y}{\sigma_x}$ 的 UMRUE.

19. 设 $X_1, \cdots, X_m$ 为 i.i.d. 样本, X_1 服从均匀分布 $R(0, \theta_x)$; $Y_1, \cdots, Y_n$ 为 i.i.d. 样本, Y_1 服从均匀分布 $R(0, \theta_y)$; 其中 $\theta_x > 0$, $\theta_y > 0$, 且 X_i, Y_j 相互独立, $i = 1, \cdots, m$; $j = 1, \cdots, n$. 当 $n > 1$ 时, 试求 θ_x/θ_y 的 UMRUE.

20. 设 $X_1, \cdots, X_m$ 为 i.i.d. 样本, $X_1 \sim N(\mu_x, \sigma_x^2)$; $Y_1, \cdots, Y_n$ 为 i.i.d. 样本, $Y_1 \sim N(\mu_y, \sigma_y^2)$, 且 X_i 与 Y_j 独立, $i = 1, \cdots, m$, $j = 1, \cdots, n$. 假设 $\mu_x \in \mathbf{R}$, $\mu_y \in \mathbf{R}$, $\sigma_x^2 > 0$, $\sigma_y^2 > 0$; 并记 $a = \mu_x - \mu_y$, $\rho = \sigma_x / \sigma_y$.

(1) 求 a, ρ^2, 以及 ρ, ρ^r 的 UMRUE, 其中 $r > 0$;

(2) 设 $\sigma_x^2 = \sigma_y^2$, 求 σ_x^2 和 $(\mu_x - \mu_y)/\sigma_x$ 的 UMRUE;

(3) 设 $\mu_x = \mu_y$, 且 ρ 已知, 求 μ_x 和 σ_x^2 的 UMRUE.

21. 设 $X_1, \cdots, X_n$ 为 i.i.d. 样本, $\mathrm{E}(X_1) = \mu$, 记 μ 的线性估计类为 $L_\mu = \{T(X) : T(X) = \sum\limits_{i=1}^{n} c_i X_i\}$.

(1) 证明: $T(X)$ 为 μ 的无偏估计的充要条件是 $\sum\limits_{i=1}^{n} c_i = 1$;

(2) 在线性无偏估计类 L_μ 中求 μ 的 UMVUE.

22. 设 $\tilde{g}(X)$ 是参数 $g(\theta)$ 的一个无偏估计, 证明: $g(\theta)$ 的任一无偏估计 $\hat{g}(X)$ 可表示为 $\hat{g}(X) = \tilde{g}(X) - \phi(X)$, 其中 $\phi(X)$ 是 0 的某一无偏估计.

★23. 设 $\Phi = \{\phi(X) : \mathrm{E}_\theta(\phi(X)) = 0, \mathrm{Var}_\theta(\phi(X)) < +\infty, \forall\, \theta \in \Theta\}$, $\hat{g}(X)$ 为 $g(\theta)$ 的无偏估计.

(1) 证明: $\hat{g}(X)$ 为 $g(\theta)$ 的 UMVUE 的充要条件是 $\mathrm{E}_\theta[\hat{g}(X)\phi(X)] = 0$, $\forall\, \phi(X) \in \Phi$, $\theta \in \Theta$;

(提示: 用反证法.)

(2) 若 $\hat{g}(X)$ 为 $g(\theta)$ 的 UMVUE, $\tilde{g}(X)$ 为 $g(\theta)$ 的任一无偏估计, 则必有 $\rho_\theta(\hat{g}(X), \tilde{g}(X)) \geqslant 0$, 其中 $\rho_\theta(.,.)$ 表示相关系数;

(3) 若 T_i 分别为 $g_i(\theta)$ 的 UMVUE, $i = 1, 2, \cdots, n$, 则 $\sum\limits_{i=1}^{n} c_i T_i$ 是 $\sum\limits_{i=1}^{n} c_i g_i(\theta)$ 的 UMVUE, 其中 c_i 为常数, $i = 1, 2, \cdots, n$.

24. 设 $X_1, X_2, \cdots, X_n$ 为 i.i.d. 样本, 当 X_1 的密度函数 $f(x_1, \theta)$ 为下列各种情况时, 分别求 θ 的 MLE.

(1) $f(x_1, \theta) = \theta(1 - x_1)^{\theta-1} I\{0 \leqslant x_1 \leqslant 1\}$, 其中 $\theta > 1$;

(2) $f(x_1, \theta) = \theta x_1^{-2} I\{x_1 \geqslant \theta\}$, 其中 $\theta > 0$;

(3) $f(x_1, \theta) = \beta^{-\alpha} \alpha x_1^{\alpha-1} I\{0 \leqslant x_1 \leqslant \beta\}$, 其中 $\theta = (\alpha, \beta)$, $\alpha > 0$, $\beta > 0$;

(4) $f(x_1, \theta) = \alpha \mu^\alpha x_1^{-(\alpha+1)} I\{x_1 \geqslant \mu\}$, 其中 $\theta = (\alpha, \mu)$.

25. 设 $X_1, X_2, \cdots, X_n$ 为 i.i.d. 样本, 当 X_1 的密度函数 $f(x_1, \theta)$ 为下列各种情况时, 分别求 θ 的 MLE.

(1) $f(x_1, \theta) = \theta^{x_1}(1 - \theta)^{1-x_1}$, 其中 $x_1 = 0$ 或 1, $\theta \in \left[\dfrac{1}{2}, \dfrac{3}{4}\right]$;

(2) $f(x_1, \theta) = \dfrac{\theta}{1-\theta} x_1^{\frac{2\theta-1}{1-\theta}} I\{0 \leqslant x_1 \leqslant 1\}$, 其中 $\theta \in \left(\dfrac{1}{2}, 1\right)$;

(3) $f(x_1, \theta) = \begin{cases} I\{0 \leqslant x_1 \leqslant 1\}, & \theta = 0, \\ \dfrac{1}{2\sqrt{x_1}} I\{0 < x_1 \leqslant 1\}, & \theta = 1. \end{cases}$

26. 设 $X_1, X_2, \cdots, X_n$ 为 i.i.d. 样本, 应用定理 3.3.1 关于指数族分布 MLE 的结果求以下分布中相应参数的 MLE.

(1) X_1 服从正态分布 $N(\mu, \sigma^2)$;

(2) X_1 服从 Pascal 分布 $PA(r, \theta)$, 但 r 已知;

(3) X_1 服从负二项分布 $NB(r, \theta)$, 但 r 已知;

(4) X_1 服从 Γ 分布 $\Gamma(\lambda, \nu)$, 但 ν 已知.

27. 设 $X_1, X_2, \cdots, X_n$ 相互独立, 在下列情形下求相应参数的 MLE:

(1) $X_j \sim N(0, \sigma^2)$, $\forall j \neq i$, 而 $X_i \sim N(\gamma, \sigma^2)$;

(2) $X_j \sim N(0, \sigma^2)$, $\forall j \neq i$, 而 $X_i \sim N(0, \omega^{-1}\sigma^2)$;

(3) $X_j \sim N(0, \sigma^2)$, $\forall j \neq 1, n$, 而 $X_1 \sim N(\gamma, \sigma^2)$, $X_n \sim N(0, \omega^{-1}\sigma^2)$.

其中 $\gamma \in \mathbf{R}$, $\omega > 0$, σ^2 都是未知参数.

28. 设 $X_1, X_2, \cdots, X_n$ 相互独立, 在下列情形下求相应参数的 MLE:

(1) $X_j \sim \Gamma(\lambda, 1)$, $\forall j \neq i$, 而 $X_i \sim \Gamma(\gamma\lambda, 1)$;

(2) $X_j \sim P(\lambda)$, $\forall j \neq i$, 而 $X_i \sim P(\gamma\lambda)$;

(3) $X_j \sim b(1, \theta)$, $\forall j \neq i$, 而 $X_i \sim b(1, \gamma\theta)$.

其中 $\gamma > 0$, $\lambda > 0$, $0 < \theta < 1$ 为未知参数.

29. 设随机变量 X 只能取 4 个值, 每种取值出现的概率分别为 $\dfrac{1}{2} + \dfrac{\theta}{4}, \dfrac{1-\theta}{4}, \dfrac{1-\theta}{4}, \dfrac{\theta}{4}$, 其中 $0 < \theta < 1$. 若观测到 n 个样本, 4 个值出现的次数分别为 N_1, N_2, N_3, N_4, 其中 $N_1 + N_2 + N_3 + N_4 = n$, 求 θ 的 MLE.

30. 设 $X = (X_1, X_2, X_3, X_4)^{\mathrm{T}}$ 服从 4 项分布, 即 $X \sim MN(n, \pi)$, 其中 n 已知, $\pi = (a, b, b, c)^{\mathrm{T}}$, 求 a, b, c 的 MLE.

31. 设做了三个相互独立的试验, 每个试验都服从两点分布, 第一个试验共做了 n_1 次, 成功的次数为 X_1; 第二个试验共做了 n_2 次, 成功的次数为 X_2; 第三个试验共做了 n_3 次, 成功的次数为 X_3. 设三次试验中成功的概率分别为 α, $\alpha + \beta$, α, 求 α, β 的 MLE.

32. 设 $N = (N_{ij})$ 服从多项分布 $MN(n, \pi)$; $\pi = (\pi_{ij})$, $i = 1, \cdots, r$; $j = 1, \cdots, s$. 并满足关系: $\pi_{ij} = \pi_{i\cdot}\pi_{\cdot j}$, $i = 1, \cdots, r$; $j = 1, \cdots, s$, 其中 $\pi_{i\cdot} = \sum\limits_{j=1}^{s} \pi_{ij}$; $\pi_{\cdot j} = \sum\limits_{i=1}^{r} \pi_{ij}$. 求 $\pi = (\pi_{ij})$ 的 MLE.

33. 设 $X_1, \cdots, X_n$ 为 i.i.d. 样本, X_1 的密度函数为 $f(x_1; \theta) = 2x_1/\theta^2 I\{0 \leqslant x_1 \leqslant \theta\}$.

(1) 试求具有上述密度函数的分布函数的中位数的 MLE;

(2) 证明 (1) 中的估计是极小充分统计量.

34. 设 $X_1, \cdots, X_n$ 为 i.i.d. 样本, X_1 服从指数分布 $\mu + \Gamma(\lambda, 1)$, $P(X_1 \leqslant x_\alpha) = \alpha$.

(1) 若 α 已知, 求 x_α 的 MLE;

(2) 若 x_α 已知, 求 α 的 MLE.

35. (1) 设 $X \sim N(\mu, \sigma^2)$, 其中 $\mu \in [a, b]$, a 和 b 已知, 求 (μ, σ^2) 的 MLE;

(2) 设 $X_1, X_2, \cdots, X_n$ 为 i.i.d. 样本, $X_1 \sim N(\mu, 1)$, 当 $\mu \in [0, +\infty)$ 时, 求 μ 的 MLE; 当 $\mu \in (0, +\infty)$ 时, 求 μ 的 MLE.

(提示: 对 $\overline{X}$ 的取值分情况进行讨论.)

36. 设 $X_1, X_2, \cdots, X_n$ 为 i.i.d. 样本, X_1 服从 Cauchy 分布, 即

$$f(x_1, \theta) = \frac{1}{\pi} \frac{1}{1 + (x_1 - \theta)^2}.$$

(1) 当 $n=1$ 时, 证明 θ 的 MLE 为 X_1;

(2) 当 $n=2$ 时, 证明 θ 的最大似然估计存在且唯一, 但似然方程有多个根.

37. 设 $Y_1, Y_2, \cdots, Y_n$ 为 i.i.d. 样本, Y_1 的密度函数为

$$P(Y_1 = y_1) = \begin{cases} \left(\dfrac{\theta}{1+\theta}\right)^{y_1} \dfrac{1}{1+\theta}, & y_1 = 0, 1, \cdots, \\ 0, & \text{其他}. \end{cases}$$

设 $X_1, \cdots, X_m$ 为 i.i.d. 样本, X_1 服从 Poisson 分布 $P(\theta)$, 且 X_i 和 Y_j 相互独立, $i = 1, \cdots, m, j = 1, \cdots, n$, 其中未知参数 $\theta > 0$.

(1) 利用题中所给的 $n+m$ 个样本写出 θ 的似然方程;

(2) 证明 (1) 中的方程有且只有一个允许解.

★38. 设 $X_1, X_2, \cdots, X_n$ 为 i.i.d. 样本, X_1 的密度函数为 $f(x_1, \theta) = \dfrac{9}{10} \dfrac{1}{\sigma} \varphi\left(\dfrac{x_1 - \mu}{\sigma}\right) + \dfrac{1}{10} \varphi(x_1 - \mu)$, 其中 $\varphi(.)$ 是标准正态分布的密度函数, $\mu \in \mathbf{R}, \sigma^2 > 0$. 证明: (μ, σ^2) 的最大似然估计不存在.

(提示: 证当 $\mu = x_k$, $k = 1, 2, \cdots, n$ 且 $\sigma^2 \longrightarrow 0$ 时, 似然函数 $L(\mu, \sigma^2) \longrightarrow \infty$.)

39. 设 $X_{i1}, \cdots, X_{ir}$ 为 i.i.d. 样本, $X_{i1} \sim N(\mu_i, \sigma^2), i = 1, 2, \cdots, n$, 且当 $i \neq j$ 时 X_{is} 与 X_{jt} 相互独立. 求 $(\mu_1, \cdots, \mu_n; \sigma^2)$ 的 MLE.

40. 设 $X_1, X_2, \cdots, X_n$ 为 i.i.d. 样本, $X_1 \sim N(\mu_1, \sigma_1^2)$; $Y_1, \cdots, Y_m$ 为 i.i.d. 样本, $Y_1 \sim N(\mu_2, \sigma_2^2)$. 求 $c = \mu_1 - \mu_2$ 的 MLE; 若样本容量之和 $n+m$ 固定, σ_1 和 σ_2 已知, 如何调整 n 和 m 的比例, 使 c 的 MLE 的均方误差最小?

41. 设观测样本 $X_1, X_2, \cdots, X_n$ 满足关系 $X_i = X_{i-1}\theta + u_i$, $i = 1, \cdots, n$, $X_0 = 0$. 其中 $u_1, u_2, \cdots, u_n$ 为 i.i.d. 未知随机变量, $u_1 \sim N(0, \sigma^2)$, 求 θ 和 σ^2 的 MLE.

42. 设 $X_1, X_2, \cdots, X_N$ 为 i.i.d. 样本, X_1 服从 Poisson 分布 $P(\lambda), \lambda > 0$. 若仅观测到 $X_1, X_2, \cdots, X_N$ 中前 n 个样本 $X_1, X_2, \cdots, X_n$ 的值, 以及后面 $N - n$ 个样本的和 $\sum_{i=n+1}^{N} X_i = T$, 求 λ 的 MLE.

43. 设某种家禽生下的蛋的数目是一个随机变量 N, 其中 $N \sim P(\lambda), \lambda$ 未知. 若每个蛋能发育成小动物的概率是 p, 且各个蛋能否发育成小动物是彼此独立的. 若记 M 为发育成小动物的个数,

(1) 求 (N, M) 的联合分布;

(2) 设 $(N_1, M_1), \cdots, (N_s, M_s)$ 是来自 (1) 中分布的 s 个随机样本, 求参数 $\theta = (\lambda, p)$ 的 MLE.

44. 设 $X_1, X_2, \cdots, X_n$ 为 i.i.d. 样本, $X_1 \sim \theta e^{-\theta x_1} I\{x_1 > 0\}$, 其中未知参数 $\theta > 0$. 若仅观测到 $X_1, X_2, \cdots, X_m$ 的值, 以及 $X_i \geqslant \tau, i = m+1, \cdots, n, (m < n)$, 试求 θ 的 MLE.

★45. 设随机变量 X 服从超几何分布 $HG(b, N, n)$, 即

$$P(X = x) = \binom{b}{x}\binom{N-b}{n-x} \Big/ \binom{N}{n},$$

其中 N, n 均为非负整数. 求证: 当 N, n 固定时, 参数 b 具有以下最大似然估计

$$b(X) = \begin{cases} \left[\dfrac{X}{n}(N+1)\right], & \dfrac{X}{n}(N+1) \bar{\in} N, \\[3mm] \dfrac{X}{n}(N+1) \quad \text{或} \quad \dfrac{X}{n}(N+1)-1, & \dfrac{X}{n}(N+1) \in N. \end{cases}$$

其中 $[\cdot]$ 表示整数部分.

(提示: 求 $L(b+1, x)/L(b, x)$, 其中 $L(b, x)$ 为关于 b 的似然函数.)

46. 设 $X_1, X_2, \cdots, X_n$ 为 i.i.d. 样本, X_1 服从几何分布, 即 $P(X_1 = k) = \theta^{k-1}(1-\theta), k = 1, 2, \cdots$. 若仅观测到满足以下条件的样本 $Y_1, Y_2, \cdots, Y_n$: 当 $X_i \leqslant r$ 时, $Y_i = X_i$; 当 $X_i \geqslant r+1$ 时, 则 $Y_i = r+1, i = 1, 2, \cdots, n$. 若 r 为某个固定的正整数, 且共有 m 个样本 (可设最后 m 个样本) 的值为 $r+1$, $m \leqslant n$, 求 θ 的 MLE.

★47. 设 $(Y_1, Z_1), \cdots, (Y_n, Z_n)$ 为 i.i.d. 样本, (Y_1, Z_1) 的密度函数为

$$\lambda^{-1}\mu^{-1}\mathrm{e}^{-y_1/\lambda}\mathrm{e}^{-z_1/\mu}I\{y_1 > 0\}I\{z_1 > 0\},$$

其中 $\lambda > 0, \mu > 0$, 求 (λ, μ) 的 MLE, 若

(1) 观测到的样本为 $(Y_1, Z_1), \cdots, (Y_n, Z_n)$;

(2) 观测到的样本不是 $(Y_1, Z_1), \cdots, (Y_n, Z_n)$, 而是 $(X_1, \Delta_1), \cdots, (X_n, \Delta_n)$, 其中 $X_i = \min\{Y_i, Z_i\}$; $\Delta_i = 1$ 若 $X_i = Y_i$, $\Delta_i = 0$ 若 $X_i = Z_i$, $i = 1, 2, \cdots, n$.

(提示: 密度函数可表示为

$$f(x, \Delta; \lambda, \mu) = \lambda^{-n_1}\exp\left\{-\sum_{i=1}^{n} y_i\Delta_i/\lambda\right\}\mu^{-n_2}\exp\left\{-\sum_{i=1}^{n} z_i(1-\Delta_i)/\mu\right\},$$

其中 $n_1 = \sum\limits_{i=1}^{n}\Delta_i, n_2 = n - n_1$.)

48. 设 Y 服从幂级数分布, 即 $P(Y = y) = a_y\theta^y/c(\theta), y = 0, 1, 2, \cdots$, 其中 $\theta > 0, \{a_y\}$ 为非负序列且与 θ 无关. 设 $Y_1, \cdots, Y_n$ 为 i.i.d. 样本, Y_1 服从上述幂级数分布. 证明: θ 的最大似然估计 $\widehat{\theta}$ 满足 $\overline{Y} = \widehat{\theta}c'(\widehat{\theta})/c(\widehat{\theta})$.

49. 设 $Y_1, \cdots, Y_n$ 为 i.i.d. 样本, Y_1 的密度函数为 $f(y_1, \theta) = K(\theta)g(y_1)I\{y_1 \geqslant \theta\}$, 其中 $\theta > 0, g(\cdot)$ 为非负可积实函数.

(1) 证明: $K(\theta)$ 为 θ 的增函数;

(2) 试求参数 θ 的 MLE;

(3) 若 Y_1 的密度函数为 $f(y_1, \theta) = L(\theta)g(y_1)I\{a \leqslant y_1 \leqslant \theta\}$, 其中 a 为常数, 研究类似的问题.

50. 设 $X_1, \cdots, X_n$ 为 i.i.d. 样本, 当 X_1 的密度函数为下列各种情况时, 求相应参数的矩估计.

(1) $X_1 \sim 2(\theta - x_1)/\theta^2 I\{0 \leqslant x_1 \leqslant \theta\}$; $\theta > 0$;

(2) $X_1 \sim \theta(\theta+1)x_1^{\theta-1}(1-x_1)I\{0 \leqslant x_1 \leqslant 1\}$;

(3) $X_1 \sim \dfrac{1}{2}(\theta x_1 + 1)I\{-1 \leqslant x_1 \leqslant 1\}$;

(4) $X_1 \sim \theta^{-1}x_1^{-(1+1/\theta)}$; $x_1 > 1$; $0 < \theta < 1$;

(5) $X_1 \sim 2\theta^2/(x_1+\theta)^3 I\{x_1 \geqslant 0\}$.

51. 设 $X_1, \cdots, X_n$ 为 i.i.d. 样本, 当 X_1 的密度函数为下列各种情况时, 求相应双参数的矩估计.

(1) $X_1 \sim$ 指数分布 $\mu + \Gamma(\sigma^{-1}, 1)$;

(2) $X_1 \sim \beta$ 分布 $BE(p,q)$;

(3) $X_1 \sim$ 对数正态分布 $LN(\mu, \sigma^2)$: $\dfrac{1}{\sqrt{2\pi}\sigma}x_1^{-1}\exp\left\{-\dfrac{(\ln x_1 - \mu)^2}{2\sigma^2}\right\}I\{x_1 \geqslant 0\}$;

(4) $X_1 \sim$ Pareto 分布 $PR(\lambda, \theta)$: $\lambda\theta^\lambda/(x_1+\theta)^{\lambda+1}I\{x_1 > 0\}$;

(5) $X_1 \sim$ Pascal 分布 $PA(r, \theta)$: $\begin{pmatrix} x_1 - 1 \\ r - 1 \end{pmatrix}\theta^r(1-\theta)^{x_1-r}, x_1 = r, r+1, \cdots, \theta \in (0,1), r$

为正整数时.

52. 设 $X_1, \cdots, X_n$ 为 i.i.d. 样本, X_1 的密度函数为 $P(X_1 = k) = \dfrac{-1}{\ln(1-p)}\dfrac{p^k}{k}, k = 1, 2, \cdots$, 其中 $0 < p < 1$, 证明: p 的矩估计为 $\hat{p} = 1 - \dfrac{\overline{X}}{S^2 + (\overline{X})^2}$, 其中 $\overline{X} = \dfrac{1}{n}\sum\limits_{i=1}^{n} X_i, S^2 = \dfrac{1}{n}\sum\limits_{i=1}^{n}(X_i - \overline{X})^2$.

第四章

最优同变估计

第三章介绍的一致最小风险无偏估计 (UMRUE) 是在无偏性限制下求最优解, 本章介绍的最优同变估计或最小风险同变估计 (MREE) 是在另一种常见的限制, 即变换群的同变性限制下求最优解. 这些最优解有时也能得到很好的结果, 例如可参见例 4.3.3 和例 4.4.2. 本章 4.1 节首先介绍同变性、同变估计和最优同变估计的概念, 然后分三节介绍位置尺度参数分布族的最优同变估计. 其中 4.2 节介绍平移变换群下位置参数的最优同变估计; 4.3 节介绍相似变换群下尺度参数的最优同变估计, 4.4 节介绍线性变换群下位置尺度参数的最优同变估计. 给定样本 $X_1, \cdots, X_n$, 记 $X = (X_1, \cdots, X_n)^{\mathrm{T}} \sim f(x, \theta)$, $\theta \in \Theta$. 未知参数 θ 的估计记为 $\widehat{\theta}(X)$ 或 $\delta(X)$; $g(\theta)$ 的估计记为 $\widehat{g}(X)$ 或 $\delta(X)$. 本章把 $\widehat{g}(X)$ 的范围由 $\mathcal{D} = \{g(\theta)$ 的一切估计$\}$ 缩小为 $\Delta = \{g(\theta)$ 的一切同变估计$\}$ (第三章的 UMRUE 则考虑 Δ 为 $g(\theta)$ 的一切无偏估计). 另外, 本章仅限于均方损失函数情形下求最优解, 并且主要考虑参数 θ 本身的 MREE; θ 函数的 MREE 限于少数特殊情形. 有关本章内容, 可参见陈希孺 (1981, 2009), Lehmann, Casella (1998), Zacks (1981), 茆诗松等 (2007).

4.1 变换群下的同变估计

4.1.1 同变性概念

同变估计, 即在某种变换群下保持同变的估计, 首先看两个例子.

例 4.1.1 (位置参数与平移变换) 设 $X_1, \cdots, X_n$ 独立同分布, $X_1 \sim N(\mu, 1)$, μ 为位置参数, 则 X_1 也表示位置. 位置参数应该具有以下性质: 若观测值 x_i 的起点变化 (即平移), 则参数的起点也应有相应的变化 (平移). 例如温度, 起点由原来的 $0°\mathrm{C}$ 变为 $0°\mathrm{K}$, 则 x_i, μ 都应同时改变. 即由观测值 x_i 的平移变换 $x_i \to x_i' = x_i + c$; $i = 1, \cdots, n$, 相应的也应有位置参数的平移变换 $\mu \to \mu' = \mu + c$.

特别, μ 的估计也应当有同样的变化, 即 $\widehat{\mu}(x)$ 应满足

$$\widehat{\mu}(x_1 + c, x_2 + c, \cdots, x_n + c) = \widehat{\mu}(x_1, x_2, \cdots, x_n) + c.$$

若记 $\mathbf{1} = (1, \cdots, 1)^{\mathrm{T}}, x = (x_1, \cdots, x_n)^{\mathrm{T}}$, 则上式化为

$$\widehat{\mu}(x + c\mathbf{1}) = \widehat{\mu}(x) + c, \quad \forall \, c, \tag{4.1.1}$$

因此位置参数 μ 的估计 $\widehat{\mu}(x)$ 应满足以上平移同变方程, 即同变条件.

我们可以根据同变方程 (4.1.1) 求最优同变估计. 由于好的估计应为充分统计量的函数, 本例的充分统计量为 $\overline{X}$, 因此可假设 $\widehat{\mu}(x) = \varphi(\overline{x})$, 并根据方程 (4.1.1) 求出最优的 $\varphi(\cdot)$. 由 $x \to x' = x + c\mathbf{1}$ 可得 $\overline{x} \to \overline{x} + c$, 因此由 (4.1.1) 式及 $\widehat{\mu}(x) = \varphi(\overline{x})$ 可知

$$\varphi(\overline{x} + c) = \varphi(\overline{x}) + c, \quad \forall \, c,$$

上式对任意的 c 都成立, 可取 $c = -\overline{x}$, 则有 $\varphi(0) = \varphi(\overline{x}) - \overline{x}$, 即 $\varphi(\overline{x}) = \overline{x} + \varphi(0) = \widehat{\mu}(x)$. 为进一步求解, 需要确定损失函数. 本章主要考虑均方损失, 可应用均方误差最小准则求出 $\varphi(0)$ 如下:

$$MSE = \mathrm{E}_\mu(\widehat{\mu} - \mu)^2 = \mathrm{E}_\mu[\overline{X} + \varphi(0) - \mu]^2 = E(\overline{X} - \mu)^2 + \varphi^2(0),$$

显然当 $\varphi(0) = 0$ 时上式 MSE 最小, 因此最后有

$$\widehat{\mu}(X) = \overline{X} + \varphi(0) = \overline{X}.$$

以上讨论可推广到一般情形. 设 $X = (X_1, \cdots, X_n)^{\mathrm{T}}, x = (x_1, \cdots, x_n)^{\mathrm{T}}$. 若 X 服从位置参数分布族

$$X \sim f(x_1 - \theta, x_2 - \theta, \cdots, x_n - \theta) = f(x - \theta\mathbf{1}),$$

对于该分布族, 如果 x_i 的起点改变, 则 θ 也应有相应的改变, 即由观测值 x_i 的平移变换 $x_i \to x_i' = x_i + c; \ i = 1, \cdots, n$, 相应的也应有位置参数的平移变换 $\theta \to \theta' = \theta + c$. 并且 θ 的估计 $\widehat{\theta}(x)$ 亦应该有同样的变化

$$\widehat{\theta}(x_1 + c, \cdots, x_n + c) = \widehat{\theta}(x + c\mathbf{1}) = \widehat{\theta}(x) + c, \tag{4.1.2}$$

因此位置参数 θ 的估计 $\widehat{\theta}(x)$ 应满足以上平移同变方程, 即同变条件. 满足该方程的 $\widehat{\theta}(x)$ 的全体构成 "平移变换群下的同变估计类", 因此可在此估计类中求风险最小的解 (MREE).

例 4.1.2 (尺度参数与相似变换) 设 $X_1, \cdots, X_n$ 独立同分布, $X_1 \sim N(0, \sigma^2)$, σ 为尺度参数, 则 X_i 也表示尺度. 它们应满足如下关系: 若 x_i 的尺度单位改变, 则 σ 的尺度单位也应有相应的改变. 例如 x_i 原来用 cm 度量, 改为用 mm 度量, 则 σ 也应有同样的改变. 即由观测值 x_i 的相似变换 $x_i \to x_i' = kx_i$; $i = 1, \cdots, n$, 相应的也应有尺度参数的相似变换 $\sigma \to \sigma' = k\sigma$. 特别地, σ^2 的估计 $\widehat{\sigma^2}(x)$ 也应当有同样的变化, 即

$$\widehat{\sigma^2}(kx_1, \cdots, kx_n) = k^2 \widehat{\sigma^2}(x_1, \cdots, x_n), \quad \forall \, k > 0, \tag{4.1.3}$$

(4.1.3) 式即为 σ^2 的估计应该满足的同变方程. 我们可根据此同变方程求解最优同变估计 $\widehat{\sigma^2}(X)$. 同理, 好的估计应为充分统计量的函数, 本例的充分统计量为 $S^2 = \sum_{i=1}^{n} X_i^2 \sim \sigma^2 \chi^2(n)$. 因此可设 $\widehat{\sigma^2}(x) = \varphi(S^2)$, 再根据 (4.1.3) 式求最优解. 由 $x_i \to x_i' = kx_i$; $i = 1, \cdots, n$ 可得 $S^2 \to k^2 S^2$, 因此 $\widehat{\sigma^2}(x) = \varphi(S^2)$ 代入 (4.1.3) 式有 $\varphi(k^2 S^2) = k^2 \varphi(S^2)$, $\forall \, k > 0$. 该式对任意的 k 都成立, 可取 $k = S^{-1}$, 则有

$$\varphi(1) = S^{-2} \varphi(S^2), \qquad \varphi(S^2) = S^2 \varphi(1) = bS^2,$$

其中 $b = \varphi(1)$. 因此可根据均方误差最小准则求 $\varphi(\cdot)$, 使 $MSE = \mathrm{E}_\sigma[\varphi(S^2) - \sigma^2]^2$ 达到最小. 而

$$MSE = \mathrm{E}_\sigma(bS^2 - \sigma^2)^2 = \mathrm{E}_\sigma(b^2 S^4 - 2b\sigma^2 S^2 + \sigma^4)$$
$$= b^2(2n + n^2)\sigma^4 - 2bn\sigma^4 + \sigma^4.$$

以上 MSE 为 b 的二次三项式, $b = (n+2)^{-1}$ 时 MSE 最小. 因此由 $\widehat{\sigma^2}(x) = \varphi(S^2) = bS^2$, 最后可得

$$\widehat{\sigma^2}(X) = \frac{1}{n+2} \sum_{i=1}^{n} X_i^2,$$

这一估计在 bS^2 类型的估计中, 均方误差最小, 因而优于一致最小风险无偏估计以及最大似然估计 (相当于 $b = n^{-1}$).

以上讨论可推广到一般情形. 若 X 服从尺度参数分布族

$$X \sim \frac{1}{\sigma^n} f\left(\frac{x_1}{\sigma}, \cdots, \frac{x_n}{\sigma}\right) = \frac{1}{\sigma^n} f\left(\frac{x}{\sigma}\right),$$

对于该分布族, 若 x_i 的尺度单位改变, 则 σ 的尺度单位也应有相应的改变. 即由观测值 x_i 的相似变换 $x_i \to x_i' = kx_i$; $i = 1, \cdots, n$, 相应的也应有尺度参数的相似变换 $\sigma \to \sigma' = k\sigma$. 特别地, σ 的估计 $\widehat{\sigma}(X)$ 也应当有同样的变化, 即 $\widehat{\sigma}(X)$ 满足

$$\widehat{\sigma}(kx_1, \cdots, kx_n) = k\widehat{\sigma}(x_1, \cdots, x_n) \quad \text{或} \quad \widehat{\sigma}(kx) = k\widehat{\sigma}(x),$$

因此尺度参数 σ 的估计 $\hat{\sigma}(x)$ 应满足以上相似同变方程, 即同变条件. 满足该方程的 $\hat{\sigma}(x)$ 的全体构成 "相似变换群下的同变估计类", 因此可在此估计类中求风险最小的解 (MREE).

4.1.2 同变统计判决函数

以上通过两个例子初步介绍了在平移变换群和相似变换群下位置参数和尺度参数的同变估计, 以及最优同变估计的求解方法. 这些论述可推广到更一般的变换群和分布族. 为了从统计判决观点讨论同变性、同变估计和最优同变估计, 以下首先介绍样本空间的变换群以及参数空间和判决空间的导出群. 在此基础上, 引入同变统计判决函数和同变估计的定义. 同变统计判决是对统计判决的一种限制, 在此限制下求最优解 (关于某种损失函数), 就得到最优同变判决函数. 本书仅讨论若干常见情形下的最优同变估计 (见本章 4.2—4.4 节); 至于其他同变统计判决问题, 例如最优同变检验, 可参见陈希孺 (1981, 2009)、Lehmann (1986) 或 Shao (1998) 等.

1. 样本空间的变换群和不变分布族

给定样本 X 及其概率测度空间 $X \sim \{(\mathcal{X}, \mathcal{B}_X, P_\theta^X), \theta \in \Theta\}$ 或简记为 $X \sim \{P_\theta, \theta \in \Theta\}$. 同时给定 $\mathcal{X}$ 上的可测变换群 $G = \{g\}$, 其中 g 为 $\mathcal{X}$ 上的可测变换:

$$g : \mathcal{X} \mapsto \mathcal{X}, \ x' = gx \in \mathcal{X}.$$

若 $A \in \mathcal{B}_X$, 则 $g^{-1}A \in \mathcal{B}_X$. $G = \{g\}$ 为变换群, 即恒等变换 $e \in G$, 且若 $g \in G$, 则 $g^{-1} \in G$; 对乘法封闭: 若 $g_1, g_2 \in G$, 则 $g_1 \cdot g_2 \in G$; 并且满足结合律: $g_1 \cdot (g_2 \cdot g_3) = (g_1 \cdot g_2) \cdot g_3$. 样本空间 $\mathcal{X}$ 上常见的变换群有: 平移变换群、相似变换群、线性变换群以及对称变换群等.

给定样本空间上的变换群, 我们要进一步研究: 参数空间以及判决空间将会产生何种变化? 特别是, 判决函数将会如何变化? 以下将分别予以说明. 首先我们介绍参数空间的导出群.

定义 4.1.1 给定分布族 $X \sim \{P_\theta, \theta \in \Theta\}$ 以及 $\mathcal{X}$ 上的可测变换群 $G = \{g\}$, 且假设 $\theta_1 \neq \theta_2$ 必有 $P_{\theta_1} \neq P_{\theta_2}$. 若 $X \sim P_\theta$, $\theta \in \Theta$, 对任何 $g \in G$, 都存在 $\theta' \in \Theta$, 使 $Y = gX \sim P_{\theta'}$, 则称 $\{P_\theta, \theta \in \Theta\}$ 为关于群 G 的不变分布族; 进而, 可以在 Θ 上定义一个一一变换 $\bar{g} : \Theta \mapsto \Theta$, 使得 $\bar{g}\theta = \theta'$, 记 $\bar{G} = \{\bar{g}\}$, 则 $\bar{G}$ 在参数空间 Θ 上构成与 G 同态的群 (见引理 4.1.2), 称 $\bar{G}$ 为群 G 在参数空间 Θ 上的**导出群**.

以下两个例子说明: 不变分布族是存在的, 但是也并非任何分布族都是不变分布族.

例 4.1.3 设 $X \sim N(\theta, 1)$, $\theta \in \Theta = (-\infty, +\infty)$, $\mathcal{X} = (-\infty, +\infty)$. 在 $\mathcal{X}$ 上定

义平移群 $G = \{g_c\}$: $g_c x = x + c$, 则有

$$Y = g_c X = X + c \sim N(\theta + c, 1) = N(\theta', 1), \quad \theta' = \theta + c.$$

即由 $X \sim P_\theta$, 有 $Y = g_c X \sim P_{\theta'}$, $\theta' = \theta + c \in \Theta$. 因此 $\{N(\theta, 1)\}$ 在平移变换 $G = \{g_c\}$ 下为不变分布族. 而且 $G = \{g_c\}$ 在 $\Theta = (-\infty, +\infty)$ 上的导出群亦为平移群: $\overline{G} = \{\overline{g}_c\}$: $\overline{g}_c \theta = \theta' = \theta + c$.

但是, 若取 $G = \{g_k\}$ 为相似群: $g_k x = kx$ $(k > 0)$, 则有

$$Y = g_k X = kX \sim N(k\theta, k^2).$$

显然, $N(k\theta, k^2)$ 不属于分布族 $\{N(\theta, 1)\}$. 因此, 分布族 $\{N(\theta, 1)\}$ 关于相似变换群 $G = \{g_k\}$ 不是不变分布族.

例 4.1.4 设 $X \sim R(0, \theta)$, $\theta \in \Theta = (0, +\infty)$. 对相似群 $G = \{g_k\}$, $g_k x = kx(k > 0)$ 有

$$Y = g_k X = kX \sim R(0, k\theta) \sim R(0, \theta'); \quad \theta' = k\theta \in \Theta.$$

因此 $\{R(0, \theta)\}$ 在相似变换 $G = \{g_k\}$ 下为不变分布族. 而且 $G = \{g_k\}$ 在 $\Theta = (0, +\infty)$ 上的导出群亦为相似群: $\overline{G} = \{\overline{g}_k\}$: $\overline{g}_k \theta = \theta' = k\theta$.

但是若考虑平移群 $G = \{g_c\}$: $g_c x = x + c$, 则有

$$Y = g_c X = X + c \sim R(c, \theta + c) \overline{\in} \{R(0, \theta)\}.$$

因此分布族 $\{R(0, \theta)\}$ 关于平移群 $G = \{g_c\}$ 不是不变分布族.

以上两个例子说明: 一个分布族是否为不变分布族, 与所讨论的变换群有密切的关系. 常见的情形为: 位置参数分布族关于平移变换群为不变分布族, 尺度参数分布族关于相似变换群为不变分布族, 详见 4.2—4.3 节.

引理 4.1.1 若 $G = \{g\}$ 为 $\mathcal{X}$ 上的变换群, $\{P_\theta, \theta \in \Theta\}$ 关于群 G 为不变分布族, 且相应的导出群为 $\overline{G} = \{\overline{g}\}$, 则有

$$P_{\overline{g}\theta}(B) = P_\theta(g^{-1}B) \quad \text{或} \quad P_{\overline{g}\theta}(gA) = P_\theta(A); \tag{4.1.4}$$

$$\mathrm{E}_\theta[h(gX)] = \mathrm{E}_{\overline{g}\theta}[h(X)]. \tag{4.1.5}$$

证明 由于 $Y = gX \sim P_{\theta'} = P_{\overline{g}\theta}$, 因此有

$$P_{\overline{g}\theta}(B) = P_{\theta'}(B) = P_{\theta'}(Y \in B) = P_\theta(gX \in B) = P_\theta(X \in g^{-1}B) = P_\theta(g^{-1}B);$$

$$\mathrm{E}_\theta[h(gX)] = \mathrm{E}_{\theta'}[h(Y)] = \mathrm{E}_{\overline{g}\theta}[h(X)].$$

以上最后一式中 $X \sim P_{\overline{g}\theta}$, 所以 (4.1.5) 式成立.

引理 4.1.2 $\overline{G} = \{\overline{g}\}$ 在 Θ 上构成与 $G = \{g\}$ 同态的群.

证明 易见, G 上的恒等变换 $eX = X \sim P_\theta$ 对应于 $\overline{G}$ 上的恒等变换 $\overline{e}$: $\overline{e}\theta = \theta$. 再证明封闭性. 即若 $\overline{g}_1 \in \overline{G}$, $\overline{g}_2 \in \overline{G}$, 则必有 $\overline{g}_1 \cdot \overline{g}_2 \in \overline{G}$. 以下证明 $\overline{g}_1 \cdot \overline{g}_2 = \overline{g_1 \cdot g_2} \in \overline{G}$. 由于 $g_1 \in G, g_2 \in G$, 因此 $g_1 \cdot g_2 \in G$. 由不变分布族定义, $g_1 \cdot g_2$ 必对应于 $\overline{g_1 \cdot g_2} \in \overline{G}$. 把引理 4.1.1 应用于 $g_1 \cdot g_2$, 则有

$$P_{\overline{g_1 \cdot g_2}\theta}(B) = P_\theta((g_1 \cdot g_2)^{-1}B) = P_\theta(g_2^{-1} \cdot g_1^{-1}B) \quad (\text{用于}g_2)$$
$$= P_{\overline{g}_2\theta}(g_1^{-1}B) = P_{\overline{g}_1 \cdot \overline{g}_2\theta}(B). \quad (\text{用于}g_1)$$

因此 $\overline{g}_1 \cdot \overline{g}_2 = \overline{g_1 \cdot g_2} \in \overline{G}$. 另外若取 $g_2 = g_1^{-1}$ 可得 $\overline{g}_1 \cdot \overline{g_1^{-1}} = \overline{g_1 \cdot g_1^{-1}} = \overline{e} \in \overline{G}$, 因此 $\overline{g}_1^{-1} = \overline{g_1^{-1}}$ 存在. 同时, 结合律显然成立; 而且对任一 $g \in G$ 都有 $\overline{g} \in \overline{G}$, 所以 $\overline{G} = \{\overline{g}\}$ 为与 $G = \{g\}$ 同态的群. ∎

2. 同变统计判决函数和同变估计

今给定样本空间上的变换群 G 以及参数空间的导出群 $\overline{G}$. 判决空间的问题比较复杂, 因为判决空间 $\mathcal{D}$ 以及损失函数等都依赖于所研究的统计问题, 不能一概而论. 假设检验问题的判决空间与参数估计很不一样; 即使对于参数估计, 也各有不同. 例如, 若估计 θ, 则显然有 $\mathcal{D} = \Theta$; 若估计 $h(\theta)$, 则一般有 $\mathcal{D} = h(\Theta)$. 因此, 判决空间的导出群也不能一概而论. 以下给出判决空间的导出群 G^* 的定义, 只是假设其存在, 并未证明其存在; 这与参数空间的导出群很不一样.

定义 4.1.2 设分布族 $X \sim \{P_\theta, \theta \in \Theta\}$ 关于可测变换群 $G = \{g\}$ 为不变分布族, $\overline{G}$ 为群 G 在参数空间 Θ 上的导出群. 对于给定的判决空间 $\mathcal{D}$, 若对任何 $g \in G$, $\overline{g} \in \overline{G}$, 都存在 $\mathcal{D}$ 上的一一变换 $g^*: \mathcal{D} \mapsto \mathcal{D}$, 且 $G^* = \{g^*\}$ 构成与 G 同态的群, 则称 G^* 为 G 在 $\mathcal{D}$ 上的导出群, 并记 $g^*d = d'$.

以下介绍同变统计判决函数和同变估计.

给定统计问题, 设 $d \in \mathcal{D}$ 为一个判决, 它必为样本的函数 $d = \delta(x)$, 即为统计判决函数, 相应的损失函数为 $L(\theta, d)$. 直观上看, 对于统计判决函数和损失函数, 在以上三个群的作用下应保持协调一致, 或者说应保持 "同变", 即 $x \to x'$, $\theta \to \theta'$, $d \to d'$. 具体对判决函数来说, 在以上三个群的作用下, 一方面有

$$x \to x' = gx, \ \delta(x) \to \delta(x') = \delta(gx),$$

而另一方面也有

$$d = \delta(x) \to d' = g^*d, \ \delta(x) \to g^*\delta(x).$$

因此, 一个保持协调一致的判决函数应满足 $\delta(gx) = g^*\delta(x)$. 类似地, 损失函数也应保持同变. 这可归纳为以下定义:

定义 4.1.3 给定 $\mathcal{X}$ 上的变换群 G, 其相应的导出群为 $\overline{G}$ 和 G^*, 若统计判决函数 $\delta(x)$ 满足

$$\delta(gx) = g^*\delta(x), \tag{4.1.6}$$

则称 $\delta(x)$ 为关于变换群的**同变判决函数**. 若损失函数 $L(\theta, d)$ 满足

$$L(\theta, d) = L(\theta', d') = L(\overline{g}\theta, g^*d), \tag{4.1.7}$$

则称 $L(\theta, d)$ 为关于变换群的**同变损失函数**.

例 4.1.5 (续例 4.1.3) 这时 $X \sim N(\theta, 1)$, $\mathcal{X} = (-\infty, +\infty)$, $\Theta = (-\infty, +\infty)$, G 和 $\overline{G}$ 都是平移变换群. 若所研究的统计问题为估计 θ, 则 $\mathcal{D} = \Theta$, 因而可取 $G^* = \overline{G}$, 即若 $d \in \mathcal{D} = \Theta$, 则有 $g_c^* d = \overline{g}_c d = d + c$, 其中 d 为 θ 的一个估计, 常记为 $\widehat{\theta}(x)$. 若 $\widehat{\theta}(x)$ 为同变估计, 应满足 (4.1.6) 式, 即

$$\delta(g_c x) = g_c^*\delta(x) \iff \widehat{\theta}(x+c) = \widehat{\theta}(x) + c, \quad \forall\, c. \tag{4.1.8}$$

该式即为例 4.1.1 的 (4.1.1) 式. 另外, 若 $L(\theta, d)$ 为同变损失函数, 则应满足

$$L(\theta, d) = L(\theta', d') = L(\theta + c, d + c), \quad \forall\, c. \tag{4.1.9}$$

取 $c = -\theta$ 上式亦成立, 因此同变损失函数应满足条件

$$L(\theta, d) = L(0, d - \theta) = \rho(d - \theta).$$

通常可取二次损失 $\rho(d - \theta) = (d - \theta)^2$ 或绝对损失 $\rho(d - \theta) = |d - \theta|$.

引理 4.1.3 同变损失函数与同变判决函数应满足

$$L(\theta, \delta(x)) = L(\overline{g}\theta, g^*\delta(x)) = L(\overline{g}\theta, \delta(gx)). \tag{4.1.10}$$

若 $\delta(x)$ 相应的风险函数为 $R(\theta, \delta) = \mathrm{E}_\theta[L(\theta, \delta(X))]$, 则有

$$R(\theta, \delta) = R(\theta', \delta), \quad \theta' = \overline{g}\theta. \tag{4.1.11}$$

证明 由 (4.1.6) 和 (4.1.7) 式可得 (4.1.10) 式, 该式两端取期望可得

$$\mathrm{E}_\theta[L(\theta, \delta(X))] = \mathrm{E}_\theta[L(\overline{g}\theta, \delta(gX))].$$

上式左端 $= R(\theta, \delta)$, $X \sim P_\theta$, 而右端 $gX = Y \sim P_{\theta'}$, $\theta' = \overline{g}\theta$, 因此右端可表示为 $\mathrm{E}_{\theta'}[L(\theta', \delta(Y))] = R(\theta', \delta)$, 由此可得 (4.1.11) 式. ∎

由以上讨论以及 (4.1.6)—(4.1.11) 式可知, 同变统计判决是对统计判决的一种限制, 在此限制下求最优解 (关于某种损失函数), 就得到最优同变判决函数. 因此我们引入以下定义:

定义 4.1.4 给定 $\mathcal{X}$ 上的变换群 G, 其相应的导出群为 $\overline{G}$ 和 G^*, 设 $\Delta = \{\delta(x) : \text{某一统计问题的全部同变判决函数}\}$, 并设对应于同变损失函数 $L(\theta, d)$ 的风险函数为 $R(\theta, \delta)$. 若存在 $\delta^*(x) \in \Delta$, 使

$$R(\theta, \delta^*) \leqslant R(\theta, \delta), \quad \forall \, \delta \in \Delta, \, \theta \in \Theta,$$

则称 $\delta^*(x)$ 为统计问题的**最小风险同变判决**. 如果统计问题是参数估计, 则称 $\delta^*(x)$ 为**最优同变估计**, 并记为 MREE.

本章 4.2—4.4 节将介绍若干最优同变估计 (MREE) 的求解方法, 以下就同变估计的有关问题再作一些说明.

若是估计参数 θ, 则问题比较简单, 此时显然有 $\mathcal{D} = \Theta$. 很自然可定义 $G^* = \overline{G}$, $g^* = \overline{g}$, θ 的估计记为 $\delta(x) = \hat\theta(x)$, 则同变条件 (4.1.6) 式 $\delta(gx) = g^*\delta(x)$ 可化为 $\hat\theta(gx) = \overline{g}\hat\theta(x)$. 但是, 若要估计 $h(\theta)$, 则问题比较复杂. 这时 $\mathcal{D} = h(\Theta)$ 记为 $\mathcal{H}$, 若 g^* 为 $\mathcal{D} = \mathcal{H}$ 上的变换, $d \in \mathcal{H}$ 则应有 $d = h(\theta)$, 为保持同变性, g^* 应满足 $x \to x', \theta \to \theta', d \to d'$, 因此在 $\mathcal{D} = h(\Theta)$ 上应有 $d = h(\theta) \to h(\theta') = d'$, 即 g^* 应使 $g^*h(\theta) = h(\theta') = h(\overline{g}\theta)$. 进一步的讨论取决于 $h(\theta)$ 的形式. 今看一个例子, 若 $X \sim p(x, \sigma)$ 为尺度参数分布族, 相应的相似群和导出群为 $G = \{g_k\}$ 和 $\overline{G} = \{\overline{g}_k\}$, $g_k x = kx$, $\overline{g}_k \sigma = k\sigma$. 若要估计 σ, 则 $G^* = \overline{G}$, $g_k^* = \overline{g}_k$. 因此同变条件 $\delta(gx) = g^*\delta(x)$ 可化为 $\hat\sigma(g_k x) = \overline{g}_k \hat\sigma(x)$, 即 $\hat\sigma(kx) = k\hat\sigma(x)$. 若要估计 $h(\sigma) = \sigma^r$, 则 g^* 应满足 $g^*h(\sigma) = h(\sigma') = (\sigma')^r = k^r \sigma^r = k^r h(\sigma)$, 因此 $h(\sigma) = \sigma^r$ 的同变估计 $\delta(x)$ 应满足 $\delta(g_k x) = \delta(kx) = g^*\delta(x) = k^r \delta(x)$, 即 $\delta(kx) = k^r \delta(x)$.

4.2 平移变换群下位置参数的最优同变估计

4.2.1 位置参数分布族的平移变换群

设 $X = (X_1, \cdots, X_n)^{\mathrm{T}} \sim P_\theta \sim p(x, \theta)$, 若

$$p(x, \theta) = f(x - \theta\mathbf{1}) = f(x_1 - \theta, x_2 - \theta, \cdots, x_n - \theta),$$

其中 $\theta \in \Theta = (-\infty, +\infty)$, 则称 X 服从位置参数分布族. 例如例 4.1.3 的 $\{N(\theta, 1)\}$ 就是这种分布族. 当 $\theta = 0$ 时, $X \sim P_0 \sim f(x_1, \cdots, x_n)$ 称为标准分布, 它与参数 θ 无关. 注意, 位置参数分布族有以下常用性质: 若 $X \sim P_\theta$, 则 $Y = X - \theta\mathbf{1} \sim P_0$; 反之, 若 $Y \sim P_0$, 则 $X = Y + \theta\mathbf{1} \sim P_\theta$.

本节将要证明: 位置参数分布族关于平移变换群为不变分布族; 并进一步求出位置参数关于平移变换群的 MREE. 以下首先介绍样本空间的平移变换群及其导出群, 以及相应的平移同变估计和同变损失函数, 为求解 MREE 作准备.

1. 样本空间的平移变换群

给定样本空间 $\mathcal{X}$, 定义以下平移变换群 $G = \{g_c\}$:

$$g_c x = x' = x + c\mathbf{1} \quad \text{即} \quad g_c x_i = x'_i = x_i + c, \quad i = 1, \cdots, n.$$

2. 参数空间的导出群

由于 $Y = g_c X = X + c\mathbf{1} = (X_1 + c, \cdots, X_n + c)$, 因此 Y 的分布为

$$Y \sim f(y_1 - \theta - c, \cdots, y_n - \theta - c) \sim P_{\theta+c} = P_{\theta'}, \quad \theta' = \theta + c.$$

这仍然是一个位置参数分布族, 所以 $\{X \sim P_\theta, \ \theta \in \Theta\}$ 为平移不变分布族. 而且由上式可知, 其导出群为 $\Theta = (-\infty, +\infty)$ 上的平移变换群: $\overline{G} = \{\overline{g}_c\}$, $\overline{g}_c \theta = \theta' = \theta + c$.

3. 判决空间的导出群

首先要确定所研究的统计问题. 我们仅考虑参数 θ 的估计, 这时, $\mathcal{D} = \Theta$, 可定义 $G^* = \overline{G}$, $g_c^* = \overline{g}_c$, 使得 $d \to d' = g_c^* d = d + c$. 特别, 有 $g_c^* \widehat{\theta}(x) = \widehat{\theta}(x) + c$.

4. 平移同变估计与同变条件

记 θ 的估计为 $\widehat{\theta}(x)$, 则 (4.1.6) 式的同变条件 $\delta(gx) = g^* \delta(x)$ 化为 $\widehat{\theta}(g_c x) = g_c^* \widehat{\theta}(x) = \overline{g}_c \widehat{\theta}(x)$. 由于 $g_c x = (x_1 + c, \cdots, x_n + c) = x + c\mathbf{1}$, 因此有

$$\widehat{\theta}(x + c\mathbf{1}) = \widehat{\theta}(x) + c, \tag{4.2.1}$$

该式就是对 θ 的估计 $\widehat{\theta}(x)$ 的一个限制, 以下将在此限制下求最优解.

推论 若 $\widehat{\theta}(X)$ 为 θ 的平移同变估计, 则必有

$$\widehat{\theta}(X - \theta\mathbf{1}) = \widehat{\theta}(X) - \theta.$$

其中 $X - \theta\mathbf{1} \sim P_0$ 与 θ 无关. 在 (4.2.1) 式中取 $c = -\theta$ 即可得到上式.

5. 平移同变损失函数

这时损失函数 $L(\theta, d)$ 必须满足 $L(\theta, d) = L(\theta', d') = L(\theta + c, d + c)$, $\forall c$. 若取 $c = -\theta$, 则有

$$L(\theta, d) = L(0, d - \theta) = \rho(d - \theta). \tag{4.2.2}$$

即平移同变损失函数 $L(\theta, d)$ 必为 $d - \theta$ 的函数, 以下将在此限制下求最优解. 通常取均方损失 $L(\theta, d) = (d - \theta)^2$, 或绝对损失 $L(\theta, d) = |d - \theta|$.

4.2.2 位置参数的最优同变估计

以下将基于约束条件 (4.2.1)—(4.2.2) 式来求位置参数的 MREE. 为此, 首先根据同变条件 (4.2.1) 式引入不变量和最大不变量概念.

引理 4.2.1 设 $\widehat{\theta}_1(x)$ 和 $\widehat{\theta}_2(x)$ 都是 θ 的平移同变估计, 则 $u(x) = \widehat{\theta}_1(x) - \widehat{\theta}_2(x)$ 为**平移不变量**, 即它满足不变性关系

$$u(g_c x) = u(x) \quad \text{或} \quad u(x_1 + c, \cdots, x_n + c) = u(x + c\mathbf{1}) = u(x).$$

反之, 若 $\widehat{\theta}_1(x)$ 为同变估计, $u(x)$ 为平移不变量, 则 $\widehat{\theta}_2(x) = \widehat{\theta}_1(x) + u(x)$ 为 θ 的同变估计.

证明 由同变条件 (4.2.1) 式可知

$$\begin{aligned}
u(x + c\mathbf{1}) &= \widehat{\theta}_1(x + c\mathbf{1}) - \widehat{\theta}_2(x + c\mathbf{1}) \\
&= [\widehat{\theta}_1(x) + c] - [\widehat{\theta}_2(x) + c] \\
&= \widehat{\theta}_1(x) - \widehat{\theta}_2(x) = u(x).
\end{aligned}$$

因此 $u(x)$ 为平移不变量. 反之若 $\widehat{\theta}_1(x)$ 为同变估计, $u(x)$ 为平移不变量, 则有

$$\begin{aligned}
\widehat{\theta}_2(x + c\mathbf{1}) &= \widehat{\theta}_1(x + c\mathbf{1}) + u(x + c\mathbf{1}) \\
&= \widehat{\theta}_1(x) + c + u(x) = \widehat{\theta}_2(x) + c.
\end{aligned}$$

因此 $\widehat{\theta}_2(x)$ 为同变估计. ∎

引理 4.2.2 $u(x)$ 为平移不变量的充要条件是: 存在函数 $\psi(y)$ 使 $u(x) = \psi(y)$, 其中

$$y = y(x) = (x_2 - x_1, \cdots, x_n - x_1)^{\mathrm{T}}. \tag{4.2.3}$$

为不变量, 而且不变量 $u(X)$ 的分布仅与标准分布 P_0 有关, 与 θ 无关.

证明 必要性. 若 $u(x_1 + c, \cdots, x_n + c) = u(x)$ 为不变量, 则可取 $c = -x_1$, 因而有

$$u(x) = u(0,\ x_2 - x_1, \cdots, x_n - x_1) = \psi(y).$$

特别, 取 $c = -\theta$, 则有

$$u(x) = u(x_1 - \theta, \cdots, x_n - \theta) = u(x - \theta\mathbf{1}).$$

而 $X - \theta\mathbf{1} \sim P_0$, 其分布与 θ 无关.

充分性. 若 $u(x) = \psi(y)$, 则有 $y_i = x_i - x_1 = (x_i + c) - (x_1 + c)$, 即 $y(x + c\mathbf{1}) = y(x)$, 所以 y 为平移不变量, 因此 $u(x) = \psi(y)$ 为平移不变量. ∎

引理 4.2.2 所描述的性质有一定的共性, 因此引入以下定义.

定义 4.2.1 $y = y(x)$ 称为**最大 (平移) 不变量**, 是指 $y(x)$ 为不变量, 且对任一不变量 $u(x)$, 存在函数 $\psi(\cdot)$, 使 $u(x) = \psi(y(x))$.

注 (1) 最大不变量不唯一. 例如在前面证明中, 若取 $c = -x_n$, 则 $z(x) = (x_1 - x_n, \cdots, x_{n-1} - x_n)^{\mathrm{T}}$ 亦为最大不变量, 且有 $u(x) = \phi(z(x))$.

(2) 任一不变量 $u(X)$ 的分布与 θ 无关, 因而为辅助统计量, 因此由 Basu 定理 (见第二章), 它与完备充分统计量独立.

(3) 对于平移变换群, X_1, $X_{(1)}$, $X_{(n)}$ 等皆可视为同变估计, 而 $X_1 - X_n$, $X_{(1)} - X_{(n)}$ 等皆可视为不变量; 因为 $x_i \to x_i + c$, 必有 $x_{(n)} \to x_{(n)} + c$, $x_1 - x_n = (x_1 + c) - (x_n + c)$.

引理 4.2.3 设 $\widehat{\theta}(x)$ 为 θ 的某一平移同变估计, 则任一平移同变估计 $\widehat{\theta}^*(x)$ 可表示为

$$\widehat{\theta}^*(x) = \widehat{\theta}(x) - \psi(y), \quad y = (x_2 - x_1, \cdots, x_n - x_1)^{\mathrm{T}}.$$

证明 由引理 4.2.1 和引理 4.2.2 有

$$\widehat{\theta}^*(x) = \widehat{\theta}(x) + \widehat{\theta}^*(x) - \widehat{\theta}(x) = \widehat{\theta}(x) + u(x) = \widehat{\theta}(x) - \psi(y). \qquad \blacksquare$$

由以上引理 4.2.1—引理 4.2.3 可总结出求解最优同变估计 (MREE) 的方法如下:

(1) 取某一合适的同变估计 $\widehat{\theta}(X)$;

(2) 任一同变估计可表示为 $\widehat{\theta}^*(X) = \widehat{\theta}(X) - \psi(Y)$;

(3) 对于给定的同变损失函数 (一般为均方损失), 求 $\psi(\cdot)$, 使风险函数 $R(\theta, \widehat{\theta}^*)$ 最小.

定理 4.2.1 (Pitman (皮特曼)) 设 $\widehat{\theta}(X)$ 为 θ 的某一平移同变估计, 损失函数为 $L(\theta, d) = (d - \theta)^2$, 则 θ 的最优同变估计可表示为

$$\widehat{\theta}^*(X) = \widehat{\theta}(X) - \mathrm{E}_0[\widehat{\theta}(X)|Y]. \tag{4.2.4}$$

其中 E_0 表示对标准分布 P_0 取期望, Y 由 (4.2.3) 式所示; 并且 (4.2.4) 式的解唯一, 与 $\widehat{\theta}(X)$ 的选取无关.

证明 最优性. 由引理 4.2.3, 可假设 $\widehat{\theta}^*(X) = \widehat{\theta}(X) - \psi(Y)$, 并求 $\psi(\cdot)$, 使 $\widehat{\theta}^*(X)$ 的均方误差 MSE 最小, 其中

$$MSE = \mathrm{E}_\theta[\widehat{\theta}^*(X) - \theta]^2 = \mathrm{E}_\theta[\widehat{\theta}(X) - \psi(Y) - \theta]^2.$$

由同变条件 (4.2.1) 式可知 $\widehat{\theta}(x + c\mathbf{1}) = \widehat{\theta}(x) + c$, 取 $c = -\theta$, 则有 $\widehat{\theta}(x - \theta\mathbf{1}) = \widehat{\theta}(x) - \theta$; 该式代入 MSE 可得

$$MSE = \mathrm{E}_\theta[\widehat{\theta}(X - \theta\mathbf{1}) - \psi(Y)]^2.$$

由于 $X - \theta\mathbf{1} \sim P_0$, 且 Y 的分布仅与 P_0 有关, 因此有

$$MSE = \mathrm{E}_0[\widehat{\theta}(X) - \psi(Y)]^2, \quad X \sim P_0.$$

为求上式的最小值, 可化为条件期望表达式

$$MSE = \mathrm{E}_0\{\mathrm{E}_0[(\widehat{\theta}(X) - \psi(Y))^2|Y]\}. \tag{4.2.5}$$

在条件期望中, Y 为已知, $\psi(Y)$ 为 "常数", 可先考虑以下函数的最小值问题:

$$f(\lambda) = \mathrm{E}[(X - \lambda)^2|Y] = \mathrm{E}[(X^2 - 2X\lambda + \lambda^2)|Y]$$
$$= \mathrm{E}(X^2|Y) - 2\lambda\mathrm{E}(X|Y) + \lambda^2.$$

$f(\lambda)$ 为 λ 的二次三项式, 且有 $f'(\lambda) = 2\lambda - 2\mathrm{E}(X|Y)$, $f''(\lambda) = 2 > 0$. 因此, $\lambda = \mathrm{E}(X|Y)$ 时 $f(\lambda)$ 达到最小值. 这一结果应用于 (4.2.5) 式, $X = \widehat{\theta}(X)$, $\lambda = \psi(Y)$, 则 $\psi(Y) = \mathrm{E}_0[\widehat{\theta}(X)|Y]$ 时 (4.2.5) 式达到最小值, 所以 (4.2.4) 式成立.

唯一性. 今设另有一个平移同变估计为 $\widetilde{\theta}(X)$, 代入 (4.2.4) 式有

$$\widetilde{\theta}^*(X) = \widetilde{\theta}(X) - \mathrm{E}_0[\widetilde{\theta}(X)|Y].$$

今证 $\widetilde{\theta}^*(X) = \widehat{\theta}^*(X)$. 由引理 4.2.3, $\widetilde{\theta}(X)$ 可表示为 $\widetilde{\theta}(X) = \widehat{\theta}(X) - \varphi(Y)$, 其中 $\varphi(\cdot)$ 为某一个函数; 该式代入 $\widetilde{\theta}^*(X)$ 的表达式有

$$\widetilde{\theta}^*(X) = \widehat{\theta}(X) - \varphi(Y) - \mathrm{E}_0\{[\widehat{\theta}(X) - \varphi(Y)]|Y\}$$
$$= \widehat{\theta}(X) - \mathrm{E}_0[\widehat{\theta}(X)|Y] - \varphi(Y) + \varphi(Y) = \widehat{\theta}^*(X).$$∎

注意, Pitman 公式 (4.2.4) 中, $\widehat{\theta}(X)$ 和 $\psi(Y)$ 皆不唯一, 但最后的解唯一, 特别, 有

推论 1 θ 的最优同变估计可表示为

$$\widehat{\theta}^*(X) = X_1 - \mathrm{E}_0(X_1|Y) = X_{(1)} - \mathrm{E}_0[X_{(1)}|Y]. \tag{4.2.6}$$

另外, 在公式 (4.2.4) 中, 主要困难在于计算条件期望, 这经常可通过 Basu 定理把条件期望化为无条件期望.

推论 2 若 T 为完备充分统计量, 且 $\widehat{\theta}(X) = \varphi(T)$ 为 θ 的平移同变估计, 则有

$$\widehat{\theta}^*(X) = \varphi(T) - \mathrm{E}_0[\varphi(T)]. \tag{4.2.7}$$

证明 因为 Y 为辅助统计量, 与完备充分统计量 T 及 $\varphi(T)$ 独立, 因而有 $\mathrm{E}_0[\varphi(T)|Y] = \mathrm{E}_0[\varphi(T)]$, 该式代入 (4.2.4) 式可得

$$\widehat{\theta}^*(X) = \varphi(T) - \mathrm{E}_0[\varphi(T)|Y] = \varphi(T) - \mathrm{E}_0[\varphi(T)].$$∎

推论 3　Pitman 估计是无偏的.

证明

$$\mathrm{bias}(\widehat{\theta}^*) = \mathrm{E}_\theta[\widehat{\theta}^*(X) - \theta] = \mathrm{E}_\theta\{\widehat{\theta}(X) - \theta - \mathrm{E}_0[\widehat{\theta}(X)|Y]\},$$

而 $\widehat{\theta}(X) - \theta = \widehat{\theta}(X - \theta\mathbf{1})$, $X - \theta\mathbf{1} \sim P_0$, Y 的分布也只与 P_0 有关, 因此有

$$\mathrm{bias}(\widehat{\theta}^*) = \mathrm{E}_\theta\{\widehat{\theta}(X - \theta\mathbf{1}) - \mathrm{E}_0[\widehat{\theta}(X)|Y]\} = \mathrm{E}_0\{\widehat{\theta}(X) - \mathrm{E}_0[\widehat{\theta}(X)|Y]\}$$
$$= \mathrm{E}_0[\widehat{\theta}(X)] - \mathrm{E}_0\{\mathrm{E}_0[\widehat{\theta}(X)|Y]\} = 0.$$

注　我们在第三章已经证明, 在无偏估计中, 一致最小方差无偏估计 (UMVUE) 最好. 因此在平移群下, 对于均方损失而言, 由于 θ 的最优同变估计 (MREE) 是无偏的, 因而不会比 UMVUE 好. 从这个观点来看, 平移群下位置参数的 MREE 意义不是太大. 但是通过本节的内容, 我们比较系统地介绍了求解最优同变估计的基本思想方法. 这些思想方法可用于求解其他变换群下的 MREE. 下一节将看到, 相似变换群下尺度参数的 MREE 的求解方法与本节很类似, 但有更多的优良性.

例 4.2.1　设 $X_1, \cdots, X_n$ 为独立同分布样本, (1) $X_1 \sim N(\mu, 1)$; (2) $X_1 \sim \mu + \Gamma(1, 1)$, 求 μ 的最优同变估计.

解　(1) 可取 $\widehat{\mu} = \overline{X}$ 为平移同变估计, 它显然满足同变条件

$$\widehat{\mu}(X + c\mathbf{1}) = \overline{X} + c = \widehat{\mu}(X) + c.$$

$\overline{X}$ 亦为完备充分统计量, 所以 $\overline{X}$ 与 Y 独立. 因此由 (4.2.7) 式有

$$\widehat{\mu}^*(X) = \widehat{\mu}(X) - \mathrm{E}_0[\widehat{\mu}(X)] = \overline{X} - \mathrm{E}_0(\overline{X}) = \overline{X}.$$

(2) 可取 $\widehat{\mu}(X) = X_{(1)}$ 为平移同变估计, 且为完备充分统计量, 因此由 (4.2.7) 式有

$$\widehat{\mu}^*(X) = X_{(1)} - \mathrm{E}_0[X_{(1)}].$$

而 $\mu = 0$ 时 $X_{(1)} \sim \Gamma(n, 1)$, $\mathrm{E}_0[X_{(1)}] = 1/n$, 因此有

$$\widehat{\mu}^*(X) = X_{(1)} - \frac{1}{n}.$$

以上结果都与一致最小方差无偏估计一致.

4.2.3 Pitman 积分公式

记 $X \sim P_\theta \sim f(x_1 - \theta, \cdots, x_n - \theta)$, 由 (4.2.4) 式可知, $\widehat{\theta}^*(X)$ 可由标准分布 $P_0 \sim f(x_1, \cdots, x_n) = f(x)$ 表示. 特别, 根据 (4.2.6) 式, 我们可以计算出条件期望 $\mathrm{E}_0(X_1|Y)$, 从而把 $\widehat{\theta}^*(X)$ 表示为关于 $f(x)$ 的积分.

定理 4.2.2 设 $X \sim f(x - \theta\mathbf{1})$, 则 θ 的平移最优同变估计可表示为

$$\widehat{\theta}^*(X) = \frac{\int_{-\infty}^{\infty} t f(X - t\mathbf{1})\mathrm{d}t}{\int_{-\infty}^{\infty} f(X - t\mathbf{1})\mathrm{d}t} \quad \text{或} \quad \widehat{\theta}^*(X) = \frac{\int_{-\infty}^{\infty} \theta f(X - \theta\mathbf{1})\mathrm{d}\theta}{\int_{-\infty}^{\infty} f(X - \theta\mathbf{1})\mathrm{d}\theta}. \tag{4.2.8}$$

证明 在公式 $\widehat{\theta}^*(X) = \widehat{\theta}(X) - \mathrm{E}_0[\widehat{\theta}(X)|Y]$ 中, 可取 $\widehat{\theta}(X) = X_1$ 和

$$Y = (X_2 - X_1, \cdots, X_n - X_1)^{\mathrm{T}} = (Y_2, Y_3, \cdots, Y_n)^{\mathrm{T}},$$

因而可直接对 $\widehat{\theta}^*(X) = X_1 - \mathrm{E}_0(X_1|Y)$ 进行积分. 为求 $\mathrm{E}_0(X_1|Y)$, 需要求 $\theta = 0$ 时的条件分布 $p(x_1|y)$, 为此, 可令 $Y_1 = X_1$, 先求联合分布

$$(X_1, Y_2, \cdots, Y_n)^{\mathrm{T}} \sim p(x_1, y).$$

从而可得 $p(x_1|y) = p(x_1, y)/\int p(x_1, y)\mathrm{d}x_1$ 以及 $\mathrm{E}_0(X_1|Y) = \int x_1 p(x_1|Y)\mathrm{d}x_1$. 而 $(X_1, Y_2, \cdots, Y_n)$ 的分布可通过下列变换得到:

$$\begin{cases} Y_1 = X_1, \\ Y_2 = X_2 - X_1, \\ Y_3 = X_3 - X_1, \\ \cdots\cdots\cdots \\ Y_n = X_n - X_1 \end{cases} \implies \begin{cases} X_1 = Y_1, \\ X_2 = Y_1 + Y_2, \\ X_3 = Y_1 + Y_3, \\ \cdots\cdots\cdots \\ X_n = Y_1 + Y_n. \end{cases}$$

易见变换的 Jacobi 行列式 $J = 1$. 则有

$$X \sim f(x_1, \cdots, x_n) \sim P_0,$$

$$(Y_1, Y) \sim f(y_1, y_1 + y_2, \cdots, y_1 + y_n) \sim p(y_1, y) \ (y_1 = x_1),$$

$$Y \sim \int_{-\infty}^{\infty} p(y_1, y)\mathrm{d}y_1 = \int_{-\infty}^{\infty} f(y_1, y_1 + y_2, \cdots, y_1 + y_n)\mathrm{d}y_1 \sim p(y) \ (y_1 = x_1).$$

因此 $X_1|Y = Y_1|Y \sim p(y_1, y)/p(y)$, 即

$$p(x_1|y_2, \cdots, y_n) = \frac{f(x_1, x_1 + y_2, \cdots, x_1 + y_n)}{\int_{-\infty}^{\infty} f(u, u + y_2, \cdots, u + y_n)\mathrm{d}u}.$$

$$\mathrm{E}_0(X_1|Y) = \int_{-\infty}^{\infty} x_1 p(x_1|Y_2, \cdots, Y_n)\mathrm{d}x_1 = \int_{-\infty}^{\infty} u p(u|Y_2, \cdots, Y_n)\mathrm{d}u$$

$$= \frac{\int_{-\infty}^{\infty} u f(u, u + Y_2, \cdots, u + Y_n)\mathrm{d}u}{\int_{-\infty}^{\infty} f(u, u + Y_2, \cdots, u + Y_n)\mathrm{d}u}.$$

在以上条件期望中, $Y_2 = X_2 - X_1, \cdots, Y_n = X_n - X_1$ 为已知, 可对上述积分进行变换, 使积分有对称的形式. 由于 $u+Y_i = u+X_i-X_1 = X_i-(X_1-u)$, $i = 2, \cdots, n$, 因此若令 $X_1 - u = t$, 则有

$$u = X_1 - t, \; u + Y_i = X_i - t, \; i = 2, \cdots, n.$$

从而以上积分可化为

$$\mathrm{E}_0(X_1|Y) = \frac{\int_{-\infty}^{\infty}(X_1 - t)f(X_1 - t, X_2 - t, \cdots, X_n - t)\mathrm{d}t}{\int_{-\infty}^{\infty} f(X_1 - t, X_2 - t, \cdots, X_n - t)\mathrm{d}t}$$

$$= X_1 - \frac{\int_{-\infty}^{\infty} tf(X - t\mathbf{1})\mathrm{d}t}{\int_{-\infty}^{\infty} f(X - t\mathbf{1})\mathrm{d}t}.$$

而 $\widehat{\theta}^*(X) = X_1 - \mathrm{E}_0(X_1|Y)$, 因此有

$$\widehat{\theta}^*(X) = \frac{\int_{-\infty}^{\infty} tf(X - t\mathbf{1})\mathrm{d}t}{\int_{-\infty}^{\infty} f(X - t\mathbf{1})\mathrm{d}t}.$$

此即 (4.2.8) 式, 证毕. ∎

例 4.2.2 设 $X_1, \cdots, X_n$ 为独立同分布样本, $X_1 \sim R(\theta, \theta + 1)$, 求 θ 的最优同变估计.

(注意: 第三章例 3.3.4 曾经指出, 该分布的最大似然估计不唯一. 另外, 其充分统计量为 $T = (X_{(1)}, X_{(n)})$, 但不是完备的充分统计量, 因而不易求出 UMRUE, 本例题将求出其平移 MREE.)

解 $X = (X_1, \cdots, X_n)^{\mathrm{T}}$ 的分布为

$$X \sim P_\theta \sim \prod_{i=1}^{n} I\{\theta \leqslant x_i \leqslant \theta + 1\} = \prod_{i=1}^{n} I\{0 \leqslant x_i - \theta \leqslant 1\}$$

$$= I\{\theta \leqslant x_{(1)} \leqslant x_{(n)} \leqslant \theta + 1\}.$$

这是一个位置参数分布族, 可用 Pitman 公式 (4.2.8) 求出 θ 的平移最优同变估计.

$$f(x - \theta\mathbf{1}) = I\{\theta \leqslant x_{(1)} \leqslant x_{(n)} \leqslant \theta + 1\} = I\{x_{(n)} - 1 \leqslant \theta \leqslant x_{(1)}\},$$

$$\int_{-\infty}^{\infty} \theta f(x - \theta\mathbf{1})\mathrm{d}\theta = \int_{-\infty}^{\infty} \theta I\{x_{(n)} - 1 \leqslant \theta \leqslant x_{(1)}\}\mathrm{d}\theta$$

$$= \int_{x_{(n)}-1}^{x_{(1)}} \theta\mathrm{d}\theta = \frac{1}{2}\{x_{(1)}^2 - [x_{(n)} - 1]^2\},$$

$$\int_{-\infty}^{\infty} f(x - \theta\mathbf{1})\mathrm{d}\theta = \int_{x_{(n)}-1}^{x_{(1)}} \mathrm{d}\theta = x_{(1)} - [x_{(n)} - 1].$$

以上各式代入 (4.2.8) 式可得

$$\widehat{\theta^*}(X) = \frac{1}{2}[X_{(1)} + X_{(n)} - 1].$$

4.3 相似变换群下尺度参数的最优同变估计

4.3.1 尺度参数分布族的相似变换群

一般的尺度参数分布族可表示为

$$X \sim P_\sigma \sim p(x, \sigma) = \frac{1}{\sigma^n} f\left(\frac{x_1}{\sigma}, \cdots, \frac{x_n}{\sigma}\right) = \frac{1}{\sigma^n} f\left(\frac{x}{\sigma}\right).$$

其中 $\sigma \in \Theta = (0, +\infty)$. 当 $\sigma = 1$ 时, $X \sim P_1 \sim f(x_1, \cdots, x_n) = f(x)$ 为标准分布, 例如 $\{N(0, \sigma^2)\}$ 或 $\{R(0, \sigma)\}$. 注意, 尺度参数分布族有以下常用性质: 若 $X \sim P_\sigma$, 则 $Y = X/\sigma \sim P_1$; 反之, 若 $Y \sim P_1$, 则 $X = \sigma Y \sim P_\sigma$.

本节将要证明: 尺度参数分布族关于相似变换群为不变分布族; 并进一步求出尺度参数关于相似变换群的 MREE. 以下首先介绍样本空间的相似变换群及其导出群, 以及相应的相似同变估计和同变损失函数, 为求解 MREE 作准备.

1. 样本空间的相似变换群

给定样本空间 $\mathcal{X}$, 定义以下相似变换群 $G = \{g_k\}$:

$$g_k x = x' = kx, \quad \text{即} \quad g_k x_i = x_i' = k x_i, \quad i = 1, \cdots, n.$$

2. 参数空间的导出群

由于 $Y = g_k X = kX = (kX_1, \cdots, kX_n)^{\mathrm{T}}$, 因此 Y 的分布为

$$Y = g_k X = kX \sim \frac{1}{(k\sigma)^n} f\left(\frac{x}{k\sigma}\right) \sim P_{k\sigma} = P_{\sigma'}, \quad \sigma' = k\sigma \in \Theta.$$

这仍然是一个尺度参数分布族, 所以 $\{X \sim P_\sigma, \ \sigma \in \Theta\}$ 为相似不变分布族. 而且由上式可知, 其导出群为 $\Theta = (0, +\infty)$ 上的相似变换群: $\overline{G} = \{\overline{g}_k\}$, $\overline{g}_k \sigma = \sigma' = k\sigma$.

3. 判决空间的导出群及参数的同变估计

首先要确定所研究的统计问题. 我们考虑两种情形, 即参数 σ 和 σ^r 的估计. 这时判决空间、同变条件以及同变损失函数都不一样.

(1) 关于 σ 的估计. 这时, $\mathcal{D} = \Theta$, 可定义 $G^* = \overline{G}$, $g_k^* = \overline{g}_k$, 使得 $d \to d' = g_k^* d = kd$; 特别, 有 $g_k^* \widehat{\sigma}(x) = k\widehat{\sigma}(x)$. 则 (4.1.6) 式的同变条件 $\delta(gx) = g^*\delta(x)$ 化为 $\widehat{\sigma}(g_k x) = g_k^* \widehat{\sigma}(x)$, 即

$$\widehat{\sigma}(kx) = k\widehat{\sigma}(x). \tag{4.3.1}$$

该式就是对 σ 的估计 $\hat{\sigma}(x)$ 的一个限制, 以下将在此限制下求最优解. 特别, 若取 $k = \sigma^{-1}$, 则有

$$\hat{\sigma}\left(\frac{x}{\sigma}\right) = \frac{\hat{\sigma}(x)}{\sigma}. \tag{4.3.2}$$

其中 $X/\sigma \sim P_1$, 该分布与参数 σ 无关.

相似同变损失函数. 这时损失函数 $L(\sigma, d)$ 应满足

$$L(\sigma, d) = L(\sigma', d') = L(k\sigma, kd), \quad \forall\, k > 0.$$

取 $k = \sigma^{-1}$, 则有

$$L(\sigma, d) = L\left(1, \frac{d}{\sigma}\right) = \rho\left(\frac{d}{\sigma}\right).$$

因此同变损失函数 $L(\sigma, d)$ 必为 d/σ 的函数, 以下将在此限制下求最优解. 通常取均方损失

$$L(\sigma, d) = \rho\left(\frac{d}{\sigma}\right) = \left(1 - \frac{d}{\sigma}\right)^2 = \frac{(d - \sigma)^2}{\sigma^2},$$

或绝对损失 $L(\sigma, d) = \rho(d/\sigma) = |1 - d/\sigma|$.

(2) 关于 σ^r 的估计. 这时, $\mathcal{D}$ 为一切 σ^r 的估计组成. 易见, 当 $\sigma \to \sigma' = k\sigma$ 时, $\sigma^r \to (\sigma')^r = k^r \sigma^r$; 若 $d \in \mathcal{D}$ 为 σ^r 的估计, 则应有 $d \to d' = k^r d$, 因此导出群应定义为

$$\widetilde{G}^* = \{\widetilde{g}_k^*\}, \quad \widetilde{g}_k^* d = k^r d.$$

特别, 若 σ^r 的同变估计记为 $d = \widehat{\sigma^r}(X)$, 则应有 $\widetilde{g}_k^* \widehat{\sigma^r}(X) = k^r \widehat{\sigma^r}(X)$. 因此, (4.1.6) 式的同变条件 $\delta(gx) = g^* \delta(x)$ 化为

$$\widehat{\sigma^r}(kx) = k^r \widehat{\sigma^r}(x). \tag{4.3.3}$$

该式就是对 σ^r 的估计 $\widehat{\sigma^r}(x)$ 的一个限制, 以下将在此限制下求最优解. 特别, 若取 $k = \sigma^{-1}$, 则有

$$\widehat{\sigma^r}(x/\sigma) = \widehat{\sigma^r}(x)/\sigma^r.$$

其中 $X/\sigma \sim P_1$, 该分布与参数 σ 无关.

关于同变损失函数 $L(\sigma, d)$, 应满足

$$L(\sigma, d) = L(\sigma', d') = L(k\sigma, k^r d), \quad \forall\, k > 0.$$

当 $k = \sigma^{-1}$ 时亦成立, 因此上式化为

$$L(\sigma, d) = L\left(1, \frac{d}{\sigma^r}\right) = \rho\left(\frac{d}{\sigma^r}\right).$$

即同变损失函数 $L(\sigma, d)$ 必为 d/σ^r 的函数, 以下将在此限制下求最优解. 通常取均方损失

$$L(\sigma, d) = \rho\left(\frac{d}{\sigma^r}\right) = \left(1 - \frac{d}{\sigma^r}\right)^2 = \frac{(d - \sigma^r)^2}{\sigma^{2r}},$$

或绝对损失 $L(\sigma, d) = \rho(d/\sigma^r) = |1 - d/\sigma^r|$.

4.3.2 尺度参数的最优同变估计

以下主要求 σ 的最优同变估计 (σ^r 的情况类似, 可作为推论), 其思想方法与位置参数的最优同变估计十分类似, 即通过不变量及最大不变量, 导出定解条件; 而推导定解条件的出发点为同变条件 (4.3.1) 式和 (4.3.2) 式, 即 $\widehat{\sigma}(kx) = k\widehat{\sigma}(x)$, 且有 $\widehat{\sigma}(x/\sigma) = \widehat{\sigma}(x)/\sigma$, 其分布仅与 P_1 有关, 与 σ 无关.

引理 4.3.1 若 $\widehat{\sigma}_1(x)$ 和 $\widehat{\sigma}_2(x)$ 为 σ 的相似同变估计, 则 $u(x) = \widehat{\sigma}_1(x)/\widehat{\sigma}_2(x)$ 为相似不变量, 即 $u(kx) = u(x)$. 反之, 若 $u(x)$ 为相似不变量, $\widehat{\sigma}_1(x)$ 为相似同变估计, 则 $\widehat{\sigma}_2(x) = \widehat{\sigma}_1(x)u(x)$ 亦为相似同变估计.

证明 由同变条件 (4.3.1) 式可知

$$u(kx) = \frac{\widehat{\sigma}_1(kx)}{\widehat{\sigma}_2(kx)} = \frac{k\widehat{\sigma}_1(x)}{k\widehat{\sigma}_2(x)} = u(x).$$

反之, 若 $u(x)$ 为相似不变量, $\widehat{\sigma}_1(x)$ 为相似同变估计, 则

$$\widehat{\sigma}_2(kx) = \widehat{\sigma}_1(kx)u(kx) = k\widehat{\sigma}_1(x)u(x) = k\widehat{\sigma}_2(x).$$

因此 $\widehat{\sigma}_2(x)$ 为相似同变估计. ∎

引理 4.3.2 $u(x)$ 为相似不变量的充要条件是, 存在函数 $\psi(z)$, 使 $u(x) = \psi(z)$, 其中 $z = z(x) = (z_1, z_2, \cdots, z_n)^{\mathrm{T}}$ 且有

$$z_1 = \frac{x_1}{|x_1|}, \ z_i = \frac{x_i}{x_1}, \ i = 2, \cdots, n \tag{4.3.4}$$

(这时应要求 $P(|X_1| = 0) = 0$), 并且 $u(X)$ 的分布仅与 P_1 有关, 与 σ 无关.

证明 必要性. 由不变量的定义有

$$u(kx_1, kx_2, \cdots, kx_n) = u(x_1, x_2, \cdots, x_n), \quad \forall \, k > 0.$$

取 $k = |x_1|^{-1}$, 则有

$$u(x_1, x_2, \cdots, x_n) = u\left(\frac{x_1}{|x_1|}, \ \frac{x_2}{x_1}\frac{x_1}{|x_1|}, \cdots, \ \frac{x_n}{x_1}\frac{x_1}{|x_1|}\right)$$
$$= u(z_1, \ z_1 z_2, \cdots, \ z_1 z_n) = \psi(z).$$

充分性. 若 $u(x) = \psi(z)$, 由 (4.3.4) 式可知, z 显然为不变量, 因而 $u(x)$ 为不变量. 又因为 $u(x) = u(kx) = u(x/\sigma)$, 而 $X/\sigma \sim P_1$, 所以 $u(X)$ 的分布仅与 P_1 有关, 与 σ 无关. ∎

注　(1) $z = z(x)$ 为最大不变量, 因为任一不变量 $u(x)$ 都可以表示为 $z(x)$ 的函数 $u(x) = \psi(z(x))$.

(2) 引理中的 z 与 $\psi(\cdot)$ 都不唯一, 例如以上证明中, 取 $k = |x_n|^{-1}$, 则可得到另一最大不变量 z' 与函数 $\psi'(\cdot)$.

(3) $u(X)$ 的分布与 σ 无关, 因而为辅助统计量, 所以由 Basu 定理可知, 它必与完备充分统计量独立.

(4) 对于相似变换群, $|X_1|$, $|X_{(1)}|$, $|X_{(n)}|$ 等皆可视为同变估计, 而 X_1/X_n, $X_{(1)}/X_{(n)}$ 等皆可视为不变量; 因为 $x_i \to kx_i$, 必有 $|x_1| \to k|x_1|$, $|x_{(n)}| \to k|x_{(n)}|$, $x_1/x_n = (kx_1)/(kx_n)$.

引理 4.3.3　设 $\hat{\sigma}_1(x)$ 为某一相似同变估计, 则任一相似同变估计 $\hat{\sigma}^*(x)$ 可表示为

$$\hat{\sigma}^*(x) = \hat{\sigma}_1(x)\psi(z(x)).$$

证明　由引理 4.3.1 和引理 4.3.2 可得

$$\hat{\sigma}^*(x) = \hat{\sigma}_1(x) \cdot \frac{\hat{\sigma}^*(x)}{\hat{\sigma}_1(x)} = \hat{\sigma}_1(x)u(x) = \hat{\sigma}_1(x)\psi(z(x)).$$　∎

由以上引理 4.3.1 — 引理 4.3.3 可归纳出求解最优相似同变估计的方法如下:

(1) 取某一特定的同变估计 $\hat{\sigma}_1(X)$;

(2) 令 $\hat{\sigma}^*(X) = \hat{\sigma}_1(X)\psi(Z(X))$;

(3) 对于给定的同变损失函数 (一般为均方损失), 求 $\psi(\cdot)$, 使风险函数 $R(\sigma, \hat{\sigma}^*)$ 达到最小.

以下引理对于求解均方误差的最小值点很方便, 本节和下一节都要用到.

引理 4.3.4　记 $MSE = \mathrm{E}[a(X) + b(X)\psi(Y)]^2$, 则当

$$\psi(Y) = -\frac{\mathrm{E}[a(X)b(X)|Y]}{\mathrm{E}\,[b^2(X)|Y]}$$

时 MSE 达到最小值.

证明　把 MSE 化为条件期望的表达式:

$$MSE = \mathrm{E}\{\mathrm{E}\{[a(X) + b(X)\psi(Y)]^2|Y\}\}.$$

在条件期望中, $\psi(Y)$ 为 "已知常数", 记为 λ, 因此可考虑以下函数的最小值问题:

$$
\begin{aligned}
f(\lambda) &= \mathrm{E}\{[a(X) + b(X)\lambda]^2|Y\} \\
&= \lambda^2 \mathrm{E}[b^2(X)|Y] + 2\lambda \mathrm{E}[a(X)b(X)|Y] + \mathrm{E}[a^2(X)|Y].
\end{aligned}
$$

由于

$$
f'(\lambda) = 2\lambda \mathrm{E}[b^2(X)|Y] + 2\mathrm{E}[a(X)b(X)|Y], \quad f''(\lambda) = 2\mathrm{E}[b^2(X)|Y] \geqslant 0,
$$

所以当 $f'(\lambda) = 0$ 时 $f(\lambda)$ 达到最小值, 因此当

$$
\lambda = -\frac{\mathrm{E}[a(X)b(X)|Y]}{\mathrm{E}[b^2(X)|Y]}
$$

时 $f(\lambda)$ 达到最小值, 即以上 MSE 达到最小值. ▮

定理 4.3.1 (Pitman) 设 $\hat{\sigma}(X)$ 为 σ 的某一个相似同变估计, 则在均方损失下, σ 的最优同变估计可表示为

$$
\hat{\sigma}^*(X) = \frac{\mathrm{E}_1[\hat{\sigma}(X)|Z]}{\mathrm{E}_1[\hat{\sigma}^2(X)|Z]}\hat{\sigma}(X). \tag{4.3.5}
$$

其中 E_1 表示对标准分布 P_1 取期望, Z 的分量如 (4.3.4) 式所示; 并且 (4.3.5) 式的解唯一, 与 $\hat{\sigma}(X)$ 的选取无关.

证明 最优性. 根据引理 4.3.3, 可设 $\hat{\sigma}^*(X) = \hat{\sigma}(X)\psi(Z)$, 并求 $\psi(\cdot)$ 使 MSE 最小, 因此有

$$
MSE = \mathrm{E}_\sigma \left[\frac{\hat{\sigma}^*(X) - \sigma}{\sigma}\right]^2 = \mathrm{E}_\sigma \left[\frac{\hat{\sigma}(X)}{\sigma}\psi(Z) - 1\right]^2.
$$

由 (4.3.2) 式有 $\hat{\sigma}(X)/\sigma = \hat{\sigma}(X/\sigma)$, $X/\sigma \sim P_1$; 同时 Z 的分布亦仅与 P_1 有关, 因此有

$$
MSE = \mathrm{E}_\sigma \left[\hat{\sigma}(X/\sigma)\psi(Z) - 1\right]^2 = \mathrm{E}_1\left[\hat{\sigma}(X)\psi(Z) - 1\right]^2 \quad (X \sim P_1),
$$

应用引理 4.3.4, 其中 $a(X) = -1$, $b(X) = \hat{\sigma}(X)$, 所以当

$$
\psi(Z) = \frac{\mathrm{E}_1[\hat{\sigma}(X)|Z]}{\mathrm{E}_1[\hat{\sigma}^2(X)|Z]}
$$

时 MSE 达到最小值, 由此即得 (4.3.5) 式.

唯一性. 设 $\tilde{\sigma}(X)$ 为另一同变估计, 则有

$$
\tilde{\sigma}^*(X) = \frac{\mathrm{E}_1[\tilde{\sigma}(X)|Z]}{\mathrm{E}_1[\tilde{\sigma}^2(X)|Z]}\tilde{\sigma}(X).
$$

由引理 4.3.3 可知, 存在某一个 $\varphi(\cdot)$, 使 $\widetilde{\sigma}(X)$ 可表示为 $\widetilde{\sigma}(X) = \widehat{\sigma}(X)\varphi(Z)$, 因而代入上式可得

$$\widetilde{\sigma}^*(X) = \frac{E_1[\widehat{\sigma}(X)\varphi(Z)|Z]}{E_1[\widehat{\sigma}^2(X)\varphi^2(Z)|Z]}\widehat{\sigma}(X)\varphi(Z) = \widehat{\sigma}^*(X). \qquad ∎$$

推论 1 若 $T = T(X)$ 为完备充分统计量, 且 $\varphi(T)$ 是 σ 的同变估计, 则 σ 的最优同变估计为

$$\widehat{\sigma}^*(X) = \frac{E_1[\varphi(T)]}{E_1[\varphi^2(T)]}\varphi(T). \qquad (4.3.6)$$

因为 Z 的分布与 σ 无关, 因而为辅助统计量, 由 Basu 定理, T 与 Z 独立, 因而有 $E_1[\varphi(T)|Z] = E_1[\varphi(T)]$, $E_1[\varphi^2(T)|Z] = E_1[\varphi^2(T)]$; 由此可得 (4.3.6) 式.

推论 2 $\widehat{\sigma}^*(X)$ 可表示为

$$\widehat{\sigma}^*(X) = \frac{E_1(|X_1||Z)}{E_1(X_1^2|Z)}|X_1|. \qquad (4.3.7)$$

因为可取 $\widehat{\sigma}(X) = |X_1|$ 为 σ 的一个同变估计.

推论 3 设 $\delta(X)$ 为 σ^r 的某个同变估计, 则 σ^r 的最优同变估计为

$$\delta^*(X) = \frac{E_1[\delta(X)|Z]}{E_1[\delta^2(X)|Z]}\delta(X). \qquad (4.3.8)$$

推导过程与 (4.3.5) 式十分类似, 从略.

例 4.3.1 设 $X_1, \cdots, X_n$ 独立同分布, $X_1 \sim \frac{1}{\sigma}\mathrm{e}^{-\frac{x_1}{\sigma}}I\{x_1 \geqslant 0\}$, 求 σ 的最优同变估计.

解 易见, 分布族为尺度参数分布族. 取 $T = \sum\limits_{i=1}^{n} X_i$, 则由 $x_i \to x_i' = kx_i$ 有 $T \to T' = k\sum\limits_{i=1}^{n} X_i$. 因此 T 为同变估计, 而且为完备充分统计量, 因此由 (4.3.6) 式有

$$\widehat{\sigma}^*(X) = \frac{E_1(T)}{E_1(T^2)}T.$$

当 $\sigma = 1$ 时, $X_1 \sim \Gamma(1, 1)$, $T \sim \Gamma(1, n)$, 因此 $E_1(T) = n$, $E_1(T^2) = n(n+1)$. 代入上式可得 $\widehat{\sigma}^*(X) = T/(n+1)$. 而 σ 的最大似然估计及一致最小风险无偏估计都是 T/n, 也是相似同变估计, 而本例的结果在相似同变估计中是最优的, 因此在均方损失下, 本例的结果要比最大似然估计及一致最小风险无偏估计都好.

例 4.3.2 设 $X_1, \cdots, X_n$ 独立同分布, $X_1 \sim R(0, \theta)$, 求 θ 的最优同变估计.

解 取 $X_{(n)}$ 为同变估计, 它也是完备充分统计量. 当 $\theta = 1$ 时 $X_{(n)} \sim BE(n, 1)$, 因此由 (4.3.6) 式有

$$\widehat{\theta}^*(X) = \frac{\mathrm{E}_1[X_{(n)}]}{\mathrm{E}_1[X_{(n)}^2]} X_{(n)} = \frac{n+2}{n+1} X_{(n)}.$$

而 θ 的最大似然估计 $X_{(n)}$ 及一致最小风险无偏估计 $[(n+1)/n]X_{(n)}$ 也都是相似同变估计, 因而在均方损失下, 本例的结果要比最大似然估计及一致最小风险无偏估计都好.

例 4.3.3 设 $X_1, \cdots, X_n$ 独立同分布, $X_1 \sim N(0, \sigma^2)$, 求 σ^2 的最优同变估计.

解 取 $T = \sum_{i=1}^{n} X_i^2$, 则它是 σ^2 的同变估计, 亦为完备充分统计量, 因而与 Z 独立. 当 $\sigma = 1$ 时, $T \sim \chi^2(n)$, 由 (4.3.8) 式有

$$\widehat{\sigma^2}^*(X) = \frac{\mathrm{E}_1(T)}{\mathrm{E}_1(T^2)} T = \frac{1}{n+2} T,$$

而 σ^2 的最大似然估计及一致最小风险无偏估计都是 T/n, 也是相似同变估计, 因而在均方损失下, 本例的结果要比最大似然估计及一致最小风险无偏估计都好.

例 4.3.4 设 $X_1, \cdots, X_n$ 独立同分布, X_1 服从 Rayleigh 分布

$$f(x_1, \sigma) = \frac{2x_1}{\sigma^2} \mathrm{e}^{-\frac{x_1^2}{\sigma^2}} I\{x_1 \geqslant 0\},$$

求 σ^2 的最优同变估计.

解 $f(x_1, \sigma)$ 可表示为

$$f(x_1, \sigma) = \frac{2}{\sigma} \frac{x_1}{\sigma} \mathrm{e}^{-\left(\frac{x_1}{\sigma}\right)^2} I\left\{\frac{x_1}{\sigma} \geqslant 0\right\},$$

因此为尺度参数分布族. 而且 $T = \sum_{i=1}^{n} X_i^2$ 为 σ^2 的同变估计, 并且是完备充分统计量. 当 $\sigma = 1$ 时, $X_1 \sim 2x_1 \mathrm{e}^{-x_1^2}$, 因此 $X_1^2 \sim \Gamma(1, 1)$, $T \sim \Gamma(1, n)$. 所以由 (4.3.8) 式有

$$\widehat{\sigma^2}^*(X) = \frac{\mathrm{E}_1(T)}{\mathrm{E}_1(T^2)} T = \frac{1}{n+1} T.$$

4.3.3 Pitman 积分公式

由 (4.3.5) 式可知, $\widehat{\sigma}^*(X)$ 可由标准分布 $P_1 \sim f(x_1, \cdots, x_n) = f(x)$ 表示. 特别, 根据 (4.3.7) 式, 我们可以计算出条件期望 $\mathrm{E}_1(|X_1||Z)$ 和 $\mathrm{E}_1(X_1^2|Z)$, 从而把 $\widehat{\sigma}^*(X)$ 表示为关于 $f(x)$ 的积分. 定理 4.2.2 曾经有这方面的结果, 此处

将讨论类似的问题, 但是情况要比那里复杂一些. 根据 (4.3.7) 式, 为了计算出条件期望 $E_1(|X_1||Z)$ 和 $E_1(X_1^2|Z)$, 必须求出 $(X_1|Z_1, Z_2, \cdots, Z_n)$ 的条件分布 $p(x_1|z_1, z_2, \cdots, z_n)$, 其中 X_1 与 $Z = \left(\dfrac{X_1}{|X_1|}, \dfrac{X_2}{X_1}, \cdots, \dfrac{X_n}{X_1} \right)^{\mathrm{T}}$ 共有 $n+1$ 维. 但是, 由于 $Z_1 = X_1/|X_1| = \pm 1$ 只取两个值, 因此可以分两步求解: 首先求 $(X_1, Z_2, \cdots, Z_n)^{\mathrm{T}}$ 的联合分布 $p(x_1, z_2, \cdots, z_n)$ 以及条件分布 $p(x_1|z_2, \cdots, z_n)$; 然后再根据 $Z_1 = 1$ 和 $Z_1 = -1$ (即 $X_1 > 0$ 和 $X_1 < 0$) 两种情况来求条件分布 $p(x_1|z_1, z_2, \cdots, z_n)$.

引理 4.3.5 假设 $P(X_1 = 0) = 0$, 则当 $\sigma = 1$ 时, $X_1|Z_2, \cdots, Z_n$ 的条件分布可表示为

$$p(x_1|z_2, \cdots, z_n) = \frac{|x_1|^{n-1} f(x_1, x_1 z_2, \cdots, x_1 z_n)}{\int_{-\infty}^{\infty} |u|^{n-1} f(u, u z_2, \cdots, u z_n) \mathrm{d}u}. \tag{4.3.9}$$

证明 首先求出 $X_1, Z_2, \cdots, Z_n$ 的联合分布 $p(x_1, z_2, \cdots, z_n)$. 为此, 作变换

$$\begin{cases} Y_1 = X_1, \\ Y_2 = \dfrac{X_2}{X_1} = Z_2, \\ \cdots\cdots\cdots\cdots \\ Y_n = \dfrac{X_n}{X_1} = Z_n \end{cases} \implies \begin{cases} X_1 = Y_1, \\ X_2 = Y_1 Y_2, \\ \cdots\cdots\cdots\cdots \\ X_n = Y_1 Y_n. \end{cases}$$

变换的 Jacobi 行列式的绝对值为 $|J| = |Y_1|^{n-1}$, 因此由

$$(X_1, \cdots, X_n)^{\mathrm{T}} \sim f(x_1, x_2, \cdots, x_n)$$

可得

$$(Y_1, Y_2, \cdots, Y_n)^{\mathrm{T}} \sim f(y_1, y_1 y_2, \cdots, y_1 y_n)|y_1|^{n-1}.$$

而 $Y_1 = X_1$, $(Y_2, \cdots, Y_n)^{\mathrm{T}} = (Z_2, \cdots, Z_n)^{\mathrm{T}}$, 因此 $(X_1, Z_2, \cdots, Z_n)^{\mathrm{T}}$ 的联合分布为

$$p(x_1, z_2, \cdots, z_n) = f(x_1, x_1 z_2, \cdots, x_1 z_n)|x_1|^{n-1}.$$

由条件分布公式可得 (4.3.9) 式:

$$p(x_1|z_2, \cdots, z_n) = \frac{p(x_1, z_2, \cdots, z_n)}{\int p(x_1, z_2, \cdots, z_n)\mathrm{d}x_1} = \frac{|x_1|^{n-1} f(x_1, x_1 z_2, \cdots, x_1 z_n)}{\int_{-\infty}^{\infty} |u|^{n-1} f(u, u z_2, \cdots, u z_n)\mathrm{d}u}. \quad \blacksquare$$

以下继续求 $(X_1|Z_1, Z_2, \cdots, Z_n)$ 的条件分布 $p(x_1|z_1, z_2, \cdots, z_n)$, 这时 $Z_1 = X_1/|X_1| = \pm 1$, 而且 $p(x_1|z_2, \cdots, z_n)$ 已如 (4.3.9) 式所示.

引理 4.3.6 设 $P(X_1 > 0 | Z_2 = z_2, \cdots, Z_n = z_n) = p_z$, 则有

$$p(x_1 | z_1, z_2, \cdots, z_n) = \begin{cases} p_z^{-1} p(x_1 | z_2, \cdots, z_n) I\{x_1 > 0\}, & z_1 = 1, \\ (1 - p_z)^{-1} p(x_1 | z_2, \cdots, z_n) I\{x_1 < 0\}, & z_1 = -1. \end{cases}$$

证明 因为 Z_1 只取两个值: $Z_1 = 1$ $(X_1 > 0)$ 或 $Z_1 = -1$ $(X_1 < 0)$, 可按这两种情况分别计算条件分布. 首先考虑 $Z_1 = 1$ $(X_1 > 0)$ 的情形, 这时

$$P(X_1 \leqslant x_1 | Z_1 = 1, Z_2 = z_2, \cdots, Z_n = z_n) = F(x_1 | z_1 = 1, z_2, \cdots, z_n)$$
$$= \frac{P(X_1 \leqslant x_1, X_1 > 0 | Z_2 = z_2, \cdots, Z_n = z_n)}{P(X_1 > 0 | Z_2 = z_2, \cdots, Z_n = z_n)}$$
$$= p_z^{-1} \int_0^{x_1} p(u | z_2, \cdots, z_n) du \, I\{x_1 > 0\}.$$

该式对 x_1 求导可得

$$p(x_1 | z_1, z_2, \cdots, z_n) = p_z^{-1} p(x_1 | z_2, \cdots, z_n) I\{x_1 > 0\}, \quad z_1 = 1.$$

$Z_1 = -1$ $(X_1 < 0)$ 的情形可类似证明. ∎

定理 4.3.2 设 $X = (X_1, \cdots, X_n)^T$ 服从尺度参数分布族:

$$X \sim p(x, \sigma) = \frac{1}{\sigma^n} f\left(\frac{x}{\sigma}\right) = \frac{1}{\sigma^n} f\left(\frac{x_1}{\sigma}, \frac{x_2}{\sigma}, \cdots, \frac{x_n}{\sigma}\right),$$

则 σ 的最优同变估计可表示为

$$\hat{\sigma}^*(X) = \frac{\int_0^\infty \sigma^{-2} p(X, \sigma) d\sigma}{\int_0^\infty \sigma^{-3} p(X, \sigma) d\sigma} = \frac{\int_0^\infty \sigma^{-2} \frac{1}{\sigma^n} f\left(\frac{X}{\sigma}\right) d\sigma}{\int_0^\infty \sigma^{-3} \frac{1}{\sigma^n} f\left(\frac{X}{\sigma}\right) d\sigma}. \tag{4.3.10}$$

证明 应用公式 (4.3.7)

$$\hat{\sigma}^*(X) = \frac{E_1(|X_1||Z)}{E_1(X_1^2|Z)} |X_1|.$$

今分别对 $Z_1 = 1$ $(X_1 > 0)$ 和 $Z_1 = -1$ $(X_1 < 0)$ 来计算条件期望 $E_1(|X_1||Z)$ 和 $E_1(X_1^2|Z)$. 当 $Z_1 = X_1/|X_1| = 1$ 时, $X_1 > 0$, 这时由引理 4.3.6 有

$$E_1(|X_1||z_1 = 1, z_2, \cdots, z_n) = \int_{-\infty}^\infty |x_1| p(x_1 | z_1, z_2, \cdots, z_n) dx_1$$
$$= \int_0^\infty x_1 p_z^{-1} p(x_1 | z_2, \cdots, z_n) dx_1.$$

由引理 4.3.5 的 (4.3.9) 式可得

$$E_1(|X_1||z_1 = 1, z_2, \cdots, z_n) = \frac{\int_0^\infty x_1^n f(x_1, x_1 z_2, \cdots, x_1 z_n) \mathrm{d}x_1 \cdot p_z^{-1}}{\int_{-\infty}^\infty |u|^{n-1} f(u, uz_2, \cdots, uz_n) \mathrm{d}u}.$$

同理可得

$$E_1(X_1^2|z_1 = 1, z_2, \cdots, z_n) = \frac{\int_0^\infty x_1^{n+1} f(x_1, x_1 z_2, \cdots, x_1 z_n) \mathrm{d}x_1 \cdot p_z^{-1}}{\int_{-\infty}^\infty |u|^{n-1} f(u, uz_2, \cdots, uz_n) \mathrm{d}u}.$$

因此当 $Z_1 = 1$ 时有

$$\frac{E_1(|X_1||Z)}{E_1(X_1^2|Z)} = \frac{\int_0^\infty u^n f(u, uZ_2, \cdots, uZ_n) \mathrm{d}u}{\int_0^\infty u^{n+1} f(u, uZ_2, \cdots, uZ_n) \mathrm{d}u}. \tag{4.3.11}$$

可设法通过变换化简以上积分, 变成对称形式. 由于

$$uZ_i = u\frac{X_i}{X_1} = \frac{X_i}{(X_1/u)} = \frac{X_i}{t}, \quad t = \frac{X_1}{u}, \quad i = 2, \cdots, n,$$

因此若令 $X_1/u = t$, 则有 $u = X_1/t$ 以及

$$f(u, uZ_2, \cdots, uZ_n) = f\left(\frac{X_1}{t}, \frac{X_2}{t}, \cdots, \frac{X_n}{t}\right).$$

所以在积分 (4.3.11) 式中, 可令 $u = X_1/t$, 则有 $\mathrm{d}u = -(X_1/t^2)\mathrm{d}t$; 代入 (4.3.11) 式可得

$$\begin{aligned}
\frac{E_1(|X_1||Z)}{E_1(X_1^2|Z)} &= \frac{\int_0^\infty X_1^{n+1} t^{-(n+2)} f\left(\frac{X_1}{t}, \frac{X_2}{t}, \cdots, \frac{X_n}{t}\right) \mathrm{d}t}{\int_0^\infty X_1^{n+2} t^{-(n+3)} f\left(\frac{X_1}{t}, \frac{X_2}{t}, \cdots, \frac{X_n}{t}\right) \mathrm{d}t} \\
&= \frac{1}{X_1} \frac{\int_0^\infty t^{-2} t^{-n} f\left(\frac{X}{t}\right) \mathrm{d}t}{\int_0^\infty t^{-3} t^{-n} f\left(\frac{X}{t}\right) \mathrm{d}t} \\
&= \frac{1}{X_1} \frac{\int_0^\infty \sigma^{-2} p(X, \sigma) \mathrm{d}\sigma}{\int_0^\infty \sigma^{-3} p(X, \sigma) \mathrm{d}\sigma}.
\end{aligned}$$

该式代入 (4.3.7) 式, 并考虑到当 $Z_1 = X_1/|X_1| = 1$ 时, $X_1 > 0$, $|X_1| = X_1$, 即得 (4.3.10) 式.

当 $Z_1 = -1$ (即 $X_1 < 0$) 时, 证明的方法完全类似, 从略. ∎

推论 σ^r 的最优同变估计可表示为

$$\delta^*(X) = \frac{\int_0^\infty \sigma^{-(r+1)} p(X, \sigma) \mathrm{d}\sigma}{\int_0^\infty \sigma^{-(2r+1)} p(X, \sigma) \mathrm{d}\sigma}.$$

证明 可取 $|X_1|^r$ 为 σ^r 的一个同变估计, 因此由 (4.3.8) 式有

$$\delta^*(X) = \frac{\mathrm{E}_1(|X_1|^r|Z)}{\mathrm{E}_1(X_1^{2r}|Z)}|X_1|^r.$$

剩下的分析和计算与 (4.3.10) 式的证明完全类似. ∎

例 4.3.5 设 $X_1, \cdots, X_n$ 独立同分布, $X_1 \sim R(0, \theta)$, 求 θ 的最优同变估计.

解 $X_1, \cdots, X_n$ 的联合分布为

$$X \sim p(x, \theta) = \frac{1}{\theta^n} I\{x_{(n)} \leqslant \theta\} I\{x_{(1)} \geqslant 0\}.$$

因此由 (4.3.10) 式有

$$
\begin{aligned}
\widehat{\theta}^*(X) &= \frac{\int_0^\infty \theta^{-2} \frac{1}{\theta^n} I\{0 \leqslant X_{(n)} \leqslant \theta\} \mathrm{d}\theta}{\int_0^\infty \theta^{-3} \frac{1}{\theta^n} I\{0 \leqslant X_{(n)} \leqslant \theta\} \mathrm{d}\theta} \\
&= \frac{\int_{X_{(n)}}^\infty \theta^{-(n+2)} \mathrm{d}\theta}{\int_{X_{(n)}}^\infty \theta^{-(n+3)} \mathrm{d}\theta} \\
&= \frac{n+2}{n+1} X_{(n)}.
\end{aligned}
$$

例 4.3.6 设 $X_1, \cdots, X_n$ 独立同分布, $X_1 \sim$ Laplace 分布 $\frac{1}{2\sigma}\mathrm{e}^{-\frac{1}{\sigma}|x_1|}$, 求 σ 的最优同变估计.

解 $X_1, \cdots, X_n$ 的联合分布为

$$p(x, \theta) = \frac{1}{(2\sigma)^n} \exp\left\{-\frac{1}{\sigma}\sum_{i=1}^n |x_i|\right\}.$$

记 $A = \sum\limits_{i=1}^n |X_i|$, 则有

$$
\begin{aligned}
\widehat{\sigma}^*(X) &= \frac{\int_0^\infty \sigma^{-2} \frac{1}{(2\sigma)^n} \mathrm{e}^{-\frac{1}{\sigma}A} \mathrm{d}\sigma}{\int_0^\infty \sigma^{-3} \frac{1}{(2\sigma)^n} \mathrm{e}^{-\frac{1}{\sigma}A} \mathrm{d}\sigma} \\
&= \frac{\int_0^\infty \sigma^{-(n+2)} \mathrm{e}^{-\frac{1}{\sigma}A} \mathrm{d}\sigma}{\int_0^\infty \sigma^{-(n+3)} \mathrm{e}^{-\frac{1}{\sigma}A} \mathrm{d}\sigma}.
\end{aligned}
$$

令 $1/\sigma = t$, 则有 $\mathrm{d}\sigma = -1/t^2 \mathrm{d}t$, 代入上式可得

$$
\begin{aligned}
\widehat{\sigma}^*(X) &= \frac{\int_0^\infty t^n \mathrm{e}^{-At} \mathrm{d}t}{\int_0^\infty t^{n+1} \mathrm{e}^{-At} \mathrm{d}t} \\
&= \frac{\Gamma(n+1)}{\Gamma(n+2)} A = \frac{1}{n+1}\sum_{i=1}^n |X_i|.
\end{aligned}
$$

例 4.3.7 设 $X_1, \cdots, X_n$ 独立同分布, $X_1 \sim 2\theta^2 x_1^{-3} I\{x_1 \geqslant \theta > 0\}$, 求 θ 的最优同变估计.

解 易见 $p(x_1, \theta) = \dfrac{2}{\theta}\left(\dfrac{x_1}{\theta}\right)^{-3} I\left\{\dfrac{x_1}{\theta} \geqslant 1\right\}$ 为尺度参数分布族, $X_1, \cdots, X_n$ 的联合分布为

$$p(x, \theta) = 2^n \theta^{2n} \prod_{i=1}^n x_i^{-3} I\{x_{(1)} \geqslant \theta > 0\}.$$

因此由 (4.3.10) 式有

$$
\begin{aligned}
\widehat{\theta}^*(X) &= \frac{\int_0^\infty \theta^{-2}\theta^{2n} \prod\limits_{i=1}^n X_i^{-3} I\{x_{(1)} \geqslant \theta > 0\}\mathrm{d}\theta}{\int_0^\infty \theta^{-3}\theta^{2n} \prod\limits_{i=1}^n X_i^{-3} I\{x_{(1)} \geqslant \theta > 0\}\mathrm{d}\theta} \\
&= \frac{\int_0^{X_{(1)}} \theta^{2n-2}\mathrm{d}\theta}{\int_0^{X_{(1)}} \theta^{2n-3}\mathrm{d}\theta} \\
&= \frac{2n-2}{2n-1}X_{(1)}.
\end{aligned}
$$

4.4 线性变换群下位置尺度参数的最优同变估计

位置尺度参数分布族是最常见的分布族, 如正态分布 $N(\mu, \sigma^2)$, 均匀分布 $R(\mu, \mu+\sigma)$ 等都是. 这时位置参数要考虑平移变换群, 尺度参数要考虑相似变换群, 合起来就是线性变换群.

4.4.1 位置尺度参数分布族与线性变换群

设 $X = (X_1, \cdots, X_n)^{\mathrm{T}} \sim p(x; \mu, \sigma)$ 为位置尺度参数分布族,

$$p(x; \mu, \sigma) = \frac{1}{\sigma^n} f\left(\frac{x_1 - \mu}{\sigma}, \cdots, \frac{x_n - \mu}{\sigma}\right) = \frac{1}{\sigma^n} f\left(\frac{x - \mu\mathbf{1}}{\sigma}\right) \sim P_{(\mu, \sigma)}.$$

其中 $\mu \in (-\infty, +\infty)$, $\sigma \in (0, +\infty)$, $\theta = (\mu, \sigma) \in \Theta = \{(-\infty, +\infty) \times (0, +\infty)\}$.

当 $\mu = 0$, $\sigma = 1$ 时, $X \sim P_{(0,1)} \sim f(x_1, \cdots, x_n)$ 称为标准分布. 特别地, 若 $X \sim P_{(\mu, \sigma)}$, 则 $Y = (X - \mu\mathbf{1})/\sigma \sim P_{(0,1)}$; 反之, 若 $Y \sim P_{(0,1)}$, 则 $X = \sigma Y + \mu\mathbf{1} \sim P_{(\mu, \sigma)}$.

本节将要证明: 位置尺度参数分布族关于线性变换群为不变分布族, 并进一步求出相应参数关于线性变换群的 MREE. 以下首先介绍样本空间的线性变换群及其导出群, 以及相应的同变估计和同变损失函数, 为求解 MREE 作准备.

1. 样本空间的线性变换群

给定样本空间 $\mathcal{X}$, 定义以下线性变换群 $G = \{g_{[m,k]}\}, k > 0$:

$$g_{[m,k]}x = x' = m\mathbf{1} + kx \quad \text{或} \quad g_{[m,k]}x_i = x'_i = m + kx_i, \ i = 1, \cdots, n. \quad (4.4.1)$$

其中 m 表示平移变换, k 表示相似变换.

2. 参数空间的导出群

今考虑 $Y = g_{[m,k]}X = m\mathbf{1} + kX$ 的分布. 这一线性变换为

$$\begin{cases} Y_1 = m + kX_1, \\ Y_2 = m + kX_2, \\ \cdots\cdots\cdots\cdots \\ Y_n = m + kX_n \end{cases} \implies \begin{cases} X_1 = \dfrac{Y_1 - m}{k}, \\ X_2 = \dfrac{Y_2 - m}{k}, \\ \cdots\cdots\cdots \\ X_n = \dfrac{Y_n - m}{k}. \end{cases}$$

变换的 Jacobi 行列式的绝对值为 $|J| = k^{-n}$. 由于

$$X \sim \frac{1}{\sigma^n} f\left(\frac{x_1 - \mu}{\sigma}, \cdots, \frac{x_n - \mu}{\sigma}\right).$$

以上变换关系代入上式可知

$$\frac{x_i - \mu}{\sigma} = \frac{\dfrac{y_i - m}{k} - \mu}{\sigma} = \frac{y_i - m - k\mu}{k\sigma} = \frac{y_i - \mu'}{\sigma'},$$

其中 $\mu' = m + k\mu$, $\sigma' = k\sigma$, 由此可知 Y 的分布为

$$\begin{aligned} Y &\sim \frac{1}{(k\sigma)^n} f\left(\frac{y_1 - m - k\mu}{k\sigma}, \cdots, \frac{y_n - m - k\mu}{k\sigma}\right) \\ &\sim \frac{1}{(\sigma')^n} f\left(\frac{y_1 - \mu'}{\sigma'}, \cdots, \frac{y_n - \mu'}{\sigma'}\right) \\ &\sim P_{[\mu', \sigma']}, \quad \mu' = m + k\mu, \ \sigma' = k\sigma. \end{aligned}$$

这说明, Y 的分布仍然是位置尺度参数分布族; 即 $P_{(\mu, \sigma)}$ 在线性变换群下为不变分布族. 这时, 参数空间的导出群可表示为 $\overline{G} = \{\overline{g}_{[m,k]}\}$: $\overline{g}_{[m,k]}(\mu, \sigma) = (\mu', \sigma') = (m + k\mu, k\sigma)$. 或者可表示为

$$\overline{g}_{[m,k]}\mu = m + k\mu, \quad \overline{g}_{[m,k]}\sigma = k\sigma. \quad (4.4.2)$$

该式表明, 在线性变换群的作用下, 位置参数要进行相应的线性变换; 但是, 尺度参数只需进行相似变换, 这与相似变换群的作用完全一样. 所以可以预料, 尺度参数的同变估计和同变损失函数的性质也与在相似变换群作用下的性质一样.

3. 判决空间的导出群及参数的同变估计

首先要确定所研究的统计问题. 我们考虑两种情形, 即参数 μ, σ 的估计以及 σ^r 的估计. 这时判决空间、同变条件以及同变损失函数都有所不同. 注意, 参数 σ 和 σ^r 的估计的同变性质与相似变换情形基本一样.

(1) 关于 μ, σ 的估计. 这时, $\mathcal{D} = \Theta$, 因此可定义 $G^* = \overline{G}$. 记 $d = (d_\mu, d_\sigma)$ 表示 μ, σ 的估计, 则有 $G^* = \{g^*_{[m,k]}\}$, $g^*_{[m,k]} = \overline{g}_{[m,k]}$. 由 (4.4.2) 式可得

$$g^*_{[m,k]}d_\mu = m + kd_\mu, \quad g^*_{[m,k]}d_\sigma = kd_\sigma.$$

若记 μ, σ 的估计为 $\widehat{\mu}(x)$, $\widehat{\sigma}(x)$, 则有

$$g^*_{[m,k]}\widehat{\mu}(x) = m + k\widehat{\mu}(x), \quad g^*_{[m,k]}\widehat{\sigma}(x) = k\widehat{\sigma}(x).$$

则由上式及 (4.4.1) 式可知, 同变条件 $\delta(gx) = g^*\delta(x)$ 用于 μ 的估计有

$$\widehat{\mu}(g_{[m,k]}x) = \widehat{\mu}(m\mathbf{1} + kx) = g^*_{[m,k]}\widehat{\mu}(x) = m + k\widehat{\mu}(x).$$

所以 $\widehat{\mu}(x)$ 的同变条件为

$$\widehat{\mu}(m\mathbf{1} + kx) = m + k\widehat{\mu}(x), \quad \forall \ (m,k), \ k > 0. \tag{4.4.3}$$

同理, $\widehat{\sigma}(x)$ 的同变条件为

$$\widehat{\sigma}(m\mathbf{1} + kx) = k\widehat{\sigma}(x), \quad \forall \ (m,k), \ k > 0. \tag{4.4.4}$$

特别, 若取 $k = \sigma^{-1}$, $m = -\mu/\sigma$, 则以上两式化为

$$\widehat{\mu}\left(\frac{x - \mu\mathbf{1}}{\sigma}\right) = \frac{\widehat{\mu}(x) - \mu}{\sigma}, \quad \widehat{\sigma}\left(\frac{x - \mu\mathbf{1}}{\sigma}\right) = \frac{\widehat{\sigma}(x)}{\sigma}. \tag{4.4.5}$$

而且 $(X - \mu\mathbf{1})/\sigma \sim P_{(0,1)}$ 为标准分布, 与参数 (μ,σ) 无关. 这些就是求解 μ, σ 同变估计的约束条件.

关于同变损失函数, μ 与 σ 的估计要分别讨论. 若 d_μ 表示 μ 的估计, 则应有

$$L(\mu,\sigma; \ d_\mu) = L(\mu',\sigma'; \ d'_\mu) = L(m + k\mu, k\sigma; \ m + kd_\mu), \quad \forall \ m, k, \ k > 0.$$

若取 $k = \sigma^{-1}$, $m = -\mu/\sigma$, 则上式化为

$$L(\mu,\sigma; d_\mu) = L\left(0,1; \ \frac{d_\mu - \mu}{\sigma}\right) = \rho\left(\frac{d_\mu - \mu}{\sigma}\right).$$

因此同变损失函数应为 $(d_\mu - \mu)/\sigma$ 的函数. 通常取 $\rho(\cdot)$ 为均方损失, 则有

$$L(\mu,\sigma; \ d_\mu) = \left(\frac{d_\mu - \mu}{\sigma}\right)^2. \tag{4.4.6}$$

关于 σ 估计的同变损失函数, 若 d_σ 表示 σ 的估计, 则应有

$$L(\mu, \sigma;\ d_\sigma) = L(\mu', \sigma';\ d'_\sigma) = L(m + k\mu, k\sigma;\ kd_\sigma), \quad \forall\ m, k,\ k > 0.$$

仍取 $k = \sigma^{-1}$, $m = -\mu/\sigma$, 则上式化为

$$L(\mu, \sigma;\ d_\sigma) = L\left(0, 1;\ \frac{d_\sigma}{\sigma}\right) = \rho\left(\frac{d_\sigma}{\sigma}\right).$$

因此同变损失函数应为 d_σ/σ 的函数, 这与相似变换群的情况完全一样. 通常取 $\rho(\cdot)$ 为均方损失,

$$L(\mu, \sigma; d_\sigma) = \left(1 - \frac{d_\sigma}{\sigma}\right)^2 = \frac{(d_\sigma - \sigma)^2}{\sigma^2}. \tag{4.4.7}$$

(2) 关于 σ^r 的估计. 这时, $\mathcal{D}$ 由一切 σ^r 组成, 其变换情况与相似变换群完全一样. 易见当 $\sigma \to \sigma' = k\sigma$ 时, $\sigma^r \to (\sigma')^r = k^r\sigma^r$; 若 $d \in \mathcal{D}$ 为 σ^r 的估计, 则应有 $d \to d' = k^r d$, 因此导出群应定义为 $\widetilde{G}^* = \{\widetilde{g}^*_{[m,k]}\}$, $\widetilde{g}^*_{[m,k]} d = k^r d$. 特别, 若 σ^r 的同变估计记为 $d = \widehat{\sigma^r}(X)$, 则有 $\widetilde{g}^*_{[m,k]}\widehat{\sigma^r}(X) = k^r\widehat{\sigma^r}(X)$. 因此 (4.1.6) 式的同变条件 $\delta(gx) = g^*\delta(x)$ 化为

$$\widehat{\sigma^r}(m\mathbf{1} + kx) = k^r\widehat{\sigma^r}(x).$$

关于 σ^r 估计的同变损失函数, 若 d 表示 σ^r 的估计, 则应有

$$L(\mu, \sigma;\ d) = L(\mu', \sigma';\ d') = L(m + k\mu, k\sigma;\ k^r d), \quad \forall\ m, k.$$

仍取 $k = \sigma^{-1}$, $m = -\mu/\sigma$, 则上式化为

$$L(\mu, \sigma;\ d) = L\left(0, 1;\ \frac{d}{\sigma^r}\right) = \rho\left(\frac{d}{\sigma^r}\right).$$

因此同变损失函数应为 d/σ^r 的函数, 这与相似变换群的情况完全一样. 通常取 $\rho(\cdot)$ 为均方损失

$$L(\mu, \sigma; d) = \left(1 - \frac{d}{\sigma^r}\right)^2 = \frac{(d - \sigma^r)^2}{\sigma^{2r}}.$$

4.4.2 位置尺度参数的最优同变估计

以下主要求 μ 和 σ 的最优同变估计 (σ^r 的估计类似, 可作为推论), 其思想方法与前两节十分类似, 即通过不变量及最大不变量, 导出定解条件. 而推导定解条件的出发点为同变条件 (4.4.3) 式与 (4.4.4) 式.

引理 4.4.1 设 $\widehat{\mu}_1(x)$, $\widehat{\mu}_2(x)$; $\widehat{\sigma}_1(x)$, $\widehat{\sigma}_2(x)$ 为线性变换群下 μ 和 σ 的同变估计, 则

$$u(x) = \frac{\widehat{\mu}_1(x) - \widehat{\mu}_2(x)}{\widehat{\sigma}_1(x)}, \quad v(x) = \frac{\widehat{\sigma}_1(x)}{\widehat{\sigma}_2(x)}$$

为不变量. 反之, 若 $\widehat{\sigma}_1(x)$, $\widehat{\mu}_1(x)$ 为同变估计; $u(x)$, $v(x)$ 为不变量, 则

$$\widehat{\mu}_2(x) = \widehat{\mu}_1(x) + \widehat{\sigma}_1(x)u(x), \quad \widehat{\sigma}_2(x) = \widehat{\sigma}_1(x)v(x)$$

为同变估计.

证明 由同变条件 (4.4.3) 式与 (4.4.4) 式可得

$$\begin{aligned}
u(m\mathbf{1} + kx) &= \frac{\widehat{\mu}_1(m\mathbf{1}+kx) - \widehat{\mu}_2(m\mathbf{1}+kx)}{\widehat{\sigma}_1(m\mathbf{1}+kx)} \\
&= \frac{m + k\widehat{\mu}_1(x) - [m + k\widehat{\mu}_2(x)]}{k\widehat{\sigma}_1(x)} \\
&= \frac{\widehat{\mu}_1(x) - \widehat{\mu}_2(x)}{\widehat{\sigma}_1(x)} = u(x).
\end{aligned}$$

同理可证 $v(x)$ 为不变量. 反之, 若 $\widehat{\sigma}_1(x)$, $\widehat{\mu}_1(x)$ 为同变估计, $u(x)$, $v(x)$ 为不变量, 则有

$$\begin{aligned}
\widehat{\mu}_2(m\mathbf{1}+kx) &= \widehat{\mu}_1(m\mathbf{1}+kx) + \widehat{\sigma}_1(m\mathbf{1}+kx)u(m\mathbf{1}+kx) \\
&= m + k\widehat{\mu}_1(x) + k\widehat{\sigma}_1(x)u(x) \\
&= m + k\widehat{\mu}_2(x).
\end{aligned}$$

因此 $\widehat{\mu}_2(x)$ 为同变估计, 同理可证 $\widehat{\sigma}_2(x)$ 为同变估计.   ∎

引理 4.4.2 $u(x)$, $v(x)$ 为线性变换群下不变量的充要条件为 $u(x) = \psi(V)$, $v(x) = \varphi(V)$, 其中

$$V = V(x) = (V_2, V_3, \cdots, V_n)^{\mathrm{T}} = \left(\frac{x_2-x_1}{|x_2-x_1|}, \frac{x_3-x_1}{x_2-x_1}, \cdots, \frac{x_n-x_1}{x_2-x_1}\right)^{\mathrm{T}} \quad (4.4.8)$$

为最大不变量. 且 $u(X)$ 及 $v(X)$ 的分布均仅与标准分布有关, 与 (μ, σ) 无关, 即为辅助统计量.

证明 由不变性可知

$$u(x_1, x_2, \cdots, x_n) = u(m+kx_1,\ m+kx_2, \cdots, m+kx_n).$$

若取 $k = 1/|x_2-x_1|$ 和 $m = -x_1/|x_2-x_1|$, 则有

$$\begin{aligned}
u(x_1, \cdots, x_n) &= u\left(0, \frac{x_2-x_1}{|x_2-x_1|}, \frac{x_3-x_1}{|x_2-x_1|}, \cdots, \frac{x_n-x_1}{|x_2-x_1|}\right) \\
&= u\left(0, \frac{x_2-x_1}{|x_2-x_1|}, \frac{x_3-x_1}{x_2-x_1}\frac{x_2-x_1}{|x_2-x_1|}, \cdots, \frac{x_n-x_1}{x_2-x_1}\frac{x_2-x_1}{|x_2-x_1|}\right) \\
&= u(0,\ V_2,\ V_2V_3, \cdots, V_2V_n) = \psi(V).
\end{aligned}$$

同理可证 $v(x) = \varphi(V)$. 易见 V 为不变量, 因为

$$V_i = \frac{x_i - x_1}{x_2 - x_1} = \frac{(m + kx_i) - (m + kx_1)}{(m + kx_2) - (m + kx_1)}.$$

由于 $u(x)$ 为任一不变量, 因而 V 为最大不变量. 又由 $u(x) = u(m\mathbf{1} + kx)$, 取 $k = \sigma^{-1}$, $m = -\mu/\sigma$, 则该式化为 $u(x) = u((x - \mu\mathbf{1})/\sigma)$, 而 $(X - \mu\mathbf{1})/\sigma \sim P_{(0,1)}$. 所以 $u(X)$ 及 $v(X)$ 的分布都仅与标准分布有关, 与 (μ, σ) 无关, 即为辅助统计量. ∎

引理 4.4.3 设 $\widehat{\mu}(x)$, $\widehat{\sigma}(x)$ 为某同变估计, 则任一同变估计可表示为

$$\widehat{\mu}^*(x) = \widehat{\mu}(x) + \widehat{\sigma}(x)\psi(V), \quad \widehat{\sigma}^*(x) = \widehat{\sigma}(x)\varphi(V).$$

证明 由以上两个引理的结果可得

$$\widehat{\mu}^*(x) = \widehat{\mu}(x) + \widehat{\sigma}(x)\frac{\widehat{\mu}^*(x) - \widehat{\mu}(x)}{\widehat{\sigma}(x)} = \widehat{\mu}(x) + \widehat{\sigma}(x)\psi(V);$$

$$\widehat{\sigma}^*(x) = \widehat{\sigma}(x)\frac{\widehat{\sigma}^*(x)}{\widehat{\sigma}(x)} = \widehat{\sigma}(x)\varphi(V).$$ ∎

由以上引理可归纳出求解 (μ, σ) 的最优同变估计的方法:
(1) 取某个特定的同变估计 $\widehat{\mu}(X)$, $\widehat{\sigma}(X)$;
(2) 令 $\widehat{\mu}^*(X) = \widehat{\mu}(X) + \widehat{\sigma}(X)\psi(V)$, $\widehat{\sigma}^*(X) = \widehat{\sigma}(X)\varphi(V)$, 求 $\psi(\cdot)$ 以及 $\varphi(\cdot)$ 使均方误差最小.

定理 4.4.1 (Pitman) 设 $\widehat{\mu}(X)$, $\widehat{\sigma}(X)$ 为 μ, σ 在线性变换群下的同变估计, 则在均方损失下, μ, σ 的最优同变估计可表示为

$$\widehat{\mu}^*(X) = \widehat{\mu}(X) - \widehat{\sigma}(X)\frac{\mathrm{E}_{(0,1)}[\widehat{\mu}(X)\widehat{\sigma}(X)|V]}{\mathrm{E}_{(0,1)}[\widehat{\sigma}^2(X)|V]}, \tag{4.4.9}$$

$$\widehat{\sigma}^*(X) = \widehat{\sigma}(X)\frac{\mathrm{E}_{(0,1)}[\widehat{\sigma}(X)|V]}{\mathrm{E}_{(0,1)}[\widehat{\sigma}^2(X)|V]}. \tag{4.4.10}$$

并且解唯一, 与 $\widehat{\mu}(X)$ 及 $\widehat{\sigma}(X)$ 的选取无关.

证明 最优性. 今取 $\widehat{\mu}^*(X) = \widehat{\mu}(X) + \widehat{\sigma}(X)\psi(V)$, 并求 $\psi(\cdot)$ 使均方误差最小, 由 (4.4.6) 式, 均方误差 MSE 可表示为

$$MSE = \mathrm{E}_{(\mu,\sigma)}\left[\frac{\widehat{\mu}^*(X) - \mu}{\sigma}\right]^2 = \mathrm{E}_{(\mu,\sigma)}\left[\widehat{\mu}^*\left(\frac{X - \mu\mathbf{1}}{\sigma}\right)\right]^2.$$

以上用到了 (4.4.5) 式. 由于 $(X - \mu\mathbf{1})/\sigma \sim P_{(0,1)}$, 因此有

$$MSE = \mathrm{E}_{(0,1)}[\widehat{\mu}^*(X)]^2 = \mathrm{E}_{(0,1)}[\widehat{\mu}(X) + \widehat{\sigma}(X)\psi(V)]^2.$$

应用引理 4.3.4, 其中 $a(X) = \widehat{\mu}(X)$, $b(X) = \widehat{\sigma}(X)$, 因此当 $\varphi(V)$ 取以下函数时 MSE 达到最小值:

$$\psi(V) = -\frac{\mathrm{E}_{(0,1)}[\widehat{\mu}(X)\widehat{\sigma}(X)|V]}{\mathrm{E}_{(0,1)}[\widehat{\sigma}^2(X)|V]}.$$

该式代入 $\widehat{\mu}^*(X)$ 中即得 (4.4.9) 式.

同理取 $\widehat{\sigma}^*(x) = \widehat{\sigma}(x)\varphi(V)$, 求 $\varphi(\cdot)$ 使均方误差最小, 由 (4.4.7) 式, 均方误差 MSE 可表示为

$$MSE = \mathrm{E}_{(\mu,\sigma)}\left[\frac{\widehat{\sigma}^*(X)}{\sigma} - 1\right]^2 = \mathrm{E}_{(\mu,\sigma)}\left[\widehat{\sigma}^*\left(\frac{X - \mu\mathbf{1}}{\sigma}\right) - 1\right]^2.$$

由于 $(X - \mu\mathbf{1})/\sigma \sim P_{(0,1)}$, 因此有

$$MSE = \mathrm{E}_{(0,1)}[\widehat{\sigma}^*(X) - 1]^2 = \mathrm{E}_{(0,1)}[\widehat{\sigma}(X)\varphi(V) - 1]^2.$$

应用引理 4.3.4, 取 $a(X) = -1$, $b(X) = \widehat{\sigma}(X)$, 因此当 $\varphi(V)$ 取以下函数时 MSE 达到最小值:

$$\varphi(V) = \frac{\mathrm{E}_{(0,1)}[\widehat{\sigma}(X)|V]}{\mathrm{E}_{(0,1)}[\widehat{\sigma}^2(X)|V]}.$$

由此可得 (4.4.10) 式.

唯一性的证明与定理 4.2.1 和定理 4.3.1 完全类似, 从略. ∎

推论 1 $\widehat{\mu}^*(X)$ 和 $\widehat{\sigma}^*(X)$ 可表示为

$$\widehat{\mu}^*(X) = X_1 - |X_2 - X_1|\frac{\mathrm{E}_{(0,1)}(X_1|X_2 - X_1||V)}{\mathrm{E}_{(0,1)}[(X_2 - X_1)^2|V]}; \tag{4.4.11}$$

$$\widehat{\sigma}^*(X) = |X_2 - X_1|\frac{\mathrm{E}_{(0,1)}(|X_2 - X_1||V)}{\mathrm{E}_{(0,1)}[(X_2 - X_1)^2|V]}. \tag{4.4.12}$$

因为可取 $\widehat{\mu}(X) = X_1$, $\widehat{\sigma}(X) = |X_2 - X_1|$ 作为 μ 和 σ 的同变估计, 得到以上公式.

推论 2 若 $\delta(X)$ 为 σ^r 的某一同变估计, 则 σ^r 的最优同变估计为

$$\delta^*(X) = \delta(X)\frac{\mathrm{E}_{(0,1)}[\delta(X)|V]}{\mathrm{E}_{(0,1)}[\delta^2(X)|V]}.$$

推论 3 若 $T = T(X)$ 为完备充分统计量, 且 $\widehat{\mu}(X) = a(T)$, $\widehat{\sigma}(X) = b(T)$, 则以上定理及推论中的条件期望可改为无条件期望.

因为 V 为辅助统计量, 从而与 $a(T)$, $b(T)$ 独立 (Basu 定理).

例 4.4.1 设 $X_1, \cdots, X_n$ 独立同分布, $X_1 \sim N(\mu, \sigma^2)$, 求 (μ, σ^2) 的最优同变估计.

解 可取 $T = (\overline{X}, S^2)$, $S^2 = \sum_{i=1}^{n} (X_i - \overline{X})^2$, 则 T 为完备充分统计量, 且 $\overline{X}$ 为 μ 的同变估计, 因为由 $x \to x' = m\mathbf{1} + kx$, 有 $\overline{x} \to m + k\overline{x}$; S^2 为 σ^2 的同变估计, 因为由 $x \to x' = m\mathbf{1} + kx$, 有 $S^2 \to k^2 S^2$; 也有 $S \to kS$. 因此由定理 4.4.1 以及推论 3 有

$$\widehat{\mu}^*(X) = \overline{X} - S\frac{\mathrm{E}_{(0,1)}(\overline{X}S)}{\mathrm{E}_{(0,1)}(S^2)} = \overline{X}.$$

因为 $\mu = 0$, $\sigma = 1$ 时, $S^2 \sim \chi^2(n-1)$, 因此由推论 2 有

$$\widehat{\sigma^2}^*(X) = S^2 \frac{\mathrm{E}_{(0,1)}(S^2)}{\mathrm{E}_{(0,1)}(S^4)} = \frac{1}{n+1}S^2.$$

而 σ^2 的最大似然估计 S^2/n 及一致最小风险无偏估计 $S^2/(n-1)$ 也是同变估计, 因而在均方损失下, 本例的结果要比最大似然估计及一致最小风险无偏估计都好.

例 4.4.2 设 $X_1, \cdots, X_n$ 独立同分布, $X_1 \sim \mu + \Gamma(1/\sigma, 1)$, 求 (μ, σ) 的最优同变估计.

解 取 $T = (X_{(1)}, S)$, $S = \sum_{i=1}^{n} [X_i - X_{(1)}]$, 则 T 为完备充分统计量. 可取 $X_{(1)}$, S 分别为 μ 和 σ 的同变估计: $\widehat{\mu}(X) = X_{(1)}$, $\widehat{\sigma}(X) = S$. 注意, $X_{(1)} \sim \mu + \Gamma(n/\sigma, 1)$, $S \sim \Gamma(1/\sigma, n-1)$, 且独立. 以上结果代入 (4.4.9) 式和 (4.4.10) 式可得

$$\widehat{\mu}^*(X) = X_{(1)} - S\frac{\mathrm{E}_{(0,1)}[X_{(1)}S]}{\mathrm{E}_{(0,1)}(S^2)}; \quad \widehat{\sigma}^*(X) = S\frac{\mathrm{E}_{(0,1)}(S)}{\mathrm{E}_{(0,1)}(S^2)};$$

$$\widehat{\mu}^*(X) = X_{(1)} - \frac{1}{n^2}S; \quad \widehat{\sigma}^*(X) = \frac{1}{n}S.$$

下面给出了 μ 和 σ 最大似然估计 (MLE)、一致最小方差无偏估计 (UMVUE) 以及最优同变估计 (MREE) 这三种估计的比较, 按均方误差最小准则, 最优同变估计都是最好的.

估计	MLE	UMVUE	MREE
μ	$X_{(1)}$	$X_{(1)} - \dfrac{1}{n(n-1)}S$	$X_{(1)} - \dfrac{1}{n^2}S$
σ	$\dfrac{1}{n}S$	$\dfrac{1}{n-1}S$	$\dfrac{1}{n}S$

4.4.3 Pitman 积分公式

与前两节类似, 我们可应用公式 (4.4.11) 和 (4.4.12), 经过直接计算把 $\widehat{\mu}^*(X)$ 和 $\widehat{\sigma}^*(X)$ 表示为积分形式如下.

定理 4.4.2 若 $X \sim p(x; \mu, \sigma) = \dfrac{1}{\sigma^n} f\left(\dfrac{x - \mu \mathbf{1}}{\sigma}\right)$，则 μ, σ 的最优同变估计可表示为

$$\widehat{\mu}^*(X) = \frac{\int_0^\infty \mathrm{d}\sigma \int_{-\infty}^\infty \mu \sigma^{-3} p(X; \mu, \sigma) \mathrm{d}\mu}{\int_0^\infty \mathrm{d}\sigma \int_{-\infty}^\infty \sigma^{-3} p(X; \mu, \sigma) \mathrm{d}\mu},$$

$$\widehat{\sigma}^*(X) = \frac{\int_0^\infty \mathrm{d}\sigma \int_{-\infty}^\infty \sigma^{-2} p(X; \mu, \sigma) \mathrm{d}\mu}{\int_0^\infty \mathrm{d}\sigma \int_{-\infty}^\infty \sigma^{-3} p(X; \mu, \sigma) \mathrm{d}\mu}.$$

注 本定理的证明与定理 4.3.2 的证明十分类似, 只是计算更加复杂一些. 根据公式 (4.4.11) 和 (4.4.12), 其关键是求出 $(X_1, X_2 - X_1 | V_2, V_3, \cdots, V_n)$ 的条件分布. 由于

$$V_2 = \frac{X_2 - X_1}{|X_2 - X_1|} = \pm 1, \quad V_i = \frac{X_i - X_1}{X_2 - X_1}, \quad i = 3, \cdots, n,$$

因此可先求 $(X_1, X_2 - X_1 | V_3, V_4, \cdots, V_n)$ 的条件分布. 为此可通过变换先求 $(X_1, X_2 - X_1, V_3, V_4, \cdots, V_n)$ 的联合分布. 再经过若干计算即得以上公式, 进一步的细节从略. 在第八章, 我们将从 Bayes 观点出发, 更加快捷地推导出 Pitman 积分公式.

习题四

1. 设 X_1, X_2, X_3 为 i.i.d. 样本, X_1 服从位置参数分布族 $f(x_1 - \theta)$. 令

$$\delta(X_1, X_2, X_3) = \begin{cases} X_1, & X_3 > 0, \\ X_2, & X_3 \leqslant 0. \end{cases}$$

将 $\delta(X_1, X_2, X_3)$ 作为 θ 的一个估计, 证明: 当损失函数为 $L(\delta - \theta)$ 时, $\delta(X_1, X_2, X_3)$ 的风险函数与 θ 无关; 但 $\delta(X_1, X_2, X_3)$ 不是 θ 的同变估计.

2. 设样本 $X = (X_1, \cdots, X_n)^{\mathrm{T}}$ 服从位置参数分布族 $f(x_1 - \theta, \cdots, x_n - \theta)$. $T(X)$ 为 θ 的同变估计, 取损失函数为 $L(\theta, d) = L(d - \theta)$. 证明: $T(X)$ 的偏差、方差以及 $T(X)$ 的风险函数都与 θ 无关.

3. 设样本 $X = (X_1, \cdots, X_n)^{\mathrm{T}}$ 服从位置参数分布族 $f(x_1 - \theta, \cdots, x_n - \theta)$. 若 $T(X)$ 为关于 θ 的充分统计量, $\widehat{\theta}^*(X)$ 为 θ 的 Pitman 估计, 证明: $\widehat{\theta}^*(X)$ 是 $T(X)$ 的函数.

4. 设 $X_1, \cdots, X_n$ 为 i.i.d. 样本, X_1 服从均匀分布 $R\left(\theta - \dfrac{1}{2}, \theta + \dfrac{1}{2}\right)$, 其中 $\theta \in \mathbf{R}$ 未知. 在均方损失下, 求 θ 的 MREE.

5. 设 $X_1, \cdots, X_n$ 为 i.i.d. 样本, X_1 的密度函数为 $f(x_1, \theta) = \sqrt{\dfrac{2}{\pi}} \mathrm{e}^{-\frac{(x_1 - \theta)^2}{2}} I\{x_1 \geqslant \theta\}$, 在均方损失下, 求 θ 的 MREE.

6. 设 $X_1, \cdots, X_n$ 为相互独立的样本, $X_i \sim N(\mu, \omega_i^{-1}\sigma^2)$, $i = 1, \cdots, n$, 其中 ω_i, σ 已知. 在均方损失下, 求 μ 的 MREE.

7. 设 $X_1, \cdots, X_n$ 为 i.i.d. 样本, $X_1 \sim N(\mu, \sigma^2)$; $Y_1, \cdots, Y_m$ 为 i.i.d. 样本, $Y_1 \sim N(c\mu, \sigma^2)$; 并且合样本独立, $c \neq 0, \sigma > 0$ 已知. 在均方损失下, 求 μ 的 MREE.

8. 设 $X_1, \cdots, X_n$ 为 i.i.d. 样本, X_1 的密度函数为 $f(x_1; \mu) = \dfrac{1}{2}\mathrm{e}^{-|x_1 - \mu|}$, 其中 $\mu \in \mathbf{R}$ 未知, 在均方损失下, 试求 μ 的 MREE.

★9. 设 $X_1, \cdots, X_n$ 为 i.i.d. 样本, X_1 服从指数分布 $f(x_1; \lambda, \mu) = \lambda \mathrm{e}^{-\lambda(x_1 - \mu)} I\{x_1 \geqslant \mu\}$, 其中 λ 已知, μ 为未知的位置参数.

(1) 在均方损失 $L(\mu, d) = (d - \mu)^2$ 下, 求 μ 的 MREE;

(2) 在绝对损失 $L(\mu, d) = |d - \mu|$ 下, 证明: μ 的 MREE 为 $X_{(1)} - \log 2/(n\lambda)$.

(提示: 直接用 MREE 的定义, 求 d 使 $\mathrm{E}_\mu[L(\mu, d)]$ 最小, (3) 和第 10 题亦类似.)

(3) 若损失函数为 $L(\mu, d) = I\{|d - \mu| > A\}$, 其中 A 为已知正数. 证明: μ 的 MREE 为 $X_{(1)} - A$.

★10. 设 $X_1, \cdots, X_n$ 为 i.i.d. 样本, $X_1 \sim N(\mu, \sigma^2)$, 其中 $\mu \in \mathbf{R}$ 未知, $\sigma^2 > 0$ 已知. 若损失函数为

$$L(\mu, d) = L(\mu - d) = \begin{cases} -\alpha(\mu - d), & \mu < d, \\ \beta(\mu - d), & \mu \geqslant d. \end{cases}$$

其中 α, β 为正常数, 求 μ 的 MREE.

★11. (1) 定义函数 $\phi(a) = \mathrm{E}[\rho(X - a)]$, 其中 ρ 为 $(-\infty, +\infty)$ 上的凸函数. 证明: 若 ρ 为偶函数, 且 X 的密度函数关于 $X = \mu$ 对称, 则 $\phi(a)$ 在 $a = \mu$ 处达到最小值.

(提示: 对任意实数 c, 先证 $\phi(\mu + c) = \phi(\mu - c)$, 然后用 ρ 的凸性证 $\phi(\mu) \leqslant \phi(\mu + c)$.)

(2) 设样本 $X = (X_1, \cdots, X_n)^{\mathrm{T}}$ 服从位置参数分布族 $f(x_1 - \mu, \cdots, x_n - \mu)$. 取损失函数为 $L(\mu, d) = L(d - \mu)$, 其中 $L(\cdot)$ 为凸的偶函数. 若 $T_0(X)$ 为 μ 的同变估计, 其密度函数关于 $\mu = 0$ 对称, 并假设 $T_0(X)$ 与 Y 独立, 其中 $Y = (X_2 - X_1, \cdots, X_n - X_1)$, 证明: $T_0(X)$ 为 μ 的 MREE.

★12. 设样本 $X = (X_1, \cdots, X_n)^{\mathrm{T}}$ 服从位置参数分布族 $f(x_1 - \theta, \cdots, x_n - \theta)$. $T(X)$ 为位置参数 θ 的同变估计. 证明: 在均方损失下, $T(X)$ 为 θ 的 MREE 的充要条件为 $T(X)$ 是 θ 的无偏估计, 并且满足 $\mathrm{E}_\theta[T(X)U(X)] = 0$, $\forall U \in W$, 其中 $W = \{U(X)|U(X) = U(X + c\mathbf{1}), \forall c, \text{且 } \mathrm{E}_\theta[U(X)] = 0, \forall \theta\}$.

13. 设 $X_1, \cdots, X_n$ 为 i.i.d. 样本, 在均方损失下求 σ 的 MREE:

(1) $X_1 \sim \Gamma\left(\dfrac{1}{\sigma}, \nu\right)$, ν 已知;

(2) X_1 服从 Weibull 分布, 即 $f(x_1, \sigma) = \alpha\sigma^{-\alpha}x_1^{\alpha-1}\exp\{-x_1^\alpha/\sigma^\alpha\}$, 其中 α 是已知的正整数.

14. 设 $X_1, \cdots, X_n$ 为相互独立的样本, $X_i \sim N(0, \omega_i^{-1}\sigma^2)$, $i = 1, \cdots, n$, 其中 $\omega_i > 0$ 已知. 在均方损失下, 求 σ^2 的 MREE.

15. 设 $X_1, \cdots, X_n$ 为 i.i.d. 样本, $X_1 \sim R(\theta, k\theta)$, $k > 1$ 已知, $\theta > 0$ 未知, 在均方损失下求 θ, θ^r 的 MREE.

16. 设 $X_1,\cdots,X_n$ 为 i.i.d. 样本, 在均方损失下求 θ 的 MREE:

(1) $X_1 \sim 3\theta^3/x_1^4 I\{x_1 \geqslant \theta > 0\}$;

(2) $X_1 \sim 4x_1^3/\theta^4 I\{0 \leqslant x_1 \leqslant \theta\}$.

★17. 设样本 $X = (X_1,\cdots,X_n)^{\mathrm{T}}$ 服从尺度参数分布族 $\dfrac{1}{\sigma^n}f\left(\dfrac{x_1}{\sigma},\cdots,\dfrac{x_n}{\sigma}\right)$, 其中 $\sigma > 0$ 是未知的尺度参数. 设 $T = T(X)$ 为 σ^r 的某一同变估计, 损失函数取为 $L(\sigma,d) = \left|\dfrac{d}{\sigma^r} - 1\right|$, 其中 r 为某一正整数. 假设 $T = T(X)|Z$ 的条件分布记为 $f(t|Z)$, 其中 $Z = \left(\dfrac{X_1}{|X_1|},\dfrac{X_2}{X_1},\cdots,\dfrac{X_n}{X_1}\right)$ 为最大不变量. 证明: σ^r 的 MREE 为 $T^*(X) = T(X)/\varphi(Z)$, 其中 $\varphi(Z)$ 满足以下关系式: $\int_0^{\varphi(Z)} tf(t|Z)\mathrm{d}t = \int_{\varphi(Z)}^{+\infty} tf(t|Z)\mathrm{d}t$.

(提示: 直接用 MREE 的定义证明.)

18. 设 $X_1,\cdots,X_n$ 为 i.i.d. 样本, 当损失函数取为 $L(\sigma,d) = \left|\dfrac{d}{\sigma} - 1\right|$ 时, 求 σ 的 MREE:

(1) X_1 服从均匀分布 $R(0,\sigma)$;

(2) $X_1 \sim \dfrac{1}{\sigma}\mathrm{e}^{-\frac{x_1}{\sigma}} I\{x_1 \geqslant 0\}$.

★19. 设样本 $X = (X_1,\cdots,X_n)^{\mathrm{T}}$ 服从尺度参数分布族 $\dfrac{1}{\sigma^n}f\left(\dfrac{x_1}{\sigma},\cdots,\dfrac{x_n}{\sigma}\right)$, 其中 $\sigma > 0$ 是未知的尺度参数. 设 $\widehat{\sigma}(X)$ 为 σ 的某一同变估计, $Z = \left(\dfrac{X_1}{|X_1|},\dfrac{X_2}{X_1},\cdots,\dfrac{X_n}{X_1}\right)$ 为最大不变量, 损失函数取为 $L(\sigma,d) = \dfrac{d}{\sigma} - \log\dfrac{d}{\sigma} - 1$. 求 σ 的 MREE; 并证明其唯一性, 即 MREE 与 $\widehat{\sigma}(X)$ 的选取无关.

(提示: 仿照定理 4.3.1 的证明.)

20. 设 $X_1,\cdots,X_n$ 为 i.i.d. 样本, $X_1 \sim N(\mu,\sigma^2)$, 在均方损失下求 σ 的 MREE:

(1) $\mu = 0$;

(2) μ 未知.

21. 设 $X_1,\cdots,X_n$ 为 i.i.d. 样本, X_1 服从均匀分布 $R\left(\mu - \dfrac{1}{2}\sigma,\ \mu + \dfrac{1}{2}\sigma\right)$, 其中 $\mu \in \mathbf{R}$, $\sigma > 0$ 是未知参数, 在均方损失下, 求 μ 和 σ 的 MREE.

(提示: $\widehat{\mu} = \dfrac{1}{2}[X_{(1)} + X_{(n)}]$ 和 $\widehat{\sigma} = \dfrac{1}{2}[X_{(n)} - X_{(1)}]$ 分别是 μ 和 σ 的同变估计, 且有 $\mathrm{E}_{(0,1)}[X_{(n)}^2 - X_{(1)}^2] = 0$.)

22. 设 $X_1,\cdots,X_n$ 为 i.i.d. 样本, $X_1 \sim \mu + \Gamma\left(\dfrac{1}{\sigma},\ 1\right)$, 若仅观测到 $(Y_1,\cdots,Y_r) = (X_{(1)},\cdots,X_{(r)})$, 其中 $X_{(1)} \leqslant \cdots \leqslant X_{(r)}$.

(1) 当 σ 已知时, 求均方损失下 μ 的 MREE;

(2) 当 μ 已知时, 求均方损失下 σ 的 MREE;

(3) 当 μ,σ 都未知时, 求均方损失下 (μ,σ) 的 MREE;

(4) 分别求各个估计值的风险函数.

第五章

点估计的性质

　　本章讨论点估计的若干性质. 我们知道, 一个未知参数的估计量有很多种, 可参见第三章、第四章. 在理论上或实用上, 什么样的估计量最好呢? 直观上讲, 应该是估计量与被估计量越接近越好. 但是 "接近" 二字的含义实际上涉及估计量的优良性标准, 这种优良性标准在文献中有很多讨论; 本书第三章、第四章也已经作了一些介绍. 第三章曾经介绍统计判决函数以及使风险函数最小的优良性准则, 这是一个很一般性的准则, 其优良性要结合损失函数的选取进行研究. 第三章也介绍了估计量的无偏性, 它要求估计量与被估计的真参数之间的平均偏差为零; 但是无偏估计也包括了左右偏差可能都比较大的情况. 所以在第三章和第四章, 我们着重介绍了估计量的均方误差 (即平方损失函数) 最小准则, 其中包括 UMRUE 和 MREE. 本章将介绍与估计量的均方误差有密切关系的有效性问题. 另外, 最大似然估计和矩方程估计是从其他统计观点提出的, 与均方误差最小准则无关. 本章将从大样本观点 (即考虑样本容量 n 趋向 $+\infty$ 时的情形) 阐明估计量与被估计量 "充分接近" 的意义, 即估计量的相合性和渐近正态性, 并应用于最大似然估计和矩方程估计.

　　关于有效性问题, 主要研究当样本容量 n 给定时, 估计量 $\widehat{\theta}(X)$ 或 $\widehat{g}(X)$ 的风险函数 (主要是均方误差 MSE) 可能有多小? 原则上讲, MSE 当然是越小越好, 但事实上是不可能的. 可以证明, 大多数估计量的最小均方误差不可能无限制的小, 而是有一个下界. 因此, 达到下界的估计量最好, 称为 "最有效". 本章 5.1 节和 5.2 节主要讨论估计量的均方误差的下界问题, 介绍 C–R 不等式以及广义的 C–R 型不等式.

　　关于估计量的渐近性质 (或大样本性质), 主要考虑样本容量 n 趋向 $+\infty$ 时, 估计量 $\widehat{\theta}(X_1, \cdots, X_n)$ 是否能在某种意义下收敛到真参数 θ, 称为相合性. 再就是渐近正态性, 即考虑 $\widehat{\theta}(X_1, \cdots, X_n)$ 的渐近分布, 对于很多情况可以证明, $\sqrt{n}\,[\widehat{\theta}(X) - \theta]$ 趋向于正态分布, 这时称 $\widehat{\theta}(X)$ 具有渐近正态性; 本章 5.3 节将讨论这方面的问题, 并应用于最大似然估计和矩方程估计. 有关本章内容, 可参见陈希孺 (1981, 2009), Lehmann (1999), Shao (1998), Zacks (1981), 茆诗松等 (2007).

5.1 C–R 不等式

设 $X = (X_1, \cdots, X_n)^{\mathrm{T}}$, $X \sim f(x, \theta)$, $\theta \in \Theta$, 参数 θ 和 $g(\theta)$ 的估计分别记为 $\widehat{\theta}(X)$ 和 $\widehat{g}(X)$. 第三章曾经证明 (见 3.2 节), $\widehat{g}(X)$ 的均方误差可表示为

$$MSE(\widehat{g}(X)) = \mathrm{Var}_\theta(\widehat{g}(X)) + [\mathrm{bias}(\widehat{g}(X))]^2.$$

我们要求估计量 $\widehat{g}(X)$ 的均方误差尽量小, 相当于要求其方差与偏差平方之和尽量小; 当然也应要求方差 $\mathrm{Var}(\widehat{g})$ 尽量小. 特别是无偏估计, 由于 $\mathrm{bias}(\widehat{g}(X)) = 0$, 因此 $MSE(\widehat{g}(X)) = \mathrm{Var}_\theta(\widehat{g}(X))$; 所以, 要求估计量的均方误差尽量小, 就等价于要求其方差尽量小. 本章将证明, 不管 $\widehat{g}(X)$ 的形式如何, 其方差 $\mathrm{Var}(\widehat{g})$ 都不可能无限制的小, 而是有一个下界, 即恒有 $\mathrm{Var}(\widehat{g}(X)) \geqslant$ 某一下界, 对一切 $\widehat{g}(X)$. 因此能达到方差下界的估计量 $\widehat{g}(X)$ 最好, 称为 "有效估计量". 若 $n \to +\infty$ 时, $\widehat{g}(X_1, \cdots, X_n)$ 的方差趋向于某一下界, 则称 $\widehat{g}(X)$ 为 "渐近有效的". 以下集中研究估计量 $\widehat{g}(X)$ 的方差下界问题.

本节假定 $\{f(x, \theta), \theta \in \Theta\}$ 为正则分布族 (即 C–R 分布族, 详见第二章), 其基本假定摘要如下:

(1) $\{f(x, \theta), \theta \in \Theta\}$ 有共同支撑, 即 $S_\theta = \{x : f(x, \theta) > 0\}$ 与 θ 无关;

(2) $L(\theta) = L(\theta, x) = \log f(x, \theta)$ 关于 θ 连续、可导; $S_i(X, \theta) = \dfrac{\partial}{\partial \theta_i} L(\theta)$ 存在二阶矩, 且有 $\mathrm{E}_\theta[S_i(X, \theta)] = 0$, $\mathrm{E}_\theta[S_i(X, \theta)S_j(X, \theta)] = I_{ij}(\theta)$; $I(\theta) = (I_{ij}(\theta))$ 为 Fisher 信息矩阵;

(3) $f(x, \theta)$ 关于 θ 求导数与关于 x 求积分可交换次序.

以下为常见的两个不是 C–R 分布族的例子:

(1) 均匀分布 $X \sim R(0, \theta)$:

$$f(x, \theta) = \frac{1}{\theta} I\{0 \leqslant x \leqslant \theta\} = \begin{cases} \dfrac{1}{\theta}, & 0 \leqslant x \leqslant \theta, \\ 0, & x < 0 \text{ 或 } x > \theta. \end{cases}$$

这时 $S_\theta = [0, \theta]$, 与 θ 有关. 另外, $f(x, \theta)$ 作为 θ 的函数在 $\theta = x$ 处不连续, 因为 $f(x, \theta) = 1/\theta$, 当 $\theta \geqslant x$ 时, 而 $f(x, \theta) = 0$, 当 $\theta < x$ 时.

(2) 带位置参数的指数分布 $X \sim \mu + \Gamma(\lambda, 1)$, 取 $\lambda = 1$,

$$f(x, \mu) = \mathrm{e}^{-(x-\mu)} I\{x \geqslant \mu\} = \begin{cases} \mathrm{e}^{-(x-\mu)}, & x \geqslant \mu, \\ 0, & x < \mu. \end{cases}$$

这时 $S_\mu = [\mu, +\infty)$, 与 μ 有关. 另外, $f(x, \mu)$ 作为 μ 的函数在 $\mu = x$ 处不连续, 因为 $f(x, \mu) = \mathrm{e}^{-(x-\mu)}$, 当 $\mu \leqslant x$ 时, 而 $f(x, \mu) = 0$, 当 $\mu > x$ 时.

5.1.1 单参数 C–R 不等式

本节主要讨论 $\widehat{\theta}(X)$ 或 $\widehat{g}(X)$ 为无偏估计的情形, 这时估计量的方差就是其均方误差; 至于有偏估计的情形, 可作为推论很容易得到. 本节的重要结果之一是 $\mathrm{Var}(\widehat{\theta}) \geqslant$ C–R 下界 $= I^{-1}(\theta)$, 其中 $\widehat{\theta}(X)$ 为 θ 的无偏估计, $I(\theta)$ 为观察样本的 Fisher 信息矩阵. 另外, 本节的证明主要应用得分函数 $S(x, \theta)$ 的定义与性质:

$$S(x, \theta) = \frac{\partial L(\theta, x)}{\partial \theta} = \frac{\partial \log f(x, \theta)}{\partial \theta} = \frac{1}{f(x, \theta)} \frac{\partial f(x, \theta)}{\partial \theta}.$$

且有

$$\mathrm{E}_\theta[S(X, \theta)] = 0, \quad \mathrm{Var}_\theta[S(X, \theta)] = \mathrm{E}_\theta[S(X, \theta)S^{\mathrm{T}}(X, \theta)] = I(\theta).$$

引理 5.1.1 设 $\{f(x, \theta), \ \theta \in \Theta\}$ 为 C–R 分布族, $\widehat{g}(X)$, $\widehat{\theta}(X)$ 分别为 $g(\theta)$ 和 θ 的无偏估计, 且导数 $g'(\theta)$ 存在, 则有

$$\mathrm{Cov}_\theta[\widehat{g}(X), S(X, \theta)] = \mathrm{E}_\theta[\widehat{g}(X)S(X, \theta)] = g'(\theta), \tag{5.1.1}$$

$$\mathrm{Cov}_\theta[\widehat{\theta}(X), S(X, \theta)] = 1. \tag{5.1.2}$$

证明 主要证明 (5.1.1) 式, 因为令 $g(\theta) = \theta$ 即可由 (5.1.1) 式得到 (5.1.2) 式. 由得分函数 $S(x, \theta)$ 的定义与性质可得

$$\begin{aligned}
\mathrm{Cov}_\theta[\widehat{g}(X), S(X, \theta)] &= \mathrm{E}_\theta[(\widehat{g} - \mathrm{E}\widehat{g})(S - \mathrm{E}S)] = \mathrm{E}_\theta[\widehat{g}(X)S(X, \theta)] \\
&= \int \widehat{g}(x) S(x, \theta) f(x, \theta) \mathrm{d}\mu(x) = \int \widehat{g}(x) \frac{f'(x, \theta)}{f(x, \theta)} f(x, \theta) \mathrm{d}\mu(x) \\
&= \int \widehat{g}(x) f'(x, \theta) \mathrm{d}\mu(x) = \frac{\partial}{\partial \theta} \int \widehat{g}(x) f(x, \theta) \mathrm{d}\mu(x) \\
&= \frac{\partial}{\partial \theta} \mathrm{E}_\theta[\widehat{g}(X)] = g'(\theta).
\end{aligned}$$

推论 若 $\widehat{g}(X)$ 和 $\widehat{\theta}(X)$ 的偏差分别为 $b_g(\theta)$ 和 $b(\theta)$, 即

$$\mathrm{E}_\theta[\widehat{g}(X)] = g(\theta) + b_g(\theta), \quad \mathrm{E}_\theta[\widehat{\theta}(X)] = \theta + b(\theta).$$

则有

$$\mathrm{Cov}_\theta[\widehat{g}(X), S(X, \theta)] = g'(\theta) + b_g'(\theta), \quad \mathrm{Cov}_\theta[\widehat{\theta}(X), S(X, \theta)] = 1 + b'(\theta).$$

本节将要证明好几个 C–R 不等式, 它们都可统一地应用以下引理, 该引理可视为广义的 Schwarz 不等式, 或 Schwarz 不等式的等式形式.

引理 5.1.2 若随机变量 X, Y 的二阶矩存在, 则 Schwarz 不等式可表示为

$$[\text{Var}(X)][\text{Var}(Y)] = [\text{Cov}(X, Y)]^2 + \text{Var}(Y)\text{Var}(X - \lambda Y)$$

$$\geqslant [\text{Cov}(X, Y)]^2, \tag{5.1.3}$$

其中

$$\lambda = \text{Cov}(X, Y)\text{Var}^{-1}(Y). \tag{5.1.4}$$

且等式成立的充要条件为 $X - \lambda Y = $ 常数 (a.e.). 特别, (5.1.3) 式等价于

$$\text{Var}(X - \lambda Y) \geqslant 0, \quad \lambda = \text{Cov}(X, Y)\text{Var}^{-1}(Y). \tag{5.1.5}$$

另外, 以上结果对 X, Y 为向量的情形也成立.

证明 把 $\lambda = \text{Cov}(X, Y)\text{Var}^{-1}(Y)$ 代入 $\text{Var}(X - \lambda Y)$, 经直接计算可得

$$\text{Var}(X - \lambda Y) = \text{Var}(X) - 2\text{Cov}(X, \lambda Y) + \lambda^2 \text{Var}(Y)$$

$$= \text{Var}(X) - [\text{Cov}(X, Y)]^2 \text{Var}^{-1}(Y).$$

根据上式即可得到 (5.1.3) 式的等式, 注意到 $\text{Var}(X - \lambda Y) \geqslant 0$, 亦可得到 (5.1.3) 式的不等式. ∎

定理 5.1.1 设 $\{f(x, \theta), \theta \in \Theta\}$ 为 C–R 分布族, $\widehat{g}(X)$, $\widehat{\theta}(X)$ 分别为 $g(\theta)$ 和 θ 的无偏估计, 且导数 $g'(\theta)$ 存在, 则以下不等式成立:

$$\text{Var}_\theta[\widehat{g}(X)] \geqslant [g'(\theta)]^2 I^{-1}(\theta), \tag{5.1.6}$$

$$\text{Var}_\theta[\widehat{\theta}(X)] \geqslant I^{-1}(\theta), \tag{5.1.7}$$

以上不等式中等式成立 (即方差达到下界) 的充要条件分别为

$$S(x, \theta) = a(\theta)[\widehat{g}(x) - g(\theta)] \text{ (a.e.)}, \tag{5.1.8}$$

$$S(x, \theta) = a(\theta)[\widehat{\theta}(x) - \theta] \text{ (a.e.)}. \tag{5.1.9}$$

证明 在 Schwarz 不等式 (5.1.3) 中, 以 $\widehat{g}(X)$ 取代 X, 以 $S(X, \theta)$ 取代 Y, 并应用 (5.1.1) 式可得

$$[g'(\theta)]^2 = \text{Cov}_\theta^2[\widehat{g}(X), S(X, \theta)] \leqslant \text{Var}_\theta[\widehat{g}(X)]\text{Var}_\theta[S(X, \theta)].$$

由于 $\text{Var}_\theta[S(X, \theta)] = I(\theta)$, 把它代入上式即得 (5.1.6) 式; 在 (5.1.6) 式中取 $g(\theta) = \theta$ 即得 (5.1.7) 式. 以上不等式中等式成立的充要条件为 $X - \lambda Y = $ 常数 $c(\theta)$ (a.e.), 其中 $X = \widehat{g}(X)$, $Y = S(X, \theta)$, 因此由 (5.1.4) 式可知

$$\lambda = \text{Cov}_\theta(\widehat{g}, S)\text{Var}_\theta^{-1}(S) = g'(\theta)I^{-1}(\theta).$$

所以有

$$\widehat{g}(x) - g'(\theta)I^{-1}(\theta)S(x,\theta) = c(\theta) \text{ (a.e.)}.$$

由于 $\mathrm{E}_\theta[S(X,\theta)] = 0$, 该式两端取期望可得 $\mathrm{E}_\theta[\widehat{g}(X)] = g(\theta) = c(\theta)$, 因此有

$$\widehat{g}(x) - g(\theta) = g'(\theta)I^{-1}(\theta)S(x,\theta).$$

由此即得 (5.1.8) 式, 在 (5.1.8) 式中取 $g(\theta) = \theta$ 即得 (5.1.9) 式. ∎

C–R 不等式是由 Cramer (克拉默) 和 Rao 分别于 1945 年和 1946 年提出的, 不等式有丰富的内涵, 在统计学中有十分重要的意义. C–R 不等式说明, 在 C–R 分布族中, $g(\theta)$ 的任何无偏估计 $\widehat{g}(X)$, 不管形式如何, 其方差, 即均方误差总是有下界的, 其方差下界 (CRLB) 为 $[g'(\theta)]^2I^{-1}(\theta)$, 与估计量无关. 因此方差能达到下界的无偏估计必然是最优的. 另外, 由表达式可知, 方差下界与样本信息成反比, 样本信息越多, 方差下界越小, 因而可能达到的方差, 即可能达到的均方误差越小; 这显然是很合理的. 特别, 参数 θ 的无偏估计 $\widehat{\theta}(X)$ 可能达到的最小均方误差为 $I^{-1}(\theta)$, 即 Fisher 信息矩阵的逆矩阵.

根据以上分析可提出下列有效性的定义:

定义 5.1.1 设 $\widehat{g}(X)$ 为 $g(\theta)$ 的无偏估计, 若其方差达到 C–R 下界, 即

$$\mathrm{Var}[\widehat{g}(X)] = [g'(\theta)]^2 I^{-1}(\theta),$$

则称 $\widehat{g}(X)$ 为 $g(\theta)$ 的有效的无偏估计. 特别地, 若 $\mathrm{Var}[\widehat{\theta}(X)] = I^{-1}(\theta)$, 则称 $\widehat{\theta}(X)$ 为参数 θ 的有效的无偏估计.

推论 1 若 $\widetilde{g}(X)$ 和 $\widetilde{\theta}(X)$ 分别为 $g(\theta)$ 和 θ 的有效无偏估计, 则必为一致最小方差无偏估计, 但反之不一定对 (见下面例 5.1.1 — 5.1.3).

推论 2 若 $X = (X_1,\cdots,X_n)^\mathrm{T}$ 的分量独立同分布, 而 X_1 的 Fisher 信息为 $i(\theta)$, 则有

$$\mathrm{Var}[\widehat{g}(X)] \geqslant \frac{1}{n}[g'(\theta)]^2 i^{-1}(\theta) = O(n^{-1}),$$

$$\mathrm{Var}[\widehat{\theta}(X)] \geqslant \frac{1}{n} i^{-1}(\theta) = O(n^{-1}).$$

这个推论说明, 方差下界与样本容量成反比, 样本容量越大, 方差下界越小, 因而可能达到的方差, 即可能达到的均方误差越小; 若样本容量趋向于无穷, 则可能达到的均方误差会趋向于零.

推论 3 若 $\widehat{g}(X)$, $\widehat{\theta}(X)$ 为有偏估计, 偏差分别为 $b_g(\theta)$ 和 $b(\theta)$, 则 C–R 不等式可表示为

$$\mathrm{Var}[\widehat{g}(X)] \geqslant [g'(\theta) + b_g'(\theta)]^2 I^{-1}(\theta),$$

$$\mathrm{Var}[\widehat{\theta}(X)] \geqslant [1 + b'(\theta)]^2 I^{-1}(\theta).$$

若样本独立同分布, 则可用 $I(\theta) = ni(\theta)$ 代入上式.

把引理 5.1.1 的推论代入到以上定理的证明中即可得到上式. 另外, 此时的 C-R 不等式与具体的估计量的形式 $\widehat{g}(X)$, $\widehat{\theta}(X)$ 有一定关系, 因为表达式中有偏差项.

推论 4 $g(\theta)$ 的无偏估计的方差下界在参数变换下保持不变, 即若有变换 $\theta = \theta(\eta)$, $g(\theta) = g(\theta(\eta)) = \widetilde{g}(\eta)$, 并记参数 η 的 Fisher 信息为 $I(\eta)$, 则有

$$CRLB = [g'(\theta)]^2 I^{-1}(\theta) = [\widetilde{g}'(\eta)]^2 I^{-1}(\eta). \tag{5.1.10}$$

证明 由于 $[\widetilde{g}'(\eta)]^2 = [g'(\theta(\eta))\theta'(\eta)]^2$, 而且 η 的 Fisher 信息满足关系

$$I(\eta) = \frac{\partial \theta}{\partial \eta} I(\theta(\eta)) \frac{\partial \theta}{\partial \eta} = I(\theta(\eta))[\theta'(\eta)]^2.$$

以上两式代入 (5.1.10) 的第三式即得第二式. ∎

例 5.1.1 设 $X_1, \cdots, X_n$ 独立同分布, $X_1 \sim N(\mu, \sigma^2)$. 考虑 μ 和 σ^2 的无偏估计的 C–R 下界.

解 首先考虑参数 μ 的无偏估计, 即 $g(\mu) = \mu$, 取 $\widehat{\mu} = \overline{X}$, 这时 $\mathrm{Var}(\overline{X}) = \sigma^2/n$, 而 $I(\mu) = n\sigma^{-2}$, 因此有

$$CRLB = I^{-1}(\mu) = \frac{1}{n}\sigma^2 = \mathrm{Var}(\overline{X}).$$

即 $\widehat{\mu} = \overline{X}$ 的方差达到 C–R 下界, 因而为有效的无偏估计.

但是 σ^2 的情况不一样, 取 $g(\sigma) = \sigma^2$, 其无偏估计为

$$\widehat{\sigma^2} = \frac{1}{n-1}\sum_{i=1}^{n}(X_i - \overline{X})^2.$$

它是一致最小方差无偏估计, 且有 $\mathrm{Var}(\widehat{\sigma^2}) = 2\sigma^4/(n-1)$. 而此时 $I(\sigma^2) = n\sigma^{-4}/2$, 因此

$$CRLB = I^{-1}(\sigma^2) = \frac{2}{n}\sigma^4 < \mathrm{Var}(\widehat{\sigma^2}) = \frac{2}{n-1}\sigma^4,$$

即 $\widehat{\sigma^2}$ 的方差达不到 C–R 下界, 不是有效的无偏估计; 但是可认为是 "渐近有效" 的, 因为

$$\frac{\mathrm{Var}(\widehat{\sigma^2})}{CRLB} = \frac{n}{n-1} \to 1.$$

例 5.1.2 设 $X_1, \cdots, X_n$ 独立同分布, $X_1 \sim$ Poisson 分布 $P(\lambda)$. 考虑 λ 和 $e^{-\lambda}$ 的无偏估计的 C-R 下界.

解 (1) 取 $g(\lambda) = \lambda$, 这时 $\widehat{\lambda} = \overline{X}$ 为一致最小方差无偏估计, 且有 $\mathrm{Var}(\widehat{\lambda}) = \lambda/n$. 而容易求得 $I(\lambda) = n/\lambda$, 因此有

$$CRLB = I^{-1}(\lambda) = \frac{\lambda}{n} = \mathrm{Var}(\widehat{\lambda}).$$

即 $\widehat{\lambda} = \overline{X}$ 的方差达到 C-R 下界, 因而为有效的无偏估计.

(2) 取 $g(\lambda) = e^{-\lambda}$, 由第三章的例 3.2.10 可知, $\widehat{g}(X) = \left(1 - \dfrac{1}{n}\right)^{\mathrm{T}}$ 为 $e^{-\lambda}$ 的一致最小方差无偏估计, 其中 $T = \sum_{i=1}^{n} X_i$, 直接计算可得

$$\mathrm{Var}[\widehat{g}(X)] = e^{-2\lambda}(e^{\frac{\lambda}{n}} - 1).$$

而 C-R 下界为

$$CRLB = [g'(\lambda)]^2 I^{-1}(\lambda) = e^{-2\lambda}\frac{\lambda}{n} < \mathrm{Var}[\widehat{g}(X)].$$

因此 $\widehat{g}(X) = \left(1 - \dfrac{1}{n}\right)^{\mathrm{T}}$ 不是 $e^{-\lambda}$ 的有效的无偏估计; 但也是 "渐近有效" 的, 因为

$$\frac{\mathrm{Var}[\widehat{g}(X)]}{CRLB} = \frac{e^{\frac{\lambda}{n}} - 1}{\lambda/n} \to 1.$$

根据以上两个例子, 我们引进以下渐近有效性的定义:

定义 5.1.2 若 $\widehat{g}(X)$ 为 $g(\theta)$ 的无偏估计, 且有

$$e(\widehat{g}) = \frac{CRLB}{\mathrm{Var}[\widehat{g}(X)]} \to 1 \quad (n \to +\infty),$$

则称 $\widehat{g}(X)$ 为渐近有效的无偏估计, $e(\widehat{g})$ 称为估计量 $\widehat{g}(X)$ 的效率.

例 5.1.3 (反例) 设 $X_1, \cdots, X_n$ 独立同分布, $X_1 \sim$ 均匀分布 $R(0, \theta)$. 这时 $\{R(0, \theta)\}$ 不是 C-R 分布族, 取 $g(\theta) = \theta$, 则 $\widehat{\theta}(X) = \dfrac{n+1}{n} X_{(n)}$ 为 θ 的一致最小方差无偏估计. 因为 $X_{(n)}/\theta \sim BE(n, 1)$, 所以可计算出方差

$$\mathrm{Var}[\widehat{\theta}(X)] = \frac{\theta^2}{n(n+2)}.$$

另一方面, 我们也可 "形式上地" 计算出 X_1 的 "Fisher 信息" 如下. 在 $[0, \theta]$ 上有

$$f(x_1, \theta) = \frac{1}{\theta}, \quad L(\theta, x_1) = -\log\theta, \quad \mathrm{E}_\theta\left[\frac{\partial}{\partial\theta}L(\theta, X_1)\right]^2 = \frac{1}{\theta^2}.$$

"形式上地" 记 $i(\theta) = 1/\theta^2$, $I(\theta) = n/\theta^2$, "$CRLB$" $= I^{-1}(\theta) = \theta^2/n$. 这时 $\widehat{\theta}(X)$ 的方差远远小于形式上的 "C–R 下界":

$$\mathrm{Var}[\widehat{\theta}(X)] = \frac{\theta^2}{n(n+2)} < \frac{\theta^2}{n} = \text{"}CRLB\text{"}.$$

这是因为 $\{R(0,\theta)\}$ 不是 C–R 分布族, 因而 C–R 不等式 (5.1.7) 不一定成立. 在 5.2 节中, 我们将介绍广义的 C–R 型方差不等式, 它可用于没有共同支撑的分布族, 也包括均匀分布族.

5.1.2   等式成立的条件

以下进一步研究 $g(\theta)$ 的无偏估计 $\widehat{g}(X)$ 的方差能够达到下界的条件, 即 $\widehat{g}(X)$ 为 $g(\theta)$ 的有效的无偏估计的条件. 由以下定理可知, 有效估计的条件十分强, 从某种意义上讲, C–R 下界可能 "偏低".

定理 5.1.2   设 $\{f(x,\theta), \theta \in \Theta\}$ 为 C–R 分布族, $g(\theta)$ 可导且不为常数. 若 $\widehat{g}(X)$ 为 $g(\theta)$ 的无偏估计, 且有 $\mathrm{Var}_\theta[\widehat{g}(X)] < +\infty$ 对一切 $\theta \in \Theta$, 则 C–R 不等式中等式对一切 $\theta \in \Theta$ 成立, 即 $\widehat{g}(X)$ 为 $g(\theta)$ 的有效的无偏估计的充要条件为 $f(x,\theta)$ 服从指数族分布

$$f(x,\theta) = h(x)\exp\{Q(\theta)\widehat{g}(x) - b(\theta)\} \text{ (a.e.)}. \tag{5.1.11}$$

证明   由定理 5.1.1 的 (5.1.8) 式可知, C–R 不等式中等式成立的充要条件是

$$S(x,\theta) = \frac{\partial \log f(x,\theta)}{\partial \theta} = a(\theta)[\widehat{g}(x) - g(\theta)]. \tag{5.1.12}$$

以下证明 (5.1.11) 式与 (5.1.12) 式等价. 易见, 由 (5.1.12) 式导出 (5.1.11) 式需要积分, 而由 (5.1.11) 式导出 (5.1.12) 式需要微分. 以下根据 C–R 分布族的性质说明积分和微分的合理性.

假设 (5.1.12) 式成立, 今取 $x_1 \neq x_2$ 使 $\widehat{g}(x_1) \neq \widehat{g}(x_2)$, 因而有 $S(x_1,\theta) - S(x_2,\theta) = a(\theta)[\widehat{g}(x_1) - \widehat{g}(x_2)]$, 由 C–R 条件, 上式左端为 θ 的连续函数, 因而右端也为 θ 的连续函数, 所以 $a(\theta)$ 可积, 从而对 (5.1.12) 式两端积分可得

$$\log f(x,\theta) = \int a(\theta)[\widehat{g}(x) - g(\theta)]\mathrm{d}\theta = Q(\theta)\widehat{g}(x) - b(\theta) + c(x).$$

即

$$f(x,\theta) = h(x)\exp\{Q(\theta)\widehat{g}(x) - b(\theta)\}.$$

因而 (5.1.11) 式成立. 反之, 若 (5.1.11) 式成立, 则有

$$\log f(x,\theta) = Q(\theta)\widehat{g}(x) - b(\theta) + \log h(x). \tag{5.1.13}$$

对 $x_1 \neq x_2$ 有

$$\log f(x_1,\theta) - \log f(x_2,\theta) = Q(\theta)[\widehat{g}(x_1) - \widehat{g}(x_2)] + \log\left[\frac{h(x_1)}{h(x_2)}\right].$$

由 C–R 分布族的性质可知, 上式左端关于 θ 可导, 因而 $Q(\theta)$ 可导, 再由 (5.1.13) 知 $b(\theta)$ 可导. 因此 (5.1.13) 式关于 θ 求导可得

$$S(x,\theta) = Q'(\theta)\widehat{g}(x) - b'(\theta).$$

该式两端取期望可得

$$0 = Q'(\theta)g(\theta) - b'(\theta).$$

以上两式再相减即得 $S(x,\theta) = Q'(\theta)[\widehat{g}(x) - g(\theta)]$, 此即 (5.1.12) 式.　∎

本定理说明, 若用某个无偏估计 $\widehat{g}(X)$ 估计 $g(\theta)$, 其方差处处达到 C–R 下界, 则 $\{f(x,\theta), \theta \in \Theta\}$ 只能是指数族分布, 不可能是其他分布族. 以下定理更进一步缩小了在指数族分布中能够达到 C–R 下界的估计量的范围.

定理 5.1.3　设 X 服从指数族分布 $f(x,\theta) = h(x)\exp\{Q(\theta)T(x) - b(\theta)\}$, 则 $g(\theta)$ 的无偏估计 $\widehat{g}(X)$ 为有效估计的充要条件是

$$g(\theta) = \alpha \cdot \frac{b'(\theta)}{Q'(\theta)} + \beta, \quad \widehat{g}(x) = \alpha T(x) + \beta. \tag{5.1.14}$$

证明　由定理 5.1.1 可知, $\widehat{g}(X)$ 的方差处处达到 C–R 下界的充要条件为

$$S(x,\theta) = a(\theta)[\widehat{g}(x) - g(\theta)].$$

由于 $f(x,\theta)$ 为指数族, 因而有 $S(x,\theta) = Q'(\theta)T(x) - b'(\theta)$, 代入上式可得

$$Q'(\theta)T(x) - b'(\theta) = a(\theta)[\widehat{g}(x) - g(\theta)].$$

该式可化简为

$$\widehat{g}(x) = \alpha(\theta)T(x) + \beta(\theta). \tag{5.1.15}$$

该式对 θ 求导可得 $\alpha'(\theta)T(x) + \beta'(\theta) = 0$. 取 $x_1 \neq x_2$ 使 $T(x_1) \neq T(x_2)$, 则有 $\alpha'(\theta)[T(x_1) - T(x_2)] = 0$, 因而有 $\alpha'(\theta) = 0$, 也有 $\beta'(\theta) = 0$. 因此 $\alpha(\theta) = \alpha$, $\beta(\theta) = \beta$ 与 θ 无关, 由 (5.1.15) 式即得

$$\widehat{g}(x) = \alpha T(x) + \beta.$$

所以 (5.1.14) 第二式成立. 该式两端取期望, 并由 $\mathrm{E}_\theta[T(X)] = b'(\theta)/Q'(\theta)$ 可得

$$g(\theta) = \alpha \cdot \frac{b'(\theta)}{Q'(\theta)} + \beta.$$　∎

本定理说明, 即使在指数族中, 也只有少数的 $g(\theta)$ 及其无偏估计 $\widehat{g}(X)$, 其方差能够处处达到 C–R 下界.

例 5.1.4 设 $X_1, \cdots, X_n$ 独立同分布, $X_1 \sim N(\theta, 1)$, 求 $g(\theta)$, 使其无偏估计处处达到 C–R 下界.

解 由假设可知

$$(X_1, \cdots, X_n) \sim h(x) \exp\left\{ n\left(\overline{x}\theta - \frac{1}{2}\theta^2\right) \right\},$$

为指数族, 其中 $Q(\theta) = n\theta$, $T(x) = \overline{x}$, $b(\theta) = \dfrac{1}{2}n\theta^2$. 由定理 5.1.3 可知, 只有以下 $g(\theta)$ 的估计才能够达到 C–R 下界:

$$g(\theta) = \alpha\left[\frac{b'(\theta)}{Q'(\theta)}\right] + \beta = \alpha\theta + \beta.$$

此时必有

$$\widehat{g}(x) = \alpha T(x) + \beta = \alpha\overline{x} + \beta.$$

除此以外, 都不能达到 C–R 下界; 诸如 $g(\theta) = \theta^2$ 或 $g(\theta) = 1/\theta$ 等等, 都不存在有效的无偏估计.

由以上定理和例题可知, C–R 下界比较偏低, 应该还可以找到比 C–R 下界更大一些的方差下界. 以下 Bh 不等式及 Bh 下界即为常见的一种.

5.1.3 Bh 不等式

C–R 不等式的证明主要用到引理 5.1.1, 即 $\widehat{g}(x)$ 与 $S(x, \theta)$ 的关系: $\mathrm{Cov}_\theta(\widehat{g}, S) = g'(\theta)$, $\mathrm{E}_\theta(S) = 0$, $\mathrm{Var}_\theta(S) = I(\theta)$, 从而有

$$\mathrm{Cov}_\theta^2(\widehat{g}, S) \leqslant \mathrm{Var}_\theta(\widehat{g})\mathrm{Var}_\theta(S) \implies \mathrm{Var}_\theta[\widehat{g}(X)] \geqslant \mathrm{Cov}_\theta^2(\widehat{g}, S)[\mathrm{Var}_\theta(S)]^{-1}.$$

原则上来讲, 上式对任何 $S(X, \theta)$ 都成立, 若用某种 $\widetilde{S}(X, \theta)$ 取代 $S(X, \theta)$, 则可得到许多 C–R 型的不等式.

引理 5.1.3 若 $\widetilde{S}(X, \theta)$ 的方差存在, $\widehat{g}(X)$ 为 $g(\theta)$ 的某种估计, 则有

$$\mathrm{Cov}_\theta^2(\widehat{g}, \widetilde{S}) \leqslant \mathrm{Var}_\theta(\widehat{g})\mathrm{Var}_\theta(\widetilde{S}) \implies \mathrm{Var}_\theta[\widehat{g}(X)] \geqslant \mathrm{Cov}_\theta^2(\widehat{g}, \widetilde{S})[\mathrm{Var}_\theta(\widetilde{S})]^{-1}.$$

$$(5.1.16)$$

证明 在引理 5.1.2 的 (5.1.3) 式中, 取 $X = \widehat{g}(X)$, $Y = \widetilde{S}(X, \theta)$, 即可得到上式.

为导出 C–R 型的不等式, 关键是 $\mathrm{Cov}_\theta^2[\widehat{g}(X),\widetilde{S}(X,\theta)]$ 和 $\mathrm{Var}_\theta[\widetilde{S}(X,\theta)]$ 应具有明确的统计意义. 本节以及下一节的许多不等式都基于 (5.1.16) 式, 主要是不同的 $\widetilde{S}(X,\theta)$, 具有不同的统计意义.

例 5.1.5 设 $X \sim \{f(x,\theta), \theta \in \Theta\}$, $\widehat{g}(X)$ 为 $g(\theta)$ 的无偏估计. 并设 $f(x,\theta)$ 和 $g(\theta)$ 关于 θ 有 i 阶导数 $f^{(i)}(x,\theta)$ 和 $g^{(i)}(\theta)$. 则有

$$\mathrm{Var}_\theta[\widehat{g}(X)] \geqslant [g^{(i)}(\theta)]^2 V_{ii}^{-1}.$$

其中 $V_{ii} = \mathrm{Var}_\theta[S^i(X,\theta)]$, $S^i(x,\theta) = f^{(i)}(x,\theta)/f(x,\theta)$.

证明 在 (5.1.16) 式中取 $\widetilde{S}(X,\theta) = S^i(X,\theta)$, 则有

$$\mathrm{Var}_\theta[\widehat{g}(X)] \geqslant \mathrm{Cov}_\theta^2(\widehat{g}, S^i)[\mathrm{Var}_\theta(S^i)]^{-1}.$$

由假设可得

$$\mathrm{E}_\theta[S^i(X,\theta)] = \int \frac{f^{(i)}(x,\theta)}{f(x,\theta)} \cdot f(x,\theta)\mathrm{d}\mu(x) = \frac{\partial^i}{\partial\theta^i}\int f(x,\theta)\mathrm{d}\mu(x) = 0,$$

$$\mathrm{Cov}_\theta[\widehat{g}(X), S^i(X,\theta)] = \mathrm{E}_\theta(\widehat{g}S^i) = \int \widehat{g}(x) \cdot \frac{f^{(i)}(x,\theta)}{f(x,\theta)} \cdot f(x,\theta)\mathrm{d}\mu(x)$$
$$= \frac{\partial^i}{\partial\theta^i}\int \widehat{g}(x)f(x,\theta)\mathrm{d}\mu(x) = \frac{\partial^i}{\partial\theta^i}g(\theta) = g^{(i)}(\theta).$$

综合以上结果有 $\mathrm{Var}_\theta[\widehat{g}(X)] \geqslant [g^{(i)}(\theta)]^2 V_{ii}^{-1}$. ∎

为了得到 Bh 不等式, 以下取 $\widetilde{S}$ 为 $f(x,\theta)$ 的导数所构成的向量, 并记

$$\widetilde{S}(X,\theta) = (S^1(X,\theta),\cdots,S^k(X,\theta))_{k\times 1}^{\mathrm{T}},$$

其中 $S^i(X,\theta) = f^{(i)}(X,\theta)/f(X,\theta)$. 当 $k = 1$ 时, $\widetilde{S}(X,\theta) = S(X,\theta)$ 即为得分函数.

引理 5.1.4 设 $\{f(x,\theta), \theta \in \Theta\}$ 为 C–R 分布族, $\widehat{g}(X)$ 为 $g(\theta)$ 的无偏估计, 且满足以下 Bh 条件:

(1) $f^{(k)}(x,\theta)$ 存在, 且关于 x, θ 连续;

(2) $\mathrm{E}_\theta[S^i(X,\theta)]^2 < +\infty$, $i = 1,\cdots,k$;

(3) $\mathrm{E}_\theta[\widehat{g}(X)S^i(X,\theta)]$ 可在积分号下关于 θ 求导数, $i = 1,\cdots,k$.

则有

(1) $\mathrm{E}_\theta[S^i(X,\theta)] = 0$, $i = 1,\cdots,k$;

(2) $\mathrm{Var}_\theta[\widetilde{S}(X,\theta)]$ 存在, 并记为 $V(\theta) \overset{\triangle}{=} (V_{ij}(\theta))_{k\times k}$;

(3) $\mathrm{Cov}_\theta(\widehat{g}(X), \widetilde{S}(X,\theta)) = \mathrm{E}_\theta(\widehat{g}\widetilde{S}^{\mathrm{T}}) = (g'(\theta),\cdots,g^{(k)}(\theta)) \overset{\triangle}{=} D^{\mathrm{T}}(\theta)_{1\times k}.$

证明   在例 5.1.5 中分别取 $i = 1, \cdots, k$, 即可.   ∎

定理 5.1.4 (Bhattacharyya (巴塔查里亚) 不等式)   条件同引理 5.1.4, 且假定 $V(\theta)$ 可逆, 则有

$$\mathrm{Var}_\theta[\widehat{g}(X)] \geqslant D^{\mathrm{T}}(\theta)V^{-1}(\theta)D(\theta) \stackrel{\triangle}{=} Bh_k. \tag{5.1.17}$$

且等式成立的充要条件为

$$\widehat{g}(x) - g(\theta) = D^{\mathrm{T}}(\theta)V^{-1}(\theta)\widetilde{S}(x, \theta). \tag{5.1.18}$$

证明   由于 $\widetilde{S}(x, \theta)$ 以及 $D(\theta)$ 都是向量, 应用 Schwarz 不等式 (5.1.3) 的等价形式 (5.1.5) 比较方便. 这时可考虑 $\mathrm{Var}(X - \lambda Y) \geqslant 0$, 并以 $\widehat{g}(X)$ 取代 X, 以 $\widetilde{S}(X, \theta)$ 取代 Y, 则由引理 5.1.2 可得

$$\lambda = \mathrm{Cov}_\theta(\widehat{g}, \widetilde{S})\mathrm{Var}_\theta^{-1}(\widetilde{S}) = D^{\mathrm{T}}(\theta)V^{-1}(\theta).$$

由 $\mathrm{Var}(X - \lambda Y) = \mathrm{Var}_\theta[\widehat{g}(X) - D^{\mathrm{T}}(\theta)V^{-1}(\theta)\widetilde{S}(X, \theta)] \geqslant 0$ 可得

$$\mathrm{Var}_\theta(\widehat{g}) - \mathrm{Cov}_\theta(\widehat{g}, \widetilde{S})V^{-1}D - D^{\mathrm{T}}V^{-1}\mathrm{Cov}_\theta(\widetilde{S}, \widehat{g}) + D^{\mathrm{T}}V^{-1}\mathrm{Var}_\theta(\widetilde{S})V^{-1}D \geqslant 0.$$

由引理 5.1.4 可知 $\mathrm{Cov}_\theta(\widehat{g}, \widetilde{S}) = D^{\mathrm{T}}$, $\mathrm{Var}_\theta(\widetilde{S}) = V$, 代入上式可得

$$\mathrm{Var}_\theta(\widehat{g}) - D^{\mathrm{T}}V^{-1}D \geqslant 0.$$

由此得到 (5.1.17) 式. 由引理 5.1.2 可知, (5.1.17) 式等式成立的充要条件为

$$X - \lambda Y = \widehat{g}(x) - D^{\mathrm{T}}V^{-1}\widetilde{S}(x, \theta) = a(\theta) \quad (\text{a.e.}).$$

等式两边取期望可得 $a(\theta) = g(\theta)$, 代入上式, 则等式成立的充要条件化为

$$\widehat{g}(x) - g(\theta) = D^{\mathrm{T}}V^{-1}\widetilde{S}(x, \theta).$$

此即 (5.1.18) 式, 证毕.   ∎

通常, 不等式 (5.1.17) 简称为 Bh 不等式; Bh_k 简称为 Bh 下界.

推论 1   对于 $k = 1$, Bh_1 下界即为 C–R 下界 CRLB.

因为 $k = 1$ 时, $D_1(\theta) = g'(\theta)$, $\mathrm{Var}[S^1(X, \theta)] = I(\theta)$.

推论 2   若 $\mathrm{E}_\theta[\widehat{g}(X)] = g(\theta) + b_g(\theta)$, 且记 $\overline{D}(\theta) = (\overline{D}_i)_{k \times 1}$, $\overline{D}_i = g^{(i)}(\theta) + b_g^{(i)}(\theta)$, $i = 1, \cdots, k$; 则 Bh 不等式化为

$$\mathrm{Var}_\theta[\widehat{g}(X)] \geqslant \overline{D}^{\mathrm{T}}(\theta)V^{-1}(\theta)\overline{D}(\theta).$$

下面证明 Bh 不等式的主要性质, 即 Bh_k 下界随 k 递增, 因而有

$$CRLB = Bh_1 \leqslant Bh_2 \leqslant \cdots \leqslant Bh_k \leqslant \cdots \leqslant \mathrm{Var}_\theta[\widehat{g}(X)].$$

定理 5.1.5 在 Bh 不等式 (5.1.17) 的右端, 记

$$Bh_k \overset{\triangle}{=} B_k(\theta) = D_k^{\mathrm{T}}(\theta) V_k^{-1}(\theta) D_k(\theta),$$

则当 $l \leqslant k$ 时有 $B_l(\theta) \leqslant B_k(\theta)$.

证明 把矩阵 V_k 和向量 D_k 按维数 l 和 $k-l$ 分块如下:

$$V_k = \begin{pmatrix} V_{11} & V_{12} \\ V_{21} & V_{22} \end{pmatrix}, \quad D_k = \begin{pmatrix} D_1 \\ D_2 \end{pmatrix}.$$

则有 $V_{11} = V_l$, $D_1 = D_l$, $B_l = D_1^{\mathrm{T}} V_{11}^{-1} D_1$, 在 $B_k = D_k^{\mathrm{T}} V_k^{-1} D_k$ 中, 利用分块求逆公式

$$V_k^{-1} = \begin{pmatrix} V_{11}^{-1} & 0 \\ 0 & 0 \end{pmatrix} + \begin{pmatrix} G \\ -I_{k-l} \end{pmatrix} H^{-1} (G^{\mathrm{T}}, -I_{k-l}),$$

其中 I_{k-l} 为单位矩阵, $G = V_{11}^{-1} V_{12}$, $H = V_{22} - V_{21} V_{11}^{-1} V_{12} \geqslant 0$, 因此有

$$\begin{aligned}
B_k(\theta) &= (D_1^{\mathrm{T}}, D_2^{\mathrm{T}}) \begin{pmatrix} V_{11} & V_{12} \\ V_{21} & V_{22} \end{pmatrix}^{-1} \begin{pmatrix} D_1 \\ D_2 \end{pmatrix} \\
&= D_1^{\mathrm{T}} V_{11}^{-1} D_1 + (D_1^{\mathrm{T}} G - D_2^{\mathrm{T}}) H^{-1} (G^{\mathrm{T}} D_1 - D_2) \geqslant B_l(\theta). \quad \blacksquare
\end{aligned}$$

推论 以上定理中, $B_k(\theta) = B_l(\theta)$ 的充要条件为 $V_{21} V_{11}^{-1} D_1 - D_2 = 0$.

例 5.1.6 (续例 5.1.4) 设 $X_1, \cdots, X_n$ 独立同分布, $X_1 \sim N(\theta, 1)$, 可以证明: $T(X) = \overline{X}^2 - n^{-1}$ 是 $g(\theta) = \theta^2$ 的 UMVUE, 其方差达不到 C–R 下界, 但是能达到 Bh_2 下界.

证明 由第三章例 3.2.8 可知, $T(X) = \overline{X}^2 - n^{-1}$ 是 $g(\theta) = \theta^2$ 的 UMVUE; 又由例 5.1.4 可知, 其方差达不到 C–R 下界. 经直接计算可得 (可令 $\overline{Y} = \overline{X} - \theta$)

$$\mathrm{Var}_\theta[T(X)] = \frac{4}{n} \theta^2 + \frac{2}{n^2}.$$

今考虑 Bh_2 下界. 当 $k = 2$ 时, 由例 5.1.4 可知, $S^1(x, \theta) = n(\overline{x} - \theta)$, $S^2(x, \theta) = n^2(\overline{x} - \theta)^2 - n$; 而 $D_2^{\mathrm{T}} = (2\theta, 2)$. 由于 $\sqrt{n}(\overline{x} - \theta) \sim N(0, 1)$, 经直接计算可得

$$V_2 = \begin{pmatrix} n & 0 \\ 0 & 2n^2 \end{pmatrix}; \qquad V_2^{-1} = \begin{pmatrix} \dfrac{1}{n} & 0 \\ 0 & \dfrac{1}{2n^2} \end{pmatrix}.$$

因此由 (5.1.17) 式可知

$$Bh_2 = D_2^{\mathrm{T}} V_2^{-1} D_2 = \frac{4}{n}\theta^2 + \frac{2}{n^2}.$$

因此 $\mathrm{Var}_\theta[T(X)] = Bh_2$, 即 $T(X)$ 的方差达到 Bh_2 下界.   ∎

5.1.4　多参数 C–R 不等式

今考虑参数 θ 为 p 维向量的情形. 设 $X \sim \{f(x,\theta),\ \theta \in \Theta\}$, $\Theta \subset \mathbf{R}^p$, $\theta = (\theta_1,\cdots,\theta_p)^{\mathrm{T}}$ 为 C–R 分布族. 又设 $g(\theta) = (g_1(\theta),\cdots,g_k(\theta))^{\mathrm{T}}$ 的无偏估计为 $\widehat{g}(X) = (\widehat{g}_1(X),\cdots,\widehat{g}_k(X))^{\mathrm{T}}$, 其方差 $\mathrm{Var}_\theta[\widehat{g}(X)]$ 为 $k \times k$ 矩阵.

C–R 不等式仍然由得分函数出发, 这时 $S(x,\theta) = (S_1(x,\theta),\cdots,S_p(x,\theta))_{p\times 1}^{\mathrm{T}}$, 其中

$$S_i(x,\theta) = \frac{\partial}{\partial \theta_i}\log f(x,\theta) = \frac{1}{f(x,\theta)}\frac{\partial f(x,\theta)}{\partial \theta_i};\ i = 1,\cdots,p.$$

由第二章的结果可知

$$\mathrm{E}_\theta[S(X,\theta)] = 0,\quad \mathrm{Var}_\theta[S(X,\theta)] = \mathrm{E}_\theta[S(X,\theta)S^{\mathrm{T}}(X,\theta)] = I(\theta)_{p\times p}.$$

引理 5.1.5　设 $X \sim \{f(x,\theta),\theta \in \Theta\}$ 为 C–R 分布族, $\widehat{g}(X)$ 为 $g(\theta)$ 的无偏估计, 则有

$$\mathrm{Cov}_\theta[\widehat{g}(X),S(X,\theta)] = \mathrm{E}_\theta[\widehat{g}(X)S^{\mathrm{T}}(X,\theta)] = \frac{\partial g(\theta)}{\partial \theta^{\mathrm{T}}} \overset{\triangle}{=} G(\theta) = (G_{ij}(\theta))_{k\times p}, \tag{5.1.19}$$

其中

$$G_{ij}(\theta) = \mathrm{Cov}_\theta(\widehat{g}_i,S_j) = \mathrm{E}_\theta(\widehat{g}_i S_j) = \frac{\partial g_i(\theta)}{\partial \theta_j},\ i = 1,\cdots,k;\ j = 1,\cdots,p.$$

证明　只需对每个分量加以证明即可. 由假设可知

$$\mathrm{E}_\theta[\widehat{g}_i(X)S_j(X,\theta)] = \int \widehat{g}_i(x)\frac{1}{f(x,\theta)}\frac{\partial f(x,\theta)}{\partial \theta_j}f(x,\theta)\mathrm{d}\mu(x)$$

$$= \frac{\partial}{\partial \theta_j}\int \widehat{g}_i(x)f(x,\theta)\mathrm{d}\mu(x) = \frac{\partial g_i(\theta)}{\partial \theta_j} = G_{ij}(\theta).\qquad ∎$$

定理 5.1.6　设 $X \sim \{f(x,\theta),\theta \in \Theta\}$ 为 C–R 分布族, $\widehat{g}(X)$ 为 $g(\theta)$ 的无偏估计, 则有

$$\mathrm{Var}_\theta[\widehat{g}(X)] \geqslant G(\theta)I^{-1}(\theta)G^{\mathrm{T}}(\theta), \tag{5.1.20}$$

且等式成立的充要条件为

$$\widehat{g}(x) - g(\theta) = C(\theta)S(x,\theta). \tag{5.1.21}$$

证明 仍应用 Schwarz 不等式的等价形式 (5.1.5) 式: $\mathrm{Var}(X - \lambda Y) \geqslant 0$, 并以 $\widehat{g}(X)$ 取代 X, 以 $S(X,\theta)$ 取代 Y, 则由 (5.1.5) 式以及引理 5.1.5 有

$$\lambda = \mathrm{Cov}_\theta(\widehat{g}, S)\mathrm{Var}_\theta^{-1}(S) = G(\theta)I^{-1}(\theta),$$

$$\mathrm{Var}(X - \lambda Y) = \mathrm{Var}_\theta[\widehat{g}(X) - G(\theta)I^{-1}(\theta)S(X,\theta)] \geqslant 0.$$

由此可得

$$\mathrm{Var}_\theta(\widehat{g}) - \mathrm{Cov}_\theta(\widehat{g}, S)I^{-1}G^{\mathrm{T}} - GI^{-1}\mathrm{Cov}_\theta(S, \widehat{g}) + GI^{-1}\mathrm{Var}_\theta(S)I^{-1}G^{\mathrm{T}} \geqslant 0.$$

由 (5.1.19) 式可得

$$\mathrm{Var}_\theta(\widehat{g}) - 2GI^{-1}G^{\mathrm{T}} + GI^{-1}G^{\mathrm{T}} \geqslant 0.$$

因而有

$$\mathrm{Var}_\theta(\widehat{g}) \geqslant GI^{-1}G^{\mathrm{T}}.$$

此即 (5.1.20) 式. 由引理 5.1.2, 该式等式成立的充要条件为

$$X - \lambda Y = \widehat{g}(x) - G(\theta)I^{-1}(\theta)S(x,\theta) = a(\theta).$$

等式两边取期望得 $a(\theta) = g(\theta)$, 代入上式即可得到 (5.1.21) 式:

$$\widehat{g}(x) - g(\theta) = C(\theta)S(x,\theta) \quad , \quad C(\theta) = G(\theta)I^{-1}(\theta). \qquad \blacksquare$$

推论 1 若 $\widehat{\theta}(X)$ 为 θ 的无偏估计, 则有 $\mathrm{Var}_\theta[\widehat{\theta}(X)] \geqslant I^{-1}(\theta)$.

推论 2 若 $\mathrm{E}_\theta[\widehat{g}(X)] = g(\theta) + b(\theta)$, 则有

$$\mathrm{Var}_\theta[\widehat{g}(X)] \geqslant \widetilde{G}I^{-1}\widetilde{G}^{\mathrm{T}}, \quad \widetilde{G} = (\widetilde{G}_{ij}), \quad \widetilde{G}_{ij} = \frac{\partial[g_i(\theta) + b_i(\theta)]}{\partial\theta_j}.$$

推论 3 若 $X_1, \cdots, X_n$ 独立同分布, X_1 的 Fisher 信息矩阵为 $i(\theta)$, 则有

$$\mathrm{Var}_\theta[\widehat{g}(X)] \geqslant \frac{1}{n}G(\theta)i^{-1}(\theta)G^{\mathrm{T}}(\theta) = O(n^{-1}),$$

$$\mathrm{Var}_\theta[\widehat{\theta}(X)] \geqslant \frac{1}{n}i^{-1}(\theta) = O(n^{-1}).$$

对于多参数 C–R 不等式, 也有类似于定理 5.1.2 和 5.1.3 的结果, 从略, 可参见陈希孺 (1981) 等文献.

5.2 广义 C–R 型不等式

本节主要讨论非 C–R 分布族情形下, 估计量的方差下界问题. 特别考虑没有共同支撑情形下有关估计量方差的不等式, 包括 $\{R(0,\theta)\}$, $\{\mu + \Gamma(1,1)\}$ 等分布族. 记 $A_\theta = \{x : f(x,\theta) > 0\}$, 一般 A_θ 应与 θ 有关, 即当 $\theta \neq \phi$ 时, $A_\theta \neq A_\phi$. 例如 $\{R(0,\theta)\}$, $A_\theta = [0,\theta]$ 就是如此. 在以下讨论中, 假定 A_θ 可以与 θ 有关 (即可以不是 C–R 分布族).

上一节已经指出, C–R 型不等式有很多种, 在引理 5.1.3 的 (5.1.16) 式中, 不等式对任何的 $\widetilde{S}(x,\theta)$ 都成立. 上一节曾经取 $\widetilde{S} = f'(x,\theta)/f(x,\theta)$ 或 $\widetilde{S} = f^{(i)}(x,\theta)/f(x,\theta)$. 本节将取 $\widetilde{S} = S_\phi(x,\theta,\phi) = f(x,\phi)/f(x,\theta)$. 它与取 $\widetilde{S} = f'(x,\theta)/f(x,\theta)$ 有某些类似之处 (见第二章 Fisher 信息与 Kullback-Leibler 信息的定义与性质).

引理 5.2.1 设 $\{f(x,\theta), \theta \in \Theta\}$, $\widehat{g}(X)$ 为 $g(\theta)$ 的无偏估计. 对于 $\theta, \phi \in \Theta$, 记 $S_\phi = f(x,\phi)/f(x,\theta)$, 并假定 $\mathrm{Var}_\theta(S_\phi)$ 存在, 则当 $A_\theta \supset A_\phi$ 时, 有

$$\mathrm{Var}_\theta[\widehat{g}(X)] \geqslant \frac{[g(\phi) - g(\theta)]^2}{\mathrm{Var}_\theta(S_\phi)}. \tag{5.2.1}$$

证明 类似于引理 5.1.3 的 (5.1.16) 式有

$$[\mathrm{Cov}_\theta(\widehat{g}, S_\phi)]^2 \leqslant \mathrm{Var}_\theta(\widehat{g})\mathrm{Var}_\theta(S_\phi),$$

$$\mathrm{Var}_\theta[\widehat{g}(X)] \geqslant \frac{[\mathrm{Cov}_\theta(\widehat{g}, S_\phi)]^2}{\mathrm{Var}_\theta(S_\phi)}. \tag{5.2.2}$$

以下主要计算

$$\mathrm{Cov}_\theta(\widehat{g}, S_\phi) = \mathrm{E}_\theta(\widehat{g}S_\phi) - \mathrm{E}_\theta(\widehat{g})\mathrm{E}_\theta(S_\phi). \tag{5.2.3}$$

由 A_θ 与 $S_\phi(x,\theta,\phi)$ 的定义以及 $A_\theta \supset A_\phi$ 有

$$
\begin{aligned}
\mathrm{E}_\theta(S_\phi) &= \int_{\mathcal{X}} S_\phi(x,\theta,\phi)f(x,\theta)\mathrm{d}\mu(x) \\
&= \int_{A_\theta} S_\phi(x,\theta,\phi)f(x,\theta)\mathrm{d}\mu(x) + \int_{\mathcal{X}-A_\theta} S_\phi(x,\theta,\phi)f(x,\theta)\mathrm{d}\mu(x) \\
&= \int_{A_\theta} \frac{f(x,\phi)}{f(x,\theta)}f(x,\theta)\mathrm{d}\mu(x) = \int_{A_\theta} f(x,\phi)\mathrm{d}\mu(x) \\
&= \int_{A_\phi} f(x,\phi)\mathrm{d}\mu(x) + \int_{A_\theta - A_\phi} f(x,\phi)\mathrm{d}\mu(x) \\
&= \int_{A_\phi} f(x,\phi)\mathrm{d}\mu(x) = \int_{\mathcal{X}} f(x,\phi)\mathrm{d}\mu(x) = 1.
\end{aligned}
\tag{5.2.4}
$$

同理有

$$\mathrm{E}_\theta(\widehat{g}S_\phi) = \int_{\mathcal{X}} \widehat{g}(x) \frac{f(x,\phi)}{f(x,\theta)} f(x,\theta)\mathrm{d}\mu(x) = \int_{A_\theta} \widehat{g}(x) f(x,\phi)\mathrm{d}\mu(x)$$

$$= \int_{A_\phi} \widehat{g}(x) f(x,\phi)\mathrm{d}\mu(x) = \int_{\mathcal{X}} \widehat{g}(x) f(x,\phi)\mathrm{d}\mu(x) = g(\phi).$$

以上结果代入 (5.2.3) 式可得

$$\mathrm{Cov}_\theta(\widehat{g}, S_\phi) = g(\phi) - g(\theta).$$

以上结果代入 (5.2.2) 式, 即得 (5.2.1) 式. ∎

定理 5.2.1 (Chapman (查普曼), Robins (罗宾斯), Kiefer (基弗) 不等式) 设 $\{f(x,\theta), \theta \in \Theta\}$, $\widehat{g}(X)$ 为 $g(\theta)$ 的无偏估计. 则有

$$\mathrm{Var}_\theta[\widehat{g}(X)] \geqslant \sup_{\{\phi:\ A_\phi \subset A_\theta\}} \frac{[g(\phi) - g(\theta)]^2}{\mathrm{Var}_\theta[f(X,\phi)/f(X,\theta)]}$$

$$= \sup_{\{\phi:\ A_\phi \subset A_\theta\}} \frac{[g(\phi) - g(\theta)]^2}{\mathrm{Var}_\theta\left[\dfrac{f(X,\phi) - f(X,\theta)}{f(X,\theta)}\right]}. \tag{5.2.5}$$

证明 根据引理 5.2.1, 不等式 (5.2.1) 对一切 $A_\theta \supset A_\phi$ 的 ϕ 都成立, 因而 (5.2.5) 式成立. ∎

不等式 (5.2.5) 简称为 CRK 不等式, 该式右端称为 CRK 下界. 以上定理的意义在于 (5.2.5) 式可用于非 C–R 分布族, 特别是无共同支撑的均匀分布等分布族. (5.2.5) 式的主要困难在于计算上确界, 即 CRK 下界, 通常只求近似值, 即比 CRK 下界稍小一点的下界, 见后面例子.

推论 1 若 $\{f(x,\theta), \theta \in \Theta\}$ 为 C–R 分布族, 则由 CRK 不等式可推出 C–R 不等式, 且 CRK 下界 $\geqslant$ C–R 下界.

证明 若 $\{f(x,\theta), \theta \in \Theta\}$ 为 C–R 分布族, 则它有共同支撑, 因而有 $A_\theta = A_\phi$. 由于 (5.2.5) 式对任何 ϕ 都成立, 取 $\phi = \theta + \Delta\theta$, 则有

$$\mathrm{Var}_\theta[\widehat{g}(X)] \geqslant \mathrm{CRK}\ 下界 \geqslant \frac{[g(\theta + \Delta\theta) - g(\theta)]^2/\Delta\theta^2}{\mathrm{Var}_\theta\left[\dfrac{f(X,\ \theta + \Delta\theta) - f(X,\ \theta)}{f(X,\ \theta)\Delta\theta}\right]}.$$

上式中令 $\Delta\theta \to 0$, 则有

$$\mathrm{Var}_\theta[\widehat{g}(X)] \geqslant \mathrm{CRK}\ 下界 \geqslant \frac{[g'(\theta)]^2}{\mathrm{Var}_\theta\left[\dfrac{f'(X,\ \theta)}{f(X,\ \theta)}\right]} = \frac{[g'(\theta)]^2}{I(\theta)} = \mathrm{C\text{–}R}\ 下界. ∎$$

推论 2 若 $\widehat{g}(X)$ 为充分统计量 $T = T(X)$ 的函数, $\widehat{g}(X) = \phi(T)$, 且有 $T \sim h(t, \theta)$, 则有

$$\mathrm{Var}_\theta[\widehat{g}(X)] \geqslant \sup_{\{\phi:\; A_\phi \subset A_\theta\}} \frac{[g(\phi) - g(\theta)]^2}{\mathrm{Var}_\theta\left[\dfrac{h(T, \phi)}{h(T, \theta)}\right]}.$$

只需对 (5.2.5) 式应用因子分解定理即可得到上式.

例 5.2.1 设 $X_1, \cdots, X_n$ 独立同分布, $X_1 \sim \theta + \Gamma(1, 1)$, 求 $g(\theta) = \theta$ 无偏估计的 CRK 下界.

解 样本分布没有共同支撑:

$$f(x, \theta) = \exp\left\{-\sum_{i=1}^n (x_i - \theta)\right\} I\{x_{(1)} \geqslant \theta\}, \quad A_\theta = [\theta, +\infty).$$

由于 $\{\phi:\; A_\phi \subset A_\theta\} = \{\phi: \phi \geqslant \theta\}$, 因此有

$$\text{CRK 下界} = \sup_{\{\phi:\; \phi \geqslant \theta\}} \frac{(\phi - \theta)^2}{\mathrm{Var}_\theta(S_\phi)}. \tag{5.2.6}$$

当 $\phi \geqslant \theta$ 时有

$$S_\phi = \frac{f(x, \phi)}{f(x, \theta)} = \frac{\exp\left\{-\sum\limits_{i=1}^n (x_i - \phi)\right\} I\{x_{(1)} \geqslant \phi\}}{\exp\left\{-\sum\limits_{i=1}^n (x_i - \theta)\right\} I\{x_{(1)} \geqslant \theta\}}$$

$$= \exp\{n(\phi - \theta)\} I\{x_{(1)} \geqslant \phi\} I\{\phi \geqslant \theta\}.$$

而由 (5.2.4) 式可得

$$\mathrm{Var}_\theta(S_\phi) = \mathrm{E}_\theta(S_\phi^2) - (\mathrm{E}_\theta S_\phi)^2 = \mathrm{E}_\theta(S_\phi^2) - 1.$$

由于 $X_{(1)} \sim \theta + \Gamma(n, 1) \sim n\exp\{-n(t - \theta)\} I\{t \geqslant \theta\}$, 因此有

$$\mathrm{E}_\theta(S_\phi^2) = \int_\theta^\infty [\exp\{n(\phi - \theta)\} I\{t \geqslant \phi\} I\{\phi \geqslant \theta\}]^2 n\exp\{-n(t - \theta)\}\mathrm{d}t$$

$$= \int_\phi^\infty \exp\{2n(\phi - \theta)\} n\exp\{-n(t - \theta)\}\mathrm{d}t = \exp\{n(\phi - \theta)\}.$$

因此有 $\mathrm{Var}_\theta(S_\phi) = \exp\{n(\phi - \theta)\} - 1$. 这些结果代入 (5.2.6) 式可得 (Zacks (1981))

$$\text{CRK 下界} = \sup_{\phi \geqslant \theta}\left[\frac{(\phi - \theta)^2}{\exp\{n(\phi - \theta)\} - 1}\right] \approx \frac{4 - \mathrm{e}}{n^2 \mathrm{e}} \approx \frac{0.47}{n^2}.$$

特别, θ 的 UMVUE 为 $\widehat{\theta} = X_{(1)} - 1/n$, 这时有 $\mathrm{Var}_\theta(\widehat{\theta}) = 1/n^2$, 其值显著地大于以上 CRK 下界的近似值.

例 5.2.2 设 $X_1, \cdots, X_n$ 独立同分布, $X_1 \sim R(0, \theta)$, 求 $g(\theta) = \theta$ 无偏估计的 CRK 下界.

解 样本分布也没有共同支撑:

$$f(x, \theta) = \frac{1}{\theta^n} I\left\{x_{(n)} \leqslant \theta\right\} I\left\{x_{(1)} \geqslant 0\right\},$$

其中 $A_\theta = (0, \theta]$, 并且有 $\{\phi : A_\phi \subset A_\theta\} = \{\phi \leqslant \theta\}$, 因此有

$$\text{CRK 下界} = \sup_{\{\phi \leqslant \theta\}} \frac{(\phi - \theta)^2}{\text{Var}_\theta(S_\phi)}.$$

因此当 $\phi \leqslant \theta$ 时有

$$
\begin{aligned}
S_\phi &= \frac{f(x, \phi)}{f(x, \theta)} = \frac{\theta^n}{\phi^n} \frac{I\{x_{(n)} \leqslant \phi\}}{I\{x_{(n)} \leqslant \theta\}} I\{\phi \leqslant \theta\} \\
&= \frac{\theta^n}{\phi^n} I\{x_{(n)} \leqslant \phi\} I\{\phi \leqslant \theta\} \\
&= \frac{\theta^n}{\phi^n} I\left\{\frac{x_{(n)}}{\theta} \leqslant \frac{\phi}{\theta}\right\} I\left\{\frac{\phi}{\theta} \leqslant 1\right\}.
\end{aligned}
$$

而由 (5.2.4) 式可得 $\text{Var}_\theta(S_\phi) = \text{E}_\theta(S_\phi^2) - (\text{E}_\theta S_\phi)^2 = \text{E}_\theta(S_\phi^2) - 1$. 又由于 $X_{(n)}/\theta \sim BE(n, 1) \sim ny^{n-1} I\{0 \leqslant y \leqslant 1\}$, 因此有

$$\text{E}_\theta(S_\phi^2) = \int_0^{\phi/\theta} \frac{\theta^{2n}}{\phi^{2n}} ny^{n-1} I\{\phi \leqslant \theta\} \mathrm{d}y = \left(\frac{\theta}{\phi}\right)^n I\{\phi \leqslant \theta\}.$$

因此有

$$\text{CRK 下界} = \sup_{\phi \leqslant \theta} \left[\frac{(\phi - \theta)^2}{\left(\dfrac{\theta}{\phi}\right)^n - 1}\right] = \sup_{\phi \leqslant \theta} \left[\frac{\phi^n(\phi - \theta)^2}{\theta^n - \phi^n}\right].$$

这时不易求出准确最大值, 可取 $\phi = \dfrac{n}{n+2}\theta$, 估算其近似值

$$\frac{\phi^n(\phi - \theta)^2}{\theta^n - \phi^n} = \frac{\left(\dfrac{n}{n+2}\right)^n \left(\dfrac{2}{n+2}\right)^2 \theta^{n+2}}{\left[1 - \left(\dfrac{n}{n+2}\right)^n\right]\theta^n} \approx \frac{4\theta^2}{(\mathrm{e}^2 - 1)(n+2)^2} \approx \frac{\theta^2}{1.5(n+2)^2}.$$

特别, θ 的 UMVUE 为 $\widehat{\theta} = \dfrac{n+1}{n}X_{(n)}$, 估计量的方差为 $\text{Var}(\widehat{\theta}) = \dfrac{\theta^2}{n(n+2)}$, 其值明显地比 CRK 下界的近似值大.

5.3 估计量的渐近性质

估计量的渐近性质或大样本性质, 就是考虑当样本容量 n 充分大时, 估计量与被估计量能否按某种意义充分接近. 在数学上, 就是考虑样本容量 $n \to +\infty$ 时估计量的收敛性问题. 设样本为 $X_1, \cdots, X_n$, 并记 $X = (X_1, \cdots, X_n)^{\mathrm{T}}$, $X \sim f(x, \theta)$, $\theta \in \Theta$ (通常假定 $X_1, \cdots, X_n$ 独立同分布). 假设 $g(\theta)$ 的估计记为 $\widehat{g}(X) = \widehat{g}(X_1, \cdots, X_n) = \widehat{g}_n(X)$, 类似地, θ 的估计记为 $\widehat{\theta}(X)$ 或 $\widehat{\theta}_n(X)$. 本节主要考虑相合性, 即 $n \to +\infty$ 时 $\widehat{g}_n(X) \to g(\theta)$ 是否成立, 其中 $\to$ 表示随机变量 $\widehat{g}_n(X)$ 在某种概率意义下的收敛; 渐近正态性, 就是考虑随机变量 $Z_n = \sqrt{n}\{\widehat{g}_n(X) - g(\theta)\}$ 的渐近分布是否为正态分布?

以下 5.3.1 小节首先复习介绍数理统计中常用的随机变量序列的收敛性及其有关的性质, 进一步的内容可参见李贤平 (2010)、陈希孺 (1981)、严士健, 刘秀芳 (2003) 等文献; 5.3.2 小节介绍相合性和渐近正态性的定义与性质; 5.3.3 和 5.3.4 小节则讨论矩估计和最大似然估计的相合性和渐近正态性.

5.3.1 随机变量序列的收敛性

记 ξ_n, ξ, η 为随机变量; b, c 为常数; $\xi_n \sim F_n(x)$, $\xi \sim F(x)$ 为分布函数. 当 $n \to +\infty$ 时, 随机变量序列的收敛性通常有以下几种:

(1) 依概率收敛. $\xi_n \xrightarrow{P} \xi$ 或 $\xi_n \to \xi$ (p.): 若 $P(|\xi_n - \xi| \geqslant \varepsilon) \to 0$ ($n \to +\infty$), $\forall \varepsilon > 0$.

(2) r 阶矩收敛. $\xi_n \xrightarrow{r} \xi$: 若 $E|\xi_n - \xi|^r \to 0$ ($n \to +\infty$); 特别当 $r = 2$ 时, 记为 $MSE(\xi_n) \to 0$.

(3) 几乎处处收敛. $\xi_n \to \xi$ (a.e.) 或 (a.s.): 若 $P\left\{x : \lim_{n \to +\infty} \xi_n(x) = \xi(x)\right\} = 1$, 即对 $P(A) = 1$, 当 $x \in A$ 时有 $\xi_n(x) \to \xi(x)$ ($n \to +\infty$); 这也可表示为 $P\{\xi_n \to \xi (n \to +\infty)\} = 1$.

(4) 依分布收敛. $\xi_n \xrightarrow{L} \xi$ 或 $\xi_n \xrightarrow{d} \xi$: 若在 $F(x)$ 的连续点处有 $F_n(x) \to F(x)$ ($n \to +\infty$).

当 $n \to +\infty$ 时, 随机变量序列的收敛性有以下常用性质:

(1) $\xi_n \to \xi$ (a.e.) $\implies \xi_n \xrightarrow{P} \xi \implies \xi_n \xrightarrow{L} \xi$; 另外也有 $\xi_n \xrightarrow{r} \xi \implies \xi_n \xrightarrow{P} \xi$. 特别地, 由 $E|\xi_n|^r \to 0$ 可得 $\xi_n \xrightarrow{P} 0$; 当 $r = 2$ 时, 由 $\mathrm{Var}(\xi_n) \to 0$ 可得 $\xi_n - E(\xi_n) \xrightarrow{P} 0$. 更常用的形式为: 若 $\mathrm{Var}(\xi_n) \to 0$, $\mathrm{E}(\xi_n) \to a$ 或 $\mathrm{E}(\xi_n) = a$, 则有 $\xi_n \xrightarrow{P} a$; 更进一步: 若 $\mathrm{E}(\xi_n) \to 0$, $\mathrm{Var}(\xi_n) \to 0$, 则有 $\xi_n \xrightarrow{P} 0$.

(2) 若 $\xi_n \xrightarrow{P} c$ (或 (a.e.)), 函数 $\varphi(x)$ 在 $x = c$ 处连续, 则有 $\varphi(\xi_n) \xrightarrow{P} \varphi(c)$ (或 (a.e.)).

(3) 随机变量序列 ξ_n 依概率收敛到常数 c 的充要条件为 ξ_n 依分布收敛到 c; 特别地, $\xi_n \xrightarrow{P} 0$ 的充要条件为 $\xi_n \xrightarrow{L} 0$. 因为若 $\xi_n \xrightarrow{L} c$, 则 $F_n(x) \to I\{x \geqslant c\}$; 即 $F_n(x) \to 0 \ (x < c)$, $\quad F_n(x) \to 1 \ (x > c)$. 因此有

$$P(|\xi_n - c| \geqslant \varepsilon) = P(\xi_n \leqslant c - \varepsilon) + P(\xi_n \geqslant c + \varepsilon) = F_n(c - \varepsilon) + 1 - F_n(c + \varepsilon - 0) \to 0.$$

由此可得 $\xi_n \xrightarrow{P} c$.

(4) $\xi_n \to \xi$ (a.e.) 的充分条件 (Borel-Cantelli (坎泰利) 引理). 若 $\forall \, \varepsilon > 0$, $\sum\limits_{n=1}^{\infty} P\{|\xi_n - \xi| \geqslant \varepsilon\}$ 收敛, 则 $\xi_n \to \xi$ (a.e.) (见李贤平 (2010)). 特别, 若 $\sum\limits_{n=1}^{\infty} \mathrm{Var}(\xi_n)$ 收敛, 则由 Chebyshev (切比雪夫) 不等式知 $\sum\limits_{n=1}^{\infty} P\{|\xi_n - \mathrm{E}(\xi_n)| \geqslant \varepsilon\}$ 收敛, 因而 $\xi_n - \mathrm{E}(\xi_n) \to 0$ (a.e.); 若再有 $\mathrm{E}(\xi_n) \to a$ 或 $\mathrm{E}(\xi_n) = a$, 则有 $\xi_n \to a$ (a.e.).

以下定理对于推导随机序列的渐近分布十分有用.

定理 5.3.1 (Slutsky (斯卢茨基))　当 $n \to +\infty$ 时, 若 $\xi_n \xrightarrow{L} \xi$, $\eta_n \xrightarrow{P} c$, 则有

$$\xi_n + \eta_n \xrightarrow{L} \xi + c, \quad \xi_n \eta_n \xrightarrow{L} c\xi, \quad \eta_n^{-1} \xi_n \xrightarrow{L} c^{-1}\xi \ (c \neq 0).$$

特别, 若 $\eta_n \xrightarrow{P} 0$, 则 $\xi_n + \eta_n \xrightarrow{L} \xi$ (去 0 律); 若 $\eta_n \xrightarrow{P} 1$, 则 $\xi_n \eta_n \xrightarrow{L} \xi$ (去 1 律).

证明　我们只证明第一式, 即当 $n \to +\infty$ 时有 $\xi_n + \eta_n \xrightarrow{L} \xi + c$, 其他证明类似, 从略. 今假定 $\xi_n \sim F_n(x)$, $\xi \sim F(x)$. 已知 $\xi + c \sim F(x - c)$, $F_n(x) \to F(x)$, 且有 $P(|\eta_n - c| \geqslant \varepsilon) \to 0$, $\forall \, \varepsilon > 0$; 要证 $P\{\xi_n + \eta_n \leqslant x\} \to F(x - c)$, 其中 $x - c$ 为 $F(x)$ 的连续点. 设 $\delta_n \to 0 \ (\delta_n > 0)$, 对充分大的 n 有 $P(|\eta_n - c| \geqslant \varepsilon) \leqslant \delta_n$. 记事件 $A = \{\eta_n : c - \varepsilon < \eta_n < c + \varepsilon\}$, $\overline{A} = \{\eta_n : |\eta_n - c| \geqslant \varepsilon\}$. 易见 $P(A) \geqslant 1 - \delta_n$, $P(\overline{A}) \leqslant \delta_n$, 而在 $\eta_n \in A$ 上有

$$\xi_n + c - \varepsilon \leqslant \xi_n + \eta_n \leqslant \xi_n + c + \varepsilon. \tag{5.3.1}$$

由 (5.3.1) 式有

$$\{A \cap (\xi_n + c - \varepsilon \leqslant x)\} \supset \{A \cap (\xi_n + \eta_n \leqslant x)\} \supset \{A \cap (\xi_n + c + \varepsilon \leqslant x)\}, \tag{5.3.2}$$

因此

$$
\begin{aligned}
P\{\xi_n + \eta_n \leqslant x\} &= P\{A \cap (\xi_n + \eta_n \leqslant x)\} + P\{\overline{A} \cap (\xi_n + \eta_n \leqslant x)\} \\
&\leqslant P\{A \cap (\xi_n + c - \varepsilon \leqslant x)\} + P(\overline{A}) \\
&\leqslant P\{\xi_n + c - \varepsilon \leqslant x\} + \delta_n = F_n(x - c + \varepsilon) + \delta_n;
\end{aligned}
\tag{5.3.3}
$$

另一方面

$$P\{\xi_n + \eta_n \leqslant x\} \geqslant P\{A \cap (\xi_n + \eta_n \leqslant x)\} \geqslant P\{A \cap (\xi_n + c + \varepsilon \leqslant x)\}$$
$$= P\{\xi_n + c + \varepsilon \leqslant x\} - P\{\overline{A} \cap (\xi_n + c + \varepsilon \leqslant x)\} \qquad (5.3.4)$$
$$\geqslant F_n(x - c - \varepsilon) - P(\overline{A}) \geqslant F_n(x - c - \varepsilon) - \delta_n,$$

综合 (5.3.3) 式和 (5.3.4) 式可得 $P\{\xi_n + \eta_n \leqslant x\} \to F(x - c)$, 即 $\xi_n + \eta_n \xrightarrow{L} \xi + c$. ∎

推论 当 $n \to +\infty$ 时, 若 $\xi_n \xrightarrow{L} \xi$, $a_n \xrightarrow{P} a$, $b_n \xrightarrow{P} b$, 则 $a_n \xi_n + b_n \xrightarrow{L} a\xi + b$.

注 以上定理对于随机向量序列也成立, 因为只需对每个分量应用该定理即可.

例 5.3.1 (t 分布的渐近正态性) 设 $X_1, \cdots, X_n$ 独立同分布, $X_1 \sim N(0, \sigma^2)$, 则当 $n \to +\infty$ 时有 $t_n \xrightarrow{L} N(0, 1)$, 其中

$$t_n = \frac{\sqrt{n}\,\overline{X}}{\sqrt{\sum\limits_{i=1}^{n} (X_i - \overline{X})^2 / (n-1)}}.$$

证明 因为 $\sqrt{n}\,\overline{X}/\sigma \sim N(0, 1)$, $S^2 = n^{-1} \sum\limits_{i=1}^{n} (X_i - \overline{X})^2 \xrightarrow{P} \sigma^2$ (可参见例 5.3.2), 因此

$$t_n = \frac{\sqrt{n}\,\overline{X}}{\sigma} \frac{\sigma}{S} \sqrt{\frac{n-1}{n}}.$$

所以由 Slutsky 定理 "去 1 律" 知, 当 $n \to +\infty$ 时, $t_n \xrightarrow{L} N(0, 1)$.

另外, 若 $X_1, \cdots, X_n$ 独立同分布, $\mathrm{E}(X_1) = 0$, $\mathrm{Var}(X_1) = \sigma^2$, 则由中心极限定理有 $\sqrt{n}\,\overline{X}/\sigma \xrightarrow{L} N(0, 1)$, 因此以上结果仍然成立. ∎

Slutsky 定理的用处十分广泛, 特别是 "去 0 律" 和 "去 1 律", 后面经常用到. 以下定理也是常用的形式.

定理 5.3.2 当 $n \to +\infty$ 时, 设数列 $a_n \to \infty$, 随机变量 $\eta_n = a_n(\xi_n - b) \xrightarrow{L} Z$; 函数 $f(x)$ 在 $x = b$ 处存在二阶连续导数, 则有

(1) $\xi_n \xrightarrow{P} b$;

(2) 若 $f'(b) \neq 0$, 则 $\alpha_n = a_n[f(\xi_n) - f(b)] \xrightarrow{L} f'(b)Z$;

(3) 若 $f'(b) = 0$, $f''(b) \neq 0$, 则 $\beta_n = a_n^2[f(\xi_n) - f(b)] \to \frac{1}{2} Z^{\mathrm{T}} f''(b) Z$.

证明 主要应用 Slutsky 定理. 当 $n \to +\infty$ 时:

(1) $\xi_n - b = a_n^{-1}[a_n(\xi_n - b)] \xrightarrow{L} 0 \cdot Z = 0$, 故 $\xi_n - b \xrightarrow{P} 0$, $\xi_n \xrightarrow{P} b$.

(2) $\alpha_n = a_n f'(\widetilde{\xi}_n)(\xi_n - b)$, 其中 $\widetilde{\xi}_n$ 在 b 与 ξ_n 之间, 即 $|\widetilde{\xi}_n - b| \leqslant |\xi_n - b|$, 因此由 $\xi_n \xrightarrow{P} b$ 知 $\widetilde{\xi}_n \xrightarrow{P} b$, $f'(\widetilde{\xi}_n) \xrightarrow{P} f'(b)$, 由 Slutsky 定理知 $\alpha_n \xrightarrow{L} f'(b)Z$.

(3) 对 β_n 进行二阶 Taylor 展开可得

$$\beta_n = a_n^2 \frac{1}{2}(\xi_n - b)^{\mathrm{T}} f''(\xi_n^*)(\xi_n - b) = \frac{1}{2}\eta_n^{\mathrm{T}} f''(\xi_n^*)\eta_n.$$

由 $\xi_n^* \xrightarrow{P} b$, $\eta_n \xrightarrow{L} Z$, 知 $\beta_n \xrightarrow{L} \frac{1}{2} Z^{\mathrm{T}} f''(b) Z$. ▌

最后简要介绍一下随机变量序列的随机阶, 这也是统计学的大样本理论中常用的工具; 其定义和性质与实数序列的阶十分类似.

若当 $n \to +\infty$ 时, $\xi_n/c_n \xrightarrow{P} 0$, 则记 $\xi_n = o_p(c_n)$. 特别地, 若 $c_n = 1$, 即 $\xi_n \xrightarrow{P} 0$, 则记为 $\xi_n = o_p(1)$; 若 $c_n = n^{-k}$, 则记为 $\xi_n = o_p(n^{-k})$.

若 $\forall\, \varepsilon > 0$, 存在 N_ε 和 K_ε 使 $n \geqslant N_\varepsilon$ 时有 $P\{|\xi_n/C_n| \leqslant K_\varepsilon\} \geqslant 1 - \varepsilon$, 则记为 $\xi_n = O_p(C_n)$. 特别地, 若 $C_n = 1$, 则记为 $\xi_n = O_p(1)$; 若 $C_n = n^{-k}$, 则记为 $\xi_n = O_p(n^{-k})$.

随机变量序列的随机阶有以下基本性质:

(1) 具有与非随机阶类似的性质, 诸如: $o_p(c_n) = c_n o_p(1)$, $O_p(C_n) = C_n O_p(1)$; $O_p(1)o_p(1) = o_p(1)$, $O_p(1) + o_p(1) = O_p(1)$;

(2) $\mathrm{E}[o_p(1)] = o(1)$, $\mathrm{E}[o_p(n^{-k})] = \mathrm{E}[n^{-k}o_p(1)] = o(n^{-k})$ ((1) 和 (2) 的证明从略);

(3) 当 $n \to +\infty$ 时, 若 $\xi_n \xrightarrow{L} \xi$, 则 $\xi_n = O_p(1)$.

证明 设 $\xi_n \sim F_n(x)$, $\xi \sim F(x)$, $\forall\, \varepsilon > 0$, 必存在 K_ε 使

$$P\{|\xi| \leqslant K_\varepsilon\} = F(K_\varepsilon) - F(-K_\varepsilon) \geqslant 1 - \frac{\varepsilon}{2}.$$

而 $P(|\xi_n| \leqslant K_\varepsilon) = F_n(K_\varepsilon) - F_n(-K_\varepsilon) \to F(K_\varepsilon) - F(-K_\varepsilon)$, 因此必存在 N_ε 使 $n > N_\varepsilon$ 时有

$$P(|\xi_n| \leqslant K_\varepsilon) \geqslant F(K_\varepsilon) - F(-K_\varepsilon) - \frac{\varepsilon}{2} \geqslant 1 - \varepsilon.$$ ▌

5.3.2 估计量的相合性和渐近正态性

设 $X \sim f(x,\theta), \theta \in \Theta$, $\widehat{g}_n(X) = \widehat{g}(X_1, \cdots, X_n)$ 为 $g(\theta)$ 的估计.

定义 5.3.1 当 $n \to +\infty$ 时, 若对一切 $\theta \in \Theta$ 有 $\widehat{g}(X_1, \cdots, X_n) \xrightarrow{P_\theta} g(\theta)$, 则称 $\widehat{g}(X_1, \cdots, X_n)$ 为 $g(\theta)$ 的**相合 (consistent) 估计** (或**弱相合估计**). 若 $\widehat{g}(X_1, \cdots, X_n) \to g(\theta)$ (a.e. P_θ, $\theta \in \Theta$), 则称 $\widehat{g}(X_1, \cdots, X_n)$ 为 $g(\theta)$ 的**强相合估计**.

由定义可知, 若 $\widehat{g}(X_1, \cdots, X_n)$ 为相合估计, 则当 n 充分大时, 它与被估计的 $g(\theta)$ 可充分 "接近". 研究相合性的主要工具为随机变量序列收敛性的基本性质以及大数定律. 由随机变量序列收敛性的性质 (1) 和 (2) 可得

引理 5.3.1 当 $n \to +\infty$ 时, 若 $\mathrm{E}|\widehat{g}_n(X) - g(\theta)|^r \to 0$, 则 $\widehat{g}_n(X)$ 为 $g(\theta)$ 的相合估计; 若 $\mathrm{Var}[\widehat{g}_n(X)] \to 0$, 并且 $\mathrm{E}[\widehat{g}_n(X)] \to g(\theta)$ 或者 $\mathrm{E}[\widehat{g}_n(X)] = g(\theta)$, 则 $\widehat{g}_n(X)$ 为 $g(\theta)$ 的相合估计. 若 $\sum\limits_{n=1}^{\infty} \mathrm{Var}[\widehat{g}_n(X)]$ 收敛, 并且 $\mathrm{E}[\widehat{g}_n(X)] \to g(\theta)$ 或者 $\mathrm{E}[\widehat{g}_n(X)] = g(\theta)$, 则 $\widehat{g}_n(X)$ 为 $g(\theta)$ 的强相合估计.

引理 5.3.2 若 $\widehat{g}_n(X)$ 为 $g(\theta)$ 的相合 (或强相合) 估计, $\varphi(y)$ 在 $y = g(\theta)$ 处连续, 则 $\varphi(\widehat{g}_n(X))$ 为 $\varphi(g(\theta))$ 的相合 (或强相合) 估计.

例 5.3.2 设 $X_1, \cdots, X_n$ 独立同分布, $X_1 \sim f(x_1, \theta)$, $\mathrm{E}(X_1) = a(\theta)$, $\mathrm{Var}(X_1) = \sigma^2(\theta)$, 则有 $\overline{X}$ 为 $a(\theta)$ 的强相合估计, $S^2 = n^{-1}\sum\limits_{i=1}^{n}(X_i - \overline{X})^2$ 为 $\sigma^2(\theta)$ 的强相合估计.

证明 由独立同分布情形下的强大数定律可知, 当 $n \to +\infty$ 时,

$$\overline{X} = n^{-1}\sum_{i=1}^{n} X_i \to \mathrm{E}(X_1) = a(\theta) \ (\mathrm{a.e.}),$$

$$S^2 = n^{-1}\sum_{i=1}^{n} X_i^2 - \overline{X}^2 \to \mathrm{E}(X_1^2) - (\mathrm{E}X_1)^2 = \sigma^2(\theta) \ (\mathrm{a.e.}). \qquad \blacksquare$$

例 5.3.3 设 $X_1, \cdots, X_n$ 为 i.i.d. 样本, $\mathrm{E}(X_1) = \mu$, $\mathrm{Var}(X_1) = \sigma^2 < \infty$, 则 $\widehat{\mu} = \dfrac{2}{n(n-1)}\sum\limits_{i=1}^{n} iX_i$ 是 μ 的相合估计.

证明 由假设可知, 当 $n \to +\infty$ 时

$$\mathrm{E}(\widehat{\mu}) = \frac{2}{n(n-1)}\sum_{i=1}^{n} i\mu = \frac{n+1}{(n-1)}\mu \to \mu,$$

$$\mathrm{Var}(\widehat{\mu}) = \frac{4}{n^2(n-1)^2}\sum_{i=1}^{n} i^2\sigma^2 \to 0.$$

则由引理 5.3.1 可得, 当 $n \to +\infty$ 时, $\widehat{\mu} \xrightarrow{P} \mu$, 即以上 $\widehat{\mu}$ 为 μ 的相合估计. $\qquad \blacksquare$

例 5.3.4 设 $Y_{ij} = \mu + u_i + \xi_{ij}$, $i = 1, \cdots, n$, $j = 1, \cdots, m$; $\mathrm{E}(u_i) = 0$, $\mathrm{Var}(u_i) = \sigma_u^2 > 0$; $\mathrm{E}(\xi_{ij}) = 0$, $\mathrm{Var}(\xi_{ij}) = \sigma^2 > 0$; 并且所有的 u_i, ξ_{ij} 都相互独立, $i = 1, \cdots, n$, $j = 1, \cdots, m$. 设 $\overline{Y} = \dfrac{1}{mn}\sum\limits_{i=1}^{n}\sum\limits_{j=1}^{m} Y_{ij}$, 证明: 当 $n \to +\infty$ 而 m 固定时, $\overline{Y}$ 为 μ 的相合估计; 但是, 当 $m \to +\infty$ 而 n 固定时, $\overline{Y}$ 不是 μ 的相合估计.

证明 记 $\alpha_{mn} = \overline{Y} - \mu$, 则由假设可知

$$\alpha_{mn} = \frac{1}{n}\sum_{i=1}^{n} u_i + \frac{1}{mn}\sum_{i=1}^{n}\sum_{j=1}^{m} \xi_{ij} = a_n + b_{mn}.$$

其中 a_n, b_{mn} 分别表示上式右端第一项和第二项. 由假设可知 $\mathrm{E}(a_n)=0$; $\mathrm{E}(b_{mn})=0$. 当 $n \to +\infty$ 而 m 固定时, $\mathrm{Var}(a_n) = \sigma_u^2/n \to 0$; $\mathrm{Var}(b_{mn}) = \sigma^2/(mn) \to 0$; 因而由引理 5.3.1 可知 $\alpha_{mn} = a_n + b_{mn} \xrightarrow{P} 0$, 即 $\overline{Y} \xrightarrow{P} \mu$, 所以 $\overline{Y}$ 为 μ 的相合估计. 当 $m \to +\infty$ 而 n 固定时, 由于 $\mathrm{E}(b_{mn})=0$, $\mathrm{Var}(b_{mn}) = \sigma^2/(mn) \to 0$; 因而仍然有 $b_{mn} \xrightarrow{P} 0$. 但是由于 n 固定, 随机变量 $a_n = \dfrac{1}{n}\sum\limits_{i=1}^{n} u_i = \overline{u}$ 与 m 无关, 有确定的分布 (注意, $\sigma_u^2 > 0$), 所以由 Slutsky 定理去 0 律可知, 当 $m \to +\infty$ 而 n 固定时有 $\alpha_{mn} = a_n + b_{mn} \xrightarrow{L} \overline{u}$, 因而 α_{mn} 不可能依概率收敛到 0, 所以 $\overline{Y}$ 不是 μ 的相合估计. ∎

例 5.3.5　设 $X_1, \cdots, X_n$ 独立同分布, $X_1 \sim \mu + \Gamma\left(\dfrac{1}{\sigma}, 1\right)$, 证明 $X_{(1)}$ 为 μ 的相合、强相合估计; $\widehat{\sigma} = n^{-1}S$ 为 σ 的强相合估计; nS^{-1} 为 $\lambda = \sigma^{-1}$ 的强相合估计, 其中 $S = \sum\limits_{i=1}^{n}(X_i - X_{(1)})$.

证明　可根据分布 $X_{(1)} \sim \mu + \Gamma\left(\dfrac{n}{\sigma}, 1\right)$ (参见第一章), 直接计算概率 $P(|X_{(1)} - \mu| \geqslant \varepsilon)$. 由于 $X_{(1)} \sim (n/\sigma)\exp\left\{-\dfrac{n}{\sigma}(y-\mu)\right\} I\{y \geqslant \mu\}$, 因此

$$P(|X_{(1)}-\mu| \geqslant \varepsilon) = \int_{\mu+\varepsilon}^{\infty} \frac{n}{\sigma}\mathrm{e}^{\frac{n\mu}{\sigma}}\mathrm{e}^{-\frac{n}{\sigma}y}\,\mathrm{d}y = -\mathrm{e}^{\frac{n\mu}{\sigma}}\mathrm{e}^{-\frac{n}{\sigma}y}\Big|_{\mu+\varepsilon}^{\infty} = \mathrm{e}^{-\frac{n\varepsilon}{\sigma}} \to 0 \quad (n \to +\infty).$$

因而 $X_{(1)} \xrightarrow{P} \mu$. 另外由上式可知 $\sum\limits_{n=1}^{\infty} P(|X_{(1)n} - \mu| \geqslant \varepsilon) = \sum\limits_{n=1}^{\infty} \mathrm{e}^{-\frac{n\varepsilon}{\sigma}}$ 收敛, 由 Borel-Cantelli 引理知 $X_{(1)} \to \mu$ (a.e.). 又由大数定律可得

$$\frac{S}{n} = \frac{1}{n}\sum_{i=1}^{n} X_i - X_{(1)} \to \mathrm{E}(X_1) - \mu \ (\text{a.e.})$$
$$= \mu + \sigma - \mu = \sigma \ (\text{a.e.})$$

由引理 5.3.2 知 $\widehat{\sigma}^{-1} \to \sigma^{-1}$(a.e.), 即 $nS^{-1} \to \lambda = \sigma^{-1}$ (a.e.). ∎

例 5.3.6　设 $X_1, \cdots, X_n$ 独立同分布, $X_1 \sim P(\lambda)$, 求 λ 和 $P(X_1 = 0) = \mathrm{e}^{-\lambda}$ 的相合估计.

解　由大数定律知 $\overline{X}$ 为 $\lambda = \mathrm{E}(X_1)$ 的强相合估计. 对于 $P(X_1 = 0) = \mathrm{e}^{-\lambda}$, 根据引理 5.3.2, 显然有 $\mathrm{e}^{-\overline{X}} \to \mathrm{e}^{-\lambda}$ (a.e.). 另外, 由第三章的例题可知, $\mathrm{e}^{-\lambda}$ 的一致最小方差无偏估计为 $\widehat{g}_n(X) = \left(1 - \dfrac{1}{n}\right)^{T}$, 其中 $T = \sum\limits_{i=1}^{n} X_i$. 由直接计算可知 $\mathrm{Var}[\widehat{g}_n(X)] = \mathrm{e}^{-2\lambda}(\mathrm{e}^{\frac{\lambda}{n}} - 1) \to 0$, $\mathrm{E}[\widehat{g}_n(X)] = \mathrm{e}^{-\lambda}$. 因此 $\widehat{g}_n(X) \xrightarrow{P} \mathrm{E}[\widehat{g}_n(X)] = \mathrm{e}^{-\lambda}$, 即 $\widehat{g}_n(X)$ 为 $\mathrm{e}^{-\lambda}$ 的相合估计.

相合性是对一个估计量很基本的要求, 这表明, 当 n 充分大时, 估计量与被估计量能够充分 "接近". 但是相合性并未涉及估计量的精度, 诸如均方误差, 通常应该要求估计量的方差尽量小. 以下渐近正态性进一步指出了一个估计量的渐近分布和渐近方差. 很显然, 渐近方差越小, 估计量越好.

定义 5.3.2 (渐近正态性) 若存在 $\nu(\theta) > 0$ 使

$$Z_n = \sqrt{n}\{\widehat{g}(X_1, \cdots, X_n) - g(\theta)\} \xrightarrow{L} Z \sim N(0, \nu(\theta)), \qquad (5.3.5)$$

则称 $\widehat{g}_n(X)$ 为渐近正态的, 亦称 $\widehat{g}_n(X)$ 为 $g(\theta)$ 的相合渐近正态 (consistent asymptotic normal, 简称 CAN) 估计.

由 (5.3.5) 式以及定理 5.3.2 (取 $a_n = \sqrt{n}$, $\widehat{g}_n(X) = \xi_n$, $g(\theta) = b$) 可知, $\widehat{g}_n(X) \xrightarrow{P} g(\theta)$. 因此若 $\widehat{g}_n(X)$ 为 $g(\theta)$ 的渐近正态估计, 则必为 $g(\theta)$ 的相合估计, 可见称 $\widehat{g}_n(X)$ 为相合渐近正态 (CAN) 估计是合适的. 在 (5.3.5) 式中, $\nu(\theta)$ 为 $\sqrt{n}\widehat{g}_n(X)$ 的渐近方差, 因此, 若 $\widehat{g}_n(X)$ 为 CAN 估计, 其方差的阶必为 n^{-1}. 另外由定义可得

$$P_\theta\{\nu(\theta)^{-\frac{1}{2}}\sqrt{n}[\widehat{g}_n(X) - g(\theta)] \leqslant x\} \to \Phi(x),$$

其中 $\Phi(x)$ 为标准正态的分布函数. 同时 (5.3.5) 式亦可表示为

$$\widehat{g}(X_1, \cdots, X_n) = g(\theta) + \frac{1}{\sqrt{n}}Z_n, \qquad (5.3.6)$$

其中 $Z_n \to Z \sim N(0, \nu(\theta))$. 由该式及 Slutsky 定理, 显然有 $\widehat{g}_n(X) \xrightarrow{P} g(\theta)$.

渐近正态性与中心极限定理有密切关系, 由以下例子可知为什么在定义 (5.3.5) 式中要乘 $\sqrt{n}$.

例 5.3.7 设 $X_1, \cdots, X_n$ 独立同分布, 并设 $E(X_1) = \mu$, $\operatorname{Var}(X_1) = \sigma^2$, $\operatorname{Var}(X_1^2) = \tau^2$, $S^2 = n^{-1}\sum\limits_{i=1}^{n}(X_i - \overline{X})^2$. 则有

(1) $\overline{X}$ 为 μ 的 CAN 估计, 且有 $\sqrt{n}\dfrac{\overline{X} - \mu}{S} \xrightarrow{L} N(0, 1)$;

(2) S^2 为 σ^2 的 CAN 估计, 且有 $\sqrt{n}(S^2 - \sigma^2) \xrightarrow{L} N(0, \tau^2)$.

证明 (1) 由中心极限定理有

$$\frac{\sum\limits_{i=1}^{n}(X_i - E(X_i))}{\sqrt{\sum\limits_{i=1}^{n}\operatorname{Var}(X_i)}} \xrightarrow{L} N(0, 1).$$

上式可化为 $\sqrt{n}(\overline{X} - \mu) \xrightarrow{L} N(0, \sigma^2)$, 即 $\overline{X}$ 为 μ 的 CAN 估计. 另外, 由于 $S^2 = n^{-1} \sum\limits_{i=1}^{n} (X_i - \overline{X})^2$ 为 σ^2 的相合估计, 因此 $S^2/\sigma^2 \to 1$, 所以有

$$\sqrt{n}\frac{\overline{X} - \mu}{S} = \sqrt{n}\frac{\overline{X} - \mu}{\sigma} \cdot \frac{\sigma}{S}.$$

由 Slutsky 定理 "去 1 律" 知 $\sqrt{n}\dfrac{\overline{X} - \mu}{S} \xrightarrow{L} N(0, 1)$.

(2) 由于 S^2 的分布具有平移不变性, 其分布与 μ 无关, 可在 $\mu = 0$ 处推导其渐近分布, 以简化计算. 由 S^2 的定义, $\sqrt{n}(S^2 - \sigma^2)$ 可表示为

$$\sqrt{n}(S^2 - \sigma^2) = \sqrt{n}\left(\frac{1}{n}\sum_{i=1}^{n}X_i^2 - \overline{X}^2 - \sigma^2\right) = \sqrt{n}\left(\frac{1}{n}\sum_{i=1}^{n}X_i^2 - \sigma^2\right) - \sqrt{n}\,\overline{X}^2.$$

由于在 $\mu = 0$ 处有 $\mathrm{E}(X_1^2) = \sigma^2$, 又由假设可知 $\mathrm{Var}(X_1^2) = \tau^2$, 所以由中心极限定理可得

$$\sqrt{n}\left(\frac{1}{n}\sum_{i=1}^{n}X_i^2 - \sigma^2\right) \xrightarrow{L} N(0, \tau^2).$$

由于 $\overline{X}$ 为 $\mu = 0$ 的 CAN 估计, 因此有

$$\sqrt{n}\,\overline{X}^2 = \frac{1}{\sqrt{n}}(\sqrt{n}\,\overline{X})^2 \xrightarrow{P} 0.$$

综合以上结果, 由 Slutsky 定理 "去 0 律" 可知 $\sqrt{n}(S^2 - \sigma^2) \xrightarrow{L} N(0, \tau^2)$. ∎

引理 5.3.3 设 $\widehat{g}_n(X)$ 为 $g(\theta)$ 的相合渐近正态估计, 函数 $\varphi(y)$ 在 $y = g(\theta)$ 处可导, 且 $\varphi'(g(\theta)) \neq 0$, 则 $\varphi(\widehat{g}_n(X))$ 为 $\varphi(g(\theta))$ 的相合渐近正态估计, 且有

$$T_n = \sqrt{n}\{\varphi(\widehat{g}_n(X)) - \varphi(g(\theta))\} \xrightarrow{L} N(0, [\varphi'(g(\theta))]^2 \nu(\theta)). \qquad (5.3.7)$$

证明 由假设可知, $Z_n = \sqrt{n}(\widehat{g}_n(X) - g(\theta)) \xrightarrow{L} Z$, $Z \sim N(0, \nu(\theta))$. 在定理 5.3.2 的 α_n 中, 取 $a_n = \sqrt{n}$, $\xi_n = \widehat{g}_n(X)$, $b = g(\theta)$ 即得

$$T_n = \sqrt{n}\{\varphi(\widehat{g}_n(X)) - \varphi(g(\theta))\} \xrightarrow{L} \varphi'(g(\theta))Z, \ Z \sim N(0, \nu(\theta)).$$

由此即得 (5.3.7) 式. ∎

推论 以上结果对向量参数亦成立; 即若 $g(\theta) = (g_1(\theta), \cdots, g_k(\theta))^\mathrm{T}$, $\widehat{g}_n(X) = (\widehat{g}_1(X), \cdots, \widehat{g}_k(X))^\mathrm{T}$, 且有

$$Z_n = \sqrt{n}[\widehat{g}_n(X_1, \cdots, X_n) - g(\theta)] \xrightarrow{L} Z \sim N(0, V(\theta)).$$

$\varphi(y) = (\varphi_1(y), \cdots, \varphi_l(y))^{\mathrm{T}}$, $y = (y_1, \cdots, y_k)^{\mathrm{T}}$, $\varphi(y)$ 在 $y = g(\theta)$ 处可导, 则有

$$T_n = \sqrt{n}\{\varphi(\widehat{g}_n(X)) - \varphi(g(\theta))\} \xrightarrow{L} T \sim N(0, \ F(\theta)V(\theta)F^{\mathrm{T}}(\theta)), \tag{5.3.8}$$

其中 $F(\theta) = \partial\varphi(y)/\partial y^{\mathrm{T}}|_{y=g(\theta)}$. 特别地, 若 $\overline{X}$ 为向量, 且有 $\sqrt{n}(\overline{X} - a) \xrightarrow{L} N(0, \Sigma)$, 则有

$$\sqrt{n}\{\varphi(\overline{X}) - \varphi(a)\} \xrightarrow{L} N(0, \ F\Sigma F^{\mathrm{T}}).$$

把以上引理用于独立同分布的样本 (见例 5.3.7), 我们即可得到 μ 与 σ^2 的可导函数的 CAN 估计. 例如, 对 $\varphi(\mu) = \mu^2$, 因为 $\varphi'(\mu) = 2\mu$, 则由引理 5.3.3 可得

$$\sqrt{n}(\overline{X}^2 - \mu^2) \xrightarrow{L} N(0, \ 4\mu^2\sigma^2). \tag{5.3.9}$$

因此 $\overline{X}^2$ 为 μ^2 的 CAN 估计.

例 5.3.8 设 $X_1, \cdots, X_n$ 独立同分布, $X_1 \sim P(\lambda)$. 求 $\mathrm{e}^{-\lambda}$ 的 CAN 估计.

解 由中心极限定理可得

$$\sqrt{n}(\overline{X} - \lambda) \xrightarrow{L} N(0, \lambda).$$

取 $\varphi(\lambda) = \mathrm{e}^{-\lambda}$, 因为 $\varphi'(\lambda) = -\mathrm{e}^{-\lambda}$, 则由引理 5.3.3 可得

$$\sqrt{n}(\mathrm{e}^{-\overline{X}} - \mathrm{e}^{-\lambda}) \xrightarrow{L} Z \sim N(0, \ \lambda\mathrm{e}^{-2\lambda}).$$

因此 $\mathrm{e}^{-\overline{X}}$ 为 $\mathrm{e}^{-\lambda}$ 的 CAN 估计. 再考虑 $\mathrm{e}^{-\lambda}$ 的一致最小方差无偏估计 $\widehat{g}_n(X) = \left(1 - \dfrac{1}{n}\right)^T = \left(1 - \dfrac{1}{n}\right)^{n\overline{X}}$. 由于

$$\sqrt{n}(\widehat{g}_n(X) - \mathrm{e}^{-\lambda}) = \sqrt{n}(\mathrm{e}^{-\overline{X}} - \mathrm{e}^{-\lambda}) + \sqrt{n}(\widehat{g}_n(X) - \mathrm{e}^{-\overline{X}}),$$

由数学分析的公式可得, 当 $n \to +\infty$ 时有 $\sqrt{n}\left[\left(1 - \dfrac{1}{n}\right)^{n\overline{X}} - \mathrm{e}^{-\overline{X}}\right] \to 0$. 所以上式第 2 项 $\xrightarrow{P} 0$, 因此由 Slutsky 定理 "去 0 律" 知

$$\sqrt{n}(\widehat{g}_n(X) - \mathrm{e}^{-\lambda}) \xrightarrow{L} Z \sim N(0, \ \lambda\mathrm{e}^{-2\lambda}). \tag{5.3.10}$$

所以 $\widehat{g}_n(X) = \left(1 - \dfrac{1}{n}\right)^T$ 也是 $\mathrm{e}^{-\lambda}$ 的 CAN 估计.

以下介绍最优渐近正态估计, 简称 BAN 估计. 这时其渐近方差应达到 C–R 下界 CRLB. 我们知道, $g(\theta)$ 的任一估计量 $\widehat{g}_n(X)$ 的方差应满足

$$\mathrm{Var}[\widehat{g}_n(X)] \geqslant CRLB = G(\theta)I^{-1}(\theta)G^{\mathrm{T}}(\theta),$$

其中 $G(\theta) = \partial g(\theta)/\partial \theta^{\mathrm{T}}$. 上式等价于

$$\mathrm{Var}[\sqrt{n}\widehat{g}_n(X)] \geqslant nG(\theta)I^{-1}(\theta)G^{\mathrm{T}}(\theta) = G(\theta)(I(\theta)/n)^{-1}G^{\mathrm{T}}(\theta).$$

今设 $\lim\limits_{n \to +\infty}(I(\theta)/n)$ 存在, 并记为 $i(\theta)$ (对于独立同分布的样本, $i(\theta)$ 就是单个样本的 Fisher 信息). 易见, 若 $\lim\limits_{n \to +\infty}\mathrm{Var}[\sqrt{n}\widehat{g}_n(X)] = G(\theta)i^{-1}(\theta)G^{\mathrm{T}}(\theta)$, 则 $\widehat{g}_n(X)$ 的渐近方差达到 C-R 下界, 是最理想的情况, 可称为 BAN 估计.

定义 5.3.3 设 $X \sim \{f(x,\theta), \theta \in \Theta\}$, 其 Fisher 信息矩阵 $I(\theta)$ 满足

$$\lim_{n \to +\infty}\frac{I(\theta)}{n} = i(\theta),$$

若 $g(\theta)$ 的估计 $\widehat{g}_n(X)$ 满足

$$\sqrt{n}\{\widehat{g}_n(X_1, \cdots, X_n) - g(\theta)\} \xrightarrow{L} N(0,\ G(\theta)i^{-1}(\theta)G^{\mathrm{T}}(\theta)),$$

则称 $\widehat{g}_n(X)$ 为 $g(\theta)$ 的最优渐近正态 (best asymptotic normal) 估计, 简称 BAN 估计. 特别, 若 $\sqrt{n}\{\widehat{\theta}_n(X) - \theta\} \xrightarrow{L} N(0,\ i^{-1}(\theta))$, 则称 $\widehat{\theta}_n(X)$ 为 θ 的 BAN 估计.

注 若 $X_1, \cdots, X_n$ 独立同分布, 则 $I(\theta) = ni(\theta)$, $I(\theta)/n = i(\theta)$ 为 X_1 的 Fisher 信息矩阵. 另外, 若 $g(\theta)$ 与 θ 都是单参数, 则以上定义可表示为

$$\sqrt{n}\{\widehat{g}_n(X) - g(\theta)\} \xrightarrow{L} N(0,\ [g'(\theta)]^2 i^{-1}(\theta)).$$

例 5.3.9 设 $X_1, \cdots, X_n$ 独立同分布, $X_1 \sim N(\mu, \sigma^2)$, 则 $\overline{X}^2$ 为 μ^2 的 BAN 估计.

解 这时 $g(\mu) = \mu^2$, $g'(\mu) = 2\mu$; $I(\mu) = n/\sigma^2$, $i(\mu) = 1/\sigma^2$, 因此

$$[g'(\mu)]^2 i^{-1}(\mu) = 4\mu^2\sigma^2.$$

另一方面, 由 (5.3.9) 式可知 $\sqrt{n}(\overline{X}^2 - \mu^2) \xrightarrow{L} N(0, 4\mu^2\sigma^2)$, 因此 $\overline{X}^2$ 为 μ^2 的 BAN 估计.

例 5.3.10 (续例 5.3.8) 设 $X_1, \cdots, X_n$ 独立同分布, $X_1 \sim P(\lambda)$, 则 $\widehat{g}_n(X) = \left(1 - \dfrac{1}{n}\right)^T$ 为 $g(\lambda) = \mathrm{e}^{-\lambda}$ 的 BAN 估计.

解 由于 $g(\lambda) = \mathrm{e}^{-\lambda}$, $g'(\lambda) = -\mathrm{e}^{-\lambda}$; $I(\lambda) = n/\lambda$, $i(\lambda) = 1/\lambda$, 因此

$$[g'(\lambda)]^2 i^{-1}(\lambda) = \lambda\mathrm{e}^{-2\lambda}.$$

由 (5.3.10) 式可知 $\sqrt{n}(\widehat{g}_n(X) - \mathrm{e}^{-\lambda}) \xrightarrow{L} Z \sim N(0, \lambda\mathrm{e}^{-2\lambda})$, 因此 $\left(1 - \dfrac{1}{n}\right)^T$ 为 $\mathrm{e}^{-\lambda}$ 的 BAN 估计.

例 5.3.11 设 $X_1, \cdots, X_n$ 独立同分布, $X_1 \sim b(1, \theta)$, $0 < \theta < 1$, 证明 $\varphi(\overline{X}) = \overline{X}(1 - \overline{X})$ 为 $\sigma^2 = \mathrm{Var}(X_1)$ 的 BAN 估计 $(\theta \neq 1/2)$.

证明 由中心极限定理可得

$$Z_n = \sqrt{n}(\overline{X} - \theta) \xrightarrow{L} Z \sim N(0, \sigma^2),$$

其中 $\sigma^2 = \theta(1-\theta) = \varphi(\theta)$, 则有 $\varphi'(\theta) = 1 - 2\theta \neq 0$ $(\theta \neq 1/2)$. 取 $\varphi(\overline{X}) = \overline{X}(1-\overline{X})$, 则由 (5.3.7) 式可得

$$\sqrt{n}[\varphi(\overline{X}) - \varphi(\theta)] \xrightarrow{L} \varphi'(\theta)Z \sim N(0, \tau^2).$$

其中 $\tau^2 = (1 - 2\theta)^2 \theta(1 - \theta)$. 因此 $\varphi(\overline{X})$ 为 σ^2 的 CAN 估计. 另外, $I(\theta) = n/[\theta(1-\theta)]$, $i(\lambda) = 1/[\theta(1-\theta)]$, $[\varphi'(\theta)]^2 i^{-1}(\theta) = (1-2\theta)^2\theta(1-\theta) = \tau^2$. 因此由定义 5.3.3 知 $\varphi(\overline{X})$ 为 σ^2 的 BAN 估计. ∎

注 若 $\theta = 1/2$, 则 $\varphi'(\theta) = 0$, 因此以上结果不再成立. 这时 $\varphi(\theta) = 1/4$; $\varphi''(\theta) = -2$, $\sigma^2 = 1/4$, $Z \sim N(0, 1/4)$. 由定理 5.3.2 的 (3) 可知 $n[\varphi(\overline{X}) - \varphi(\theta)] \xrightarrow{L} -Z^2$, 由于 $2Z \sim N(0, 1)$, 因此有 $-4n[\varphi(\overline{X}) - 1/4] \xrightarrow{L} \chi^2(1)$.

5.3.3 矩估计的相合性和渐近正态性

矩估计就是用样本均值来估计总体均值, 因此可直接引用随机变量的和式极限定理, 即大数定律 (LLN) 和中心极限定理 (CLT) 得到矩估计的相合性和渐近正态性.

1. 相合性和大数定律

设样本为 $X_1, \cdots, X_n$, 为简单起见, 考虑独立同分布情形. 记 $\mu_j = \mathrm{E}(X_1^j)$, $\alpha_j = \mathrm{E}(X_1 - \mu_1)^j$, 则中心矩可表示为原点矩的函数:

$$\alpha_j = \mathrm{E}(X_1 - \mu_1)^j = \sum_{r=0}^{j} \binom{j}{r} \mu_r (-1)^{j-r} \mu_1^{j-r}.$$

由大数定律可直接得到矩估计的强相合性:

$$\widehat{\mu}_j = a_j = \frac{1}{n} \sum_{i=1}^{n} X_i^j \to \mathrm{E}(X_1^j) = \mu_j \quad (\text{a.e.}).$$

$$\widehat{\alpha}_j = m_j = \frac{1}{n} \sum_{i=1}^{n} (X_i - \overline{X})^j = \sum_{r=0}^{j} \binom{j}{r} a_r (-1)^{j-r} a_1^{j-r} \to \alpha_j \quad (\text{a.e.}).$$

另外由引理 5.3.2 可得

定理 5.3.3 设 $G(x_1, \cdots, x_k; y_1, \cdots, y_l)$ 关于各变元连续, 则

$$\widehat{g}(X) = G(a_1, \cdots, a_k; m_1, \cdots, m_l)$$

为 $g(\theta) = G(\mu_1, \cdots, \mu_k; \alpha_1, \cdots, \alpha_l)$ 的强相合估计.

2. 渐近正态性与中心极限定理

设 $Y_1, \cdots, Y_n$ 为随机变量序列, 则在一定正则条件下有

$$\eta_n = \frac{\sum\limits_{i=1}^{n}(Y_i - \mathrm{E}(Y_i))}{\sqrt{\sum\limits_{i=1}^{n}\mathrm{Var}(Y_i)}} \xrightarrow{L} N(0,1).$$

若随机序列独立同分布, $\mathrm{E}(Y_1) = \mu$, $\mathrm{Var}(Y_1) = \sigma^2$, 则有

$$\eta_n = \sqrt{n}\frac{\overline{Y} - \mu}{\sigma} \to N(0,1) \quad \text{或} \quad \sqrt{n}(\overline{Y} - \mu) \to N(0, \mathrm{Var}(Y_1)). \tag{5.3.11}$$

以上结果用于矩估计 $\widehat{\mu}_j = a_j = n^{-1}\sum\limits_{i=1}^{n}X_i^j$, $Y_i = X_i^j$, $\mathrm{E}(Y_i) = \mu_j$, 则有

$$\sqrt{n}(a_j - \mu_j) \to N(0, \nu_j), \quad \nu_j = \mathrm{Var}(X_1^j).$$

因此 a_j 为 μ_j 的相合渐近正态估计. 即原点矩的矩估计都是 CAN 估计. 中心矩也有类似的结果, 见下面的定理 5.3.4; 但是, 矩估计一般不是 BAN 估计. 另外, 以上结果还可以推广到多元情形. 记 $a = (a_1, \cdots, a_k)^{\mathrm{T}}$; $\mu = (\mu_1, \cdots, \mu_k)^{\mathrm{T}}$, 则有

$$\sqrt{n}(a - \mu) = \sqrt{n}(a_1 - \mu_1, a_2 - \mu_2, \cdots, a_k - \mu_k)^{\mathrm{T}} \xrightarrow{L} N(0, \Sigma). \tag{5.3.12}$$

其中, Σ 的元素为 $\Sigma_{ij} = \mathrm{Cov}(X_1^i, X_1^j)$.

今考虑 $g(\theta) = G(\mu_1, \cdots, \mu_k; \alpha_1, \cdots, \alpha_l)$ 的矩估计, 由于中心矩 $\alpha_1, \cdots, \alpha_l$ 可表示为原点矩的函数, 因此可认为 $g(\theta)$ 仅为原点矩的函数, 即 $g(\theta) = h(\mu_1, \cdots, \mu_k)$, 其矩估计为 $\widehat{g}(X) = h(a_1, \cdots, a_k)$, 则由引理 5.3.3 的推论 (5.3.8) 式 (即向量形式) 有

定理 5.3.4 设 $h(x_1, \cdots, x_k)$ 关于各变元可导, 则 $\widehat{g}(X) = h(a_1, \cdots, a_k)$ 为 $g(\theta) = h(\mu_1, \cdots, \mu_k)$ 的相合渐近正态估计, 并且有

$$\sqrt{n}\{\widehat{g}(X) - g(\theta)\} \xrightarrow{L} N(0, H^{\mathrm{T}}\Sigma H),$$

其中 $H^{\mathrm{T}} = (\partial h/\partial\mu_1, \cdots, \partial h/\partial\mu_k)$, Σ 见 (5.3.12) 式.

证明 在 $\sqrt{n}\{\widehat{g}(X) - g(\theta)\} = \sqrt{n}\{h(a) - h(\mu)\}$ 中, 由 (5.3.12) 可得 $\sqrt{n}(a - \mu) \xrightarrow{L} N(0, \Sigma)$, 因此由 (5.3.8) 式可得 $\sqrt{n}[h(a) - h(\mu)] \xrightarrow{L} N(0, H^{\mathrm{T}}\Sigma H)$. ∎

推论 若 $\widehat{g}(X)$ 和 $g(\theta)$ 为向量, 类似结果也成立.

5.3.4　最大似然估计的相合性和渐近正态性

最大似然估计有很好的渐近性质, 在一定正则条件下具有强相合性和渐近正态性, 且为 BAN 估计; 详细讨论可参阅陈希孺 (1981) 等文献.

1. 似然函数的基本性质

我们首先介绍似然函数的基本性质, 这些性质在各方面都有广泛的应用, 也是下面证明最大似然估计相合性和渐近正态性的基础. 设 $X = (X_1, \cdots, X_n)^{\mathrm{T}} \sim f(x, \theta)$, $\theta \in \Theta \subset \mathbf{R}^p$ 为 C–R 分布族, 以下仅考虑独立同分布情形 (独立样本情形类似). 设 $X_1, \cdots, X_n$ 为独立同分布样本, $X_1 \sim f(x_1, \theta)$, $l(\theta, x_1) = \log f(x_1, \theta)$, 则有

$$S(x_1, \theta) = \dot{l}(\theta, x_1) = \frac{\partial \log f(x_1, \theta)}{\partial \theta}, \quad \mathrm{E}_\theta[\dot{l}(\theta, X_1)] = 0,$$

$$\mathrm{Var}_\theta[\dot{l}(\theta, X_1)] = \mathrm{E}_\theta[-\ddot{l}(\theta, X_1)] = i(\theta).$$

其中 $i(\theta)$ 为 X_1 的 Fisher 信息. 由于 $X \sim f(x, \theta) = \prod\limits_{i=1}^{n} f(x_i, \theta)$, 因此有和式

$$L(\theta) = L(\theta, x) = \log f(x, \theta) = \sum_{i=1}^{n} l(\theta, x_i). \tag{5.3.13}$$

(5.3.13) 式是下面推导渐近性质的出发点, 因为它是一个和式, 所以可以引用大数定律和中心极限定理. 由 (5.3.13) 式有

$$\mathrm{E}_\theta[\dot{L}(\theta)] = \mathrm{E}_\theta[S(X, \theta)] = 0,$$

$$\mathrm{Var}_\theta[\dot{L}(\theta)] = \mathrm{E}_\theta[-\ddot{L}(\theta)] = I(\theta) = ni(\theta) = O(n).$$

同时亦有 $I^{-1}(\theta) = O(n^{-1})$. 以下进一步假设 $l^{(k)}(\theta, X_1)$ 存在二阶矩, 并记

$$\mathrm{E}_\theta[l^{(k)}(\theta, X_1)] = a_k(\theta), \qquad \mathrm{Var}_\theta[l^{(k)}(\theta, X_1)] = \nu_k(\theta).$$

易见 $a_1(\theta) = 0$, $\nu_1(\theta) = i(\theta) = -a_2(\theta)$.

下面将基于 (5.3.13) 式应用大数定律和中心极限定理, 由此可以得到与似然函数有关的许多重要性质.

引理 5.3.4　设 $X = (X_1, \cdots, X_n)^{\mathrm{T}} \sim f(x, \theta)$, $\theta \in \Theta \subset \mathbf{R}^p$ 为 C–R 分布族, 并设 $X_1, \cdots, X_n$ 独立同分布, X_1 的 Fisher 信息为 $i(\theta)$, 则有

(1) $n^{-1}\dot{L}(\theta) \to 0$ (a.e.), 且有 $\dot{L}(\theta) = o_p(n)$;

(2) $n^{-1}L^{(k)}(\theta) = O_p(1)$, 即 $L^{(k)}(\theta) = O_p(n)$, $k = 2, 3, \cdots$; 特别有

$$-\frac{1}{n}\ddot{L}(\theta) \to i(\theta) \text{ (a.e.)}, \qquad [-\ddot{L}(\theta)]^{-1} = O_p(n^{-1}); \tag{5.3.14}$$

(3) 得分函数 $S(X,\theta) = \dot{L}(\theta)$ 有以下渐近正态性:

$$\frac{1}{\sqrt{n}}\dot{L}(\theta) \to N(0, i(\theta)), \quad \dot{L}(\theta) = O_p(n^{1/2}); \tag{5.3.15}$$

(4) 观察信息 $-\ddot{L}(\theta)$ 与 Fisher 信息 $I(\theta)$ 之间有以下重要关系:

$$\frac{1}{\sqrt{n}}[-\ddot{L}(\theta) - I(\theta)] \overset{L}{\to} N(0, \nu_2(\theta)), \qquad -\ddot{L}(\theta) = I(\theta) + O_p(n^{\frac{1}{2}}); \tag{5.3.16}$$

$$[-\ddot{L}(\theta)]^{-1} = I^{-1}(\theta) + O_p(n^{-3/2}). \tag{5.3.17}$$

证明　根据 (5.3.13) 式, 由大数定律可得

$$\frac{1}{n}L^{(k)}(\theta) = \frac{1}{n}\sum_{i=1}^{n} l^{(k)}(\theta, X_i) \to \mathrm{E}_\theta[l^{(k)}(\theta, X_1)] \text{ (a.e.)}.$$

因此结论 (2) 成立. 当 $k = 1$ 时, $\mathrm{E}_\theta[\dot{l}(\theta, X_1)] = 0$, 因此结论 (1) 成立. 当 $k = 2$ 时, $\mathrm{E}_\theta[-\ddot{l}(\theta, X_1)] = i(\theta)$, 因此 (5.3.14) 式成立. 对和式 $\dot{L}(\theta) = \sum_{i=1}^{n} \dot{l}(\theta, X_i)$ 应用中心极限定理 (见 (5.3.11) 式) 可得

$$\sqrt{n}\left\{\frac{1}{n}\sum_{i=1}^{n} \dot{l}(\theta, X_i) - \mathrm{E}_\theta[\dot{l}(\theta, X_1)]\right\} \overset{L}{\to} N(0, \mathrm{Var}_\theta[\dot{l}(\theta, X_1)]).$$

由于 $\mathrm{E}_\theta[\dot{l}(\theta, X_1)] = 0$, $\mathrm{Var}_\theta[\dot{l}(\theta, X_1)] = i(\theta)$, 因此 (5.3.15) 式成立. 对于和式 $-\ddot{L}(\theta) = \sum_{i=1}^{n}[-\ddot{l}(\theta, X_i)]$ 应用中心极限定理得

$$\sqrt{n}\left\{\frac{1}{n}\sum_{i=1}^{n}\left[-\ddot{l}(\theta, X_i)\right] - \mathrm{E}_\theta\left[-\ddot{l}(\theta, X_1)\right]\right\} \overset{L}{\to} N(0, \mathrm{Var}_\theta[-\ddot{l}(\theta, X_1)]).$$

由于 $\mathrm{E}_\theta[-\ddot{l}(\theta, X_1)] = i(\theta) = n^{-1}I(\theta)$, 因此有

$$\frac{1}{\sqrt{n}}\left[-\ddot{L}(\theta) - I(\theta)\right] \overset{L}{\to} N(0, \nu_2(\theta)).$$

由此也可得到 $-\ddot{L}(\theta) = I(\theta) + O_p(n^{\frac{1}{2}})$, 因此 (5.3.16) 式成立. 上式两边同乘 $[-\ddot{L}(\theta)]^{-1} = O_p(n^{-1})$ 可得 $[-\ddot{L}(\theta)]^{-1}I(\theta) = I_p + O_p(n^{-\frac{1}{2}})$, 该式两边同乘 $I^{-1}(\theta) = O(n^{-1})$ 即可得到 $[-\ddot{L}(\theta)]^{-1} = I^{-1}(\theta) + O_p(n^{-3/2})$, 此即 (5.3.17) 式. ∎

推论　若 $L(\theta)$ 在 $\theta = \theta_0$ 的某领域内存在三阶连续导数, 则有

$$\frac{1}{n}L(\theta) = \frac{1}{n}L(\theta_0) + A^{\mathrm{T}}(\theta_0)\Delta\theta + \frac{1}{2}\Delta\theta^{\mathrm{T}}B(\theta_0)\Delta\theta + \|\Delta\theta\|^3 O_p(1), \tag{5.3.18}$$

其中 $A(\theta_0) = n^{-1}\dot{L}(\theta_0)$, $B(\theta_0) = n^{-1}\ddot{L}(\theta_0)$, $\Delta\theta = \theta - \theta_0$, 且有

$$\sqrt{n}A(\theta_0) \overset{L}{\to} N(0, i(\theta_0)), \qquad B(\theta_0) \overset{P}{\to} -i(\theta_0).$$

证明 $L(\theta)$ 在 θ_0 处进行 Taylor 展开, 并应用以上引理即得. ∎

2. 最大似然估计的相合性

定理 5.3.5 (强相合性) 设 $X = (X_1, \cdots, X_n)^{\mathrm{T}} \sim f(x, \theta)$, $\theta \in \Theta \subset \mathbf{R}^p$ 为 C–R 分布族, 并设 $X_1, \cdots, X_n$ 独立同分布, Θ 为 $\mathbf{R}^p$ 上的开集. 则似然方程 $\dot{L}(\theta) = 0$ 在 $n \to +\infty$ 时必有解 $\widehat{\theta}_n(X) = \widehat{\theta}(X_1, \cdots, X_n)$, 并且是强相合的, 即对真参数 $\theta_0 \in \Theta$ 有

$$P_{\theta_0}\{X : \lim_{n \to +\infty} \widehat{\theta}_n(X) = \theta_0\} = 1, \quad \theta_0 \in \Theta. \tag{5.3.19}$$

证明 考虑 $\theta_0 \in \Theta$ 的一列闭邻域 $U_m = \{\theta' : \|\theta' - \theta_0\| \leqslant \delta_m, \delta_m > 0\}$, 并有 $\delta_m \to 0 \ (m \to \infty)$. 以下证明, 对充分大的 n, $L(\theta)$ 在邻域 U_m 中的最大值不可能在边界 $\|\theta' - \theta_0\| = \delta_m$ 上达到. 即对充分大的 n, 必存在 $L(\theta)$ 的最大值点 $\widehat{\theta}_n(x)$, 以及零测集 $A_{n,m}$, 对一切 $x \overline{\in} A_{n,m}$ 有 $\|\widehat{\theta}_n(x) - \theta_0\| < \delta_m$. 再令 $\delta_m \to 0$ 则有 $P_{\theta_0}\{X : \widehat{\theta}_n(X) \to \theta_0\} = 1$. 为了证明这一点, 主要应用信息不等式 $\mathrm{E}_f[\log f(X_1)] > \mathrm{E}_f[\log g(X_1)]$. 在 θ_0 处应用信息不等式可得

$$\mathrm{E}_{\theta_0}[\log f(X_1, \theta_0)] > \mathrm{E}_{\theta_0}[\log f(X_1, \theta')], \quad \forall \, \theta' \neq \theta_0. \tag{5.3.20}$$

对于 $\|\theta' - \theta_0\| = \delta_m$, $X_1 \sim f(x_1, \theta_0)$, 应用强大数定律有

$$\frac{1}{n} \sum_{i=1}^n \log f(X_i, \theta_0) \to \mathrm{E}_{\theta_0}[\log f(X_1, \theta_0)] \quad (\text{a.e. } P_{\theta_0}).$$

$$\frac{1}{n} \sum_{i=1}^n \log f(X_i, \theta') \to \mathrm{E}_{\theta_0}[\log f(X_1, \theta')] \quad (\text{a.e. } P_{\theta_0}).$$

由 (5.3.20) 可知, 必存在 N_m, 对于 $n > N_m$, 除了一个零测集 $A_{n,m}$ 以外, 当 $x \overline{\in} A_{n,m}$ 时必有

$$\frac{1}{n} \sum_{i=1}^n \log f(X_i, \theta_0) > \frac{1}{n} \sum_{i=1}^n \log f(X_i, \theta'), \ \|\theta' - \theta_0\| = \delta_m.$$

因此当 $\|\theta' - \theta_0\| = \delta_m$, $x \overline{\in} A_{n,m}$ 时有 $L(\theta_0) > L(\theta')$, $P_{\theta_0}(A_{n,m}) = 0$. 这说明, $L(\theta)$ 在邻域 U_m 中的最大值不可能在边界 $\|\theta' - \theta_0\| = \delta_m$ 上达到. 因而最大值点 $\widehat{\theta}_n(x) = \widehat{\theta}(x_1, \cdots, x_n)$ 应在 U_m 的内部, 即应满足:

$$\dot{L}(\widehat{\theta}_n(x)) = 0, \quad \|\widehat{\theta}_n(x) - \theta_0\| < \delta_m, \quad \forall \, x \overline{\in} A_{n,m}.$$

令 $m \to \infty$, 则有 $\delta_m \to 0$, 因而 $\widehat{\theta}_n(x) \to \theta_0$ (a.e.) 对一切 $x \in A = \bigcup_{m=1}^{\infty} \bigcup_{n=N_m}^{\infty} A_{n,m}$ 成立. 而 A 仍然是零测集, 即 $P_{\theta_0}(A) = 0$, 因而 $x \overline{\in} A$ 时有 $\widehat{\theta}_n(x) \to \theta_0$ (a.e.), 即 (5.3.19) 式成立. ∎

以上定理只是说明, 似然方程必有相合解, 但是未能完全证明最大似然估计的强相合性, 关于相合性更深入的讨论可参见陈希孺 (1981) 等文献. 不过, 以上定理对于若干常见情形还是可用的. 例如, 如果似然函数是单峰可导的, 则似然方程的解存在唯一, 且为最大似然估计, 因而是强相合的; 若干常见的指数族分布就属于这种情形.

3. 最大似然估计的渐近正态性

定理 5.3.6 (渐近正态性) 设 $X = (X_1, \cdots, X_n)^{\mathrm{T}} \sim f(x, \theta)$, $\theta \in \Theta \subset \mathbf{R}^p$ 为 C–R 分布族, 并设 $X_1, \cdots, X_n$ 独立同分布, Θ 为 $\mathbf{R}^p$ 上的开集. 假定似然方程 $\dot{L}(\theta) = 0$ 在 $n \to +\infty$ 时有相合解 $\widehat{\theta}_n = \widehat{\theta}_n(X) = \widehat{\theta}(X_1, \cdots, X_n)$, 且假定 $L^{(3)}(\theta)$ 在 Θ 中存在且连续, 则 $\widehat{\theta}_n(X)$ 为 θ 的 BAN 估计, 且有

$$\sqrt{n}(\widehat{\theta}_n - \theta_0) \xrightarrow{L} N(0, i^{-1}(\theta_0)). \tag{5.3.21}$$

证明 以下仅就 θ 为一维的情形加以证明, θ 为向量的情形完全类似. 似然方程 $\dot{L}(\widehat{\theta}_n) = 0$ 在 θ_0 处进行二阶展开可得

$$\dot{L}(\widehat{\theta}_n) = \dot{L}(\theta_0) + \ddot{L}(\theta_0)\Delta\theta + \frac{1}{2}L^{(3)}(\xi)\Delta\theta^2 = 0,$$

其中 $\Delta\theta = \widehat{\theta}_n - \theta_0$, ξ 在 $\widehat{\theta}_n$ 和 θ_0 之间. 上式可化简为

$$\dot{L}(\theta_0) = [-\ddot{L}(\theta_0) - \frac{1}{2}\Delta\theta L^{(3)}(\xi)]\Delta\theta.$$

因此有

$$\sqrt{n}\Delta\theta = \left[-\frac{1}{n}\ddot{L}(\theta_0) - \frac{1}{2}\Delta\theta\frac{1}{n}L^{(3)}(\xi)\right]^{-1}\frac{1}{\sqrt{n}}\dot{L}(\theta_0) = \eta_n\alpha_n.$$

其中 η_n 和 α_n 分别代表上式第一项和第二项. 对上式应用引理 5.3.4 的结果可知: $-n^{-1}\ddot{L}(\theta_0) \xrightarrow{P} i(\theta_0)$, $n^{-1}L^{(3)}(\xi) = O_p(1)$, 又由假设可知 $\Delta\theta \xrightarrow{P} 0$, 因此 $\eta_n \xrightarrow{P} i^{-1}(\theta_0)$. 又由引理 5.3.4 的 (5.3.15) 式可知

$$\alpha_n = \frac{\dot{L}(\theta_0)}{\sqrt{n}} \xrightarrow{L} \alpha \sim N(0, \, i(\theta_0)).$$

因此由 Slutsky 定理可得 (5.3.21) 式:

$$\sqrt{n}\Delta\theta \xrightarrow{L} i^{-1}(\theta_0)\alpha \sim N(0, i^{-1}(\theta_0)).$$

根据定义 5.3.3, $\widehat{\theta}_n(X)$ 为 θ 的 BAN 估计. ∎

渐近正态性在理论上、应用上都有重要意义, 可参见第六章和第七章. 以下推论也是很常用的.

推论 1 (5.3.21) 式对任意的 θ_0 成立, 因而对任意 $\theta \in \Theta$ 都成立, 即有 $\sqrt{n}(\widehat{\theta}_n - \theta) \xrightarrow{L} N(0, i^{-1}(\theta))$, 且有 $\sqrt{n}(\widehat{\theta}_n - \theta) = O_p(1)$; 同时也有 $\text{Var}_\theta[\sqrt{n}\widehat{\theta}_n(X)] \to i^{-1}(\theta)$, $\forall\, \theta \in \Theta$.

推论 2 设 $I(\theta)$ 为样本 $X = (X_1, \cdots, X_n)^{\mathrm{T}}$ 的 Fisher 信息矩阵, 则有

$$I^{\frac{1}{2}}(\theta)(\widehat{\theta}_n - \theta) \xrightarrow{L} N(0, I_p); \quad I^{\frac{1}{2}}(\widehat{\theta}_n)(\widehat{\theta}_n - \theta) \xrightarrow{L} N(0, I_p). \tag{5.3.22}$$

$$(\widehat{\theta}_n - \theta)^{\mathrm{T}} I(\theta)(\widehat{\theta}_n - \theta) \xrightarrow{L} \chi^2(p). \tag{5.3.23}$$

$$(\widehat{\theta}_n - \theta)^{\mathrm{T}} I(\widehat{\theta}_n)(\widehat{\theta}_n - \theta) \xrightarrow{L} \chi^2(p). \tag{5.3.24}$$

证明 由 (5.3.21) 式可得 $i^{\frac{1}{2}}(\theta)\sqrt{n}(\widehat{\theta}_n - \theta) \to N(0, I_p)$, 由于 $I(\theta) = ni(\theta)$, 因此该式可表示为 $[ni(\theta)]^{\frac{1}{2}}(\widehat{\theta}_n - \theta) \to N(0, I_p)$, 由此即得 (5.3.22) 第 1 式; 而 (5.3.22) 第 2 式可表示为

$$I^{\frac{1}{2}}(\widehat{\theta}_n)(\widehat{\theta}_n - \theta) = [I^{\frac{1}{2}}(\widehat{\theta}_n)I^{-\frac{1}{2}}(\theta)]I^{\frac{1}{2}}(\theta)(\widehat{\theta}_n - \theta).$$

因此由 $\widehat{\theta}_n$ 的相合性以及 Slutsky 定理 "去 1 律" 可得 (5.3.22) 第 2 式. 由 (5.3.22) 式即可得到 (5.3.23) 式以及 (5.3.24) 式. ∎

推论 3 $\{\text{Var}_\theta(\widehat{\theta}_n)\}^{-\frac{1}{2}}(\widehat{\theta}_n - \theta) \xrightarrow{L} N(0, I_p)$, 且有

$$(\widehat{\theta}_n - \theta)^{\mathrm{T}} \{\text{Var}_\theta(\widehat{\theta}_n)\}^{-1}(\widehat{\theta}_n - \theta) \xrightarrow{L} \chi^2(p). \tag{5.3.25}$$

特别, 对于单参数有

$$\frac{\widehat{\theta}_n - \theta}{\sqrt{\text{Var}_\theta(\widehat{\theta}_n)}} \xrightarrow{L} N(0, 1). \tag{5.3.26}$$

证明 由推论 1 可得

$$\{\text{Var}_\theta(\widehat{\theta}_n)\}^{-\frac{1}{2}}(\widehat{\theta}_n - \theta) = \{\text{Var}_\theta(\sqrt{n}\widehat{\theta}_n)\}^{-\frac{1}{2}}\sqrt{n}(\widehat{\theta}_n - \theta) \xrightarrow{L} i^{\frac{1}{2}}(\theta)N(0, i^{-1}(\theta)) \sim N(0, I_p).$$

由此亦可得到 (5.3.25) 式和 (5.3.26) 式. ∎

5.3.5 似然比统计量的渐近 χ^2 性

由最大似然估计的渐近正态性还可推出似然比统计量的渐近 χ^2 性, 似然比统计量在理论上应用有上都很重要, 其定义为

$$LR(\theta) = 2[L(\widehat{\theta}_n) - L(\theta)].$$

它实际上是似然比 $f(x, \widehat{\theta}_n)/f(x, \theta)$ 对数的两倍: $LR(\theta) = 2\log[f(x, \widehat{\theta}_n)/f(x, \theta)]$. 这个统计量在大样本假设检验和区间估计中有重要应用, 也是实际问题中应用

最广泛的统计量之一. 其理论基础就是本节的几个极限定理, 通常就称为似然比统计量的渐近 χ^2 性. 为了证明极限定理, 首先介绍最大似然估计的随机展开, 这一展开式本身也很有用.

定理 5.3.7 条件同定理 5.3.6, 则 $\widehat{\theta}_n = \widehat{\theta}_n(X)$ 可展开为 (称为随机展开)

$$\widehat{\theta}_n - \theta_0 = [-\ddot{L}(\theta_0)]^{-1}\dot{L}(\theta_0) + O_p(n^{-1}) = O_p(n^{-\frac{1}{2}}). \tag{5.3.27}$$

$$\widehat{\theta}_n - \theta_0 = I^{-1}(\theta_0)\dot{L}(\theta_0) + O_p(n^{-1}). \tag{5.3.28}$$

证明 由 $\dot{L}(\widehat{\theta}_n) = 0$ 可得

$$\dot{L}(\theta_0) + \ddot{L}(\theta_0)(\widehat{\theta}_n - \theta_0) + \frac{1}{2}(\widehat{\theta}_n - \theta_0)^{\mathrm{T}}L^{(3)}(\xi)(\widehat{\theta}_n - \theta_0) = 0,$$

其中 ξ 在 $\widehat{\theta}_n$ 与 θ_0 之间, 余项的第 i 个分量为 $\frac{1}{2}\sum\limits_{j,k}[L^{(3)}(\xi)]_{ijk}\Delta\theta_j\Delta\theta_k$, $\Delta\theta_j$ 为 $\Delta\theta = (\widehat{\theta}_n - \theta_0)$ 的第 j 个分量. 由上式可得

$$\widehat{\theta}_n - \theta_0 = [-\ddot{L}(\theta_0)]^{-1}\dot{L}(\theta_0) + \frac{1}{2}[-\ddot{L}(\theta_0)]^{-1}(\widehat{\theta}_n - \theta_0)^{\mathrm{T}}L^{(3)}(\xi)(\widehat{\theta}_n - \theta_0). \tag{5.3.29}$$

由引理 5.3.4 可知

$$[-\ddot{L}(\theta_0)]^{-1}\dot{L}(\theta_0) = \left[\frac{-\ddot{L}(\theta_0)}{n}\right]^{-1}\frac{\dot{L}(\theta_0)}{\sqrt{n}}\frac{1}{\sqrt{n}} = O_p(n^{-\frac{1}{2}}).$$

由于 $\sqrt{n}(\widehat{\theta}_n - \theta_0) = \sqrt{n}\Delta\theta = O_p(1)$; 因此由引理 5.3.4, (5.3.29) 式中的余项可表示为

$$\text{余项} = \frac{1}{2n}\left[-\frac{\ddot{L}(\theta_0)}{n}\right]^{-1}\sqrt{n}\Delta\theta^{\mathrm{T}}\frac{1}{n}L^{(3)}(\xi)\sqrt{n}\Delta\theta = O_p(n^{-1}).$$

由此可得 (5.3.27) 式. 又由引理 5.3.4 可得 $[-\ddot{L}(\theta_0)]^{-1} = I^{-1}(\theta_0) + O_p(n^{-\frac{3}{2}})$, 代入 (5.3.27) 式即得

$$\widehat{\theta}_n - \theta_0 = I^{-1}(\theta_0)\dot{L}(\theta_0) + \frac{\dot{L}(\theta_0)}{\sqrt{n}}O_p(n^{-1}) + O_p(n^{-1}) = I^{-1}(\theta_0)\dot{L}(\theta_0) + O_p(n^{-1}). \ \blacksquare$$

定理 5.3.8 条件同定理 5.3.6, 则有

$$LR(\theta_0) = 2[L(\widehat{\theta}_n) - L(\theta_0)] \xrightarrow{L} \chi^2(p), \qquad \forall\, \theta_0 \in \Theta. \tag{5.3.30}$$

证明 对 $LR(\theta_0)$ 进行 Taylor 展开可得

$$LR(\theta_0) = 2\dot{L}^{\mathrm{T}}(\theta_0)(\widehat{\theta}_n - \theta_0) + \Delta\theta^{\mathrm{T}}\ddot{L}(\theta_0)\Delta\theta + \text{余项},$$

其中余项 $= \frac{1}{3} \sum_{i,j,k} (L^{(3)}(\xi))_{ijk} \Delta\theta_i \Delta\theta_j \Delta\theta_k$. 将定理 5.3.7 中的 (5.3.27) 式代入上式可得

$$LR(\theta_0) = 2\dot{L}^{\mathrm{T}}(\theta_0)[-\ddot{L}(\theta_0)]^{-1}\dot{L}(\theta_0) + 2\dot{L}^{\mathrm{T}}(\theta_0) \cdot O_p(n^{-1}) -$$
$$\dot{L}^{\mathrm{T}}(\theta_0)[-\ddot{L}(\theta_0)]^{-1}\dot{L}(\theta_0) + O_p(n^{-\frac{1}{2}}) + \text{余项}.$$

由于 $L^{(3)}(\xi)/n = O_p(1)$, $\Delta\theta = O_p(n^{-1/2})$, 因此余项 $= O_p(n^{-1/2})$; 另有 $\dot{L}(\theta_0) = O_p(n^{1/2})$, 所以有

$$LR(\theta_0) = \dot{L}^{\mathrm{T}}(\theta_0)[-\ddot{L}(\theta_0)]^{-1}\dot{L}(\theta_0) + O_p(n^{-\frac{1}{2}}). \tag{5.3.31}$$

由 (5.3.17) 式可得 $[-\ddot{L}(\theta_0)]^{-1} = I^{-1}(\theta_0) + O_p(n^{-3/2})$, 该式代入上式可得

$$\begin{aligned} LR(\theta_0) &= \dot{L}^{\mathrm{T}}(\theta_0)I^{-1}(\theta_0)\dot{L}(\theta_0) + O_p(n^{-\frac{1}{2}}) \\ &= \frac{1}{\sqrt{n}}\dot{L}^{\mathrm{T}}(\theta_0)\left[\frac{1}{n}I(\theta_0)\right]^{-1}\frac{1}{\sqrt{n}}\dot{L}(\theta_0) + O_p(n^{-\frac{1}{2}}) \\ &= \left[i^{-\frac{1}{2}}(\theta_0)\frac{\dot{L}(\theta_0)}{\sqrt{n}}\right]^{\mathrm{T}}\left[i^{-\frac{1}{2}}(\theta_0)\frac{\dot{L}(\theta_0)}{\sqrt{n}}\right] + O_p(n^{-\frac{1}{2}}). \end{aligned} \tag{5.3.32}$$

由引理 5.3.4 的 (5.3.15) 式可知, $\dot{L}(\theta_0)/\sqrt{n} \to N(0, i(\theta_0))$, 故有 $i^{-\frac{1}{2}}(\theta_0)\dot{L}(\theta_0)/\sqrt{n} \to N(0, I_p)$, 所以由上式可得 $LR(\theta_0) \to \chi^2(p)$. ∎

定理 5.3.9 条件同定理 5.3.6, 则似然比统计量 $LR(\theta_0)$ 有以下等价形式:

$$LR(\theta_0) = SC(\theta_0) + O_p(n^{-\frac{1}{2}}) = SC'(\theta_0) + O_p(n^{-\frac{1}{2}}).$$

$$LR(\theta_0) = WD(\theta_0) + O_p(n^{-\frac{1}{2}}) = WD'(\theta_0) + O_p(n^{-\frac{1}{2}}).$$

$$SC(\theta_0) \xrightarrow{L} \chi^2(p); \qquad SC'(\theta_0) \xrightarrow{L} \chi^2(p); \qquad \forall\, \theta_0 \in \Theta. \tag{5.3.33}$$

$$WD(\theta_0) \xrightarrow{L} \chi^2(p); \qquad WD'(\theta_0) \xrightarrow{L} \chi^2(p); \qquad \forall\, \theta_0 \in \Theta. \tag{5.3.34}$$

其中

$$SC(\theta_0) = \left\{\left(\frac{\partial L}{\partial \theta}\right)^{\mathrm{T}} I^{-1}(\theta)\frac{\partial L}{\partial \theta}\right\}_{\theta=\theta_0}; \quad SC'(\theta_0) = \left\{\left(\frac{\partial L}{\partial \theta}\right)^{\mathrm{T}} [-\ddot{L}(\theta)]^{-1}\frac{\partial L}{\partial \theta}\right\}_{\theta=\theta_0}.$$
$$\tag{5.3.35}$$

$$WD(\theta_0) = (\widehat{\theta}_n - \theta_0)^{\mathrm{T}} I(\widehat{\theta}_n)(\widehat{\theta}_n - \theta_0); \quad WD'(\theta_0) = (\widehat{\theta}_n - \theta_0)^{\mathrm{T}} [-\ddot{L}(\widehat{\theta}_n)](\widehat{\theta}_n - \theta_0).$$
$$\tag{5.3.36}$$

证明 由 (5.3.31) 式和 (5.3.32) 式可得

$$LR(\theta_0) = SC'(\theta_0) + O_p(n^{-\frac{1}{2}}); \quad LR(\theta_0) = SC(\theta_0) + O_p(n^{-\frac{1}{2}}).$$

因而可以得到 (5.3.33) 式. 而由 (5.3.28) 式可得 $\dot{L}(\theta_0) = I(\theta_0)(\widehat{\theta}_n - \theta_0) + O_p(1)$. 该式代入 (5.3.32) 式可得

$$LR(\theta_0) = (\widehat{\theta}_n - \theta_0)^{\mathrm{T}} I(\theta_0)(\widehat{\theta}_n - \theta_0) + O_p(n^{-\frac{1}{2}}).$$

由 $\widehat{\theta}_n$ 的相合性以及 Slutsky 定理可以得到 (5.3.34) 的第一式, 再由 (5.3.17) 即可得到第二式. ∎

注 定理 5.3.7—定理 5.3.9 对任意的 θ_0 成立, 因而对任意 $\theta \in \Theta$ 都成立. (5.3.35) 式通常称为 score 统计量或 Rao 统计量; 而 (5.3.36) 式通常称为 Wald 统计量. 定理 5.3.8—定理 5.3.9 在第六章假设检验中有重要应用, 同时还可以进一步推广到子集参数的情形, 详见第六章.

例 5.3.12 (反例) 设 $X_1, \cdots, X_n$ 为 i.i.d. 样本, 若 $X_1 \sim R(0, \theta)$, $\theta > 0$, 证明: $LR(\theta_0)$ 的分布为 $\chi^2(2)$, 而不是收敛到 $\chi^2(1)$.

证明 由假设可知,

$$f(x, \theta) = \theta^{-n} I\{0 \leqslant x_{(n)} \leqslant \theta\}, \quad L(\theta) = -n \log \theta + \log[I\{0 \leqslant x_{(n)} \leqslant \theta\}].$$

同时有 $\widehat{\theta} = X_{(n)}$, 因此

$$LR(\theta) = 2[-n \log X_{(n)} + n \log \theta] = 2n \log \frac{\theta}{X_{(n)}} = 2n \log \frac{\theta}{T} \quad (T \leqslant \theta),$$

其中 $T = X_{(n)}$. 令 $U = LR(\theta) = 2n \log(\theta/T)$, 则 $T = \theta e^{-U/(2n)}$. 为求 $U = LR(\theta)$ 的分布, 设 T 和 U 的密度函数分别记为 $p(t)$ 和 $p(u)$, 则有 $p(u) = p(t)|dt/du|$. 由于 $T/\theta = X_{(n)}/\theta$ 服从 β 分布 $BE(n, 1)$, 因此有

$$p(t) = n t^{n-1} \theta^{-n} I\{0 \leqslant t \leqslant \theta\}, \quad t = \theta e^{-u/(2n)}.$$

由此可得

$$p(u) = n[\theta e^{-u/(2n)}]^{n-1} \theta^{-n} \cdot \theta e^{-u/(2n)} \cdot \frac{1}{2n} I\{u \geqslant 0\}$$

$$= \frac{1}{2} e^{-u/2} I\{u \geqslant 0\} \sim \Gamma\left(\frac{1}{2}, 1\right) \sim \chi^2(2).$$

所以对某一固定的 θ_0, 我们有 $LR(\theta_0) \sim \chi^2(2)$, 而不是 $\chi^2(1)$. ∎

注 由于均匀分布 $\{R(0, \theta), \theta > 0\}$ 不属于 C–R 分布族, 它不满足渐近正态性条件 (见定理 5.3.6), 因此渐近 χ^2 性 (见定理 5.3.8) 也不一定成立, 本例就是一个很好的反例 (例 5.1.3 也是类似的反例).

习题五

1. 设 $X_1, \cdots, X_n$ 为 i.i.d. 样本, X_1 的密度函数为 $f(x_1, \theta) = \mathrm{e}^{-(x_1-\theta)} \exp(-\mathrm{e}^{-(x_1-\theta)})$, 其中 $x_1 \in \mathbf{R}$. 求 θ 的 C–R 下界.

2. 设 $X_1, \cdots, X_n$ 为 i.i.d. 样本, $X_1 \sim$ Rayleigh 分布:

$$f(x_1, \sigma) = \frac{x_1}{\sigma^2} \exp\left\{-\frac{x_1^2}{2\sigma^2}\right\}, \quad x_1 \geqslant 0.$$

(1) 求 σ, σ^2 的 C–R 下界;

(2) 判断 σ, σ^2 是否存在有效的无偏估计.

3. 设 $X_1, \cdots, X_n$ 为 i.i.d. 样本, X_1 的密度函数为

$$f(x_1, \lambda) = \begin{cases} \dfrac{\lambda^3 x_1(x_1+1)}{\lambda+2} \exp\{-\lambda x_1\}, & x_1 \geqslant 0, \\ 0, & x_1 < 0. \end{cases}$$

(1) 求 λ 的 Fisher 信息 $I(\lambda)$;

(2) 求 $h(\lambda)$, 使 $h(\lambda)$ 存在有效无偏估计.

4. 设 $X_1, \cdots, X_n$ 为 i.i.d. 样本, $X_1 \sim \Gamma(\lambda, \nu)$, 其中 ν 已知. 分别求 λ 和 $1/\lambda$ 的 MLE, 并判断其方差是否能达到 C–R 下界.

5. 设随机变量 X 的密度函数为 $f(x) = (2\theta)^{-1} \exp\{-|x|/\theta\}$, 其中 $\theta > 0$. 分别求 $\theta, \theta^r (r > 1), (1+\theta)^{-1}$ 的 UMVUE, 并检验它们能否达到各自的 C–R 下界.

(提示: $T = |X|$ 是关于 θ 的完备充分统计量.)

6. 设 $X_1, \cdots, X_n$ 为 i.i.d. 样本, X_1 服从两点分布, 即 $P(X_1 = 1) = p$, 其中 $p \in (0, 1)$. 证明: $p(1-p)$ 的 UMVUE 为 $S_n = \dfrac{n}{n-1}\overline{X}(1-\overline{X})$, 并且方差 $\mathrm{Var}(S_n)$ 达不到 $p(1-p)$ 的 C–R 下界.

7. 设 $X_1, \cdots, X_n$ 为 i.i.d. 样本, $X_1 \sim N(0, \sigma^2)$. 试求 σ 的 UMVUE, 问其能否达到 σ 的无偏估计的 C–R 下界?

8. 设 $X_1, \cdots, X_n$ 为 i.i.d. 样本, $X_1 \sim N(\mu, \sigma^2)$, 其中 $\mu \in \mathbf{R}$ 是未知参数, σ^2 是已知参数.

(1) 求 $\mathrm{e}^{a\mu}$ 的 UMVUE, 其中 a 为固定的正数;

(2) 验证 (1) 中所求的 $\mathrm{e}^{a\mu}$ 的 UMVUE 是否能达到 $\mathrm{e}^{a\mu}$ 的 C–R 下界.

9. 设 $\{f(x; \theta), \theta \in \Theta\}$ 为 C–R 分布族, $g(\theta)$ 在 Θ 上可微, $T(X)$ 是 $g(\theta)$ 的估计, 则有

$$\mathrm{E}_\theta\{T(X) - g(\theta)\}^2 \geqslant b^2(\theta) + [g'(\theta) + b'(\theta)]^2 I^{-1}(\theta),$$

其中 $b(\theta) = \mathrm{E}_\theta[T(X)] - g(\theta)$.

10. 设 $X_1, \cdots, X_n$ 为 i.i.d. 样本, X_1 的密度函数为 $f(x_1, \theta)$ 且 $\forall x_1$, $f(x_1, \theta) > 0$, 又设 $\delta(X)$ 为 $g(\theta)$ 的任意一个无偏估计, 证明:

$$\mathrm{Var}[\delta(X)] \geqslant \frac{[g(\theta) - g(\theta_0)]^2}{\left[\displaystyle\int_{-\infty}^{\infty} \frac{[f(x_1, \theta)]^2}{f(x_1, \theta_0)} \mathrm{d}x_1\right]^n - 1} \quad, \quad \forall \theta \neq \theta_0.$$

11. 设 $X_1, \cdots, X_n$ 为 i.i.d. 样本, $X_1 \sim \Gamma\left(\frac{1}{\theta}, \nu\right)$, 其中 $\theta > 0$ 未知, ν 已知. 证明: θ 的 MLE 是 θ 的无偏的相合估计.

12. 设 $X_1, \cdots, X_n$ 为 i.i.d. 样本, X_1 的密度函数为

$$f(x_1, \theta) = \frac{1 + \theta x_1}{2} I\{-1 \leqslant x_1 \leqslant 1\},$$

其中 $\theta \in (-1, 1)$ 为未知参数, 试找 θ 的一个相合估计.

13. 设 $X_1, \cdots, X_n$ 为 i.i.d. 样本, X_1 的密度函数为 $f(x_1, \theta) = \frac{1}{\theta}\mathrm{e}^{-\frac{x_1}{\theta}} I\{x_1 \geqslant 0\}$, 其中 $\theta > 0$ 未知. 考虑 θ 的三个估计:

$$T_1 = \frac{1}{n}\sum_{i=1}^{n} X_i, \quad T_2 = \frac{1}{n+1}\sum_{i=1}^{n} X_i, \quad T_3 = nX_{(1)}.$$

试判断哪些是 θ 的无偏估计, 哪些是 θ 的相合估计? 并证明你的结论.

14. 设 $X_1, \cdots, X_n$ 相互独立, 其中 $X_1, \cdots, X_{n_1}$ 为 i.i.d. 样本, $\mathrm{E}(X_1) = \mu$, $\mathrm{Var}(X_1) = \sigma^2$; $X_{n_1+1}, \cdots, X_n$ 为 i.i.d. 样本, $\mathrm{E}(X_n) = \mu$, $\mathrm{Var}(X_n) = \tau^2$. 证明: $\overline{X}$ 是 μ 的相合估计.

15. 设 $X_1, \cdots, X_n$ 为 i.i.d. 样本, $X_1 \sim N(0, \sigma^2)$, 证明: $\delta_n = (k/n)\sum_{i=1}^{n} |X_i|$ 是 σ 的相合估计的充要条件为 $k = \sqrt{\pi/2}$.

16. 设 Y_n, $n = 1, 2, \cdots$ 为正态随机变量序列, $Y_n \sim N(a, \tau_n^2)$, $n = 1, 2, \cdots$. 证明: Y_n 是 a 的相合估计的充要条件为 $\tau_n \to 0$.

17. 设 $X_1, \cdots, X_n$ 为 i.i.d. 样本, $X_1 \sim R(0, \theta)$, 证明: $T(X) = X_{(n)}$ 是 θ 的相合与强相合估计.

★18. 设 $X_1, \cdots, X_n$ 为 i.i.d. 样本, $X_1 \sim f(x_1, \theta)$. 证明: $X_{(1)}$ 是 θ 的强相合估计, 其中

(1) $f(x_1, \theta) = I\{\theta < x_1 < \theta + 1\}$;

(2) $f(x_1, \theta) = 2(x_1 - \theta)I\{\theta < x_1 < \theta + 1\}$;

(3) $f(x_1, \theta) = g(x_1, \theta)I\{x_1 \geqslant \theta\}$, 其分布函数 $F_\theta(x_1) > 0$, $\forall x_1 > \theta$.

(提示: 参考例 5.3.5.)

★19. 设 $X_1, \cdots, X_n$ 为 i.i.d. 样本, X_1 的分布函数 $F_\theta(x_1)$ 为连续函数, 并且有 $F_\theta(\theta) = 1$, $F_\theta(x_1) < 1$, $\forall x_1 < \theta$. 证明:

(1) $X_{(n)}$ 为 θ 的强相合估计;

(2) 若 $F_\theta'(\theta) \neq 0$, 则 $nF_\theta'(\theta)(X_{(n)} - \theta) \xrightarrow{L} Y$, 其中 Y 的分布函数为 $F(y) = \mathrm{e}^y I\{y \leqslant 0\}$.

(提示: $F_\theta(X_{(n)}) = F_\theta(\theta) + F_\theta'(\theta)(X_{(n)} - \theta) + O(|\theta - X_{(n)}|^2)$, 并证 $n|\theta - X_{(n)}|^2 \xrightarrow{P} 0$.)

★20. 设 $X_1, \cdots, X_n$ 为 i.i.d. 样本, X_1 服从均匀分布 $R\left(\theta - \dfrac{1}{2}, \theta + \dfrac{1}{2}\right)$, 其中 $\theta \in \mathbf{R}$ 未知. 证明: $\dfrac{1}{2}(X_{(1)} + X_{(n)})$ 为 θ 的强相合估计.

(提示: 证明 $\sum\limits_{n=1}^{\infty} \mathrm{Var}\left(\dfrac{X_{(1)} + X_{(n)}}{2}\right)$ 收敛.)

★21. 设 $X_1, \cdots, X_n$ 为 i.i.d. 样本, X_1 服从 Cauchy 分布, 即 $f(x_1, \theta) = \dfrac{1}{\pi[1 + (x_1 - \theta)^2]}$, 其中 $\theta \in \mathbf{R}$ 未知. 证明: $\overline{X}$ 不是 θ 的相合估计, 其中 $\overline{X} = \dfrac{1}{n}\sum\limits_{i=1}^{n} X_i$.

22. 设 $S_n \sim \chi_n^2$, 证明: $\sqrt{S_n} - \sqrt{n}$ 的渐近分布为 $N\left(0, \dfrac{1}{2}\right)$.

23. 设 $X_1, \cdots, X_n$ 独立同分布, 并设 $\mathrm{E}(X_1) = \mu$, $\mathrm{Var}(X_1) = \sigma^2$, $\mathrm{Var}(X_1^2) = \tau^2$, $S^2 = n^{-1}\sum\limits_{i=1}^{n}(X_i - \overline{X})^2$. 求 μ^2, μ^k 以及 σ, σ^k 的 CAN 估计, 并求它们的渐近分布.

24. 设 $X_1, \cdots, X_n$ 为 i.i.d. 样本, $X_1 \sim b(1, \theta)$, $0 < \theta < 1$.

(1) 试基于 $\overline{X}$ 求 $g(\theta) = \theta/(1 - \theta)$ 的一个矩估计 $\widehat{g}_n(X)$;

(2) 求 $\sqrt{n}(\widehat{g}_n(X) - g(\theta))$ 的渐近分布, 并证明 $\widehat{g}_n(X)$ 是 $g(\theta)$ 的 BAN 估计.

25. 设 $X_1, \cdots, X_n$ 为 i.i.d. 样本.

(1) 若 $X_1 \sim R(0, \theta)$, $\theta > 0$, 证明: $n(\theta - X_{(n)})$ 的分布收敛于指数分布 $E(1/\theta)$;

(2) 若 $X_1 \sim R(0, n\theta)$, $\theta > 0$, 证明: $n\theta - X_{(n)}$ 的分布收敛于指数分布 $E(1/\theta)$, 并由此给出 θ 的一个相合估计;

26. 设 $X_1, \cdots, X_n$ 为 i.i.d. 样本,

(1) 若 $X_1 \sim R(0,1)$, 令 $Y_n = \left(\prod\limits_{i=1}^{n} X_i\right)^{-\frac{1}{n}}$, 证明: $\sqrt{n}(Y_n - \mathrm{e}) \xrightarrow{L} N(0, \mathrm{e}^2)$, 其中 e 是自然对数的底数;

(提示: 令 $Z = \ln Y_n = -n^{-1}\sum\limits_{i=1}^{n} \ln X_i$, 然后用中心极限定理.)

(2) 若 $X_1 \sim R(0, \theta)$, 推导相应的结果, 并据此给出 θ 的一个相合估计.

27. 设 $X_1, \cdots, X_n$ 为 i.i.d. 样本, $X_1 \sim f(x_1, \theta) = \theta(\theta+1)x_1^{\theta-1}(1-x_1)I\{0 < x_1 < 1\}$, 其中 $0 < x_1 < 1$, $\theta > 0$.

(1) 证明: $T_n = \dfrac{2\overline{X}}{1 - \overline{X}}$ 是 θ 的一个矩估计;

(2) 证明:

$$\frac{\sqrt{n}(T_n - \mu_n(\theta))}{\sigma_n(\theta)} \xrightarrow{L} N(0, 1),$$

其中 $\mu_n(\theta) = \theta$, $\sigma_n(\theta) = \dfrac{\theta(\theta+2)^2}{2(\theta+3)}$.

28. 设 $X_1, \cdots, X_n$ 为 i.i.d. 样本, $X_1 \sim (\mu, \sigma^2)$, 即 $\mathrm{E}(X_1) = \mu$, $\mathrm{Var}(X_1) = \sigma^2 < \infty$. 设函数 $h(t)$ 的二阶导数 $h''(t)$ 在 $t = \mu$ 处连续, 且 $h'(\mu) = 0$.

(1) 证明: $\sqrt{n}[h(\overline{X}) - h(\mu)] \xrightarrow{P} 0$, 且 $n[h(\overline{X}) - h(\mu)]$ 的渐近分布为 $\dfrac{1}{2}h''(\mu)\sigma^2 V$, 其中 $V \sim \chi^2(1)$;

(2) 证明: 当 $\mu = \dfrac{1}{2}$ 时, $n[\overline{X}(1 - \overline{X})] - n[\mu(1 - \mu)] \xrightarrow{L} -\sigma^2 V$, 其中 $V \sim \chi^2(1)$.

★29. 设 $X_1, \cdots, X_n$ 为 i.i.d. 样本, $X_1 \sim N(\theta, \sigma^2)$. 现有 θ^2 的四个估计 $\delta_{1n}, \delta_{2n}, \delta_{3n}, \delta_{4n}$, 其中 $\delta_{1n} = \overline{X}^2 - \dfrac{\sigma^2}{n}$ 为 σ^2 已知条件下, θ^2 的 UMVUE; 而

$$\delta_{2n} = \overline{X}^2 - \frac{T^2}{n(n-1)} \ (\text{其中 } T^2 = \sum_{i=1}^{n} (X_i - \overline{X})^2)$$

为 σ^2 未知条件下, θ^2 的 UMVUE; $\delta_{3n} = \overline{X}^2$ 为 θ^2 的 MLE; $\delta_{4n} = \max\{0, \delta_{1n}\}$ 为 δ_{1n} 的改进. 证明: 当 $\theta \neq 0$ 时, $\delta_{1n}, \delta_{2n}, \delta_{3n}, \delta_{4n}$ 有相同的渐近分布, 并且都是 θ^2 的 BAN 估计.

30. 设 $X_1, \cdots, X_n$ 为 i.i.d. 样本, X_1 存在前 4 阶矩. 求下列统计量的渐近分布:

(1) $\widehat{g}_1(X) = \left(\overline{X}, \dfrac{1}{n} \sum\limits_{i=1}^{n} X_i^2 \right)$;

(2) $\widehat{g}_2(X) = (\overline{X}, S^2), \ S^2 = \dfrac{1}{n} \sum\limits_{i=1}^{n} (X_i - \overline{X})^2$.

31. 设 $X_1, \cdots, X_n$ 为 i.i.d. 样本, $X_1 \sim N(\mu, \sigma^2)$, σ^2 已知. 设 $p = P(X_1 > a)$ 的最大似然估计为 $\widehat{p}$, 求 $\sqrt{n}(\widehat{p} - p)$ 的渐近分布.

32. 设 $X_1, \cdots, X_n$ 为 i.i.d. 样本, X_1 服从两点分布, 即 $X_1 \sim b(1, \theta)$, 证明:

$$\sqrt{n}\{\arcsin \sqrt{\overline{X}} - \arcsin \sqrt{\theta}\}$$

具有渐近正态分布, 并且其方差与参数无关.

第六章

参数假设检验

参数估计与假设检验是统计推断的两个主要组成部分. 但是假设检验所研究的问题及其解决方法与参数估计有很大不同. 假设检验问题是要对 "有关总体分布的某种判断 (或假设)" 是否成立进行鉴定 (或检验), 以便了解总体分布的有关性质. 例如, 某种元件的寿命 X 服从指数分布: $X \sim E(\theta^{-1})$, 应用上要求其平均寿命不低于 2000 h, 要通过抽样 $X_1, X_2, \cdots, X_n$ 来检验这批元件是否合格. 这可归结为一个假设检验问题, 即研究假设 "$H_0 : \theta \geqslant 2000$" 是否成立, 如果假设 H_0 成立, 则认为这批元件合格, 否则认为不合格. 在实用上, 很多数据分析问题都能够归结为假设检验问题, 它有极其广泛的应用, 因此构成了统计推断的重要组成部分.

假设检验的内容十分丰富, 本章系统介绍其基本理论和基本方法, 以及假设检验问题在各个领域的实际应用案例. 6.1 节通过一个实例说明假设检验所研究的问题以及解决问题的基本思想方法, 并由此引出否定域、检验函数、功效函数、两类错误以及 p 值、Neyman-Pearson (奈曼 – 皮尔逊) 理论的基本概念. 6.2 — 6.5 节介绍假设检验的 Neyman-Pearson 理论, 并应用于常见的正态分布和指数族分布的假设检验问题; 其中包括单边检验、双边检验, 以及多参数的检验等问题. Neyman-Pearson 理论在数学上很完美, 但在应用上有较多的限制. 6.6 — 6.7 节分别介绍具有广泛应用价值的似然比检验和拟合优度检验, 特别, 6.6 节还比较详细地介绍了子集参数的似然比检验以及有广泛应用价值的 score 检验和 Wald 检验; 6.7 节介绍了拟合优度检验对于 Mendel (孟德尔) 遗传学说的贡献. 有关本章内容, 可参见陈希孺 (1981, 2009), 陈家鼎等 (2015), 茆诗松等 (1990, 2007, 2019), 范金城, 吴可法 (2001), 郑忠国等 (2012), Rao (1973), Lehmann (1986), Shao (1998), Zacks (1981), Bickel, Doksum (1977) 等文献.

6.1 假设检验的基本概念

假设 $X \sim (\mathcal{X}, \mathcal{B}_X, P_\theta)$, $\theta \in \Theta$, 或 $X \sim f(x, \theta)$, $\theta \in \Theta$. 假设检验问题可表

示为

$$H_0 : \theta \in \Theta_0 \longleftrightarrow H_1 : \theta \in \Theta_1.$$

其中 H_0 称为**原假设**, H_1 称为**对立假设** (或备择假设). 若 $\Theta_0 = \{\theta_0\}$, $\Theta_1 = \{\theta_1\}$, 则称为简单假设, 其他皆称为复合假设; 即简单假设为 $H_0 : \theta = \theta_0 \longleftrightarrow H_1 : \theta = \theta_1$. 以下通过一个例子来说明假设检验所研究的问题以及解决问题的基本思想方法.

例 6.1.1 通过观测试验来检验某种新药的疗效, 看其治愈率是否不低于 0.75. 这可对 n 个试验者, 观察其服用新药的疗效. 一般可假设 $X_1, \cdots, X_n$ 独立同分布, 且有

$$X_i = \begin{cases} 1, & \text{第 } i \text{ 试验者治愈}, \\ 0, & \text{第 } i \text{ 试验者未愈}, \end{cases} \quad i = 1, \cdots, n.$$

即 $X_1 \sim b(1, \theta)$, θ 表示治愈率, 则这一问题可化为一个假设检验问题:

$$H_0 : \theta \leqslant 0.75 \longleftrightarrow H_1 : \theta > 0.75. \tag{6.1.1}$$

这是一个复合假设检验问题, H_0 表示事件 {治愈率 $\leqslant 0.75$}, H_1 表示事件 {治愈率 > 0.75}. 以下说明其解决问题的基本思想; 为明确起见, 不妨设 $n = 30$. 可取 $T = \sum_{i=1}^{30} X_i \sim b(30, \theta)$ 作为检验统计量. 易见, T 表示治愈的人数, T 越大, 表示治愈率 θ 可能越大, 由直接计算可知

$$P(T \geqslant k) = \sum_{i=k}^{30} \binom{30}{i} \theta^i (1-\theta)^{30-i} = I_\theta(k, 30-k+1).$$

其中 $I_\theta(k, 30-k+1)$ 为不完全 β 函数 (见第一章), 它是 θ 的增函数, 经查表有

$$P\{T \geqslant 27, \theta = 0.75\} = I_\theta(27, 4) \approx 0.05;$$

$$P\{T \geqslant 27, \theta \leqslant 0.75\} = I_\theta(27, 4) \leqslant 0.05. \tag{6.1.2}$$

由 (6.1.2) 式即可对假设检验问题 (6.1.1) 进行统计推断如下 (一定意义上可看作是统计意义下的 "反证法"). 若 H_0 成立, 则 (6.1.2) 式成立, 即 $\theta \leqslant 0.75$ 时, $P\{T \geqslant 27\} \leqslant 0.05$; 这表明: 治愈率 $\leqslant 0.75$ 的条件下治愈人数 $\geqslant 27$ 的概率很小, 将不大于 0.05. 因此, 当 $\theta \leqslant 0.75$ 时, 事件 "$T \geqslant 27$" 出现的可能性极小, 几乎不可能. 所以, 若真的抽样到 $X_1 = x_1, \cdots, X_n = x_n$, 使 $T = T(x) = \sum_{i=1}^{30} x_i \geqslant 27$, 则认为 H_0 不成立 (H_0 成立, "不可能有 $\{T \geqslant 27\}$"); 即 {治愈率 $\leqslant 0.75$} 不成立 (因而 {治愈率 > 0.75} 成立). 因为在统计问题中, 认为小概率事件在一次抽

样时不可能发生, 既然发生了, 说明原假设不对, 即 H_0 不成立; 这显然是合理的; 判错的概率很小, 不大于 0.05. 由此可得到假设检验问题 (6.1.1) 的一个解, 它表示为如下 "否定域":

$$R = \left\{ x : T(x) = \sum_{i=1}^{30} x_i \geqslant 27 \right\}.$$

若抽样到 $X = x \in R$, 则否定原假设 H_0, 认为 H_1 成立, 即 {治愈率 > 0.75}; 若抽样到 $x \in \overline{R}$, 即 $T(x) < 27$, 则不否定 H_0, 即不否定 {治愈率 $\leqslant 0.75$}.

注　与任何统计推断问题一样, 以上推理也有判错的可能, 由 (6.1.2) 式可知, H_0 成立, 即 $\theta \leqslant 0.75$ 时, $P_\theta\{T \geqslant 27\} \leqslant 0.05$, 这说明 $\{T \geqslant 27\}$ 是小概率事件, 因而由此推断 $\theta \leqslant 0.75$ 不可能成立, 判错的概率即为 $\leqslant 0.05$(判对的概率 $\geqslant 0.95$).

另外, 具体情况还取决于实时的操作, 例如, 某次抽样到 $X = x$, $T(x) = 28$, 由查表可知, $P\{T = 28, \theta \leqslant 0.75\} \approx 0.01$. 由于 $X = x \in R$, 应该否定 H_0, 但这次判错的概率约为 0.01. 若某次抽样到 $X = x$, $T(x) = 26$, 这时不应否定 H_0; 但是若要否定 H_0, 则判错的概率就比较大. 由查表可知, $P\{T = 26, \theta \leqslant 0.75\} \approx 0.1$, 因此若这次要否定 H_0, 判错的概率约为 $0.1 = 10\%$, 就比较大了. 通常, 实时抽样到 $X = x$, 由此判错 (即没有否定 H_0) 的概率称为 p 值; p 值越小判错的概率就越小, 详见本节最后的介绍.

6.1.1　否定域与检验函数

假设 $X \sim f(x, \theta)$, $\theta \in \Theta$, 考虑一般的假设检验问题

$$H_0 : \theta \in \Theta_0 \longleftrightarrow H_1 : \theta \in \Theta_1. \tag{6.1.3}$$

通常可设计一个统计量 $T = T(X)$, 与 $\mathcal{X}$ 上的区域 $R \subset \mathcal{X}$, 使得 $R = \{x : T(x) \in W\}$, 其常见的形式为 $R = \{x : T(x) \geqslant c\}$ (见例 6.1.1) 或 $R = \{x : T(x) \leqslant c\}$, 并有 $P_{H_0}(R) = P_{H_0}(X \in R) \leqslant \alpha$, 其中 P_{H_0} 表示 H_0 成立时 (即 $\theta \in \Theta_0$ 时) 的概率. 通常取 α 充分小, 如 $\alpha = 0.05$ 或 $\alpha = 0.01$ 等. 这说明, 假设 H_0 成立时, 事件 "$X \in R$" 出现的可能性极小 ($\leqslant \alpha$). 因此, 若一次抽样得到 $X = x \in R$, 则应否定原假设 H_0.

定义 6.1.1　对于假设检验问题 (6.1.3), $\mathcal{X}$ 上的一个区域 R 称为**否定域**, 是指若抽样到 $x \in R$, 则否定 H_0; 其余集 $\overline{R}$ 称为假设检验问题的接受域. 若对任意的 $\theta \in \Theta_0$ 有 $P_\theta(X \in R) \leqslant \alpha$ (或简记为 $P_{H_0}(R) \leqslant \alpha$), 则 R 称为假设检验问题 (6.1.3) 的水平为 α 的否定域, α 称为 R 的水平, 其余集 $\overline{R}$ 亦称为假设检验问题的水平为 $1 - \alpha$ 的接受域.

根据例 6.1.1 和以上说明, 假设检验问题 (6.1.3) 基于否定域的统计推断如下. 若一次抽样得到 $X = x \in R$, 则否定原假设 H_0, 因为 H_0 成立时, 概率 $P_{H_0}(x \in R)$

极小 ($\leqslant \alpha$). 这时犯错误 (即判错) 的概率 $\leqslant \alpha$. 反之, 若 $x \in \overline{R}$, 则不否定 H_0. 常见的否定域的形式为 $R = \{x : T(x) \in W\}$, 特别有 $R_1 = \{x : T(x) \geqslant c\}$, $R_2 = \{x : T(x) \leqslant c\}$, 以及 $R_3 = \{x : c_1 \leqslant T(x) \leqslant c_2\}$ 等. 为了便于数学上的处理, 否定域可加以推广. 因为任一集合与示性函数一一对应, 所以可引入以下定义:

定义 6.1.2 对于假设检验问题 (6.1.3), 称以下 $\phi(x)$ 为它的一个**检验函数**:

$$\phi(x) = \begin{cases} 1, & x \in R, \\ 0, & x \in \overline{R}. \end{cases}$$

其中 $\phi(x)$ 表示抽样到 $X = x$ 时否定原假设 H_0 的概率. 若对任意的 $\theta \in \Theta_0$ 有 $\mathrm{E}_\theta[\phi(X)] \leqslant \alpha$, 则 $\phi(x)$ 称为假设检验问题 (6.1.3) 的水平为 α 的检验.

易见, 否定域 R 与检验函数 $\phi(x)$ 是完全等价的. 若 $\phi(x) = 1$ (即 $x \in R$), 则否定 H_0 (否定 H_0 的概率为 1); 若 $\phi(x) = 0$ (即 $x \in \overline{R}$), 则不否定 H_0 (否定 H_0 的概率为 0); 且有 $\mathrm{E}_\theta[\phi(X)] = P_\theta(X \in R)$. 检验函数还可以进一步推广到随机化检验.

定义 6.1.3 对于假设检验问题 (6.1.3), 任一满足 $0 \leqslant \phi(x) \leqslant 1$ 的函数 $\phi(x)$ 称为一个随机化检验, 其中 $\phi(x)$ 表示: 若抽样到 $X = x$, 则以 $\phi(x) = p$ 的概率否定原假设 H_0. 若对任意的 $\theta \in \Theta_0$ 有 $\mathrm{E}_\theta[\phi(X)] \leqslant \alpha$, 则称 $\phi(x)$ 为假设检验问题 (6.1.3) 的水平为 α 的检验.

随机化检验在实际中用得不多, 但在理论上有一定意义. 注意, $\mathrm{E}_\theta[\phi(X)]$ 表示参数为 θ 时, 否定 H_0 的平均概率.

我们亦可从统计判决函数的观点出发, 说明假设检验问题的基本概念.

对于假设检验问题 (6.1.3), 最终目的只有两个: 接受原假设 H_0 以及否定原假设 H_0. 因此判决空间一般只包含两个元素, 即 $\mathcal{D} = \{0, 1\}$, 其中判决 $d = 0$ 表示 H_0 成立, 判决 $d = 1$ 表示 H_0 不成立. 关于统计判决函数 $\delta(x)$, 由于判决空间 $\mathcal{D}$ 只有 $0, 1$ 两个值, 因而很自然地取为示性函数

$$\delta(x) = I\{x : x \in R\} = \begin{cases} 1, & x \in R, \\ 0, & x \in \overline{R}. \end{cases}$$

这就是定义 6.1.2 中的否定域与检验函数. 在数学上, 如定义 6.1.3 所述, 亦可取判决空间为 $\mathcal{D} = [0, 1]$, 这时 $0 \leqslant \delta(x) \leqslant 1$ 对应于随机化检验 $\phi(x)$.

6.1.2 两类错误及功效函数

对于假设检验问题 (6.1.3), 给定一个否定域 R 或一个检验函数 $\phi(x)$, 就是检验问题的一个解. 问题是如何判别一个检验的 R 或 $\phi(x)$ 的好坏? 如何求最优

解? 根据统计判决函数的观点, 就是要求风险函数最小的解. 对于假设检验问题, 通常可取 $0-1$ 损失函数, 即判错时损失为 1, 判对时损失为 0, 具体可表示为

$$L(\theta, d) = \begin{cases} 1, & \theta \in \Theta_0 \text{ 且 } d = 1 \text{ 或 } \theta \in \Theta_1 \text{ 且 } d = 0, \\ 0, & \theta \in \Theta_0 \text{ 且 } d = 0 \text{ 或 } \theta \in \Theta_1 \text{ 且 } d = 1. \end{cases}$$

由此容易得到非随机化检验 $\delta(x) = I\{x : x \in R\}$ 的风险函数为

$$R(\theta, \delta) = \mathrm{E}_\theta[L(\theta, \delta(X))] = \begin{cases} P_\theta(X \in R), & \theta \in \Theta_0, \\ P_\theta(X \in \overline{R}), & \theta \in \Theta_1. \end{cases}$$

在这一风险函数中, 第一式表示 "H_0 成立但被否定的概率", 即引起的损失; 第二式表示 "H_0 不成立但未被否定的概率", 也是引起的损失; 通常称为犯以上第一、第二两类错误概率的大小. 由于观测值的随机性, 任何检验问题的解都有可能犯这两种错误, 因此引入以下定义:

定义 6.1.4 对于假设检验问题 (6.1.3) 的一个否定域 R 或一个检验函数 $\phi(x)$, 其第一类错误 $\mathrm{I}(\theta)$ 定义为 H_0 成立时, 否定 H_0 的概率, 即 $\mathrm{I}(\theta) = P_\theta(X \in R)$, $\theta \in \Theta_0$, 或 $\mathrm{I}(\theta) = \mathrm{E}_\theta[\phi(X)]$, $\theta \in \Theta_0$. 其第二类错误 $\mathrm{II}(\theta)$ 定义为 H_1 成立时, 不否定 H_0 的概率, 即 $\mathrm{II}(\theta) = P_\theta(X \in \overline{R})$, $\theta \in \Theta_1$ 或 $\mathrm{II}(\theta) = 1 - \mathrm{E}_\theta[\phi(X)]$, $\theta \in \Theta_1$.

理论上讲, 一个好的检验应该使以上风险函数尽量小, 即两类错误 $\mathrm{I}(\theta)$ 和 $\mathrm{II}(\theta)$ 都尽量小, 但事实上, 当样本容量固定时, 不可能使二者同时都很小. 首先看一个例子.

例 6.1.2 (续例 6.1.1) 对于假设检验问题 (6.1.1), 取 $R = \{x : T \geqslant 27\}$ 为否定域, 即检验问题的一个解, 其中 $T = \sum\limits_{i=1}^{30} x_i$. 我们来看其相应的两类错误. 由以上定义可知, $\mathrm{I}(\theta) = P_{H_0}(T \geqslant 27) = I_\theta(27, 4)$, $\theta \leqslant 0.75$; 它表示治愈率 $\leqslant 0.75$ 的条件下 30 个患者中治愈人数 $\geqslant 27$ 的概率. 由前面的计算可知, 当 $\theta = 0.75$ 时 $\mathrm{I}(\theta) \approx 0.05$, 而当 $\theta < 0.75$ 时 $\mathrm{I}(\theta) \leqslant 0.05$ (因为 $I_\theta(27, 4)$ 为 θ 的增函数). 因此对否定域 $R = \{x : T \geqslant 27\}$ 来说, 其第一类错误很小, 都小于 0.05. 但是其第二类错误就很难达到小于 0.05 的水平. 由以上定义可知, $\mathrm{II}(\theta) = P_{H_1}(\overline{R}) = P_\theta(T < 27)$, $\theta > 0.75$; 它表示治愈率 > 0.75 的条件下 30 个患者中治愈人数 $\leqslant 26$ 的概率, 直观上看, 这一概率并不一定都很小. 由前面的计算可知,

$$\mathrm{II}(\theta) = P_\theta(T < 27) = 1 - P_\theta(T \geqslant 27) = 1 - I_\theta(27, 4), \quad \theta > 0.75.$$

这是 θ 的减函数, θ 越大 $\mathrm{II}(\theta)$ 越小. 当 $\theta = 0.75$ 时 $P_\theta(T < 27) = 1 - P_\theta(T \geqslant 27) \approx 0.95$, 而当 θ 从 0.75 逐渐增加时, $\mathrm{II}(\theta) = P_\theta(T < 27)$ 从 0.95 逐渐减少, 但也不可

能很快减少到 0.05. 例如, 当 $\theta = 0.85$ 时, $\mathrm{II}(\theta) = P(T < 27) = 1 - I_\theta(27, 4) \approx 0.58$ 还比较大, 与 0.05 相差甚远 (直观上看, 治愈率等于 0.85 时, 30 个人中治愈人数小于 27 的可能性并不一定很小). 因此, 要求第二类错误 $\mathrm{II}(\theta)$ 对一切 $\theta > 0.75$ 都很小是不可能的.

以下定义假设检验的功效函数 (亦称势函数), 它可以统一第一、第二两类错误, 也可以使我们进一步看到, 同时要求两类错误都尽量小一般是不可能的. 另外, 功效函数也便于我们今后讨论假设检验问题的最优解.

定义 6.1.5 对于假设检验问题 (6.1.3) 的一个否定域 R 或一个检验函数 $\phi(x)$, 其**功效函数** (亦称**势函数**) 定义为

$$\beta(\theta) = \mathrm{E}_\theta[\phi(X)] = P_\theta(X \in R), \quad \forall\, \theta \in \Theta.$$

其中 $\beta(\theta)$ 表示当参数取 θ 时, 否定 H_0 的平均概率.

功效函数可以统一第一、第二两类错误. 例如对否定域来说, 当 $\theta \in \Theta_0$ 时, $\beta(\theta) = \mathrm{E}_\theta[\phi(X)] = P_\theta(R) = \mathrm{I}(\theta)$; 而当 $\theta \in \Theta_1$ 时, $\beta(\theta) = \mathrm{E}_\theta[\phi(X)] = P_\theta(R) = 1 - P_\theta(\overline{R}) = 1 - \mathrm{II}(\theta)$. 即 $\mathrm{I}(\theta) = \beta(\theta)$, $\theta \in \Theta_0$; 而 $\mathrm{II}(\theta) = 1 - \beta(\theta)$, $\theta \in \Theta_1$. 由此我们可以从功效函数 $\beta(\theta)$ 看出第一、第二两类错误的变化趋势. 易见, 要求第一类错误 $\mathrm{I}(\theta)$ 尽量小, 就是要求 $\beta(\theta)$ 在 Θ_0 上尽量小; 而要求第二类错误 $\mathrm{II}(\theta)$ 尽量小, 就是要求 $\beta(\theta)$ 在 Θ_1 上尽量大. 显然, 这是很困难的, 例如在 Θ_0 和 Θ_1 的边界附近就很困难.

例 6.1.3 (续例 6.1.1) 考虑否定域 $R = \{x : T \geqslant 27\}$ 的功效函数. 由定义可得

$$\beta(\theta) = P_\theta(T \geqslant 27) = I_\theta(27, 4) = \frac{1}{\beta(27, 4)} \int_0^\theta x^{26}(1 - x)^3 \mathrm{d}x, \quad \forall\, 0 < \theta < 1.$$

这时有 $\beta(0.75) \approx 0.05$, 当 $\theta \leqslant 0.75$ 时 $\mathrm{I}(\theta) = \beta(\theta) \leqslant 0.05$. 但是若要 $\theta > 0.75$ 时 $\mathrm{II}(\theta) = 1 - \beta(\theta) \leqslant 0.05$, 则必须要求 $\beta(\theta) \geqslant 0.95$. 这显然是很困难的, 只有 θ 很接近 1 时才有可能 (见图 6.1.1).

根据以上分析, 假设检验问题 (6.1.3) 的最优解不可能指望两类错误同时都很小, 只能采取某种妥协方案, 这就是有名的 Neyman-Pearson 准则. 其主要精神就是在控制第一类错误充分小的前提下, 要求第二类错误尽量小.

6.1.3 Neyman-Pearson 准则与一致最优势检验

为明确起见, 对于假设检验问题 (6.1.3) 的一个解, 统称为一个检验 $\phi(x)$, 它可以是示性函数 (对应于否定域 R), 也可以是在 $[0,1]$ 取值的任意一个函数; 其

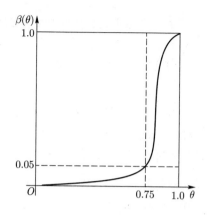

图 6.1.1　例 6.1.3 的功效函数图

功效函数为 $\beta(\theta) = \mathrm{E}_\theta[\phi(X)]$. 根据 Neyman-Pearson 准则 (简称 **N–P 准则**), 首先要确定一个第一类错误的允许水平 α, 其值很小 (如 $\alpha = 0.05$ 或 0.01 等), 根据实际要求决定. 在此前提下, 寻找第二类错误尽量小 (即功效函数 $\beta(\theta)$ 尽可能大) 的解. 其严格定义如下:

定义 6.1.6 (一致最优势检验)　对于假设检验问题 (6.1.3) 和给定的水平 α (通常 $0 < \alpha < 1$, 且很小), 若检验 $\phi(x)$ 满足:

$$\beta_\phi(\theta) = \mathrm{E}_\theta[\phi(X)] \leqslant \alpha, \quad \text{对一切 } \theta \in \Theta_0, \tag{6.1.4}$$

则称 $\phi(x)$ 为假设检验问题 (6.1.3) 的一个水平为 α 的检验, 并记

$$\Phi_\alpha = \{\text{一切 } \phi(x) : \beta_\phi(\theta) \leqslant \alpha, \theta \in \Theta_0\}. \tag{6.1.5}$$

若存在 $\phi^*(x) \in \Phi_\alpha$ 使

$$\beta_{\phi^*}(\theta) \geqslant \beta_\phi(\theta), \quad \text{对一切 } \theta \in \Theta_1, \phi(x) \in \Phi_\alpha, \tag{6.1.6}$$

则称 $\phi^*(x)$ 为假设检验问题 (6.1.3) 的水平为 α 的一致最优势检验 (uniform most powerful test, 简称为 UMPT).

根据上述定义, 若 $\phi^*(x)$ 为 UMPT, 则其第一类错误 $\mathrm{I}(\theta)$ 小于给定水平 α, 第二类错误 $\mathrm{II}(\theta)$ 在一切水平为 α 的检验中最小 (但一般不可能也有 $\mathrm{II}(\theta) \leqslant \alpha$).

根据 N–P 准则进行统计推断的特点是: 两类错误 $\mathrm{I}(\theta)$ 与 $\mathrm{II}(\theta)$ 不对称, 原假设 H_0 与对立假设 H_1 不对称.

(1) 若 $x \in R$, 则否定原假设 $H_0 : \theta \in \Theta_0$, 判定对立假设 $H_1 : \theta \in \Theta_1$ 成立. 这时理由充分, 因为这时判错属于第一类错误 (即 H_0 成立而否定 H_0), 而第一

类错误 $I(\theta)$ 已控制在 $\leqslant \alpha$ 的范围, 因此犯错误的概率很小 (通常为 0.05 或 0.01 等).

(2) 反之, 若 $x \in \overline{R}$, 则不否定 $H_0 : \theta \in \Theta_0$, 即判为 H_0 成立. 这时理由并不充分, 因为这时判错属于第二类错误 (即 H_1 成立但未否定 H_0), 而 $II(\theta)$ 不一定很小, 因此犯错误的概率不一定很小. 例如在例 6.1.1 中, 若 $x \in \overline{R} = \{x : T(x) < 27\}$, 这时不否定 $H_0 : \theta \leqslant 0.75$, 但是实际上判错的可能性不一定很小, 例如当 $\theta = 0.85 \in \Theta_1$ 时还有 $P(T < 27) \approx 0.58$.

出现上述情况的原因就是两类错误不可能同时都很小, 而基于 N-P 准则的妥协方案是控制了第一类错误, 因而保护了原假设, 使其不被轻易否定. 这时, 若一旦否定原假设 (即判定 H_1 成立), 则理由充分 (判错概率小于等于 α). 因此在实际操作中, 应该把需要有强有力证据的假设放在对立假设 H_1 上, 一旦否定 H_0, 即判定 H_1 成立, 则理由充分, 判错的概率 $\leqslant \alpha$ (水平 α 可事先设定). 例如在假设检验问题 (6.1.1) 中, 检验 "药物的治愈率是否提高" 事关重要, 判错的概率必须很小, 因此应把假设 $\theta > 0.75$ 放在对立假设 H_1 上. 这时, 一旦 H_0 被否定, 即 H_1 成立, 判错的概率将会很小, 我们有充分的理由认为 $\theta > 0.75$ 成立, 即 "药物的治愈率确有提高".

由以上分析可知, Neyman-Pearson 准则是合理, 具有实用价值的; 它已得到理论与实际工作者的一致认可. 另外, 由定义 6.1.6 可知, 基于 N-P 准则的一致最优势检验把假设检验问题 (6.1.3) 化为一个明确的数学最优化问题, 即对检验函数 $\phi(x)$, 在不等式约束 (6.1.4) 的条件下, 求在 Θ_1 上达到最大值的解. Neyman 和 Pearson 基于 N-P 准则发展了一套严格的数学理论, 本章 6.2—6.4 节将介绍其大意. 以下首先介绍检验函数的一个重要性质.

第二章曾经指出, 充分统计量包含了与样本一样多的信息, 而且比样本简单得多, 因此, 通常的统计推断方法都是从充分统计量出发的. 第三章的 Rao-Blackwell 定理说明: 统计推断中的最优解通常都是充分统计量的函数; 后来几章的结果也证实了这一论断. 同样, 假设检验问题的最优解也应当是充分统计量的函数, 以下引理也印证了这一点:

引理 6.1.1 (充分性原则) 对于假设检验问题 (6.1.3), 设 $T = T(X)$ 为充分统计量, 任给一个检验 $\phi(x)$, 则必存在一个检验 $\widetilde{\phi}(T)$, 为充分统计量 T 的函数, 并且与 $\phi(x)$ 有相同的功效.

证明 取 $\widetilde{\phi}(T) = E_\theta[\phi(X)|T]$, 则 $\widetilde{\phi}$ 为 T 的函数, 且与 θ 无关. 因为 $0 \leqslant \phi(x) \leqslant 1$, 所以 $0 \leqslant \widetilde{\phi}(t) \leqslant 1$, 同时有

$$E_\theta[\widetilde{\phi}(T)] = E_\theta\{E_\theta[\phi(X)|T]\} = E_\theta[\phi(X)].$$

因此检验 $\widetilde{\phi}(T)$ 为充分统计量的函数, 并且与 $\phi(x)$ 有相同的功效.

以上引理说明, 若包含随机化检验, 则一致最优势检验可在充分统计量的函数中寻找.

6.1.4   假设检验问题的 p 值

最后我们结合例 6.1.1 介绍假设检验问题的 p 值, 这是理论上和实践中都有广泛应用的检验统计量 (可参见 Bickel, Doksum (1977)).

在例 6.1.1 中, 假设检验问题 (6.1.1) 的否定域为 $R = \{x : T(x) \geqslant 27\}$, 其第一类错误为 $\mathrm{I}(\theta) = P_\theta\{T \geqslant 27\} \leqslant 0.05$ $(\theta \leqslant 0.75)$. 今设某次具体抽样得 $X_1 = x_1, \cdots, X_n = x_n$, $T(x) = 28$, 这时应否定原假设 H_0, 而这一次检验中犯错误的概率应为 $\mathrm{I}(\theta) = P_\theta(T \geqslant 28) \approx 0.01$ $(\theta \leqslant 0.75)$, 0.01 就是本次检验的实际水平, 通常称为此次检验的 p 值. 类似的, 若此次抽样得 $T(x) = 26$, 则不否定 H_0; 但是若此时要否定 H_0, 则犯错误的概率为 $\mathrm{I}(\theta) = P_\theta(T \geqslant 26) \approx 0.1$ $(\theta \leqslant 0.75)$, 也称为此次检验的 p 值. 一般情况下, 若某次具体抽样得 $X_1 = x_1, \cdots, X_n = x_n$, $T = T(x)$, 则此次检验的 p 值可定义为 $P_\theta\{T(X) \geqslant T(x)\}$, $\theta \in \Theta_0$, 它表示此次抽样到 $X = x$ 否定 H_0 而犯错误的概率.

对于一般的假设检验问题 (6.1.3), 若其否定域为 $R = \{x : T(x) \geqslant c\}$, 若某次具体抽样为 $X_1 = x_1, \cdots, X_n = x_n$, $T = T(x)$, 则其 p 值定义为 $P_\theta\{T(X) \geqslant T(x)\}$, $\theta \in \Theta_0$ (更准确地, 应表示为 $\sup\limits_{\theta \in \Theta_0} P_\theta\{T(X) \geqslant T(x)\}$, 见 Bickel, Doksum (1977)), 它表示根据此次抽样做检验, 否定 H_0 而犯错误的概率, 即本次检验的实际水平.

对于否定域 $R = \{x : T(x) \leqslant c\}$, 若某次具体抽样为 $X_1 = x_1, \cdots, X_n = x_n$, $T = T(x)$, 则其 p 值定义为 $P_\theta\{T(X) \leqslant T(x)\}$, $\theta \in \Theta_0$. 对于其他形式的否定域, 诸如 $R = \{x : |T(x)| \geqslant c\}$ 等, 定义类似.

在实际应用上, 给定检验水平 α 以后, 可通过 p 值来了解某次检验的具体情况. 对于某次具体抽样 $X = x$, 即 $X_1 = x_1, \cdots, X_n = x_n$, 若 p 值 $\leqslant \alpha$, 则否定 H_0 (即认为 H_1 成立); p 值越小, 否定 H_0 (即肯定 H_1) 的理由越充分. 反之, 若 p 值 $> \alpha$, 则不否定 H_0; p 值越大, 否定 H_0 而犯错误的概率越大, 因而不否定 H_0 的理由越充分.

注 p 值也是统计量, 因为 p 值的大小取决于具体的抽样 $X = x$, 因此 $p = p(x)$ 为样本 x 的函数, 若抽样 $X = x$ 取自于整个样本空间, 则 $p(X)$, 即 p 值亦可视为通常的统计量. 但是在实际应用上, 我们主要还是关心 p 值与检验水平 α 的差异: 它反映了本次抽样否定 H_0 (即认为 H_1 成立) 而犯错误的概率 (例如, 可参见本章例 6.3.7 和例 6.3.8, 以及表 6.5.4 有关 p 值的计算). 关于正态总体假设检验问题的 p 值, 韦来生 (2015) 中有详细的计算公式.

6.2 Neyman-Pearson 基本引理

正如前节所述, 根据 Neyman-Pearson 准则求解假设检验问题 (6.1.3) 的一致最优势检验, 相当于求一个不等式约束下的最优化问题. 这个问题并不简单, 最优化理论中没有现成的方法, 需要 (也应该) 结合统计学的具体情况加以解决. 同时必须注意, 假设检验问题 (6.1.3) 实际上是一个很一般的问题. 其中原假设和对立假设的空间 Θ_0 和 Θ_1 有很大的任意性, 样本分布 $X \sim f(x,\theta)$ 也有很大的任意性. 因此, 要想根据定义 6.1.6 求出假设检验问题 (6.1.3) 通用的最优解是不可能的, 只能根据参数空间 Θ_0 和 Θ_1 以及样本分布 $X \sim f(x,\theta)$ 的具体情况, 由简到繁逐步加以解决. Neyman 与 Pearson 首先考虑了最简单的情况, 即原假设 H_0 和对立假设 H_1 都只有一个状态的简单假设情形: $H_0 : \theta = \theta_0 \longleftrightarrow H_1 : \theta = \theta_1$, 他们得到了最优解, 这就是著名的 Neyman-Pearson 基本引理. Neyman-Pearson 基本引理对样本分布没有太多限制, 但是若要解决复合假设检验问题, 则必须对参数空间和样本分布进一步加以限制. 这时, 参数空间 Θ 主要限于一维, 样本分布 $X \sim f(x,\theta)$ 主要限于指数族分布. 在这些限制下, 以 Neyman-Pearson 基本引理为基础, 可以进一步解决若干复合假设检验问题. 其中包括单调似然比分布族的单边检验、指数族分布的双边检验以及某些多参数的检验问题. 这也是 Neyman-Pearson 基本引理的重大贡献所在, 可以把简单假设检验问题最优解的结果逐步推广, 用以解决若干复合假设检验问题, 得到相应的一致最优势检验.

6.2.1 Neyman-Pearson 基本引理

假设 $X = (X_1, \cdots, X_n)^{\mathrm{T}} \sim f(x)$, 或 $X \sim f(x,\theta)$, 简单假设检验问题可表示为

$$H_0 : X \sim f_0(x) \longleftrightarrow H_1 : X \sim f_1(x),$$

或

$$H_0 : X \sim f(x, \theta_0) \longleftrightarrow H_1 : X \sim f(x, \theta_1).$$

这两者基本等价, 为方便起见, 今后都采用以下参数形式:

$$H_0 : \theta = \theta_0 \longleftrightarrow H_1 : \theta = \theta_1, \tag{6.2.1}$$

根据定义 6.1.6, 假设检验问题 (6.2.1) 的最优解 $\phi(x)$ 应该满足: $\mathrm{E}_{\theta_0}[\phi(X)] \leqslant \alpha$, 且对一切 $\widetilde{\phi}(x) \in \Phi_\alpha$, 即 $\mathrm{E}_{\theta_0}[\widetilde{\phi}(X)] \leqslant \alpha$, 有

$$\mathrm{E}_{\theta_1}[\phi(X)] \geqslant \mathrm{E}_{\theta_1}[\widetilde{\phi}(X)], \quad \widetilde{\phi}(x) \in \Phi_\alpha = \{\phi(x) : \mathrm{E}_{\theta_0}[\phi(X)] \leqslant \alpha\}.$$

或等价地, 其功效函数应满足: $\beta_\phi(\theta_0) \leqslant \alpha$, 且对一切 $\beta_{\widetilde{\phi}}(\theta_0) \leqslant \alpha$, 有

$$\beta_\phi(\theta_1) \geqslant \beta_{\widetilde{\phi}}(\theta_1), \quad \widetilde{\phi} \in \Phi_\alpha.$$

对于简单假设检验问题, 其一致最优势检验即为**最优势检验** (most powerful test), 简记为 MPT. 以下说明如何求解假设检验问题 (6.2.1) 的 MPT.

似然方法是统计学中应用最多的基本思想方法, 假设检验问题也不例外. 为了求解假设检验问题 (6.2.1) 的 MPT, 考虑似然比

$$\lambda(x) = \frac{f(x, \theta_1)}{f(x, \theta_0)}.$$

首先从直观上来看, 若 H_0 被否定, 即 H_1 成立, 则应该 $f(x, \theta_1)$ 大, 而 $f(x, \theta_0)$ 小, 因而似然比 $\lambda(x)$ 应该比较大, 所以可取否定域为

$$R = \left\{ x : \lambda(x) = \frac{f(x, \theta_1)}{f(x, \theta_0)} > c \right\}.$$

而 c 可由水平条件 $\mathrm{E}_{\theta_0}[\phi(X)] = P_{\theta_0}\{X \in R\} \leqslant \alpha$ 决定. 另外, 由以下数值实例亦可了解似然比的意义.

x	1	2	3	4
$f(x, \theta_0)$	0.7	0.2	0.1	0
$f(x, \theta_1)$	0.2	0.7	0	0.1
$\lambda(x)$	2/7	7/2	0	∞

对于以上分布考虑假设检验问题 (6.2.1). 若抽样到 $x = 1$, 则 $\lambda(x) = 2/7$ 比较小, 不应该否定 H_0, 即 H_0 成立; 这时 $f(x, \theta_0) = 0.7$ 比 $f(x, \theta_1) = 0.2$ 出现的可能性大, 因而判定 H_0 成立是合理的. 若抽样到 $x = 2$, 则 $\lambda(x) = 7/2$ 比较大, 应该否定 H_0, 即 H_1 成立; 这时 $f(x, \theta_1) = 0.7$ 比 $f(x, \theta_0) = 0.2$ 出现的可能性大, 因而判定 H_1 成立也是合理的. 若抽样到 $x = 3$, 则 $\lambda(x) = 0$ 很小, 因而不否定 H_0, 这时 $f(x, \theta_1) = 0$ 为不可能事件, 所以不否定 H_0 也是合理的. 若抽样到 $x = 4$, 则 $\lambda(x)$ 为无穷大, 这时 $f(x, \theta_0) = 0$ 为不可能事件, 所以否定 H_0 是合理的.

根据以上分析, 假设检验问题 (6.2.1) 的否定域应该由似然比

$$\lambda(x) = \frac{f(x, \theta_1)}{f(x, \theta_0)} > c$$

得到. 以下给出严格的理论结果与证明.

定理 6.2.1 (Neyman-Pearson 基本引理 (简称 N–P 引理)) 假设 $X \sim f(x, \theta)$ 为离散型或连续型密度函数, 则对简单假设检验问题 (6.2.1) 有

(1) 存在性. 设检验函数 $\phi(x)$ 由似然比 $\lambda(x) = f(x, \theta_1)/f(x, \theta_0)$ 定义为

$$\phi(x) = \begin{cases} 1, & x \in R^+ = \{x : \lambda(x) > c\}, \\ \gamma, & x \in R^0 = \{x : \lambda(x) = c\}, \\ 0, & x \in R^- = \{x : \lambda(x) < c\}, \end{cases} \tag{6.2.2}$$

则对任意给定的 $0 < \alpha < 1$, 必存在 $c \geqslant 0$ 和 $0 \leqslant \gamma \leqslant 1$, 使 $\mathrm{E}_{\theta_0}[\phi(X)] = \beta_\phi(\theta_0) = \alpha$.

(2) 最优性或充分性. 满足 (6.2.2) 式的 $\phi(x)$ 必为假设检验问题 (6.2.1) 的最优势检验.

(3) 唯一性或必要性. 以上 $\phi(x)$ 在 $R^+ \cup R^-$ 上为 (6.2.1) 的唯一的最优势检验, 即若 $\phi^*(x)$ 也是 (6.2.1) 的最优势检验, 则必有 $\phi^*(x) = \phi(x)$ (a.e.), $x \in R^+ \cup R^-$. 并且, 若 $\mathrm{E}_{\theta_1}[\phi^*(X)] < 1$, 则有 $\mathrm{E}_{\theta_0}[\phi^*(X)] = \alpha$.

证明 (1) 存在性. 以下具体定出 c 与 γ, 使 $\mathrm{E}_{\theta_0}[\phi(X)] = \alpha$ 成立. 由定义可知, c 与 γ 应满足

$$\begin{aligned} \beta_\phi(\theta_0) = \mathrm{E}_{\theta_0}[\phi(X)] &= P_{\theta_0}(R^+) + \gamma P_{\theta_0}(R^0) \\ &= P_{\theta_0}(\lambda(X) > c) + \gamma P_{\theta_0}(\lambda(X) = c) = \alpha. \end{aligned} \tag{6.2.3}$$

设随机变量 $\lambda(X)$ 的分布函数为 $F(u)$, 则上式相当于

$$\mathrm{E}_{\theta_0}[\phi(X)] = 1 - F(c) + \gamma[F(c) - F(c - 0)] = \alpha.$$

即

$$F(c) = 1 - \alpha + \gamma[F(c) - F(c - 0)]. \tag{6.2.4}$$

因此 c 就取为分布函数 $F(u)$ 的 $1 - \alpha$ 分位数, 即 $c = u_{1-\alpha}$, 由于似然比 $\lambda(x) \geqslant 0$, 因而 $c = u_{1-\alpha} \geqslant 0$. 关于 γ, 可分两种情况: 若 $u_{1-\alpha}$ 为 $F(u)$ 的连续点 (见图 6.2.1(a)), 则有 $P_{\theta_0}(\lambda(X) = c) = F(c) - F(c - 0) = 0$, $F(u_{1-\alpha}) = 1 - \alpha$, 因而 (6.2.4) 式成立 ($\gamma$ 任意); 若 $u_{1-\alpha}$ 为 $F(u)$ 的不连续点 (见图 6.2.1(b)), 则 $F(u_{1-\alpha}) \geqslant 1 - \alpha$, 这时在 (6.2.4) 式中, 可取 $c = u_{1-\alpha}$, 且 γ 满足

$$\gamma = \frac{F(u_{1-\alpha}) - (1 - \alpha)}{F(u_{1-\alpha}) - F(u_{1-\alpha} - 0)}.$$

因此 (6.2.4) 式也成立, 且有 $0 \leqslant \gamma \leqslant 1$. 所以综合以上两种情况都有 $\mathrm{E}_{\theta_0}[\phi(X)] = \alpha$.

(2) 最优性. 要证: 对任一 $\widetilde{\phi} \in \Phi_\alpha$, 即 $\mathrm{E}_{\theta_0}[\widetilde{\phi}(X)] \leqslant \alpha$, 都有 $\mathrm{E}_{\theta_1}[\phi(X)] \geqslant \mathrm{E}_{\theta_1}[\widetilde{\phi}(X)]$. 由于

$$R^+ = \left\{ x : \lambda(x) = \frac{f(x, \theta_1)}{f(x, \theta_0)} > c \right\} = \{x : f(x, \theta_1) - cf(x, \theta_0) > 0\},$$

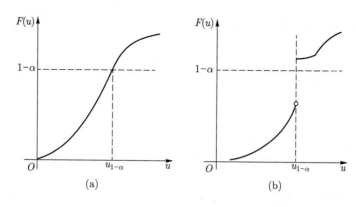

图 6.2.1 存在性的证明

今考虑函数

$$A(x) = [\phi(x) - \widetilde{\phi}(x)][f(x, \theta_1) - cf(x, \theta_0)]. \tag{6.2.5}$$

当 $x \in R^+$ 时有 $f(x, \theta_1) - cf(x, \theta_0) > 0$, 又由 (6.2.2) 式可知 $\phi(x) = 1$, 因而 $\phi(x) - \widetilde{\phi}(x) \geqslant 0$; 所以有 $A(x) \geqslant 0$. 类似地, 当 $x \in R^-$ 时有 $f(x, \theta_1) - cf(x, \theta_0) < 0$, $\phi(x) = 0$, $\phi(x) - \widetilde{\phi}(x) \leqslant 0$; 这时亦有 $A(x) \geqslant 0$. 因而有

$$\int_{\mathcal{X}} [\phi(x) - \widetilde{\phi}(x)][f(x, \theta_1) - cf(x, \theta_0)] \mathrm{d}\mu(x) = \int_{\mathcal{X}} A(x) \mathrm{d}\mu(x)$$

$$= \int_{R^+ \cup R^-} A(x) \mathrm{d}\mu(x) + \int_{R^0} A(x) \mathrm{d}\mu(x) = \int_{R^+ \cup R^-} A(x) \mathrm{d}\mu(x) \geqslant 0. \tag{6.2.6}$$

由此式可得

$$\int_{\mathcal{X}} [\phi(x) - \widetilde{\phi}(x)] f(x, \theta_1) \mathrm{d}\mu(x) \geqslant \int_{\mathcal{X}} [\phi(x) - \widetilde{\phi}(x)] cf(x, \theta_0) \mathrm{d}\mu(x)$$

$$= c\{\mathrm{E}_{\theta_0}[\phi(X)] - \mathrm{E}_{\theta_0}[\widetilde{\phi}(X)]\} = c\{\alpha - \mathrm{E}_{\theta_0}[\widetilde{\phi}(X)]\} \geqslant 0. \tag{6.2.7}$$

因此有 $\mathrm{E}_{\theta_1}[\phi(X)] \geqslant \mathrm{E}_{\theta_1}[\widetilde{\phi}(X)]$.

(3) 唯一性. 要证: 若 $\phi^*(x)$ 也是假设检验问题 (6.2.1) 的最优势检验, 则必有 $\phi^*(x) = \phi(x)$, $x \in R^+ \cup R^-$. 首先, 若 $\phi^*(x)$ 亦为最优势检验, 必有 $\mathrm{E}_{\theta_1}[\phi^*(X)] \geqslant \mathrm{E}_{\theta_1}[\phi(X)]$, 反之亦有 $\mathrm{E}_{\theta_1}[\phi(X)] \geqslant \mathrm{E}_{\theta_1}[\phi^*(X)]$, 因而 $\mathrm{E}_{\theta_1}[\phi^*(X)] = \mathrm{E}_{\theta_1}[\phi(X)]$. 而在第 (2) 部分的证明中, 取 $\widetilde{\phi}(x) = \phi^*(x)$, 则上面所有的推导都成立, 因而由 (6.2.6) 式有

$$\int_{\mathcal{X}} [\phi(x) - \phi^*(x)][f(x, \theta_1) - cf(x, \theta_0)] \mathrm{d}\mu(x)$$

$$= \int_{R^+ \cup R^-} [\phi(x) - \phi^*(x)][f(x, \theta_1) - cf(x, \theta_0)] \mathrm{d}\mu(x) \geqslant 0. \tag{6.2.8}$$

该式不等式不能成立, 因为若不等式成立, 则在 (6.2.7) 式中取 $\widetilde{\phi}(x) = \phi^*(x)$ 有 $\mathrm{E}_{\theta_1}[\phi(X)] > \mathrm{E}_{\theta_1}[\phi^*(X)]$, 这与 $\mathrm{E}_{\theta_1}[\phi^*(X)] = \mathrm{E}_{\theta_1}[\phi(X)]$ 矛盾. 因此 (6.2.8) 式等式成立, 即

$$\int_{R^+ \cup R^-} [\phi(x) - \phi^*(x)][f(x, \theta_1) - cf(x, \theta_0)]\mathrm{d}\mu(x) = 0.$$

因而有

$$[\phi(x) - \phi^*(x)][f(x, \theta_1) - cf(x, \theta_0)] = 0 \text{ (a.e.)}, \quad x \in R^+ \cup R^-.$$

而在 $R^+ \cup R^-$ 上, $f(x, \theta_1) - cf(x, \theta_0) \neq 0$, 因而必有

$$\phi(x) - \phi^*(x) = 0 \text{ (a.e.)}, \quad x \in R^+ \cup R^-.$$

即 $\phi^*(x) = \phi(x)$ (a.e.), $x \in R^+ \cup R^-$. 最后再证, 若 $\mathrm{E}_{\theta_1}[\phi^*(X)] < 1$, 则必有 $\mathrm{E}_{\theta_0}[\phi^*(X)] = \alpha$. 由于 (6.2.8) 式等式成立, 因此有

$$\mathrm{E}_{\theta_1}[\phi(X)] - \mathrm{E}_{\theta_1}[\phi^*(X)] = c\{\mathrm{E}_{\theta_0}[\phi(X)] - \mathrm{E}_{\theta_0}[\phi^*(X)]\}.$$

由 $\mathrm{E}_{\theta_1}[\phi^*(X)] = \mathrm{E}_{\theta_1}[\phi(X)]$ 可知上式左端为零, 因此有

$$c\{\mathrm{E}_{\theta_0}[\phi(X)] - \mathrm{E}_{\theta_0}[\phi^*(X)]\} = c\{\alpha - \mathrm{E}_{\theta_0}[\phi^*(X)]\} = 0.$$

其中 c 不可能为 0, 因为若 $c = 0$, 则 $R^+ = \{\lambda(x) > c = 0\} = \{f(x, \theta_1) > 0\}$, 由此可得

$$\mathrm{E}_{\theta_1}[\phi^*(X)] = \int_{\mathcal{X}} \phi^*(x)f(x, \theta_1)\mathrm{d}\mu(x)$$

$$= \int_{R^+} \phi^*(x)f(x, \theta_1)\mathrm{d}\mu(x) = \int_{R^+} 1 \cdot f(x, \theta_1)\mathrm{d}\mu(x) = 1.$$

这与假设 $\mathrm{E}_{\theta_1}[\phi^*(X)] < 1$ 矛盾, 因此 $c \neq 0$, 从而 $\alpha - \mathrm{E}_{\theta_0}[\phi^*(X)] = 0$, 即 $\mathrm{E}_{\theta_0}[\phi^*(X)] = \alpha$. ∎

注 (1) 唯一性是指在 $x \in R^+ \cup R^-$ 上, 恒有 $\phi^*(x) = \phi(x)$, 但是在 R^0 上不具有唯一性. 即假设检验问题 (6.2.1) 可以有不同的最优势检验, 它们在 R^0 上可以不相等, 但是在 $R^+ \cup R^-$ 上必须相等. 另外, 在许多连续型分布的情形, R^0 上测度为零, 即 $P_{\theta_0}(R^0) = 0$, 这时 R^0 上的值可以忽略不计, 因而假设检验问题 (6.2.1) 有唯一的、非随机化的最优势检验 (见后面例题)

$$\phi(x) = \begin{cases} 1, & x \in R^+ = \{x : \lambda(x) > c\}, \\ 0, & x \in R^- = \{x : \lambda(x) < c\}. \end{cases}$$

(2) 关于零测集以及 $\lambda(x)$ 取值为 0 或 $+\infty$ 等特殊情况的说明. 记 $A_0 = \{x : f(x, \theta_0) = 0\}$, $A_1 = \{x : f(x, \theta_1) = 0\}$, 则 $\lambda(x)$ 的取值可以有以下三种情形, 这三种情形与 N–P 引理的结论都是一致的.

① 若 $x \in A_1$, 但 $x \bar{\in} A_0$, 则有 $f(x, \theta_1) = 0$, $f(x, \theta_0) \neq 0$, 说明 H_1 不成立, H_0 可能成立; 而此时 $\lambda(x) = 0$, 因而 $x \bar{\in} \{\lambda(x) > c\}$, 则根据 N–P 引理应该不否定 H_0, 这与上述结果相吻合.

② 若 $x \bar{\in} A_1$, 但 $x \in A_0$, 即 $f(x, \theta_1) \neq 0$, $f(x, \theta_0) = 0$, 因而 H_0 不成立, H_1 可能成立; 而此时 $\lambda(x) = +\infty$, 因而 $x \in \{\lambda(x) > c\} = R^+$, 则根据 N–P 引理应该否定 H_0, 这也与上述结果相吻合.

③ 若 $x \in A_1$, $x \in A_0$, 则可取 $\lambda(x) = 0$, 因而 $x \bar{\in} R^+ = \{\lambda(x) > c\}$, 则根据 N–P 引理不否定 H_0, 这也是可以接受的.

以下介绍 N–P 引理的若干重要推论.

推论 1 对任意统计量 $T = T(X)$, 定义函数 $\phi(x)$ 如下:

$$\phi(x) = \begin{cases} 1, & T(x) > c, \\ \gamma, & T(x) = c, \\ 0, & T(x) < c. \end{cases}$$

则对任意给定的 $0 < \alpha < 1$, 必存在 $c \geqslant 0$ 和 $0 \leqslant \gamma \leqslant 1$, 使 $\mathrm{E}_{\theta_0}[\phi(X)] = \alpha$.

在以上存在性的证明中, 把 $\lambda(x)$ 换成 $T(x)$, 则前面的一切推导都成立.

推论 2 若 $T = T(X)$ 为充分统计量, 且 $T \sim g(t, \theta)$, 则上述定理中的最优势检验可表示为

$$\phi(t) = \begin{cases} 1, & t \in R^+ = \{t : \lambda(t) > c\}, \\ \gamma, & t \in R^0 = \{t : \lambda(t) = c\}, \\ 0, & t \in R^- = \{t : \lambda(t) < c\}, \end{cases}$$

其中 $\lambda(t) = g(t, \theta_1)/g(t, \theta_0)$ 且 c, γ 由 $\mathrm{E}_{\theta_0}[\phi(T)] = \alpha$ 决定. 即 $\lambda(x)$ 可表示为充分统计量的函数.

因为由因子分解定理可得

$$\lambda(x) = \frac{f(x, \theta_1)}{f(x, \theta_0)} = \frac{g(t(x), \theta_1)h(x)}{g(t(x), \theta_0)h(x)} = \frac{g(t, \theta_1)}{g(t, \theta_0)}.$$

推论 3 若似然比 $\lambda(x)$ 为某一个统计量 $T(x)$ 的严增函数: $\lambda(x) = h(T(x))$, $h(\cdot)$ 严增, 则 $\phi(x)$ 可表示为

$$\phi(x) = \begin{cases} 1, & x \in R^+ = \{x : T(x) > k\}, \\ \gamma, & x \in R^0 = \{x : T(x) = k\}, \\ 0, & x \in R^- = \{x : T(x) < k\}. \end{cases} \tag{6.2.9}$$

其中 k, γ 由 $\mathrm{E}_{\theta_0}[\phi(T)] = \alpha$ 决定.

因为 $R^+ = \{\lambda(x) > c\}$ 可表示为 $R^+ = \{\lambda(x) > c\} = \{h(T(x)) > c\} = \{T(x) > k\}$, 其中 $k = h^{-1}(c)$.

定理 6.2.2 (无偏性) 若 $\phi(x)$ 为假设检验问题 (6.2.1) 的最优势检验, 则对 $0 < \alpha < 1$ 有 $\mathrm{E}_{\theta_1}[\phi(X)] \geqslant \alpha$. 并且, 若 $\mu\{f(x, \theta_0) \neq f(x, \theta_1)\} > 0$, 则 $\mathrm{E}_{\theta_1}[\phi(X)] > \alpha$.

证明 取 $\widetilde{\phi}(x) \equiv \alpha$, 则 $\widetilde{\phi}(x) \in \Phi_\alpha$, 因为 $\mathrm{E}_{\theta_0}(\widetilde{\phi}) \leqslant \alpha$, 因而由 $\phi(x)$ 的最优性知 $\mathrm{E}_{\theta_1}[\phi(X)] \geqslant \mathrm{E}_{\theta_1}[\widetilde{\phi}(X)] = \alpha$. 另外, 若 $\mu\{f(x, \theta_0) \neq f(x, \theta_1)\} > 0$, 则以上不等式等号不成立, 因为若有 $\mathrm{E}_{\theta_1}[\phi(X)] = \alpha$, 则由于 $\mathrm{E}_{\theta_1}[\phi(X)] = \alpha$, 因而 $\mathrm{E}_{\theta_1}[\widetilde{\phi}(X)] \geqslant \mathrm{E}_{\theta_1}[\phi(X)]$ 也成立, 这说明 $\widetilde{\phi}(x) \equiv \alpha$ 也是最优势检验. 因此由唯一性有 $\phi(x) = \widetilde{\phi}(x) \equiv \alpha$, $x \in R^+ \cup R^-$. 但是 $0 < \alpha < 1$, 而 $\phi(x)$ 在 R^+ 上为 1, 在 R^- 上为 0, 都不等于 α, 所以 $R^+ \cup R^-$ 只能是空集, 因而 R^0 为全空间, 即 $R^0 = \{x : f(x, \theta_1)/f(x, \theta_0) = c\} = \mathcal{X}$. 由此可得 $f(x, \theta_1) = cf(x, \theta_0)$, 由于 $f(x, \theta_1)$ 和 $f(x, \theta_0)$ 都是密度函数, 因此必有 $c = 1$, 即 $R^0 = \mathcal{X} = \{x : f(x, \theta_1) = f(x, \theta_0)\}$, 因此 $\mu\{f(x, \theta_0) = f(x, \theta_1)\} = 1$, 这与假设条件 $\mu\{f(x, \theta_0) \neq f(x, \theta_1)\} > 0$ 矛盾, 所以必有 $\mathrm{E}_{\theta_1}[\phi(X)] > \alpha$. ∎

满足条件 $\mathrm{E}_{\theta_1}[\phi(X)] \geqslant \alpha$, $\theta_1 \in \Theta_1$ 的检验常称为无偏检验. 易见无偏检验的第二类错误 $\mathrm{II}(\theta) = 1 - \mathrm{E}_{\theta_1}[\phi(X)] \leqslant 1 - \alpha$, 这对一个好的检验显然是很起码的要求 (例如一个无偏检验, $\mathrm{I}(\theta) \leqslant 0.05$, 则其 $\mathrm{II}(\theta) \leqslant 0.95$). 本章 6.4 节主要讨论无偏检验.

6.2.2 Neyman-Pearson 基本引理应用示例

以下举例说明, 如何应用 Neyman-Pearson 基本引理解决假设检验问题. 同时, 由这些例题的解决过程可知, N–P 引理不但可以解决简单假设检验问题, 而且也可以用于解决若干复合假设检验问题.

由定理 6.2.1 可知, 求最优势检验, 主要是确定 c, γ, 使之满足 (6.2.3) 式, 即

$$\mathrm{E}_{\theta_0}[\phi(X)] = P_{\theta_0}(R^+) + \gamma P_{\theta_0}(R^0) = \alpha, \quad 0 < \alpha < 1. \tag{6.2.10}$$

如果 $\lambda(X)$ 为连续型分布, 则 $P_{\theta_0}(R^0) = 0$, 问题化为求 c, 使 $P_{\theta_0}(\lambda(X) > c) = \alpha$.

例 6.2.1 设 $X_1, \cdots, X_n$ 独立同分布, $X_1 \sim P(\lambda)$, 考虑假设检验问题:

(i) $H_0 : \lambda = \lambda_0 \longleftrightarrow H_1 : \lambda = \lambda_1$, 但 $\lambda_1 > \lambda_0$;

(ii) $H_0 : \lambda = \lambda_0 \longleftrightarrow H_1 : \lambda > \lambda_0$.

求 (i) 的 MPT、(ii) 的 UMPT.

解 对于检验问题 (i), 其似然比可表示为

$$\lambda(x) = \frac{f(x, \lambda_1)}{f(x, \lambda_0)} = \frac{\prod_{i=1}^{n} \mathrm{e}^{-\lambda_1} \dfrac{\lambda_1^{x_i}}{x_i!}}{\prod_{i=1}^{n} \mathrm{e}^{-\lambda_0} \dfrac{\lambda_0^{x_i}}{x_i!}} = \mathrm{e}^{-n(\lambda_1 - \lambda_0)} \left(\frac{\lambda_1}{\lambda_0}\right)^{\sum_{i=1}^{n} x_i}.$$

在 $\lambda_1 > \lambda_0$ 的前提下, $\lambda(x)$ 为 $T(x) = \sum_{i=1}^{n} x_i$ 的严增函数, 因此由推论 3 的 (6.2.9) 式有

$$R^+ = \{\lambda(x) > c\} = \{T(x) > k\},$$

其中 $T(X) \sim P(n\lambda)$. 根据 N–P 引理, 要求 k, γ, 使之满足

$$P_{\lambda_0}(R^+) + \gamma P_{\lambda_0}(R^0) = P_{\lambda_0}(T > k) + \gamma P_{\lambda_0}(T = k) = \alpha.$$

在 H_0 成立的条件下, $T \sim P(n\lambda_0)$ 为离散型分布, 可记其分布函数为 $F_0(u)$, 它可表示为不完全 Γ 函数 (见第一章); 设其 $1 - \alpha$ 分位数为 $u_{1-\alpha}$, 则有

$$1 - F_0(k) + \gamma[F_0(k) - F_0(k - 0)] = \alpha,$$

$$F_0(k) = (1 - \alpha) + \gamma[F_0(k) - F_0(k - 0)].$$

因此可取 $k_0 = u_{1-\alpha}$,

$$\gamma_0 = \frac{F_0(u_{1-\alpha}) - (1 - \alpha)}{F_0(u_{1-\alpha}) - F_0(u_{1-\alpha} - 0)},$$

则假设检验问题 (i) 的 MPT 为

$$\phi(x) = \begin{cases} 1, & T(x) > k_0, \\ \gamma_0, & T(x) = k_0, \\ 0, & T(x) < k_0. \end{cases} \tag{6.2.11}$$

可以证明, 这个 $\phi(x)$ 也是假设检验问题 (ii) 的 UMPT. 事实上, 由 (6.2.11) 式可知, $\phi(x)$ 的取值仅与 λ_0 有关, 与 λ_1 无关, 因此对任意的 $\lambda_1 > \lambda_0$, $\phi(x)$ 都是 (i) 的 MPT. 这表明, 对任意的 $\widetilde{\phi}(x)$ 和 $\lambda_1 > \lambda_0$, 只要 $\mathrm{E}_{\lambda_0}[\widetilde{\phi}(X)] \leqslant \alpha$, 都有 $\mathrm{E}_{\lambda_1}[\phi(X)] \geqslant \mathrm{E}_{\lambda_1}[\widetilde{\phi}(X)]$. 因此由定义 6.1.6 可知, $\phi(x)$ 就是假设检验问题 (ii) 的 UMPT.

例 6.2.2 设 $X_1, \cdots, X_n$ 独立同分布, $X_1 \sim R(0, \theta)$, 求以下假设检验问题的水平为 α $(0 < \alpha < 1)$ 的 MPT:

$$H_0 : \theta = \theta_0 \longleftrightarrow H_1 : \theta = \theta_1, \text{ 但 } \theta_0 < \theta_1.$$

解　分布族的密度函数和似然比为

$$f(x,\theta) = \frac{1}{\theta^n} I\{x_{(1)} \geqslant 0\} I\{x_{(n)} \leqslant \theta\},$$

$$\lambda(x) = \frac{f(x,\theta_1)}{f(x,\theta_0)} = \left(\frac{\theta_0}{\theta_1}\right)^n \frac{I\{0 < x_{(n)} \leqslant \theta_1\}}{I\{0 \leqslant x_{(n)} \leqslant \theta_0\}},$$

$$\lambda(x) = \begin{cases} \left(\dfrac{\theta_0}{\theta_1}\right)^n, & 0 \leqslant x_{(n)} \leqslant \theta_0, \\ +\infty, & \theta_0 < x_{(n)} \leqslant \theta_1, \\ 0, & \text{其他}. \end{cases}$$

注意, 虽然 X_1 服从连续型分布, 但是 $\lambda(X)$ 的分布为离散型, 仅取值 0, $\widetilde{\theta} = (\theta_0/\theta_1)^n$ 和 $+\infty$ 三个值. 以下求 c 和 γ, 使

$$\mathrm{E}_{\theta_0}[\phi(X)] = P_{\theta_0}(\lambda(X) > c) + \gamma P_{\theta_0}(\lambda(X) = c) = \alpha. \tag{6.2.12}$$

以下证明: 当 $0 < \alpha < 1$ 时, c 只能取 $\widetilde{\theta}$.

(1) 若 $c > \widetilde{\theta}$, 则有 $R^+ = \{\lambda(x) > c > \widetilde{\theta}\} = \{x : \lambda(x) = +\infty\} = \{x : x_{(n)} \in (\theta_0, \theta_1]\}$, 此时 $P_{\theta_0}(R^+) = 0$ (因为此时 $X_1 \sim R(0,\theta_0)$). $R^0 = \{\lambda(x) = c\} = $ 空集, $P_{\theta_0}(R^0) = 0$, 因此 $\mathrm{E}_{\theta_0}[\phi(X)] = 0$, 不可能为 α.

(2) 若 $c < \widetilde{\theta}$, 则有 $R^+ = \{\lambda(x) > c\} = \{x : \lambda(x) = \widetilde{\theta} \text{或} +\infty\} = \{x : x_{(n)} \in [0, \theta_1]\}$, 因而 $P_{\theta_0}(R^+) = 1$, $\mathrm{E}_{\theta_0}[\phi(X)] = 1$, 也不可能为 α.

因此, 为使 (6.2.12) 式成立, 只可能取 $c = \widetilde{\theta}$. 这时

$$R^+ = \{\lambda(x) > c\} = \{\lambda(x) > \widetilde{\theta}\} = \{\lambda(x) = +\infty\} = \{x : x_{(n)} \in (\theta_0, \theta_1]\}.$$

$$R^0 = \{\lambda(x) = \widetilde{\theta}\} = \{x : x_{(n)} \in [0, \theta_0]\},$$

此时, $P_{\theta_0}(R^+) = 0$, $P_{\theta_0}(R^0) = 1$, 代入 (6.2.12) 式有 $\mathrm{E}_{\theta_0}[\phi(X)] = 0 + \gamma \cdot 1 = \alpha$, 所以 $\gamma = \alpha$, 由此可得最优势检验为

$$\phi(x) = \begin{cases} 1, & \lambda(x) > \widetilde{\theta} \ \text{或} \ \theta_0 < x_{(n)} \leqslant \theta_1, \\ \alpha, & \lambda(x) = \widetilde{\theta} \ \text{或} \ 0 \leqslant x_{(n)} \leqslant \theta_0, \\ 0, & \lambda(x) < \widetilde{\theta} \ \text{或} \quad \text{其他}. \end{cases}$$

例 6.2.3　设 $X_1, \cdots, X_n$ 独立同分布, $X_1 \sim N(\mu, \sigma_0^2)$, σ_0^2 已知. 考虑假设检验问题:

(i) $H_0 : \mu = \mu_0 \longleftrightarrow H_1 : \mu = \mu_1$, 但是 $\mu_1 > \mu_0$;

(ii) $H_0 : \mu = \mu_0 \longleftrightarrow H_1 : \mu > \mu_0$;

(iii) $H_0 : \mu \leqslant \mu_0 \longleftrightarrow H_1 : \mu > \mu_0$.

根据 N–P 引理: (1) 求 (i) 的 MPT; (2) 求 (i) 的功效函数 $\beta_\phi(\mu)$, 并证明它为 μ 的增函数; (3) 证明 (i) 的 MPT 就是 (ii) 的 UMPT; (4) 证明 (ii) 的 UMPT 就是 (iii) 的 UMPT.

解 (1) 对于假设检验问题 (i), 其似然比为

$$
\lambda(x) = \frac{\left(\dfrac{1}{\sqrt{2\pi}\sigma_0}\right)^n \exp\left\{-\dfrac{1}{2\sigma_0^2}\sum\limits_{i=1}^n (x_i - \mu_1)^2\right\}}{\left(\dfrac{1}{\sqrt{2\pi}\sigma_0}\right)^n \exp\left\{-\dfrac{1}{2\sigma_0^2}\sum\limits_{i=1}^n (x_i - \mu_0)^2\right\}}
$$

$$
= \exp\left\{\frac{1}{\sigma_0^2}\left[\left(\sum_{i=1}^n x_i\right)(\mu_1 - \mu_0) + n\left(\frac{\mu_0^2}{2} - \frac{\mu_1^2}{2}\right)\right]\right\}.
$$

在 $\mu_1 > \mu_0$ 的前提条件下, $\lambda(x)$ 为 $T = T(x) = \sum\limits_{i=1}^n x_i = n\overline{x}$ 的严增函数, 因此有

$$
R^+ = \{\lambda(x) > c\} = \{\overline{x} > k\},
$$

其中 k 由水平条件决定. 根据 (6.2.10) 式, 应求 k, 使

$$
\phi(x) = \begin{cases} 1, & \overline{x} > k, \\ 0, & \overline{x} < k. \end{cases}
$$

且有 $\mathrm{E}_{\mu_0}[\phi(X)] = \alpha$ (注意 $P_{\mu_0}(\overline{X} = k) = 0$). k 可由 $\overline{X}$ 的分布直接求出, 由于 $\overline{X} \sim N(\mu, \sigma_0^2/n)$, 因此有

$$
\mathrm{E}_{\mu_0}[\phi(X)] = P_{\mu_0}\left(\sqrt{n}\,\frac{\overline{X} - \mu_0}{\sigma_0} > \sqrt{n}\,\frac{k - \mu_0}{\sigma_0}\right) = \alpha.
$$

因而 $\sqrt{n}\,(k - \mu_0)/\sigma_0$ 等于标准正态分布 $\Phi(x)$ 的 $1 - \alpha$ 分位数 $z_{1-\alpha}$, 为已知, 因此有 $k = \mu_0 + (\sigma_0/\sqrt{n})z_{1-\alpha} \triangleq k_0$. 最后可得假设检验问题 (i) 的 MPT 为

$$
\phi(x) = \begin{cases} 1, & \overline{x} > k_0, \\ 0, & \overline{x} < k_0, \end{cases} \qquad k_0 = \mu_0 + \frac{\sigma_0}{\sqrt{n}}z_{1-\alpha}. \tag{6.2.13}
$$

例如, 若 $\alpha = 0.05$, 则 $k_0 = \mu_0 + 1.65(\sigma_0/\sqrt{n})$; 若 $\alpha = 0.01$, 则 $k_0 = \mu_0 + 2.33(\sigma_0/\sqrt{n})$. 其统计意义为: 当样本均值 $\overline{X} > k_0$, 即离 μ_0 较远时, 则否定 H_0: $\mu = \mu_0$, 且水平条件 α 越小, k_0 越大.

(2) 根据定义, 功效函数 $\beta_\phi(\mu)$ 可表示为

$$
\beta_\phi(\mu) = \mathrm{E}_\mu[\phi(X)] = P_\mu(\overline{X} > k_0), \qquad \forall\, \mu.
$$

由 $\overline{X} \sim N(\mu, \sigma_0^2/n)$, $k_0 = \mu_0 + (\sigma_0/\sqrt{n})z_{1-\alpha}$ 可得

$$
\begin{aligned}
\beta_\phi(\mu) &= P_\mu \left(\sqrt{n}\, \frac{\overline{X} - \mu}{\sigma_0} > \sqrt{n}\, \frac{k_0 - \mu}{\sigma_0} \right) \\
&= 1 - \varPhi \left(\sqrt{n}\, \frac{k_0 - \mu}{\sigma_0} \right) \\
&= 1 - \varPhi \left(z_{1-\alpha} + \sqrt{n}\, \frac{\mu_0 - \mu}{\sigma_0} \right) \\
&= \varPhi \left(\sqrt{n}\, \frac{\mu - \mu_0}{\sigma_0} - z_{1-\alpha} \right).
\end{aligned}
\tag{6.2.14}
$$

此处用到关系式 $1 - \varPhi(x) = \varPhi(-x)$. 由上式可知 $\beta_\phi(\mu)$ 为 μ 的增函数, 且有

$$
\beta_\phi(\mu) = \mathrm{E}_\mu[\phi(X)]
\begin{cases}
< \alpha, & \mu < \mu_0, \\
= \alpha, & \mu = \mu_0, \\
> \alpha, & \mu > \mu_0.
\end{cases}
\tag{6.2.15}
$$

我们来看检验的第二类错误. 由上式可知, $\mu_1 > \mu_0$ 时有 $\beta_\phi(\mu_1) > \alpha$, 因而 $\mathrm{II}(\theta) = 1 - \beta_\phi(\mu_1) < 1 - \alpha$, 这与定理 6.2.2 的结论一致. 再看一个更具体的数值结果, 考虑 $H_0 : \mu = \mu_0 = 0 \longleftrightarrow H_1 : \mu = \mu_1 = 0.5$, 并设 $\sigma = 1$, $n = 25$, 则有 $\beta_\phi(\mu_1) = \varPhi(0.85) \approx 0.802$, $\mathrm{II}(\theta) = 1 - \beta_\phi(\mu_1) \approx 0.198$. 该值比 0.05 大, 但还不算太大. 另外, 由 (6.2.14) 式可知, 当 $\mu \to +\infty$ 或 $n \to +\infty$ 时有 $\beta_\phi(\mu) \to 1$, 因而 $\mathrm{II}(\theta) \to 0$, 即 $\mathrm{II}(\theta)$ 还是可以充分小的.

(3) 可以证明, 由 (6.2.13) 式确定的 $\phi(x)$ 也是假设检验问题 (ii) 的 UMPT, 这在例 6.2.1 中已有类似的论述. 事实上, 由 (6.2.13) 式可知, $\phi(x)$ 的取值仅与 μ_0 有关, 与 μ_1 无关, 因此对任意的 $\mu_1 > \mu_0$, $\phi(x)$ 都是 (i) 的 MPT. 这表明, 对任意的 $\widetilde{\phi}(x)$ 和 $\mu_1 > \mu_0$, 只要 $\mathrm{E}_{\mu_0}[\widetilde{\phi}(X)] \leqslant \alpha$, 都有 $\mathrm{E}_{\mu_1}[\phi(X)] \geqslant \mathrm{E}_{\mu_1}[\widetilde{\phi}(X)]$. 因此由定义 6.1.6 可知, $\phi(x)$ 就是假设检验问题 (ii) 的 UMPT.

(4) 以下证明, $\phi(x)$ 也是假设检验问题 (iii) 的 UMPT. 根据定义 6.1.6, 需要证明两点: 第一, $\phi(x)$ 满足水平条件 (6.1.4), 即 $\mathrm{E}_\mu[\phi(X)] \leqslant \alpha$, $\forall \mu \leqslant \mu_0$, 这可由 (6.2.15) 式得到; 第二, $\phi(x)$ 满足最优性条件 (6.1.6), 即 $\mathrm{E}_\mu[\phi(X)] \geqslant \mathrm{E}_\mu[\widetilde{\phi}(X)]$ 对任意的 $\mu \geqslant \mu_0$ 以及满足水平条件的 $\widetilde{\phi}(x)$ 都成立, 这在前面实际上已经证明过, 若 $\widetilde{\phi}(x)$ 满足 $\mathrm{E}_\mu[\widetilde{\phi}(X)] \leqslant \alpha$, $\forall \mu \leqslant \mu_0$, 则也有 $\mathrm{E}_{\mu_0}[\widetilde{\phi}(X)] \leqslant \alpha$, 因此根据 (3), 对任意的 $\mu > \mu_0$ 都有 $\mathrm{E}_\mu[\phi(X)] \geqslant \mathrm{E}_\mu[\widetilde{\phi}(X)]$. 所以 $\phi(x)$ 也是 (iii) 的 UMPT.

类似地, 设 $X_1, \cdots, X_n$ 独立同分布, $X_1 \sim N(\mu, \sigma_0^2)$, σ_0^2 已知. 我们也可以求出以下假设检验问题的 MPT 以及 UMPT (进一步的讨论见下一节):

(i) $H_0 : \mu = \mu_0 \longleftrightarrow H_1 : \mu = \mu_1$, 但是 $\mu_1 < \mu_0$;

(ii) $H_0 : \mu = \mu_0 \longleftrightarrow H_1 : \mu < \mu_0$;

(iii) $H_0 : \mu \geqslant \mu_0 \longleftrightarrow H_1 : \mu < \mu_0$.

以上例题中求解 UMPT 的方法具有一般性, 可总结为以下引理, 它告诉我们如何应用 Neyman-Pearson 基本引理来解决某些复合假设检验问题.

引理 6.2.1 考虑以下假设检验问题:

(i) $H_0 : \theta = \theta_0 \longleftrightarrow H_1 : \theta = \theta_1$; 但 $\theta_0 \in \Theta_0, \theta_1 \in \Theta_1$;

(ii) $H_0 : \theta = \theta_0 \longleftrightarrow H_1 : \theta \in \Theta_1$;

(iii) $H_0 : \theta \in \Theta_0 \longleftrightarrow H_1 : \theta \in \Theta_1$.

则有

(1) 若 $\phi(x)$ 为 (i) 的 MPT, 但 $\phi(x)$ 与 θ_1 无关, 则 $\phi(x)$ 为 (ii) 的 UMPT.

(2) 若 $\phi(x)$ 为 (ii) 的 UMPT, 且又为 (iii) 的水平为 α 的检验, 则 $\phi(x)$ 亦为 (iii) 的 UMPT.

6.3 单调似然比分布族的单边检验

Neyman-Pearson 基本引理是关于简单假设检验问题最优解的定理, 要用它来解决复合假设检验问题, 必然受到诸多限制. 本节主要讨论单参数的单边假设检验问题, 即假定 $X \sim f(x, \theta)$, $\theta \in \mathbf{R}$. 然后逐步讨论以下假设检验问题:

(i) $H_0 : \theta = \theta_0 \longleftrightarrow H_1 : \theta = \theta_1$ 但 $\theta_1 > \theta_0$;

(ii) $H_0 : \theta = \theta_0 \longleftrightarrow H_1 : \theta > \theta_0$;

(iii) $H_0 : \theta \leqslant \theta_0 \longleftrightarrow H_1 : \theta > \theta_0$.

假设检验问题 (iii) 是比较常见的情形, 通常称为单边假设检验问题, 我们的最终目标是要得到它的 UMPT, 其解决方法与前一节的例题很类似, 但是在分布族等方面有一定的推广, 所以首先介绍单调似然比分布族.

6.3.1 单调似然比分布族单边检验的 UMPT

定义 6.3.1 设 $X \sim f(x, \theta)$, $\theta \in \mathbf{R}$ 为单参数, 若

(1) 当 $\theta_1 \neq \theta_2$ 时, $\mu\{f(x, \theta_1) \neq f(x, \theta_2)\} > 0$;

(2) 当 $\theta_1 > \theta_0$ 时, 似然比

$$\lambda(x) = \frac{f(x, \theta_1)}{f(x, \theta_0)} = h(T(x); \theta_0, \theta_1)$$

为 $T = T(x)$ 的非减函数. 则称分布族 $\{f(x, \theta), \theta \in \Theta\}$ 关于 $T = T(x)$ 为**单调似然比分布族**, 简称为 **MLR 分布族**.

注 以上定义的特点是只要求 $\lambda(x)$ 为 $T(x)$ 的非减函数, 不一定是严增函数 (在定理 6.2.1 的推论 3 中要求 $\lambda(x)$ 为 $T(x)$ 的严增函数), 因而 MLR 包含的分布族更广泛一些, 见下面例 6.3.3.

例 6.3.1 设 $X = (X_1, \cdots, X_n)^{\mathrm{T}}$, 其分量独立同分布, 若 X_1 服从 $b(1, \theta)$ 或 $N(0, \sigma^2)$ 或 $P(\lambda)$, 则它们都是 MLR 分布族.

解 以两点分布为例,

$$X \sim f(x, \theta) = \prod_{i=1}^n \theta^{x_i}(1-\theta)^{1-x_i} = \theta^{\mathrm{T}}(1-\theta)^{n-T}, \quad T = \sum_{i=1}^n x_i.$$

当 $\theta_1 > \theta_0$ 时, 似然比为

$$\lambda(x) = \left(\frac{\theta_1}{\theta_0}\right)^{\mathrm{T}} \left(\frac{1-\theta_0}{1-\theta_1}\right)^{\mathrm{T}} \left(\frac{1-\theta_1}{1-\theta_0}\right)^n = h(T(x); \theta_0, \theta_1).$$

这是 $T(x)$ 的增函数, 因此为 MLR 分布族, 其他类似, 从略.

例 6.3.2 指数族分布. 设 $X \sim f(x, \theta) = h(x)\exp\{Q(\theta)T(x) - b(\theta)\}$, 其中 $Q(\theta)$ 为 θ 的增函数, 则为 MLR 分布族.

解 当 $\theta_1 > \theta_0$ 时, 似然比为

$$\lambda(x) = \frac{f(x, \theta_1)}{f(x, \theta_0)} = \exp\{[Q(\theta_1) - Q(\theta_0)]T(x) - [b(\theta_1) - b(\theta_0)]\}, \quad \theta_1 > \theta_0.$$

这是 $T(x)$ 的增函数, 因此为 MLR 分布族.

例 6.3.3 设 $X = (X_1, \cdots, X_n)^{\mathrm{T}}$, 其分量独立同分布, $X_1 \sim R(0, \theta)$, $\theta > 0$, 则 X 的分布关于 $T(x) = x_{(n)}$ 为 MLR 分布族.

解 当 $\theta_1 > \theta_0$ 时, 其密度函数和似然比分别为

$$f(x, \theta) = \frac{1}{\theta^n} I\{x_{(1)} \geqslant 0\} I\{x_{(n)} \leqslant \theta\};$$

$$\lambda(x) = \frac{f(x, \theta_1)}{f(x, \theta_0)} = \left(\frac{\theta_0}{\theta_1}\right)^n \frac{I\{x_{(n)} \leqslant \theta_1\}}{I\{x_{(n)} \leqslant \theta_0\}} = \left(\frac{\theta_0}{\theta_1}\right)^n U(x_{(n)}).$$

其中

$$U(x_{(n)}) = \frac{I\{x_{(n)} \leqslant \theta_1\}}{I\{x_{(n)} \leqslant \theta_0\}} = \begin{cases} 1, & 0 \leqslant x_{(n)} \leqslant \theta_0, \\ +\infty, & \theta_0 < x_{(n)} \leqslant \theta_1. \end{cases}$$

而 $\lambda(x)$ 为 $U(x_{(n)})$ 的严增函数 (一次函数), 而且 $U(x_{(n)})$ 为 $x_{(n)}$ 的非减函数, 因此 $\lambda(x)$ 为 $x_{(n)}$ 的非减函数, 所以 X 的分布关于 $T(x) = x_{(n)}$ 为 MLR 分布族.

以下针对 MLR 分布族逐步求解假设检验问题 (i) — (iii) 的 MPT 和 UMPT.

引理 6.3.1 对于 MLR 分布族, 定义函数 $\phi^*(x)$ 如下:

$$\phi^*(x) = \begin{cases} 1, & T(x) > k, \\ \gamma, & T(x) = k, \\ 0, & T(x) < k, \end{cases} \tag{6.3.1}$$

则对任意给定的 $0 < \alpha < 1$, 必存在 k 和 γ, 使 $\mathrm{E}_{\theta_0}[\phi^*(X)] = \alpha$.

证明 这就是定理 6.2.1 的推论 1 具体应用到 MLR 分布族的 $T(x)$ 的情形.

以下将证明, 上述引理 6.3.1 中的 $\phi^*(x)$ 即为假设检验问题 (i) 的 MPT 和 (ii) 的 UMPT. 为此, 我们首先从直观上说明 MLR 分布族与 N–P 引理之间的联系.

易见, 若 $\lambda(x) = h(T(x))$ 为 $T(x)$ 的严增函数, 则由定理 6.2.1 的推论 3 直接可知, $\phi^*(x)$ 即为假设检验问题 (i) 的 MPT, 且有 $\{T(x) > k\} = \{\lambda(x) = h(T(x)) > h(k) \overset{\triangle}{=} c\}$. 如果 $h(T(x))$ 为 $T(x)$ 的非减函数 (这是 MLR 分布族的特点), 这时情况要复杂一点. 但是有以下关系 (见图 6.3.1):

$$\{T(x) > k\} \supset \{\lambda(x) = h(T(x)) > h(k) = c\} \overset{\triangle}{=} R^+. \tag{6.3.2}$$

同理也有

$$\{T(x) < k\} \supset \{\lambda(x) = h(T(x)) < h(k) = c\} \overset{\triangle}{=} R^-.$$

因此, 由引理 6.3.1 确定的 $\phi^*(x)$ 与由 N–P 引理确定的最优势检验 $\phi(x)$ 相比, 它们可能在 R^+ 与 R^- 上取相同的值, 因此由唯一性可知 $\phi^*(x)$ 也是假设检验问题 (i) 的 MPT. 以下给出严格证明.

定理 6.3.1 设 $X \sim \{f(x, \theta), \theta \in \mathbf{R}\}$ 为关于 $T = T(X)$ 的 MLR 分布族, 则由 (6.3.1) 式确定的 $\phi^*(x)$ 为假设检验问题 (i) 的 MPT、(ii) 的 UMPT.

证明 在 $\phi^*(x)$ 中取 $h(k) = c$, 则由于 $h(t)$ 为非减函数可知 (见图 6.3.1)

$$\{x : T(x) > k\} = \{x : T(x) > k, \lambda(x) > c\} \bigcup \{x : T(x) > k, \lambda(x) = c\}.$$

同理

$$\{x : T(x) < k\} = \{x : T(x) < k, \lambda(x) < c\} \bigcup \{x : T(x) < k, \lambda(x) = c\}.$$

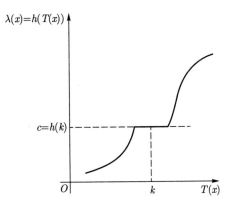

图 6.3.1 单调似然比分布族

因而 $\phi^*(x)$ 可重新表示为

$$\phi^*(x) = \begin{cases} 1, & T(x) > k, \ \lambda(x) > c, \\ 1, & T(x) > k, \ \lambda(x) = c, \\ \gamma, & T(x) = k, \ \lambda(x) = c, \\ 0, & T(x) < k, \ \lambda(x) = c, \\ 0, & T(x) < k, \ \lambda(x) < c. \end{cases}$$

该式可进一步表示为与 N–P 引理相吻合的形式:

$$\phi^*(x) = \begin{cases} 1, & \lambda(x) > c, \\ \gamma^*(x), & \lambda(x) = c, \\ 0, & \lambda(x) < c, \end{cases} \tag{6.3.3}$$

其中 $\gamma^*(x)$ 为一分段函数

$$\gamma^*(x) = \begin{cases} 1, & T(x) > k, \ \lambda(x) = c, \\ \gamma, & T(x) = k, \ \lambda(x) = c, \\ 0, & T(x) < k, \ \lambda(x) = c. \end{cases}$$

因此, 由 (6.3.3) 式定义的 $\phi^*(x)$ 符合 N–P 引理中最优势检验的条件 (见 (6.2.2) 式), 且有 $\mathrm{E}_{\theta_0}[\phi^*(X)] = \alpha$, 由唯一性可知 $\phi^*(x)$ 亦为假设检验问题 (i) 的 MPT. 又由于 $\phi^*(x)$ 与 θ_1 无关, 因而由引理 6.2.1 可知, $\phi^*(x)$ 也是 (ii) 的 UMPT. ∎

推论 任给 θ', 设 $\mathrm{E}_{\theta'}[\phi^*(X)] = \alpha'$, 则 $\phi^*(x)$ 为以下检验 (i)′ 水平为 α' 的 MPT、检验 (ii)′ 水平为 α' 的 UMPT.

(i)′ $H_0 : \theta = \theta' \longleftrightarrow H_1 : \theta = \theta_1$, 但 $\theta_1 > \theta'$;

(ii)′ $H_0 : \theta = \theta' \longleftrightarrow H_1 : \theta > \theta'$.

这个推论显然是成立的, 因为只需把前面的 θ_0 看成 θ' 即可. 但是从观念上来看, 这一结果还是有新意的. 在前面的讨论中, 水平 α 往往与第一类错误联系在一起, 通常要求很小. 但是从数学推导上来看, 对 α 并无此要求, 只要满足 $0 < \alpha < 1$ 即可. 这将给今后的数学推导带来较多的方便. 我们后面将根据需要取 $\alpha' = \alpha_1$ 甚至 $\alpha' = 1 - \alpha$ 等不同的值.

下面我们要继续证明, $\phi^*(x)$ 也是单边假设检验问题 (iii) 的 UMPT. 为此首先要求出 $\phi^*(x)$ 的功效函数, 其思路与前一节的例 6.2.3 十分类似.

定理 6.3.2 设 $\phi^*(x)$ 为 (6.3.1) 式确定的检验, 其功效函数记为 $\beta^*(\theta) = \mathrm{E}_\theta[\phi^*(X)]$, 则有

(1) $\beta^*(\theta)$ 为 θ 的非减函数, 且在 $\{\theta : 0 < \beta^*(\theta) < 1\}$ 上为 θ 的严增函数;

(2) $\phi^*(x)$ 为假设检验问题 (iii) 的 UMPT.

证明 (1) 今证明, 对任意的 $\theta_1 < \theta_2$, 有 $\beta^*(\theta_1) \leqslant \beta^*(\theta_2)$, 即 $\mathrm{E}_{\theta_1}[\phi^*(X)] \leqslant \mathrm{E}_{\theta_2}[\phi^*(X)]$, 为此考虑以下假设检验问题:

(i)$''$ $H_0 : \theta = \theta_1 \longleftrightarrow H_1 : \theta = \theta_2$, 但 $\theta_2 > \theta_1$,

记 $\mathrm{E}_{\theta_1}[\phi^*(X)] = \alpha_1$, 则由定理 6.3.1 的推论可知, $\phi^*(x)$ 为检验 (i)$''$ 的水平为 α_1 的 MPT. 再由定理 6.2.2 关于 MPT 的无偏性可知

$$\mathrm{E}_{\theta_2}[\phi^*(X)] \geqslant \alpha_1 = \mathrm{E}_{\theta_1}[\phi^*(X)].$$

即 $\beta^*(\theta_2) \geqslant \beta^*(\theta_1)$, $(\theta_2 > \theta_1)$. 另外, 根据 MLR 分布族的定义, 当 $\theta_1 \neq \theta_2$ 时有 $\mu\{f(x, \theta_1) \neq f(x, \theta_2)\} > 0$, 因此由无偏性定理可知, 若 $0 < \alpha_1 = \beta^*(\theta_1) < 1$, 则必有 $\mathrm{E}_{\theta_2}[\phi^*(X)] > \alpha_1$, 即 $\beta^*(\theta)$ 为 θ 的严增函数.

(2) 定理 6.3.1 已经证明, $\phi^*(x)$ 是假设检验问题 (ii) 的 UMPT; 根据引理 6.2.1, 只要证明 $\phi^*(x)$ 为假设检验问题 (iii) 的水平为 α 的检验即可, 即要证明 $\theta \leqslant \theta_0$ 时 $\mathrm{E}_\theta[\phi^*(X)] \leqslant \alpha$. 由于 $\beta^*(\theta)$ 为 θ 的非减函数, 因此 $\theta \leqslant \theta_0$ 时, $\beta^*(\theta) \leqslant \beta^*(\theta_0) = \alpha$, 即 $\theta \leqslant \theta_0$ 时 $\mathrm{E}_\theta[\phi^*(X)] \leqslant \alpha$, 所以 $\phi^*(x)$ 为 (iii) 的水平为 α 的检验, 因而由引理 6.2.1 可知 $\phi^*(x)$ 为 (iii) 的 UMPT. ∎

例 6.3.4 设 $X_1, \cdots, X_n$ 独立同分布, $X_1 \sim R(0, \theta)$, $\theta > 0$, 求假设检验问题 $H_0 : \theta \leqslant \theta_0 \longleftrightarrow H_1 : \theta > \theta_0$ 的 UMPT 及其功效函数.

解 由例 6.3.3 可知, 分布族关于 $T = X_{(n)}$ 为 MLR, 所以由定理 6.3.2 可知以上假设检验问题的 UMPT 为

$$\phi^*(x) = \begin{cases} 1, & x_{(n)} > k, \\ 0, & x_{(n)} < k, \end{cases}$$

其中 k 由 $\mathrm{E}_{\theta_0}[\phi^*(X)] = \alpha$ 决定. 注意

$$\frac{X_{(n)}}{\theta_0} \sim BE(n,1), \quad X_{(n)} \sim \frac{ny^{n-1}}{\theta_0^n} I\{0 \leqslant y \leqslant \theta_0\}.$$

所以 k 应满足

$$\mathrm{E}_{\theta_0}[\phi^*(X)] = P_{\theta_0}(X_{(n)} > k) = \int_k^{\theta_0} \frac{ny^{n-1}}{\theta_0^n}\mathrm{d}y = \alpha.$$

由此可得 $k = \theta_0 \sqrt[n]{1-\alpha} \triangleq k_0$. 其功效函数为

$$\beta_{\phi^*}(\theta) = \mathrm{E}_{\theta}[\phi^*(X)] = P_{\theta}(X_{(n)} > k_0) = \int_{k_0}^{\theta} \frac{ny^{n-1}}{\theta^n}\mathrm{d}y = 1 - \left(\frac{\theta_0}{\theta}\right)^n(1-\alpha).$$

易见功效函数 $\beta_{\phi^*}(\theta)$ 是 θ 的增函数.

例 6.3.5 设 $X_1, \cdots, X_n$ 独立同分布, $X_1 \sim \Gamma(1/\theta, 1), \theta > 0$.

(1) 求假设检验问题 $H_0 : \theta \leqslant \theta_0 \longleftrightarrow H_1 : \theta > \theta_0$ 的 UMPT;

(2) 定数截尾数据: 若仅观察到前 r 个样本 $X_{(1)} \leqslant X_{(2)} \cdots \leqslant X_{(r)}$, 由此求上述假设检验问题的 UMPT;

(3) 应用: 某电子元件的寿命服从分布 $\Gamma(1/\theta, 1)$, 要求其平均寿命不小于 1000 h. 在 10 个样本中, 仅观测到其中前 6 个元件的寿命 (单位: h) 分别为

896, 950, 1005, 1100, 1150, 1220

问这批元件是否合格 (取 $\alpha = 0.05$)?

解 (1) $X_1, \cdots, X_n$ 的联合分布为

$$f(x,\theta) = \frac{1}{\theta^n} \exp\left\{-\frac{1}{\theta}T(x)\right\} I\{x_{(1)} \geqslant 0\}, \quad T(x) = \sum_{i=1}^n x_i.$$

分布族关于 $T = \sum\limits_{i=1}^n X_i$ 为 MLR, 所以由定理 6.3.2 可知以上假设检验问题的 UMPT 为

$$\phi^*(x) = \begin{cases} 1, & T > k, \\ 0, & T < k, \end{cases}$$

其中 k 由 $\mathrm{E}_{\theta_0}[\phi^*(X)] = \alpha$ 决定, 而 $T \sim \Gamma(1/\theta, n)$ 或 $2T/\theta \sim \chi^2(2n)$. 因此有

$$P_{\theta_0}(T > k) = P_{\theta_0}\left(\frac{2T}{\theta_0} > \frac{2k}{\theta_0}\right) = \alpha.$$

由此可得 $2k/\theta_0 = \chi^2(2n, 1-\alpha)$, $k_0 = \frac{1}{2}\theta_0\chi^2(2n, 1-\alpha)$. 所以相应的否定域可表示为

$$R^+ = \left\{\frac{2T}{\theta_0} > \chi^2(2n, 1-\alpha)\right\}.$$

(2) 由第一章的公式可知, $X_{(1)} \leqslant X_{(2)} \cdots \leqslant X_{(r)}$ 的联合分布为

$$\frac{n!}{(n-r)!}\frac{1}{\theta^r}\exp\left\{-\frac{1}{\theta}T_{n,r}(x)\right\}I\{0 \leqslant x_{(1)} < \cdots < x_{(r)}\},$$

其中 $T_{n,r}(x) = \sum\limits_{i=1}^{r} x_{(i)} + (n-r)x_{(r)}$. 分布族关于 $T = T_{n,r}(x)$ 为 MLR, 因此检验的 UMPT 仍然如 (1) 中 $\phi^*(x)$ 所示, 而 k 由 $T = T_{n,r} = \sum\limits_{i=1}^{r} X_{(i)} + (n-r)X_{(r)} \sim \Gamma(1/\theta, r)$ 决定. 这时以上定解条件应改为

$$P_{\theta_0}(T_{n,r} > k) = P_{\theta_0}\left(\frac{2T_{n,r}}{\theta_0} > \frac{2k}{\theta_0}\right) = \alpha.$$

且有 $2k/\theta_0 = \chi^2(2r, 1-\alpha)$, $k_0 = \frac{1}{2}\theta_0\chi^2(2r, 1-\alpha)$. 所以相应的否定域可表示为

$$R^+ = \left\{\frac{2T_{n,r}}{\theta_0} > \chi^2(2r, 1-\alpha)\right\}.$$

(3) 该问题是要根据 (2) 的结果来检验 $H_0 : \theta \leqslant 1000 \longleftrightarrow H_1 : \theta > 1000$, 其中 $\theta_0 = 1000$; $n = 10$, $r = 6$. 今取 $\alpha = 0.05$, 根据给定的 6 个数据, 经直接计算可得 $T_{n,r} = 11201$, $2T_{n,r}/\theta_0 = 22.402$, 而 $\chi^2(12, 0.95) = 21.026$, 即 $2T_{n,r}/\theta_0 > \chi^2(12, 0.95)$. 因此应该否定 $H_0 : \theta \leqslant 1000$, 即认为 $H_1 : \theta > 1000$ 成立, 所以这批元件是合格的 ($\alpha = 0.05$).

例 6.3.6 设 $X_1, \cdots, X_n$ 独立同分布, $X_1 \sim b(1, p)$.

(1) 求假设检验问题 $H_0 : p \leqslant p_0 \longleftrightarrow H_1 : p > p_0$ 的 UMPT 及其近似正态否定域;

(2) 应用: 某技工以往的生产记录是他加工的零件一般有 60% 为一等品. 在晋级考核中, 在他加工的零件中随机抽取 100 个有 69 个一等品. 在水平为 $\alpha = 0.05$ 和 0.01 的条件下检验: 该技工的加工技术是否有显著提高.

解 (1) 分布族关于 $T = \sum\limits_{i=1}^{n} X_i$ 为 MLR, 因此以上假设检验问题的 UMPT 为

$$\phi^*(x) = \begin{cases} 1, & T > k, \\ 0, & T < k, \end{cases}$$

其中 k 由 $E_{p_0}[\phi^*(X)] = P_{p_0}(T > k) = \alpha$ 决定, 而当 $p = p_0$ 时 $T \sim b(n, p_0)$. 由第一章的公式可知

$$U_0(x) = \frac{T - np_0}{\sqrt{np_0q_0}} \xrightarrow{L} N(0, 1),$$

其中 $q_0 = 1 - p_0$. 由于 $U_0(x)$ 为 T 的严增函数, 因此否定域可表示为 $R^+ = \{U_0(x) > c\}$, 而 c 由 $P_{p_0}(U_0(x) > c) = \alpha$ 决定. 根据 $U_0(x)$ 的渐近正态性, 可取 $c = c_0 = z_{1-\alpha}$. 因此检验问题的近似正态否定域为 $R^+ = \{U_0(x) > z_{1-\alpha}\}$.

(2) 该问题是要根据 (1) 的结果来检验 $H_0 : p = 0.6 \longleftrightarrow H_1 : p > 0.6$. 由于 $n = 100$ 比较大, 可应用近似正态否定域. 这时 $p_0 = 0.6$, $q_0 = 0.4$, $T = 69$, 可得

$$U_0(x) = (69 - 100 \times 0.6)/\sqrt{100 \times 0.6 \times 0.4} = 1.837.$$

当水平 $\alpha = 0.05$ 时, $z_{0.95} = 1.65 < U_0(x) = 1.837$, 因此应否定原假设, 即认为该技工的加工技术有显著提高. 但是, 若取水平 $\alpha = 0.01$, 则有 $z_{0.99} = 2.326 > U_0(x) = 1.837$, 不能否定原假设, 即不能认为该技工的加工技术有显著提高. 这两种结论的差别显然是由于水平条件 α 的改变而引起的, 取水平为 $\alpha = 0.01$, 就意味着要求有更充分的证据作判断 (即判错的概率更小); 这时, 该技工加工 100 个零件中有 69 个一等品, 还不足以证明他的加工技术有显著提高.

关于单边假设检验问题, 很自然地要考虑与检验 (iii) 相对应的另一种形式: $H_0 : \theta \geqslant \theta_0 \longleftrightarrow H_1 : \theta < \theta_0$, 即下面的 (iii)$'$. 求解其 UMPT 的思路和方法与 (iii) 十分类似, 不再重复, 以下仅简述其大意与结果.

与检验 (iii) 类似, 我们可考虑以下假设检验问题及其 MPT 和 UMPT:

(i)$'$ $H_0 : \theta = \theta_0 \longleftrightarrow H_1 : \theta = \theta_1$, 但 $\theta_1 < \theta_0$;

(ii)$'$ $H_0 : \theta = \theta_0 \longleftrightarrow H_1 : \theta < \theta_0$;

(iii)$'$ $H_0 : \theta \geqslant \theta_0 \longleftrightarrow H_1 : \theta < \theta_0$.

对于检验 (i)$'$, 根据 N–P 引理, 其 MPT 的否定域为

$$R^+ = \left\{ \lambda(x) = \frac{f(x, \theta_1)}{f(x, \theta_0)} > c \right\}, \quad \theta_1 < \theta_0.$$

由于 $\theta_0 > \theta_1$, 根据 MLR 的定义 6.3.1 有

$$\lambda(x) = \left[\frac{f(x, \theta_0)}{f(x, \theta_1)} \right]^{-1} = [h(T(x), \theta_1, \theta_0)]^{-1}.$$

其中 $h(T(x))$ 为 $T(x)$ 的非减函数, 因而 $\lambda(x) = h^{-1}(x)$ 为 $T(x)$ 的非增函数, 所以有

$$R^+ = \{\lambda(x) > c\} = \{[h(T(x))]^{-1} > c\} \subset \{T(x) < k\}.$$

该式与 (6.3.2) 式十分类似, 我们可进一步证明, 假设检验问题 (i)$'$-(iii)$'$ 的 MPT 和 UMPT 的否定域具有 $R^+ = \{T(x) < k\}$ 的形式. 最后可得到与定理 6.3.2 相平行的结果如下:

定理 6.3.3 在定理 6.3.1 的假设下, 以下 (6.3.4) 式确定的 $\phi'(x)$ 为假设检验问题 (i)′ 的 MPT; 为 (ii)′ 和 (iii)′ 的 UMPT:

$$\phi'(x) = \begin{cases} 1, & T(x) < k, \\ \gamma, & T(x) = k, \\ 0, & T(x) > k, \end{cases} \tag{6.3.4}$$

其中 k 和 γ 由 $\mathrm{E}_{\theta_0}[\phi'(X)] = \alpha$ 决定, 而且相应的功效函数 $\beta'(\theta)$ 为 θ 的减函数.

注意, 单边假设检验问题 (iii) 和 (iii)′ 的 UMPT 的功效函数都是单调的, 这是一个重要特点.

由于指数族分布包含了许多常见的分布, 同时又是我们下面讨论双边检验的基本分布族, 因此把指数族分布单边检验的结果归纳如下:

定理 6.3.4 设 $X = (X_1, \cdots, X_n)^{\mathrm{T}}$ 服从指数族分布

$$f(x, \theta) = h(x) \mathrm{e}^{Q(\theta)T(x) - b(\theta)},$$

其中 $\theta \in \mathbf{R}$, $Q(\theta)$ 为 θ 的严增函数, 则假设检验问题 (iii) 的 UMPT 为 (6.3.1) 式的 $\phi^*(x)$, 假设检验问题 (iii)′ 的 UMPT 为 (6.3.4) 式的 $\phi'(x)$.

最后再证明一个关于单边假设检验的常用性质.

定理 6.3.5 设 $\phi^*(x)$ 为假设检验问题 (iii) 的 UMPT, 如 (6.3.1) 式所示; 又设 $\widetilde{\phi}(x)$ 为任一满足 $\mathrm{E}_{\theta_0}[\widetilde{\phi}(X)] = \alpha$ 的检验, 则有

$$\mathrm{E}_\theta[\phi^*(X)] \leqslant \mathrm{E}_\theta[\widetilde{\phi}(X)], \quad \forall\, \theta \leqslant \theta_0. \tag{6.3.5}$$

本定理的意义为 $\phi^*(x)$ 的功效函数在 θ_0 右侧最大, 在 θ_0 左侧最小 (如图 6.3.2 所示). 即其 $\mathrm{I}(\theta)$ 和 $\mathrm{II}(\theta)$ 都是最小.

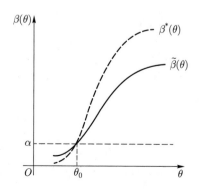

图 6.3.2 单边检验 UMPT 的功效函数

证明 以下证明采用假设检验问题中常用的一种方法, 这在定理 6.3.1 的推论后面曾经提到过. 考虑假设检验问题

(i)′ $H_0 : \theta = \theta_0 \longleftrightarrow H_1 : \theta = \theta_1$, 但 $\theta_1 < \theta_0$,

今定义一个检验 $\phi^{**}(x) = 1 - \phi^*(x)$, 它可表示为

$$\phi^{**}(x) = \begin{cases} 1, & T(x) < k, \\ 1-\gamma, & T(x) = k, \\ 0, & T(x) > k. \end{cases}$$

且有 $E_{\theta_0}[\phi^{**}(X)] = E_{\theta_0}[1 - \phi^*(X)] = 1 - \alpha$, 因此 $\phi^{**}(x)$ 为 (i)′ 的水平为 $1 - \alpha$ 的检验. 又由于 $\phi^{**}(x)$ 具有定理 6.3.3 中 (6.3.4) 式的形式, 因此它是 (i)′ 的水平为 $1 - \alpha$ 的 MPT. 另外, 由 $\widetilde{\phi}(x)$ 的假设可知, $E_{\theta_0}[1 - \widetilde{\phi}(X)] = 1 - \alpha$, 因此 $1 - \widetilde{\phi}(x)$ 也是 (i)′ 的水平为 $1 - \alpha$ 的检验, 因而有

$$E_{\theta_1}[\phi^{**}(X)] \geqslant E_{\theta_1}[1 - \widetilde{\phi}(X)].$$

由 $E_{\theta_0}[\phi^{**}(X)] = E_{\theta_0}[1 - \phi^*(X)]$ 即可得到

$$E_{\theta_1}[\phi^*(X)] \leqslant E_{\theta_1}[\widetilde{\phi}(X)], \quad \theta_1 < \theta_0.$$

以上结果对任何 $\theta_1 < \theta_0$ 成立, 因此 (6.3.5) 式成立. ∎

6.3.2 正态分布单参数的单边检验

从本小节起, 我们将逐步解决正态分布的各种假设检验问题, 其检验统计量和否定域的公式最后都汇总在表 6.5.1 和表 6.5.2 中. 本小节定理主要用于正态分布单参数的单边假设检验问题, 其他问题将在后文逐步解决.

1. σ 已知, 关于 μ 的单边检验

设 $X_1, \cdots, X_n$ 独立同分布, 且 $X_1 \sim N(\mu, \sigma^2)$, 但 $\sigma = \sigma_0$ 已知, 考虑以下假设检验问题:

(i) $H_0 : \mu \leqslant \mu_0 \longleftrightarrow H_1 : \mu > \mu_0$ 或 (ii) $H_0 : \mu \geqslant \mu_0 \longleftrightarrow H_1 : \mu < \mu_0$.

这时可根据公式 (6.3.1) 和 (6.3.4) 得到相应的 UMPT. 今考虑检验 (i), 检验 (ii) 的情况类似, 事实上, 当 $\mu_1 > \mu_0$ 时, 似然比为

$$\lambda(x) = \frac{\left(\frac{1}{\sqrt{2\pi}\sigma_0}\right)^n \exp\left\{-\frac{1}{2\sigma_0^2}\sum_{i=1}^n (x_i - \mu_1)^2\right\}}{\left(\frac{1}{\sqrt{2\pi}\sigma_0}\right)^n \exp\left\{-\frac{1}{2\sigma_0^2}\sum_{i=1}^n (x_i - \mu_0)^2\right\}}$$

$$= \exp\left\{\frac{1}{\sigma_0^2}\left[\left(\sum_{i=1}^n x_i\right)(\mu_1 - \mu_0) + n\left(\frac{\mu_0^2}{2} - \frac{\mu_1^2}{2}\right)\right]\right\}.$$

因此当 $\mu_1 > \mu_0$ 时, $\lambda(x)$ 为 $T = T(x) = \sum\limits_{i=1}^{n} x_i = n\overline{x}$ 的严增函数, 所以分布族关于 $T = \overline{X}$ 为 MLR. 因此由定理 6.3.2 可知, 以上检验的 UMPT 具有 (6.3.1) 式给定的形式, 即

$$\phi^*(x) = \begin{cases} 1, & \overline{x} > k_0, \\ 0, & \overline{x} < k_0, \end{cases}$$

且有 $\mathrm{E}_{\mu_0}[\phi^*(X)] = \alpha$, 而 k_0 由 $\overline{X}$ 的分布决定. 由于 $\overline{X} \sim N(\mu, \sigma_0^2/n)$, 因此有

$$\mathrm{E}_{\mu_0}[\phi^*(X)] = P_{\mu_0}(\overline{X} > k_0) = P_{\mu_0}\left(\sqrt{n}\,\frac{\overline{X} - \mu_0}{\sigma_0} > \sqrt{n}\,\frac{k_0 - \mu_0}{\sigma_0}\right) = \alpha.$$

因而 $\sqrt{n}\,(k_0 - \mu_0)/\sigma_0 = z_{1-\alpha}$, 为标准正态分布 $\Phi(x)$ 的 $1 - \alpha$ 分位数. 因此 $k_0 = \mu_0 + (\sigma_0/\sqrt{n})z_{1-\alpha}$. 所以假设检验问题 (i) 的 UMPT 为

$$\phi^*(x) = \begin{cases} 1, & \overline{x} > k_0, \\ 0, & \overline{x} < k_0, \end{cases} \qquad k_0 = \mu_0 + \frac{\sigma_0}{\sqrt{n}}z_{1-\alpha}.$$

在应用中, 以上 $\phi^*(x)$ 常表示为

$$\phi^*(x) = \begin{cases} 1, & U(x) > z_{1-\alpha}, \\ 0, & U(x) < z_{1-\alpha}, \end{cases} \qquad U(x) = \sqrt{n}\,\frac{\overline{x} - \mu_0}{\sigma_0}. \qquad (6.3.6)$$

相应的否定域可表示为

$$R^+ = \left\{x:\ U(x) = \sqrt{n}\,\frac{\overline{x} - \mu_0}{\sigma_0} > z_{1-\alpha}\right\}.$$

2. μ 已知, 关于 σ 的单边检验

设 $X_1, \cdots, X_n$ 独立同分布, 且 $X_1 \sim N(\mu, \sigma^2)$, 但 $\mu = \mu_0$ 已知, 考虑以下假设检验问题:

(i) $H_0 : \sigma \leqslant \sigma_0 \longleftrightarrow H_1 : \sigma > \sigma_0$　或　(ii) $H_0 : \sigma \geqslant \sigma_0 \longleftrightarrow H_1 : \sigma < \sigma_0$.

同样可根据公式 (6.3.1) 和 (6.3.4) 得到相应的 UMPT. 今考虑检验 (ii), (i) 的情况类似. 当 $\sigma_1 > \sigma_0$ 时, 似然比为

$$\lambda(x) = \prod_{i=1}^{n} \frac{\dfrac{1}{\sqrt{2\pi}\sigma_1} \exp\left\{-\dfrac{1}{2\sigma_1^2}(x_i - \mu_0)^2\right\}}{\dfrac{1}{\sqrt{2\pi}\sigma_0} \exp\left\{-\dfrac{1}{2\sigma_0^2}(x_i - \mu_0)^2\right\}}$$

$$= \left(\frac{\sigma_0}{\sigma_1}\right)^n \exp\left\{-\frac{1}{2}\left[\sum_{i=1}^{n}(x_i - \mu_0)^2\right]\left(\frac{1}{\sigma_1^2} - \frac{1}{\sigma_0^2}\right)\right\}.$$

因此相应的分布族关于 $T = \sum\limits_{i=1}^{n}(x_i - \mu_0)^2$ 为 MLR, 所以由定理 6.3.3 的 (6.3.4) 式可知, 以上假设检验问题的 UMPT 为

$$\phi'(x) = \begin{cases} 1, & T(x) < k, \\ 0, & T(x) > k, \end{cases}$$

其中 k 由 $\mathrm{E}_{\sigma_0}[\phi'(X)] = \alpha$ 决定. 由于 $T/\sigma_0^2 = \sum\limits_{i=1}^{n}(X_i - \mu_0)^2/\sigma_0^2 \sim \chi^2(n)$, 因此

$$P_{\sigma_0}(T < k) = P_{\sigma_0}(T/\sigma_0^2 < k/\sigma_0^2) = \alpha.$$

由此可得 $k/\sigma_0^2 = \chi^2(n,\alpha)$, $k = \sigma_0^2\chi^2(n,\alpha) \overset{\triangle}{=} k_0$. 所以假设检验问题 (ii) 的 UMPT 为

$$\phi'(x) = \begin{cases} 1, & T(x) < k_0, \\ 0, & T(x) > k_0, \end{cases} \qquad k_0 = \sigma_0^2\chi^2(n,\alpha). \qquad (6.3.7)$$

相应的否定域可表示为

$$R^{+} = \left\{ x : \frac{T(x)}{\sigma_0^2} = \frac{\sum\limits_{i=1}^{n}(x_i - \mu_0)^2}{\sigma_0^2} < \chi^2(n,\alpha) \right\}.$$

其功效函数为

$$\begin{aligned} \beta_{\phi'}(\sigma) &= \mathrm{E}_{\sigma}[\phi'(X)] = P_{\sigma}(T(X) < k_0) \\ &= P_{\sigma}\left(\frac{T(X)}{\sigma^2} < \frac{k_0}{\sigma^2} \right) \\ &= P\left\{ \chi^2(n) < \frac{\sigma_0^2}{\sigma^2}\chi^2(n,\alpha) \right\}. \end{aligned}$$

易见功效函数 $\beta_{\phi'}(\sigma)$ 是 σ 的减函数.

3. 应用示例

例 6.3.7 设某种砖的抗断强度服从正态分布 $N(\mu,\sigma)$, 并已知 $\sigma_0^2 = 1.21$. 今对一批砖测得 6 个样品的强度分别为

32.56, 29.66, 31.64, 30.00, 31.87, 31.03.

工程上要求抗断强度大于 30 kg/cm^2, 问这批砖是否合格? (取 $\alpha = 0.05$.)

解 这相当于考虑以下单边假设检验问题:

$$H_0 : \mu \leqslant 30 \longleftrightarrow H_1 : \mu > 30,$$

其 UMPT 已经由 (6.3.6) 式给出. 这时 $n = 6$, $\mu_0 = 30$, $\sigma_0^2 = 1.21$, $\alpha = 0.05$, $z_{1-\alpha} = z_{0.95} = 1.65$. 根据以上测得的样本值可计算出 $\overline{X} = \bar{x} = 31.03$, 代入

(6.3.6) 式可得 $U(x) = \sqrt{6}\ (31.03 - 30)/\sqrt{1.21} = 2.294$ (亦可得到 $k_0 = 30 + (\sqrt{1.21}/\sqrt{6}) \times 1.65 = 30.74$). 由于 $U(x) = 2.294 > z_{0.95} = 1.65$, 所以应否定原假设 $H_0 : \mu \leqslant 30$, 认为 $H_1 : \mu > 30$ 成立, 即这批砖合格.

注意: 检验设定的水平为 $\alpha = 0.05$; 而本次检验的 p 值为 $P_{\mu_0}(\overline{X} > 31.03) = P_{\mu_0}(U(X) > 2.294) \approx 0.011$, 即本次判断出错的概率约为 0.011, 比 $\alpha = 0.05$ 小. 另外, 在假设检验中, 我们把 "砖的抗断强度大于 30 kg/cm²" 放在对立假设 H_1 上, 以保证判断出错的概率 (即第一类错误) 很小, 这是很有必要的.

例 6.3.8 为了了解一台测量长度的仪器的精度, 对一根长度为 30 mm 的标准金属棒进行了 6 次测量, 其结果 (单位: mm) 为

30.1, 29.9, 29.8, 30.3, 30.2, 29.6.

假定长度的测量服从正态分布 $N(30, \sigma^2)$, 试检验测量均方差是否小于 0.5 mm (取 $\alpha = 0.05$).

解 这相当于考虑以下单边假设检验问题:

$$H_0 : \sigma \geqslant 0.5 \longleftrightarrow H_1 : \sigma < 0.5,$$

其 UMPT 已经由 (6.3.7) 式给出. 在本问题中, $n = 6$, $\mu_0 = 30$, $\sigma_0 = 0.5$, 根据以上测量值, 经直接计算可得

$$T(x) = \sum_{i=1}^{6} (x_i - 30)^2 = 0.35, \quad \frac{T(x)}{\sigma_0^2} = 1.4.$$

而

$$\chi^2(6, 0.05) = 1.635 > \frac{T(x)}{\sigma_0^2} = 1.4,$$

所以应否定原假设, 认为 $H_1 : \sigma < 0.5$ 成立, 即测量均方差小于 0.5 mm. 而本次检验的 p 值为

$$P_{\sigma_0}(T(X) < 0.35) = P_{\sigma_0}\left(\frac{T(X)}{\sigma_0^2} < \frac{0.35}{\sigma_0^2}\right) = P\left(\chi^2(6) < \frac{0.35}{0.25}\right) \approx 0.02,$$

即本次判断出错的概率约为 0.02, 比 $\alpha = 0.05$ 小.

6.4 单参数指数族分布的双边检验

上一节我们从简单假设检验的 MPT 出发, 对于单调似然比分布族, 得到了两种单边假设检验问题的 UMPT. 本节将继续讨论双边假设检验问题的 UMPT.

由下面的讨论可知, 双边检验要比单边检验复杂得多, 必需对分布族和检验函数进一步加以限制. 本节主要讨论指数族分布和无偏检验的一致最优势检验.

6.4.1 双边检验问题及无偏检验

设 $X \sim f(x, \theta)$, $\theta \in \mathbf{R}$, 考虑以下双边假设检验问题:

(i) $H_0 : \theta \leqslant \theta_1$ 或 $\theta \geqslant \theta_2 \longleftrightarrow H_1 : \theta_1 < \theta < \theta_2$,

(ii) $H_0 : \theta_1 \leqslant \theta \leqslant \theta_2 \longleftrightarrow H_1 : \theta < \theta_1$ 或 $\theta > \theta_2$,

(iii) $H_0 : \theta = \theta_0 \longleftrightarrow H_1 : \theta \neq \theta_0$.

注意, 检验 (iii) 是 (ii) 的特例, 因为在 (ii) 中取 $\theta_1 = \theta_2$ 则得到 (iii). 另外, 检验 (ii) 和 (iii) 的 Θ_1 是无界的, 因而更加复杂.

为了求解这些假设检验问题的一致最优势检验, 我们首先考察其功效函数 $\beta(\theta)$ 的变化趋势. 设检验 $\phi(x)$ 的功效函数为 $\beta_\phi(\theta)$. 一个好的检验, 其功效函数应该在 Θ_0 上满足 $\beta_\phi(\theta) = \mathrm{E}_\theta[\phi(X)] \leqslant \alpha$, $\theta \in \Theta_0$, 而在 Θ_1 上应尽量大. 图 6.4.1 给出了检验问题 (i) — (iii) 的功效函数的示意图, 前者应该是 "两头小中间大" 而后者应该是 "中间小两头大". 总之, 它们的 UMPT 的功效函数不可能是 θ 的单调函数. 特别, 在上一节得到的单边检验的 UMPT, 即 (6.3.1) 式的 $\phi^*(x)$ 以及 (6.3.4) 式的 $\phi'(x)$ 都不可能是本节双边检验的 UMPT, 因为 $\phi^*(x)$ 的功效函数为增函数, $\phi'(x)$ 的功效函数为减函数, 它们不可能有图 6.4.1 所示的形式.

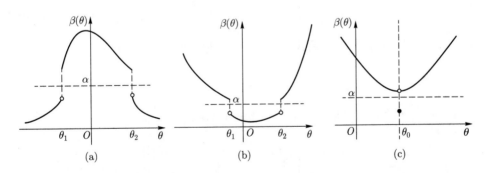

图 6.4.1 检验 (i) — (iii) 的功效函数

为了求解以上双边假设检验问题的 UMPT, 需要对检验函数进一步加以限制. 由图 6.4.1 可见, 若 $\phi(x)$ 是一个好的检验, 则其功效函数在 Θ_1 上的值应该尽量大, 显然应该大于 α. 由此可引出以下定义:

定义 6.4.1 对于假设检验问题

$$H_0 : \theta \in \Theta_0 \longleftrightarrow H_1 : \theta \in \Theta_1,$$

若

$$\beta_\phi(\theta) = \mathrm{E}_\theta[\phi(X)] \leqslant \alpha, \; \theta \in \Theta_0, \quad \beta_\phi(\theta) = \mathrm{E}_\theta[\phi(X)] \geqslant \alpha, \quad \theta \in \Theta_1,$$

则称 $\phi(x)$ 为假设检验问题一个水平为 α 的**无偏检验**, 并记

$$\Phi_\alpha^* = \{\text{一切 } \phi : \mathrm{E}_\theta[\phi(X)] \leqslant \alpha, \theta \in \Theta_0; \quad \mathrm{E}_\theta[\phi(X)] \geqslant \alpha, \theta \in \Theta_1\}. \tag{6.4.1}$$

则称 Φ_α^* 为假设检验问题水平为 α 的无偏检验类. 若 $\phi(x) \in \Phi_\alpha^*$, 且对一切 $\widetilde{\phi}(x) \in \Phi_\alpha^*$ 有

$$\beta_\phi(\theta) = \mathrm{E}_\theta[\phi(X)] \geqslant \mathrm{E}_\theta[\widetilde{\phi}(X)] = \beta_{\widetilde{\phi}}(\theta), \quad \forall \, \theta \in \Theta_1,$$

则称 $\phi(x)$ 为**一致最优无偏检验**, 记为 UMPUT.

无偏检验的意义很清楚, 其第二类错误满足 $\mathrm{II}(\theta) = 1 - \beta_\phi(\theta) \leqslant 1 - \alpha$. 另外, 显然有

$$\Phi_\alpha^* \subset \Phi_\alpha = \{\text{一切 } \phi : \mathrm{E}_\theta[\phi(X)] \leqslant \alpha, \; \theta \in \Theta_0\}.$$

现在来看双边假设检验问题 (i) — (iii) 的无偏检验的功效函数 (见图 6.4.2). 由无偏检验的定义可知, 对于检验问题 (i) 和 (ii), 若功效函数 $\beta(\theta)$ 关于 θ 连续, 则有

$$\beta(\theta_1) = \mathrm{E}_{\theta_1}[\phi(X)] = \mathrm{E}_{\theta_2}[\phi(X)] = \beta(\theta_2) = \alpha. \tag{6.4.2}$$

对于检验问题 (iii), 若功效函数 $\beta(\theta)$ 关于 θ 连续且可导, 则有

$$\beta(\theta_0) = \mathrm{E}_{\theta_0}[\phi(X)] = \alpha; \quad \beta'(\theta_0) = 0. \tag{6.4.3}$$

这些性质对于下一节讨论的指数族分布的无偏检验都是成立的.

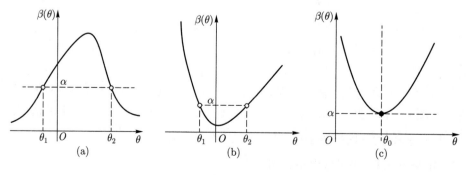

图 6.4.2 (i) — (iii) 无偏检验的功效函数

6.4.2 指数族分布的双边检验

由于双边假设检验问题的复杂性, 目前只能在指数族分布中得到一致最优势检验. 因此本节仅限于讨论指数族分布, 即假定

$$X \sim f(x,\theta) = a(\theta)h(x)\mathrm{e}^{Q(\theta)T(x)}, \quad \theta \in \mathbf{R}, \tag{6.4.4}$$

其中 $Q(\theta)$ 为 θ 的严增函数, 并讨论该分布族的双边假设检验问题 (i) — (iii) (见本节开头).

设 $\phi(x)$ 为一个检验函数, 通常总假定它可测, 因而由第一章的定理可知, 其功效函数

$$\beta(\theta) = \mathrm{E}_\theta[\phi(X)] = \int_{\mathcal{X}} \phi(x)f(x,\theta)\mathrm{d}\mu(x)$$

关于 θ 连续可导. 因此对于无偏检验 $\phi(x) \in \Phi_\alpha^*$, 以上 (6.4.2) 式对检验问题 (i) 和 (ii) 成立, (6.4.3) 式对检验问题 (iii) 成立.

本节将证明, 对于双边检验 (i), 存在一致最优势检验 (UMPT); 而对于双边检验 (ii) 和 (iii), 只存在一致最优无偏检验 (UMPUT). 虽然证明比较复杂, 但是解决问题的过程与 6.3 节的单边检验还是比较类似的. 今简要说明如下: 在 6.3 节中, 为了求解单边检验 "$H_0 : \theta \leqslant \theta_0 \longleftrightarrow H_1 : \theta > \theta_0$" 的 UMPT, 首先考虑简单假设检验 "$H_0 : \theta = \theta_0 \longleftrightarrow H_1 : \theta = \theta_1$, 但 $\theta_1 > \theta_0$" 的 MPT, 这可由 N–P 引理得到; 然后再逐步推广, 得到单边检验的 UMPT. 对于本节讨论的双边检验, 应该也可以有类似的过程. 以双边检验 (i) 为例: 为了求解双边检验 "$H_0 : \theta \leqslant \theta_1$ 或 $\theta \geqslant \theta_2 \longleftrightarrow H_1 : \theta_1 < \theta < \theta_2$" 的 UMPT, 首先考虑一个与之有关而最简单的检验:

(i)′ $H_0 : \theta = \theta_1$ 或 $\theta = \theta_2 \longleftrightarrow H_1 : \theta = \theta_3$, 但 $\theta_1 < \theta_3 < \theta_2$. (6.4.5)

事实证明, 对于指数族分布这是可行的, 我们可先求出 (i)′ 的 MPT; 然后再逐步推广, 得到双边检验 (i) 的 UMPT. 但是必须注意, 求解 (i)′ 的 MPT 并不简单, 与 N–P 引理中的两点简单假设相比, 它的原假设 H_0 中多了一个条件, 这就要把 N–P 引理加以推广. 所以我们必须首先介绍推广的 Neyman-Pearson 引理. 另外, 由于后面有好几处要用到推广的 N–P 引理, 因此下面将采用较为一般的形式, 读者可从中比较 N–P 引理与推广的 N–P 引理之间的异同, 从而更深入地了解其意义.

定理 6.4.1 (推广的 Neyman-Pearson 引理) 设 $f_i(x), i = 1,2,3$ 关于 $\mu(x)$ 可积, $0 \leqslant \phi(x) \leqslant 1, 0 \leqslant \widetilde{\phi}(x) \leqslant 1$, 并记

$$\Phi_\alpha = \left\{ \text{一切 } \phi : \int_{\mathcal{X}} \phi(x)f_i(x)\mathrm{d}\mu(x) \leqslant \alpha_i, i = 1,2 \right\}; \tag{6.4.6}$$

$$\Phi'_\alpha = \left\{ \text{一切 } \phi: \int_{\mathcal{X}} \phi(x)f_i(x)\mathrm{d}\mu(x) = \alpha_i, i = 1, 2 \right\}. \tag{6.4.7}$$

今定义一个检验函数 $\phi(x)$ 如下:

$$\phi(x) = \begin{cases} 1, & x \in R^+ = \{x: \ f_3(x) > c_1 f_1(x) + c_2 f_2(x)\}, \\ \gamma, & x \in R^0 = \{x: \ f_3(x) = c_1 f_1(x) + c_2 f_2(x)\}, \\ 0, & x \in R^- = \{x: \ f_3(x) < c_1 f_1(x) + c_2 f_2(x)\}. \end{cases} \tag{6.4.8}$$

(1) 若存在常数 c_1, c_2 (不一定非负) 及 γ, 使得 $\phi(x) \in \Phi'_\alpha$, 则对一切 $\widetilde{\phi}(x) \in \Phi'_\alpha$, 即 $\int_{\mathcal{X}} \widetilde{\phi}(x)f_i(x)\mathrm{d}\mu(x) = \alpha_i$, $i = 1, 2$, 有

$$\int_{\mathcal{X}} \phi(x)f_3(x)\mathrm{d}\mu(x) \geqslant \int_{\mathcal{X}} \widetilde{\phi}(x)f_3(x)\mathrm{d}\mu(x). \tag{6.4.9}$$

(2) 若存在常数 $c_1 \geqslant 0$, $c_2 \geqslant 0$ 及 γ, 使得 $\phi(x) \in \Phi'_\alpha$, 则对一切 $\widetilde{\phi}(x) \in \Phi_\alpha$, 即 $\int_{\mathcal{X}} \widetilde{\phi}(x)f_i(x)\mathrm{d}\mu(x) \leqslant \alpha_i$, $i = 1, 2$, 有 (6.4.9) 式成立. 而且, 以上 (1) 和 (2) 中的 $\phi(x)$ 在 $R^+ \cup R^-$ 上都唯一.

证明 证明方法与 N–P 引理完全类似, 记

$$A(x) = [\phi(x) - \widetilde{\phi}(x)][f_3(x) - c_1 f_1(x) - c_2 f_2(x)],$$

由 (6.4.8) 式 $\phi(x)$ 的定义可知, 在 $R^+ \cup R^-$ 上, $A(x) \geqslant 0$, 所以有

$$\int_{\mathcal{X}} [\phi(x) - \widetilde{\phi}(x)][f_3(x) - c_1 f_1(x) - c_2 f_2(x)]\mathrm{d}\mu(x)$$
$$= \int_{\mathcal{X}} A(x)\mathrm{d}\mu(x) = \int_{R^+ \cup R^-} A(x)\mathrm{d}\mu(x) \geqslant 0.$$

因而有

$$\int_{\mathcal{X}} \phi(x)f_3(x)\mathrm{d}\mu(x) \geqslant \int_{\mathcal{X}} \widetilde{\phi}(x)f_3(x)\mathrm{d}\mu(x) + c_1 \int_{\mathcal{X}} [\phi(x) - \widetilde{\phi}(x)]f_1(x)\mathrm{d}\mu(x) +$$
$$c_2 \int_{\mathcal{X}} [\phi(x) - \widetilde{\phi}(x)]f_2(x)\mathrm{d}\mu(x).$$

由此可得

$$\int_{\mathcal{X}} \phi(x)f_3(x)\mathrm{d}\mu(x) \geqslant \int_{\mathcal{X}} \widetilde{\phi}(x)f_3(x)\mathrm{d}\mu(x) + \text{余项}. \tag{6.4.10}$$

其中余项为上式后两个积分之和. 对于情形 (1), 由于 $\phi(x) \in \Phi'_\alpha$, $\widetilde{\phi}(x) \in \Phi'_\alpha$, 因此有

$$\int_{\mathcal{X}} \phi(x)f_i(x)\mathrm{d}\mu(x) = \int_{\mathcal{X}} \widetilde{\phi}(x)f_i(x)\mathrm{d}\mu(x) = \alpha_i, \quad i = 1, 2.$$

所以余项等于零, 因此由 (6.4.10) 式可知 (6.4.9) 式成立. 对于情形 (2), 由于 $c_1 \geqslant 0, c_2 \geqslant 0$, 且 $\widetilde{\phi}(x) \in \Phi_\alpha$, 则

$$\int_{\mathcal{X}} \phi(x) f_i(x) \mathrm{d}\mu(x) = \alpha_i, \quad \int_{\mathcal{X}} \widetilde{\phi}(x) f_i(x) \mathrm{d}\mu(x) \leqslant \alpha_i, \quad i = 1, 2.$$

因而余项 $\geqslant 0$, 亦可推出 (6.4.9) 式. 唯一性的证明与 N–P 引理的证明完全类似, 不再重复. ∎

注 最常用的情形为 $f_i(x) = f(x, \theta_i)$, $i = 1, 2, 3$, 这时

$$R^+ = \{x : f(x, \theta_3) > c_1 f(x, \theta_1) + c_2 f(x, \theta_2)\}.$$

特别, 若 $f_1(x)$ 不存在, 则 $R^+ = \{x : f(x, \theta_3) > c_2 f(x, \theta_2)\}$, 即可得到 N–P 引理. 另外, 在 Φ_α 和 Φ'_α 中经常有 $\alpha_i = \alpha$, $0 < \alpha < 1$ $i = 1, 2$.

现在回到假设检验问题 (i)′ (见 (6.4.5) 式), 其最优检验可由推广的 N–P 引理得到.

引理 6.4.1 对于指数族分布 (6.4.4), 考虑假设检验问题

(i)′ $H_0 : \theta = \theta_1$ 或 $\theta = \theta_2 \longleftrightarrow H_1 : \theta = \theta_3$, 但 $\theta_1 < \theta_3 < \theta_2$, 并设 $0 < \alpha < 1$. 设检验函数 $\phi_1(x)$ 可表示为

$$\phi_1(x) = \begin{cases} 1, & k_1 < T(x) < k_2, \\ \gamma_{1i}, & T(x) = k_i \ (i = 1, 2), \\ 0, & T(x) < k_1 或 T(x) > k_2. \end{cases} \quad (6.4.11)$$

若存在 k_i, γ_{1i} $(i = 1, 2)$, 使 $\phi_1(x) \in \Phi'_\alpha$, 即 $\mathrm{E}_{\theta_1}[\phi_1(X)] = \mathrm{E}_{\theta_2}[\phi_1(X)] = \alpha$, 则 $\phi_1(x)$ 为假设检验问题 (i)′ 的 MPT, 即对一切满足 $\mathrm{E}_{\theta_1}[\widetilde{\phi}(X)] \leqslant \alpha$, $\mathrm{E}_{\theta_2}[\widetilde{\phi}(X)] \leqslant \alpha$ 的 $\widetilde{\phi}(x)$ (即 $\widetilde{\phi}(x) \in \Phi_\alpha$) 都有

$$\mathrm{E}_{\theta_3}[\phi_1(X)] \geqslant \mathrm{E}_{\theta_3}[\widetilde{\phi}(X)], \qquad \theta_1 < \theta_3 < \theta_2, \quad (6.4.12)$$

并且 $\phi_1(x)$ 在 $R^+ \cup R^-$ 上唯一.

证明 对于指数族分布 $f(x, \theta) = a(\theta) h(x) \mathrm{e}^{Q(\theta) T(x)}$, 记 $f_i(x) = f(x, \theta_i)$, $i = 1, 2, 3$. 设 $\phi_1(x)$ 由推广的 N–P 引理的 (6.4.8) 式所定义, 若存在 $c_1 \geqslant 0, c_2 \geqslant 0$, 使 $\phi_1(x) \in \Phi'_\alpha$, 即 $\mathrm{E}_{\theta_1}[\phi_1(X)] = \mathrm{E}_{\theta_2}[\phi_1(X)] = \alpha$, 则由推广的 N–P 引理的结论 (2) 可知, $\phi_1(x)$ 必使 (6.4.12) 式成立 (见 (6.4.9) 式). 以下根据 (6.4.8) 式考虑其 R^+ 可能的形式, 其中

$$R^+ = \{x : f(x, \theta_3) > c_1 f(x, \theta_1) + c_2 f(x, \theta_2)\}$$
$$= \{x : a(\theta_3) \mathrm{e}^{Q(\theta_3) T(x)} > c_1 a(\theta_1) \mathrm{e}^{Q(\theta_1) T(x)} + c_2 a(\theta_2) \mathrm{e}^{Q(\theta_2) T(x)}\}.$$

由于 $\theta_1 < \theta_3 < \theta_2$, 因此 $Q(\theta_1) < Q(\theta_3) < Q(\theta_2)$, 在 R^+ 中用 $a(\theta_3)\mathrm{e}^{Q(\theta_3)T(x)}$ 除以各式, 可得

$$R^+ = \{x : T(x) = t;\; g(t) = d_1\mathrm{e}^{-b_1 t} + d_2\mathrm{e}^{b_2 t} < 1\}, \tag{6.4.13}$$

其中

$$d_1 = c_1 a(\theta_1)a^{-1}(\theta_3), \quad d_2 = c_2 a(\theta_2)a^{-1}(\theta_3),$$

$$-b_1 = Q(\theta_1) - Q(\theta_3) < 0, \quad b_2 = Q(\theta_2) - Q(\theta_3) > 0.$$

因此 $b_1 > 0$, $b_2 > 0$. 为了能使 $\phi_1(x) \in \Phi'_\alpha$, 即 $\mathrm{E}_{\theta_1}[\phi_1(X)] = \mathrm{E}_{\theta_2}[\phi_1(X)] = \alpha$ $(0 < \alpha < 1)$, 在 (6.4.13) 式中, 只可能 $d_1 \geqslant 0$, $d_2 \geqslant 0$ (不全为 0), 即 $c_1 \geqslant 0$, $c_2 \geqslant 0$ (不全为 0), 其原因如下:

(1) 若 $d_1 \leqslant 0$, $d_2 \leqslant 0$, 则恒有 $g(t) < 1$, 所以 $R^+ = \mathcal{X}$, 从而 $\phi_1(x) = 1$, $x \in R^+ = \mathcal{X}$, 因此只可能有 $\mathrm{E}_{\theta_1}[\phi_1(X)] = \mathrm{E}_{\theta_2}[\phi_1(X)] = \alpha = 1$, 这与假设 $0 < \alpha < 1$ 矛盾.

(2) 若 $d_1 > 0$, $d_2 < 0$ ($d_1 < 0$, $d_2 > 0$ 的情形类似, 从略), 则有

$$g'(t) = -b_1 d_1 \mathrm{e}^{-b_1 t} + b_2 d_2 \mathrm{e}^{b_2 t} < 0.$$

因此 $g(t)$ 为 t 的减函数, 则由 (6.4.13) 式有 $R^+ = \{x : g(t) < 1\} = \{x : T(x) > k\}$, 对某个 k. 因此由定理 6.3.2 可知, 相应的功效函数 $\mathrm{E}_\theta[\phi_1(X)] = \beta_{\phi_1}(\theta)$ 为 θ 的严增函数, 所以不可能有 $\mathrm{E}_{\theta_1}[\phi_1(X)] = \beta_{\phi_1}(\theta_1) = \beta_{\phi_1}(\theta_2) = \mathrm{E}_{\theta_2}[\phi_1(X)] = \alpha < 1$, $\theta_1 < \theta_2$.

结合以上 (1) (2) 两点可知, 为使 $\phi_1(x) \in \Phi'_\alpha$, 即 $\mathrm{E}_{\theta_1}[\phi_1(X)] = \mathrm{E}_{\theta_2}[\phi_1(X)] = \alpha$, 只可能 $d_1 \geqslant 0$, $d_2 \geqslant 0$ (不全为 0), 即 $c_1 \geqslant 0$, $c_2 \geqslant 0$ (不全为 0), 因此

$$g''(t) = b_1^2 d_1 \mathrm{e}^{-b_1 t} + b_2^2 d_2 \mathrm{e}^{b_2 t} > 0.$$

所以 $g(t)$ 为凸函数. 由此可根据 (6.4.13) 式进一步确定 R^+ 的形式. 图 6.4.3 为凸函数的示意图, 由图可知, 应存在 $k_1 < k_2$, 使得

$$R^+ = \{x : T(x) = t, g(t) < 1\} = \{x : k_1 < T(x) < k_2\}. \tag{6.4.14}$$

如果解出 k_1, k_2, 则上式等价于 (6.4.8) 式中的 R^+, 且使 (6.4.7) 式成立.

综合以上讨论可知, 对于指数族分布, 若要使 (6.4.8) 式确定的 R^+ 满足 (6.4.7) 式: $\phi_1(x) \in \Phi'_\alpha$, 即 $\mathrm{E}_{\theta_1}[\phi_1(X)] = \mathrm{E}_{\theta_2}[\phi_1(X)] = \alpha$, 则它等价于 (6.4.14) 式, 因而 $\phi_1(x)$ 必有 (6.4.11) 式的形式. 至于 k_i, γ_{1i} $(i = 1, 2)$ 的具体数值, 仍然要由 $\mathrm{E}_{\theta_1}[\phi_1(X)] = \mathrm{E}_{\theta_2}[\phi_1(X)] = \alpha$ 决定. 解出 k_i, γ_{1i} $(i = 1, 2)$ 以后, 则由推广的 N–P 引理的结论 (2) 可知, 对任何 $\widetilde{\phi}(x) \in \Phi_\alpha$, 即 $\mathrm{E}_{\theta_1}[\widetilde{\phi}(X)] \leqslant \alpha$, $\mathrm{E}_{\theta_2}[\widetilde{\phi}(X)] \leqslant \alpha$, 必有 (6.4.12) 式成立. ∎

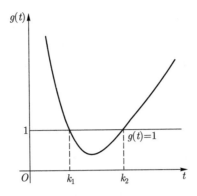

图 6.4.3 检验 (i)′ 否定域的确定

由于以上 (6.4.11) 式的 $\phi_1(x)$ 与 θ_3 无关, 因而 (6.4.12) 式对任何的 $\theta_1 < \theta_3 < \theta_2$ 都成立, 所以有

推论 $\phi_1(x)$ 为以下假设检验问题 (i)″ 的 UMPT:

(i)″ $H_0 : \theta = \theta_1$ 或 $\theta = \theta_2 \longleftrightarrow H_1 : \theta_1 < \theta < \theta_2$.

我们的目标是要求出假设检验问题 (i) 的 UMPT, 现在已经知道 $\phi_1(x)$ 为 (i)″ 的 UMPT, 下面还需要证明: $\phi_1(x)$ 为 (i) 的水平为 α 的检验, 即有 $\mathrm{E}_\theta[\phi_1(X)] \leqslant \alpha$, $\theta < \theta_1$ 或 $\theta > \theta_2$, 则根据引理 6.2.1 可知, $\phi_1(x)$ 为 (i) 的 UMPT. 为此, 我们还需要下面的引理 6.4.2. 另外, 这个引理在求解假设检验问题 (ii) 的 UMPUT 中将起重要作用.

引理 6.4.2 对于指数族分布 (6.4.4), 考虑假设检验问题

(ii)′ $H_0 : \theta = \theta_1$ 或 $\theta = \theta_2 \longleftrightarrow H_1 : \theta = \theta_4$ 但 $\theta_4 < \theta_1$ (或 $H_1 : \theta = \theta_5$ 但 $\theta_5 > \theta_2$).

设检验函数 $\phi_2(x)$ 可表示为

$$\phi_2(x) = \begin{cases} 1, & T(x) < k_1 \text{ 或 } T(x) > k_2, \\ \gamma_{2i}, & T(x) = k_i \ (i = 1, 2), \\ 0, & k_1 < T(x) < k_2. \end{cases} \tag{6.4.15}$$

若存在 $k_i, \gamma_{2i} \ (i = 1, 2)$ 使 $\phi_2(x) \in \Phi'_\alpha$, $0 < \alpha < 1$, 即 $\mathrm{E}_{\theta_1}[\phi_2(X)] = \mathrm{E}_{\theta_2}[\phi_2(X)] = \alpha$, 则对一切满足 $\mathrm{E}_{\theta_1}[\widetilde{\phi}_2(X)] = \mathrm{E}_{\theta_2}[\widetilde{\phi}_2(X)] = \alpha$ 的 $\widetilde{\phi}(x)$ (即 $\widetilde{\phi}(x) \in \Phi'_\alpha$) 都有

$$\mathrm{E}_{\theta_4}[\phi_2(X)] \geqslant \mathrm{E}_{\theta_4}[\widetilde{\phi}(X)], \ \ \forall \, \theta_4 < \theta_1 \ \ (\text{或 } \mathrm{E}_{\theta_5}[\phi_2(X)] \geqslant \mathrm{E}_{\theta_5}[\widetilde{\phi}(X)], \ \ \forall \, \theta_5 > \theta_2). \tag{6.4.16}$$

并且 $\phi_2(x)$ 在 $R^+ \cup R^-$ 上唯一.

证明   以下仅证明 "$H_1 : \theta = \theta_4$ 但 $\theta_4 < \theta_1$" 的情形, 另一种情形 "$H_1 : \theta = \theta_5$ 但 $\theta_5 > \theta_2$" 的证明完全类似. 记 $f_i(x) = f(x, \theta_i)$, $i = 1, 2$; $f_3(x) = f(x, \theta_4)$. 设 $\phi_2(x)$ 由推广的 N–P 引理的 (6.4.8) 式所定义, 若存在 c_1, c_2, 使 $\phi_2(x) \in \Phi'_\alpha$, 即 $\mathrm{E}_{\theta_1}[\phi_2(X)] = \mathrm{E}_{\theta_2}[\phi_2(X)] = \alpha$, 则由推广的 N–P 引理的结论 (1) 可知, $\phi_2(x)$ 必使 (6.4.16) 式成立 (见 (6.4.9) 式). 以下根据 (6.4.8) 式考虑其 R^+ 可能的形式, 其中

$$R^+ = \{x : f(x, \theta_4) > c_1 f(x, \theta_1) + c_2 f(x, \theta_2)\}$$
$$= \{x : a(\theta_4)\mathrm{e}^{Q(\theta_4)T(x)} > c_1 a(\theta_1)\mathrm{e}^{Q(\theta_1)T(x)} + c_2 a(\theta_2)\mathrm{e}^{Q(\theta_2)T(x)}\}.$$

由于 $\theta_4 < \theta_1 < \theta_2$, 因此 $Q(\theta_4) < Q(\theta_1) < Q(\theta_2)$.

以下证明, 为使 $\phi_2(x) \in \Phi'_\alpha$, 即 $\mathrm{E}_{\theta_i}[\phi_2(X)] = \alpha$ $(i = 1, 2)$, 必有 $c_1 > 0$, $c_2 < 0$.

(1) 若 $c_1 \leqslant 0$, $c_2 \leqslant 0$, 则 $R^+ = \mathcal{X}$, $\mathrm{E}_\theta[\phi_2(X)] = 1$, 这与假设 $0 < \alpha < 1$ 矛盾.

(2) 若 $c_1 \leqslant 0$, $c_2 > 0$, 则

$$R^+ = \{x : c_2 a(\theta_2)\mathrm{e}^{Q(\theta_2)T(x)} < a(\theta_4)\mathrm{e}^{Q(\theta_4)T(x)} - c_1 a(\theta_1)\mathrm{e}^{Q(\theta_1)T(x)}\}$$
$$= \{x : T(x) = t, g(t) = d_1 \mathrm{e}^{-b_1 t} + d_2 \mathrm{e}^{-b_2 t} > 1\}.$$

其中

$$d_1 = c_2^{-1} a^{-1}(\theta_2) a(\theta_4) > 0, \quad d_2 = -c_2^{-1} a^{-1}(\theta_2) c_1 a(\theta_1) \geqslant 0;$$

$$-b_1 = Q(\theta_4) - Q(\theta_2) < 0, \quad -b_2 = Q(\theta_1) - Q(\theta_2) < 0, \quad b_1 > 0, \ b_2 > 0.$$

因此有

$$g'(t) = -b_1 d_1 \mathrm{e}^{-b_1 t} - b_2 d_2 \mathrm{e}^{-b_2 t} < 0.$$

$g(t)$ 为减函数, 因此 $R^+ = \{x : g(t) > 1\} = \{x : T(x) < k\}$, 对某个 k, 由定理 6.3.3 知, R^+ 对应的 $\phi_2(x)$ 的功效函数为 θ 的减函数, 因而不可能有 $\mathrm{E}_{\theta_1}[\phi_2(X)] = \mathrm{E}_{\theta_2}[\phi_2(X)] = \alpha$.

(3) 因此必有 $c_1 > 0$, 这时有

$$R^+ = \{x : c_1 a(\theta_1)\mathrm{e}^{Q(\theta_1)T(x)} < a(\theta_4)\mathrm{e}^{Q(\theta_4)T(x)} - c_2 a(\theta_2)\mathrm{e}^{Q(\theta_2)T(x)}\}$$
$$= \{x : T(x) = t, g(t) = d_1 \mathrm{e}^{-b_1 t} + d_2 \mathrm{e}^{b_2 t} > 1\},$$

其中 $Q(\theta_4) < Q(\theta_1) < Q(\theta_2)$;

$$d_1 = c_1^{-1} a^{-1}(\theta_1) a(\theta_4) > 0, \quad d_2 = -c_1^{-1} a^{-1}(\theta_1) c_2 a(\theta_2),$$

$$-b_1 = Q(\theta_4) - Q(\theta_1), \quad b_2 = Q(\theta_2) - Q(\theta_1), \quad b_1 > 0, b_2 > 0.$$

在以上 R^+ 中, 若 $d_2 \leqslant 0$ (即 $c_2 \geqslant 0$), 则 $g'(t) = -b_1 d_1 \mathrm{e}^{-b_1 t} + b_2 d_2 \mathrm{e}^{b_2 t} < 0$, $g(t)$ 为减函数; 与 (2) 类似, 这种情况不可能.

因此必有 $d_2 > 0$ (即 $c_2 < 0$), 此时有 $g''(t) = b_1^2 d_1 \mathrm{e}^{-b_1 t} + b_2^2 d_2 \mathrm{e}^{b_2 t} > 0$, 因而 $g(t)$ 为凸函数, 参见图 6.4.3. 由图可知, 应存在 $k_1 < k_2$, 使得

$$R^+ = \{x: \ T(x) = t, \ g(t) > 1\} = \{x: \ T(x) < k_1 \ \text{或} \ T(x) > k_2\}. \tag{6.4.17}$$

如果解出 k_1, k_2, 则上式等价于 (6.4.8) 式中的 R^+, 且使 (6.4.7) 式成立.

综合以上讨论可知, 若要使 (6.4.8) 式确定的否定域 R^+ 满足 (6.4.7) 式: $\phi_2(x) \in \Phi_\alpha'$, 即 $\mathrm{E}_{\theta_1}[\phi_2(X)] = \mathrm{E}_{\theta_2}[\phi_2(X)] = \alpha$, 则它等价于 (6.4.17) 式, 因而 $\phi_2(x)$ 必有 (6.4.15) 式的形式. 至于 $k_i, \gamma_{2i} \ (i = 1, 2)$ 的具体数值, 仍然要由 $\mathrm{E}_{\theta_1}[\phi_2(X)] = \mathrm{E}_{\theta_2}[\phi_2(X)] = \alpha$ 决定. 解出 $k_i, \gamma_{1i} \ (i = 1, 2)$ 以后, 则由推广的 N-P 引理的结论 (1) 可知, 对任何 $\widetilde{\phi}(x) \in \Phi_\alpha'$, 即 $\mathrm{E}_{\theta_1}[\widetilde{\phi}(X)] = \mathrm{E}_{\theta_2}[\widetilde{\phi}(X)] = \alpha$, 必有 (6.4.16) 式成立. ▊

注 必须注意, 引理 6.4.2 与引理 6.4.1 有重要的区别. 在引理 6.4.1 中, 对任何满足 $\mathrm{E}_{\theta_1}[\widetilde{\phi}(X)] \leqslant \alpha$, $\mathrm{E}_{\theta_2}[\widetilde{\phi}(X)] \leqslant \alpha$ 的 $\widetilde{\phi}(x)$ (即 $\widetilde{\phi}(x) \in \Phi_\alpha$) 都有 $\mathrm{E}_{\theta_3}[\phi_1(X)] \geqslant \mathrm{E}_{\theta_3}[\widetilde{\phi}(X)]$. 而在引理 6.4.2 中, 只是对任何满足 $\mathrm{E}_{\theta_1}[\widetilde{\phi}(X)] = \mathrm{E}_{\theta_2}[\widetilde{\phi}(X)] = \alpha$ 的 $\widetilde{\phi}(x)$ (即 $\widetilde{\phi}(x) \in \Phi_\alpha'$) 才有 $\mathrm{E}_{\theta_4}[\phi_2(X)] \geqslant \mathrm{E}_{\theta_4}[\widetilde{\phi}(X)]$. 因此, $\phi_2(x)$ 还不能算是假设检验问题 (ii)′ 的 MPT, 因为对 $\mathrm{E}_{\theta_1}[\widetilde{\phi}(X)] \leqslant \alpha$, $\mathrm{E}_{\theta_2}[\widetilde{\phi}(X)] \leqslant \alpha$ 的 $\widetilde{\phi}(x)$, 引理 6.4.2 未有 $\mathrm{E}_{\theta_4}[\phi_2(X)] \geqslant \mathrm{E}_{\theta_4}[\widetilde{\phi}(X)]$ 的结论. 但是引理 6.4.2 对于求解假设检验问题 (ii) 的一致最优无偏检验还是可用的, 因为由 (6.4.2) 式可知, 任何无偏检验 $\widetilde{\phi}(x)$ 都满足 $\mathrm{E}_{\theta_1}[\widetilde{\phi}(X)] = \mathrm{E}_{\theta_2}[\widetilde{\phi}(X)] = \alpha$.

推论 1 $\phi_2(x)$ 是以下假设检验问题的一致最优无偏检验 (UMPUT):

(ii)″ $H_0: \theta = \theta_1$ 或 $\theta = \theta_2 \longleftrightarrow H_1: \theta < \theta_1$ 或 $\theta > \theta_2$

证明 首先, 由 (6.4.15) 式确定的 $\phi_2(x)$ 与 θ_4 及 θ_5 无关, 所以 (6.4.16) 式对任意的 $\theta < \theta_1$ 或 $\theta > \theta_2$ 以及 $\widetilde{\phi}(x) \in \Phi_\alpha'$ 都成立, 即

$$\mathrm{E}_\theta[\phi_2(X)] \geqslant \mathrm{E}_\theta[\widetilde{\phi}(X)], \quad \forall \theta < \theta_1, \quad \forall \theta > \theta_2.$$

其次, 容易证明: $\phi_2(x)$ 是 (ii)″ 的无偏检验, 因为若取 $\phi^*(x) \equiv \alpha$, 则对任何 $\theta < \theta_1$ 或 $\theta > \theta_2$ 有 $\mathrm{E}_\theta[\phi_2(X)] \geqslant \mathrm{E}_\theta[\phi^*(X)] \equiv \alpha$. 另外, 若 $\widetilde{\phi}(x)$ 为 (ii)″ 的任一无偏检验, 则必有 $\mathrm{E}_\theta[\widetilde{\phi}(X)] \leqslant \alpha$, $\theta = \theta_1$ 或 θ_2; $\mathrm{E}_\theta[\widetilde{\phi}(X)] \geqslant \alpha$, $\theta < \theta_1$ 或 $\theta > \theta_2$. 因为对于指数族分布 $\mathrm{E}_\theta[\widetilde{\phi}(X)]$ 是连续的, 所以 $\mathrm{E}_{\theta_1}[\widetilde{\phi}(X)] = \mathrm{E}_{\theta_2}[\widetilde{\phi}(X)] = \alpha$, 即 $\widetilde{\phi}(x) \in \Phi_\alpha'$. 因而由以上引理可知, 以上不等式对 (ii)″ 的任一无偏检验都成立, 所以 $\phi_2(x)$ 是 (ii)″ 的 UMPUT. ▊

推论 2 记 $\phi_2'(x) = 1 - \phi_1(x)$, $\phi_1(x)$ 由 (6.4.11) 式给出, 则 $\phi_2'(x)$ 为 (ii)″ 水平为 $1-\alpha$ 的 UMPUT.

证明 由 (6.4.11) 式可知, $\phi_2'(x)$ 可表示为

$$\phi_2'(x) = \begin{cases} 1, & T(x) < k_1 \ \text{或} \ T(x) > k_2, \\ 1 - \gamma_{1i}, & T(x) = k_i, i = 1, 2, \\ 0, & k_1 < T(x) < k_2. \end{cases}$$

且有 $\mathrm{E}_{\theta_i}[\phi_2'(X)] = 1 - \mathrm{E}_{\theta_i}[\phi_1(X)] = 1 - \alpha$, $i = 1, 2$, 因此 $\phi_2'(x) \in \Phi_{1-\alpha}'$ 且具有引理 6.4.2 中 (6.4.15) 式的形式. 所以由唯一性以及以上推论 1 可知, $\phi_2'(x)$ 为 (ii)″ 水平为 $1-\alpha$ 的 UMPUT.

有了以上两个引理, 即可求出假设检验问题 (i) 的 UMPT 以及 (ii) 的 UMPUT.

定理 6.4.2 对于假设检验问题
(i) $H_0: \theta \leqslant \theta_1$ 或 $\theta \geqslant \theta_2 \longleftrightarrow H_1: \theta_1 < \theta < \theta_2$.
若存在 k_i 和 γ_{1i} $(i = 1, 2)$, 使 (6.4.11) 式的 $\phi_1(x)$ 满足 $\mathrm{E}_{\theta_i}[\phi_1(X)] = \alpha$ $(i = 1, 2)$, 即 $\phi_1(x) \in \Phi_\alpha'$ $(0 < \alpha < 1)$, 则检验 $\phi_1(x)$ 为 (i) 的 UMPT.

证明 根据引理 6.4.1 的推论以及其后的说明, $\phi_1(x)$ 已经是假设检验问题 (i)″ 的水平为 α 的 UMPT, 因此我们的主要任务是要证明 $\phi_1(x)$ 为假设检验问题 (i) 的水平为 α 的检验. 即要证: 当 $\theta \leqslant \theta_1$ 或 $\theta \geqslant \theta_2$ 时有 $\mathrm{E}_\theta[\phi_1(X)] \leqslant \alpha$. 为此可用引理 6.4.2 的推论 2 (亦可参见定理 6.3.5 的证明). 由于 $\phi_2'(x) = 1 - \phi_1(x)$ 为检验 (ii)″ 的水平为 $1-\alpha$ 的 UMPUT, 因此若取 $\widetilde{\phi}(x) \equiv 1 - \alpha$, 则有

$$\mathrm{E}_\theta[1 - \phi_1(X)] = \mathrm{E}_\theta[\phi_2'(X)] \geqslant \mathrm{E}_\theta[\widetilde{\phi}(X)] = 1 - \alpha, \quad \theta < \theta_1 \ \text{或} \ \theta > \theta_2.$$

由此即可得到

$$\mathrm{E}_\theta[\phi_1(X)] \leqslant \alpha, \qquad \theta < \theta_1 \ \text{或} \ \theta > \theta_2.$$

另外也有 $\mathrm{E}_{\theta_i}[\phi_1(X)] = \alpha$ $(i = 1, 2)$, 因此 $\phi_1(X)$ 为假设检验问题 (i) 的水平为 α 的检验.

另一方面, 若 $\widetilde{\phi}(x)$ 为假设检验问题 (i) 的水平为 α 的检验, 即

$$\mathrm{E}_\theta[\widetilde{\phi}(X)] \leqslant \alpha, \qquad \theta \leqslant \theta_1 \ \text{或} \ \theta \geqslant \theta_2,$$

则对此 $\widetilde{\phi}(x)$ 在 $\theta = \theta_1$ 和 $\theta = \theta_2$ 处也有 $\mathrm{E}_{\theta_1}[\widetilde{\phi}(X)] \leqslant \alpha$, $\mathrm{E}_{\theta_2}[\widetilde{\phi}(X)] \leqslant \alpha$, 即 $\widetilde{\phi}(x) \in \Phi_\alpha$. 因此由引理 6.4.1 的推论可知, 对任何 $\theta_1 < \theta < \theta_2$ 必有 (可参见 (6.4.12) 式)

$$\mathrm{E}_\theta[\phi_1(X)] \geqslant \mathrm{E}_\theta[\widetilde{\phi}(X)], \qquad \theta_1 < \theta < \theta_2.$$

因此检验 $\phi_1(x)$ 为假设检验问题 (i) 的 UMPT.

定理 6.4.3 对于假设检验问题

(ii) $H_0 : \theta_1 \leqslant \theta \leqslant \theta_2 \longleftrightarrow H_1 : \theta < \theta_1$ 或 $\theta > \theta_2$.

若存在 k_i 和 γ_{2i} $(i = 1, 2)$，使 (6.4.15) 式的 $\phi_2(x)$ 满足 $\mathrm{E}_{\theta_i}[\phi_2(X)] = \alpha$ $(i = 1, 2)$，即 $\phi_2(x) \in \Phi'_\alpha$ $(0 < \alpha < 1)$，则检验 $\phi_2(x)$ 为 (ii) 的 UMPUT.

证明 根据引理 6.4.2 的推论 1, $\phi_2(x)$ 已经是假设检验问题 (ii)″ 的水平为 α 的 UMPUT, 而且 (6.4.18) 式成立. 因此我们的主要任务是要证明 $\phi_2(x)$ 为假设检验问题 (ii) 的水平为 α 的无偏检验. 即要证: 当 $\theta_1 \leqslant \theta \leqslant \theta_2$ 时有 $\mathrm{E}_\theta[\phi_1(X)] \leqslant \alpha$; 当 $\theta < \theta_1$ 或 $\theta > \theta_2$ 时有 $\mathrm{E}_\theta[\phi_2(X)] \geqslant \alpha$.

这可应用类似于证明定理 6.4.2 的方法. 考虑 $\phi'_1(x) = 1 - \phi_2(x)$, 则有

$$\phi'_1(x) = \begin{cases} 1, & k_1 < T(x) < k_2, \\ 1 - \gamma_{2i}, & T(x) = k_i \ (i = 1, 2), \\ 0, & T(x) < k_1 \text{ 或 } T(x) > k_2, \end{cases}$$

则 $\phi'_1(x)$ 具有引理 6.4.1 中 (6.4.11) 式的形式, 且有 $\mathrm{E}_{\theta_i}[\phi'_1(X)] = 1 - \alpha$ $(i = 1, 2)$. 因此由引理 6.4.1 的推论知, $\phi'_1(x)$ 为检验 (i)″ 的水平为 $1 - \alpha$ 的 UMPT, 即对一切 $\widetilde{\phi} \in \Phi_{1-\alpha}$ 有

$$\mathrm{E}_\theta[\phi'_1(X)] \geqslant \mathrm{E}_\theta[\widetilde{\phi}(X)], \quad \theta_1 < \theta < \theta_2.$$

取 $\widetilde{\phi}(x) \equiv 1 - \alpha$ 可得

$$1 - \mathrm{E}_\theta[\phi_2(X)] \geqslant 1 - \alpha, \quad \theta_1 < \theta < \theta_2.$$

因此有 $\mathrm{E}_\theta[\phi_2(X)] \leqslant \alpha$, $\theta_1 < \theta < \theta_2$; 另外也有 $\mathrm{E}_{\theta_i}[\phi_2(X)] = \alpha$ $(i = 1, 2)$. 因此 $\phi_2(x)$ 为 (ii) 的水平为 α 的检验. 同时, 在引理 6.4.2 的推论 1 中已经证明: $\mathrm{E}_\theta[\phi_2(X)] \geqslant \alpha$, $\theta < \theta_1$ 或 $\theta > \theta_2$, 所以 $\phi_2(x)$ 也是 (ii) 的无偏检验.

另一方面, 若 $\widetilde{\phi}(x)$ 为假设检验问题 (ii) 的水平为 α 的无偏检验, 则由 (6.4.2) 式可知 $\mathrm{E}_{\theta_1}[\widetilde{\phi}(X)] = \mathrm{E}_{\theta_2}[\widetilde{\phi}(X)] = \alpha$. 因此由引理 6.4.2 的推论 1 可知, 对任何 $\theta < \theta_1$ 或 $\theta > \theta_2$ 必有

$$\mathrm{E}_\theta[\phi_2(X)] \geqslant \mathrm{E}_\theta[\widetilde{\phi}(X)], \quad \theta < \theta_1 \text{ 或 } \theta > \theta_2.$$

因此检验 $\phi_2(x)$ 为假设检验问题 (ii) 的 UMPUT. ∎

注 必须注意, 定理 6.4.2 和定理 6.4.3 有很重要的区别: 前者由引理 6.4.1 及其推论得到, 是 UMPT (也是本节和下一节唯一的一个 UMPT); 而后者由引理 6.4.2 及其推论 1 得到, 是 UMPUT. 导致这种差别的主要原因是应用了推广的 N–P 引理的不同结论. 引理 6.4.1 及其推论是由推广的 N–P 引理的结论 (2)

得到 (其中要求 $c_1 \geqslant 0$, $c_2 \geqslant 0$); 而引理 6.4.2 及其推论 1 是由推广的 N–P 引理的结论 (1) 得到 (这时不要求 $c_1 \geqslant 0$, $c_2 \geqslant 0$).

最后考虑假设检验问题:

(iii) $H_0 : \theta = \theta_0 \longleftrightarrow H_1 : \theta \neq \theta_0$.

它可视为检验 (ii) 的特例 (即 $\theta_1 = \theta_2 = \theta_0$), 因此可以预料, 其最优解应该具有 (6.4.15) 式所示的 $\phi_2(x)$ 的形式. 但是定解条件不一样, 在检验 (ii) 中, 可通过 $\mathrm{E}_{\theta_1}[\phi_2(X)] = \alpha$ 和 $\mathrm{E}_{\theta_2}[\phi_2(X)] = \alpha$ 这两个条件来决定 $\phi_2(x)$ 中的 k_i, γ_{2i}, $i = 1, 2$. 而对检验问题 (iii), 只能有 $\mathrm{E}_{\theta_0}[\phi_2(X)] = \alpha$ 这一个定解条件. 因此要设法增加定解条件, 这显然应该从 (iii) 的功效函数的特点 (见图 6.4.2) 出发, 其主要特点为 $\beta'(\theta_0) = 0$. 今归纳为以下引理:

引理 6.4.3 对于指数族分布 $f(x, \theta) = a(\theta)h(x)\mathrm{e}^{Q(\theta)T(x)}$, 则 $T(x)$ 的期望可表示为

$$\mathrm{E}_\theta[T(X)] = -\frac{a'(\theta)}{a(\theta)Q'(\theta)}. \tag{6.4.18}$$

若 $\phi(x)$ 为一检验函数, 其功效函数为 $\beta(\theta)$, 则有

$$\beta'(\theta) = Q'(\theta)\{\mathrm{E}_\theta[\phi(X)T(X)] - \mathrm{E}_\theta[T(X)]\mathrm{E}_\theta[\phi(X)]\}. \tag{6.4.19}$$

对于假设检验问题 (iii), 它的任一无偏检验满足 $\beta'(\theta_0) = 0$, 其等价条件为

$$\mathrm{E}_{\theta_0}[\phi(X)T(X)] = \mathrm{E}_{\theta_0}[\phi(X)]\mathrm{E}_{\theta_0}[T(X)] = \alpha\mathrm{E}_{\theta_0}[T(X)] \stackrel{\triangle}{=} \alpha'. \tag{6.4.20}$$

证明 由于 $\int_{\mathcal{X}} a(\theta)h(x)\mathrm{e}^{Q(\theta)T(x)}\mathrm{d}\mu(x) = 1$, 该式对 θ 求导可得

$$\int_{\mathcal{X}} \left\{ a'(\theta)h(x)\mathrm{e}^{Q(\theta)T(x)} + Q'(\theta)T(x)a(\theta)h(x)\mathrm{e}^{Q(\theta)T(x)} \right\} \mathrm{d}\mu(x) = 0.$$

$$\int_{\mathcal{X}} \frac{a'(\theta)}{a(\theta)} a(\theta)h(x)\mathrm{e}^{Q(\theta)T(x)}\mathrm{d}\mu(x) = -Q'(\theta) \int_{\mathcal{X}} T(x)a(\theta)h(x)\mathrm{e}^{Q(\theta)T(x)}\mathrm{d}\mu(x).$$

由此即可得到 (6.4.18) 式.

由于功效函数 $\beta(\theta) = \int_{\mathcal{X}} \phi(x)a(\theta)h(x)\mathrm{e}^{Q(\theta)T(x)}\mathrm{d}\mu(x)$, 该式对 θ 求导可得

$$\begin{aligned}
\beta'(\theta) &= \int_{\mathcal{X}} \left\{ Q'(\theta)\phi(x)T(x)a(\theta)h(x)\mathrm{e}^{Q(\theta)T(x)} + a'(\theta)\phi(x)h(x)\mathrm{e}^{Q(\theta)T(x)} \right\} \mathrm{d}\mu(x) \\
&= Q'(\theta) \int_{\mathcal{X}} \left\{ \phi(x)T(x) + \frac{\phi(x)a'(\theta)}{Q'(\theta)a(\theta)} \right\} a(\theta)h(x)\mathrm{e}^{Q(\theta)T(x)}\mathrm{d}\mu(x) \\
&= Q'(\theta) \left\{ \mathrm{E}_\theta[\phi(X)T(X)] + \frac{a'(\theta)}{Q'(\theta)a(\theta)}\mathrm{E}_\theta[\phi(X)] \right\}.
\end{aligned}$$

(6.4.18) 式代入上式即可得到 (6.4.19) 式.

若 $\phi(x)$ 为 (iii) 的任一无偏检验, 则其功效函数满足 $\beta'(\theta_0) = 0$, 因此可得 (6.4.20) 式. ∎

现在考虑如何应用推广的 N–P 引理求解假设检验问题 (iii) 的 UMPUT. 由于情况比较特殊, 我们首先作一些直观的说明.

若 $\phi(x)$ 为检验 (iii) 的任一无偏检验, 则条件 $\beta(\theta_0) = \mathrm{E}_{\theta_0}[\phi(X)] = \alpha$ 可表示为

$$\int_{\mathcal{X}} \phi(x) f_1(x) \mathrm{d}\mu(x) = \alpha_1; \quad f_1(x) = f(x, \theta_0), \quad \alpha_1 = \alpha. \tag{6.4.21}$$

条件 (6.4.20) 式可表示为

$$\mathrm{E}_{\theta_0}[\phi(X)T(X)] = \int_{\mathcal{X}} \phi(x) T(x) f(x, \theta_0) \mathrm{d}\mu(x) = \alpha'.$$

因此若取 $f_2(x) = T(x) f(x, \theta_0)$, $\alpha_2 = \alpha'$, 则有

$$\int_{\mathcal{X}} \phi(x) f_2(x) \mathrm{d}\mu(x) = \alpha_2, \quad f_2(x) = T(x) f(x, \theta_0), \quad \alpha_2 = \alpha'. \tag{6.4.22}$$

对于假设检验问题 (iii) $H_0 : \theta = \theta_0 \longleftrightarrow H_1 : \theta \neq \theta_0$, 可取 $f_3(x) = f(x, \theta_1)$, $\theta_1 \neq \theta_0$. 若 $\phi_2(x)$ 由推广的 N–P 引理的 (6.4.8) 式所定义, 并使之满足 (6.4.21) 式和 (6.4.22) 式, 则根据推广的 N–P 引理的 (6.4.9) 式, 对任意满足 (6.4.21) 式和 (6.4.22) 式的 $\widetilde{\phi}(x)$ 将会有

$$\mathrm{E}_{\theta_1}[\phi_2(X)] = \int \phi(x) f_3(x) \mathrm{d}\mu(x) \geqslant \int \widetilde{\phi}(x) f_3(x) \mathrm{d}\mu(x) = \mathrm{E}_{\theta_1}[\widetilde{\phi}(X)].$$

因此, 根据以上分析得到的 $\phi_2(x)$ 应该就是假设检验问题 (iii) 的 UMPUT, 由此可得以下定理:

定理 6.4.4 考虑满足以下条件的检验函数类:

$$\widetilde{\Phi}'_\alpha = \{ \text{一切 } \phi(x): \ \mathrm{E}_{\theta_0}[\phi(X)] = \alpha \overset{\triangle}{=} \alpha_1, \mathrm{E}_{\theta_0}[\phi(X)T(X)] = \alpha \mathrm{E}_{\theta_0}[T(X)] = \alpha' \overset{\triangle}{=} \alpha_2 \}.$$

(1) 若存在 k_i, γ_{2i} 使 (6.4.15) 式中的 $\phi_2(x) \in \widetilde{\Phi}'_\alpha$ $(0 < \alpha < 1)$, 则有

$$\mathrm{E}_{\theta_1}[\phi_2(X)] \geqslant \mathrm{E}_{\theta_1}[\widetilde{\phi}(X)], \quad \forall\, \theta_1 \neq \theta_0, \ \forall\, \widetilde{\phi}(x) \in \widetilde{\Phi}'_\alpha. \tag{6.4.23}$$

(2) 以上 $\phi_2(x)$ 为假设检验问题 (iii) 的 UMPUT, 即 (iii) 的 UMPUT 具有 (6.4.15) 式的形式, 且满足

$$\mathrm{E}_{\theta_0}[\phi_2(X)] = \alpha, \quad \mathrm{E}_{\theta_0}[\phi_2(X)T(X)] = \alpha \mathrm{E}_{\theta_0}[T(X)] = \alpha'. \tag{6.4.24}$$

证明 (1) 为了应用推广的 N–P 引理, 今引入以下记号 (见以上 (6.4.21) 式和 (6.4.22) 式)

$$f_1(x) = f(x, \theta_0) = a(\theta_0)h(x)e^{Q(\theta_0)T(x)};$$

$$f_2(x) = T(x)f(x, \theta_0) = T(x)a(\theta_0)h(x)e^{Q(\theta_0)T(x)};$$

$$f_3(x) = f(x, \theta_1) = a(\theta_1)h(x)e^{Q(\theta_1)T(x)} \ (\forall \ \theta_1 \neq \theta_0).$$

若 $\widetilde{\phi}(x) \in \widetilde{\Phi}'_\alpha$, 则有

$$\int_{\mathcal{X}} \widetilde{\phi}(x)f_1(x)\mathrm{d}\mu(x) = \mathrm{E}_{\theta_0}[\widetilde{\phi}(X)] = \alpha_1, \quad \int_{\mathcal{X}} \widetilde{\phi}(x)f_2(x)\mathrm{d}\mu(x) = \mathrm{E}_{\theta_0}[\widetilde{\phi}(X)T(X)] = \alpha_2.$$

设 $\phi_2(x)$ 由推广的 N–P 引理的 (6.4.8) 式所定义, 若存在 c_1, c_2, 使 $\phi_2(x) \in \widetilde{\Phi}'_\alpha$, 则根据推广的 N–P 引理的结论 (1), 必有 (见 (6.4.9) 式)

$$\mathrm{E}_{\theta_1}[\phi_2(X)] = \int_{\mathcal{X}} \phi_2(x)f_3(x)\mathrm{d}\mu(x) \geqslant \int_{\mathcal{X}} \widetilde{\phi}(x)f_3(x)\mathrm{d}\mu(x) = \mathrm{E}_{\theta_1}[\widetilde{\phi}(X)].$$

即 (6.4.23) 式成立. 以下根据推广的 N–P 引理的 (6.4.8) 式, 考虑 R^+ 可能的形式, 其中

$$R^+ = \{x \colon f_3(x) > c_1 f_1(x) + c_2 f_2(x)\},$$
$$= \{x \colon a(\theta_1)h(x)e^{Q(\theta_1)T(x)} > c_1 a(\theta_0)h(x)e^{Q(\theta_0)T(x)} + c_2 T(x)a(\theta_0)h(x)e^{Q(\theta_0)T(x)}\},$$

且使 $\phi_2(x) \in \widetilde{\Phi}'_\alpha$ (即 $\mathrm{E}_{\theta_0}[\phi_2(X)] = \alpha$, $\mathrm{E}_{\theta_0}[\phi_2(X)T(X)] = \alpha'$). 上式可化简为

$$R^+ = \{x \colon T(x) = t, \ e^{bt} > d_1 + d_2 t\}.$$

其中 $b = Q(\theta_1) - Q(\theta_0)$, $d_i = a^{-1}(\theta_1)c_i a(\theta_0)$, $i = 1, 2$.

今考虑以上 R^+ 可能的形式. 指数曲线 e^{bt} 与直线 $d_1 + d_2 t$ 可能有 0,1,2 个交点, 见图 6.4.4. 以下证明: 若 R^+ 对应的 $\phi_2(x) \in \widetilde{\Phi}'_\alpha$, 则 e^{bt} 与 $d_1 + d_2 t$ 必有两个交点, 因为

i) 若 e^{bt} 与 $d_1 + d_2 t$ 无交点, 则 $R^+ = \{x \colon e^{bt} > d_1 + d_2 t\} = \mathcal{X}$, $\mathrm{E}_{\theta_0}[\phi(X)] = \alpha = 1$, 这与假设 $0 < \alpha < 1$ 矛盾.

ii) 若 e^{bt} 与 $d_1 + d_2 t$ 只有一个交点, 则

$$R^+ = \{x \colon T(x) = t, \ e^{bt} > d_1 + d_2 t\} = \{T(x) < k\} \ \text{或} \ \{T(x) > k\}.$$

这时相应的功效函数 $\beta(\theta)$ 为 θ 的增函数或减函数, 因而 $\beta'(\theta) > 0$ 或 $\beta'(\theta) < 0$, 不可能有 $\beta'(\theta_0) = 0$, 因而不可能有 $\mathrm{E}_{\theta_0}[\phi(X)T(X)] = \alpha'$ (该式等价于 $\beta'(\theta_0) = 0$, 见引理 6.4.3).

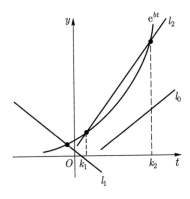

图 6.4.4 检验 (iii) 否定域的确定

因此只可能是最后一种情形, 即 e^{bt} 与 $d_1 + d_2 t$ 有两个交点. 此时

$$R^+ = \{x: T(x) = t,\ e^{bt} > d_1 + d_2 t\} = \{x: T(x) < k_1 \ \text{或} \ T(x) > k_2\}.$$

该式就是 (6.4.17) 式. 如果解出 k_1, k_2, 则等价于 (6.4.8) 式中的 R^+, 且使 (6.4.7) 式成立. 因此, 若要使 (6.4.8) 式确定的否定域 R^+ 满足 (6.4.7) 式: $\phi_2(x) \in \widetilde{\Phi}'_\alpha$, 即 $E_{\theta_0}[\phi_2(X)] = \alpha$, $E_{\theta_0}[\phi_2(X)T(X)] = \alpha'$, 则它等价于 (6.4.17) 式, 因而 $\phi_2(x)$ 必有 (6.4.15) 式的形式. 至于 k_i, γ_{2i} $(i = 1, 2)$ 的具体数值, 仍然要由 $\phi_2(x) \in \widetilde{\Phi}'_\alpha$, 即 (6.4.24) 式决定. 解出 k_i, γ_{1i} $(i = 1, 2)$ 以后, 此时由推广的 N–P 引理的结论 (1) 可知, 对任何 $\widetilde{\phi}(x) \in \widetilde{\Phi}'_\alpha$, 必有 (6.4.23) 式成立.

(2) 要证以上 $\phi_2(x)$ 为假设检验问题 (iii) 的 UMPUT. 首先证明: $\phi_2(x)$ 是 (iii) 的无偏检验, 即 $E_\theta[\phi_2(x)] \geqslant \alpha$, $\forall\, \theta \neq \theta_0$. 事实上, 在 (1) 中取 $\widetilde{\phi}(x) \equiv \alpha$, 则有 $\widetilde{\phi}(x) \in \widetilde{\Phi}'_\alpha$, 因为 $E_{\theta_0}[\widetilde{\phi}(X)] = \alpha$, $E_{\theta_0}[\widetilde{\phi}(X)T(X)] = \alpha E_{\theta_0}[T(X)]$. 因此由 (6.4.23) 式知 $E_\theta[\phi_2(X)] \geqslant E_\theta[\widetilde{\phi}(X)] \equiv \alpha$, $\forall\, \theta \neq \theta_0$.

再证 $\phi_2(x)$ 的最优性. 设 $\widetilde{\phi}(x)$ 为 (iii) 的任一无偏检验, 则有 $E_{\theta_0}[\widetilde{\phi}(X)] = \alpha$, 再由引理 6.4.3 可得 $E_{\theta_0}[\widetilde{\phi}(X)T(X)] = \alpha E_{\theta_0}[T(X)]$, 即 $\widetilde{\phi}(x) \in \widetilde{\Phi}'_\alpha$, 因此由本定理的 (1) 可知, 必有 (6.4.23) 式成立. 所以 $\phi_2(x)$ 为 (iii) 的 UMPUT. ∎

以上定理的定解条件 (6.4.24) 式在计算上较为复杂, 下面定理给出了一种常见的特殊情况, 把两个定解条件合并为一个简单的定解条件.

定理 6.4.5 条件同定理 6.4.4. 在 (6.4.24) 式中, 如果当 $\theta = \theta_0$ 时, $T = T(X)$ 的分布关于某个点 μ_0 对称, 则假设检验问题 (iii) 的 UMPUT 可表示为

$$\phi_2(t) = \begin{cases} 1, & |t - \mu_0| > k, \\ \gamma, & |t - \mu_0| = k, \\ 0, & |t - \mu_0| < k, \end{cases} \tag{6.4.25}$$

其中 k, γ 由条件 $\mathrm{E}_{\theta_0}[\phi_2(T)] = \alpha$ 决定 (即条件 $\mathrm{E}_{\theta_0}[\phi_2(X)T(X)] = \alpha\mathrm{E}_{\theta_0}[T(X)]$ 可去掉).

证明　由于以上定义的 $\phi_2(t)$ 是 (6.4.15) 式的特例, 因此主要是证明它自然满足条件

$$\mathrm{E}_{\theta_0}[\phi_2(X)T(X)] = \alpha\mathrm{E}_{\theta_0}[T(X)].$$

这样, 以上 $\phi_2(t)$ 就满足 (6.4.24) 式. 设 $\theta = \theta_0$ 时 $T = T(X)$ 的分布为 $g(t)$, 由对称性条件知 $\mathrm{E}_{\theta_0}[T(X)] = \mu_0$ 且有 $g(\mu_0 + t) = g(\mu_0 - t)$, 因此 $g(\mu_0 + t)$ 为 t 的偶函数. 同理, 由 (6.4.25) 式确定的 $\phi_2(t)$ 也关于 μ_0 对称, 因而 $\phi(\mu_0 + t)$ 亦为 t 的偶函数. 所以, 计算 $\mathrm{E}_{\theta_0}[\phi_2(X)T(X)]$ 时可变换到对称点 μ_0, 即令 $t = \mu_0 + \tau$, 则有

$$\mathrm{E}_{\theta_0}[\phi_2(X)T(X)] = \int_{-\infty}^{\infty} \phi_2(t)tg(t)\mathrm{d}t = \int_{-\infty}^{\infty} (\mu_0 + \tau)\phi_2(\mu_0 + \tau)g(\mu_0 + \tau)\mathrm{d}\tau$$

$$= \mu_0 \int_{-\infty}^{\infty} \phi_2(\mu_0 + \tau)g(\mu_0 + \tau)\mathrm{d}\tau + \int_{-\infty}^{\infty} \tau\phi_2(\mu_0 + \tau)g(\mu_0 + \tau)\mathrm{d}\tau.$$

在以上积分中, 第二项为零, 因为被积函数为奇函数; 而第一项 $= \mu_0\mathrm{E}_{\theta_0}[\phi_2(T)] = \alpha\mathrm{E}_{\theta_0}[T(X)]$. 因此 (6.4.25) 式的 $\phi_2(t)$ 满足 (6.4.24) 式, 所以是假设检验问题 (iii) 的 UMPUT. ∎

6.4.3　正态分布单参数的双边检验

以上定理可用于正态分布单参数的双边假设检验问题. 即假设 $X_1, \cdots, X_n$ 独立同分布, $X_1 \sim N(\mu, \sigma^2)$, 考虑关于 μ 和 σ 的双边假设检验问题, 但其中另一参数为已知. 这种情况实际中并不常见, 为了完整起见, 本节予以适当介绍, 下一节将介绍更适用的, 两个参数都未知的情形. 关于本节讨论的检验, μ 和 σ 各有 3 种 (见本节开头), 共 6 种. 为节省篇幅以下仅讨论其中 4 种, 其他类似. 为了得到检验的 UMPT 或 UMPUT, 主要是给出否定域 R^+ 的形式及其定解条件.

1. μ 为已知, 关于 σ 检验

(i) $H_0 : \sigma \leqslant \sigma_1$ 或 $\sigma \geqslant \sigma_2 \longleftrightarrow H_1 : \sigma_1 < \sigma < \sigma_2$ $(\mu = \mu_0$ 已知$)$;

(ii) $H_0 : \sigma = \sigma_0 \longleftrightarrow H_1 : \sigma \neq \sigma_0$ $(\mu = \mu_0$ 已知$)$.

(i) 分布族关于 $T(X) = \sum\limits_{i=1}^{n}(X_i - \mu_0)^2$ 为指数族, 且 $T(X)$ 的分布连续, 因此由定理 6.4.2 知, 检验的 UMPT 可表示为

$$\phi_1(x) = \begin{cases} 1, & k_1 \leqslant T(x) \leqslant k_2, \\ 0, & T(x) < k_1 \text{ 或 } T(x) > k_2. \end{cases}$$

相应的否定域可表示为

$$R^+ = \left\{ k_1 < \sum_{i=1}^n (x_i - \mu_0)^2 < k_2 \right\}.$$

而 k_1, k_2 由 $\mathrm{E}_{\sigma_i}[\phi_1(X)] = \alpha$, $i = 1, 2$ 决定. 即

$$P\left(\frac{k_1}{\sigma_i^2} < \frac{\sum\limits_{i=1}^n (X_i - \mu_0)^2}{\sigma_i^2} < \frac{k_2}{\sigma_i^2} \right) = \alpha, \quad i = 1, 2.$$

由于 $T(X)/\sigma^2 \sim \chi^2(n)$, 因此有

$$\int_{k_1/\sigma_1^2}^{k_2/\sigma_1^2} \chi^2(n, y)\mathrm{d}y = \alpha, \quad \int_{k_1/\sigma_2^2}^{k_2/\sigma_2^2} \chi^2(n, y)\mathrm{d}y = \alpha.$$

其中 $\chi^2(n, y)$ 表示 $\chi^2(n)$ 分布的密度函数, 联立求解以上方程可得 k_1, k_2, 从而得到 $\phi_1(x)$. 但是, k_1, k_2 的具体计算比较复杂.

(ii) 分布族关于 $T(X) = \sum\limits_{i=1}^n (X_i - \mu_0)^2$ 为指数族, 因此由定理 6.4.4 知, 检验的 UMPUT 可表示为

$$\phi_2(x) = \begin{cases} 1, & T(x) < k_1 \text{ 或 } T(x) > k_2, \\ 0, & k_1 \leqslant T(x) \leqslant k_2. \end{cases}$$

相应的否定域可表示为

$$R^+ = \{ T(x) < k_1 \text{ 或 } T(x) > k_2 \}.$$

而 k_1, k_2 由 (6.4.24) 式决定, 即 (a) $\mathrm{E}_{\sigma_0}[\phi_2(X)] = \alpha$; (b) $\mathrm{E}_{\sigma_0}[\phi_2(X)T(X)] = \alpha \mathrm{E}_{\sigma_0}[T(X)]$. 因此由定解条件 (a) 可知, k_1, k_2 应满足

$$P\left(\frac{k_1}{\sigma_0^2} < \frac{\sum\limits_{i=1}^n (X_i - \mu_0)^2}{\sigma_0^2} < \frac{k_2}{\sigma_0^2} \right) = 1 - \alpha.$$

由于 $T(X)/\sigma_0{}^2 \sim \chi^2(n)$, 因此有

$$\int_{k_1/\sigma_0^2}^{k_2/\sigma_0^2} \chi^2(n, y)\mathrm{d}y = 1 - \alpha. \tag{6.4.26}$$

所以相应的否定域可表示为

$$R^+ = \left\{ \frac{T(x)}{\sigma_0^2} < \frac{k_1}{\sigma_0^2} \text{ 或 } \frac{T(x)}{\sigma_0^2} > \frac{k_2}{\sigma_0^2} \right\}; \quad \frac{T(X)}{\sigma_0^2} \sim \chi^2(n).$$

由于 $E_{\sigma_0}[T(X)] = n\sigma_0^2$, 因此由定解条件 (b) 可知, k_1, k_2 应满足

$$E_{\sigma_0}[\phi_2(X)T(X)] = n\alpha\sigma_0^2, \quad 或 \quad E_{\sigma_0}\{[1 - \phi_2(X)]T(X)\} = n(1-\alpha)\sigma_0^2.$$

即

$$\int_{k_1/\sigma_0^2}^{k_2/\sigma_0^2} y\chi^2(n,y)\mathrm{d}y = n(1-\alpha). \tag{6.4.27}$$

联立求解方程 (6.4.26) 和 (6.4.27) 可得到 k_1, k_2, 这显然是比较复杂的. 作为近似, 可根据 (6.4.26) 式取

$$\frac{k_1}{\sigma_0^2} = \chi^2\left(n, \frac{\alpha}{2}\right), \quad \frac{k_2}{\sigma_0^2} = \chi^2\left(n, 1 - \frac{\alpha}{2}\right).$$

所以相应的近似否定域可表示为

$$R^+ = \left\{\frac{T(x)}{\sigma_0^2} < \chi^2\left(n, \frac{\alpha}{2}\right) \ 或 \ \frac{T(x)}{\sigma_0^2} > \chi^2\left(n, 1 - \frac{\alpha}{2}\right)\right\}. \tag{6.4.28}$$

2. σ 为已知, 关于 μ 检验

(i) $H_0 : \mu_1 \leqslant \mu \leqslant \mu_2 \longleftrightarrow H_1 : \mu < \mu_1 \ 或 \ \mu > \mu_2$ (σ_0 已知);

(ii) $H_0 : \mu = \mu_0 \longleftrightarrow H_1 : \mu \neq \mu_0$ (σ_0 已知).

(i) 分布族关于 $T = \overline{X}$ 为指数族, 因此由定理 6.4.3 知, 检验的 UMPUT 如 (6.4.15) 式的 $\phi_2(x)$ 所示, 其否定域可表示为

$$R^+ = \{\overline{X} < k_1 \ 或 \ \overline{X} > k_2\}.$$

而 k_1, k_2 由 $E_{\mu_i}[\phi_2(X)] = \alpha$, $i = 1, 2$ 决定. 即

$$P_{\mu_i}\{k_1 < \overline{X} < k_2\} = 1 - \alpha, \quad i = 1, 2;$$

$$P_{\mu_i}\left(\sqrt{n}\,\frac{k_1 - \mu_i}{\sigma_0} < \sqrt{n}\,\frac{\overline{X} - \mu_i}{\sigma_0} < \sqrt{n}\,\frac{k_2 - \mu_i}{\sigma_0}\right) = 1 - \alpha, \quad i = 1, 2.$$

由此可得

$$\Phi\left(\sqrt{n}\,\frac{k_2 - \mu_i}{\sigma_0}\right) - \Phi\left(\sqrt{n}\,\frac{k_1 - \mu_i}{\sigma_0}\right) = 1 - \alpha, \quad i = 1, 2.$$

联立求解以上方程可得到 k_1, k_2, 从而得到 $\phi_2(x)$.

(ii) 分布族关于 $T = \overline{X}$ 为指数族, 而且 $\overline{X}$ 的分布关于 μ_0 对称, $\overline{X} \sim N(\mu_0, \sigma_0^2/n)$, 因此由定理 6.4.5 可知, 检验的 UMPUT 所示的 (6.4.25) 式的 $\phi_2(x)$ 可表示为

$$\phi_2(x) = \begin{cases} 1, & |\overline{x} - \mu_0| > k, \\ 0, & |\overline{x} - \mu_0| < k, \end{cases}$$

其中 k 由 $\mathrm{E}_{\mu_0}[\phi_2(X)] = \alpha$ 决定, 因此有

$$P\left(\left|\sqrt{n}\,\frac{\overline{X} - \mu_0}{\sigma_0}\right| > \frac{\sqrt{n}\,k}{\sigma_0}\right) = \alpha.$$

其中 $\sqrt{n}\,k/\sigma_0 = z_{1-\alpha/2}$, 因此 $k = (\sigma_0/\sqrt{n})z_{1-\alpha/2}$. 把 k 代入以上 $\phi_2(x)$, 最后可表示为

$$\phi_2(x) = \begin{cases} 1, & |U(x)| > z_{1-\alpha/2}, \\ 0, & |U(x)| < z_{1-\alpha/2}, \end{cases} \quad U(x) = \sqrt{n}\,\frac{\overline{x} - \mu_0}{\sigma_0}. \tag{6.4.29}$$

相应的否定域可表示为

$$R^+ = \left\{x: |U(x)| = \left|\sqrt{n}\,\frac{\overline{x} - \mu_0}{\sigma_0}\right| > z_{1-\alpha/2}\right\}.$$

以上公式与 6.3 节中关于 μ 的单边检验的 UMPT 的公式十分类似 (见 (6.3.6) 式).

例 6.4.1 应用: 某钢铁厂的铁水含碳量在正常情况下应服从正态分布 $N(4.55, 0.108^2)$. 为了检测设备维修后生产是否正常, 测试了 5 个样品的铁水含碳量 (单位: %), 结果为 4.29, 4.39, 4.45, 4.52, 4.54. 试检验现在生产是否正常 (设方差未变, 并取 $\alpha = 0.05$).

解 问题就是检验 $H_0: \mu = 4.55 \longleftrightarrow H_1: \mu \neq 4.55$ (已知 $\sigma_0 = 0.108$). 可应用 (6.4.29) 式进行检验, 此时 $n = 5$, $\sigma_0 = 0.108$. 根据样本观测值直接计算可得

$$\overline{x} = 4.438, \quad |\overline{x} - \mu_0| = |4.438 - 4.55| = 0.112.$$

根据 (6.4.29) 式, $|U(x)| = 2.319$. 而 $z_{1-\alpha/2} = z_{0.975} = 1.96 < 2.319 = |U(x)|$, 因此应否定 H_0, 即认为现在的生产情况不够正常. 检验的 p 值, 即本次判错的概率为 $P(|U(X)| > 2.319) \approx 0.02$ (注意, 这时 $U(X) \sim N(0,1)$; $|U(x)| = 2.319$).

6.5 多参数指数族的检验

以上我们讨论了单参数的单边检验和双边检验, 但是除了 Poisson、二项等少数分布族外, 大多数常见的分布都不是单参数而是多参数的分布族. 特别是最常见的正态分布, 如果两个参数都是未知的, 并要讨论其假设检验问题. 则前面 6.3 节和 6.4 节的结果都不能用. 例如, 在例 6.4.1 中所讨论的假设检验问题, 若含碳量的分布不是 $N(4.55, 0.108^2)$, 而是 $N(4.55, \sigma^2)$, 即 σ 未知 (这可能更合理);

而要讨论同样的问题 $H_0 : \mu = 4.55 \longleftrightarrow H_1 : \mu \neq 4.55$ (但 σ^2 未知), 则 (6.4.29) 式的结果就不能用, 因为 σ_0 未知. 直观上, 可用 σ_0 的估计 S_n 代入 (6.4.29) 式 (这显然是合理的), 但是要证明它是 UMPUT 则颇费周折. 这正是本节所要讨论的问题. 我们首先从直观上看看其困难所在.

设 $X_1, \cdots, X_n$ 独立同分布, $X_1 \sim N(\mu, \sigma^2)$ 但 μ 与 σ 都未知. 考虑以下假设检验问题:

$H_0 : \mu = \mu_0 \longleftrightarrow H_1 : \mu \neq \mu_0$ (但 σ^2 未知).

我们从参数空间来分析其一致最优势检验的特点. 这时 $\theta = (\mu, \sigma)$, 而

$$\Theta_0 = \{(\mu_0, \sigma), \ \forall \sigma\}; \quad \Theta_1 = \{(\mu, \sigma), \ \forall \mu \neq \mu_0, \ \forall \sigma\}.$$

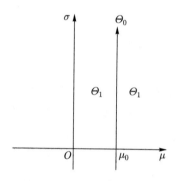

图 6.5.1　多参数检验的参数空间

图 6.5.1 给出了参数空间的示意图. 若 $\phi(x)$ 为一致最优势检验, 根据定义, 其功效函数在 Θ_0 上应该有 $\beta(\theta) = \mathrm{E}_\theta[\phi(X)] \leqslant \alpha$, 而在 Θ_1 上 $\beta(\theta) = \mathrm{E}_\theta[\phi(X)]$ 应该尽量大. 结合图 6.5.1, $\beta(\theta)$ 在直线 Θ_0 上应该 $\leqslant \alpha$, 而在直线 Θ_0 的左右两侧 (即 Θ_1 上) 都要尽量大, 这显然是比较困难的, 因为 Θ_0 是一维无穷集; Θ_1 是二维无穷集, 而两者又连在一起. 总的来讲, 用 Neyman-Pearson 理论来求解多参数假设检验问题的一致最优势检验并不是很有成效. 下一节介绍的似然比检验可能更好. 以下仅介绍指数族分布中一种有解的情形.

设 $X = (X_1, \cdots, X_n)^\mathrm{T}$, 而 $X \sim f(x; \theta, \varphi)$ 为指数族分布:

$$f(x; \theta, \varphi) = h(x) \exp\left\{ \theta U(x) + \sum_{i=1}^{k} \varphi_i T_i(x) - b(\theta, \varphi) \right\}. \tag{6.5.1}$$

其中 $U(x)$, θ 为一维, $T(x) = (T_1(x), \cdots, T_k(x))^\mathrm{T}$, $\varphi = (\varphi_1, \cdots, \varphi_k)^\mathrm{T}$; θ 称为有兴趣参数, φ 称为多余参数. 我们的目的是要研究有兴趣参数 θ 的假设检验问题, 包括 6.3 节研究的单边检验 (iii) 和 (iii)' 以及 6.4 节研究的双边检验 (i) — (iii).

但是多余参数 φ 是未知的. 这些问题对指数族分布 (6.5.1) 是有解的, 我们首先复习带有多余参数的指数族分布的有关公式, 详见第一章.

(1) $U = U(X)$, $T = T(X)$ 的联合分布与边缘分布:

$$(U,T) \sim f(u,t;\ \theta,\varphi) = h(u,t) \exp\left\{\theta u + \sum_{i=1}^{k} \varphi_i t_i - b(\theta,\varphi)\right\}; \qquad (6.5.2)$$

$$U \sim f(u;\ \theta,\varphi) = h_\varphi(u) \exp\{\theta u - b(\theta,\varphi)\};$$

$$T \sim f(t;\ \varphi,\theta) = h_\theta(t) \exp\left\{\sum_{i=1}^{k} \varphi_i t_i - b(\theta,\varphi)\right\}.$$

(2) $U|T$ 的条件分布与多余参数 φ 无关:

$$U|T \sim f(u|t;\ \theta) = h^*(u,t) \exp\{\theta u - b_t(\theta)\}. \qquad (6.5.3)$$

由上式可知, 在条件分布 (6.5.3) 式中, 仅包含有兴趣的参数 θ, 不包含多余参数 φ. 因此, 6.3 节和 6.4 节的结果可用于该分布族关于 θ 的假设检验问题. 本节的主要结果就是: 分布族 (6.5.2) 关于 θ 的假设检验问题的 UMPUT 可以通过求解条件分布 (6.5.3) 关于 θ 同样的假设检验问题的 UMPT 得到, 而分布族 (6.5.3) 的 UMPT 则可由 6.3 节和 6.4 节的相应结果得到.

6.5.1 带有多余参数时单参数检验的 UMPUT

我们首先考虑以下单边检验, 说明其求解的基本思想, 其他检验的解法都类似.

(1)-(i) $H_0 : \theta \leqslant \theta_0$, φ 任意 $\longleftrightarrow H_1 : \theta > \theta_0$, φ 任意.

(1)-(ii) $H_0 : \theta \geqslant \theta_0$, φ 任意 $\longleftrightarrow H_1 : \theta < \theta_0$, φ 任意.

其中 "(1)-(i)" 表示样本分布为 (6.5.2) 式, 这一检验的参数空间为 $\Theta_0 = \{(\theta,\varphi),\ \theta \leqslant \theta_0, \forall\, \varphi\}$ 和 $\Theta_1 = \{(\theta,\varphi),\ \theta > \theta_0, \forall\, \varphi\}$; (1)-(ii) 的情况类似. 为了得到检验 (1)-(i) 和 (1)-(ii) 的 UMPUT, 今考虑基于条件分布 (6.5.3) 式的类似检验:

(2)-(i) $H_0 : \theta \leqslant \theta_0 \longleftrightarrow H_1 : \theta > \theta_0$ (与 φ 无关).

(2)-(ii) $H_0 : \theta \geqslant \theta_0 \longleftrightarrow H_1 : \theta < \theta_0$ (与 φ 无关).

其中 "(2)-(i)" 表示样本分布为条件分布 (6.5.3) 式, (2)-(ii) 的情况类似. 以下主要证明: 检验 (2)-(i) 的 UMPT 就是检验 (1)-(i) 的 UMPUT; 检验 (2)-(ii) 的 UMPT 就是检验 (1)-(ii) 的 UMPUT. 为此, 首先考虑检验 (2)-(i) 和 (2)-(ii) 的 UMPT:

引理 6.5.1 假设检验问题 (2)-(i) 在条件分布 (6.5.3) 式下的 UMPT 为

$$
\phi^*(u,t) = \begin{cases} 1, & U(x) > k(t), \\ \gamma(t), & U(x) = k(t), \\ 0, & U(x) < k(t), \end{cases} \tag{6.5.4}
$$

其中 $k(t)$, $\gamma(t)$ 由 $\mathrm{E}_{\theta_0}[\phi^*(U,T)|T] = \alpha$ 决定. 特别, $\phi^*(u,t)$ 也是以下 (2)-(i)$'$ 的 UMPT:

(2)-(i)$'$ $H_0 : \theta = \theta_0 \longleftrightarrow H_1 : \theta > \theta_0$

假设检验问题 (2)-(ii) 在条件分布 (6.5.3) 式下的 UMPT 为

$$
\phi'(u,t) = \begin{cases} 1, & U(x) < k(t), \\ \gamma(t), & U(x) = k(t), \\ 0, & U(x) > k(t), \end{cases} \tag{6.5.5}
$$

其中 $k(t)$, $\gamma(t)$ 由 $\mathrm{E}_{\theta_0}[\phi'(U,T)|T] = \alpha$ 决定.

证明 直接把定理 6.3.1—定理 6.3.3 用到条件分布 (6.5.3) 及其检验问题 (i) 和 (ii) 即可. ∎

为了证明 $\phi^*(u,t)$ 是 (1)-(i) 的 UMPUT, 现大致分析如下:

由于 $\phi^*(u,t)$ 为 (2)-(i) 的 UMPT, 因此对任何 $\widetilde{\phi}(u,t)$, 若 $\mathrm{E}_\theta[\widetilde{\phi}(U,T)|T] \leqslant \alpha$, $\theta \leqslant \theta_0$, 则有

$$
\mathrm{E}_\theta[\phi^*(U,T)|T] \geqslant \mathrm{E}_\theta[\widetilde{\phi}(U,T)|T], \quad \theta > \theta_0, \tag{6.5.6}
$$

注意, 以上结果与 φ 无关, 即对任何 φ 都成立. 该式两端取期望即可得到

$$
\mathrm{E}_{(\theta,\varphi)}[\phi^*(U,T)] \geqslant \mathrm{E}_{(\theta,\varphi)}[\widetilde{\phi}(U,T)], \quad \theta > \theta_0, \forall \varphi. \tag{6.5.7}
$$

这说明, $\phi^*(u,t)$ 可能就是 (1)-(i) 的 UMPUT. 但是必须证明: (a) $\phi^*(u,t)$ 也是 (1)-(i) 的无偏检验; (b) 对任一 (1)-(i) 的无偏检验 $\widetilde{\phi}(u,t)$, (6.5.6) 式也成立 (因为这时才能两端取期望, 从而得到 (6.5.7) 式). 为此, 首先证明以下引理:

引理 6.5.2 设检验 $\widetilde{\phi}(u,t)$ 满足 $\mathrm{E}_{(\theta_0,\varphi)}[\widetilde{\phi}(U,T)] = \alpha$, $\forall \varphi$, 则必有

$$
\mathrm{E}_{(\theta_0,\varphi)}[\widetilde{\phi}(U,T)|T] = \alpha, \quad \forall \varphi. \tag{6.5.8}
$$

特别, 若 $\widetilde{\phi}(u,t)$ 为 (1)-(i) 的无偏检验, 则 (6.5.8) 式成立.

证明 主要是应用指数族分布中统计量 $T(X)$ 的完备性. 由假设知

$$
\mathrm{E}_{(\theta_0,\varphi)}[\widetilde{\phi}(U,T)] = \alpha, \quad \forall \varphi,
$$

考虑函数

$$g(t) = \mathrm{E}_{(\theta_0, \varphi)}[\widetilde{\phi}(U, T)|T = t] - \alpha, \quad \forall\, \varphi,$$

则有

$$\begin{aligned}
\mathrm{E}_{(\theta_0, \varphi)}[g(T)] &= \mathrm{E}_{(\theta_0, \varphi)}\{\mathrm{E}_{(\theta_0, \varphi)}[\widetilde{\phi}(U, T)|T]\} - \alpha \\
&= \mathrm{E}_{(\theta_0, \varphi)}[\widetilde{\phi}(U, T)] - \alpha = 0, \quad \forall\, \varphi.
\end{aligned}$$

因此有 $\mathrm{E}_{(\theta_0, \varphi)}[g(T)] = 0$, $\forall\, \varphi$, 而当 θ_0 固定时, $T(X)$ 关于参数 φ 为完备充分统计量 (见 (6.5.2) 式), 因而由完备性的定义可知 $g(t) = 0$ (a.e.), 即 (6.5.8) 式成立. 另外, 若 $\widetilde{\phi}(u, t)$ 为 (1)-(i) 的无偏检验, 则由无偏性的性质可知 $\mathrm{E}_{(\theta_0, \varphi)}[\widetilde{\phi}(U, T)] = \alpha$, $\forall\, \varphi$, 因此 (6.5.8) 式成立. ∎

定理 6.5.1 对于指数族分布 (6.5.1), 在引理 6.5.1 中由 (6.5.4) 式确定的 $\phi^*(u, t)$ 为假设检验问题 (1)-(i) 的 UMPUT; 由 (6.5.5) 式确定的 $\phi'(u, t)$ 为假设检验问题 (1)-(ii) 的 UMPUT.

证明 以下仅证明假设检验问题 (1)-(i) 的 UMPUT 为 $\phi^*(u, t)$, (1)-(ii) 的情况完全类似. 为此, 要证明: (a) $\phi^*(u, t)$ 为 (1)-(i) 的水平为 α 的无偏检验; (b) $\phi^*(u, t)$ 是最优的, 即满足 (6.5.7) 式.

(a) 由于 $\phi^*(u, t)$ 为 (2)-(i) 的 UMPT, 因此关于 $U|T$ 的条件分布应用定理 6.3.1 和定理 6.3.2 的结果可得

$$\mathrm{E}_{\theta}[\phi^*(U, T)|T] \begin{cases} \leqslant \alpha, & \theta < \theta_0, \\ = \alpha, & \theta = \theta_0, \\ \geqslant \alpha, & \theta > \theta_0. \end{cases}$$

上式在 (θ, φ) 处取期望可得 $\mathrm{E}_{(\theta, \varphi)}\{\mathrm{E}_{(\theta, \varphi)}[\phi^*(U, T)|T]\} = \mathrm{E}_{(\theta, \varphi)}[\phi^*(U, T)]$, 因而有

$$\mathrm{E}_{(\theta, \varphi)}[\phi^*(U, T)] \begin{cases} \leqslant \alpha, & \theta < \theta_0, \, \forall\, \varphi, \\ = \alpha, & \theta = \theta_0, \, \forall\, \varphi, \\ \geqslant \alpha, & \theta > \theta_0, \, \forall\, \varphi. \end{cases}$$

因此 $\phi^*(u, t)$ 为假设检验问题 (1)-(i) 的水平为 α 的无偏检验.

(b) 今设 $\widetilde{\phi}(u, t)$ 为检验 (1)-(i) 的任一无偏检验, 则由引理 6.5.2 知

$$\mathrm{E}_{(\theta_0, \varphi)}[\widetilde{\phi}(U, T)|T] = \alpha, \qquad \mathrm{E}_{(\theta_0, \varphi)}[\phi^*(U, T)|T] = \alpha.$$

又由引理 6.5.1 可知, $\phi^*(u, t)$ 为假设检验问题 (2)-(i)′ 的 UMPT, 而 $\widetilde{\phi}(u, t)$ 为 (2)-(i)′ 的水平为 α 的检验, 因此有

$$\mathrm{E}_{\theta}[\phi^*(U, T)|T] \geqslant \mathrm{E}_{\theta}[\widetilde{\phi}(U, T)|T], \quad \theta > \theta_0 \text{ (与 } \varphi \text{ 无关)}.$$

该式两端在 (θ, φ) 处取期望可得

$$\mathrm{E}_{(\theta,\varphi)}[\phi^*(U,T)] \geqslant \mathrm{E}_{(\theta,\varphi)}[\widetilde{\phi}(U,T)], \quad \theta > \theta_0, \ \forall \ \varphi.$$

综合以上 (a), (b) 两点可知, $\phi^*(u,t)$ 为假设检验问题 (1)-(i) 的 UMPUT. ∎

我们继续考虑在分布 (6.5.2) 下参数 θ 的双边检验:

(1)-(iii)　$H_0 : \theta \leqslant \theta_1$ 或 $\theta \geqslant \theta_2 \longleftrightarrow H_1 : \theta_1 < \theta < \theta_2, \quad \forall \ \varphi$;

(1)-(iv)　$H_0 : \theta_1 \leqslant \theta \leqslant \theta_2 \longleftrightarrow H_1 : \theta < \theta_1$ 或 $\theta > \theta_2, \quad \forall \ \varphi$;

(1)-(v)　$H_0 : \theta = \theta_0 \longleftrightarrow H_1 : \theta \neq \theta_0, \quad \forall \ \varphi$.

这些检验的 UMPUT 可由条件分布 (6.5.3) 下参数 θ 相应检验的 UMPUT 得到, 其证明的基本思想已如上所述. 今归纳为以下定理:

定理 6.5.2　对于指数族分布 (6.5.1), 检验 (1)-(iii) 的 UMPUT 为

$$\phi_1(u,t) = \begin{cases} 1, & k_1(t) < U(x) < k_2(t), \\ \gamma_{1i}(t), & U(x) = k_i(t) \ (i=1,2), \\ 0, & U(x) < k_1(t) \ \text{或} \ U(x) > k_2(t), \end{cases} \tag{6.5.9}$$

其中 $k_i(t)$ 和 $\gamma_{1i}(t)$ 由 $\mathrm{E}_{\theta_i}[\phi_1(U,T)|T] = \alpha \ (i=1,2)$ 决定.

检验 (1)-(iv) 和 (1)-(v) 的 UMPUT 可表示为

$$\phi_2(u,t) = \begin{cases} 1, & U(x) < k_1(t) \ \text{或} \ U(x) > k_2(t), \\ \gamma_{2i}(t), & U(x) = k_i(t) \ (i=1,2), \\ 0, & k_1(t) < U(x) < k_2(t). \end{cases} \tag{6.5.10}$$

对于检验 (1)-(iv), $k_i(t)$ 和 $\gamma_{2i}(t)$ 由 $\mathrm{E}_{\theta_i}[\phi_2(U,T)|T] = \alpha \ (i=1,2)$ 决定; 而对于检验 (1)-(v), $k_i(t)$ 和 $\gamma_{2i}(t)$ 由以下两式决定:

$$\mathrm{E}_{\theta_0}[\phi_2(U,T)|T] = \alpha, \tag{6.5.11}$$

$$\mathrm{E}_{\theta_0}[U\phi_2(U,T)|T] = \alpha \mathrm{E}_{\theta_0}[U|T]. \tag{6.5.12}$$

证明　关于检验 (1)-(iii) 和 (1)-(iv) 的 UMPUT, 其证明与定理 6.5.1 的证明十分类似, 故从略. 以下证明: 满足条件 (6.5.10)—(6.5.12) 的 $\phi_2(u,t)$ 为检验 (1)-(v) 的 UMPUT.

为此, 首先考虑条件分布 (6.5.3) 下 (1)-(v) 的相应检验:

(2)-(v) $H_0 : \theta = \theta_0 \longleftrightarrow H_1 : \theta \neq \theta_0$　(与 φ 无关)

把定理 6.4.4 用于条件分布 (6.5.3) 下的检验 (2)-(v) 可知, 满足 (6.5.10)—(6.5.12) 的 $\phi_2(u,t)$ 为 (2)-(v) 的 UMPUT. 我们由此进一步证明: $\phi_2(u,t)$ 也是检验 (1)-(v) 的 UMPUT.

首先由无偏性可知 $\mathrm{E}_\theta[\phi_2(U,T)|T] \geqslant \alpha$, $\theta \neq \theta_0$, 该式两端对 (θ, φ) 取期望可得

$$\mathrm{E}_{(\theta,\varphi)}[\phi_2(U,T)] \geqslant \alpha, \quad \forall\, \theta \neq \theta_0, \ \forall\, \varphi.$$

因而 $\phi_2(u,t)$ 也是假设检验问题 (1)-(v) 的无偏检验.

今考虑假设检验问题 (1)-(v) 的任一水平为 α 的无偏检验 $\widetilde{\phi}(u,t)$, 以下证明 $\widetilde{\phi}(u,t)$ 也满足 (6.5.11) 式与 (6.5.12) 式, 从而可证明 $\phi_2(u,t)$ 的最优性.

(a) 由 $\widetilde{\phi}(u,t)$ 的无偏性可知

$$\mathrm{E}_{(\theta_0,\varphi)}[\widetilde{\phi}(U,T)] = \alpha, \quad \forall\, \varphi.$$

因此由引理 6.5.2 知 $\mathrm{E}_{\theta_0}[\widetilde{\phi}(U,T)|T] = \alpha$, 即 $\widetilde{\phi}(u,t)$ 满足 (6.5.11) 式.

(b) 由无偏性, $\widetilde{\phi}(u,t)$ 应该满足类似于 (6.4.19)—(6.4.20) 式的公式. 今考虑其功效函数及其导数:

$$\widetilde{\beta}(\theta,\varphi) = \int \widetilde{\phi}(u,t) h(u,t) \exp\left\{\theta u + \sum_{i=1}^{k} \varphi_i t_i - b(\theta,\varphi)\right\} \mathrm{d}\mu(x).$$

该式对 θ 求导并在 θ_0 处计值可得

$$\widetilde{\beta}'(\theta_0,\varphi) = \int (u - b_0') \widetilde{\phi}(u,t) h(u,t) \exp\left\{\theta_0 u + \sum_{i=1}^{k} \varphi_i t_i - b(\theta_0,\varphi)\right\} \mathrm{d}\mu(x) = 0,$$

$$(6.5.13)$$

其中 b_0' 表示 $b(\theta,\varphi)$ 关于 θ 的导数并在 θ_0 处计值, 因此由指数族的性质有 $b_0' = \mathrm{E}_{(\theta_0,\varphi)}[U(X)]$, 同时也有 $\mathrm{E}_{(\theta_0,\varphi)}[\widetilde{\phi}(U,T)] = \alpha$, 因此由 (6.5.13) 式可得

$$\mathrm{E}_{(\theta_0,\varphi)}[U\widetilde{\phi}(U,T) - \alpha U] = 0, \quad \forall\, \varphi.$$

与引理 6.5.2 类似, 考虑函数

$$g(t) = \mathrm{E}_{(\theta_0,\varphi)}\{[U\widetilde{\phi}(U,T) - \alpha U]|T = t\}, \quad \forall\, \varphi.$$

对 $g(T)$ 取期望, 并应用以上两式可得 $\mathrm{E}_{(\theta_0,\varphi)}[g(T)] = 0\ (\forall\, \varphi)$. 当 $\theta = \theta_0$ 时, $T(X)$ 关于 φ 为完备充分统计量, 因而由完备性的定义知 $g(t) = 0$ (a.e.), 从而 $\widetilde{\phi}(u,t)$ 也满足 (6.5.12) 式.

(c) 由以上证明可知 $\phi_2(u,t)$, $\widetilde{\phi}(u,t)$ 都满足 (6.5.11) 和 (6.5.12) 式, 把定理 6.4.4 的结论 (1) 用于条件分布 (6.5.3) 可得

$$\mathrm{E}_\theta[\phi_2(U,T)|T] \geqslant \mathrm{E}_\theta[\widetilde{\phi}(U,T)|T], \quad \forall\, \theta \neq \theta_0 \ (\text{与 } \varphi \text{ 无关}).$$

上式两端对 (θ,φ) 取期望即得

$$\mathrm{E}_{(\theta,\varphi)}[\phi_2(U,T)] \geqslant \mathrm{E}_{(\theta,\varphi)}[\widetilde{\phi}(U,T)], \quad \forall\, \theta \neq \theta_0, \ \forall\, \varphi.$$

由 $\widetilde{\phi}(u,t)$ 的任意性以及 UMPUT 的定义可知, $\phi_2(u,t)$ 为假设检验问题 (1)-(v) 的 UMPUT. ▋

以上定理可用于正态分布、Poisson 分布、二项分布等常见指数族分布的假设检验问题.

注 本节结果与 6.3 节、6.4 节的公式有重要的区别. 在本节带有多余参数的假设检验问题中, 定解的关键是要计算相应的条件期望, 而 6.3 节、6.4 节的单参数检验只需要计算普通的无条件期望.

6.5.2 一样本正态总体的检验

假设 $X_1, \cdots, X_n$ 独立同分布, $X_1 \sim N(\mu, \sigma^2)$, 其中 μ 与 σ 均为未知参数. 这时关于 μ 和 σ 的检验各有 5 种, 以 μ 的检验为例列举如下:

(i) $H_0 : \mu \leqslant \mu_0 \longleftrightarrow H_1 : \mu > \mu_0$;

(ii) $H_0 : \mu \geqslant \mu_0 \longleftrightarrow H_1 : \mu < \mu_0$;

(iii) $H_0 : \mu \leqslant \mu_1$ 或 $\mu \geqslant \mu_2 \longleftrightarrow H_1 : \mu_1 < \mu < \mu_2$;

(iv) $H_0 : \mu_1 \leqslant \mu \leqslant \mu_2 \longleftrightarrow H_1 : \mu < \mu_1$ 或 $\mu > \mu_2$;

(v) $H_0 : \mu = \mu_0 \longleftrightarrow H_1 : \mu \neq \mu_0$.

在以上检验中, σ 均为未知的多余参数. 类似的, σ 的检验也有 5 种, μ 为未知的多余参数. 下面将说明, 有关 σ 的检验都有解; 而关于 μ 的检验, 上述 (iii)、(iv) 无解, 其他有解. 根据前一节的定理, 求解这些检验的 UMPUT 的关键是要计算相应的条件期望. 对于正态分布, 我们可根据有关的独立性以及 Basu 定理把条件期望化为无条件期望. 在 σ 和 μ 的 10 个检验中, 以下介绍其中几个典型的例子, 其他类似. 首先我们列出正态总体的联合密度函数如下:

$$f(x; \sigma, \mu) = \left(\frac{1}{\sqrt{2\pi}\sigma}\right)^n \exp\left\{-\frac{1}{2\sigma^2}\sum_{i=1}^{n} x_i^2 + \frac{n\mu}{\sigma^2}\overline{x} - \frac{n\mu^2}{2\sigma^2}\right\}. \tag{6.5.14}$$

1. 关于 σ 的单边检验

(i) $H_0 : \sigma \leqslant \sigma_0 \longleftrightarrow H_1 : \sigma > \sigma_0$.

根据 (6.5.14) 式, 这时可取 $\theta = -1/(2\sigma^2)$, $U(x) = \sum_{i=1}^{n} x_i^2$, $\varphi = n\mu/\sigma^2$, $T(x) = \overline{x}$, 因此检验 (i) 可转化为

(i)′ $H_0 : \theta \leqslant \theta_0 \longleftrightarrow H_1 : \theta > \theta_0 \left(\theta_0 = -\dfrac{1}{2\sigma_0^2}\right)$

由 (6.5.4) 式可知, 其 UMPUT 为

$$\phi(x) = \begin{cases} 1, & U(x) > k(t), \\ 0, & U(x) < k(t), \end{cases}$$

其中 $k(t)$ 由 $\mathrm{E}_{\theta_0}[\phi(U,T)|T] = \alpha$ 决定. 注意 $U(X) = \sum\limits_{i=1}^{n} X_i^2$ 与 $T = \overline{X}$ 不独立, 但可以化为

$$U(x) = \sum_{i=1}^{n}(x_i - \overline{x})^2 + n\overline{x}^2 = S(x) + nT^2(x). \tag{6.5.15}$$

其中 $S = S(X) = \sum\limits_{i=1}^{n}(X_i - \overline{X})^2$ 与 $T = \overline{X}$ 相互独立. 同时, 由于 $U(x)$ 为 $S(x)$ 的严增函数, 因此 R^+ 可简化为

$$R^+ = \{U(x) > k(t)\} = \{S(x) > c(t)\}.$$

因此 $\mathrm{E}_{\theta_0}[\phi(U,T)|T] = \alpha$ 可化为

$$\mathrm{E}_{\theta_0}[\phi(U,T)|T] = P_{\sigma_0}(U(X) > k(T)|T) = P_{\sigma_0}(S(X) > c(T)|T) = \alpha.$$

由于 $S(X)$ 与 T 独立, 因此有

$$\mathrm{E}_{\theta_0}[\phi(U,T)|T] = P_{\sigma_0}(S(X) > c(T)) = P_{\sigma_0}(S(X) > c) = \alpha.$$

由于 $S(X)/\sigma_0^2 \sim \chi^2(n-1)$, 因此有

$$P_{\sigma_0}\left(\frac{S(X)}{\sigma_0^2} > \frac{c}{\sigma_0^2}\right) = \alpha.$$

即 $c/\sigma_0^2 = \chi^2(n-1, 1-\alpha)$, $c = \sigma_0^2 \chi^2(n-1, 1-\alpha)$, 最后可得检验 (i) 的 UMPUT 为

$$\phi(S) = \begin{cases} 1, & S(x) > \sigma_0^2 \chi^2(n-1, 1-\alpha), \\ 0, & S(x) < \sigma_0^2 \chi^2(n-1, 1-\alpha), \end{cases} \quad S(x) = \sum_{i=1}^{n}(x_i - \overline{x})^2. \tag{6.5.16}$$

所以相应的否定域可表示为

$$R^+ = \left\{ \frac{S(x)}{\sigma_0^2} = \frac{\sum\limits_{i=1}^{n}(x_i - \overline{x})^2}{\sigma_0^2} > \chi^2(n-1, 1-\alpha) \right\}.$$

根据以上求解方法, 可总结为以下定理.

定理 6.5.3 对于指数族分布 (6.5.1) 的单边检验 $H_0 : \theta \leqslant \theta_0 \longleftrightarrow H_1 : \theta > \theta_0$, 若有 $U(x) = U(S(x), T(x))$, 而 $U(x)$ 为 $S(x)$ 的严增函数, 并且 $S(X)$ 与 $T(X)$ 相互独立, 则 (i) 的 UMPUT 可表示为

$$\phi(S) = \begin{cases} 1, & S(x) > c, \\ \gamma, & S(x) = c, \\ 0, & S(x) < c, \end{cases}$$

其中 c 与 γ 由 $\mathrm{E}_{\theta_0}[\phi(S)] = \alpha$ 决定.

2. 关于 σ 的双边检验

(ii) $H_0 : \sigma = \sigma_0 \longleftrightarrow H_1 : \sigma \neq \sigma_0$.

检验 (ii) 可转化为 (ii)' $H_0 : \theta = \theta_0 \longleftrightarrow H_1 : \theta \neq \theta_0 \ \left(\theta = -\dfrac{1}{2\sigma^2} \right)$.

因此由定理 6.5.2 可知, (ii)' 的 UMPUT 可表示为

$$\phi(u,t) = \begin{cases} 1, & U(x) < k_1(t) \text{ 或 } U(x) > k_2(t), \\ 0, & k_1(t) < U(x) < k_2(t), \end{cases}$$

其中 $k_1(t)$, $k_2(t)$ 由以下定解条件决定:

(a) $\mathrm{E}_{\sigma_0}[\phi(U,T)|T] = \alpha$; (b) $\mathrm{E}_{\sigma_0}[U\phi(U,T)|T] = \alpha \mathrm{E}_{\sigma_0}(U|T)$.

对于定解条件 (a), 它等价于 $\mathrm{E}_{\sigma_0}[(1-\phi)|T] = 1 - \alpha$, 即

$$P_{\sigma_0}\{k_1(T) < U(X) < k_2(T)|T\} = 1 - \alpha.$$

由 (6.5.15) 式可知, $U(x)$ 为 $S(x)$ 的线性严增函数, 因此上式等价于

$$P_{\sigma_0}\{c_1(T) < S(X) < c_2(T)|T\} = 1 - \alpha.$$

由于 $S(X)$ 与 $T(X)$ 独立, 上式等价于

$$P_{\sigma_0}\{c_1 < S(X) < c_2\} = 1 - \alpha.$$

由于 $S/\sigma_0^2 \sim \chi^2(n-1)$, 上式可表示为

$$\int_{c_1/\sigma_0^2}^{c_2/\sigma_0^2} \chi^2(n-1,y)\mathrm{d}y = 1 - \alpha. \tag{6.5.17}$$

从而检验 (ii) 的 UMPUT 可表示为

$$\phi(S) = \begin{cases} 1, & S(x) < c_1 \text{ 或 } S(x) > c_2, \\ 0, & c_1 < S(x) < c_2, \end{cases} \qquad S(x) = \sum_{i=1}^{n}(x_i - \overline{x})^2.$$

且有 $\mathrm{E}_{\sigma_0}[\phi(S)] = \alpha$. 所以相应的否定域可表示为

$$R^+ = \left\{ \frac{S(x)}{\sigma_0^2} < \frac{c_1}{\sigma_0^2} \text{ 或 } \frac{S(x)}{\sigma_0^2} > \frac{c_2}{\sigma_0^2} \right\}; \quad \frac{S(X)}{\sigma_0^2} \sim \chi^2(n-1).$$

对于定解条件 (b), 可把 $U = S + nT^2$ 代入得

$$\mathrm{E}_{\sigma_0}[(S + nT^2)\phi(S)|T] = \alpha \mathrm{E}_{\sigma_0}[(S + nT^2)|T].$$

由于 $S(X)$ 与 $T(X)$ 独立, 上式等价于

$$\mathrm{E}_{\sigma_0}[S\phi(S)] + nT^2\mathrm{E}_{\sigma_0}[\phi(S)] = \alpha \mathrm{E}_{\sigma_0}(S) + n\alpha T^2.$$

即

$$E_{\sigma_0}[S\phi(S)] = \alpha E_{\sigma_0}(S).$$

由于 $S/\sigma_0^2 \sim \chi^2(n-1)$, $E_{\sigma_0}(S) = (n-1)\sigma_0^2$, 上式化为

$$E_{\sigma_0}[S(1-\phi(S))] = (n-1)\sigma_0^2(1-\alpha).$$

$$\int_{c_1/\sigma_0^2}^{c_2/\sigma_0^2} y\chi^2(n-1,y)\mathrm{d}y = (n-1)(1-\alpha). \tag{6.5.18}$$

因此检验 (ii) 的 UMPUT 可表示为以上 $\phi(S)$ 的形式, 其中 c_1, c_2 由 (6.5.17) 式和 (6.5.18) 式决定. 联立求解方程 (6.5.17) 式和 (6.5.18) 式可得到 c_1, c_2, 这显然是比较复杂的. 作为近似, 可根据 (6.5.17) 式取

$$\frac{c_1}{\sigma_0^2} = \chi^2\left(n-1, \frac{\alpha}{2}\right), \quad \frac{c_2}{\sigma_0^2} = \chi^2\left(n-1, 1-\frac{\alpha}{2}\right).$$

所以相应的近似否定域可表示为

$$R^+ = \left\{ \frac{S(x)}{\sigma_0^2} < \chi^2\left(n-1, \frac{\alpha}{2}\right) \text{ 或 } \frac{S(x)}{\sigma_0^2} > \chi^2\left(n-1, 1-\frac{\alpha}{2}\right) \right\},$$

$$S(x) = \sum_{i=1}^n (x_i - \overline{x})^2. \tag{6.5.19}$$

以上求解方法可总结为以下定理.

定理 6.5.4 对于指数族分布 (6.5.1) 的检验 $H_0: \theta = \theta_0 \longleftrightarrow H_1: \theta \neq \theta_0$; 若存在线性函数关系 $U(x) = a(t)S(x) + b(t)$, $a(t) > 0$, 且在 $\theta = \theta_0$ 处 $S(X)$ 与 $T(X)$ 独立, 则检验的 UMPUT 可表示为

$$\phi(S) = \begin{cases} 1, & S(x) < c_1 \text{ 或 } S(x) > c_2, \\ \gamma_i, & S(x) = c_i \ (i=1,2), \\ 0, & c_1 < S(x) < c_2, \end{cases}$$

其中 $c_i, \gamma_i \ (i=1,2)$ 由条件 $E_{\theta_0}[\phi(S)] = \alpha$ 以及 $E_{\theta_0}[S\phi(S)] = \alpha E_{\theta_0}(S)$ 决定. 特别, 若 $S(X)$ 的分布关于某个点 μ_0 对称, 则有类似于定理 6.4.5 的结果. 即 $\phi(S)$ 的否定域为 $R^+ = \{x: |S(x) - \mu_0| > k\}$, 而 k 由 $E_{\theta_0}[\phi(S)] = \alpha$ 决定.

关于 σ 的其他检验可类似地由 (6.5.15) 式得到, 从略.

3. 关于 μ 的单边检验

(i) $H_0: \mu \leqslant \mu_0 \longleftrightarrow H_1: \mu > \mu_0$.

这时, 有兴趣参数为 μ, 而 σ 为多余参数. 注意, 在 (6.5.14) 式中, 若取 $\theta = n\mu/\sigma^2$, $U(x) = \overline{x}$ 和 $\varphi = -1/(2\sigma^2)$, $T(x) = \sum_{i=1}^n x_i^2$, 则检验 $\mu \leqslant \mu_0$ 不能简单

地转化为 $n\mu/\sigma^2 = \theta \leqslant \theta_0 = n\mu_0/\sigma^2$, 因为其中含有多余参数 σ, 不能应用定理 6.5.1 的公式, 也不能在 $\theta_0 = n\mu_0/\sigma^2$ 处求期望和定解. 但是我们可以把检验 (i) 转化为 $H_0 : \mu - \mu_0 \leqslant 0 \longleftrightarrow H_1 : \mu - \mu_0 > 0$, 同时把 (6.5.14) 式转化为

$$f(x; \sigma, \mu) = \left(\frac{1}{\sqrt{2\pi}\sigma}\right)^n \exp\left\{-\frac{1}{2\sigma^2}\sum_{i=1}^{n}(x_i - \mu_0)^2 + \frac{n(\mu - \mu_0)}{\sigma^2}\overline{x} - \frac{n(\mu^2 - \mu_0^2)}{2\sigma^2}\right\}.$$
(6.5.20)

这时可取 $\theta = n(\mu - \mu_0)/\sigma^2$, $U(x) = \overline{x}$ 和 $\varphi = -1/(2\sigma^2)$, $T(x) = \sum_{i=1}^{n}(x_i - \mu_0)^2$. 而检验 (i) 显然等价于检验 (i)′ $H_0 : \theta \leqslant 0 \longleftrightarrow H_1 : \theta > 0$; 并且在 $\theta_0 = 0$ (即 $\mu = \mu_0$) 处定解. 根据定理 6.5.1 以及 (6.5.4) 式, 检验 (i)′ 的 UMPUT 可表示为

$$\phi(u, t) = \begin{cases} 1, & U(x) > k(t), \\ 0, & U(x) < k(t), \end{cases}$$
(6.5.21)

其中 $k(t)$ 由 $\mathrm{E}_0[\phi(U, T)|T] = \alpha$ 决定, E_0 表示在 $\theta_0 = 0$ (即 $\mu = \mu_0$) 处取期望, 因此有

$$\mathrm{E}_0[\phi(U, T)|T] = P_0\{U(X) > k(T)|T\} = \alpha.$$
(6.5.22)

其中 $U(X) = \overline{X}$ 与 $T = \sum_{i=1}^{n}(X_i - \mu_0)^2$ 不独立. 以下设法用 Basu 定理找一个统计量 $W(x)$, 使之为 $U(x) = \overline{x}$ 的严增函数, 并且 $W(X)$ 与 $T(X)$ 独立, 则以上条件概率可化为无条件概率. 由于 $T(x) = \sum_{i=1}^{n}(x_i - \overline{x})^2 + n(\overline{x} - \mu_0)^2$, 可取

$$W(x) = \frac{\sqrt{n}(\overline{x} - \mu_0)}{\sqrt{\sum_{i=1}^{n}(x_i - \overline{x})^2/(n-1)}} = \frac{\sqrt{n(n-1)}(U - \mu_0)}{\sqrt{T - n(U - \mu_0)^2}}.$$
(6.5.23)

以上 $W(x)$ 为 $U(x)$ 的严增函数, 并且 $W(X) \sim t(n-1)$, 其分布与参数 φ 无关. 因为 T 关于参数 $\varphi = -1/(2\sigma^2)$ 为完备的充分统计量, W 的分布与 σ 无关, 所以由 Basu 定理知 T 与 W 独立. 因此以上 (6.5.22) 式的定解条件可化为

$$P_0\{U > k(T)|T\} = P_0\{W > c(T)|T\} = P_0\{W > c\} = \alpha.$$

由于 $W(X) \sim t(n-1)$, 因此 $c = t(n-1, 1-\alpha)$, 从而检验 (i)′, 即检验 (i) 的 UMPUT 由 (6.5.21) 式和 (6.5.23) 式转化为

$$\phi(W) = \begin{cases} 1, & W(x) > t(n-1, 1-\alpha), \\ 0, & W(x) < t(n-1, 1-\alpha), \end{cases} \quad W(x) = \sqrt{n}\,\frac{\overline{x} - \mu_0}{\widehat{\sigma}}.$$
(6.5.24)

其中 $\widehat{\sigma}^2(x) = \sum_{i=1}^{n}(x_i - \overline{x})^2/(n-1)$ 为 σ^2 的无偏估计. 上式与 (6.4.29) 式十分类似, 但是由于此处 σ^2 未知, 因而用其无偏估计代替, 所以 $W(X)$ 服从 t 分布, 而

(6.4.29) 式中 $U(X)$ 服从正态分布. 所以相应的否定域可表示为

$$R^+ = \left\{ W(x) = \sqrt{n}\,\frac{\overline{x} - \mu_0}{\widehat{\sigma}} > t(n-1, 1-\alpha) \right\}, \quad \widehat{\sigma}^2(x) = \sum_{i=1}^{n} \frac{(x_i - \overline{x})^2}{(n-1)}.$$

4. 关于 μ 的双边检验

(ii) $H_0 : \mu = \mu_0 \longleftrightarrow H_1 : \mu \neq \mu_0$.

仍然从 (6.5.20) 式出发, 取 $\theta = n(\mu - \mu_0)/\sigma^2$, $U(x) = \overline{x}$ 和 $\varphi = -1/(2\sigma^2)$, $T(x) = \sum_{i=1}^{n}(x_i - \mu_0)^2$. 检验 (ii) 显然等价于检验 (ii)′ $H_0 : \theta = 0 \longleftrightarrow H_1 : \theta \neq 0$; 并且在 $\theta_0 = 0$ (即 $\mu = \mu_0$) 处定解. 根据定理 6.5.2 以及 (6.5.10) 式, 检验 (ii)′ 的否定域应为

$$R^+ = \{x : U(x) < k_1(t) \text{ 或 } U(x) > k_2(t)\}.$$

根据前面的讨论, $W(x)$ 为 $U(x) = \overline{x}$ 的严增函数, 并且 $W(X)$ 与 $T(X)$ 独立, 因此以上否定域可转换为

$$R^+ = \{x : W(x) < c_1 \text{ 或 } W(x) > c_2\};$$

又由于 $W(X)$ 的分布关于 μ_0 对称, 根据定理 6.4.5, 以上否定域可进一步转换为

$$R^+ = \{x : |W(x)| > c\}, \text{ 其中 } c \text{ 由 } \mathrm{E}_0[\phi(W)] = \alpha \text{ 决定, 即 } c = t(n-1, 1-\alpha/2).$$

从而检验 (ii)′, 即检验 (ii) 的 UMPUT 为

$$\phi(W) = \begin{cases} 1, & |W(x)| > t\left(n-1, 1-\dfrac{\alpha}{2}\right), \\ 0, & |W(x)| < t\left(n-1, 1-\dfrac{\alpha}{2}\right), \end{cases} \quad W(x) = \sqrt{n}\,\frac{\overline{x} - \mu_0}{\widehat{\sigma}}. \quad (6.5.25)$$

相应的否定域可表示为

$$R^+ = \left\{ \left| \sqrt{n}\,\frac{\overline{x} - \mu_0}{\widehat{\sigma}} \right| > t\left(n-1, 1-\frac{\alpha}{2}\right) \right\}, \quad \widehat{\sigma}^2(x) = \frac{\sum\limits_{i=1}^{n}(x_i - \overline{x})^2}{(n-1)}.$$

例 6.5.1 (续例 6.4.1) 某钢铁厂的铁水含碳量在正常情况下应服从正态分布 $N(4.55, \sigma^2)$, 但 σ^2 未知. 为了检测设备维修后生产是否正常, 测试了 5 个样品的铁水含碳量 (单位: %), 结果为 4.29, 4.39, 4.45, 4.52, 4.54. 问现在生产是否正常 (取 $\alpha = 0.05$)?

解 这时假设检验问题为 $H_0 : \mu = 4.55 \longleftrightarrow H_1 : \mu \neq 4.55$. 由于 σ^2 未知, 因此需要应用 (6.5.25) 式的 t 检验. 经直接计算得 $\widehat{\sigma} = 0.1017$ (比原来问题中已

知的 $\sigma = 0.108$ 要小), $\overline{x} = 4.438, |\overline{x} - \mu_0| = |4.438 - 4.55| = 0.112; W(x) = 2.4625.$
此时 $n = 5, \alpha = 0.05$, 所以

$$t\left(n-1, 1-\frac{\alpha}{2}\right) = t(4, 0.975) = 2.7764 > 2.4625 = W(x).$$

因此不能否定原假设, 即不能认为现在生产不够正常. 这个结论与例 6.4.1 中的结论不一致, 其原因是: 例 6.4.1 是在均方差 $\sigma = 0.108$ 保持不变的假定下进行检验; 而现在是在比较小的均方差 $\hat{\sigma} = 0.1017$ 的条件下进行检验.

注　本小节开头, 我们列出了 5 种关于参数 μ 的检验, 其中 (i) (ii) (v) 都可以通过 (6.5.23) 式的 $W(x)$ 得到其 UMPUT. 但是, 对检验 (iii) 和 (iv) 不可行. 今结合检验 (iii) 简单说明如下:

(iii) $H_0 : \mu \leqslant \mu_1$ 或 $\mu \geqslant \mu_2 \longleftrightarrow H_1 : \mu_1 < \mu < \mu_2.$
其 UMPUT 的否定域应为 $R^+ = \{k_1(t) < U(x) < k_2(t)\}, U(x) = \overline{x},$ 它要满足

$$\mathrm{E}_{\mu_i}[\phi(U, T)|T] = P_{\mu_i}\{k_1(T) < U(X) < k_2(T)|T\} = \alpha, \quad i = 1, 2.$$

但是我们很难得到进一步结果. 事实上, 根据 (6.5.23) 式, 应取

$$W_i(x) = \frac{\sqrt{n(n-1)}(U - \mu_i)}{\sqrt{T - n(U - \mu_i)^2}}, \quad i = 1, 2.$$

易见, 在 μ_1 处 $W_1(X)$ 与 T 独立, 在 μ_2 处 $W_2(X)$ 与 T 独立, 但是我们无法确定一个共同的 $W(X)$ 使之在 μ_1, μ_2 处都与 T 独立, 从而把 $R^+ = \{k_1(t) < U(x) < k_2(t)\}$ 转化为 $R^+ = \{c_1 < W(x) < c_2\}.$

表 6.5.1 给出了一样本正态总体常用的假设检验及其检验统计量.

表 6.5.1　一样本正态总体的假设检验

	H_0	H_1	检验统计量	否定域应满足的条件
已知	$\mu \leqslant \mu_0$	$\mu > \mu_0$	$U(x) = \sqrt{n}\,\dfrac{\overline{x} - \mu_0}{\sigma_0}$	$U(x) > z_{1-\alpha}$
$\sigma = \sigma_0$	$\mu \geqslant \mu_0$	$\mu < \mu_0$	$\sim N(0, 1)$	$U(x) < z_\alpha$
	$\mu = \mu_0$	$\mu \neq \mu_0$		$|U(x)| > z_{1-\alpha/2}$
	$(\mu \leqslant \mu_1$ 或 $\mu \geqslant \mu_2)$	$\mu_1 < \mu < \mu_2$	$U_i(\overline{x}) = \sqrt{n}\,\dfrac{\overline{x} - \mu_i}{\sigma_0}$	$\Phi[U_i(k_2)] - \Phi[U_i(k_1)] = \alpha$
	$\mu_1 \leqslant \mu \leqslant \mu_2$	$\mu < \mu_1$ 或 $\mu > \mu_2$　$i = 1, 2$		$\Phi[U_i(k_2)] - \Phi[U_i(k_1)]$
				$= 1 - \alpha$
已知	$\sigma \leqslant \sigma_0$	$\sigma > \sigma_0$	$T(x) = \sum\limits_{i=1}^{n}(x_i - \mu_0)^2$	$T(x)/\sigma_0^2 > \chi_{1-\alpha}^2(n)$
$\mu = \mu_0$	$\sigma \geqslant \sigma_0$	$\sigma < \sigma_0$	$\sim \sigma_0^2 \chi^2(n)$	$T(x)/\sigma_0^2 < \chi_\alpha^2(n)$
	$\sigma = \sigma_0$	$\sigma \neq \sigma_0$		$T(x)/\sigma_0^2 > \chi_{1-\alpha/2}^2$
				或 $< \chi_{\alpha/2}^2$ (近似)

续表

	H_0	H_1	检验统计量	否定域应满足的条件
已知 $\mu = \mu_0$	$(\sigma \leqslant \sigma_1$ 或 $\sigma \geqslant \sigma_2)$ $\sigma_1 \leqslant \sigma \leqslant \sigma_2$	$\sigma_1 < \sigma < \sigma_2$ $\sigma < \sigma_1$ 或 $\sigma > \sigma_2$	$T(x) \sim \sigma_i^2 \chi^2(n)$ $i=1,2$	$\int_{k_1/\sigma_i^2}^{k_2/\sigma_i^2} \chi^2(n,y)\mathrm{d}y = \alpha$ $\int_{k_1/\sigma_i^2}^{k_2/\sigma_i^2} \chi^2(n,y)\mathrm{d}y = 1-\alpha$
σ 未知	$\mu \leqslant \mu_0$	$\mu > \mu_0$	$W(x) = \dfrac{\sqrt{n(n-1)}(\overline{x}-\mu_0)}{\sqrt{\sum\limits_{i=1}^{n}(x_i-\overline{x})^2}}$	$W(x) > t_{1-\alpha}(n-1)$
	$\mu \geqslant \mu_0$	$\mu < \mu_0$	$\sim t(n-1)$	$W(x) < t_\alpha(n-1)$
	$\mu = \mu_0$	$\mu \neq \mu_0$		$|W(x)| > t_{1-\alpha/2}(n-1)$
	$(\mu \leqslant \mu_1$ 或 $\mu \geqslant \mu_2)$	$\mu_1 < \mu < \mu_2$	无解	
	$\mu_1 \leqslant \mu \leqslant \mu_2$	$\mu < \mu_1$ 或 $\mu > \mu_2$	无解	
μ 未知	$\sigma \leqslant \sigma_0$	$\sigma > \sigma_0$	$S(x) = \sum\limits_{i=1}^{n}(x_i-\overline{x})^2$	$S(x)/\sigma_0^2 > \chi_{1-\alpha}^2(n-1)$
	$\sigma \geqslant \sigma_0$	$\sigma < \sigma_0$	$\sim \sigma_0^2 \chi^2(n-1)$	$S(x)/\sigma_0^2 < \chi_\alpha^2(n-1)$
	$\sigma = \sigma_0$	$\sigma \neq \sigma_0$		$S(x)/\sigma_0^2 > \chi_{1-\alpha/2}^2(n-1)$ 或 $< \chi_{\alpha/2}^2(n-1)$ (近似)
	$(\sigma \leqslant \sigma_1$ 或 $\sigma \geqslant \sigma_2)$	$\sigma_1 < \sigma < \sigma_2$	$S(x) \sim \sigma_i^2 \chi^2(n-1)$	$\int_{k_1/\sigma_i^2}^{k_2/\sigma_i^2} \chi^2(n-1,y)\mathrm{d}y = \alpha$
	$\sigma_1 \leqslant \sigma \leqslant \sigma_2$	$\sigma < \sigma_1$ 或 $\sigma > \sigma_2$ $i=1,2$		$\int_{k_1/\sigma_i^2}^{k_2/\sigma_i^2} \chi^2(n-1,y)\mathrm{d}y = 1-\alpha$

5. 应用示例

例 6.5.2 某厂生产的铜丝, 其折断强度服从正态分布, 均方差为 8. 今对一批产品随机抽取 10 个样本, 其折断强度 (单位: kg) 分别为

578, 512, 570, 568, 572, 570, 570, 572, 596, 654.

在 $\alpha = 0.05$ 水平下检验这批铜丝的均方差是否合格.

解 要检验 $H_0: \sigma = 8 \longleftrightarrow H_1: \sigma \neq 8$, 但 μ 未知. 可用 χ^2 检验, 根据 (6.5.19) 式, 检验的否定域为

$$R^+ = \{x:\ S(x)/\sigma_0^2 < \chi^2(n-1,\alpha/2) \text{ 或 } S(x)/\sigma_0^2 > \chi^2(n-1,1-\alpha/2)\},$$

其中 $S(x) = \sum\limits_{i=1}^{n}(x_i-\overline{x})^2$. 本例中, $\sigma_0^2 = 64$, $n = 10$, $\alpha = 0.05$, 因而近似否定域可表示为

$$R^+ = \{x:\ S(x)/\sigma_0^2 < \chi^2(9,0.025) \text{ 或 } S(x)/\sigma_0^2 > \chi^2(9,0.975)\}.$$

根据以上数据直接计算可得

$$S(x) = 681.6, \quad \frac{S(x)}{\sigma_0^2} = 10.65,$$

而 $\chi^2(9, 0.025) = 2.70$, $\chi^2(9, 0.975) = 19.0$; 因此 x 不在否定域内, 所以没有充分理由否定原假设, 即没有充分理由认为这批铜丝的均方差不合格.

例 6.5.3 某食品厂生产的一种罐头食品, 标准质量为每罐 500 g. 今对一批产品随机抽取 10 个样本, 其质量 (单位: g) 为

495, 510, 505, 498, 503, 492, 502, 512, 497, 506.

假定罐头质量服从正态分布 $N(\mu, \sigma^2)$, 在 $\alpha = 0.02$ 水平下检验这批产品是否合格.

解 要检验 $H_0 : \mu = 500 \longleftrightarrow H_1 : \mu \neq 500$, 但 σ 未知. 可用 t 检验, 根据 (6.5.25) 式, 检验的否定域为

$$R^+ = \{x : |W(x)| > t(n-1, 1-\alpha/2)\}.$$

本例中, $\mu_0 = 500$, $n = 10$, $\alpha = 0.02$, $W(x)$ 由 (6.5.23) 式给出. 根据以上数据直接计算可得

$$\overline{x} = 502, \quad \sum_{i=1}^{10}(x_i - \overline{x})^2 = 380, \quad |W(x)| = 0.97.$$

而 $t(9, 0.99) = 2.82 > |W(x)|$, 因而观测样本不在否定域内, 所以没有充分理由否定原假设, 即没有充分理由认为这批罐头食品不合格.

例 6.5.4 某厂用机器包装食盐, 其净质量服从正态分布 $N(\mu, \sigma^2)$. 每袋出厂食盐的标准质量为 500 g, 标准差不能超过 10 g. 为检查包装机工作是否正常, 某天开工后, 从包装好的食盐中随机抽取 9 个样本, 测得其净质量 (单位: g) 为

497, 507, 510, 475, 484, 488, 524, 491, 515.

在 $\alpha = 0.05$ 水平下检验这天包装机工作是否正常.

解 本例与前面两个案例有所不同, 我们需要进行两方面的检验: 一是包装机工作时 $\mu = 500$ 是否成立; 二是 $\sigma \leqslant 10$ 是否成立. 只有这两个检验都通过了才能说明包装机工作正常.

先做第一个检验, 即 $\mu = 500$ 是否成立:

$$H_0 : \mu = 500 \longleftrightarrow H_1 : \mu \neq 500, \quad \text{但 } \sigma \text{ 未知}.$$

仍然可用 t 检验, 其否定域为 $R^+ = \{x : |W(x)| > t(n-1, 1-\alpha/2)\}$. 本例中, $\mu_0 = 500$, $n - 1 = 8$, $\alpha = 0.05$, $W(x)$ 由 (6.5.25) 式给出. 根据以上数据直接计算可得

$$\overline{x} = 499, \quad \hat{\sigma} = 16.03, \quad |W(x)| = 0.187.$$

而 $t(8, 0.975) = 2.306 > |W(x)|$, 因而观测样本不在否定域内, 所以没有充分理由否定原假设 H_0, 即没有充分理由认为每袋出厂食盐的标准质量 500 g 有系统误差.

再做第二个检验即 $\sigma^2 \leqslant \sigma_0^2 = 10^2$ 是否成立:

$$H_0 : \sigma^2 \leqslant \sigma_0^2 \longleftrightarrow H_1 : \sigma^2 > \sigma_0^2, \quad \text{但 } \mu \text{ 未知}.$$

根据 (6.5.16) 式, 检验的否定域为

$$R^+ = \{x : \ S(x) > \sigma_0^2 \chi^2(n-1, 1-\alpha)\}, \text{ 其中 } S(x) = \sum_{i=1}^{n} (x_i - \overline{x})^2.$$

本例中, $\sigma_0^2 = 100$, $n = 9$, $\alpha = 0.05$, 因而否定域可表示为 $R^+ = \{x : \ S(x)/\sigma_0^2 > \chi^2(8, 0.95)\}$. 根据以上数据直接计算可得

$$\overline{x} = 499, \quad S(x) = 2056, \quad S(x)/\sigma_0^2 = 20.56,$$

而 $\chi^2(8, 0.95) = 15.5 < S(x)/\sigma_0^2 = 20.56$, 因此应该否定原假设 H_0, 接受方差 $\sigma^2 > 10^2$ 的事实. 即包装机工作虽然没有产生系统误差, 但是不够稳定, 波动性比较大. 因此应当认为这天包装机工作不够正常.

6.5.3 两样本正态总体的检验

假设 $X_1, \cdots, X_n$ 独立同分布, $X_1 \sim N(\mu_1, \sigma_1^2)$; $Y_1, \cdots, Y_m$ 独立同分布, $Y_1 \sim N(\mu_2, \sigma_2^2)$, 并且二者也相互独立. 记 $\psi = (\mu_1, \mu_2, \sigma_1^2, \sigma_2^2)$ 为未知参数, 则两样本联合分布可表示为

$$f(x, y, \psi) = \exp \left\{ -\frac{1}{2\sigma_1^2} Q_x - \frac{1}{2\sigma_2^2} Q_y + \frac{n\mu_1}{\sigma_1^2} \overline{x} + \frac{m\mu_2}{\sigma_2^2} \overline{y} - b(\psi) \right\}. \quad (6.5.26)$$

其中 $b(\psi)$ 与 x, y 无关, 且有

$$Q_x = \sum_{i=1}^{n} x_i^2 = \sum_{i=1}^{n} (x_i - \overline{x})^2 + n\overline{x}^2, \quad Q_y = \sum_{j=1}^{m} y_j^2 = \sum_{j=1}^{m} (y_j - \overline{y})^2 + m\overline{y}^2.$$

1. 比较两总体方差的检验

关于比较两个正态总体方差的检验, 它们存在一致最优无偏检验, 其检验的形式可归结为

(i) $H_0 : \sigma_1 \leqslant \sigma_2 \longleftrightarrow H_1 : \sigma_1 > \sigma_2$;

(ii) $H_0 : \sigma_1 = \sigma_2 \longleftrightarrow H_1 : \sigma_1 \neq \sigma_2$.

为了比较两个方差, (6.5.26) 式可化为

$$f(x, y, \psi) = \exp \left\{ \left(\frac{1}{2\sigma_2^2} - \frac{1}{2\sigma_1^2} \right) Q_x - \frac{1}{2\sigma_2^2} (Q_x + Q_y) + \frac{n\mu_1}{\sigma_1^2} \overline{x} + \frac{m\mu_2}{\sigma_2^2} \overline{y} - b(\psi) \right\}$$
$$= \exp\{\theta U + \varphi_1 T_1 + \varphi_2 T_2 + \varphi_3 T_3 - b(\theta, \varphi)\}, \quad (6.5.27)$$

其中

$$\theta = (2\sigma_2^2)^{-1} - (2\sigma_1^2)^{-1}, \quad U = \sum_{i=1}^{n} x_i^2 = Q_x,$$

$$\varphi_1 = -(2\sigma_2^2)^{-1}, \ T_1 = Q_x + Q_y, \ \varphi_2 = \frac{n\mu_1}{\sigma_1^2}, \ T_2 = \overline{x}; \ \varphi_3 = \frac{m\mu_2}{\sigma_2^2}, \ T_3 = \overline{y}.$$

记 $T = (T_1, T_2, T_3)^{\mathrm{T}}$. 因此 $\sigma_1 = \sigma_2$ 等价于 $\theta = 0$; $\sigma_1 \leqslant \sigma_2$ 等价于 $\theta \leqslant 0$. 为说明求解方法, 今考虑检验 (i), 该检验相当于

(i)$'$ $H_0 : \theta \leqslant 0 \longleftrightarrow H_1 : \theta > 0$.

由定理 6.5.1, 其否定域为 $R^+ = \{U(y) > k(t)\}$, 且满足

$$P_{\theta_0}\{U > k(T)|T\} = \alpha, \tag{6.5.28}$$

类似于 (6.5.20) 式的方法, 以下求函数 $F = F(U, T)$ 使之当 $\theta = \theta_0$ 时满足: (a) F 为 U 的严增 (或严减) 函数; (b) F 与 T 独立; (c) F 的分布易求. 则 (6.5.28) 式可化简为 $P_{\theta_0}\{U > k(T)|T\} = P_{\theta_0}\{F > c\}$. 为此可取

$$F(x, y) = \frac{\sum\limits_{i=1}^{n}(x_i - \overline{x})^2/(n-1)}{\sum\limits_{j=1}^{m}(y_j - \overline{y})^2/(m-1)} = \frac{(U - nT_2^2)/(n-1)}{(T_1 - U - mT_3^2)/(m-1)}. \tag{6.5.29}$$

因为由 (6.5.27) 式的记号可知

$$U = Q_x, \ T_1 = Q_x + Q_y, \ \sum_{j=1}^{m}(y_j - \overline{y})^2 = \sum_{j=1}^{m}y_j^2 - m\overline{y}^2 = T_1 - U - mT_3^2.$$

易见 F 为 U 的严增函数, 而且当 $\theta = \theta_0 = 0$, 即 $\sigma_1 = \sigma_2$ 时, $F \sim F(n-1, m-1)$, 其分布与参数 $\varphi_1, \varphi_2, \varphi_3$ 无关, 而 $T = (T_1, T_2, T_3)^{\mathrm{T}}$ 为完备充分统计量, 由 Basu 定理知, F 与 T 独立, 因此 (6.5.28) 式可化简为

$$P_{\theta_0}(R^+) = P_{\theta_0}\{U > k(T)|T\} = P_{\theta_0}\{F > c\} = \alpha,$$

因而 $c = F(n-1, m-1, 1-\alpha)$, 所以检验问题 (i) 的 UMPUT 为

$$\phi(F) = \begin{cases} 1, & F(x, y) > F(n-1, m-1, 1-\alpha), \\ 0, & F(x, y) < F(n-1, m-1, 1-\alpha), \end{cases}$$

其中 $F(x, y)$ 由 (6.5.29) 式决定. 关于检验问题 (ii), 可类似地由 (6.5.29) 式得到 UMPUT, 但是定解条件比较复杂, 通常都是类似于 (6.5.19) 式取近似解

$$\phi(F) = \begin{cases} 1, & F(x, y) < F\left(n-1, m-1, \dfrac{\alpha}{2}\right) \ \text{或} \ F(x, y) > F\left(n-1, m-1, 1-\dfrac{\alpha}{2}\right), \\ 0, & F\left(n-1, m-1, \dfrac{\alpha}{2}\right) < F(x, y) < F\left(n-1, m-1, 1-\dfrac{\alpha}{2}\right). \end{cases}$$

另外, 若 μ_1, μ_2 已知, 则仍可由 (6.5.27) 式导出 (i) 和 (ii) 的 UMPUT, 但是 F 统计量为 $F \sim F(n, m)$, 见表 6.5.2.

2. 比较两总体均值的检验

关于比较两个正态总体均值的检验, 是统计学中有名的 Behrens-Fisher 问题, 对于一般的, $\sigma_1^2 \neq \sigma_2^2$ 且未知的情形, 有关的检验问题比较复杂 (可参见下面 (6.5.30) 式), 不存在一致最优无偏检验, 在文献中有很多专门的讨论和求解方法. 下面主要考虑一种常见的可求解的情形, 即 $\sigma_1^2 = \sigma_2^2$ 但未知的情形. 两个均值比较的检验可归结为

(iii) $H_0 : \mu_1 \leqslant \mu_2 \longleftrightarrow H_1 : \mu_1 > \mu_2$;

(iv) $H_0 : \mu_1 = \mu_2 \longleftrightarrow H_1 : \mu_1 \neq \mu_2$.

为了比较两个正态总体的均值, 联合密度函数 (6.5.26) 式可重新表示为

$$f(x, y, \psi) = \exp\left\{ -\frac{1}{2\sigma_1^2}Q_x - \frac{1}{2\sigma_2^2}Q_y + \frac{mn(\mu_1 - \mu_2)(\overline{x} - \overline{y})}{m\sigma_1^2 + n\sigma_2^2} + \frac{\sigma_2^2 n\mu_1 + \sigma_1^2 m\mu_2}{m\sigma_1^2 + n\sigma_2^2}\left(\frac{n\overline{x}}{\sigma_1^2} + \frac{m\overline{y}}{\sigma_2^2}\right) - b(\psi) \right\}.$$

当 $\sigma_1 \neq \sigma_2$ 时, 上式很难化简为类似于 (6.5.27) 式的形式, 所以无法得到检验 (iii) 或 (iv) 的 UMPUT, 而当 $\sigma_1 = \sigma_2 = \sigma$ 时, 上式则可化简为

$$f(x, y, \psi) = \exp\{\theta U + \varphi_1 T_1 + \varphi_2 T_2 - b(\theta, \varphi)\}. \tag{6.5.30}$$

其中

$$\theta = \frac{mn(\mu_1 - \mu_2)}{(m + n)\sigma^2}, \quad U = \overline{x} - \overline{y}.$$

$$\varphi_1 = \frac{n\mu_1 + m\mu_2}{(m + n)\sigma^2}, \quad T_1 = n\overline{x} + m\overline{y}; \quad \varphi_2 = -\frac{1}{2\sigma^2}, \quad T_2 = \sum_{i=1}^{n} x_i^2 + \sum_{j=1}^{m} y_j^2.$$

为说明求解方法, 今考虑检验 (iv), 它相当于

(iv)′ $H_0 : \theta = 0 \longleftrightarrow H_1 : \theta \neq 0$.

当 $\theta = 0$, 即 $\mu_1 = \mu_2 = \mu$ 时有

$$\overline{X} \sim N\left(\mu, \frac{\sigma^2}{n}\right), \ \overline{Y} \sim N\left(\mu, \frac{\sigma^2}{m}\right), \ U = \overline{X} - \overline{Y} \sim N\left(0, \frac{n + m}{mn}\sigma^2\right).$$

由于 U 的分布关于原点对称, 因此由定理 6.4.5 以及定理 6.5.2 可知, 检验 (iv)′ 的否定域为 $R^+ = \{|U(x, y)| > k(t)\}$, 且满足

$$P_0\{|U| < k(T)|T\} = 1 - \alpha. \tag{6.5.31}$$

今考虑构造一个与前面 $F(x,y)$ 类似的统计量. 根据 (6.5.30) 式, 可取

$$t(x,y) = \frac{(\overline{x} - \overline{y})\sqrt{\dfrac{nm}{n+m}}}{\sqrt{\displaystyle\sum_{i=1}^{n}(x_i - \overline{x})^2 + \sum_{j=1}^{m}(y_j - \overline{y})^2}/\sqrt{n+m-2}}$$

$$= \frac{U}{\sqrt{T_2 - \dfrac{1}{n+m}T_1^2 - \dfrac{nm}{n+m}U^2}} \times \sqrt{\frac{nm(n+m-2)}{n+m}}. \qquad (6.5.32)$$

因此 t 为 U 的严增函数, 并且当 $\mu_1 = \mu_2$ 时 (即 $\theta = 0$ 时), 由上式可知, $t(X,Y)$ 的分子服从正态分布, 分母服从 χ^2 分布, 且有 $t(X,Y) \sim t(n+m-2)$. 因为其分布与参数 φ 无关, 而 $T = (T_1, T_2)$ 为完备充分统计量, 由 Basu 定理知 $t(X,Y)$ 与 T 独立, 因此 (6.5.31) 式简化为

$$P_{\theta_0}\{|U| < k(T)|T\} = P_{\theta_0}\{|t(X,Y)| < c\} = 1 - \alpha,$$

且有 $c = t(n+m-2, 1-\alpha/2)$. 所以检验问题 (iv) 的 UMPUT 为

$$\phi(t) = \begin{cases} 1, & |t(x,y)| > t\left(n+m-2, 1-\dfrac{\alpha}{2}\right), \\ 0, & |t(x,y)| < t\left(n+m-2, 1-\dfrac{\alpha}{2}\right), \end{cases}$$

其中 $t(x,y)$ 由 (6.5.32) 式决定. 该式可简记为

$$t(X,Y) = \frac{\sqrt{n'}(\overline{X} - \overline{Y})}{S_{xy}} \sim t(n+m-2),$$

其中

$$n' = \frac{mn(n+m-2)}{n+m}, \quad S_{xy}^2 = S_x^2 + S_y^2 = \sum_{i=1}^{n}(X_i - \overline{X})^2 + \sum_{j=1}^{m}(Y_j - \overline{Y})^2.$$

因此检验问题 (iv) 的否定域可表示为

$$R^+ = \left\{ x : \left| \frac{\sqrt{n'}(\overline{x} - \overline{y})}{S_{xy}} \right| > t\left(n+m-2, 1-\frac{\alpha}{2}\right) \right\}.$$

关于检验问题 (iii), 可完全类似地由 (6.5.32) 式得到其 UMPUT, 见表 6.5.2.

若 $\sigma_1 \neq \sigma_2$ 且未知, 则由 (6.5.30) 式可知, 无法找到合适的完备充分统计量 $T(X)$, 因而无法求出 UMPUT. 但是, 有几种常见的特殊情况可以求解:

(1) 若 $\sigma_2^2/\sigma_1^2 = c$ 已知 ($c = 1$ 即为前面讨论的 $\sigma_2^2 = \sigma_1^2$ 的情形), 则把 $\sigma_2^2 = c\sigma_1^2$ 代入 (6.5.30) 式, 根据与上面完全类似的推导, 可以得到类似的 t 检验统计量.

(2) 若 σ_1, σ_2 已知, 则由 (6.5.30) 式可以得到正态检验统计量

$$U(x,y) = \frac{(\overline{x} - \overline{y})}{\sqrt{\tau}}, \quad \tau = \frac{\sigma_1^2}{n} + \frac{\sigma_2^2}{m}.$$

其中 $U(X,Y) \sim N(0,1)$. 由此即可根据正态分布得到以上检验问题的否定域 (见以下表 6.5.2). 例如, 检验问题 (iv) 的检验函数为

$$\phi(U) = \begin{cases} 1, & |U(X,Y)| > z_{1-\alpha/2}, \\ 0, & |U(X,Y)| < z_{1-\alpha/2}. \end{cases}$$

(3) 当样本容量 m, n 充分大时, 可根据渐近正态分布作检验. 当 $\mu_1 = \mu_2$ 时, $U(X,Y) \sim N(0,1)$, 而 σ_1^2 和 σ_2^2 的相合估计分别为 $\widehat{\sigma_1^2} = S_1^2$ 和 $\widehat{\sigma_2^2} = S_2^2$, 其中

$$S_1^2 = n^{-1}\sum_{i=1}^{n}(X_i - \overline{X})^2, \quad S_2^2 = m^{-1}\sum_{j=1}^{m}(Y_j - \overline{Y})^2.$$

因此由 Slutsky 定理可得

$$U'(X,Y) = \frac{(\overline{X} - \overline{Y})}{\sqrt{\frac{1}{n}S_1^2 + \frac{1}{m}S_2^2}} \xrightarrow{L} N(0,1), \tag{6.5.33}$$

因此与情形 (2) 完全类似, 可根据正态分布得到以上检验问题的大样本近似否定域 (见表 6.5.2), 例如, 检验问题 (iii) 的大样本近似解为

$$\phi(U') = \begin{cases} 1, & U'(X,Y) > z_{1-\alpha}, \\ 0, & U'(X,Y) < z_{1-\alpha}. \end{cases}$$

表 6.5.2 给出了两样本正态总体常用的假设检验及其检验统计量.

表 6.5.2　两样本正态总体的假设检验

	H_0	H_1	检验统计量	否定域应满足的条件
已知	$\mu_1 \leqslant \mu_2$	$\mu_1 > \mu_2$	$U(x,y) = \dfrac{\overline{x} - \overline{y}}{\sqrt{\sigma_1^2/n + \sigma_2^2/m}}$	$U(x,y) > z_{1-\alpha}$
σ_1, σ_2	$\mu_1 \geqslant \mu_2$	$\mu_1 < \mu_2$	$\sim N(0,1)$	$U(x,y) < z_\alpha$
	$\mu_1 = \mu_2$	$\mu_1 \neq \mu_2$		$|U(x,y)| > z_{1-\alpha/2}$

续表

H_0	H_1	检验统计量	否定域应满足的条件
已知 μ_1, μ_2	$\sigma_1 \leqslant \sigma_2$　$\sigma_1 > \sigma_2$ $\sigma_1 \geqslant \sigma_2$　$\sigma_1 < \sigma_2$ $\sigma_1 = \sigma_2$　$\sigma_1 \neq \sigma_2$	$F(x,y) = \dfrac{\sum\limits_{i=1}^{n}(x_i-\mu_1)^2/n}{\sum\limits_{j=1}^{m}(y_j-\mu_2)^2/m}$ $\sim F(n,m)$	$F(x,y) > F_{1-\alpha}(n,m)$ $F(x,y) < F_{\alpha}(n,m)$ $F(x,y) > F_{1-\alpha/2}(n,m)$ 或 $< F_{\alpha/2}(n,m)$ (近似)
未知 $\sigma_1 = \sigma_2$	$\mu_1 \leqslant \mu_2$　$\mu_1 > \mu_2$ $\mu_1 \geqslant \mu_2$　$\mu_1 < \mu_2$ $\mu_1 = \mu_2$　$\mu_1 \neq \mu_2$	$t(x,y) = \sqrt{\dfrac{mn(m+n-2)}{m+n}} \times$ $\dfrac{\overline{x}-\overline{y}}{\sqrt{\sum\limits_{i=1}^{n}(x_i-\overline{x})^2 + \sum\limits_{j=1}^{m}(y_j-\overline{y})^2}}$ $\sim t(n+m-2)$	$t(x,y) > t_{1-\alpha}(n+m-2)$ $t(x,y) < t_{\alpha}(n+m-2)$ $|t(x,y)| > t_{1-\alpha/2}(n+m-2)$
未知 μ_1, μ_2	$\sigma_1 \leqslant \sigma_2$　$\sigma_1 > \sigma_2$ $\sigma_1 \geqslant \sigma_2$　$\sigma_1 < \sigma_2$ $\sigma_1 = \sigma_2$　$\sigma_1 \neq \sigma_2$	$F(x,y) = \dfrac{\sum\limits_{i=1}^{n}(x_i-\overline{x})^2/(n-1)}{\sum\limits_{j=1}^{m}(y_j-\overline{y})^2/(m-1)}$ $\sim F(n-1,m-1)$	$F(x,y) > F_{1-\alpha}(n-1,m-1)$ $F(x,y) < F_{\alpha}(n-1,m-1)$ $F(x,y) > F_{1-\alpha/2}(n-1,m-1)$ 或 $< F_{\alpha/2}(n-1,m-1)$ (近似)
未知 σ_1, σ_2 大样本	$\mu_1 \leqslant \mu_2$　$\mu_1 > \mu_2$ $\mu_1 \geqslant \mu_2$　$\mu_1 < \mu_2$ $\mu_1 = \mu_2$　$\mu_1 \neq \mu_2$	$U'(x,y) = \dfrac{\overline{x}-\overline{y}}{\sqrt{S_1^2/n + S_2^2/m}}$ $\sim N(0,1)$ (近似) $S_1^2 = n^{-1}\sum\limits_{i=1}^{n}(x_i-\overline{x})^2$ $S_2^2 = m^{-1}\sum\limits_{j=1}^{m}(y_j-\overline{y})^2$	$U'(x,y) > z_{1-\alpha}$ $U'(x,y) < z_{\alpha}$ $|U'(x,y)| > z_{1-\alpha/2}$

3. 应用示例

例 6.5.5　对冷却到 $-0.72°C$ 的样品用 A, B 两种方法测量其溶化到 $0°C$ 时的潜热 (单位: cal/g)[①], 数据如下:

方法 A: 79.98, 80.04, 80.02, 80.04, 80.03, 80.03, 80.04, 79.97, 80.05, 80.03,
　　　　80.02, 80.00, 80.02;

方法 B: 80.02, 79.94, 79.98, 79.97, 80.03, 79.95, 79.97, 79.97.

假设它们服从正态分布, 方差相等. 试检验两种测量方法的平均性能是否等价 (取 $\alpha = 0.01$).

解　设两种方法测量的潜热分别记为 X 和 Y, 并设 $X \sim N(\mu_1, \sigma^2)$ 和 $Y \sim$

---

① 1 cal = 4.184 J.

$N(\mu_2, \sigma^2)$. 要检验

$$H_0 : \mu_1 = \mu_2 \longleftrightarrow H_1 : \mu_1 \neq \mu_2.$$

可用 (6.5.32) 式的 t 检验, 检验的否定域为

$$R^+ = \left\{ (x,y) : |t(x,y)| > t\left(n+m-2, 1-\frac{\alpha}{2}\right) \right\}.$$

本例中 $n = 13$, $m = 8$; 由直接计算可得

$$\overline{x} = 80.0208; \quad \overline{y} = 79.9788,$$

$$\frac{\sqrt{\sum_{i=1}^{n}(x_i - \overline{x})^2 + \sum_{j=1}^{m}(y_j - \overline{y})^2}}{\sqrt{n+m-2}} = \sqrt{\frac{0.006891 + 0.006887}{19}} = 0.02693.$$

因此有

$$t(x,y) = \frac{80.0208 - 79.9788}{0.02693}\sqrt{\frac{104}{21}} = 3.4707.$$

而

$$t\left(n+m-2, 1-\frac{\alpha}{2}\right) = t(19, 0.995) = 2.861 < 3.4707 = |t(x,y)|.$$

因此应否定原假设, 即两种测量方法的平均性能有显著性差异.

例 6.5.6 为了比较温度对于针织品断裂强度的影响, 分别在 $70°C$ 和 $80°C$ 下对某针织品测试其断裂强度 (单位: kg), 具体数据如下:

$70°C$ 时: 20.5, 18.8, 19.8, 20.9, 21.5, 19.5, 21.0, 21.2;

$80°C$ 时: 17.7, 20.3, 20.0, 18.8, 19.0, 20.1, 20.2, 19.1.

在正态性假设下: (1) 进行方差齐性检验; (2) 在此基础上检验温度对于针织品断裂强度是否有显著性差异 (取 $\alpha = 0.05$).

解 设 $70°C$ 和 $80°C$ 时, 某针织品的断裂强度分别为 X 和 Y, 且 $X \sim N(\mu_1, \sigma_1{}^2)$, $Y \sim N(\mu_2, \sigma_2^2)$.

(1) 本题相当于两样本正态总体的方差齐性检验

$$H_0 : \sigma_1 = \sigma_2 \longleftrightarrow H_1 : \sigma_1 \neq \sigma_2.$$

根据两样本正态分布假设检验的公式 (见 (6.5.29) 式或表 6.5.2), 本题可用 F 统计量进行检验, 这时 $m = n = 8$, 由此可得

$$F(x,y) = \frac{\sum\limits_{j=1}^{n}(y_j - \overline{y})^2}{\sum\limits_{i=1}^{m}(x_i - \overline{x})^2} = 0.9355.$$

近似否定域的两个临界值分别为 $F(7,7,0.025) = 0.2002$ 和 $F(7,7,0.975) = 4.9949$. 显然有 $F(7,7,0.025) < F(x,y) < F(7,7,0.975)$, 因此不否定原假设, 即认为 $\sigma_1 = \sigma_2$.

(2) 可用 t 检验统计量来检验假设 (见表 6.5.2),

$$H_0: \mu_1 = \mu_2 \longleftrightarrow H_1: \mu_1 \neq \mu_2.$$

其否定域为

$$R^+ = \{(x,y): |t(x,y)| > t(n+m-2, 1-\alpha/2)\}, \quad m = n = 8.$$

直接计算可得 $\overline{x} = 20.4$, $\overline{y} = 19.4$,

$$\frac{\sqrt{\sum\limits_{i=1}^{n}(x_i - \overline{x})^2 + \sum\limits_{j=1}^{m}(y_j - \overline{y})^2}}{\sqrt{n+m-2}} = 0.9258.$$

由此可得

$$|t(x,y)| = \left| \frac{20.4 - 19.4}{0.9258} \sqrt{\frac{64}{8+8}} \right| = 2.1603.$$

而 $t(n+m-2, 1-\alpha/2) = t(14, 0.975) = 2.1448 < |t(x,y)|$, 所以应该否定原假设, 即认为温度对于针织品的断裂强度有显著性差异.

注   本例 $t(n+m-2, 1-\alpha/2)$ 与 $|t(x,y)|$ 相差很小, 若取 $\alpha = 0.01$, 则 $t(n+m-2, 1-\alpha/2) = t(14, 0.995) = 2.9768 > |t(x,y)| = 2.1603$, 不能否定原假设. 这说明, 在犯第一类错误概率更小的要求下, 我们没有充分理由否定原假设.

例 6.5.7   为比较成年男女所含红细胞的差异, 对某地区 156 名男性进行测量, 其红细胞的样本均值 (单位: $10^4/\text{mm}^2$) 为 465.13, 样本均方差为 54.80; 对 74 名女性进行测量, 其红细胞的样本均值为 422.16, 样本均方差为 49.20. 假设该地区男女所含红细胞各自服从独立同分布的正态分布, 试检验该地区男女所含红细胞的平均值是否有差异 (取 $\alpha = 0.05$).

解   在本例中, 可记 $X_1, \cdots, X_n$ 独立同分布, $n = 156$, $X_1 \sim N(\mu_1, \sigma_1^2)$ 表示男性所含红细胞的分布; $Y_1, \cdots, Y_m$ 独立同分布, $m = 74$, $Y_1 \sim N(\mu_2, \sigma_2^2)$ 表示女性所含红细胞的分布; $\sigma_1 \neq \sigma_2$; 且两总体独立. 同时有 $\overline{X} = 465.13$, $\overline{Y} = 422.16$; $S_1 = 54.8$, $S_2 = 49.2$. 问题为 μ_1 是否大于 μ_2, 即为假设检验问题

$$H_0: \mu_1 \leqslant \mu_2 \longleftrightarrow H_1: \mu_1 > \mu_2.$$

由于样本容量比较大, 可应用渐近正态检验, 根据 (6.5.33) 式计算 $U'(X,Y)$, 得到否定域. 根据以上数据,

$$\overline{x} - \overline{y} = 42.97, \quad \widetilde{\sigma} = \sqrt{\frac{54.8^2}{156} + \frac{49.2^2}{74}} = 7.21,$$

因此 $U'(x,y) = (\overline{x} - \overline{y})/\widetilde{\sigma} = 5.96$. 而 $z_{0.95} = 1.65 < 5.96$, 因而否定原假设, 即认为 $\mu_1 > \mu_2$ 成立, 说明该地区男性所含红细胞的平均值显著高于女性.

6.5.4 两个二项分布总体的比较 —— 等价性检验

比较两个总体性质是否存在差异, 在理论上、应用上都是十分重要的问题. 以上讨论了两个正态总体的比较, 下面介绍两个二项总体的比较.

假设 $X_1 \sim b(n_1, p_1)$, $X_2 \sim b(n_2, p_2)$, 且独立. 考虑假设检验问题:

(i) $H_0 : p_1 \leqslant p_2 \longleftrightarrow H_1 : p_1 > p_2$.

(ii) $H_0 : p_1 = p_2 \longleftrightarrow H_1 : p_1 > p_2$.

(iii) $H_0 : p_1 = p_2 \longleftrightarrow H_1 : p_1 \neq p_2$.

这种检验有广泛的应用背景, 例如, 在实际问题中, p_i 可表示第 i 车间的次品率 $(i = 1, 2)$, 要检验两个车间次品率是否相等; 或 p_1 表示一种新的化验方法的阳性率, 而 p_2 表示原有标准化验方法的阳性率, 要检验新方法与标准方法是否等价; 等等. 因此检验 (ii) 也常称为等价性检验.

1. Fisher 精确条件检验

为了得到检验的 UMPUT, 首先必须把 (X_1, X_2) 的联合分布表示为指数族分布的形式

$$f(x_1, x_2; p_1, p_2) = \prod_{i=1}^{2} \binom{n_i}{x_i} p_i^{x_i} (1 - p_i)^{n_i - x_i} = \prod_{i=1}^{2} \binom{n_i}{x_i} (1 - p_i)^{n_i} \exp \left\{ x_i \log \frac{p_i}{q_i} \right\}$$

$$= \prod_{i=1}^{2} \binom{n_i}{x_i} (1 - p_i)^{n_i} \exp \left\{ x_1 \log \left(\frac{p_1}{q_1} \frac{q_2}{p_2} \right) + (x_1 + x_2) \log \frac{p_2}{q_2} \right\}$$

$$= \prod_{i=1}^{2} \binom{n_i}{x_i} (1 - p_i)^{n_i} \exp\{u\theta + t\varphi\}.$$

其中

$$u = x_1, \quad \theta = \log \left(\frac{p_1/q_1}{p_2/q_2} \right), \quad t = x_1 + x_2, \quad \varphi = \log(p_2/q_2), \quad q_i = 1 - p_i \ (i = 1, 2).$$

这是带有多余参数的指数族, 以上假设检验可转化为

(i)' $H_0 : \theta \leqslant 0 \longleftrightarrow H_1 : \theta > 0$.

(ii)' $H_0 : \theta = 0 \longleftrightarrow H_1 : \theta > 0$.

(iii)' $H_0 : \theta = 0 \longleftrightarrow H_1 : \theta \neq 0$.

定理 6.5.5 检验 (i) 的 UMPUT 否定域为 $R^+ = \{u = x_1 > k(t)\}$, 其定解条件由 $\theta = 0$ 时 $U|T = X_1|(X_1 + X_2)$ 的条件分布, 即以下超几何分布决定

$$p(u|t) = P_0(X_1 = u|X_1 + X_2 = t) = \frac{\binom{n_1}{u}\binom{n_2}{t-u}}{\binom{n_1 + n_2}{t}}. \tag{6.5.34}$$

可根据 $P_0(X_1 > k(t)|X_1 + X_2 = x_1 + x_2) = \alpha$ 定解 (通常称为 Fisher 精确条件检验).

证明 根据定理 6.5.1, 检验 (i) 的 UMPUT 就是 (i)' 在条件分布 $U|T = X_1|(X_1 + X_2)$ 下的 UMPUT. 而这个条件分布为

$$p(u|t;\theta) = P_\theta(X_1 = u|X_1 + X_2 = t) = \frac{P_\theta(X_1 = u, \ X_2 = t - u)}{P(X_1 + X_2 = t)}.$$

由直接计算可得

$$P_\theta(X_1 = u, X_2 = t - u) = \binom{n_1}{u}p_1^u(1-p_1)^{n_1-u}\binom{n_2}{t-u}p_2^{t-u}(1-p_2)^{n_2-(t-u)}$$

$$= \left[\left(\frac{p_2}{q_2}\right)^t \prod_{i=1}^{2}(1-p_i)^{n_i}\right]\binom{n_1}{u}\binom{n_2}{t-u}\left(\frac{p_1}{q_1}\frac{q_2}{p_2}\right)^u.$$

$$P_\theta(X_1 + X_2 = t) = \left[\left(\frac{p_2}{q_2}\right)^t \prod_{i=1}^{2}(1-p_i)^{n_i}\right]\sum_{y=y^*}^{t^*}\binom{n_1}{y}\binom{n_2}{t-y}\left(\frac{p_1}{q_1}\frac{q_2}{p_2}\right)^y.$$

其中 $t^* = \min\{n_1, t\}$, $y^* = \max\{0, t - n_2\}$, 因为以上求和应限制在 $0 \leqslant y \leqslant n_1$ 和 $0 \leqslant t - y \leqslant n_2$ 范围内. 由此可得条件分布为

$$p(u|t;\theta) = \frac{\binom{n_1}{u}\binom{n_2}{t-u}e^{\theta u}}{\sum_{y=y^*}^{t^*}\binom{n_1}{y}\binom{n_2}{t-y}e^{\theta y}} = h(u,t)a_t(\theta)e^{\theta u}.$$

其中 $h(u,t) = \binom{n_1}{u}\binom{n_2}{t-u}$, $a_t(\theta)$ 为上式分母, 因此这一条件分布为指数族分布. 检验 (i)' 的否定域应为 $R^+ = \{u = x_1 > k(t)\}$, 其定解条件由 $\theta = 0$ 时的分布决定. 而当 $\theta = 0$ 时, 上式 $p(u|t;0)$ 即为 (6.5.34) 式, 为超几何分布, 可根据 $P_0(X_1 > k(t)|X_1 + X_2 = x_1 + x_2) = \alpha$ 定解. ∎

注 根据定理 6.5.1、定理 6.5.2, (ii) 或 (ii)' 的 UMPUT 否定域与上述 R^+ 相同; (iii) 或 (iii)' 的 UMPUT 否定域为 $R^+ = \{x_1 < k_1(t) \ \text{或} \ x_1 > k_2(t)\}$.

例 6.5.8 为了观察吸烟与肺部肿瘤的关系, 对 23 只小白鼠进行一年的吸烟试验, 结果 21 只小白鼠得了肺部肿瘤. 另外有 32 只小白鼠进行一年的对比观察, 不吸烟, 其中得了肺部肿瘤的有 19 只. 试检验吸烟对肺部肿瘤的影响.

解 假设试验组与对照组小白鼠得肺部肿瘤的概率分别为 p_1 和 p_2. 则问题化为假设检验问题

(i) $H_0 : p_1 \leqslant p_2 \longleftrightarrow H_1 : p_1 > p_2$,

其中 $n_1 = 23$, $x_1 = 21$; $n_2 = 32$, $x_2 = 19$. 由此可根据 (6.5.34) 式, 在条件 $t = x_1 + x_2 = 40$ 下计算概率

$$p(u|t) = P_0(X_1 = u | X_1 + X_2 = t) = \frac{\binom{23}{u}\binom{32}{40-u}}{\binom{55}{40}}, \quad u = 8, 9, \cdots, 23.$$

其部分结果如下所示:

u	18	19	20	21	22	23
$p(u|t)$	0.18242	0.09601	0.03360	0.00739	0.00091	0.00005

由以上结果可知, $P_0(X_1 > 19|t) \approx 0.04$, $P_0(X_1 > 20|t) < 0.01$. 因此否定域可取 $R^+ = \{x_1 > 19\}$ (水平 $\alpha = 0.04$) 或 $R^+ = \{x_1 > 20\}$ (水平 $\alpha = 0.01$). 由于实际观测值为 $x_1 = 21$, 因此应否定原假设, 即有充分理由认为 $p_1 > p_2$, 即吸烟对导致肺部肿瘤有显著影响.

2. 渐近正态检验

基于以上公式的检验称为精确条件检验, 计算上比较复杂. 在实用上, 经常采用以下近似正态检验 (当样本比较大时). 首先介绍一般情况, 由第五章最大似然估计的性质可知 $\widehat{p}_i = X_i/n_i$, $i = 1, 2$, 且有

$$\frac{\widehat{p}_i - p_i}{\sqrt{p_i q_i / n_i}} \xrightarrow{L} N(0, 1), \quad i = 1, 2.$$

易见 $\widehat{p}_1 - \widehat{p}_2$ 也有渐近正态性. 因为 $\mathrm{Var}(\widehat{p}_1 - \widehat{p}_2) = p_1 q_1 / n_1 + p_2 q_2 / n_2$, 因此有

$$\frac{(\widehat{p}_1 - \widehat{p}_2) - (p_1 - p_2)}{\sqrt{p_1 q_1 / n_1 + p_2 q_2 / n_2}} \xrightarrow{L} N(0, 1). \tag{6.5.35}$$

记 $\delta = p_1 - p_2$, $Y = \widehat{p}_1 - \widehat{p}_2$, 则由 Slutsky 定理 "去 1 律" 以及以上公式可得

$$\frac{Y - \delta}{\sqrt{\widehat{p}_1 \widehat{q}_1 / n_1 + \widehat{p}_2 \widehat{q}_2 / n_2}} \xrightarrow{L} N(0, 1). \tag{6.5.36}$$

上式表明: $Y = \widehat{p}_1 - \widehat{p}_2 \sim N(\delta, \widetilde{\sigma}^2)$, 其中 $\widetilde{\sigma}^2 = \widehat{p}_1 \widehat{q}_1 / n_1 + \widehat{p}_2 \widehat{q}_2 / n_2$ 视为已知. 因此我们可以基于这一正态分布进行关于 $\delta = p_1 - p_2$ 的各种检验:

(i)' $H_0 : \delta \leqslant \delta_0 \longleftrightarrow H_1 : \delta > \delta_0$.

(ii)' $H_0 : \delta = \delta_0 \longleftrightarrow H_1 : \delta > \delta_0$.

(iii)' $H_0 : \delta = \delta_0 \longleftrightarrow H_1 : \delta \neq \delta_0$.

检验公式可参见表 6.5.1 第一栏, 但样本值只有 $Y = \widehat{p}_1 - \widehat{p}_2$ 一个, 且常有 $\delta_0 = 0$.

定理 6.5.6 假设检验问题 (i) — (iii) 的渐近正态检验统计量为

$$U(x_1, x_2) = \frac{\widehat{p}_1 - \widehat{p}_2}{\sqrt{\widehat{p}\,\widehat{q}(n_1^{-1} + n_2^{-1})}} \xrightarrow{L} N(0, 1). \tag{6.5.37}$$

则检验问题 (i), (ii) 的渐近正态否定域为 $R^+ = \{U(x_1, x_2) > z_{1-\alpha}\}$; 检验问题 (iii) 的渐近正态否定域为 $R^+ = \{|U(x_1, x_2)| > z_{1-\alpha/2}\}$. 其中 $\widehat{p}_i = X_i / n_i, i = 1, 2$; $\widehat{p} = (X_1 + X_2)/(n_1 + n_2)$.

证明 对于等价性检验 (i) — (iii) 以及 $\delta = p_1 - p_2$, 相当于检验问题 (i)' $H_0 : \delta \leqslant 0 \longleftrightarrow H_1 : \delta > 0$; (ii)' $H_0 : \delta = 0 \longleftrightarrow H_1 : \delta > 0$ 和 (iii)' $H_0 : \delta = 0 \longleftrightarrow H_1 : \delta \neq 0$. 由于 $\delta_0 = 0$, (6.5.36) 式还可进一步化简. 以检验 (iii)' 为例, 由表 6.5.1 可知, 检验的渐近正态否定域为 $R^+ = \{|Y/\widetilde{\sigma}| > z_{1-\alpha/2}\}$. 因为当 H_0 成立时, $\delta = 0$, 即 $p_1 = p_2 = p$, 因而两个总体合为一个总体, p 的最大似然估计为 $\widehat{p} = (X_1 + X_2)/(n_1 + n_2)$. 所以 (6.5.36) 式可化简为 (6.5.37) 式. 因此, 检验 (iii)', 即检验问题 (iii) 的渐近正态否定域为

$$R^+ = \{|U(x_1, x_2)| > z_{1-\alpha/2}\}.$$

类似地, 可得到检验问题 (i), (ii) 的渐近正态否定域为

$$R^+ = \{U(x_1, x_2) > z_{1-\alpha}\}.$$ ∎

例 6.5.9 (续例 6.5.8) 吸烟与肺部肿瘤的关系. 今应用 (6.5.37) 式求解假设检验问题

(i) $H_0 : p_1 \leqslant p_2 \longleftrightarrow H_1 : p_1 > p_2$,

这相当于检验 $H_0 : \delta \leqslant 0 \longleftrightarrow H_1 : \delta > 0$. 这时

$$\widehat{p}_1 = x_1/n_1 = 21/23 = 0.913; \quad \widehat{p}_2 = x_2/n_2 = 19/32 = 0.594;$$

而当 $\delta = 0$ 时有 $\widehat{p} = (x_1 + x_2)/(n_1 + n_2) = 40/55 = 0.727$. 代入 (6.5.37) 式可得

$$U(x_1, x_2) = \frac{0.913 - 0.594}{\sqrt{0.727 \times 0.273(23^{-1} + 32^{-1})}} = 2.623.$$

而 $z_{0.99} = 2.326 < 2.623 = U(x_1, x_2)$. 所以应否定原假设 (水平 $\alpha = 0.01$), 这与 Fisher 精确条件检验的计算结果很相近, 即 $p_1 > p_2$, 吸烟对导致肺部肿瘤有显著影响. 这时检验的 p 值为

$$P_0\{U(X_1, X_2) > 2.623\} = 0.0044,$$

因此判错的概率很小.

例 6.5.10 为了评估某种小儿麻痹症疫苗的有效性, 有关部门做了随机双盲对照试验. 试验组 20 万儿童接种疫苗; 对照组 20 万儿童注射生理盐水, 得到的结果如下表所示. 试检验此疫苗是否有效 (见何书元 (2013)).

	试验人数/10^4	试验后的发病率/10^{-4}
对照组	20	7.1
试验组	20	2.8

解 本例亦可应用定理 6.5.6 的检验统计量. 如果疫苗无效, 则对照组的发病率 p_1 应该和试验组的发病率 p_2 相等; 如果疫苗有效, 则试验组的发病率 p_2 应该显著小于对照组的发病率 p_1, 这可化为假设检验问题

(ii) $H_0 : p_1 = p_2 \longleftrightarrow H_1 : p_1 > p_2$.

因此可应用 (6.5.37) 式的检验统计量, 其渐近正态否定域为 $R^+ = \{U(x_1, x_2) > z_{1-\alpha}\}$ (可取 $\alpha = 0.01$). 这时 $n_1 = n_2 = 20$, $\hat{p}_1 = 7.1$, $\hat{p}_2 = 2.8$, $\hat{p} = 4.95$. $n_1\hat{p}_1 = 142$; $n_2\hat{p}_2 = 56$. 这些数值代入 (6.5.37) 式, 经直接计算可得 $U(x_1, x_2) = 6.113$, 其数值远大于临界值 $z_{0.99} = 2.326$. 因此应否定原假设 (水平 $\alpha = 0.01$), 即 $p_1 > p_2$, 对照组的发病率 p_1 远大于试验组的发病率 p_2, 所以疫苗有效. 这时检验的 p 值为 $P_0\{U(X_1, X_2) > 6.113\} \approx 0$, 因此判错的概率极小.

3. 《红楼梦》前 80 回与后 40 回文风差异的统计分析 (见韦博成 (2009, 2011))

我们先看一个例子. 在《红楼梦》中, 全书有很多描写饮食文化的精彩情节. 最著名的是第 41 回关于茄鲞的描写; 其他如胭脂鹅脯 "风腌果子狸" 等. 但是, 其前 80 回与后 40 回在饮食文化的描写方面有明显差异, 经统计, 该书前 80 回有 34 回涉及饮食方面的描写, 而后 40 回仅有 8 回涉及饮食方面的描写. 对此, 我们可从统计学观点做一个等价性检验:

原假设 H_0: 前 80 回与后 40 回对于饮食描写的关注程度相同;

对立假设 H_1: 前 80 回对于饮食描写的关注程度大于后 40 回对于饮食描写的关注程度.

这一检验问题正是本节介绍的两个相互独立的二项分布总体的等价性检验问题, 这时,

$X_1 \sim b(n_1, p_1)$ 表示前 80 回有关饮食描写的二项分布. 其中 $n_1 = 80$, X_1 表示前 80 回中涉及饮食的回数, 其观测值为 $x_1 = 34$, p_1 表示前 80 回中每回涉及饮食的概率.

$X_2 \sim b(n_2, p_2)$ 表示后 40 回有关饮食描写的二项分布. 其中 $n_2 = 40$, X_2 表示后 40 回中涉及饮食的回数, 其观测值为 $x_2 = 8$, p_2 表示后 40 回中每回涉及饮食的概率.

因此,《红楼梦》前 80 回与后 40 回在饮食文化的描写方面是否有明显差异, 就转化为两个相互独立的二项分布总体的等价性检验问题:

$H_0 : p_1 = p_2 \longleftrightarrow H_1 : p_1 > p_2.$

否定原假设就意味着 "前 80 回对于饮食描写的关注程度大于后 40 回对于饮食描写的关注程度" (以一定的检验水平). 以上检验就是本开头以及定理 6.5.6 提到的检验问题 (ii), 因此我们可用 (6.5.37) 式的 U 统计量进行检验. 根据以上数据,

$$\widehat{p}_1 = \frac{x_1}{n_1} = \frac{34}{80} = 0.425; \quad \widehat{p}_2 = \frac{x_2}{n_2} = \frac{8}{40} = 0.2; \quad \widehat{p} = \frac{(x_1 + x_2)}{(n_1 + n_2)} = \frac{42}{120} = 0.35.$$

代入 (6.5.37) 式可得

$$U(x_1, x_2) = \frac{0.425 - 0.2}{\sqrt{0.35 \times 0.65(80^{-1} + 40^{-1})}} = 2.436.$$

而 $z_{0.99} = 2.326 < 2.436 = U(x_1, x_2)$. 所以应否定原假设 (水平 $\alpha = 0.01$), 即 $p_1 > p_2$ 成立, 说明前 80 回与后 40 回对于饮食文化的关注方面存在显著差异. 此次检验的 p 值为 $P_0\{U(X_1, X_2) > 2.436\} = 0.0074$, 因此判错的概率很小. 另外, 我们也可根据 Fisher 精确条件检验的 (6.5.34) 式进行计算, 结果类似, 见表 6.5.4.

类似地, 我们亦可对书中其他的情景描写, 应用统计分析方法比较前 80 回与后 40 回在关注程度方面的差异, 详见韦博成 (2009). 该文选择了《红楼梦》中着力描写的 5 个情景指标, 即饮食、花卉、树木、饮食、诗词与医药, 统计出它们在前 80 回与后 40 回中出现的频数 (见表 6.5.3), 并考虑类似的假设检验问题. 例如关于花卉的描写, 前 80 回有 31 回, 后 40 回有 7 回. 对此数据, 我们可以进行类似于上面的等价性检验, 比较前 80 回与后 40 回对于花卉的关注程度方面的差异. 下面表 6.5.4 列出了上述 5 个情景指标相应等价性检验的计算结果, 左侧 3 列为渐近正态检验的结果; 右侧 2 列为 Fisher 精确条件检验的结果.

表 6.5.3　频数统计表

	1—40 回	41—80 回	1—80 回	81—120 回
饮食	17	17	34	8
花卉	15	16	31	7
树木	13	14	27	7
诗词	22	14	36	12
医药	13	13	26	8

表 6.5.4　前 80 回与后 40 回关于各个情景指标的等价性检验

	U 检验值	p 值	可信概率/%	Fisher 精确条件检验的 p 值	可信概率/%
饮食	2.4360	0.0074	99.26	0.0114	98.86
花卉	2.3590	0.0092	99.08	0.0140	98.60
树木	1.8622	0.0313	96.87	0.0473	95.27
诗词	1.5811	0.0569	94.31	0.0824	91.76
医药	1.4325	0.0760	92.40	0.1105	88.95

表 6.5.4 中的结果说明, 饮食与花卉的显著性最高, 其 U 检验值都大于水平为 0.01 的临界值 $z_{0.99} = 2.326$. 即我们有充分的理由认为, 前 80 回与后 40 回在饮食与花卉的描写上有很显著的差异, 其 p 值都小于 0.01, 可信概率超过 99%. 即使按最保守的 Fisher 精确条件检验的标准来进行统计推断, 其判错的概率 (即 p 值) 也不到 0.02, 因而判对的概率超过 98%. 对于树木的数据, 其检验的 p 值也小于通常的水平 0.05, 因此我们也有比较充分的理由认为, 前 80 回与后 40 回在树木的描写上有很显著的差异, 其判错的概率不到 0.05, 因而判对的概率超过 95%. 至于诗词和医药这两个指标, 可作为比较对照之用. 如果按渐近正态检验的结果来看, 我们还是有超过 92% 的概率认为, 前 80 回与后 40 回在诗词和医药的描写上有差异; 若按比较保守的 Fisher 精确条件检验的标准来判断, 则没有充分理由认为前 80 回与后 40 回在诗词和医药的描写上有显著性差异. 不过, 这对以上关于饮食、花卉和树木数据的主要结果并无影响, 事实上, 前 80 回与后 40 回只要在一个指标上有非常显著的差异, 就说明前 80 回与后 40 回在文风上确有差异, 如果二者在 2,3 个指标上都有显著性差异, 则有更大的概率说明前 80 回与后 40 回在文风上有显著性差异.

注　这些差异还不能说明《红楼梦》前 80 回与后 40 回出自不同的作者, 因为统计学方法并不能分析导致这些差异的原因, 这还涉及许多人文与社会方面的问题. 但是, 我们毕竟提供了一个强有力的证据说明《红楼梦》前 80 回与后 40

回在若干情景描写上确实存在非常显著的差异, 供有兴趣者参考.

6.6 似然比检验

由以上讨论可知, 以 Neyman-Pearson 理论为基础的一致最优势检验有相当大的局限性, 特别是多参数复合检验, 可解决的问题较少, 限制较大. 本节介绍的似然比检验, 也是 Neyman 与 Pearson 提出的, 其最初的出发点与 N–P 引理类似, 但是在实施上比较简单, 应用范围非常广泛, 是理论上非常重要、应用上最为有效的检验方法之一. 似然比检验在假设检验中的地位, 相当于最大似然估计在点估计中的地位.

6.6.1 似然比检验

设 $X \sim f(x, \theta)$, $\theta \in \Theta$, 一般假设 $\{f(x, \theta), \theta \in \Theta\}$ 为 C–R 分布族, 考虑假设检验问题

(i) $H_0 : \theta \in \Theta_0 \longleftrightarrow H_1 : \theta \in \Theta_1$; $\quad \Theta_0 \cup \Theta_1 = \Theta$.

N–P 基本引理的出发点是似然比; 类似地, 我们考虑对应于检验 (i) 的广义似然比如下:

$$\Lambda(x) = \frac{\sup\limits_{\theta \in \Theta} f(x, \theta)}{\sup\limits_{\theta \in \Theta_0} f(x, \theta)} = \frac{f(x, \widehat{\theta})}{f(x, \widehat{\theta}_0)}.$$

其中 $\widehat{\theta}$ 和 $\widehat{\theta}_0$ 分别为参数 θ 在 Θ 和 Θ_0 上的最大似然估计. 易见 $\Lambda(x) \geqslant 1$, 其对数似然比即为最常用的**似然比统计量**

$$LR = 2 \log \Lambda(x) = 2\{L(\widehat{\theta}) - L(\widehat{\theta}_0)\}. \tag{6.6.1}$$

我们来考虑假设检验问题 (i) 的否定域 R^+. 若 Θ_0 不成立, 而 Θ_1 成立, 则当 $\theta \in \Theta_0$ 时 $f(x, \theta)$ 应该很小, 而当 $\theta \in \Theta_1$ 时 $f(x, \theta)$ 应该较大. 所以广义似然比 $\Lambda(x)$ 应该比较大, 因此对于假设检验问题 (i), 可定义其似然比检验的否定域 R^+ 与检验函数 $\phi(x)$ 分别为

$$R^+ = \{x : \Lambda(x) > c\} = \{x : LR > k\}, \tag{6.6.2}$$

$$\phi(x) = \begin{cases} 1, & x \in R^+ = \{x : \Lambda(x) > c\}, \\ \gamma, & x \in R^0 = \{x : \Lambda(x) = c\}, \\ 0, & x \in R^- = \{x : \Lambda(x) < c\}, \end{cases} \tag{6.6.3}$$

其中 c 与 γ 的值应该根据具体的假设检验问题, 由条件 $\mathrm{E}_\theta[\phi(X)] \leqslant \alpha, \theta \in \Theta_0$ 来决定. 因此有

推论 1　假设检验问题 (i) 的检验函数和检验统计量分别由 (6.6.3) 式以及似然比统计量 (6.6.1) 式决定.

以上似然比检验既简单又直观, 同时也十分有效. 对于简单假设检验 $H_0 : \theta = \theta_0 \longleftrightarrow H_1 : \theta = \theta_1$, $\Lambda(x) = f(x, \theta_1)/f(x, \theta_0)$ 就是 N–P 引理中的似然比 $\lambda(x)$, 因此对于简单假设检验问题, 似然比检验 (6.6.3) 与 N–P 引理的解完全一致. 另外, 似然比检验对以下检验问题特别有效:

(ii) $H_0 : \theta = \theta_0 \longleftrightarrow H_1 : \theta \neq \theta_0$

其似然比统计量可简化为

$$\Lambda(x) = \frac{f(x, \widehat{\theta})}{f(x, \theta_0)}, \quad LR(\theta_0) = 2\{L(\widehat{\theta}) - L(\theta_0)\}. \tag{6.6.4}$$

$LR(\theta_0)$ 就是我们在第五章 5.3.5 节讨论过的似然比统计量, 因此那里的定理与公式都可应用于本节.

推论 2　假设检验问题 (ii) 的检验统计量由 (6.6.4) 式决定, 其否定域为

$$R^+ = \{x : LR(\theta_0) > k\},$$

其中 $LR(\theta_0)$ 的渐近分布为 $\chi^2(p)$, p 为参数 θ 的维数 (参见第五章定理 5.3.8).

以上公式是似然比检验中最常用的形式之一. 另外, 第五章定理 5.3.9 的公式都可用于以上似然比统计量, 那里的公式实际上是下面定理 6.6.2 的公式 (6.6.14) — (6.6.19) 的特殊情况.

注　对于一般的广义似然比统计量 (6.6.1) 式, 其渐近分布亦为 χ^2 分布. 设参数空间 Θ 和 Θ_0 的维数分别为 p 和 r, 则在一定正则条件下, 由 (6.6.1) 式所示的似然比统计量的渐近分布为 $\chi^2(t)$, 其中 $t = p - r$. 详细讨论可参见陈希孺 (1981, 2009) 和 Shao (1998). 下一节我们将讨论并证明一种常见的特殊情形 (见定理 6.6.1), 即参数 θ 可分成两部分: θ_1 为有兴趣参数, 而 θ_2 为多余参数, 似然比统计量如 (6.6.6) 式所示; 下面的例子大多为这种情形.

例 6.6.1　设 $X_1, \cdots, X_n$ 独立同分布, X_1 服从均匀分布 $R(0, \theta)$, $\theta > 0$. 求假设检验问题 $H_0 : \theta = \theta_0 \longleftrightarrow H_1 : \theta \neq \theta_0$ 水平为 α 的似然比检验 $(\theta_0 > 0)$.

解　均匀分布样本的似然函数为 $f(x; \theta) = \theta^{-n} I\{0 \leqslant x_{(n)} \leqslant \theta\}$, 参数 θ 的最大似然估计为 $\widehat{\theta} = X_{(n)}$. 所以

$$\begin{aligned}
\Lambda(x) &= \frac{f(x, \widehat{\theta})}{f(x, \theta_0)} \\
&= \frac{(x_{(n)})^{-n} \, I\{0 \leqslant x_{(n)} \leqslant x_{(n)}\}}{\theta_0^{-n} \, I\{0 \leqslant x_{(n)} \leqslant \theta_0\}} = \left(\frac{x_{(n)}}{\theta_0}\right)^{-n} \cdot \frac{1}{I\{0 \leqslant x_{(n)} \leqslant \theta_0\}}
\end{aligned}$$

$$= \begin{cases} \left(\dfrac{x_{(n)}}{\theta_0} \right)^{-n}, & x_{(n)} \leqslant \theta_0, \\ +\infty, & x_{(n)} > \theta_0. \end{cases}$$

由此可知似然比检验的否定域为

$$R^+ = \{x : \Lambda(x) > c\} = \{x : x_{(n)} > \theta_0\} \bigcup \left\{ x : \left(\dfrac{x_{(n)}}{\theta_0} \right)^{-n} > c \right\}$$

$$= \{x : x_{(n)} > \theta_0\} \bigcup \left\{ x : \dfrac{x_{(n)}}{\theta_0} < k \right\}.$$

其中 k 由 $P_{\theta_0}(R^+) = \alpha$ 决定. 由于 $X_{(n)}/\theta_0 \sim BE(n,1) \sim ny^{n-1}I\{0 \leqslant y \leqslant 1\}$, 所以直接积分可得 $k = \alpha^{1/n}$. 因此假设检验问题的水平为 α 的似然比检验为

$$\phi(x) = \begin{cases} 1, & x_{(n)} \geqslant \theta_0 \text{ 或 } x_{(n)} \leqslant \theta_0 \alpha^{1/n}, \\ 0, & \theta_0 \alpha^{1/n} < x_{(n)} < \theta_0. \end{cases}$$

例 6.6.2 设 $X_1, \cdots, X_n$ 独立同分布, $X_1 \sim N(\mu, \sigma^2)$, 求以下假设检验问题的似然比检验:

(1) $H_0 : \mu = \mu_0 \longleftrightarrow H_1 : \mu \neq \mu_0$;

(2) $H_0 : \sigma = \sigma_0 \longleftrightarrow H_1 : \sigma \neq \sigma_0$.

解 正态样本的密度函数与对数似然函数分别为

$$f(x, \theta) = \left(\frac{1}{\sqrt{2\pi}\sigma} \right)^n \exp \left\{ -\frac{1}{2\sigma^2} \sum_{i=1}^n (x_i - \mu)^2 \right\},$$

$$L(\theta) = -\frac{n}{2} \log(2\pi) - \frac{n}{2} \log(\sigma^2) - \frac{1}{2\sigma^2} \sum_{i=1}^n (x_i - \mu)^2.$$

而 $\theta = (\mu, \sigma^2)$, $\widehat{\theta} = (\widehat{\mu}, \widehat{\sigma^2})$, $\widehat{\mu} = \overline{X}$, $\widehat{\sigma^2} = \dfrac{1}{n} \sum_{i=1}^n (X_i - \overline{X})^2$, 则有

$$L(\widehat{\theta}) = -\frac{n}{2} \log(2\pi) - \frac{n}{2} \log \left[\frac{1}{n} \sum_{i=1}^n (x_i - \overline{x})^2 \right] - \frac{n}{2}.$$

(1) 这时 $\widehat{\theta_0} = (\widehat{\mu_0}, \widehat{\sigma_0^2})$, $\widehat{\mu_0} = \mu_0$, $\widehat{\sigma_0^2} = \dfrac{1}{n} \sum_{i=1}^n (X_i - \mu_0)^2$, 且有

$$L(\widehat{\theta_0}) = -\frac{n}{2} \log(2\pi) - \frac{n}{2} \log \left[\frac{1}{n} \sum_{i=1}^n (x_i - \mu_0)^2 \right] - \frac{n}{2}.$$

$$LR(\widehat{\theta}_0) = 2\{L(\widehat{\theta}) - L(\widehat{\theta}_0)\} = n \log \left[\frac{\sum\limits_{i=1}^{n}(x_i - \mu_0)^2}{\sum\limits_{i=1}^{n}(x_i - \overline{x})^2} \right]$$

$$= n \log \left[\frac{\sum\limits_{i=1}^{n}(x_i - \overline{x})^2 + n(\overline{x} - \mu_0)^2}{\sum\limits_{i=1}^{n}(x_i - \overline{x})^2} \right]$$

$$= n \log \left[1 + \frac{n(\overline{x} - \mu_0)^2}{\sum\limits_{i=1}^{n}(x_i - \overline{x})^2} \right] = n \log \left[1 + \frac{W^2}{n-1} \right],$$

其中

$$W = \frac{\sqrt{n}(\overline{x} - \mu_0)}{\sqrt{\sum\limits_{i=1}^{n}(x_i - \overline{x})^2/(n-1)}} \sim t(n-1).$$

因此 $R^+ = \{LR(\widehat{\theta}_0) > k\} = \{|W| > c\}$,

$$\phi(x) = \begin{cases} 1, & |W| > c, \\ 0, & |W| < c, \end{cases}$$

c 由 $\mathrm{E}_{\mu_0}[\phi(X)] = \alpha$ 决定, 这一结果与 N–P 理论的一致最优势检验一致.

(2) 这时 $\widehat{\theta}_0 = (\widehat{\mu}_0, \widehat{\sigma_0^2})$, $\widehat{\mu}_0 = \overline{x}$, $\widehat{\sigma_0^2} = \sigma_0^2$, 且有

$$L(\widehat{\theta}_0) = -\frac{n}{2}\log(2\pi) - \frac{n}{2}\log(\sigma_0^2) - \frac{1}{2\sigma_0^2}\sum\limits_{i=1}^{n}(x_i - \overline{x})^2.$$

$$LR(\widehat{\theta}_0) = n \log \left[\frac{\sigma_0^2}{\sum\limits_{i=1}^{n}(x_i - \overline{x})^2} \right] + \frac{\sum\limits_{i=1}^{n}(x_i - \overline{x})^2}{\sigma_0^2} - n + n \log n.$$

为求 $R^+ = \{LR(\widehat{\theta}_0) > c\}$, 把上式表示为

$$LR(\widehat{\theta}_0) = g(t) = t - n\log t - n + n\log n, \quad t = \frac{\sum\limits_{i=1}^{n}(x_i - \overline{x})^2}{\sigma_0^2}.$$

由于 $g''(t) = n/t^2 > 0$, 因此 $g(t)$ 为凸函数, 从而 R^+ 可表示为

$$R^+ = \{LR(\widehat{\theta}_0) > c\} = \{T < k_1 \text{ 或 } T > k_2\},$$

$$\phi(x) = \begin{cases} 1, & T < k_1 \text{ 或 } T > k_2, \\ 0, & k_1 < T < k_2, \end{cases}$$

其中 $T = \sum\limits_{i=1}^{n} (X_i - \overline{X})^2/\sigma_0^2 \sim \chi^2(n-1)$, k_1, k_2 由以下条件决定:

$$\int_{k_1}^{k_2} \chi^2(n-1, y)\mathrm{d}y = 1-\alpha, \quad \text{及 } g(k_1) = g(k_2),$$

其中 $g(k_1) = g(k_2)$ (见图 6.6.1) 相当于 $(k_1/k_2)^n = \mathrm{e}^{k_1}/\mathrm{e}^{k_2}$. 以上定解条件与 N–P 理论的一致最优无偏检验略有不同, 但在实用上还是取以下近似值: $k_1 = \chi^2(n-1, \alpha/2)$, $k_2 = \chi^2(n-1, 1-\alpha/2)$.

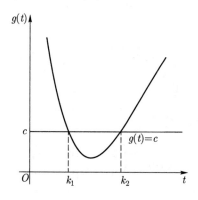

图 6.6.1 k_1, k_2 的定解条件

以下几个例子都是应用 N–P 理论难以解决, 但很常见的假设检验问题.

例 6.6.3 设 $X_1, \cdots, X_n$ 独立同分布, 且 $X_1 \sim \mu + \Gamma\left(\dfrac{1}{\sigma}, 1\right)$, 求以下假设检验问题的似然比检验: $H_0 : \mu = 0 \longleftrightarrow H_1 : \mu \neq 0$.

解 本问题用 N–P 理论解决比较困难, 因为它不是指数族分布. 其密度函数为

$$f(x, \theta) = \frac{1}{\sigma^n} \exp\left\{ -\frac{1}{\sigma} \sum_{i=1}^{n} (x_i - \mu) \right\} I\{x_{(1)} \geqslant \mu\}.$$

记 $\theta = (\mu, \sigma), \theta_0 = (0, \sigma)$, 则其最大似然估计分别为

$$\widehat{\mu} = X_{(1)}, \widehat{\sigma} = n^{-1}S, \ S = \sum_{i=1}^{n} (X_i - X_{(1)}); \ \widehat{\mu}_0 = 0, \ \widehat{\sigma}_0 = \overline{X}.$$

因此有

$$f(x, \widehat{\theta}) = \frac{1}{(n^{-1}S)^n}\mathrm{e}^{-n}; \ f(x, \widehat{\theta}_0) = \frac{1}{\overline{x}^n}\mathrm{e}^{-n}.$$

$$\Lambda(x) = \left[\frac{\sum\limits_{i=1}^{n} x_i}{\sum\limits_{i=1}^{n}(x_i - x_{(1)})}\right]^n = \left[1 + \frac{nx_{(1)}}{S}\right]^n.$$

由于 $\Lambda(x)$ 为 $T = nx_{(1)}/S$ 的严增函数, 因此有

$$R^+ = \{\Lambda(x) > c\} = \left\{\frac{nx_{(1)}}{S} > k\right\}.$$

$$\phi(x) = \begin{cases} 1, & T > k, \\ 0, & T < k, \end{cases} \quad T = \frac{nX_{(1)}}{S}.$$

其中 k 由 $\mathrm{E}_{\theta_0}[\phi(X)] = P_{\theta_0}(T > k) = \alpha$ 决定, 而 H_0 成立时有

$$\mu = 0, \quad nX_{(1)} \sim \Gamma\left(\frac{1}{\sigma}, 1\right), \quad S \sim \Gamma\left(\frac{1}{\sigma}, n-1\right).$$

因此有 $\dfrac{2}{\sigma}nX_{(1)} \sim \chi^2(2)$, $\dfrac{2}{\sigma}S \sim \chi^2(2(n-1))$. 由此可得

$$\frac{\frac{2}{\sigma}nX_{(1)}/2}{\frac{2S}{\sigma}/2(n-1)} = (n-1)\frac{nX_{(1)}}{S} \sim F(2, 2(n-1)).$$

因此由 $\mathrm{E}_{\theta_0}[\phi(X)] = \alpha$ 可确定 k 的值:

$$P_{\theta_0}\left\{\frac{nX_{(1)}}{S} > k\right\} = P_{\theta_0}\left\{\frac{n(n-1)X_{(1)}}{S} > (n-1)k\right\} = \alpha.$$

因此有 $(n-1)k = F(2, 2(n-1), 1-\alpha)$, $k = (n-1)^{-1}F(2, 2(n-1), 1-\alpha)$.

例 6.6.4 (相关系数的检验) 设 $(X_1, Y_1), \cdots, (X_n, Y_n)$ 独立同分布, (X_1, Y_1) $\sim N(\mu_1, \mu_2, \sigma_1^2, \sigma_2^2, \rho)$, 要检验 X_1 与 Y_1 是否相关, 即 $H_0: \rho = 0 \longleftrightarrow H_1: \rho \neq 0$, 求似然比检验.

解 记 $\theta = (\mu_1, \mu_2, \sigma_1^2, \sigma_2^2, \rho)$, 则 $\widehat{\theta}$ 的各分量为

$$\widehat{\mu}_1 = \overline{X}, \quad \widehat{\mu}_2 = \overline{Y}; \quad \widehat{\sigma}_1^2 = \frac{1}{n}\sum_{i=1}^{n}(X_i - \overline{X})^2, \quad \widehat{\sigma}_2^2 = \frac{1}{n}\sum_{i=1}^{n}(Y_i - \overline{Y})^2;$$

$$\widehat{\rho} = \frac{\frac{1}{n}\sum_{i=1}^{n}(X_i - \overline{X})(Y_i - \overline{Y})}{\widehat{\sigma}_1 \widehat{\sigma}_2}.$$

当 $\rho = 0$ 时, 除了 $\widehat{\rho}_0 = 0$ 之外, $\widehat{\theta}_0$ 的其他分量与 $\widehat{\theta}$ 相同, 因此由直接计算可得

$$f(x, y, \widehat{\theta}) = \left(\frac{1}{2\pi\widehat{\sigma}_1\widehat{\sigma}_2\sqrt{1 - \widehat{\rho}^2}}\right)^n \mathrm{e}^{-n}.$$

$$f(x, y, \widehat{\theta}_0) = \left(\frac{1}{2\pi\widehat{\sigma}_1\widehat{\sigma}_2} \right)^n \mathrm{e}^{-n}.$$

由此可得 $\Lambda(x) = (1 - \widehat{\rho}^2)^{-n/2}$, 它是 $\widehat{\rho}^2$ 的严增函数. 因此否定域可表示为

$$R^+ = \{\Lambda(x) > c\} = \{|\widehat{\rho}| > k\} = \left\{ \left| \frac{\sqrt{n-2}\widehat{\rho}}{\sqrt{1-\widehat{\rho}^2}} \right| > A \right\},$$

其中 $\sqrt{n-2}\widehat{\rho} / \sqrt{1-\widehat{\rho}^2} \sim t(n-2)$. (见 Zacks (1981), p.67). 因此有 $A = t(n-2, 1 - \alpha/2)$.

例 6.6.5 (多项分布的检验) 设 $X = (X_1, \cdots, X_k)^{\mathrm{T}} \sim MN(n, \pi)$, $\pi = (\pi_1, \cdots, \pi_k)^{\mathrm{T}}$. 求以下假设检验问题的似然比检验: $H_0 : \pi = \pi_0 \longleftrightarrow H_1 : \pi \neq \pi_0$.

解 多项分布的密度为

$$f(x; \pi) = \frac{n!}{x_1! \cdots x_k!} \pi_1^{x_1} \cdots \pi_k^{x_k}.$$

其最大似然估计分别为 $\widehat{\pi}_i = x_i/n$, $\widehat{\pi}_{i0} = \pi_{i0}$, $(i = 1, \cdots, k)$. 代入 (6.6.4) 式可得

$$\Lambda(x) = \frac{f(x; \widehat{\pi})}{f(x; \widehat{\pi}_0)} = \prod_{i=1}^{k} \left(\frac{x_i}{n\pi_{i0}} \right)^{x_i}.$$

$$LR(\pi_0) = 2 \sum_{i=1}^{k} x_i \log \left(\frac{x_i}{n\pi_{i0}} \right) \tag{6.6.5}$$

$$R^+ = \{\Lambda(x) > c\} = \{LR > k\}.$$

由定理 5.3.5 可知, $LR(\pi_0) \to \chi^2(k-1)$, 这是因为 $\sum\limits_{i=1}^{k} \pi_i = 1$, 所以参数 π 的自由度为 $k-1$. (6.6.5) 式还可进一步化简, 得到拟合优度统计量, 详见下节.

注 似然比检验与 N–P 理论的一致最优势检验不同, 一般不能得到其最优性. 但是在一定正则条件下, 它有很好的大样本性质, 详见陈希孺 (1981, 2009), Lehmann (1986, 1999), Rao (1973), Shao (1998).

6.6.2 子集参数的似然比检验

在通常的假设检验问题中, 经常把参数 θ 分成两部分, θ_1 为有兴趣参数, 并考虑其假设检验问题, 而 θ_2 为多余参数. 上一节的例子大多数为这种情形, 例如正态分布, $\mu = \theta_1$ 为有兴趣参数, 则 $\sigma = \theta_2$ 为多余参数; 反之亦然. 今考虑其一般情形.

假设参数 θ 简记为 $\theta = (\theta_1, \theta_2)$, 其中 θ_1 为 p_1 维, θ_2 为 p_2 维, 参数空间 $\Theta = \{(\theta_1, \theta_2), \forall \theta\}$ 为 $p_1 + p_2$ 维. 考虑假设检验问题:

$$H_0 : \theta_1 = \theta_{10} \longleftrightarrow H_1 : \theta_1 \neq \theta_{10} \text{ (但 } \theta_2 \text{ 未知)}.$$

这时 $\Theta_0 = \{(\theta_{10}, \theta_2), \forall\, \theta_2\}$, 为 p_2 维, 并记 $\theta_0 = (\theta_{10}, \theta_{20})$, $\widehat{\theta} = (\widehat{\theta}_1, \widehat{\theta}_2)$, $\widehat{\theta}_0 = (\theta_{10}, \widetilde{\theta}_2(\theta_{10}))$, 其中 $\widetilde{\theta}_2(\theta_{10}) \triangleq \widetilde{\theta}_2$ 为 $\theta_1 = \theta_{10}$ 时 θ_2 的最大似然估计, 则由 3.3.4 节的结果可知 $\widehat{\theta}_2 = \widetilde{\theta}_2(\widehat{\theta}_1)$, 且有

$$L(\widehat{\theta}_0) = L(\theta_{10}, \widetilde{\theta}_2(\theta_{10})) = L_p(\theta_{10}), \quad L(\widehat{\theta}) = L(\widehat{\theta}_1, \widetilde{\theta}_2(\widehat{\theta}_1)) = L_p(\widehat{\theta}_1).$$

其中 $L_p(\theta_1) = L(\theta_1, \widetilde{\theta}_2(\theta_1))$ 为截面似然 (见 3.3.4 节). 因此似然比统计量可表示为

$$LR(\theta_{10}) = 2\{L(\widehat{\theta}) - L(\widehat{\theta}_0)\} = 2\{L_p(\widehat{\theta}_1) - L_p(\theta_{10})\}. \tag{6.6.6}$$

并且有 $R^+ = \{LR(\theta_{10}) > c\}$.

以下将证明, 在一定条件下有 $LR(\theta_{10}) \xrightarrow{L} \chi^2(p_1)$ (当 $n \to +\infty$ 时). 为此, 首先回顾第五章 5.3 节关于对数似然函数以及最大似然估计的若干重要性质 (见引理 5.3.4).

假设 $X_1, \cdots, X_n$ 独立同分布, 且 $X_1 \sim f(x, \theta)$, $\theta \in \Theta$, 为 C–R 分布族; X_1 的 Fisher 信息矩阵记为 $i(\theta)$, $X = (X_1, \cdots, X_n)^\mathrm{T}$ 的对数似然函数及 Fisher 信息矩阵记为 $L(\theta)$ 和 $I(\theta)$. 今把有关的量按 θ_1 和 θ_2 分块, 则由 5.3 节的结果有

$$\dot{L}(\theta) = \begin{pmatrix} \dot{L}_1(\theta) \\ \dot{L}_2(\theta) \end{pmatrix} = O_p(\sqrt{n}); \quad \ddot{L}(\theta) = \begin{pmatrix} L_{11} & L_{12} \\ L_{21} & L_{22} \end{pmatrix} = O_p(n);$$

$$\ddot{L}^{-1}(\theta) = \begin{pmatrix} L^{11} & L^{12} \\ L^{21} & L^{22} \end{pmatrix} = O_p(n^{-1}); \quad L^{11} = (L_{11} - L_{12}L_{22}^{-1}L_{21})^{-1} = O_p(n^{-1});$$

$$\mathrm{E}[-\ddot{L}(\theta)] = I(\theta) = ni(\theta) = \begin{pmatrix} I_{11} & I_{12} \\ I_{21} & I_{22} \end{pmatrix} = O(n);$$

$$I^{-1}(\theta) = \frac{1}{n}i^{-1}(\theta) = \begin{pmatrix} I^{11} & I^{12} \\ I^{21} & I^{22} \end{pmatrix} = O(n^{-1}).$$

另外, 对于 $\widehat{\theta} = (\widehat{\theta}_1, \widehat{\theta}_2)$, $\widehat{\theta}_0 = (\theta_{10}, \widetilde{\theta}_2(\theta_{10}))$, 记

$$\Delta\widehat{\theta} \triangleq \begin{pmatrix} \widehat{\theta}_1 \\ \widehat{\theta}_2 \end{pmatrix} - \begin{pmatrix} \theta_{10} \\ \widetilde{\theta}_2(\theta_{10}) \end{pmatrix} = \begin{pmatrix} \widehat{\theta}_1 - \theta_{10} \\ \widehat{\theta}_2 - \widetilde{\theta}_2 \end{pmatrix} \triangleq \begin{pmatrix} \Delta\widehat{\theta}_1 \\ \Delta\widetilde{\theta}_2 \end{pmatrix}.$$

则有 $\dot{L}_1(\widehat{\theta}) = 0$, $\dot{L}_2(\widehat{\theta}) = 0$. 又由于 $\widehat{\theta}_0$ 中 $\widetilde{\theta}_2$ 为 $\theta_1 = \theta_{10}$ 时, θ_2 的最大似然估计, 因此有 $\dot{L}_2(\widehat{\theta}_0) = 0$.

引理 6.6.1 在以上假设条件和符号下, 子集参数的最大似然估计可表示为

$$\Delta\widehat{\theta}_1 = -L^{11}(\widehat{\theta}_0)\dot{L}_1(\widehat{\theta}_0) + O_p(n^{-1}), \qquad (6.6.7)$$

$$\Delta\widetilde{\theta}_2 = -L_{22}^{-1}(\widehat{\theta}_0)L_{21}(\widehat{\theta}_0)\Delta\widehat{\theta}_1 + O_p(n^{-1}). \qquad (6.6.8)$$

证明 $\dot{L}(\widehat{\theta}) = 0$ 在 $\widehat{\theta}_0$ 处展开可得

$$\dot{L}(\widehat{\theta}) = \dot{L}(\widehat{\theta}_0) + \ddot{L}(\widehat{\theta}_0)(\widehat{\theta} - \widehat{\theta}_0) + \text{余项} = 0, \qquad (6.6.9)$$

其中余项亦为 p 维向量, 其第 a 个分量可表示为 $\dfrac{1}{2}\sum\limits_{i=1}^{p}\sum\limits_{j=1}^{p}n^{-1}L_{aij}^{(3)}(\xi)\sqrt{n}\Delta\theta_i\sqrt{n}\Delta\theta_j$, 其中 ξ 为 $\widehat{\theta}$ 与 $\widehat{\theta}_0$ 之间的一点, 由 $n^{-1}L_{aij}^{(3)}(\xi) = O_p(1)$ 以及最大似然估计的渐近正态性可知, 余项 $= O_p(1)$. 由于 $\dot{L}_2(\widehat{\theta}_0) = 0$, 因而 (6.6.9) 式的分块形式可表示为

$$\begin{pmatrix} \dot{L}_1(\widehat{\theta}_0) \\ 0 \end{pmatrix} = -\begin{pmatrix} L_{11} & L_{12} \\ L_{21} & L_{22} \end{pmatrix}\begin{pmatrix} \Delta\widehat{\theta}_1 \\ \Delta\widetilde{\theta}_2 \end{pmatrix} + O_p(1). \qquad (6.6.10)$$

该式及下面的式子都在 $\widehat{\theta}_0$ 处计值. 因此由上式可得 $0 = L_{21}\Delta\widehat{\theta}_1 + L_{22}\Delta\widetilde{\theta}_2 + O_p(1)$, 由于 $L_{22}^{-1} = O_p(n^{-1})$, 所以有 $\Delta\widetilde{\theta}_2 = -L_{22}^{-1}L_{21}\Delta\widehat{\theta}_1 + O_p(n^{-1})$; 此即 (6.6.8) 式. 又由 (6.6.10) 式可得

$$\begin{pmatrix} \Delta\widehat{\theta}_1 \\ \Delta\widetilde{\theta}_2 \end{pmatrix} = -\begin{pmatrix} L^{11} & L^{12} \\ L^{21} & L^{22} \end{pmatrix}\begin{pmatrix} \dot{L}_1 \\ 0 \end{pmatrix} + O_p(n^{-1}).$$

由此即可得到 (6.6.7) 式. ∎

定理 6.6.1 在以上假设条件和符号下, 子集参数的似然比统计量 $LR(\theta_{10})$ 有渐近 χ^2 分布, 即当 $n \to +\infty$ 时,

$$LR(\theta_{10}) = 2\{L(\widehat{\theta}) - L(\widehat{\theta}_0)\} = 2\{L_p(\widehat{\theta}_1) - L_p(\theta_{10})\} \xrightarrow{L} \chi^2(p_1).$$

对于假设检验问题 $H_0 : \theta_1 = \theta_{10} \longleftrightarrow H_1 : \theta_1 \neq \theta_{10}$, 其基于似然比统计量的近似否定域为

$$R^+ = \{LR(\theta_{10}) > \chi^2(p_1, 1 - \alpha)\}.$$

证明 (6.6.6) 式的 $LR(\theta_{10})$ 在 $\widehat{\theta}_0$ 处展开有

$$LR(\theta_{10}) = 2\dot{L}^{\mathrm{T}}(\widehat{\theta}_0)\Delta\widehat{\theta} + (\Delta\widehat{\theta})^{\mathrm{T}}\ddot{L}(\widehat{\theta}_0)\Delta\widehat{\theta} + \text{余项}.$$

其中余项可表示为 $\dfrac{1}{3}(\sqrt{n})^{-1}\sum\limits_{i=1}^{p}\sum\limits_{j=1}^{p}\sum\limits_{k=1}^{p}n^{-1}L_{ijk}^{(3)}(\xi)\sqrt{n}\Delta\theta_i\sqrt{n}\Delta\theta_j\sqrt{n}\Delta\theta_k$, 其中 ξ 为 $\widehat{\theta}$ 与 $\widehat{\theta}_0$ 之间的一点, 由 $n^{-1}L_{ijk}^{(3)}(\xi) = O_p(1)$ 以及最大似然估计的渐近正态性

可知, 余项 $= O_p(n^{-1/2})$. 因此 $LR(\theta_{10})$ 的分块形式可表示为

$$LR(\theta_{10}) = 2\dot{L}_1^{\mathrm{T}}\Delta\widehat{\theta}_1 + 2\dot{L}_2^{\mathrm{T}}\Delta\widetilde{\theta}_2 + (\Delta\widehat{\theta}_1)^{\mathrm{T}}L_{11}\Delta\widehat{\theta}_1 +$$
$$2(\Delta\widehat{\theta}_1)^{\mathrm{T}}L_{12}\Delta\widetilde{\theta}_2 + (\Delta\widetilde{\theta}_2)^{\mathrm{T}}L_{22}\Delta\widetilde{\theta}_2 + O_p(n^{-1/2}).$$

把引理 6.6.1 的结果以及 $\dot{L}_1(\widehat{\theta}_0) = -(L^{11})^{-1}\Delta\widehat{\theta}_1 + O_p(1)$, $\dot{L}_2(\widehat{\theta}_0) = 0$, 代入上式可得

$$\begin{aligned}
LR(\theta_{10}) &= -2(\Delta\widehat{\theta}_1)^{\mathrm{T}}(L^{11})^{-1}\Delta\widehat{\theta}_1 + (\Delta\widehat{\theta}_1)^{\mathrm{T}}L_{11}\Delta\widehat{\theta}_1 - \\
&\quad 2(\Delta\widehat{\theta}_1)^{\mathrm{T}}L_{12}L_{22}^{-1}L_{21}\Delta\widehat{\theta}_1 + (\Delta\widehat{\theta}_1)^{\mathrm{T}}L_{12}L_{22}^{-1}L_{21}\Delta\widehat{\theta}_1 + O_p(n^{-\frac{1}{2}}) \\
&= -2(\Delta\widehat{\theta}_1)^{\mathrm{T}}(L^{11})^{-1}\Delta\widehat{\theta}_1 + (\Delta\widehat{\theta}_1)^{\mathrm{T}}(L_{11} - L_{12}L_{22}^{-1}L_{21})\Delta\widehat{\theta}_1 + O_p(n^{-\frac{1}{2}}) \\
&= -(\Delta\widehat{\theta}_1)^{\mathrm{T}}(L^{11})^{-1}\Delta\widehat{\theta}_1 + O_p(n^{-\frac{1}{2}}) \\
&= (\sqrt{n}\Delta\widehat{\theta}_1)^{\mathrm{T}}(-nL^{11})^{-1}(\sqrt{n}\Delta\widehat{\theta}_1) + O_p(n^{-\frac{1}{2}}).
\end{aligned} \tag{6.6.11}$$

以上 L_{11}, L^{11} 等都在 $\widehat{\theta}_0$ 处计值. 根据引理 5.3.4 的结果可知

$$\sqrt{n}\Delta\widehat{\theta} \xrightarrow{L} N(0, i^{-1}(\theta_0)), \quad \sqrt{n}\Delta\widehat{\theta}_1 \xrightarrow{L} N(0, i^{11}(\theta_0)). \tag{6.6.12}$$

同时由引理 5.3.4 可知 $n^{-1}[-\ddot{L}(\theta_0)] \to i(\theta_0)$, 因而由最大似然估计的相合性也有 $n^{-1}(-\ddot{L}) \to i(\theta_0)$, 其中 $-\ddot{L}$ 表示在 $\widehat{\theta}_0$ 处计值. 因此也有 $-n\ddot{L}^{-1} \to i^{-1}(\theta_0)$, $-nL^{11} \to i^{11}(\theta_0)$. 因此以上 $LR(\theta_{10})$ 可表示为

$$LR(\theta_{10}) = (\sqrt{n}\Delta\widehat{\theta}_1)^{\mathrm{T}}(-nL^{11})^{-\frac{1}{2}}(-nL^{11})^{-\frac{1}{2}}(\sqrt{n}\Delta\widehat{\theta}_1) + O_p(n^{-\frac{1}{2}}). \tag{6.6.13}$$

由于 $(-nL^{11})^{-\frac{1}{2}} \to (i^{11}(\theta_0))^{-\frac{1}{2}}$, 因此由 Slutsky 定理以及 (6.6.12) 式可知

$$(-nL^{11})^{-\frac{1}{2}}(\sqrt{n}\Delta\widehat{\theta}_1) \xrightarrow{L} N(0, I_{p_1}),$$

所以由 (6.6.13) 式有 $LR(\theta_{10}) \xrightarrow{L} \chi^2(p_1)$ $(n \to +\infty)$. ∎

推论 1 对于任何 $\theta_1 = \theta_{10}$, 都有 $LR(\theta_1) = 2\{L(\widehat{\theta}) - L(\theta_1, \widetilde{\theta}_2(\theta_1))\} \to \chi^2(p_1)$.

推论 2 若 Θ_0 就一个点 $\Theta_0 = (\theta_{10}, \theta_2) = (\theta_1, \theta_2)$, 则有 $LR(\theta) = 2\{L(\widehat{\theta}) - L(\theta)\} \to \chi^2(p)$.

6.6.3 子集参数的 score 检验和 Wald 检验

由公式 (6.6.6) 可知, 似然比统计量需要同时计算参数 θ 在 Θ_0 上以及 Θ 上的最大似然估计 $\widehat{\theta}_0$ 和 $\widehat{\theta}$, 这在一些比较复杂的情形可能会带来不少麻烦. 以下介绍似然比统计量的两种渐近等价的形式. 即 Rao 的 score (得分) 检验统计量和 Wald 检验统计量, 前者只需要计算 θ 在 Θ_0 上的最大似然估计 $\widehat{\theta}_0$, 后者只需要计算 θ 在 Θ 上的最大似然估计 $\widehat{\theta}$, 详见 Shao (1998).

定理 6.6.2   似然比统计量 $LR(\theta_{10})$ 可由得分函数 $\dot{L}_1(\theta)$ 和 Fisher 信息矩阵 $I(\theta)$ 表示为以下 score 统计量的形式, 即

$$LR(\theta_{10}) = SC(\theta_{10}) + O_p(n^{-\frac{1}{2}}); \qquad LR(\theta_{10}) = SC'(\theta_{10}) + O_p(n^{-\frac{1}{2}}).$$

其中

$$SC(\theta_{10}) = \left\{ \left(\frac{\partial L}{\partial \theta_1} \right)^{\mathrm{T}} I^{11}(\theta) \frac{\partial L}{\partial \theta_1} \right\}_{\theta = \widehat{\theta}_0} \xrightarrow{L} \chi^2(p_1). \tag{6.6.14}$$

$$SC'(\theta_{10}) = \left\{ \left(\frac{\partial L}{\partial \theta_1} \right)^{\mathrm{T}} (-L^{11}(\theta)) \frac{\partial L}{\partial \theta_1} \right\}_{\theta = \widehat{\theta}_0} \xrightarrow{L} \chi^2(p_1). \tag{6.6.15}$$

证明   由定理 6.6.1 的证明中的 (6.6.11) 式可得

$$LR(\theta_{10}) = -(\Delta\widehat{\theta}_1)^{\mathrm{T}} (L^{11})^{-1} \Delta\widehat{\theta}_1 + O_p(n^{-\frac{1}{2}}).$$

又由 (6.6.7) 式可知 $\Delta\widehat{\theta}_1 = -L^{11}\dot{L}_1 + O_p(n^{-1})$, 以上统计量都是在 $\widehat{\theta}_0$ 处计值, 因此有

$$LR(\theta_{10}) = \dot{L}_1^{\mathrm{T}}(-L^{11})\dot{L}_1 + O_p(n^{-\frac{1}{2}}).$$

此即 (6.6.15) 式. 又由 5.3 节的结果可知

$$-\ddot{L}(\theta) = I(\theta) + O_p(n^{\frac{1}{2}}), \quad -\ddot{L}^{-1}(\theta) = I^{-1}(\theta) + O_p(n^{-3/2}). \tag{6.6.16}$$

因此有 $-L^{11} = I^{11} + O_p(n^{-3/2})$, 该式代入以上 $LR(\theta_{10})$ 表达式有

$$LR(\theta_{10}) = \dot{L}_1^{\mathrm{T}} I^{11} \dot{L}_1 + \dot{L}_1^{\mathrm{T}}(-L^{11} - I^{11})\dot{L}_1 + O_p(n^{-\frac{1}{2}}) = \dot{L}_1^{\mathrm{T}} I^{11} \dot{L}_1 + O_p(n^{-\frac{1}{2}}).$$

由此即得 (6.6.14) 式. ∎

以上 (6.6.14) 式和 (6.6.15) 式统称为 score 检验统计量, 是 Rao 于 1947 年提出的, 所以也称 Rao 统计量. score 检验统计量在现代文献中有广泛的应用, 因为它只需要计算原假设 H_0 成立时, 即 θ 在 Θ_0 上的最大似然估计 $\widehat{\theta}_0$, 这在很多情况下它比通常的似然比统计量 (6.6.6) 式更加方便. 注意, 若 $\theta_1 = \theta$, 即 θ_2 为空集, 则以上公式与第五章的定理 5.3.9 一致. 同时, 以上公式对任意的 θ_{10} 成立, 因此对任意的 θ_1 成立. 另外, 以下 WD 和 WD' 常称为 Wald 检验统计量, 是 Wald 于 1943 年提出的, 也是似然比统计量 (6.6.6) 式的一种变形, 只需要计算 θ 在 Θ 上的最大似然估计 $\widehat{\theta}$.

推论   似然比统计量 $LR(\theta_{10})$ 可由得分函数 $\dot{L}_1(\theta)$ 和 Fisher 信息矩阵 $I(\theta)$ 表示为以下 Wald 统计量的形式, 即

$$LR(\theta_{10}) = WD(\theta_{10}) + O_p(n^{-\frac{1}{2}}); \quad LR(\theta_{10}) = WD'(\theta_{10}) + O_p(n^{-\frac{1}{2}}).$$

其中

$$WD(\theta_{10}) = (\widehat{\theta}_1 - \theta_{10})^{\mathrm{T}}[I^{11}(\widehat{\theta})]^{-1}(\widehat{\theta}_1 - \theta_{10}) \xrightarrow{L} \chi^2(p_1); \tag{6.6.17}$$

$$WD'(\theta_{10}) = (\widehat{\theta}_1 - \theta_{10})^{\mathrm{T}}[-L^{11}(\widehat{\theta})]^{-1}(\widehat{\theta}_1 - \theta_{10}) \xrightarrow{L} \chi^2(p_1). \tag{6.6.18}$$

证明 由 (6.6.11) 式以及 Slutsky 定理可得 (6.6.18) 式; 再由 (6.6.18) 式以及 (6.6.16) 式即可得到 (6.6.17) 式. ∎

例 6.6.6 (方差齐性检验) 设 $X_1, X_2, \cdots, X_n$ 为相互独立的样本.

(1) 若 $X_i \sim N(0, \omega^{-1}\sigma^2)$, $X_j \sim N(0, \sigma^2)$, $j = 1, \cdots, n$; $j \neq i$, 求以下假设检验问题的 score 检验统计量: $H_0 : \omega = 1 \longleftrightarrow H_1 : \omega \neq 1$;

(2) 在 (1) 的假设下, 观测到一组数据为

–0.68, 0.18, –10.07, –5.01, 11.09, 9.93, –9.67, 28.77, –1.95, –15.56, 8.05.
试检验其方差齐性.

解 (1) 记 $\theta_1 = \omega$, $\theta_2 = \sigma^2$, 则以上检验相当于

$$H_0 : \theta_1 = \theta_{10} = 1 \longleftrightarrow H_1 : \theta_1 \neq \theta_{10},$$

可应用公式 (6.6.14) 求出 score 检验统计量. 由正态性假设可得样本的密度函数与对数似然函数分别为

$$f(x, \theta) = \left(\frac{1}{\sqrt{2\pi}\sigma}\right)^{n-1} \exp\left(-\frac{1}{2\sigma^2}\sum_{j \neq i} x_j^2\right) \left(\frac{1}{\sqrt{2\pi\sigma^2\omega^{-1}}}\right) \exp\left(-\frac{\omega}{2\sigma^2}x_i^2\right),$$

$$L(\theta) = -\frac{n}{2}\log(2\pi) - \frac{n}{2}\log(\sigma^2) + \frac{1}{2}\log\omega - \frac{1}{2\sigma^2}\sum_{j \neq i} x_j^2 - \frac{\omega}{2\sigma^2}x_i^2.$$

当 H_0 成立时, 即 $\omega = 1$ 时, 参数的最大似然估计为 $\widehat{\theta}_0 = (1, \widehat{\sigma_0^2})$, $\widehat{\sigma_0^2} = \frac{1}{n}\sum_{i=1}^{n} X_i^2$. 通过对 $L(\theta)$ 求导可得

$$\frac{\partial L}{\partial \omega} = \frac{1}{2\omega} - \frac{1}{2\sigma^2}x_i^2, \quad \left(\frac{\partial L}{\partial \omega}\right)_{\widehat{\theta}_0} = \frac{1}{2}\left(1 - \frac{x_i^2}{\widehat{\sigma_0^2}}\right);$$

$$\frac{\partial L}{\partial \sigma^2} = -\frac{n}{2}\frac{1}{\sigma^2} + \frac{1}{2\sigma^4}\sum_{j \neq i} x_j^2 + \frac{\omega}{2\sigma^4}x_i^2; \quad \frac{\partial^2 L}{\partial \omega \partial \sigma^2} = \frac{1}{2\sigma^4}x_i^2;$$

$$\frac{\partial^2 L}{\partial(\sigma^2)^2} = \frac{n}{2}\frac{1}{\sigma^4} - \frac{1}{\sigma^6}\sum_{j \neq i} x_j^2 - \frac{\omega}{\sigma^6}x_i^2; \quad \frac{\partial^2 L}{\partial \omega^2} = \frac{-1}{2\omega^2}.$$

由此可得到 $\widehat{\theta}_0 = (1, \widehat{\sigma_0^2})$ 处的 Fisher 信息矩阵为

$$I(\widehat{\theta}_0) = \begin{pmatrix} \dfrac{1}{2} & -\dfrac{1}{2\widehat{\sigma_0^2}} \\[2mm] -\dfrac{1}{2\widehat{\sigma_0^2}} & \dfrac{n}{2\widehat{\sigma_0^4}} \end{pmatrix}; \quad I^{11}(\widehat{\theta}_0) = \dfrac{2n}{n-1}.$$

以上结果代入 score 检验统计量的公式 (6.6.14) 可得

$$SC_i = \frac{n}{2(n-1)} \left(1 - \frac{x_i^2}{\sigma_0^2} \right)^2 \xrightarrow{L} \chi^2(1). \tag{6.6.19}$$

(2) 这时 $n = 11$, 直接计算可得 $\widehat{\sigma_0^2} = 143.685$. 由 (6.6.19) 式可得 SC_i 的值 ($i = 1, \cdots, 11$), 如下所示:

x_i	−0.68	0.18	−10.07	−5.01	11.09	9.93	−9.67	28.77	−1.95	−15.56	8.05
SC_i	0.547	0.550	0.048	0.375	0.011	0.054	0.067	12.465	0.521	0.258	0.166

在上数据中, SC_8 的值特别大, 为 12.465, 而 $\chi^2(1, 0.99) = 6.635$, 因此, x_8 对应的假设 $H_0 : \omega = 1$ 被否定, 所以这一组数据具有非齐性的方差. 同时, 由于其他 x_i 对应的假设 $H_0 : \omega = 1$ 都未被否定; 因而可认为 x_8 有异于其他 x_i 的方差.

6.7 拟合优度检验

给定一组数据, 要验证它是否来自某一分布, 诸如正态分布、指数分布、Poisson 分布、多项分布等分布; 这就是拟合优度检验问题, 主要研究给定的样本是否服从某一既定分布. 设 $X_1, \cdots, X_n$ 为独立同分布样本, 拟合优度检验为

(i) $H_0 : X_1 \sim F_0(x) \longleftrightarrow H_1 : X_1$ 的分布不是 $F_0(x)$.

其中 $F_0(x)$ 为已知分布. 这一检验问题也可理解为 "X_1 的分布是否可用 $F_0(x)$ 来拟合."

解决以上检验问题常用的方法是构造一个拟合优度检验统计量

$$D = D(X_1, \cdots, X_n; F_0),$$

且当 $X_1 \sim F_0(x)$ 时 D 的分布已知, 诸如 χ^2 分布等. 因此可取一个阈值 D_α, 使 $X_1 \sim F_0(x)$ 成立时有

$$P_{F_0}(D \geqslant D_\alpha) = \alpha. \tag{6.7.1}$$

$\alpha = 0.01$ 或 0.05 等值. 该式说明, 若 $H_0 : X_1 \sim F_0(x)$ 成立, $D \geqslant D_\alpha$ 的可能性极小, 因此若真的 $D \geqslant D_\alpha$ 成立, 则应否定 H_0, 由此可构造否定域为

$$R^+ = \{x : D(x_1, \cdots, x_n; F_0) \geqslant D_\alpha\}. \tag{6.7.2}$$

其中 D_α 为已知, 诸如 $\chi^2(p, 1 - \alpha)$ 等.

拟合优度则可理解为以上检验的 p 值, 例如 X 的具体一组抽样为 $X_1 = x_1^0, \cdots, X_n = x_n^0$, 可计算出 $D_0 = D(x_1^0, \cdots, x_n^0; F_0)$. 易见, 若 $D_0 \geqslant D_\alpha$, 则否定 H_0; 若 $D_0 < D_\alpha$, 则不否定 H_0, 而本次抽样的 p 值为

$$p(D_0) = P_{F_0}\{D(X_1, \cdots, X_n; F_0) \geqslant D_0\}.$$

因此, 若 $p(D_0) \leqslant \alpha$, 则否定 H_0; 若 $p(D_0) > \alpha$ 则不否定 H_0. 从拟合的观点来看, 也可作如下直观解释: 即 $p(D_0)$ 越小, 用 $F_0(x)$ 来拟合 X_1 的分布越不合适; $p(D_0)$ 越大, 则用 $F_0(x)$ 来拟合 X_1 的分布越合适. 因此, $p(D_0)$ 可理解为用 $F_0(x)$ 来拟合 X_1 的分布的合适程度, 即拟合优度.

拟合优度检验与多项分布以及多项分布的检验有密切关系. 本节的主要内容就是关于多项分布的检验及其应用.

6.7.1 拟合优度检验与多项分布检验

例 6.7.1 Mendel 豌豆杂交试验与拟合优度检验.

拟合优度检验的一个著名应用案例就是 Mendel 豌豆杂交试验 (见韦博成 (2011)). 下面先看一个例子, 进一步的讨论参见 6.7.3 节.

在一次豌豆杂交试验中, Mendel 同时考虑豌豆的颜色和形状, 颜色有黄色、绿色; 形状有圆形光滑、皱皮两种. 经两次杂交以后, 其后代有 4 个状态: (黄, 圆)、(黄, 皱)、(绿, 圆)、(绿, 皱). 以下是 Mendel 进行了 556 次观测的一组数据, 其结果如下所示. 根据 Mendel 遗传学理论, 其后代的比例应为 9 : 3 : 3 : 1 (详细的分析讨论可参见 6.7.3 节以及韦博成 (2011) 2.12 节). 我们可以应用统计学方法分析这组试验数据, 验证他的理论.

	(黄, 圆)	(黄, 皱)	(绿, 圆)	(绿, 皱)
理论比例	9	3	3	1
观测值	315	108	101	32

这是一个典型的多项分布的假设检验问题, 共有 4 个状态: (黄, 圆)、(黄, 皱)、(绿, 圆)、(绿, 皱); 做了 $n = 556$ 次试验, 它们分别出现了 315, 108, 101, 32 次, 检验其概率是否为 $\frac{9}{16}, \frac{3}{16}, \frac{3}{16}, \frac{1}{16}$. 记 $n = 556$, $N = (N_1, N_2, N_3, N_4)^T = (315, 108, 101, 32)^T$, 就是要检验

$$H_0 : N \sim MN\left(556; \frac{9}{16}, \frac{3}{16}, \frac{3}{16}, \frac{1}{16}\right);$$

$$H_1 : N \text{ 的分布不是 } MN\left(556; \frac{9}{16}, \frac{3}{16}, \frac{3}{16}, \frac{1}{16}\right).$$

其解法以及进一步的讨论见 6.7.3 节.

我们先介绍与多项分布检验有关的若干问题. 以下例子说明, 多项分布检验可用于很广泛的情形, 并不仅限于多项分布本身的检验.

例 6.7.2 设 $X_1, \cdots, X_n$ 独立同分布, 考虑检验

(i) $H_0 : X_1 \sim F_0(x) \longleftrightarrow H_1 : X_1$ 的分布不是 $F_0(x)$ (其中 $F_0(x)$ 已知).

这一检验可近似化为多项分布的检验, 通常的做法如下: 把数轴 $(-\infty, \infty)$ 分划为 k 个区间, $(-\infty, \infty) = I_1 \cup I_2 \cup \cdots \cup I_k$, 其中 $I_1 = (-\infty, a_1]$, $I_2 = (a_1, a_2], \cdots, I_k = (a_{k-1}, \infty)$, 并记 $a_0 = -\infty$, $a_k = \infty$. 由于 $F_0(x)$ 为已知分布, 可求出

$$p_{0i} = P_{F_0}(X_1 \in I_i) = F_0(a_i) - F_0(a_{i-1}), \quad i = 1, \cdots, k. \tag{6.7.3}$$

同时可统计出观测值 $X_1, \cdots, X_n$ 落入区间 I_i 中的样本个数 n_i, 如下所示.

I_1	I_2	$\cdots$	I_k
n_1	n_2	$\cdots$	n_k
p_{01}	p_{02}	$\cdots$	p_{0k}

则 $N = (n_1, \cdots, n_k)$ 服从多项分布, 并可进行以下检验

(i)′ $H_0 : N \sim MN(n; p_{01}, \cdots, p_{0k}) \longleftrightarrow H_1 : N$ 不服从 $MN(n; p_{01}, \cdots, p_{0k})$.

检验 (i)′ 可视为上述检验 (i) 的一个近似检验. 因为若 $X_1 \sim F_0(x)$ 成立, 则必有 $N \sim MN(n; p_{01}, \cdots, p_{0k})$, 所以若检验 (i)′ 的 H_0 被否定, 即 N 不服从上述多项分布, 则 $X_1 \sim F_0(x)$ 不可能成立. 这种检验方法在实际问题中经常被采用 (注意, 若 (i)′ 的 H_0 未被否定, 只能说明我们没有充分理由否定假设 $X_1 \sim F_0(x)$).

例 6.7.3 含参数情形的检验, 问题同例 6.7.2, 但假设 $X_1 \sim F_0(x) = F(x, \theta)$, θ 是未知参数; 以正态为例, 若 $F(x, \theta) \sim N(\mu, \sigma^2)$, 其中 μ, σ^2 未知; 则检验 (i) 化为

(ii) $H_0 : X_1 \sim N(\mu, \sigma^2) \longleftrightarrow H_1 : X_1$ 不服从 $N(\mu, \sigma^2)$.

这一检验可用来验证样本 $X_1, \cdots, X_n$ 是否来自某一正态分布, 即检验 X_1 的分布是否属于正态分布族. 这一检验化为多项分布检验的做法与例 6.7.2 一样, 但是 (6.7.3) 式化为

$$P_{F_0}(X_1 \in I_i) = p_{0i}(\mu, \sigma^2), \qquad i = 1, \cdots, k.$$

即其中含有未知参数 μ, σ^2. 因此检验 (i) 可转化为以下检验

(ii)′ $H_0 : N \sim MN(n; p_{01}(\mu, \sigma^2), \cdots, p_{0k}(\mu, \sigma^2))$.

这是一个含参数的多项分布检验, 其解法见后面的定理 6.7.2 以及 (6.7.13) 式.

因此, 多项分布的检验可以广泛用于其他分布的拟合优度检验问题.

本节的主要结果为拟合优度检验的 χ^2 检验统计量, 都是基于渐近分布得到的. 而多项分布的渐近性质是其基础, 以下首先介绍这一性质. 关于多项分布的基本公式可参见第一章.

引理 6.7.1 设 $N = (N_1, \cdots, N_k)^{\mathrm{T}}$ 服从多项分布 $MN(n, \pi)$, $\pi = (\pi_1, \cdots, \pi_k)^{\mathrm{T}}$, 则当 $n \to +\infty$ 时有

(1) $\dfrac{1}{n}(N - n\pi) \to 0$ (a.e.) 或 $\dfrac{1}{n}(N_i - n\pi_i) \to 0$ (a.e.); $i = 1, \cdots, k$.

(2) 记 Y_n 为以下统计量

$$Y_n = \left(\frac{N_1 - n\pi_1}{\sqrt{n\pi_1}}, \cdots, \frac{N_i - n\pi_i}{\sqrt{n\pi_i}}, \cdots, \frac{N_k - n\pi_k}{\sqrt{n\pi_k}} \right)^{\mathrm{T}}. \tag{6.7.4}$$

则有

$$\mathrm{E}(Y_n) = 0; \quad Y_n \xrightarrow{L} N(0, \Lambda), \quad \Lambda = I_k - \psi\psi^{\mathrm{T}}. \tag{6.7.5}$$

其中

$$\psi = (\sqrt{\pi_1}, \cdots, \sqrt{\pi_k})^{\mathrm{T}} = g^{-1/2}\pi, \quad g = \mathrm{diag}(\pi_1, \cdots, \pi_k). \tag{6.7.6}$$

证明 由于 $N = (N_1, \cdots, N_k)^{\mathrm{T}}$ 服从多项分布 $MN(n, \pi)$, 它可视为 n 个多点分布之和, 即

$$N = \sum_{j=1}^{n} X^j, \quad X^j = (X_1^j, \cdots, X_k^j), \quad j = 1, \cdots, n. \tag{6.7.7}$$

其中 $X^1, X^2, \cdots, X^n$ 独立同分布, $X^1 \sim MN(1, \pi)$ 为多点分布, 且有

$$\mathrm{E}(X^1) = \pi, \quad \mathrm{Var}(X^1) = \Sigma = g - \pi\pi^{\mathrm{T}}.$$

(1) 根据独立同分布情形的大数定律可知

$$\frac{1}{n} \sum_{j=1}^{n} (X^j - \mathrm{E}(X^j)) \to 0 \text{ (a.e.)},$$

由 (6.7.7) 式及 $\mathrm{E}(X^j) = \pi$ 即得 $\dfrac{1}{n}(N - n\pi) \to 0$ (a.e.).

(2) 根据独立同分布情形的中心极限定理可知

$$\frac{1}{\sqrt{n}} \sum_{j=1}^{n} (X^j - \mathrm{E}(X^j)) \xrightarrow{L} N(0, \mathrm{Var}(X^1)).$$

即

$$T_n \overset{\triangle}{=} \frac{1}{\sqrt{n}}(N - n\pi) \overset{L}{\to} N(0, \Sigma), \quad \Sigma = g - \pi\pi^{\mathrm{T}}.$$

由 (6.7.4) 式 Y_n 的定义可得

$$Y_n = g^{-\frac{1}{2}} T_n \overset{L}{\to} N(0, \; g^{-\frac{1}{2}} \Sigma g^{-\frac{1}{2}}) = N(0, \Lambda).$$

其中 $\Lambda = g^{-\frac{1}{2}}(g - \pi\pi^{\mathrm{T}})g^{-\frac{1}{2}} = I_k - \psi\psi^{\mathrm{T}}.$ ▮

6.7.2　拟合优度检验的 Pearson χ^2 统计量

假设观测值为 $N = (N_1, \cdots, N_k)^{\mathrm{T}}$, 要检验它是否服从某一多项分布, 前一小节的例 6.7.1 和例 6.7.2 都是这种情形. 因此我们考虑检验:

(i) $H_0 : N \sim MN(n, \pi) \longleftrightarrow H_1 : N$ 不服从 $MN(n, \pi)$, 其中 π 为已知,

为了得到检验问题的否定域, 必须寻找一个统计量, 使得当 H_0 成立时该统计量有方便的分布. 由引理 6.7.1 可知, 若 $N \sim MN(n, \pi)$, 则 $Y_n \overset{L}{\to} N(0, \Lambda)$. 但是下面将看到, 这是一个多维的退化正态分布, 使用上不方便. 很自然会想到 $Y_n^{\mathrm{T}} Y_n$ 会有渐近 χ^2 分布, 并由此可得到检验的否定域. 下面给出具体的证明.

引理 6.7.2　若 $Y \sim N(0, \Lambda)$ 为 k 维正态分布, 其中 Λ 为投影矩阵, 秩为 r, Λ 的谱分解为 $\Lambda = \Gamma\mathrm{diag}(I_r, 0)\Gamma^{\mathrm{T}}$, 其中 $\Gamma = (\Gamma_1, \Gamma_2)$ 为正交矩阵, Γ_1 为 $k \times r$ 矩阵. 则 $Z = \Gamma^{\mathrm{T}} Y$ 可分解为 $Z^{\mathrm{T}} = (Z_1^{\mathrm{T}}, Z_2^{\mathrm{T}})$, 其中 $Z_1 \sim N(0, I_r)$, Z_2 为退化分布 $P(Z_2 = 0) = 1$, 且有

$$Y = \Gamma_1 Z_1 + \Gamma_2 Z_2 = \Gamma_1 Z_1 + o_p(1). \tag{6.7.8}$$

证明　可参见定理 1.3.1. 由假设可知, $Z = \Gamma^{\mathrm{T}} Y \sim N(0, \Gamma^{\mathrm{T}} \Lambda \Gamma)$, 而 $\Gamma^{\mathrm{T}} \Lambda \Gamma = \mathrm{diag}(I_r, 0)$, 因此 Z 的第一分量 $Z_1 \sim N(0, I_r)$, 而 Z 的第二分量为退化分布 $P(Z_2 = 0) = 1$, 又由于 $Y = \Gamma Z = \Gamma_1 Z_1 + \Gamma_2 Z_2$, 即得 (6.7.8) 式. ▮

定理 6.7.1 (Pearson)　对于给定的概率向量 π, 若 N 服从多项分布 $MN(n, \pi)$, 则有

$$K_n = \sum_{i=1}^{k} \left(\frac{N_i - n\pi_i}{\sqrt{n\pi_i}} \right)^2 \overset{L}{\to} \chi^2(k-1), \quad n \to +\infty. \tag{6.7.9}$$

K_n 称为 **Pearson χ^2 检验统计量**, 这时假设检验问题 (i) 的否定域可表示为

$$R^+ = \{N : K_n > \chi^2(k-1, 1-\alpha)\}.$$

证明　由引理 6.7.1 可知

$$K_n = Y_n^{\mathrm{T}} Y_n, \qquad Y_n \overset{L}{\to} N(0, \Lambda).$$

容易验证, $\Lambda = I_k - \psi\psi^{\mathrm{T}}$ 为投影矩阵, 因为

$$\Lambda^{\mathrm{T}} = \Lambda, \quad \Lambda^2 = (I_k - \psi\psi^{\mathrm{T}})(I_k - \psi\psi^{\mathrm{T}}) = I_k - \psi\psi^{\mathrm{T}} \ (\text{注意}, \psi^{\mathrm{T}}\psi = \sum_{i=1}^{k} \pi_i = 1).$$

因此 Λ 的秩为 $\mathrm{rk}(\Lambda) = \mathrm{tr}(\Lambda) = k - 1$. 设 Λ 的谱分解为

$$\Lambda = \Gamma\,\mathrm{diag}(I_{k-1}, 0)\Gamma^{\mathrm{T}},$$

并作变换 $Z_n = \Gamma^{\mathrm{T}}Y_n$, 则由引理 6.7.2 可知 $Y_n = \Gamma_1 Z_1 + \Gamma_2 Z_2$, $Z_n^{\mathrm{T}} = (Z_1^{\mathrm{T}}, Z_2^{\mathrm{T}})$, 其中

$$Z_1 \xrightarrow{L} N(0, I_{k-1}), \quad Z_2 \xrightarrow{P} 0, \quad n \to +\infty.$$

因此有

$$K_n = Y_n^{\mathrm{T}}Y_n = (\Gamma Z_n)^{\mathrm{T}}(\Gamma Z_n) = Z_n^{\mathrm{T}}Z_n = Z_1^{\mathrm{T}}Z_1 + Z_2^{\mathrm{T}}Z_2.$$

在上式中, 由于 $Z_2 \xrightarrow{P} 0$, $Z_1 \xrightarrow{L} N(0, I_{k-1})$, $Z_1^{\mathrm{T}}Z_1 \xrightarrow{L} \chi^2(k-1)$ $(n \to +\infty)$. 因此由 Slutsky 定理可得 $K_n \xrightarrow{L} \chi^2(k-1)$, 即 (6.7.9) 式. ∎

推论 若 X 服从二项分布 $b(n,p)$, 对于假设检验问题:

(i)′ $H_0 : X \sim b(n,p) \longleftrightarrow H_1 : X$ 不服从 $b(n,p)$, 其中 p 为已知.

其 Pearson χ^2 检验统计量可表示为

$$K_n = \left(\frac{X - np}{\sqrt{npq}}\right)^2 \xrightarrow{L} \chi^2(1), \quad n \to +\infty. \tag{6.7.9′}$$

因此假设检验问题 (i)′ 的否定域可表示为 $R^+ = \{K_n > \chi^2(1, 1-\alpha)\}$.

证明 二项分布是多项分布的特例, 即 $k = 2$. 对比本定理中的 $MN(n, \pi)$, 相当于 $N_1 = X$, $N_2 = n - X$, $\pi_1 = p$, $\pi_2 = 1 - p = q$. 代入 (6.7.9) 式可得

$$K_n = \left(\frac{X - np}{\sqrt{np}}\right)^2 + \left(\frac{n - X - n(1-p)}{\sqrt{nq}}\right)^2 = \left(\frac{X - np}{\sqrt{npq}}\right)^2.$$

由此即可得到 (6.7.9)′ 式 (这与经典的渐近正态性一致). ∎

例 6.7.4 对某地区男性公民的疾病调查中发现, 在一段时间内男性公民因无先兆突发性心脏病而死亡的人数为 65 人. 若按星期几分类, 死亡人数结果如下所示. 试检验该地区的男性公民因无先兆突发性心脏病而死亡是否与星期几有关 (取 $\alpha = 0.01$).

星期	一	二	三	四	五	六	日
死亡人数	22	7	6	13	5	4	6

解 记 $n = 65$, $N = (N_1, N_2, N_3, N_4, N_5, N_6, N_7)^{\mathrm{T}} = (22, 7, 6, 13, 5, 4, 6)^{\mathrm{T}}$, 问题就是要检验

$$H_0 : N \sim MN\left(65; \frac{1}{7}, \frac{1}{7}, \frac{1}{7}, \frac{1}{7}, \frac{1}{7}, \frac{1}{7}, \frac{1}{7}\right) \longleftrightarrow H_1 : N \text{ 不服从该分布.}$$

其中 $\pi = (1/7, 1/7, 1/7, 1/7, 1/7, 1/7, 1/7)^{\mathrm{T}}$. 代入 Pearson 公式 (6.7.9) 式可得 $K_n = 26.76$, 而假设检验问题的否定域为

$$R^+ = \{K_n > \chi^2(6, 1-\alpha)\} \text{ (取 } \alpha = 0.01),$$

因此 $\chi^2(6, 0.99) = 16.812 < K_n = 26.76$, 所以 N 属于否定域, 应否定原假设 H_0, 即认为该地区的男性公民因无先兆突发性心脏病而死亡这一事件的发生, 在一星期中不是等可能性的 (由上面可知, 周末后的第一天, 即星期一的死亡率特别高).

例 6.7.5 某医院在一年中接受助产出生的婴儿共 1521 人, 其中男孩 802 人, 女孩 719 人. 试检验男孩、女孩的出生率是否相同 (取 $\alpha = 0.05$).

解 这是一个二项分布的假设检验问题. 某医院在一年中接受助产出生的婴儿总数 $n = 1521$ 人为观测值, 婴儿为男孩或女孩两个状态, 其中男孩总数 $X = 802$ 人, 其出生率记为 p. 问题就是要检验是否有 $p = 1/2$, 因此就是要检验

$$H_0 : X \sim b(1521; 1/2) \longleftrightarrow H_1 : X \text{ 不服从该分布.}$$

这时 Pearson χ^2 检验统计量可应用 (6.7.9)′ 式, 其中 $n = 1521$, $X = 802$, $p = 1/2$, $q = 1/2$; 代入 (6.7.9)′ 式可得

$$K_n = \left(\frac{802 - 760.5}{\sqrt{380.25}}\right)^2 = 4.529.$$

假设检验问题的否定域为

$$R^+ = \{K_n > \chi^2(1, 0.95)\} = \{K_n > 3.841\} \text{ (取 } \alpha = 0.05).$$

由于 $K_n = 4.529 > 3.841$, 因此否定原假设, 即男孩出生率为 $p = 1/2$ (男孩、女孩的出生率相同) 不成立 (易见, 男孩的出生率相对高一点).

6.7.3 Mendel 豌豆杂交试验的统计分析

本节的拟合优度检验可有效地应用于 Mendel 豌豆杂交试验的统计分析. Mendel (1822—1884) 的本职工作是奥地利一所修道院的牧师、代课教师, 但是他也是一位业余的生物学家. 在 1856—1863 年间, 他进行了长达 8 年的植物杂交试验, 特别是豌豆杂交试验, 记录下了 21000 棵个体植物的试验结果. 根据这些试验, 在小小的豌豆粒中, 他发现了一个关系到整个人类生命的大秘密, 提出

了基因学说, 开辟了遗传学的新纪元. 同时, Mendel 豌豆杂交试验的统计分析也有力地证明了统计学方法在科学研究中的重要作用, 下面介绍几个典型案例.

1. Mendel 杂交试验中显性因子与隐性因子的统计分析

Mendel 的基因学说的形成过程中, 遗传中的显性因子与隐性因子的发现是其重要组成部分. Mendel 发现, 在豌豆杂交试验中, 其后代的生物性状有一定的分布规律. 例如黄色豌豆与绿色豌豆杂交, 其 "子一代" 均为黄色; 而其 "子二代" 为黄色的株数约为绿色株数的 3 倍. 例如在一组杂交试验中, 黄色的为 6022 株, 绿色的为 2001 株. 根据大量杂交试验, Mendel 提出了划时代的遗传学新理论. 其基本点为: (1) 生物性状 (如豌豆的颜色) 的遗传由遗传因子即基因的传递决定, 并分为显性和隐性因子 (如黄色和绿色); (2) 其生物性状由显性因子决定 (显性原则); (3) 遗传因子在体细胞内成对存在, 其后代体细胞中的两个遗传因子各自独立地来自父本和母本, 形成新的一对 (分离定律).

根据这一 "假说", 即可解释上述后代遗传的分布规律. 不妨设大写 A 表示显性黄色遗传因子, 小写 a 表示隐性绿色遗传因子. 当纯种黄色与纯种绿色豌豆进行杂交时, 它们原来的遗传因子分别为 AA 和 aa, 杂交后 "子一代" 各种可能的配对都是 Aa, 由于黄色 A 为显性, 所以 "子一代" 全都是黄色. 对于 "子二代", 这时两个 "子一代" 成员的遗传因子 Aa 和 Aa 在杂交遗传配对时, Aa 中的 A 与另一个 Aa 配对得 AA 和 Aa; a 与其配对得 aA 和 aa. 因此各种可能的配对为 AA, Aa, aA, aa. 其中前三个表现为黄色, 因为黄色 A 为显性因子; 而第四个 aa 表现为绿色. 因此 "子二代" 中黄色豌豆与绿色豌豆之比为 3 : 1.

Mendel 的豌豆杂交试验提供了大量数据, 统计学就是数据分析的重要工具, 科学的统计分析对于证实 Mendel 遗传学说起到了至关重要的作用. 下面就从 Mendel 的数据出发, 应用拟合优度检验公式来证实其 "显性性状与隐性性状株数之比为 3 : 1" 的理论. 首先就以上述 "子二代" 杂交试验中 "黄色 6022 株, 绿色 2001 株" 为例进行统计分析. 为验证 "3 : 1" 规律, 可进行如下假设检验:

原假设 H_0: "子二代" 豌豆为黄色的概率为 3/4, 为绿色的概率为 1/4;

对立假设 H_1: "子二代" 豌豆不服从以上规律.

这一假设检验可化为一个拟合优度检验问题, 这时 $X \sim b(n, p)$ 表示一个二项分布, 其中 X 表示杂交试验中黄色豌豆的株数, 其实测值为 $x = 6022$; $n = 8023$ 为总的杂交试验株数, $8023 - x = 2001$ 为绿色豌豆的株数; $p = 3/4$ 表示 "子二代" 豌豆出现黄色的概率, $q = 1 - p = 1/4$ 表示 "子二代" 豌豆出现绿色的概率. 因此相应的拟合优度检验问题为

$H_0 : X$ 服从二项分布 $b(8023, 3/4) \longleftrightarrow H_1 : X$ 不服从 $b(8023, 3/4)$.

把以上数据代入拟合优度检验公式 (6.7.9)′ 式:

$$X = 6022; \quad n = 8023; \quad p = 3/4; \quad q = 1/4.$$

经具体计算可知 $K_n = 0.0150$, 假设检验问题的否定域为

$$R^+ = \{K_n > \chi^2(1, 1-\alpha)\} = \{K_n > 3.841\} \ (取\ \alpha = 0.05).$$

其值远远小于临界值 $\chi^2(1, 0.95) = 3.841$. 因此原假设 H_0 以非常大的可信概率成立, 所以 Mendel 的上述 "3 : 1" 规律成立.

    Mendel 对于豌豆杂交试验的观察研究是全面的、多方面的 (亦可参见下一节). 除了上述豌豆的颜色以外, 他还观察研究了豌豆的许多生物性状的遗传规律. 表 6.7.1 列出了 7 种遗传性状的相关数据. 其中第 1 行为 Mendel 所观察到的豌豆的 7 种生物遗传性状; 第 2 行、第 3 行为他所发现的这些性状的显性因子与隐性因子, 以及杂交试验后, "子二代" 相应的观测值. 由表可知, 其显性性状株数与隐性性状株数之比全都近似于 3 : 1. 与以上豌豆颜色的拟合优度检验类似, 我们亦可对表中其他 6 组生物性状的数据进行类似的假设检验与类似的数值计算. 根据拟合优度检验公式 (6.7.9)′, 我们可以计算出其 χ^2 检验值 K_n, 其结果加在表的最后一行. 这些结果都说明, 它们的 K_n 值都远远小于临界值 $\chi^2(1, 0.95) = 3.841$, 即所有这 7 组数据都符合 "3 : 1" 规律. 因此我们从统计学观点证明: Mendel 关于 "子二代" 的 "3 : 1" 遗传规律是正确的.

表 6.7.1　Mendel 豌豆杂交试验 "子二代" 遗传性状数据及检验值

遗传性状	种子形状	种子颜色	种皮颜色	豆荚形状	豆荚颜色	花的位置	茎的高度
显性因子	圆滑	黄色	灰色	平滑	绿色	倒枝	高茎
观测值	5474	6022	705	882	428	651	787
隐性因子	皱缩	绿色	白色	皱缩	黄色	顶枝	矮茎
观测值	1850	2001	224	299	152	207	277
检验值 K_n	0.2629	0.0150	0.3907	0.0635	0.4506	0.3496	0.6065

    另外, Mendel 还经常应用 "侧交法" 杂交试验, 来验证他的理论, 就是让 "子一代" 的植株 (如 Aa) 与纯种隐性类型植株 (如 aa) 杂交, 并研究其 "子二代" 的遗传规律. 理论与数据都体现为 "1 : 1" 的规律 (详见韦博成 (2011)).

2. Mendel 多性状豌豆杂交试验及其统计分析

    Mendel 还同时研究了多种生物性状指标在杂交试验中的遗传规律. 例 6.7.1 介绍的就是一个相对较为简单, 但是非常著名的例子. 在杂交试验中, 可以同时观察豌豆种子的颜色和形状. 如表 6.7.1 所示, 种子形状有圆形光滑和皱皮之分, 前者为显性因子, 记为大写 B; 后者为隐性因子, 记为小写 b. 根据前面的分析, 颜色遗传因子经第一代杂交后由 AA 和 aa 变为 Aa; 同理, 形状遗传因子经第一代杂交后由 BB 和 bb 变为 Bb. 如果同时考虑颜色和形状, 则 "子一代" 的遗传

因子为 (Aa,Bb), 它们代表 (黄 绿,圆 皱). 当把两个 "子一代" 的植株 (Aa,Bb) 和 (Aa, Bb) 进行杂交时, 其 "子二代" 遗传因子中, 按颜色 Aa 和形状 Bb, 各自独立地一个因子来自父本, 一个因子来自母本, 并且各自形成新的一对遗传因子 (自由组合定律). 同时考虑颜色和形状各种可能的配对, 具体情况如表 6.7.2 所示. 其中第 2 行表示颜色配对为 AA 时, 形状因子各种可能的配对; 第 3 行表示颜色配对为 Aa 时, 形状因子各种可能的配对; 其他两行类似.

表 6.7.2　Mendel 豌豆杂交试验两因子 "子二代" 遗传性状配对

	(Aa, Bb)			
(Aa, Bb)	(AA, BB)	(AA, Bb)	(AA, bB)	(AA, bb)
	(Aa, BB)	(Aa, Bb)	(Aa, bB)	(Aa, bb)
	(aA, BB)	(aA, Bb)	(aA, bB)	(aA, bb)
	(aa, BB)	(aa, Bb)	(aa, bB)	(aa, bb)

根据该表即可得出 "子二代" 豌豆所呈现的颜色和形状的比例. 由于大写的 A (黄色) 和 B (圆形) 为显性遗传因子, 所以只要出现 A 或 B, 则呈现为黄色或圆形, 例如 (Aa,bB) 呈现为黄色, 圆形, 简记为 (黄, 圆). 因此由表 6.7.2 可知, 最后一行前 3 个为 (绿, 圆), 第 4 个为 (绿, 皱); 最后一列前 3 个为 (黄, 皱); 而其余 9 个都是 (黄, 圆). 因此, (黄, 圆)、(绿, 圆)、(黄, 皱)、(绿, 皱) 的比例为 9、3、3、1, 这就是著名的 Mendel "9 : 3 : 3 : 1" 定律. 下面的实例根据拟合优度检验的理论证实这一定律.

例 6.7.6 (续例 6.7.1)　例 6.7.1 介绍了 Mendel 提供的一组著名的数据, 并提出了相应的多项分布的假设检验问题. 现在即可直接应用拟合优度检验的定理 6.7.1 和公式 (6.7.9) 验证 Mendel 的 "9 : 3 : 3 : 1" 定律. 这时, 要检验试验数据 N 是否服从多项分布

$$H_0 : N \sim MN\left(556; \frac{9}{16}, \frac{3}{16}, \frac{3}{16}, \frac{1}{16}\right) \longleftrightarrow H_1 : N \text{ 不服从该分布.}$$

其中 $k = 4, n = 556$.

$$N = (N_1, N_2, N_3, N_4)^{\mathrm{T}} = (315, 108, 101, 32)^{\mathrm{T}}, \quad \pi = \left(\frac{9}{16}, \frac{3}{16}, \frac{3}{16}, \frac{1}{16}\right)^{\mathrm{T}}.$$

经直接计算可得 $n\pi_i$ $(i = 1, \cdots, 4)$ 为 312.75, 104.25, 104.25, 34.75 (注意, 这些数值与观测值非常接近). 这些数值代入到 Pearson 公式 (6.7.9) 式可得

$$K_n = \sum_{i=1}^{4} \left(\frac{N_i - n\pi_i}{\sqrt{n\pi_i}}\right)^2 = 0.47.$$

否定域为 $R^+ = \{N: K_n > \chi^2(3, 0.95)\}$. 由查表可知

$$\chi^2(3, 0.95) = 7.81 > K_n = 0.47,$$

因此 N 不属于否定域, 从而不能否定 H_0, 即不能否定 "9:3:3:1" 定律. 另外, 可算出相应的拟合优度, 即 p 值, 它等于

$$P\{\chi^2(3) > 0.47\} \approx 0.90,$$

拟合优度很大, 所以可认为, Mendel 关于两因子豌豆杂交试验的 "9:3:3:1" 定律十分可信.

同样, 对于上述两因子试验, Mendel 也采用类似的 "侧交法" 进一步验证他的理论 (见上一节). 他把 "子一代" 与纯种双隐性亲本进行杂交, 就是将 "子一代"(Aa,Bb), 即 (黄, 圆) 的杂种豌豆与纯种双隐性亲本 (aa,bb), 即 (绿, 皱) 纯种豌豆进行杂交, 并研究其 "子二代" 的遗传规律. 理论与数据都体现为 "1:1:1:1" 的规律 (细节从略, 详见韦博成 (2011)).

例 6.7.7 在上述颜色和形状类型的豌豆杂交试验中, Mendel 得到的一组 "侧交法" 杂交试验数据, 如下所示. 试检验 "侧交法" 的 "1:1:1:1" 规律的正确性.

	(黄, 圆)	(黄, 皱)	(绿, 圆)	(绿, 皱)
理论比例	1	1	1	1
观测值	31	27	26	26

解 就是要检验:
$$H_0: N \sim MN\left(110; \frac{1}{4}, \frac{1}{4}, \frac{1}{4}, \frac{1}{4}\right) \longleftrightarrow H_1: N \text{ 不服从该分布}.$$
其中 $k = 4$, $n = 110$,

$$N = (N_1, N_2, N_3, N_4)^{\mathrm{T}} = (31, 27, 26, 26)^{\mathrm{T}}, \quad \pi = \left(\frac{1}{4}, \frac{1}{4}, \frac{1}{4}, \frac{1}{4}\right)^{\mathrm{T}}.$$

因此有 $n\pi_i = 27.5$ $(i = 1, \cdots, 4)$. 这些数值代入到 Pearson 公式 (6.7.9), 经直接计算可得 $K_n = 0.62$. 而否定域为

$$R^+ = \{N: K_n > \chi^2(3, 0.95)\};$$

而 $\chi^2(3, 0.95) = 7.81 > K_n = 0.62$, 因此 N 不属于否定域, 从而不能否定 H_0, 即不能否定 "1:1:1:1" 规律. 另外, 可算出相应的拟合优度, 即 p 值,

$$P\{\chi^2(3) > 0.62\} \approx 0.85,$$

拟合优度很大, 所以可认为 Mendel 的两因子 "侧交法" 豌豆杂交试验的 "$1:1:1:1$" 规律十分可信.

注 Mendel 于 1866 年在奥地利自然科学学会年刊上发表了他的经典论文《植物杂交试验》, 直到 1900 年才得到认可 (那时他已去世 16 年). 但是遗传因子, 即 "基因" 一直是一个抽象的概念, 逻辑推理的产物, 直到 1953 年, 美国生物学家 J. D. Watson (沃森) 和英国物理学家 F. H. C. Crick (克里克) 在分子水平上发现 DNA 的双螺旋结构模型, 而基因就是具有遗传效应的 DNA 片段, 从而确定了基因的化学本质和分子结构, 最终从物质结构上证实了 Mendel 的遗传学说. 为此, 他们也于 1962 年获得了诺贝尔生理学奖.

6.7.4 含参数拟合优度检验及 Fisher 定理

与例 6.7.3 类似, 考虑以下假设检验问题

(ii) $H_0 : N \sim MN(n, \pi(\theta)) \longleftrightarrow H_1 : N$ 不服从该分布.

其中 $N = (N_1, \cdots, N_k)^{\mathrm{T}}$, $\pi(\theta) = (\pi_1(\theta), \cdots, \pi_k(\theta))^{\mathrm{T}}$, 参数 $\theta = (\theta_1, \cdots, \theta_p)^{\mathrm{T}}$ 未知, 且 $p < k$. 这类检验比前一小节讨论的, π 已知时的检验 (i) 有更广泛的应用, 也更加符合实际情况 (见下文例题).

首先提醒读者注意, 对于任意固定的 θ, 以及 $\pi = \pi(\theta)$, 前一小节中有关多项分布的性质都成立, 例如, 若 $N \sim MN(n, \pi(\theta))$, 则对任意固定的 θ 有

$$N = \sum_{j=1}^{n} X^j, \quad X^j \sim MN(1, \pi(\theta));$$

$$\mathrm{E}(N) = n\pi(\theta), \quad \mathrm{Var}(N) = n\Sigma(\theta) = n\{g(\theta) - \pi(\theta)\pi^{\mathrm{T}}(\theta)\}.$$

特别, 引理 6.7.1 和引理 6.7.2 在 $\pi(\theta)$ 处都成立, 即当 $n \to +\infty$ 时有

$$\frac{1}{n}\{N - n\pi(\theta)\} \to 0 \ (\text{a.e.}), \quad \forall \ \theta;$$

$$Y_n(\theta) = \left(\frac{N_1 - n\pi_1(\theta)}{\sqrt{n\pi_1(\theta)}}, \cdots, \frac{N_k - n\pi_k(\theta)}{\sqrt{n\pi_k(\theta)}} \right)^{\mathrm{T}} \xrightarrow{L} N(0, \Lambda(\theta)).$$

其中 $\Lambda(\theta) = I_k - \psi(\theta)\psi^{\mathrm{T}}(\theta)$, $\psi(\theta) = (\sqrt{\pi_1(\theta)}, \cdots, \sqrt{\pi_k(\theta)})^{\mathrm{T}}$. 同时也有

$$K_n(\theta) = Y_n^{\mathrm{T}}(\theta)Y_n(\theta) \xrightarrow{L} \chi^2(k-1).$$

但是, 在检验 (ii) 中, 参数 θ 是未知的, 很自然的想法是用 θ 的某个估计代替. 以下将证明, 若 H_0 成立, 则有

$$K_n(\widehat{\theta}) = \sum_{i=1}^{k} \left[\frac{N_i - n\pi_i(\widehat{\theta})}{\sqrt{n\pi_i(\widehat{\theta})}} \right]^2 \xrightarrow{L} \chi^2(k-p-1), \quad n \to +\infty.$$

其中 $\hat{\theta}$ 为参数 θ 的最大似然估计. 该式与 Pearson 公式 (6.7.9) 式相比, χ^2 分布的自由度减少了 p 个, 这是因为参数 π 变为 $\pi(\theta)$, 多了 p 个约束.

以上公式的证明显然与参数 θ 的最大似然估计有密切关系, 因此我们首先要了解含参数多项分布 $N \sim MN(n, \pi(\theta))$ 中, 参数 θ 的最大似然估计的基本性质. 下面首先介绍这方面的内容.

若 $N \sim MN(n, \pi(\theta))$, 则 N 关于参数 θ 的密度函数和对数似然函数可分别表示为

$$p(n_1, \cdots, n_k; \pi(\theta)) = \frac{n!}{n_1! \cdots n_k!} \pi_1^{n_1}(\theta) \cdots \pi_k^{n_k}(\theta),$$

$$L(\theta) = \sum_{i=1}^{k} n_i \log \pi_i(\theta) + C, \tag{6.7.10}$$

其中 C 为与 θ 无关的常数.

参数 θ 的最大似然估计 $\hat{\theta}$ 的性质与对数似然函数 $L(\theta)$ 及其前几阶导数有关. 由 (6.7.10) 式可知, 这些都涉及 $\pi(\theta)$ 的导数, 今记

$$D(\theta) = \frac{\partial \pi}{\partial \theta^{\mathrm{T}}} = \left(\frac{\partial \pi_i}{\partial \theta_a}\right), \quad i = 1, \cdots, k, \ a = 1, \cdots, p;$$

$$B(\theta) = g^{-\frac{1}{2}}(\theta) D(\theta) = \left(\frac{1}{\sqrt{\pi_i}} \cdot \frac{\partial \pi_i}{\partial \theta_a}\right), \quad g(\theta) = \mathrm{diag}(\pi_1(\theta), \cdots, \pi_k(\theta)).$$

引理 6.7.3 矩阵 $D(\theta), B(\theta)$ 在任何 θ 处满足关系:

$$\mathbf{1}^{\mathrm{T}} D = 0, \quad \psi^{\mathrm{T}} B = 0, \quad \Lambda B = B, \quad \Lambda P_B = P_B.$$

其中 $\mathbf{1} = (1, \cdots, 1)^{\mathrm{T}}$, $P_B = B(B^{\mathrm{T}} B)^{-1} B^{\mathrm{T}}$ 为 B 的投影矩阵.

证明 由 $\sum\limits_{i=1}^{k} \pi_i(\theta) = 1$ 对 θ_a 求导可得

$$\sum_{i=1}^{k} \frac{\partial \pi_i(\theta)}{\partial \theta_a} = 0, \quad a = 1, \cdots, p.$$

由此即得 $\mathbf{1}^{\mathrm{T}} D = 0$. 由 B 的定义有

$$\psi^{\mathrm{T}} B = \psi^{\mathrm{T}} g^{-\frac{1}{2}} D = \mathbf{1}^{\mathrm{T}} D = 0;$$

$$\Lambda B = (I_k - \psi \psi^{\mathrm{T}}) g^{-\frac{1}{2}} D = g^{-\frac{1}{2}} D = B;$$

$$\Lambda P_B = \Lambda B (B^{\mathrm{T}} B)^{-1} B^{\mathrm{T}} = B (B^{\mathrm{T}} B)^{-1} B^{\mathrm{T}} = P_B.$$

引理 6.7.4 对于多项分布 $N \sim MN(n, \pi(\theta))$, 假设 θ 的参数空间 Θ 为 $\mathbf{R}^p$ 上的开集; $\pi(\theta)$ 在参数空间 Θ 上关于 θ 存在三阶以上连续偏导数; $B(\theta)$ 为列满秩矩阵. θ 的最大似然估计记为 $\hat{\theta}$, 且假定其真参数 θ_0 为 Θ 的内点, 则有

(1) $\dfrac{1}{\sqrt{n}} \dot{L}(\theta) = B^{\mathrm{T}}(\theta) Y_n(\theta) \xrightarrow{L} N(0, B^{\mathrm{T}}(\theta) B(\theta))$;

(2) $-\dfrac{1}{n} \ddot{L}(\theta) = B^{\mathrm{T}}(\theta) B(\theta) + O_p(n^{-1/2})$, $\mathrm{E}[-\ddot{L}(\theta)] = nB^{\mathrm{T}}(\theta) B(\theta)$; $\dfrac{1}{n} L^{(3)}(\theta) = O_p(1)$;

(3) $\Delta \theta = \hat{\theta} - \theta_0 = \dfrac{1}{\sqrt{n}} [(B^{\mathrm{T}} B)^{-1} B^{\mathrm{T}} Y_n]_{\theta=\theta_0} + O_p(n^{-1})$. \hfill (6.7.11)

证明 由 $L(\theta)$ 的公式 (6.7.10) 式对 θ_a 求导可得

$$\frac{1}{\sqrt{n}} \frac{\partial L}{\partial \theta_a} = \frac{1}{\sqrt{n}} \sum_{i=1}^k n_i \pi_i^{-1} \frac{\partial \pi_i}{\partial \theta_a}.$$

由引理 6.7.3 可知 $n \sum_{i=1}^k \dfrac{\partial \pi_i}{\partial \theta_a} = 0$, 代入上式有

$$\frac{1}{\sqrt{n}} \frac{\partial L}{\partial \theta_a} = \frac{1}{\sqrt{n}} \sum_{i=1}^k \left\{ \pi_i^{-1} n_i \frac{\partial \pi_i}{\partial \theta_a} - \pi_i^{-1} \pi_i n \frac{\partial \pi_i}{\partial \theta_a} \right\}$$

$$= \frac{1}{\sqrt{n}} \sum_{i=1}^k \pi_i^{-1} \frac{\partial \pi_i}{\partial \theta_a} (n_i - n\pi_i)$$

$$= \sum_{i=1}^k \frac{1}{\sqrt{\pi_i}} \frac{\partial \pi_i}{\partial \theta_a} \left(\frac{n_i - n\pi_i}{\sqrt{n\pi_i}} \right) = \sum_{i=1}^k B_{ia} Y_i.$$

其中 B_{ia} 和 Y_i 分别为 $B(\theta)$ 和 $Y_n(\theta)$ 的分量, 因此可得 $\dfrac{1}{\sqrt{n}} \dot{L}(\theta) = B^{\mathrm{T}}(\theta) Y_n(\theta)$. 而由 (6.7.5) 式及引理 6.7.3 可得

$$B^{\mathrm{T}}(\theta) Y_n(\theta) \xrightarrow{L} N(0, B^{\mathrm{T}}(\theta) \Lambda(\theta) B(\theta)) = N(0, B^{\mathrm{T}}(\theta) B(\theta)).$$

因此可得结论 (1). 同理对上式继续对 θ 求导, 通过类似的计算与推导可得 (2), 细节从略. 为证明 (3), 对 $\dot{L}(\hat{\theta}) = 0$ 在 θ_0 处展开可得

$$\dot{L}(\theta_0) + \ddot{L}(\theta_0) \Delta \theta + 余项 = 0, \hfill (6.7.12)$$

其中余项为 p 维向量, 其第 a 个分量可表示为

$$\frac{1}{2} \sum_{i=1}^p \sum_{j=1}^p n^{-1} L_{aij}^{(3)}(\xi) \sqrt{n} \Delta \theta_i \sqrt{n} \Delta \theta_j, \quad a = 1, \cdots, p.$$

其中 ξ 为 $\widehat{\theta}$ 与 $\widehat{\theta}_0$ 之间的一点, 由最大似然估计的渐近正态性可知, 余项 $= O_p(1)$. 利用以上结果以及 (1)、(2), (6.7.12) 式可表示为

$$\frac{1}{\sqrt{n}}\dot{L}(\theta_0) + \frac{\ddot{L}(\theta_0)}{n}\sqrt{n}\Delta\theta + O_p(n^{-\frac{1}{2}}) = 0,$$

$$B^{\mathrm{T}}Y_n - (B^{\mathrm{T}}B + O_p(n^{-\frac{1}{2}}))\sqrt{n}\Delta\theta + O_p(n^{-\frac{1}{2}}) = 0,$$

$$(B^{\mathrm{T}}B)\sqrt{n}\Delta\theta = B^{\mathrm{T}}Y_n + O_p(n^{-\frac{1}{2}}).$$

以上各式均在 θ_0 处计值, 由此即得 (6.7.11) 式:

$$\Delta\theta = \frac{1}{\sqrt{n}}(B^{\mathrm{T}}B)^{-1}B^{\mathrm{T}}Y_n + O_p(n^{-1}). \qquad \blacksquare$$

定理 6.7.2 (Fisher) 在引理 6.7.4 的条件下, 有

$$K_n(\widehat{\theta}) = Y_n^{\mathrm{T}}(\widehat{\theta})Y_n(\widehat{\theta}) = \sum_{i=1}^{k}\left[\frac{N_i - n\pi_i(\widehat{\theta})}{\sqrt{n\pi_i(\widehat{\theta})}}\right]^2 \xrightarrow{L} \chi^2(k-p-1). \qquad (6.7.13)$$

证明 为方便起见, 今记 $X \stackrel{a.d.}{=\!=} Y$ 表示随机变量 X 和 Y 有相同的渐近分布, 并记 $\widehat{\pi}_i = \pi_i(\widehat{\theta})$, $\pi_i = \pi_i(\theta_0)$, 则由 Slutsky 定理有

$$K_n(\widehat{\theta}) = \sum_{i=1}^{k}\left\{\frac{[N_i - n\pi_i(\theta_0)] - [n\pi_i(\widehat{\theta}) - n\pi_i(\theta_0)]}{\sqrt{n\pi_i(\theta_0)}} \cdot \frac{\sqrt{\pi_i(\theta_0)}}{\sqrt{\pi_i(\widehat{\theta})}}\right\}^2$$

$$= \sum_{i=1}^{k}\left\{\frac{N_i - n\pi_i}{\sqrt{n\pi_i}} - \frac{n(\widehat{\pi}_i - \pi_i)}{\sqrt{n\pi_i}}\right\}^2 \frac{\pi_i}{\widehat{\pi}_i}$$

$$\stackrel{a.d.}{=\!=} \sum_{i=1}^{k}(Y_{ni} - U_{ni})^2 \stackrel{a.d.}{=\!=} (Y_n - U_n)^{\mathrm{T}}(Y_n - U_n). \qquad (6.7.14)$$

其中 Y_n 和 U_n 的分量分别为

$$Y_{ni} = \frac{N_i - n\pi_i(\theta_0)}{\sqrt{n\pi_i(\theta_0)}}, \qquad U_{ni} = \frac{n[\pi_i(\widehat{\theta}) - \pi_i(\theta_0)]}{\sqrt{n\pi_i(\theta_0)}}.$$

由引理 6.7.1 可知, $Y_n \xrightarrow{L} N(0, \Lambda(\theta_0))$. 以下主要推导 U_n 的渐近分布, U_{ni} 可展开为

$$U_{ni} = \sqrt{\frac{n}{\pi_i}}\left\{\sum_{a=1}^{p}\frac{\partial\pi_i}{\partial\theta_a}\Delta\theta_a + \frac{1}{2n}\sum_{a,b=1}^{p}\frac{\partial^2\pi_i}{\partial\theta_a\partial\theta_b}\Big|_\xi\sqrt{n}\Delta\theta_a\sqrt{n}\Delta\theta_b\right\}$$

$$= \sum_{a=1}^{p}\frac{1}{\sqrt{\pi_i}}\frac{\partial\pi_i}{\partial\theta_a}\sqrt{n}\Delta\theta_a + O_p(n^{-\frac{1}{2}}).$$

由矩阵 B 的定义可知, 上式的向量形式可表示为

$$U_n = \sqrt{n}B(\theta_0)\Delta\theta + O_p(n^{-\frac{1}{2}})$$
$$= B(B^{\mathrm{T}}B)^{-1}B^{\mathrm{T}}Y_n + O_p(n^{-\frac{1}{2}}) \stackrel{a.d.}{=\!=\!=} P_B(\theta_0)Y_n(\theta_0).$$

因此由 (6.7.14) 式可知

$$K_n(\widehat{\theta}) \stackrel{a.d.}{=\!=\!=} (Y_n - P_B Y_n)^{\mathrm{T}}(Y_n - P_B Y_n) = Y_n^{\mathrm{T}}(I_k - P_B)Y_n.$$

由于 $Y_n \stackrel{L}{\to} N(0, \Lambda(\theta_0))$, 由引理 6.7.2 的 (6.7.8) 式可知 $Y_n \stackrel{a.d.}{=\!=\!=} \Gamma_1 Z_1$, 代入上式有

$$K_n(\widehat{\theta}) \stackrel{a.d.}{=\!=\!=} Z_1^{\mathrm{T}}\Gamma_1^{\mathrm{T}}(I_k - P_B)\Gamma_1 Z_1 = Z_1^{\mathrm{T}}AZ_1. \tag{6.7.15}$$

其中 $Z_1 \sim N(0, I_{k-1})$, $A = \Gamma_1^{\mathrm{T}}(I_k - P_B)\Gamma_1$. 以下证明矩阵 A 为投影矩阵, 且秩为 $k-p-1$, 显然有 $A^{\mathrm{T}} = A$, 另外

$$A^2 = \Gamma_1^{\mathrm{T}}(I_k - P_B)\Gamma_1 \cdot \Gamma_1^{\mathrm{T}}(I_k - P_B)\Gamma_1.$$

由引理 6.7.3 可知 $\Gamma_1\Gamma_1^{\mathrm{T}} = \Lambda, \Lambda B = B, \Lambda P_B = P_B$. 这些结果代入 A^2 可得

$$A^2 = \Gamma_1^{\mathrm{T}}(I_k - P_B)(\Lambda - \Lambda P_B)\Gamma_1$$
$$= \Gamma_1^{\mathrm{T}}(I_k - P_B)(\Gamma_1\Gamma_1^{\mathrm{T}}\Gamma_1 - P_B\Gamma_1)$$
$$= \Gamma_1^{\mathrm{T}}(I_k - P_B)(I_k - P_B)\Gamma_1 = A.$$

因此 A 为投影矩阵, 其秩为

$$\mathrm{rk}(A) = \mathrm{tr}(A) = \mathrm{tr}\{\Gamma_1^{\mathrm{T}}\Gamma_1 - \Gamma_1\Gamma_1^{\mathrm{T}}P_B\}$$
$$= \mathrm{tr}\{I_{k-1} - \Lambda P_B\} = k - 1 - \mathrm{tr}(P_B) = k - 1 - p.$$

因此由 (6.7.15) 式以及正态向量二次型的性质 (见 1.4 节) 可知 $K(\widehat{\theta}) = Z_1^{\mathrm{T}}AZ_1 \to \chi^2(k-p-1)$. ∎

例 6.7.8 白细胞数据与 Poisson 分布检验 (见例 3.3.2). 下面将验证: 人体每个细胞单位所含白细胞的个数近似服从 Poisson 分布. 实际观测了 1008 个细胞单位, 并测试每个细胞单位所含白细胞的个数, 由此检验这组数据是否服从 Poisson 分布, 数据如下.

k	0	1	2	3	4	5	6	7	8	9	10	11	总数
n_k	64	171	239	220	155	83	46	20	6	3	0	1	1008

其中 k 表示细胞单位含白细胞的个数, n_k 表示 1008 个观测单位中, 含 k 个白细胞的细胞单位的个数.

解 这相当于观测了 $X_1, X_2, \cdots, X_{1008}$ 个独立同分布样本, X_i 表示第 i 个细胞单位含有白细胞的个数, 取值为 $0, 1, 2, \cdots, 11, \cdots$; n_k 则表示观测样本中取值为 k 的样本个数; 问题为

(i) $H_0: X_1 \sim$ 某一 Poisson 分布 $P(\lambda) \longleftrightarrow H_1: X_1$ 不服从 Poisson 分布.

问题可化为含参数 λ 的多项分布检验问题, 与例 6.7.3 类似, 把 1008 个观测值分为 10 个组, 其中 $I_i = \{$含有 i 个白细胞$\}, i = 0, 1, \cdots, 8, I_9 = \{$含有 $\geqslant$ 9 个白细胞$\}$, 并记 N_i 表示观测值中属于 I_i 的个数; 则有 $N_i = n_i, i = 0, \cdots, 8$; $N_9 = 4$. 若 $X_1 \sim P(\lambda)$, 则有

$$P_\lambda\{I_i\} = P_\lambda(X_1 = i) = \mathrm{e}^{-\lambda}\frac{\lambda^i}{i!} \overset{\triangle}{=} \pi_i(\lambda), \ i = 0, 1, \cdots, 8.$$

$$\pi_9(\lambda) = P_\lambda\{I_9\} = 1 - P_\lambda(X_1 \leqslant 8).$$

记 $N = (N_0, N_1, \cdots, N_9)^{\mathrm{T}}$, $\pi(\lambda) = (\pi_0(\lambda), \pi_1(\lambda), \cdots, \pi_9(\lambda))^{\mathrm{T}}$, 则可考虑以下多项分布的检验

(i)′ $H_0: N \sim MN(1008, \pi(\lambda)) \longleftrightarrow H_1: N$ 不服从 $MN(1008, \pi(\lambda))$.
对此检验, 可应用 Fisher 定理, 其中 $n = 1008, k = 10, p = 1, K_n(\widehat{\lambda}) \overset{L}{\to} \chi^2(k - p - 1) = \chi^2(8)$, 即

$$K_n(\widehat{\lambda}) = \sum_{i=0}^{9}\left[\frac{N_i - n\pi_i(\widehat{\lambda})}{\sqrt{n\pi_i(\widehat{\lambda})}}\right]^2 \overset{L}{\to} \chi^2(8).$$

$\widehat{\lambda}$ 的计算比较复杂, 通常可取原来样本 $X_1, \cdots, X_{1008}$, $X_1 \sim P(\lambda)$ 中 λ 的最大似然估计作为近似. 这时有 $\widehat{\lambda} \approx \overline{X} = 2.82$, 由此可算出 $K_n(\widehat{\lambda}) = 2.614$, 而 $\chi^2(8, 0.95) = 15.51$, 因此不能否定 H_0; 其拟合优度, 即 p 值 $= P(\chi^2(8) > 2.614) \approx 0.95$ 很大, 因而 H_0 可信, 所以亦可认为 $X_1 \sim P(\lambda)$ 可信.

6.7.5 应用: 列联表及其等价性和独立性检验

多项分布的检验对于列联表有重要的应用, 设 X 有 r 个状态 $A_1, \cdots, A_r$; Y 有 s 个状态 $B_1, \cdots, B_s$, 则 (A_i, B_j) 有 rs 个状态, 假设进行了 n 次试验, 出现 (A_i, B_j) 的次数为 N_{ij}, 概率为 π_{ij}, 并假设

$$\sum_{i=1}^{r}\sum_{j=1}^{s}\pi_{ij} = 1, \qquad \sum_{i=1}^{r}\sum_{j=1}^{s}N_{ij} = n.$$

记 $N = (N_{ij})$, $\pi = (\pi_{ij})$ $(i = 1, \cdots, r; j = 1, \cdots, s)$ 为 $k = r \times s$ 维向量, 则 N 服从多项分布 $N \sim MN(n, \pi)$, 把 N 的观测值排列起来就是一个列联表, 称为 2 维 $r \times s$ **列联表**:

	B_1	B_2	$\cdots$	B_s
A_1	N_{11}	N_{12}	$\cdots$	N_{1s}
A_2	N_{21}	N_{22}	$\cdots$	N_{2s}
$\vdots$	$\vdots$	$\vdots$		$\vdots$
A_r	N_{r1}	N_{r2}	$\cdots$	N_{rs}

基于多项分布的列联表有非常广泛的实际应用和丰富的统计推断问题, 以下介绍其中两种常见的情形.

1. 基于列联表的等价性检验

例 6.7.9 (等价性检验) 假设对 $n = 300$ 位患者志愿者分别应用新方法和标准化方法进行化验, 其结果为阳性、阴性的人数 N_{ij} 如下所示. 其中 $N_{11} = 211$ 表示新方法化验后为阳性, 标准方法化验亦为阳性的人数; $N_{12} = 19$ 表示新方法化验后为阳性, 标准方法化验为阴性的人数; 其他类似. 要研究新方法化验和标准方法化验效果是否等价.

		标准方法		总和
		阳性	阴性	
新方法	阳性	211	19	230
	阴性	7	63	70
总和		218	82	300

其解法将在后面给出, 我们首先推导一般公式. 为此, 我们先考虑更一般的等价性检验问题. 下表为以上例题的一般形式, 其中 π_{11} 表示新方法化验为阳性, 标准方法化验亦为阳性的概率; π_{12} 表示新方法化验为阳性, 标准方法化验为阴性的概率; 而 $\pi_{1\cdot} = \pi_{11} + \pi_{12}$ 则表示新方法化验为阳性的概率. 同理 $\pi_{\cdot 1} = \pi_{11} + \pi_{21}$ 表示标准方法化验为阳性的概率, 其他类似.

		标准方法		总和
		阳性	阴性	
新方法	阳性	$N_{11}(\pi_{11})$	$N_{12}(\pi_{12})$	$N_{1\cdot}(\pi_{1\cdot})$
	阴性	$N_{21}(\pi_{21})$	$N_{22}(\pi_{22})$	$N_{2\cdot}(\pi_{2\cdot})$
总和		$N_{\cdot 1}(\pi_{\cdot 1})$	$N_{\cdot 2}(\pi_{\cdot 2})$	n

等价性检验问题就是要检验: 新方法化验和标准方法化验效果是否等价, 因此问题可化为

$$H_0 : \pi_{1.} = \pi_{.1} \longleftrightarrow H_1 : \pi_{1.} \neq \pi_{.1}. \tag{6.7.16}$$

由于 $\pi_{1.} = \pi_{11} + \pi_{12}$, $\pi_{.1} = \pi_{11} + \pi_{21}$, 因此 $\pi_{1.} = \pi_{.1}$ 相当于 $\pi_{12} = \pi_{21}$, 所以上述检验问题等价于

$$H_0 : \pi_{12} = \pi_{21} \longleftrightarrow H_1 : \pi_{12} \neq \pi_{21}. \tag{6.7.17}$$

本问题为一个 $2 \times 2 = 4$ 格列联表, $N = (N_{11}, N_{12}, N_{21}, N_{22})^{\mathrm{T}}$, $N \sim MN(n, \pi)$ 为四项分布, $\pi = (\pi_{11}, \pi_{12}, \pi_{21}, \pi_{22})^{\mathrm{T}}$. 应用 Fisher 定理可得

定理 6.7.3 等价性检验 (6.7.16) 或 (6.7.17) 的检验统计量为

$$K_n \stackrel{\triangle}{=} Z = \frac{(N_{12} - N_{21})^2}{N_{12} + N_{21}} \stackrel{L}{\to} \chi^2(1). \tag{6.7.18}$$

其否定域为 $R^+ = \{Z > \chi^2(1, 1 - \alpha)\}$.

证明 为了求解以上检验问题, 可应用 Fisher 定理. 为此, 定义 $\pi(\theta)$ 如下: 取 $\pi_{11} = \theta_1$, $\pi_{12} = \theta_2$, 则 $\theta = (\theta_1, \theta_2)$; 在 H_0 成立时 $\pi_{ij} = \pi_{ij}(\theta)$ 为:

$$\pi_{11} = \theta_1, \quad \pi_{12} = \theta_2, \quad \pi_{21} = \theta_2, \quad \pi_{22} = 1 - \theta_1 - 2\theta_2,$$

即 $k = 4$, $p = 2$, 由 Fisher 定理有

$$K_n(\widehat{\theta}) = \sum_{i=1}^{2} \sum_{j=1}^{2} \left[\frac{N_{ij} - n\pi_{ij}(\widehat{\theta})}{\sqrt{n\pi_{ij}(\widehat{\theta})}} \right]^2 \stackrel{L}{\to} \chi^2(k - p - 1) = \chi^2(1). \tag{6.7.19}$$

对于以上多项分布, 可求出 H_0 成立时 (即 $\pi_{12} = \pi_{21}$ 时) 参数 θ 的最大似然估计为 (见第三章习题 30)

$$\widehat{\theta}_1 = \widehat{\pi}_{11} = \frac{N_{11}}{n}; \qquad \widehat{\theta}_2 = \widehat{\pi}_{12} = \frac{N_{12} + N_{21}}{2n}.$$

因而有

$$\pi_{11}(\widehat{\theta}) = \widehat{\theta}_1 = \frac{N_{11}}{n}, \quad \pi_{12}(\widehat{\theta}) = \widehat{\theta}_2 = \frac{N_{12} + N_{21}}{2n},$$

$$\pi_{21}(\widehat{\theta}) = \widehat{\theta}_2, \quad \pi_{22}(\widehat{\theta}) = 1 - \widehat{\theta}_1 - 2\widehat{\theta}_2 = \frac{N_{22}}{n}.$$

这些结果代入上述 (6.7.19) 式, 经简单计算即可得到

$$K_n(\widehat{\theta}) \stackrel{\triangle}{=} Z = \frac{(N_{12} - N_{21})^2}{N_{12} + N_{21}} \stackrel{L}{\to} \chi^2(1).$$

上式通常称为 $Z-$ **统计量**, 或 McNemar 统计量, 是列联表等价性检验问题的一个基本统计量.

例 6.7.10 (续例 6.7.9) 对 300 名志愿者分别用两种方法进行化验, 其观测结果为: $N_{11} = 211, N_{12} = 19, N_{21} = 7, N_{22} = 63$. 这些数值代入 $Z-$ 统计量得 $Z = 5.53$, 而 $\chi^2(1, 0.95) = 3.84 < 5.53$, 因此应该否定原假设 H_0, 即说明新方法化验和标准方法化验的效果不等价. 这时检验的 p 值为

$$P_0\{Z > 5.53\} \approx 0.02,$$

因此判错的概率很小.

例 6.7.11 为了评估某年级学生期末考试成绩与期中考试成绩是否有进步, 收集了如下所示的数据. 其中 329 表示该年级期末考试及格, 期中考试也及格的人数; 38 表示该年级期末考试及格, 而期中考试不及格的人数; 其他类似. 试检验该年级学生期末考试与期中考试的水平 (及格率) 是否有显著性差异 $(\alpha = 0.05)$.

期中考试	期末考试		总人数
	及格	不及格	
及格	329	52	381
不及格	38	22	60
总人数	367	74	441

解 本题就是要检验该年级学生期末考试与期中考试水平的等价性. 可直接应用 $Z-$ 统计量, 这时 $N_{11} = 329, N_{12} = 52, N_{21} = 38, N_{22} = 22$. 这些数值代入 $Z-$ 统计量得 $Z = 2.178$, 而 $\chi^2(1, 0.95) = 3.841 > 2.178$, 因此不能否定原假设 H_0, 即说明该年级学生期末考试与期中考试的水平 (及格率) 没有显著性差异.

2. 基于列联表的独立性检验

例 6.7.12 (独立性检验) 要检验某种感冒药的疗效是否与患者年龄有关, 对 300 个人进行调查, 其疗效与年龄的关系如下所示:

疗效	年龄			总和
	少年 A_1	成年 A_2	老年 A_3	
显著 B_1	58	38	32	128
一般 B_2	28	44	45	117
较差 B_3	23	18	14	55
总和	109	100	91	300

本问题为 $3 \times 3 = 9$ 格列联表, 假设年龄 X 分为少年、成年、老年 (即 A_1, A_2, A_3); 疗效 Y 分为显著、一般、较差 (即 B_1, B_2, B_3), 而 $(X \in A_i, Y \in B_j)$ 的人数为 N_{ij}, 概率为 π_{ij} ($i = 1, 2, 3$; $j = 1, 2, 3$), 因此 $N = (N_{ij})$ 服从 9 项分布 $N \sim MN(300, \pi)$, 若 X, Y 独立, 即年龄与疗效无关, 则应有

$$\pi_{ij} = P(X \in A_i, Y \in B_j) = P(X \in A_i)P(Y \in B_j), \quad i = 1, 2, 3; \ j = 1, 2, 3.$$

其解法将在后面给出, 我们首先推导一般公式. 为此, 我们先考虑更一般的独立性检验问题. 考虑本节开头讨论的 2 维 $r \times s$ 列联表, 这时 X 有 $A_1, \cdots, A_r$ 个状态, Y 有 $B_1, \cdots, B_s$ 个状态, 要进行独立性检验:

$$H_0 : P(X \in A_i, Y \in B_j) = P(X \in A_i)P(Y \in B_j), \quad i = 1, \cdots, r; \ j = 1, \cdots, s.$$
$$(6.7.20)$$

由以上定义可知

$$P(X \in A_i) = P\left(\bigcup_{j=1}^{s} (X \in A_i, Y \in B_j) \right) = \sum_{j=1}^{s} \pi_{ij} = \pi_{i \cdot}.$$

同理 $P(Y \in B_j) = \pi_{\cdot j} = \sum\limits_{i=1}^{r} \pi_{ij}$. 因此, 以上独立性检验可化为

$$H_0 : \pi_{ij} = \pi_{i \cdot} \pi_{\cdot j} \longleftrightarrow H_1 : \pi_{ij} \neq \pi_{i \cdot} \pi_{\cdot j}, \quad i = 1, \cdots, r; \ j = 1, \cdots, s. \quad (6.7.21)$$

应用 Fisher 定理可得

定理 6.7.4 独立性检验 (6.7.20) 或 (6.7.21) 的检验统计量为

$$K_n = n\left(\sum_{i=1}^{r} \sum_{j=1}^{s} \frac{N_{ij}^2}{N_{i \cdot} N_{\cdot j}} - 1 \right) \to \chi^2(t), \quad t = (r-1)(s-1). \quad (6.7.22)$$

其否定域为 $R^+ = \{K_n > \chi^2((r-1)(s-1), 1-\alpha)\}$.

证明 为了求解这一检验问题, 可设法应用 Fisher 定理. 为此, 根据以上关系可定义一个函数 $\pi(\theta)$, 取 $\theta = (\pi_{1 \cdot}, \pi_{2 \cdot}, \cdots, \pi_{(r-1) \cdot}; \pi_{\cdot 1}, \pi_{\cdot 2}, \cdots, \pi_{\cdot (s-1)})^{\mathrm{T}}$, 其维数 $p = r + s - 2$, 这时有

$$\pi_{i \cdot} = \theta_i, \quad i = 1, \cdots, r-1, \qquad \pi_{r \cdot} = 1 - \theta_1 - \cdots - \theta_{r-1};$$

$$\pi_{\cdot j} = \theta_{r-1+j}, \quad j = 1, \cdots, s-1, \qquad \pi_{\cdot s} = 1 - \pi_{\cdot 1} - \cdots - \pi_{\cdot (s-1)}.$$

若 H_0 成立, 则有

$$\pi_{ij}(\theta) = \pi_{i \cdot} \pi_{\cdot j}, \quad i = 1, \cdots, r; \ j = 1, \cdots, s.$$

而 $\widehat{\theta}$ 的计算可直接从多项分布 (6.7.10) 式得到:

$$\widehat{\pi}_{i\cdot} = \frac{N_{i\cdot}}{n}, \quad \widehat{\pi}_{\cdot j} = \frac{N_{\cdot j}}{n}, \quad i = 1, \cdots, r; \ j = 1, \cdots, s.$$

其中 $N_{i\cdot} = \sum\limits_{j=1}^{s} N_{ij}$, $N_{\cdot j} = \sum\limits_{i=1}^{r} N_{ij}$, 因此当 H_0 成立时有 $\pi_{ij}(\widehat{\theta}) = \widehat{\pi}_{i\cdot}\widehat{\pi}_{\cdot j} = \frac{N_{i\cdot}}{n}\frac{N_{\cdot j}}{n}$.

这些结果代入到定理 6.7.2 的公式 (6.7.13) 式可得

$$K_n(\widehat{\theta}) = \sum_{i=1}^{r} \sum_{j=1}^{s} \left[\frac{N_{ij} - n \cdot \dfrac{N_{i\cdot}}{n} \cdot \dfrac{N_{\cdot j}}{n}}{\sqrt{n \cdot \dfrac{N_{i\cdot}}{n} \dfrac{N_{\cdot j}}{n}}} \right]^2 \to \chi^2(t).$$

其中自由度 $t = k - p - 1$, $k = rs$, $p = r + s - 2$, 可得 $t = rs - r - s + 2 - 1 = (r-1)(s-1)$. 上式经化简即可得到 (6.7.22) 式. ∎

推论 对于 2×2 列联表, 即 $r = 2$, $s = 2$ 的情形, 独立性检验 (6.7.20) 或 (6.7.21) 的检验统计量可简化为

$$K_n = \frac{n(N_{11}N_{22} - N_{12}N_{21})^2}{N_{1\cdot}N_{2\cdot}N_{\cdot 1}N_{\cdot 2}} \to \chi^2(1). \tag{6.7.23}$$

其否定域为 $R^+ = \{K_n > \chi^2(1, 1-\alpha)\}$.

例 6.7.13 (续例 6.7.12) 要检验某种感冒药的疗效是否与年龄有关. 把以上定理的公式 (6.7.22) 用于本例. $N_{1\cdot} = 128$, $N_{2\cdot} = 117$, $N_{3\cdot} = 55$, $N_{\cdot 1} = 109$, $N_{\cdot 2} = 100$, $N_{\cdot 3} = 91$; $n = 300$, $r = s = 3$. 这些结果代入到 (6.7.22) 式, 经直接计算可得 $K_n(\widehat{\theta}) = 13.59$, 而 $t = (3-1)(3-1) = 4$, $\chi^2(4, 0.95) = 9.49 < K_n = 13.59$. 所以应否定 H_0, 即 "疗效与年龄独立" 这一假设不成立, 认为该感冒药的疗效与年龄有关.

例 6.7.14 为了研究慢性气管炎与日吸烟量的关系, 共调查了 272 人, 结果如下所示. 试检验慢性气管炎与日吸烟量是否有关 ($\alpha = 0.05$).

	日吸烟量/支			总人数
	[0, 9]	[10, 19]	$\geqslant 20$	
慢性气管炎患者人数	22	98	25	145
健康者人数	22	89	16	127
总人数	44	187	41	272

解 本题为 2×3 列联表的独立性检验. 假设调查者的状态 (用变量 X 表示) 分为患病 (A_1), 健康 (A_2) 两种; 日吸烟量 (用变量 Y 表示) 分别为 $[0,9]$ (B_1),

$[10, 19]$ (B_2), 大于或等于 20 (B_3) 共 3 类. 而 $(X \in A_i, Y \in B_j)$ 的人数为 N_{ij}, 其对应的概率为 π_{ij}, $i = 1, 2$, $j = 1, 2, 3$. 为检验慢性气管炎与日吸烟量是否无关, 即检验 X 和 Y 的独立性, 因此可应用 (6.7.22) 式的检验统计量. 这时 $N_1. = 145$, $N_2. = 127$, $N_{.1} = 44$, $N_{.2} = 187$, $N_{.3} = 41$; $n = 272$, $r = 2$, $s = 3$. 这些结果代入到 (6.7.22) 式, 经直接计算可得

$$K_n(\widehat{\theta}) = n \left(\sum_{i=1}^{2} \sum_{j=1}^{3} \frac{N_{ij}^2}{N_i. N_{.j}} - 1 \right) = 1.4048.$$

而 $t = (2 - 1)(3 - 1) = 2$, $\chi^2(2, 0.95) = 5.9915 > K_n = 1.4048$. 所以不应否定原假设 H_0, 即认为慢性气管炎与日吸烟量无关.

最后我们简单介绍一下 Kolmogorov (柯尔莫哥洛夫) 拟合优度检验统计量, 通常认为它是最精密的检验统计量, 有关结果的证明比较复杂, 以下仅介绍其基本公式, 详见陈希孺 (1981, 2009).

设 $X_1, \cdots, X_n$ 为独立同分布样本, 要检验它们是否服从某个已知的分布函数 $F_0(x)$:

$$H_0 : X_1 \sim F_0(x) \longleftrightarrow H_1 : X_1 \text{不服从} F_0(x).$$

检验的出发点是经验分布函数 $F_n(x)$, 其中 $F_n(x) = n^{-1} \{X_1, \cdots, X_n \text{ 中 } \leqslant x \text{ 的个数}\}$. 由第一章的定理 1.1.2 可知, 当 $n \to +\infty$ 时, $F_n(x) \to F_0(x)$ (a.e.). 因此 Kolmogorov 取以下统计量来度量样本分布与 $F_0(x)$ 拟合的优劣程度:

$$D_n = \sup_{-\infty < x < \infty} |F_n(x) - F_0(x)|.$$

D_n 反映了用 $F_n(x)$ 拟合 $F_0(x)$ 的总体偏差.

定理 6.7.5 在一定正则条件下, $D_n \to 0$ (a.e.), 且有 $\sqrt{n} D_n \xrightarrow{L} K(x)$, 其中

$$K(x) = \begin{cases} \sum\limits_{j=-\infty}^{\infty} (-1)^j \mathrm{e}^{-2j^2 x^2} & x \geqslant 0, \\ 0 & x < 0. \end{cases}$$

以上假设检验问题的否定域为 $R^+ = \{\sqrt{n} D_n > \lambda_{1-\alpha}\}$, 其中 $\lambda_{1-\alpha}$ 为分布 $K(x)$ 的 $1 - \alpha$ 分位数 (函数 $K(x)$ 有表可查).

习题六

1. 在以下假设检验问题中, 求检验 $\phi(x)$ 的第一、第二类错误以及在 H_1 情形下的功效:

(1) 设 X_1, X_2, X_3 为 i.i.d. 样本, X_1 服从两点分布 $b(1, \theta)$. 考虑假设检验问题

$$H_0 : \theta = \frac{1}{2} \longleftrightarrow H_1 : \theta = \frac{3}{4}.$$

检验 $\phi(x)$ 的否定域为 $R^+ = \{X_1 + X_2 + X_3 \geqslant 1\}$;

(2) 设 X_1, X_2 相互独立, 且都服从 Poisson 分布 $P(\lambda)$. 考虑假设检验问题

$$H_0 : \lambda = \frac{1}{2} \longleftrightarrow H_1 : \lambda = 2.$$

检验 $\phi(x)$ 的否定域为 $R^+ = \{X_1 + X_2 \geqslant 3\}$.

2. 考虑简单假设检验问题 $H_0 : \theta = \theta_0 \longleftrightarrow H_1 : \theta = \theta_1$. 对于以下密度函数 $f(x; \theta)$, 在一样本情况下, 求检验问题水平为 α $(0 < \alpha < 1)$ 的 MPT:

(1) $f(x; \theta) = 2\theta^{-2}(\theta - x)I\{0 \leqslant x \leqslant \theta\}$, $\theta_0 < \theta_1$;

(2) $f(x; \theta) = 2[\theta x + (1 - \theta)(1 - x)]I\{0 \leqslant x \leqslant 1\}$, $0 \leqslant \theta_1 < \theta_0 \leqslant 1$.

3. 考虑简单假设检验问题 $H_0 : f(x) = f_0(x) \longleftrightarrow H_1 : f(x) = f_1(x)$. 对于以下密度函数 $f_0(x)$ 和 $f_1(x)$, 在一样本情况下, 求检验问题水平为 α $(0 < \alpha < 1)$ 的 MPT:

(1) $f_0(x) = I\{0 \leqslant x \leqslant 1\}$, $f_1(x) = 2xI\{0 \leqslant x \leqslant 1\}$;

(2) $f_0(x) = I\{0 \leqslant x \leqslant 1\}$, $f_1(x) = 4xI\{0 \leqslant x \leqslant 1/2\} + (4 - 4x)I\{1/2 \leqslant x \leqslant 1\}$;

4. 设 $X_1, \cdots, X_n$ 为 i.i.d. 样本, 求以下假设检验问题水平为 α $(0 < \alpha < 1)$ 的 MPT: $H_0 : \theta = 1 \longleftrightarrow H_1 : \theta = 2$.

(1) X_1 服从均匀分布 $R(0, \theta)$;

(2) X_1 服从 β 分布 $BE(\theta, 1)$.

5. 设 $X_1, \cdots, X_n$ 为 i.i.d. 样本, 考虑以下假设检验问题 $H_0 : \theta = \theta_0 \longleftrightarrow H_1 : \theta = \theta_1$. 求检验问题水平为 α $(0 < \alpha < 1)$ 的 MPT:

(1) $f(x_1; \theta) = \mathrm{e}^{-(x_1 - \theta)}I\{x_1 \geqslant \theta\}$, $\theta_1 < \theta_0$;

(2) $f(x_1; \theta) = 2\theta^2 x_1^{-3} I\{x_1 \geqslant \theta\}$, $\theta_1 < \theta_0$.

6. 设 $X_1, \cdots, X_n$ 为 i.i.d. 样本, $X_1 \sim \Gamma(\lambda, p)$, 其中 $p > 0$ 已知, $\lambda > 0$ 未知.

(1) 求假设检验问题 $H_0 : \lambda = \lambda_0 \longleftrightarrow H_1 : \lambda = \lambda_1$ $(\lambda_1 > \lambda_0)$ 的一个水平为 α 的 MPT;

(2) 求 (1) 中的检验函数 $\phi(X)$ 的功效函数 $\beta_\phi(\lambda)$, 并证明其为 λ 的增函数;

(3) 证明 (1) 中所得的 MPT 是以下假设检验问题的 UMPT:

(a) $H_0 : \lambda = \lambda_0 \longleftrightarrow H_1 : \lambda > \lambda_0$;　(b) $H_0 : \lambda \leqslant \lambda_0 \longleftrightarrow H_1 : \lambda > \lambda_0$.

7. 考虑简单假设检验问题 $H_0 : f(x) = f_0(x) \longleftrightarrow H_1 : f(x) = f_1(x)$.

(1) 证明: 以下 $\phi_1(x)$ 为上述检验问题水平为 $\alpha = 0$ 的 MPT, 并且在 $R^+ \cup R^-$ 上唯一.

$$\phi_1(x) = \begin{cases} 1, & x \in R^+ = \{x : f_0(x) = 0, f_1(x) \neq 0\}, \\ \gamma, & x \in R^0 = \{x : f_0(x) = 0, f_1(x) = 0\}, \quad 0 < \gamma < 1, \\ 0, & x \in R^- = \{x : f_0(x) \neq 0\}. \end{cases}$$

(2) 证明: 以下 $\phi_2(x)$ 为上述检验问题水平为 $\alpha = 1$ 的 MPT, 并且在 $R^+ \cup R^-$ 上唯一.

$$\phi_2(x) = \begin{cases} 1, & x \in R^+ = A \cup B, \\ \gamma, & x \in \overline{R^+}, \end{cases}$$

其中 $A = \{x : f_0(x) \neq 0\}$, $B = \{x : f_1(x) \neq 0\}$, $0 < \gamma < 1$.

8. 设 $\phi(x)$ 为 N–P 基本引理导出的 MPT (见定理 6.2.1 的 (6.2.2) 式), 其水平为 α 的否定域为 $R^+ = \{\lambda(X) > c\}$, 且满足 $P_{\theta_0}\{\lambda(X) > c\} = \alpha$; 其中 c 可看作 α 的函数 $c = c(\alpha)$.

(1) 证明: $c(\alpha)$ 为 α 的非增函数, 即若 $\alpha_1 < \alpha_2$, 则 $c(\alpha_1) \geqslant c(\alpha_2)$;

(2) 若 $\lambda(x)$ 的分布函数连续, 且 $\alpha_1 < \alpha_2$. 证明: 当水平 $\alpha = \alpha_1$ 时, $\phi(x)$ 犯第二类错误的概率不小于水平 $\alpha = \alpha_2$ 时 $\phi(x)$ 犯第二类错误的概率.

9. 对于简单假设检验问题 $H_0 : \theta = \theta_0 \longleftrightarrow H_1 : \theta = \theta_1$ 以及水平 α $(0 < \alpha < 1)$. 设 $\phi(x)$ 为上述检验问题水平为 α 的 MPT, 且 $\beta = \mathrm{E}_{\theta_1}[\phi(X)] < 1$. 证明: 检验 $1 - \phi(x)$ 是假设检验问题 $H_0 : \theta = \theta_1 \longleftrightarrow H_1 : \theta = \theta_0$ 的一个水平为 $1 - \beta$ 的 MPT.

10. 证明以下分布族为单调似然比分布族:

(1) $f(x, \mu) = \dfrac{1}{2\theta}\mathrm{e}^{-\frac{1}{\theta}|x - \mu|} : \mu \in \mathbf{R}$ 未知, $\theta > 0$ 已知;

(2) $U(\theta, \theta + 1) : \theta \in \mathbf{R}$;

(3) $\{f_\theta(x) : \theta \in \mathbf{R}\}$, 其中 $f_\theta(x) = c(\theta)h(x)I\{a(\theta) \leqslant x \leqslant b(\theta)\}$ 且 $h(x)$ 和 $c(\theta)$ 都是正函数, $a(\theta)$ 和 $b(\theta)$ 都是 θ 的非降函数.

11. 对习题 5 中的两个小题的分布族:

(1) 证明其分布族为单调似然比分布族;

(2) 对于简单假设检验问题 $H_0 : \theta = \theta_0 \longleftrightarrow H_1 : \theta = \theta_1$ $(\theta_1 < \theta_0)$, 求一个水平为 α 的非随机化的 MPT;

(3) 对于假设检验问题 $H_0 : \theta \leqslant \theta_0 \longleftrightarrow H_1 : \theta > \theta_0$, 求一个水平为 α 的 UMPT.

12. 设 $X_1, \cdots, X_n$ 为 i.i.d. 样本, $X_1 \sim f(x_1; \theta)$, $\theta \in \Theta \subset \mathbf{R}$. 在下列情况下, 基于 χ^2 分布 (见第一章习题), 求假设检验问题 $H_0 : \theta \leqslant \theta_0 \longleftrightarrow H_1 : \theta > \theta_0$ 水平为 α 的 UMPT:

(1) $f(x_1; \theta) = \theta^{-1}\mathrm{e}^{-\frac{x_1}{\theta}}I\{x_1 \geqslant 0\}$, $\theta > 0$;

(2) $f(x_1; \theta) = \theta x_1^{\theta-1}I\{0 \leqslant x_1 \leqslant 1\}$, $\theta > 0$;

(3) $f(x_1; \theta) = c\theta^{-1}x_1^{c-1}\exp\left\{-\left(\dfrac{x_1^c}{\theta}\right)\right\}I\{x_1 \geqslant 0\}$, 其中 $\theta > 0$ 未知, $c > 0$ 已知.

13. 求以下单边假设检验问题水平为 α 的 UMPT:

(1) X 服从超几何分布 $h(x|n; N, M)$, 求检验 $H_0 : M \leqslant M_0 \longleftrightarrow H_1 : M > M_0$ 的 UMPT;

(2) X 服从负二项分布 $NB(r, \theta)$, 求检验 $H_0 : \theta \leqslant \theta_0 \longleftrightarrow H_1 : \theta > \theta_0$ 的 UMPT.

14. 设 $X_1, \cdots, X_n$ 为 i.i.d. 样本, X_1 服从两点分布 $b(1, p)$.

(1) 求检验 $H_0 : p \leqslant 0.02 \longleftrightarrow H_1 : p > 0.02$ 水平为 $\alpha = 0.05$ 的 UMPT; 若要求这个检验在 $p = 0.08$ 时犯第二类错误的概率不超过 0.1, n 要取多大?

(2) 某厂生产的轴套出厂标准为次品率不超过 2%, 现从一批产品中随机抽取 400 只轴套, 发现次品 12 只. 在水平为 $\alpha = 0.05$ 的条件下, 是否应允许这批产品出厂?

15. 设 $X_1, \cdots, X_n$ 为 i.i.d. 样本, X_1 表示寿命且服从指数分布 $\Gamma\left(\dfrac{1}{\theta}, 1\right)$. 现仅观测到前 r 个寿命的值: $(Y_1, \cdots, Y_r)^{\mathrm{T}} = (X_{(1)}, \cdots, X_{(r)})^{\mathrm{T}}$.

(1) 对于假设检验问题 $H_0 : \theta \leqslant \theta_0 \longleftrightarrow H_1 : \theta > \theta_0$, 求其 UMPT 的功效函数;

(2) 设某元件的寿命服从分布 $\Gamma\left(\dfrac{1}{\theta},1\right)$. 今对 12 个元件观测其寿命, 仅测得前 6 个元件的失效时间 (单位: h) 为

1380, 1510, 1650, 1760, 2100, 2320.

在水平为 $\alpha = 0.05$ 的条件下检验元件的平均寿命是否在 2000 h 以上.

★**16.** 设 $X_1,\cdots,X_n$ 为 i.i.d. 样本, $n \geqslant 2$, $X_1 \sim R(\theta,\theta+1)$, $\theta \in \mathbf{R}$.

(1) 求 $X_{(1)}$ 和 $X_{(n)}$ 的联合分布;

(2) 证明:

$$\phi^*(X_{(1)},X_{(n)}) = \begin{cases} 0, & X_{(1)} < 1 - \alpha^{\frac{1}{n}} \text{ 且 } X_{(n)} < 1, \\ 1, & X_{(1)} \geqslant 1 - \alpha^{\frac{1}{n}} \text{ 或 } X_{(n)} \geqslant 1 \end{cases}$$

是假设检验问题 $H_0 : \theta \leqslant 0 \longleftrightarrow H_1 : \theta > 0$ 的水平为 α 的 UMPT.

(提示: 仿照例 6.2.3.)

★**17.** 假设 $\{X \sim f(x,\theta),\ \theta \in \Theta \subset \mathbf{R}\}$ 关于 $T = T(X)$ 为单调似然比分布族. 考虑假设检验问题 $H_0 : \theta \leqslant \theta_0 \longleftrightarrow H_1 : \theta > \theta_0$, 其水平为 α 的 UMPT 的否定域为 $R^+ = \{T(X) > c(\theta_0)\}$, 且满足 $P_{\theta_0}\{T(X) > c(\theta_0)\} = \alpha$; 该式对任意的 $\theta_0 \in \Theta$ 都成立. 若把 $c(\theta)$ 看成 θ 的函数, 证明: $c(\theta)$ 是 θ 的增函数.

(提示: 利用 UMPT 的无偏性.)

18. 设 $X_1,\cdots,X_n$ 为 i.i.d. 样本, $X_1 \sim f(x_1,\theta) = \theta x_1^{\theta-1} I\{0 \leqslant x_1 \leqslant 1\}$, $\theta > 0$.

(1) $H_0 : \theta \leqslant \theta_1$ 或 $\theta \geqslant \theta_2 \longleftrightarrow H_1 : \theta_1 < \theta < \theta_2$, 求其水平为 α 的 UMPT;

(2) $H_0 : \theta = \theta_0 \longleftrightarrow H_1 : \theta \neq \theta_0$, 求其水平为 α 的 UMPUT.

19. 设 $X_1,\cdots,X_n$ 为 i.i.d. 样本, $X_1 \sim N(\mu,1)$. 对于假设检验问题

$$H_0 : \mu \leqslant -a \quad \text{或} \quad \mu \geqslant a \longleftrightarrow H_1 : -a < \mu < a;\ a > 0,$$

证明: 其水平为 α 的 UMPT 可表示为:

$$\phi^*(x) = \begin{cases} 1, & -k < \overline{x} < k, \\ 0, & \text{其他}. \end{cases}$$

并给出 k 的定解条件.

20. 设 $X_1,\cdots,X_n$ 为 i.i.d. 样本, $X_1 \sim N(\mu,\sigma^2)$. 证明以下假设检验问题的 UMPT 不存在:

(1) $H_0 : \mu = 0 \longleftrightarrow H_1 : \mu \neq 0$, 已知 $\sigma = 1$;

(2) $H_0 : \sigma = 1 \longleftrightarrow H_1 : \sigma \neq 1$, 已知 $\mu = 0$.

(提示: 利用单边检验中功效函数的单调性.)

21. 设 $X_1,\cdots,X_n$ 为 i.i.d. 样本, $X_1 \sim \Gamma\left(\dfrac{1}{\theta},1\right)$. 求以下假设检验问题 $H_0 : \theta = \theta_0 \longleftrightarrow H_1 : \theta \neq \theta_0$ 水平为 α 的 UMPUT.

22. 对于指数族分布, 设 $\phi_1(x)$ 是假设检验问题 $H_0 : \theta \leqslant \theta_1$ 或 $\theta \geqslant \theta_2 \longleftrightarrow H_1 : \theta_1 < \theta < \theta_2$ 的水平为 α 的 UMPT. 若 $\widetilde{\phi}(x)$ 为一个检验, 且 $\mathrm{E}_{\theta_1}[\widetilde{\phi}(X)] = \mathrm{E}_{\theta_2}[\widetilde{\phi}(X)] = \alpha$, 则 $\mathrm{E}_{\theta}[\phi_1(X)] \leqslant \mathrm{E}_{\theta}[\widetilde{\phi}(X)]$, 对任意 $\theta < \theta_1$ 或 $\theta > \theta_2$ 成立.

23. 设 $f(x)$ 和 $g(x)$ 是两个已知的密度函数, 又设 X 的密度函数为 $\theta f(x)+(1-\theta)g(x)$, $\theta \in \mathbf{R}$. 证明: $\phi^*(x) = \alpha$ 是假设检验问题 $H_0 : \theta \leqslant \theta_1$ 或 $\theta \geqslant \theta_2 \longleftrightarrow H_1 : \theta_1 < \theta < \theta_2$ 的一个水平为 α 的 UMPT.

★24. 设 $X_1, \cdots, X_n$ 为 i.i.d. 样本, X_1 服从均匀分布 $R(0,\theta)$, $\theta > 0$. 证明: 以下 $\phi^*(x)$ 是假设检验问题 $H_0 : \theta = \theta_0\ (> 0) \longleftrightarrow H_1 : \theta \neq \theta_0$ 的一个水平为 α 的 UMPT.

$$\phi^* = \begin{cases} 1, & X_{(n)} > \theta_0 \text{ 或 } X_{(n)} \leqslant \theta_0 \alpha^{\frac{1}{n}}, \\ 0, & \text{其他.} \end{cases}$$

(提示: $\forall\ \theta_1 \neq \theta_0$, 把 θ_1 分为 $\theta_1 < \theta_0 \alpha^{\frac{1}{n}}$; $\theta_0 \alpha^{\frac{1}{n}} \leqslant \theta_1 \leqslant \theta_0$ 以及 $\theta_1 > \theta_0$ 等情形证明 $\mathrm{E}_{\theta_1}(\phi^*) \geqslant \mathrm{E}_{\theta_1}(\phi).$)

★25. 设 $X_1, \cdots, X_n$ 为 i.i.d. 样本, 求假设检验问题 $H_0 : \theta = \theta_0 \longleftrightarrow H_1 : \theta \neq \theta_0$ 的一个水平为 α 的 UMPT:

(1) $X_1 \sim \theta + \Gamma\left(\dfrac{1}{\sigma}, 1\right)$, 其中 $\theta \in \mathbf{R}$ 未知, $\sigma > 0$ 已知;

(2) $X_1 \sim PR(c,\theta)$, $\theta > 0$, $c > 0$, 即 $f(x_1; \theta, c) = c\theta^c x_1^{-(c+1)} I\{x_1 \geqslant \theta\}$, $c > 0$ 已知.

(提示: 参见第 24 题中 UMPT 的形式.)

26. 某厂生产的食品保质期服从正态分布, μ, σ 未知. 现测到 16 件样品的保质期数据 (单位: h) 如下:

159,   280,   101,   212,   224,   379,   179,   264,

222,   362,   168,   250,   149,   260,   485,   170,

试检验该厂生产的食品平均保质期是否超过 225 h (取 $\alpha = 0.05$).

27. 某公司生产的发动机部件的直径服从正态分布, 均方差 (即 σ) 为 0.048 cm. 今随机抽取 5 个样品, 测得其直径为 1.32, 1.55, 1.36, 1.40, 1.44. 试检验:

(1) 我们能否认为该公司生产的发动机部件直径的均方差确实为 0.048 cm (检验水平 $\alpha = 0.05$)?

(2) 我们能否认为 $\sigma^2 \leqslant 0.048^2$?

28. 若一个矩形的宽度与长度之比为 0.618, 则称为黄金矩形, 此时人们的视觉最好. 某工艺品厂生产的一种矩形框架工艺品, 其框架宽度与长度之比的数据服从正态分布, 测得一组数据如下:

0.699,   0.749,   0.645,   0.670,   0.612,   0.672,   0.615,   0.606,   0.690,   0.628,

0.668,   0.611,   0.606,   0.609,   0.601,   0.553,   0.570,   0.844,   0.576,   0.933

试检验其比值的平均值是否为 0.618 (取 $\alpha = 0.05$). 由此数据进一步检验: 该工艺品加工精度的均方差是否维持在 0.11.

29. 为了比较甲、乙两个砖厂生产砖块的平均强度, 在两厂抽取样品, 测得强度 (单位: kg) 分别为

74, 65, 72, 69 和 75, 78, 74, 76, 72.

假设两厂砖块强度分别服从正态分布 $N(\mu_1, \sigma^2)$ 和 $N(\mu_2, \sigma^2)$. 试检验两厂生产砖块的平均强度是否有显著性差异 (取 $\alpha = 0.05$).

30. 假设有 A, B 两种药, 试验者要比较它们在患者服用 2 h 后血液中药的含量是否有差别. 今对药品 A, 随机抽取 8 个患者, 对药品 B, 随机抽取 6 个患者, 分别测量他们服药 2 h 后血液中药的浓度, 数据如下:

药品 A:　1.23,　1.42,　1.41,　1.62,　1.55,　1.51,　1.61,　1.70;

药品 B:　1.76,　1.41,　1.87,　1.49,　1.67,　1.81.

假定这两组观测值服从具有公共方差的正态分布, 试检验患者血液中这两种药的浓度是否有显著性差异.

31. 为了比较 A, B 两种同类药物副作用的大小, 对服用 A 种药的 92 人进行调查, 其中 7 人有不良反应; 对服用 B 种药的 78 人进行调查, 其中 5 人有不良反应. 试检验 A, B 两种药物副作用的大小是否有显著性差异 (取 $\alpha = 0.01$).

32. 设 $X_1, \cdots, X_n$ 为 i.i.d. 样本, $X_1 \sim N(\mu, \sigma^2)$, μ, σ^2 都未知. 求假设检验问题 $H_0 : \mu \leqslant \mu_0 \longleftrightarrow H_1 : \mu > \mu_0$ 的水平为 α 的 UMPUT 的功效函数.

33. 设 $X_1, \cdots, X_n$ 为 i.i.d. 样本, $X_1 \sim N(\mu_1, 1)$; $Y_1, \cdots, Y_m$ 为 i.i.d. 样本, $Y_1 \sim N(\mu_2, 1)$, 且两总体独立. 求下列假设检验问题水平为 α 的 UMPUT:

(1) $H_0 : \mu_1 \leqslant \mu_2 \longleftrightarrow H_1 : \mu_1 > \mu_2$;

(2) $H_0 : \mu_1 = \mu_2 \longleftrightarrow H_1 : \mu_1 \neq \mu_2$;

(3) $H_0 : \mu_1 \leqslant c\mu_2 \longleftrightarrow H_1 : \mu_1 > c\mu_2$, c 为已知常数.

34. 设 $X_1, \cdots, X_n$ 为 i.i.d. 样本, $X_1 \sim N(\mu_1, \sigma_1^2)$; $Y_1, \cdots, Y_m$ 为 i.i.d. 样本, $Y_1 \sim N(\mu_2, \sigma_2^2)$, 且两总体独立. 若 μ_1 已知但 μ_2 未知, 求下列假设检验问题水平为 α 的 UMPUT:

(1) $H_0 : \sigma_1 \leqslant \sigma_2 \longleftrightarrow H_1 : \sigma_1 > \sigma_2$;

(2) $H_0 : \sigma_1 = \sigma_2 \longleftrightarrow H_1 : \sigma_1 \neq \sigma_2$.

★35. 设 $X_1, \cdots, X_n$ 为 i.i.d. 样本, $X_1 \sim N(\mu_1, \sigma_1^2)$; $Y_1, \cdots, Y_m$ 为 i.i.d. 样本, $Y_1 \sim N(\mu_2, \sigma_2^2)$, 且两总体独立. 记 $\theta = \sigma_2^2/\sigma_1^2$.

(1) 求下列假设检验问题检验水平为 α 的 UMPUT:

(i) $H_0 : \theta \leqslant \theta_0 \longleftrightarrow H_1 : \theta > \theta_0$ 和 (ii) $H_0 : \theta = \theta_0 \longleftrightarrow H_1 : \theta \neq \theta_0$;

(2) 当 $m = n$ 时, 对假设检验问题 (ii) 即 $H_0 : \sigma_2^2 = \theta_0 \sigma_1^2 \longleftrightarrow H_1 : \sigma_2^2 \neq \theta_0 \sigma_1^2$, 证明: 其一个水平为 α 的 UMPUT 的否定域为

$$R^+ = \left\{ x : \max\left\{ \frac{S_2^2}{(\theta_0 S_1^2)}, \frac{(\theta_0 S_1^2)}{S_2^2} \right\} > \frac{1-c}{c} \right\},$$

其中 c 由 $\displaystyle\int_0^c f\left(\nu; \frac{n-1}{2}, \frac{n-1}{2}\right) \mathrm{d}\nu = \alpha/2$ 来决定, $f(\nu; p, q)$ 为 β 分布 $BE(p, q)$ 的密度函数, $S_1^2 = \sum\limits_{i=1}^{n}(X_i - \overline{X})^2$, $S_2^2 = \sum\limits_{j=1}^{m}(Y_j - \overline{Y})^2$.

(提示: 利用 F 分布和 β 分布的关系.)

★36. 设 $X_1, \cdots, X_n$ 相互独立, $X_i \sim N(\mu_i, \sigma^2)$, $i = 1, \cdots, m$; $X_j \sim N(0, \sigma^2)$, $j = m+1, \cdots, n$. 设 μ_0 已知, 求下列假设检验问题检验水平为 α 的 UMPUT:

(i) $H_0 : \mu_1 \leqslant \mu_0 \longleftrightarrow H_1 : \mu_1 > \mu_0$ 和 (ii) $H_0 : \mu_1 = \mu_0 \longleftrightarrow H_1 : \mu_1 \neq \mu_0$;

并求 (ii) 的似然比检验.

(提示: 仿照一样本正态总体中关于 μ 的单边和双边检验的处理方法.)

37. 设 $X_1, \cdots, X_n$ 为 i.i.d. 样本, $X_1 \sim \Gamma\left(\frac{1}{\sigma}, p\right)$, 即

$$f(x_1; \sigma, p) = \frac{\sigma^{-p}}{\Gamma(p)} \mathrm{e}^{-\frac{x_1}{\sigma}} x_1^{p-1} I\{x_1 \geqslant 0\},$$

其中 σ, p 都未知.

(1) 对于假设检验问题 $H_0 : \sigma \leqslant \sigma_0 \longleftrightarrow H_1 : \sigma > \sigma_0$, 证明: 存在一个否定域为 $\left\{x : \sum\limits_{i=1}^{n} x_i > g(\prod\limits_{i=1}^{n} x_i)\right\}$ 的 UMPUT, 其中 g 为某一函数;

(2) 对于假设检验问题

(i) $H_0 : p \leqslant p_0 \longleftrightarrow H_1 : p > p_0$ 和 (ii) $H_0 : p = p_0 \longleftrightarrow H_1 : p \neq p_0$,
试证: 存在否定域与 $\nu = \prod\limits_{i=1}^{n}(X_i / \overline{X})$ 有关的 UMPUT.

38. 设 $X_1 \sim P(\lambda_1)$, $X_2 \sim P(\lambda_2)$, X_1 和 X_2 独立. 求假设检验问题

$$H_0 : \lambda_1 \geqslant \lambda_2 \longleftrightarrow H_1 : \lambda_1 < \lambda_2$$

的一个水平为 α 的 UMPUT.

39. 设 $X_i \sim P(\lambda_i)$, $i = 1, 2, 3$, X_1, X_2, X_3 相互独立. 对于假设检验问题

$$H_0 : \lambda_1 \lambda_2 \leqslant \lambda_3^2 \longleftrightarrow H_1 : \lambda_1 \lambda_2 \geqslant \lambda_3^2,$$

证明: 存在一个水平为 α 的 UMPUT.

★40. 设 $X_1, \cdots, X_n$ 为 i.i.d. 样本, $X_1 \sim \Gamma\left(\frac{1}{\sigma_1}, p_1\right)$, $Y_1, \cdots, Y_n$ 为 i.i.d. 样本, $Y_1 \sim \Gamma\left(\frac{1}{\sigma_2}, p_2\right)$, 且两总体独立.

(1) 设 p_1, p_2 已知, 对于假设检验问题

(i) $H_0 : \sigma_1 \leqslant \sigma_2 \longleftrightarrow H_1 : \sigma_1 > \sigma_2$ 和 (ii) $H_0 : \sigma_1 = \sigma_2 \longleftrightarrow H_1 : \sigma_1 \neq \sigma_2$,
试证: 存在 UMPUT, 且其否定域可用 β 分布确定;

(2) 如果在 (1) 中, p_1, p_2 都未知, 对假设检验问题 (i) 和 (ii), 证明存在 UMPUT, 并描述它们的一般形式;

(3) 假设 $\sigma_1 = \sigma_2$, 但未知, 对假设检验问题

(i) $H_0 : p_1 \leqslant p_2 \longleftrightarrow H_1 : p_1 > p_2$ 和 (ii) $H_0 : p_1 = p_2 \longleftrightarrow H_1 : p_1 \neq p_2$,
证明存在 UMPUT, 并描述它们的一般形式.

41. 设 $X_1, \cdots, X_n$ 为 i.i.d. 样本, $X_1 \sim \mu + \Gamma\left(\frac{1}{\sigma}, 1\right)$. 求以下假设检验问题检验水平为 α 的似然比检验:

(1) 当 $\mu = 0$ 时, $H_0 : \sigma = \sigma_0 \longleftrightarrow H_1 : \sigma \neq \sigma_0$;

(2) 当 μ 未知时, $H_0 : \sigma = \sigma_0 \longleftrightarrow H_1 : \sigma \neq \sigma_0$;

(3) 当 σ 已知时, $H_0 : \mu = \mu_0 \longleftrightarrow H_1 : \mu \neq \mu_0$;

(4) 当 σ 未知时, $H_0 : \mu = \mu_0 \longleftrightarrow H_1 : \mu \neq \mu_0$.

42. 设 $X_1, \cdots, X_n$ 为 i.i.d. 样本, $X_1 \sim PR(\alpha, \theta)$, 即

$$f(x_1; \alpha, \theta) = \alpha \theta^\alpha x_1^{-(\alpha+1)} I\{x_1 \geqslant \theta\}, \quad \text{其中 } \alpha, \theta \text{ 都未知.}$$

求假设检验问题 $H_0: \alpha = 1 \longleftrightarrow H_1: \alpha \neq 1$ 的一个水平为 α 的似然比检验.

43. 设 X 是来自密度函数为 $f(x) = 2\theta^{-2}(\theta - x)I\{0 \leqslant x \leqslant \theta\}$ 的总体的一个容量为 1 的样本, 其中 $\theta > 0$ 未知. 求假设检验问题 $H_0: \theta = \theta_0 \longleftrightarrow H_1: \theta \neq \theta_0$ 的一个水平为 α 的似然比检验.

44. 设 $X_1, X_2, \cdots, X_n$ 为相互独立的样本, $X_j \sim N(0, \sigma^2), j \neq i$, 求以下假设检验问题水平为 α 的似然比检验统计量:

(1) $X_i \sim N(\gamma, \sigma^2)$, $H_0: \gamma = 0 \longleftrightarrow H_1: \gamma \neq 0$;

(2) $X_i \sim N(0, \omega^{-1}\sigma^2)$, $H_0: \omega = 1 \longleftrightarrow H_1: \omega \neq 1$.

(提示: 利用 F 分布与 β 分布的关系, 由 β 分布确定否定域, 第 46 题的 (2)、第 49 题也类似.)

45. 设 $X_1, X_2, \cdots, X_n$ 为相互独立的样本, $X_j \sim N(0, \sigma^2), j \neq 1, n$, 而 $X_1 \sim N(\gamma, \sigma^2)$, $X_n \sim N(0, \omega^{-1}\sigma^2)$. 求以下假设检验问题水平为 α 的似然比检验和 score 检验统计量:

(1) $H_0: \gamma = 0 \longleftrightarrow H_1: \gamma \neq 0$;

(2) $H_0: \omega = 1 \longleftrightarrow H_1: \omega \neq 1$;

(3) $H_0: \gamma = 0, \omega = 1 \longleftrightarrow H_1: \gamma \neq 0$, 或 $\omega \neq 1$.

46. 设 $X_1, X_2, \cdots, X_n$ 为相互独立的样本, 并考虑假设检验问题 $H_0: \gamma = 1 \longleftrightarrow H_1: \gamma \neq 1$. 在以下情形下求假设检验问题的 score 检验统计量

(1) $X_j \sim \Gamma(\lambda, 1), j \neq i$, 但 $X_i \sim \Gamma(\gamma\lambda, 1)$;

(2) $X_j \sim P(\lambda), j \neq i$, 但 $X_i \sim P(\gamma\lambda)$.

47. 证明: 在定理 6.6.2 中的 score 检验统计量 $SC'(\theta_{10})$ 可表示为

$$SC'(\theta_{10}) = \left\{ \dot{L}_p^{\mathrm{T}}(\theta_1)[-\ddot{L}_p^{-1}(\theta_1)]\dot{L}_p(\theta_1) \right\}_{\theta_1 = \theta_{10}},$$

其中 $L_p(\theta_1) = L(\theta_1, \widetilde{\theta}_2(\theta_1))$, $\dot{L}_p(\theta_1)$ 和 $\ddot{L}_p(\theta_1)$ 为 $L_p(\theta_1)$ 关于 θ_1 的前二阶导数.

48. 设 $X_1, \cdots, X_n$ 为 i.i.d. 样本, $X_1 \sim \Gamma\left(\dfrac{1}{\sigma_1}, 1\right)$; 设 $Y_1, \cdots, Y_m$ 为 i.i.d. 样本, $Y_1 \sim \Gamma\left(\dfrac{1}{\sigma_2}, 1\right)$; 且两样本独立. 求以下假设检验问题水平为 α 的似然比检验:

$$H_0: \sigma_1 = \sigma_2 \longleftrightarrow H_1: \sigma_1 \neq \sigma_2.$$

49. 设 $X_1, \cdots, X_n$ 为 i.i.d. 样本, $X_1 \sim N(\mu_1, \sigma_1^2)$; $Y_1, \cdots, Y_m$ 为 i.i.d. 样本, $Y_1 \sim N(\mu_2, \sigma_2^2)$; 且两样本独立. 求以下假设检验问题水平为 α 的似然比检验:

(1) $H_0: \mu_1 = \mu_2 \longleftrightarrow H_1: \mu_1 \neq \mu_2$, 但 σ_1, σ_2 已知;

(2) $H_0: \mu_1 = \mu_2 \longleftrightarrow H_1: \mu_1 \neq \mu_2$, 其中 $\sigma_1 = \sigma_2 = \sigma$ 未知;

(3) $H_0: \sigma_1^2 = \sigma_2^2 \longleftrightarrow H_1: \sigma_1^2 \neq \sigma_2^2$, 其中 μ_1, μ_2 未知.

50. 设随机变量 $X_1, X_2, \cdots, X_n$ 满足关系 $X_i = X_{i-1}\theta + u_i, i = 1, \cdots, n, X_0 = 0$. 其中 $u_1, u_2, \cdots, u_n$ 为 i.i.d. 随机变量, $u_1 \sim N(0, \sigma^2)$. 求以下假设检验问题水平为 α 的似然比检验: $H_0: \theta = 0 \longleftrightarrow H_1: \theta \neq 0$.

51. 在《红楼梦》中, 有很多章节都涉及花卉方面的描写, 但是其前 80 回与后 40 回在花卉的关注程度上可能有一定差异. 该书前 80 回有 31 回涉及花卉方面的描写; 后 40 回有

7 回涉及花卉方面的描写. 试检验前 80 回与后 40 回在花卉的关注程度上是否有显著性差异 ($\alpha = 0.01$).

52. 为研究人体色盲是否与性别有关, 调查了 1000 名高中生, 结果如下所示:

	男	女	总和
正常	442	514	956
色盲	38	6	44
总和	480	520	1000

试检验色盲是否与性别有关 ($\alpha = 0.01$).

53. 对某中学学生每周使用计算机的时数进行调查, 情况如下所示:

每周使用时数	< 3	$[3, 6)$	$[6, 9)$	$[9, 13)$	$\geqslant 13$
去年比例	0.18	0.30	0.26	0.20	0.06
今年人数	10	30	20	30	10

试检验从今年 100 人的调查结果来看, 今年的比例与去年的比例是否相同 ($\alpha = 0.05$).

54. 某工厂近 5 年共发生 63 次事故, 若按星期几分类, 事故发生在星期一至六的次数如下所示:

星期	一	二	三	四	五	六
事故次数	9	10	11	8	13	12

判别一下, 事故的发生与星期几是否有关 ($\alpha = 0.05$).

55. 在 $\pi = 3.1415926 \cdots$ 的前 800 位小数中, 数字 $0, 1, 2, 3, \cdots, 9$ 各出现的频数如下所示:

数字	0	1	2	3	4	5	6	7	8	9
频数	74	92	83	79	80	73	77	75	76	91

试检验这 10 个数字出现的机会是否均等 ($\alpha = 0.05$).

56. 某实验室在 2608 个等时间单位内观测了一种放射性物质所释放出来的 α 粒子的个数, 结果如下所示:

α 粒子数 k	0	1	2	3	4	5	6	7	8	9	10	11	12	13	总数
频数 n_k	57	203	383	525	532	408	273	139	45	27	10	4	2	0	2608

其中频数 n_k 表示在 2608 个时间单位中释放出 k 个 α 粒子的时间单位的个数. 试验证该放射性物质所释放出来的 α 粒子的个数服从 Poisson 分布 ($\alpha = 0.05$).

57. 在 Mendel 的豌豆杂交试验中, 他曾经记录了 1064 株以 "茎的高度" 为特征的杂交 "子二代" 的遗传数据. 其中高茎为显性, 共 787 株; 矮茎为隐性, 共 277 株. 试检验这组数据是否符合 Mendel 提出的杂交子二代 "3 : 1" 的规律.

58. 为了研究人体眼球晶体混浊程度与年龄的关系, 收集数据如下. 其中晶体混浊程度以 "+" 号多少表示, 例如, 年龄在 20 ~ 29 的人群有 215 人为一个 "+"; 有 67 人为 "++"; 44 人为 "+++"; 其他类似.

年龄	晶体混浊程度			总和
	+	++	+++	
20 ~ 29	215	67	44	326
30 ~ 39	131	101	63	295
40 ~ 49	148	128	132	408
总和	494	296	239	1029

试检验人体眼球晶体混浊程度与年龄是否相关.

第七章

区间估计

参数的区间估计与点估计一样, 是参数估计的重要方法, 在某些具体问题中可能比点估计更有实用价值. 给定参数分布族 $X \sim \{f(x,\theta), \theta \in \Theta\}$, 参数的点估计是通过一个统计量以及某些优良性准则 (诸如均方误差最小准则等) 给出未知参数的估计. 例如要估计 $\phi = g(\theta)$, 点估计得到的是样本的某一个函数 $\widehat{g}(X)$ (根据某种估计方法), 在实用上就把 $\widehat{g}(X)$ 当做 $g(\theta)$ 的近似值. 但是, 尽管有均方误差最小等许多判别点估计精度的优良性准则, 我们还是无法知道估计值与真值究竟相差多少, 区间估计在一定程度上解决了这个问题. 区间估计是通过两个统计量以及覆盖概率 (也会有适当的优良性准则) 给出未知参数的估计, 这时得到的是样本的两个函数 $\widehat{g}_1(X)$ 和 $\widehat{g}_2(X)$, 并使覆盖概率 $P_\theta\{\widehat{g}_1(X) \leqslant g(\theta) \leqslant \widehat{g}_2(X)\}$ 达到一定水平 (如 $\geqslant 95\%$ 等). 在实用上就认为 $g(\theta)$ 的值在区间 $[\widehat{g}_1(X), \widehat{g}_2(X)]$ 内 (以相当大的覆盖概率). 由于区间估计都是在覆盖概率的一定水平下得到的, 因此这个区间通常称为置信区间. 点估计与区间估计是参数估计的两个组成部分, 是相互联系、相辅相成的两种估计方法; 但是它们也各有其特定的概念与问题. 本章 7.1 节介绍区间估计的概念与问题及其基本的求解方法, 即枢轴量法; 同时也介绍了单调似然比分布族参数的区间估计方法, 该方法可用于某些离散型分布的区间估计. 7.2 节介绍区间估计与假设检验的内在联系, 并在此基础上进一步介绍了置信区间的优良性准则; 同时, 由于假设检验的接受域可得到参数的置信域, 因而也可得到正态总体参数的置信域, 因此本章只是简明扼要地介绍了正态总体参数的置信域. 7.3 节介绍与置信区间有密切关系的容忍区间和容忍限. 有关本章内容, 可参见陈希孺 (1981, 2009), 茆诗松等 (2007, 2019), Lehmann (1986), Shao (1998), Zacks (1981) 等.

7.1 置信区间及其枢轴量法

给定参数分布族 $X \sim \{f(x,\theta), \theta \in \Theta\}$, 本节主要讨论参数 θ 的区间估计问题, 因为函数 $g(\theta)$ 可看成一个新参数 $\phi = g(\theta)$ 的区间估计问题, 方法完全类似.

另外, 若无特别说明, 也假定参数 θ 是一维的.

7.1.1 置信区间和置信限

定义 7.1.1 若统计量 $\underline{\theta}(X)$ 和 $\overline{\theta}(X)$ 满足以下关系

$$P_\theta\{\underline{\theta}(X) \leqslant \theta \leqslant \overline{\theta}(X)\} \geqslant 1-\alpha, \quad \forall\, \theta \in \Theta. \tag{7.1.1}$$

则称 $[\underline{\theta}(X), \overline{\theta}(X)]$ 为参数 θ 的一个水平为 $1-\alpha$ 的**置信区间**; 称 $\overline{\theta}(X), \underline{\theta}(X)$ 分别为 θ 的水平为 $1-\alpha$ 的**置信上限**和**置信下限** (亦称置信上、下界), 若它们满足

$$P_\theta\{\theta \leqslant \overline{\theta}(X)\} \geqslant 1-\alpha, \quad \forall\, \theta \in \Theta. \tag{7.1.2}$$

$$P_\theta\{\underline{\theta}(X) \leqslant \theta\} \geqslant 1-\alpha, \quad \forall\, \theta \in \Theta. \tag{7.1.3}$$

以上定义亦可简记为 $P_\theta\{\theta \in [\underline{\theta},\, \overline{\theta}]\} \geqslant 1-\alpha$; $P_\theta\{\theta \in (-\infty,\, \overline{\theta}]\} \geqslant 1-\alpha$ 和 $P_\theta\{\theta \in [\underline{\theta}, +\infty)\} \geqslant 1-\alpha$. 在 (7.1.1) 式中, θ 表示真参数, $\overline{\theta}(X)$ 和 $\underline{\theta}(X)$ 表示其上、下限, 该式表明, 区间 $[\underline{\theta}(X), \overline{\theta}(X)]$ 以不小于 $1-\alpha$ 的概率覆盖真参数 θ, 实用上就认为 $\theta \in [\underline{\theta}, \overline{\theta}]$. 易见, 在一定的覆盖概率下, 覆盖范围 (即平均区间长度) 越小, 区间估计的精度越高, 区间估计的优良性问题将在下一节有所讨论. 关于置信上、下限, 它们分别相当于 (7.1.1) 式中 $\underline{\theta} = -\infty$ 和 $\overline{\theta} = +\infty$ 的情形. 置信上、下限在实用上也很重要, 例如: 若参数为材料强度或元件寿命, 只需要考虑其值不低于多少, 即置信下限; 而若参数为次品率或发病率, 则只需要考虑其值不高于多少, 即置信上限.

若 $\phi = g(\theta)$ 为 θ 的严增函数, 则由 (7.1.1) 式可得

$$P_\theta\{g(\underline{\theta}(X)) \leqslant \phi = g(\theta) \leqslant g(\overline{\theta}(X))\} \geqslant 1-\alpha, \quad \forall\, \theta \in \Theta.$$

由此可得以下常用的引理:

引理 7.1.1 若 $\phi = g(\theta)$ 为 θ 的严增函数, $[\underline{\theta}(X), \overline{\theta}(X)]$ 为参数 θ 的一个水平为 $1-\alpha$ 的置信区间, 则 $[g(\underline{\theta}(X)), g(\overline{\theta}(X))]$ 为参数 ϕ 的一个水平为 $1-\alpha$ 的置信区间. 参数 ϕ 的置信上、下限亦有类似的结果.

类似于 (7.1.1) 式, 我们也可定义多维参数 θ 的置信域.

定义 7.1.2 若 $\theta \in \Theta \subset \mathbf{R}^p$, $S(X)$ 为 $\mathbf{R}^p$ 中的一个区域, 使得 $P_\theta\{X : \theta \in S(X)\} \geqslant 1-\alpha$, 则称 $S(X)$ 为参数 θ 的一个水平为 $1-\alpha$ 的置信域.

关于多维参数的置信域, 以下简单性质常常是有用的:

引理 7.1.2 若 $S_i(X)$ 为参数 θ_i 的一个水平为 $1-\alpha_i$ 的置信域 $(i = 1, 2)$, 则 $S_1(X) \cap S_2(X)$ 为参数 (θ_1, θ_2) 的一个水平为 $1-\alpha_1-\alpha_2$ 的置信域.

证明   记 $\overline{S}_i(X)$ 为 $S_i(X)$ 的对立事件 $(i = 1, 2)$. 则由定义可知 $P_\theta\{X : \theta_i \in \overline{S}_i(X)\} \leqslant \alpha_i \ (i = 1, 2)$, 因此根据概率公式有

$$
P_\theta\{X : (\theta_1, \theta_2) \in S_1(X) \cap S_2(X)\}
$$
$$
= 1 - P_\theta\{X : (\theta_1, \theta_2) \in \overline{S_1(X) \cap S_2(X)}\}
$$
$$
= 1 - P_\theta\{X : (\theta_1, \theta_2) \in [\overline{S}_1(X)] \cup [\overline{S}_2(X)]\}
$$
$$
\geqslant 1 - [P_\theta\{X : \theta_1 \in \overline{S}_1(X)\} + P_\theta\{X : \theta_2 \in \overline{S}_2(X)\}]
$$
$$
\geqslant 1 - \alpha_1 - \alpha_2.
$$

注意, 在引理 7.1.2 中, 参数 θ_i 不一定是一维, 可以是 n_i 维, θ_i 的个数不一定是 2, 也可以是 k (Bickel, Doksum (1977); Shao (1998)). 但本章主要考虑一维单参数的置信区间和置信上、下限. 置信上、下限与置信区间有如下关系.

引理 7.1.3   若 $\underline{\theta}(X) \leqslant \overline{\theta}(X)$, $\underline{\theta}(X)$ 和 $\overline{\theta}(X)$ 分别为参数 θ 的水平为 $1 - \alpha_1$ 和 $1 - \alpha_2$ 的置信下、上限, 则 $[\underline{\theta}(X), \overline{\theta}(X)]$ 为 θ 的水平为 $1 - \alpha_1 - \alpha_2$ 的置信区间.

证明   由定义可知

$$
P_\theta\{\theta \in (-\infty, \ \underline{\theta})\} + P_\theta\{\theta \in [\underline{\theta}, \ \overline{\theta}]\} + P_\theta\{\theta \in (\overline{\theta}, \ +\infty)\} = 1.
$$

而

$$
P_\theta\{\theta \in (-\infty, \ \underline{\theta})\} = 1 - P_\theta\{\theta \in [\underline{\theta}, \ +\infty)\} \leqslant \alpha_1.
$$

$$
P_\theta\{\theta \in (\overline{\theta}, \ +\infty)\} = 1 - P_\theta\{\theta \in (-\infty, \ \overline{\theta}]\} \leqslant \alpha_2.
$$

代入上式可得 $P_\theta\{\theta \in [\underline{\theta}, \ \overline{\theta}]\} \geqslant 1 - \alpha_1 - \alpha_2$.

构造置信区间的方法通常有以下几种: (1) 从某一点估计出发的枢轴量法; (2) 大样本近似的枢轴量法; (3) 通过假设检验的接受域构造置信域.

7.1.2   构造置信域的枢轴量法

首先通过一个例子来说明其意义.

例 7.1.1   设 $X_1, \cdots, X_n$ 为独立同分布样本, $X_1 \sim N(\mu, \sigma^2)$, 求 μ 的水平为 $1 - \alpha$ 的置信区间.

解   可从 μ 的估计 $\overline{X}$ 出发建立 $\overline{X}$ 与 μ 的关系, 若 $\sigma = \sigma_0$ 已知, 可取

$$
G(X, \mu) = \frac{\sqrt{n}(\overline{X} - \mu)}{\sigma_0}.
$$

则函数 $G(X, \mu)$ 包含了 μ 与 $\overline{X}$, 且其分布为标准正态分布 $N(0,1)$, 与 μ 无关. 因此有

$$P_\mu\left\{-z_{1-\frac{\alpha}{2}} \leqslant \frac{\sqrt{n}(\overline{X}-\mu)}{\sigma_0} \leqslant z_{1-\frac{\alpha}{2}}\right\} = 1-\alpha.$$

根据该式反解为 μ 的不等式可得

$$P_\mu\left\{\overline{X} - \frac{\sigma_0}{\sqrt{n}}z_{1-\frac{\alpha}{2}} \leqslant \mu \leqslant \overline{X} + \frac{\sigma_0}{\sqrt{n}}z_{1-\frac{\alpha}{2}}\right\} = 1-\alpha.$$

因此可得 μ 的水平为 $1-\alpha$ 的置信区间为 $[\underline{\mu}(X), \overline{\mu}(X)]$, 其中

$$\underline{\mu}(X) = \overline{X} - \frac{\sigma_0}{\sqrt{n}}z_{1-\frac{\alpha}{2}}, \quad \overline{\mu}(X) = \overline{X} + \frac{\sigma_0}{\sqrt{n}}z_{1-\frac{\alpha}{2}}.$$

类似地可求出置信上、下限, 今求 $\underline{\mu}(X)$, 由正态性可知

$$P_\mu\left\{\frac{\sqrt{n}(\overline{X}-\mu)}{\sigma_0} \leqslant z_{(1-\alpha)}\right\} = 1-\alpha,$$

根据该式反解为 μ 的不等式可得

$$P_\mu\left\{\overline{X} - \frac{\sigma_0}{\sqrt{n}}z_{(1-\alpha)} \leqslant \mu\right\} = 1-\alpha.$$

故置信下限为 $\underline{\mu}(X) = \overline{X} - \frac{\sigma_0}{\sqrt{n}}z_{(1-\alpha)}$.

若参数 σ 未知, 则在 $G(X,\mu)$ 中可取 $\hat\sigma$ 代替 σ_0, 其中

$$\hat\sigma^2 = \frac{\sum\limits_{i=1}^n (X_i - \overline{X})^2}{n-1}.$$

这时 $G(X,\mu)$ 服从 t 分布 $t(n-1)$. 因而在上述置信区间中把正态分布的分位数换成 t 分布的分位数即可得到相应的置信区间

$$\left[\overline{X} - \frac{\hat\sigma}{\sqrt{n}}t_{1-\alpha/2}, \ \overline{X} + \frac{\hat\sigma}{\sqrt{n}}t_{1-\alpha/2}\right].$$

更详细的讨论见 7.1.4 节.

枢轴量法的一般原则可归纳为

(1) 从 θ 的某一合适估计出发, 构造一个函数, 即枢轴量 $G(X,\theta)$, 使其分布已知, 且与 θ 无关;

(2) 根据枢轴量 $G(X,\theta)$ 的分布, 通常可由分布的分位数得到

$$P_\theta\{a \leqslant G(X,\theta) \leqslant b\} = 1-\alpha; \tag{7.1.4}$$

(3) 根据上式反解为 θ 的不等式可得

$$P_\theta\{X : \underline{\theta}(X) \leqslant \theta \leqslant \overline{\theta}(X)\} = 1 - \alpha. \tag{7.1.5}$$

则由上式就得到 θ 的置信区间 $[\underline{\theta}(X), \ \overline{\theta}(X)]$. 置信上、下限则可通过枢轴量 $G(X,\theta)$ 的单边不等式反解得到, 以下再看几个例子.

例 7.1.2 设 $X_1,\cdots,X_n$ 为独立同分布样本, 且 $X_1 \sim \varGamma\left(\dfrac{1}{\theta},1\right)$, 求 θ 的水平为 $1-\alpha$ 的置信下限.

解 由于 $X_1 \sim \varGamma\left(\dfrac{1}{\theta},1\right)$, $\widehat{\theta} = T(X)/n$, 而 $T(X) = \sum\limits_{i=1}^{n} X_i \sim \varGamma\left(\dfrac{1}{\theta},n\right)$. 可取枢轴量为

$$G(X, \ \theta) = \frac{2T(X)}{\theta},$$

则有 $G(X,\theta) \sim \chi^2(2n)$, 其分布与 θ 无关, 取 $\chi^2(2n)$ 的分位数可得

$$P_\theta\left\{\frac{2T(X)}{\theta} < \chi^2(2n, 1-\alpha)\right\} = 1 - \alpha.$$

由此反解可得

$$P_\theta\left\{\frac{2T(X)}{\chi^2(2n, 1-\alpha)} < \theta\right\} = 1 - \alpha.$$

因此 θ 的置信下限为 $\underline{\theta}(X) = 2T(X)/\chi^2(2n, 1-\alpha)$.

例 7.1.3 设 $X_1,\cdots,X_n$ 为独立同分布样本, 且 $X_1 \sim R(0,\theta)$, 求 θ 的水平为 $1-\alpha$ 的置信区间.

解 由 $\widehat{\theta}(X) = X_{(n)}$, 可取枢轴量为 $G(X,\theta) = X_{(n)}/\theta \sim BE(n,1)$, 其分布与 θ 无关, 且有

$$BE(n,1) \sim nt^{n-1}I\{0 \leqslant t \leqslant 1\}.$$

由此可取 $0 < a < b \leqslant 1$:

$$P_\theta\left\{a \leqslant \frac{X_{(n)}}{\theta} \leqslant b\right\} = 1 - \alpha,$$

$$P_\theta\left\{\frac{X_{(n)}}{b} \leqslant \theta \leqslant \frac{X_{(n)}}{a}\right\} = 1 - \alpha.$$

而 a,b 可由以下积分决定

$$\int_a^b nt^{n-1}\mathrm{d}t = b^n - a^n = 1 - \alpha.$$

因此, 由满足 $b^n - a^n = 1 - \alpha$ 的 a, b 都可以得到 θ 的水平为 $1 - \alpha$ 的置信区间 $[\underline{\theta}(X), \overline{\theta}(X)]$, 其中

$$\underline{\theta}(X) = \frac{X_{(n)}}{b}, \quad \overline{\theta}(X) = \frac{X_{(n)}}{a}.$$

对于本问题, 我们还可以在 $b^n - a^n = 1 - \alpha$ 的约束条件下, 求使区间长度最小的解, 即求 $a^{-1} - b^{-1}$ 的最小值点. 而直接验证可知, $a^{-1} - b^{-1} = [\sqrt[n]{b^n - (1 - \alpha)}]^{-1} - b^{-1}$ 是 b 的减函数, 所以 $b = 1, a = \sqrt[n]{\alpha}$ 时 $a^{-1} - b^{-1}$ 最小, 因此 θ 的水平为 $1 - \alpha$ 的置信区间可取为 $[X_{(n)}, X_{(n)}/\sqrt[n]{\alpha}]$.

例 7.1.4 设 $X_1, \cdots, X_n$ 为独立同分布样本, 且 $X_1 \sim \mu + \Gamma(1/\sigma, 1)$, 求参数 σ 和 μ 的水平为 $1 - \alpha$ 的置信区间以及它们的联合置信域.

解 σ 和 μ 的点估计都与完备充分统计量 $T = (X_{(1)}, S(X))$ 有关, 其中 $S(X) = \sum\limits_{i=1}^{n}(X_i - X_{(1)})$ 与 $X_{(1)}$ 独立, 并有

$$X_{(1)} \sim \mu + \Gamma\left(\frac{n}{\sigma}, 1\right), \quad S(X) \sim \Gamma\left(\frac{1}{\sigma}, n - 1\right).$$

因此可取枢轴量为

$$G_1(X, \sigma) = \frac{2}{\sigma}S(X) \sim \chi^2(2n - 2).$$

其分布与参数无关. 由此可得

$$P_\sigma\left\{\chi^2\left(2n - 2, \frac{\alpha}{2}\right) \leqslant \frac{2}{\sigma}S(X) \leqslant \chi^2\left(2n - 2, 1 - \frac{\alpha}{2}\right)\right\} = 1 - \alpha.$$

$$P_\sigma\left\{\frac{2S(X)}{\chi^2\left(2n - 2, 1 - \dfrac{\alpha}{2}\right)} \leqslant \sigma \leqslant \frac{2S(X)}{\chi^2\left(2n - 2, \dfrac{\alpha}{2}\right)}\right\} = 1 - \alpha.$$

因此可得 σ 的水平为 $1 - \alpha$ 的置信区间为 $C_\sigma(\alpha) = [\underline{\sigma}(X), \overline{\sigma}(X)]$, 其中

$$\underline{\sigma}(X) = \frac{2S(X)}{\chi^2\left(2n - 2, 1 - \dfrac{\alpha}{2}\right)}, \quad \overline{\sigma}(X) = \frac{2S(X)}{\chi^2\left(2n - 2, \dfrac{\alpha}{2}\right)}.$$

为求 μ 的置信区间, 由 $X_{(1)}$ 的分布可知, $2n(X_{(1)} - \mu)/\sigma \sim \chi^2(2)$, 且与 $S(X)$ 独立. 因此可取枢轴量为

$$G_2(X, \mu) = \frac{\dfrac{2n}{\sigma}(X_{(1)} - \mu)/2}{\dfrac{2}{\sigma}S(X)/(2n - 2)} = \frac{n(n - 1)(X_{(1)} - \mu)}{S(X)} \sim F(2, 2n - 2),$$

由此即可得到 μ 的置信区间. 今记 $F_{\alpha/2} = F(2, 2n-2; \alpha/2)$; $F_{1-\alpha/2} = F(2, 2n-2; 1-\alpha/2)$, 则有

$$P_\mu \left\{ F_{\alpha/2} \leqslant \frac{n(n-1)(X_{(1)} - \mu)}{S(X)} \leqslant F_{1-\alpha/2} \right\} = 1 - \alpha,$$

$$P_\mu \left\{ X_{(1)} - \frac{1}{n(n-1)} F_{1-\alpha/2} S(X) \leqslant \mu \leqslant X_{(1)} - \frac{1}{n(n-1)} F_{\alpha/2} S(X) \right\} = 1 - \alpha,$$

因此可得 μ 的水平为 $1-\alpha$ 的置信区间为 $C_\mu(\alpha) = [\underline{\mu}(X), \overline{\mu}(X)]$, 其中

$$\underline{\mu}(X) = X_{(1)} - \frac{1}{n(n-1)} F_{1-\alpha/2} S(X); \quad \overline{\mu}(X) = X_{(1)} - \frac{1}{n(n-1)} F_{\alpha/2} S(X).$$

根据引理 7.1.2 可得 μ 和 σ 的水平为 $1-\alpha$ 的联合置信域为 $C_\mu(\alpha/2) \cup C_\sigma(\alpha/2)$.

例 7.1.5 $Y = (Y_1, \cdots, Y_n)^{\mathrm{T}}$ 服从多元正态分布 $N(\mu, I_n)$, 求参数 μ 的置信域.

解 由于 $Y - \mu \sim N(0, I_n)$, 可取枢轴量为 $G(Y, \mu) = \|Y - \mu\|^2 \sim \chi^2(n)$, 则有

$$P_\mu \{ \|Y - \mu\|^2 \leqslant \chi^2(n, 1-\alpha) \} = 1 - \alpha.$$

由此可得 n 维参数 μ 的置信域为

$$S(Y) = \{ \mu : \|\mu - Y\|^2 \leqslant \chi^2(n, 1-\alpha) \}.$$

即 μ 的置信域为以 Y 为中心, 以 $\sqrt{\chi^2(n, 1-\alpha)}$ 为半径的球.

由于置信区间具体给出了未知参数的上、下限以及覆盖概率, 因此它在很多情况下比点估计更加实用, 今举几个例子予以说明.

例 7.1.6 某厂生产的产品, 其寿命服从分布 $\Gamma(1/\theta, 1)$, 今观测到 9 个产品的寿命 (单位: h) 如下:

150, 450, 500, 530, 600, 650, 700, 830, 910.

求其寿命的置信下限 (置信水平为 0.95).

解 根据例 7.1.2 的结果, θ 的置信下限为

$$\underline{\theta}(X) = \frac{2T(X)}{\chi^2(2n, 1-\alpha)}, \text{ 其中 } T(X) = \sum_{i=1}^{n} X_i.$$

在本问题中, $n = 9$, 置信水平为 0.95, 由查表可知 $\chi^2(18, 0.95) = 28.869$. 直接计算可得 $T(x) = 5320$, 因此置信下限为 $\underline{\theta}(x) = 2 \times 5320/28.869 = 368.6$. 即这批产品的平均寿命不低于 368.6 h.

例 7.1.7 某厂生产的滚珠, 其直径可认为服从正态分布. 今从一批产品中抽取 6 个, 测得直径 (单位: mm) 为

14.70, 15.21, 14.90, 14.91, 15.32, 15.32.

试估计这批产品直径的平均值; 并按下列两种情况求直径平均值的置信区间: (1) 方差已知为 0.05; (2) 方差未知 (置信水平为 0.95).

解 样本均值为 $\overline{X} = \sum\limits_{i=1}^{6} X_i/6 = 15.06$. 可根据例 7.1.1 的公式求均值 μ 的置信区间, 其中 $X_1, \cdots, X_6$ 独立同分布, $X_1 \sim N(\mu, \sigma^2)$; $n = 6$.

(1) 若方差已知为 0.05, 则 $\sigma_0 = 0.2236$, $z_{0.975} = 1.96$. 因此有

$$\underline{\mu} = 15.06 - 0.2236 \times \frac{1.96}{\sqrt{6}} = 14.88;$$

$$\overline{\mu} = 15.06 + 0.2236 \times \frac{1.96}{\sqrt{6}} = 15.24;$$

所以置信区间为 $[14.88, 15.24]$.

(2) 若方差未知, 直接计算可得 $\hat{\sigma} = 0.259$, 取 t 分布的分位数 $t(5, 0.975) = 2.5706$. 因此有

$$\underline{\mu} = 15.06 - 0.259 \times \frac{2.5706}{\sqrt{5}} = 14.76;$$

$$\overline{\mu} = 15.06 + 0.259 \times \frac{2.5706}{\sqrt{5}} = 15.36;$$

所以置信区间为 $[14.76, 15.36]$. 这一置信区间的覆盖范围比方差已知的情况要大一点, 这显然是合理的.

例 7.1.8 (续例 6.3.5) 某电子元件的寿命服从分布 $\Gamma(1/\theta, 1)$, 在 10 个独立同分布的样本中, 仅观察到其中前 6 个元件的寿命 (单位: h) 分别为

896, 950, 1005, 1100, 1150, 1220.

(1) 问这批元件的平均寿命不低于多少?

(2) 设 $p = P\{X_1 > 1100\}$ 为元件寿命不低于 1100 h 的概率, 求 p 的置信区间 (置信水平均取为 $1 - \alpha = 0.95$).

解 (1) 本问题可看作例 6.3.5 的继续, 要求 θ 的置信下限. 由于

$$\hat{\theta} = \frac{T_{n,r}}{r}, \quad T_{n,r} = \sum_{i=1}^{r} X_{(i)} + (n-r)X_{(r)} \sim \Gamma\left(\frac{1}{\theta}, r\right).$$

因此可取枢轴量为 $G(X, \theta) = 2T_{n,r}/\theta \sim \chi^2(2r)$. 由此可得

$$P\left\{\frac{2}{\theta}T_{n,r} < \chi^2(2r, 1-\alpha)\right\} = 1 - \alpha; \quad P\left\{\frac{2T_{n,r}}{\chi^2(2r, 1-\alpha)} < \theta\right\} = 1 - \alpha.$$

因此 θ 的置信下限为 $\underline{\theta}(X) = 2T_{n,r}/\chi^2(2r, 1-\alpha)$. 对于上述数据, $n = 10, r = 6,$ $\alpha = 0.05$, 经直接计算可得 $2T_{n,r} = 22402$, 而 $\chi^2(12, 0.95) = 21.026$, 由此可得

$$\underline{\theta}(X) = \frac{2T_{n,r}}{\chi^2(12, 0.95)} = 1065.44.$$

即这批元件的平均寿命不低于 1065.44 (置信水平为 0.95), 这与例 6.3.5 中断言元件的平均寿命大于 1000 h 的结论是一致的, 但是本例给出了平均寿命更具体的置信下限以及覆盖概率.

(2) 由于 $p = P\{X_1 > 1100\} = \mathrm{e}^{-1100/\theta}$ 为 θ 的严增函数, 所以根据引理 7.1.1, 其置信区间可由参数 θ 的置信区间得到. 设 θ 的置信区间为 $[\underline{\theta}, \overline{\theta}]$, 则 $[\underline{p}, \overline{p}] = [\mathrm{e}^{-1100/\underline{\theta}}, \mathrm{e}^{-1100/\overline{\theta}}]$ 为参数 p 的同一水平的置信区间. 类似于 (1) 的讨论可得 θ 的置信区间为

$$[\underline{\theta}, \overline{\theta}] = \left[\frac{2T_{n,r}}{\chi^2(2r, 1-\alpha/2)}, \frac{2T_{n,r}}{\chi^2(2r, \alpha/2)}\right].$$

而 $\chi^2(12, 0.025) = 4.404$, $\chi^2(12, 0.975) = 23.337$, 由此可得 $\underline{\theta} = 959.93$, $\overline{\theta} = 5086.74$. 因此有 $[\underline{p}, \overline{p}] = [\mathrm{e}^{-1100/\underline{\theta}}, \mathrm{e}^{-1100/\overline{\theta}}] = [\mathrm{e}^{-1.146}, \mathrm{e}^{-0.216}] = [0.32, 0.81]$.

7.1.3 基于渐近分布的枢轴量法

在许多情形下, 枢轴量 $G(X, \theta)$ 的精确分布不易求得, 这时可考虑采用渐近分布, 特别可采用渐近正态分布和渐近 χ^2 分布. 另外, 对离散型分布 (诸如二项分布、Poisson 分布等), 其分布函数和分位数的计算比较麻烦, 其参数的区间估计也常用基于渐近分布的枢轴量法.

1. 渐近正态置信域

设 $X_1, \cdots, X_n$ 独立同分布, 由第五章的定理 5.3.6 可知, 在一定正则条件下, 参数 θ 的最大似然估计 $\hat{\theta}$ 具有渐近正态性, 即 $\sqrt{n}(\hat{\theta} - \theta) \xrightarrow{L} N(0, i^{-1}(\theta))$, 其中 $i(\theta)$ 为一个样本的 Fisher 信息矩阵, 因此可取枢轴量为

$$G(X, \theta) = \sqrt{n} i^{\frac{1}{2}}(\theta)(\hat{\theta} - \theta) = I^{\frac{1}{2}}(\theta)(\hat{\theta} - \theta). \tag{7.1.6}$$

这时有 $G(X, \theta) \xrightarrow{L} N(0, I_p)$, 其中 $I(\theta)$ 为样本关于 θ 的 Fisher 信息矩阵, θ 为 p 维. 同时根据定理 5.3.6 的推论 3 还可取

$$G_1(X, \theta) = \{\mathrm{Var}_\theta(\hat{\theta})\}^{-\frac{1}{2}}(\hat{\theta} - \theta), \tag{7.1.7}$$

其渐近分布亦为标准正态, 与 θ 无关. 今记 $\mathrm{Var}_\theta(\hat{\theta}) = \Sigma$, $\hat{\Sigma}$ 为其相合估计, 则由相合性以及 Slutsky 定理的 "去 1 律" 可得

$$G_2(X, \theta) = \hat{\Sigma}^{-\frac{1}{2}}(\hat{\theta} - \theta) \xrightarrow{L} N(0, I_p). \tag{7.1.8}$$

特别, 若 θ 为 1 维单参数, 并记 $\text{Var}_\theta(\widehat{\theta}) = \sigma^2$, $\widehat{\sigma}^2$ 为其相合估计, 则有

$$G_2(X, \theta) = \frac{\widehat{\theta} - \theta}{\widehat{\sigma}} \xrightarrow{L} N(0, 1). \tag{7.1.9}$$

$$P_\theta \left\{ \frac{|\widehat{\theta} - \theta|}{\widehat{\sigma}} \leqslant z_{1-\frac{\alpha}{2}} \right\} = 1 - \alpha.$$

其中 $z_{1-\frac{\alpha}{2}}$ 为标准正态分布的 $1 - \frac{\alpha}{2}$ 分位数. 由此可得参数 θ 的渐近正态置信域为

$$[\widehat{\theta} - \widehat{\sigma} z_{1-\frac{\alpha}{2}}, \quad \widehat{\theta} + \widehat{\sigma} z_{1-\frac{\alpha}{2}}] \tag{7.1.10}$$

同理, 亦可得到单边的置信上、下限. (7.1.10) 式有广泛的应用, 下面看两个例子.

例 7.1.9 设 $X_1, \cdots, X_n$ 独立同分布, $X_1 \sim b(1, p)$.

(1) 求 p 的置信区间;

(2) 应用: 某化学溶液配制过程中, 原有方案的成功率为 70%; 现设计了一种新方案, 40 次试验中有 34 次成功, 求新方案成功率的置信区间和置信下限 (置信水平取为 $1 - \alpha = 0.95$); 新方案是否优于原有方案?

解 (1) $\widehat{p} = \overline{X}$, 且有 $\text{Var}(\widehat{p}) = \sigma^2 = pq/n$, $q = (1-p)$, $\widehat{\sigma}^2 = \widehat{p}\widehat{q}/n$. 由 $\widehat{p}$ 的渐近正态性或中心极限定理都可得到

$$G(X, p) = \frac{\widehat{p} - p}{\sqrt{\text{Var}(\widehat{p})}} = \frac{\widehat{p} - p}{\sqrt{pq/n}} \xrightarrow{L} N(0, 1).$$

由此可得

$$P_p \left\{ \frac{|\widehat{p} - p|}{\sqrt{n^{-1}p(1-p)}} \leqslant z_{1-\frac{\alpha}{2}} \right\} = 1 - \alpha.$$

即

$$P_p \{ n(\overline{X} - p)^2 \leqslant p(1-p) z_{1-\frac{\alpha}{2}}^2 \} = 1 - \alpha.$$

这是 p 的一个二次三项式, 可经过反解, 得到 p 的上下限 $\overline{p}$ 和 $\underline{p}$. 但在实用上, 经常可采用 (7.1.10) 式. 由于 $\widehat{p} = \overline{X}$, $\widehat{\sigma}^2 = \widehat{p}\widehat{q}/n$ 是相合估计, 由 Slutsky 定理 "去 1 律" 以及以上公式可得

$$\frac{\overline{X} - p}{\sqrt{\widehat{p}\widehat{q}/n}} \xrightarrow{L} N(0, 1).$$

上式表明: $\widehat{p} = \overline{X} \sim N(p, \widehat{\sigma}^2)$, 其中 $\widehat{\sigma}^2 = \widehat{p}\widehat{q}/n$ 视为已知. 因此 p 的渐近正态置信区间可表示为

$$[\overline{X} - \widehat{\sigma} z_{1-\frac{\alpha}{2}}, \ \overline{X} + \widehat{\sigma} z_{1-\frac{\alpha}{2}}].$$

(2) 本问题中, $n = 40$, $\overline{x} = 34/40$. 因此

$$\widehat{p} = \overline{x} = 0.85, \quad \widehat{q} = 0.15, \quad \widehat{\sigma}^2 = 0.85 \times \frac{0.15}{40} = 0.056^2.$$

而 $z_{0.975} = 1.96$, 所以有

$$\underline{p} = 0.85 - 0.056 \times 1.96 = 0.74, \quad \overline{p} = 0.85 + 0.11 = 0.96,$$

置信区间为 $[0.74, 0.96]$. 另外, 由 (7.1.10) 式可得 p 的单边置信下限为 $\underline{p} = \widehat{p} - \widehat{\sigma} z_{1-\alpha}$, 由于 $\widehat{p} = 0.85$, $\widehat{\sigma} = 0.056$, $z_{0.95} = 1.645$, 因此 $\underline{p} = 0.757$. 以上结果都说明, 新方案的成功率比原有方案高, 因而优于原有方案.

例 7.1.10　设 $X_1, \cdots, X_n$ 独立同分布, $X_1 \sim P(\lambda)$.

(1) 求 λ 的置信区间和置信下限;

(2) 应用: 在例 6.7.8 的白细胞数据中, 求各个细胞单位所含白细胞平均个数的置信区间和置信下限 (置信水平取为 $1 - \alpha = 0.95$).

解　(1) $\widehat{\lambda} = \overline{X}$, 且有 $\mathrm{Var}(\widehat{\lambda}) = \sigma^2 = \lambda/n$, $\widehat{\sigma}^2 = \widehat{\lambda}/n$. 由于 $\widehat{\lambda} = \overline{X}$ 具有渐近正态性, 而且 $\widehat{\lambda}/n$ 为 σ^2 的相合估计, 因此直接由 (7.1.10) 式可以得到 λ 的置信区间为 $[\widehat{\lambda} - \widehat{\sigma} z_{1-\frac{\alpha}{2}}, \ \widehat{\lambda} + \widehat{\sigma} z_{1-\frac{\alpha}{2}}]$, 其中 $\widehat{\lambda} = \overline{X}$, $\widehat{\sigma} = \sqrt{\widehat{\lambda}/n}$. 而 λ 的单边置信下限为 $\underline{\lambda} = \widehat{\lambda} - \widehat{\sigma} z_{1-\alpha}$.

(2) 本问题中, $n = 1008$, $\widehat{\lambda} = \overline{x} = 2.82$, $\widehat{\sigma} = \sqrt{\overline{x}/n} = 0.053$, $z_{0.975} = 1.96$. 由此根据以上公式可以得到 λ 的置信区间为 $[2.72, 2.92]$. 而 λ 的置信下限为 $\underline{\lambda} = \overline{x} - \widehat{\sigma} z_{1-\alpha} = 2.82 - 0.053 \times 1.645 = 2.73$. 本问题中, 由于样本容量 n 很大, 所以 λ 的置信区间和置信下限与其点估计很接近, 这也是合理的.

以上两个例题还可推广到两样本情形, 用于两个总体的比较. 例如, 若 $X_i \sim b(n_i, p_i)$, $i = 1, 2$, 可根据渐近正态性求解比例之差 $\delta = p_1 - p_2$ 的置信区间和置信下限, Poisson 分布亦类似, 两个正态总体的比较甚为复杂, 将在最后讨论.

例 7.1.11　(1) 设 $X_1, \cdots, X_n$ 为 i.i.d. 样本, $X_1 \sim b(1, p_1)$; $Y_1, \cdots, Y_m$ 为 i.i.d. 样本, $Y_1 \sim b(1, p_2)$; 且两总体独立. 求 $\delta = p_1 - p_2$ 的渐近正态置信区间;

(2) 应用: 某厂对职工出勤率进行调查, 甲车间随机抽取 50 人, 其中一年全勤的有 40 人; 乙车间随机抽取 40 人, 其中一年全勤的有 35 人; 求甲、乙两车间职工出勤率之差的区间估计 (置信水平为 0.95).

解　(1) p_1, p_2 的最大似然估计分别为 $\widehat{p}_1 = \overline{X}$, $\widehat{p}_2 = \overline{Y}$, 由渐近正态性可得

$$\frac{\widehat{p}_1 - p_1}{\sqrt{p_1 q_1/n}} \xrightarrow{L} N(0, 1); \quad \frac{\widehat{p}_2 - p_2}{\sqrt{p_2 q_2/m}} \xrightarrow{L} N(0, 1).$$

$\widehat{p}_1 - \widehat{p}_2$ 也有渐近正态性. 因为 $\text{Var}(\widehat{p}_1 - \widehat{p}_2) = p_1 q_1/n + p_2 q_2/m$, 因此有

$$\frac{(\widehat{p}_1 - \widehat{p}_2) - (p_1 - p_2)}{\sqrt{p_1 q_1/n + p_2 q_2/m}} \xrightarrow{L} N(0,1).$$

由于 $\widehat{p}_1 = \overline{X}$, $\widehat{q}_1 = 1 - \overline{X}$, $\widehat{p}_2 = \overline{Y}$, $\widehat{q}_2 = 1 - \overline{Y}$, 则由 Slutsky 定理 "去 1 律" 以及以上公式可得

$$\frac{(\overline{X} - \overline{Y}) - \delta}{\sqrt{\widehat{p}_1 \widehat{q}_1/n + \widehat{p}_2 \widehat{q}_2/m}} \xrightarrow{L} N(0,1).$$

上式表明: $\overline{X} - \overline{Y} = \widehat{p}_1 - \widehat{p}_2 \sim N(\delta, \widetilde{\sigma}^2)$, 其中 $\widetilde{\sigma}^2 = \widehat{p}_1 \widehat{q}_1/n + \widehat{p}_2 \widehat{q}_2/m$ 视为已知. 因此 δ 的渐近正态置信区间可表示为 (见 (7.1.10) 式)

$$\left[(\overline{X} - \overline{Y}) - z_{1-\frac{\alpha}{2}} \sqrt{\frac{\widehat{p}_1 \widehat{q}_1}{n} + \frac{\widehat{p}_2 \widehat{q}_2}{m}}, \ \ (\overline{X} - \overline{Y}) + z_{1-\frac{\alpha}{2}} \sqrt{\frac{\widehat{p}_1 \widehat{q}_1}{n} + \frac{\widehat{p}_2 \widehat{q}_2}{m}} \right].$$

(2) 本问题可看作两个二项总体, 甲乙两车间职工出勤率分别为 p_1 和 p_2. 则由以上数据可得 $\overline{x} = 40/50 = 0.8$, $\overline{y} = 35/40 = 0.875$, $n = 50$, $m = 40$. 代入以上置信区间的公式可得甲乙两车间职工出勤率之差的区间估计为 $[-0.226, 0.076]$. 这一结果表明, $\delta = p_1 - p_2$ 更接近于负值, 即乙车间职工出勤率可能更高一些.

2. 似然置信域

似然置信域与前面介绍的渐近正态置信域是相通的, 在大多数情况下, 渐近正态置信域直接应用最大似然估计的渐近正态性 (即定理 5.3.6); 而似然置信域则应用似然比统计量的渐近 χ^2 性 (即定理 5.3.8 和定理 5.3.9), 其实质就是渐近正态统计量的 "平方".

在定理 5.3.8 中, (5.3.30) 式对任意的 θ_0 成立, 因此有

$$LR(\theta) = 2\{L(\widehat{\theta}) - L(\theta)\} \xrightarrow{L} \chi^2(p), \quad \forall \theta \in \Theta.$$

这时 $LR(\theta)$ 就可以视为枢轴量, 由上式可得

$$P_\theta\{LR(\theta) \leqslant \chi^2(p, 1-\alpha)\} = 1 - \alpha. \tag{7.1.11}$$

由此即可反解得到

$$P_\theta\{\theta \in S(X)\} = 1 - \alpha. \tag{7.1.12}$$

因此 $S(X)$ 即为 θ 的水平为 $1-\alpha$ 的似然置信域. 同时, 由定理 5.3.8 和定理 5.3.9 可知, 似然比统计量的等价形式 score 统计量

$$SC(\theta) = \left(\frac{\partial L}{\partial \theta}\right)^{\text{T}} I^{-1}(\theta) \frac{\partial L}{\partial \theta} \ (\text{见 (5.3.35) 式})$$

和 Wald 统计量

$$WD(\theta) = (\widehat{\theta}_n - \theta)^{\mathrm{T}} I(\widehat{\theta}_n)(\widehat{\theta}_n - \theta) \quad (见 (5.3.36) 式)$$

也具有渐近 χ^2 性, 因此在 (7.1.11) 式和 (7.1.12) 式中可以用它们取代 $LR(\theta)$, 同样可以得到似然置信域; 当然表达形式可能会有所差异.

另外, 我们在第六章曾经介绍了子集参数的似然比统计量 $LR(\theta_1)$ 的渐近 χ^2 性 (见 (6.6.6) 式). 同时也介绍了 score 统计量 $SC(\theta_1)$ (见 (6.6.14) 式) 和 Wald 统计量 $WD(\theta_1)$ (见 (6.6.17) 式) 的渐近 χ^2 性. 它们都可以用来构造子集参数的似然置信域. 沿用 6.6 节的符号, 记 $\theta = (\theta_1, \theta_2)$, 则由定理 6.6.1 的推论 1 有

$$LR(\theta_1) = 2\{L(\widehat{\theta}) - L(\theta_1, \widetilde{\theta}_2(\theta_1))\} \xrightarrow{L} \chi^2(p_1), \quad \forall\, \theta \in \Theta.$$

这时 $LR(\theta_1)$ 就可以视为枢轴量, 由上式可得

$$P_{\theta_1}\{LR(\theta_1) \leqslant \chi^2(p_1, 1-\alpha)\} = 1-\alpha. \tag{7.1.13}$$

由此即可反解得到

$$P_{\theta_1}\{\theta_1 \in S_1(X)\} = 1-\alpha. \tag{7.1.14}$$

因此 $S_1(X)$ 即为 θ_1 的水平为 $1-\alpha$ 的似然置信域. 类似地, 若在 (7.1.13) 式和 (7.1.14) 式中用 score 统计量 $SC(\theta_1)$ 或 Wald 统计量 $WD(\theta_1)$ 取代 $LR(\theta_1)$, 亦可得到子集参数的似然置信域; 其表达形式亦可能会有所差异. 进一步的讨论可参见 Shao (1998).

例 7.1.12 设 $X_1, \cdots, X_n$ 为 i.i.d. 样本, $X_1 \sim$ Poisson 分布 $P(\lambda)$. 求 λ 的似然置信区间, 以及基于 score 统计量和 Wald 统计量的置信区间.

解 样本 $X = (X_1, \cdots, X_n)^{\mathrm{T}}$ 的密度函数和对数似然函数分别为

$$f(x; \lambda) = \mathrm{e}^{-n\lambda} \frac{\lambda^{\mathrm{T}}}{\prod\limits_{i=1}^{n} x_i!}; \quad L(\lambda) = T \log \lambda - n\lambda - \log\left(\prod_{i=1}^{n} x_i!\right).$$

其中 $T = \sum\limits_{i=1}^{n} X_i$. 由此可得 $\partial L/\partial \lambda = T/\lambda - n$, $I(\lambda) = \mathrm{Var}(\partial L/\partial \lambda) = n/\lambda$, 且有 $\widehat{\lambda} = T/n$. 由此可得似然比统计量为

$$LR(\lambda) = 2\{L(\widehat{\lambda}) - L(\lambda)\} = 2[T \log(T/n\lambda) - (T - n\lambda)].$$

类似地, 根据 (5.3.35) 式和 (5.3.36) 式可得

$$SC(\lambda) = (n/\lambda)(\lambda - \widehat{\lambda})^2; \quad WD(\lambda) = (n/\widehat{\lambda})(\lambda - \widehat{\lambda})^2.$$

这些结果代入 (7.1.11) 式, 并经过反解, 可以得到 λ 的置信区间.

在这一例题中, $WD(\lambda)$ 产生的置信区间与例 7.1.10 中的渐近正态置信区间十分相似, 而另外两个反解起来都比较麻烦. 一般来说, 对于一维单参数, 大多采用渐近正态置信区间比较方便. 似然置信域更多地用于多参数情形.

例 7.1.13 设 $Y = (Y_1, \cdots, Y_n)^{\mathrm{T}} \sim N(f(\theta), \sigma^2 I_n)$, 其中 $f(\theta) = (f_1(\theta), \cdots, f_n(\theta))^{\mathrm{T}}$, $f(\cdot)$ 为已知函数, θ 为 p 维未知参数 $(p < n)$. 求 θ 的似然置信域, 以及基于 score 统计量和 Wald 统计量的置信域.

解 由于 Y 服从正态分布, 因此有

$$L(\theta) = -\frac{n}{2}\log(2\pi\sigma^2) - \frac{1}{2\sigma^2}S(\theta). \tag{7.1.15}$$

其中 $S(\theta) = e^{\mathrm{T}}(\theta)e(\theta)$, $e(\theta) = Y - f(\theta) \sim N(0, \sigma^2 I_n)$. 记 θ 的最大似然估计为 $\widehat{\theta}$, 则有

$$LR(\theta) = \frac{S(\theta) - S(\widehat{\theta})}{\sigma^2} \to \chi^2(p). \tag{7.1.16}$$

由 (7.1.11) 式可得

$$P_\theta\{\theta: \ S(\theta) - S(\widehat{\theta}) \leqslant \sigma^2\chi^2(p, 1-\alpha)\} = 1 - \alpha. \tag{7.1.17}$$

此即 θ 应该满足的关系式, 由此即可确定 θ 的置信域, 更具体的结果则取决于给定的函数 $f(\cdot)$. 另外, 若 σ^2 未知, 则由 Slutsky 定理的 "去 1 律" 可知, 在 (7.1.16) 式中用 σ^2 的相合估计 $\widehat{\sigma}^2$ 来代替 σ^2, 其渐近分布不变. 所以, 由 $LR(\theta)$ 确定的置信域可表示为

$$C_1(Y) = \{\theta: \ S(\theta) - S(\widehat{\theta}) \leqslant \widehat{\sigma}^2\chi^2(p, 1-\alpha)\}.$$

我们亦可求出基于 score 统计量 $SC(\theta)$ 和 Wald 统计量 $WD(\theta)$ 的置信域. 由 (7.1.15) 式可得

$$\frac{\partial L}{\partial \theta} = \frac{1}{\sigma^2}V^{\mathrm{T}}(\theta)e(\theta), \quad \frac{\partial^2 L}{\partial\theta\partial\theta^{\mathrm{T}}} = \frac{-1}{\sigma^2}V^{\mathrm{T}}(\theta)V(\theta).$$

其中 $V(\theta) = \partial f(\theta)/\partial\theta^{\mathrm{T}}$. 因此有 $I(\theta) = \mathrm{Var}(\partial L/\partial\theta) = \sigma^{-2}V^{\mathrm{T}}(\theta)V(\theta)$. 从而由 (5.3.35) 式和 (5.3.36) 式可得

$$SC(\theta) = \left(\frac{\partial L}{\partial\theta}\right)^{\mathrm{T}} I^{-1}(\theta) \left(\frac{\partial L}{\partial\theta}\right) = \frac{1}{\sigma^2}e^{\mathrm{T}}(\theta)P_V(\theta)e(\theta) \to \chi^2(p);$$

$$WD(\theta) = \frac{1}{\sigma^2}(\widehat{\theta} - \theta)^{\mathrm{T}}[V^{\mathrm{T}}(\widehat{\theta})V(\widehat{\theta})](\widehat{\theta} - \theta) \to \chi^2(p).$$

其中 $P_V(\theta) = V(\theta)[V^{\mathrm{T}}(\theta)V(\theta)]^{-1}V^{\mathrm{T}}(\theta)$. 因此类似于 (7.1.17) 式可得

$$P_\theta\{\theta: \ e^{\mathrm{T}}(\theta)P_V(\theta)e(\theta) \leqslant \sigma^2\chi^2(p, 1-\alpha)\} = 1 - \alpha.$$

$$P_\theta\{\theta: (\widehat{\theta}-\theta)^{\mathrm{T}}[V^{\mathrm{T}}(\widehat{\theta})V(\widehat{\theta})](\widehat{\theta}-\theta) \leqslant \sigma^2\chi^2(p,1-\alpha)\} = 1-\alpha.$$

同理, 若 σ^2 未知, 则可用 σ^2 的相合估计 $\widehat{\sigma}^2$ 来代替 σ^2, 其渐近分布不变. 由此即可以得到基于 score 统计量和 Wald 统计量的置信域分别为

$$C_2(Y) = \{\theta: e^{\mathrm{T}}(\theta)P_V(\theta)e(\theta) \leqslant \widehat{\sigma}^2\chi^2(p,1-\alpha)\},$$

$$C_3(Y) = \{\theta: (\widehat{\theta}-\theta)^{\mathrm{T}}[V^{\mathrm{T}}(\widehat{\theta})V(\widehat{\theta})](\widehat{\theta}-\theta) \leqslant \widehat{\sigma}^2\chi^2(p,1-\alpha)\}$$

注 本例模型 $e(\theta) = Y - f(\theta)$ 亦可表示为 $Y_i = f_i(\theta) + e_i$, $e_i \sim N(0,\sigma^2)$, $i = 1,\cdots,n$. 这就是通常的非线性回归模型, θ 为未知参数.

7.1.4 正态总体参数的置信域

关于正态总体参数的置信域, 下一节将有全面完整的介绍, 本小节主要基于枢轴量法推导若干常用公式. 首先考虑一样本情形, 设 $X_1,\cdots,X_n$ 独立同分布, $X_1 \sim N(\mu,\sigma^2)$.

1. σ 未知, μ 的置信区间和置信限

可从 μ 的估计 $\overline{X}$ 出发建立 $\overline{X}$ 与 μ 的关系, 取枢轴量为

$$G(X,\mu) = \frac{\sqrt{n}(\overline{X}-\mu)}{\widehat{\sigma}}, \quad \widehat{\sigma}^2 = \frac{1}{n-1}\sum_{i=1}^n(X_i-\overline{X})^2,$$

则函数 $G(X,\mu)$ 包含了 μ 与 $\overline{X}$, 且其分布为 $t(n-1)$, 与 μ 无关. 简记 $t_{1-\frac{\alpha}{2}} = t\left(n-1,1-\dfrac{\alpha}{2}\right)$, 则有

$$P_\mu\left\{-t_{1-\frac{\alpha}{2}} \leqslant \frac{\sqrt{n}(\overline{X}-\mu)}{\widehat{\sigma}} \leqslant t_{1-\frac{\alpha}{2}}\right\} = 1-\alpha.$$

根据该式反解为 μ 的不等式可得

$$P_\mu\left\{\overline{X} - \frac{\widehat{\sigma}}{\sqrt{n}}t_{1-\frac{\alpha}{2}} \leqslant \mu \leqslant \overline{X} + \frac{\widehat{\sigma}}{\sqrt{n}}t_{1-\frac{\alpha}{2}}\right\} = 1-\alpha.$$

因此可得 μ 的水平为 $1-\alpha$ 的置信区间为 $[\underline{\mu}(X),\overline{\mu}(X)]$, 其中

$$\underline{\mu}(X) = \overline{X} - \frac{\widehat{\sigma}}{\sqrt{n}}t\left(n-1,1-\frac{\alpha}{2}\right), \quad \overline{\mu}(X) = \overline{X} + \frac{\widehat{\sigma}}{\sqrt{n}}t\left(n-1,1-\frac{\alpha}{2}\right). \quad (7.1.18)$$

类似地可求出置信上、下限, 今求 $\underline{\mu}(X)$:

$$P_\mu\left\{\frac{\sqrt{n}(\overline{X}-\mu)}{\widehat{\sigma}} \leqslant t(n-1,1-\alpha)\right\} = 1-\alpha,$$

该式可反解为

$$P_\mu\left\{\overline{X} - \frac{\widehat{\sigma}}{\sqrt{n}}t(n-1,1-\alpha) \leqslant \mu\right\} = 1-\alpha.$$

故置信下限为 $\underline{\mu}(X) = \overline{X} - \dfrac{\widehat{\sigma}}{\sqrt{n}} t(n-1, 1-\alpha)$.

另外, 若参数 $\sigma = \sigma_0$ 已知, 则可在枢轴量 $G(X, \mu)$ 中用 σ_0 代替 $\widehat{\sigma}$, 亦可得到 μ 的置信区间, 详细讨论可参见例 7.1.1.

2. μ 未知, σ 的置信区间和置信限

可从 σ^2 的一个估计出发. 在 $\widehat{\sigma^2}(X) = (n-1)^{-1} S(X) = (n-1)^{-1} \sum\limits_{i=1}^{n} (X_i - \overline{X})^2$ 中, 由于 $S(X)/\sigma^2$ 服从 $\chi^2(n-1)$, 因此可取枢轴量为

$$G(X, \sigma^2) = \frac{S(X)}{\sigma^2} \sim \chi^2(n-1).$$

$$P_\sigma \left\{ \chi^2\left(n-1, \frac{\alpha}{2}\right) \leqslant \frac{S(X)}{\sigma^2} \leqslant \chi^2\left(n-1, 1-\frac{\alpha}{2}\right) \right\} = 1 - \alpha.$$

该式可化为

$$P_\sigma \left\{ \frac{S(X)}{\chi^2\left(n-1, 1-\dfrac{\alpha}{2}\right)} \leqslant \sigma^2 \leqslant \frac{S(X)}{\chi^2\left(n-1, \dfrac{\alpha}{2}\right)} \right\} = 1 - \alpha.$$

因此可得 σ^2 的水平为 $1-\alpha$ 的置信区间为 $[\underline{\sigma}^2(X), \overline{\sigma}^2(X)]$, 其中

$$\underline{\sigma}^2(X) = \frac{S(X)}{\chi^2\left(n-1, 1-\dfrac{\alpha}{2}\right)}, \quad \overline{\sigma}^2(X) = \frac{S(X)}{\chi^2\left(n-1, \dfrac{\alpha}{2}\right)}. \tag{7.1.19}$$

由于 $P_\sigma\{\underline{\sigma}^2(X) \leqslant \sigma^2 \leqslant \overline{\sigma}^2(X)\} = 1 - \alpha$ 等同于 $P_\sigma\{\underline{\sigma}(X) \leqslant \sigma \leqslant \overline{\sigma}(X)\} = 1 - \alpha$, 因此 σ 的水平为 $1-\alpha$ 的置信区间为 $[\underline{\sigma}(X), \overline{\sigma}(X)]$. 同时, 根据类似的公式可得 σ^2 的水平为 $1-\alpha$ 的置信上限. 由于

$$P_\sigma \left\{ \chi^2(n-1, \alpha) \leqslant \frac{S(X)}{\sigma^2} \right\} = 1 - \alpha.$$

该式可反解为

$$P_\sigma \left\{ \sigma^2 \leqslant \frac{S(X)}{\chi^2(n-1, \alpha)} \right\} = 1 - \alpha.$$

因此 σ^2 的的置信上限为 $\overline{\sigma}^2(X) = S(X)/\chi^2(n-1, \alpha)$.

另外, 若 μ 已知为 μ_0, 则可取枢轴量为

$$G(X, \sigma^2) = \frac{T(X)}{\sigma^2} \sim \chi^2(n), \text{ 其中 } T(X) = \sum_{i=1}^{n} (X_i - \mu_0)^2;$$

详见例 7.1.14.

下面考虑两样本情形, 设 $X_1, \cdots, X_n$ 独立同分布, $X_1 \sim N(\mu_1, \sigma_1^2)$; $Y_1, \cdots, Y_m$ 独立同分布, $Y_1 \sim N(\mu_2, \sigma_2^2)$; 且两总体独立. 今考虑 Behrens (贝伦斯)-Fisher 问题的两种特殊情形.

3. 方差相等时, $\mu_1 - \mu_2$ 的置信区间

记 $\delta = \mu_1 - \mu_2$, 则其估计为 $\hat{\delta} = \hat{\mu}_1 - \hat{\mu}_2 = \overline{X} - \overline{Y}$, 该式服从正态分布, 且有

$$G = \frac{(\overline{X} - \overline{Y}) - (\mu_1 - \mu_2)}{\sqrt{\left(\dfrac{1}{n} + \dfrac{1}{m}\right)\sigma^2}} \sim N(0, 1).$$

该式中 σ^2 未知, 取其估计量代入即可得到枢轴量. 而 σ^2 的一个无偏估计为

$$\widehat{\sigma^2} = \frac{1}{n+m-2}\left[\sum_{i=1}^{n}(X_i - \overline{X})^2 + \sum_{j=1}^{m}(Y_j - \overline{Y})^2\right].$$

其中

$$\sum_{i=1}^{n}(X_i - \overline{X})^2/\sigma^2 \sim \chi^2(n-1); \quad \sum_{j=1}^{n}(Y_j - \overline{Y})^2/\sigma^2 \sim \chi^2(m-1);$$

$$\left[\sum_{i=1}^{n}(X_i - \overline{X})^2 + \sum_{j=1}^{m}(Y_j - \overline{Y})^2\right]\bigg/ \sigma^2 \sim \chi^2(n+m-2).$$

因此有

$$G(X, Y; \delta) = \frac{(\overline{X} - \overline{Y}) - (\mu_1 - \mu_2)}{\sqrt{\left(\dfrac{1}{n} + \dfrac{1}{m}\right)\widehat{\sigma^2}}} \sim t(n+m-2).$$

该式可表示为 (类似的讨论见 (6.5.32) 式)

$$G(X, Y; \delta) = t(X, Y) = \frac{\sqrt{\dfrac{mn(n+m-2)}{n+m}}(\overline{X} - \overline{Y} - \delta)}{\sqrt{\sum_{i=1}^{n}(X_i - \overline{X})^2 + \sum_{j=1}^{m}(Y_j - \overline{Y})^2}} \sim t(n+m-2). \quad (7.1.20)$$

该式可简记为

$$G(X, Y; \delta) = t(X, Y) = \frac{\sqrt{n'}(Z - \delta)}{S_{xy}} \sim t(n+m-2),$$

其中 $Z = \overline{X} - \overline{Y}$,

$$n' = \frac{mn(n+m-2)}{n+m}, \quad S_{xy}^2 = S_x^2 + S_y^2 = \sum_{i=1}^{n}(X_i - \overline{X})^2 + \sum_{j=1}^{m}(Y_j - \overline{Y})^2.$$

取 $t(n+m-2)$ 分布的分位数可得

$$P\left\{\frac{\sqrt{n'}|Z-\delta|}{S_{xy}}\leqslant t\left(n+m-2,1-\frac{\alpha}{2}\right)\right\}=1-\alpha$$

由此即可得到 $\delta=\mu_1-\mu_2$ 的置信区间为

$$\left[Z-\frac{1}{\sqrt{n'}}S_{xy}t\left(n+m-2,1-\frac{\alpha}{2}\right),\ Z+\frac{1}{\sqrt{n'}}S_{xy}t\left(n+m-2,1-\frac{\alpha}{2}\right)\right].$$
(7.1.21)

4. $\mu_1-\mu_2$ 置信区间的大样本近似

由假设可知 $\widehat{\mu_1}=\overline{X}$, $\widehat{\mu_2}=\overline{Y}$, 且有

$$\frac{(\overline{X}-\overline{Y})-(\mu_1-\mu_2)}{\sqrt{\dfrac{1}{n}\sigma_1^2+\dfrac{1}{m}\sigma_2^2}}\sim N(0,1).$$

如果样本容量比较大, 上式取 σ_1^2 和 σ_2^2 的相合估计即可得到枢轴量. 取

$$\widehat{\sigma_1^2}=S_1^2=\sum_{i=1}^{n}(X_i-\overline{X})^2/n;\quad \widehat{\sigma_2^2}=S_2^2=\sum_{j=1}^{m}(Y_j-\overline{Y})^2/m.$$

因此由 Slutsky 定理可得

$$G(X,Y;\ \mu_1,\mu_2)=\frac{(\overline{X}-\overline{Y})-(\mu_1-\mu_2)}{\sqrt{\dfrac{1}{n}\widehat{\sigma_1^2}+\dfrac{1}{m}\widehat{\sigma_2^2}}}\xrightarrow{L}N(0,1),$$

若记 $\widetilde{\sigma}=\sqrt{n^{-1}S_1^2+m^{-1}S_2^2}$, 则由正态性 (见 (7.1.10) 式) 可得, $\mu_1-\mu_2$ 的渐近正态置信区间为

$$[\overline{X}-\overline{Y}-\widetilde{\sigma}z_{1-\frac{\alpha}{2}},\ \overline{X}-\overline{Y}+\widetilde{\sigma}z_{1-\frac{\alpha}{2}}].$$
(7.1.22)

5. 方差比 $\rho=\sigma_2^2/\sigma_1^2$ 的置信区间

由方差的估计即可得到枢轴量. 本问题应取 σ_1^2 和 σ_2^2 的无偏估计

$$\widetilde{\sigma_1^2}=\sum_{i=1}^{n}(X_i-\overline{X})^2/(n-1),\quad \widetilde{\sigma_2^2}=\sum_{i=1}^{m}(Y_i-\overline{Y})^2/(m-1).$$

则由

$$\sum_{i=1}^{n}(X_i-\overline{X})^2/\sigma_1^2\sim\chi^2(n-1)\quad\text{和}\quad \sum_{j=1}^{m}(X_j-\overline{Y})^2/\sigma_2^2\sim\chi^2(m-1)$$

可知, 由二者之比可得到 F 分布, 因此可取枢轴量为

$$G(X,Y;\rho)=\frac{\widetilde{\sigma_2^2}/\sigma_2^2}{\widetilde{\sigma_1^2}/\sigma_1^2}=\frac{\widetilde{\sigma_2^2}}{\rho\widetilde{\sigma_1^2}}\sim F(m-1,n-1).$$

记 F 分布的分位数为 $F_{\frac{\alpha}{2}} = F\left(m-1, n-1; \frac{\alpha}{2}\right)$, $F_{1-\frac{\alpha}{2}} = F\left(m-1, n-1; 1-\frac{\alpha}{2}\right)$, 则有

$$P_\rho\{F_{\frac{\alpha}{2}} \leqslant G(X, Y; \rho) \leqslant F_{1-\frac{\alpha}{2}}\} = 1 - \alpha.$$

该式可反解为 ρ 的不等式

$$P_\rho\left\{\frac{\widetilde{\sigma_2^2}}{\widetilde{\sigma_1^2}F_{1-\frac{\alpha}{2}}} \leqslant \rho \leqslant \frac{\widetilde{\sigma_2^2}}{\widetilde{\sigma_1^2}F_{\frac{\alpha}{2}}}\right\} = 1 - \alpha.$$

所以 ρ 的一个水平为 $1 - \alpha$ 的置信区间为

$$\left[\frac{\widetilde{\sigma_2^2}}{\widetilde{\sigma_1^2}F_{1-\frac{\alpha}{2}}}, \quad \frac{\widetilde{\sigma_2^2}}{\widetilde{\sigma_1^2}F_{\frac{\alpha}{2}}}\right]. \tag{7.1.23}$$

6. 应用示例

例 7.1.14 为了解某型号测量仪的精度, 用此仪器对一根长度为 30 mm 的标准金属棒进行了 6 次测量, 其结果为 30.1, 29.9, 29.8, 30.3, 30.2, 29.6. 设测量值服从正态分布 $N(30, \sigma^2)$, 求均方差的点估计及其水平为 0.95 的置信区间.

解 设 $X_1, \cdots, X_n$ 独立同分布, $X_1 \sim N(30, \sigma^2)$ 表示上述测量值. 首先推出方差 σ^2 的置信区间公式. 设均值 $\mu = \mu_0$ 已知, 与未知的情形类似 (见 (7.1.19) 式), 记 $T(X) = \sum\limits_{i=1}^{n}(X_i - \mu_0)^2$, 则有 $T(X)/\sigma^2 \sim \chi^2(n)$, 因此可取枢轴量为 $G(X, \sigma^2) = T(X)/\sigma^2$, 并有

$$P_\sigma\left\{\chi^2\left(n, \frac{\alpha}{2}\right) \leqslant \frac{T(X)}{\sigma^2} \leqslant \chi^2\left(n, 1 - \frac{\alpha}{2}\right)\right\} = 1 - \alpha.$$

该式反解为 σ^2 的不等式

$$P_\sigma\left\{\frac{T(X)}{\chi^2\left(n, 1 - \frac{\alpha}{2}\right)} \leqslant \sigma^2 \leqslant \frac{T(X)}{\chi^2\left(n, \frac{\alpha}{2}\right)}\right\} = 1 - \alpha.$$

因此可得 σ^2 的置信区间为 $[\underline{\sigma}^2(X), \bar{\sigma}^2(X)]$, 其中

$$\underline{\sigma}^2(X) = \frac{T(X)}{\chi^2\left(n, 1 - \frac{\alpha}{2}\right)}, \quad \bar{\sigma}^2(X) = \frac{T(X)}{\chi^2\left(n, \frac{\alpha}{2}\right)}.$$

考虑本问题的数据, $\mu_0 = 30$, $n = 6$; 直接计算可得 $T(x) = 0.35$; 因此 $\hat{\sigma}^2 = T(X)/n = 0.058$; $\hat{\sigma} = 0.24$. 经查表可得 $\chi^2(6, 0.975) = 14.4494$, $\chi^2(6, 0.025) = 1.2373$. 因此有

$$\underline{\sigma}^2 = \frac{0.35}{14.4494} = 0.0242, \quad \underline{\sigma} = 0.16; \quad \bar{\sigma}^2 = \frac{0.35}{1.2373} = 0.2829, \quad \bar{\sigma} = 0.53.$$

因此 σ 的水平为 0.95 的置信区间为 $[0.16, 0.53]$; $\hat{\sigma} = 0.24$ 位于其中, 是很合理的.

例 7.1.15 为了估计某一器件的质量, 将其称了 10 次, 数据如下 (单位: kg)
10.1, 10, 9.8, 10.5, 9.7, 10.1, 9.9, 10.2, 10.3, 9.9.
设测量值服从正态分布, 求均值与方差的置信区间 (置信水平为 0.95).

解 设 $X_1, \cdots, X_n$ 独立同分布, $X_1 \sim N(\mu, \sigma^2)$ 表示上述测量值. 本问题中, μ 和 σ^2 都未知; $n = 10$; $\alpha = 0.05$. 首先可根据 (7.1.18) 式求出均值 μ 的置信区间. 直接计算可得

$$\overline{x} = 10.05; \quad S(x) = \sum_{i=1}^{10}(x_i - \overline{x})^2 = 0.525;$$

$$\widehat{\sigma}^2 = \sum_{i=1}^{10}(x_i - \overline{x})^2/9 = 0.525/9 = 0.0583; \quad \widehat{\sigma} = 0.24;$$

另由 t 分布表可知 $t(9; 0.975) = 2.2622$. 这些数值代入 (7.1.18) 式即可得到均值 μ 的置信水平为 0.95 的置信区间为 $[9.87, 10.22]$.

为了得到方差 σ^2 的置信区间, 可应用 (7.1.19) 式. 这时, $S(x) = \sum_{i=1}^{10}(x_i - \overline{x})^2 = 0.525$; 由 χ^2 分布表可知, $\chi^2(9, 0.975) = 19.023$, $\chi^2(9, 0.025) = 2.70$. 这些数值代入 (7.1.19) 式即可得到方差 σ^2 的置信水平为 0.95 的置信区间为 $[0.028, 0.194]$.

例 7.1.16 为了比较两个小麦品种的产量, 选择 18 块条件相似的试验田, 采用相同的耕作方法做试验. 收获以后, 播种甲品种的 8 块试验田和播种乙品种的 10 块试验田单位面积产量 (单位: kg) 分别为
甲品种:　628, 583, 510, 554, 612, 523, 530, 615;
乙品种:　535, 433, 398, 470, 567, 480, 498, 560, 503, 426.
假定每个品种的单位面积产量均服从正态分布, 方差相等, 求两个小麦品种平均单位面积产量之差的置信区间 (置信水平为 0.95).

解 设 $X_1, \cdots, X_n$ 和 $Y_1, \cdots, Y_m$ 分别表示甲, 乙两个小麦品种单位面积的产量. 由假设可知, $X_1 \sim N(\mu_1, \sigma^2)$; $Y_1 \sim N(\mu_2, \sigma^2)$; 且两总体独立, 方差相等. 问题就是求 $\mu_1 - \mu_2$ 的置信区间, 因此可应用 (7.1.20) 式和 (7.1.21) 式. 在本问题中, $n = 8$, $m = 10$, 因此自由度为 $n + m - 2 = 16$; $n' = 71.11$, $\sqrt{n'} = 8.43$. 又由给定的数据可知, $\overline{x} = 569.38$, $\overline{y} = 487.00$; $Z = 82.38$; 直接计算可得 $S_{xy} = 210.45$. 由查表可知 $t(16, 0.975) = 2.1199$. 以上结果代入 (7.1.21) 式可得 $\delta = \mu_1 - \mu_2$ 的置信区间为 $[29.46, 135.30]$. 这一结果说明, 甲品种的平均单位面积产量要高于乙品种.

例 7.1.17 (续例 6.5.7) 为比较成年男女所含红细胞的差异, 对某地 156 名男性进行测量, 其红细胞的样本均值为 465.13 (单位: $10^4/\text{mm}^2$), 样本均方差为 54.80; 对 74 名女性进行测量, 其红细胞的样本均值为 422.16, 样本均方差为 49.20. 假设该地区男女所含红细胞的数量各自服从独立同分布的正态分布, 求男女所含红细胞的平均值之差的置信区间 (置信水平为 0.95).

解 设 $X_1, \cdots, X_n$ 和 $Y_1, \cdots, Y_m$ 分别表示男女所含红细胞的数量, 由假设可知, $X_1 \sim N(\mu_1, \sigma_1^2)$; $Y_1 \sim N(\mu_2, \sigma_2^2)$; 且两总体独立. 问题就是求 $\mu_1 - \mu_2$ 的置信区间, 但方差未知. 在本问题中, $n = 156$, $m = 74$, 其样本容量都比较大, 因此可应用渐近正态置信区间的公式, 即 (7.1.22) 式. 由以上数据可得 $\overline{x} = 465.13$, $\overline{y} = 422.16$; $\overline{x} - \overline{y} = 42.97$. 另有 $S_1 = 54.8$, $S_2 = 49.2$, 因此 $\widetilde{\sigma} = \sqrt{54.8^2/156 + 49.2^2/74} = 7.21$. 而 $z_{0.975} = 1.96$, $\widetilde{\sigma} \times z_{0.975} = 14.13$, 由此可以得到 $\mu_1 - \mu_2$ 的渐近正态置信区间为 $[28.84, 57.10]$. 这一结果说明, 该地区男性所含红细胞的平均值显著地高于女性, 这与例 6.5.7 假设检验得到的结论一致.

例 7.1.18 某工厂有两台自动机床加工同一零件, 假设零件直径服从正态分布. 现从两台机床加工的零件中分别测量了 6 个和 5 个零件, 其直径数据如下:

甲: 4.98, 5.03, 4.97, 4.99, 5.02, 4.95;

乙: 5.06, 5.08, 5.03, 5.00, 5.07.

求直径方差比 $\rho = \sigma_2^2/\sigma_1^2$ 的置信区间 (置信水平为 0.95).

解 设 $X_1, \cdots, X_n$ 和 $Y_1, \cdots, Y_m$ 分别表示甲、乙两台机床加工零件的直径. 由假设可知, $X_1 \sim N(\mu_1, \sigma_1^2)$; $Y_1 \sim N(\mu_2, \sigma_2^2)$; 且两总体独立. 问题就是求直径方差比 $\rho = \sigma_2^2/\sigma_1^2$ 的置信区间, 因此可应用 (7.1.23) 式. 在本问题中, $n = 6$, $m = 5$, 所以相应的 F 分布为 $F(4, 5)$. 由数据直接计算可得,

$$\overline{x} = 4.990, \quad \overline{y} = 5.048, \quad \widetilde{\sigma_1^2} = \sum_{i=1}^{6}(x_i - \overline{x})^2/5 = 0.00092,$$

$$\widetilde{\sigma_2^2} = \sum_{j=1}^{5}(y_j - \overline{y})^2/4 = 0.00037, \quad \frac{\widetilde{\sigma_2^2}}{\widetilde{\sigma_1^2}} = 0.4022.$$

由查表可知,

$$F(4, 5; 0.025) = 0.1068, \quad F(4, 5; 0.975) = 7.39.$$

这些结果代入 (7.1.23) 式可得, ρ 的一个水平为 0.95 的置信区间为 $[0.0544, 3.7667]$.

7.1.5 单调似然比分布族参数的区间估计

本小节介绍一个定理, 它可用于单调似然比分布族中参数的区间估计; 特别可用于某些离散型分布参数的区间估计. 本小节内容可参见 Shao (1998), 茆诗松

等 (2007) 及陈家鼎等 (2015).

定理 7.1.1 假设 $\{X \sim f(x, \theta), \theta \in \Theta \subset \mathbf{R}\}$，统计量 $T = T(X)$ 的分布函数记为 $F_T(t; \theta)$.

(1) 若对任意固定的 t, $F_T(t; \theta)$ 和 $F_T(t-0; \theta)$ 为 θ 的减函数 (见图 7.1.1(a))，并记

$$\overline{\theta}(t) = \sup\{\theta : F_T(t; \theta) \geqslant \alpha\}, \qquad \underline{\theta}(t) = \inf\{\theta : F_T(t-0; \theta) \leqslant 1 - \alpha\}. \quad (7.1.24)$$

则 $\overline{\theta}(T)$ 和 $\underline{\theta}(T)$ 分别为 θ 的水平为 $1 - \alpha$ 的置信上、下限;

(2) 若对任意固定的 t, 在 $0 < F_T(t; \theta) < 1$ 的范围内, $F_T(t; \theta)$ 和 $F_T(t-0; \theta)$ 为 θ 的严格减函数, 并且处处连续, 则 θ 的水平为 $1 - \alpha$ 的置信上、下限 $\overline{\theta} = \overline{\theta}(T)$ 和 $\underline{\theta} = \underline{\theta}(T)$ 分别满足方程

$$F_T(t; \overline{\theta}) = \alpha, \qquad F_T(t - 0; \underline{\theta}) = 1 - \alpha. \quad (7.1.25)$$

并且方程的解唯一. 而 θ 的水平为 $1 - \alpha$ 的置信区间 $[\underline{\theta}, \overline{\theta}] = [\underline{\theta}(T), \overline{\theta}(T)]$ 应满足方程

$$F_T(t; \overline{\theta}) = \frac{\alpha}{2}, \qquad F_T(t - 0; \underline{\theta}) = 1 - \frac{\alpha}{2}. \quad (7.1.26)$$

证明 (1) 以下证明主要用到分位数的定义与性质, 可参见第一章及习题一. 由于 $F_T(t; \theta)$ 为 θ 的减函数, 因此由 (7.1.24) 式可知 (见图 7.1.1),

$$P_\theta\{\theta \leqslant \overline{\theta}(T)\} = P_\theta\{F_T(T; \theta) \geqslant \alpha\}.$$

由分位数的性质可知, 任一分布函数 $F(x)$, $F(x') \geqslant p$ 等价于 $x' \geqslant x_p$, 其中 x_p 为 $F(x)$ 的 p 分位数, 因此, 若记 t_α 为 $F_T(t; \theta)$ 的 α 分位数, 则有

$$P_\theta\{\theta \leqslant \overline{\theta}(T)\} = P_\theta\{F_T(T; \theta) \geqslant \alpha\} = P_\theta\{T \geqslant t_\alpha\} = 1 - F_T(t_\alpha - 0; \theta) \geqslant 1 - \alpha.$$

另一方面, 由于 $F_T(t - 0; \theta)$ 为 θ 的减函数, 因此由 (7.1.24) 式可知 (见图 7.1.1),

$$P_\theta\{\theta \geqslant \underline{\theta}(T)\} = P_\theta\{F_T(T - 0; \theta) \leqslant 1 - \alpha\}.$$

由分位数的性质可知, 任一分布函数 $F(x)$, 若 $x' \leqslant x_p$, 则有 $F(x' - 0) \leqslant F(x_p - 0) \leqslant p$. 因此, 若记 $t_{1-\alpha}$ 为 $F_T(t; \theta)$ 的 $1 - \alpha$ 分位数, 则事件 "$F_T(T-0; \theta) \leqslant 1 - \alpha$" 包含事件 "$T \leqslant t_{1-\alpha}$", 因此有

$$P_\theta\{\theta \geqslant \underline{\theta}(T)\} = P_\theta\{F_T(T - 0; \theta) \leqslant 1 - \alpha\} \geqslant P_\theta\{T \leqslant t_{1-\alpha}\} = F_T(t_{1-\alpha}; \theta) \geqslant 1 - \alpha.$$

(2) 若 $F_T(t; \theta)$ 和 $F_T(t - 0; \theta)$ 为 θ 的严格减函数, 并且处处连续, 则 (7.1.24) 式等价于 (7.1.25) 式, 并且方程的解唯一, 因而 θ 的水平为 $1 - \alpha$ 的

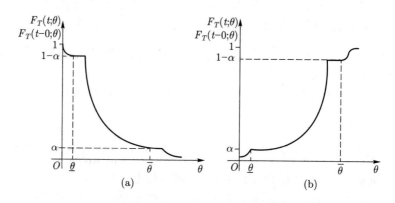

图 7.1.1 关于 θ 单调的分布函数的置信上、下限

置信上、下限满足 (7.1.25) 式. 根据引理 7.1.3, θ 的水平为 $1-\alpha$ 的置信区间满足 (7.1.26) 式. ∎

下面定理 7.1.2 将证明: 在一定条件下, 单调似然比分布族 (见定义 6.3.1) 存在相应的分布函数, 能够满足定理 7.1.1 的要求, 首先看两个例子.

例 7.1.19 设 $X_1,\cdots,X_n$ 为 i.i.d. 样本, $X_1 \sim \mu + \Gamma(1,1)$. 求 μ 的水平为 $1-\alpha$ 的置信区间.

解 容易验证: 该分布族关于完备充分统计量 $T = X_{(1)}$ 为单调似然比分布族 (见第六章习题), 而 $T = X_{(1)} \sim \mu + \Gamma(n,1)$, 所以 $T = X_{(1)}$ 的分布函数为

$$F_T(t;\ \mu) = [1 - \exp\{-n(t-\mu)\}]I\{t \geqslant \mu\}.$$

显然, $F_T(t;\ \mu)$ 为 μ 的严格减函数, 处处连续, 并且有 $F_T(t-0;\ \mu) = F_T(t;\ \mu)$, 因此可根据 (7.1.25) 式和 (7.1.26) 式求解 μ 的置信上、下限和置信区间. 例如, 根据 (7.1.26) 式可得

$$1 - \exp\{-n(t-\overline{\mu})\} = \frac{\alpha}{2}, \qquad 1 - \exp\{-n(t-\underline{\mu})\} = 1 - \frac{\alpha}{2}.$$

由此即可解出 μ 的水平为 $1-\alpha$ 的置信区间为 $[\underline{\mu}(X),\overline{\mu}(X)]$, 其中

$$\underline{\mu}(X) = X_{(1)} + \frac{1}{n}\log\left(\frac{\alpha}{2}\right); \quad \overline{\mu}(X) = X_{(1)} + \frac{1}{n}\log\left(1 - \frac{\alpha}{2}\right).$$

例如, 若 $n = 10, \alpha = 0.05$, 则 $[\underline{\mu}(X),\overline{\mu}(X)] = [X_{(1)} - 0.3689, X_{(1)} - 0.0025]$. 根据枢轴量法所得的置信区间为

$$\left[X_{(1)} - \frac{1}{2n}\chi^2\left(2, 1 - \frac{\alpha}{2}\right), X_{(1)} - \frac{1}{2n}\chi^2\left(2, \frac{\alpha}{2}\right)\right].$$

当 $n = 10$, $\alpha = 0.05$ 时, $\chi^2(2, 0.975) = 7.378$, $\chi^2(2, 0.025) = 0.051$, 所得的置信区间为 $[X_{(1)} - 0.3689, X_{(1)} - 0.0025]$, 二者非常接近.

定理 7.1.1 的主要价值在于它能够应用于若干常见的离散型分布的区间估计, 例如, Poisson 分布、二项分布、负二项分布等.

例 7.1.20 设 $X_1, \cdots, X_n$ 为 i.i.d. 样本, $X_1 \sim$ Poisson 分布 $P(\lambda)$, 求 λ 的水平为 $1 - \alpha$ 的置信上、下限和置信区间 (见范金城, 吴可法 (2001)).

解 容易验证: 分布族关于完备充分统计量 $T = \sum_{i=1}^{n} X_i$ 为单调似然比分布族 (见第六章), 而 $T \sim P(n\lambda)$. 由第一章的公式可知, T 的分布函数 $F_T(t; \lambda)$ 可表示为不完全 Γ 函数的形式 (见 (1.2.5) 式):

$$F_T(t; \lambda) = P(T \leqslant t) = \frac{\int_{n\lambda}^{\infty} e^{-x} x^t dx}{\Gamma(t+1)}. \tag{7.1.27}$$

显然, $F_T(t; \lambda)$ 为 λ 的严格减函数, 并且处处连续. 由于 $T \sim P(n\lambda)$ 为离散型分布, 因此有

$$F_T(t - 0; \lambda) = P_\lambda(T < t) = P_\lambda(T \leqslant t - 1) = F_T(t - 1; \lambda).$$

因此可根据以上公式以及 (7.1.25) 式和 (7.1.26) 式求解 λ 的置信上、下限和置信区间. 例如, 根据 (7.1.25) 式的第二式, λ 的置信下限应满足 $F_T(t - 0; \underline{\lambda}) = 1 - \alpha$, 代入 (7.1.27) 式可得

$$F_T(t - 1; \underline{\lambda}) = \frac{\int_{n\underline{\lambda}}^{\infty} e^{-x} x^{t-1} dx}{\Gamma(t)} = 1 - \alpha. \tag{7.1.28}$$

该式被积函数对应于一个 Γ 分布的密度函数, 即 $Z \sim \Gamma(1,t) \sim e^{-x} x^{t-1}/\Gamma(t)$, 因此 (7.1.28) 式等价于

$$\frac{\int_{n\underline{\lambda}}^{\infty} e^{-x} x^{t-1} dx}{\Gamma(t)} = P(Z > n\underline{\lambda}) = 1 - \alpha.$$

由于 $2Z \sim \Gamma(1/2, t) = \chi^2(2t)$, 因此由上式有 $P(2Z > 2n\underline{\lambda}) = 1 - \alpha$, 所以 $2n\underline{\lambda} = \chi^2(2t, \alpha)$, 即 λ 的水平为 $1 - \alpha$ 的置信下限为 $\underline{\lambda}(T) = (2n)^{-1}\chi^2(2T, \alpha)$.

根据 (7.1.25) 式的第一式, λ 的置信上限应满足 $F_T(t; \overline{\lambda}) = \alpha$, 代入 (7.1.27) 式可得

$$F_T(t; \overline{\lambda}) = \frac{\int_{n\overline{\lambda}}^{\infty} e^{-x} x^t dx}{\Gamma(t+1)} = \alpha.$$

该式被积函数也对应于一个 Γ 分布的密度函数, 这时 $Z' \sim \Gamma(1, t+1)$, $2Z' \sim \chi^2(2t+2)$, 因此上式等价于

$$\frac{\int_{n\overline{\lambda}}^{\infty} e^{-x} x^t dx}{\Gamma(t+1)} = P(Z' > n\overline{\lambda}) = P(2Z' > 2n\overline{\lambda}) = \alpha.$$

所以 $2n\overline{\lambda} = \chi^2(2t+2,\ 1-\alpha)$, 即 λ 的水平为 $1-\alpha$ 的置信上限为 $\overline{\lambda}(T) = (2n)^{-1}\chi^2(2T+2,\ 1-\alpha)$. 根据引理 7.1.3, λ 的水平为 $1-\alpha$ 的置信区间为

$$\left[(2n)^{-1}\chi^2\left(2T, \frac{\alpha}{2}\right);\ (2n)^{-1}\chi^2\left(2T+2,\ 1-\frac{\alpha}{2}\right)\right].$$

最后证明单调似然比分布族的一个重要性质, 即其相应统计量 $T(X)$ 的分布函数为参数 θ 的减函数, 因而可以应用定理 7.1.1 来求解参数的置信上、下限和置信区间. 事实上, 可以得到一个更一般的结果.

定理 7.1.2 假设 $\{X \sim f(x,\theta),\ \theta \in \Theta \subset \mathbf{R}\}$ 关于 $T = T(X)$ 为单调似然比分布族.

(1) 设 $\psi(t)$ 为 t 的非减函数, 则 $g(\theta) = \mathrm{E}_\theta[\psi(T(X))]$ 为 θ 的非减函数;

(2) 设统计量 $T = T(X)$ 的分布函数记为 $F_T(t;\theta)$; 则对任意固定的 t_0, $F_T(t_0;\ \theta)$ 和 $F_T(t_0-0;\ \theta)$ 为 θ 的减函数.

证明 (1) 设 $\theta_1 < \theta_2$, 则 $\lambda(x) = f(x,\theta_2)/f(x,\theta_1)$ 为 $T = T(x)$ 的非减函数, 即 $\lambda(x) = h(T(x);\theta_1,\theta_2)$, h 为 $T = T(x)$ 的非减函数. 要证

$$g(\theta_1) = \mathrm{E}_{\theta_1}[\psi(T(X))] \leqslant \mathrm{E}_{\theta_2}[\psi(T(X))] = g(\theta_2).$$

为此, 记

$$R^+ = \{x:\ f(x,\theta_2) > f(x,\theta_1)\}, \quad R^- = \{x:\ f(x,\theta_2) < f(x,\theta_1)\}.$$

则有 $\lambda(x') > 1,\ \forall\ x' \in R^+$; $\lambda(x) < 1,\ \forall\ x \in R^-$. 因此若 $x' \in R^+$, $x \in R^-$, 则必有 $T(x') > T(x)$; $\psi(T(x')) \geqslant \psi(T(x))$. 因为若 $T(x') \leqslant T(x)$, 则由于 $\lambda(x)$ 为 $T = T(x)$ 的非减函数, 应有 $h(T(x');\theta_1,\theta_2) \leqslant h(T(x);\theta_1,\theta_2)$, 即 $\lambda(x') \leqslant \lambda(x)$, 这与 $\lambda(x') > 1$, $\lambda(x) < 1$ 矛盾. 今记

$$a = \sup_{x \in R^-} \psi(T(x)), \quad b = \inf_{x' \in R^+} \psi(T(x')),$$

则有 $b \geqslant a$. 以下积分在 $R^0 = \{x:\ f(x,\theta_2) = f(x,\theta_1)\}$ 上为零, 因此有

$$g(\theta_2) - g(\theta_1)$$
$$= \int_{\mathcal{X}} \psi(T(x))[f(x,\theta_2) - f(x,\theta_1)]\mathrm{d}\mu(x)$$
$$= \int_{R^+} \psi(T(x))[f(x,\theta_2) - f(x,\theta_1)]\mathrm{d}\mu(x) + \int_{R^-} \psi(T(x))[f(x,\theta_2) - f(x,\theta_1)]\mathrm{d}\mu(x)$$
$$\geqslant b \int_{R^+} [f(x,\theta_2) - f(x,\theta_1)]\mathrm{d}\mu(x) + a \int_{R^-} [f(x,\theta_2) - f(x,\theta_1)]\mathrm{d}\mu(x)$$
$$= (b-a) \int_{R^+} [f(x,\theta_2) - f(x,\theta_1)]\mathrm{d}\mu(x) \geqslant 0.$$

上面的推导用到了 $\int_{R^-}[f(x,\theta_2)-f(x,\theta_1)]\mathrm{d}\mu(x) = -\int_{R^+}[f(x,\theta_2)-f(x,\theta_1)]\mathrm{d}\mu(x)$,
这是因为

$$\int_{R^+}[f(x,\theta_2)-f(x,\theta_1)]\mathrm{d}\mu(x) + \int_{R^-}[f(x,\theta_2)-f(x,\theta_1)]\mathrm{d}\mu(x)$$
$$= \int_{\mathcal{X}}[f(x,\theta_2)-f(x,\theta_1)]\mathrm{d}\mu(x) = 0.$$

(2) 在 (1) 中, 取 $\psi(t)=I\{t:t>t_0\}$, 则它是 t 的非减函数, 因而 $\mathrm{E}_\theta[\psi(T(X))] = P_\theta(T(X)>t_0)$ 为 θ 的非减函数; 所以 $F_T(t_0;\theta)=1-P_\theta(T(X)>t_0)$ 为 θ 的非增函数. 同理, 取 $\psi'(t)=I\{t:\ t\geqslant t_0\}$, 则它也是 t 的非减函数, 因而 $\mathrm{E}_\theta[\psi'(T(X))]=P_\theta(T(X)\geqslant t_0)$ 为 θ 的非减函数; 所以 $F_T(t_0-0;\theta)=P_\theta(T(X)<t_0)=1-P_\theta(T(X)\geqslant t_0)$ 为 θ 的非增函数. ∎

另外, 在定理 7.1.1 中, 若假设 $F_T(t;\theta)$ 和 $F_T(t-0;\theta)$ 为 θ 的增函数, 也应该有完全平行的结果, 只是其应用比较少.

定理 7.1.3 假设 $\{X\sim f(x,\theta),\ \theta\in\Theta\subset\mathbf{R}\}$, 统计量 $T=T(X)$ 的分布函数记为 $F_T(t;\theta)$.

(1) 若对任意固定的 t, $F_T(t;\theta)$ 和 $F_T(t-0;\theta)$ 为 θ 的增函数 (见图 7.1.1(b)), 并记

$$\underline{\theta}(t)=\inf\{\theta:F_T(t;\theta)\geqslant\alpha\}, \qquad \overline{\theta}(t)=\sup\{\theta:F_T(t-0;\theta)\leqslant 1-\alpha\}.$$

则 $\overline{\theta}(T)$ 和 $\underline{\theta}(T)$ 分别为 θ 的水平为 $1-\alpha$ 的置信上、下限;

(2) 若对任意固定的 t, 在 $0<F_T(t;\theta)<1$ 的范围内, $F_T(t;\theta)$ 和 $F_T(t-0;\theta)$ 为 θ 的严格增函数, 并且处处连续, 则 θ 的水平为 $1-\alpha$ 的置信上、下限 $\overline{\theta}=\overline{\theta}(T)$ 和 $\underline{\theta}=\underline{\theta}(T)$ 分别满足方程

$$F_T(t-0;\overline{\theta})=1-\alpha, \qquad F_T(t;\underline{\theta})=\alpha.$$

并且方程的解唯一. 而 θ 的水平为 $1-\alpha$ 的置信区间 $[\underline{\theta},\ \overline{\theta}]=[\underline{\theta}(T),\overline{\theta}(T)]$ 应满足方程

$$F_T(t;\underline{\theta})=\frac{\alpha}{2}, \qquad F_T(t-0;\overline{\theta})=1-\frac{\alpha}{2}.$$

7.2 参数置信域与假设检验的接受域

读者可能已经发现, 上节似然置信域中用到的似然比统计量就是第六章似然比检验中用到的统计量 (见 (6.6.4) 式与 (6.6.6) 式). 事实上, 参数的置信域与

参数的假设检验本来就存在内在联系. 例如在 (7.1.11) 式中, 我们由 $P_\theta\{LR(\theta) \leqslant \chi^2(p, 1-\alpha)\} = 1-\alpha$ 可解出置信域; 另一方面, 由 $P_{\theta_0}\{LR(\theta_0) \geqslant \chi^2(p, 1-\alpha)\} = \alpha$ 也可得到假设检验问题 $H_0 : \theta = \theta_0 \longleftrightarrow H_1 : \theta \neq \theta_0$ 的否定域, 其余集就是接受域. 因此, 由假设检验问题的接受域可以得到参数的置信域; 反之, 由参数的置信域也可得到假设检验问题的接受域. 本节首先介绍根据假设检验的接受域构造参数置信域的方法, 然后通过假设检验的最优性准则引导出参数置信域的最优性准则, 即一致最准确置信域 (UMA). 为简单起见, 以下的讨论主要限于非随机化检验, 因而主要适用于连续型分布的情形. 随机化检验与参数置信域的关系比较复杂, 实际中很少用到, 可参见 Shao (1998).

7.2.1 对偶关系

例 7.2.1 设 $X_1, \cdots, X_n$ 为独立同分布样本, 且有 $X_1 \sim \Gamma\left(\dfrac{1}{\theta}, 1\right)$. 考虑假设检验问题

$$H_0 : \theta = \theta_0 \longleftrightarrow H_1 : \theta > \theta_0.$$

由于 $X_1, \cdots, X_n$ 的联合分布为指数族分布

$$f(x, \theta) = \left(\frac{1}{\theta}\right)^n \exp\left\{-\frac{1}{\theta}\sum_{i=1}^{n} x_i\right\}.$$

因此 $f(x, \theta)$ 关于 $T = \sum\limits_{i=1}^{n} x_i$ 为单调似然比分布族, 所以否定域为

$$R^+ = \{T > c\}, \quad T \sim \Gamma\left(\frac{1}{\theta}, n\right).$$

由于 $2T/\theta_0 \sim \Gamma\left(\dfrac{1}{2}, n\right) = \chi^2(2n)$, 因此关于 H_0 的否定域满足

$$P_{\theta_0}\left\{\frac{2T}{\theta_0} > \chi^2(2n, 1-\alpha)\right\} = \alpha.$$

因而接受域满足

$$P_{\theta_0}\left\{\frac{2T}{\theta_0} \leqslant \chi^2(2n, 1-\alpha)\right\} = 1-\alpha.$$

注意, 该式对任意的 $\theta = \theta_0$ 都成立, 因而有

$$P_\theta\left\{\frac{2T}{\theta} \leqslant \chi^2(2n, 1-\alpha)\right\} = 1-\alpha.$$

该式可以反解为

$$P_\theta\left\{\frac{2T}{\chi^2(2n, 1-\alpha)} \leqslant \theta\right\} = 1-\alpha.$$

这说明, θ 的置信下界为 $\underline{\theta}(X) = 2T/\chi^2(2n, 1-\alpha)$.

以上例子的论证可以推广到一般情形, 假设检验的接受域与参数置信域之间有以下对偶关系:

1. 由假设检验的接受域得到参数的置信域

考虑假设检验问题

$$H_0 : \theta = \theta_0 \longleftrightarrow H_1 : \theta \in \Theta_1 \ (\theta_0 \notin \Theta_1).$$

已知其否定域为 $R(\theta_0)$, 接受域为 $A(\theta_0) = \overline{R}(\theta_0)$, 且满足

$$P_{\theta_0}\{X \in A(\theta_0)\} \geqslant 1 - \alpha,$$

若该式对任意 $\theta = \theta_0$ 成立, 且 $\{x \in A(\theta_0)\}$ 可反解为 $\{\theta_0 \in S(x)\}$, 则有

$$P_{\theta}\{X \in A(\theta)\} = P_{\theta}\{\theta \in S(X)\} \geqslant 1 - \alpha. \tag{7.2.1}$$

因此 $\{X : \theta \in S(X)\}$ 为 θ 的水平为 $1 - \alpha$ 的置信域.

2. 由参数置信域得到假设检验的否定域与检验函数

设 $\{X : \theta \in S(X)\}$ 为 θ 的水平为 $1 - \alpha$ 的置信域, 若 $\{\theta \in S(x)\}$ 可反解为 $\{x \in A(\theta)\}$, 且有 $P_{\theta}\{\theta \in S(X)\} \geqslant 1 - \alpha$. 该式对任意的 $\theta = \theta_0$ 亦成立, 因此有

$$P_{\theta_0}\{\theta_0 \in S(X)\} = P_{\theta_0}\{X \in A(\theta_0)\} \geqslant 1 - \alpha.$$

$$P_{\theta_0}\{X \in \overline{A}(\theta_0)\} \leqslant \alpha.$$

因此集合 $\overline{A}(\theta_0)$ 可以认为是某一假设检验问题 $H_0 : \theta = \theta_0 \longleftrightarrow H_1 : \theta \in \Theta_1 \ (\theta_0 \notin \Theta_1)$ 的否定域, 而其相应的检验函数可表示为

$$\phi(x, \theta_0) = \begin{cases} 1, & x \in \overline{A}(\theta_0), \\ 0, & x \in A(\theta_0). \end{cases}$$

在第六章, 我们研究了许多常见分布有关参数的假设检验问题, 因此根据以上对偶关系, 我们也就平行地解决了相应参数的置信域问题. 这也就大大地节省了篇幅, 所以通常都是把区间估计放在假设检验之后予以介绍 (当然, 由置信域亦可得到相应假设检验问题的否定域). 我们还要特别强调以下两类重要情况:

(1) 正态总体情形下参数的置信域. 第六章的表 6.5.1 和表 6.5.2 总结了正态总体情形下参数假设检验问题的检验统计量以及否定域, 根据对偶关系, 这两个表也可用于求解参数的置信域. 事实上, 由表中的检验统计量即可得到枢轴量; 而由表中的否定域即可得到接受域, 从而得到置信域. 因此我们根据假设检验的接受域与参数置信域之间的对偶关系就一举解决了正态总体情形下参数的置信域问题. 所以我们只是在 7.1.4 节简要介绍了正态总体情形下若干常用的参数置信域, 其他可参见表 6.5.1 和表 6.5.2.

(2) 似然置信域. 我们在 6.6 节介绍了似然比检验, 以及相应的似然比统计量和子集参数的似然比统计量. 因此由上述对偶关系可以得到相应的置信域, 这就是 7.1.3 节介绍的似然置信域.

例 7.2.2 设 $X_1, \cdots, X_n$ 独立同分布, X_1 服从均匀分布 $R(0, \theta)$, $\theta > 0$. 通过假设检验导出参数 θ 的置信域.

解 考虑假设检验问题 $H_0 : \theta = \theta_0 \longleftrightarrow H_1 : \theta \neq \theta_0$, 我们在例 6.6.1 中曾经通过似然比检验导出检验函数为

$$\phi(x) = \begin{cases} 1, & x_{(n)} \geqslant \theta_0 \text{ 或 } x_{(n)} \leqslant \theta_0 \alpha^{1/n}, \\ 0, & \theta_0 \alpha^{1/n} < x_{(n)} < \theta_0. \end{cases}$$

其接受域为 $A = \{x : \theta_0 \alpha^{1/n} < x_{(n)} < \theta_0\}$, 因此有

$$P_{\theta_0}\{\theta_0 \alpha^{1/n} < X_{(n)} < \theta_0\} = 1 - \alpha.$$

该式对任意的 $\theta > 0$ 都成立, 把它反解为 θ 的不等式可得

$$P_\theta\left\{X_{(n)} < \theta < \frac{X_{(n)}}{\alpha^{1/n}}\right\} = 1 - \alpha.$$

由此即可得到 θ 的水平为 $1 - \alpha$ 的置信区间 $[\underline{\theta}(X), \overline{\theta}(X)]$, 其中

$$\underline{\theta}(X) = X_{(n)}, \quad \overline{\theta}(X) = \frac{X_{(n)}}{\alpha^{1/n}}.$$

这一结果与例 7.1.3 应用枢轴量法得出的结果完全一致. 因此, 通过假设检验的接受域与置信域的对偶关系导出参数的置信域也是常用的方法, 而且比较简单直接.

7.2.2 一致最准确置信域

由于置信域与假设检验的接受域存在对偶关系, 因而可以通过假设检验的优良性准则来描述置信域的优良性.

定义 7.2.1 参数 θ 的水平为 $1 - \alpha$ 的置信域 $S(x)$ 称为**一致最准确置信域** (UMA), 若对任一水平为 $1 - \alpha$ 的置信域 $S^*(x)$ 有

$$P_\theta\{\theta' \in S(X)\} \leqslant P_\theta\{\theta' \in S^*(X)\}, \quad \forall \, \theta' \neq \theta. \tag{7.2.2}$$

在 (7.2.2) 式中, θ 表示真参数, θ' 表示非真参数. 因此该定义的意义为: 一致最准确置信域 $S(X)$ 包含非真参数 θ' 的概率最小.

定义 7.2.2 称 $S(X)$ 为 θ 的一个水平为 $1 - \alpha$ 的无偏置信域, 若它满足

$$P_\theta\{\theta \in S(X)\} \geqslant 1 - \alpha, \quad P_\theta\{\theta' \in S(X)\} \leqslant 1 - \alpha. \tag{7.2.3}$$

若对所有的无偏置信域 $S(x)$, $S^*(x)$, 它们都满足 (7.2.2) 式, 则称 $S(x)$ 为**一致最准确无偏置信域** (UMAU).

(7.2.3) 式表示: $S(x)$ 包含真参数的概率大于等于 $1 - \alpha$, 包含非真参数的概率小于等于 $1 - \alpha$.

定义 7.2.1 和定义 7.2.2 实际上与假设检验有密切关系, 我们可以根据置信域与假设检验的接受域之间的对偶关系导出它们最优解之间的对偶关系. 为此, 考虑假设检验问题

$$H_0 : \theta = \theta_0 \longleftrightarrow H_1 : \theta \in \Theta_1 \ (\theta_0 \notin \Theta_1). \tag{7.2.4}$$

假设上述检验问题的一个水平为 $1 - \alpha$ 的检验函数为

$$\phi(x, \theta_0) = \begin{cases} 1, & x \in \overline{A}(\theta_0), \\ 0, & x \in A(\theta_0), \end{cases} \tag{7.2.5}$$

其中其否定域为 $\overline{A}(\theta_0)$, 接受域为 $A(\theta_0)$, 其对偶置信域表示为 $\{\theta \in S(x)\}$. 检验的功效函数为

$$\beta_{\phi(x,\theta_0)}(\theta) = \mathrm{E}_\theta[\phi(X, \theta_0)]. \tag{7.2.6}$$

假设 $\phi^*(x, \theta_0)$ 为另外一个检验函数, 其相应的量分别记为 $\overline{A}^*(\theta_0)$, $A^*(\theta_0)$, $\{\theta \in S^*(x)\}$ 和 $\beta_{\phi^*(x,\theta_0)}(\theta)$. 其形式与 (7.2.5) 式和 (7.2.6) 式类似.

定理 7.2.1 在以上条件下, 置信域 $S(x)$ 为一致最准确置信域的充要条件为相应的检验函数 $\phi(x, \theta_0)$ 为假设检验问题 (7.2.4) 的一致最优势检验, 且 $\forall\, \theta_0$ 成立.

证明 以下根据置信域与假设检验的接受域之间的对偶关系分两步予以证明.

(1) 必要性: 设 $\{x \in S(x)\}$ 为一致最准确置信域, 要证明相应的 $\beta_{\phi(x,\theta_0)}(\theta)$ 为一致最优的功效函数, 即对检验 (7.2.4) 的任一检验函数 $\phi^*(x, \theta_0)$ 及其相应的功效函数 $\beta_{\phi^*(x,\theta_0)}(\theta)$ 有

$$\beta_{\phi(x,\theta_0)}(\theta) \geqslant \beta_{\phi^*(x,\theta_0)}(\theta), \quad \forall\, \theta \neq \theta_0. \tag{7.2.7}$$

根据 UMA 的定义 (7.2.2) 式以及对偶关系可得

$$P_\theta\{\theta' \in S(X)\} \leqslant P_\theta\{\theta' \in S^*(X)\}, \qquad\qquad \forall\, \theta' \neq \theta$$

$$\Longleftrightarrow P_\theta\{X \in A(\theta')\} \leqslant P_\theta\{X \in A^*(\theta')\}, \qquad\qquad \forall\, \theta' \neq \theta$$

$$\Longleftrightarrow 1 - P_\theta\{X \in \overline{A}(\theta')\} \leqslant 1 - P_\theta\{X \in \overline{A}^*(\theta')\}, \qquad \forall\, \theta' \neq \theta$$

$$\Longleftrightarrow 1 - \beta_{\phi(x,\theta')}(\theta) \leqslant 1 - \beta_{\phi^*(x,\theta')}(\theta), \qquad\qquad \forall\, \theta' \neq \theta$$

$$\Longleftrightarrow \beta_{\phi(x,\theta')}(\theta) \geqslant \beta_{\phi^*(x,\theta')}(\theta), \qquad\qquad\qquad \forall\, \theta' \neq \theta.$$

上式对任意的 $\theta' \neq \theta$ 都成立, 取 $\theta' = \theta_0$ 即可得到 (7.2.7) 式, 必要性证毕.

(2) 充分性, 设 $\phi(x, \theta_0)$ 为假设检验问题 (7.2.4) 的一致最优势检验, 且 $\forall\, \theta_0$ 成立. 其相应的接受域和对偶置信域分别为 $A(\theta_0)$ 和 $S(x)$, 要证对 θ 的任一其他水平为 $1 - \alpha$ 的置信域 $S^*(x)$ 有

$$P_\theta\{\theta' \in S(X)\} \leqslant P_\theta\{\theta' \in S^*(X)\}, \quad \forall\, \theta' \neq \theta. \tag{7.2.8}$$

由对偶关系, 设与 $S^*(x)$ 相应的接受域、检验函数和功效函数分别为 $A^*(\theta_0)$, $\phi^*(x, \theta_0)$ 和 $\beta_{\phi^*(x,\theta_0)}(\theta)$. 则由于 $\beta_{\phi(x,\theta_0)}(\theta)$ 为一致最优的功效函数, 因此有

$$\beta_{\phi(x,\theta_0)}(\theta) \geqslant \beta_{\phi^*(x,\theta_0)}(\theta), \qquad\qquad \forall\, \theta \neq \theta_0$$

$$\Longleftrightarrow \mathrm{E}_\theta[\phi(X,\theta_0)] \geqslant \mathrm{E}_\theta[\phi^*(X,\theta_0)], \qquad\qquad \forall\, \theta \neq \theta_0$$

$$\Longleftrightarrow P_\theta\{X \in \overline{A}(\theta_0)\} \geqslant P_\theta\{X \in \overline{A}^*(\theta_0)\}, \qquad \forall\, \theta \neq \theta_0$$

$$\Longleftrightarrow 1 - P_\theta\{X \in A(\theta_0)\} \geqslant 1 - P_\theta\{X \in A^*(\theta_0)\}, \qquad \forall\, \theta \neq \theta_0$$

$$\Longleftrightarrow P_\theta\{X \in A(\theta_0)\} \leqslant P_\theta\{X \in A^*(\theta_0)\}, \qquad\quad \forall\, \theta \neq \theta_0$$

$$\Longleftrightarrow P_\theta\{\theta_0 \in S(X)\} \leqslant P_\theta\{\theta_0 \in S^*(X)\}, \qquad\quad \forall\, \theta \neq \theta_0.$$

上式 $\forall\, \theta_0 = \theta'\ (\theta' \neq \theta)$ 都成立, 因此可得 (7.2.8) 式. ∎

以上定理可以平行地推广到一致最准确无偏置信域 (UMAU), 以下推论的证明从略.

推论 在以上条件下, 置信域 $S(x)$ 为一致最准确无偏置信域的充要条件为相应的检验函数 $\phi(x, \theta)$ 为假设检验问题 (7.2.4) 的一致最优无偏检验.

以上一致最准确置信域的定义实际上是由假设检验问题的一致最优势检验导出的, 因此具有 "最大功效". 但是这一定义也与通常对 "最优置信域" 的直观理解一致, 即一致最准确置信域的平均测度 (包括通常的区间长度或体积) 最小 (见 Shao (1998)).

定理 7.2.2 设 $X \sim P_\theta(x)$, $S(x) \subset \Theta$ 为 θ 的水平为 $1 - \alpha$ 的一致最准确置信域. 设 m 为参数空间 Θ 上的一个测度, 其单点集的测度为 0, 即 $m\{\theta\} = 0$, 并假设 $S(x)$ 和 $S^*(x)$ 在 Θ 上关于 m 可测且有界, 则必有

$$\mathrm{E}_\theta\{m[S(X)]\} \leqslant \mathrm{E}_\theta\{m[S^*(X)]\}, \quad \forall\, \theta \in \Theta, \tag{7.2.9}$$

其中 $S^*(x)$ 为 θ 的任一水平为 $1 - \alpha$ 的置信域.

证明 为证 (7.2.9) 式, 首先对 $\mathrm{E}_\theta\{m[S(X)]\}$ 进行化简:

$$\mathrm{E}_\theta\{m[S(X)]\} = \int_{\mathcal{X}} m[S(x)]\mathrm{d}P_\theta(x) = \int_{\mathcal{X}} \int_{\{\theta':\, \theta' \in S(x)\}} \mathrm{d}m(\theta')\mathrm{d}P_\theta(x)$$
$$= \int_{\mathcal{X}} \int_{\Theta} I\{\theta':\, \theta' \in S(x)\}\mathrm{d}m(\theta')\mathrm{d}P_\theta(x).$$

其中 $I\{\theta':\, \theta' \in S(x)\}$ 为 Θ 上的示性函数, 由于示性函数有界, 因此上式可用 Fubini 定理交换积分次序, 从而化为

$$\mathrm{E}_\theta\{m[S(X)]\} = \int_{\Theta} \int_{\mathcal{X}} I\{\theta':\, \theta' \in S(x)\}\mathrm{d}P_\theta(x)\mathrm{d}m(\theta')$$
$$= \int_{\Theta} \int_{\{x:\, \theta' \in S(x)\}} \mathrm{d}P_\theta(x)\mathrm{d}m(\theta')$$
$$= \int_{\Theta} P_\theta\{X:\, \theta' \in S(X)\}\mathrm{d}m(\theta').$$

同理可得

$$\mathrm{E}_\theta\{m[S^*(X)]\} = \int_{\Theta} P_\theta\{X:\, \theta' \in S^*(X)\}\mathrm{d}m(\theta').$$

由于 $S(x)$ 为一致最准确置信域, 又由于 $m\{\theta\} = 0$, 因此有

$$\mathrm{E}_\theta\{m[S(X)]\} = \int_{\Theta} P_\theta\{X:\, \theta' \in S(X)\}\mathrm{d}m(\theta')$$
$$= \int_{\Theta-\{\theta\}} P_\theta\{X:\, \theta' \in S(X)\}\mathrm{d}m(\theta'), \qquad \theta' \neq \theta$$
$$\leqslant \int_{\Theta-\{\theta\}} P_\theta\{X:\, \theta' \in S^*(X)\}\mathrm{d}m(\theta'), \qquad \theta' \neq \theta$$
$$= \int_{\Theta} P_\theta\{X:\, \theta' \in S^*(X)\}\mathrm{d}m(\theta')$$
$$= \mathrm{E}_\theta\{m[S^*(X)]\}.$$

此即 (7.2.9) 式, 证毕. ∎

推论 1 若 $[\underline{\theta}(X), \overline{\theta}(X)]$ 为 θ 的水平为 $1-\alpha$ 的一致最准确置信区间, 则对任一水平为 $1-\alpha$ 的置信区间 $[\underline{\theta}^*(X), \overline{\theta}^*(X)]$ 有

$$\mathrm{E}_\theta[\overline{\theta}(X) - \underline{\theta}(X)] \leqslant \mathrm{E}_\theta[\overline{\theta}^*(X) - \underline{\theta}^*(X)].$$

即一致最准确置信区间的平均长度最小.

推论 2 定理 7.2.2 及推论 1 的结论对一致最准确无偏置信域亦成立.

注意, 以上推论 1 对置信上、下限不成立, 因为它们对应于无界区域. 但是也有类似的结果, 今以置信下限为例予以说明 (置信上限的情况完全类似). 根据定义 7.2.1, 水平为 $1-\alpha$ 的一致最准确置信下限 $\underline{\theta}(X)$ 应满足 $P_\theta\{\theta \in [\underline{\theta}(X), \infty)\} \geqslant 1-\alpha$ 以及

$$P_\theta\{\theta' \in [\underline{\theta}(X), \infty)\} \leqslant P_\theta\{\theta' \in [\underline{\theta}^*(X), \infty)\}, \text{ 一切 } \theta' < \theta. \tag{7.2.10}$$

其中 $\underline{\theta}^*(X)$ 为 θ 的任一水平为 $1-\alpha$ 的置信下限 (θ' 表示非真参数). 直观上, UMA 置信下限应该比其他置信下限更靠近真参数 (见图 7.2.1), 这可表述为

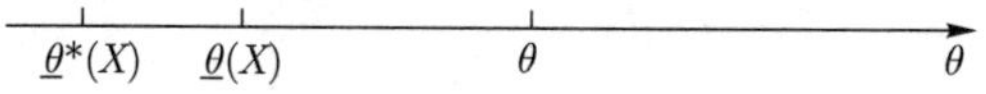

图 7.2.1　UMA 置信下限

定理 7.2.3 设 $X \sim P_\theta(x)$ 为连续型分布, $\underline{\theta}(X)$ 为 θ 的水平为 $1-\alpha$ 的一致最准确置信下限; $\underline{\theta}^*(X)$ 为 θ 的任一水平为 $1-\alpha$ 的置信下限, 并假设 $\underline{\theta}(X)$ 和 $\underline{\theta}^*(X)$ 都有连续型分布且期望存在. 今记 $a^+ = a$, 若 $a > 0$; $a^+ = 0$, 若 $a \leqslant 0$; 则必有

$$\mathrm{E}_\theta[\theta - \underline{\theta}(X)]^+ \leqslant \mathrm{E}_\theta[\theta - \underline{\theta}^*(X)]^+, \ \forall\, \theta \in \Theta. \tag{7.2.11}$$

证明 今记 $U = [\theta - \underline{\theta}(X)]^+$, $U^* = [\theta - \underline{\theta}^*(X)]^+$; 它们的分布函数分别记为 $F_\theta(u)$ 和 $F_\theta^*(u)$. 由定义可知 $F_\theta(u) = 0$, 若 $u \leqslant 0$; 对 $u > 0$ 有

$$F_\theta(u) = P_\theta\{\theta - \underline{\theta}(X) \leqslant u\} = P_\theta\{\theta - u \leqslant \underline{\theta}(X)\} = 1 - P_\theta\{\theta - u > \underline{\theta}(X)\}.$$

若记 $\theta' = \theta - u$ ($\theta' < \theta$), 则上式可表示为

$$1 - F_\theta(u) = P_\theta\{\theta' \in [\underline{\theta}(X), +\infty)\}.$$

同理, 对 $F_\theta^*(u)$ 也有

$$1 - F_\theta^*(u) = P_\theta\{\theta' \in [\underline{\theta}^*(X), +\infty)\}.$$

因此由 (7.2.10) 式可知, 对任意的 $u > 0$, 即 $\theta' < \theta$ 有

$$1 - F_\theta(u) = P_\theta\{\theta' \in [\underline{\theta}(X), +\infty)\} \leqslant P_\theta\{\theta' \in [\underline{\theta}^*(X), +\infty)\} = 1 - F_\theta^*(u). \tag{7.2.12}$$

根据概率论中的常用公式 (见王梓坤 (1976); 李贤平 (2010)), 正值随机变量 U 的数学期望可表示为 $\mathrm{E}_\theta(U) = \int_0^{+\infty}[1 - F_\theta(u)]\mathrm{d}u$, 同理也有 $\mathrm{E}_\theta(U^*) = \int_0^{+\infty}[1 - F_\theta^*(u)]\mathrm{d}u$. 因此 (7.2.12) 式两边取积分可得

$$\mathrm{E}_\theta(U) = \int_0^{+\infty}[1 - F_\theta(u)]\mathrm{d}u \leqslant \int_0^{+\infty}[1 - F_\theta^*(u)]\mathrm{d}u = \mathrm{E}_\theta(U^*).$$

由此即可得到 (7.2.11) 式. ▮

推论 设 $\overline{\theta}(X)$ 为 θ 的水平为 $1 - \alpha$ 的一致最准确置信上限; $\overline{\theta}^*(X)$ 为 θ 的任一水平为 $1 - \alpha$ 的置信上限, 并假设 $\overline{\theta}(X)$ 和 $\overline{\theta}^*(X)$ 都有连续型分布且期望存在, 则必有

$$\mathrm{E}_\theta[\overline{\theta}(X) - \theta]^+ \leqslant \mathrm{E}_\theta[\overline{\theta}^*(X) - \theta]^+, \quad \forall \theta \in \Theta.$$

在第六章, 我们对许多常见分布得到了一致最优势检验或一致最优无偏检验, 因此根据定理 7.2.1 和定理 7.2.2, 它们相应的对偶置信域必然是一致最准确置信域或一致最准确无偏置信域, 并且有最小的平均区间长度或平均体积. 特别, 对于正态分布, 第六章的表 6.5.1 和表 6.5.2 总结了正态总体情形下参数假设检验问题的 UMPT 或 UMPUT, 由此我们根据这两个表以及对偶关系即可一举得到相应参数的 UMA 或 UMAU 置信域. 例如在例 7.2.2 中, θ 的置信区间必为 UMAU 置信区间, 并且其平均区间长度在 θ 的无偏置信区间中最短. 另外, 根据单调似然比分布族得到的单边检验的 UMPT, 由对偶关系即可得到相应参数的 UMA 置信上、下限.

例 7.2.3 (续例 7.2.1) 设 $X_1, \cdots, X_n$ 为独立同分布样本, $X_1 \sim \Gamma(1/\theta, 1)$. 求 θ 的水平为 $1 - \alpha$ 的 UMA 置信下限和 UMAU 置信区间.

解 由于 $X_1, \cdots, X_n$ 的联合分布为指数族分布, 且 $T = T(X) = \sum\limits_{i=1}^n X_i$ 为其完备充分统计量, 因此对例 7.2.1 的单边检验, 那里由 T 给出的否定域及其检验函数必为 UMPT, 因而由此得到的对偶置信下限必然为 UMA 置信下限.

至于 θ 的 UMAU 置信区间, 则要考虑双边检验:

$$H_0 : \theta = \theta_0 \longleftrightarrow H_1 : \theta \neq \theta_0.$$

由定理 6.4.4 可知, 该检验的 UMPUT $\phi(x)$ 所对应的否定域为 $R^+ = \{T < k_1$ 或 $T > k_2\}$, 其相应的接受域为 $A(\theta_0) = \{k_1 < T < k_2\}$. 由于 $2T/\theta_0 \sim \chi^2(2n)$,

因此接受域可表示为

$$A(\theta_0) = \left\{ c_1 < \frac{2T}{\theta_0} < c_2 \right\} = \left\{ \frac{2T}{c_2} < \theta_0 < \frac{2T}{c_1} \right\}, \tag{7.2.13}$$

其中常数 c_1, c_2 由定理 6.4.4 的 (6.4.24) 式决定, 即

$$\mathrm{E}_{\theta_0}[\phi(X)] = \alpha, \quad \mathrm{E}_{\theta_0}[\phi(X)T(X)] = \alpha\mathrm{E}_{\theta_0}[T(X)].$$

为便于积分, 这两式亦可表示为

$$\mathrm{E}_{\theta_0}[1-\phi(X)] = 1-\alpha, \quad \mathrm{E}_{\theta_0}\left[(1-\phi(X))\frac{2T(X)}{\theta_0}\right] = (1-\alpha)\mathrm{E}_{\theta_0}\left[\frac{2T(X)}{\theta_0}\right]. \tag{7.2.14}$$

由于 $2T/\theta_0 \sim \chi^2(2n)$, $1-\phi(x)$ 在 $A(\theta_0)$ 上的值为 1, 因此根据 (7.2.13) 和 (7.2.14) 式, c_1, c_2 的定解条件可表示为

$$\int_{c_1}^{c_2} \chi^2(2n, y)\mathrm{d}y = 1-\alpha, \quad \int_{c_1}^{c_2} y\chi^2(2n, y)\mathrm{d}y = 2n(1-\alpha). \tag{7.2.15}$$

由于 (7.2.13)—(7.2.15) 式对任意的 θ_0 都成立, 因此 θ 的 UMAU 置信区间为

$$C(X) = \left\{ \theta : \frac{2T}{c_2} < \theta < \frac{2T}{c_1} \right\}.$$

其中常数 c_1, c_2 由 (7.2.15) 式决定. 显然, 为了得到 UMAU 置信区间, c_1, c_2 的求解比较麻烦, 通常实用上还是取为

$$[\underline{\theta}(X), \overline{\theta}(X)] = \left[\frac{2T}{\chi^2\left(2n, 1-\frac{\alpha}{2}\right)}, \frac{2T}{\chi^2\left(2n, \frac{\alpha}{2}\right)} \right].$$

这相当于由水平为 $1-\alpha/2$ 的 UMA 置信上、下限构成.

以上例 7.2.3 反映的情况有一定代表性. 根据假设检验的接受域与参数置信域的对偶关系, 我们可以很容易地从单边检验的 UMPT 得到 UMA 置信上、下限. 但是, 由双边检验的定理 6.4.4 及其定解条件 (6.4.24) 式求解 UMAU 置信区间则通常比较麻烦. 实用上则可取水平为 $1-\alpha/2$ 的 UMA 置信上、下限构成置信区间 (见引理 7.1.3). 另外, 如果能用定理 6.4.5, 即 $T(X)$ 的分布关于某个点对称, 则能很容易地从 UMPUT 得到 UMAU 置信区间, 见例 7.2.2.

7.3 容忍区间与容忍限

容忍区间和容忍限与置信区间和置信限有密切的关系, 其计算也依赖于置信区间和置信限的相应方法, 但两者研究的问题有原则的区别.

7.3.1 问题与定义

设 $X_1, \cdots, X_n$ 为独立同分布样本, 且有 $X_1 \sim F_\theta(x_1)$, 本节不是考虑参数 θ 的置信区间, 而是考虑随机变量 X_1 的 "置信区间", 称之为**容忍区间** (tolerance interval), 即希望求 $\underline{T} = \underline{T}(X)$ 和 $\overline{T} = \overline{T}(X)$, 使

$$P_\theta\{X_1 \in [\underline{T}(X), \overline{T}(X)]\} \geqslant 1 - \beta. \tag{7.3.1}$$

以下先举两个例子, 然后再介绍其严格定义.

例 7.3.1 设某种机床主轴长度为 100 cm, 允许误差为 ± 0.5 cm. 生产中要求 99% 以上的产品达到以上要求, 即轴长在 (99.5, 100.5) 区间内. 今对一批主轴, 测试了 n 根轴长, 其值为 $X_1, \cdots, X_n$, 假设为独立同分布样本, 问这批主轴是否合格?

解决这一问题的一种方法就是确定一个上下界 $\overline{T} = \overline{T}(X_1, \cdots, X_n)$ 和 $\underline{T} = \underline{T}(X_1, \cdots, X_n)$, 使得 $P\{X_1 \in [\underline{T}, \overline{T}]\} \geqslant 99\%$, 若 $(\underline{T}, \overline{T}) \subset (99.5, 100.5)$, 则说明以上轴长合格, 这就可以归结为求解容忍区间的问题, 具体计算见下一小节.

例 7.3.2 设砖块的强度 X 服从对数正态分布, 要求产品强度 $P(X \geqslant \xi_0) \geqslant 99\%$ (如 $\xi_0 = 120 \, \text{kg/cm}^2$). 今对一批产品, 测试了 n 个砖块的强度为 $X_1, \cdots, X_n$, 问这批砖块是否合格?

解决这一问题的一种方法就是确定一个下界 $\underline{T} = \underline{T}(X_1, \cdots, X_n)$, 使得

$$P\{X_1 \in [\underline{T}, +\infty)\} \geqslant 99\%.$$

若 $\underline{T} \geqslant \xi_0$, 则说明这一批砖块合格, 这就可以归结为求解容忍下限的问题, 具体计算见下一小节.

下面考虑容忍区间与容忍上、下限的定义. 为简单起见, 考虑连续型分布的情形. 在 (7.3.1) 式中, X_1 的分布未知或依赖于未知参数; 而 $\underline{T}(X_1, \cdots, X_n)$ 和 $\overline{T}(X_1, \cdots, X_n)$ 的形式和分布都未知, 因此 (7.3.1) 式左端的计算十分困难. 可考虑一个基本等价的形式. 易见, 若 $\underline{T}$ 和 $\overline{T}$ 为常数, 则 (7.3.1) 式可表示为

$$P_\theta\{X_1 \in [\underline{T}, \overline{T}]\} = F_\theta(\overline{T}) - F_\theta(\underline{T}) \geqslant 1 - \beta. \tag{7.3.2}$$

但实际上 $\underline{T}(X)$ 和 $\overline{T}(X)$ 为随机变量, $F_\theta(\underline{T})$ 和 $F_\theta(\overline{T})$ 亦为随机变量, 所以 "$F_\theta(\overline{T}) - F_\theta(\underline{T}) \geqslant 1 - \beta$" 为随机事件, 因此我们只能要求 (7.3.2) 式以概率为 1 成立, 即对充分小的 γ 有

$$P_\theta\{[F_\theta(\overline{T}) - F_\theta(\underline{T})] \geqslant 1 - \beta\} \geqslant 1 - \gamma. \tag{7.3.3}$$

该式与 (7.3.1) 式的意义基本一致. 由此可以得到以下定义:

定义 7.3.1 设 $X_1, \cdots, X_n$ 为独立同分布样本, $X_1 \sim F_\theta(x_1)$. 若 $\underline{T} = \underline{T}(X)$, $\overline{T} = \overline{T}(X)$ 满足 (7.3.3) 式, 则称 $[\underline{T}(X_1, \cdots, X_n), \overline{T}(X_1, \cdots, X_n)]$ 为分布 $F_\theta(x_1)$ 的一个水平为 $(1-\beta, 1-\gamma)$ 的容忍区间; 若 $\overline{T}(X_1, \cdots, X_n)$ 和 $\underline{T}(X_1, \cdots, X_n)$ 满足以下关系式:

$$P_\theta\{F_\theta(\overline{T}) \geqslant 1 - \beta\} \geqslant 1 - \gamma. \tag{7.3.4}$$

$$P_\theta\{1 - F_\theta(\underline{T}) \geqslant 1 - \beta\} \geqslant 1 - \gamma, \ \text{即} \ P_\theta\{F_\theta(\underline{T}) \leqslant \beta\} \geqslant 1 - \gamma. \tag{7.3.5}$$

则称它们为分布 $F_\theta(x_1)$ 的水平为 $(1-\beta, 1-\gamma)$ 的容忍上限和容忍下限.

在这个定义中, (7.3.3) 式表示 $X_1 \in (\underline{T}, \overline{T})$ 以很大的概率成立. 在 (7.3.3) 式中, 若 $\underline{T} = -\infty$, 则得到 (7.3.4) 式, 该式表示 $X_1 \in (-\infty, \overline{T})$ 以很大的概率成立. 同理, 在 (7.3.3) 式中, 若 $\overline{T} = +\infty$, 则得到 (7.3.5) 式, 该式表示 $X_1 \in (\underline{T}, +\infty)$ 以很大的概率成立.

计算容忍区间和容忍上、下限的主要方法为: (1) 容忍区间可由容忍上、下限得到; (2) 容忍上、下限可由分布 $F_\theta(x_1)$ 分位数的置信上、下限得到. 下面分别予以介绍.

定理 7.3.1 若 $\overline{T}(X)$ 和 $\underline{T}(X)$ 分别为分布 $F_\theta(x_1)$ 的水平为 $\left(1 - \dfrac{\beta}{2}, 1 - \dfrac{\gamma}{2}\right)$ 的容忍上、下限, 则 $[\underline{T}(X), \overline{T}(X)]$ 为其水平为 $(1-\beta, 1-\gamma)$ 的容忍区间.

证明 今以 A 表示事件 "$F_\theta(\underline{T}) \leqslant \dfrac{\beta}{2}$"; B 表示事件 "$F_\theta(\overline{T}) \geqslant 1 - \dfrac{\beta}{2}$"; C 表示事件 "$F_\theta(\overline{T}) - F_\theta(\underline{T}) \geqslant 1 - \beta$", 则由定义 7.3.1 可知

$$P_\theta(A) \geqslant 1 - \frac{\gamma}{2}, \quad P_\theta(B) \geqslant 1 - \frac{\gamma}{2}. \tag{7.3.6}$$

而要证 $P_\theta(C) \geqslant 1 - \gamma$. 由以上定义可知, 若事件 A, B 同时成立, 则必有 $F_\theta(\overline{T}) - F_\theta(\underline{T}) \geqslant 1 - \beta$, 即 C 成立, 因此 $C \supset AB$, $P_\theta(C) \geqslant P_\theta(AB)$, 由此可得

$$\begin{aligned} P_\theta(C) &= P_\theta\{[F_\theta(\overline{T}) - F_\theta(\underline{T})] \geqslant 1 - \beta\} \geqslant P_\theta(AB) \\ &= P_\theta\left\{F_\theta(\overline{T}) \geqslant 1 - \frac{\beta}{2}, F_\theta(\underline{T}) \leqslant \frac{\beta}{2}\right\} \\ &= P(A) + P(B) - P(A + B) \geqslant P(A) + P(B) - 1. \end{aligned}$$

因此由 (7.3.6) 式可知

$$P_\theta(C) \geqslant \left(1 - \frac{\gamma}{2}\right) + \left(1 - \frac{\gamma}{2}\right) - 1 = 1 - \gamma.$$

7.3.2 容忍上、下限的计算

下面的定理说明, $F_\theta(x_1)$ 的容忍上、下限可由其分位数的置信上、下限得到.

定理 7.3.2 设 $X_1, \cdots, X_n$ 为独立同分布样本, X_1 服从连续型分布 $F_\theta(x_1)$, 则 $\overline{T}(X)$ 为其水平为 $(1-\beta, 1-\gamma)$ 的容忍上限的充要条件为 $\overline{T}(X)$ 是 $x_{1-\beta}(\theta)$ 的水平为 $1-\gamma$ 的置信上限; $\underline{T}(X)$ 为其水平为 $(1-\beta, 1-\gamma)$ 的容忍下限的充要条件为 $\underline{T}(X)$ 是 $x_\beta(\theta)$ 的水平为 $1-\gamma$ 的置信下限. 其中 $x_{1-\beta}(\theta)$ 和 $x_\beta(\theta)$ 分别为分布 $F_\theta(x_1)$ 的 $1-\beta$ 分位数和 β 分位数.

证明 可直接从容忍上、下限以及分位数的定义来推导.

$\overline{T}(X)$ 为 $F_\theta(x_1)$ 的水平为 $(1-\beta, 1-\gamma)$ 的容忍上限的定义及其等价形式为

$$P_\theta\{F_\theta(\overline{T}) \geqslant 1-\beta\} \geqslant 1-\gamma$$

$$\Longleftrightarrow P_\theta\{\overline{T} \geqslant F_\theta^{-1}(1-\beta)\} \geqslant 1-\gamma$$

$$\Longleftrightarrow P_\theta\{x_{1-\beta}(\theta) \leqslant \overline{T}\} \geqslant 1-\gamma.$$

该式说明 $\overline{T}(X)$ 为参数 $x_{1-\beta}(\theta)$ 的水平为 $1-\gamma$ 的置信上限.

同理, $\underline{T}(X)$ 为 $F_\theta(x_1)$ 的水平为 $(1-\beta, 1-\gamma)$ 的容忍下限的定义及其等价形式为

$$P_\theta\{[1-F_\theta(\underline{T})] \geqslant 1-\beta\} \geqslant 1-\gamma$$

$$\Longleftrightarrow P_\theta\{F_\theta(\underline{T}) \leqslant \beta\} \geqslant 1-\gamma$$

$$\Longleftrightarrow P_\theta\{\underline{T} \leqslant F_\theta^{-1}(\beta)\} \geqslant 1-\gamma$$

$$\Longleftrightarrow P_\theta\{x_\beta(\theta) \geqslant \underline{T}\} \geqslant 1-\gamma.$$

该式说明 $\underline{T}(X)$ 为参数 $x_\beta(\theta)$ 的置信下限, 证毕. ∎

为了求解分位数 $x_{1-\beta}(\theta)$ 和 $x_\beta(\theta)$ 的置信上、下限, 通常需要根据给定的分布, 导出它们与参数 θ 之间的关系, 然后再根据这些关系求解.

例 7.3.3 设 $X_1, \cdots, X_n$ 为 i.i.d. 样本, $X_1 \sim \mu + \Gamma(1,1)$. 求此分布水平为 $(1-\beta, 1-\gamma)$ 的容忍上、下限和容忍区间.

解 根据定理 7.3.2, 只需分别求出分位数 $x_{1-\beta}(\theta)$ 和 $x_\beta(\theta)$ 的置信上、下限即可. 首先, 由假设条件可求出分位数与参数 μ 之间的关系. 由于 $2(X_1 - \mu) \sim \chi^2(2)$, 因此 $P(X_1 \leqslant x_\beta) = \beta$ 可化为

$$P\{2(X_1 - \mu) \leqslant 2(x_\beta - \mu)\} = \beta; \quad 2(x_\beta - \mu) = \chi^2(2, \beta).$$

因此有 $x_\beta = \mu + \frac{1}{2}\chi^2(2,\beta)$. 由于 x_β 为 μ 的线性严增函数, 因此由引理 7.1.1, 由 μ 的置信下限即可得到 x_β 的置信下限. 而 μ 的置信下限可类似于例 7.1.4 得到. 由于 $X_{(1)} \sim \mu + \Gamma(n,1)$, $2n(X_{(1)} - \mu) \sim \chi^2(2)$, 因此有

$$P\{2n(X_{(1)} - \mu) \leqslant \chi^2(2, 1-\gamma)\} = 1 - \gamma.$$

由此可得 $P\left\{X_{(1)} - \frac{1}{2n}\chi^2(2, 1-\gamma) \leqslant \mu\right\} = 1 - \gamma$. 所以 μ 的水平为 $1 - \gamma$ 的置信下限可表示为 $\underline{\mu} = X_{(1)} - \frac{1}{2n}\chi^2(2, 1-\gamma)$; x_β 的水平为 $1 - \gamma$ 的置信下限为 $\underline{\mu} + \frac{1}{2}\chi^2(2,\beta)$. 因而分布 $\mu + \Gamma(1,1)$ 的水平为 $(1-\beta, 1-\gamma)$ 的容忍下限为

$$\underline{T}(X) = X_{(1)} - \frac{1}{2n}\chi^2(2, 1-\gamma) + \frac{1}{2}\chi^2(2,\beta).$$

类似地, 水平为 $(1-\beta, 1-\gamma)$ 的容忍上限为

$$\overline{T}(X) = X_{(1)} - \frac{1}{2n}\chi^2(2,\gamma) + \frac{1}{2}\chi^2(2, 1-\beta).$$

由定理 7.3.1, 水平为 $(1-\beta, 1-\gamma)$ 的容忍区间为

$$\left[X_{(1)} - \frac{1}{2n}\chi^2\left(2, 1-\frac{\gamma}{2}\right) + \frac{1}{2}\chi^2\left(2, \frac{\beta}{2}\right), \ X_{(1)} - \frac{1}{2n}\chi^2\left(2, \frac{\gamma}{2}\right) + \frac{1}{2}\chi^2\left(2, 1-\frac{\beta}{2}\right)\right].$$

例 7.3.4 设 $X_1, \cdots, X_n$ 为独立同分布样本, 且有 $X_1 \sim N(\mu, \sigma^2)$.

(1) 求该分布水平为 $(1-\beta, 1-\gamma)$ 的容忍上、下限和容忍区间;

(2) 应用: 某厂生产乐器用镍合金线, 今从一批产品中随机抽取 10 个样品, 测得其抗拉强度 (单位: kg/cm^2) 为

10512, 10623, 10668, 10554, 10776, 10717, 10557, 10581, 10666, 10670.

求该镍合金线抗拉强度的容忍下限 (设置信水平为 $(0.95, 0.95)$).

解 (1) 根据定理 7.3.2, 我们先求 x_β 的置信下限. 为此, 首先求出 x_β 与参数 $\theta = (\mu, \sigma^2)$ 之间的关系. 由假设可知

$$P(X_1 \leqslant x_\beta) = \beta, \quad P\left\{\frac{X_1 - \mu}{\sigma} \leqslant \frac{x_\beta - \mu}{\sigma}\right\} = \beta.$$

由于 $(X_1 - \mu)/\sigma$ 服从标准正态分布, 因此有 $(x_\beta - \mu)/\sigma = z_\beta$, $x_\beta = \mu + \sigma z_\beta$, 其中 z_β 为标准正态分布的 β 分位数, 为已知. 因此可根据以上关系以及枢轴量法求 x_β 的置信下限. 由于

$$\overline{X} \sim N\left(\mu, \frac{\sigma^2}{n}\right), \quad S^2 = \frac{1}{n-1}\sum_{i=1}^{n}(X_i - \overline{X})^2 \sim \frac{\sigma^2}{n-1}\chi^2(n-1).$$

可取枢轴量为

$$G(X,\theta) = \sqrt{n}\,\frac{\overline{X} - x_\beta}{S}.$$

x_β 代入上式可得

$$G(X,\theta) = \sqrt{n}\,\frac{\overline{X} - \mu - \sigma z_\beta}{S} = \frac{\sqrt{n}\left(\dfrac{\overline{X} - \mu}{\sigma}\right) + \sqrt{n}\,z_{1-\beta}}{\sqrt{S^2/\sigma^2}}$$

$$= \frac{N(0,1) + \sqrt{n}\,z_{1-\beta}}{\sqrt{\chi^2(n-1)/(n-1)}} \sim t(n-1, \sqrt{n}\,z_{1-\beta}).$$

即 $G(X,\theta)$ 服从非中心 t 分布, 与参数 θ 无关; 其中 $\sqrt{n}\,z_{1-\beta}$ 为非中心参数. 记 $t(n-1, \sqrt{n}z_{1-\beta}, 1-\gamma)$ 为此非中心 t 分布的 $1-\gamma$ 分位数, 则有

$$P\left\{\sqrt{n}\,\frac{\overline{X} - x_\beta}{S} < t(n-1, \sqrt{n}z_{1-\beta}, 1-\gamma)\right\} = 1 - \gamma.$$

$$P\left\{x_\beta \geqslant \left[\overline{X} - \frac{S}{\sqrt{n}}t(n-1, \sqrt{n}z_{1-\beta}, 1-\gamma)\right]\right\} = 1 - \gamma.$$

上式 $\dfrac{1}{\sqrt{n}}t(n-1, \sqrt{n}z_{1-\beta}, 1-\gamma)$ 常记为 $\lambda = \lambda(n,\beta,\gamma)$, 因此 x_β 的置信下限, 即正态分布的容忍下限可表示为

$$\underline{T} = \overline{X} - \lambda S; \quad \lambda = \lambda(n,\beta,\gamma) = \frac{1}{\sqrt{n}}t(n-1, \sqrt{n}z_{1-\beta}, 1-\gamma). \tag{7.3.7}$$

类似地推导可得 $\overline{T} = \overline{X} + \lambda(n,\beta,\gamma)S$, 而水平为 $(1-\beta, 1-\gamma)$ 的容忍区间为

$$\left[\overline{X} - \lambda\left(n, \frac{\beta}{2}, \frac{\gamma}{2}\right)S, \ \overline{X} + \lambda\left(n, \frac{\beta}{2}, \frac{\gamma}{2}\right)S\right].$$

注意, $\lambda(n,\beta,\gamma)$ 有表可查, 例如, 可参见茆诗松, 王静龙 (1990).

(2) 本问题中, $n=10$, 置信水平为 $(0.95, 0.95)$, 查表可得 $\lambda = 2.91$. 经简单计算可得 $\overline{X} = 10632.4$, $S^2 = 6738.77$, $S = 82.09$. 这些数据代入 (7.3.7) 式可得 $\underline{T}(X) = \overline{X} - \lambda S = 10632.4 - 2.91 \times 82.09 = 10393.52$. 因此这批镍合金线的抗拉强度不低于 10393.52 kg/cm^2.

7.3.3 应用次序统计量计算容忍限

设 $X_1, \cdots, X_n$ 为独立同分布样本, $X_1 \sim F(x_1)$ 为连续型分布, $\overline{T}(X)$ 和 $\underline{T}(X)$ 分别为其水平为 $(1-\beta, 1-\gamma)$ 的容忍上、下限. 由定理 7.3.2 可知, $\overline{T}(X)$ 为 $x_{1-\beta}$ 的水平为 $1-\gamma$ 的置信上限; $\underline{T}(X)$ 为 x_β 的水平为 $1-\gamma$ 的置信下限. 而分位数 $x_{1-\beta}$ 和 x_β 的置信上、下限常常可通过次序统计量求出. 设样本的次序

统计量为 $X_{(1)} \leqslant X_{(2)} \leqslant \cdots \leqslant X_{(n)}$, 直观上看, 在次序统计量中, 可取 $x_{1-\beta}$ 右端最小的 $X_{(j)}$ 为 $x_{1-\beta}$ 的置信上限; 而取 x_β 左端最大的 $X_{(i)}$ 为 x_β 的置信下限. 如图 7.3.1 所示. 下面将证明这一结论.

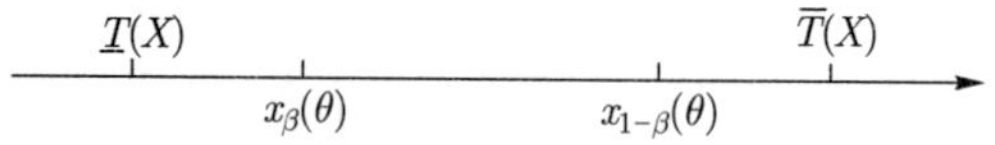

图 7.3.1 应用次序统计量计算容忍限

为此, 记 $Y_1 = F(X_1)$, $Y_{(i)} = F(X_{(i)})$, $i = 1, \cdots, n$, 则根据第一章的讨论有

$$Y_1 = F(X_1) \sim R(0,1), \quad Y_{(i)} = F(X_{(i)}) \sim BE(i, n-i+1). \tag{7.3.8}$$

另外, 不完全 β 函数记为 $I_\theta(p, q)$, 且有 (见第一章)

$$I_\theta(p, q) + I_{1-\theta}(q, p) = 1. \tag{7.3.9}$$

定理 7.3.3 设 $X_1, \cdots, X_n$ 为独立同分布样本, $X_1 \sim F(x_1)$ 为连续型分布, 则其水平为 $(1 - \beta, 1 - \gamma)$ 的容忍上、下限及容忍区间满足以下关系:

(1) $\overline{T}(X) = X_{(j_0)}$; $j_0 = \min\{j : I_\beta(n - j + 1, j) \geqslant 1 - \gamma\}$;

(2) $\underline{T}(X) = X_{(i_0)}$; $i_0 = \max\{i : I_\beta(i, n - i + 1) \geqslant 1 - \gamma\}$;

(3) $[\underline{T}(X), \overline{T}(X)] = [X_{(i)}, X_{(j)}]$, 其中 i, j 应满足关系

$$I_\beta(n - j + i + 1, j - i) \geqslant 1 - \gamma.$$

证明 (1) 由定理 7.3.2 可知 $X_{(j)}$ 为分布 $F(x_1)$ 的容忍上限的充要条件为 $X_{(j)}$ 为 $x_{1-\beta}$ 的置信上限, 其等价条件为

$$P\{X_{(j)} \geqslant x_{1-\beta}\} \geqslant 1 - \gamma$$
$$\Longleftrightarrow P\{F(X_{(j)}) \geqslant 1 - \beta\} \geqslant 1 - \gamma$$
$$\Longleftrightarrow 1 - P\{Y_{(j)} \leqslant 1 - \beta\} \geqslant 1 - \gamma$$
$$\Longleftrightarrow 1 - I_{1-\beta}(j, n - j + 1) \geqslant 1 - \gamma \quad (\text{由 } (7.3.8) \text{ 式})$$
$$\Longleftrightarrow I_\beta(n - j + 1, j) \geqslant 1 - \gamma \quad (\text{由 } (7.3.9) \text{ 式}).$$

取满足上式最小的 j, 并记为 j_0, 则有 $\overline{T}(X) = X_{(j_0)}$.

(2) 类似地, $X_{(i)}$ 为 x_β 水平为 $1 - \gamma$ 的置信下限的等价条件为

$$P\{X_{(i)} \leqslant x_\beta\} \geqslant 1 - \gamma$$
$$\Longleftrightarrow P\{F(X_{(i)}) \leqslant \beta\} \geqslant 1 - \gamma$$
$$\Longleftrightarrow I_\beta(i, n - i + 1) \geqslant 1 - \gamma.$$

取满足上式最大的 i 并记为 i_0, 则有 $\underline{T}(X) = X_{(i_0)}$.

(3) 由定义可知, 若 $[X_{(i)}, X_{(j)}]$ 为 $F(x_1)$ 的水平为 $(1-\beta, 1-\gamma)$ 的容忍区间, 则其等价条件为

$$P\{[F(X_{(j)}) - F(X_{(i)})] \geqslant 1 - \beta\} \geqslant 1 - \gamma$$
$$\iff P\{[Y_{(j)} - Y_{(i)}] \geqslant 1 - \beta\} \geqslant 1 - \gamma$$
$$\iff 1 - I_{1-\beta}(j-i, n-j+i+1) \geqslant 1 - \gamma$$
$$\iff I_\beta(n-j+i+1, j-i) \geqslant 1 - \gamma.$$

以上推导用到了性质 $Y_{(j)} - Y_{(i)} \sim BE(j-i, n-j+i+1)$ (见第一章). ▌

习题七

1. 设 $X_1, \cdots, X_n$ 为 i.i.d. 样本, $X_1 \sim E(1, \mu) = \mu + \Gamma(1,1)$, 试用枢轴量法求 μ 的一个水平为 $1-\alpha$ 的置信区间.

2. 设 $X_1, \cdots, X_n$ 为 i.i.d. 样本, $X_1 \sim \Gamma(\lambda, \nu)$, 但 ν 已知. 试用枢轴量法求 λ 的一个水平为 $1-\alpha$ 的置信区间和置信上、下限.

3. 设 $X_1, \cdots, X_n$ 为 i.i.d. 样本, 试用枢轴量法求以下分布中相应参数水平为 $1-\gamma$ 的置信区间.

(1) 设 X_1 服从 β 分布 $BE(\theta, 1)$, 即 $f(x_1, \theta) = \theta x_1^{\theta-1}\{0 \leqslant x_1 \leqslant 1\}$;

(2) 设 X_1 服从 Weibull 分布, 即 $f(x_1, \lambda) = \alpha\lambda x_1^{\alpha-1}\exp\{-\lambda x_1^\alpha\}I\{x_1 > 0\}$, 但 α 已知;

(3) X_1 服从 Pareto 分布 $PR(\alpha, \theta)$, 即 $f(x_1, \alpha, \theta) = \alpha\theta^\alpha x_1^{-(\alpha+1)}I\{x_1 \geqslant \theta\}$, θ 已知或 α 已知.

4. 设 $X_1, \cdots, X_n$ 为 i.i.d. 样本.

(1) 若 $X_1 \sim N(\theta, \theta)$, $(\theta > 0)$, 找一个枢轴量并用此枢轴量构造 θ 的一个水平为 $1-\alpha$ 的置信区间;

(2) 若 $X_1 \sim N(\theta, \theta^2)$, $(\theta > 0)$, 求 θ 的一个水平为 $1-\alpha$ 的置信区间.

5. 设 $X_1, \cdots, X_n$ 为 i.i.d. 样本,

$$X_1 \sim f(x_1, \theta) = \frac{a}{\theta}\left(\frac{x}{\theta}\right)^{a-1}I\{0 \leqslant x \leqslant \theta\}, \text{ 其中 } a \geqslant 1 \text{ 已知}, \theta > 0 \text{ 未知}.$$

试找一个枢轴量, 并用此枢轴量构造 θ 的一个水平为 $1-\alpha$ 的置信区间.

★6. 设 $X_1, \cdots, X_n$ 为 i.i.d. 样本, X_1 服从均匀分布 $R\left(\theta - \frac{1}{2}, \theta + \frac{1}{2}\right)$, 试构造 θ 的一个水平为 $1-\alpha$ 的置信区间.

$\left(\text{提示: } \theta \text{ 的同变估计为 } \widehat{\theta} = \dfrac{X_{(1)} + X_{(n)}}{2}, \text{ 求 } T = \widehat{\theta} - \theta \text{ 的密度函数}\right).$

7. 从某自动车床加工的一批零件中随机抽取 10 个, 测得其长度 (单位: mm) 分别为

12.01, 12.15, 12.08, 12.09, 12.16, 12.03, 12.06, 12.13, 12.07, 12.11.

假定长度服从正态分布, 置信水平取为 0.95,

(1) 求平均长度的置信区间; (2) 该自动车床加工的精度 σ 在什么范围内?

8. 假设某元件的寿命服从指数分布.

(1) 从一批产品中随机抽取 9 个, 测得其寿命 (单位: h) 分别为

150, 450, 500, 530, 600, 650, 700, 830, 910.

问这批产品的平均寿命不低于多少 (置信水平为 0.95)? 又设 p 为这批产品中寿命大于 600 h 的比例, 求 p 的置信区间;

(2) 从一批产品中随机抽取 20 个, 测得其前 10 个的寿命 (单位: h) 分别为

500, 920, 1380, 1510, 1650, 1760, 2100, 2320, 2350, 2900.

求这批产品平均寿命的置信区间 (置信水平为 0.95).

9. 某养鸭厂为了比较两种饲料的效果, 分别用甲、乙两种饲料喂养种鸭. 两个月后称量相应种鸭的体重, 数据 (单位: kg) 如下:

甲种: 2.73, 2.93, 2.41, 2.57, 2.87, 2.46, 2.89, 2.58, 2.76, 2.89, 2.56;

乙种: 2.87, 2.85, 3.03, 2.89, 3.12, 3.10, 2.96, 2.86, 2.72, 3.01.

设两种饲料喂养下种鸭的体重都服从正态分布, 方差相等, 求二者平均体重之差的置信区间 (置信水平为 0.95).

10. 某实验室对一块放射性物质进行观测, 记录了每 20 s 内放射的 α 粒子数, 共作了 500 次观测, 结果如下表所示. 其中频数 n_k 表示在 500 次观测中释放出 k 个粒子的时间单位的个数. 已知该放射性物质所释放出来的 α 粒子的个数服从 Poisson 分布, 求 20 s 内放射的粒子数平均值的渐近正态置信区间 (置信水平为 0.95).

α 粒子数 k	0	1	2	3	4	5	6	7	8	9	10	总数
频数 n_k	14	35	70	105	102	81	52	23	8	5	5	500

11. 设 $X_1, \cdots, X_n$ 为 i.i.d. 样本, $X_1 \sim R(\theta_1, \theta_2)$. 求 $\theta_2 - \theta_1$ 的置信水平为 $1 - \alpha$ 的置信区间.

12. 设 $X_1, \cdots, X_n$ 为 i.i.d. 样本, $X_1 \sim N(\mu_1, \sigma_1^2)$; $Y_1, \cdots, Y_m$ 为 i.i.d. 样本, $Y_1 \sim N(\mu_2, \sigma_2^2)$; 且两总体独立. 若 $\sigma_2^2/\sigma_1^2 = c$ 已知, 求 $\delta = \mu_1 - \mu_2$ 水平为 $1 - \alpha$ 的置信区间.

13. 设 $X_1, \cdots, X_n$ 为 i.i.d. 样本, $X_1 \sim N(\mu_1, \sigma_1^2)$; $Y_1, \cdots, Y_m$ 为 i.i.d. 样本, $Y_1 \sim N(\mu_2, \sigma_2^2)$; 且两总体独立. 若 $m = n$, 求 $\delta = \mu_1 - \mu_2$ 水平为 $1 - \alpha$ 的置信区间. 若 $m = kn$ (k 为已知正整数), 能否求解同样问题?

14. 某养猪场分别用标准配方饲料和新配方的饲料喂养两组猪, 一段时间后, 在两组猪中各随机抽取 10 头, 测得其体重增加值分别为

新配方: 36.0, 32.7, 39.2, 37.6, 32.0, 40.2, 34.4, 30.7, 36.4, 37.2;

标准配方: 35.2, 30.0, 36.5, 38.1, 29.4, 36.0, 31.3, 31.6, 31.1, 34.0.

假设两组猪体重的增加值都服从正态分布, 求体重平均增加值之差的置信区间 (置信水平为 0.95).

15. 设 $X_i = (X_{i_1}, X_{i_2}), i = 1, 2, \cdots, n$ 为 i.i.d. 样本, $X_1 \sim N(\mu_1, \mu_2; \sigma_1^2, \sigma_2^2; \rho)$, 令 $\theta = \mu_2/\mu_1$ ($\mu_1 \neq 0$). 求 θ 的一个水平为 $1 - \alpha$ 的置信区间 (通常称为 Fieller 区间).

(提示: 令 $Y_i(\theta) = X_{i2} - \theta X_{i1}, i = 1, 2, \cdots, n$, 以 $Y_1(\theta), \cdots, Y_n(\theta)$ 为基础构造枢轴量.)

★16. 设 $X_1, \cdots, X_m$ 为 i.i.d. 样本, $X_1 \sim R(0, \theta_1)$; $Y_1, \cdots, Y_n$ 为 i.i.d. 样本, $Y_1 \sim R(0, \theta_2)$, 且两总体独立. 求 θ_1/θ_2 的一个水平为 $1 - \alpha$ 的置信区间.

(提示: 证 $Y_{(n)} \theta_1 / X_{(m)} \theta_2$ 为枢轴量.)

17. 设 $X_i \sim E(\lambda_i) \sim \Gamma(\lambda_i, 1)$, $i = 1, 2$, 且 X_1, X_2 独立.

(1) 令 $\theta = \lambda_1/\lambda_2$, 证明: $T_1(X_1, X_2; \theta) = \theta X_1/X_2$ 是一个枢轴量, 并用它构造 θ 的一个水平为 $1 - \alpha$ 的置信区间;

(2) 令 $\theta = (\lambda_1, \lambda_2)$, 证明: $T_2(X_1, X_2; \theta) = 2\lambda_1 X_1 + 2\lambda_2 X_2$ 是一个枢轴量, 并用它构造 θ 的一个水平为 $1 - \alpha$ 的置信区域.

18. 设 $X_1, \cdots, X_n$ 为 i.i.d. 样本, $X_1 \sim \Gamma(\lambda, 1)$, $\lambda > 0$; $Y_1, \cdots, Y_m$ 为 i.i.d. 样本, $Y_1 \sim \Gamma(\eta, 1)$, $\eta > 0$, 且两总体独立. 试基于统计量 $T = \sum_{i=1}^{n} X_i \big/ \sum_{j=1}^{m} Y_j$ 构造 $W = \left(1 + \frac{\eta}{\lambda}\right)^{-1}$ 的水平为 $1 - \alpha$ 的置信上界.

19. 若 $S_i(X)$ 为参数 θ_i 的一个水平为 $1 - \alpha_i$ 的置信域 $(i = 1, \cdots, k)$, 则 $S(X) = \bigcap_{i=1}^{k} S_i(X)$ 为参数 $(\theta_1, \cdots, \theta_k)^{\mathrm{T}}$ 的一个水平为 $1 - \alpha$ 的置信域, 其中 $\alpha = \sum_{i=1}^{k} \alpha_i$.

20. 设 $X_1, \cdots, X_n$ 为 i.i.d. 样本, $X_1 \sim P(\lambda_1)$; $Y_1, \cdots, Y_m$ 为 i.i.d. 样本, $Y_1 \sim P(\lambda_2)$. 求 $\delta = \lambda_1 - \lambda_2$ 的渐近正态置信区间;

21. 设 $X_1, \cdots, X_n$ 为 i.i.d. 样本, $X_1 \sim E(1/\theta) \sim \Gamma(1/\theta, 1)$.

(1) 证明: $T_1(X; \theta) = \sqrt{n} \dfrac{\overline{X} - \theta}{\theta}$ 是渐近枢轴量 (即其渐近分布与 θ 无关), 并用 T_1 构造 θ 的一个水平为 $1 - \alpha$ 的渐近置信区间;

(2) 证明: $T_2(X; \theta) = \sqrt{n} \dfrac{\overline{X} - \theta}{\overline{X}}$ 是渐近枢轴量, 并用 T_2 构造 θ 的一个水平为 $1 - \alpha$ 的渐近置信区间;

(3) 求 θ 的基于似然比统计量、score 统计量以及 Wald 统计量的水平为 $1 - \alpha$ 的渐近置信区间.

22. 设 $X_1, \cdots, X_n$ 为 i.i.d. 样本, $X_1 \sim b(1, p)$, $0 < p < 1$. 求 p 的基于似然比统计量、score 统计量以及 Wald 统计量的水平为 $1 - \alpha$ 的渐近置信区间.

23. 设 $X_1, \cdots, X_n$ 为 i.i.d. 样本, $X_1 \sim N(\mu, \sigma^2)$. 求 $\theta = (\mu, \sigma^2)^{\mathrm{T}}$ 的基于似然比统计量、score 统计量以及 Wald 统计量的水平为 $1 - \alpha$ 的渐近置信域.

24. 设 $X_1, \cdots, X_n$ 为 i.i.d. 样本, X_1 服从均匀分布 $R(0, \theta)$, 应用定理 7.1.1 求 θ 的水平为 $1 - \alpha$ 的置信区间.

★25. 设 $X_1, \cdots, X_n$ 为 i.i.d. 样本, $X_1 \sim b(1, \theta)$, $0 < \theta < 1$. 应用定理 7.1.1 证明: θ 的水平为 $1 - \alpha$ 的置信区间可表示为 $[\underline{\theta}, \overline{\theta}]$, 其中

$$\underline{\theta} = \frac{T}{T + (n - T + 1)F(2n - 2T + 2, 2T; 1 - \alpha/2)};$$

$$\overline{\theta} = \frac{(T + 1)F(2T + 2, 2n - 2T; 1 - \alpha/2)}{(n - T) + (T + 1)F(2T + 2, 2n - 2T; 1 - \alpha/2)}.$$

其中 $T = \sum\limits_{i=1}^{n} X_i$ (提示: 参见第一章, T 的分布函数可由不完全 β 函数表示, 而 β 分布可由 F 分布表示).

★26. 设 T 服从负二项分布 $NB(\theta, r)$, $0 < \theta < 1$, r 已知. 应用定理 7.1.1 证明: θ 的水平为 $1 - \alpha$ 的置信区间可表示为 $[\underline{\theta}, \overline{\theta}]$, 其中

$$\underline{\theta} = \frac{r}{r + (T+1)F(2T+2, 2r; \ 1-\alpha/2)};$$

$$\overline{\theta} = \frac{rF(2r, 2T; \ 1-\alpha/2)}{T + rF(2r, 2T; \ 1-\alpha/2)}.$$

27. 假设 $\{X \sim f(x, \theta), \ \theta \in \Theta \subset \mathbf{R}\}$, 统计量 $T = T(X)$ 的分布函数记为 $F_T(t; \theta)$.

(1) 若对任意固定的 t, $F_T(t; \ \theta)$ 和 $F_T(t-0; \ \theta)$ 为 θ 的增函数, 并记

$$\underline{\theta}(t) = \inf\{\theta : F_T(t; \ \theta) \geqslant \alpha\}, \qquad \overline{\theta}(t) = \sup\{\theta : F_T(t-0; \ \theta) \leqslant 1-\alpha\}.$$

则 $\overline{\theta}(T)$ 和 $\underline{\theta}(T)$ 分别为 θ 的水平为 $1-\alpha$ 的置信上、下限.

(2) 若对任意固定的 t, 在 $0 < F_T(t; \ \theta) < 1$ 的范围内, $F_T(t; \ \theta)$ 和 $F_T(t-0; \ \theta)$ 为 θ 的严格增函数, 并且处处连续, 则 θ 的水平为 $1-\alpha$ 的置信上、下限 $\overline{\theta} = \overline{\theta}(T)$ 和 $\underline{\theta} = \underline{\theta}(T)$ 满足方程 $F_T(t; \ \underline{\theta}) = \alpha$ 和 $F_T(t-0; \ \overline{\theta}) = 1-\alpha$, 并且方程的解唯一. 而 θ 的水平为 $1-\alpha$ 的置信区间 $[\underline{\theta}, \ \overline{\theta}] = [\underline{\theta}(T), \ \overline{\theta}(T)]$ 应满足方程

$$F_T(t; \ \underline{\theta}) = \frac{\alpha}{2}, \qquad F_T(t-0; \ \overline{\theta}) = 1 - \frac{\alpha}{2}.$$

★28. 设 $f(x)$ 是一密度函数, 它在 $[x_-, x_+]$ 上非零, 在 $[x_-, x_+]$ 以外等于零, $-\infty \leqslant x_- < x_+ \leqslant +\infty$.

(1) 若 $f(x)$ 在 $[x_-, x_+]$ 上严格递减, 证明: 在所有满足 $\int_a^b f(x)\mathrm{d}x = 1-\alpha$ 的区间 $[a, b]$ 中, 当取 $a = x_-$, b 使 $\int_{x_-}^b f(x)\mathrm{d}x = 1-\alpha$ 的 a, b 时, 所得区间长度最短;

(2) 当 $f(x)$ 在 $[x_-, x_+]$ 上严格递增时, 证明与 (1) 类似的结论;

(3) 把 (1), (2) 的结果用于均匀分布, 若 $X_1 \sim R(0, \theta)$, 证明区间 $[X_{(n)}, X_{(n)}/\sqrt[n]{\alpha}]$ 在水平为 $1-\alpha$ 的置信区间中长度最短.

29. 设 $X_1, \cdots, X_n$ 为 i.i.d. 样本, $X_1 \sim \mu + \Gamma(1, 1)$. 试在 μ 的水平为 $1-\alpha$ 的置信区间类 $[X_{(1)} + c, \ X_{(1)} + d]$ 中, 找一个长度最短的置信区间.

★30. (1) 设 $U(X)$ 是一个取正值的统计量. $\dfrac{T-\theta}{U}$ 是一个枢轴量. 其密度函数 $f(x)$ 在 x_0 是单峰的 (即当 $x \leqslant x_0$ 时, $f(x)$ 不降; 当 $x \geqslant x_0$ 时, $f(x)$ 不增). 考虑 θ 的如下置信区间类

$$\mathcal{C} = \left\{ [T - bU, T - aU] : \int_a^b f(x)\mathrm{d}x = 1-\alpha \right\},$$

若 $[T - b_*U, \ T - a_*U] \in \mathcal{C}$, $f(a_*) = f(b_*) > 0$, 且 $a_* \leqslant x_0 \leqslant b_*$, 则 $[T - b_*U, \ T - a_*U]$ 是 $\mathcal{C}$ 中长度最短的区间.

(提示: 因 $\mathcal{C}$ 中任一区间的长度都是 $(b-a)U$, 所以只需证若 $a < b$ 且 $b - a < b_* - a_*$, 则有 $\int_a^b f(x)\mathrm{d}x < 1-\alpha$.)

(2) 考虑正态分布, 即 $X_1, \cdots, X_n$ 为 i.i.d. 样本, $X_1 \sim N(\mu, \sigma^2)$, 其中 μ, σ^2 都未知; 试在 μ 的置信区间类:

$$\left\{ \left[\overline{X} - \frac{bS}{\sqrt{n}}, \overline{X} - \frac{aS}{\sqrt{n}} \right] : \int_a^b f(x)\mathrm{d}x = 1 - \alpha \right\}$$

中找一个长度最短的置信区间, 其中 $S = (n-1)^{-1} \sum\limits_{i=1}^{n} (X_i - \overline{X})^2$.

31. 设 $X_1, \cdots, X_n$ 为 i.i.d. 样本, $X_1 \sim N(\mu, \sigma^2)$, μ 和 σ^2 都未知.

(1) 求 μ 的水平为 $1 - \alpha$ 的 UMAU 置信上、下限以及 UMAU 置信区间;

(2) 证明: (1) 中 μ 的置信区间可由反解关于 μ 的似然比检验的接受域而得到;

(3) 求 σ^2 的水平为 $1 - \alpha$ 的 UMAU 置信上、下限以及 UMAU 置信区间.

32. 设 $X_1, \cdots, X_n$ 为 i.i.d. 样本,

$$X_1 \sim f(x_1; \theta) = \theta x_1^{\theta-1} I\{0 \leqslant x_1 \leqslant 1\}, \ 其中 \ \theta > 0 \ 未知.$$

求 θ 的水平为 $1 - \alpha$ 的 UMAU 置信区间.

33. 设 $X_1, \cdots, X_n$ 为 i.i.d. 样本, $X_1 \sim \Gamma(1/\theta, 1)$ 为寿命分布. 若仅观测到前 r 个寿命的值 $(Y_1, \cdots, Y_r) = (X_{(1)}, \cdots, X_{(r)})$, 求 θ 的水平为 $1 - \alpha$ 的 UMA 置信下界和 UMAU 置信区间.

34. 设 $X_1, \cdots, X_n$ 为 i.i.d. 样本, $X_1 \sim R(0, \theta), \theta > 0$.

(1) 求 θ 的水平为 $1 - \alpha$ 的 UMA 置信下限;

(2) 证明: $[X_{(n)}, \alpha^{-\frac{1}{n}} X_{(n)}]$ 为 θ 的水平为 $1 - \alpha$ 的 UMA 置信区间.

(提示: 见第六章 24 题.)

35. 设 $X_1, \cdots, X_n$ 为 i.i.d. 样本, $X_1 \sim N(\mu, \sigma^2)$, 求分布的水平为 $(1 - \beta, 1 - \gamma)$ 的容忍上、下限和容忍区间.

(1) 设 μ 未知, $\sigma^2 = \sigma_0^2$ 已知;

(2) $\mu = \mu_0$ 已知, $\sigma > 0$ 未知;

(3) 设棉纱的断裂负荷服从正态分布, μ, σ^2 未知. 现从一批棉纱中随机抽取 12 段测得其断裂负荷 (单位: 100^{-1} N) 为

228.6, 232.7, 238.8, 317.2, 315.8, 275.1, 222.2, 236.7, 224.7, 251.2, 210.4, 270.7.

设置信水平为 $(0.95, 0.95)$; 已知 $\lambda(12, 0.95, 0.95) = 2.74$, 求棉纱断裂负荷的容忍下限. 其中 $\lambda(n, \beta, \gamma) = t(n-1, \sqrt{n}z_{1-\beta}, 1-\gamma)/\sqrt{n}$ (见例 7.3.4 的 (7.3.7) 式).

36. 设 $X_1, \cdots, X_n$ 为 i.i.d. 样本, X_1 服从均匀分布 $R(0, \theta)$, $\theta > 0$, 求该分布水平为 $(1 - \beta, 1 - \gamma)$ 的容忍上、下限和容忍区间.

37. 设 $X_1, \cdots, X_n$ 为 i.i.d. 样本, X_1 服从 Weibull 分布 $W\left(\dfrac{1}{\sigma}, \alpha_0\right)$, 其中 $\alpha_0 > 0$ 已知, $\sigma > 0$ 未知. 求该分布水平为 $(1 - \beta, 1 - \gamma)$ 的容忍上、下限和容忍区间.

38. 设 $X_1, \cdots, X_n$ 为 i.i.d. 样本,

$$X_1 \sim BE(\theta, 1) \sim \theta x_1^{\theta-1} I\{0 \leqslant x_1 \leqslant 1\}.$$

求该分布水平为 $(1 - \beta, 1 - \gamma)$ 的容忍上、下限和容忍区间.

第八章

Bayes 统计基础

　　Bayes 统计, 特别是 Bayes 统计计算, 近年来取得重大进展, 是当今统计学发展最快的分支之一. 虽然 Bayes 统计推断曾经有很多争论, 但是现在这些争论已经不是主流, 大家更看重的是 Bayes 方法的成效和应用价值, 而把这种方法在哲学方面的问题先搁在一边. 近年来, 一般理论与应用工作者都承认, Bayes 统计方法可用于统计学的几乎所有分支, 而且通常效果都不错, 同时 Bayes 方法也能解决一些经典统计方法所不能解决的问题. 另外, Bayes 统计方法往往比较简单直接, 它把各种统计问题都归结为后验分布的计算问题, 很受应用工作者的欢迎. 因此, Bayes 统计已成为当今统计学的重要组成部分.

　　本章主要介绍 Bayes 统计推断的基础知识. 8.1 节首先介绍 Bayes 统计的基本概念和原理, 包括先验分布、后验分布以及 Bayes 统计推断方法, 本节也比较详细地介绍了无信息先验分布的选取方法; 8.2 节介绍 Bayes 估计方法及其性质; 8.3 节介绍假设检验和区间估计的 Bayes 方法, 特别地, 本节比较详细地介绍了最大后验密度 (HPD) 可信域的基本性质和求解方法. 关于 Bayes 统计推断更进一步的内容可参见茆诗松 (1999), 张尧庭等 (1991), 郑忠国等 (2012), 茆诗松等 (2007), 范金城, 吴可法 (2001), Lehmann (1985, 1998), Berger (1993), Shao (1998) 等文献.

8.1 Bayes 统计基本概念

　　Bayes 统计的基本观点就是要充分利用先验信息, 并综合样本信息, 然后进行 Bayes 统计推断. 具体来讲, 设观察样本为 $X = (X_1, \cdots, X_n)^{\mathrm{T}} \in \mathbf{R}^n$, 且有 $X \sim f(x, \theta)$, $\theta \in \Theta \subset \mathbf{R}^p$. Bayes 观点认为, 人们在观察到样本 X 之前, 对于未知参数 θ 一般应当有所了解, 即积累了一些关于参数 θ 的 "先验信息", 对于未知参数的统计推断应该既考虑观察样本的信息, 也考虑参数的先验信息. 这种先验信息用数理统计的语言表述出来, 就是未知参数 θ 为一随机变量, 有一定的先验分布, 其分布的密度为 $\theta \sim \pi(\theta)$. 这种观点在某些场合是合理的. 例如, 某厂通

过观察样本 X 了解一种产品在某天的次品率 θ, X 通常服从二项分布. 就这一天而言, θ 为一确定的数, 但是, 由于工厂每天在生产, 对次品率逐日波动的情况有所了解, 因此, 在估计当天次品率 θ 时, 适当地参考过去次品率的波动情况是十分合理的. 从长期来看, 次品率 θ 每天不一样, 可以看成一个随机变量, 某一天的次品率则可看成随机变量的取值. 按照 Bayes 观点, 可以给次品率 θ 一个先验分布, 从而综合样本分布得到其后验分布, 并基于后验分布进行统计推断, 这是很合情合理的. 但是, 也有一些情况, 把未知参数看成随机变量并不是很合理. 例如, 通过取样来估计某铁矿的含铁量 θ; 通过抽样调查来估计某人在选举中的得票率 θ; 等等, 这时 θ 只能看做一个确定的数. 因此, 按照 Bayes 观点, 一律把未知参数都看成随机变量, 并赋予一定的先验分布, 这种观点尚无充分论据. 不过正如上面所述, Bayes 方法的成效和应用价值已经没有太多争论, Bayes 方法作为一种有力的工具已经得到充分的认可. 另外, 从统计判决的观点来看, 损失函数同时在样本空间和参数空间取平均, 得到 Bayes 风险 (见第三章定义 3.1.5), 然后根据 Bayes 风险最小准则求解, 这显然是合理的.

8.1.1 Bayes 统计原理

Bayes 统计推断主要可归纳为以下三点:

(1) 参数 θ 为随机变量, 有先验分布, 记为 $\theta \sim \pi(\theta)$, 它集中了关于未知参数的先验信息.

(2) 认为样本分布 $f(x, \theta)$ 为参数 θ 已知时样本 X 的条件分布, 即 $f(x, \theta) = p(x|\theta)$, 它表示参数给定时, 样本 X 的分布规律.

(3) Bayes 统计推断的出发点为参数 θ 的后验分布, 即 X 已知时 θ 的条件分布 $p(\theta|X)$, 因为它综合了先验分布 $\pi(\theta)$ 以及样本分布 $f(x, \theta)$ 所提供的关于参数 θ 的全部信息. 后验分布是一切 Bayes 统计推断的出发点, 因而计算后验分布就成为 Bayes 统计的主要任务, 其密度函数记为 $\pi(\theta|X)$.

引理 8.1.1 设 $X \sim f(x, \theta)$, $\theta \in \Theta$, θ 的先验分布为 $\pi(\theta)$, 则 θ 的后验分布, 即 X 已知时 θ 的条件分布 $\pi(\theta|x)$ 可表示为

$$\pi(\theta|x) = \frac{\pi(\theta)f(x, \theta)}{\int \pi(\theta)f(x, \theta)\mathrm{d}\theta} = c(x)\pi(\theta)f(x, \theta). \tag{8.1.1}$$

证明 (X, θ) 的联合分布可表示为

$$(X, \theta) \sim p(x, \theta) = p(\theta)p(x|\theta) = p(x)p(\theta|x).$$

根据 Bayes 观点, 其中 $p(\theta) = \pi(\theta)$, $p(x|\theta) = f(x, \theta)$, $p(\theta|x) = \pi(\theta|x)$, 因此有

$$(X, \theta) \sim p(x, \theta) = \pi(\theta)f(x, \theta) = p(x)\pi(\theta|x).$$

所以后验分布可表示为

$$\pi(\theta|x) = \frac{\pi(\theta)f(x,\theta)}{p(x)}.$$

而边缘分布 $p(x)$ 可表示为

$$p(x) = \int p(x,\theta)\mathrm{d}\theta = \int \pi(\theta)f(x,\theta)\mathrm{d}\theta.$$

因此综合以上两式即可得到后验分布的 (8.1.1) 式, 其中 $c(x) = p^{-1}(x)$. ∎

注 (8.1.1) 式有很丰富的含义, 今摘要说明如下:

(1) 首先, 在 (8.1.1) 式中, $c(x) = p(x)^{-1}$ 可看成积分常数, 有时不需要进行计算, 而可以由以下关系式决定

$$\int c(x)\pi(\theta)f(x,\theta)\mathrm{d}\theta = 1.$$

可参见下面的例题. 在本章许多场合都会出现代表积分常数的 $c(x)$ 或 c, 它们在不同场合可能代表不同的值, 但意义大体相同, 为了简单起见, 我们不再仔细地加以区分. 因此在很多问题中, (8.1.1) 式也常常可以略去常数而表示为

$$\pi(\theta|x) \propto \pi(\theta)f(x,\theta). \tag{8.1.2}$$

(2) 由 (8.1.1) 式可知, 先验密度的选取亦可相差一个常数, 即 $\pi(\theta)$ 亦可取为广义密度 $k\pi(\theta)$, 其后验密度 $\pi(\theta|x)$ 不变, 因为在 (8.1.1) 式的分子分母中常数 k 可消去. 因此, 先验密度 $\pi(\theta)$ 亦可表示为诸如 $\pi(\theta) \propto 1$ 或者 $\pi(\theta) \propto \theta^{-1}$ 等形式. 另外, 若 $\pi'(\theta)$ 为 Θ 上的非负可积函数, 即 $\int_\Theta \pi'(\theta)\mathrm{d}\theta = k < \infty$, 并在 (8.1.1) 式中用 $\pi'(\theta)$ 取代先验分布 $\pi(\theta)$, 则 $\pi(\theta|x)$ 仍然为一个后验密度函数, 因为 $\pi'(\theta)$ 可表示为 $\pi'(\theta) = k\{k^{-1}\pi'(\theta)\}$, 而 $k^{-1}\pi'(\theta)$ 为一个先验密度. 更进一步, 若 $\int_\Theta \pi'(\theta)\mathrm{d}\theta = \infty$, 但是 $\int_\Theta \pi'(\theta)f(x,\theta)\mathrm{d}\theta < \infty$, 则 (8.1.1) 式仍然有意义, 仍然为密度函数. 对于这些情况, $\pi'(\theta)$ 通常称为广义先验密度; 当 $\int_\Theta \pi'(\theta)\mathrm{d}\theta = \infty$ 时, 则称为非正常的 (improper) 先验密度. 而 $\int_\Theta \pi(\theta)\mathrm{d}\theta = 1$, 则称为正常的 (proper) 先验密度.

(3) 如上所述, 在推导后验分布时, 可以相差一个常数, 因此若 X 的密度函数 $f(x)$ 可表示为 $f(x) = kg(x)$, k 为常数, 则称 $g(x)$ 为 X 分布的核. 这个名字在 Bayes 统计中常常用到, 可参见下面的例子.

例 8.1.1 $X_1, \cdots, X_n$ 为独立同分布样本, 且 $X_1 \sim b(1,\theta)$, 求 θ 的后验密度 $\pi(\theta|x)$, 假设 θ 的先验分布分别为 (1) $\theta \sim R(0,1)$, (2) $\theta \sim BE(p,q)$; (3) 设 X 服从二项分布 $X \sim b(n,\theta)$, $\theta \sim BE(p,q)$, 求 θ 的后验密度 $\pi(\theta|x)$.

解 对于 $X_1 \sim b(1,\theta)$, 样本分布为

$$f(x,\theta) = \prod_{i=1}^{n} \theta^{x_i}(1-\theta)^{1-x_i} = \theta^T(1-\theta)^{n-T}.$$

其中 $T = \sum\limits_{i=1}^{n} x_i$. 易见, 若把 θ 看成变量, 则上式为 β 分布 $BE(T+1, n-T+1)$ 的核.

(1) $\pi(\theta) = 1$ 代入 (8.1.1) 式可得

$$\pi(\theta|x) = c(x) \cdot 1 \cdot \theta^T(1-\theta)^{n-T}.$$

由于随机变量为 θ, 因而上式为 β 分布, 即 $\pi(\theta|x) \sim BE(T+1, n-T+1)$, 这时 $c(x)$ 可由该分布的常数决定, 即

$$c(x) = \frac{1}{\beta(T+1, n-T+1)} = \frac{\Gamma(n+2)}{\Gamma(T+1)\Gamma(n-T+1)}.$$

(2) $\pi(\theta) = c\,\theta^{p-1}(1-\theta)^{q-1}$ 代入 (8.1.1) 式可得

$$\pi(\theta|x) = c(x)\theta^{T+p-1}(1-\theta)^{n-T+q-1}.$$

因此有 $\theta|X \sim BE(T+p, n-T+q)$.

(3) 对于 X 服从二项分布 $X \sim b(n,\theta)$, 相应的密度函数为

$$f(x,\theta) = \binom{n}{x}\theta^x(1-\theta)^{n-x}.$$

先验分布 $\pi(\theta) = c\,\theta^{p-1}(1-\theta)^{q-1}$ 及上式代入 (8.1.1) 式可得

$$\pi(\theta|x) = c(x)\theta^{x+p-1}(1-\theta)^{n-x+q-1}.$$

因此有 $\theta|X \sim BE(X+p, n-X+q)$, 其结果与 (2) 完全一致.

注 在问题 (2) 中 (情形 (3) 也完全类似), 由于 $\theta|X \sim BE(T+p, n-T+q)$, 因此 θ 的后验数学期望为

$$\mathrm{E}(\theta|X) = \frac{T+p}{n+p+q}.$$

下一节将会证明: 这个后验期望就是 θ 在均方损失下的 Bayes 估计. 因此, 我们求出某个参数的后验分布, 实际上也就求出了该参数的一个 Bayes 估计 (在一定先验分布下), 下面的例子都是如此.

由前面各章的内容可知, 充分统计量在统计推断中起着十分重要的作用, 以下引理说明, Bayes 准则与充分性准则是相容的. 这个引理也是由 (8.1.1) 式得到的.

引理 8.1.2 设 $X \sim f(x, \theta)$, $\theta \in \Theta$, θ 的先验分布为 $\pi(\theta)$. 若 $T = T(X)$ 为充分统计量, 其分布为 $g(t, \theta)$, 则 θ 的后验分布 $\pi(\theta|x)$ 可表示为

$$\pi(\theta|x) = \frac{\pi(\theta)g(T(x), \theta)}{\int \pi(\theta)g(T(x), \theta)\mathrm{d}\theta} = c(x)\pi(\theta)g(T(x), \theta). \tag{8.1.3}$$

反之, 若 θ 的后验分布 $\pi(\theta|x)$ 可表示为 θ 和某个 $T(x)$ 的函数, 即 $\pi(\theta|x) = a(x)\phi(\theta, T(x))$, 则 $T = T(X)$ 为充分统计量.

证明 若 $T = T(X)$ 为充分统计量, 则由因子分解定理可知

$$f(x, \theta) = g(T(x), \theta)h(x),$$

且有

$$\pi(\theta|x) = \frac{\pi(\theta)g(T(x), \theta)h(x)}{\int \pi(\theta)g(T(x), \theta)h(x)\mathrm{d}\theta} = \frac{\pi(\theta)g(T(x), \theta)}{\int \pi(\theta)g(T(x), \theta)\mathrm{d}\theta} = c(x)\pi(\theta)g(T(x), \theta).$$

此即 (8.1.3) 式, 其中 $c^{-1}(x) = \int \pi(\theta)g(T(x), \theta)\mathrm{d}\theta$. 反之, 若 θ 的后验分布可表示为 $\pi(\theta|x) = a(x)\phi(\theta, T(x))$, 则由 (8.1.1) 式可得 $\pi(\theta|x) = a(x)\phi(\theta, T(x)) = c(x)\pi(\theta)f(x, \theta)$. 因此有

$$f(x, \theta) = [c^{-1}(x)a(x)][\pi^{-1}(\theta)\phi(\theta, T(x))] \overset{\triangle}{=} h(x)g(T(x), \theta).$$

由因子分解定理可知, $T = T(X)$ 为充分统计量.   ▮

(8.1.3) 式有广泛的应用, 该式说明, 我们也可以从充分统计量 $T = T(X)$ 的分布 $g(t, \theta)$ (或者它的核) 出发, 根据 (8.1.3) 式计算后验分布, 这往往比从样本分布 $f(x, \theta)$ 出发简单, 可参见下面的例子. 另外, 引理 8.1.1 后面的注释对于 (8.1.3) 式亦适用.

例 8.1.2 $X_1, \cdots, X_n$ 为独立同分布样本, $X_1 \sim N(\mu, \sigma^2)$ 为正态分布, σ^2 已知, 求 μ 的后验分布, 假设 μ 的先验分布分别为

(1) μ 服从广义均匀分布, 即 $\pi(\mu) \propto 1$;

(2) $\pi(\mu) \sim N(\mu_0, \sigma_0^2)$ 为正态分布, 其中 μ_0, σ_0^2 为已知.

解 当 σ^2 已知时, $T = T(X) = \overline{X}$ 为充分统计量, $\overline{X} \sim f(\overline{x}, \mu) \sim N(\mu, \sigma^2/n)$. 因此可以基于 $\overline{X}$ 的分布, 根据 (8.1.3) 式求后验分布.

(1) $\pi(\mu) = 1$ 代入 (8.1.3) 式可得

$$\pi(\mu|x) = c(x) \cdot 1 \cdot \exp\left\{-\frac{n}{2\sigma^2}(\overline{x} - \mu)^2\right\}.$$

因此 $\pi(\mu|x) \sim N(\overline{x}, \sigma^2/n)$ 为正态分布, 其中 $c(x) = 1/\sqrt{2\pi\sigma^2/n}$.

(2) 下面证明: 若 $\pi(\mu) \sim N(\mu_0, \sigma_0^2)$, 则 $\pi(\mu|x)$ 也服从一个正态分布 $N(a, \eta^2)$, 其中

$$a = \frac{\frac{n}{\sigma^2}\overline{x} + \frac{1}{\sigma_0^2}\mu_0}{\frac{n}{\sigma^2} + \frac{1}{\sigma_0^2}}, \quad \eta^2 = \frac{1}{\rho} = \frac{1}{\frac{n}{\sigma^2} + \frac{1}{\sigma_0^2}}. \tag{8.1.4}$$

今记 $\overline{X}$ 和 μ 的联合分布为 $p(x, \mu)$, 由于 $\pi(\mu) \sim N(\mu_0, \sigma_0^2)$, $\overline{X} \sim f(\overline{x}, \mu) \sim N(\mu, \sigma^2/n)$, 因此有

$$p(x, \mu) = \pi(\mu)f(\overline{x}, \mu) = \frac{\sqrt{n}}{2\pi\sigma_0\sigma} \exp\left\{-\frac{1}{2\sigma_0^2}(\mu - \mu_0)^2\right\} \exp\left\{-\frac{n}{2\sigma^2}(\overline{x} - \mu)^2\right\}.$$

对上式的主要部分进行配方和化简可得

$$\frac{n}{\sigma^2}(\mu - \overline{x})^2 + \frac{1}{\sigma_0^2}(\mu - \mu_0)^2$$
$$= \left(\frac{n}{\sigma^2} + \frac{1}{\sigma_0^2}\right)\mu^2 - 2\mu\left(\frac{n}{\sigma^2}\overline{x} + \frac{1}{\sigma_0^2}\mu_0\right) + \left(\frac{n}{\sigma^2}\overline{x}^2 + \frac{1}{\sigma_0^2}\mu_0^2\right)$$
$$= \rho\left[\mu^2 - \frac{2}{\rho}\left(\frac{n}{\sigma^2}\overline{x} + \frac{1}{\sigma_0^2}\mu_0\right)\mu\right] + \left(\frac{n}{\sigma^2}\overline{x}^2 + \frac{1}{\sigma_0^2}\mu_0^2\right)$$
$$= \rho\left[\mu - \frac{1}{\rho}\left(\frac{n}{\sigma^2}\overline{x} + \frac{1}{\sigma_0^2}\mu_0\right)\right]^2 - \frac{1}{\rho}\left(\frac{n}{\sigma^2}\overline{x} + \frac{1}{\sigma_0^2}\mu_0\right)^2 +$$
$$\left(\frac{n}{\sigma^2}\overline{x}^2 + \frac{1}{\sigma_0^2}\mu_0^2\right)$$
$$= \frac{1}{\eta^2}(\mu - a)^2 + \frac{(\mu_0 - \overline{x})^2}{\sigma_0^2 + \sigma^2/n}.$$

因此联合分布、边缘分布和后验分布分别为

$$p(x, \mu) = \frac{\sqrt{n}}{2\pi\sigma_0\sigma} \exp\left\{-\frac{1}{2\eta^2}(\mu - a)^2\right\} \exp\left\{-\frac{1}{2}\frac{(\mu_0 - \overline{x})^2}{(\sigma_0^2 + \sigma^2/n)}\right\}; \tag{8.1.5}$$

$$p(x) = \int_{-\infty}^{\infty} p(x, \mu)\mathrm{d}\mu = \frac{\eta\sqrt{n}}{\sqrt{2\pi}\sigma_0\sigma} \exp\left\{-\frac{1}{2}\frac{(\mu_0 - \overline{x})^2}{(\sigma_0^2 + \sigma^2/n)}\right\}; \tag{8.1.6}$$

$$\pi(\mu|x) = \frac{p(x, \mu)}{p(x)} = \frac{1}{\sqrt{2\pi}\eta^2} \exp\left\{-\frac{1}{2\eta^2}(\mu - a)^2\right\}. \tag{8.1.7}$$

以上后验分布有很好的统计意义, 今说明如下. 在正态分布 $N(\mu, \sigma^2)$ 中, 方差 σ^2 的倒数 σ^{-2} 称为精度, σ 越小, 精度越高. 在本问题中, 参数 μ 的先验均值为 μ_0,

先验精度为 σ_0^{-2}, 而样本均值 $\overline{X} \sim N(\mu, \sigma^2/n)$, 其精度为 $(\sigma^2/n)^{-1} = n/\sigma^2$, 因此 (8.1.4) 式说明, 后验分布的精度 η^{-2} 为先验分布的精度与样本均值分布的精度之和; 而后验分布的均值为先验均值 μ 与样本均值 $\overline{X}$ 关于精度的加权平均. 另外, 由 (8.1.4) 式可知, μ 的后验期望为 $\mathrm{E}(\mu|X) = a$, 它就是 μ 的一个 Bayes 估计 (见例 8.1.1 后面的注).

8.1.2 先验分布的选取方法

选取先验分布的方法多种多样, 也有不少争论, 但不管哪种选取方法, 最后还要看 Bayes 统计推断的效果, 以下介绍两类最常用的选取方法, 即共轭先验分布和无信息先验分布.

1. 共轭先验分布

即取先验分布 $\pi(\theta)$, 使得后验分布 $\pi(\theta|x)$ 与 $\pi(\theta)$ 属于同一类分布族. 直观上看, 该准则使先验分布与后验分布保持协调一致, 这也是合理的. 例如 $\pi(\theta)$, $\pi(\theta|x)$ 同为正态分布, 或同为 β 分布等. 前面的两个例子都是这种情形. 共轭先验分布在实际中应用很广, 下面的例子都是常见的共轭先验分布.

例 8.1.3 $X_1, \cdots, X_n$ 为独立同分布样本, 且有 $X_1 \sim P(\lambda)$, 设 λ 的先验分布为 $\pi(\lambda) \sim \Gamma(a, p)$, 则其后验分布也是 Γ 分布.

解 $X_1, \cdots, X_n$ 的联合分布可表示为

$$f(x, \lambda) = \prod_{i=1}^{n} \mathrm{e}^{-\lambda} \frac{\lambda^{x_i}}{x_i!} = c(x)\mathrm{e}^{-n\lambda}\lambda^{T}, \quad T = \sum_{i=1}^{n} x_i.$$

易见, 若把 λ 看成变量, 则上式包含了 Γ 分布的核, 而 $\lambda \sim \pi(\lambda) = c\mathrm{e}^{-a\lambda}\lambda^{p-1}$, 因此由 (8.1.1) 式有

$$\pi(\lambda|x) = c(x)\pi(\lambda)f(x, \lambda) = c(x)\mathrm{e}^{-a\lambda}\lambda^{p-1}\mathrm{e}^{-n\lambda}\lambda^{T} = c(x)\mathrm{e}^{-(n+a)\lambda}\lambda^{T+p-1}.$$

即 $\pi(\lambda|x) \sim \Gamma(n+a, T+p)$, 与 $\pi(\lambda)$ 同属于 Γ 分布族. 另外, 这时 λ 的后验期望为

$$\mathrm{E}(\lambda|X) = \frac{T+p}{n+a},$$

由下一节定理 8.2.2 可知, 它就是 λ 的一个 Bayes 估计.

例 8.1.4 $X_1, \cdots, X_n$ 为独立同分布样本, 且有 $X_1 \sim E(\lambda) = \Gamma(\lambda, 1)$; 设 λ 的先验分布为 Γ 分布, $\lambda \sim \pi(\lambda) \sim \Gamma(a, p)$, 则其后验分布也是 Γ 分布.

解 $X_1, \cdots, X_n$ 的联合分布可表示为

$$f(x, \lambda) = \lambda^n \mathrm{e}^{-\lambda T}, \quad T = \sum_{i=1}^{n} x_i.$$

因此由 (8.1.1) 式有

$$\pi(\lambda|x) = c(x)\mathrm{e}^{-a\lambda}\lambda^{p-1}\lambda^n\mathrm{e}^{-\lambda T} = c(x)\lambda^{n+p-1}\mathrm{e}^{-(a+T)\lambda}.$$

即 $\pi(\lambda|x) \sim \Gamma(a+T, n+p)$, 与 $\pi(\lambda)$ 同属 Γ 分布族. 另外, 这时 λ 的后验期望为

$$\mathrm{E}(\lambda|X) = \frac{n+p}{T+a},$$

它就是 λ 的一个 Bayes 估计.

由以上两个例子都可以看出, 在样本分布 $f(x,\lambda)$ 中, 若把 λ 看成变量, 则它们都包含了 Γ 分布的核 (例如在例 8.1.3 中为 $\Gamma(n, T+1)$), 而且两个 Γ 分布的核相乘还是 Γ 分布的核, 因此可以取 Γ 分布为共轭先验分布. 这种情况很常见, 例如在例 8.1.1 中, 若把 θ 看成变量, $f(x,\theta)$ 包含了 β 分布的核, 而且两个 β 分布的核相乘还是 β 分布的核, 因此也可以取 β 分布为共轭先验分布.

以下介绍逆 Γ 分布及其共轭先验分布.

设 $X \sim \Gamma(\lambda, p)$, 则称 $Y = X^{-1}$ 服从逆 Γ 分布, 并记为 $Y \sim \Gamma^{-1}(\lambda, p)$, 根据变换公式, Y 的密度函数为

$$\begin{aligned}
\gamma^{-1}(y;\ \lambda, p) &= \frac{\lambda^p}{\Gamma(p)}\mathrm{e}^{-\lambda\left(\frac{1}{y}\right)}\left(\frac{1}{y}\right)^{p-1} y^{-2} \\
&= \frac{\lambda^p}{\Gamma(p)}\mathrm{e}^{-\frac{\lambda}{y}}\left(\frac{1}{y}\right)^{p+1} I\{y \geqslant 0\}.
\end{aligned} \tag{8.1.8}$$

注意, 若 Y 服从逆 Γ 分布 $\Gamma^{-1}(\lambda, p)$, 则其数学期望为 $\mathrm{E}(Y) = \mathrm{E}(X^{-1}) = \dfrac{\lambda}{p-1}$.

在例 8.1.4 中, 若 $X_1 \sim E(\sigma^{-1}) = \Gamma(\sigma^{-1}, 1)$. 容易验证, 若 σ 的先验分布为逆 Γ 分布: 即 $\sigma \sim \Gamma^{-1}(\lambda, p)$, 则其后验分布也服从逆 Γ 分布.

例 8.1.5 设 $X_1, \cdots, X_n$ 为独立同分布样本, 且有 $X_1 \sim N(0, \sigma^2)$, $\alpha = \sigma^2$ 服从逆 Γ 分布: $\alpha \sim \Gamma^{-1}(\lambda, p)$ (即其精度 σ^{-2} 服从 Γ 分布), 则其后验分布也是逆 Γ 分布.

解 样本分布为

$$f(x, \alpha) = \left(\frac{1}{\sqrt{2\pi\sigma^2}}\right)^n \exp\left\{-\frac{1}{2\sigma^2}\sum_{i=1}^n x_i^2\right\} = c\left(\frac{1}{\alpha}\right)^{\frac{n}{2}}\mathrm{e}^{-\frac{1}{\alpha}S}.$$

其中 $S = \dfrac{1}{2}\sum_{i=1}^n x_i^2$. 易见, 若把 α 看成变量, 则由 (8.1.8) 可知, $f(x, \alpha)$ 包含了逆 Γ 分布 $\Gamma^{-1}\left(S, \dfrac{n}{2} - 1\right)$ 的核. 因此由 (8.1.1) 式以及 (8.1.8) 式有

$$\pi(\alpha|x) = c(x)\mathrm{e}^{-\frac{\lambda}{\alpha}}\left(\frac{1}{\alpha}\right)^{p+1} \cdot \left(\frac{1}{\alpha}\right)^{\frac{n}{2}}\mathrm{e}^{-\frac{S}{\alpha}} = c(x)\left(\frac{1}{\alpha}\right)^{\frac{n}{2}+p+1}\mathrm{e}^{-\frac{1}{\alpha}(\lambda+S)},$$

即 $\pi(\alpha|x) \sim \Gamma^{-1}\left(\lambda + S, \frac{n}{2} + p\right)$，与 $\pi(\alpha)$ 同属逆 Γ 分布族，因此逆 Γ 分布为参数 $\alpha = \sigma^2$ 的共轭先验分布. 其后验期望为

$$\mathrm{E}(\alpha|x) = \frac{\lambda + S}{\frac{n}{2} + p - 1},$$

它就是 $\alpha = \sigma^2$ 的一个 Bayes 估计.

例 8.1.5 和例 8.1.2 合在一起, 可推广到 $X_1 \sim N(\mu, \sigma^2)$ 的一般情形, 若 $\alpha = \sigma^2$ 服从逆 Γ 分布, 而 $\mu|\alpha$ 服从正态分布, 则 (α, μ) 的后验分布也是逆 Γ–正态分布 (见习题).

例 8.1.6 设 $X_1, \cdots, X_n$ 为独立同分布样本, 且有 $X_1 \sim R(0, \theta)$, 设 θ 的先验分布为 Pareto 分布 $PR(\alpha, \theta_0)$, 即 $\pi(\theta) = \alpha\theta_0^\alpha \theta^{-(\alpha+1)} I\{\theta \geqslant \theta_0\}$, 则其后验分布也是 Pareto 分布.

解 $f(x, \theta) = (1/\theta^n) I\{x_{(1)} \geqslant 0\} I\{x_{(n)} \leqslant \theta\}$, 因此有

$$\pi(\theta|x) = c(x)\theta^{-(\alpha+1)} I\{\theta \geqslant \theta_0\} \frac{1}{\theta^n} I\{x_{(n)} \leqslant \theta\} = c(x)\theta^{-(n+\alpha+1)} I\{\theta \geqslant \theta_0'\},$$

其中 $\theta_0' = \max\{\theta_0, x_{(n)}\}$, 因此 $\pi(\theta|x)$ 也服从 Pareto 分布 $PR(n+\alpha, \theta_0')$.

例 8.1.7 设 $X_1, \cdots, X_n$ 为独立同分布样本, 且有 $X_1 \sim PR(\alpha, \theta)$, 若 $\theta > 0$ 已知, $\alpha > 0$ 的先验分布为 $\pi(\alpha) \sim \Gamma(a, p)$, 则其后验分布也是 Γ 分布.

解 由于 $f(x_1, \alpha) = \alpha\theta^\alpha x_1^{-(\alpha+1)} I\{x_1 \geqslant \theta\}$, $\pi(\alpha) \sim \Gamma(a, p)$, 因此由 (8.1.1) 式有

$$\pi(\alpha|x) = c(x)\mathrm{e}^{-a\alpha}\alpha^{p-1}\alpha^n\theta^{n\alpha}\left(\prod_{i=1}^{n} x_i\right)^{-(\alpha+1)} I\{x_{(1)} \geqslant \theta\}$$

$$= c(x)\alpha^{n+p-1}\mathrm{e}^{-a\alpha}\prod_{i=1}^{n}\left(\frac{x_i}{\theta}\right)^{-\alpha}$$

$$= c(x)\alpha^{n+p-1}\exp\left\{-\left[\sum_{i=1}^{n}\log\left(\frac{x_i}{\theta}\right) + a\right]\alpha\right\},$$

即 $\pi(\alpha|x) \sim \Gamma(T + a, n + p)$, 与 $\pi(\alpha)$ 同属 Γ 分布族, 其中 $T = \sum_{i=1}^{n}\log(x_i/\theta)$.

以上两个例子的结果可以推广到幂函数分布 $X \sim PF(c, \theta)$, 即

$$f(x; c, \theta) = \frac{cx^{c-1}}{\theta^c} I\{0 \leqslant x \leqslant \theta\} \ (c > 0; \ \theta > 0).$$

可以证明: 若 c 已知, 则 θ 的共轭先验分布为 Pareto 分布; 若 θ 已知, 则 c 的共轭先验分布为 Γ 分布 (见本章习题).

例 8.1.8 设 $X = (X_1, \cdots, X_n)^{\mathrm{T}}$ 服从指数族分布:

$$f(x, \theta) = h(x) \exp\{Q(\theta)T(x) - b(\theta)\}.$$

(1) 证明: $\pi(\theta) = c(\alpha, m) \exp\{\alpha Q(\theta) - mb(\theta)\}$ 为共轭先验分布;

(2) 把以上结果用于两点分布, 即 $X_1, \cdots, X_n$ 为 i.i.d. 样本, $X_1 \sim b(1, \theta)$.

解 (1) 由 (8.1.1) 式有

$$\pi(\theta|x) = c(x)\pi(\theta)f(x, \theta) = c(x)\exp\{(\alpha + T(x))Q(\theta) - (m+1)b(\theta)\}. \quad (8.1.9)$$

因此后验分布也具有形式

$$\pi(\theta|x) \propto \exp\{\alpha'Q(\theta) - m'b(\theta)\}, \quad \alpha' = \alpha + T(x), \quad m' = m + 1,$$

因此为共轭先验分布.

(2) 对于两点分布 $b(1, \theta)$, 其样本分布为指数族分布

$$f(x, \theta) = \prod_{i=1}^{n} \theta^{x_i}(1-\theta)^{(1-x_i)} = \exp\{Q(\theta)T(x) - b(\theta)\},$$

其中

$$T(x) = \sum_{i=1}^{n} x_i, \quad Q(\theta) = \log\left(\frac{\theta}{1-\theta}\right), \quad b(\theta) = -n\log(1-\theta).$$

因此可取共轭先验分布为

$$\begin{aligned}
\pi(\theta) &= c(\alpha, m)\exp\left\{\alpha \log\left(\frac{\theta}{1-\theta}\right) + mn\log(1-\theta)\right\} \\
&= c(\alpha, m)\left(\frac{\theta}{1-\theta}\right)^{\alpha}(1-\theta)^{mn},
\end{aligned}$$

由此式可得

$$\pi(\theta) \propto \theta^a(1-\theta)^b; \quad a = \alpha, \ b = mn - \alpha.$$

即 $\pi(\theta)$ 服从 β 分布 (应当要求 $a > -1, b > -1$), 由例 8.1.1 可知, 后验分布也服从 β 分布. 另外, 由 (8.1.9) 也容易看出, 后验分布可表示为

$$\pi(\theta|x) \propto \exp\left\{(\alpha + T(x))\log\left(\frac{\theta}{1-\theta}\right) + (m+1)n\log(1-\theta)\right\}.$$

因此 $\pi(\theta|x)$ 服从 β 分布 $BE(p, q)$, 其中

$$p = T(x) + \alpha + 1, \quad q = (m+1)n + 1 - T(x) - \alpha$$

(应当要求 $p > 0, q > 0$). 另外, 本例的结果亦可用于 Poisson 分布, 正态分布等; 同时, 本例的结果亦可用到 $Q(\theta)$ 和 $T(x)$ 为向量的情形 (见习题). 进一步的讨论可参见 Lehmann, Casella (1998).

表 8.1.1 总结了常见的共轭先验分布.

表 8.1.1　常见的共轭先验分布

总体分布	参数	共轭先验分布
二项分布	参数 θ	β 分布
负二项分布	参数 θ	β 分布
Poisson 分布	均值 λ	Γ 分布
指数分布	均值倒数 λ	Γ 分布
指数分布	均值 $\sigma = \lambda^{-1}$	逆 Γ 分布
正态分布 (方差已知)	μ	正态分布
正态分布 (均值已知)	$\alpha = \sigma^2$	逆 Γ 分布
均匀分布	θ	Pareto 分布
Pareto 分布 (θ 已知)	α	Γ 分布

2. 无信息先验分布

如果对 θ 的先验情况知之甚少, 没有什么先验信息可以利用, 一个很直观的假定就是同等无知原则, 即认为 θ 的取值机会均等, 各向同性; 用随机变量的语言来表述就是 θ 在某个区间或全空间服从均匀分布, 即 $\pi(\theta) = c$ 为常数. 一般可取 $\pi(\theta) \propto 1$, 这时 $\pi(\theta)$ 可视为广义密度 (见引理 8.1.1 后面的注释), 这在前面例 8.1.2 中已经用过. 同等无知原则是 Bayes 首先提出来的, 因此也称为 Bayes 假设.

但是, 无信息先验分布的内涵比同等无知原则要广泛很多, 它又称为非主观先验分布. 因为尽管我们在主观上对 θ 的先验信息知之甚少, 但是, 在 $\{X \sim f(x, \theta), \theta \in \Theta\}$ 中, $f(x, \theta)$ 作为样本 X 的分布, θ 作为一个随机变量, 它们应该与概率统计中的规律协调一致. 由此也可推出若干先验分布的选取原则和方法, 下面以位置尺度参数分布族为例予以说明, 请读者注意, 下面要用到第四章的有关符号及公式.

(1) 设 $X = (X_1, \cdots, X_n)^{\mathrm{T}}$ 服从位置参数分布 $f(x - \theta \mathbf{1})$, 则 $Y = X + c$ 也服从位置参数分布

$$f(y - \eta \mathbf{1}), \quad \text{其中 } \eta = \theta + c, \quad \forall c.$$

今假设 θ 的先验分布为 $\pi(\theta)$, 以下根据位置参数分布族的特性导出 $\pi(\theta)$ 应当满足的条件. 设 η 的先验分布为 $\pi'(\eta)$, 一方面, 作为位置参数, η 和 θ 应有相同的先验分布, 即 $\pi'(\eta) = \pi(\theta)$; 另一方面, 作为随机变量, η 的分布 $\pi'(\eta)$ 与 θ 的分布 $\pi(\theta)$ 应满足关系:

$$\pi(\theta) = \left| \frac{\mathrm{d}\eta}{\mathrm{d}\theta} \right| \cdot \pi'(\eta);$$

因为 $\eta = \theta + c$, 所以由 $|\mathrm{d}\eta/\mathrm{d}\theta| = 1$ 可得 $\pi(\theta) = \pi'(\theta + c), \forall\, c$. 因此综合这两个方面的结果可得 $\pi(\theta) = \pi(\theta + c), \forall\, c$. 上式对 $c = -\theta$ 也成立, 所以 $\pi(\theta) = \pi(0) =$ 常数, 这表明: 位置参数分布族的无信息先验分布为 $\pi(\theta) \propto 1$; 这与前述 Bayes 假设一致.

(2) 设 $X = (X_1, \cdots, X_n)^{\mathrm{T}}$ 服从尺度参数分布 $\sigma^{-n} f(x/\sigma)$, 则 $Y = kX$ 也服从尺度参数分布

$$\eta^{-n} f\left(\frac{y}{\eta}\right), \text{ 其中 } \eta = k\sigma, \quad \forall\, k > 0.$$

今假设 σ 的先验分布为 $\pi(\sigma)$, 以下根据尺度参数分布族的特性导出 $\pi(\theta)$ 应当满足的条件. 设 η 的先验分布为 $\pi'(\eta)$, 一方面, 作为尺度参数, η 和 σ 应有相同的先验分布, 即 $\pi'(\eta) = \pi(\eta)$; 另一方面, 作为随机变量, η 的分布 $\pi'(\eta)$ 与 σ 的分布 $\pi(\sigma)$ 应满足关系:

$$\pi(\sigma) = \left|\frac{\mathrm{d}\eta}{\mathrm{d}\sigma}\right| \cdot \pi'(\eta);$$

因为 $\eta = k\sigma$, 所以由 $|\mathrm{d}\eta/\mathrm{d}\sigma| = k$ 可得 $\pi(\sigma) = k\pi'(k\sigma), \forall\, k > 0$. 因此综合这两个方面的结果可得 $\pi(\sigma) = k\pi(k\sigma), \forall\, k > 0$. 该式对 $k = \sigma^{-1}$ 也成立, 所以 $\pi(\sigma) = \sigma^{-1}\pi(1)$, 这表明: 尺度参数分布族的无信息先验分布为 $\pi(\sigma) \propto \sigma^{-1}$, 这也是非正常的先验分布.

(3) 设 $X = (X_1, \cdots, X_n)^{\mathrm{T}}$ 服从位置尺度参数分布 $\sigma^{-n} f((x - \mu\mathbf{1})/\sigma)$, 则 $Y = kX + m$ 也服从位置尺度参数分布 $(\sigma')^{-n} f((y - \mu'\mathbf{1})/\sigma')$ (见第四章), 其中 $\mu' = k\mu + m$, $\sigma' = k\sigma$; $\forall\, m, k > 0$, 并记 $\eta = (\mu', \sigma')$.

今假设 (μ, σ) 的先验分布为 $\pi(\mu, \sigma)$, 以下根据位置尺度参数分布族的特性导出 $\pi(\mu, \sigma)$ 应当满足的条件. 设 $\eta = (\mu', \sigma')$ 的先验分布为 $\pi'(\mu', \sigma')$, 一方面, 作为位置尺度参数, $\eta = (\mu', \sigma')$ 和 (μ, σ) 应有相同的先验分布, 即 $\pi'(\mu', \sigma') = \pi(\mu', \sigma')$; 另一方面, 作为随机变量, $\eta = (\mu', \sigma')$ 的分布 $\pi'(\mu', \sigma')$ 与 (μ, σ) 的分布 $\pi(\mu, \sigma)$ 应满足关系:

$$\pi(\mu, \sigma) = \left|\frac{\partial(\mu', \sigma')}{\partial(\mu, \sigma)}\right| \cdot \pi'(\mu', \sigma'),$$

而由 $|\partial(\mu', \sigma')/\partial(\mu, \sigma)| = k^2$ 可得 $\pi(\mu, \sigma) = k^2\pi'(\mu', \sigma')$. 因此综合这两个方面的结果可得

$$\pi(\mu, \sigma) = k^2\pi(\mu', \sigma') = k^2\pi(k\mu + m, k\sigma), \quad \forall\, m, k > 0.$$

上式对 $k = \sigma^{-1}$, $m = -\mu/\sigma$ 也成立, 所以 $\pi(\mu, \sigma) = \sigma^{-2}\pi(0, 1)$, 这表明: 位置尺度参数分布族的无信息先验分布为 $\pi(\mu, \sigma) \propto \sigma^{-2}$, 这也是非正常的先验分布.

另外, 在上述位置尺度参数分布族中, 若 σ 已知, 则它相当于位置参数分布, 可取 $\pi(\mu) \propto 1$; 若 μ 已知, 则它相当于尺度参数分布, 可取 $\pi(\sigma) \propto \sigma^{-1}$; 若

μ, σ 都未知, 也可结合前面 (1) (2) 的情形, 取 $\pi(\mu, \sigma) = \pi(\mu)\pi(\sigma|\mu)$, 而 $\pi(\mu) \propto 1$; $\pi(\sigma|\mu) \propto \sigma^{-1}$, 因此有 $\pi(\mu, \sigma) \propto \sigma^{-1}$, 这也是常用的无信息先验分布.

例 8.1.9 设 $X_1, \cdots, X_n$ 为独立同分布样本, $X_1 \sim \mu + \Gamma\left(\dfrac{1}{\sigma}, 1\right)$. 根据位置尺度参数分布族的无信息先验分布, 求出相应的后验分布:

(1) $\sigma = 1$; (2) $\mu = 0$; (3) $\theta = (\mu, \sigma)$ 都未知.

解 (1) 当 $\sigma = 1$ 时, $X_1 \sim \mu + \Gamma(1, 1)$ 服从位置参数分布, 可取 $\pi(\mu) \propto 1$, 且有

$$f(x, \mu) = \prod_{i=1}^{n} \mathrm{e}^{-(x_i - \mu)} I\{x_i \geqslant \mu\} = \mathrm{e}^{-n(\overline{x} - \mu)} I\{x_{(1)} \geqslant \mu\}.$$

$$\pi(\mu|x) = c(x)\mathrm{e}^{n\mu} I\{-\infty < \mu \leqslant x_{(1)}\}.$$

直接计算可得, $c(x) = n\mathrm{e}^{-nx_{(1)}}$.

(2) 当 $\mu = 0$ 时, $X_1 \sim \Gamma\left(\dfrac{1}{\sigma}, 1\right)$ 服从尺度参数分布, 可取 $\pi(\sigma) \propto \sigma^{-1}$, 且有

$$f(x, \sigma) = \prod_{i=1}^{n} \sigma^{-1} \mathrm{e}^{-x_i/\sigma} = \sigma^{-n} \mathrm{e}^{-T/\sigma}; \quad T = \sum_{i=1}^{n} x_i \geqslant 0.$$

$$\pi(\sigma|x) = c(x)\pi(\sigma)f(x, \sigma) = c(x)\sigma^{-(n+1)}\mathrm{e}^{-T/\sigma}; \quad T \geqslant 0.$$

因此 $\pi(\sigma|x)$ 服从逆 Γ 分布 $\Gamma^{-1}(T, n)$.

(3) μ 和 σ 都未知时, $X_1 \sim \mu + \Gamma\left(\dfrac{1}{\sigma}, 1\right)$ 服从位置尺度参数分布, 可取 $\pi(\theta) \propto \sigma^{-2}$. 这时充分统计量为 $T = (S, X_{(1)})$, 其中

$$S = \sum_{i=1}^{n} (X_i - X_{(1)}) \sim \Gamma\left(\frac{1}{\sigma}, n-1\right), \quad X_{(1)} \sim \mu + \Gamma\left(\frac{n}{\sigma}, 1\right),$$

且二者相互独立. 根据充分性原则, 可根据 (8.1.3) 式求解后验分布, 即 $\pi(\theta|x) \propto \pi(\theta)g(s, x_{(1)}; \theta)$, 其中

$$g(s, x_{(1)}; \theta) = c \cdot \left(\frac{1}{\sigma}\right)^{n-1} s^{n-2} \mathrm{e}^{-s/\sigma} \cdot \frac{n}{\sigma} \exp\left\{-\frac{n}{\sigma}(x_{(1)} - \mu)\right\} I\{x_{(1)} \geqslant \mu\}.$$

由于 $\pi(\theta) \propto \sigma^{-2}$, 因此 (μ, σ) 的后验联合分布可表示为

$$\pi(\mu, \sigma|x) = c(x)\left(\frac{1}{\sigma}\right)^{n+2} \mathrm{e}^{-s/\sigma} \exp\left\{-\frac{n}{\sigma}(x_{(1)} - \mu)\right\} I\{x_{(1)} \geqslant \mu\}, \qquad (8.1.10)$$

直接积分可得, $c(x) = ns^n/\Gamma(n)$. 根据上式可求出 μ 和 σ 的边缘分布如下:

$$\pi(\mu|x) = \int_0^{\infty} \pi(\mu, \sigma|x)\mathrm{d}\sigma = \frac{n^2 s^n}{[s + n(x_{(1)} - \mu)]^{n+1}} I\{-\infty < \mu \leqslant x_{(1)}\}.$$

$$\pi(\sigma|x) = \int_{-\infty}^{x_{(1)}} \pi(\mu, \sigma|x)\mathrm{d}\mu = \frac{s^n}{\Gamma(n)}\sigma^{-(n+1)}\mathrm{e}^{-s/\sigma}I\{\sigma > 0\}.$$

其中 μ 的后验分布比较复杂; σ 的后验分布为逆 Γ 分布 $\Gamma^{-1}(S, n)$. 另外, μ 的变化范围也可限制在 $\mu > 0$ (如可靠性等问题), 可得到类似的结果.

以下 Jeffreys (杰弗里斯) 准则可认为是上述位置、尺度参数分布族无信息先验分布的进一步推广.

3. Jeffreys 准则

Jeffreys 准则也是一种无信息先验分布, 该准则认为, 参数 θ 作为随机变量, 其分布 $\pi(\theta)$ 在变换 $\eta = \eta(\theta)$ 下, θ 和 η 的分布密度应满足随机变量的变换公式, 即

$$\pi(\theta) = \pi(\eta(\theta))\left|\frac{\partial\eta}{\partial\theta^{\mathrm{T}}}\right|. \tag{8.1.11}$$

直接验证可以证明, 若取 $\pi(\theta) = c|I(\theta)|^{\frac{1}{2}}$, 则上述变换公式成立, 其中 $|I(\theta)|$ 为样本关于参数的 Fisher 信息矩阵的行列式. 这可由 Fisher 信息矩阵的变换公式 (见第二章 (2.3.2) 式) 得到

$$|I(\theta)| = \left|\left(\frac{\partial\eta}{\partial\theta^{\mathrm{T}}}\right)^{\mathrm{T}} I(\eta(\theta)) \left(\frac{\partial\eta}{\partial\theta^{\mathrm{T}}}\right)\right| = |I(\eta(\theta))| \cdot \left|\frac{\partial\eta}{\partial\theta^{\mathrm{T}}}\right|^2.$$

因此有 $|I(\theta)|^{\frac{1}{2}} = |I(\eta(\theta))|^{\frac{1}{2}}|\partial\eta/\partial\theta^{\mathrm{T}}|$, 即 $\pi(\theta) = |I(\theta)|^{\frac{1}{2}}$ 满足 (8.1.11) 式. 注意, 根据 Jeffreys 准则得到的先验分布可能是广义密度甚至是非正常的先验密度.

经直接计算可以证明: 对于位置参数分布族 $f(x - \theta\mathbf{1})$, $|I(\theta)| \propto 1$, 因此 $\pi(\theta) \propto 1$; 对于尺度参数分布 $\sigma^{-n}f(x/\sigma)$, $|I(\sigma)| \propto \sigma^{-2}$, 因此 $\pi(\theta) \propto \sigma^{-1}$; 对于位置尺度参数分布族 $\sigma^{-n}f((x - \mu\mathbf{1})/\sigma)$, $|I(\mu, \sigma)| \propto \sigma^{-4}$, 因此 $\pi(\theta) \propto \sigma^{-2}$ (见习题). 所以, 根据 Jeffreys 准则得到的先验分布与前面得到的无信息先验分布是一致的.

例 8.1.10 设 $X_1, \cdots, X_n$ 为独立同分布样本, 且有 $X_1 \sim N(\mu, \sigma^2)$, 求 Jeffreys 准则下的先验分布: (1) σ 已知; (2) μ 已知; (3) σ 和 μ 都未知.

解 由第二章 Fisher 信息矩阵的定义与例题可得, 样本关于参数 (μ, σ) 的 Fisher 信息矩阵为

$$I(\mu, \sigma) = \begin{pmatrix} n/\sigma^2 & 0 \\ 0 & 2n/\sigma^2 \end{pmatrix}.$$

当 σ 已知时, $|I(\mu)| = n/\sigma^2$ 与参数 μ 无关, 因此 $\pi(\mu) \propto 1$; 当 μ 已知时 $|I(\sigma)| = 2n/\sigma^2$, 因此 $\pi(\sigma) \propto 1/\sigma$; 当 (μ, σ) 都看成未知参数时, $|I(\mu, \sigma)| = 2n^2/\sigma^4$, 因此 $\pi(\mu, \sigma) \propto 1/\sigma^2$. 这些先验分布在实际问题中都是常用的, 不过都是非正常的广义先验密度.

例 8.1.11 设 $X_1, \cdots, X_n$ 为独立同分布样本, 求 Jeffreys 准则下的先验分布, 若

(1) $X_1 \sim b(1, \theta)$; (2) $X_1 \sim P(\lambda)$; (3) $X_1 \sim E(1/\sigma)$.

解 (1) 由第二章公式知 $|I(\theta)| = \dfrac{n}{\theta(1-\theta)}$, 因此 $\pi(\theta) \propto \theta^{-\frac{1}{2}}(1-\theta)^{-\frac{1}{2}} \sim BE\left(\dfrac{1}{2}, \dfrac{1}{2}\right)$, 这也是共轭分布, 由例 8.1.1 可知, 其后验分布为 β 分布

$$\pi(\theta|x) \sim BE\left(T + \frac{1}{2}, n - T + \frac{1}{2}\right), \quad T = \sum_{i=1}^{n} x_i.$$

(2) 由第二章公式知 $|I(\lambda)| = n/\lambda$, 因此 $\pi(\lambda) \propto \lambda^{-\frac{1}{2}}$, 根据与例 8.1.3 类似的计算可知, 其后验分布 $\pi(\lambda|x) = c(x)\mathrm{e}^{-n\lambda}\lambda^T \lambda^{-\frac{1}{2}}$, 为 Γ 分布

$$\pi(\lambda|x) \sim \Gamma\left(n, T + \frac{1}{2}\right), \quad T = \sum_{i=1}^{n} x_i.$$

(3) 样本分布为 $f(x, \sigma) = \sigma^{-n}\mathrm{e}^{-T/\sigma}I\{x_{(1)} \geqslant 0\}$, 其中 $T = \sum_{i=1}^{n} x_i$. 直接计算可得 $|I(\sigma)| = n\sigma^{-2}$, 因此 $\pi(\sigma) \propto \sigma^{-1}$. 所以后验分布为

$$\pi(\sigma|x) = c(x)\sigma^{-n}\mathrm{e}^{-T/\sigma}\sigma^{-1} \propto \sigma^{-(n+1)}\mathrm{e}^{-T/\sigma},$$

因此 $\pi(\sigma|x)$ 为逆 Γ 分布 $\Gamma^{-1}(T, n)$.

8.2 Bayes 估计

在 Bayes 统计中, 比较有争议的问题是如何理解参数 θ 为随机变量, 以及如何决定其先验分布. 但是从统计判决观点来求 Bayes 解并无不妥之处, 在数学上是合理的. 事实上, 在第三章 3.1 节, 我们已经介绍过 Bayes 风险的概念. 以下首先介绍 Bayes 风险与 Bayes 后验风险及其基本性质; 然后在此基础上介绍两种常用的 Bayes 估计, 即基于均方损失的后验期望估计以及基于 0—1 损失的后验最大似然估计; 最后简要介绍 Bayes 估计的一些性质.

8.2.1 Bayes 风险

关于统计判决函数及损失函数、风险函数等概念, 可参见第三章 3.1 节, 以下摘要回顾一些基本概念及符号. 样本空间可表示为 $X \sim (\mathcal{X}, \mathcal{B}_X, P_\theta), \theta \in \Theta$, 其中 $\mathrm{d}P_\theta = f(x, \theta)\mathrm{d}\mu(x)$; 带测度的参数空间可表示为 $\theta \sim (\Theta, \mathcal{B}_\Theta, \mathrm{d}\pi(\theta))$, 其中

$\mathrm{d}\pi(\theta) = \pi(\theta)\mathrm{d}\theta$; 按照本节的 Bayes 观点, $\pi(\theta)$ 就是 θ 的先验分布. 统计问题的判决空间可表示为 $(\mathcal{D}, \mathcal{B}_D)$, $d \in \mathcal{D}$ 为一个判决, 统计判决函数为 $d = \delta(x) \in \mathcal{D}$, $x \in \mathcal{X}$. 对于给定的损失函数 $L(\theta, d)$, 统计判决 $\delta(x)$ 的风险函数为

$$R(\theta, \delta) = \mathrm{E}_\theta[L(\theta, \delta(X))] = \int_{\mathcal{X}} L(\theta, \delta(x))f(x, \theta)\mathrm{d}\mu(x). \qquad (8.2.1)$$

统计问题就是要在一定条件下, 求出使 $R(\theta, \delta)$ 达到最小的解. 在参数空间 Θ 上有测度的情形下, 即在 $\theta \sim \pi(\theta)$ 的情形下, $R(\theta, \delta)$ 中仍然包含随机变量 θ, 因此很自然地应考虑 $L(\theta, \delta(x))$ 在 Θ 上的平均, 从而得到 Bayes 风险

$$R_\pi(\delta) = \int_{\Theta} R(\theta, \delta)\pi(\theta)\mathrm{d}\theta. \qquad (8.2.2)$$

$R_\pi(\delta)$ 表示损失函数 $L(\theta, \delta(x))$ 在样本空间 $\mathcal{X}$ 和参数空间 Θ 上的整体平均, 而 Bayes 解就是要求出使 $R_\pi(\delta)$ 最小的解. 为了突出其重要性, 我们把定义 3.1.5 归纳如下:

定义 8.2.1 对于给定的统计判决问题, 设其损失函数为 $L(\theta, d)$, 参数 θ 的先验分布为 $\pi(\theta)$. 若存在判决 $\delta^*(x)$, 使对一切 $\delta(x)$ 有 $R_\pi(\delta^*) \leqslant R_\pi(\delta)$, 则称 $\delta^*(x)$ 为统计判决问题的 Bayes 解; 若 $\pi(\theta)$ 为广义先验分布, 则称 $\delta^*(x)$ 为统计判决问题的广义 Bayes 解; 对于参数估计问题的 Bayes 解或广义 Bayes 解, 则称为 Bayes 估计或广义 Bayes 估计.

综合 (8.2.1) 式和 (8.2.2) 式, Bayes 风险 $R_\pi(\delta)$ 可表示为

$$R_\pi(\delta) = \mathrm{E}[L(\theta, \delta(X))] = \int_{\Theta}\int_{\mathcal{X}} L(\theta, \delta(x))\pi(\theta)f(x, \theta)\mathrm{d}\mu(x)\mathrm{d}\theta. \qquad (8.2.3)$$

其中 $\mathrm{E}[\cdot]$ 表示对 (X, θ) 的联合分布求期望.

注 Bayes 解不但与损失函数 $L(\theta, d)$ 的选取有关, 也与当初先验分布 $\pi(\theta)$ 的选取有关, 这两者都对 Bayes 解的结果有重要影响. 特别是, 当损失函数确定以后, 先验分布 $\pi(\theta)$ 的选取仍然可以千变万化, 因而可得到多种多样的 Bayes 解 (包括 Bayes 估计), 这是 Bayes 统计的重要特点之一.

截至目前, 我们实际上只涉及统计判决观点, 下面的后验风险才是 Bayes 统计所特有的, 也是最重要的, 因为 Bayes 统计推断都是从后验分布出发的.

根据 8.1 节的讨论可知, (X, θ) 的联合分布可表示为

$$(X, \theta) \sim \pi(\theta)f(x, \theta) = p(x)\pi(\theta|x),$$

其中 $p(x)$ 为 X 的边缘分布, $\pi(\theta|x)$ 为后验分布. 由于 (8.2.3) 式中的被积函数非负, 因此积分可以交换次序, 并可表示为

$$R_\pi(\delta) = \int_{\mathcal{X}} \left[\int_{\Theta} L(\theta, \delta(x))\pi(\theta|x)\mathrm{d}\theta \right] p(x)\mathrm{d}\mu(x). \tag{8.2.4}$$

该式方括号中的积分称为后验风险, 定义如下.

定义 8.2.2   损失函数 $L(\theta, \delta(x))$ 关于后验分布 $\pi(\theta|x)$ 的加权平均称为后验风险, 它定义为

$$R_\pi(\delta|x) = \int_{\Theta} L(\theta, \delta(x))\pi(\theta|x)\mathrm{d}\theta. \tag{8.2.5}$$

后验风险与 Bayes 风险有非常密切的关系, 由 (8.2.4) 式和 (8.2.5) 式可得

$$R_\pi(\delta) = \int_{\mathcal{X}} R_\pi(\delta|x)p(x)\mathrm{d}\mu(x). \tag{8.2.6}$$

由这个关系式可以看出, 若一个统计判决函数使后验风险 $R_\pi(\delta|x)$ 达到最小, 则它也会使 Bayes 风险 $R_\pi(\delta)$ 达到最小. 事实上, 我们有以下重要定理:

定理 8.2.1   设 $X \sim f(x, \theta)$, $\theta \in \Theta$, 统计判决问题的损失函数为 $L(\theta, d)$, 参数 Θ 的先验分布为 $\pi(\theta)$. 若 $R_\pi(\delta)$ 和 $R_\pi(\delta|x)$ 在 $\mathcal{D}$ 上都存在有限的最小值 (对几乎所有的 x), 则它们有相同的解; 若损失函数 $L(\theta, d)$ 在 $\mathcal{D}$ 上为严凸函数, 则该统计判决问题的 Bayes 解几乎处处唯一.

证明   今记 $R_\pi(\delta^*) = \min\limits_{\delta \in \mathcal{D}} R_\pi(\delta)$, $R_\pi(\delta^{**}|x) = \min\limits_{\delta \in \mathcal{D}} R_\pi(\delta|x)$. 则由假设可知, 对任何 $\delta(x)$ 有 $R_\pi(\delta^{**}|x) \leqslant R_\pi(\delta|x)$, 该式两边积分, 并应用 (8.2.6) 式可得

$$R_\pi(\delta^{**}) = \int_{\mathcal{X}} R_\pi(\delta^{**}|x)p(x)\mathrm{d}\mu(x) \leqslant \int_{\mathcal{X}} R_\pi(\delta|x)p(x)\mathrm{d}\mu(x) = R_\pi(\delta).$$

该式对任何 $\delta(x)$ 成立, 因此根据定义, $\delta^{**}(x)$ 为判决问题的 Bayes 解.

反之, 若 $\delta^*(x)$ 为给定统计判决问题的 Bayes 解, 则对任何 $\delta(x)$ 有 $R_\pi(\delta^*) \leqslant R_\pi(\delta)$, 即 $R_\pi(\delta^*) - R_\pi(\delta) \leqslant 0$, 应用积分关系式 (8.2.6) 可得

$$R_\pi(\delta^*) - R_\pi(\delta) = \int_{\mathcal{X}} \{R_\pi(\delta^*|x) - R_\pi(\delta|x)\}p(x)\mathrm{d}\mu(x) \leqslant 0, \quad \forall\, \delta. \tag{8.2.7}$$

该式对 $\delta^{**}(x)$ 也成立, 因此有

$$\int_{\mathcal{X}} \{R_\pi(\delta^*|x) - R_\pi(\delta^{**}|x)\}p(x)\mathrm{d}\mu(x) \leqslant 0.$$

但是由于 $\delta^{**}(x)$ 使后验风险 $R_\pi(\delta|x)$ 达到最小, 所以有 $R_\pi(\delta^*|x) - R_\pi(\delta^{**}|x) \geqslant 0$, 因此以上积分必为零; 被积函数也为零, 即 $R_\pi(\delta^*|x) - R_\pi(\delta^{**}|x) = 0$ (a.e.), $R_\pi(\delta^*|x) = R_\pi(\delta^{**}|x)$ (a.e.), 因此 $\delta^*(x)$ 也使后验风险 $R_\pi(\delta|x)$ 达到最小.

另外, 若损失函数 $L(\theta, \delta(x))$ 在 $\mathcal{D}$ 上关于 $\delta(x)$ 为严凸函数, 则由 (8.2.5) 式可知, 其积分 $R_\pi(\delta|x)$ 作为 $\delta(x)$ 的函数, 仍然关于 $\delta(x)$ 为严凸函数 (对几乎所有的 x); 因为由凸函数的定义可得不等式

$$L(\theta, \lambda\delta_1 + (1-\lambda)\delta_2) < \lambda L(\theta, \delta_1) + (1-\lambda)L(\theta, \delta_2),$$

其中 $0 < \lambda < 1$. 该式两边关于 $\pi(\theta|x)$ 积分, 由 (8.2.5) 式可知, 不等式关于 $R_\pi(\cdot|x)$ 仍然成立:

$$R_\pi(\lambda\delta_1 + (1-\lambda)\delta_2|x) < \lambda R_\pi(\delta_1|x) + (1-\lambda)R_\pi(\delta_2|x).$$

因而 $R_\pi(\delta|x)$ 为 δ 的严凸函数. 则根据凸函数的性质可知, $R_\pi(\delta|x)$ 的最小值存在必唯一 (对几乎所有的 x). ∎

注 以上定理说明, 一个统计判决问题的 Bayes 解就是使后验风险达到最小的解, 这与 Bayes 统计推断的出发点为后验分布是一致的. 注意, 以上定理不但可用于参数估计问题, 也可用于假设检验以及其他统计判决问题.

推论 若 $\delta^*(x)$ 使

$$\int_\Theta L(\theta, \delta(x))\pi(\theta)f(x,\theta)\mathrm{d}\theta$$

达到最小, 则 $\delta^*(x)$ 为 Bayes 解.

因为由 (8.1.1) 式知, $\pi(\theta|x) = c(x)\pi(\theta)f(x,\theta)$, 该式代入 (8.2.5) 式后, 后验风险 $R_\pi(\delta^*|x)$ 与上式仅相差一个常数 $c(x)$, 因而有相同的最小值点.

以下应用定理 8.2.1, 分别考虑损失函数为均方损失和 $0-1$ 损失时的 Bayes 估计.

8.2.2 后验期望估计

设 $X \sim f(x,\theta)$, $\theta \in \Theta$, θ 的先验分布为 $\theta \sim \pi(\theta)$, 我们首先考虑均方损失下 $g(\theta)$ 的 Bayes 估计. 常用的均方损失函数有以下两种:

$$L(\theta, d) = [d - g(\theta)]^2, \tag{8.2.8}$$

$$L(\theta, d) = \lambda(\theta)[d - g(\theta)]^2, \quad \lambda(\theta) > 0. \tag{8.2.9}$$

(8.2.8) 式是最常用的损失函数; (8.2.9) 式可用于尺度参数的估计 (见第四章), 或某些特殊问题.

定理 8.2.2 设 $X \sim f(x,\theta)$, $\theta \in \Theta$, θ 的先验分布为 $\pi(\theta)$. 若损失函数为 $L(\theta, d) = \lambda(\theta)[d - g(\theta)]^2$, 则 $g(\theta)$ 唯一的 Bayes 估计为

$$\widehat{g}_B(X) = \frac{\mathrm{E}[\lambda(\theta)g(\theta)|X]}{\mathrm{E}[\lambda(\theta)|X]} = \frac{\int_\Theta \lambda(\theta)g(\theta)\pi(\theta)f(X,\theta)\mathrm{d}\theta}{\int_\Theta \lambda(\theta)\pi(\theta)f(X,\theta)\mathrm{d}\theta}. \tag{8.2.10}$$

若损失函数为 $L(\theta, d) = [d - g(\theta)]^2$ (即上面 $\lambda(\theta) = 1$), 则有

$$\widehat{g}_B(X) = \mathrm{E}[g(\theta)|X] = \frac{\int_\Theta g(\theta)\pi(\theta)f(X,\theta)\mathrm{d}\theta}{\int_\Theta \pi(\theta)f(X,\theta)\mathrm{d}\theta}. \tag{8.2.11}$$

证明 设 $g(\theta)$ 的某一估计为 $\delta = \delta(x)$, 则由 (8.2.5) 式及 (8.2.9) 式可知, 其 Bayes 后验风险为

$$\begin{aligned}
R_\pi(\delta|x) &= \int_\Theta \lambda(\theta)[\delta(x) - g(\theta)]^2 \pi(\theta|x)\mathrm{d}\theta \\
&= \int_\Theta \lambda(\theta)[\delta^2(x) - 2\delta(x)g(\theta) + g^2(\theta)]\pi(\theta|x)\mathrm{d}\theta \\
&= a\delta^2(x) + b\delta(x) + c.
\end{aligned}$$

其中

$$\begin{aligned}
a &= \int_\Theta \lambda(\theta)\pi(\theta|x)\mathrm{d}\theta = \mathrm{E}[\lambda(\theta)|X] > 0, \\
b &= -2\int_\Theta \lambda(\theta)g(\theta)\pi(\theta|x)\mathrm{d}\theta = -2\mathrm{E}[\lambda(\theta)g(\theta)|X], \\
c &= \int_\Theta \lambda(\theta)g^2(\theta)\pi(\theta|x)\mathrm{d}\theta.
\end{aligned}$$

$R_\pi(\delta|x)$ 作为 $\delta(x)$ 的二次三项式, 当 $\delta(x) = -b/2a$ 时, $R_\pi(\delta|x)$ 达到最小值, 而且解唯一, 因此得到 (8.2.10) 式. 在 (8.2.10) 式中取 $\lambda(\theta) = 1$, 则有 $\widehat{g}_B(X) = \mathrm{E}[g(\theta)|X]$; 再根据后验分布的公式 (8.1.1) 式计算后验期望, 即可得到 (8.2.10) 和 (8.2.11) 的第二式. ∎

以上定理无论在理论上还是在应用上都有非常重要的意义, 该定理表明: 在均方损失下, 任何参数估计问题都可归结为后验分布的数学期望 (即积分) 的计算问题. 从原理上来讲, 只要给出先验分布, 算出后验分布, 即可求出参数估计, 不存在理论上的困难. 对于常见的简单分布和待估参数, 常常可得到显式解; 对于某些比较复杂的情形, 若得不到显式解, 则可归结为数值积分问题.

由于只需计算常见分布的数学期望, 因此本节介绍的后验期望估计通常比第三章和第四章介绍的传统估计方法更加简单直接 (某些复杂的情况除外). 在 8.1 节, 我们介绍了若干先验分布的选取方法, 并对于样本分布为二项分布、Poisson 分布、正态分布、指数分布、均匀分布等常见分布的情形得到了相应的后验分布, 这实际上也就得到相应参数的 Bayes 估计, 因为只需再求一下数学期望即可 (见例 8.1.1 后面的注). 例如对正态分布, 例 8.1.2 中得到了均值的后验正态分布 (σ^2 已知时), 因而也就自然地得到了它的 Bayes 估计 $\widehat{\mu}_B = a$ (见 (8.1.4) 式, 同时那里也对后验均值 a 的意义作了说明); 同理, 由例 8.1.5 可以得到 $\alpha = \sigma^2$ 的

Bayes 估计 (μ 已知时); 如果得到 σ^2 和 μ 的联合后验分布, 也就能得到它们的 Bayes 估计 (见习题). 其他分布的情况也类似.

如上所述, 根据 8.1 节的结果, 我们对不少常见分布实际上已经得到了相应参数的 Bayes 估计, 因此在下面的例题中, 我们略去与上一节重复的部分, 而更加注重于说明 Bayes 估计的意义和性质. 另外, 在以下例题中, 如无特别申明, 都是在二次损失 (8.2.8) 式下求 Bayes 解, 即应用公式 (8.2.11) 式, 求待估参数 $g(\theta)$ 的后验期望估计.

例 8.2.1　设 $X_1, \cdots, X_n$ 为独立同分布样本,

(1) $X_1 \sim P(\lambda)$, 设 λ 的先验分布为 $\pi(\lambda) \sim \Gamma(a, p)$, 求 λ 的 Bayes 估计;

(2) $X_1 \sim b(1, \theta)$, 求 θ 的 Bayes 估计; 假设 θ 的先验分布为　i) $\theta \sim R(0, 1)$; ii) $\theta \sim BE(p, q)$;

(3) 样本 $X \sim b(n, \theta)$, 求 θ 的 Bayes 估计, 假设 $\theta \sim BE(p, q)$.

解　(1) 由例 8.1.3 可知, λ 的后验分布为 $\pi(\lambda|x) \sim \Gamma(n+a, T+p)$, $T = \sum\limits_{i=1}^{n} X_i$, 因此由 (8.2.11) 式可得

$$\widehat{\lambda}_B = \mathrm{E}(\lambda|X) = \frac{T+p}{n+a}.$$

上式还可表示为

$$\widehat{\lambda}_B = \frac{n}{n+a} \cdot \frac{T}{n} + \frac{a}{n+a} \cdot \frac{p}{a}.$$

其中 T/n 为样本均值, p/a 为先验均值, 因此 $\widehat{\lambda}_B$ 亦可视为样本均值与先验均值的加权平均. 另外, $\widehat{\lambda}_B$ 也可表示为 $\widehat{\lambda}_B = T/n + O_p(n^{-1})$, 因此这一 Bayes 估计是 λ 的相合估计, 同时也是渐近无偏的. 事实上, 许多 Bayes 估计都有类似的性质, 详见本章习题.

(2) i) 由例 8.1.1 可知 $\pi(\theta|x) \sim BE(T+1, n-T+1)$, $T = \sum\limits_{i=1}^{n} X_i$, 因此由 (8.2.11) 式可得

$$\widehat{\theta}_B = \mathrm{E}(\theta|X) = \frac{T+1}{n+2}.$$

这一估计有很好的统计意义, 它与最大似然估计 $\widehat{\theta}_M = T/n$ 相差很小: $\widehat{\theta}_B - \widehat{\theta}_M = O_p(n^{-1})$. 因此, $\widehat{\theta}_B$ 是 θ 的相合估计, 同时也是渐近无偏的 (即当 $n \to +\infty$ 时其偏差趋向于零). 但是, 以上 Bayes 估计在直观上比最大似然估计更加符合实际情况. 例如, 若 $\theta = P(X_i = 1)$ 表示次品率或命中率, 若本次观测 $T = 0$, 则 $\widehat{\theta}_B = 1/(n+2)$, 表示 θ 很小, 而 $\widehat{\theta}_M = 0$ 表示不可能事件; 显然 $\widehat{\theta}_B$ 更合理. 若 $T = n$, 则 $\widehat{\theta}_B = \dfrac{n+1}{n+2}$ 表示事件出现的可能性很大, 而 $\widehat{\theta}_M = 1$ 则认为是必然事件, 显然 $\widehat{\theta}_B$ 更合理一些. 另外, 若本次观测 $T = n = 10$, 则有 $\widehat{\theta}_B = 11/12$;

$T = n = 100$, 则 $\widehat{\theta}_B = 101/102$, 直观上看, 它说明 "10 发 10 中" 与 "100 发 100 中" 对评价命中率是有差别的.

ii) 由例 8.1.1 可知 $\pi(\theta|x) \sim BE(p+T, n+q-T)$, 因此有

$$\widehat{\theta}_B = \mathrm{E}(\theta|X) = \frac{p+T}{n+p+q}. \tag{8.2.12}$$

该式也有较好的统计解释. 由假设 $\theta \sim BE(p,q)$, 其先验均值为 $p/(p+q)$, 这可理解为: $p+q$ 次试验中有 p 次成功; 对于样本, n 次试验中有 T 次成功, 因此综合先验信息与样本信息, 可理解为: $n+p+q$ 次试验中有 $T+p$ 次成功, 因此得到后验均值为 (8.2.12) 式. 另外 (8.2.12) 式还可以表示为

$$\widehat{\theta}_B = \frac{n}{n+p+q} \cdot \frac{T}{n} + \frac{p+q}{n+p+q} \cdot \frac{p}{p+q}.$$

因此 $\widehat{\theta}_B$ 表示样本均值 T/n 与先验均值 $p/(p+q)$ 的加权平均.

(3) 由例 8.1.1 可知 $\pi(\theta|x) \sim BE(p+X, n+q-X)$, 因此有

$$\widehat{\theta}_B = \mathrm{E}(\theta|X) = \frac{p+X}{n+p+q}.$$

其结果与 (8.2.12) 式完全类似.

例 8.2.2 设 $X_1, \cdots, X_n$ 为独立同分布样本, 且有 $X_1 \sim E(\lambda) = \Gamma(\lambda, 1)$; 设 λ 的先验分布为 Γ 分布, $\lambda \sim \pi(\lambda) \sim \Gamma(a, p)$, 求 $g(\lambda) = P_\theta(X_1 > t_0) = \mathrm{e}^{-\lambda t_0}$ 的 Bayes 估计 (若 $E(\lambda)$ 表示寿命分布, 则 $g(\lambda)$ 可视为元件寿命大于 t_0 的概率).

解 由例 8.1.4 可知, λ 的后验分布为

$$\pi(\lambda|x) \sim \Gamma(a+T, n+p), \quad T = \sum_{i=1}^{n} X_i,$$

因此由 (8.2.11) 式可得

$$\widehat{g}_B(X) = \int_0^\infty \mathrm{e}^{-\lambda t_0} \pi(\theta|X) d\lambda = \int_0^\infty \mathrm{e}^{-\lambda t_0} \frac{(a+T)^{n+p}}{\Gamma(n+p)} \mathrm{e}^{-(a+T)\lambda} \lambda^{n+p-1} d\lambda.$$

该式直接积分可得

$$\widehat{g}_B(X) = \left(1 + \frac{t_0}{T+a}\right)^{-(n+p)}.$$

由于 $T/n \xrightarrow{P} \mathrm{E}(X_1) = \lambda^{-1}$, 经简单计算可得 $\widehat{g}_B(X) \xrightarrow{P} \mathrm{e}^{-\lambda t_0}$, 因此 $\widehat{g}_B(X)$ 是 $g(\lambda)$ 的相合估计.

例 8.2.3 设 $X_1, \cdots, X_n$ 为独立同分布样本, X_1 表示寿命分布, 并且只观测到前 r 个寿命值: $Y_1 = X_{(1)}, \cdots, Y_r = X_{(r)}$. 求相应参数的后验期望估计:

(1) $X_1 \sim \mu + \Gamma(1,1)$, μ 服从无信息先验分布, 即 $\pi(\mu) \propto 1$;

(2) $X_1 \sim \Gamma\left(\dfrac{1}{\theta}, 1\right)$, θ 服从逆 Γ 先验分布 $\Gamma^{-1}(a, p)$.

解 (1) 当 $X_1 \sim \mu + \Gamma(1,1)$ 时, 由第一章的公式可知, $Y = (Y_1, \cdots, Y_r)$ 的分布可表示为

$$f(y, \mu) = c \cdot \exp\{-(T_{n,r} - n\mu)\} I\{y_1 \geqslant \mu\}.$$

其中 $T_{n,r} = Y_1 + \cdots + Y_r + (n-r)Y_r$. 由于 $\pi(\mu) \propto 1$; 因此有

$$\pi(\mu|y) = c(y) e^{n\mu} I\{-\infty < \mu \leqslant y_1\}.$$

其中 $c(y) = n e^{-n y_1}$. 由 $\widehat{\mu}_B(Y) = \mathrm{E}(\mu|Y)$, 经直接积分可得

$$\widehat{\mu}_B(Y) = \int_{-\infty}^{Y_1} \mu n \exp\{n(\mu - Y_1)\} \mathrm{d}\mu = Y_1 - \frac{1}{n}; \quad Y_1 = X_{(1)}.$$

这一结果与 UMRUE 完全一致. 如果 μ 的变化范围限制在 $\mu > 0$, 也可得到相应的估计, 但结果略有不同.

(2) 当 $X_1 \sim \Gamma\left(\dfrac{1}{\theta}, 1\right)$ 时, 由第一章的公式可知, $Y = (Y_1, \cdots, Y_r)$ 的分布可表示为

$$f(y, \theta) = \frac{n!}{(n-r)!} \theta^{-r} \exp\left\{-\frac{T_{n,r}}{\theta}\right\}.$$

由于 $\pi(\theta) \sim \Gamma^{-1}(a, p)$, 因此后验分布可表示为

$$\begin{aligned}
\pi(\theta|y) &= c(y) \theta^{-(p+1)} \exp\left\{-\frac{a}{\theta}\right\} \cdot \theta^{-r} \exp\left\{-\frac{T_{n,r}}{\theta}\right\} \\
&= c(y) \theta^{-(p+r+1)} \exp\left\{-\frac{1}{\theta}(T_{n,r} + a)\right\} \\
&\sim \Gamma^{-1}(T_{n,r} + a, p + r).
\end{aligned}$$

因此由逆 Γ 分布的期望公式可得

$$\widehat{\theta}_B = \mathrm{E}(\theta|Y) = \frac{T_{n,r} + a}{p + r - 1}.$$

该式亦可表示为先验均值与样本均值的加权平均,

$$\widehat{\theta}_B = \frac{p-1}{p+r-1} \frac{a}{p-1} + \frac{r}{p+r-1} \frac{T_{n,r}}{r}.$$

如果取无信息先验分布, 或者取 (8.2.9) 式所示的损失函数, 即 $L(\theta, d) = [(d - \theta)/\theta]^2$, 可得到类似的结果.

例 8.2.4 设 $X_1, \cdots, X_n$ 为独立同分布样本, X_1 服从均匀分布 $R(0, \theta)$. 损失函数取为 $L(\theta, d) = [(d - \theta)/\theta]^2$, 并取无信息先验分布 $\pi(\theta) \propto \theta^{-1}$, 求 θ 的 Bayes 估计.

解 后验分布可表示为

$$\pi(\theta|x) = c(x)\theta^{-1}\frac{1}{\theta^n}I\{x_{(n)} \leqslant \theta\} = c(x)\theta^{-(n+1)}I\{\theta \geqslant x_{(n)}\}.$$

因此 θ 服从 Pareto 分布 $PR(n, x_{(n)})$, 且有 $c(x) = nx_{(n)}^n$. 根据公式 (8.2.10) 式, $g(\theta) = \theta$, $\lambda(\theta) = \theta^{-2}$, 因此 θ 的 Bayes 估计可表示为

$$\widehat{\theta}_B = \frac{\mathrm{E}(\theta^{-1}|X)}{\mathrm{E}(\theta^{-2}|X)}.$$

直接计算可知, 若 Y 服从 Pareto 分布 $PR(\alpha, \xi)$, 则有

$$\mathrm{E}(Y^{-1}) = \frac{\alpha}{\alpha + 1}\xi^{-1}; \quad \mathrm{E}(Y^{-2}) = \frac{\alpha}{\alpha + 2}\xi^{-2}.$$

因此由 $\pi(\theta|x) \sim PR(n, x_{(n)})$ 有

$$\mathrm{E}(\theta^{-1}|X) = \frac{n}{n + 1}X_{(n)}^{-1}; \quad \mathrm{E}(\theta^{-2}|X) = \frac{n}{n + 2}X_{(n)}^{-2}.$$

这些结果代入上式可得

$$\widehat{\theta}_B = \frac{\mathrm{E}(\theta^{-1}|X)}{\mathrm{E}(\theta^{-2}|X)} = \frac{n + 2}{n + 1}X_{(n)}.$$

这一结果与第四章同变估计的结果 (见例 4.3.2) 完全一致, 所取的损失函数也相同.

例 8.2.5 设 $X = (X_1, \cdots, X_n)^{\mathrm{T}}$ 服从指数族分布:

$$f(x, \theta) = h(x)\exp\left\{\sum_{i=1}^n x_i\theta_i - b(\theta)\right\}.$$

θ 的先验分布为 $\pi(\theta)$, 求 θ 的 Bayes 估计.

解 由 (8.1.1) 式, θ 的后验分布可表示为

$$\pi(\theta|x) = c(x)h(x)\pi(\theta)\exp\left\{\sum_{i=1}^n x_i\theta_i - b(\theta)\right\}.$$

在这个表达式中, θ 为随机变量的值; 若把 $(x_1, \cdots, x_n)^{\mathrm{T}}$ 看成参数, 则可重新表示为

$$\pi(\theta|x) = \widetilde{h}(\theta)\exp\left\{\sum_{i=1}^n x_i\theta_i - \widetilde{b}(x)\right\}.$$

其中 $\widetilde{h}(\theta) = \pi(\theta)\mathrm{e}^{-b(\theta)}$, $-\widetilde{b}(x) = \log[c(x)h(x)]$. 因此后验分布为指数族分布, 其后验期望可由指数族分布的有关公式得到 (见第一章 (1.5.11) 式), 即 $\mathrm{E}(\theta|x) = \partial\widetilde{b}(x)/\partial x$; 因此有

$$\widehat{\theta}_{iB}(x) = \frac{\partial}{\partial x_i}\widetilde{b}(x) = -\frac{\partial}{\partial x_i}\log[c(x)h(x)]. \tag{8.2.13}$$

该公式的进一步的讨论可参见 Lehmann, Casella (1998).

由前面的不少例子可以看出, Bayes 估计常常是渐近无偏的 (亦可见本章习题), 但是以下定理说明, 它们不可能是严格无偏的.

定理 8.2.3 设 $X \sim f(x,\theta)$, $\theta \in \Theta$, θ 具有正常的 (即非广义的) 先验分布 $\pi(\theta)$, 考虑 $g(\theta)$ 在均方误差损失 (8.2.8) 下的 Bayes 估计 $\delta(X)$, 并假设 $\mathrm{E}[g^2(\theta)] < \infty$. 则 $\delta(X)$ 不可能既是 Bayes 估计, 又是无偏估计, 除非其 Bayes 风险 $R_\pi(\delta)$ 为零, 即

$$R_\pi(\delta) = \mathrm{E}\{\delta(X) - g(\theta)\}^2 = 0. \tag{8.2.14}$$

其中 $\mathrm{E}\{\cdot\}$ 表示对 (X,θ) 的联合分布求期望 (见 (8.2.3) 式).

证明 今考虑 $g(\theta)$ 的无偏估计及 Bayes 估计的定义与性质. 若 $\delta(X)$ 为 $g(\theta)$ 的无偏估计, 则有

$$\int_{\mathcal{X}} \delta(x)f(x,\theta)\mathrm{d}\mu(x) = \mathrm{E}[\delta(X)|\theta] = g(\theta).$$

由于 θ 具有非广义的先验分布 $\pi(\theta)$, 因此对于 (X,θ) 的联合分布可应用条件期望的性质:

$$\mathrm{E}\{\delta(X)g(\theta)\} = \mathrm{E}\{\mathrm{E}[g(\theta)\delta(X)|\theta]\} = \mathrm{E}\{g(\theta)\mathrm{E}[\delta(X)|\theta]\} = \mathrm{E}\{g^2(\theta)\}. \tag{8.2.15}$$

若 $\delta(X)$ 为 $g(\theta)$ 的 Bayes 估计, 则 $\delta(X) = \mathrm{E}[g(\theta)|X]$. 由条件期望的性质有

$$\mathrm{E}\{\delta(X)g(\theta)\} = \mathrm{E}\{\mathrm{E}[g(\theta)\delta(X)|X]\} = \mathrm{E}\{\delta(X)\mathrm{E}[g(\theta)|X]\} = \mathrm{E}\{\delta^2(X)\}. \tag{8.2.16}$$

而 $\delta(X)$ 的 Bayes 风险 $R_\pi(\delta)$ 可表示为

$$R_\pi(\delta) = \mathrm{E}\{\delta(X) - g(\theta)\}^2 = \mathrm{E}\{\delta^2(X)\} + \mathrm{E}\{g^2(\theta)\} - 2\mathrm{E}\{\delta(X)g(\theta)\}.$$

因此, 若 $\delta(X)$ 既是 Bayes 估计, 又是无偏估计, 则 (8.2.15) 式和 (8.2.16) 式代入上式可得 $R_\pi(\delta) = 0$, 即 (8.2.14) 式成立. ∎

因此由以上定理可知, 若 $\delta(X)$ 是 $g(\theta)$ 在均方误差损失下的 Bayes 估计, 其 Bayes 风险 $R_\pi(\delta) > 0$, 则它不可能是无偏的; 反之, 若 $\delta(X)$ 是 $g(\theta)$ 的无偏估计, 且在均方误差损失下的 Bayes 风险 $R_\pi(\delta) > 0$, 则它不可能是 Bayes 估计. 这一定理可推广到有偏估计的情形, 见本章习题.

例 8.2.6　设 $X_1, \cdots, X_n$ 为独立同分布样本, $\mathrm{E}(X_1) = \mu$, 而 $\mathrm{Var}(X_1) = \sigma^2$ 已知. 则在均方误差损失下, 对于任何先验分布, $\overline{X}$ 都不可能是 $g(\mu) = \mu$ 的 Bayes 估计.

解　由定义可知, 对于任意给定的 μ, 都有 $\mathrm{E}(\overline{X} - \mu)^2 = \mathrm{Var}(\overline{X}) = \sigma^2/n$, 因此对于任何先验分布 $\pi(\mu)$ 都有

$$R_\pi(\mu) = \mathrm{E}(\overline{X} - \mu)^2 = \mathrm{E}\{\mathrm{E}[(\overline{X} - \mu)^2|\mu]\} = \mathrm{E}\left(\frac{\sigma^2}{n}\right) = \frac{\sigma^2}{n} > 0.$$

由于 $\overline{X}$ 是无偏的, 因此由定理 8.2.3 可知, $\overline{X}$ 不可能是 μ 的 Bayes 估计.

但是, 定理 8.2.3 对广义先验分布不一定成立. 例如, 在例 8.1.2 的 i) 中, 要估计 $g(\mu) = \mu$, 但 μ 服从广义均匀分布: $\pi(\mu) = 1$, $\mu \in (-\infty, \infty)$ (这时条件 $\mathrm{E}[g^2(\mu)] < \infty$ 也不成立). 由例 8.1.2 可知, 其后验分布为 $\pi(\mu|x) \sim N(\overline{x}, \sigma^2/n)$, 因此有 $\mathrm{E}(\mu|X) = \overline{X}$, 这时 $\overline{X}$ 既是 μ 的无偏估计, 又是广义的 Bayes 估计.

以下 Pitman 估计也是广义 Bayes 估计, 其中第 (1) 个估计, 即位置参数的估计, 既是无偏估计, 又是广义的 Bayes 估计.

例 8.2.7　Pitman 估计的积分公式.

本书第四章曾经介绍过最优同变估计的 Pitman 积分公式, 我们也可以从 Bayes 观点出发, 经过比较简单的推导, 得到完全相同的积分公式; 有关定义与符号可参见第四章.

(1) 位置参数的估计

设 $X = (X_1, \cdots, X_n)^{\mathrm{T}}$ 服从位置参数分布, 即其联合密度函数可表示为

$$p(x, \theta) = f(x - \theta \mathbf{1}) = f(x_1 - \theta, \cdots, x_n - \theta).$$

为了估计位置参数 θ, 可取无信息先验分布 $\pi(\theta) \propto 1$ 以及均方损失函数 $L_\mu(\theta, d) = (d - \theta)^2$. 可直接应用积分公式 (8.2.11), 其中 $g(\theta) = \theta$; $\pi(\theta) = 1$, 由此可得

$$\widehat{\theta}_B = \mathrm{E}(\theta|X) = \frac{\int_{-\infty}^{\infty} \theta p(X, \theta)\mathrm{d}\theta}{\int_{-\infty}^{\infty} p(X, \theta)\mathrm{d}\theta} = \frac{\int_{-\infty}^{\infty} \theta f(X - \theta \mathbf{1})\mathrm{d}\theta}{\int_{-\infty}^{\infty} f(X - \theta \mathbf{1})\mathrm{d}\theta}.$$

该式与第四章位置参数的 Pitman 积分公式完全一致.

(2) 尺度参数的估计

设 $X = (X_1, \cdots, X_n)^{\mathrm{T}}$ 服从尺度参数分布, 即其联合密度函数可表示为

$$p(x, \sigma) = \sigma^{-n} f\left(\frac{x}{\sigma}\right) = \sigma^{-n} f\left(\frac{x_1}{\sigma}, \cdots, \frac{x_n}{\sigma}\right).$$

为了估计尺度参数 σ, 可取无信息先验分布 $\pi(\sigma) \propto \sigma^{-1}$. 由于 σ 为尺度参数, 损失函数应取为 (见第四章)

$$L_\sigma(\sigma, d) = \frac{1}{\sigma^2}(d - \sigma)^2, \quad \lambda(\theta) = \sigma^{-2}.$$

这时必须应用公式 (8.2.10), 其中 $g(\theta) = \sigma$, $\pi(\theta) = \sigma^{-1}$, $\lambda(\theta) = \sigma^{-2}$, 由此可得

$$\widehat{\sigma}_B = \frac{\int_0^\infty \sigma^{-2} \sigma \sigma^{-1} p(X, \theta) \mathrm{d}\theta}{\int_0^\infty \sigma^{-2} \sigma^{-1} p(X, \theta) \mathrm{d}\theta} = \frac{\int_0^\infty \sigma^{-(n+2)} f\left(\dfrac{X}{\sigma}\right) \mathrm{d}\sigma}{\int_0^\infty \sigma^{-(n+3)} f\left(\dfrac{X}{\sigma}\right) \mathrm{d}\sigma}.$$

该式与第四章尺度参数的 Pitman 积分公式完全一致.

(3) 位置尺度参数的估计

设 $X = (X_1, \cdots, X_n)^{\mathrm{T}}$ 服从位置尺度参数分布, 即其联合密度函数可表示为

$$p(x;\ \mu, \sigma) = \sigma^{-n} f\left(\frac{x - \mu \mathbf{1}}{\sigma}\right) = \sigma^{-n} f\left(\frac{x_1 - \mu}{\sigma}, \cdots, \frac{x_n - \mu}{\sigma}\right).$$

为了估计参数 μ 和 σ, 可取无信息先验分布 $\pi(\mu, \sigma) \propto \sigma^{-1}$. 与第四章类似, μ 和 σ 估计的损失函数应为

$$L_\mu(\sigma, d) = \frac{1}{\sigma^2}(d - \mu)^2, \quad L_\sigma(\sigma, d) = \frac{1}{\sigma^2}(d - \sigma)^2, \quad \lambda(\theta) = \sigma^{-2}.$$

应用公式 (8.2.10) 可得

$$\widehat{\mu}_B = \frac{\int_{-\infty}^\infty \int_0^\infty \mu \sigma^{-3} p(X;\ \mu, \sigma) \mathrm{d}\mu \mathrm{d}\sigma}{\int_{-\infty}^\infty \int_0^\infty \sigma^{-3} p(X;\ \mu, \sigma) \mathrm{d}\mu \mathrm{d}\sigma} = \frac{\int_{-\infty}^\infty \int_0^\infty \mu \sigma^{-(n+3)} f\left(\dfrac{X - \mu \mathbf{1}}{\sigma}\right) \mathrm{d}\mu \mathrm{d}\sigma}{\int_{-\infty}^\infty \int_0^\infty \sigma^{-(n+3)} f\left(\dfrac{X - \mu \mathbf{1}}{\sigma}\right) \mathrm{d}\mu \mathrm{d}\sigma}.$$

$$\widehat{\sigma}_B = \frac{\int_{-\infty}^\infty \int_0^\infty \sigma^{-2} p(X;\ \mu, \sigma) \mathrm{d}\mu \mathrm{d}\sigma}{\int_{-\infty}^\infty \int_0^\infty \sigma^{-3} p(X;\ \mu, \sigma) \mathrm{d}\mu \mathrm{d}\sigma} = \frac{\int_{-\infty}^\infty \int_0^\infty \sigma^{-(n+2)} f\left(\dfrac{X - \mu \mathbf{1}}{\sigma}\right) \mathrm{d}\mu \mathrm{d}\sigma}{\int_{-\infty}^\infty \int_0^\infty \sigma^{-(n+3)} f\left(\dfrac{X - \mu \mathbf{1}}{\sigma}\right) \mathrm{d}\mu \mathrm{d}\sigma}.$$

该式与第四章位置尺度参数的 Pitman 积分公式完全一致. 但是, 基于同变估计原理进行的推导要复杂得多. 另外, 根据 Bayes 估计的原理, 亦可取先验分布为 $\pi(\theta) \propto \sigma^{-2}$, 得到类似的积分公式.

8.2.3 后验最大似然估计

后验最大似然估计与第三章介绍的最大似然估计有很多类似之处, 并且包含普通的最大似然估计为其特例. 但是, 两者的出发点完全不一样, 后验最大似然估计就是 0—1 损失下的 Bayes 估计. 设 $X \sim f(x, \theta)$, $\theta \in \Theta$, θ 的先验分布为 $\theta \sim \pi(\theta)$, 并要求 $g(\theta)$ 的 Bayes 估计. 为了简单起见, 考虑 θ 的估计, 并取损失函数为

$$L(\theta, d) = \begin{cases} 1, & |d - \theta| > \varepsilon, \\ 0, & |d - \theta| \leqslant \varepsilon, \end{cases} \tag{8.2.17}$$

其中 ε 为充分小的实数. 其直观意义为: 若一个判决 d (即参数 θ 的估计) 与真参数的距离较大, 则损失为 1; 若 d 与真参数的距离很小, 则损失函数为零, (8.2.17) 简称为 0—1 损失.

定理 8.2.4 设 $X \sim f(x, \theta)$, $\theta \in \Theta$, θ 的先验分布为 $\pi(\theta)$. 在 0—1 损失 (8.2.17) 下, 若 ε 可以充分小, 则 θ 的 Bayes 估计为使 $\pi(\theta|x)$ 达到最大值的估计, 即 $\widehat{\theta}_{BM}$ 满足

$$\pi(\widehat{\theta}_{BM}|X) = \max_{\theta \in \Theta} \pi(\theta|X). \tag{8.2.18}$$

这时 $\widehat{\theta}_{BM}$ 称为后验最大似然估计.

证明 设 θ 的估计为 $d = \delta(x)$, 则其后验风险为

$$R_\pi(\delta|x) = \int_\Theta L(\theta, \delta(x))\pi(\theta|x)\mathrm{d}\theta = \int_{|\delta(x)-\theta|>\varepsilon} \pi(\theta|x)\mathrm{d}\theta.$$

即

$$R_\pi(\delta|x) = 1 - \int_{|\delta(x)-\theta|\leqslant\varepsilon} \pi(\theta|x)\mathrm{d}\theta = 1 - \int_{\delta(x)-\varepsilon}^{\delta(x)+\varepsilon} \pi(\theta|x)\mathrm{d}\theta.$$

要求 $\delta(x)$, 使 $R_\pi(\delta|x)$ 最小, 相当于求 $\delta(x)$, 使上式第二项积分最大, 也等价于使以下积分最大:

$$R_\pi(\varepsilon) = \frac{1}{2\varepsilon} \int_{\delta(x)-\varepsilon}^{\delta(x)+\varepsilon} \pi(\theta|x)\mathrm{d}\theta.$$

由积分中值定理可得

$$R_\pi(\varepsilon) = \pi(\xi|x), \quad \xi \in (\delta(x) - \varepsilon, \ \delta(x) + \varepsilon).$$

因此 $\delta(x)$ 应使以上 $\pi(\xi|x)$ 达到最大, 当 $\varepsilon \to 0$ 时有 $\xi \to \delta(x)$, 因此 $\delta(x)$ 应使 $\pi(\theta|x)$ 达到最大. 所以, 在 0—1 损失 (8.2.17) 下, $\delta(x)$ 使 $R_\pi(\delta|x)$ 达到最小等价于使 $\pi(\theta|x)$ 达到最大, 即 $\delta(x)$ 应满足 (8.2.18) 式.   ∎

推论 若 θ 的先验分布为 $\pi(\theta) \propto 1$, 则相应的后验最大似然估计即为通常的最大似然估计.

证明 $\widehat{\theta}_{BM}$ 应使 $\pi(\theta|x) = c(x)\pi(\theta)f(x, \theta)$ 达到最大, 当 $\pi(\theta) \propto 1$ 时, 等价于使 $c(x)f(x, \theta)$ 达到最大, 这就是通常的最大似然估计.   ∎

若 $\pi(\theta|x)$ 有共同的支撑集, 则 $l(\theta|x) = \log \pi(\theta|x)$ 称为后验对数似然函数; $\widehat{\theta}_{BM}$ 也使 $l(\theta|x)$ 达到最大. 后验最大似然估计与通常的最大似然估计有十分相似的性质, 因为两者都是使某个目标函数达到最大值的解; 其目标函数也很相似: 都是随机变量的密度函数或者它们的对数. 因此, 第三章和第五章所介绍的最大

似然估计的大多数性质对后验最大似然估计也成立 (当然也需要一定的正则条件); 例如, 不变原理、子集参数的似然、Gauss-Newton 迭代法等, 对后验最大似然估计也适用.

例 8.2.8 设 $X_1, \cdots, X_n$ 为独立同分布样本, 且有 $X_1 \sim N(\mu, \sigma^2)$, σ 已知. 若 $\mu \sim \pi(\mu) \sim N(\mu_0, \sigma_0^2)$, 求 μ 的后验最大似然估计.

解 由假设可知

$$\pi(\mu|x) = c(x) \exp\left\{-\frac{1}{2}\left(\frac{\mu - \mu_0}{\sigma_0}\right)^2\right\} \exp\left\{-\frac{1}{2}\sum_{i=1}^{n}\left(\frac{x_i - \mu}{\sigma}\right)^2\right\}.$$

其后验对数似然函数及其导数分别为

$$l(\mu|x) = -\frac{1}{2}\left(\frac{\mu - \mu_0}{\sigma_0}\right)^2 - \frac{1}{2}\sum_{i=1}^{n}\left(\frac{x_i - \mu}{\sigma}\right)^2 + \log c(x).$$

$$\frac{\partial l}{\partial \mu} = -\frac{\mu - \mu_0}{\sigma_0^2} + \sum_{i=1}^{n}\frac{x_i - \mu}{\sigma^2}.$$

该式为零可解出 $\widehat{\mu}_{BM}$ 为

$$\widehat{\mu}_{BM} = \left(\frac{n}{\sigma^2} + \frac{1}{\sigma_0^2}\right)^{-1}\left(\frac{n}{\sigma^2}\overline{X} + \frac{1}{\sigma_0^2}\mu_0\right).$$

由 (8.1.4) 式可知, 其结果与后验期望估计 $\widehat{\mu}_B$ 完全相同.

例 8.2.9 设 $X_1, \cdots, X_n$ 为独立同分布样本, 求相应参数的后验最大似然估计:

(1) $X_1 \sim b(1, \theta)$, 并设 $\theta \sim \pi(\theta) \sim BE(p, q)$;

(2) 若样本 $X \sim b(n, \theta)$, 并设 $\theta \sim \pi(\theta) \sim BE(p, q)$, 求 θ 的后验最大似然估计;

(3) $X_1 \sim P(\lambda)$, 并设 $\lambda \sim \pi(\lambda) \sim \Gamma(a, p)$.

(4) 应用: 已知单位面积某一种害虫的数目服从 Poisson 分布. 现调查了 400 块单位面积的害虫数目, 如下所示 (数据形式类似于例 6.7.8):

k	0	1	2	3	4	5	总数
n_k	213	128	37	18	3	1	400

其中 k 表示单位面积害虫的数目, n_k 表示 400 个观测单位中, 含 k 只害虫的面积单位的个数. 试求每个单位面积的平均害虫数, 即 λ 的后验最大似然估计 (可取 $\pi(\lambda) \sim \Gamma(a, p) = \Gamma(1, 1)$).

解 (1) 由例 8.1.1 可知, $\pi(\theta|x) \sim BE(p+T, n+q-T)$, $T = \sum_{i=1}^{n} x_i$. 因此有

$$\pi(\theta|x) = c(x)\theta^{p+T-1}(1-\theta)^{n+q-T-1}.$$

$$l(\theta|x) = (p+T-1)\log\theta + (n+q-T-1)\log(1-\theta) + \log c(x).$$

直接求导可得

$$\widehat{\theta}_{BM} = \frac{p+T-1}{n+p+q-2} \quad \left(\text{而} \quad \widehat{\theta}_B = \frac{p+T}{n+p+q}\right),$$

由例 8.2.1 可知, 该式与 $\widehat{\theta}_B$ 相差无几, 因而也是相合的, 渐近无偏的.

(2) 由例 8.1.1 可知, $\pi(\theta|x) \sim BE(p+X, n+q-X)$, 因此与 (1) 类似可得

$$\widehat{\theta}_{BM} = \frac{p+X-1}{n+p+q-2}.$$

(3) 由例 8.1.3 可知 $\pi(\lambda|x) \sim \Gamma(a+n, T+p)$, $T = \sum_{i=1}^{n} x_i$. 直接计算可知

$$l(\lambda|x) = -(n+a)\lambda + (T+p-1)\log\lambda + \log c(x).$$

直接求导可得

$$\widehat{\lambda}_{BM} = \frac{T+p-1}{a+n}, \quad \left(\text{而} \quad \widehat{\lambda}_B = \frac{T+p}{a+n}\right)$$

该式与 $\widehat{\lambda}_B$ 相差无几, 因而也是相合的, 渐近无偏的.

(4) 为计算 $\widehat{\lambda}_{BM}$ 的数值, 主要是计算 $T = \sum_{i=1}^{n} x_i$. 由给定的表格可知, 在 Poisson 分布的 $n = 400$ 个观测值中, 有 213 个取 0, 128 个取 1, 37 个取 2, $\cdots\cdots$ 因此有

$$T = 0 \times 213 + 1 \times 128 + 2 \times 37 + 3 \times 18 + 4 \times 3 + 5 \times 1 = 273.$$

为了得到数值结果, 取先验分布 $\pi(\lambda) \sim \Gamma(a, p) = \Gamma(1, 1)$, 代入以上 $\widehat{\lambda}_{BM}$ 的公式可得

$$\widehat{\lambda}_{BM} = \frac{T+p-1}{a+n} = \frac{273}{401} = 0.6808.$$

而最大似然估计

$$\widehat{\lambda}_M = \frac{T}{n} = \frac{273}{400} = 0.6825;$$

Bayes 估计

$$\widehat{\lambda}_B = \frac{T+p}{a+n} = \frac{274}{401} = 0.6833.$$

三者都相差不大.

例 8.2.10 设 $X_1, \cdots, X_n$ 为独立同分布样本, $X_1 \sim \mu + \Gamma\left(\frac{1}{\sigma}, 1\right)$, 其中 $\theta = (\mu, \sigma)$ 都未知; 在无信息先验分布下, 求 μ, σ 的后验最大似然估计.

解 由例 8.1.9 可知, 当 μ 和 σ 都未知时, 可取无信息先验分布 $\pi(\theta) \propto \sigma^{-2}$, 因此后验分布可表示为 (见 (8.1.10) 式)

$$\pi(\mu, \sigma|x) = c(x) \left(\frac{1}{\sigma}\right)^{n+2} \mathrm{e}^{-s/\sigma} \exp\left\{-\frac{n}{\sigma}(x_{(1)} - \mu)\right\} I\{x_{(1)} \geqslant \mu\}.$$

如上所述, 得到后验似然函数以后, 求解后验最大似然估计的方法与求解普通最大似然估计的方法完全类似. 由上式可知, 对任意固定的 σ, 若 μ 越大, 则 $\pi(\mu, \sigma|x)$ 越大; 而 μ 必须满足 $\mu \leqslant x_{(1)}$, 因此 $\mu = x_{(1)}$ 时 $\pi(\mu, \sigma|x)$ 最大, 所以有 $\widehat{\mu}_{BM} = X_{(1)}$. 把 $\mu = x_{(1)}$ 代入 $\pi(\mu, \sigma|x)$, 并取对数可得

$$l(x_{(1)}, \sigma|x) = -\frac{s}{\sigma} - (n+2)\log\sigma + \log c(x).$$

由此直接求导可得 $\widehat{\sigma}_{BM} = S/(n+2)$ (普通的最大似然估计为 S/n).

例 8.2.11 设 $Y \sim N(X\beta, \sigma^2 I_n)$, 其中 Y 为 n 维观测向量, X 为 $n \times p$ 已知矩阵, β 为 p 维未知参数向量. 假设 σ 已知, β 的先验分布为 $\beta \sim \pi(\beta) \sim N(\beta_0, \sigma^2 \Sigma_0)$, 求 β 的后验最大似然估计.

解 由假设可知

$$\beta \sim \pi(\beta) \propto \exp\left\{-\frac{1}{2\sigma^2}(\beta - \beta_0)^{\mathrm{T}} \Sigma_0^{-1}(\beta - \beta_0)\right\}, \tag{8.2.19}$$

$$Y|\beta \sim f(y, \beta) \propto \exp\left\{-\frac{1}{2\sigma^2}(Y - X\beta)^{\mathrm{T}}(Y - X\beta)\right\}.$$

因此 β 的后验分布可表示为

$$\pi(\beta|y) = c(y)\pi(\beta)f(y, \beta) = c(y)\exp\left\{-\frac{1}{2\sigma^2}Q(\beta)\right\},$$

$$Q(\beta) = (\beta - \beta_0)^{\mathrm{T}}\Sigma_0^{-1}(\beta - \beta_0) + (Y - X\beta)^{\mathrm{T}}(Y - X\beta).$$

要求 β, 使 $\pi(\beta|y)$ 最大, 相当于求 β, 使 $Q(\beta)$ 最小, 该式直接求导可得

$$\frac{\partial Q}{\partial \beta} = 2\Sigma_0^{-1}(\beta - \beta_0) - 2X^{\mathrm{T}}(Y - X\beta) = 0,$$

$$\widehat{\beta}_{BM} = (X^{\mathrm{T}}X + \Sigma_0^{-1})^{-1}(X^{\mathrm{T}}Y + \Sigma_0^{-1}\beta_0).$$

该式通常称为广义岭估计, 若 $\Sigma_0^{-1} = 0$, 则上式化为普通的最小二乘估计 $\widehat{\beta} = (X^{\mathrm{T}}X)^{-1}X^{\mathrm{T}}Y$. 注意, $\Sigma_0^{-1} = 0$ 相当于精度为 0, 即 β 服从无信息先验分布: $\pi(\beta) \propto 1$ (见 (8.2.19) 式). 另外, 若 σ^2 未知但服从逆 Γ 分布, 也可得到类似的结果.

以上我们介绍了基于均方损失和 0—1 损失情形下的 Bayes 估计. 定理 8.2.1 也可用于其他损失函数情形, 以下定理考虑了绝对损失下的 Bayes 估计.

定理 8.2.5 设 $X \sim f(x,\theta)$, $\theta \in \Theta$, θ 的先验分布为 $\pi(\theta)$. 若损失函数为绝对损失 $L(\theta,d) = |d - \theta|$, 则 θ 的 Bayes 估计为后验分布 $\pi(\theta|x)$ 的中位数.

证明 根据定理 8.2.1, Bayes 估计就是使后验风险达到最小的解. 给定 θ 的一个估计 $\delta(x)$, 它对应于绝对损失的后验风险为

$$R_\pi(\delta|x) = \int_\Theta |\theta - \delta(x)|\pi(\theta|x)\mathrm{d}\theta = \mathrm{E}(|\theta - \delta(x)||x).$$

根据第一章定理 1.1.2, $\delta(x)$ 等于 $\theta|x$ 的分布的中位数时, $R_\pi(\delta|x) = \mathrm{E}(|\theta - \delta(x)||x)$ 达到最小值. 因此定理的结论成立. ∎

例 8.2.12 设 $X_1, \cdots, X_n$ 为独立同分布样本, X_1 服从均匀分布 $R(0,\theta)$. 若损失函数为绝对损失 $L(\theta,d) = |d - \theta|$, 并取无信息先验分布 $\pi(\theta) \propto \theta^{-1}$, 求 θ 的 Bayes 估计.

解 后验分布可表示为

$$\pi(\theta|x) = c(x)\theta^{-1}\frac{1}{\theta^n}I\{x_{(n)} \leqslant \theta\} = c(x)\theta^{-(n+1)}I\{\theta \geqslant x_{(n)}\}.$$

因此 θ 服从 Pareto 分布

$$\pi(\theta|x) = nx_{(n)}^n\theta^{-(n+1)}I\{\theta \geqslant x_{(n)}\} \sim PR(n, x_{(n)}).$$

容易验证, 该 Pareto 分布的分布函数为 $F(\theta|x) = [1 - (x_{(n)}/\theta)^n]I\{\theta \geqslant x_{(n)}\}$, 这是 θ 的连续函数, 因此由 $F(\theta|x) = 1/2$ 反解即可得到该分布的中位数. 由 $1 - (x_{(n)}/\theta)^n = 1/2$ 可得 $\theta_{0.5} = \sqrt[n]{2}\, x_{(n)}$. 因此根据以上定理, 在绝对损失下, θ 的 Bayes 估计为 $\hat{\theta}_B = \sqrt[n]{2}\, X_{(n)}$. 当 n 比较大时, $\hat{\theta}_B$ 与通常的估计 $X_{(n)}$ 差别不是很大.

8.2.4 Minimax 估计与容许估计

关于 Minimax 准则和容许性, 可参见 3.1.2 节, 这些准则用到参数估计就称为 Minimax 估计和容许估计. 本小节主要介绍: 如何通过一定先验分布下的 Bayes 估计来求解 Minimax 估计和容许估计. 由第三章的定义可知, Minimax 估计以及容许估计的求解通常都很困难. 虽然无论从形式上, 还是从内容上来看, 它们与 Bayes 估计都没有什么关系, 但是, 由于在 Bayes 估计中, 先验分布的选取方法千变万化、多种多样, 因此有可能通过选取某些特定的先验分布而得到 Minimax 估计或容许估计. 事实上, 可考虑一般统计判决问题的 Bayes 解与 Minimax 解以及容许性之间的关系.

首先考虑 Bayes 解与 Minimax 解之间的关系. 设 $X \sim f(x, \theta)$, $\theta \in \Theta$, 统计判决问题 (包括估计问题) 的损失函数为 $L(\theta, d)$, 判决函数 $\delta(x)$ 对应的风险函数为 $R(\theta, \delta) = \mathrm{E}_\theta[L(\theta, \delta(X))]$. 设 θ 的先验分布为 $\pi(\theta)$, $\delta(x)$ 的 Bayes 风险为 $R_\pi(\delta) = \int_\Theta R(\theta, \delta)\pi(\theta)\mathrm{d}\theta$. 对于损失函数 $L(\theta, d)$, 其相应的 Minimax 解记为 $\delta_M^*(x)$, 它使 $M(\delta) = \max\limits_{\theta \in \Theta} R(\theta, \delta)$ 达到最小 (见第三章), 其相应的 Minimax 风险为 $M(\delta_M^*)$. 又记对应于先验分布 $\pi(\theta)$ 的 Bayes 解为 $\delta_\pi^*(x)$, 其相应的 Bayes 风险为 $R_\pi(\delta_\pi^*)$. 由定义可知, Minimax 解是在峰值中求最小; 而 Bayes 解是在平均值中求最小, 所以前者的风险值一般应该比较大. 因此, 只有某些特定的先验分布, 才能使 Bayes 解也是 Minimax 解, 有的著作称之为最不利的先验分布 (Lehmann, Casella (1998); 郑忠国 (2012)). 但是, 由于先验分布选取方法的多样性, 这种先验分布还是有可能存在的, 以下两个定理是比较常见的情形, 也是当前寻求 Minimax 估计的主要方法 (陈希孺 (1981, 2009)).

定理 8.2.6 设 $X \sim f(x, \theta)$, $\theta \in \Theta$, 统计判决问题的损失函数为 $L(\theta, d)$, 则有

(1) 对于 θ 的任意正常的 (即非广义的) 先验分布 $\pi(\theta)$ 都有 $R_\pi(\delta_\pi^*) \leqslant M(\delta_M^*)$;

(2) 若存在正常的先验分布 $\pi(\theta)$, 使得 $R_\pi(\delta_\pi^*) = M(\delta_\pi^*)$, 则对应于此先验分布 $\pi(\theta)$ 的 Bayes 解也是 Minimax 解;

(3) 若存在正常的先验分布 $\pi(\theta)$, 使得其 Bayes 解 $\delta_\pi^*(x)$ 的风险函数 $R(\theta, \delta_\pi^*)$ 为常数, 即 $R(\theta, \delta_\pi^*) = c$, $\forall \theta \in \Theta$, 则此 Bayes 解也是 Minimax 解.

证明　(1) 由定义可知, 对于任意的判决 $\delta(x)$, 都有 $M(\delta) \geqslant R(\theta, \delta)$, 由于先验分布是非广义的, 因此两边关于 $\pi(\theta)$ 积分可得

$$M(\delta) \geqslant \int_\Theta R(\theta, \delta)\pi(\theta)\mathrm{d}\theta = R_\pi(\delta) \geqslant R_\pi(\delta_\pi^*). \tag{8.2.20}$$

由于上式对任意的判决 $\delta(x)$ 都成立, 所以有 $M(\delta_M^*) \geqslant R_\pi(\delta_\pi^*)$;

(2) 若有 $R_\pi(\delta_\pi^*) = M(\delta_\pi^*)$, 则由 (8.2.20) 式有 $M(\delta) \geqslant R_\pi(\delta_\pi^*) = M(\delta_\pi^*)$, 该式对任意的判决 $\delta(x)$ 都成立, 这说明 $\delta_\pi^*(x)$ 是 Minimax 解.

(3) 若 Bayes 解 $\delta_\pi^*(x)$ 的风险函数 $R(\theta, \delta_\pi^*)$ 为常数, 则由于先验分布是非广义的, 所以有 $R_\pi(\delta_\pi^*) = R(\theta, \delta_\pi^*) = M(\delta_\pi^*)$, 因此由 (2) 可知 $\delta_\pi^*(x)$ 是 Minimax 解. ∎

例 8.2.13　设样本 $X \sim b(n, \theta)$, 在均方损失下求 θ 的 Minimax 估计.

解　由例 8.2.1 可知, 若取 θ 的先验分布为 $\pi(\theta) \sim BE(p, q)$, 则在均方损失下 θ 的 Bayes 估计为

$$\widehat{\theta}_B = \mathrm{E}(\theta|X) = \frac{p + X}{n + p + q}.$$

由于 $X \sim b(n, \theta)$, $\mathrm{E}(X) = n\theta$, $\mathrm{E}(X^2) = [\mathrm{E}(X)]^2 + \mathrm{Var}(X) = (n\theta)^2 + \theta(1-\theta)$, 由此可直接计算出该估计的风险函数 $R(\theta, \widehat{\theta}_B)$ 为

$$R(\theta, \widehat{\theta}_B) = \mathrm{E}_\theta(\widehat{\theta}_B - \theta)^2 = \frac{1}{(n+p+q)^2}\{n\theta(1-\theta) + [p(1-\theta) - q\theta]^2\}. \quad (8.2.21)$$

上式对任意的 p, q 都成立, 我们可设法选取适当的 p, q, 使 $R(\theta, \widehat{\theta}_B)$ 为常数, 即与 θ 无关, 则由定理 8.2.6 的 (3) 可知, 相应的 Bayes 估计为 Minimax 估计. 为此, 只需使 (8.2.21) 式中使 θ^2 与 θ 的系数为零即可, 这时 p, q 应满足 $(p+q)^2 = n$, $2p(p+q) = n$. 由此可得 $p = q = \sqrt{n}/2$, 这时相应的 Bayes 估计记为 $\widehat{\theta}_M$:

$$\widehat{\theta}_M = \frac{X + \sqrt{n}/2}{n + \sqrt{n}}.$$

$p = q = \sqrt{n}/2$ 代入 (8.2.21) 式可得相应的风险函数为

$$R(\theta, \widehat{\theta}_M) = [2(1 + \sqrt{n})]^{-2}.$$

该式说明, $\widehat{\theta}_M$ 的风险函数为常数, 因而为 Minimax 估计. 同时, 其相应的 Bayes 风险为

$$R_\pi(\widehat{\theta}_M) = \int_\Theta R(\theta, \widehat{\theta}_M)\pi(\theta)\mathrm{d}\theta = [2(1 + \sqrt{n})]^{-2}.$$

该式说明, $\widehat{\theta}_M$ 的 Bayes 风险为有限值, 例 8.2.16 将证明 $\widehat{\theta}_M$ 亦为允许估计.

以上定理的应用范围比较窄, 因为通常不易找到风险函数为常数的 Bayes 解, 而下面定理的应用范围要广泛得多.

定理 8.2.7 设 $X \sim f(x, \theta)$, $\theta \in \Theta$, 统计判决问题的损失函数为 $L(\theta, d)$. 若有一列正常的先验分布 $\pi_k(\theta)$, 其 Bayes 解为 $\delta_k(x)$ $(k = 1, 2, \cdots)$, 并且其相应 Bayes 风险 $r_k = R_\pi(\delta_k)$ 的极限存在, 即 $\lim\limits_{k \to \infty} r_k = r$. 则有

(1) 若存在判决 $\delta^*(x)$, 使 $M(\delta^*) \leqslant r$, 则 $\delta^*(x)$ 为 Minimax 解;

(2) 若 $\delta^*(x)$ 的风险函数 $R(\theta, \delta^*)$ 为常数, 且等于 r, 则 $\delta^*(x)$ 为 Minimax 解.

证明 (1) 对于任意的判决函数 $\delta(x)$, 由于 $\pi_k(\theta)$ 为一列正常的先验分布, 因此由 (8.2.20) 式可得 $M(\delta) \geqslant R_\pi(\delta_k) = r_k$, $\forall k$, 所以也有 $M(\delta) \geqslant r$; 再由假设可得 $M(\delta^*) \leqslant r \leqslant M(\delta)$, $\forall \delta$, 因此 $\delta^*(x)$ 是 Minimax 解.

(2) 若判决 $\delta^*(x)$ 满足 $R(\theta, \delta^*) = r$, 则也有 $M(\delta^*) = r$, 因此由 (1) 知 $\delta^*(x)$ 是 Minimax 解. ∎

定理 8.2.7 可用于以下情况: 若 $\delta^*(x)$ 为 θ 的关于广义先验分布 $\pi(\theta)$ 的广义 Bayes 估计, 其风险函数 $R(\theta, \delta^*)$ 为常数 r. 在某些情况下, 可构造一列正常

的先验分布 $\pi_k(\theta)$ $(k = 1, 2, \cdots)$, 使其相应 Bayes 估计的风险函数 $R_\pi(\delta_k)$ 的极限等于 r; 这样, 根据定理 8.2.7 的 (2), $\delta^*(x)$ 为 θ 的 Minimax 估计. 以下两个例子都是这种情形.

例 8.2.14 设 $X_1, \cdots, X_n$ 为独立同分布样本, 且有 $X_1 \sim N(\theta, 1)$. 证明: 在均方损失下, $\overline{X}$ 为 θ 的 Minimax 估计.

证明 首先必须注意, 在均方损失下, $\overline{X}$ 的风险函数为 $R(\theta, \overline{X}) = \mathrm{E}_\theta(\overline{X} - \theta)^2 = n^{-1}$. 虽然其值为常数, 但是正如例 8.2.6 所述, $\overline{X}$ 不是 θ 的 Bayes 估计 (而是广义 Bayes 估计, $\pi(\theta) \propto 1$); 因而不能应用定理 8.2.6 的结论 (这种情况比较常见, 下一个例子也是). 为了证明 $\overline{X}$ 是 θ 的 Minimax 估计, 通常可选取 θ 的一列正常的先验分布, 使其相应 Bayes 估计的风险函数的极限等于 $R(\theta, \overline{X})$, 则由定理 8.2.7 可知, $\overline{X}$ 为 θ 的 Minimax 估计. 为此取 θ 的一列先验分布为 $\pi_k(\theta) \sim N(0, k^2)$, $k = 1, 2, \cdots$. 由例 8.1.2 可知, θ 的后验分布为一列正态分布: $\pi_k(\theta|x) \sim N(a_k, \eta_k^2)$, 其中

$$a_k = \frac{nk^2\overline{x}}{1 + nk^2}, \qquad \eta_k^2 = \frac{k^2}{1 + nk^2}. \tag{8.2.22}$$

由此可得 θ 的一列 Bayes 估计为 $\delta_k(X) = nk^2\overline{X}/(1 + nk^2)$, 其相应的风险函数为

$$R(\theta, \delta_k) = \mathrm{E}_\theta\left(\frac{nk^2\overline{X}}{1 + nk^2} - \theta\right)^2 = \frac{\theta^2 + nk^4}{(1 + nk^2)^2}.$$

由于 $\pi_k(\theta) \sim N(0, k^2)$, 上式关于 $N(0, k^2)$ 求期望, 可得相应的 Bayes 风险为

$$r_k = R_\pi(\delta_k) = \frac{k^2}{1 + nk^2} \to r = \frac{1}{n} \quad (k \to +\infty).$$

所以由定理 8.2.7 可知, $\overline{X}$ 为 θ 的 Minimax 估计. ∎

例 8.2.15 设 $X_1, \cdots, X_n$ 为独立同分布样本, X_1 服从均匀分布 $R(0, \theta)$. 损失函数取为 $L(\theta, d) = [(d - \theta)/\theta]^2$, 证明: $\widehat{\theta}_B = \dfrac{n+2}{n+1}X_{(n)}$ 为 θ 的 Minimax 估计.

解 由例 8.2.4 可知, $\widehat{\theta}_B$ 为无信息先验分布 $\pi(\theta) \propto \theta^{-1}$ 下 θ 的 Bayes 估计; 这是一个广义 Bayes 估计. 该估计的风险函数 $R(\theta, \widehat{\theta}_B)$ 为

$$R(\theta, \widehat{\theta}_B) = \mathrm{E}_\theta\left(1 - \frac{n+2}{n+1}\frac{X_{(n)}}{\theta}\right)^2 = \frac{1}{(n+1)^2}. \tag{8.2.23}$$

该式的计算用到了 $Y = X_{(n)}/\theta \sim BE(n, 1)$. 因此 $\widehat{\theta}_B = \dfrac{n+2}{n+1}X_{(n)}$ 的风险函数为常数. 为了证明 $\widehat{\theta}_B$ 是 θ 的 Minimax 估计, 可取 θ 的一列先验分布为 Pareto 分布 $PR(k^{-1}, k^{-1})$, 即

$$\pi_k(\theta) \propto \theta^{-1-k^{-1}}\{\theta \geqslant k^{-1}\}, \quad k = 1, 2, \cdots.$$

这是一列正常的先验分布 (当 $k \to \infty$ 时, 这些分布可看做无信息先验分布 θ^{-1} 的一个逼近). 由例 8.1.6 可知, θ 的后验分布也是一列 Pareto 分布: $\pi_k(\theta|x) \sim PR(n_k, a_k)$, 其中 $n_k = n + k^{-1}$, $a_k = \max\{x_{(n)}, k^{-1}\}$. 我们要考虑 $k \to \infty$ 时, θ 的相应 Bayes 估计的风险函数, 这时 $k^{-1} \to 0$ 时, 因此有 $\pi_k(\theta|x) \sim PR(n_k, x_{(n)})$. 这个后验分布与例 8.2.4 的后验分布在形式上完全类似 (那里是 $\pi(\theta|x) \sim PR(n, x_{(n)})$), 因此, 根据完全类似的推导可知, 相应的 Bayes 估计为 (即在例 8.2.4 中把 n 换成 n_k)

$$\widehat{\theta}_k = \frac{n_k + 2}{n_k + 1} X_{(n)}.$$

与 (8.2.23) 式类似, 其相应的风险函数 $R(\theta, \widehat{\theta}_k)$ 为

$$R(\theta, \widehat{\theta}_k) = \mathrm{E}_\theta \left(1 - \frac{n_k + 2}{n_k + 1} \frac{X_{(n)}}{\theta} \right)^2. \tag{8.2.24}$$

由于 $Y = X_{(n)}/\theta \sim BE(n, 1)$, 因此 $R(\theta, \widehat{\theta}_k)$ 与 θ 无关, 所以 $\widehat{\theta}_k$ 的 Bayes 风险 r_k 也就是 $R(\theta, \widehat{\theta}_k)$ (注意, $PR(k^{-1}, k^{-1})$ 是正常的先验分布). 又由于当 $k \to \infty$ 时, $n_k = n + k^{-1} \to n$ (注意, n 固定); 所以, 比较 (8.2.23) 式和 (8.2.24) 式可知

$$r_k = R(\theta, \widehat{\theta}_k) \to R(\theta, \widehat{\theta}_B) = \frac{1}{(n+1)^2} = r \quad (k \to +\infty).$$

因此由定理 8.2.7 可知, $\frac{n+2}{n+1} X_{(n)}$ 为 θ 的 Minimax 估计.

　　Minimax 解虽然比较保守, 但是这种最大风险最小化的策略在某些领域还是很有用的 (茆诗松 (1999)). 求 Minimax 解通常比较困难, 我们不能指望对一大类问题得到一般的求解方法, 只能逐个加以解决 (Lehmann, Casella (1998)). 目前来看, Bayes 方法是求 Minimax 解的主要工具, 特别是 Minimax 估计, 大多通过以上两个定理获得.

　　最后简要介绍 Bayes 解的容许性. 由于 Bayes 解和 Minimax 解都在某种程度上反映了判决问题在参数空间的整体优良性, 因而它们有可能是容许的 (范金城, 吴可法 (2001)).

　　定理 8.2.8　设 $X \sim f(x, \theta)$, $\theta \in \Theta$, 若 $\delta(x)$ 为统计问题关于损失函数 $L(\theta, d)$ 和先验分布 $\pi(\theta)$ 在判决空间 $\mathcal{D}$ 上唯一的 Bayes 解, 则它必然是容许的.

　　证明　用反证法. 若 $\delta(x)$ 不是容许的, 则根据定义 (见第三章), 必存在 $\delta'(x)$, 使得 $R(\theta, \delta') \leqslant R(\theta, \delta)$ 对一切 $\theta \in \Theta$ 成立, 而且至少对一个 θ_0 有 $R(\theta_0, \delta') < R(\theta_0, \delta)$ (该式说明 $\delta'(x)$ 不同于 $\delta(x)$). 以上不等式两边关于先验分布 $\pi(\theta)$ 积分可得

$$R_\pi(\delta') = \int_\Theta R(\theta, \delta') \pi(\theta) \mathrm{d}\theta \leqslant \int_\Theta R(\theta, \delta) \pi(\theta) \mathrm{d}\theta = R_\pi(\delta). \tag{8.2.25}$$

这说明, $\delta'(x)$ 也是一个 Bayes 解, 与唯一性的假设矛盾. 因此 $\delta(x)$ 为容许的. ∎

注 类似的反证法也可证明: 若 $\delta(x)$ 为统计问题关于损失函数 $L(\theta, d)$ 唯一的 Minimax 解, 则它也是容许的, 这只需把 (8.2.25) 式的取平均 (积分) 改为取峰值即可.

定理 8.2.9 设 $X \sim f(x, \theta), \theta \in \Theta, \delta_\pi(x)$ 为统计问题关于损失函数 $L(\theta, d)$ 和先验分布 $\pi(\theta)$ 的 Bayes 解, 若

(1) $\pi(\theta)$ 在 Θ 上处处大于 0;

(2) 风险函数 $R(\theta, \delta)$ 对任意的 $\delta(x)$ 都是 θ 的连续函数;

(3) $\delta_\pi(x)$ 的 Bayes 风险有限;

则 $\delta_\pi(x)$ 是容许的.

证明 仍用反证法. 若 $\delta_\pi(x)$ 不是容许的, 则必存在 $\delta'(x)$, 使得 $R(\theta, \delta') \leqslant R(\theta, \delta_\pi)$ 对一切 $\theta \in \Theta$ 成立, 而且至少对一个 θ_0 有 $R(\theta_0, \delta') < R(\theta_0, \delta_\pi)$. 由于 $R(\theta, \delta_\pi)$ 和 $R(\theta, \delta')$ 在 θ_0 处连续, 必存在 θ_0 的一个邻域 N_ε 以及充分小的正数 $\varepsilon > 0$, 使得

$$R(\theta, \delta') < R(\theta, \delta_\pi) - \varepsilon, \quad \forall \, \theta \in N_\varepsilon.$$

由以上不等式可得

$$
\begin{aligned}
R_\pi(\delta') &= \int_\Theta R(\theta, \delta')\pi(\theta)\mathrm{d}\theta \\
&= \int_{N_\varepsilon} R(\theta, \delta')\pi(\theta)\mathrm{d}\theta + \int_{\{\Theta - N_\varepsilon\}} R(\theta, \delta')\pi(\theta)\mathrm{d}\theta \\
&\leqslant \int_{N_\varepsilon} [R(\theta, \delta_\pi) - \varepsilon]\pi(\theta)\mathrm{d}\theta + \int_{\{\Theta - N_\varepsilon\}} R(\theta, \delta_\pi)\pi(\theta)\mathrm{d}\theta \\
&= R_\pi(\delta_\pi) - \varepsilon P(\theta \in N_\varepsilon).
\end{aligned}
$$

由假设可知 $P(\theta \in N_\varepsilon) > 0$, 因此 $R_\pi(\delta') < R_\pi(\delta_\pi)$, 这与 $\delta_\pi(x)$ 是 Bayes 解的假设矛盾. 所以 $\delta_\pi(x)$ 必须是容许的. ∎

例 8.2.16 设样本 $X \sim b(n, \theta)$, 在均方损失下求 θ 的容许估计.

解 由例 8.2.13 可知, 若取 θ 的先验分布为 $\pi(\theta) \sim BE(\sqrt{n}/2, \sqrt{n}/2)$, 则在均方损失下 θ 的 Bayes 估计为

$$\widehat{\theta}_M = \frac{X + \sqrt{n}/2}{n + \sqrt{n}}.$$

其相应的风险函数为 $R(\theta, \widehat{\theta}_M) = [2(1 + \sqrt{n})]^{-2}$; 相应的 Bayes 风险 $R_\pi(\widehat{\theta}_M)$ 也等于 $[2(1 + \sqrt{n})]^{-2}$. 由此即可根据定理 8.2.9 证明 $\widehat{\theta}_M$ 为 θ 的容许估计. 对照定理 8.2.9 的三个条件:

(1) 先验分布为 $\pi(\theta) \sim BE(\sqrt{n}/2, \sqrt{n}/2)$, β 分布 $\pi(\theta)$ 在 $\Theta = (0,1)$ 上处处大于 0;

(2) 对于样本 $X \sim b(n, \theta)$, 在均方损失下的估计量 $\widehat{\theta}(X)$ 的风险函数可表示为

$$R(\theta, \widehat{\theta}) = \mathrm{E}_\theta[\widehat{\theta}(X) - \theta]^2 = \sum_{x=0}^n [\widehat{\theta}(x) - \theta]^2 \binom{n}{x} \theta^x (1-\theta)^{n-x}$$

上式对 x 求和以后就成为 θ 的多项式, 因而为 θ 的连续函数;

(3) 如上所述, $\widehat{\theta}_M$ 的 Bayes 风险等于 $[2(1+\sqrt{n})]^{-2}$, 因此为有限. 综上所述, 定理 8.2.9 的三个条件都成立, 因此 $\widehat{\theta}_M$ 是 θ 的容许估计.

注 由定理 8.2.1 和定理 8.2.2 可知, 许多常见的 Bayes 估计 (诸如在均方损失 (8.2.25) 式下的 Bayes 估计等) 都有唯一性, 因而它们是容许的. 另外, 不少常见的共轭先验分布能满足定理 8.2.9 的条件, 因而相应的 Bayes 解是容许的. 以上定理既说明了 Bayes 估计的优良性, 同时也提供了一种证明容许性的有效方法. 容许性是一个纯理论的问题, 迄今还未见关于应用成果方面的报道, 进一步的文献可参见 Lehmann, Casella (1998); 陈希孺 (1981, 2009).

8.3 假设检验的 Bayes 方法

对于假设检验问题, Bayes 统计推断的出发点仍然是后验分布, 但是其基本思想比较简单直观.

8.3.1 Bayes 假设检验

给定样本 X, 且有 $X \sim f(x, \theta)$, $\theta \in \Theta$, 考虑假设检验问题

$$H_0 : \theta \in \Theta_0 \longleftrightarrow H_1 : \theta \in \Theta_1, \qquad \Theta_0 \cup \Theta_1 = \Theta. \tag{8.3.1}$$

在第六章, 我们系统地介绍了常见分布的各种假设检验问题及其求解方法. 其基本点就是要确定一个检验统计量, 其分布在原假设时已知; 由此即可进一步得到否定域与检验函数. 构造检验统计量是经典统计解决假设检验问题最重要的步骤, 同时也是最困难的部分. 但是, 假设检验的 Bayes 方法就不需要检验统计量, 而是从后验分布出发, 通过直接计算后验概率导出否定域与检验函数.

假设给定 θ 的先验分布 $\theta \sim \pi(\theta)$, 并已计算出其后验分布为 $\theta \sim \pi(\theta|x)$. 由此可以得到参数 θ 落在 Θ_0 和 Θ_1 的后验概率:

$$\pi_1(x) = \int_{\Theta_1} \pi(\theta|x) \mathrm{d}\theta = P(\theta \in \Theta_1|x). \tag{8.3.2}$$

$$\pi_0(x) = \int_{\Theta_0} \pi(\theta|x)\mathrm{d}\theta = P(\theta \in \Theta_0|x). \tag{8.3.3}$$

从直观上看, $\pi_1(x)$ 和 $\pi_0(x)$ 分别表示参数 θ 属于 Θ_1 和 Θ_0 的后验概率, 因此若 $\pi_1(x) > \pi_0(x)$, 则表示 $\theta \in \Theta_1$ 的可能性更大, 因而否定 H_0. 所以可取否定域与检验函数为

$$R^+ = \{x: \ \pi_1(x) > \pi_0(x)\} = \left\{x: \ \pi_1(x) > \frac{1}{2}\right\}. \tag{8.3.4}$$

$$\phi(x) = \begin{cases} 1, & x \in R^+, \\ 0, & x \in R^-, \end{cases} \tag{8.3.5}$$

其中 R^- 表示 R^+ 的余集.

例 8.3.1 设 $X_1, \cdots, X_n$ 为独立同分布样本, 且 $X_1 \sim b(1, \theta)$.

(1) 假设 θ 的先验分布为 $\theta \sim R(0,1)$, 对于以下假设检验问题 $H_0: \theta \leqslant 1/2 \longleftrightarrow H_1: \theta > 1/2$, 如何决定否定域?

(2) 若 $n = 5$, 所得的观测值为 $T = 0, 1, 2, 3, 4, 5$ 时, 如何决定否定域?

解 (1) 由例 8.1.1 可知, θ 的后验分布为 β 分布 $BE(T+1, n-T+1)$, 其中 $T = \sum_{i=1}^{n} x_i$. 因此后验概率 $\pi_1(x)$ 和 $\pi_0(x)$ 可由不完全 β 函数表示为

$$\pi_0(x) = P(\theta \leqslant 1/2 \mid x) = I_{1/2}(T+1, n-T+1),$$

$$\pi_1(x) = 1 - \pi_0(x) = I_{1/2}(n-T+1, T+1).$$

因此否定域为

$$R^+ = \{x: \ I_{1/2}(n-T+1, T+1) > 1/2\}.$$

(2) 当 $n = 5$ 时, 若所得的观测值为 $T = 0, 1, 2, 3, 4, 5$, 我们可分别计算出其相应的后验概率 $\pi_1(x)$ 的值, 如下所示:

T	0	1	2	3	4	5
$\pi_1(x)$	0.015	0.109	0.344	0.656	0.891	0.984

以上结果表明, $T = 3, 4, 5$ 时, $\pi_1(x) > 1/2$, 因此观测值 $T \geqslant 3$ 时属于否定域 (见 (8.3.4) 式), 因而否定原假设. 这显然是合理的 (试验 $n = 5$ 次, 成功 3 次, 因而否定 $H_0: \theta \leqslant 1/2$).

例 8.3.2 假设某公共汽车站的候车时间 X 服从均匀分布 $R(0, \theta)$, 近日观察到的候车时间 (单位: min) 分别为 10, 3, 2, 5, 14. 考虑假设检验问题 $H_0: 0 \leqslant \theta \leqslant 15 \longleftrightarrow H_1: \theta > 15$, 如何决定否定域? 假设 θ 的先验分布为 Pareto 分布 $PR(5,3)$.

解 若 θ 的先验分布为 Pareto 分布 $PR(\alpha, \theta_0)$，则其后验分布为 Pareto 分布 $PR(n+\alpha, \theta')$，其中 $\theta' = \max\{\theta_0, x_{(n)}\}$（见例 8.1.6）. 对于本题，由于 $\pi(\theta)$ 为 $PR(5,3)$，即 $\alpha = 5$, $\theta_0 = 3$, 而 $n = 5$, $x_{(n)} = 14$, 因此 θ 的后验分布为 Pareto 分布 $PR(10, \theta')$, $\theta' = \max\{3, 14\} = x_{(n)} = 14$ ($> \theta_0 = 3$), 即 $\theta|x \sim PR(10, 14)$:

$$\pi(\theta|x) = 10 \cdot 14^{10} \cdot \theta^{-11} I\{\theta \geqslant 14\} \sim PR(10, 14).$$

在本题中，因为 $\Theta_0 = \{0 \leqslant \theta \leqslant 15\}$, $\Theta_1 = \{\theta > 15\}$, 所以检验问题的后验概率为

$$\pi_1(x) = P(\theta > 15|x) = \int_{15}^{\infty} \pi(\theta|x)\mathrm{d}\theta = \left(\frac{14}{15}\right)^{10} = 0.5016.$$

由于 $\pi_1(x) > 1/2$, 根据 (8.3.4) 式，应否定原假设；即根据给定的数据，我们没有理由认为候车时间服从 $(0, a)$ ($a \leqslant 15$) 上的均匀分布.

以上主要是基于后验概率从直观上进行分析，下面我们从统计判决函数的观点出发，根据定理 8.2.1 来证明上述直观论断的正确性.

首先考虑检验问题的判决函数和损失函数. 对于假设检验问题 (8.3.1), 假设其否定域为 R^+（不一定是 (8.3.4) 的形式），检验函数 $\phi(x)$ 如 (8.3.5) 式所示. 检验问题的判决函数只取两个值：d_1 表示 H_1 成立, d_0 表示 H_0 成立, 通常取 $d_1 = 1$ 表示 H_1 成立, $d_0 = 0$ 表示 H_0 成立, 因此判决函数就等同于非随机化的检验函数

$$\delta(x) = \phi(x) = \begin{cases} 1, & x \in R^+, \\ 0, & x \in R^-, \end{cases} \tag{8.3.6}$$

这时, 否定域 R^+, 检验函数 $\phi(x)$ 以及判决函数 $\delta(x)$ 三者统计意义基本相同. 对于给定的判决函数 $\delta(x)$, 通常取 $0-1$ 损失函数, 即判错时损失为 1, 判对时损失为 0, 具体可表示为

$$L(\theta, \delta(x)) = \begin{cases} 1, & \theta \in \Theta_0 \text{ 且 } \delta(x) = 1 \text{ 或 } \theta \in \Theta_1 \text{ 且 } \delta(x) = 0, \\ 0, & \theta \in \Theta_0 \text{ 且 } \delta(x) = 0 \text{ 或 } \theta \in \Theta_1 \text{ 且 } \delta(x) = 1. \end{cases} \tag{8.3.7}$$

根据 Bayes 观点, 我们必须求出对应于以上检验函数和损失函数的后验风险, 并找出使后验风险达到最小值的解, 即 Bayes 解.

引理 8.3.1 对于假设检验问题 (8.3.1) 的任一判决函数 $\delta(x)$, 假设相应的否定域为 R^+, 则在 $0-1$ 损失下, 其后验风险可表示为

$$R_\pi(\delta|x) = \begin{cases} \pi_0(x), & x \in R^+, \\ \pi_1(x), & x \in R^-, \end{cases} \tag{8.3.8}$$

其中 $\pi_i(x) = P(\Theta_i|x)$ ($i = 0, 1$) 如 (8.3.2) 式和 (8.3.3) 式所示.

证明 根据 (8.3.7) 式的定义, $R_\pi(\delta|x)$ 可表示为

$$R_\pi(\delta|x) = \int_{\Theta_0} L(\theta, \delta(x))\pi(\theta|x)\mathrm{d}\theta + \int_{\Theta_1} L(\theta, \delta(x))\pi(\theta|x)\mathrm{d}\theta.$$

记上式第一项为 $R_0(x)$, 第二项为 $R_1(x)$, 则积分主要计算 $L(\theta, \delta(x)) = 1$ 的部分.

首先计算 $R_0(x)$, 这时 $\theta \in \Theta_0$; 而当 $x \in R^+$ 时, $\delta(x) = 1$, 因而由 (8.3.7) 式有 $L(\theta, \delta(x)) = 1$.

$$R_0(x) = \int_{\Theta_0} L(\theta, \delta(x))\pi(\theta|x)\mathrm{d}\theta = \begin{cases} \int_{\Theta_0} \pi(\theta|x)\mathrm{d}\theta = \pi_0(x), & x \in R^+, \\ 0, & x \in R^-. \end{cases}$$

同理可得

$$R_1(x) = \begin{cases} 0, & x \in R^+, \\ \pi_1(x), & x \in R^-, \end{cases}$$

两式合并即可得到 (8.3.8) 式.   ∎

这个引理说明, 对于给定的假设检验问题 (8.3.1), 尽管其判决函数 $\delta(x)$ 可能有多种多样的形式, 但是后验风险只能取两个值: $\pi_0(x)$ 和 $\pi_1(x)$, 它们由 Θ_0 和 Θ_1 决定. 这给求 Bayes 解, 即后验风险最小的解提供了方便. 直观上, Bayes 解的后验风险每次都应该取两个值 $\pi_0(x)$ 和 $\pi_1(x)$ 中较小者. 今具体考虑检验问题 (8.3.1) 的 Bayes 解可能的形式, 具体分析如下. 首先, 若 $\delta^*(x)$ 使 (8.3.8) 式中的 $R_\pi(\delta|x)$ 达到最小值, 其相应的否定域和检验函数记为

$$\delta^*(x) = \phi^*(x) = \begin{cases} 1, & x \in R^*, \\ 0, & x \in \overline{R^*}. \end{cases} \tag{8.3.9}$$

因此, 求 Bayes 解 $\delta^*(x)$ 主要就是求否定域 R^* 的形式; 其次, 由 (8.3.8) 式可知, 对于任意固定的 x, 任何判决 δ (包括 δ^*) 只能取两个值 $\pi_0(x)$ 和 $\pi_1(x)$, 若 $\delta^*(x)$ 使 $R_\pi(\delta^*|x) \leqslant R_\pi(\delta|x)$ 成立, 则 $R_\pi(\delta^*|x)$ 必取这两个值中较小者, 而当 $x \in R^*$ 时, $R_\pi(\delta^*|x) = \pi_0(x)$, $R_\pi(\delta|x) = \pi_0(x)$ 或 $\pi_1(x)$, 则应有 $\pi_0(x) \leqslant \pi_1(x)$, 因此 $\delta^*(x)$ 对应的 R^* 应满足 $\{x : \pi_0(x) \leqslant \pi_1(x)\}$. 同理, $\delta^*(x)$ 对应的 $\overline{R^*}$ 应满足 $\{x : \pi_1(x) \leqslant \pi_0(x)\}$. 因此 R^* 可取为 $\{x : \pi_0(x) < \pi_1(x)\}$ (为了保证否定原假设 H_0 的理由充分, 所以把集合 $\{x : \pi_0(x) = \pi_1(x)\}$ 归入接受域), 由此可得

定理 8.3.1 设 $X \sim f(x, \theta)$, $\theta \in \Theta$, θ 的先验分布为 $\pi(\theta)$. 对于假设检验问题 (8.3.1), 在 $0-1$ 损失下, 检验问题的 Bayes 解可由 (8.3.9) 式表示, 其否定域 R^* 满足

$$R^* = \left\{ x : \ \pi_0(x) < \pi_1(x) \right\} = \left\{ x : \ \frac{\int_{\Theta_1} \pi(\theta|x)\mathrm{d}\theta}{\int_{\Theta_0} \pi(\theta|x)\mathrm{d}\theta} > 1 \right\}. \tag{8.3.10}$$

证明　由引理 8.3.1, 当 $x \in R^*$ 时, 有 $R_\pi(\delta^*|x) = \pi_0(x)$, 且由假设有 $\pi_0(x) < \pi_1(x)$ (见 (8.3.10) 式). 对于任一其他判决 $\delta(x)$, 如 (8.3.6) 式所示, 由引理 8.3.1 及 (8.3.8) 式可知, 其后验风险为 $\pi_0(x)$ 或 $\pi_1(x)$, 但都有

$$\pi_0(x) = R_\pi(\delta^*|x) \leqslant R_\pi(\delta|x), \qquad \forall\, x \in R^*,\ \forall\, \delta(x).$$

当 $x \in \overline{R^*}$ 时, $R_\pi(\delta^*|x) = \pi_1(x)$, 且有 $\pi_1(x) \leqslant \pi_0(x)$ (见 (8.3.10) 式). 而对任一判决 $\delta(x)$, 其值为 $\pi_0(x)$ 或 $\pi_1(x)$, 因而也都有

$$\pi_1(x) = R_\pi(\delta^*|x) \leqslant R_\pi(\delta|x), \qquad \forall\, x \in \overline{R^*},\ \forall\, \delta(x).$$

综合以上两式可知, 对任何 x 和 $\delta(x)$ 都有 $R_\pi(\delta^*|x) \leqslant R_\pi(\delta|x)$, 即 $\delta^*(x)$ 为 Bayes 解.

在实用上, (8.3.10) 式可表示为

$$R^* = \{x:\ K_{10}(x) > 1\}; \quad K_{10}(x) = \frac{\pi_1(x)}{\pi_0(x)} = \frac{\int_{\Theta_1} \pi(\theta|x)\mathrm{d}\theta}{\int_{\Theta_0} \pi(\theta|x)\mathrm{d}\theta}. \tag{8.3.11}$$

$K_{10}(x)$ 称为交比 (odds ratio), 实际上就是后验概率比. 另外, 由于 $\pi_1(x)+\pi_0(x) = 1$, 因此有

推论 1　R^* 可表示为

$$R^* = \left\{x:\ \pi_1(x) = \int_{\Theta_1} \pi(\theta|x)\mathrm{d}\theta > \frac{1}{2}\right\}. \tag{8.3.12}$$

由以上定理和推论的结果可知, Bayes 假设检验问题的求解过程比较简单直接, 只需求出后验概率, 即可根据 (8.3.11) 式或 (8.3.12) 式得到假设检验问题的 Bayes 否定域.

例 8.3.3　设 $X_1, \cdots, X_n$ 为独立同分布样本, 且有 $X_1 \sim N(\theta,1)$. 假设 θ 的先验分布为 $\theta \sim \pi(\theta) \sim N(\mu,\tau^2)$, 求以下单边假设检验问题的 Bayes 解: $H_0: \theta \leqslant \theta_0 \longleftrightarrow H_1: \theta > \theta_0$.

解　由例 8.1.2 可知, θ 的后验分布亦为正态分布: $\pi(\theta|x) \sim N(a,\eta^2)$, 其中

$$a = \frac{n\overline{x}+\tau^{-2}\mu}{n+\tau^{-2}}, \qquad \eta^2 = \frac{1}{n+\tau^{-2}}. \tag{8.3.13}$$

对于本问题, $\Theta_0 = \{\theta \leqslant \theta_0\}$, $\Theta_1 = \{\theta > \theta_0\}$, 因而由 $\theta|x \sim N(a,\eta^2)$ 即可求出后验概率:

$$\pi_1(x) = P(\theta > \theta_0|x) = P\left\{\frac{\theta-a}{\eta} > \frac{\theta_0-a}{\eta}\bigg|x\right\}.$$

由于 $(\theta - a)/\eta|x$ 服从标准正态分布, 因而有

$$\pi_1(x) = 1 - \Phi\left(\frac{\theta_0 - a}{\eta}\right), \quad \pi_0(x) = \Phi\left(\frac{\theta_0 - a}{\eta}\right). \tag{8.3.14}$$

由此即可根据样本的取值进行假设检验. 根据 (8.3.12) 式, 其否定域可表示为 $R^* = \{x : \pi_1(x) > 1/2\}$, 因此有

$$R^* = \left\{x : \Phi\left(\frac{\theta_0 - a}{\eta}\right) < \frac{1}{2}\right\} = \left\{x : \frac{\theta_0 - a}{\eta} < 0\right\}$$
$$= \{x : a > \theta_0\} = \{x : n(\overline{x} - \theta_0) > (\theta_0 - \mu)/\tau^2\}.$$

易见, 这个否定域与根据 Neyman-Pearson 理论 (MLR 检验) 得到的否定域 $R^* = \{x : n(\overline{x} - \theta_0) > k\}$ 类似, 但是此处常数 $k = (\theta_0 - \mu)/\tau^2$ 由先验分布决定.

以下例题说明, 对于简单假设问题, Bayes 解与 Neyman-Pearson 理论得到的解是一致的.

例 8.3.4 设 $X \sim f(x, \theta)$, $\theta \in \Theta$, 对于简单假设检验问题 $H_0 : \theta = \theta_0 \longleftrightarrow H_1 : \theta = \theta_1$, 若取先验分布为

$$\pi(\theta) = \begin{cases} \pi_0, & \theta = \theta_0, \\ \pi_1, & \theta = \theta_1, \end{cases}$$

则其 Bayes 否定域可表示为

$$R^* = \left\{x : \lambda(x) = \frac{f(x, \theta_1)}{f(x, \theta_0)} > c\right\}, \tag{8.3.15}$$

其中 $c = \pi_0/\pi_1$.

证明 对于本例简单假设检验问题, 由于 $\Theta_0 = \theta_0$; $\Theta_1 = \theta_1$, 因此 $\pi(\theta_i|x) = c(x)\pi_i f(x, \theta_i)$ $(i = 0, 1)$, 则有

$$\pi_i(x) = \int_{\Theta_i} \pi(\theta|x)\mathrm{d}\theta = \pi(\theta_i|x) = c(x)\pi_i f(x, \theta_i), \quad i = 0, 1.$$

因此代入 (8.3.11) 式有

$$K_{10}(x) = \frac{\pi_1(x)}{\pi_0(x)} = \frac{f(x, \theta_1)\pi_1}{f(x, \theta_0)\pi_0}. \tag{8.3.16}$$

因此根据 (8.3.10) 式, 简单假设检验问题的 Bayes 否定域为

$$R^* = \{K_{10}(x) > 1\} = \left\{\frac{f(x, \theta_1)}{f(x, \theta_0)} > \frac{\pi_0}{\pi_1}\right\}.$$

由此即可得到 (8.3.15) 式.

8.3.2 Bayes 因子和双边检验

Bayes 因子是 Bayes 假设检验问题的重要统计量 (可参见 Berger (1993), Shao (1998), 茆诗松 (1999)). 我们首先结合简单假设检验问题说明其统计意义, 并用于常见的双边检验. 由 (8.3.16) 式可得

$$\frac{\pi_0(x)/\pi_1(x)}{\pi_0/\pi_1} = \frac{f(x,\theta_0)}{f(x,\theta_1)}. \tag{8.3.17}$$

该式右端为 H_0 假设下和 H_1 假设下的似然比, 其值越大, 则 H_0 成立的可能性越大, 因此它反映了样本对假设 H_0 支持的程度. (8.3.17) 式左端为 H_0 假设下和 H_1 假设下后验概率比与先验概率比之间的比值, 它应该与右端有相同的含义, 即反映了样本对原假设 H_0 支持的程度.

对于一般假设检验问题 (8.3.1), 我们得不到像 (8.3.17) 式那样简单明了的表达式, 但是该式左端仍然有类似的含义, 可以推广到一般情形, 称为 Bayes 因子, 定义如下:

定义 8.3.1 设 $X \sim f(x,\theta)$, $\theta \in \Theta$, θ 的先验分布为 $\pi(\theta)$, 其相应的后验分布为 $\pi(\theta|x)$. 对于假设检验问题 (8.3.1), 其 Bayes 因子定义为

$$B(x) = \frac{\pi_0(x)/\pi_1(x)}{\pi_0/\pi_1}; \quad \pi_i = P(\theta \in \Theta_i); \quad \pi_i(x) = P(\theta \in \Theta_i|x); \quad i = 0,1. \tag{8.3.18}$$

在这个定义中, 后验概率比 $\pi_0(x)/\pi_1(x)$ 综合了先验信息与样本信息的影响, 其值越大, 表明 H_0 成立的可能性越大; 它除以先验概率比 π_0/π_1 以后, 就抵消了一部分先验信息的影响, 因而就较多地突出了样本, 即数据的影响. 因此不少学者认为, Bayes 因子反映了样本对原假设 H_0 支持的程度. 另外, 若把 (8.3.18) 式表示为 $\pi_0(x)/\pi_1(x) = B(x)(\pi_0/\pi_1)$, 由此式亦可看出: $B(x)$ 越大, 则 H_0 成立的可能性越大. 但是, Bayes 检验的主要任务还是根据定理 8.3.1 以及 (8.3.10)—(8.3.12) 式求出检验问题的后验概率和否定域.

在 Bayes 检验中, 需要特别予以关注的是以下常见的单点双边假设检验问题:

$$H_0 : \theta = \theta_0 \longleftrightarrow H_1 : \theta \neq \theta_0. \tag{8.3.19}$$

对于这个检验, 其先验分布不能简单地套用前面两节所介绍的若干连续型分布. 因为连续型分布在一个点 θ_0 处的概率恒为零, 从而导致后验概率亦为零, 无法进行有效的检验. 因此对于检验 (8.3.19), 通常应在 θ_0 处赋予一定概率, 以便得到非零的后验概率. 所以, 其先验分布的一般形式应当为

$$\pi(\theta) = \begin{cases} \pi_0, & \theta = \theta_0, \\ (1-\pi_0)g_1(\theta), & \theta \neq \theta_0. \end{cases} \tag{8.3.20}$$

其中 $0 < \pi_0 < 1$ 表示在 $\theta = \theta_0$ 处的先验权重, 在 $\theta \neq \theta_0$ 上, $\pi_1 = 1 - \pi_0$ 表示先验权重, $g_1(\theta)$ 为一个连续型或离散型先验分布. 因此, 若 $X \sim f(x,\theta)$, $\theta \in \Theta$, 则后验分布可表示为

$$\pi(\theta|x) = c(x)\pi(\theta)f(x,\theta) = \begin{cases} c(x)\pi_0 f(x,\theta_0), & \theta = \theta_0, \\ c(x)\pi_1 g_1(\theta)f(x,\theta), & \theta \neq \theta_0, \end{cases}$$

其中 $c^{-1}(x) = m(x) = \int_\Theta \pi(\theta)f(x,\theta)\mathrm{d}\theta$. 因此有

$$m(x) = \pi_0 f(x,\theta_0) + \pi_1 m_1(x); \quad m_1(x) = \int_{\theta \neq \theta_0} g_1(\theta)f(x,\theta)\mathrm{d}\theta. \tag{8.3.21}$$

由此可得检验 (8.3.19) 的后验概率和交比 K_{10} 以及 Bayes 因子分别为

$$\pi_0(x) = \frac{\pi_0 f(x,\theta_0)}{m(x)}; \quad \pi_1(x) = \frac{\pi_1 m_1(x)}{m(x)}. \tag{8.3.22}$$

$$K_{10}(x) = \frac{\pi_1 m_1(x)}{\pi_0 f(x,\theta_0)}; \quad B(x) = \frac{f(x,\theta_0)}{m_1(x)}. \tag{8.3.23}$$

由以上公式可知, 在假设检验问题 (8.3.19) 的求解过程中, 要考虑到 $\theta = \theta_0$ 处权重的影响, 而在 $\theta \neq \theta_0$ 处则要扣除权重的影响 (即 $\pi_1 = 1 - \pi_0$), 因而要分别进行计算. 至于先验分布 $g_1(\theta)$, 若是连续型分布, 则由它得到的后验分布与前两节介绍的情况类似, 因为 $\theta = \theta_0$ 处的概率为零.

另外, 根据充分性准则 (见 (8.1.3) 式), 以上公式中 $X \sim f(x,\theta)$ 的密度函数可以换成充分统计量 $T = T(X)$ 的密度函数, 结果不变.

例 8.3.5 设 $X_1, \cdots, X_n$ 为独立同分布样本, 且 $X_1 \sim b(1,\theta)$. 求以下假设检验问题的 Bayes 解: $H_0 : \theta = 1/2 \longleftrightarrow H_1 : \theta \neq 1/2$.

(1) 假设 θ 的先验分布如 (8.3.20) 所示, 其中 $\pi(1/2) = \pi_0$, 在 $\theta \neq 1/2$ 处先验分布 $g_1(\theta)$ 为均匀分布 $R(0,1)$;

(2) 若取 $\pi_0 = 1/2$, $n = 6$, 当观测值 $T = 0, 1, 2, 3, 4, 5, 6$ 时, 计算交比 $K_{10}(x)$, Bayes 因子 $B(x)$ 的值, 并说明否定域的情况.

解 (1) 由假设可知, $\theta_0 = 1/2$, $f(x,\theta) = \theta^T(1-\theta)^{n-T}$, 其中 $T = \sum_{i=1}^n x_i$. 因而 $f(x,\theta_0) = (1/2)^n$. 当 $\theta \neq 1/2$ 时, $g_1(\theta)$ 为均匀分布 $R(0,1)$, 由例 8.1.1 可知, θ 的后验分布为 β 分布 $BE(T+1, n-T+1)$, 因此有

$$m_1(x) = \int_{\theta \neq \theta_0} g_1(\theta)f(x,\theta)\mathrm{d}\theta = \int_0^1 \theta^T(1-\theta)^{n-T}\mathrm{d}\theta$$
$$= \frac{\Gamma(T+1)\Gamma(n-T+1)}{\Gamma(n+2)} = \frac{T!(n-T)!}{(n+1)!}.$$

$$K_{10}(x) = \frac{\pi_1 m_1(x)}{\pi_0 f(x, \theta_0)} = \frac{1 - \pi_0}{\pi_0} \frac{T!(n-T)!}{(n+1)!} 2^n,$$

$$B(x) = \frac{f(x, \theta_0)}{m_1(x)} = \frac{(n+1)!}{T!(n-T)!} 2^{-n}.$$

(2) 当 $\pi_0 = 1/2$, $n = 6$, 观测值为 $T = 0, 1, 2, 3, 4, 5, 6$ 时, $K_{10}(x)$ 和 $B(x)$ 的数值如下所示:

T	0	1	2	3	4	5	6
$K_{10}(x)$	9.143	1.524	0.610	0.457	0.610	1.524	9.143
$B(x)$	0.109	0,656	1.641	2.185	1.641	0.656	0.109

表中交比的结果说明, $T = 0, 1$, 或 $T = 5, 6$ 时 $K_{10}(x)$ 都大于 1, 所以应否定原假设, 即 T 取值太大或太小时 $\theta = 1/2$ 不成立, 这显然是合理的. Bayes 因子的结果与交比的结果非常吻合, $T = 0, 1$, 或 $T = 5, 6$ 时 $B(x)$ 都很小, 因而不支持原假设 $\theta = 1/2$. 但是, $T = 3$ 时 (即成功与失败的次数相等), Bayes 因子 $B(3) = 2.185$, 这表明, 样本强烈支持原假设 $H_0: \theta = 1/2$, 这也显然是合理的.

例 8.3.6 设 $X_1, \cdots, X_n$ 为独立同分布样本, 且有 $X_1 \sim N(\theta, \sigma^2)$, σ^2 已知, 求以下假设检验问题的 Bayes 解: $H_0: \theta = \theta_0 \longleftrightarrow H_1: \theta \neq \theta_0$. 假设 θ 的先验分布如 (8.3.20) 所示, 其中 (1) $g_1(\theta) = 1$, $\theta \neq \theta_0$; (2) $g_1(\theta) \sim N(\theta_0, \sigma_0^2)$, $\theta \neq \theta_0$ (其中 (1) 为无信息先验; 关于 (2), 若 θ 接近于 θ_0, 把先验均值设置为 θ_0 是合适的).

解 (1) 当 σ^2 已知时, $T = T(X) = \overline{X}$ 为充分统计量, $\overline{X} \sim N(\theta, \sigma^2/n)$. 因此可用 $T = \overline{X}$ 的分布代替 X 的分布. 由 (8.3.23) 式可得

$$K_{10}(x) = \frac{\pi_1 \int_{\theta \neq \theta_0} \frac{\sqrt{n}}{\sqrt{2\pi\sigma^2}} \exp\left\{-\frac{n}{2\sigma^2}(\overline{x}-\theta)^2\right\} \mathrm{d}\theta}{\pi_0 \frac{\sqrt{n}}{\sqrt{2\pi\sigma^2}} \exp\left\{-\frac{n}{2\sigma^2}(\overline{x}-\theta_0)^2\right\}}$$

$$= \frac{\pi_1}{\pi_0} \sqrt{\frac{2\pi\sigma^2}{n}} \exp\left\{\frac{1}{2} \frac{n(\overline{x}-\theta_0)^2}{\sigma^2}\right\}.$$

由于交比 $K_{10}(x)$ 为 $Z = |\overline{x} - \theta_0|/\sigma$ 的严增函数, 因此否定域可表示为

$$R^* = \{K_{10}(x) > 1\} = \left\{\frac{|\overline{x} - \theta_0|}{\sigma} > c\right\}.$$

这个否定域与经典的结果一致, 但是此处常数 c 与先验分布有关.

(2) 这时 $g_1(\theta) \sim N(\theta_0, \sigma_0^2)$, $\theta \neq \theta_0$, 由 (8.3.23) 式可得

$$K_{10}(x) = \frac{\pi_1 \int_{\theta \neq \theta_0} g_1(\theta) \frac{\sqrt{n}}{\sqrt{2\pi\sigma^2}} \exp\left\{-\frac{n}{2\sigma^2}(\overline{x}-\theta)^2\right\} \mathrm{d}\theta}{\pi_0 \frac{\sqrt{n}}{\sqrt{2\pi\sigma^2}} \exp\left\{-\frac{n}{2\sigma^2}(\overline{x}-\theta_0)^2\right\}}.$$

由于 $g_1(\theta) \sim N(\theta_0, \sigma_0^2)$ 为连续型分布, 因此上式分子就是一般的边缘分布, 这在例 8.1.2 中已经给出, (8.1.6) 式的结果代入上式分子可得

$$\begin{aligned}
K_{10}(x) &= \frac{\pi_1}{\pi_0} \frac{1}{\sqrt{2\pi(\sigma_0^2 + \sigma^2/n)}} \exp\left\{-\frac{1}{2}\frac{(\theta_0-\overline{x})^2}{(\sigma_0^2+\sigma^2/n)}\right\} \frac{\sqrt{2\pi\sigma^2}}{\sqrt{n}} \exp\left\{\frac{n}{2\sigma^2}(\overline{x}-\theta_0)^2\right\} \\
&= \frac{\pi_1}{\pi_0} \frac{1}{\sqrt{1 + n\sigma_0^2/\sigma^2}} \exp\left\{-\frac{1}{2}\frac{(\theta_0-\overline{x})^2}{(\sigma_0^2+\sigma^2/n)} + \frac{n}{2\sigma^2}(\overline{x}-\theta_0)^2\right\} \\
&= \frac{\pi_1}{\pi_0} \frac{1}{\sqrt{1 + n\sigma_0^2/\sigma^2}} \exp\left\{\frac{1}{2}\frac{n(\overline{x}-\theta_0)^2}{\sigma^2}\frac{n\sigma_0^2}{n\sigma_0^2+\sigma^2}\right\}.
\end{aligned}$$

由于交比 $K_{10}(x)$ 为 $Z = |\overline{x}-\theta_0|/\sigma$ 的严增函数, 因此否定域可表示为

$$R^* = \{K_{10}(x) > 1\} = \left\{\frac{|\overline{x}-\theta_0|}{\sigma} > k\right\}.$$

这个否定域也与经典的结果一致, 但是此处常数 k 与先验分布有关.

8.4 区间估计的 Bayes 方法

对于区间估计问题, Bayes 统计推断的出发点仍然是后验分布, 但是其基本思想比较简单直观.

8.4.1 Bayes 区间估计

设 $X \sim f(x, \theta)$, $\theta \in \Theta$, θ 的先验分布为 $\pi(\theta)$. 对于区间估计, Bayes 方法比经典方法简单直接, 不需要求枢轴量以及枢轴量的分布. 因为 θ 是随机变量, 有了后验分布 $\pi(\theta|x)$ 以后, 就很容易算出它落在一个区间 (或区域) 的概率, 从而得到区间估计.

定义 8.4.1 若区域 $C(x) \subset \Theta$ 满足条件

$$P\{\theta \in C(x)|x\} = \int_{\{\theta \in C(x)\}} \pi(\theta|x)\mathrm{d}\theta \geqslant 1 - \alpha. \tag{8.4.1}$$

则称 $C(x)$ 为参数 θ 的一个水平为 $1-\alpha$ 的 Bayes 置信域, 或称为**可信域** (credible region). 特别, 若 $C(x) = [\underline{\theta}(x), \overline{\theta}(x)]$, 则称 $[\underline{\theta}(x), \overline{\theta}(x)]$ 为 θ 的一个水平为 $1-\alpha$

的 Bayes 置信区间, 或可信区间; 若 $C(x) = (-\infty, \overline{\theta}(x)]$ 和 $[\underline{\theta}(x), \infty)$, 则称 $\overline{\theta}(x)$ 和 $\underline{\theta}(x)$ 分别为 θ 的水平为 $1-\alpha$ 的 Bayes 置信上限和 Bayes 置信下限.

与参数置信域的定义类似, 若 $\pi(\theta|x)$ 为连续型分布, 则以上定义中的不等式可改为等式, 以便于计算. 另外, 实用上大多考虑一维单参数的情形.

例 8.4.1 设 $X_1, \cdots, X_n$ 为独立同分布样本, 且有 $X_1 \sim N(\theta, \sigma^2)$, σ^2 已知. 假设 θ 的先验分布为 $\theta \sim \pi(\theta) \sim N(\mu, \tau^2)$, 求参数 θ 的 Bayes 置信区间.

解 由例 8.1.2 的结果可知 $\pi(\theta|x) \sim N(a, \eta^2)$, 其中 a 和 η^2 如 (8.1.4) 所示. 因此可化为标准正态分布: $\dfrac{\theta - a}{\eta}\bigg|x \sim N(0,1)$, 由此可得

$$P\left\{\left|\frac{\theta - a}{\eta}\right| < z_{1-\frac{\alpha}{2}}\bigg|x\right\} = 1 - \alpha.$$

从而可反解得到

$$[\underline{\theta}(x), \overline{\theta}(x)] = [a - \eta z_{1-\frac{\alpha}{2}}, a + \eta z_{1-\frac{\alpha}{2}}]. \tag{8.4.2}$$

其中 $z_{1-\frac{\alpha}{2}}$ 为标准正态分布的 $1 - \dfrac{\alpha}{2}$ 分位数. 这是以后验期望为中心的一个区间, 与经典结果不同. 例如: 若 $\sigma = 10$, $\mu = 100$, $\tau = 15$, 并设 $n = 1$, $X_1 = 115$, 则由 (8.4.2) 式可得水平为 95% 的可信区间为 $(94.08, 126.70)$. 而相应的经典置信区间为 $(95.4, 134.6)$. 但是, 由 (8.1.4) 式可知, 若 $\tau \to \infty$ (即 θ 退化为广义均匀分布), 则 $a = \overline{x}$, $\eta = \sigma/\sqrt{n}$, 这时 (8.4.2) 式与经典解一致.

例 8.4.2 设 $X_1, \cdots, X_n$ 为独立同分布样本, 且有 $X_1 \sim b(1, \theta)$, 假设 θ 的先验分布为 $\theta \sim BE(p, q)$, 求参数 θ 的 Bayes 置信区间.

解 由例 8.1.1 的结果可知, θ 的后验分布为 $\pi(\theta|x) \sim BE(T+p, n-T+q)$. 为求 θ 的 Bayes 置信区间, 可根据定理 1.3.1 的推论, 把 β 分布转换为 F 分布. 今记 $2(T+p) = n_1$, $2(n-T+q) = n_2$, 则有

$$\theta|x \sim BE\left(\frac{n_1}{2}, \frac{n_2}{2}\right), \qquad \frac{n_2\theta}{n_1(1-\theta)}\bigg|x \sim F(n_1, n_2).$$

今记 F 分布 $F(n_1, n_2)$ 的 $\alpha/2$ 和 $1 - \alpha/2$ 分位数为 $F_{\alpha/2}$ 和 $F_{1-\alpha/2}$, 则有

$$P\left\{F_{\alpha/2} \leqslant \frac{n_2\theta}{n_1(1-\theta)} \leqslant F_{1-\alpha/2}\bigg|x\right\} = 1 - \alpha,$$

$$P\left\{\frac{n_1}{n_2}(1-\theta)F_{\alpha/2} \leqslant \theta \leqslant \frac{n_1}{n_2}(1-\theta)F_{1-\alpha/2}\bigg|x\right\} = 1 - \alpha,$$

$$P\left\{\frac{n_1 F_{\alpha/2}}{n_2 + n_1 F_{\alpha/2}} \leqslant \theta \leqslant \frac{n_1 F_{1-\alpha/2}}{n_2 + n_1 F_{1-\alpha/2}}\bigg|x\right\} = 1 - \alpha,$$

由此可得 θ 的 Bayes 置信区间为

$$[\underline{\theta}(x),\ \overline{\theta}(x)] = \left[\frac{n_1 F_{\alpha/2}}{n_2 + n_1 F_{\alpha/2}}, \frac{n_1 F_{1-\alpha/2}}{n_2 + n_1 F_{1-\alpha/2}}\right].$$

例 8.4.3 设某镇每周火灾发生的次数服从 Poisson 分布 $P(\lambda)$, 今观测到: 连续 5 周火灾发生的次数分别为 0, 1, 1, 0, 0. 假设样本独立同分布, λ 服从无信息先验分布 $\pi(\lambda) \propto \lambda^{-1}$, 求平均次数 λ 的水平为 90% 的可信区间. 又若观测值为 0, 1, 1, 0, 1, 其结果如何?

解 对于本问题, $n = 5$, $(x_1, \cdots, x_5)^{\mathrm{T}} = (0, 1, 1, 0, 0)^{\mathrm{T}}$, $T = \sum_{i=1}^{5} x_i = 2$. 与例 8.1.3 类似, λ 的后验分布可表示为

$$\pi(\lambda|x) = c(x)\pi(\lambda)f(x,\lambda) = c(x)\lambda^{-1}\mathrm{e}^{-n\lambda}\lambda^T = c\mathrm{e}^{-5\lambda}\lambda.$$

即 $\pi(\lambda|x)$ 服从 Γ 分布 $\Gamma(5,2)$, 式中 $c = 25$. 因此由 Γ 分布与 χ^2 分布的关系有 $10\lambda|x \sim \chi^2(4)$. 由此可得

$$P\{\chi^2(4, 0.05) < 10\lambda < \chi^2(4, 0.95)|x\} = P\{0.711 < 10\lambda < 9.488|x\} = 0.9.$$

因此, λ 的水平为 90% 的可信区间为 $(0.07, 0.95)$. 又若观测值为 0, 1, 1, 0, 1, 则 $T = \sum_{i=1}^{5} x_i = 3$, $10\lambda|x \sim \chi^2(6)$, λ 的水平为 90% 的可信区间为 $(0.16, 1.26)$. 这些结果都是比较合理的.

8.4.2 最大后验密度 (HPD) 可信区间

与参数的置信域类似, 满足条件 (8.4.1) 的可信域通常有很多, 我们应该从其中寻找最优的. 通常就是体积或区间长度最小的可信域, 在 Bayes 统计中, 经常采用 HPD 可信域, 其定义如下:

定义 8.4.2 若区域 $C(x) \subset \Theta$ 满足条件 (8.4.1), 并且存在 $k(\alpha) > 0$, 使 $C(x)$ 可表示为

$$C(x) = \{\theta \in \Theta: \quad \pi(\theta|x) \geqslant k(\alpha)\}. \tag{8.4.3}$$

则称 $C(x)$ 为参数 θ 的水平为 $1 - \alpha$ 的最大后验密度 (highest posterior density) 可信域, 简称为水平为 $1 - \alpha$ 的 HPD 可信域.

HPD 可信域有许多特点, 今摘要概述如下:

(1) 首先, $C(x)$ 必然是有界的区域, 因为由 (8.4.3) 式可知, $\theta \in C(x)$ 时 $\pi(\theta|x) \geqslant k(\alpha)$; 若 $C(x)$ 无界, 则积分 $\int_{\{\theta \in C(x)\}} \pi(\theta|x)\mathrm{d}\theta$ 必为无穷. 特别, HPD 可信区间都是有限的区间.

(2) 由于 HPD 可信域集中了密度尽量大的点, 因而它应该有最小的体积或区间长度, 这可表述为以下定理:

定理 8.4.1　在同等水平的可信域中, HPD 可信域具有最小的体积. 即若

$$P\{\theta \in C(x)|x\} = P\{\theta \in C^*(x)|x\} = 1 - \alpha < 1,$$

其中 $C(x)$ 为 HPD 可信域, 则必有

$$\int_{\{\theta \in C(x)\}} \mathrm{d}\theta \leqslant \int_{\{\theta \in C^*(x)\}} \mathrm{d}\theta.$$

证明　设在 Θ 上, 对应于集合 $C(x)$ 与 $C^*(x)$ 的示性函数分别记为 $\phi(\theta)$ 与 $\phi^*(\theta)$, 即

$$\phi(\theta) = I\{\theta : \theta \in C(x)\}, \quad \phi^*(\theta) = I\{\theta : \theta \in C^*(x)\}.$$

则要证 $\int_{\{\theta \in C(x)\}} \mathrm{d}\theta \leqslant \int_{\{\theta \in C^*(x)\}} \mathrm{d}\theta$ 等价于要证 $\int_\Theta \phi(\theta)\mathrm{d}\theta \leqslant \int_\Theta \phi^*(\theta)\mathrm{d}\theta$. 并且水平条件 $P\{\theta \in C(x)|x\} = P\{\theta \in C^*(x)|x\} = 1 - \alpha$ 等价于

$$\int_\Theta \phi(\theta)\pi(\theta|x)\mathrm{d}\theta = \int_\Theta \phi^*(\theta)\pi(\theta|x)\mathrm{d}\theta = 1 - \alpha.$$

以下证明类似于 Neyman-Pearson 基本引理的证明方法. 考虑函数 $A(\theta) = [\phi(\theta) - \phi^*(\theta)][\pi(\theta|x) - k(\alpha)]$ 及其积分

$$\int_\Theta A(\theta)\mathrm{d}\theta = \int_\Theta [\phi(\theta) - \phi^*(\theta)][\pi(\theta|x) - k(\alpha)]\mathrm{d}\theta. \tag{8.4.4}$$

其中 $k(\alpha)$ 见 (8.4.3) 式. 则由 $\phi(\theta)$ 与 $\phi^*(\theta)$ 的定义可知, 当 $\theta \in C(x)$ 时, $\phi(\theta) - \phi^*(\theta) \geqslant 0$; $\pi(\theta|x) - k(\alpha) \geqslant 0$, 因而 $A(\theta) \geqslant 0$; 而当 $\theta \notin C(x)$ 时, $\phi(\theta) - \phi^*(\theta) \leqslant 0$; $\pi(\theta|x) - k(\alpha) < 0$, 也有 $A(\theta) \geqslant 0$. 因此恒有积分 $\int_\Theta A(\theta)\mathrm{d}\theta \geqslant 0$, 从而由 (8.4.4) 式可得

$$k(\alpha) \int_\Theta [\phi(\theta) - \phi^*(\theta)]\mathrm{d}\theta \leqslant \int_\Theta [\phi(\theta) - \phi^*(\theta)]\pi(\theta|x)\mathrm{d}\theta. \tag{8.4.5}$$

由假设条件可知

$$\int_\Theta \phi(\theta)\pi(\theta|x)\mathrm{d}\theta = \int_\Theta \phi^*(\theta)\pi(\theta|x)\mathrm{d}\theta = 1 - \alpha.$$

因此 (8.4.5) 式右端为零, 而 $k(\alpha) > 0$, 所以 $\int_\Theta [\phi(\theta) - \phi^*(\theta)]\mathrm{d}\theta \leqslant 0$, 即 $\int_\Theta \phi(\theta)\mathrm{d}\theta \leqslant \int_\Theta \phi^*(\theta)\mathrm{d}\theta$, 因此有 $\int_{\{\theta \in C(x)\}} \mathrm{d}\theta \leqslant \int_{\{\theta \in C^*(x)\}} \mathrm{d}\theta$. ∎

(3) 若 θ 为一维单参数, 则 $\pi(\theta|x)$ 对应于平面上一条曲线, 可用水平线 $\pi(\theta) = k(\alpha)$ 把密度曲线截为上下两部分, 则上面部分对应的 θ 就是 HPD 可信区间, 见

图 8.3.1 和图 8.3.2. 特别, 若 $\pi(\theta|x)$ 的密度曲线为单峰的 (这是很常见的情形), 并且关于某一个点 $\mu(x)$ 对称, 则此水平线截取的 HPD 可信区间必然关于 $\mu(x)$ 对称, 并具有形式 $[\mu(x) - c(\alpha),\ \mu(x) + c(\alpha)]$, 其中 $c(\alpha)$ 由 (8.4.1) 式决定. 上面例 8.4.1 的 (8.4.2) 式就是这种情形, 因而是 HPD 可信区间. 若密度曲线为单峰非对称的, 则 HPD 可信区间 $[\underline{\theta}(x), \overline{\theta}(x)]$ 应满足

$$\int_{\underline{\theta}(x)}^{\overline{\theta}(x)} \pi(\theta|x)\mathrm{d}\theta = 1 - \alpha; \quad \pi(\underline{\theta}(x)|x) = \pi(\overline{\theta}(x)|x). \tag{8.4.6}$$

例 8.4.4 设 $X_1, \cdots, X_n$ 为独立同分布样本, 且 $X_1 \sim b(1, \theta)$, 求参数 θ 的水平为 $1 - \alpha$ 的 HPD 可信区间:

(1) θ 的先验分布为 β 分布 $BE(p, q)$;

(2) θ 的先验分布为均匀分布 $R(0, 1)$.

(3) 应用: 车间生产出大批零件, 要检测其次品率. 今从中抽出 6 件, 假设次品数 X 服从二项分布 $b(6, \theta)$, θ 的先验分布为 $BE(1, 10)$, 若观测值为 $X = x = 0$, 求 θ 的水平为 95% 的 HPD 可信区间.

解 (1) 由例 8.1.1 可知, θ 的后验分布为 $BE(p+T, q+n-T)$, 其中 $T = \sum_{i=1}^{n} X_i$, 因而后验密度可表示为

$$\pi(\theta|x) = c(x)\theta^{p+T-1}(1 - \theta)^{q+n-T-1}.$$

易见, $\pi(\theta|x)$ 为 $[0, 1]$ 区间上的一条曲线, 由 $\pi(\theta|x)$ 的一阶导数可以看出, 对于不同的 p, q, n, T 的取值, 该曲线可能为以下 4 种情况之一 (见图 8.4.1、图 8.4.2 及 Lehmann (1985)):

(i) $\pi(\theta|x)$ 在 $[0, 1]$ 上为 θ 的增函数, 则 HPD 可信区间为 $[a_1(x), 1]$;

(ii) $\pi(\theta|x)$ 在 $[0, 1]$ 上为 θ 的减函数, 则 HPD 可信区间为 $[0, a_2(x)]$;

(iii) $\pi(\theta|x)$ 在 $[0, 1]$ 上先增后减, 则 HPD 可信区间为 $[a_1(x), a_2(x)]$;

(iv) $\pi(\theta|x)$ 在 $[0, 1]$ 上先减后增, 则 HPD 可信区间为 $[0, a_1(x)]$ 和 $[a_2(x), 1]$. 其中 $a_1(x)$ 或 $a_2(x)$ 由 (8.4.1) 式决定, 并且在 (iii), (iv) 两种情形, $a_1(x)$ 和 $a_2(x)$ 同时还应满足 $\pi(a_1(x)|x) = \pi(a_2(x)|x)$ (见 (8.4.6) 式).

(2) 对于 $\theta \sim R(0, 1)$ 的情形, 即 $p = 1, q = 1$, 这时 $\pi(\theta|x) = c(x)\theta^T(1-\theta)^{n-T}$. θ 的 HPD 可信区间与 n, T 的取值有关. 若 $T = n$, 则 $\pi(\theta|x) = (n+1)\theta^n$, $\pi(\theta|x)$ 在 $[0, 1]$ 上为 θ 的增函数, 其 HPD 可信区间为 $[a_1(x), 1]$, 而 $a_1(x)$ 由 $\int_0^{a_1(x)} \pi(\theta|x)\mathrm{d}\theta = \alpha$ 决定, 因此 $a_1(x) = \alpha^{\frac{1}{n+1}}$. 若 $T = 0$, 则 $\pi(\theta|x) = (n+1)(1-\theta)^n$, $\pi(\theta|x)$ 在 $[0, 1]$ 上为 θ 的减函数, 其 HPD 可信区间为 $[0, a_2(x)]$, 而 $a_2(x)$ 由

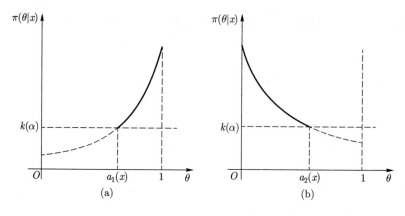

图 8.4.1　单调函数的 HPD 可信区间

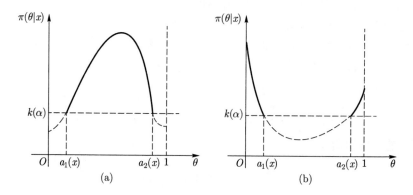

图 8.4.2　单峰和单谷函数的 HPD 可信区间

$\int_0^{a_2(x)} \pi(\theta|x)\mathrm{d}\theta = 1-\alpha$ 决定, 因此 $a_2(x) = 1 - \alpha^{\frac{1}{n+1}}$. 若 $0 < T < n$, 则

$$\pi'(\theta|x) = c(x)n\theta^{T-1}(1-\theta)^{n-T-1}\left(\frac{T}{n} - \theta\right).$$

该式表明, 当 $\theta < \dfrac{T}{n}$ 时, $\pi(\theta|x)$ 为 θ 的增函数; 当 $\theta > \dfrac{T}{n}$ 时, $\pi(\theta|x)$ 为 θ 的减函数; 而当 $\theta = \dfrac{T}{n}$ 时, $\pi(\theta|x)$ 达到其峰值. 这就是上述第 (iii) 种情形, 因此 HPD 可信区间为 $[a_1(x), a_2(x)]$, 其中 $a_1(x)$ 或 $a_2(x)$ 由 (8.4.6) 式决定.

(3) 对比 (1) 得到的公式, 本题相当于: $n = 6$, $X = 0$; $p = 1$, $q = 10$. 所以 θ 的后验分布为 $BE(1, 16)$, 即

$$\pi(\theta|x) = 16(1-\theta)^{15}I\{0 \leqslant \theta \leqslant 1\}.$$

易见, $\pi(\theta|x)$ 在区间 $[0, 1]$ 上是 θ 的单调递减函数, 即 (1) 中的情形 (ii), 因此 θ

的 95% HPD 可信区间为 $[0, a_2]$, 而 a_2 由水平条件 $\int_0^{a_2} \pi(\theta|x)\mathrm{d}\theta = 0.95$ 决定. 由此可得 $a_2 = 0.1707$, 所以 θ 的水平为 95% 的 HPD 可信区间为 $[0, 0.1707]$.

例 8.4.5 设 $X_1, \cdots, X_n$ 为独立同分布样本, 且有 $X_1 \sim N(\mu, \sigma^2)$. 假设 (μ, σ) 服从无信息先验分布 $\pi(\mu, \sigma) \propto \sigma^{-1}$, 求参数 μ 和 σ 的水平为 $1 - \alpha$ 的 HPD 可信区间.

解 由假设可知, (μ, σ) 的后验分布为

$$\pi(\mu, \sigma|x) = c(x)\sigma^{-(n+1)} \exp\left\{ -\frac{1}{2\sigma^2} \left[n(\mu - \overline{x})^2 + \sum_{i=1}^n (x_i - \overline{x})^2 \right] \right\}. \tag{8.4.7}$$

首先求 μ 的边缘分布, 这时 $\pi(\mu|x) = \int_0^\infty \pi(\mu, \sigma|x)\mathrm{d}\sigma$. 记 $S^2 = \sum_{i=1}^n (x_i - \overline{x})^2$, 并令 $y = \sigma^{-2}$, 则 $\pi(\mu, \sigma|x)\mathrm{d}\sigma$ 可表示为

$$\pi(\mu, \sigma|x)\mathrm{d}\sigma = c(x)y^{(n+1)/2} \exp\left\{ -\frac{y}{2}[n(\mu - \overline{x})^2 + S^2] \right\} y^{-3/2}\mathrm{d}y.$$

由此根据 Γ 函数的积分可得

$$\pi(\mu|x) = \int_0^\infty \pi(\mu, \sigma|x)\mathrm{d}\sigma = c(x)[n(\mu - \overline{x})^2 + S^2]^{-n/2}.$$

该式可进一步化简, 令

$$t = \frac{\sqrt{n}(\mu - \overline{x})}{S/\sqrt{n-1}} \triangleq \frac{\sqrt{n}(\mu - \overline{x})}{\widehat{\sigma}}. \tag{8.4.8}$$

其中 $\widehat{\sigma} = S/\sqrt{n-1}$, 则有 $n(\mu - \overline{x})^2 = t^2 S^2/(n-1)$, 该式代入以上 $\pi(\mu|x)$, 并把 S^2 纳入 $c(x)$ 可得

$$\pi(t|x) = c(x)\left(1 + \frac{t^2}{n-1} \right)^{-n/2}.$$

这说明, x 给定时, $t = \sqrt{n}(\mu - \overline{x})/\widehat{\sigma}$ 服从自由度为 $n-1$ 的 t 分布 (见第一章). 因此有

$$P\left\{ |t| < t\left(n-1, 1-\frac{\alpha}{2} \right) \middle| x \right\} = 1 - \alpha.$$

易见 $\pi(t|x)$ 的分布关于 $t = 0$ 对称, $\pi(\mu|x)$ 的分布关于 $\mu = \overline{x}$ 对称, 因此根据前面第 (3) 点的论证以及上式可知, μ 的水平为 $1 - \alpha$ 的 HPD 可信区间为

$$[\underline{\mu}, \overline{\mu}] = \left[\overline{x} - \frac{\widehat{\sigma}}{\sqrt{n}}t\left(n-1, 1-\frac{\alpha}{2} \right), \ \overline{x} + \frac{\widehat{\sigma}}{\sqrt{n}}t\left(n-1, 1-\frac{\alpha}{2} \right) \right].$$

这一结果与经典方法所得到的结果在形式上完全一致, 但是, 基本假设与推导过程完全不一样. 在 (8.4.8) 式中, 给定 $X = x$, μ 是随机变量; 而在第七章的经典方法中, μ 为参数, X 是随机变量.

再求 σ 的边缘分布, 这时 $\pi(\sigma|x) = \int_{-\infty}^{\infty} \pi(\mu, \sigma|x)\mathrm{d}\mu$. 在 (8.4.7) 式中, $\pi(\mu, \sigma|x)$ 关于 μ 为正态分布, 其均值为 $\overline{x}$, 方差为 σ^2/n, 因此有

$$\pi(\sigma|x) = \int_{-\infty}^{\infty} \pi(\mu, \sigma|x)\mathrm{d}\mu = c(x)\frac{1}{\sigma^n}\exp\left\{-\frac{1}{2\sigma^2}\sum_{i=1}^{n}(x_i - \overline{x})^2\right\}. \qquad (8.4.9)$$

这时 $\pi(\sigma|x)$ 作为 σ 的函数, 是一个单峰函数. 因为若令 $l(\sigma|x) = \log\pi(\sigma|x)$, 则有

$$l(\sigma|x) = \log c(x) - n\log\sigma - S^2/(2\sigma^2), \quad l'(\sigma|x) = n\sigma^{-3}\left(\frac{S^2}{n} - \sigma^2\right).$$

这说明, $l(\sigma|x)$ 及 $\pi(\sigma|x)$ 为先增后减的单峰函数, 且在 $\sigma^2 = \frac{S^2}{n}$ 时达到峰值. 这属于例 8.4.4 的第 (iii) 种情况, σ 的 HPD 可信区间可表示为 $[\sigma_1(x), \sigma_2(x)]$, 其中 $\sigma_1(x)$ 和 $\sigma_2(x)$ 满足 (8.4.6) 式, 显然, 其求解过程比较复杂.

我们亦可求 σ 的一般的 Bayes 置信区间. 事实上, 可以证明, x 给定时, $w = \sum_{i=1}^{n}(x_i - \overline{x})^2/\sigma^2$ 的条件分布为 χ^2 分布. 由 (8.4.9) 式可知, 后验密度 $\pi(\sigma|x)$ 可表示为 $\pi(\sigma|x) = c(x)w^{n/2}\mathrm{e}^{-\frac{1}{2}w}$, 若记 w 的密度为 $\varphi(w|x)$, 则有

$$\varphi(w|x) = \pi(\sigma|x)\left|\frac{\mathrm{d}\sigma}{\mathrm{d}w}\right| = c(x)w^{n/2}\mathrm{e}^{-\frac{1}{2}w}w^{-3/2} = c(x)w^{(n-3)/2}\mathrm{e}^{-\frac{1}{2}w}.$$

这说明, x 给定时, $w = \sum_{i=1}^{n}(x_i - \overline{x})^2/\sigma^2 = S^2/\sigma^2$ 服从自由度为 $n-1$ 的 χ^2 分布 (见第一章). 这与第七章例 7.1.2 的枢轴量 $G(X, \sigma^2)$ 十分类似, 因此有

$$P\left\{\chi^2\left(n-1, \frac{\alpha}{2}\right) \leqslant \frac{S^2}{\sigma^2} \leqslant \chi^2\left(n-1, 1-\frac{\alpha}{2}\right)\Big|x\right\} = 1-\alpha.$$

因此可得 σ^2 的 Bayes 置信区间为 $[\underline{\sigma}^2(x), \overline{\sigma}^2(x)]$, 其中

$$\underline{\sigma}^2(x) = \frac{S^2}{\chi^2(n-1, 1-\frac{\alpha}{2})}, \quad \overline{\sigma}^2(x) = \frac{S^2}{\chi^2(n-1, \frac{\alpha}{2})}.$$

这一结果与经典方法所得到的结果在形式上完全一致, 但是, 基本假设与推导过程完全不一样. 在本例的 $w = \sum_{i=1}^{n}(x_i - \overline{x})^2/\sigma^2 = S^2/\sigma^2$ 中, 给定 $X = x$, σ 是随机变量; 而在例 7.1.2 中, σ 为参数, X 是随机变量. 另外, 以上 Bayes 置信区间并不是 HPD 可信区间, 因为它们不满足 (8.4.6) 式.

注 在文献中, HPD 可信域还有另一种定义 (例如, 可参见茆诗松 (1999)), 我们就权且称之为定义 8.4.2′, 其定义如下:

定义 8.4.2′ 若区域 $C'(x) \subset \Theta$ 满足条件 (8.4.1), 并且对任何 $\theta \in C'(x)$ 及 $\theta_1 \in \overline{C'(x)}$ 有 $\pi(\theta|x) \geqslant \pi(\theta_1|x)$, 则称 $C'(x)$ 为参数 θ 的水平为 $1-\alpha$ 的 HPD 可信域.

　　这两种定义虽然不完全等价, 但是差别很小. 易见, 若 $C(x)$ 满足定义 8.4.2, 则必满足定义 8.4.2′, 因为由 (8.4.3) 式可知, 若 $\theta \in C(x)$, $\theta_1 \in \overline{C(x)}$, 则有 $\pi(\theta_1|x) < k(\alpha) \leqslant \pi(\theta|x)$. 反之, 若 $C'(x)$ 满足定义 8.4.2′, 则可记 $\theta \in C'(x)$ 时 $\pi(\theta|x)$ 的下确界为 $k(\alpha)$, 对此 $k(\alpha)$, 可根据 (8.4.3) 式定义相应的 $C(x)$. 则对任何 $\theta \in C'(x)$ 有 $\pi(\theta|x) \geqslant k(\alpha)$, 因而 $\theta \in C(x)$, 即 $C'(x) \subset C(x)$. 事实上, $C'(x)$ 与 $C(x)$ 的差别主要在集合 $R^0 = \{\theta : \pi(\theta|x) = k(\alpha)\}$ 上, 因为若 $\pi(\theta|x) < k(\alpha)$, 则显然 $\theta \in \overline{C(x)}$, $\theta \in \overline{C'(x)}$; 若 $\pi(\theta|x) > k(\alpha)$, 则有 $\theta \in C(x)$, $\theta \in C'(x)$. 在 $R^0 = \{\theta : \pi(\theta|x) = k(\alpha)\}$ 上, $C'(x)$ 与 $C(x)$ 可能有差别, 见图 8.4.3(a); 其中 $C(x) = [a(x), b(x)]$, 而 $C'(x)$ 可以具有 $C'(x) = [a'(x), b'(x)]$ 的形式. 但是若 R^0 为零测集, 则 $C'(x)$ 与 $C(x)$ 没有差别, 见图 8.4.3(b). 所以在实际应用上, 这两种定义差别不大. 另外, 在实际应用上也不一定非要求 HPD 可信域, 大多数情形下求解水平为 90% 或 95% 的 Bayes 置信区间即可.

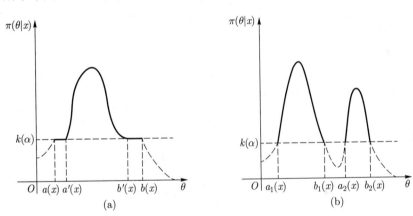

图 8.4.3　HPD 可信区间的两种定义

习题八

　　1. 设 $X_1, \cdots, X_n$ 为 i.i.d. 样本, 在给定 X_1 的分布和参数先验分布的情况下, 求相应的后验分布:

　　(1) $X_1 \sim N(\theta, 1)$, 并设 θ 的先验分布为指数分布 $E(a)$, 但 a 已知, 求 θ 的后验分布;

　　(2) $X_1 \sim \Gamma(\lambda, \nu)$, ν 已知. $\lambda \sim \Gamma(a, p)$, 求 λ 的后验分布;

　　(3) $X_1 \sim f(x_1, \theta) = 2x_1\theta^{-2}I\{0 \leqslant x_1 \leqslant \theta\}$, 并设 $\theta \sim \mu\theta^{-2}I\{\theta \geqslant \mu\}$, 求 θ 的后验分布.

　　2. 证明下列先验分布是共轭先验分布:

　　(1) 设 $X_1, \cdots, X_n$ 为 i.i.d. 样本, X_1 服从两点分布 $b(1, \theta)$, 其中 θ 已知, 样本容量 n 未知, n 的先验分布为 $P(\lambda)$;

(2) 设 $X_1, \cdots, X_n$ 为 i.i.d. 样本, X_1 服从指数分布 $E(1/\sigma) = \Gamma(1/\sigma, 1)$, σ 的先验分布为逆 Γ 分布 $\Gamma^{-1}(a, p)$;

(3) 设 $X_1, \cdots, X_n$ 为 i.i.d. 样本, X_1 服从负二项分布 $NB(\theta, r)$, r 已知, θ 未知; 其先验分布为 $BE(p, q)$;

(4) 设 $X_1, \cdots, X_n$ 为 i.i.d. 样本, $X_1 \sim N_k(\theta, I_k)$, $\theta \in \mathbf{R}^k$, 并设 $\theta \sim N_k(\mu_0, \Sigma_0)$, 其中 μ_0 和 Σ_0 已知.

3. 设 $X_1, \cdots, X_n$ 为 i.i.d. 样本, X_1 服从幂函数分布 $X_1 \sim PF(c, \theta)$, 即 $f(x_1; c, \theta) = cx_1^{c-1}\theta^{-c}I\{0 \leqslant x_1 \leqslant \theta\}$ $(c > 0;\ \theta > 0)$. 证明: 若 c 已知, 则 θ 的共轭先验分布为 Pareto 分布; 若 θ 已知, 则 c 的共轭先验分布为 Γ 分布.

4. 设 $X_1, \cdots, X_n$ 为 i.i.d. 样本, $X_1 \sim N(\mu, \sigma^2)$, μ 和 σ^2 都未知. 又设 $\delta = \dfrac{1}{2\sigma^2}$ 的先验分布为 $\pi(\delta) \sim \Gamma(\alpha, p)$; 在 σ^2 给定条件下, μ 的先验分布为 $\pi(\mu|\sigma^2) \sim N(\mu_0, \sigma_0^2/\delta)$.

(1) 求 (μ, δ) 的联合后验分布;

(2) 求 δ 的后验边缘分布, 以及给定 δ 条件下 μ 的后验边缘分布.

5. 设 $X_1, \cdots, X_n$ 为 i.i.d. 样本, $X_1 \sim N(\mu, \sigma^2)$, 其中 μ 和 $\delta = \sigma^2$ 未知, 又设 $\theta = (\mu, \delta)$ 的先验密度 $\pi(\theta) = \delta^{-1}I\{\delta > 0\}$. 证明:

(1) $\theta = (\mu, \delta)$ 的后验密度函数可表示为 $\pi(\theta|X) = \pi_1(\mu|\delta, X)\pi_2(\delta|X)$, 其中 $\pi_1(\mu|\delta, X) \sim N(\overline{X}, \delta/n)$, $\pi_2(\delta|X)$ 服从逆 Γ 分布 $\Gamma^{-1}(s, n')$, 其中 $n' = \dfrac{n-1}{2}$, $s = \dfrac{1}{2}\sum\limits_{i=1}^{n}(X_i - \overline{X})^2$;

(2) δ 的后验边缘分布服从逆 Γ 分布 $\Gamma^{-1}(s, n')$;

(3) μ 的后验边缘密度函数是 $f((\mu - \overline{X})/\tau)$, 其中 $\tau^2 = \dfrac{1}{n(n-1)}\sum\limits_{i=1}^{n}(X_i - \overline{X})^2$; $f(\cdot)$ 是自由度为 $n-1$ 的 t 分布的密度函数.

6. 设 $X = (X_1, \cdots, X_k)^{\mathrm{T}}$ 服从多项分布 $MN(n, \theta)$, 即

$$f(x; \theta) = \frac{n!}{x_1! \cdots x_k!} \prod_{i=1}^{k} \theta_i^{x_i},$$

其中 $\theta = (\theta_1, \cdots, \theta_k)^{\mathrm{T}}$ 为参数, $\sum\limits_{i=1}^{k}\theta_i = 1$, $\sum\limits_{i=1}^{k}x_i = n$, θ 的先验分布为 Dirichlet (狄利克雷) 分布, 即为

$$\pi(\theta) = \frac{\Gamma(\alpha_0)}{\prod\limits_{i=1}^{k}\Gamma(\alpha_i)} \prod_{i=1}^{k} \theta_i^{\alpha_i - 1}; \quad 0 \leqslant \theta_i \leqslant 1,\ 1 \leqslant i \leqslant k.$$

其中 $\alpha_i > 0$, $i = 1, \cdots, k$; $\sum\limits_{i=1}^{k}\alpha_i = \alpha_0$. 记 $\alpha = (\alpha_1, \cdots, \alpha_k)^{\mathrm{T}}$, 并把这一分布记为 $D(\alpha)$. 证明: θ 的后验分布服从 Dirichlet 分布 $D(\alpha + x)$.

7. 设 $X = (X_1, \cdots, X_n)^{\mathrm{T}}$ 服从指数族分布:

$$f(x, \theta) = h(x) \exp\left\{\sum_{i=1}^{k} Q_i(\theta)T_i(x) - b(\theta)\right\}.$$

(1) 证明: $\pi(\theta) = c(\alpha, m)\exp\left\{\sum\limits_{i=1}^{k}\alpha_i Q_i(\theta) - mb(\theta)\right\}$ 为 θ 的共轭先验分布;

(2) 把以上结果用于双参数的 β 分布和 Γ 分布.

8. 设 $X_1,\cdots,X_n$ 为 i.i.d. 样本, 由 Jeffreys 准则确定以下参数的先验分布:

(1) $X_1 \sim \Gamma(\lambda,\nu)$, 但 ν 已知, λ 未知;

(2) $X_1 \sim E(1/\theta)$ 为寿命分布, 但只观测到前 r 个寿命的值: $Y_1 = X_{(1)},\cdots,Y_r = X_{(r)}$;

(3) $X_1 \sim NB(\theta,r)$, 但 r 已知, θ 未知;

(4) $X = (X_1,\cdots,X_k)^{\mathrm{T}}$ 服从第 6 题的多项分布 $MN(n,\theta)$.

9. 根据 Jeffreys 准则证明:

(1) 若 $X = (X_1,\cdots,X_n)^{\mathrm{T}}$ 服从位置参数分布 $f(x-\mu\mathbf{1})$, 则 $\pi(\mu) \propto 1$;

(2) 若 $X = (X_1,\cdots,X_n)^{\mathrm{T}}$ 服从尺度参数分布 $\sigma^{-n}f(x/\sigma)$, 则 $\pi(\sigma) \propto 1/\sigma$;

(3) 若 $X = (X_1,\cdots,X_n)^{\mathrm{T}}$ 服从位置尺度参数分布族 $\sigma^{-n}f((x-\mu\mathbf{1})/\sigma)$, 则 $\pi(\sigma,\mu) \propto 1/\sigma^2$.

10. 设 $X_1,\cdots,X_n$ 为 i.i.d. 样本, 在均方损失下, 求相应参数的 Bayes 估计:

(1) $X_1 \sim f(x_1,\theta) = 2x_1\theta^{-2}I\{0 \leqslant x_1 \leqslant \theta\}$, θ 服从 Pareto 分布 $PR(\alpha,\mu)$;

(2) $X_1 \sim f(x_1,\lambda) = \lambda^2 x_1 e^{-\lambda x_1}I\{x_1 \geqslant 0\}$, λ 服从 Γ 分布 $\Gamma(a,\,p)$;

(3) $X_1 \sim \Gamma(1/\sigma,\nu)$, ν 已知, σ 服从逆 Γ 分布 $\Gamma^{-1}(a,p)$;

(4) $X_1 \sim f(x_1;c) = cx_1^{c-1}I\{0 \leqslant x_1 \leqslant 1\}$ $(c>0)$, c 服从 Γ 分布 $\Gamma(a,p)$.

11. 设 $X_1,\cdots,X_n$ 为 i.i.d. 样本, $X_1 \sim N(\mu,\theta)$.

(1) 若 $\theta = 1$, μ 的先验分布为 $\pi(\mu) = e^{a\mu}$, $a>0$, 在均方损失下, 求 μ, μ^2 的 Bayes 估计;

(2) 若 μ 已知, $\theta \sim \Gamma^{-1}(a,p)$, 求 θ 的后验期望估计;

(3) 条件同 (2), 在损失函数 $L(\theta,d) = \dfrac{(d-\theta)^2}{\theta^2}$ 下, 求 θ 的 Bayes 估计.

12. 设 $X_1,\cdots,X_n$ 为 i.i.d. 样本, $X_1 \sim N(\mu,\sigma^2)$, μ 和 σ^2 都未知. 又设 $\delta = \dfrac{1}{2\sigma^2}$ 的先验分布为 $\pi(\delta) \sim \Gamma(a,p)$; 在 σ^2 给定条件下, μ 的先验分布为 $\pi(\mu|\sigma^2) \sim N(\mu_0,\sigma_0^2/\delta)$. 在均方损失下, 求 μ, σ^2 的 Bayes 估计.

13. 设 $X_1,\cdots,X_n$ 为 i.i.d. 样本, $X_1 \sim P(\lambda)$, $\lambda \sim \Gamma(a,p)$.

(1) 在均方损失下, 求 $g(\lambda) = \lambda^j$ $(j \geqslant 1)$ 的 Bayes 估计;

(2) 在损失函数 $L(\lambda,d) = \dfrac{(d-\lambda)^2}{\lambda}$ 下, 求 λ 的 Bayes 估计及其后验风险和 Bayes 风险.

14. 设 $X_1,\cdots,X_n$ 为 i.i.d. 样本, $X_1 \sim b(1,p)$, $0<p<1$, p 的先验分布 $\pi(p) \sim R(0,1)$. 在损失函数 $L(d,p) = \dfrac{(d-p)^2}{p(1-p)}$ 下, 求 p 的 Bayes 估计, 并求其 Bayes 风险.

15. 设 $X_1,\cdots,X_n$ 为 i.i.d. 样本, X_1 服从均匀分布 $R\left(\theta-\dfrac{1}{2},\theta+\dfrac{1}{2}\right)$. 在无信息先验分布和均方损失下, 求 θ 的 Bayes 估计.

16. 设 $X_1,\cdots,X_n$ 为 i.i.d. 样本, $X_1 \sim \mu + \Gamma\left(\dfrac{1}{\sigma},1\right)$. 在无信息先验分布下, 求相应参数的后验期望估计:

(1) $\sigma = 1$, μ 未知; (2) $\mu = 0$, σ 未知; (3) $\theta = (\sigma,\mu)$ 都未知.

17. 设 $X_1,\cdots,X_n$ 为 i.i.d. 样本, $X_1 \sim \Gamma\left(\frac{1}{\theta},1\right)$ 表示寿命分布, $\mathrm{E}(X_1) = \theta$ 为平均寿命. 若只观测到前 r 个寿命值: $Y_1 = X_{(1)},\cdots,Y_r = X_{(r)}$, 取损失函数为 $L(\theta,d) = [(d-\theta)/\theta]^2$, 求 θ 的 Bayes 估计. 若 θ 的先验分布为:

(1) 逆 Γ 分布 $\Gamma^{-1}(a,p)$; (2) $\pi(\theta) \propto \theta^{-1}$ (由 Jeffreys 准则确定的先验分布).

18. 设 $X_1,\cdots,X_n$ 为 i.i.d. 样本, 损失函数为均方损失, 证明: 以下参数的 Bayes 估计是渐近无偏的和相合的:

(1) $X_1 \sim b(k,\theta)$, $\theta \in (0,1)$, θ 的先验分布 $\pi(\theta) \sim BE(p,q)$;

(2) $X_1 \sim R(0,\theta)$, θ 的先验分布 $\pi(\theta) \sim PR(\alpha,\theta_0) \sim \alpha\theta_0^\alpha\theta^{-(\alpha+1)}I\{\theta \geqslant \theta_0\}$, 且 $\theta_0 \leqslant X_{(n)}$;

(3) $X_1 \sim P(\lambda)$, λ 的先验分布 $\pi(\lambda) \sim \Gamma(a,p)$.

19. 设 $X_1,\cdots,X_n$ 为 i.i.d. 样本, $X_1 \sim b(1,p)$, $0 < p < 1$.

(1) 当 $p \sim BE(\alpha,\beta)$ 时, 在均方损失下, 求 $g(p) = p(1-p)$ 的 Bayes 估计, 并讨论其渐近无偏性和相合性;

(2) 设 p 服从广义先验分布 $\pi(p) = p^{-1}(1-p)^{-1}I\{0 < p < 1\}$, 在均方误差损失下, 求 p 和 $g(p)$ 的 Bayes 估计, 并讨论其渐近无偏性和相合性.

20. 设 $X_1,\cdots,X_n$ 为 i.i.d. 样本, X_1 服从负二项分布 $NB(\theta,r)$, $r > 0$ 已知; 又设 $p \sim BE(\alpha,\beta)$.

(1) 在均方损失下, 求 p 和 p^{-1} 的 Bayes 估计;

(2) 证明 (1) 中得到的 Bayes 估计是相合的.

21. 设 $X \sim N(\mu,\sigma^2)$, $\mu > 0$ 未知, σ^2 已知, μ 的先验分布为 $\pi(\mu) = I\{\mu > 0\}$, 证明: 在均方损失下, μ 的 Bayes 估计为

$$\widehat{\mu}_B = X + \frac{\sigma\varphi\left(\frac{x}{\sigma}\right)}{\left[1 - \Phi\left(-\frac{x}{\sigma}\right)\right]},$$

其中 φ 和 Φ 分别是标准正态分布的密度函数和分布函数.

22. 设 $X_1,\cdots,X_n$ 为 i.i.d. 样本, $X_1 \sim R(0,\theta)$, θ 的先验分布为 $\pi(\theta) \sim R(0,a)$, $a > 0$. 在均方损失下求 θ 的 Bayes 估计.

23. 设 X_1 服从几何分布 $G(p)$, $0 < p \leqslant 1$, $p \sim \pi(p)$. 当损失函数为 $L(p,d) = (d-p)^2/p$ 时证明: p 的 Bayes 估计为

$$\widehat{p} = 1 - \frac{\int_0^1 (1-p)^x \pi(p)\mathrm{d}p}{\int_0^1 (1-p)^{x-1}\pi(p)\mathrm{d}p}, \quad x = 1,2,\cdots.$$

★24. 设 $X_1,\cdots,X_n$ 为 i.i.d. 样本, $X_1 \sim R(0,\theta)$, θ 的先验分布为逆 Γ 分布 $\theta \sim \Gamma^{-1}(a,p)$, 证明: 在均方损失下, θ 的 Bayes 估计为

$$\widehat{\theta}_B = \frac{a}{n'}\frac{P\{\chi^2(2n') < 2a/x_{(n)}\}}{P\{\chi^2(2n'+2) < 2a/x_{(n)}\}}.$$

其中 $n' = n+p-1$, $x_{(n)}$ 为样本最大值.

(提示: 利用 Γ 分布与 χ^2 分布的关系.)

25. (1) 设 $\delta_i(X)$ 是 $g_i(\theta)$ 在均方损失下的 Bayes 估计, $i = 1, \cdots, p$. 证明: $\sum\limits_{i=1}^{p} c_i \delta_i(X)$ 是 $\sum\limits_{i=1}^{p} c_i g_i(\theta)$ 在均方损失下的 Bayes 估计;

(2) 设 $X_1, \cdots, X_n$ 为 i.i.d. 样本, $X_1 \sim PR(\alpha, \theta_0) \sim \alpha \theta_0^\alpha x_1^{-(\alpha+1)} I\{x_1 \geqslant \theta_0\}$, 其中 θ_0 已知, $\alpha \sim \Gamma(a, p)$, 在均方损失下求 $g(\alpha) = \alpha + \alpha^2$ 的 Bayes 估计.

★26. (1) 设 $\pi(\theta)$ 为正常的先验分布, $\delta(x)$ 是 $g(\theta)$ 在均方误差损失下的 Bayes 估计; 估计的偏差是 $b(\theta)$, 即 $E(\delta(X)|\theta) = g(\theta) + b(\theta)$. 假设 $E(g^2(\theta)) < \infty$, 则 $\delta(X)$ 的 Bayes 风险 $R_\pi(\delta)$ 可表示为

$$R_\pi(\delta) = E[\delta(X) - g(\theta)]^2 = -\int_\Theta g(\theta) b(\theta) \pi(\theta) d\theta.$$

其中 $E[\cdot]$ 表示对 (X, θ) 的联合分布求期望.

(提示: 参考定理 8.2.3 的证明.)

(2) 设 $X_1, \cdots, X_n$ 为 i.i.d. 样本, X_1 服从 Poisson 分布 $P(\lambda)$, 设 λ 的先验分布为 $\pi(\lambda) \sim \Gamma(a, p)$, 通过直接计算验证以上公式.

27. 设 $X_1, \cdots, X_n$ 为 i.i.d. 样本, $X_1 \sim P(\lambda)$, $\lambda \sim \Gamma(a, p)$. 设 $Y_1, \cdots, Y_m$ 为 i.i.d. 样本且与 $X_1, \cdots, X_n$ 独立, $Y_1 \sim P(\mu)$, $\mu \sim \Gamma(b, q)$, 且与 λ 独立. 在均方损失下, 求 $\rho = \lambda/\mu$ 的 Bayes 估计.

28. 设 $X_1 \sim f(x_1, \theta_1)$, $X_2 \sim f(x_2, \theta_2)$, 且 X_1 与 X_2 独立; $\theta_1 \sim \pi(\theta_1)$, $\theta_2 \sim \pi(\theta_2)$, 且 θ_1 与 θ_2 独立; 又设 δ_i 是 θ_i 在均方损失下基于 X_i 的 Bayes 估计, $i = 1, 2$. 证明:

(1) $\delta_1 - \delta_2$ 是 $\theta_1 - \theta_2$ 在均方损失下基于 (X_1, X_2) 的 Bayes 估计;

(2) $\delta_1 \delta_2$ 是 $\theta_1 \theta_2$ 在均方损失下基于 (X_1, X_2) 的 Bayes 估计.

29. 设 $X \sim f(x; \theta)$, $\theta = (\theta_1, \theta_2)$, $\theta_i \in \Theta_i$, $i = 1, 2$; $\theta \sim \pi(\theta) = \pi(\theta_1|\theta_2)\pi(\theta_2)$, 其中 $\pi(\theta_2)$ 是 Θ_2 上的密度函数, 对任意给定的 θ_2, $\pi(\theta_1|\theta_2)$ 是 Θ_1 上的密度函数, 若在 θ_2 给定条件下, $h(\theta_1) = g(\theta_1, \theta_2)$ 在均方损失下的 Bayes 估计是 $\delta(X, \theta_2)$, 则 $g(\theta_1, \theta_2)$ 在均方损失下的 Bayes 估计是 $\delta(X)$, 且满足 $\delta(X) = \int_{\Theta_2} \delta(X, \theta_2) \pi(\theta_2|X) d\theta_2$, 其中 $\pi(\theta_2|X)$ 是 θ_2 的后验分布密度函数. 把以上结果用于本章习题 4, 求 μ, σ^2 及 $g(\mu, \delta) = \mu\sigma^2$ 在均方误差下的 Bayes 估计.

30. 在均方损失函数 $L(\theta, d) = (d - g(\theta))^2$ 下证明: $g(\theta)$ 的 Bayes 解的后验风险为 $\mathrm{Var}(g(\theta)|X)$, 其中 $\mathrm{Var}(\cdot|X)$ 表示关于后验分布 $\pi(\theta|X)$ 的方差.

31. 设 $X_1, \cdots, X_n$ 为 i.i.d. 样本, 求相应参数的后验最大似然估计:

(1) $X_1 \sim f(x_1, \theta) = 2x_1 \theta^{-2} I\{0 \leqslant x_1 \leqslant \theta\}$, θ 服从 Pareto 分布 $PR(\alpha, \mu)$;

(2) $X_1 \sim f(x_1, \theta) = \lambda^2 x_1 e^{-\lambda x_1} I\{x_1 \geqslant 0\}$, λ 服从 Γ 分布 $\Gamma(a, p)$;

(3) $X_1 \sim \Gamma(1/\sigma, \nu)$, ν 已知, σ 服从逆 Γ 分布 $\Gamma(a, p)$;

(4) $X_1 \sim f(x_1; c) = cx_1^{c-1} I\{0 \leqslant x_1 \leqslant 1\}$ ($c > 0$). c 的先验分布为 Γ 分布 $\Gamma(a, p)$.

32. 设 $X_1, \cdots, X_n$ 为 i.i.d. 样本, $X_1 \sim N(\mu, \sigma^2)$, μ 已知

(1) 设 σ 的先验分布 $\pi(\sigma) \propto \dfrac{1}{\sigma}$, 求 σ 的后验最大似然估计;

(2) 记 $\delta = \sigma^2$, 设 δ 的先验分布 $\pi(\delta) \propto \dfrac{1}{\delta}$, 求 δ 的后验最大似然估计;

(3) 设 δ 的先验分布 $\pi(\delta) \sim \Gamma^{-1}(\alpha, p)$, 求 δ 的后验最大似然估计.

33. 设 $X_1, \cdots, X_n$ 为 i.i.d. 样本, $X_1 \sim N(\mu, \sigma^2)$, 其中 μ, σ^2 都未知, 记 $\delta = \sigma^2, \theta = (\mu, \delta)^{\mathrm{T}}$, 又设 $\pi(\theta) \propto \delta^{-1}$, 求 θ 的后验最大似然估计.

34. 设 $X_1, \cdots, X_n$ 为 i.i.d. 样本, X_1 服从指数分布 $X_1 \sim E(1, \theta)$, 即 $f(x_1; \theta) = \mathrm{e}^{-(x_1 - \theta)} I\{x_1 \geqslant \theta\}$. θ 的先验分布为 Cauchy 分布 $\pi(\theta) = 1/\pi(1 + \theta^2)$, 求 θ 的后验最大似然估计.

35. 设 $X_1, \cdots, X_n$ 为 i.i.d. 样本, X_1 服从幂函数分布

$$X_1 \sim f(x_1; c, \theta) = c x_1^{c-1} \theta^{-c} I\{0 \leqslant x_1 \leqslant \theta\} \ (c > 0; \ \theta > 0).$$

求相应参数的后验最大似然估计:

(1) 若 θ 已知, c 的先验分布为 Γ 分布 $\Gamma(a, p)$;

(2) 若 c 已知, θ 的先验分布为 Pareto 分布 $PR(\alpha, \mu)$.

36. 设 $X_1, \cdots, X_n$ 为 i.i.d. 样本, 求参数 θ 的后验最大似然估计, θ 的先验分布为 β 分布 $BE(a, b)$.

(1) 若 X_1 服从几何分布 $f(x_1; \theta) = \theta(1 - \theta)^{x_1 - 1}$.

(2) 若 X_1 服从 Pascal 分布

$$f(x_1; \theta) = \binom{x_1 - 1}{r - 1} \theta^r (1 - \theta)^{x_1 - r}, \quad x_1 = r, r + 1, \cdots.$$

37. 设 $X_1, \cdots, X_n$ 为 i.i.d. 样本, $X_1 \sim R(0, \theta)$, 求参数 θ 的后验最大似然估计, 其中 θ 的先验分布为 (1) $\pi(\theta) \propto \theta^{-1}$; (2) $\pi(\theta) \sim PR(\alpha, \theta_0)$ 为 Pareto 分布, 且 $\theta_0 < X_{(n)}$.

38. 设 $X_1, \cdots, X_n$ 为 i.i.d. 样本, $X_1 \sim \mu + \Gamma\left(\frac{1}{\sigma}, 1\right)$. 若只观测到前 r 个寿命值: $Y_1 = X_{(1)}, \cdots, Y_r = X_{(r)}$. 在以下三种无信息先验分布下, 求相应参数的后验最大似然估计:

(1) $\sigma = 1, \mu$ 未知; (2) $\mu = 0, \sigma$ 未知; (3) $\theta = (\sigma, \mu)$ 都未知.

★39. 设 $X \sim f(x, \theta), \theta \in \Theta, \theta$ 的先验分布为 $\theta \sim \pi(\theta)$, 求 $g(\theta)$ 的 Bayes 估计, 其中对 $g(\theta)$ 的估计 d 取损失函数为

$$L(\theta, d) = \frac{d}{g(\theta)} - \log \frac{d}{g(\theta)} - 1.$$

40. 设 $X_1, \cdots, X_n$ 为独立同分布样本, 且有 $X_1 \sim b(1, \theta)$, 损失函数为 $L(\theta, d) = \frac{(d - \theta)^2}{\theta(1 - \theta)}$; 证明: T/n 为 θ 的 Minimax 估计, 其中 $T = \sum\limits_{i=1}^{n} X_i$.

41. 设 $X_1, \cdots, X_n$ 为 i.i.d. 样本, $X_1 \sim R\left(\theta - \frac{1}{2}, \theta + \frac{1}{2}\right)$ (均匀分布). 证明: 在均方损失下, $\hat{\theta} = (X_{(1)} + X_{(n)})/2$ 为 θ 的 Minimax 估计.

(提示: 取一列先验分布为 $(-k, k)$ 内的均匀分布.)

42. 设 $X_1, \cdots, X_n$ 为独立同分布样本, $X_1 \sim \Gamma\left(\frac{1}{\sigma}, 1\right)$. 取损失为 $L(\theta, d) = [(d - \theta)/\theta]^2$, 证明: 在此损失函数下, 证明: $T/(n + 1)$ 为 θ 的 Minimax 估计, 其中 $T = \sum\limits_{i=1}^{n} X_i$.

(提示: 取一列先验分布为逆 Γ 分布: $\Gamma^{-1}(k^{-1}, k^{-1})$.)

43. $X_1, \cdots, X_n$ 为 i.i.d. 样本, 求以下单边假设检验问题的 Bayes 解: $H_0 : \theta \leqslant \theta_0 \longleftrightarrow$ $H_1 : \theta > \theta_0$.

(1) $X_1 \sim N(\theta, \sigma^2)$, 但 σ^2 已知, θ 服从无信息先验分布 $\pi(\theta) \propto 1$;

(2) $X_1 \sim P(\theta)$ 为 Poisson 分布, θ 的先验分布 $\pi(\theta) \sim \Gamma(\alpha, p)$ 为 Γ 分布.

44. 假设 X 服从二项分布 $B(5, \theta)$, θ 的先验分布为 $BE(1, 9)$, 若观测值为 $x = 0$, $H_0 : \theta \leqslant 0.1 \longleftrightarrow H_1 : \theta > 0.1$, 求检验问题的后验概率和交比.

45. 假设 X 服从正态分布 $N(\theta, \sigma^2)$, 参数都未知, θ, σ^2 服从无信息先验分布 $\pi(\theta, \sigma^2) \propto \sigma^{-2}$, 其独立同分布观测值为 $(1.2, 1.6, 1.3, 1.4, 1.4)$, $H_0 : \theta \leqslant 1 \longleftrightarrow H_1 : \theta > 1$, 求检验问题的后验概率和交比.

46. 设 $X \sim f(x, \theta)$, $\theta \in \Theta$, θ 的先验分布为 $\theta \sim \pi(\theta)$. 对于假设检验问题 $H_0 : \theta \in \Theta_0 \longleftrightarrow H_1 : \theta \in \Theta_1$, $\Theta_0 \cup \Theta_1 = \Theta$. 取损失函数为

$$L(\theta, \delta(x)) = \begin{cases} C_1, & \theta \in \Theta_0 \text{ 且 } \delta(x) = 1, \\ C_0, & \theta \in \Theta_1 \text{ 且 } \delta(x) = 0, \\ 0, & \theta \in \Theta_0 \text{ 且 } \delta(x) = 0 \text{ 或 } \theta \in \Theta_1 \text{ 且 } \delta(x) = 1. \end{cases}$$

证明: 以上假设检验问题 Bayes 解的否定域满足 $R^* = \{x : \pi_1(x) > C_1/(C_1 + C_0)\}$, 其中 $\pi_1(x) = \int_{\Theta_1} \pi(\theta|x) \mathrm{d}\theta$.

(提示: 参考定理 8.3.1 和引理 8.3.1.)

47. 设 $X \sim f(x, \theta)$, $\theta \in \Theta$, 对于假设检验问题 $H_0 : \theta = \theta_0 \longleftrightarrow H_1 : \theta \neq \theta_0$, 其先验分布为

$$\pi(\theta) = \begin{cases} \pi_0, & \theta = \theta_0, \\ (1 - \pi_0) g_1(\theta), & \theta \neq \theta_0, \end{cases}$$

其中 $g_1(\theta)$ 为一个连续型或离散型先验分布. 证明:

(1) $\pi_0(x) = \left[1 + \dfrac{1 - \pi_0}{\pi_0} \cdot \dfrac{m_1(x)}{f(x, \theta_0)} \right]^{-1} = [1 + k_{10}(x)]^{-1}$;

(2) $\pi_0(x) \geqslant \left[1 + \dfrac{1 - \pi_0}{\pi_0} \cdot \dfrac{f(x, \widehat{\theta}(x))}{f(x, \theta_0)} \right]^{-1}$;

其中 $\widehat{\theta}(x)$ 为 $f(x, \theta)$ 在 $\Theta - \{\theta_0\}$ 上的最大值点.

(3) 若 $X_1, \cdots, X_n$ 为 i.i.d. 样本, $X_1 \sim N(\theta, \sigma^2)$, 而 $g_1(\theta)$ 为 $N(\theta_0, \sigma_0^2)$, $\theta \neq \theta_0$. 记 $Z = \sqrt{n}|\overline{x} - \theta_0|/\sigma$, 证明:

$$\pi_0(x) \geqslant \left[1 + \frac{1 - \pi_0}{\pi_0} \cdot \exp\left\{ \frac{1}{2} Z^2 \right\} \right]^{-1}.$$

48. 设 $X_1, \cdots, X_n$ 为 i.i.d. 样本, X_1 服从 Poisson 分布 $P(\theta)$, θ 的先验分布 $\pi(\theta)$ 为 Γ 分布 $\Gamma(a, p)$; 求 θ 的一个水平为 $1 - \alpha$ 的 Bayes 置信区间.

49. 设 $X_1, \cdots, X_n$ 为 i.i.d. 样本, $X_1 \sim N(\mu, \sigma^2)$.

(1) 当 μ 已知, 且 $\pi(\sigma^2) \propto 1$ 时, 求 σ^2 的水平为 $1 - \alpha$ 的 Bayes 置信区间;

(2) 当 μ 未知, 且 $\pi(\sigma^2) \propto \sigma^{-2}$ 时, 求 σ^2 的水平为 $1 - \alpha$ 的 Bayes 置信区间;

(3) 记 $\delta = \sigma^2$, $\theta = (\mu, \delta)$, 设 θ 的先验分布 $\pi(\theta) \propto \delta^{-1}$, 求 μ 的水平为 $1 - \alpha$ 的 Bayes 区间估计.

50. 用仪器观测某星体的质量 θ, 其 5 次独立同分布观测值为 1.2, 1.6, 1.3, 1.4, 1.4. 假设观测值 X 服从正态分布 $N(\theta, \sigma^2)$, 参数都未知, 且 θ, σ^2 服从无信息先验分布 $\pi(\theta, \sigma^2) \propto \sigma^{-2}$. 求 θ 的水平为 90% 的 HPD 可信区间.

参考文献

[1] 陈希孺. 数理统计引论. 北京: 科学出版社, 1981.

[2] 陈希孺. 高等数理统计学. 合肥: 中国科技大学出版社, 2009.

[3] 陈家鼎, 孙山泽, 李东风, 等. 数理统计讲义. 3 版. 北京: 高等教育出版社, 2015.

[4] 陈平等. 应用数理统计. 北京: 机械工业出版社, 2008.

[5] 戴朝寿. 数理统计简明教程. 北京: 高等教育出版社, 2009.

[6] 方开泰, 许建伦. 统计分布. 北京: 高等教育出版社, 2016.

[7] 范金城, 吴可法. 统计推断导引. 北京: 科学出版社, 2001.

[8] 何书元. 概率论与数理统计. 2 版. 北京: 高等教育出版社, 2013.

[9] 李贤平. 概率论基础. 3 版. 北京: 高等教育出版社, 2010.

[10] 茆诗松, 王静龙. 数理统计. 上海: 华东师范大学出版社, 1990.

[11] 茆诗松, 王静龙, 濮晓龙. 高等数理统计. 2 版. 北京: 高等教育出版社, 2007.

[12] 茆诗松, 程依明, 濮晓龙. 概率论与数理统计教程. 3 版. 北京: 高等教育出版社, 2019.

[13] 茆诗松. 贝叶斯统计. 北京: 中国统计出版社, 1999.

[14] 王梓坤. 概率论基础及其应用. 北京: 科学出版社, 1976.

[15] 王松桂, 张忠占, 程维虎, 等. 概率论与数理统计. 2 版. 北京: 科学出版社, 2008.

[16] 韦博成. 漫话信息时代的统计学. 北京: 中国统计出版社, 2011.

[17] 韦博成.《红楼梦》前 80 回与后 40 回某些文风差异的统计分析. 应用概率统计, 2009, 25(4): 441–448.

[18] 韦来生. 数理统计. 2 版. 北京: 科学出版社, 2015.

[19] 严士健, 刘秀芳. 测度与概率. 2 版. 北京: 北京师范大学出版社, 2003.

[20] 赵林城, 王占锋. 高等统计学概论. 北京: 高等教育出版社, 2016.

[21] 张尧庭, 方开泰. 多元统计分析引论. 北京: 科学出版社, 2019.

[22] 张尧庭, 陈汉峰. 贝叶斯统计推断. 北京: 科学出版社, 1991.

[23] 郑忠国, 童行伟, 赵慧. 高等统计学. 北京: 北京大学出版社, 2012.

[24] 朱翼隽. 概率论与数理统计. 2 版. 镇江: 江苏大学出版社, 2015.

[25] Berger J O. Statistical Decision Theory and Bayesian Analysis. 2nd ed. New York: Springer, 1993.

[26] Bickel P J, Doksum K A. Mathematical Statistics. Englewood: Prentice Hall, 1977.

[27]　Cramer H. Mathematical Methods of Statistics. Princeton: Princeton University Press, 1946.

[28]　Lehmann E L. Testing of Statistical Hypotheses. New York: Springer, 1986.

[29]　Lehmann E L. Elements of Large-Sample Theory. New York: Springer, 1999.

[30]　Lehmann E L, Casella G. Theory of Point Estimation. 2nd ed. New York: Springer, 1998.

[31]　Rao C R. Linear Statistical Inference and Its Applications. New York: Wiley, 1973.

[32]　Shao J. Mathematical Statistics. New York: Springer, 1998.

[33]　Zacks S. Parametric Statistical Inference. New York: Pergamon Press, 1981.

索引

郑重声明

高等教育出版社依法对本书享有专有出版权。任何未经许可的复制、销售行为均违反《中华人民共和国著作权法》，其行为人将承担相应的民事责任和行政责任；构成犯罪的，将被依法追究刑事责任。为了维护市场秩序，保护读者的合法权益，避免读者误用盗版书造成不良后果，我社将配合行政执法部门和司法机关对违法犯罪的单位和个人进行严厉打击。社会各界人士如发现上述侵权行为，希望及时举报，我社将奖励举报有功人员。

反盗版举报电话　（010）58581999　58582371

反盗版举报邮箱　dd@hep.com.cn

通信地址　北京市西城区德外大街 4 号
　　　　　高等教育出版社法律事务部

邮政编码　100120

读者意见反馈

为收集对教材的意见建议，进一步完善教材编写并做好服务工作，读者可将对本教材的意见建议通过如下渠道反馈至我社。

咨询电话　400-810-0598

反馈邮箱　hepsci@pub.hep.cn

通信地址　北京市朝阳区惠新东街 4 号富盛大厦 1 座
　　　　　高等教育出版社理科事业部

邮政编码　100029